有机化学

（第2版）

李毅群　王　涛　郭书好　编著

清华大学出版社
北京

内容简介

本书共分20章，按官能团分类系统编写，脂肪族与芳香族混合编章。周环反应、有机化学的波谱分析独立编章，供不同专业选用。每章均有学习提要、本章小结、阅读材料、习题，书后有索引等，有利于学生自主学习。

本书是广东省精品资源共享课教材，充分利用了有机化学网络课程及资源库的研究成果，把动画和录像等应用于课堂教学，将现代教育技术与传统教学相结合。

本书可用作普通高校应用化学、药学、理工类相关专业及医学等本科专业教学用书，也可供相关人员参考。

图书在版编目(CIP)数据

有机化学/李毅群，王涛，郭书好编著. —2版. —北京：清华大学出版社，2013(2023.4重印)
ISBN 978-7-302-32290-0

Ⅰ. ①有… Ⅱ. ①李… ②王… ③郭… Ⅲ. ①有机化学—高等学校—教材 Ⅳ. ①O62

中国版本图书馆CIP数据核字(2013)第091770号

责任编辑：柳　萍
封面设计：傅瑞学
责任校对：刘玉霞
责任印制：朱雨萌

出版发行：清华大学出版社
网　　址：http://www.tup.com.cn，http://www.wqbook.com
地　　址：北京清华大学学研大厦A座　　**邮　　编**：100084
社 总 机：010-83470000　　**邮　　购**：010-62786544
投稿与读者服务：010-62776969，c-service@tup.tsinghua.edu.cn
质量反馈：010-62772015，zhiliang@tup.tsinghua.edu.cn
印 装 者：三河市铭诚印务有限公司
经　　销：全国新华书店
开　　本：185mm×260mm　　**印　　张**：34.5　　**字　　数**：833千字
版　　次：2007年7月第1版　2013年11月第2版　　**印　　次**：2023年4月第11次印刷
定　　价：98.00元

产品编号：051543-06

第 2 版前言

本书第 1 版于 2007 年出版，至今已快 6 年时间。在此期间，有机化学无论在理论上，还是在方法上都取得了很大的进展。编者和清华大学出版社均感到有修改再版的必要。

第 1 版出版以来，在教学实践过程中，受到了师生的好评，同时我们也收到了许多建议，因此，在再版时，尽可能采纳这些建议，并改正第 1 版中出现的纰漏，在此谨表衷心感谢！

第 2 版编写的精神与第 1 版一致，仍然按官能团分类系统编写。为适应不同专业的选用，我们增加和扩宽了一些内容，供应用化学专业选修；对阅读材料进行了较大修改，在各章阅读材料中介绍了本章出现的化学家，尤其是中国科学家及其成果，促使学生了解化学家对化学的贡献以及相关化学史知识，激发学生的学习兴趣；对习题也做了较大修改，使习题与相关知识结合得更为紧密，有利于学生通过习题练习，掌握相关知识。

本教材的编写由暨南大学和广州中医药大学共同完成。参加人有李毅群（负责第 1，19 章和阅读材料），郭书好（负责第 6，10，16 章和所有习题），王涛、李熙灿、何建峰、陈传兵（负责第 2，3，4，5 章及部分阅读材料），唐渝（负责第 11，12，13，14 章），曾向潮（负责第 7，8，9 章），张金梅（负责第 15 章），徐石海（负责第 17，18 章），李药兰（负责第 20 章）。全书由李毅群、王涛和郭书好统一修改定稿。

本书在修改过程中得到暨南大学和广州中医药大学的关心和帮助，在此表示感谢！

由于编者水平有限，修改稿中可能还会有不少错漏之处，希望读者批评指正，以便有机会得以更正。

编　者

2013 年 10 月

第1版前言

本书是广东省有机化学精品课程建设成果之一，可与暨南大学研制的《有机化学网络课程》(附光盘)配套使用。在编写中，我们根据多年的教学实践经验、有关师生的建议安排全书内容，以使之更适合多学科、多专业的需要。

本书编写有以下特点：

(1) 重基础，适应性广。为适应本科新学科(专业)的不断涌现，我们在编写中重视基础，注意新的应用，深浅有别，希望能适应多个学科专业使用。全书共分20章，以官能团为主线，脂肪族与芳香族混合编章，周环反应、有机化学的波谱分析均独立编章。书中的黑体字表示主要的概念、知识点、重要的反应及方法等。有些章、节或知识点前加"*"标记，可供不同学科专业选用。学时数较多的专业，可从网络课程中加深、扩展。

(2) 传统教学与现代教育技术相结合。改革传统教学的一个重要方面，就是多媒体、计算机及网络技术在教学领域的广泛运用。本教材更加注意发挥《有机化学网络课程》及暨南大学"有机化学资源库"的优势，完善有关章节的动画、录像及图片，以加深学生对反应机理及立体结构的理解，有利于创新思维的培养。书中出现的标记，表示链接相关的动画或录像。

(3) 重视学生的自主学习。本书每章都编有学习提要、小结、阅读材料和习题，有利于学生个体化学习。每章后的"阅读材料"有利于学生知识更新，扩展知识面，加强素质教育。本书设置的习题强调基础内容，且难易有度，方便选择。此外，为利于暨南大学海外学生和国内学生的"分流教学"，培养学生的自学能力，我们也编写了《有机化学习题解题思路精选》作为辅助教材，供学生参考选用。

(4) 联系生产、生活实际，重视绿色化学理念。特别注意有机化学的理论知识与生产、生活实际相结合，重视绿色化学理念，引进绿色环保的新反应和新试剂，以提高学生的环保意识，激发学生兴趣。

本教材的编写由暨南大学及广州中医药大学共同完成。参加人有郭书好(第1,9,10,11,12,16章及部分阅读材料)，李毅群(第6,7,8章及部分阅读材料)，广州中医药大学王涛、李熙灿、何建峰、陈传兵(第2,3,4,5章及部分习题)，唐渝(第13,14,15章)，徐石海(第17,18,19章)，曾向潮(第16,17章)，张金梅(第15章及全书习题修改)，李药兰(第20章)。全书由郭书好、李毅群教授统一修改定稿，暨南大学杜汝励教授审稿。

在本书的编写过程中，得到暨南大学化学系黄宁兴、罗新祥、岑颖洲、郑文杰、刘应亮、张渊明等教授的关心和支持，他们提出了宝贵意见。此外，本书的编写得到广东省精品课程建设专项基金及暨南大学第二批教材出版基金的资助，也得到暨南大学教务处、生命科技学院及化学系的支持和帮助，在此表示衷心的感谢。

由于编者水平有限，错漏之处在所难免，殷切希望同行专家和读者批评指正。

编　者

2007年5月

tgsh@jnu.edu.cn

目　　录

1 有机化合物的结构和性质

【学习提要】

- 学习理解有机化合物与有机化学的定义，了解有机化合物的特点——同分异构与性质特征。
- 学习有机化合物的结构理论，熟悉共价键的组成和性质。
  (1) 共价键的组成——电子配对法，杂化轨道理论，共价键的方向性、饱和性。
  (2) 共价键的属性——键长、键角、键能、键的极性和极化性。
  (3) 有机化合物的结构式——路易斯(Lewis)式和凯库勒(Kekulé)式。
- 掌握共价键的断裂方式(均裂、异裂)与有机反应类型，熟悉有机反应中间体。
- 学习理解有机化学中的酸碱概念、布朗斯特酸碱和路易斯酸碱的异同及其应用。
- 了解有机化合物的分类。
- 了解有机化学与人类社会生活及相关学科专业的关系。

1.1 有机化合物和有机化学

有机化学(organic chemistry)是化学的一个组成部分，它是研究有机化合物的来源、制备、结构、性能、应用以及有关理论和方法学的科学。**有机化合物**(organic compound)最早的定义是指来自有生命机体内的物质，简称**有机物**。

有机化学作为一门独立学科是在19世纪产生的，但有机化合物在生产和生活中的应用由来已久。最初是从天然产物中提取有效成分，如从植物中提取染料、药物、香料等。19世纪初曾认为有机化合物只有在生命力的作用下才能生成，这就是所谓的“生命力学说”。1828年德国年轻化学家维勒(Wöhler)在加热蒸发无机化合物氰酸铵的水溶液时得到有机化合物尿素：

$$NH_4OCN \xrightarrow{\triangle} H_2N\overset{\overset{\large O}{\|}}{C}NH_2$$

随后，更多的有机化合物由无机化合物合成出来，大量的实验事实宣告了“生命力学说”的破产。

现在我们已清楚地知道，有机化合物的主要特征是都含有碳原子，即都是碳的化合物。历史上遗留下来的“有机化学”和“有机化合物”现仍使用，但含义已发生了变化。有机化合物就是碳化合物。但少数碳的氧化物(如二氧化碳、碳酸盐等)和氰化合物(如氢氰酸、硫氰酸等)仍归属无机化合物范畴。有机化学就是碳化合物的化学。绝大多数的有机化合物也都含有氢。从结构上看，所有的有机化合物都可以看作碳氢化合物以及碳氢化合物衍生而得到的化合物，因此，有机化学就是碳氢化合物及其衍生物的化学。

1.2 有机化合物的特点

有机化合物通常是由碳、氢、氧、氮、硫、磷和卤素等元素组成，而且一个有机化合物只含有其中少数元素。但是，有机化合物的数量却非常庞大，已知的有机化合物已达几千万种，它们的性质千变万化，各不相同。总数远远超过周期表中其他100多种元素形成的无机化合物，因此完全有必要把有机化学单独作为一门学科来研究。

1.2.1 有机化合物结构上的特点——同分异构现象

有机化合物数量如此之庞大，首先是因为碳原子成键能力强的缘故。碳原子可以互相结合成具有不同碳原子数的链或环。例如，同样由两种元素组成的化合物，氧和氢组成的化合物，只有 H_2O 和 H_2O_2 两种，而由碳和氢组成的有机物，已知的至少有3000种。此外，即使碳原子相同的分子，由于碳原子之间的连接方式多种多样，因此又可以组成结构不同的许多化合物。分子式相同而结构相异因而性质也各异的化合物，称为**同分异构体**(isomer)，这种现象叫**同分异构现象**(isomerism)。

同分异构现象是有机化学中极其普遍而又非常重要的。同分异构现象包括构造异构、构型异构和构象异构等，概括如下：

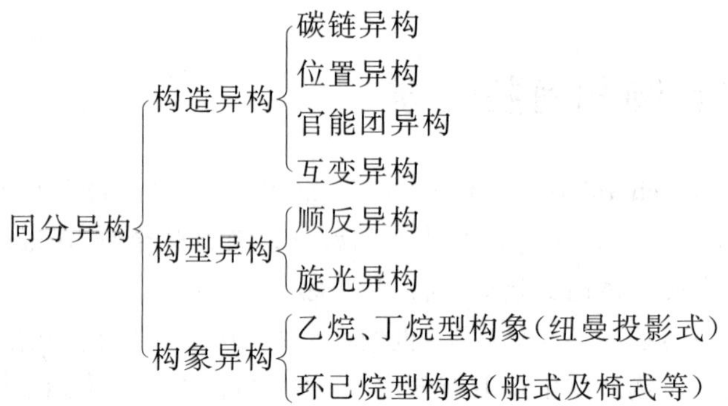

1.2.2 有机化合物性质上的特点

与无机化合物相比，有机化合物一般有如下特点：

(1) 易燃　大多数有机化合物可以燃烧，有些有机化合物像汽油、蜡烛、沼气等容易燃烧。

(2) 对热不稳定　一般有机化合物热稳定性差，受热易分解，许多有机化合物在200～300℃即逐渐分解。

(3) 熔点、沸点低，易挥发　许多有机化合物在常温下是气体、液体。常温下为固体的有机物的熔点一般较低，超过300℃的有机化合物很少。

(4) 难溶于水　一般有机化合物的极性较弱或完全没有极性，而水是强极性，根据“相似相溶”的经验规律，一般有机化合物难溶或不溶于水，易溶于有机溶剂。

(5) 反应时间长，产物复杂　有机化合物的反应，多数不是离子反应，而是分子间的反应，靠分子间的有效碰撞，经历旧键断裂和新键形成的过程来完成，反应速度慢。因此，大多数有机反应需较长时间才能完成。此外，由于有机化合物结构复杂，反应部位多，反应程度不同，因此，副反应多，产物复杂，难分离提纯。

1.3 有机化合物中的共价键

有机化合物的性质取决于有机化合物的结构，要说明有机化合物的结构，须讨论有机化合物中普遍存在的共价键。

原子成键时，各出一个电子配对而形成共用电子对，这样生成的化学键叫做**共价键**(covalent bond)。例如，碳原子和氢原子形成 4 个共价键生成甲烷。

$$\cdot\dot{\underset{\cdot}{C}}\cdot + 4H\cdot \longrightarrow H:\underset{\underset{H}{\cdot\cdot}}{\overset{\overset{H}{\cdot\cdot}}{C}}:H \quad \left(\text{即 } H-\underset{\underset{H}{|}}{\overset{\overset{H}{|}}{C}}-H\right)$$

由一对共用电子来表示一个共价键的结构式，叫做**路易斯**(Lewis)结构式。用一根短线代表一个共价键的结构式叫做**凯库勒**(Kekulé)结构式。

按照量子化学中价键理论的观点，共价键是两个原子的未成对而又自旋相反的电子偶合配对的结果。共价键的形成使体系的能量降低，形成稳定的结合，一个未成对电子既经配对成键，就不能再与其他未成对电子偶合，所以**共价键有饱和性**。原子的未成对电子数，一般就是它的化合价数或价键数。两个电子的配合成对也就是两个电子的原子轨道的重叠(或称交盖)。因此也可以简单地理解为重叠部分越大，形成的共价键就越牢固。

按照分子轨道理论，当原子组成分子时，形成共价键的电子运动于整个分子区域。分子中价电子的运动状态，即**分子轨道**(molecular orbital, MO)，可以用波函数 ψ 来描述。

每一个分子轨道只能容纳两个自旋相反的电子。电子总是首先进入能量低的分子轨道，当此轨道占满后，电子再进入能量较高的轨道。当两个氢原子形成氢分子时，两个电子均进入成键轨道，体系能量降低，即形成了共价键。

某些电子的原子轨道，例如 p 原子轨道，具有方向性。因为原子轨道只有在一定方向，即在电子云密度最大的方向，才能得到最大的重叠而形成键，所以共价键也有方向性。例如，1s 原子轨道和 $2p_x$ 原子轨道的结合，只有在 x 轴方向处，即 $2p_x$ 原子轨道中电子云密度最大的方向处，与 s 原子轨道重叠最大，这样才可形成成键的分子轨道，也就是可以结合成稳定的共价键，见图 1-1。

可以用最简单的碳氢化合物甲烷(CH_4)为例来说明碳原子形成的碳氢共价键的结构。碳原子在基态的电子构型为 $1s^2 2s^2 2p_x^1 2p_y^1$。其外层有 4 个电子，其中两个电子位于 2s 轨道，且已成对，另两个电子则分别处于不同的 p 轨道($2p_x$ 和 $2p_y$)，如图 1-2 所示。

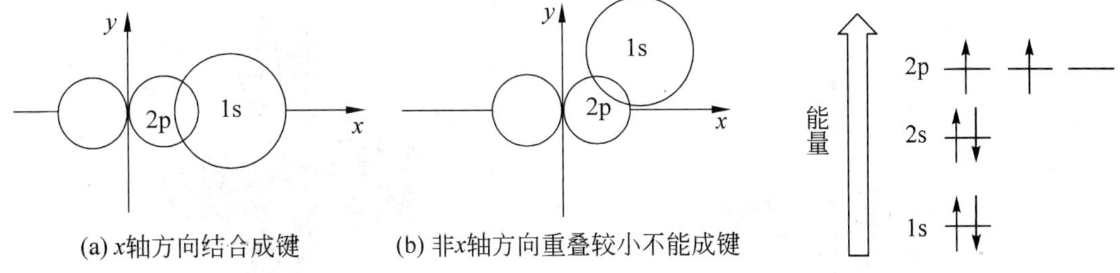

(a) x轴方向结合成键　(b) 非x轴方向重叠较小不能成键

图 1-1　共价键的方向性

图1-2　碳原子基态的电子构型

既然碳原子有两个未成对的外层电子，为什么不是与两个氢原子结合成 CH_2，却与 4 个氢原子结合成 CH_4 呢？这可用**杂化轨道**(hybrid orbital)理论来解释。这是因为碳原子在与氢原子成键前，它的已成对的 2s 电子中，有一个 s 电子容易被激发至能量较高的 2p 空轨道中(只需要 402 kJ/mol 的能量)。这个激发态的电子构型可以表示为 $1s^2 2s^1 2p_x^1 2p_y^1 2p_z^1$，按照鲍林(L. Pauling)提出的杂化理论，原子轨道在成键时可进行杂化而组成能量相近的"杂化轨道"。这种杂化轨道的成键能力更强，即使激发时需要补偿部分能量，仍然可以使体系释放出能量而趋于稳定。因此这里的一个 2s 轨道与 3 个 2p 轨道($2p_x$，$2p_y$，$2p_z$)通过杂化而形成 4 个杂化轨道，见图 1-3。

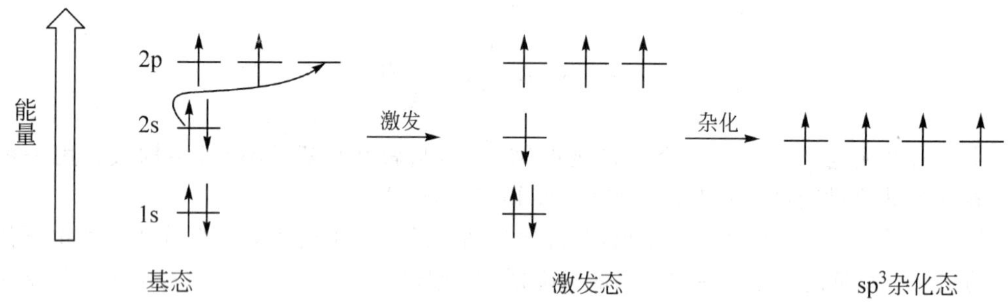

图 1-3　碳原子 2s 电子的激发和 sp^3 杂化

这里形成的新的杂化轨道叫做 sp^3 杂化轨道，它们可以分别和氢原子的 s 轨道形成共价键，即 4 个 sp^3-s 型的 C—H 键。在形成一个 C—H 键时，释放出 414 kJ/mol 能量。在激发、杂化和成键的全部过程中，除去补偿激发所需的 402 kJ/mol 能量，形成 CH_4 时仍有约 1255 kJ/mol 的能量释出。这个体系显然要比只形成两个共价键的 CH_2 稳定得多。

$$\cdot\ddot{C}\cdot \xrightarrow{402\ \text{kJ/mol}} \cdot\dot{\underset{\cdot}{C}}\cdot \xrightarrow{4H\cdot} H:\underset{H}{\overset{H}{\ddot{\underset{\cdot\cdot}{C}}}}:H + 1657\ \text{kJ/mol}$$

甲烷 4 个 sp^3 杂化轨道的能量是相等的，每一轨道相当于$\frac{1}{4}$s 成分和$\frac{3}{4}$p 成分。从 sp^3 原子轨道的图形可以看出大部分电子云偏向一个方向，见图 1-4。

碳原子的 4 个 sp^3 杂化轨道在空间的排列方式是：以碳原子核为中心，4 个杂化轨道对称地分布在其周围，即它们的对称轴分别指向正四面体的 4 个顶点。因此，这 4 个杂化轨道都有一定的方向性。杂化轨道之间都保持 109.5°的角度，所以 sp^3 杂化碳原子具有正四面体模型，图 1-5 标出碳原子的 4 个 sp^3 杂化轨道在空间的排布。

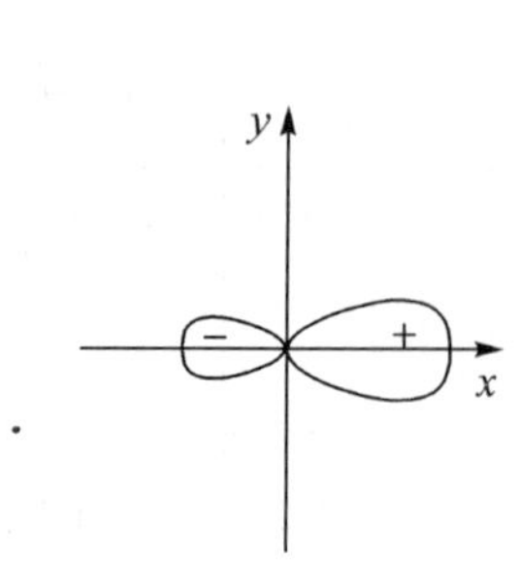

图 1-4　sp^3 杂化轨道的图形

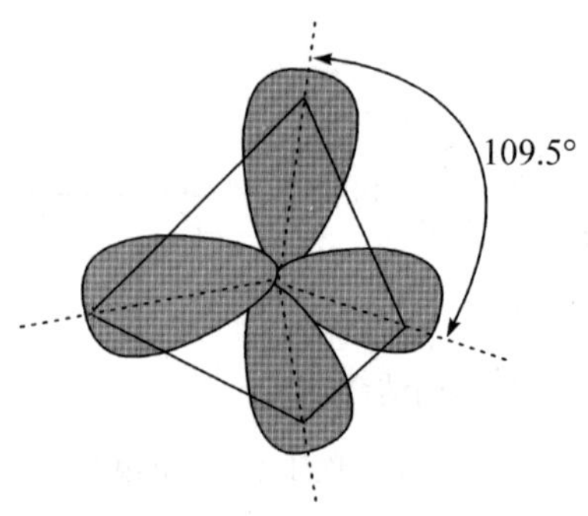

图 1-5　碳原子的 4 个 sp^3 杂化轨道

1.4 有机化合物中共价键的属性

键的属性是指键长、键角、键能和键的极性等表征共价键性质的物理量。这些物理量也叫做共价键的键参数。

1. 键长

共价键的形成,使两个原子有了稳定的结合,形成共价键的两个原子的原子核之间保持一定的距离,这个距离称为**键长**(bond length)或键距。不同的共价键具有不同的键长,见表 1-1。但应注意,即使是同一类型的共价键,在不同化合物的分子中它们的键长也可能稍有不同。例如C—C键在丙烷中为 0.154 nm,在环己烷中则为 0.153 nm。因为由共价键所连接的两个原子在分子中不是孤立的,它们受到整个分子的相互影响。

表 1-1 某些共价键的键长

共价键	C—H	C—C	C═C	C≡C	C═C(苯)	H—O	C—O	C═O
键长/nm	0.110	0.154	0.134	0.120	0.140	0.096	0.143	0.122
共价键	H—N	C—N	C═N	C≡N	C—F	C—Cl	C—Br	C—I
键长/nm	0.134	0.147	0.128	0.116	0.141	0.177	0.191	0.212

2. 键角

共价键有方向性,因此任何一个二价以上的原子,与其他原子所形成的两个共价键之间都有一个夹角,这个夹角就叫做**键角**(bond angle)。例如,甲烷分子中 4 个 C—H 共价键之间的键角都是 109.5°。

3. 键能

共价键形成时,有能量释放出而使体系的能量降低。反之,共价键断裂时则必须从外界吸收能量。气态时原子 A 和原子 B 结合成 A—B 分子(气态)所放出的能量,也就是 A—B 分子(气态)离解为 A 和 B 两个原子(气态)时所需要吸收的能量,这个能量叫做**键能**(bond energy)。一个共价键离解所需的能量也叫做离解能。但应注意,对多原子分子来说,即使是一个分子中同一类型的共价键,这些键的离解能也是不同的。因此,离解能指的是离解特定共价键的键能,而键能则泛指多原子分子中几个同类型键的离解能的平均值。

4. 键的极性和元素的电负性——分子的偶极矩

对于两个相同原子形成的共价键(如 H—H 、Cl—Cl),可以认为成键电子云是对称分布于两个原子之间的,这样的共价键没有极性。但当两个不同的原子结合成共价键时,由于这两个原子对于价电子的引力不完全一样,这就使分子的一端带电荷多一些,而另一端带电荷少一些。我们就认为一个原子带一部分负电,而另一个原子则带一部分正电。这种由于电子云的不完全对称而呈现极性的共价键叫做极性共价键。可以用箭头来表示这种**极性键**(polar bond),也可以用 δ^+ 和 δ^- 来表示构成极性共价键的原子的带电情况。例如:

$$\overset{\delta^+}{H}\longrightarrow\overset{\delta^-}{Cl}\qquad\qquad \overset{\delta^+}{H_3C}\longrightarrow\overset{\delta^-}{Cl}$$

一个元素吸引电子的能力,叫做这个元素的**电负性**(electronegativity)。电负性数值大的原子具有较强的吸引电子的能力。电负性值有多种,表 1-2 提供的电负性值为鲍林(Pauling)值。极性共价键就是构成共价键的两个原子具有不同电负性的结果,一般相差 0.6~1.7,电负性相差越大,共价键的极性也越大。

表 1-2 部分元素的电负值(鲍林值)

H						
2.1						
Li	Be	B	C	N	O	F
1.0	1.5	2.0	2.5	3.0	3.5	4.0
Na	Mg	Al	Si	P	S	Cl
0.9	1.2	1.5	1.8	2.1	2.5	3.0
K	Ca					Br
0.8	1.0					2.8
						I
						2.5

如前所述,极性共价键的电荷分布是不均匀的,正电中心与负电中心不相重合,这就构成了一个偶极。正电中心或负电中心的电荷 q 与两个电荷中心之间的距离 d 的乘积叫做偶极矩 μ:

$$\mu = qd$$

偶极矩 μ,单位为 D(Debye,德拜),其值的大小表示一个键或一个分子的极性。偶极矩有方向性,一般用符号 $+\!\!\!\longrightarrow$ 来表示。箭头表示从正电荷到负电荷的方向。在两原子组成的分子中,键的极性就是分子的极性,键的偶极矩就是分子的偶极矩(dipole moment)。在多原子组成的分子中,分子的偶极矩就是分子中各个键的偶极矩的向量和,例如:

H—Cl	H_3C—Cl	H—C≡C—H
$+\!\!\!\longrightarrow$	$+\!\!\!\longrightarrow$	$+\!\!\!\longrightarrow \;\; \longleftarrow\!\!\!+$
μ=1.03D	μ=1.87D	μ=0

键的极性决定于组成这个键的元素的电负性,而分子的极性与分子中各个键的偶极矩有关。

1.5 共价键的断裂——均裂与异裂

有机化合物发生化学反应时,总是伴随着一部分共价键的断裂和新的共价键的生成。共价键的断裂可以有两种方式。一种是均匀的断裂,也就是两个原子之间的共用电子对均匀分裂,两个原子各保留一个电子,形成**自由基**(free radical)。共价键的这种断裂方式叫**键的均裂**(homolysis),如下式(1):

$$A:B \begin{cases} A\vdots B \xrightarrow{(均裂)} A\cdot + \cdot B\ (生成自由基) & (1) \\ A\vdots B \xrightarrow{(异裂)} A^+ + B^-\ (生成离子) & (2) \end{cases}$$

$$Cl\vdots Cl \longrightarrow Cl\cdot + \cdot Cl$$

$$H:\overset{\displaystyle H}{\underset{\displaystyle H}{\ddot{\underset{..}{C}}}}\vdots H + Cl\cdot \longrightarrow H:\overset{\displaystyle H}{\underset{\displaystyle H}{\ddot{\underset{..}{C}}}}\cdot + H:Cl$$

自由基性质非常活泼，可以继续引起一系列的反应。有自由基参与的反应叫做**自由基反应**(free radical reaction)。

共价键断裂的另一种方式是不均匀断裂，也就是在键断裂时，两原子间的共用电子对完全转移到其中的一个原子上。共价键的这种断裂方式叫做**键的异裂**(heterolysis)，如上式(2)。键异裂的结果就产生了带正电和带负电的离子，例如：

$$(CH_3)_3C:Cl \longrightarrow (CH_3)_3C^+ + Cl^-$$

由共价键异裂产生离子而进行的反应，叫做**离子型反应**(ionic reaction)。

除了上述的自由基反应和离子型反应外，还存在着一种曾被称为"无机理"的反应，在这类反应中，旧键的断裂和新键的形成是同步完成的，叫协同反应。由于是通过环状过渡态进行，故也称为周环反应(pericyclic reaction)，参见 19.1 节。

*1.6　有机化学中的酸碱概念

1.6.1　布朗斯特酸碱概念

在有机化学中，酸碱一般是指**布朗斯特**(J. N. Bronsted)所定义的酸碱，即凡是能给出质子的叫做酸，凡是能与质子结合的叫做碱，见表 1-3。

表 1-3　某些布朗斯特酸和碱

酸		碱		酸		碱	
HCl	+	H_2O	$\rightleftharpoons$	H_3O^+	+	Cl^-	(1)
H_2SO_4	+	H_2O	$\rightleftharpoons$	H_3O^+	+	HSO_4^-	(2)
HSO_4^-	+	H_2O	$\rightleftharpoons$	H_3O^+	+	SO_4^{2-}	(3)
CH_3COOH	+	H_2O	$\rightleftharpoons$	H_3O^+	+	CH_3COO^-	(4)
HCl	+	NH_3	$\rightleftharpoons$	NH_4^+	+	Cl^-	(5)
H_3O^+	+	OH^-	$\rightleftharpoons$	H_2O	+	H_2O	(6)

从上面的几个反应式中可以看出，一个酸给出质子后即变为一个碱(例如 HCl 为酸，Cl^- 为碱)，这个碱又叫做原来酸的共轭碱，即 Cl^- 为酸 HCl 的共轭碱。反之，一个碱(如 Cl^-)与质子结合后，即变为一个酸(HCl)，这个酸 HCl 就叫做原来碱 Cl^- 的共轭酸。

给出质子能力强的酸就是强酸，接受质子能力强的碱就是强碱。以 HCl 而言，它在水中可以完全给出质子(给予 H_2O)，所以 HCl 作为一个酸，它是个强酸；H_2O 作为一种碱，在此它是个强碱，它的碱性比 Cl^- 强得多，所以 Cl^- 是个弱碱。

1.6.2　路易斯酸碱概念

有机化学中也常用**路易斯**(G. N. Lewis)所提出的概念来理解酸和碱，即凡是能接受外来电子对的都叫做酸，凡是能给予电子对的都叫做碱。按此定义，**路易斯碱**(Lewis base)就是布朗斯特定义的碱。例如(5)式中的 NH_3，它可以接受质子，所以是布朗斯特定义的碱；但它在和 H^+ 结合时，是它的氮原子给予一对电子与 H^+ 成键，所以它又是路易斯碱。**路易斯酸**(Lewis acid)和布朗斯特酸略有不同。例如质子 H^+,按布朗斯特定义它不是酸,按路易斯定义它能接受外来电子对所以是酸。又例如,按布朗斯特定义,HCl,H_2SO_4 等都是酸,但按路易斯定义,它们本身不能成为酸,它们所给出的质子才是酸。表1-4列出了某些路易斯酸和路易斯碱。

表1-4 某些路易斯酸及路易斯碱

路易斯酸		路易斯碱		
H^+	+	$:Cl^-$	⟶	HCl
H^+	+	$:^-OSO_2OH$	⟶	H_2SO_4
H^+	+	$:OH^-$	⟶	H_2O
H^+	+	$:OH_2$	⟶	H_3O^+

反之,有些化合物按布朗斯特定义不是酸,但按路易斯定义却是酸。例如,在有机化学中常见的试剂氟化硼和三氯化铝:

路易斯酸　　路易斯碱

$$BF_3 + :NH_3 \longrightarrow F_3B \longleftarrow NH_3$$

$$AlCl_3 + :Cl^- \longrightarrow Cl_3Al \longleftarrow Cl^-(\text{即}AlCl_4^-)$$

在一般的有机化学资料中,一般泛称的酸、碱,都是指按布朗斯特定义的酸、碱。当需要涉及路易斯酸、碱概念时,都会专门指出它们是路易斯酸、碱。

1.7 有机化合物的分类

为了研究方便,对数目庞大的有机化合物需要合理的分类方法。一般的结构式虽不能表达分子结构的全部内容,但在一定程度上还是反映了分子结构的基本特点。因此有机化合物可以按碳原子的连接方式或官能团的不同加以分类。

1.7.1 按碳骨架分类

按碳原子连接方式(即碳骨架)的不同,有机化合物可以分为三大类:

有机化合物
- 开链化合物
- 碳环化合物
  - 脂环族化合物
  - 芳香族化合物
- 杂环化合物

1. 开链化合物(chain compound)(脂肪族化合物)

分子中碳原子间相互结合而成碳链,不成环状,如:

$CH_3CH_2CH_2CH_3$　正丁烷

$(CH_3)_2CHCH_2Cl$　异丁基氯

2. 碳环化合物

分子中具有由碳原子连接而成的环状结构。**碳环化合物**(carbocyclic compound)又可分为两类：

(1) 脂环族化合物　这类化合物可以看做是由开链化合物连接闭合成环而得。它们的性质和脂肪族化合物相似,所以又叫做**脂环族化合物**(alicyclic compound),例如：

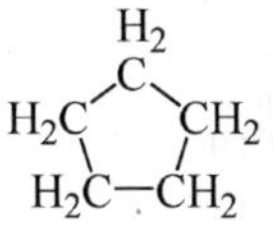

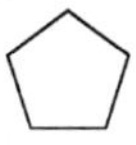

环戊烷 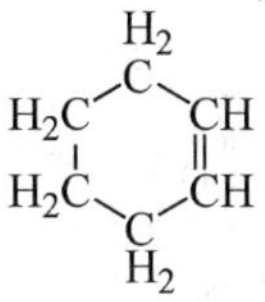 可简化为

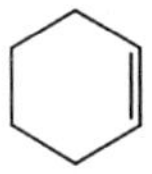

环己烯 可简化为

(2) **芳香族化合物**(aromatic compound)　这类化合物具有由碳原子连接而成的特殊环状结构,使它们具有一些特殊的性质,例如：

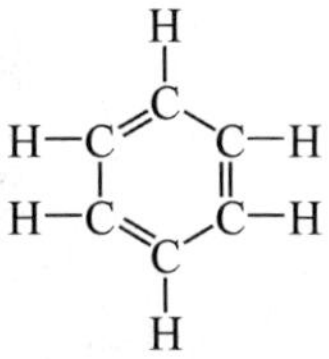

苯 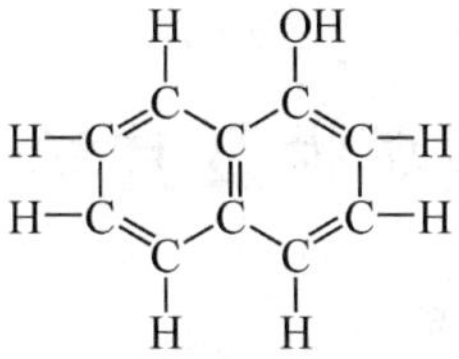 可简化为

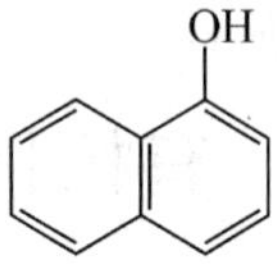

α-萘酚 可简化为

3. 杂环化合物(heterocyclic compound)

这类化合物也具有环状结构,但是这种环是由碳原子和其他原子,如氧、硫、氮等共同组成的。例如：

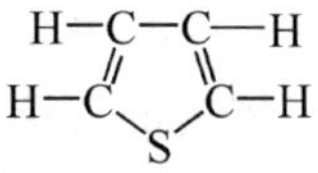

噻吩 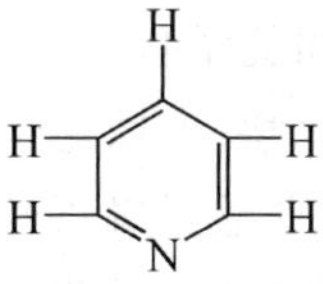 可简化为

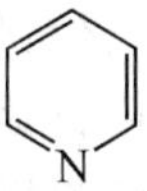

吡啶 可简化为

1.7.2 按官能团分类

在上述每一类化合物中,又可按分子中含有相同的、容易发生某些特征反应的原子(如卤素原子)、原子团[如 —OH(羟基)、—COOH(羧基)]或某些特征化学键结构[如 >C=C<(双键),—C≡C—(叁键)]等来进一步分类。由于这些容易发生的反应体现了分子中这一部分原子、原子团或特征结构的存在,也决定了化合物的一些主要性质,因此又把它们叫做**官能团**(functional group)。表1-5列出了一些重要的官能团。

表1-5　一些重要的官能团

化合物的类别	官能团		实例	
烯烃	>C=C<	烯键	$CH_2=CH_2$	乙烯
炔烃	—C≡C—	炔键	CH≡CH	乙炔
卤代烃	—X(X=F,Cl,Br,I)	卤素	CH_3Cl	氯甲烷

续表

化合物的类别	官能团		实例	
醇	$-OH$	羟基	CH_3OH	甲醇
醛或酮	$>C=O$	羰基	$CH_3\overset{O}{\overset{\Vert}{C}}CH_3$	丙酮
羧酸	$-\overset{O}{\overset{\Vert}{C}}OH$	羧基	$CH_3\overset{O}{\overset{\Vert}{C}}OH$	醋酸
胺	$-NH_2$	氨基	CH_3NH_2	甲胺
	$-\overset{\vert}{N}H$	亚氨基	$(CH_3)_2NH$	二甲胺
磺酸	$-SO_3H$	磺酸基	CH_3SO_3H	甲磺酸

1.8 有机化学的重要性及其学习方法

1. 有机化学的地位和作用

有机化合物遍布自然界,人们的衣食住行都与有机物息息相关。有机化学及有机化学工业使人类丰衣足食(提供农药、肥料、生长调节剂),帮助人类延年益寿(药物),减轻痛苦(麻醉剂),使人变得更健康、美丽(化妆品),极大地提高人们的生活质量。可以说,化学是满足社会需要的中心科学。

有机化学课程又是相关学科专业后继课程的基础,如植物化学、生物化学、食品化学、环境化学、材料化学、药物化学、地球化学、星际化学等,可见有机化学与各学科的关系。就人体组成而言,除了水分和少量无机离子外,几乎都是由有机物组成的。机体内的代谢通常是指机体细胞里进行的化学反应,代谢过程同样遵循有机化学反应的规律。又如目前人们以极大兴趣关注的“转基因”食品,“转基因”技术中的基因、“分子生物学”中的分子都是有机分子。因此,无论是医学院还是生物类的学生,有机化学知识是必不可少的,更不用说食品、材料、药学等专业了。

此外,有机化学与目前国际上最关心的几个重大问题——环境保护、能源的开发和利用、功能材料的研制、生命过程奥秘的探索都有密切关系。生命过程本身就是化学变化的表现,因而要最终了解生命现象必须首先依靠化学,特别是有机化学。我国已取得的两项重大成就——1965年首次合成牛胰岛素和1981年合成酵母丙氨酸转移核糖核酸都离不开有机化学。可以预料,有机化学、生物学、物理学和医学等的密切合作,将会在征服某些疾病,如癌症、艾滋病、精神病以及在控制遗传,延长人类寿命等方面起着重大作用。

2. 怎样学习有机化学

有机化学内容庞杂,结构抽象,只有勤学,好问,注意学习方法,才能收到事半功倍的效果。

(1) 注重“有机联系”,掌握规律

有机化学的内容、反应方程式多,但各章联系紧密、规律性强,注意其“有机联系”,掌握一根主线两条支链,抓住规律,学习起来就会得心应手。千万不要各章孤立地死记硬背。这里的主线是指烷、烯、炔(环烃)→卤代烃→含氧化合物→含氮化合物,见图 1-6。支链是指链、环两类化合物及它们之间的相互转化。

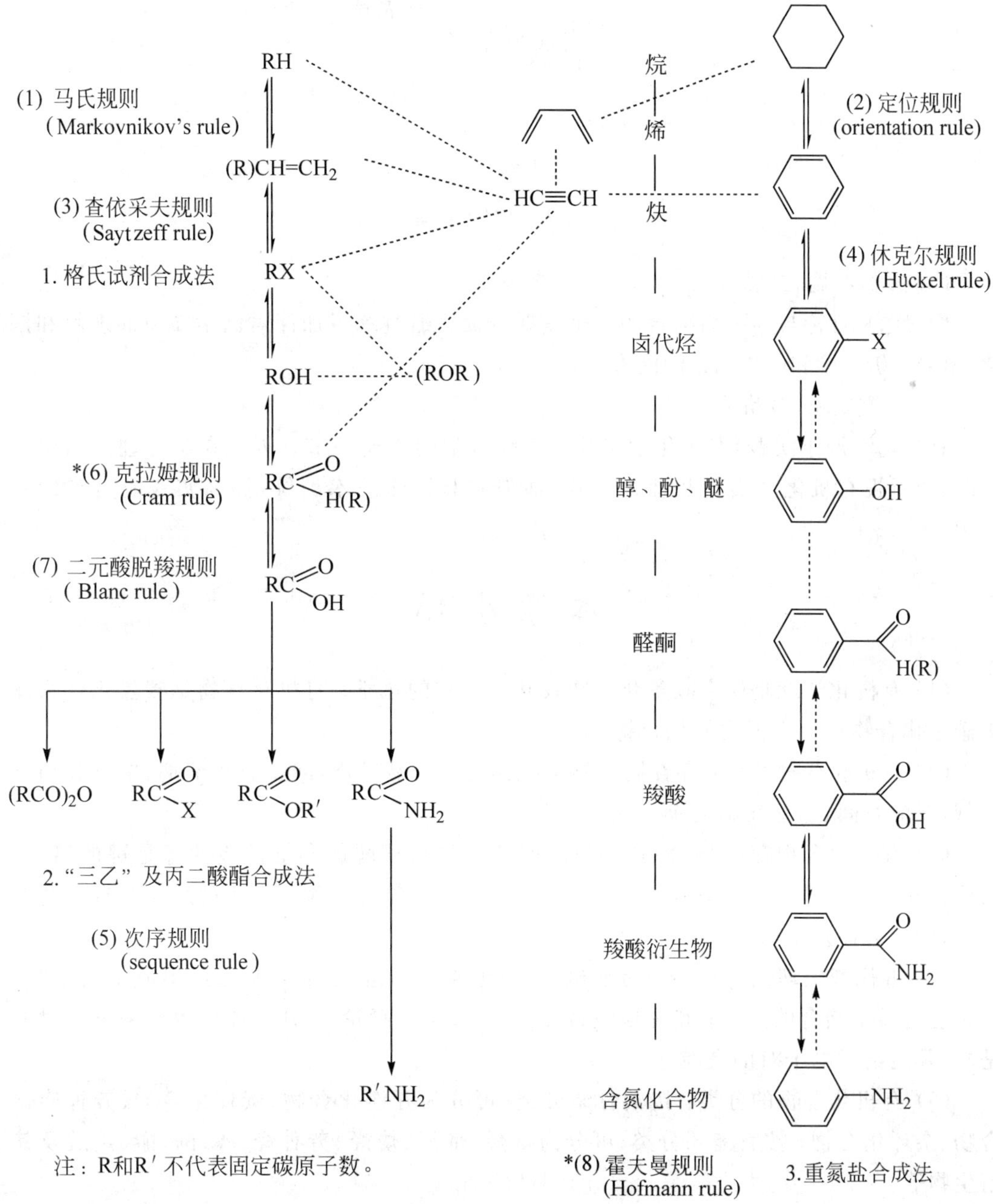

图 1-6 有机化合物相互关系图

(2) 从结构入手,勤于归纳,找出规律

化合物有什么结构就会有什么性质,如有双键就联想到亲电加成,有羰基就有亲核加成,有共轭体系就会有 1,2-和 1,4-加成等。因此,在学习有机化合物的性质时,要注意从结构入手去分析性质,如羧酸的性质,见图 1-7。勤于归纳小结,掌握规律性的知识。

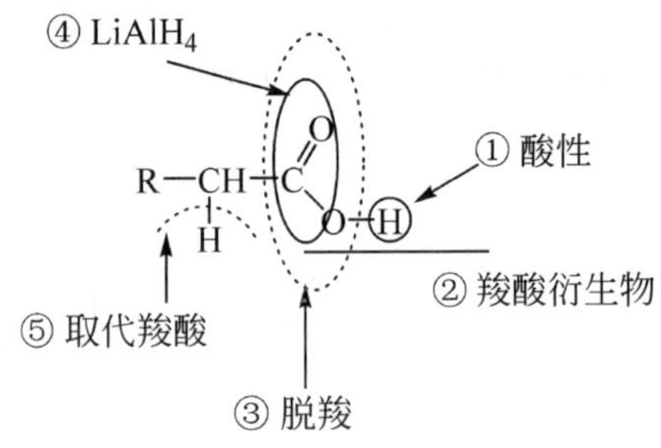

图 1-7　羧酸的性质

(3) 多做习题,勤思考

做习题是理论与实际相结合的一个重要方面。通过练习加深对已学知识的理解和深化,培养分析问题和解决问题的能力。

(4) 注重实验,多动手

有机化学源于实践,有机化学实验是实践教学的重要环节。因此在学习理论知识的同时,要重视有机化学实验及课余实践,加强实验操作技术训练,提高实践能力和创新意识。

本章小结

(1) 有机化学就是研究碳氢化合物及其衍生物的化学;有机化合物是碳氢化合物及由碳氢化合物衍生而得到的化合物。

(2) 有机化合物特点:存在同分异构,数量庞大,易燃烧,溶于有机溶剂,熔点和沸点较低,反应时间长,存在副反应。

(3) 有机化合物存在共价键。键长、键角、键能、离解能和键的极性等是键的属性。共价键断裂有两种方式:均裂和异裂。有机分子共价键经均裂而发生的反应为自由基型反应,经异裂而发生的反应为离子型反应。

(4) 近代酸碱理论。布朗斯特酸碱理论(酸碱质子理论):凡是能给出质子的是酸,凡是能与质子结合的是碱;路易斯酸碱理论(酸碱电子理论):凡是能接收外来电子对的是酸,凡能给予电子对的是碱。

(5) 有机化合物的分类:按碳骨架分类,可分为开链化合物、碳环化合物、芳香族化合物、杂环化合物;按官能团分类,可分为烷烃、烯烃、炔烃、芳香烃、醇、酚、醚、羧酸及其衍生物等。

【阅读材料】

化学家简介

弗里德里希·维勒(Friedrich Wöhler,1800 年 7 月 31 日—1882 年 9 月 23 日),德国化学家。他因人工合成了尿素,打破了有机化合物的“生命力”学说而闻名。主要成就如下:

（1）人工合成尿素：维勒发现在氰酸中加入氨水后蒸干得到的白色晶体并不是铵盐，而是尿素。维勒由于偶然发现了从无机物合成有机物的方法，而被认为是有机化学研究的先锋。维勒的这个发现具有重大历史意义，它有力地证明了有机物可以从无机物人工合成，从而打破了多年来占据有机化学领域的“生命力”学说。随后，乙酸、酒石酸等有机物相继被合成出来，支持了维勒的观点。

（2）发现同分异构体现象：发现尿素的过程同时说明氰酸铵和尿素的分子式是相同的，这是同分异构的最早的例证。接着，维勒又发现氰酸和另一位德国化学家尤斯图斯·冯·李比希(Justus Freiherr von Liebig)在1824年发现的雷酸的分子式相同。1830年，贝采利乌斯(Jöns Jakob Berzelius)提出了“同分异构”学说。而在此之前，化学界一向认为，同一种成分不可能同时存在于两种不同的化合物之中。

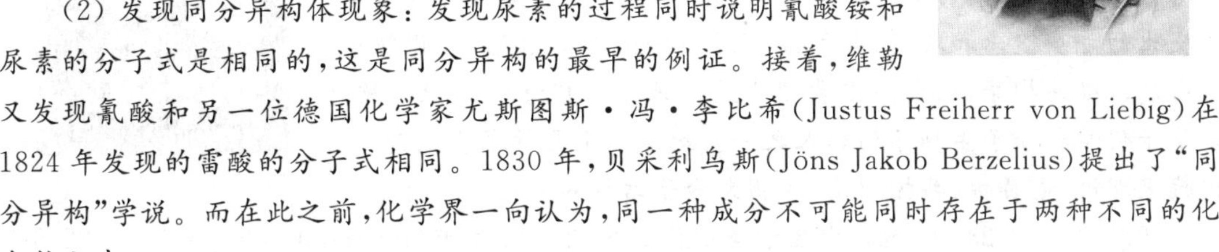

（3）其他贡献：1827年，维勒用金属钾还原熔融的无水氯化铝得到较纯的金属铝单质。维勒还用同样的方法发现了铍(1828年)、钇，并且命名了铍。维勒还分离出硼，研究了硅烷和钛及其化合物的性质。1842年他制备了碳化钙，并证明它与水作用，放出乙炔。

吉尔伯特·牛顿·路易斯(Gilbert Newton Lewis，1875年10月23日—1946年3月23日)，美国物理有机化学家，皇家学会(Royal Society)院士。他提出了共价键和电子对理论，是著名的路易斯结构表示法和路易斯酸碱理论的创立者。此外，他也是化学热力学的建立者之一。并于1926年创造了“光子”(photon)一词，用以表示辐射能的最小单位。

路易斯1875年出生于马萨诸塞州韦茅斯(Weymouth, Massachusetts)。从哈佛大学获得化学博士学位后，留学德国和菲律宾。之后到加州大学伯克利分校(University of California, Berkeley)教化学。几年后，他任加州大学伯克利分校化学学院院长。1916年，他提出化学键理论并在元素周期表中增加了元素电子信息。1933年，他开展同位素的分离和重水的纯化工作，然后开展酸碱理论研究。在他生命的最后几年里，开展光化学研究。

路易斯虽然被提名35次，但没能获得诺贝尔化学奖。1946年3月23日，路易斯被发现死于加州大学伯克利分校的实验室里，在那里他一直在研究氰化氢，许多人推测，他死于自杀。

约翰内斯·尼古拉·布朗斯特(Johannes Nicolaus Brønsted，1879年2月22日—1947年12月17日)，丹麦物理化学家。1879年出生于丹麦的瓦德(Varde, Denmark)，1908年从哥本哈根大学(University of Copenhagen)获博士学位。然后立即被聘为无机化学和物理化学教授。1906年，他发表了有关电子亲和势的多篇相关论文。1923年，他和英国化学家托马斯·马丁·劳里(Thomas

Martin Lowry)各自独立提出质子酸碱反应理论。同年,路易斯(Gilbert N. Lewis)提出了酸碱电子理论。现在这两种理论被广泛用于有机化学中。

莱纳斯·卡尔·鲍林(Linus Carl Pauling,1901年2月28日—1994年8月19日),美国著名化学家,量子化学和结构生物学的先驱者之一。鲍林被认为是20世纪对化学科学影响最大的人之一,他所撰写的《化学键的本质》被认为是化学史上最重要的著作之一。他提出的许多概念和理论(电负性、共振理论、价键理论、杂化轨道、蛋白质二级结构等)已成为化学领域最基础和最广泛的知识。鲍林是量子化学和分子生物学创始人之一。鲍林的主要学术贡献为:杂化轨道理论、电负性、共振理论、生物大分子结构和功能。

1901年2月28日,鲍林出生于美国俄勒冈州波特兰市(Portland, Oregon)。1922年,他从俄勒冈州立大学(Oregon State University,当时叫俄勒冈农学院,Oregon Agricultural College)获得学士学位。然后到加州理工大学(California Institute of Technology),在罗斯科·G.迪金森(Roscoe Gilkey Dickinson)指导下攻读研究生,从事晶体结构X射线衍射法的研究,1925年获博士学位。毕业后的鲍林前往欧洲留学,当时的欧洲是量子理论发展的中心,鲍林在那里接触到了当时物理学界和物理化学界的顶尖人物。1927年,鲍林返回美国,哈佛大学(Harvard University)和加州理工学院争相聘请他担任教职,哈佛大学甚至同意依照鲍林的意思建立量子化学系,而在那个时代,量子化学还是世人闻所未闻的概念。但是鲍林最终选择了加州理工学院。鲍林于1935年出版了《量子力学导论——及其在化学中的应用》,这是历史上第一本以化学家为读者的量子力学教科书。鲍林在加州理工学院一直工作到1963年,其间获得了1954年诺贝尔化学奖。1967年至1969年任职于加州大学圣迭戈分校(University of California, San Diego)化学系,1969年至1973年任职于斯坦福大学(Stanford University),1973年之后,任职于以他名字命名的鲍林科学和医学研究所,直到1994年逝世。

所获奖项:诺贝尔化学奖(1954),诺贝尔和平奖(1962),列宁和平奖(1968—1969),罗蒙诺索夫金奖(Lomonosov Gold Medal)(1977)。

彼得·约瑟夫·威廉·德拜(Peter Joseph William Debye,1884年3月24日—1966年11月2日),荷兰物理学家与物理化学家,1912年提出德拜模型,用于声子对固体的比热贡献。由于德拜在偶极矩方面的研究工作,他获得1936年诺贝尔化学奖。为纪念彼得·德拜,以德拜(符号为D)作为偶极矩的矢量单位(非国际制单位)。

习　题

1-1　写出下列化合物或基团的路易斯结构式:

CCl_4, $H_2C{=}O$, $CH{\equiv}C^-$, CH_3OH, H_2CO_3

1-2 在化合物 $C_6H_5-CH_2-C\equiv CH$ 中，碳原子有哪几种杂化形式？请标明。

1-3 根据电负性大小，将下列共价键或化合物按极性强弱排列成序：

(1) H—C，H—F，H—N，H—O；

(2) C—F，C—Br，C—O，C—N；

(3) $CHCl_3$，NH_3，HI，$CH_3(H)C=C(H)CH_3$（反式）。

1-4 按照所学酸碱概念，判断下列化合物或离子哪些为酸，哪些为碱：HI，SO_4^{2-}，H_2O，CH_3NH_2，CH_3COOH，NH_4^+，CN^-，BF_3，$AlCl_3$。

2 烷　　烃

【学习提要】

- 学习烷烃碳原子的杂化状态及结构特点，掌握烷烃的构造异构。
- 熟悉掌握乙烷、丁烷的纽曼投影式及相关化合物的优势构象，*理解构象各种表示法之间的转换。
- 学习烷烃的普通命名法、衍生物命名法及系统命名法，掌握系统命名法的要点。熟悉伯、仲、叔、季、正、异、新的含义。
- 学习、了解烷烃的物理性质，理解烷烃熔点、沸点随碳原子数、直链与支链、对称性等的变化规律。
- 学习烷烃的化学性质，熟悉烷烃的卤代反应，氧化反应，*裂化及异构化反应。
- 理解自由基卤代反应历程、*烃基自由基的稳定性。

分子中只含有碳和氢两种元素的有机化合物叫做**碳氢化合物**，简称烃(hydrocarbon)。根据烃分子中碳原子的连接方式，可分为两大类：开链烃和闭链烃。开链烃分子中碳原子连接成链状，简称链烃，又叫直链烃或脂肪烃。脂肪烃(aliphatic hydrocarbon)又可以分为烷烃、烯烃、炔烃等。闭链烃分子中碳原子连接成闭合的碳环，称为环烃(cyclic hydrocarbon)。环烃又可分为脂环烃、苯型芳香烃(benzenoid aromatic hydrocarbon)和非苯芳香烃(non-benzenoid aromatic hydrocarbon)三大类。

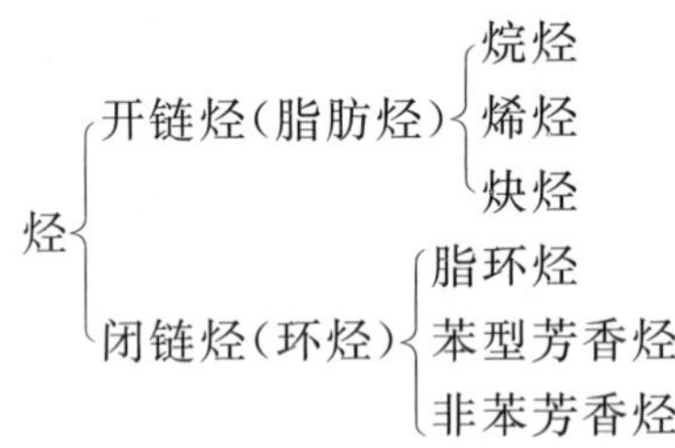

烃是最简单的有机物，其他有机物可以看作烃的衍生物。

2.1　烷烃的通式、同系列和构造异构

在烃类分子中，碳原子的4个共价键，除以单键与其他碳原子结合成碳链，其余价键均与氢原子结合，完全被氢原子饱和，这种烃叫烷烃(alkane)，又称为饱和烃(saturated hydrocarbon)。

在烷烃化合物中，含有一个碳原子的烷烃叫甲烷，随着碳原子数的递增，其他烷烃依次称为乙烷、丙烷、丁烷、戊烷等。从甲烷开始，每增加一个碳原子就增加两个氢原子，因此，两个烷烃分子式之间总是相差一个或几个 CH_2。含 n 个碳原子的烷烃的构造式可表示如下：

$$\begin{array}{c}\\ \\ \boxed{H}- \\ \\ \\ \end{array}\underbrace{\begin{array}{ccccccccccccc} H & & H & & H & & & & H & & H & & H \\ \vert & & \vert & & \vert & & & & \vert & & \vert & & \vert \\ C & - & C & - & C & & \cdots & & C & - & C & - & C \\ \vert & & \vert & & \vert & & & & \vert & & \vert & & \vert \\ H & & H & & H & & & & H & & H & & H \end{array}}_{n\text{个}}\begin{array}{c}\\ \\ -\boxed{H} \\ \\ \\ \end{array}$$

由此推得，烷烃的通式为 C_nH_{2n+2}，依据通式可写出一系列烷烃化合物。在组成上相差一个或多个 CH_2，且结构和性质相似的一系列化合物称为同系列(homologous series)。同系列中的各化合物互称为同系物(homolog)。如表 2-1 中所列的化合物，都是烷烃同系列中的同系物。同系列中，相邻的两个分子式的差值 CH_2 称为系差。

表 2-1 烷烃同系列

名 称	分 子 式	构 造 式	构造式的简写式
甲烷(methane)	CH_4	$\begin{array}{ccccc} & & H & & \\ & & \vert & & \\ H & - & C & - & H \\ & & \vert & & \\ & & H & & \end{array}$	CH_4
乙烷(ethane)	C_2H_6	$\begin{array}{ccccccc} & & H & & H & & \\ & & \vert & & \vert & & \\ H & - & C & - & C & - & H \\ & & \vert & & \vert & & \\ & & H & & H & & \end{array}$	CH_3CH_3
丙烷(propane)	C_3H_8	$\begin{array}{ccccccccc} & & H & & H & & H & & \\ & & \vert & & \vert & & \vert & & \\ H & - & C & - & C & - & C & - & H \\ & & \vert & & \vert & & \vert & & \\ & & H & & H & & H & & \end{array}$	$CH_3CH_2CH_3$
丁烷(butane)	C_4H_{10}	$\begin{array}{ccccccccccc} & & H & & H & & H & & H & & \\ & & \vert & & \vert & & \vert & & \vert & & \\ H & - & C & - & C & - & C & - & C & - & H \\ & & \vert & & \vert & & \vert & & \vert & & \\ & & H & & H & & H & & H & & \end{array}$	$CH_3(CH_2)_2CH_3$
戊烷(pentane)	C_5H_{12}	$\begin{array}{ccccccccccccc} & & H & & H & & H & & H & & H & & \\ & & \vert & & \vert & & \vert & & \vert & & \vert & & \\ H & - & C & - & C & - & C & - & C & - & C & - & H \\ & & \vert & & \vert & & \vert & & \vert & & \vert & & \\ & & H & & H & & H & & H & & H & & \end{array}$	$CH_3(CH_2)_3CH_3$

在烷烃同系列中，乙烷可以看作是甲烷分子中的一个氢原子被 $-CH_3$ 取代而形成的。丙烷可以看作是乙烷分子中的一个氢被 $-CH_3$ 取代而形成的。同理，丙烷分子中的一个氢原子被 $-CH_3$ 取代可形成丁烷，但丙烷分子中有两种不同类型的氢原子，因此，被 $-CH_3$ 取代所形成的丁烷是不同的：

$$\begin{array}{ccccccccc} & & H & & H & & H & & \\ & & \vert & & \vert & & \vert & & \\ H & - & C & - & C & - & C & - & H \\ & & \vert & & \vert & & \vert & & \\ & & H & & H & & H & & \end{array} \xrightarrow[\text{被}-CH_3\text{取代}]{\text{链端碳上氢原子}} \begin{array}{ccccccccccc} & & H & & H & & H & & H & & \\ & & \vert & & \vert & & \vert & & \vert & & \\ H & - & C & - & C & - & C & - & C & - & H \\ & & \vert & & \vert & & \vert & & \vert & & \\ & & H & & H & & H & & H & & \end{array} \text{ 或 } CH_3CH_2CH_2CH_3$$

正丁烷(*n*-butane)

$$\begin{array}{ccccccccccc} & & H & & H & & H & & \\ & & \vert & & \vert & & \vert & & \\ H & - & C & - & C & - & C & - & H \\ & & \vert & & \vert & & \vert & & \\ & & H & & H & & H & & \end{array} \xrightarrow[\text{被}-CH_3\text{取代}]{\text{中间碳上氢原子}} \begin{array}{ccccccccc} & & H & & H & & H & & \\ & & \vert & & \vert & & \vert & & \\ H & - & C & - & C & - & C & - & H \\ & & \vert & & \vert & & \vert & & \\ & & H & H- & C & -H & H & & \\ & & & & \vert & & & & \\ & & & & H & & & & \end{array} \text{ 或 } \begin{array}{c} CH_3CHCH_3 \\ \quad\vert \\ \quad CH_3 \end{array}$$

异丁烷(isobutane)

正丁烷和异丁烷有相同的分子式 C_4H_{10}，但它们的构造不同，即分子中各原子的连接方式和次序不同，其性质也不同，故它们互为同分异构体(isomer)，属构造异构(constitutional isomerism)。随着碳原子数的增加，烷烃构造异构体数目也愈多，见表 2-2。

表 2-2 烷烃构造异构体的数目

碳原子	4	5	6	7	8	9	10	15	20	30
异构体数	2	3	5	9	18	35	75	4347	366 319	4 111 846 763

烷烃分子中的碳原子,按照它们所连碳原子数目的不同,可分为 4 类:只连有一个碳原子的称为伯(primary)碳原子(称第一碳原子,一级碳原子),常用"1°"表示;连有两个碳原子的称为仲(secondary)碳原子(称第二碳原子,二级碳原子),常用"2°"表示;连有 3 个碳原子的称为叔(tertiary)碳原子(称第三碳原子,三级碳原子),常用"3°"表示;连有 4 个碳原子的称为季(quaternary)碳原子(称第四碳原子,四级碳原子),常用"4°"表示。与伯、仲、叔碳原子相连的氢原子,分别称为伯、仲、叔氢原子。

```
            3°        1°
  H   H   H   CH3 H
  |1° |2° |3° |4°  |1°
H—C—C—C—C—C—H 1°
  |   |   |1° |   |
  H   H  CH3 CH3  H
  1°  2°  1°      1°
```

为了方便有机物命名或说明结构,常需要对一些基团给予一定的名称。甲烷去掉一个氢原子后余下的原子团 $—CH_3$,叫做**甲基**(methyl);乙烷去掉一个氢原子后余下的原子团 $—CH_2CH_3$,叫做**乙基**(ethyl);丙烷分子中,去掉一个氢原子后,可以得到两种构造异构的丙基。

```
                         去掉一个1°H      H  H  H
                       ┌──────────→   H—C—C—C—     或  CH3CH2CH2—
  H  H  H              │                 H  H  H          正丙基(n-propyl, n-Pr-)
H—C—C—C—H  ───────────┤
  H  H  H              │ 去掉一个2°H      H  H  H
伯(1°) 仲(2°) 伯(1°)    └──────────→   H—C—C—C—H    或  CH3CHCH3 (即 CH3CH—)
                                         H     H                |           |
                                                                           CH3
                                                                异丙基(isopropyl, i-Pr-)
```

同理,由正丁烷可得到两种构造异构的丁基,即正丁基和仲丁基,而由异丁烷则可得到另外两种构造异构的丁基,即异丁基和叔丁基。

```
                          去掉一个1°H      H  H  H  H
                        ┌──────────→   H—C—C—C—C—     或  CH3CH2CH2CH2—
  H  H  H  H            │                 H  H  H  H          正丁基(n-butyl, n-Bu-)
H—C—C—C—C—H ──────────┤
  H  H  H  H            │ 去掉一个2°H      H  H  H  H
                        └──────────→   H—C—C—C—C—H    或  CH3CH2CH—
                                          H  H  |  H                |
                                                                   H3C
                                                          仲丁基(sec-butyl, s-Bu-)
```

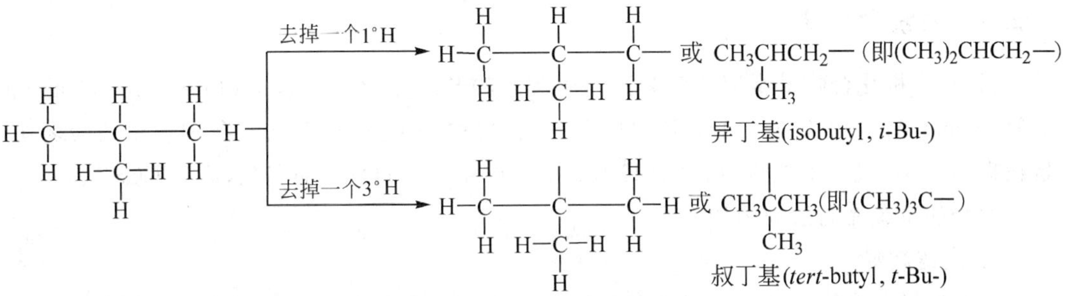

$$H-\overset{\displaystyle H}{\underset{\displaystyle H}{\overset{|}{\underset{|}{C}}}}-\overset{\displaystyle H}{\underset{H-\underset{\displaystyle H}{\underset{|}{C}}-H}{\overset{|}{\underset{|}{C}}}}-\overset{\displaystyle H}{\underset{\displaystyle H}{\overset{|}{\underset{|}{C}}}}-H \xrightarrow{\text{去掉一个}1^\circ\text{H}} H-\overset{\displaystyle H}{\underset{\displaystyle H}{\overset{|}{\underset{|}{C}}}}-\overset{\displaystyle H}{\underset{H-\underset{\displaystyle H}{\underset{|}{C}}-H}{\overset{|}{\underset{|}{C}}}}-\overset{\displaystyle H}{\underset{\displaystyle H}{\overset{|}{\underset{|}{C}}}}- \text{ 或 } CH_3\underset{\displaystyle CH_3}{\underset{|}{C}}HCH_2- \ (\text{即}(CH_3)_2CHCH_2-)$$

异丁基(isobutyl, *i*-Bu-)

$$\xrightarrow{\text{去掉一个}3^\circ\text{H}} H-\overset{\displaystyle H}{\underset{\displaystyle H}{\overset{|}{\underset{|}{C}}}}-\overset{|}{\underset{H-\underset{\displaystyle H}{\underset{|}{C}}-H}{\underset{|}{C}}}-\overset{\displaystyle H}{\underset{\displaystyle H}{\overset{|}{\underset{|}{C}}}}-H \text{ 或 } CH_3\overset{|}{\underset{\displaystyle CH_3}{\underset{|}{C}}}CH_3 \ (\text{即}(CH_3)_3C-)$$

叔丁基(*tert*-butyl, *t*-Bu-)

总的来说,烷烃去掉一个氢原子后的原子团叫做**烷基**(alkyl group),常用 R—(C_nH_{2n+1}—)表示,所以,烷烃又可用 RH 来代表。

2.2 烷烃的命名

2.2.1 习惯命名法

习惯命名法,也称**普通命名法**(common nomenclature),是根据碳原子数目来命名的方法。碳原子数在 10 以内时,依次用天干(甲、乙、丙、丁、戊、己、庚、辛、壬、癸)来代表碳原子数,在 10 以上时直接用中文数字十一、十二……来表明碳原子数。若有异构体存在,就在名称前冠以不同形容词以示区别,例如,丁烷的两个异构体,直链的叫做**正**(*n*-,即 normal)**丁烷**,带有支链的叫做**异**(*iso*-)**丁烷**;戊烷的 3 个异构体中,除正戊烷外,带有一个支链的叫做**异戊烷**,带有两个支链的叫做**新**(*neo*-)**戊烷**。

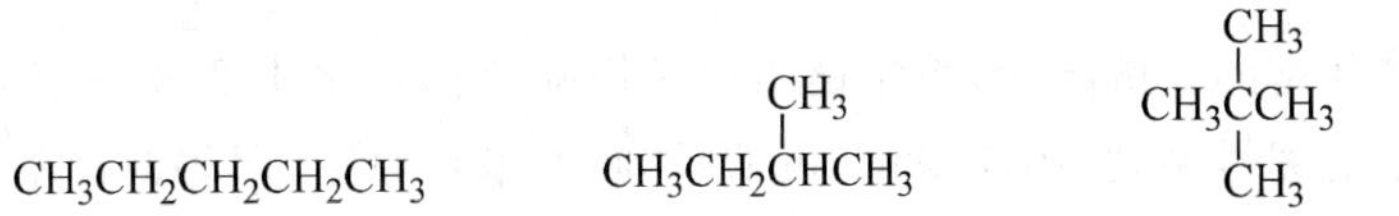

$$CH_3CH_2CH_2CH_2CH_3 \qquad CH_3CH_2\overset{\displaystyle CH_3}{\overset{|}{C}}HCH_3 \qquad CH_3\overset{\displaystyle CH_3}{\underset{\displaystyle CH_3}{\overset{|}{\underset{|}{C}}}}CH_3$$

正戊烷 (*n*-pentane)　　异戊烷 (isopentane)　　新戊烷 (neopentane)

这种命名方法,不能很好反映出分子的结构,而且对于碳原子数较多,因而异构体也较多的烷烃,习惯命名法很难适用。

2.2.2 衍生物命名法

将所有烷烃看作是**甲烷的烷基衍生物**来命名。在命名时,选择连有烷基最多的碳原子作为甲烷碳原子,而把与此碳原子相连的基团作为甲烷氢原子的取代基。例如,异丁烷可叫做三甲基甲烷,异戊烷和新戊烷可以分别叫做二甲基乙基甲烷和四甲基甲烷。

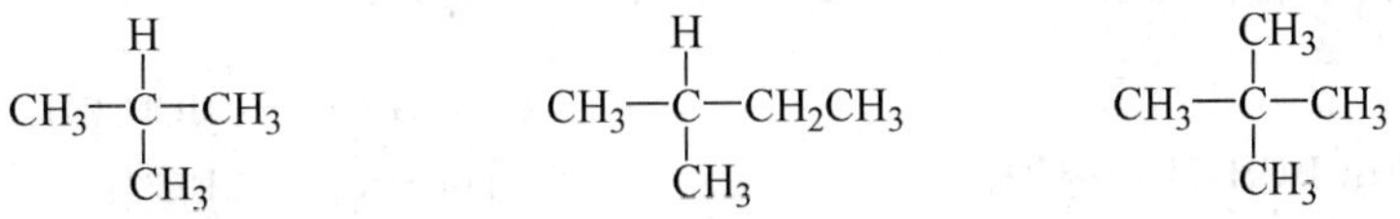

$$CH_3-\overset{\displaystyle H}{\underset{\displaystyle CH_3}{\overset{|}{\underset{|}{C}}}}-CH_3 \qquad CH_3-\overset{\displaystyle H}{\underset{\displaystyle CH_3}{\overset{|}{\underset{|}{C}}}}-CH_2CH_3 \qquad CH_3-\overset{\displaystyle CH_3}{\underset{\displaystyle CH_3}{\overset{|}{\underset{|}{C}}}}-CH_3$$

异丁烷 三甲基甲烷　　异戊烷 二甲基乙基甲烷　　新戊烷 四甲基甲烷

这种**甲烷衍生物命名法**(derivative nomenclature),对于更复杂的烷烃,仍不适用。

2.2.3 系统命名法

目前,有机化合物最常用的命名法是国际纯粹与应用化学联合会(International Union of Pure and Applied Chemistry)制订的命名法,简称 **IUPAC 命名法**。我国现用的命名法,是根据 IUPAC 规定的原则,再结合我国文字特点而制订的系统命名法(亦称 CCS 法)。

烷烃的系统命名法规则如下:

1. 直链烷烃

直链烷烃的系统命名法与习惯命名法的命名原则相同,但名称前不需加"正"字。如:

CH_3CH_3	$CH_3(CH_2)_4CH_3$	$CH_3(CH_2)_{10}CH_3$
乙烷	己烷	十二烷

2. 带有支链的烷烃

支链烷烃命名时是把它看作是直链烷烃的烷基衍生物。

(1) 选主链

把构造式中连续的**最长碳链**作为主链,即母体,称为某烷,把构造式中较短的链作为支链,看作取代基。命名时将基名放在母体名称的前面,称为某基某烷。如果构造式中较长**碳链**不止一条时,则选择带有最多取代基的一条为主链。例如:

$CH_3CH_2CH_2CH-CH(CH_2CH_2CH_3)CHCH_2CH_3$(4 位、6 位各连 CH_3)——主链

(2) 编号

从最接近取代基的一端开始,将主链碳原子用阿拉伯数字 1,2,3,…依次编号。若出现两种或两种以上的编号系列,则应采用"最低系列"的编号原则,即将取代基号码顺次逐项比较各系列的不同位次,最先遇到的位次最小者,为最低系列,例如:

$CH_3CH(CH_3)CH_2CH(CH_3)-C(CH_3)_2-CH_3$

2,2,3,5 (最低序列,正确)

2,4,5,5 (非最低序列,不正确)

(3) 取代基的书写原则

若几个取代基相同,则可以合并,在基团名称之前标明其位次和数目,各位次间用逗号隔开,数目须用汉字二、三……来表示;若几个取代基不同,应按"次序规则"(详见第 3 章)将取代基先后列出,较优基团后置。常见烷基的优先次序是异丙基>丙基>乙基>甲基(英文名称则以取代基名称的首字母 A,B,C,…为次序)。例如:

$CH_3CH(CH_2CH_3)CH_2CH(CH_2CH_2CH_3)CH_2CH_3$

取代基: 3-甲基-5-乙基

(5-ethyl-3-methyl)

①

$CH_3CH_2CH(CH(CH_3)CH_3)-CH(CH(CH_3)CH_3)CH_2CH_3$

取代基: 2,5-二甲基-3,4-二乙基

(3,4-diethyl-2,5-dimethyl)

②

(4) 给全称

根据基本格式准确书写烷烃的名称。例如,上面两个化合物应分别称为:

① 3-甲基-5-乙基辛烷(5-ethyl-3-methyloctane);

② 2,5-二甲基-3,4-二乙基己烷(3,4-diethyl-2,5-dimethylhexane)。

2.3 烷烃的结构

2.3.1 甲烷的结构和 sp^3 杂化轨道

甲烷是最简单的烷烃,甲烷分子中 4 个氢原子的地位完全相同,用其他原子取代其中任何一个氢原子,只能形成一个取代甲烷。例如,构造式为 CH_3Cl 的化合物只有一个,另构造式为 CH_2Cl_2 的化合物也只有一个,没有异构体。

用物理方法测得甲烷分子为一**正四面体结构**,碳原子居于正四面体的中心,和碳原子相连的 4 个氢原子,居于四面体的 4 个顶点,如图 2-1,4 个碳氢键键长都为 0.110nm, H—C —H 键角都是 109.5°。

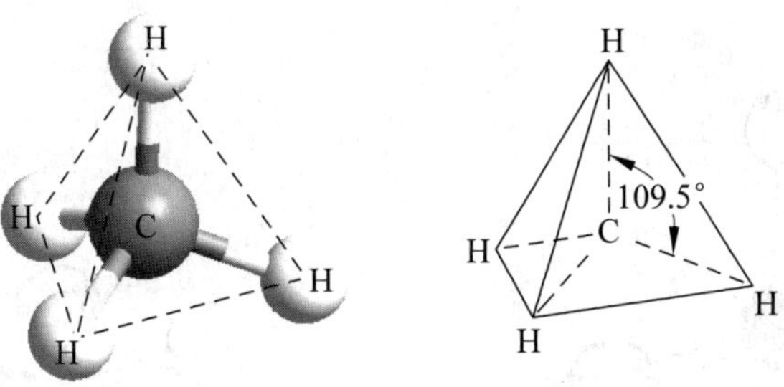

图 2-1　甲烷的四面体结构

甲烷正四面体型结构可用杂化轨道理论加以解释,是碳原子采取 sp^3 杂化轨道(sp^3 hybrid orbital)成键的结果。

甲烷分子中的碳氢键是碳的 sp^3 轨道与氢的 s 轨道沿着轨道对称轴方向发生轨道重叠而形成的,这种键的电子云分布具有圆柱形的轴对称,键轴在两个原子核的连接线上,凡是成键电子云对键轴呈圆柱形对称的键都称为 σ 键。因此,甲烷中的 4 个 C—H 键均为 σ 键。σ 键的特点是:①成键时,两个原子轨道重叠程度较大,键比较牢固;②以 σ 键相连接的两个原子可以相对绕轴自由旋转而不影响电子云的分布。

2.3.2 其他烷烃的结构

其他烷烃分子中的碳原子同样以 sp^3 杂化轨道形成 σ 键,因此也都具有四面体的结构。

烷烃分子中各碳原子的结构都可用四面体模型表示。除甲烷外,其他烷烃中各碳原子所连 4 个原子或原子团不一样,因此键角并不完全相等,但都接近于 109.5°, C—C 键长 0.154nm。

除乙烷外,烷烃的碳链并不在一条直线上,而是曲折的。这是碳原子的四面体结构所决定的。不过,书写时仍写成直链形式,也可写成键线式。如正己烷 $CH_3CH_2CH_2CH_2CH_2CH_3$,键线式为╱╲╱╲╱。

2.4 烷烃的构象

2.4.1 乙烷的构象

乙烷分子中 C—C σ 键可以自由旋转。在旋转过程中,由于两个甲基上的氢原子的相对位置不断发生变化,这就形成了许多不同的空间排列方式。这种仅仅由于围绕单键旋转,而引起的分子中各原子在空间的不同排布方式称为**构象**(conformation)。乙烷的构象可以有无数种。其中存在两种极端情况,一种是一个甲基上的氢原子正好处于另一个甲基的两个氢原子之间的中线上,这种排布方式叫做**交叉式构象**(staggered conformation);另一种是两个碳原子上的各个氢原子,正好处于相互对映的位置上,这种排布方式叫做**重叠式构象**(eclipsed conformation)。交叉式构象和重叠式构象是两种典型的构象,也称为极限构象,用球棒模型很容易看清楚乙烷极限构象中各原子在空间的不同排布(图 2-2 和图 2-3)。

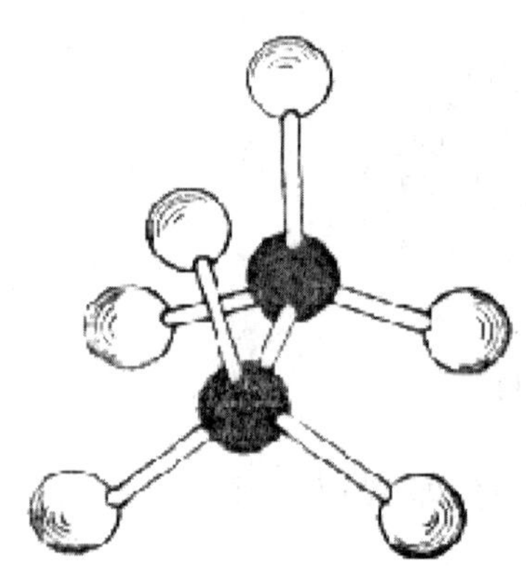

图 2-2 重叠式构象

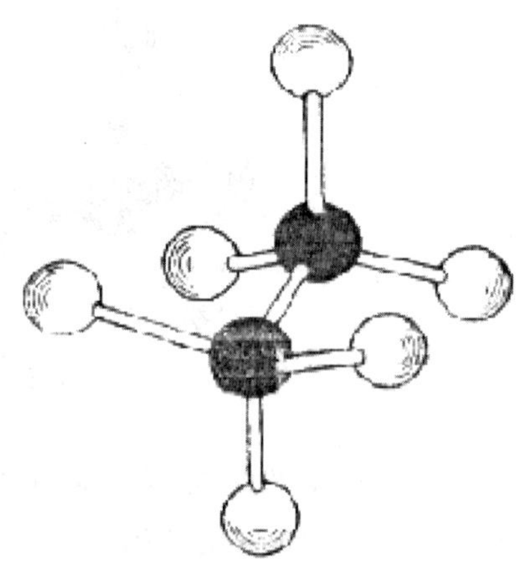

图 2-3 交叉式构象

乙烷的极限构象也可用几种透视式表示:

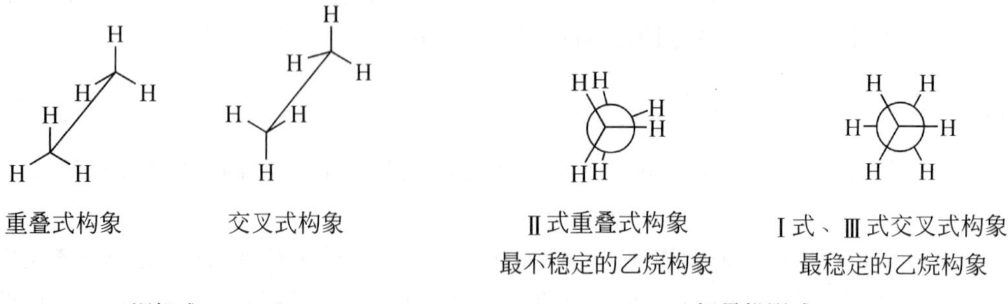

锯架式(也称**透视式**)表示从斜侧面看到的乙烷分子模型的形象。在锯架式中,虽然各键都可以看到,但较难画好。因此纽曼提出了以投影方式观察和表示乙烷立体结构的方法,叫做**纽曼**(Newman)**投影法**,按照这个方法,要从碳碳单键的延长线上观察化合物分子,投影时以圆圈表示碳碳单键上的碳原子。由于前后两个碳原子重叠,纸面上只能画出一个圆圈。前面碳上的 3 个碳氢键可以从圆心出发,彼此以 120°夹角向外伸展的 3 根线代表。后面碳上的 3 个碳氢键,则用从圆周出发彼此以 120°夹角向外伸展的 3 根线来代表。

交叉式构象中,前后两个碳上的氢原子和 C—Hσ 键之间的距离最远,相互间斥力最小,这种构象能量最低。重叠式构象中,前后两个碳上的氢原子之间距离最近,C—Hσ 键重叠,由于 C—Hσ 键电子云之间相互排斥,斥力最大,因而重叠式构象能量最高。而处在这两种极限构象之间的其他构象,能量都在这两种极限构象之间。如以能量为纵坐标,C—C σ 键的旋转角度为横坐标,随着乙烷碳碳单键旋转角度的改变作图,它的能量变化如图 2-4 所示。

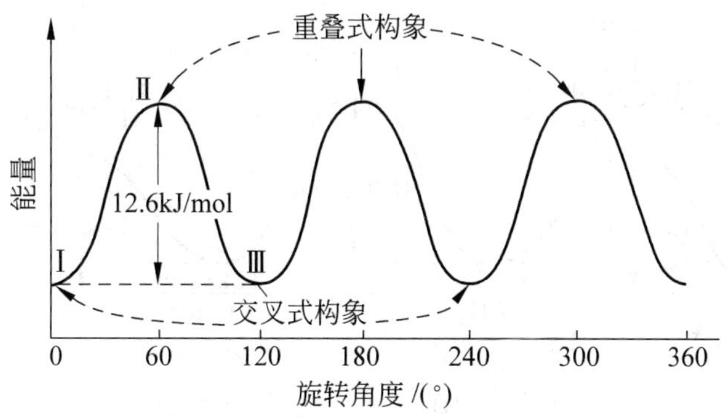

图 2-4　乙烷分子各种构象的能量曲线

从一个交叉式构象(Ⅰ式)通过碳碳单键旋转到另一个交叉式构象(Ⅲ式),中间必须经过能量比交叉式高 12.6 kJ/mol 的重叠式构象(Ⅱ),也就是说,它必须克服 12.6 kJ/mol 的能垒才能完成这种转化。由此可见,乙烷单键的旋转也并不是完全自由的。可以把这个能垒看作是克服氢原子之间的斥力,以及很可能还有由于碳氢键电子云之间斥力所需要的能量。但由于两种构象转化所需的能量差别小,在室温下分子热运动即可越过此能垒(单键旋转能垒一般在 12.6～41.8 kJ/mol 范围内)而迅速互变,由于分子在某一构象停留时间很短($<10^{-6}$s),因此不能把某一构象“分离”出来。两种构象在迅速的转化过程中,交叉式构象出现的几率较多,较稳定,它是乙烷的**优势构象**。

2.4.2　丁烷的构象

丁烷的构象也可以用纽曼投影式来表示,把丁烷看作是乙烷分子中每个碳上的一个氢原子被甲基取代而得,然后从键轴 C_2—C_3 的延长线上观察,并画出 C_2—C_3 键轴旋转所形成的 4 种极限构象的纽曼投影式,如图 2-5 所示。

Ⅰ全重叠式（顺叠重叠）　Ⅱ邻位交叉式（顺错交叉）　Ⅲ部分重叠式（反错重叠）　Ⅳ对位交叉式（反叠交叉）

图 2-5　丁烷的构象

丁烷构象的能量是随着与 $C_2—C_3$ 相连的两个 $—CH_3$ 和 4 个 H 原子位置不同而变化，其 4 种极限构象的内能高低次序为：全重叠式＞部分重叠式＞邻位交叉式＞对位交叉式。但丁烷各构象之间的能量差也不是太大(最大约为 22.1 kJ/mol)，它们同样能互相转变，常温下大多数丁烷分子以对位交叉式构象存在，全重叠式构象实际上是不存在的，见图 2-6。

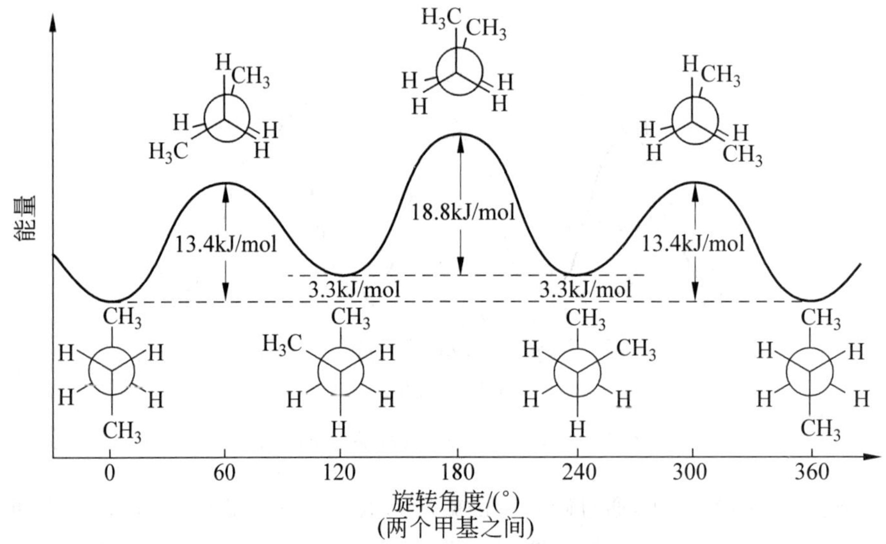

图 2-6　丁烷 $C_2—C_3$ 键旋转引起的各构象的能量变化

结构更复杂的烷烃，它们的构象也更复杂，但从以上讨论可以看出，它们也主要以对位交叉构象的形式存在。

2.5　烷烃的物理性质

在室温和 0.1MPa 下，$C_1\sim C_4$ 的直链烷烃为气体；$C_5\sim C_{17}$ 的直链烷烃为液体；18 个碳原子以上的直链烷烃为固体。

1. 沸点

化合物的沸点就是其蒸气压与外界压力达到平衡时的温度。化合物的蒸气压与分子间的引力大小有关。如果分子间的吸引力小，这种化合物的蒸气压就比较高，往往只需要从外界供给较小的能量就可使它的蒸气压提高到与外界压力相等，因而该化合物的沸点就比较低,反之,该化合物的沸点就比较高。烷烃分子间主要存在**范德华**(van der Waals)**引力**,这些力只在分子相距很近时才起作用。分子的大小能影响引力,所以,随着烷烃相对分子质量的增加,分子间的作用力亦增加,其沸点也相应增高,见图 2-7。除低级烷烃外,每增加一个 CH_2,沸点升高 20～30℃,见表 2-3。具有相同碳原子数的不同结构的烷烃,支链化作用使沸点降低,见表 2-4。

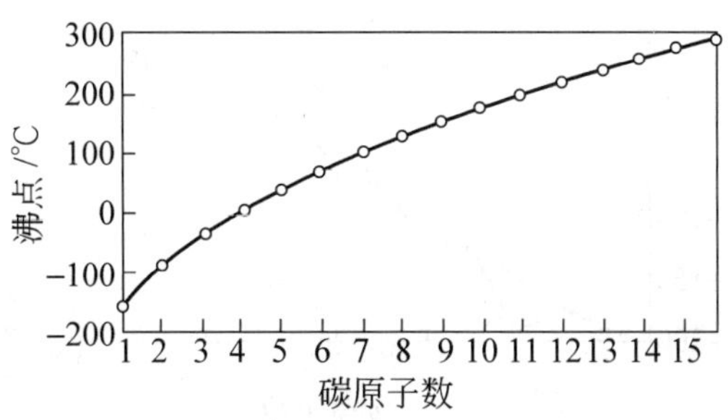

图 2-7 直链烷烃的沸点

表 2-3 直链烷烃的沸点和熔点

化合物	英文名称	熔点/℃	沸点/℃(0.1MPa)
甲烷	methane	−182.6	−161.6
乙烷	ethane	−172.0	−88.5
丙烷	propane	−187.1	−42.2
丁烷	butane	−138.4	−0.5
戊烷	pentane	−129.7	36.1
己烷	hexane	−94.0	68.7
庚烷	heptane	−90.5	98.4
辛烷	octane	−56.8	125.7
壬烷	nonane	−53.7	150.8
癸烷	decane	−29.7	174.1
十一烷	undecane	−25.6	195.9
十二烷	dodecane	−9.7	216.3
十三烷	tridecane	−6.0	235.5
十四烷	tetradecane	5.5	253.6
十五烷	pentadecane	10.0	270.7
十六烷	hexadecane	18.1	287.1
十七烷	heptadecane	22.0	302.6
十八烷	octadecane	28.0	317.4
一百烷	hectane	115.1～115.4	—

2. 熔点

固体状态时,由于分子间范德华力的作用,分子靠得近,并按照一定的晶格排列。当固体受热时增加了分子的动能,动能增加到能克服这种范德华力时,晶体就开始熔化而变为液体,这时的温度称为**熔点**。

烷烃熔点的变化,基本上也是随着相对分子质量的增加而增高,含奇数碳原子的烷烃和含偶数碳原子的烷烃构成两条熔点曲线，如图2-8所示。上面的曲线是偶数碳原子烷烃的熔点曲线，下面的曲线则为奇数碳原子烷烃的熔点曲线。随着相对分子质量的增加，两条曲线逐渐接近。但熔点的变化并不像沸点那样规则，熔点的高低还与分子的对称性以及晶格排列紧密与否有关。在相同碳原子数的烷烃异构中，取代基对称性好的烷烃比直链烷烃的熔点高，见表2-4。

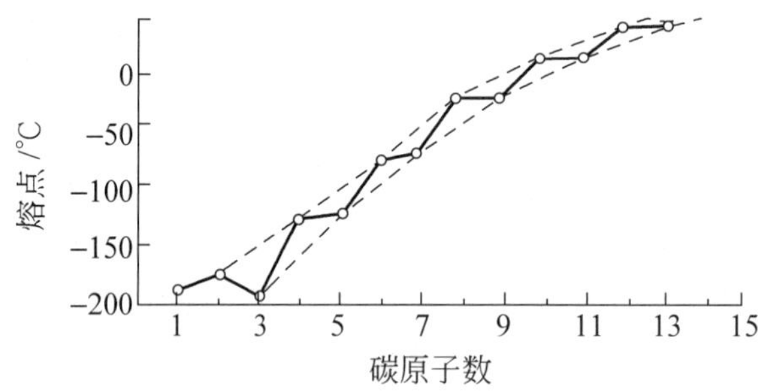

图2-8　直链烷烃的熔点与分子中所含碳原子数目的关系

表2-4　戊烷的沸点和熔点

名　称	构造式	沸点/℃	熔点/℃
正戊烷	$CH_3CH_2CH_2CH_2CH_3$	36	−130
异戊烷	$CH_3CH(CH_3)CH_2CH_3$	28	−160
新戊烷	$C(CH_3)_4$	9.5	−17

3. 相对密度

烷烃的相对密度随着相对分子质量的增加而有所增加，这也是分子间相互作用力的结果，最后接近于0.8左右。

4. 溶解度

化合物的溶解度可根据“相似相溶”经验规律判别。烷烃是非极性分子，几乎不溶于极性溶剂水中，而易溶于非极性有机溶剂如四氯化碳、苯、乙醚等。

2.6　烷烃的化学性质

烷烃分子中C—C和C—H σ键结合紧密，键断裂所需能量高；且烷烃分子中的电子分布较均匀，因此，烷烃是一类不活泼的有机化合物。在室温条件下与强酸、强碱、强氧化剂等都不反应。但在一定条件下，例如高温、高压、光照或催化剂的存在下，烷烃也可发生某些化学反应。

1. 氧化反应

在室温和大气压下，烷烃与氧不发生反应，如果点火引发，则烷烃可以燃烧生成二氧化碳和水，同时放出大量的热：

$$CH_4 + 2O_2 \longrightarrow CO_2 + 2H_2O \quad \Delta H = -881\ kJ/mol$$
$$2CH_3CH_3 + 7O_2 \longrightarrow 4CO_2 + 6H_2O \quad \Delta H = -1538\ kJ/mol$$

在一定的条件下，烷烃也可以部分氧化(oxidation)得到含氧化合物。例如，在 $KMnO_4$，MnO_2 或脂肪酸锰盐的催化作用下，小心用空气或氧气氧化高级烷烃，可制得高级脂肪酸：

$$RCH_2CH_2R' \xrightarrow[\text{锰酸},1.5\sim3MPa]{O_2,120℃} RCOOH + R'COOH$$

其中，C_{10}～C_{20} 的脂肪酸可代替天然油脂制取肥皂。

***2. 异构化反应**

由化合物转变为其异构体的反应叫做**异构化反应**(isomerization reaction)。例如，正丁烷在三溴化铝及溴化氢的存在下，在 27℃时可发生异构化反应而生成异丁烷：

$$\underset{(20\%)}{CH_3CH_2CH_2CH_3} \xrightleftharpoons{AlBr_3,HBr,27℃} \underset{(80\%)}{CH_3-\overset{\displaystyle CH_3}{\overset{|}{C}H}-CH_3}$$

炼油工业上往往利用烷烃的异构化反应，使石油馏分中的直链烷烃异构化为支链烷烃以提高汽油的质量。

***3. 裂化反应**

在高温及无氧条件下使烷烃分子发生裂解的过程称为**裂化**(cracking)。裂化反应(cracking reaction)是一个复杂的过程。烷烃分子中所含有的碳原子数越多，裂化产物也越复杂。反应条件不同时产物也不相同。但不外是由烷烃分子中 C—C 键和 C—H 键的断裂形成复杂的混合物，其中既含有较低级的烷烃，也含有烯烃和氢。

$$CH_3CH_2CH_2CH_3 \longrightarrow \begin{cases} CH_4 + CH_3CH{=}CH_2 \\ CH_2{=}CH_2 + CH_3CH_3 \\ H_2 + CH_3CH_2CH{=}CH_2 \end{cases}$$

4. 取代反应

烷烃分子中的氢原子被其他原子或原子团所取代，这种反应叫做**取代反应**(substitution reaction)。被卤素取代的反应叫做卤代反应，也称为**卤化反应**(halogenating reaction)。

(1) 甲烷的氯代反应

甲烷和氯在黑暗中不起反应，如果在强烈的日光照射下，则猛烈地反应，甚至发生爆炸，生成氯化氢和碳：

$$CH_4 + 2Cl_2 \xrightarrow{\text{强烈日光}} 4HCl + C + \text{热量}$$

在漫射光、热或某些催化剂的作用下，甲烷与氯发生氯代反应，氢原子被氯原子取代，生成氯甲烷和氯化氢，同时有热量放出：

$$CH_4 + Cl_2 \xrightarrow{\text{漫射光}} CH_3Cl + HCl$$

氯甲烷能进一步发生取代反应生成二氯甲烷、三氯甲烷和四氯化碳：

$$CH_3Cl + Cl_2 \xrightarrow{\text{漫射光}} CH_2Cl_2 + HCl$$
二氯甲烷

$$CH_2Cl_2 + Cl_2 \xrightarrow{\text{漫射光}} CHCl_3 + HCl$$
三氯甲烷

$$CHCl_3 + Cl_2 \xrightarrow{\text{漫射光}} CCl_4 + HCl$$
四氯甲烷

通常甲烷的氯化反应得到的是4种氯代产物的混合物。甲烷的溴化反应与此类似,但反应较慢。甲烷的碘化反应很难进行,碘与烷烃作用不能得到碘代烃,碘代烃需用其他方法合成。氟化反应却非常剧烈,难以控制。由此可见,各种卤素的取代反应活性次序是$F_2>Cl_2>Br_2>I_2$。

(2) 其他烷烃的氯代——伯、仲、叔氢原子的反应活性

其他烷烃氯代反应的条件与甲烷相似,但产物复杂,生成几种可能异构体的混合物,如乙烷与氯作用不仅生成氯乙烷,还得到1,1-二氯乙烷和1,2-二氯乙烷:

$$CH_3CH_3 + Cl_2 \longrightarrow CH_3CH_2Cl + HCl$$

$$CH_3CH_2Cl + Cl_2 \longrightarrow CH_3CHCl_2 + ClCH_2CH_2Cl + HCl$$

丙烷、异丁烷氯代将更复杂,各反应产物份额与取代氢原子数之比反映了伯、仲、叔氢原子的活泼性。

$$CH_3CH_2CH_3 + Cl_2 \xrightarrow{h\nu} \underset{43\%}{CH_3CH_2CH_2-Cl} + \underset{57\%}{CH_3\underset{\displaystyle Cl}{\underset{|}{C}H}CH_3}$$

丙烷氯代:

$$\frac{\text{仲氢}}{\text{伯氢}} = \frac{57/2}{43/6} \approx 4$$

异丁烷氯代,见(3)中反应式:

$$\frac{\text{叔氢}}{\text{伯氢}} = \frac{36/1}{64/9} \approx 5$$

实验证实,氢原子活泼性次序是叔氢>仲氢>伯氢。

*(3) 卤代反应的选择性

3种氢原子的活泼性次序在氯代和溴代反应中是一致的,但由于溴与烷烃反应的活性比氯小,因此,溴对氢原子表现出更强的选择性,即溴总是尽量取代烷烃分子中活性较大的叔氢或仲氢:

$$H_3C-\overset{\displaystyle CH_3}{\overset{|}{C}H}-CH_3 + X_2 \xrightarrow{h\nu\text{或}\triangle} H_3C-\overset{\displaystyle CH_3}{\overset{|}{\underset{\displaystyle X}{\underset{|}{C}}}}-CH_3 + H_3C-\overset{\displaystyle CH_3}{\overset{|}{\underset{\displaystyle H}{\underset{|}{C}}}}-CH_2-X$$

X=Br(127℃)	99%	痕量
X=Cl(25℃)	36%	64%

2.7 甲烷氯代反应历程

反应历程就是描述反应经历的全过程，反应历程也称**反应机理**(reaction mechanism)。反应机理是综合同一类型反应的大量实验事实做出的理论假设，对于某一类反应，可能提出不同的机理。我们介绍的是比较成熟的反应机理。了解反应历程，有助于认清反应的本质，从而达到控制和利用反应的目的。

甲烷的氯代反应是分步进行的。由于氯分子的键裂解能较低，用波长较长的光照射或加热到不太高的温度(如 120℃)，就可以裂解成两个氯原子**自由基**(free radical)：

$$\text{Cl—Cl} \xrightarrow[\text{或}\triangle]{h\nu} \text{Cl}\cdot + \text{Cl}\cdot \qquad \Delta H = 243\ \text{kJ/mol} \tag{1}$$

氯原子自由基非常活泼，有强烈的电子配对倾向，与甲烷分子相碰撞时，从甲烷夺取一个氢原子，生成氯化氢分子，甲烷则转变成甲基自由基：

$$\underset{\text{甲烷}}{\text{Cl}\cdot + CH_4} \longrightarrow \underset{\text{甲基自由基}}{HCl + CH_3\cdot} \qquad \Delta H = 4\ \text{kJ/mol} \tag{2}$$

甲基自由基的化学活性很高，当它与氯分子碰撞时能夺取氯原子，生成氯甲烷分子和另一个氯原子自由基：

$$\underset{\text{甲基自由基}}{CH_3\cdot + Cl_2} \longrightarrow \underset{\text{氯甲烷}}{CH_3Cl + Cl\cdot} \qquad \Delta H = -106\ \text{kJ/mol} \tag{3}$$

新生成的氯原子自由基继续与甲烷反应，生成氯化氢和甲基自由基，反应(2)和(3)循环进行，直至两个自由基碰撞，生成稳定的分子为止：

$$CH_3\cdot + \cdot Cl \longrightarrow CH_3Cl \tag{4}$$

$$\underset{\text{甲基自由基}}{CH_3\cdot} + \underset{\text{甲基自由基}}{\cdot CH_3} \longrightarrow \underset{\text{乙烷}}{CH_3CH_3} \tag{5}$$

这种反应称为**自由基链反应**(free radical chain reaction)。反应(1)产生活泼的氯原子自由基，引发反应(2)和(3)的进行，称为**链引发**(chain initiation)步骤，反应(2)和(3)循环进行，不断生成产物氯甲烷和氯化氢，称为**链增长**(chain propagation)步骤，反应(4)和(5)使反应链不能继续发展，称为**链终止**(chain termination)步骤。反应(2)和(3)往往要循环 10 000 次左右，反应链才中断。

2.8 甲烷氯代反应过程中的能量变化——反应热、活化能和过渡态

一个反应能否发生或是否容易发生，在很大程度上取决于反应物和产物之间的能量变化。经验规律告诉我们，放热反应一般比吸热反应易于进行。断裂一个共价键需要吸收能量，而形成一个共价键则要放出能量。因此，可以根据反应物和产物共价键的变化，用键离解能来估算它们之间的能量差(ΔH)，该能量差称为**反应热**。在甲烷氯代形成氯甲烷的反应中，断裂了两个键，即 CH_3—H 和 Cl—Cl 键，需吸收能量 435＋243＝678 kJ/mol，在反应中也形成了两个键，即 CH_3—Cl 和 H—Cl 键，共放出 349＋431＝780 kJ/mol 热量，所以该反应是放热反应，即 ΔH＝678－780＝－102 kJ/mol。

$$\underset{435}{H_3C—H} + \underset{243}{Cl—Cl} \longrightarrow \underset{349}{H_3C—Cl} + \underset{431}{H—Cl} \qquad \Delta H = -102\ kJ/mol$$

$$\underbrace{435 \quad 243}_{678} \qquad \underbrace{349 \quad 431}_{780}$$

因此,甲烷氯代反应容易进行。但仅讨论总热效应是不够的,应进一步讨论各步反应的 ΔH。

$$\underset{243}{Cl—Cl} \longrightarrow 2Cl\cdot \qquad \Delta H = +243 kJ/mol \tag{1}$$

$$Cl\cdot + \underset{435}{H_3C—H} \longrightarrow \underset{431}{H—Cl} + \cdot CH_3 \qquad \Delta H = +4\ kJ/mol \tag{2}$$

$$CH_3\cdot + \underset{243}{Cl—Cl} \longrightarrow \underset{349}{H_3C—Cl} + Cl\cdot \qquad \Delta H = -106\ kJ/mol \tag{3}$$

反应(1)是链的引发,要吸收相当大的能量(243 kJ/mol)才能进行。这样我们可以清楚知道,虽然氯代产物总的来说是**放热反应**,但只有在高温或光照(供给光能量)的情况下,反应才能开始。在反应(2)中,按计算只需供给 4 kJ/mol 的能量即能进行反应,可是实际上却并不是这样。实验表明,要使这个反应发生,必须供给 17 kJ/mol 的能量。这是因为化学反应需要较高能量粒子的**有效碰撞**,我们知道两个反应粒子的相互碰撞是发生化学反应的首要条件,但并不是所有碰撞都是有效的。只有具有较高能量的反应物粒子之间的碰撞,才能克服它们的范德华斥力,而发生反应。根据**过渡状态理论**,当能量高的反应物粒子发生有效碰撞时,首先生成一个不稳定的过渡态,这时体系的能量升高至最大值(17 kJ/mol):

$$CH_4 + Cl\cdot \longrightarrow \underset{\text{过渡态}}{[H_3C\cdots H\cdots Cl]} \longrightarrow \cdot CH_3 + HCl \tag{4}$$

随着进一步 H—Cl 键的生成和 C—H 键的断裂,体系的能量逐渐降低,直至达到产物的能量水平。这里产物的能量比反应物的能量稍高一些(4 kJ/mol)。体系的能量变化如图 2-9 所示。

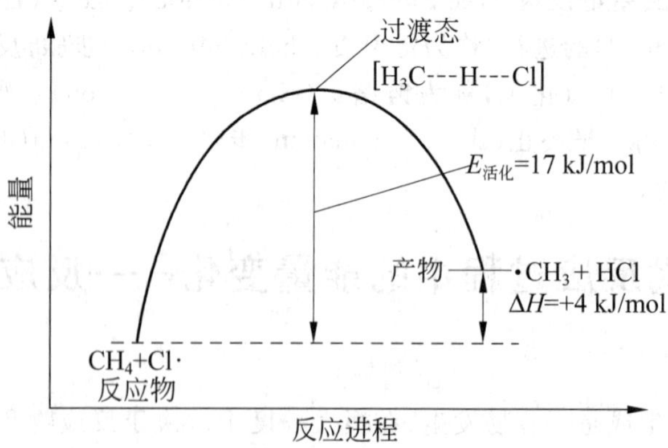

图 2-9 反应(4)的能量变化

由图可见,反应物和产物之间的能量差即为**反应热** ΔH。**过渡态**(transition state)位于能垒的顶部。过渡态与反应物之间的能量差是形成过渡态所必需的最低的能量,也是能使这个反应进行所需要的最低能量,叫做**活化能**(activation energy)。活化能代表反应物与过渡态之间的键能变化所需要的能量,用 $E_{活化}$ 代表。

反应(3)是甲基自由基与氯分子碰撞而生成氯甲烷和氯自由基的反应。实验表明,这个反应虽然是放热反应,仍需一定的活化能来形成过渡态,这里的活化能数值较小,只有4 kJ/mol,由于这个反应是高度放热的,而且活化能又小,因此这步反应容易进行。

这个反应在过渡态时C—Cl键部分生成,Cl—Cl键部分断裂。反应过程中能量变化如图2-10所示。由图可以看出,反应(3)的逆反应是高度吸热的,并且有一相当高的活化能(106+4=110 kJ/mol),所以逆反应实际上并不发生。由上述的讨论可知,甲烷氯代反应中涉及链增长的两步,它们的活化能都不大(分别为17 kJ/mol和4 kJ/mol),只有链引发阶段(即氯分子均裂成氯原子自由基)需要较高活化能(243 kJ/mol),故氯和甲烷开始反应时需要一定的能量(热或光),产生了氯原子自由基之后,反应即可进行。

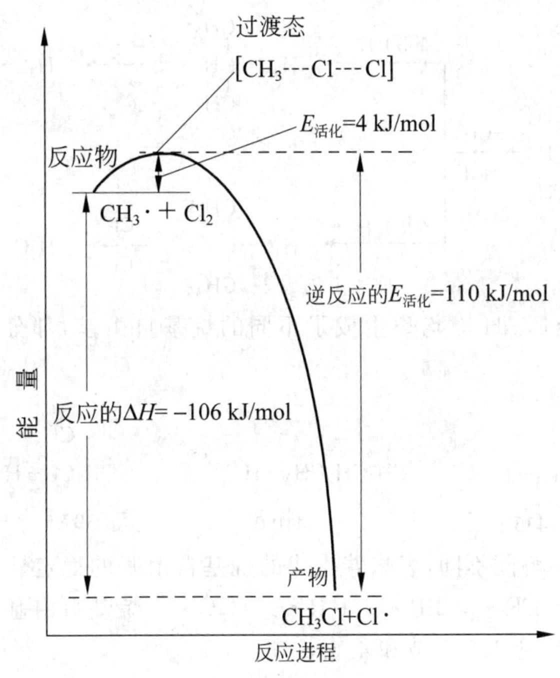

图2-10　反应(3)的能量变化

2.9　一般烷烃的卤代反应历程

和甲烷卤代反应历程一样,一般烷烃的卤代反应都是**自由基取代反应**(free radical substitution reaction)。可以用下面的式子表示:

链引发:
$$X_2 \xrightarrow{\text{光或热}} 2X\cdot \qquad (1)$$

链增长:
$$RH + X\cdot \longrightarrow R\cdot + HX \qquad (2)$$
$$R\cdot + X_2 \longrightarrow RX + X\cdot \qquad (3)$$

链终止:
$$X\cdot + X\cdot \longrightarrow X_2 \qquad (4)$$
$$X\cdot + R\cdot \longrightarrow RX \qquad (5)$$
$$R\cdot + R\cdot \longrightarrow R-R \qquad (6)$$

卤代产物主要在链的增长阶段生成。正丙烷分子中有伯、仲氢原子，异丁烷分子中有伯、叔氢原子。当正丙烷和异丁烷分别与氯自由基反应时，氯自由基可以分别夺取伯、仲、叔氢原子形成伯、仲、叔烷基自由基，进一步可生成不同的一氯代产物：

$$CH_3CH_2CH_3 \xrightarrow[-HCl]{+Cl\cdot} \begin{cases} \xrightarrow{\text{夺取}1^\circ H} CH_3CH_2\dot{C}H_2 \xrightarrow[-Cl\cdot]{+Cl_2} CH_3CH_2CH_2Cl \\ \xrightarrow{\text{夺取}2^\circ H} CH_3\dot{C}HCH_3 \xrightarrow[-Cl\cdot]{+Cl_2} CH_3CH(Cl)CH_3 \end{cases}$$

$$(CH_3)_2CHCH_3 \xrightarrow[-HCl]{+Cl\cdot} \begin{cases} \xrightarrow{\text{夺取}1^\circ H} H_3C-CH(CH_3)-\dot{C}H_2 \xrightarrow[-Cl\cdot]{+Cl_2} H_3C-CH(CH_3)-CH_2Cl \\ \xrightarrow{\text{夺取}3^\circ H} H_3C-\dot{C}(CH_3)_2 \xrightarrow[-Cl\cdot]{+Cl_2} H_3C-C(CH_3)_2-Cl \end{cases}$$

卤代反应中，烷烃C—H键均裂生成了不同的烷基自由基，部分C—H键离解能数据如下：

	CH_3-H	$CH_3CH_2CH_2-H$	$CH_3CH(CH_3)-H$	$(CH_3)_3C-H$
离解能/kJ/mol	435.1	410.0	397.5	380.7

各烷烃C—H键离解能不同，意味着生成的烷基自由基的稳定性不同，因此，各烷基自由基的稳定性次序为：$3^\circ R\cdot > 2^\circ R\cdot > 1^\circ R\cdot > H_3C\cdot$。烷基自由基的稳定性也可以通过σ-p超共轭效应解释，参见3.5.3节和4.6.3节。

2.10　烷烃的来源

烷烃的主要来源为**石油**(petroleum)和**天然气**(natural gas)。从油田开采出来未经加工的石油称为**原油**。石油为复杂的混合物，其主要成分为烷烃和环烷烃。石油经**常减压蒸馏**(设备见图2-11)后得到不同石油馏分，如汽油、煤油、柴油、石蜡、沥青等。天然气的主要成分为甲烷，有的含有少量的乙烷和丙烷。

图2-11　常减压蒸馏塔

煤或一氧化碳在高温、高压和催化剂存在下加氢可以得到烃类的复杂混合物：

$$nC + (n+1)H_2 \xrightarrow[450℃,\ 70MPa]{FeO} C_nH_{2n+2}$$

$$2nCO + (4n+1)H_2 \xrightarrow[250℃]{Co-Th} C_nH_{2n} + C_nH_{2n+2} + 2nH_2O$$

由于世界上石油资源不断减少，而煤的蕴藏量则很丰富，这种方法具有潜在的发展前途。

在科学研究中需要纯的烷烃时，一般由烯烃催化加氢或卤代烃还原等方法制备。

本章小结

1. 烷烃的命名

有机化合物的命名是有机化学最基本的知识，烷烃的命名有 3 种方法：普通命名法、衍生物命名法和系统命名法。要求熟悉掌握的是系统命名法。

烷烃系统命名的 4 个要点(12 个字)：

(1) 选主链——以“最长碳链”为主链。

(2) 找支链(取代基)——以“最多取代基”为原则，即小而多。

(3) 编号码——以“最低系列”为依据。

(4) 定名称——注意主链和取代基的名称、位置及个数的准确表达。取代基由小到大，相同合并，排列次序参考“次序规则”；英文名称按第一个英文字母次序排列。

2. 烷烃的化学性质

R—H

卤代反应

$$CH_3CH_2CH_3 \xrightarrow[25℃]{Cl_2,光} \underset{(43\%)}{CH_3CH_2CH_2Cl} + \underset{(57\%)}{CH_3CH(Cl)CH_3}$$

*硝化反应

$$CH_3CH_2CH_3 \xrightarrow[420℃]{HNO_3} \underset{(25\%)}{CH_3CH_2CH_2NO_2} + \underset{(40\%)}{CH_3CH(NO_2)CH_3} + \underset{(10\%)}{CH_3CH_2NO_2} + \underset{(25\%)}{CH_3NO_2}$$

*磺化反应

$$CH_3CH_3 \xrightarrow[400℃]{H_2SO_4} CH_3CH_2SO_3H + H_2O$$

氧化反应

$$RCH_2CH_2R' + \frac{5}{2}O_2 \xrightarrow[110\sim120℃,常压]{MnO_2或KMnO_4} RCOOH + R'COOH$$

*裂化反应

重油组分 $\xrightarrow{500\sim600℃}$ 裂化为C_8左右的烷烃(裂化汽油)

重油组分 $\xrightarrow{720\sim850℃}$ 裂解得$C_2\sim C_4$烯烃

*异构反应

$$\underset{(20\%)}{CH_3CH_2CH_2CH_3} \xrightleftharpoons{AlBr_3,HBr,27℃} \underset{(80\%)}{CH_3CH(CH_3)CH_3}$$

3. 烷烃的制备

*(1) 科尔柏(Kolbe)反应——羧酸盐电解:

$$2RCOONa + 2H_2O \xrightarrow{\text{电解}} \underset{(\text{阳极})}{\underline{R-R + 2CO_2}} + \underset{(\text{阴极})}{\underline{H_2 + 2NaOH}}$$

(2) 武慈(Wurtz)反应:

$$2RX + 2Na \longrightarrow R-R + 2NaX$$

*(3) 科瑞-赫思(Corey-House)反应:

$$R_2CuLi + R'X \longrightarrow R-R' + RCu + LiX$$

(4) 格林尼亚(Grignard)反应:

$$RX + Mg \xrightarrow[\text{无水}]{\text{乙醚}} RMgX \xrightarrow{H_2O} RH + Mg(OH)X$$

$$RMgX + R'X \longrightarrow R-R' + MgX_2$$

【阅读材料一】

化学家简介

梅尔文·斯宾塞·纽曼(Melvin Spencer Newman,1908年3月10日—1993年5月30日),美国化学家。俄亥俄州立大学教授,著名的Newman投影式发明者。

1925年至1932年,纽曼就读于耶鲁大学(Yale University),1932年获博士学位,导师为鲁道夫·安德森(Rudolph J. Anderson)教授。在耶鲁大学、哥伦比亚大学(Columbia University)和哈佛大学(Harvard University)完成博士后工作后,加入俄亥俄州立大学(The Ohio State University)独立开展工作,1940年被聘为助理教授(assistant professor),1944年被聘为全职教授(full professor)。1956年被评选为美国国家科学院(National Academy of Sciences)院士。纽曼获得大量学术表彰:1961年美国化学会(ACS)表彰其在合成有机化学方面的创新性工作;1969年ACS俄亥俄分部授予其莫利勋章(Morley Medal);1975年耶鲁大学授予其威尔伯·卢修斯十字勋章(the Wilbur Lucius Cross Medal);1975年新奥尔良大学(The University of New Orleans)授予其名誉博士学位;1976年获ACS哥伦布分部颁发的奖励;1976年俄亥俄州立大学授予其约瑟夫·萨利文勋章(Joseph Sullivant Medal)。

他发明的Newman投影式可以表示分子在空间的不同构象,在有机化学中获得广泛的应用。

阿道夫·威廉·赫尔曼·科尔伯(Adolph Wilhelm Hermann Kolbe,1818年9月27日—1884年11月25日),德国化学家。

科尔伯生于汉诺威王国哥廷根附近的艾利豪森(Elliehausen, near Göttingen)。1838进入哥廷根大学(University of Göttingen)学习化学,师从弗里德里希·维勒(Friedrich Wöhler)。1842年,他

进入马尔堡大学(University of Marburg),成为罗伯特·威廉·本生(Robert Bunsen)的一名助手,并于1843年获得博士学位。1847年,他开始参与编写由尤斯图斯·冯·李比希(Justus von Liebig)、维勒(Wöhler)和约翰·克里斯蒂安·波根多夫(Johann Christian Poggendorff)主编的《纯粹与应用化学词典》,同时还编写了一些重要的教科书。1851年,科尔伯接替本生成为马尔堡大学教授,并于1865年应邀前往莱比锡大学(University of Leipzig)。

虽然维勒已于1828年成功合成了尿素,但直到19世纪40年代,许多化学家仍相信有机化合物只能以生物经"生命力"合成得到。科尔伯坚持有机物可由无机物通过直接或间接途径合成,并发展了这一观点。他在1843年至1845年间用二硫化碳通过几步合成了乙酸,证明了这一观点。通过修改自由基理论,他对奠定结构化学的基础做出了贡献。他还预测了仲醇与叔醇的存在,这一猜想不久就由合成证明了。

他研究了脂肪酸和其他有机羧酸盐电解生成烃的反应,这一反应被称为柯尔伯电解。他提出了一种合成水杨酸的反应,被称作科尔伯-施密特反应,这一反应被广泛用于阿司匹林的合成。还有一种合成腈的反应被称作科尔伯腈合成反应。

科尔伯最早使用"合成"(synthesis)这个词表示现代意义上的有机合成。

查尔斯·阿道夫·武慈(Charles Adolphe Wurtz,1817年11月26日—1884年5月),法国化学家。

武慈出生于法国斯特拉斯堡(Strasbourg)附近的Wolfishiem。1843年获得博士学位,是吉森大学(University of Giessen)李比希(Justus von Liebig)的学生。他是索尔本大学(la Sorbonne,University of Paris前身)的教授。

1858年,他是巴黎化学会(Paris Chemical Society)主要创始人之一。1880年至1881年,先后任法兰西科学院(French Academy of Sciences)副院长和院长。他是19世纪后半期著名的化学家。

他的主要学术贡献包括:武慈反应,发现了乙胺、乙二醇,以及羟醛缩合反应。

弗朗索瓦·奥古斯特·维克多·格林尼亚(François Auguste Victor Grignard,1871年5月6日—1935年12月13日),法国化学家,1912年获诺贝尔化学奖。

格林尼亚于1871年5月6日出生于法国瑟堡,1935年12月13日逝世于法国里昂。1910年在南希大学(University of Nancy)任教授。第一次世界大战中他曾参与过化学武器的研究,主要为光气的制造和芥子气的检测。战时他的"对手"则是德国化学家——另一个诺贝尔化学奖得主弗里茨·哈伯(Fritz Haber)。格林尼亚最著名的科学贡献是他发现了一种增长碳链的有机合成方法。这种方法被后人称为"格林尼亚反应",反应中用到的烃基卤化镁则被后人称为"格氏试剂"。

轶事

维克多·格林尼亚的家庭很富有,但他不爱读书,成为"没出息的花花公子"。1892年,在一次宴会上,他邀请一位女伯爵跳舞。女伯爵拒绝,并说她最讨厌他这样的花花公子。他受此羞辱,悔恨交加,终于猛醒过来,决心抛弃恶习,奋发上进。格林尼亚离家出走来到里昂,本想入里昂大学就读,但是他从来就没有认真读过书,中、小学的学业荒废得太多了,这样的基础如何考得上大学!格林尼亚只好一切从头开始。幸好有一位叫路易·波尔韦的教授很同情他的遭遇,愿意帮助他补习功课。经过老教授的精心辅导和他自己的刻苦努力,花了两年的时间,才把耽误的功课补习完了。这样,格林尼亚进入了里昂大学插班读书。他深知读书的机会来之不易,眼前只有一条路,就是努力、努力、再努力,发奋、发奋、再发奋。当时学校有机化学权威巴比尔看中了他的刻苦精神和才能,于是,格林尼亚在巴比尔教授的指导下学习和从事研究工作。1901 年,格林尼亚由于发现了格氏试剂而被授予博士学位。

格林尼亚发现格氏试剂时,曾经将它取名为格林尼亚-巴比尔试剂,用来表示他对导师的感激之情。但是,巴比尔坚持认为自己没有在发现过程中做出努力,要求把试剂名称改成格林尼亚试剂。巴比尔的公正淡泊为人称颂,格林尼亚与巴比尔的师生深情也可见一斑。

国际纯粹与应用化学联合会

国际纯粹与应用化学联合会(International Union of Pure and Applied Chemistry, IUPAC),又译为国际理论(化学)与应用化学联合会,是一个致力于促进化学发展的非政府组织,也是各国化学会的一个联合组织。

1911 年,在英国伦敦成立了国际化学会联盟(International Association of Chemistry Societies),它实际上是欧洲几个已成立的组织的联盟。1919 年,国际化学会联盟在法国巴黎改组为“国际纯粹与应用化学联合会”,简称 IUPAC。1930 年,国际纯粹与应用化学联合会缩简为“国际化学联合会”(International Union of Chemistry)。1951 年,又恢复“国际纯粹与应用化学联合会”全称。IUPAC 法定永久地址和总部设在瑞士苏黎世。IUPAC 的宗旨是促进会员国化学家之间的持续合作,研究和推荐纯粹和应用化学方面的国际重要课题所需的规范、标准或法规汇编。IUPAC 以公认的化学命名权威著称,命名及符号分支委员会每年都会修改 IUPAC 命名法,以力求提供化合物命名的准确规则。

截至 1998 年底,IUPAC 有国家会员组织 43 个,观察员 15 个,联系会员 32 个以及公司会员 140 个。中国是会员国。

国际纯粹与应用化学联合会的权力机构是它的代表大会,每 2 年召开一次会员代表大会(GC)和国际学术大会(Congress),规模 1000 人。每年还组织召开 30 多个国际会议。

【阅读材料二】

中国石油与李四光

1. 贫油国的由来

中国是世界上最早发现和利用石油、天然气的国家之一,早在 2000 多年以前的汉代,就有发现石油并将其用于军事和医药的文献记载。但在长期以农耕经济为主的封建社会中,并没有真正意义上的石油工业。中国近代石油工业萌芽于19世纪中叶,1878年在台湾苗栗诞生了我国近代第一口油井,中国大陆第一口油井于1907年诞生于陕北延长,结束了中国陆上不产油的历史。1937年和1939年先后发现了新疆独山子和甘肃老君庙油矿,但由于石油工业基础薄弱,在1904—1948年间,旧中国累计生产原油只有278.5万t,而同期进口"洋油"2800万t。1949年原油产量仅为12万t。因此,一度被认为是"贫油国"。

2. 李四光等的贡献

我国科学家对"贫油论",历来有不同的见解。

1928年,李四光在《现代评论》发表文章,指出:"美孚的失败并不能证明中国无石油可开采";1930年,谢家荣等也发表文章,对"贫油国"论点提出异议。新中国成立后,国家领导人毛泽东、周恩来十分关心中国石油状况,中国是"贫油"还是"有油"?当时的地质部长李四光,根据他创建的地质力学理论和他对中国地质条件的认识,认为"中国有丰富的石油资源,但需要进行大量的石油普查工作"。1956—1958年,中央根据李四光等专家的意见,提出"不放弃西北,大搞东部"的战略转移决策。1959年9月26日,发现了大庆油田。

1963年年底,我国实现石油基本自给,中国人民靠洋油过日子的时代从此结束。

3. 中国石油工业的发展

我国石油工业的发展经历了四个阶段。

一是探索成长阶段(20世纪50年代):主要对我国西北石油资源展开普查与勘探工作。1955年在新疆准噶尔盆地发现了储量上亿吨的克拉玛依油田,取得了中国石油资源勘探的第一次重大突破。1956年,克拉玛依油田投入试采,至1960年原油产量达到163.6万t。50年代末,初步形成玉门、新疆、青海、四川4个石油天然气生产基地。

二是快速发展阶段(20世纪60～70年代):1960年,我国最大的油田——大庆油田——投入开发建设。1963年,全国原油产量达到648万t。结束了对进口石油的依赖,实现自给,还相继发现并建成了胜利、大港、长庆等一批油气田,全国原油产量迅猛增长,1978年突破1亿t大关,我国从此进入世界主要产油大国行列。

三是稳步发展阶段(20世纪80年代):这一阶段石油工业的主要任务是稳定1亿t原油产量。这10年间我国探明的石油储量和建成的原油生产能力相当于前30年的总和,油气总产量相当于前30年的1.6倍;到1985年,我国原油产量达到1.25亿t,居世界第6位。

四是战略转移阶段(20世纪90年代至今):90年代初我国提出了稳定东部、发展西部、开发海洋、开拓国际的战略方针,东部油田成功实现高产稳产,特别是大庆油田连续27年原油产量超过5000万t,创造了世界奇迹;近年来,国内油气勘探有一大批突破和战略性新发现,西部和海上油田产量逐年上升,正在形成西部和海上有效接替东部的格局。截至2009年底,中国石油剩余探明可采储量为27.9亿t,占全球剩余探明可采储量的1.2%,居世界石油资源的第13位。2009年中国石油产量1.89亿t,占全球石油产量的5.18%,居世界第5位。中国石油剩余可采储量储采比为14.8。未来还有10年的储量增长期,我国有能力争取到2030年使国内原油产量保持在1.7亿～1.9亿t的水平。

习 题

2-1 用系统命名法命名下列化合物,或写出结构式:

(1) $CH_3CH(CH_3)(CH_2)_4CH(CH_3)CH(CH_3)CH_2CH_3$ (即 $CH_3\underset{CH_3}{CH}(CH_2)_4\underset{CH_3}{CH}\overset{CH_3}{CH}CH_2CH_3$)

(2) $CH_3CH_2\underset{CH(CH_3)_2}{CH}-\overset{CH(CH_3)_2}{CH}CH_2CH_3$

(3) $(CH_3)_3CCH_2CH_2\overset{CH_2CH_3}{CH}CH_2CH_3$

(4) 2,6,6-三甲基-7-叔丁基十一烷

(5) 2,2,4-三甲基戊烷

2-2 画出下列化合物的优势构象式:

(1) 1-氯-2-溴乙烷(透视式)

(2) 2,3-二甲基丁烷(透视式)

(3) 2-氟丙烷(以 $C_1—C_2$ 为轴旋转的纽曼投影式)

(4) 1,2-二溴乙烷(纽曼投影式)

(5) 药物多巴胺(苯环上连有 $CH_2CH_2NH_2$,3、4位各连有OH)的纽曼投影式

2-3 选择题

(1) 下列自由基最稳定的是(　　),最不稳定的是(　　)。

A. $CH_3\overset{H}{\underset{CH_3}{C}}CH_2CH_2\dot{C}H_2$

B. $CH_3\dot{\underset{CH_3}{C}}CH_2CH_2CH_3$

C. $CH_3\overset{H}{\underset{CH_3}{C}}CH_2\dot{C}HCH_3$

D. $CH_3\underset{CH_3}{CH}\dot{C}HCH_2CH_3$

(2) 在光照条件下,2,3-二甲基戊烷进行一氯代反应,可能得到的产物有(　　)种。

A. 3　　B. 4　　C. 5　　D. 6

(3) 下列化合物含有伯、仲、叔、季碳原子的是(　　)。

A. 2,2,3-三甲基丁烷　　B. 2,2,3-三甲基戊烷

C. 2,3,4-三甲基戊烷　　D. 3,3-二甲基戊烷

(4) 下列化合物含有伯、仲、叔氢原子的是(　　)。

A. 2,2,4,4-四甲基戊烷　　B. 2,3,4-三甲基戊烷

C. 2,2,4-三甲基戊烷　　D. 正庚烷

(5) 下列化合物沸点最高的是(　　),最低的是(　　)。

A. 2-甲基己烷　　B. 3,3-二甲基戊烷

C. 癸烷　　D. 3-甲基辛烷

(6) 2-甲基丁烷在室温下光照溴代,生成产物相对含量最高的是(　　)。

A. $BrCH_2\underset{CH_3}{CH}CH_2CH_3$

B. $CH_3\overset{Br}{\underset{CH_3}{C}}CH_2CH_3$

C. $CH_3-CH(CH_3)-CH(Br)CH_3$

D. $CH_3CH(CH_3)CH_2CH_2Br$

2-4 判断下列各组构象是否相同。

(1) 纽曼投影式（前：CH_3、H、Cl、C_2H_5、H、Br）和 纽曼投影式（H、Br、CH_3、H、Cl、C_2H_5）

(2) 锯架式（COOH、H、OH；HOOC、H、OH）和 锯架式（H、COOH、OH；H、COOH、OH）

(3) 楔形式（H_3C、Br、H；Br、H、CH_3）和 楔形式（CH_3、Br、H；CH_3、Br、H）

(4) 纽曼投影式（CH_3、OH、OH、C_2H_5、H、H）和 楔形式（H、CH_3、H；C_2H_5、OH、OH）

2-5 写出下列反应的机理：

$$CH_3CH_3 + Cl_2 \xrightarrow{\text{光或热}} CH_3CH_2Cl + HCl$$

2-6 某烷烃的相对分子质量为72，氯化时：①只得到一种一氯代产物；②得到三种一氯代产物；③得到四种一氯代产物；④只得到两种二氯代产物。分别写出这些烷烃的构造式。

2-7 凡士林是C_{18}～C_{22}的烷烃混合物，为什么在医药上可用作软膏的基质？

*2-8 RCl在乙醚溶液中与Li反应生成RLi，后者与水作用得到异戊烷。RCl与Na作用得到2,7-二甲基辛烷。试推出RCl的结构并写出上述各步反应方程式。

3 烯 烃

【学习提要】

- 了解烯烃的结构、碳碳双键碳原子的 sp^2 杂化状态、σ 键和 π 键的组成，以及 π 键不能自由旋转。
- 熟悉烯烃的碳链异构、位置异构和顺反异构。
- 掌握烯烃的系统命名法、Z/E 命名法及次序规则。
- 了解烯烃的物理性质，掌握烯烃的主要化学性质。

  (1) 催化加氢，氢化热与烯烃的稳定性。

  (2) 亲电加成反应：加 X_2，HX，H_2SO_4，H_2O/H^+，HOX 等。

  *(3) 溴化氢加成的过氧化物效应：自由基加成反应。

  (4) 氧化反应：空气催化氧化，$KMnO_4$（碱性、冷）或 OsO_4 氧化，$KMnO_4$（酸性、加热）氧化，臭氧化还原水解，*过氧酸。

  (5) 硼氢化反应。

  (6) α-H 的反应：卤代反应，烯丙基自由基的稳定性，*催化氧化及氨氧化。

  *(7) 聚合反应。
- 熟悉理解诱导效应、共轭效应、碳正离子稳定性、马尔科夫尼科夫规则及其应用。
- 了解烯烃的来源及制备。

分子中具有碳碳双键的不饱和烃叫做**烯烃**(alkene)。由于分子中有双键，因此单烯烃要比相同碳原子数的烷烃少两个氢原子，其通式为 C_nH_{2n}。它与碳原子数相同的单环烷烃互为同分异构体。

3.1 烯烃的结构

碳碳双键是烯烃的官能团，也是烯烃的结构特征。下面以乙烯为例来说明碳碳双键的结构。

物理方法证明，乙烯分子的所有碳原子和氢原子都分布在同一平面上，分子中的键角接近 120°，碳、碳间的距离即碳碳双键的键长为 0.133 nm，比普通的碳碳单键距离短，如图 3-1 所示。

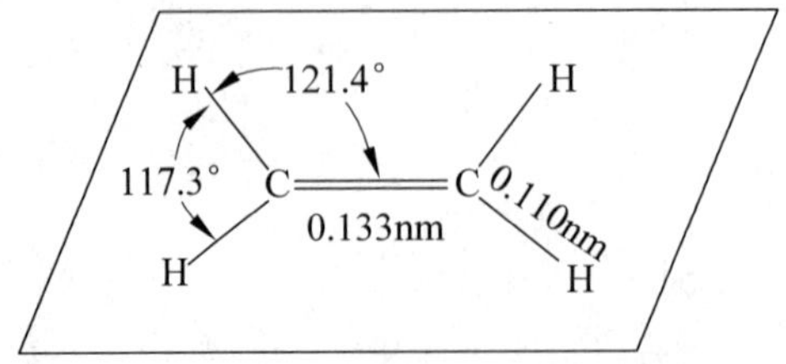

图 3-1 乙烯分子中原子的空间分布

事实上，乙烯分子中碳原子以双键成键时，碳原子的价电子并不像烷烃中那样进行 sp^3 杂化，而是 sp^2 杂化，即由一个 s 轨道和两个 p 轨道进行杂化，其结果形成了处于同一平面的 3 个 sp^2 杂化轨道，这 3 个轨道的键角大约为 120°，如图 3-2(a)所示。乙烯分子中的两个碳原子各使用了两个 sp^2 杂化轨道与两个氢原子的 s 轨道交盖形成两个 σ 键，两个碳原子之间又各以一个 sp^2 杂化轨道相互交盖形成一个 C—C σ 键，这 5 个 σ 键的对称轴都在同一平面上，如图 3-2(b)所示。

每个碳原子上还各有一个未参加杂化的 p 轨道，它们的对称轴垂直于乙烯分子所在的平面上，所以它们是互相平行的，这两个 p 轨道可以肩并肩从侧面交盖形成另一种键，叫做 π 键，见图 3-2(c)。这种键与 σ 键不同，没有对称轴，不能自由旋转。

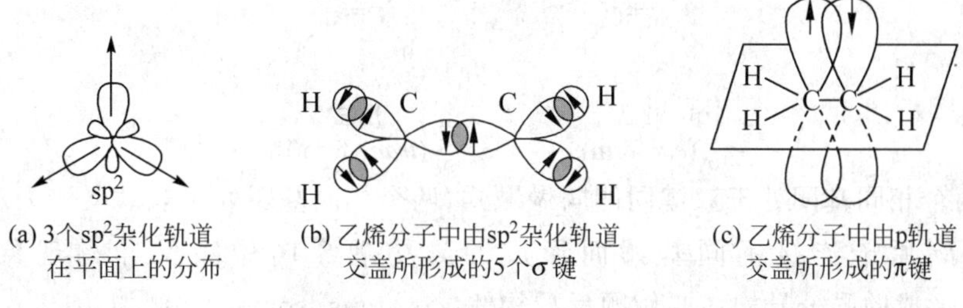

图 3-2 乙烯的 σ 键与 π 键

其他烯烃分子中，碳碳双键的状态基本上与乙烯中的双键相同，如丁烯，见图 3-3。

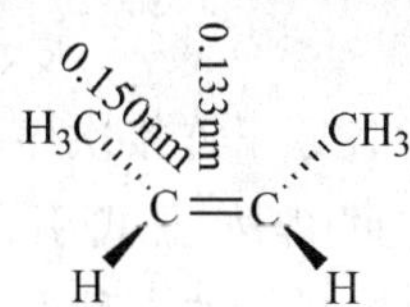

图 3-3 丁烯的分子结构

3.2 烯烃的异构和命名

3.2.1 烯烃的构造异构

烯烃由于碳链不同和双键在碳链上的位置不同而具有相应的碳链异构体和位置异构体，两者均属构造异构。如丁烯的 3 个同分异构体：

$$H_3C-CH_2-CH=CH_2 \qquad H_3C-CH=CH-CH_3 \qquad H_3C-\overset{\displaystyle CH_3}{\overset{|}{C}}=CH_2$$

1-丁烯　　2-丁烯　　2-甲基丙烯

前两者是官能团位置不同而引起的，后者为碳链的构造不同而引起的，例如戊烯的 5 个异构体中，其中两个是直链戊烯，只是双键位置不同；另外 3 个是具有支链的甲基丁烯，区别也在于位置不同：

$CH_3CH_2CH_2CH{=}CH_2$ 1-戊烯　　$CH_3CH_2CH{=}CHCH_3$ 2-戊烯

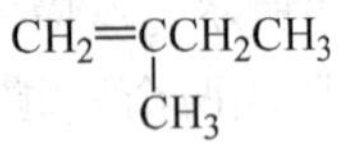

$CH_2{=}C(CH_3)CH_2CH_3$ 2-甲基-1-丁烯　　$CH_3{-}C(CH_3){=}CHCH_3$ 2-甲基-2-丁烯　　$CH_3{-}CH(CH_3)CH{=}CH_2$ 3-甲基丁烯

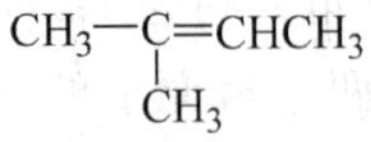

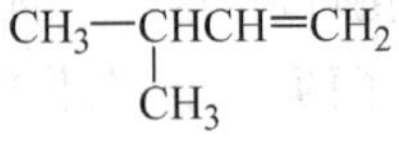

3.2.2 顺反异构现象

由于双键不能自由旋转,且双键两端碳原子连接的 4 个原子处于同一平面上,因此,当双键的两个碳原子各连接不同的原子或基团时,就有可能生成两种不同的异构体:

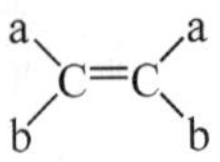

(a)(b)C=C(a)(b)　　(a)(b)C=C(b)(a)

顺式 (*cis*-form)　　反式 (*trans*-form)

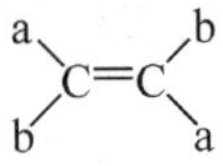

如上所示,两个相同基团处于双键同侧叫做顺式,两个相同基团处于双键反侧为反式。这种由于双键的碳原子连接不同基团而形成的异构现象叫做顺反异构现象(*cis*-trans isomerism),形成的同分异构体叫做顺反异构体(*cis*-trans isomer)。例如:

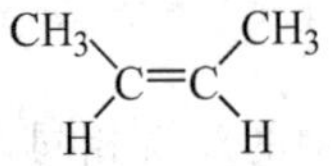

$CH_3(H)C{=}C(H)CH_3$ 顺-2-丁烯　　$CH_3CH_2(H)C{=}C(H)CH_2CH_3$ 反-3-己烯

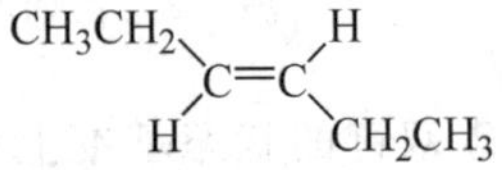

顺反异构体的分子构造相同,即分子中各原子连接次序是相同的,但分子中各原子在空间的排列方式(构型)不同。由不同的空间排列方式引起的异构现象叫做立体异构现象(stereoisomerism),顺反异构现象是立体异构的一种。

3.2.3 烯烃的命名

烯烃的命名和烷烃相似,一般采用系统命名法,其命名要点如下:

(1) 选主链。选择含碳碳双键最长的碳链作主链,根据碳原子数目称为某烯。

(2) 编号码。从靠近双键一端开始,把双键上第一个碳原子编号加在烯烃名称前表示双键位置。

(3) 定支链。支链作为取代基,表示方法与烷烃相同,取代基要尽量小而多。常见的烯基有:

$CH_2{=}CH{-}$ 乙烯基 (vinyl)　　$CH_2{=}CH{-}CH_2{-}$ 烯丙基 (allyl)　　$CH_3CH{=}CH{-}$ 丙烯基 (propenyl)

(4) 给名称。烯烃的全称与烷烃类似,取代基的排列次序按"次序规则"。命名中,若双键在第一个碳上,在不引起误会的情况下,阿拉伯数字"1"可省略,如 3-甲基丁烯。烯烃英文名只要把相应烷烃英文名称词尾"ane"改为"ene"即可,取代基则按英文第一字母排序,如:

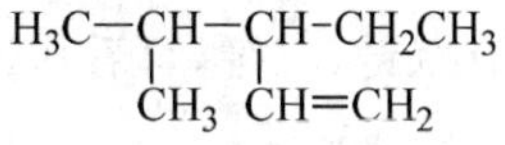

$$\begin{array}{l} H_3C-CH-CH-CH_2CH_3 \\ \quad\quad\ \ | \quad\quad\ | \\ \quad\quad CH_3\ CH=CH_2 \end{array}$$

4-甲基-3-乙基-1-戊烯
(3-ethyl-4-methyl-1-pentene)

有顺反异构体的烯烃，命名时需在名称前注明顺、反，如：

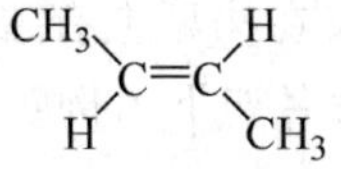

$$\begin{array}{ccc} CH_3 & & H \\ & C=C & \\ H & & CH_3 \end{array}$$

反-2-丁烯

当顺反异构体双键碳上没有相同或相似的基团，这时顺反异构体的命名就较困难，如：

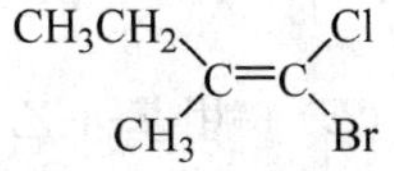

$$\begin{array}{ccc} CH_3CH_2 & & Cl \\ & C=C & \\ CH_3 & & Br \end{array}$$

为了解决这个问题，IUPAC 命名法采用 E（德文 Entgegen，"相反"的意思）和 Z（德文 Zusammen，"共同"的意思）两个字母来标记顺反异构体。在双键的碳原子上连接的 4 个取代基团中，有两个是相同的基团，一般顺反命名不会混淆。现设 a，a′，b，b′为烯烃所连接的 4 个基团，分别比较每个双键碳上相连两个基团的优先次序，当较优基团在双键同一侧的为 Z 型，在相反两侧的为 E 型。用式子表示如下：

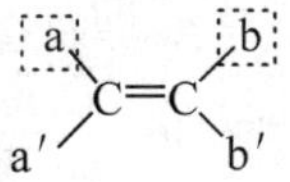

$$\begin{array}{ccc} \boxed{a} & & \boxed{b} \\ & C=C & \\ a' & & b' \end{array} \qquad\qquad \begin{array}{ccc} \boxed{a} & & b \\ & C=C & \\ a' & & \boxed{b'} \end{array}$$

a优先a′，b优先b′ a优先a′，b′优先b

Z构型 E构型

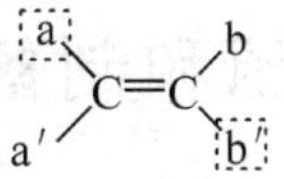

这个命名法是以比较各取代基团的优先次序来区别顺反异构体的，而这种优先次序是由"次序规则"（sequence rule）确定的。

3.2.4 *E-Z* 标记法——次序规则

"次序规则"的依据是元素原子的原子序数，因此用 E-Z 法来标记顺反异构体，适用于所有烯烃。E-Z 和顺/反是两种不同标记法，两者之间没有直接联系。

次序规则的内容如下：

（1）在烯烃分子中，若双键碳原子所连基团为不同原子，则先后次序由原子序数决定。原子序数大的为较优（用"＞"表示）原子，若是同位素，质量大的优先。如 Br＞Cl＞F＞CH_3＞H，D＞H。在 $\begin{array}{ccc} Br & & Cl \\ & C=C & \\ Cl & & H \end{array}$ 中，Br＞Cl，Cl＞H，为 Z 型（当然它也是反式烯烃）。

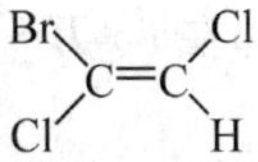

（2）若双键碳原子所连基团的第一个原子相同（如 C），则须比较与其相连的其他原子，如 $-CH_3$ 和 $-CH_2CH_3$，第一个原子都是碳，比较与碳原子相连的其他原子，$-CH_3$ 是（H，H，H），而 $-CH_2CH_3$ 则是（C，H，H），C 的原子序数大于 H，所以 $-CH_2CH_3$＞$-CH_3$。

同理，羟甲基＞叔丁基，叔丁基＞仲丁基：

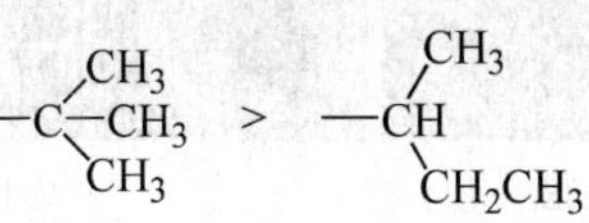

$$-\overset{CH_3}{\underset{CH_3}{C}}-CH_3 \;>\; -\overset{CH_3}{\underset{CH_2CH_3}{CH}} \qquad\qquad -CH_2OH \;>\; -\overset{CH_3}{\underset{CH_3}{C}}-CH_3$$

(C, C, C) (C, C, H) 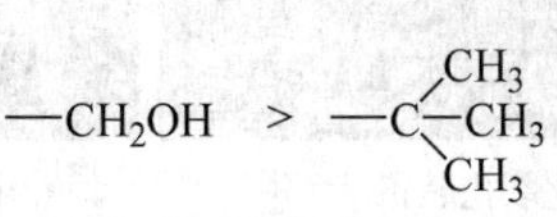 (O, H, H) (C, C, C)

(3) 若双键碳原子所连基团含有双键、三键,可看作连有 2 个或 3 个相同的原子:

$$—CH=CH_2 \text{ 相当于 } —\underset{}{\overset{C}{\overset{|}{C}}}H—\overset{C}{\overset{|}{C}}H_2,\quad —C≡CH \text{ 相当于 } —\underset{\underset{C}{|}}{\overset{\overset{C}{|}}{C}}—\underset{\underset{C}{|}}{\overset{\overset{C}{|}}{C}}—H$$

按次序规则:$—C≡CH > —CH=CH_2$,$—CH=CH_2 > —CH(CH_3)_2$。

(4) 若双键碳上所连的两个基团仅在构型上有差异,则 $Z>E$,$R>S$。

按照 E-Z 标记法,顺反异构体的命名如下示例:

例 1　$\underset{CH_3}{\overset{Br}{}}\!\!>C=C<\!\!\underset{H}{\overset{Cl}{}}$　　(Z)-1-氯-2-溴丙烯

次序规则:$—Br > —CH_3$,$—Cl > —H$,—Br 和—Cl 在同侧,故为 Z 型。

例 2　$\underset{C_2H_5}{\overset{CH_3}{}}\!\!>C=C<\!\!\underset{CH_2CH_3}{\overset{CH_2CH_2CH_3}{}}$　　(E)-3-甲基-4-乙基-3-庚烯

例 3　$\underset{Cl}{\overset{Br}{}}\!\!>C=C<\!\!\underset{H}{\overset{Cl}{}}$　　(Z)-1,2-二氯-1-溴乙烯

但按顺反命名法,例 2 和例 3 分别应为顺式和反式。可见顺式不一定是 Z 构型,反式也不一定是 E 构型。

3.3　烯烃的来源和制备

3.3.1　烯烃的工业来源和制备

乙烯、丙烯和丁烯等低级烯烃都是重要的化工原料。过去主要是从炼厂气和热裂气中分离得到。随着石油化学工业迅速发展,现主要从石油的各种馏分裂解和原油直接裂解获得。例如:

$$C_6H_{14} \xrightarrow{700\sim900℃} \underset{(15\%)}{CH_4} + \underset{(40\%)}{CH_2=CH_2} + \underset{(20\%)}{CH_3—CH=CH_2} + \underset{(25\%)}{\text{其他}}$$

原料不同和裂解条件不同,得到烯烃的比例也不同。石油化工是指以石油裂解获得烯烃,再进一步以烯烃为原料合成一系列化工产品的工业。石油化工的规模也以乙烯的产量来衡量,我国原建成的 18 套乙烯装置中,7 套 30 万 t 规模以上的经两轮改造,已达到 65 万～70 万 t/a 规模,其余小乙烯装置将达到 18 万～22 万 t/a 生产能力。在建的南京扬巴、上海赛科、惠州乙烯、福建泉州 4 套合资乙烯于 2005 年建成投产,规模都在 65 万～90 万 t/a,我国的乙烯工业有了很大的发展(图 3-4)。

催化裂化装置

石油气深冷分离装置

乙烯装置

图 3-4　石油化工装置

3.3.2 烯烃的实验室制备

由醇脱水或卤代烃脱卤化氢是有机化合物中引入双键的常用方法，也是实验室制备烯烃的一般方法。

1. 醇脱水

醇容易在浓硫酸或氧化铝催化下脱水而得烯烃：

$$CH_3CH_2OH \xrightarrow[170℃]{H_2SO_4} H_2C{=}CH_2 + H_2O$$

$$CH_3CH_2OH \xrightarrow[350\sim360℃]{Al_2O_3} H_2C{=}CH_2 + H_2O$$

又如：

$$\underset{\text{2-戊醇}}{H_3C-\underset{\displaystyle OH}{\underset{|}{C}H}-CH_2CH_2CH_3} \xrightarrow[-H_2O]{H_2SO_4} \underset{\substack{\text{2-戊烯}\\\text{(主要产物)}}}{CH_3CH{=}CHCH_2CH_3} + \underset{\text{1-戊烯}}{CH_2{=}CHCH_2CH_2CH_3}$$

2. 卤代烃脱卤化氢

此反应一般在乙醇中进行，在强碱(NaOH，KOH 等)存在下脱去卤化氢而得到烯烃：

$$H_3C-\underset{\displaystyle H}{\underset{|}{C}H}-\underset{\displaystyle Br}{\underset{|}{C}H}CH_2CH_3 \longrightarrow \underset{\text{2-戊烯}}{CH_3CH{=}CHCH_2CH_3}$$

3.4 烯烃的物理性质

烯烃在常温、常压下的状态、沸点和熔点都和烷烃相似。含 2～4 个碳原子的烯烃为气体，含 5～18 个碳原子的烯烃为液体。末端烯烃的沸点比非末端烯烃的同分异构体沸点要低一些。直链烯烃的沸点和带有支链的异构体相比较，前者略高一些。顺式异构体一般都具有比反式异构体较高的沸点和较低的熔点。烯烃的相对密度都小于 1。烯烃几乎不溶于水，但可溶于非极性溶剂，如戊烷、四氯化碳和乙醚等。常见烯烃的物理常数见表 3-1。

表 3-1 烯烃的物理常数

名 称	构 造 式	熔点/℃	沸点/℃	相对密度
乙烯	$CH_2{=}CH_2$	−169.1	−103.7	
丙烯	$CH_2{=}CHCH_3$	−185.2	−47.4	
1-丁烯	$CH_2{=}CHCH_2CH_3$	−184.3	−6.3	
反-2-丁烯	反-$CH_3CH{=}CHCH_3$	−106.5	0.9	0.6042
顺-2-丁烯	顺-$CH_3CH{=}CHCH_3$	−138.9	3.7	0.6213
异丁烯	$CH_2{=}C(CH_3)_2$	−140.3	−6.9	0.5942
1-戊烯	$CH_2{=}CHCH_2CH_2CH_3$	−138.0	30.0	0.6405
反-2-戊烯	反-$CH_3CH{=}CHCH_2CH_3$	−136.0	36.4	0.6482
顺-2-戊烯	顺-$CH_3CH{=}CHCH_2CH_3$	−151.4	36.9	0.6556
2-甲基-1-丁烯	$H_2C{=}C(CH_3)CH_2CH_3$	−137.6	31.1	0.6504
3-甲基-1-丁烯	$H_2C{=}CHCH(CH_3)_2$	−108.5	20.7	0.6272

续表

名称	构造式	熔点/℃	沸点/℃	相对密度
2-甲基-2-丁烯	$(CH_3)_2C{=}CHCH_3$	−133.8	38.5	0.6623
1-己烯	$H_2C{=}CH(CH_2)_3CH_3$	−139.8	63.3	0.6731
2,3-二甲基-2-丁烯	$(CH_3)_2C{=}C(CH_3)_2$	−74.3	73.2	0.7080
1-庚烯	$H_2C{=}CH(CH_2)_4CH_3$	−119.0	93.6	0.6970
1-辛烯	$H_2C{=}CH(CH_2)_5CH_3$	−101.7	121.3	0.7149
1-壬烯	$H_2C{=}CH(CH_2)_6CH_3$		146.0	0.7300
1-癸烯	$H_2C{=}CH(CH_2)_7CH_3$	−66.3	170.5	0.7408

3.5 烯烃的化学性质

碳碳双键的存在使烯烃具有很高的化学活性，碳碳双键是烯烃的官能团，大部分烯烃的化学反应都发生在双键上，此外，**α-碳原子**(和官能团直接相连的碳原子)上的氢原子(α-H)也容易发生被取代的反应，这也是双键的存在引起的。烯烃反应如下：

烯烃的反应
- 催化加氢
- 亲电加成
- 自由基加成
- 硼氢化-氧化
- 氧化反应
- 臭化还原水解
- *聚合反应
- α-H的反应

碳碳双键是由一个σ键和一个π键所组成的。π键比σ键要弱，所以断裂π键只需要较低的能量。烯烃在起化学反应时往往随着π键的断裂而形成两个新的σ键，即在双键碳上各加上一个原子或基团，这就是烯烃的**加成反应**(addition reaction)：

$$>C{=}C< + Y{-}Z \longrightarrow -\underset{Y}{\overset{|}{C}}-\underset{Z}{\overset{|}{C}}-$$

例如：

$$H_2C{=}CH_2 + Cl{-}Cl \longrightarrow \underset{Cl}{CH_2}-\underset{Cl}{CH_2} \qquad \Delta H = -171\ kJ/mol$$

$$H_2C{=}CH_2 + H{-}Br \longrightarrow \underset{H}{CH_2}-\underset{Br}{CH_2} \qquad \Delta H = -69\ kJ/mol$$

加成反应是放热的，且许多加成反应活化能低，所以烯烃容易发生加成反应，这是烯烃的一个特征反应。

3.5.1 催化加氢

烯烃在铂、钯或镍等金属催化剂存在下，可以与氢加成而生成烷烃：

$$CH_2{=}CH_2 + H_2 \xrightarrow{催化剂} CH_3{-}CH_3$$

$$\text{1,2-二甲基环己烯} \xrightarrow[H_2]{Pt} \text{顺-1,2-二甲基环己烷}$$

这种加成反应是在催化剂表面进行的。催化剂能化学吸附氢气和烯烃，在金属表面可能形成金属的氢化物以及金属与烯烃的络合物。然后在金属表面活化了的一个氢原子与金属表面活化了的烯烃的碳碳双键的一个碳结合，得到中间体再与另一金属氢化物的氢原子生成烷烃，最后烷烃脱离催化剂表面。这一反应就是**烯烃催化加氢反应**。下图为乙烯催化加氢示意图。

H—H ⇌ H H $CH_2{=}CH_2$ ⇌ H H $CH_2{=}CH_2$ ⇌ $CH_2{=}CH_2$ H H → $CH_3{-}CH_3$

催化剂表面

*烯烃的加氢反应是一个放热反应。每一摩尔的烯烃加氢放出的能量叫做**氢化热**。具体数值随烯烃结构的不同而有所变化。氢化热越小，烯烃越稳定。由氢化热可知烯烃的热力学稳定次序为：$R_2C{=}CR_2 > R_2C{=}CHR > R_2C{=}CH_2 \approx RCH{=}CHR > RCH{=}CH_2 > CH_2{=}CH_2$。烯烃稳定性也可从 σ-π 超共轭效应得到解释，参见 4.6.3 节。

3.5.2 亲电加成反应

烯烃具有双键，在分子平面双键位置的上方和下方都有较大的 π 电子云。碳原子核对 π 键电子云束缚较小，所以 π 电子云容易流动，容易极化，因而使烯烃具有供电性能（亲核性能），容易受到带正电荷或带部分正电荷的亲电性物质（分子或离子）的攻击而发生反应。在反应中，具有亲电性能的试剂叫做**亲电试剂**(electrophile)。由亲电试剂的作用而引起的加成反应叫做**亲电加成反应**(electrophilic addition)。

1. 与卤化氢的加成

烯烃可与卤化氢在双键处发生加成反应，生成相应的卤代烃：

$$-\overset{|}{C}{=}\overset{|}{C}- + \overset{\delta^+}{H}-\overset{\delta^-}{X} \longrightarrow -\underset{X}{\overset{|}{C}}-\underset{H}{\overset{|}{C}}-$$

H−X = HCl, HBr, HI

反应可在适度极性溶剂（如乙醇、乙酸等）中进行，因为极性卤化氢与极性较低的烯烃可溶于这些溶剂。

烯烃与碘化氢的加成可使用现场制备的碘化氢。例如：

$$CH_3CH_2CH_2CH{=}CH_2 \xrightarrow[H_3PO_4]{KI} CH_3CH_2CH_2\underset{I}{CH}-CH_3$$

工业上氯乙烷的生产是用乙烯与氯化氢在氯乙烷溶液中，在无水氯化铝的存在下进行的。氯化铝起了促进氯化氢离解的作用，因而加速了反应的进行：

$$AlCl_3 + HCl \longrightarrow AlCl_4^- + H^+$$

烯烃与卤化氢的加成反应历程包括了两个步骤，第一步 H^+ 首先加到碳碳双键中的一个碳原子上，从而使碳碳双键中另一个碳原子带正电荷，生成碳正离子中间体；第二步碳正离子与卤负离子结合生成卤代烷：

$$CH_2{=}CH_2 + H^+ \longrightarrow CH_3-\overset{+}{C}H_2 \xrightarrow{X^-} CH_3CH_2X$$

当卤化氢与不对称烯烃加成时，可以得到两种不同产物：

$$(CH_3)_2C{=}CH_2 + HCl \longrightarrow \underset{(\text{I})}{(CH_3)_2C(Cl)-CH_3} + \underset{(\text{II})}{(CH_3)_2CH-CH_2-Cl}$$

实验结果表明，(Ⅰ)为主要产物，即加成时以氢原子加成到含氢较多的双键碳原子上，而卤原子加在含氢较少的双键碳原子上。这个经验规律是马尔科夫尼科夫于 1869 年发现的，叫做**马氏规则**。为什么有这个规律，还得首先讨论反应过程中碳正离子的结构和稳定性问题。

在碳正离子的形成过程中，烯烃分子的一个碳原子的价电子状态由原来的 sp^2 杂化转变为 sp^3 杂化，而另一个带正电荷碳原子，它的价电子状态仍是 sp^2 杂化，它仍具有一个 p 轨道，只是缺电子而已，所以也叫空 p 轨道，带正电的碳正离子和它相连的 3 个原子都排布在一个平面上，见图 3-5。

空p轨道

$H_3C-\overset{+}{C}H_2$

$C_{sp^2}-H_{1s}$

图 3-5　乙基碳正离子的空 p 轨道

不对称烯烃与质子加成，可以有两种不同的方式，也即质子和不同双键碳原子相结合，形成不同的碳正离子，然后碳正离子再和卤素负离子结合，得到两种加成产物：

$$(CH_3)_2C{=}CH_2 + H^+ \xrightarrow{①} (CH_3)_2\overset{+}{C}-CH_3 \xrightarrow{Cl^-} (CH_3)_2C(Cl)-CH_3$$

$$(CH_3)_2C{=}CH_2 + H^+ \xrightarrow{②} (CH_3)_2CH-\overset{+}{C}H_2 \xrightarrow{Cl^-} (CH_3)_2CH-CH_2Cl$$

途径①生成的是叔碳正离子，途径②生成的是伯碳正离子。

究竟采取哪一种途径，取决于生成碳正离子的难易程度(活化能大小)和稳定性(能量高低)。实际上碳正离子越稳定，越易形成，所以可以从碳正离子的稳定性来判断反应采取哪一种途径。

碳正离子形成的难易及其稳定性和能量的关系可用反应历程图(图 3-6)表示。

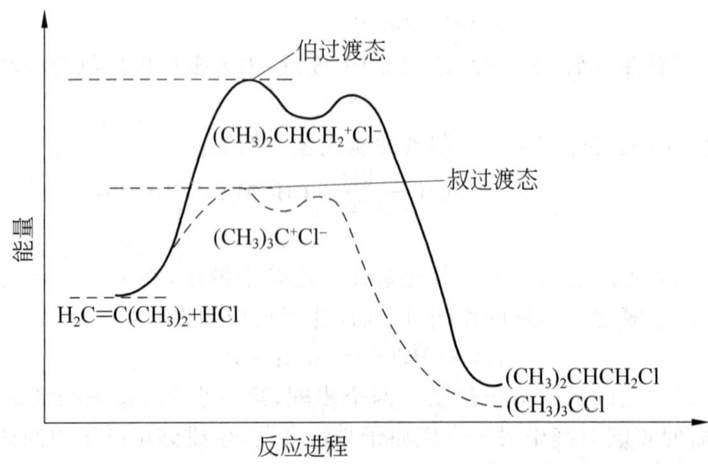

图 3-6　碳正离子生成难易和稳定性的比较

和 sp^2 杂化碳原子相连的甲基及其他烷基都有给电子性或供电性。这种因组成 σ 键的原子或基团的电负性不同，而引起电子云沿键链极化的效应称为诱导效应（常用 I 表示，供电子诱导效应为 +I，吸电子诱导效应为 −I）。由于诱导效应（inductive effect）和超共轭效应（hyperconjugative effect）（参见 4.6.3 节），3 个甲基都将电子推向正碳离子，降低了正碳离子的正电性，或者说，它的正电荷不是集中于正碳离子上，而是分散到 3 个甲基上。与此相比，由另一种途径生成的伯碳正离子，它使正电荷分散的程度不如稳定性高的叔碳正离子。所以加成主要采取途径①，先生成叔碳正离子，再生成叔丁基氯：

$$CH_3 \rightarrow \overset{\overset{CH_3}{\downarrow}}{\underset{+}{C}} \leftarrow CH_3 \quad > \quad H_3C - \overset{\overset{CH_3}{|}}{\underset{H}{C}} \rightarrow \overset{+}{C}H_2$$

比较伯、仲、叔碳正离子和甲基碳正离子的构造可以看出，带正电荷碳原子上取代基越多，正电荷越分散，因而越稳定。它们的稳定性比较如下：

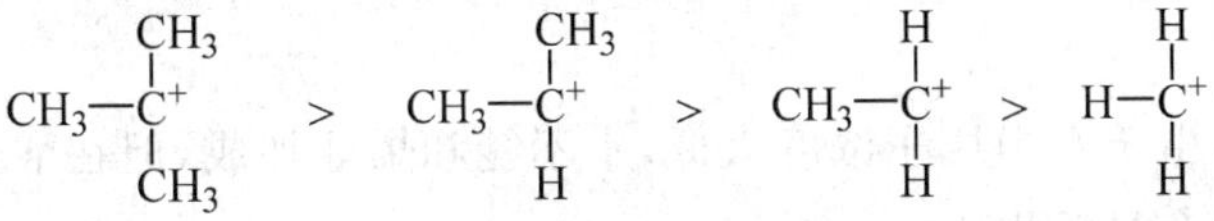

$$CH_3-\overset{\overset{CH_3}{|}}{\underset{\underset{CH_3}{|}}{C^+}} \quad > \quad CH_3-\overset{\overset{CH_3}{|}}{\underset{\underset{H}{|}}{C^+}} \quad > \quad CH_3-\overset{\overset{H}{|}}{\underset{\underset{H}{|}}{C^+}} \quad > \quad H-\overset{\overset{H}{|}}{\underset{\underset{H}{|}}{C^+}}$$

叔(3°)R^+ > 仲(2°)R^+ > 伯(1°)R^+ > CH_3^+

由此可见，当 HX 和烯烃加成时，根据马氏规则，H^+ 总是加在具有较少烷基取代的双键碳原子上，而 X^- 总是加在有较多烷基取代的双键碳原子上，这是生成更稳定的活性中间体碳正离子的需要。

*碳正离子在有机反应中时常会遇到。下列反应产物通常为顺式和反式加成产物混合物。这是因为碳正离子具有平面结构，如没有明显空间阻碍，溴离子从碳正离子平面上方和下方进攻几率相等。

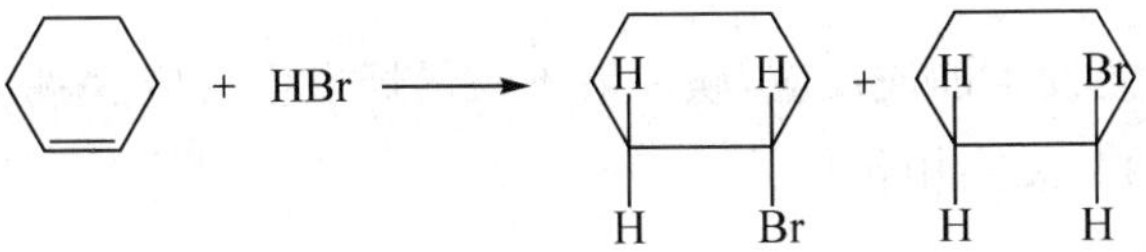

（环己烯 + HBr ⟶ 两种溴代环己烷立体异构体：上方 H、H，下方 H、Br；+ 上方 H、Br，下方 H、H）

*碳正离子在反应中还经常发生重排。重排通常只发生在相邻的碳原子上（1,2-迁移）。重排的推动力是碳正离子稳定性。

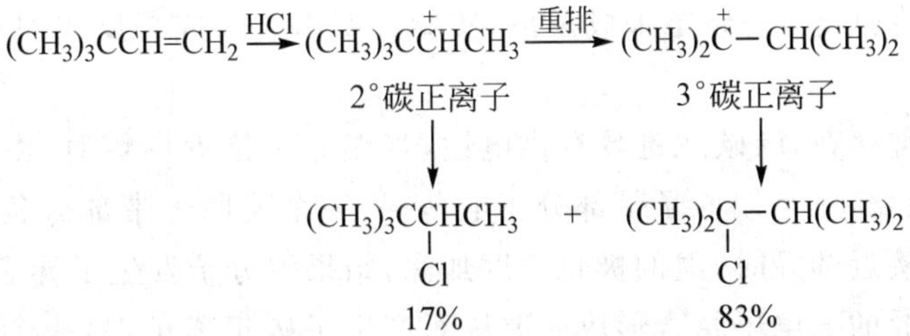

$$(CH_3)_3CCH{=}CH_2 \xrightarrow{HCl} (CH_3)_3C\overset{+}{C}HCH_3 \xrightarrow{\text{重排}} (CH_3)_2\overset{+}{C}-CH(CH_3)_2$$

2°碳正离子 3°碳正离子

$$\downarrow \qquad\qquad \downarrow$$

$$(CH_3)_3C\underset{\underset{Cl}{|}}{C}HCH_3 \quad + \quad (CH_3)_2\underset{\underset{Cl}{|}}{C}-CH(CH_3)_2$$

17% 83%

卤化氢对烯烃加成的活性顺序为 HI＞HBr＞HCl，对烯烃来说，双键上的烷基越多，电子云密度越高，反应速率就越快。烯烃反应活性顺序为 $(CH_3)_2C{=}C(CH_3)_2 > (CH_3)_2C{=}CHCH_3 > (CH_3)_2C{=}CH_2 > CH_3CH{=}CH_2 > CH_2{=}CH_2$。

2. 与硫酸的加成

烯烃可与浓硫酸反应，生成可以溶于硫酸的烷基硫酸氢酯（alkyl hydrosulfate），也叫酸

性硫酸酯：

$$CH_2{=}CH_2 + HO{-}SO_2{-}OH \longrightarrow CH_3CH_2{-}OSO_3H$$

反应历程与 HX 加成一样，先是乙烯与质子加成，生成碳正离子，然后碳正离子再与硫酸氢根结合。不对称烯烃与浓硫酸的加成，也符合马氏规则：

$$(CH_3)_2C{=}CH_2 + H_2SO_4 \longrightarrow (CH_3)_2C(CH_3){-}OSO_3H$$

叔丁基硫酸氢酯

烷基硫酸氢酯与水共热，水解而得到醇：

$$CH_3CH_2OSO_3H + H_2O \longrightarrow CH_3CH_2OH + H_2SO_4$$

通过加成和水解这两个反应，结果是烯烃分子中加了一分子水，所以又叫**烯烃的间接水合**，工业上利用此反应制备醇。

烯烃与浓硫酸的加成也常用来使烯烃和烷烃分离。

3. 与水的加成

在一般情况下，由于水中质子浓度太低，水不能和烯烃加成，但在酸催化下，水可以和烯烃加成而得到醇，符合马氏规则：

$$>C{=}C< + H_3O^+ \longrightarrow >CH{-}\overset{+}{C}< \underset{}{\overset{H_2O}{\rightleftharpoons}} >CH{-}C(H_2O^+)< \underset{+H^+}{\overset{-H^+}{\rightleftharpoons}} >CH{-}C(OH)<$$

工业上乙烯也可以直接水合，以载于硅藻土上的磷酸为催化剂与过量水蒸气作用直接水合而得到乙醇：

$$CH_2{=}CH_2 + H_2O \xrightarrow[300℃,7\sim8\ MPa]{H_3PO_4/硅藻土} CH_3CH_2OH$$

4. 与卤素加成

烯烃容易与氯或溴发生加成反应，碘一般不与烯烃发生反应。氟与烯烃反应太剧烈，得到碳链断裂的各种产物，无实用价值：

$$CH_3CH{=}CH_2 + Br_2 \xrightarrow{CCl_4} CH_3{-}CHBr{-}CH_2Br$$

烯烃和卤素的加成也是**亲电加成反应**，实验证明卤素加成是反式加成，得到反式加成产物。

由于烯烃 π 键存在，碳碳双键具有供电性，当溴分子接近烯烃时，由于 π 电子云的影响，溴分子发生极化，一个溴原子带部分正电荷，另一个溴原子带部分负电荷。溴的带正电荷部分进一步接近烯烃时，溴的极化程度加深，结果溴分子发生了异裂(heterolysis)，带正电荷的溴和烯烃的 π 电子结合形成 σ 键从而产生了碳正离子，另一个溴以负电荷形式离去：

$$>C{=}C< + \overset{\delta^+}{Br}{-}\overset{\delta^-}{Br} \longrightarrow >C(Br){-}\overset{+}{C}< + Br^- \longrightarrow \text{(溴鎓离子)}\ Br^+ + Br^-$$

形成的碳正离子进一步形成环状溴鎓离子，由于空间位阻，第二步溴负离子只能从环的反面进攻碳原子，得到反式加成产物：

$$Br^- + \text{环状溴鎓离子} \longrightarrow \text{反式二溴代物}$$

$$\text{环己烯} + Br_2 \xrightarrow[5℃]{CCl_4} \text{反-1,2-二溴环己烷}$$

5. 与次卤酸加成

烯烃和卤素（溴或氯）在水溶液中可起加成反应，生成**卤代醇**，同时也有相当多的二卤化物生成，如 X—C—C—X：

$$>C{=}C< \xrightarrow[H_2O]{X_2(Br_2\ 或\ Cl_2)} HO{-}C{-}C{-}X + H{-}X$$

卤代醇

反应结果是双键上加上了一分子次卤酸，因此叫做次卤酸的加成反应。这个反应也是一个亲电加成反应。不对称烯烃发生次卤酸加成反应时，遵守马氏规则，带正电荷的卤素加到含氢较多的双键上，羟基则加在含氢较少的双键碳上：

$$(H_3C)_2C{=}CH_2 + HOBr \longrightarrow (H_3C)_2C(OH){-}CH_2{-}Br$$

溴水溶液与烯烃加成历程研究表明，第一步反应是溴和烯烃结合为溴鎓离子；第二步反应是水分子或溴负离子的反式加成。

*3.5.3 自由基加成——过氧化物效应

在日光或过氧化物存在下，烯烃与 HBr 的加成的取向正好与马氏规则相反。例如：

$$H_3C{-}CH{=}CH_2 + HBr \xrightarrow[\text{符合马氏规则}]{\text{无日光或过氧化物}} H_3C{-}CHBr{-}CH_3$$

$$H_3C{-}CH{=}CH_2 + HBr \xrightarrow[\text{反马氏规则}]{\text{有日光或过氧化物}} CH_3CH_2CH_2Br$$

反马氏规则的加成，又叫做烯烃与 HBr 加成的**过氧化物效应**（peroxide effect）。它不是离子型的亲电加成，而是自由基型的加成反应。因为过氧化物可分解为烷氧基自由基 RO·，这个自由基又可以和 HBr 作用，生成溴的自由基。这是链的引发阶段，溴自由基加在 π 键上，π 键发生**均裂**，形成烷基自由基。烷基自由基又可以从溴化氢分子中夺取氢原子，再生成一个新的溴自由基，如此循环，这就是链的传递阶段。反应周而复始，直至两个自由基相互结合使链反应终止为止。其反应机理如下：

$$RO\vdots OR \longrightarrow 2RO\cdot$$

$$RO\cdot + HBr \longrightarrow Br\cdot + ROH$$

$$RCH{=}CH_2 + Br\cdot \longrightarrow R\dot{C}HCH_2Br$$

$$R\dot{C}HCH_2Br + HBr \longrightarrow Br\cdot + RCH_2CH_2Br$$

$$Br\cdot + Br\cdot \longrightarrow Br_2$$

$$R\dot{C}HCH_2Br + R\dot{C}HCH_2Br \longrightarrow \begin{matrix} RCHCH_2Br \\ | \\ RCHCH_2Br \end{matrix}$$

$$R\dot{C}HCH_2Br + Br\cdot \longrightarrow \begin{matrix} RCH{-}CH_2Br \\ | \\ Br \end{matrix}$$

光也能促使溴化氢离解为溴自由基。

溴自由基与烯烃加成，有下面两种途径：

$$H_3C{-}CH{=}CH_2 + Br\cdot \begin{cases} \xrightarrow{①} CH_3\dot{C}HCH_2Br \\ \xrightarrow{②} CH_3CH(Br)\dot{C}H_2 \end{cases}$$

烷基自由基中具有未成对电子的碳原子也是 sp^2 杂化，呈三角形排布方式，而未成对电子在 p 轨道上：

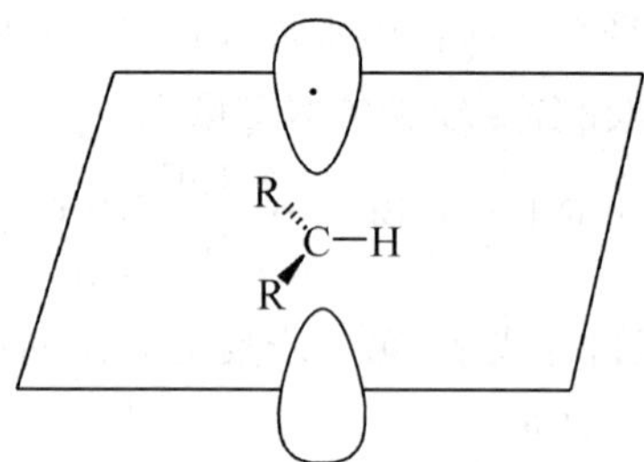

与中心自由基碳相连的烷基具有供电子性。由于中心碳原子自由基具有强烈的得电子趋势，烷基的给电子增加了中心碳的电子云密度，减低了自由基的活泼性，也就增加了自由基的稳定性。烷基的数目越多，给电子性越强，自由基稳定性就越大：

$$(CH_3)_3\dot{C} > (CH_3)_2\dot{C}H > CH_3\dot{C}H_2 > H_3\dot{C}$$

由于仲碳自由基稳定性大于伯碳自由基，故丙烯与溴自由基加成采取途径①，得到的仲碳自由基再与 HBr 作用，最后生成**反马氏规则**的溴代产物。

烯烃只能与 HBr 发生自由基加成，与 HI 和 HCl 不发生自由基加成反应。

3.5.4　硼氢化反应

乙硼烷(B_2H_6)是甲硼烷的二聚体。在四氢呋喃(THF)或其他醚中，乙硼烷能溶解为甲硼烷与醚结合的络合物形式存在。

$$\begin{matrix} H & & H & & H \\ & B & & B & \\ H & & H & & H \end{matrix} \qquad \begin{matrix} & H & \\ & | & \\ H{-} & B & \\ & | & \\ & H & \end{matrix} \qquad \begin{matrix} & H & \\ & | & \\ H{-} & B & : O(CH_2)_4 \\ & | & \\ & H & \end{matrix}$$

乙硼烷　　　　甲硼烷　　　　甲硼烷与四氢呋喃的络合物

乙硼烷容易与烯烃发生反应生成三烷基硼，这个反应叫烯烃的硼氢化反应(hydroboration)：

$$6RCH{=}CH_2 + B_2H_6 \longrightarrow 2\ \begin{matrix} RCH_2CH_2 \\ RCH_2CH_2 \\ RCH_2CH_2 \end{matrix}\!-\!B$$

加成反应中，由于 BH_3 是强的路易斯酸(硼原子外层只有 6 个价电子，有空轨道)，因此它可以作为一个亲电试剂而和烯烃的 π 电子云络合，硼原子加在取代基较少因而空间阻碍较小的双键碳原子上，氢则加到含氢较少的双键碳原子上。加成的取向正好与马氏规律相反：

$$RCH{=}CH_2 + H{-}BH_2 \longrightarrow \underset{\text{一烷基硼}}{RCH_2CH_2BH_2}$$

一烷基硼可继续与烯烃反应生成二烷基硼和三烷基硼：

$$RCH_2CH_2BH_2 + H_2C{=}CH{-}R \longrightarrow (RCH_2CH_2)_2BH$$

$$(RCH_2CH_2)_2BH + H_2C{=}CH{-}R \longrightarrow (RCH_2CH_2)_3B$$

如烯烃空间阻碍较大，反应可停留在一烷基硼或二烷基硼阶段。烷基硼可被氧化水解为相应的醇：

$$3RCH{=}CH_2 \xrightarrow{BH_3} (RCH_2CH_2)_3B \xrightarrow{H_2O_2/OH^-} 3RCH_2CH_2OH + H_3BO_3$$

$$\text{1-甲基环戊烯}\ \xrightarrow[(2)\ H_2O_2/OH^-]{(1)\ BH_3}\ \text{反-2-甲基环戊醇 (H、}CH_3\text{、H、OH)}$$

硼氢化反应是制备醇特别是伯醇的好方法。乙硼烷剧毒，能自燃，可采用现场制备方法生成：

$$3NaBH_4 + 4BF_3 \longrightarrow 2B_2H_6 + 3NaBF_4$$

总之，硼氢化反应操作简便，反应不发生重排，生成反马氏规则产物，产率高，具有区域选择性和立体选择性高等优点，在有机合成上有很高的应用价值。

3.5.5 氧化反应

烯烃易被氧化，主要在双键位置上发生反应，按氧化剂和反应条件不同，得到各种氧化产物。

*(1) 空气催化氧化

工业上，在银或氧化银催化剂存在下，乙烯可被空气氧化为相应环氧化物——环氧乙烷(ethoxide ethane)：

$$H_2C{=}CH_2 + \frac{1}{2}O_2 \xrightarrow[250℃]{Ag} H_2C\overset{O}{—}CH_2$$

在氧化铜存在下，丙烯被空气氧化为丙烯醛：

$$H_2C{=}CH{-}CH_3 + O_2 \xrightarrow[370℃]{CuO} H_2C{=}CH{-}CHO$$

如用过氧酸(peroxy carboxylic acid)，则得到环氧丙烷：

$$CH_2{=}CH{-}CH_3 + CH_3\overset{\overset{O}{\|}}{C}{-}O{-}O{-}H \longrightarrow \underset{\diagdown O \diagup}{CH_2{-}CH}{-}CH_3 + CH_3COOH$$

(2) 高锰酸钾氧化

稀的高锰酸钾溶液在低温时可把烯烃氧化为连二醇(又叫邻二醇),在双键碳位置上引入顺式的两个羟基,反应必须在中性或碱性条件下进行,这个反应叫烯烃的羟基化反应,作为实验室制备二元醇的一个方法,也可用四氧化锇(OsO_4)代替高锰酸钾,得到更高产率的连二醇:

$$CH_2{=}CH_2 + MnO_4^- \longrightarrow \left[\begin{array}{l} H_2C{-}O \\ \quad | \qquad\quad Mn(=O)(O^-) \\ H_2C{-}O \end{array}\right] \xrightarrow[H_2O]{OH^-} \begin{array}{l} H_2C{-}OH \\ \quad | \\ H_2C{-}OH \end{array} + MnO_2$$

如在酸性高锰酸钾或加热情况下,则进一步氧化,双键断裂,生成羧酸和酮的混合物:

$$RCH{=}CH_2 \xrightarrow[H^+]{KMnO_4} RCOOH + CO_2$$

$$(R)(R_1)C{=}C(R_2)(H) \xrightarrow[H^+]{KMnO_4} (R)(R_1)C{=}O + R_2{-}COOH$$

紫红色的高锰酸钾在反应中迅速脱色。因此该反应是检验双键存在与否的一个简便方法。

3.5.6 臭氧化反应

将含有臭氧的空气通入烯烃或烯烃溶液,臭氧迅速和烯烃作用,生成**臭氧化物**(ozonide):

$$(R)(H)C{=}C(R_1)(R_2) + O_3 \longrightarrow (R)(H)\underset{O-O}{C\diagdown^{O}\diagup C}(R_1)(R_2)$$

臭氧化物在加热情况下易爆炸,但一般可以不经分离而进行下一步水解反应,水解为羰基化合物——醛和酮。

$$(R)(H)\underset{O-O}{C\diagdown^{O}\diagup C}(R_1)(R_2) + H_2O \longrightarrow (R)(H)C{=}O + O{=}C(R_1)(R_2) + H_2O_2$$

因 H_2O_2 生成,为避免生成的醛被氧化,所以常在还原条件下进行水解。例如在锌粉和醋酸存在下水解,使 H_2O_2 与 Zn 结合成 $Zn(OH)_2$。由于臭氧化物水解所得到的醛或酮保持了原来烯烃的部分碳链结构。因此可根据醛、酮结构推导原来烯烃的结构。例如某烯烃经臭氧化和水解后得到甲醛和丙酮两种产物:

$$烯烃 \xrightarrow{O_3} \xrightarrow{Zn + H_3^+O} (H)(H)C{=}O + O{=}C(CH_3)(CH_3)$$

由此可知,原来的烯烃为异丁烯:

$$(H)(H)C{=}C(CH_3)(CH_3)$$

3.5.7 聚合反应

烯烃可以在催化剂或引发剂的作用下,双键断裂而相互加成,得到长链的大分子或高分子化合物。由低相对分子质量的有机化合物相互作用而生成高分子质量的化合物的反应叫做**聚合反应**(polymerization)。聚合反应中,参加反应的低相对分子质量的化合物叫做**单体**

(monomer)，生成的高相对分子质量化合物叫做**聚合物**(polymer)。乙烯作为单体得到的聚合物叫做聚乙烯。聚丙烯则由单体丙烯聚合而得：

$$nCH_2{=}CH_2 \xrightarrow[\substack{100\sim250℃\\150\sim300\ MPa}]{引发剂} {-\!\!\!\!\!\!\{}H_2C{-}CH_2{\}\!\!\!\!\!\!-}_n$$

聚乙烯

这是一种自由基聚合反应，聚合物中的基本结构单元称为链节，n 为聚合度。丙烯、四氟乙烯通过自由基聚合分别生成聚丙烯和聚四氟乙烯：

$$n\underset{\displaystyle CH_3}{\underset{|}{CH}}{=}CH_2 \xrightarrow{引发剂} \left[-\underset{\displaystyle CH_3}{\underset{|}{HC}}-CH_2-\right]_n$$

聚丙烯

$$nCF_2{=}CF_2 \xrightarrow{引发剂} \left[-\overset{\displaystyle F}{\overset{|}{\underset{\displaystyle F}{\underset{|}{C}}}}-\overset{\displaystyle F}{\overset{|}{\underset{\displaystyle F}{\underset{|}{C}}}}-\right]_n$$

聚四氟乙烯俗称塑料王，是一种耐酸、耐碱、耐溶剂、耐霉，使用温度范围宽(－180～260℃)的优良塑料。

相同单体在不同反应条件下聚合，不仅相对分子质量不同，而且高分子的结构性能和用途也不同。

20 世纪 50 年代，德国化学家齐格勒(K. Ziegler)和意大利化学家纳塔(G. Natta)分别独立发展了由三氯化钛和三乙基铝(Et_3Al)组成的齐格勒-纳塔催化剂，这种催化剂使乙烯在较低的压力和温度下聚合生成低压聚乙烯。低压聚乙烯立体构型规整，性质不同于高压聚乙烯。该反应属离子型聚合反应，也称定向聚合反应。为此，齐格勒与纳塔获得了 1963 年诺贝尔化学奖。

$$nCH_2{=}CH_2 \xrightarrow[0.2\sim1.5\ MPa]{TiCl_3/(C_2H_5)_3Al} {-\!\!\!\!\!\!\{}CH_2{-}CH_2{\}\!\!\!\!\!\!-}_n$$

定向聚合反应也用于合成聚丙烯、顺丁橡胶、异戊橡胶、乙丙橡胶等。

烯烃还可以由不同的两种单体共同聚合而得。这种聚合反应叫做共聚反应。例如：

$$nCH_2{=}CH_2 + n\underset{\displaystyle CH_3}{\underset{|}{CH}}{=}CH_2 \longrightarrow \left[-H_2C-CH_2-\underset{\displaystyle CH_3}{\underset{|}{CH}}-CH_2-\right]_n$$

此聚合物具有橡胶的性质，叫做乙丙橡胶。

在一定反应条件下，烯烃可以由两个、三个或少数分子聚合，得到的聚合物叫做二聚体、三聚体等。例如，异丁烯为 50% H_2SO_4 吸收后，在 100℃时，可以得到二聚体——两种异辛烯：

$$H_3C-\overset{\displaystyle CH_3}{\overset{|}{C}}{=}CH_2 + H_2C{=}\overset{\displaystyle CH_3}{\overset{|}{C}}-CH_3 \longrightarrow \begin{cases} H_3C-\overset{\displaystyle CH_3}{\overset{|}{\underset{\displaystyle CH_3}{\underset{|}{C}}}}-CH{=}\overset{\displaystyle CH_3}{\overset{|}{C}}-CH_3 \\ H_3C-\overset{\displaystyle CH_3}{\overset{|}{\underset{\displaystyle CH_3}{\underset{|}{C}}}}-CH_2-\overset{\displaystyle CH_3}{\overset{|}{C}}{=}CH_2 \end{cases}$$

异辛烯加氢生成异辛烷，加入油品中可提高油品的辛烷值。

3.5.8 α-氢原子的反应

和双键直接相连的碳原子叫做 α-碳原子,α-碳原子上的氢原子叫做 α-氢原子。α-氢原子的地位特殊,它受双键的影响,具有活泼性质。和一般烷烃的氢不同,α-氢原子容易发生卤代反应和氧化反应。

1. 卤代

有 α-氢原子的烯烃和氯在高温作用下,发生 α-氢原子被氯取代的反应,得到的是取代产物而不是加成产物,如:

$$H_3C-CH=CH_2 + Cl_2 \xrightarrow{500℃} \underset{\displaystyle Cl}{\underset{|}{H_2C}}-CH=CH_2 + HCl$$

由于此反应是自由基反应,在高温反应条件下,有利于氯自由基的生成,而且 α-氢原子活泼,生成的中间体烯丙基自由基存在 p-π 共轭效应(参见 4.6.3 节),比较稳定,所以优先被取代。

此外,实验室常用 *N*-溴代丁二酰亚胺(简称 NBS)为溴化试剂,在光或引发剂,如过氧化苯甲酰作用下,在惰性溶剂中与烯烃作用生成 α-溴代烯烃:

$$CH_3CH=CH_2 + \underset{NBS}{\text{(琥珀酰亚胺-NBr)}} \xrightarrow[CCl_4,\triangle]{(PhCOO)_2} \overset{\displaystyle Br}{\overset{|}{C}}H_2CH=CH_2 + \text{(琥珀酰亚胺-NH)}$$

***2. 氧化**

烯烃的 α-氢原子易被氧化。丙烯在一定条件下,可被氧化为丙烯醛。若条件不同,丙烯还可被氧化为丙烯酸:

$$H_3C-CH=CH_2 + O_2 \xrightarrow[400℃]{MoO_3} H_2C=CH-COOH + H_2O$$

丙烯在氨存在下,可进行氨化氧化反应,简称**氨氧化反应**(ammoxidation)。由此可得到丙烯腈:

$$H_2C=CH-CH_3 + NH_3 + O_2 \xrightarrow[470℃]{磷钼酸铋} H_2C=CH-CN + 3H_2O$$

丙烯醛、丙烯酸和丙烯腈分子中仍具有双键,它们可作为单体进行聚合,得到不同性质和用途的高聚物。它们都是主要的有机原料。

3.6 重要的烯烃——乙烯、丙烯和丁烯

乙烯、丙烯和丁烯都是重要的烯烃,它们是有机合成中的基本原料,是高分子合成中的重要单体。它们是合成树脂、合成纤维和合成橡胶中的最主要的原料。石油裂解工业提供和保证了乙烯、丙烯和丁烯作为重要工业原料的来源。反过来,因为有了可靠和充沛的工业来源,它们在工业上的应用就得到了越来越多的研究和开发。这些烯烃在一个国家的产量往往代表着这个国家化学工业的水平和规模。但是发展是不平衡的,乙烯的需求量更多一些,因此在石油裂解工业的设计中,丙烯、丁烯以及戊烯等往往作为副产品生产。在实际生产过程中要根据需求量的变化来调整生产的工艺过程。

本章小结

1. 烯烃的化学性质(以丙烯为例)

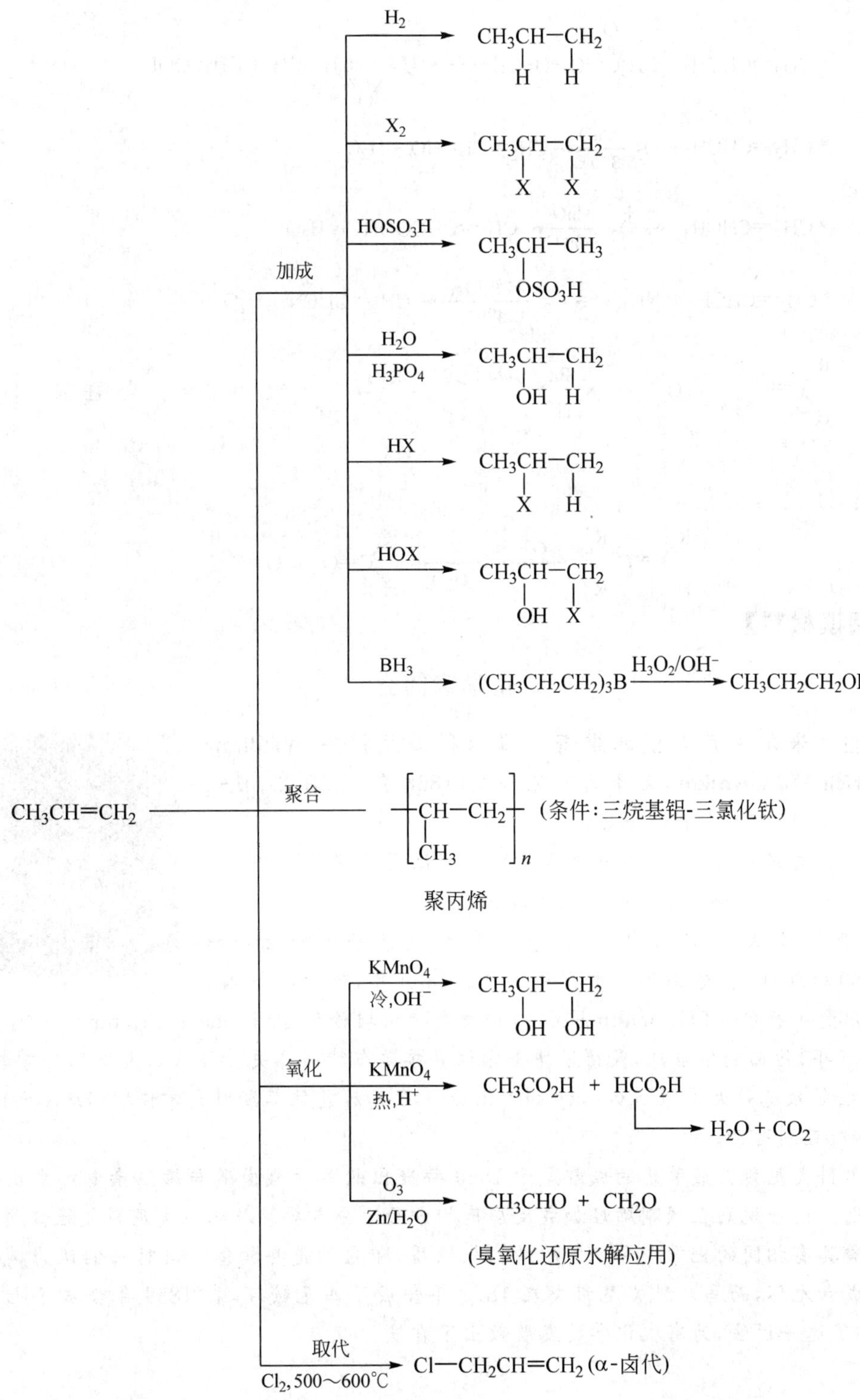

在本章的学习中,尤其要注意对马氏规则(Markovnikov's rule)的理解和应用。

2. 氧化反应

$$CH_2{=}CH_2 + \frac{1}{2}O_2 \xrightarrow[250℃]{Ag} \underset{\text{(环氧乙烷,O 桥连两个 C)}}{CH_2{-}CH_2}$$

$$* CH_2{=}CHCH_3 + CH_3\overset{\overset{O}{\|}}{C}{-}O{-}O{-}H \longrightarrow H_2C{-}CH{-}CH_3\ (\text{O 桥连}) + CH_3COOH$$

$$* CH_2{=}CHCH_3 + O_2 \xrightarrow[370℃]{CuO} CH_2{=}CHCHO + H_2O$$

$$* CH_2{=}CHCH_3 + \frac{3}{2}O_2 \xrightarrow[400℃]{MnO_2} CH_2{=}CHCOOH + H_2O$$

$$* CH_2{=}CHCH_3 + NH_3 + \frac{3}{2}O_2 \xrightarrow[470℃]{\text{磷钼酸铋}} CH_2{=}CHCN + H_2O$$

$$\underset{H}{\overset{R}{>}}C{=}C\underset{R''}{\overset{R'}{<}} + O_3 \longrightarrow \text{臭氧化物(五元环 C–O–C,O–O)} \xrightarrow{H_2O} \underset{H}{\overset{R}{>}}C{=}O + O{=}C\underset{R''}{\overset{R'}{<}} + H_2O_2$$

即:

$$\underset{H}{\overset{R}{>}}C{=}C\underset{R''}{\overset{R'}{<}} \xrightarrow{O_3} \xrightarrow[H_2O]{Zn} \underset{H}{\overset{R}{>}}C{=}O + O{=}C\underset{R''}{\overset{R'}{<}}$$

【阅读材料】

化学家简介

弗拉基米尔·瓦西里耶维奇·马尔科夫尼科夫(Vladimir Vasilyevich Markovnikov,又译马可尼科夫,1838年12月22日—1904年2月11日),俄国化学家。

马尔科夫尼科夫1812年出生于俄罗斯下诺夫哥罗德,1860年毕业于喀山大学(Kazan (Volga region) Federal University)。毕业后成为亚历山大·米哈伊洛维奇·布特列洛夫(Alexander Butlerov)的助理,在喀山和圣彼得堡工作。1860年,他前往德国,师从赫尔曼·科尔伯(Hermann Kolbe)和理查德·埃伦迈尔(Richard Erlenmeyer)学习化学。1869年,他回到俄罗斯,获得了博士学位并接替布特列洛夫担任喀山大学的化学教授。1871年任教敖德萨大学(University of Odessa),2年后前往莫斯科大学任职(University of Moscow),直到逝世。

马尔科夫尼科夫最著名的成就是于1869年提出的关于氢卤酸与烯烃亲电加成反应的马氏规则。这一规则在预测烯烃加成反应产物方面十分重要。马尔科夫尼科夫还证明丁酸与异丁酸具有相同的化学式和不同的结构与性质,即它们是异构体。当时人们认为碳原子只能组成六元环,而马尔科夫尼科夫在1879年合成了四元碳环,在1889年合成了七元碳环,推翻了这一说法,为有机化学的发展做出了贡献。

赫伯特·查尔斯·布朗(**Herbert Charles Brown**,1912年5月22日—2004年12月19日),美国有机化学家。

布朗于1912年5月22日生于伦敦。1919年随家移居美国芝加哥。1935年秋入芝加哥大学(University of Chicago),1936年获理学士学位,同年入籍美国。1938年获芝加哥大学哲学博士学位。1939年在芝加哥大学任讲师。1943年任韦恩大学(Wayne University)助理教授,1945年升为副教授。1947年任普度大学(Purdue University)无机化学教授。1978年至其去世为普度大学名誉冠名教授(R. B. Wetherill Research Professor Emeritus)。普度大学有以其名字命名的化学实验室(The Herbert C. Brown Laboratory of Chemistry)。

布朗的研究领域极为广阔,并有许多重大发现,其中最主要的发现是硼氢化反应。有趣的是,他姓名第一个字母H、C和B恰恰与其研究的元素符号相同。1941年,他用简单方法合成了乙硼烷(B_2H_6),发现了制备硼氢化钠($NaBH_4$)的方法。由于碱金属硼氢化物的异常活泼性可用于有机合成中,从而革新了有机还原反应。他的工作导致第一个用于合成不对称纯对映异构体的合成方法的发现。1953年,他发现用乙硼烷与不饱和的有机物反应可定量地转变成有机硼化合物,有机硼化合物在有机合成中有广泛用途。

1969年,布朗获美国国家科学奖章(National Medal of Science);1978年获埃利奥特·可勒松奖章(Elliott Cresson Medal);1979年,布朗因在有机合成中应用硼化合物和魏悌锡(E. G. Wittig)分获诺贝尔化学奖(Nobel Prize for Chemistry);1981年获普利斯特里奖章(Priestley Medal);1982年获珀金奖章(Perkin Medal)。1989年被美国化学会(ACS)的 *Chem. Eng. News* 期刊选为当前75名最有影响地位的化学家之一。

卡尔·瓦尔德马·齐格勒(**Karl Waldemar Ziegler**,1898年11月26日—1973年8月11日),德国化学家。在聚合反应催化剂研究方面有很大贡献,并因此与意大利化学家居里奥·纳塔(Giulio Natta)共同获得1963年诺贝尔化学奖。

齐格勒于1898年生于黑尔萨(Helsa)。1920年获马尔堡大学(University of Marburg)化学博士学位。1926年起担任海德堡大学(University of Heidelberg)教授。1936年任哈雷-萨勒大学(University of Halle-Saale)化学学院院长。1943年至1969年,任马克斯·普朗克煤炭研究所(Max Planck Institute for Coal Research)所长,直至逝世。

齐格勒早期主要研究碱金属有机化合物、自由基化学、杂环化合物等。1930年,齐格勒以金属锂和卤代烃为反应物,合成了有机锂试剂。20年后,这一发现也帮助齐格勒发现了新的聚合反应技术。1943—1969年,齐格勒担任马克斯·普朗克煤炭研究所所长,从事有机金属化合物在催化剂上的应用。此时乙烯已经可以作为煤气的副产品大量供应。1953年,他利用铝有机化合物成功地在常温常压下催化乙烯聚合,从而提出了定向聚合的概念。

居里奥·纳塔(**Giulio Natta**,1903年2月26日—1979年5月2日),意大利化学家。在聚合反应的催化剂研究上做出很大贡献,因此与德国化学家卡尔·齐格勒(Karl Ziegler)共同获得1963年诺贝尔化学奖。

纳塔1903年生于意大利因佩里亚(Imperia, Italy),1924年毕业于米兰理工大学(Politecnico di Milano)化学工程系。1932—1935年担任帕维亚大学(Università degli Studi di Pavia, UNIPV)教授和普通化学研究所所长,期间他从事用X射线衍射和电子衍射确定高分子结构和不饱和化合物的选择氢化反应的研究,其中最主要的成就是甲醇的合成。之后他转任罗马大学(Sapienza-Università di Roma)物理化学教授。1938年,纳塔回到米兰理工大学担任化学工程系主任与工业化学研究所所长,开始研究合成橡胶。1938年起他开始关注烯烃的合成。1953年,意大利化学工业公司Montecatini资助纳塔研究,希望扩展由卡尔·齐格勒发现的催化剂,用于合成等规聚合物。从此他开始和卡尔·齐格勒合作,发展了齐格勒-纳塔催化剂。

习 题

3-1 用系统命名法命名下列化合物:

(1) $CH_3C(CH_3)(CH_2CH_3)CH{=}CH_2$

(2) $(CH_3CH_2)(CH_3)C{=}C(CH_2CH_3)(CH_3)$

(3) Cl(H)C=C(H)(CH_3)(Cl 与 H 在上方,H 与 CH_3 在下方)

(4) Br(H)C=C(CH_3)(CH_2CH_3)(Br 与 CH_3 在上方,H 与 CH_2CH_3 在下方)

3-2 写出下列化合物的构型式:

(1) 反-2-氯-3-碘-2-丁烯　　(2) (*E*)-4-甲基-3-乙基-2-戊烯

(3) (*Z*)-3-甲基-3-己烯　　(4) 顺-1,2-二氯-1-溴乙烯

3-3 选择题

(1) 按照次序规则,下列基团为较优基团的是(　　)。

A. $-CHO$　　B. $-CH_2CH_3$　　C. $-CH_2OH$　　D. $-CCl_3$

(2) 下列烯烃,相对稳定性最大的是(　　)。

A. 2,3-二甲基-2-丁烯　　B. 2-甲基-2-戊烯

C. 反-3-己烯　　D. 顺-2-己烯

(3) 下列化合物既是顺式,又是*E*式的是(　　)。

A. H_3C(H)C=C(CH_3)(H)(H_3C 与 CH_3 在上方,H 与 H 在下方)

B. H_3C(CH_3CH_2)C=C(CH_3)(H)(H_3C 与 CH_3 在上方,CH_3CH_2 与 H 在下方)

C. H_3C(H)C=C(H)(CH_3)(H_3C 与 H 在上方,H 与 CH_3 在下方)

D. H_3C(CH_3CH_2)C=C(CH_3)(CH_2CH_3)(H_3C 与 CH_3 在上方,CH_3CH_2 与 CH_2CH_3 在下方)

(4) 下列化合物既是反式，又是 Z 型的是(　　)。

A. $H_3C(H)C=C(H)CH_3$（两个 CH_3 在双键同侧，两个 H 在同侧）

B. $Cl(H)C=C(H)Cl$（Cl 与 Cl 在双键异侧）

C. $HC\equiv C(H)C=C(H)CH_3$（$HC\equiv C$ 与 CH_3 在双键同侧）

D. $(ClCH_2)(CH_3CH_2)C=C(CH_2CH_3)(CH_3)$（$ClCH_2$ 与 CH_2CH_3 在双键同侧）

(5) 下列化合物中有顺反异构体的是(　　)。

A. 2-甲基-1-丁烯　　B. 2-甲基-2-丁烯

C. 2-甲基-2-戊烯　　D. 3-甲基-2-戊烯

(6) 下列试剂与环己烯反应得到顺式二醇的是(　　)。

A. O_3　　B. $KMnO_4/H^+$　　C. $KMnO_4/OH^-$　　D. HClO

(7) 下列反应为碳正离子机理的是(　　)。

A. $CH_3CH{=}CH_2 + NBS \longrightarrow$　　B. 环戊烯 $+ Cl_2 \xrightarrow{500℃}$

C. $CH_3CH_2CH{=}CH_2 + HBr \xrightarrow{\text{过氧化物}}$　　D. $CH_3CH{=}CHCH_3 + HBr \xrightarrow{CH_3COOH}$

(8) 下列化合物与溴化氢加成的相对速度最快的是(　　)。

A. $(CH_3)_2C{=}CHCH_3$　　B. $CH_3CH{=}CHCH_3$

C. $CH_3CH_2CH{=}CH_2$　　D. $CH_3CH_2CH{=}CHCl$

(9) 在过氧化物存在下，下列烯烃与 HBr 反应，得不到反马氏产物的是(　　)。

A. 2-甲基-2-丁烯　B. 1-戊烯　C. 2 -甲基-1-丁烯　D. 环己烯

(10) 下列碳正离子最稳定的是(　　)，最不稳定的是(　　)。

A. $(CH_3)_3C^+$　　B. $(CH_3)_2CH^+$　　C. $CH_3CH_2CH_2{}^+$　　D. $CH_3{}^+$

(11) 下列反应经过的反应中间体是(　　)。

$$CH_3CH_2CH{=}CH_2 + HBr \xrightarrow[\text{或过氧化物}]{\text{光}} CH_3CH_2CH_2CH_2Br$$

A. 碳正离子　　B. 碳负离子　　C. 自由基　　D. 环鎓离子

(12) 下列烯烃中，氢化热最小的是(　　)。

A. (E)-2-丁烯　B. (Z)-2-丁烯　C. 1-丁烯　D. 异丁烯

3-4 完成下列反应式：

(1) $(CH_3)_2CHCH{=}CH_2 + HBr \longrightarrow$

(2) $(CH_3)_2CHCH{=}CH_2 + HBr \xrightarrow{\text{过氧化物}}$

(3) $(CH_3)_2CHCH{=}CH_2 + HOBr \longrightarrow$

(4) $CF_3CH{=}CH_2 + HBr \longrightarrow$

(5) 亚异丙基环己烯（3-(丙-2-亚基)环己烯）$+ Br_2\ (1mol) \longrightarrow$

*(6) 1-甲基-4-(丁-3-烯-2-基)环己烯 $+ HCl\ (1mol) \longrightarrow$

(7) $CH_3CH_2CH{=}CH_2 \xrightarrow{H_2SO_4} \xrightarrow{H_2O}$

(8) $CH_3CH_2CH=CH_2 \xrightarrow[(2)\ H_2O_2/OH^-]{(1)\ BH_3}$

(9) $(CH_3)_2CHC(CH_3)=CHCH_3 \xrightarrow[OH^-]{稀KMnO_4}$

(10) $(CH_3)_2CHC(CH_3)=CHCH_3 \xrightarrow{O_3} \xrightarrow{Zn/H_2O}$

(11) 1-甲基环己烯 $+ Br_2 \xrightarrow{高温}$

*3-5　写出下列反应可能的反应机理。

(1) $(CH_3)_3CCH=CH_2 + H_2O \xrightarrow[加压]{H^+, \triangle} (CH_3)_3CCH(OH)CH_3 + (CH_3)_2C(OH)CH(CH_3)_2$

(2) 写出 3,3-二甲基-1-丁烯与 HCl 反应生成的产物及可能机理。

3-6　某化合物分子式为 C_8H_{16},可使溴水褪色,也可溶于浓硫酸中,经臭氧化并在锌粉存在下水解,只得到一种产物丁酮。试写出该化合物可能的结构式。

3-7　某化合物 A 的分子式为 C_7H_{14},经酸性 $KMnO_4$ 氧化后生成两个化合物 B 和 C。A 经臭氧氧化后再还原水解也生成 B 和 C。试写出 A,B 和 C 的结构式。

3-8　以丙烯为原料合成 1-氯-2,3-二溴丙烷(杀根瘤线虫的一种农药)。

4 炔烃和二烯烃

【学习提要】

- 了解炔烃的命名，掌握炔烃的结构特点：碳碳叁键（C≡C）及 sp 杂化。
- 理解炔烃的物理性质。
- 掌握炔烃的化学性质：

(1) 还原：催化氢化、*林德拉(Lindlar)催化剂、*Na/液 NH_3 还原。

(2) 亲电加成：加 X_2，HX，H_2O。

(3) 亲核加成：加 ROH，HCN，H_2O 等。

(4) 氧化反应。

(5) 金属炔化物生成。

*(6) 炔烃的聚合。

- 了解二烯烃的分类，掌握共轭二烯烃的分子结构及特性。
- 掌握共轭二烯烃的反应：1,2-与 1,4-加成反应、双烯合成及聚合反应。
- 理解共轭效应：概念、类型、强度及其在化合物结构中的应用。

在碳氢化合物中含氢最少的烃叫**炔烃**(alkyne)，其官能团是碳碳叁键。分子中含有两个碳碳双键的开链烃，叫做二烯烃(diene)。其中以共轭二烯烃最为重要。炔烃和二烯烃的通式都是 C_nH_{2n-2}，两者互为**同分异构体**。

4.1 炔烃的异构和命名

炔烃是直线型分子，乙炔 CH≡CH 和丙炔 CH_3—C≡CH 都没有构造异构体。从丁炔开始有构造异构现象，这种现象是由于碳链不同和叁键位置不同引起的，但由于在碳链分支的地方，不可能有叁键存在，所以炔烃的构造异构体比碳原子数目相同的烯烃少一些。例如，丁烯有 3 个构造异构体，而丁炔只有两个：

$CH_3CH_2C\equiv CH$ 1-丁炔　　$CH_3C\equiv CCH_3$ 2-丁炔

戊炔有 3 个构造异构体，它也比戊烯的构造异构体数目(5 个)少。

$CH_3CH_2CH_2C\equiv CH$ 1-戊炔　　$CH_3CH_2C\equiv CCH_3$ 2-戊炔　　$CH_3CH(CH_3)C\equiv CH$ 3-甲基丁炔

由于叁键碳上只可能连有一个取代基，因此炔烃不存在顺反异构现象。

炔烃的系统命名法与烯烃一样，即以包含叁键在内的最长碳链为主链，按主链的碳原子数目命名为某炔，代表叁键位置的阿拉伯数字以最小的为原则而置于名称之前，侧链作为主链的取代基来命名。如：

$CH_3CH_2C\equiv CCH_3$　　$CH_3(CH_2)_9C\equiv CCH_2CH_3$　　$(CH_3)_2CHC\equiv CH$

2-戊炔　　3-十四碳炔　　3-甲基丁炔

含有双键的炔烃命名时,以“先烯后炔”为原则称为某烯炔。碳链编号以最低系列表示双键与叁键的位置,但如有选择余地,通常使双键具有最小位次。例如:

$CH_3CH{=}CHC\equiv CH$　　$CH_2{=}CHC\equiv CH$

3-戊烯-1-炔　　1-丁烯-3-炔

(不叫2-戊烯-4-炔)　　(不叫3-丁烯-1-炔)

4.2 炔烃的结构

乙炔分子是直线型分子,4个原子都排布在同一直线上。通过X衍射和电子衍射等物理方法,可以测定分子中各键的键长与键角,如图4-1所示。

量子化学研究结果表明,两个碳原子以sp杂化轨道互相重叠,并各与一个氢原子的1s轨道重叠生成σ键(图4-2)。每一个碳原子上各剩一个p_y轨道和一个p_z轨道,二者侧面重叠,形成两个π键。两个π键加上原来的σ键,构成碳碳叁键(C≡C)。其中,π电子云以C—Cσ键为轴对称分布(图4-3)。

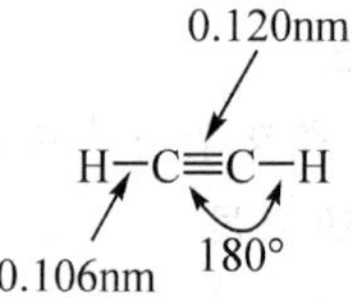

图4-1　乙炔分子中键长和键角

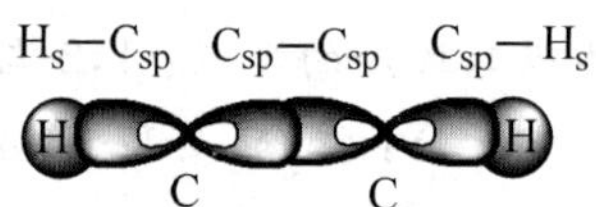

图4-2　乙炔分子中的σ键

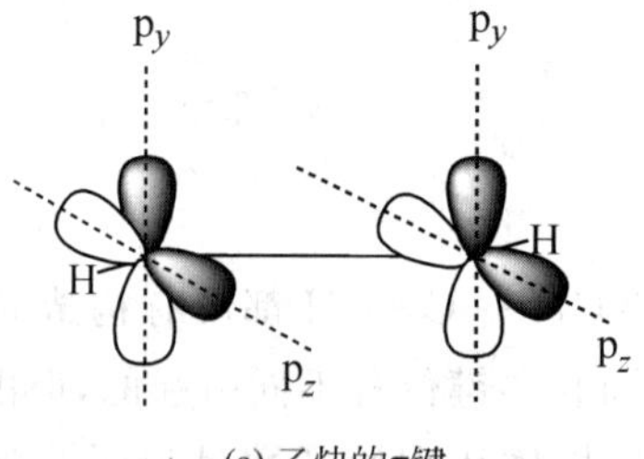

(a) 乙炔的π键

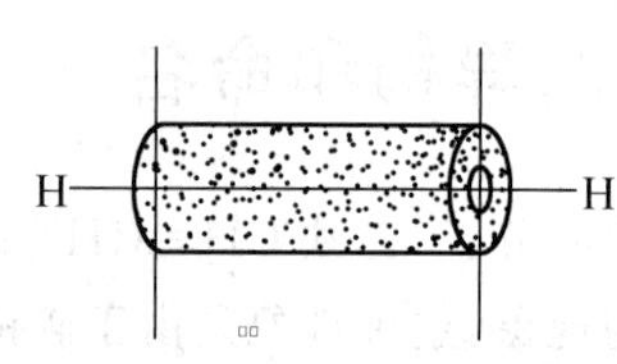

(b) 乙炔分子的圆筒形π电子云

图4-3　乙炔的π键结构图

4.3 炔烃的物理性质

炔烃的物理性质和烷烃、烯烃相似。低级的炔烃在常温常压下是气体,但沸点比相同原子数的烯烃略高。随着碳原子数增多,沸点升高。

炔烃不溶于水,但易溶于弱极性有机溶剂,如石油醚(石油中的低沸点馏分)、苯、乙醚、四氯化碳等。

4.4 炔烃的化学性质

炔烃的化学性质主要表现在官能团——碳碳叁键上。其主要性质如下：

炔烃的化学性质
- 末端炔烃的酸性
- 加氢
- 亲电加成
- 亲核加成
- 氧化反应
- 聚合反应

4.4.1 末端炔烃的酸性

碳碳叁键位于碳链末端的炔烃，称为末端炔烃。与末端炔烃叁键碳原子直接相连的氢原子较活泼，表现出很弱的酸性。其酸性比水弱，但比烯、烷烃强：

	$CH_3—CH_3$	$CH_2═CH_2$	$CH≡CH$	$HO—H$
pK_a	约50	约44	约25	15.7

叁键碳上的氢原子之所以具有弱酸性，是因为叁键的碳氢键是碳原子 sp 杂化轨道和氢原子的 s 轨道形成的 σ 键。和单键及双键碳相比较，叁键碳的电负性比较强，使 C—Hσ 键的电子云更靠近碳原子，也就是说，这种 C≡C—H 键的极化，使炔烃易离解出质子和比较稳定的炔基负离子（$C≡C^-$），从而表现出弱酸性。容易被金属取代，生成金属炔化物。例如，乙炔通过熔融的金属钠时，就可以得到**乙炔钠**和乙炔二钠：

$$CH≡CH \xrightarrow{Na} CH≡CNa \xrightarrow{Na} NaC≡CNa$$

乙炔的一烷基取代物和氨基钠作用时，它的叁键碳上的氢原子也可被钠原子取代：

$$R—C≡CH + NaNH_2 \xrightarrow{液氨} R—C≡CNa + NH_3$$

炔化钠和伯卤烷作用可以得到碳链增长的炔烃，这个反应叫做炔化物的**烷基化**反应：

$$CH≡CNa + C_2H_5Br \xrightarrow{液氨} CH≡C—C_2H_5 + NaBr$$

因此炔化物是有用的有机合成中间体。

末端炔烃又容易和硝酸银的氨溶液或氯化亚铜的氨溶液发生作用，迅速生成白色**炔化银**沉淀或红色**炔化亚铜**沉淀：

$$R—C≡CH \begin{cases} \xrightarrow{Ag(NH_3)_2NO_3} R—C≡CAg\downarrow + NH_4^+ + NH_3 \quad \text{炔化银} \\ \xrightarrow{Cu(NH_3)_2Cl} R—C≡CCu\downarrow + NH_4^+ + NH_3 \quad \text{炔化亚铜} \end{cases}$$

这些反应很容易进行，现象明显，用于末端炔烃的定性检验。炔化物和无机酸（例如稀硝酸）作用后，可分解为原来的炔烃。因此也可利用这些反应，从含有各种炔烃的混合物中分离出**末端炔烃**。炔化银和炔化亚铜等重金属炔化物，在湿润时还比较稳定，但在干燥状态下受热或受撞击时，易发生爆炸。为了避免发生意外爆炸，实验室中不再利用的重金属炔化物，应立即加酸予以处理。

4.4.2 加成反应

1. 催化加氢

炔烃催化加氢生成烯烃,进一步加氢生成烷烃:

$$R-C\equiv C-R' \xrightarrow[\text{催化剂}]{H_2} R-CH=CH-R' \xrightarrow[\text{催化剂}]{H_2} RCH_2CH_2R'$$

常用的催化剂是铂、钯、镍等。在氢气过量的情况下,反应往往不易停留在烯烃阶段。从氢化热可以比较烯烃、炔烃的加氢难易:

$$HC\equiv CH + H_2 \longrightarrow CH_2=CH_2 \qquad \text{氢化热}=175\ kJ/mol$$

$$CH_2=CH_2 + H_2 \longrightarrow CH_3-CH_3 \qquad \text{氢化热}=137\ kJ/mol$$

* 所以炔烃比烯烃更易加氢。如果只希望反应停留在烯烃阶段,就应该使用活泼性较低的催化剂。常用的是林德拉(Lindlar)催化剂($Pd/CaCO_3$,醋酸铅),生成顺式加成物。若用 Na/液氨还原加氢则生成反式产物:

$$CH_3C\equiv CCH_3 + H_2 \xrightarrow[\text{催化剂}]{\text{Lindlar}} \begin{matrix} CH_3 & & CH_3 \\ & C=C & \\ H & & H \end{matrix}$$

$$CH_3CH_2C\equiv CCH_2CH_3 \xrightarrow[\text{液}NH_3]{Na} \begin{matrix} CH_3CH_2 & & H \\ & C=C & \\ H & & CH_2CH_3 \end{matrix}$$

2. 亲电加成

(1) 与卤素加成

炔烃可以与卤素加成。先生成一分子加成产物,但一般可以再继续反应,生成两分子加成产物——四卤代烷:

$$HC\equiv CH + Cl_2 \longrightarrow ClCH=CHCl \xrightarrow{Cl_2} Cl_2CH-CHCl_2$$

$$R-C\equiv C-R + X_2 \longrightarrow RXC=CXR \xrightarrow{X_2} RX_2C-CX_2R$$

如用等摩尔卤素,也可以得到二卤代烯烃:

$$CH_3CH_2C\equiv CCH_2CH_3 + Br_2 \longrightarrow \begin{matrix} CH_3CH_2 & & Br \\ & C=C & \\ Br & & CH_2CH_3 \end{matrix}$$

3-己炔 (*E*)-3,4二溴-3-己烯(90%)

$$CH_3CH_2CH_2CH_2C\equiv CH \xrightarrow[CH_3COOH,\ H_2O]{Br_2} \begin{matrix} CH_3CH_2CH_2CH_2 & & H \\ & C=C & \\ Br & & Br \end{matrix}$$

(*Z*)-1,2二溴己烯(28%)

+

$$\begin{matrix} CH_3CH_2CH_2CH_2 & & Br \\ & C=C & \\ Br & & H \end{matrix}$$

(*E*)-1,2二溴己烯(72%)

和炔烃比较，双键更易发生加成，因此当分子中兼有双键和叁键时，先是双键发生卤素加成：

$$CH_2{=}CHCH_2C{\equiv}CH + Br_2 \xrightarrow[\text{低温}]{} CH_2BrCHBrCH_2C{\equiv}CH$$

（2）与氢卤酸加成

炔烃加氢卤酸按**马氏规则**进行，反应比烯烃慢。反应先加一分子氢卤酸，生成卤代烯烃，再与一分子氢卤酸反应，生成二卤代烷：

$$R{-}C{\equiv}CH \xrightarrow{HX} R{-}\underset{X}{\underset{|}{C}}{=}CH_2 \xrightarrow{HX} R{-}\overset{X}{\overset{|}{\underset{X}{\underset{|}{C}}}}{-}CH_3$$

加成反应有时可以停留在一分子加成阶段：

$$\underset{\text{1-己炔}}{CH_3(CH_2)_2CH_2C{\equiv}CH} + HI \longrightarrow \underset{\text{2-碘-1-己烯(73\%)}}{CH_3(CH_2)_2CH_2\underset{I}{\underset{|}{C}}{=}CH_2}$$

若叁键在中间，则生成反式加成产物：

$$\underset{\text{3-己炔}}{CH_3CH_2C{\equiv}CCH_2CH_3} + HCl \longrightarrow \overset{H\qquad\quad CH_2CH_3}{\underset{CH_3CH_2\qquad\quad Cl}{C{=}C}}$$

（3）与水加成

炔烃在酸性条件下与水加成，先生成烯醇，后者立刻转变为更稳定的羰基化合物（醛或酮）：

$$R{-}C{\equiv}CH + H^+ \longrightarrow R{-}\overset{+}{C}{=}CH_2 \xrightarrow{H-OH} R\underset{^{+}OH_2}{\underset{|}{C}}{=}CH_2 \xrightarrow{-H^+} \underset{\text{烯醇}}{\left[R{-}\underset{O-H}{\underset{|}{C}}{=}CH_2\right]} \xrightarrow{\text{分子重排}} \underset{\text{酮(羰基化合物)}}{R\underset{O}{\underset{\|}{C}}CH_3}$$

由烯醇变为醛、酮的过程称为**分子重排**（molecular rearrangement）。像烯醇与醛、酮这样，两个同分异构体间的快速相互转变现象，叫做**互变异构**（tautomerism），酮式及烯醇式称为**互变异构体**（tautomer），烯醇式和酮式的互变异构可简单表示为：

$$\underset{\text{烯醇式}}{-\overset{|}{C}{=}\overset{|}{C}{-}OH} \rightleftharpoons \underset{\text{酮式}}{-\overset{|}{\underset{H}{\underset{|}{C}}}{-}\overset{|}{C}{=}O}$$

烯醇式与酮式的转化处于动态平衡，由于一般酮式比烯醇式稳定，所以平衡倾向于酮式。

炔烃与水的加成不如烯烃容易进行，反应在硫酸溶液中进行，并加入硫酸汞作催化剂。例如：

$$\underset{\text{乙炔}}{HC{\equiv}CH} + H_2O \xrightarrow{H_2SO_4,HgSO_4} \underset{\text{乙醛}}{CH_3CHO}$$

$$\underset{\text{4-辛炔}}{CH_3(CH_2)_2C{\equiv}C(CH_2)_2CH_3} + H_2O \xrightarrow{H_2SO_4,HgSO_4} \underset{\text{4-辛酮(89\%)}}{CH_3(CH_2)_2CH_2\underset{O}{\underset{\|}{C}}(CH_2)_2CH_3}$$

3. 亲核加成

在碱存在下,炔烃可以和醇发生反应。如乙炔与甲醇反应生成的产物叫做甲基乙烯基醚:

$$\underset{\text{乙炔}}{HC\equiv CH} + CH_3OH \xrightarrow[\text{加热,加压}]{KOH} H_2C=CH-O-CH_3$$

该反应并不是亲电加成,而是发生了以下反应:

$$CH_3OH + KOH \rightleftharpoons CH_3O^-K^+ + H_2O$$

$CH_3O^-K^+$是一种盐,其负离子CH_3O^-首先与炔烃作用,生成碳负离子中间体,再和一分子醇作用,获得一个质子而生成甲基乙烯基醚:

$$CH_3O^- + HC\equiv CH \longrightarrow CH_3O-CH=\bar{C}H \xrightarrow{H-OCH_3} CH_3O-CH=CH_2 + CH_3O^-$$

炔烃和醇的加成是**亲核加成**。由于 HCN 也是典型的**亲核试剂**,在一定条件下可与炔烃起加成反应生成烯腈:

$$\underset{\text{乙炔}}{HC\equiv CH} + HCN \xrightarrow[NH_4Cl]{CuCl} \underset{\text{丙烯腈}}{CH_2=CHCN}$$

4.4.3 氧化反应

炔烃的氧化反应,与烯烃相似。

炔烃和氧化剂反应,往往可以使叁键断裂,最后得到完全氧化的产物——羧酸或二氧化碳。例如:

$$HC\equiv CH \xrightarrow[H_2O]{KMnO_4} CO_2 + H_2O$$

$$RC\equiv CR' \xrightarrow[100℃]{KMnO_4} RCOOH + R'COOH$$

在比较缓和的条件下,二取代炔烃的氧化可以停留在二酮阶段。例如:

$$CH_3(CH_2)_7C\equiv C(CH_2)_7COOH \xrightarrow[H_2O]{KMnO_4} CH_3(CH_2)_7\overset{O}{\overset{\|}{C}}-\overset{O}{\overset{\|}{C}}(CH_2)_7COOH$$

可以利用氧化反应,检验分子中是否存在叁键,以及根据产物的结构推测叁键的位置。

4.4.4 聚合反应

炔烃只生成由几个分子聚合的聚合物,例如,在不同条件下,乙炔可生成链状的二聚物或三聚物,也可生成环状的三聚物或四聚物:

$$HC\equiv CH + HC\equiv CH \xrightarrow[H_2O]{CuCl+NH_4Cl} \underset{\text{乙烯基乙炔}}{H_2C=CH-C\equiv CH}$$

$$H_2C=CH-C\equiv CH + HC\equiv CH \xrightarrow[H_2O]{CuCl+NH_4Cl} \underset{\text{二乙烯基乙炔}}{H_2C=CH-C\equiv C-CH=CH_2}$$

$$*\ 3CH\equiv CH \xrightarrow[\text{醚}]{Ni(CN)_2,PPh_3} \text{苯}$$

$$* 4CH\equiv CH \xrightarrow[\text{醚}]{Ni(CN)_2}$$ (环辛四烯结构式)

环辛四烯

乙炔的二聚物与氯化氢加成，得到 2-氯-1,3-丁二烯，它是合成氯丁橡胶的单体。

$$H_2C{=}CH{-}C{\equiv}CH + HCl \xrightarrow{CuCl+NH_4Cl} H_2C{=}\underset{\underset{\displaystyle Cl}{|}}{C}{-}CH{=}CH_2$$

2-氯-1,3-丁二烯

4.5 重要的炔烃——乙炔

炔烃中最重要的是乙炔，工业上用煤做原料，也可以用石油或天然气做原料生产乙炔。

(1) 碳化钙法生产乙炔

焦炭和石灰在高温下反应，得到**碳化钙**(**电石**)。电石与水反应，得到乙炔：

$$C + CaO \xrightarrow{2000℃} CaC_2 + CO$$

$$CaC_2 + H_2O \longrightarrow Ca(OH)_2 + HC{\equiv}CH$$

此法在工业上使用已久，耗电量大，但生产工艺较简单。

(2) 由天然气或石油生产乙炔

甲烷是天然气的重要成分，在 1500℃的高温下，甲烷通过一系列的反应能生成乙炔。这是一个强烈的吸热反应，因此工业上常使一部分甲烷同时被氧化(加入氧气)，由此产生的热供给甲烷用以合成乙炔。所以此法又叫做**甲烷的部分氧化法**。

$$2CH_4 \xrightarrow[0.01\sim0.1s]{1500℃} HC{\equiv}CH + H_2$$

$$CH_4 + O_2 \longrightarrow HC{\equiv}CH + CO + H_2$$

分离乙炔后得到一氧化碳和氢气的混合物——“合成气”，可作为合成甲醇等化合物的基本原料。

纯粹的乙炔为无色气体。由碳化钙制得的乙炔由于含有磷化氢、硫化氢等杂质而有臭气和毒性。

乙炔在水中有一定的溶解度，0℃时 1 L 水溶解 1.7 L 乙炔，在 15.5℃能溶解 11 L 乙炔。乙炔易溶于有机溶剂(如丙酮)。乙炔与一定空气相混合可形成爆炸性的混合物，乙炔的爆炸极限为 3%～80%(体积分数)。为避免爆炸危险，一般可用浸有丙酮的多孔物质(如石棉、活性炭等)吸收乙炔后储存于钢瓶中，从而便于运输和使用。乙炔在燃烧时放出大量的热。

$$2HC{\equiv}CH + 5O_2 \longrightarrow 4CO_2 + 2H_2O \quad \Delta H = -270\ kJ/mol$$

乙炔通过叁键加成可以转变为许多工业上有用的原料或单体，因此，它是有机合成的重要基本原料。

4.6 二烯烃

4.6.1 二烯烃的分类与命名

分子中含有两个碳碳双键 C═C 的烯烃，称为二(双)烯烃。相对于二烯烃，前面学过的分子中只有一个 C═C 的烯烃，则称为单烯烃。

二烯烃依两个碳碳双键 C═C 的相对位置，可以分为下列 3 类：

(1) **积累二烯烃**(cumulative diene)：两个双键连接在同一碳原子上，例如：

$$H_2C{=}C{=}CH_2$$

丙二烯

(2) **共轭二烯烃**(conjugated diene)：两个双键之间有一个单键相隔，例如：

$$H_2C{=}CH{-}CH{=}CH_2$$

1,3-丁二烯

(3) **隔离二烯烃**(isolated diene)：两个双键之间有两个或两个以上的单键相隔，例如：

$$H_2C{=}CH{-}CH_2{-}CH{=}CH_2$$

1,4-戊二烯

二烯烃的命名与烯烃相似，两个双键的位置须以阿拉伯数字标识并列于二烯烃名称前，阿拉伯数字以最低系列为原则，如：

$$H_2C{=}CH{-}CH(CH_3){-}C({=}CH_2){-}CH_3$$

2,3-二甲基-1,4-戊二烯

$$CH_3(H)C{=}C(H){-}C(H){=}C(H)CH_3$$

(2*Z*,4*Z*)-2,4-己二烯

积累二烯烃不稳定，隔离二烯烃的性质与单烯烃相同。本节主要介绍具有特殊结构和性质的共轭二烯烃。

4.6.2 共轭二烯烃的结构和特性

1. 结构

1,3-丁二烯是最简单的共轭二烯烃，下面即以它为例来说明共轭二烯烃的结构。由物理方法测得 1,3-丁二烯分子中的键长和键角如图 4-4 所示。

H 0.134nm H
0.148nm C═C 0.110nm
H C═C 122.4°
H 119.8° H

图 4-4 1,3-丁二烯分子中的键长和键角

在丁二烯分子中，4 个碳原子和 6 个氢原子都处在同一平面上。这是因为丁二烯的每个碳原子都是 sp^2 杂化的，它们以 sp^2 杂化轨道与相邻碳原子相互交盖形成碳碳 σ 键，与氢原子的 1s 轨道交盖形成碳氢 σ 键(分子中一共形成 3 个碳碳 σ 键($C_{sp^2}—C_{sp^2}$)和 6 个碳氢 σ 键($C_{sp^2}—H_{1s}$)。sp^2 杂化碳原子的 3 个 σ 键指向三角形的 3 个顶点，3 个 σ 键相互之间的夹角都接近 120°。由于每一个碳原子的 3 个 σ 键都排列在一个平面上，所以就形成了分子中所有的 σ 键都在一个平面上的结构。此外，每一个碳原子都还有一个未参与杂化的 p 轨道，它们都和丁二烯分子所在的平面相垂直，因此，这 4 个 p 轨道都相互平行，不仅在 C_1 与 C_2、C_3 与 C_4 之间发生了 p 轨道的侧面交盖，而且在 C_2 与 C_3 之间也发生了一定程度的 p 轨道侧面交盖，但比 C_1 与 C_2 或 C_3 与 C_4 之间的交盖要弱一些，1,3-丁二烯的结构如图 4-5 所示。

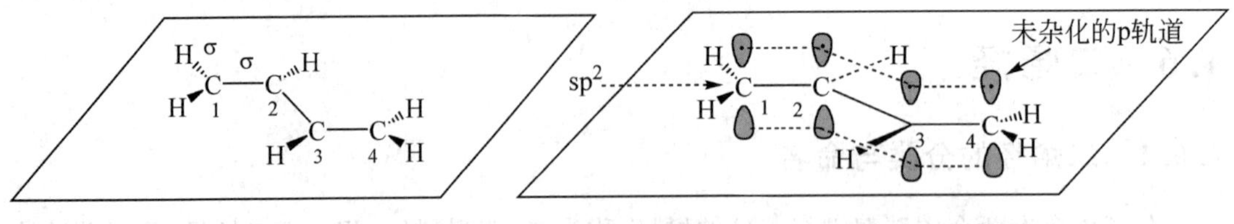

(a) 1,3-丁二烯分子在同一平面上　　(b) 1,3-丁二烯分子的共轭结构

图 4-5 1,3-丁二烯的分子结构

按照分子轨道理论，1,3-丁二烯分子中的 4 个碳原子的 4 个 p 原子轨道可以通过线性组合而形成 4 个分子轨道，其中两个是成键轨道，用 π_1 和 π_2 表示；另外两个是反键轨道，用 π_3^* 和 π_4^* 表示，这些分子轨道的图形如图 4-6 所示。

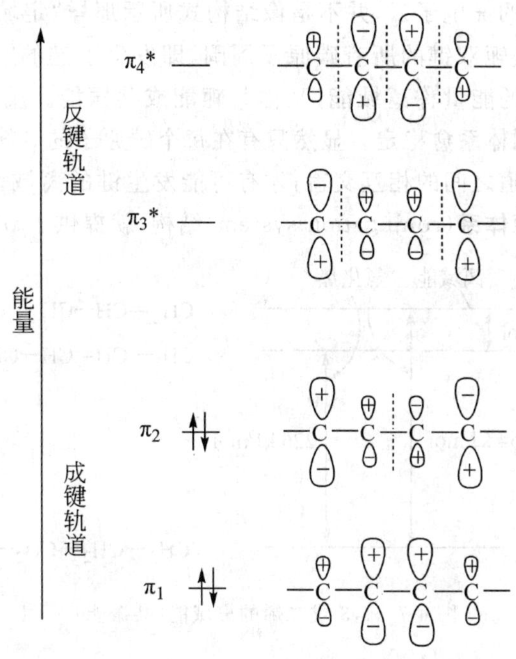

图 4-6 1,3-丁二烯的分子轨道

在图中，p 原子轨道图形的大小，大致表示它们参与分子轨道组成的比例大小。图形中的虚线，表示垂直于分子平面的节面。在 4 个分子轨道中，除分子所在平面的节面外，π_1 没有节面，π_2，π_3^*，π_4^* 分别有 1,2,3 个节面。分子轨道节面越多，能量越高，即 4 个分子轨道的能量为 $\pi_1<\pi_2<\pi_3^*<\pi_4^*$。

有电子占据的 π_1 和 π_2 成键轨道的组合，可以说明 1,3-丁二烯分子中各碳原子的成键情况，即 C_2 与 C_3 之间的电子云密度将比 C_1 与 C_2 或 C_3 与 C_4 之间要小，具有部分双键的性质。

2. 特性

1,3-丁二烯的结构使碳原子之间的键长发生了变化。由于 C_2 与 C_3 之间有 p 轨道交盖，具有部分双键性质。因此，C_2 与 C_3 之间的电子云密度要比一般 σ 键的高，键长也比一般烷烃中的单键短。乙烷碳碳单键的键长为 0.154 nm，而丁二烯的 C_2 与 C_3 间的键长为 0.148 nm。这个键长的变化与成键轨道的杂化状态有关。丁二烯的 $C_2—C_3$ σ 键是 $C_{sp^2}—C_{sp^2}$ 的 σ 键，而烷烃是 $C_{sp^3}—C_{sp^3}$ 的 σ 键。分子中原来的两个碳碳双键也发生了键长的改变，乙烯双键的键长是 0.133 nm，而这里 $C_1—C_2$，$C_3—C_4$ 的键长却增长为 0.134 nm。

4 个电子完全填充在两个成键分子轨道上，丁二烯体系的能量有所降低，体系的稳定性增强。这种稳定性可以从烯烃和共轭二烯烃的氢化热数值的比较中显示出来。1,3-戊二烯和 1,4-戊二烯都氢化为戊烷，但具有共轭双键结构的 1,3-戊二烯的氢化热比不是共轭双键结构的 1,4-戊二烯的氢化热低 254－226＝28 kJ/mol。1,3-丁二烯和丁烯的 2 倍氢化热比较,也低 15 kJ/mol,说明具有共轭双键结构的二烯烃能量较低,较稳定。

4.6.3 共轭效应

丁二烯分子中双键的 π 电子云,并不是像结构式所示那样“定域”在 C_1—C_2 和 C_3—C_4 之间,而是扩展到整个共轭双键的所有碳原子周围,即发生了键的“离域(delocation)”。由于电子离域使分子降低的能量称离域能,又称**共轭能**或**共振能**。戊二烯的离域能如图 4-7 所示。离域能愈大,表明体系愈稳定。显然只有在每个碳原子的 p 轨道都相互平行时,才有可能发生所有相邻 p 轨道之间的相互交盖,才有可能发生键的离域。共轭二烯烃的单双键相间隔的结构,或称**共轭体系**(conjugation system)结构,就提供了 p 轨道相互平行的条件。

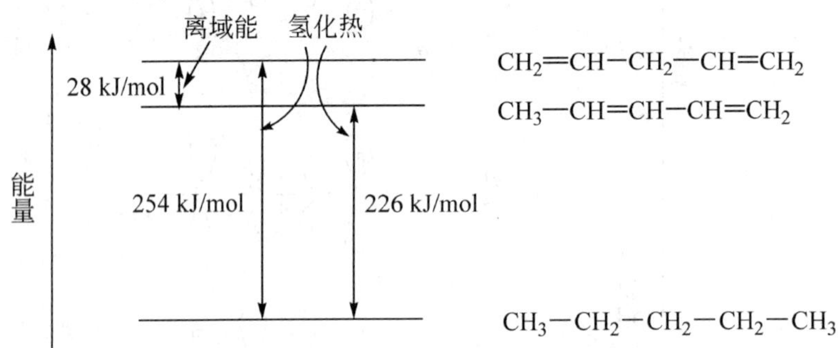

图 4-7 1,3-戊二烯的离域能(共振能)

丁二烯分子中键的离域以及由之而来的键长的改变、能量的降低或稳定性的增加,都是丁二烯分子中共轭体系结构所造成的。这些都是共轭体系分子的内在性质,它是共轭体系特有的效应或称为共轭效应的具体表现,共轭效应也可称为离域效应。共轭体系大体分为 3 类。

1. π-π 共轭

1,3-丁二烯是 π-π 共轭体系最简单的代表,由这个体系所表现的共轭效应叫做 **π-π 共轭效应**。在这个体系中,由于键的离域,π 电子的分子轨道遍及整个共轭体系,因此,在受到外界试剂的攻击时,其影响可以通过 π 电子的运动迅速地传递到整个共轭体系。

2. p-π 共轭

由 π 键的 p 轨道和碳正离子(自由基或负离子)中 sp^2 碳原子的空 p 轨道相互平行且交盖而成的离域效应,叫做 **p-π 共轭效应**,见图 4-8。

空p轨道
CH_2—CH—C(+) CH_3 H

图 4-8 p-π 共轭效应

π 电子的离域可以在结构式中以箭头表示,如:

$$\underset{4}{CH_2}=\underset{3}{CH}-\underset{2}{\overset{+}{CH}}-\underset{1}{CH_3} \longrightarrow \underset{4}{\overset{\delta^+}{CH_2}}\cdots\underset{3}{CH}\cdots\underset{2}{\overset{\delta^+}{CH}}-\underset{1}{CH_3}$$

离域的结果不仅使原来带正电荷的碳原子(C_2)的正电荷得以分散(但仍带有部分正电荷),且双键碳原子(C_4)也因此带有了部分正电荷。

3. 超共轭效应

σ-p 共轭效应与 σ-π 共轭效应统称为**超共轭效应**,与 π-π 共轭效应及 p-π 共轭效应比较,作用要弱得多。

在第3章中讨论碳正离子的相对稳定性时,我们曾说叔碳正离子的稳定性是甲基具有给电子性所致,这种叔碳正离子的稳定性也是超共轭效应的结果。碳正离子的带正电的碳原子具有3个sp^2杂化轨道,此外,还有一个空p轨道。与碳正离子相连烷基的碳氢σ键可以和此空p轨道有一定程度的相互交盖,形成σ-p共轭体系,见图4-9,这就使σ电子离域并扩展到空p轨道上。这种超共轭效应的结果使碳正离子的正电荷有所分散(分散到烷基上),从而增加了碳正离子的稳定性。

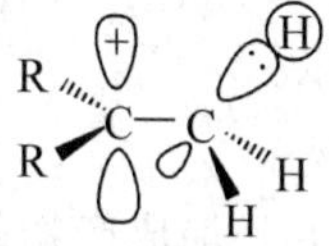

图4-9 σ-p共轭效应

和碳正离子相连的α碳氢键越多,也就是能起超共轭效应的碳氢σ键越多,越有利于碳正离子上正电荷的分散,可使碳正离子的能量更低,更趋于稳定。比较伯、仲、叔碳正离子,叔碳正离子的α碳氢σ键最多,仲碳正离子次之,而CH_3^+则不存在α碳氢σ键,因而不存在σ-p超共轭效应,所以碳正离子的稳定性次序是:$3°R^+ > 2°R^+ > 1°R^+ > CH_3^+$。

丙烯分子中,丙烯的π轨道与甲基C—H的σ轨道交盖可形成σ-π共轭体系,见图4-10。σ-π共轭体系的形成使原来基本上定域于两个原子周围的π电子云和σ电子云发生离域而扩展到更多原子的周围,因而降低了分子的能量,增加了分子的稳定性。

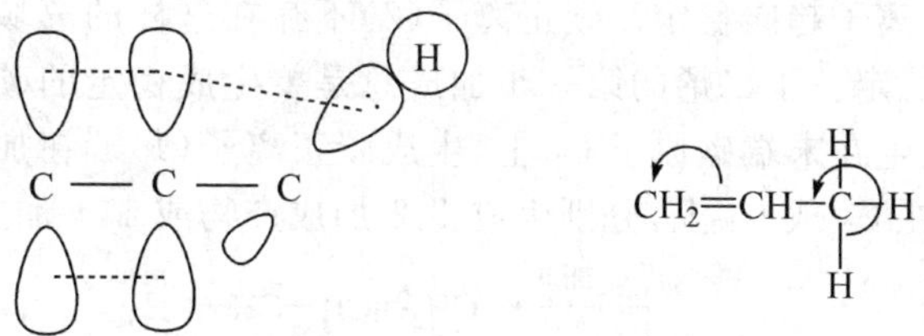

图4-10 σ-π共轭效应

* 在上述共轭体系中,某些原子或基团由于电负性不同,会使离域具有方向性。当这些原子或基团具有供电子性时,产生供电子共轭效应(用+C表示);当这些原子或基团具有吸电子性时,产生吸电子效应(用-C表示),如:

$$\overset{..}{C}H_3O-\overset{\delta^+}{C}H=\overset{\delta^-}{C}H_2\ (+C效应),\quad \overset{\delta^+}{C}H_2=\overset{\delta^-}{C}H-\overset{\delta^+}{C}H=\overset{\delta^-}{O}\ (-C效应)$$

* 共轭效应与诱导效应(见3.5.2节)不同,诱导效应一般是沿σ单键传递,随链的增长迅速减弱,一般经过3个原子后,不再起作用。而共轭效应则在共轭链上传递时,出现正负电荷交替,而且共轭效应不因共轭链增长而减弱。

4.6.4 共轭二烯烃的性质

共轭二烯烃的物理性质和烷烃、烯烃相似。碳原子数较少的二烯烃为气体,例如,1,3-丁二烯为沸点-4℃的气体,碳原子数较多的二烯烃为液体,例如,2-甲基-1,3-丁二烯为沸点34℃的液体。它们都不溶于水而溶于有机溶剂。

共轭二烯烃具有烯烃双键的一些化学性质,但由于是共轭体系,在加成和聚合反应中,又具有它特有的一些规律。

1. 1,2-加成和1,4-加成

共轭二烯烃和卤素、氢卤酸都容易发生亲电加成,可产生两种加成产物:

$$CH_2{=}CH{-}CH{=}CH_2 + Br_2 \longrightarrow \underset{Br}{\underset{|}{C}}H_2{-}\underset{Br}{\underset{|}{C}}H{-}CH{=}CH_2 + \underset{Br}{\underset{|}{C}}H_2{-}CH{=}CH{-}\underset{Br}{\underset{|}{C}}H_2$$

1,2-加成产物　　　1,4-加成产物

$$CH_2{=}CH{-}CH{=}CH_2 + HBr \longrightarrow \underset{H}{\underset{|}{C}}H_2{-}\underset{Br}{\underset{|}{C}}H{-}CH{=}CH_2 + \underset{H}{\underset{|}{C}}H_2{-}CH{=}CH{-}\underset{Br}{\underset{|}{C}}H_2$$

1,2-加成产物　　　1,4-加成产物

1,2-加成产物是一分子试剂在同一个双键的两个碳原子上的加成。1,4-加成产物是一分子试剂加在共轭双键的两端碳原子上(即 C_1 和 C_4 上),这种加成结果使共轭双键中原来的两个双键都变成了单键,而原来的单键(C_2—C_3)则变成了双键。1,3-丁二烯之所以有这两种加成方式,与中间体稳定性密切相关。例如与 HBr 的加成,分两步进行。第一步反应是亲电试剂 H^+ 进攻,加成可能发生在 C_1 上或 C_2 上,先生成相应的碳正离子(1)或(2):

$$CH_2{=}CH{-}CH{=}CH_2 + HBr \begin{cases} \xrightarrow{C_1\text{加成}} CH_2{=}CH{-}\overset{+}{C}H{-}CH_3 + Br^- \quad (1) \\ \xrightarrow{C_2\text{加成}} CH_2{=}CH{-}CH_2{-}\overset{+}{C}H_2 + Br^- \quad (2) \end{cases}$$

碳正离子(1)可看成是烯丙基碳正离子的一个氢原子被 $—CH_3$ 取代,由于存在 p-π 共轭效应,而使这个碳正离子趋向稳定。碳正离子(2)不存在这样的离域效应,所以碳正离子(1)要比碳正离子(2)稳定。丁二烯的第一步加成总是要生成稳定的碳正离子(1)。也就是说,第一步反应总是发生在末端碳原子 C_1 上,生成碳正离子(1)。在加成反应的第二步中,带负电的溴离子就加在 C_2 或 C_4 上,分别生成 1,2-加成产物或 1,4-加成产物:

$$\overset{\delta^+}{C}H_2\overset{...}{-}CH\overset{...}{-}\overset{\delta^+}{C}H{-}CH_3 + Br^- \begin{cases} \xrightarrow{C_2\text{加成}} CH_2{=}CH{-}\underset{Br}{\underset{|}{C}}H{-}CH_3 \quad \text{1,2-加成产物} \\ \xrightarrow{C_4\text{加成}} \underset{Br}{\underset{|}{C}}H_2{-}CH{=}CH{-}CH_3 \quad \text{1,4-加成产物} \end{cases}$$

共轭二烯烃的亲电加成产物中,1,2-加成和 1,4-加成产物之比,与二烯烃的结构、所用试剂、反应条件(如溶剂、温度、反应时间等)密切相关。例如 1,3-丁二烯与 HBr 的加成,在不同温度下进行反应,可得到不同的产物比:

$$CH_2{=}CH{-}CH{=}CH_2 + HBr \begin{cases} \xrightarrow{0℃} \underset{71\%}{CH_3{-}\underset{Br}{\underset{|}{C}}H{-}CH{=}CH_2} + \underset{29\%}{CH_3{-}CH{=}CH{-}\underset{Br}{\underset{|}{C}}H_2} \\ \xrightarrow{40℃} \underset{15\%}{CH_3{-}\underset{Br}{\underset{|}{C}}H{-}CH{=}CH_2} + \underset{85\%}{CH_3{-}CH{=}CH{-}\underset{Br}{\underset{|}{C}}H_2} \end{cases}$$

但如将 0℃时反应所得到的产物,再在 40℃较长时间加热,也可获得 40℃时反应的产物比例,即其中 85%是 1,4-加成产物,15%是 1,2-加成产物。

一般而言,高温有利于 1,4-加成,反之则利于 1,2-加成。

2. 双烯合成——狄尔斯-阿尔德(Diels-Alder)反应

共轭二烯烃可以和某些具有碳碳双键等不饱和键的化合物发生 1,4-加成反应,生成环状化合物,这个反应叫做**双烯合成**,又叫**狄尔斯-阿尔德反应**。例如:

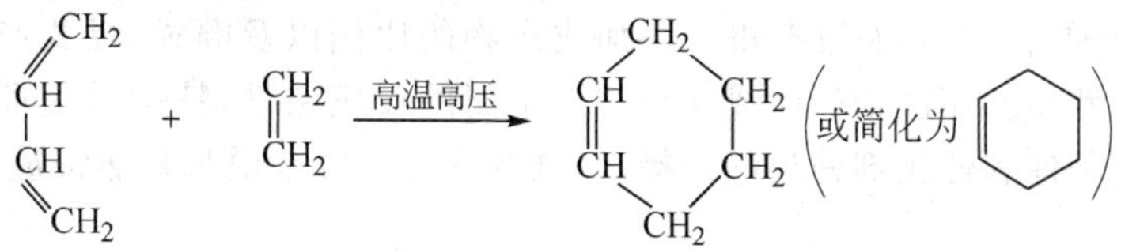

$$CH_2{=}CH{-}CH{=}CH_2 + CH_2{=}CH_2 \xrightarrow{\text{高温高压}} \text{环己烯}\ (\text{或简化为 环己烯骨架式})$$

双烯合成中,就反应物的结构而言,最简单的是1,3-丁二烯和乙烯的反应,但这个反应需要的反应条件比较高,一般需要高温、高压,产率也比较低。

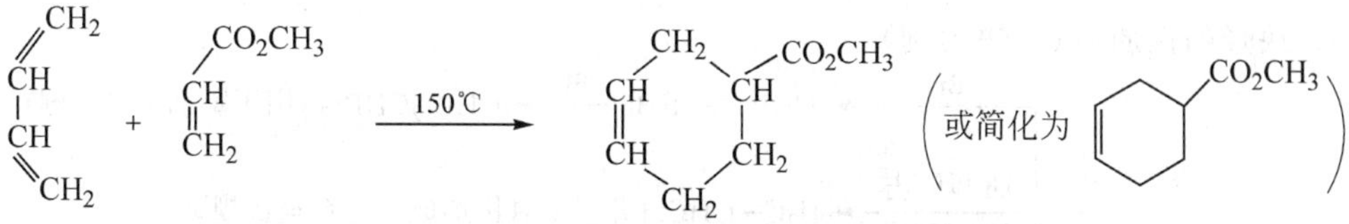

$$CH_2{=}CH{-}CH{=}CH_2 + CH_2{=}CH{-}CO_2CH_3 \xrightarrow{150℃} \text{4-环己烯甲酸甲酯}\ (\text{或简化为 骨架式},\ CO_2CH_3)$$

在双烯合成中,常称能和共轭二烯烃反应的重键化合物为**亲双烯体**,例如上述两反应中的乙烯和丙烯酸甲酯。实践证明,当亲双烯体的双键碳原子上连有吸电子基团(—CHO,—COR,—COOR,—CN,—NO_2 等)时,反应比较容易进行。

双烯合成在有机合成中有广泛应用,在理论研究上也有一定的意义。它不是离子型反应,也不是自由基型反应,而是不生成活性中间体一步完成的**协同反应**。

3. 聚合反应

在催化剂存在下,共轭二烯烃可以聚合为高分子化合物。例如1,3-丁二烯在金属钠催化下聚合成聚丁二烯。这种聚合物具有橡胶的性质,即它具有伸缩性和弹性,所以也叫做弹性体。它是最早发明的合成橡胶,又称为丁钠橡胶。

$$nCH_2{=}CH{-}CH{=}CH_2 \xrightarrow[60℃]{Na} {+}CH_2{-}CH{=}CH{-}CH_2{+}_n$$

上式中的聚合物可以看作是丁二烯单体分子间的1,4-加成产物,但实际的反应并不如此单纯。除上述各单体分子之间的1,4-加成外,还可能有分子之间的1,2-加成,以及1,2-加成和1,4-加成,即一个分子的 C_1,C_2 与另一个分子的 C_1,C_4 加成:

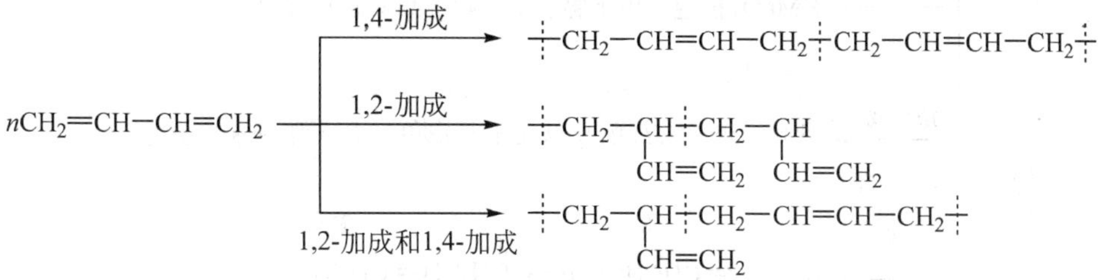

$$nCH_2{=}CH{-}CH{=}CH_2 \xrightarrow{1,4\text{-加成}} \vdots CH_2{-}CH{=}CH{-}CH_2 \vdots CH_2{-}CH{=}CH{-}CH_2 \vdots$$

$$nCH_2{=}CH{-}CH{=}CH_2 \xrightarrow{1,2\text{-加成}} \vdots CH_2{-}\underset{CH=CH_2}{CH} \vdots CH_2{-}\underset{CH=CH_2}{CH}$$

$$nCH_2{=}CH{-}CH{=}CH_2 \xrightarrow{1,2\text{-加成和}1,4\text{-加成}} \vdots CH_2{-}\underset{CH=CH_2}{CH} \vdots CH_2{-}CH{=}CH{-}CH_2 \vdots$$

由于最终得到的是以各种加成方式聚合的混合产物,这种丁钠橡胶的性能并不理想。近年来,随着催化剂和聚合反应研究的发展,工业上使用齐格勒-纳塔催化剂可以使1,3-丁二烯基本上都是按1,4-加成方式聚合,所得的聚丁二烯称为顺-1,4-聚丁二烯,简称顺丁橡胶:

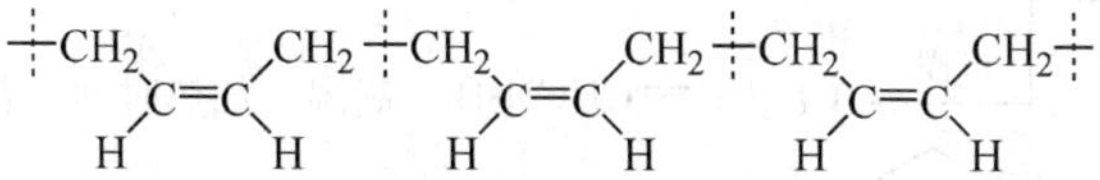

$$\vdots \underset{H}{\overset{CH_2}{C}}{=}\underset{H}{\overset{CH_2}{C}} \vdots \underset{H}{\overset{CH_2}{C}}{=}\underset{H}{\overset{CH_2}{C}} \vdots \underset{H}{\overset{CH_2}{C}}{=}\underset{H}{\overset{CH_2}{C}} \vdots$$

由上式可以看出,双键上的较小基团都在双键的同一侧,所以简称为顺式。除1,3-丁二烯外,下面两种丁二烯也可聚合而得到合成橡胶:

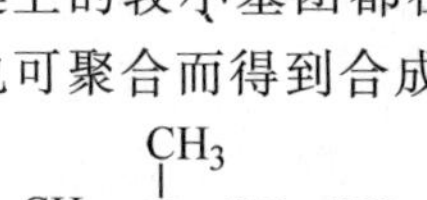

$$CH_2{=}\overset{CH_3}{\overset{|}{C}}{-}CH{=}CH_2 \qquad\qquad CH_2{=}\overset{Cl}{\overset{|}{C}}{-}CH{=}CH_2$$

2-甲基-1,3-丁二烯（异戊二烯）　　　2-氯-1,3-丁二烯

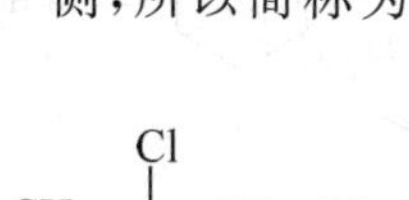

同样,在这些聚合产物中,1,2-加成和 1,4-加成产物的比例以及顺式、反式产物的比例也都会影响聚合物的性质。而产物的组成又往往由不同的反应条件,特别是由催化剂的性质所决定。所以反应条件和催化剂种类的选择,对这些聚合反应来说都是非常重要的。

本 章 小 结

1. 炔烃的性质(以乙炔为例)

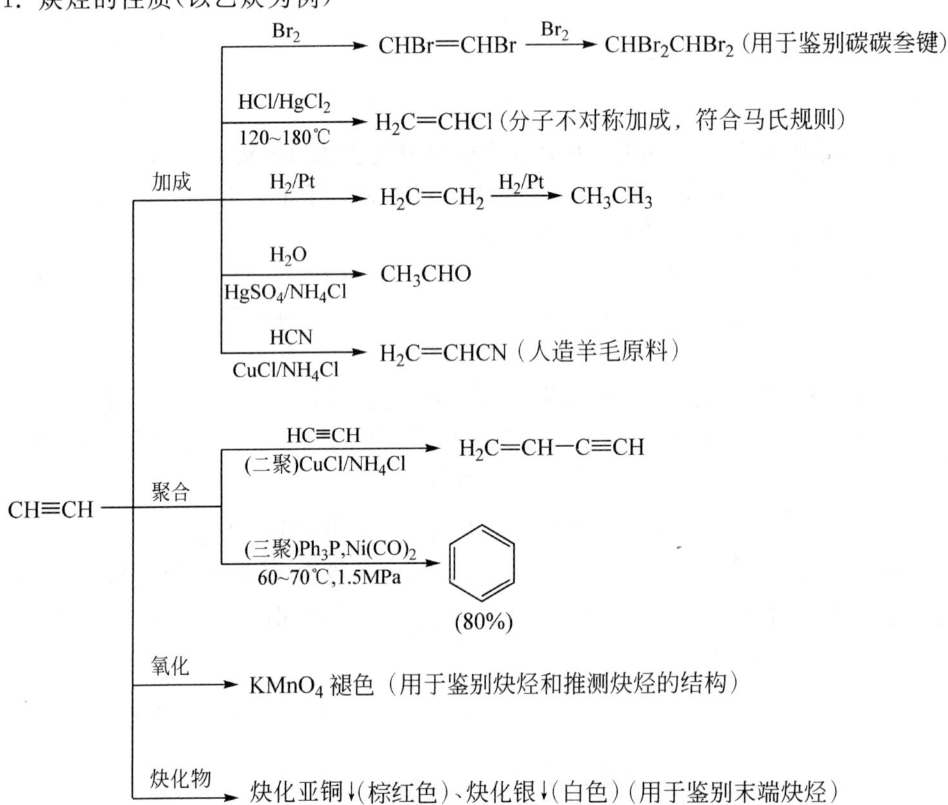

2. 共轭二烯烃的性质

加成：

Br_2 → $CH_2{=}CHCH(Br)CH_2Br + CH_2(Br)CH{=}CHCH_2Br$

HBr，低温 → $CH_3CH(Br)CH{=}CH_2$

HBr，高温 → $CH_3CH{=}CHCH_2Br$ (高温、加热时间长有利于1,4-加成)

双烯合成：丁二烯 + 乙烯 → 环己烯 (环状化合物的合成方法)

聚合：n 丁二烯 → $\text{+}CH_2-CH{=}CH-CH_2\text{+}_n$ (最早的人工合成橡胶)

【阅读材料一】

化学家简介

赫伯特·林德拉(Herbert Lindlar,1909 年 3 月 15 日—?),英国裔瑞士(British-Swiss)化学家。他广为人知的是以他的名字命名的加氢催化剂。

林德拉 1919 年移居瑞士,在苏黎世联邦理工学院(Swiss Federal Institute of Technology in Zürich,ETH Zürich)和伯尔尼大学(University of Bern)学习化学,1939 年获得博士学位。随后,他加入罗氏公司(Hoffmann-La Roche),发明加氢催化剂。该催化剂由钯附着于载体上并加入少量抑制剂而成,含钯 5%~10%。通常使用的有两种:Pd-$CaCO_3$-PbO/$PbAc_2$ 和 Pd-$BaSO_4$-喹啉。

奥托·保罗·赫尔曼·狄尔斯(Otto Paul Hermann Diels,1876 年 1 月 23 日—1954 年 3 月 7 日),德国化学家。

在柏林大学(University of Berlin)获化学博士学位。1916 年以前,狄尔斯在柏林大学任教。1916 年到 1945 年,在基尔大学(University of Kiel)任教。1950 年,他和他的学生,库尔特·阿尔德(Kurt Alder),发现和发展了环加成反应,即 Diels-Alder 反应。1950 年,他和阿尔德共享诺贝尔化学奖。

库尔特·阿尔德(Kurt Alder,1902 年 7 月 10 日—1958 年 6 月 20 日),德国化学家,诺贝尔奖获得者。

1902 年出生于工业城市 Konigshutte。先在柏林大学(University of Berlin)读书,后在基尔大学(University of Kiel)狄尔斯实验室工作,在狄尔斯指导下,于 1926 年获博士学位。1930 年任基尔大学的 Reader(是英国大学低于 Professor,高于 Senior Lecture 的永久位置),1934 年任教授。1936 年,他离开基尔大学加入 IG (Interessen-Germeinschaft) Farben Industrie(法本公司),开展橡胶合成工作。1940 年,任科隆大学(University of Cologne)实验化学和化工学院教授和院长。由于他与导师狄尔斯发现了双烯环加成反应,并于 1950 年与狄尔斯共获诺贝尔化学奖。

【阅读材料二】

臭氧空洞现状及“补天”措施

1. 大气臭氧层现状及发展

南极上空大气臭氧层的损耗仍然很严重。2000 年以来,南极臭氧洞一直维持在大面积损耗的水平上。到 2000 年 10 月,南极上空臭氧洞的面积大约为 2900 万 km^2,这是迄今为止观测到的臭氧空洞的最大面积。2003 年、2006 年和 2008 年臭氧洞面积均超过 2500 万 km^2,其中,2008 年达到 2720 万 km^2,比整个北美洲的面积还大。2009 年南极臭氧洞的大小仍维持在近几年的水平上。可见,南极上空臭氧层损耗还没有停止。随后在北极、青藏高原上空也发现臭氧减少的现象，这是世界上新出现的两个臭氧空洞。

2. 修补臭氧层的措施

联合国环境规划署认识到臭氧层破坏是一个全球性问题。为了保护人类健康和生物生存环境，在其组织和协调下开展了保护臭氧层的国际行动，即通过一系列保护臭氧层的决议和国际公约的签署，在全球范围内限制并逐步淘汰消耗臭氧层的化学物质。如国际社会于1985 年制定了《保护臭氧层维也纳公约》(简称《维也纳公约》)，确定了国际合作保护臭氧层的原则；1987 年又制定了《关于消耗臭氧层物质的蒙特利尔议定书》(简称《蒙特利尔议定书》)，确定了全球保护臭氧层国际合作的框架。中国政府也参与了该项国际行动，成为缔约国。到目前为止，签署《维也纳公约》的国家共有 176 个；签署《蒙特利尔议定书》的国家共有 175 个。保护臭氧层，是迄今人类最为成功的全球性合作。

在各国的共同努力下，保护臭氧层的行动取得了可喜的成绩。联合国不久前发布的《2010 年臭氧层消耗科学评估》传出好消息，地球大气臭氧层已停止损耗，不再变薄，到 21 世纪中期有望得到很大程度的恢复。

习　　题

4-1 命名下列化合物或写出构型式：

(1) $CH_3\underset{\text{Cl}}{CH}\underset{CH_3}{CH}CH_2C\equiv CCH_3$（Cl 连于 C-2，$CH_3$ 连于 C-3）

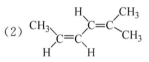

(2) $CH_3(H)C=C(H)-C(H)=C(CH_3)_2$

(3) $CH_3(H)C=C(H)-C\equiv C-CH_2CH_3$

(4) (*Z*)-1,3-戊二烯

(5) $CH\equiv C-CH=CH-CH=CH_2$

(6) (2*Z*,4*E*)-3-甲基-2,4-庚二烯

4-2 选择题

(1) 下列反应属于亲核加成的是(　　)。

A. $\xrightarrow{Cl_2,H_2O}$

B. $CH_3CH=CH_2 \xrightarrow[500℃]{Cl_2}$

C. $-C\equiv CH + HCN \xrightarrow[NH_4Cl]{CuCl}$

D. $HC\equiv CH \xrightarrow{HCl}$

(2) 烷基多取代烯烃的稳定性是由于(　　)。

A. σ-p 超共轭效应　　B. σ-π 超共轭效应

C. p-π 超共轭效应　　D. 烷基给电子效应

(3) 下列化合物加入 $Ag(NH_3)_2^+$，能生成白色沉淀的是(　　)。

A. $CH_3C\equiv CCH_3$　　B. $H_2C=CH-CH=CH_2$

C. $(CH_3)_2CH-C\equiv CH$　　D.

(4) 2,5-辛二烯的顺反异构体数是(　　)。

A. 3 个　　B. 4 个　　C. 5 个　　D. 6 个

(5) 下列化合物酸性最强的是(　　)。

A. 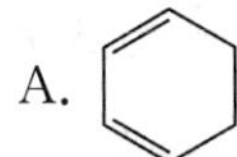　　B.　　C.　　D.

(6) 下列化合物，最易与环戊二烯发生 Diels-Alder 反应的是(　　)。

A. CH_2═$CHCOOCH_3$　　B. CH_2═$CHOCH_3$　　C. CH_2═$CHCH_3$　　D. CH_2═CH_2

(7) 炔烃还原成顺式烯烃，常用的试剂是(　　)。

A. Na/NH_3(l)　　B. H_2/Lindlar 催化剂

C. H_2/Pt　　D. $NaNH_2/NH_3$(l)

(8) 下列化合物能发生 Diels-Alder 反应的是(　　)。

A. 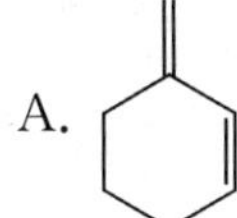　　B. 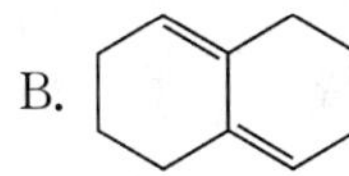　　C. 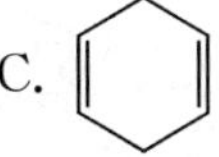　　D. 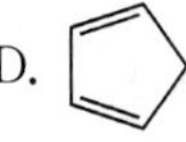

(9) 合成 Diels-Alder 反应产物　CN　的双烯体是(　　)。

A. 　　B. 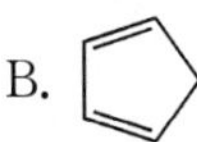　　C. 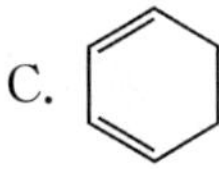　　D. 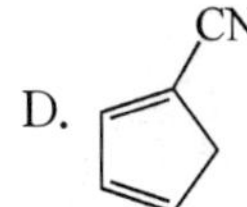

(10) 下列化合物有顺反异构体的是(　　)。

A. CH_3CH═C═$CHCH_3$　　B. $CH_3C≡CCH_2CH_3$

C. HC≡C—C(CH$_3$)═$CHCH_3$　　D. HC≡C—CH_2—CH═CH_2

4-3　完成下列反应式：

*(1) $CH_3C≡CCH_3 \xrightarrow[\triangle]{KMnO_4/H^+}$

(2) $CH_3C≡CCH_3 \xrightarrow{Na/NH_3(l)}$

(3) 环戊基—C≡CH + $H_2O \xrightarrow{Hg^{2+}/H^+}$

(4) CH_2═CH—CH═$CH_2 \xrightarrow{O_3} \xrightarrow{Zn/H_2O}$

(5) CH_2═CH—CH═CH_2 + 马来酸酐 $\xrightarrow{\triangle}$

*(6) 1,3-环己二烯 + CH_2═$CHCOOCH_3 \xrightarrow{\triangle}$

*(7) HC≡C—CH═CH_2 + Br_2 (1 mol) ⟶

*4-4　写出下列反应可能的反应机理：

+ 2HBr ⟶ Br　Br

4-5 鉴别以下化合物：丁烷、1-丁烯、1-丁炔、1,3-丁二烯。

4-6 某二烯和1 mol溴加成生成2,5-二溴-3-己烯。该二烯经臭氧化分解生成2 mol乙醛和1 mol乙二醛$\left(\begin{array}{c}\mathrm{O}\quad\mathrm{O}\\ \|\quad\ \|\\ \mathrm{HC{-}CH}\end{array}\right)$，试写出该二烯烃的结构式。

4-7 分子式为C_4H_6的两种烃，它们都能与两分子溴加成，但其中一种可与银氨络离子$Ag(NH_3)_2^+$作用，生成白色沉淀，另一种则不能。试写出二者的结构式。

4-8 已知某烃相对分子质量为80，催化加氢时，10 mg样品可吸收8.40 mL氢气，原样品经臭氧化分解后，只得到甲醛和乙二醛。试写出该化合物的结构式及有关的反应式。

4-9 以1-丁炔为原料合成顺-3-己烯和*反-3-己烯。

5 脂 环 烃

【学习提要】

- 学习环烷烃的结构及同分异构现象。
- 掌握脂环烃的命名，包括单环烃、螺及桥环。
- 学习脂环烃的性质。
  (1) 环烷烃的取代反应。
  (2) 开环反应——环丙烷与 H_2,X_2 和 HX 的加成，* 不对称环丙烷与 HX 的加成，环丁烷、环戊烷与 H_2 加成。
  (3) 环烷烃的氧化反应。
  (4) 环烯的反应及共轭二烯的环加成反应。
- 掌握环的大小与稳定性的关系。
- 掌握环己烷与取代环己烷的构象分析。

5.1 脂环烃的异构和命名

结构上具有环状碳骨架，而性质上与脂肪烃相似的烃类，总称为脂环烃(alicylic hydrocarbon)。因骨架成环，因此饱和的脂环烃比烷烃少两个氢，其通式为 C_nH_{2n}，与烯烃的通式一样。

最简单的脂环烃为环丙烷，是一个三碳环化合物。

环丙烷 H_2C-CH_2 / C / H_2 可简化为 ▽

环丁烷 H_2C-CH_2 / H_2C-CH_2 可简化为 □

5.1.1 脂环烃的异构现象

环烷烃由于环的大小及侧链的长短和位置不同而产生构造异构。因此，含 3 个以上碳原子的环烷烃，除与碳原子数相同的烯烃互为同分异构体外，还有环状的同分异构。例如：

环丁烷的同分异构体：

环丁烷　　甲基环丙烷

环戊烷的同分异构体：

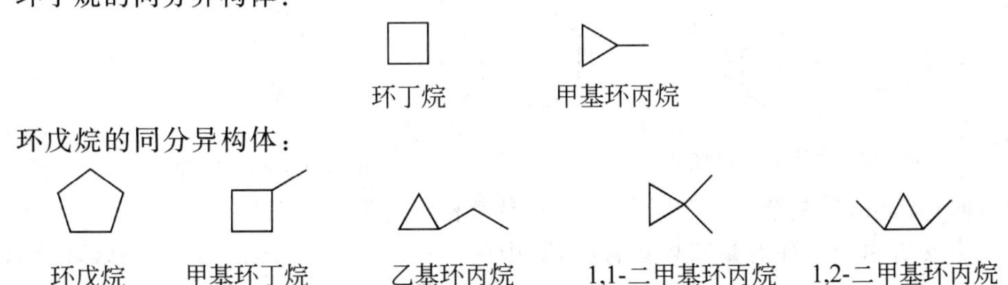

环戊烷　　甲基环丁烷　　乙基环丙烷　　1,1-二甲基环丙烷　　1,2-二甲基环丙烷

在环烷烃分子中，只要环上有两个碳原子各连有不同的原子或原子团，就有构型不同的顺反异构体存在。

在脂环烃中，若两个相同取代基在环平面同一边的是顺式异构体，两个相同取代基分别在环平面的两边叫反式异构体。

1,4-二甲基环己烷分子中，两个甲基可以在环平面的一边，也可以各在一边：

顺-1,4-二甲基环己烷　　反-1,4-二甲基环己烷

书写时，可以把碳环表示为垂直于纸面，将朝向读者(纸前面)的3个键用粗线或楔型线表示。把碳上的基团排布在碳环的上面或下面。

也可以把碳环表示为在纸平面上，把取代基排布在纸前面(指向读者)或纸后面，实线表示伸向前面的键，虚线表示指向后面的键，以上两个化合物亦可表示为：

或　　或

脂环烃环上有双键的叫做环烯烃。有两个双键和有一个叁键的分别叫做环二烯烃和环炔烃，例如：

环戊烯　环辛炔　1,3-环己二烯

5.1.2 脂环烃的命名

环烷烃、环烯烃和环炔烃的命名与相应的开链烃命名相似。

环烷烃：以碳环做母体，侧链做取代基。

环烯烃、环炔烃：以不饱和碳环做母体，侧链做取代基，环上原子编号顺序应使不饱和键位置编号最小。例如：

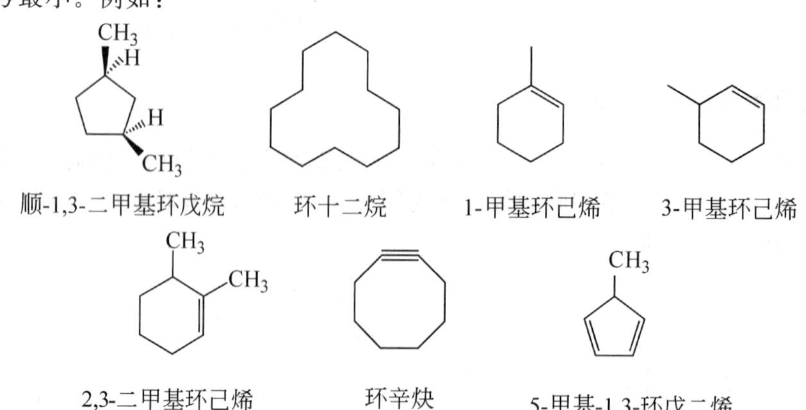

顺-1,3-二甲基环戊烷　环十二烷　1-甲基环己烯　3-甲基环己烯

2,3-二甲基环己烯　环辛炔　5-甲基-1,3-环戊二烯

命名时，若支链较复杂，则把环当取代基，参考相应的烃的命名法。

分子中含有两个碳环的是双环化合物，其中两个环共用一个碳原子的叫做**螺环化合物**；

共用两个或多个碳原子的叫做**桥(双)环化合物**。

螺原子

螺[2.4]庚烷

桥头碳

桥环[2.2.1]庚烷

螺环化合物命名时，根据组成环的碳原子总数，命名为“某烷”，加上词头“螺”字，再把连接于螺原子的两个环的碳原子数目，按小到大的次序写在“螺”和“某烷”之间的方括号中，数字用圆点分开。例如：

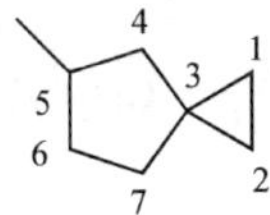

螺[3.4]辛烷

环上有取代基时，编号先从小环中靠近螺碳原子上的一个碳开始，先编小环，然后经过螺原子，再编第二个环，取代基的编号以最低系列为原则。例如：

5-甲基螺[2.4]庚烷

双环化合物命名时，根据组成环的碳原子总数命名为“某烷”，加上词头“双环”。再把各“桥”所含碳原子数目，桥头碳除外，由大到小的次序写在“双环”和“某烷”之间的方括号内，数字用圆点隔开。例如：

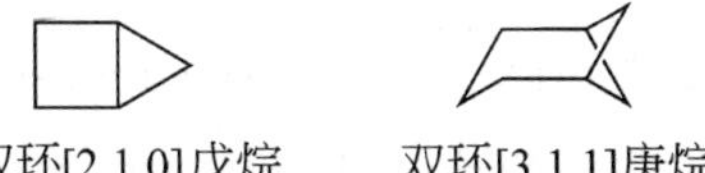

双环[2.1.0]戊烷　　双环[3.1.1]庚烷

环上有取代基时，编号从桥头碳开始，先编最长的桥到第二个桥头碳原子，再编余下较长的桥，回到第一个桥头；最后编最短的桥。编号顺序以最低系列为原则。例如：

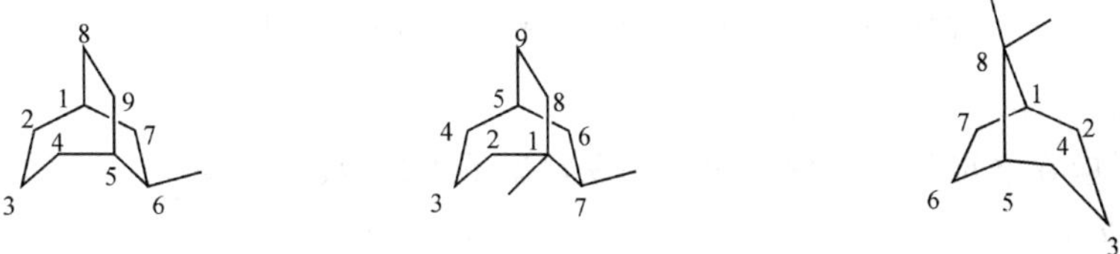

6-甲基双环[3.2.2]壬烷　　1,7-二甲基双环[3.2.2]壬烷　　8,8-二甲基双环[3.2.1]辛烷

5.2 脂环烃的性质

脂环烃的熔点和沸点都比相应烷烃高，相对密度也比烷烃高，但仍比水小。

脂环烃的化学性质与相应的脂肪烃类似，但由于具有环状结构，故还有一些环状结构的特性。

5.2.1 环烷烃的反应

1. 取代反应

环烷烃与烷烃一样,在光或热引发下可发生卤代反应。反应是按自由基历程进行的。

$$\text{环丁烷} + Cl_2 \xrightarrow{h\nu} \text{氯代环丁烷} + HCl$$

$$\text{环己烷} + Br_2 \xrightarrow{\text{热}} \text{溴代环己烷} + HBr$$

2. 开环反应

小环化合物,特别是三碳环化合物,在和试剂作用时,易发生环破裂而与试剂结合,通常叫做开环反应,有时也叫加成反应。

(1) 催化加氢

在催化剂存在下,加氢可以开环生成烷烃。环大小不同,催化加氢的难易不同。环丙烷容易加氢,环丁烷需较高温度才能加氢:

$$\triangle + H_2 \xrightarrow[80℃]{Ni} CH_3CH_2CH_3$$

$$\square + H_2 \xrightarrow[200℃]{Ni} CH_3CH_2CH_2CH_3$$

$$\text{环戊烷} + H_2 \xrightarrow[300℃]{Pt} CH_3CH_2CH_2CH_2CH_3$$

可以看出,三碳环、四碳环较易开环,不太稳定。

(2) 加卤素或卤化氢

三碳环容易与卤素、卤化氢等加成,生成相应的卤代烃:

$$\triangle + Br_2 \xrightarrow{CCl_4} BrCH_2CH_2CH_2Br$$

$$\triangle + H{-}Br \xrightarrow{H_2O} CH_3CH_2CH_2{-}Br$$

烷基取代的环丙烷加卤化氢时,环的破裂发生在含氢最多和含氢最少的两个碳原子之间,且卤化氢的加成符合**马尔科夫尼科夫规则**(Markovnikov's rule)。

$$CH_3{-}\underset{\backslash\ \ /\atop C\atop H_2}{HC{-}CH_2} + HBr \longrightarrow H_3C{-}\underset{Br}{\underset{|}{C}}HCH_2CH_3$$

以上这些反应在室温就能进行。四碳环在常温下不反应。

3. 氧化反应

在常温下,环烷烃与一般氧化剂(如高锰酸钾水溶液、臭氧等)不起反应。即使环丙烷,常温下也不能使高锰酸钾溶液褪色。

$$\underset{\triangle}{\overset{CH{=}CHCH_3}{|}} \xrightarrow{KMnO_4} \underset{\triangle}{\overset{COOH}{|}} + CH_3\overset{O}{\overset{\|}{C}}OH$$

但在加热时与强氧化剂作用,或在催化剂存在下用空气氧化,可以氧化成各种产物。例如:

$$\text{环己烷} \xrightarrow[\triangle]{HNO_3} \begin{matrix} CH_2CH_2COOH \\ | \\ CH_2CH_2COOH \end{matrix}$$

*5.2.2 环烯烃和环二烯烃的反应

1. 环烯烃的加成反应

环烯烃含有双键，易与卤素、卤化氢等发生加成反应：

$$\text{环戊烯} + Br_2 \xrightarrow{CCl_4} \text{1,2-二溴环戊烷}$$

$$\text{1-甲基环戊烯} + HI \longrightarrow \text{1-碘-1-甲基环戊烷}$$

2. 环烯烃的氧化反应

$$\text{4-甲基环己烯} \xrightarrow[H^+]{KMnO_4} H_3C-\underset{\displaystyle CH_2CH_2COOH}{\underset{|}{C}}HCH_2COOH$$

$$\text{环己烯} \xrightarrow{O_3} \xrightarrow{Zn,H_2O} \begin{matrix} CH_2CH_2CHO \\ | \\ CH_2CH_2CHO \end{matrix}$$

3. 共轭环二烯烃的环加成反应

具有共轭 π 键的二烯烃能与某些不饱和化合物发生**环加成反应**：

$$\text{环戊二烯} + CH_2=CH-COOCH_3 \longrightarrow \text{双环[2.2.1]-5-庚烯-2-羧酸甲酯}$$

双环[2.2.1]-5-庚烯-2-羧酸甲酯

$$\text{环戊二烯} + \begin{matrix} CCOOC_2H_5 \\ \| \\ CCOOC_2H_5 \end{matrix} \longrightarrow \text{双环[2.2.1]-2,5-庚二烯-2,3-二羧酸二乙酯}$$

双环[2.2.1]-2,5-庚二烯-2,3-二羧酸二乙酯

4. 环烯烃的 α-H 取代反应

$$\text{环己烯} + Cl_2 \xrightarrow{500℃} \text{3-氯环己烯}$$

$$\text{环己烯} + \text{N-Br(NBS)} \xrightarrow{\triangle} \text{3-溴环己烯} + \text{丁二酰亚胺(NH)}$$

5.3 环烷烃的环张力和稳定性

根据燃烧热(ΔH_c)的测定,已知烷烃分子中每增加一个 CH_2,燃烧值的增值基本上一定,平均为 658.6 kJ/mol。

环烷烃的燃烧热也随碳原子数的增加而增加,但不像烷烃那样有规律。环烷烃的通式是 C_nH_{2n},即$(CH_2)_n$。因此环烷烃分子中每个 CH_2 的燃烧热是 $\Delta H_c/n$。由表5-1可以看出,环烷烃不仅不同分子的燃烧热不同,而且不同分子的每个 CH_2 的燃烧热也不同。

表5-1 环烷烃的燃烧热 kJ/mol

环烷烃	ΔH_c	$\Delta H_c/n$
环丙烷	2091.3	697.1
环丁烷	2744.1	686.0
环戊烷	3320.1	664.0
环己烷	3951.7	658.6
环庚烷	4636.7	662.4
环辛烷	5310.3	663.8
环壬烷	5981.0	664.5
环癸烷	6635.8	663.6
环十五烷	9884.7	659.0
烷烃	—	658.6

大多数环烷烃的 $\Delta H_c/n$ 比烷烃的每个 CH_2 的燃烧热高。这就表明环烷烃比开链烷烃具有较高的能量。这高出的能量叫**张力能**。例如环丙烷的 $\Delta H_c/n$ 为 697.1 kJ/mol,比烷烃的每个 CH_2 燃烧热(658.6 kJ/mol)高 38.5 kJ/mol。这个差值就是环丙烷分子中每个 CH_2 的张力能。环丙烷有3个 CH_2,因此整个分子的总张力能为 $38.5\times3=115.5$ kJ/mol。不同的环烷烃张力能不同,见表5-2。环己烷的每个 CH_2 燃烧热与烷烃相等,它的张力能为零。因此环己烷是没有张力的环状分子。

表5-2 环烷烃的张力能 kJ/mol

环烷烃	每个 CH_2 的张力能($\Delta H_c/n-658.6$)	总张力能
环丙烷	38.5	115.5
环丁烷	27.4	109.6
环戊烷	5.4	27.0
环己烷	0	0
环庚烷	3.8	26.6
环辛烷	5.2	41.6
环壬烷	5.9	53.1
环癸烷	5.0	50.0
环十五烷	0.4	6

环烷烃的张力越大,能量越高,分子越不稳定。环丙烷和环丁烷的张力能比其他的环烷烃都大很多,因此它们最不稳定,容易开环。环戊烷、环庚烷的张力能不太大,因此比较稳定。环己烷和含12个碳原子以上的大环化合物的张力能很小或等于零,因此它们都是很稳定的化合物。

为什么大多数环烷烃有张力，而其中环丙烷、环丁烷这两个小环的张力又特别大呢？要回答这个问题，必须了解环烷烃的结构。

5.4 环烷烃的结构

在烷烃中，碳原子是 sp^3 杂化的。成键时，sp^3 杂化轨道沿着轨道对称轴与其他原子交盖，形成 109.5°的键角。环烷烃的碳原子也是 sp^3 杂化的。但为了成环，碳碳键的夹角就不一定是 109.5°，环的大小不同，键角不同。

5.4.1 环丙烷的结构

在环丙烷中，3 个碳原子形成一个正三角形。sp^3 杂化轨道的夹角是 109.5°，而正三角形的内角是 60°，因此，在环丙烷分子中，碳原子形成 C—Cσ 键时，sp^3 杂化轨道不可能沿轨道对称轴实现最大的交盖，如图 5-1 所示。

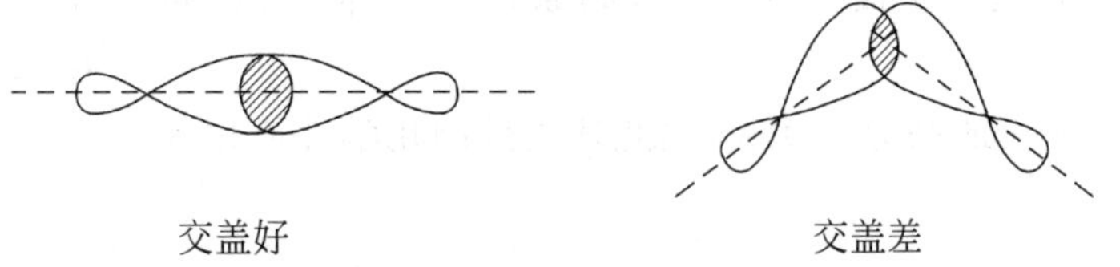

图 5-1　σ 键轨道的交盖

为了交盖好一些，每一个碳原子必须把 C—C 键的两个杂化轨道的键角缩小。根据物理方法测定，已知环丙烷的 C—C—C 键角是 104°，C—H 键长是 0.1089 nm，H—C—H 键角是 115°，因此，C—C 键的杂化轨道不是沿着两个原子之间的连线交盖，与一般的 σ 键不一样，它的电子云没有轨道对称轴，而是分布在一条曲线上，故称为弯曲键，如图 5-2 所示。

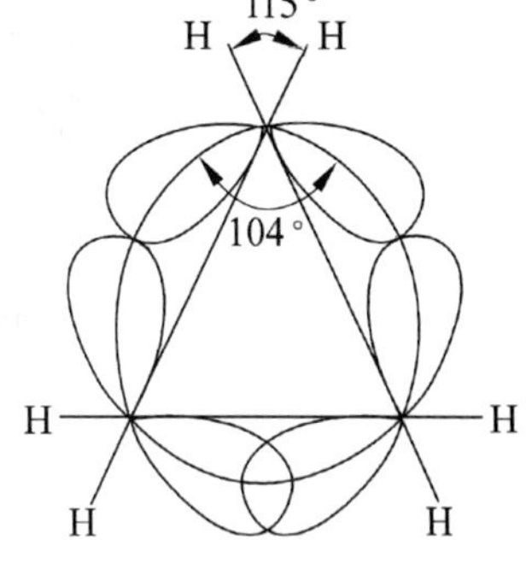

图 5-2　环丙烷分子中的键

弯曲键与正常的 σ 键相比，轨道交盖程度较小，因此比一般 σ 键弱，并且有较高的能量。这就是环丙烷张力大，容易开环的一个重要因素。

除角张力外，环丙烷的张力较大的另一个因素是扭转力。环丙烷的 3 个碳原子在同一平面内，相邻两个碳上的 C—H 键是完全重叠的，因此具有较高能量。这种由重叠式构象而引起的张力，叫做扭转张力。

环丙烷的张力较大，分子能量较高，所以很不稳定。在化学性质上的表现就是容易发生开环反应。

5.4.2 环丁烷的结构

环丁烷是 4 个碳原子组成的环。如果环是平面的结构，正四边形内角是 90°，所以环丁烷的 C—C 键也只能是弯曲键。不过其弯曲程度比较小。但实验证明环丁烷的 4 个碳原子不在同一平面上。环丁烷是通过 C—C 键的扭转而以一个折叠碳环形式存在。这样可以减少 C—H 键的重叠，使环的张力相应降低。环丁烷折叠构象中，3 个碳原子分布在一平面上，另一个处于这个平面之外，见图 5-3。环丁烷的这种构象虽较平面构象能量低，但环张力还是相当大的。

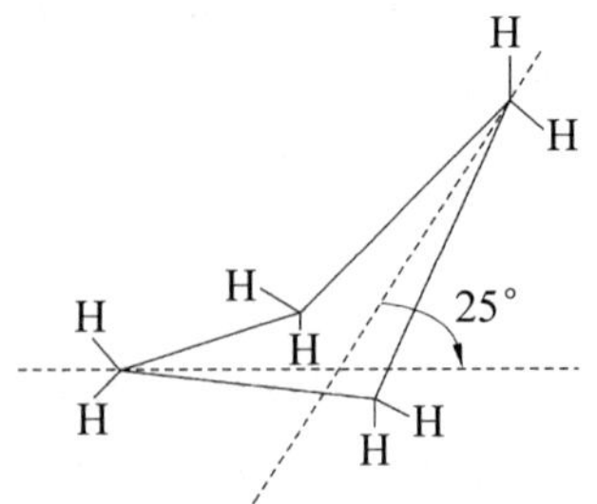

图 5-3　环丁烷的构象

5.4.3　环戊烷的结构

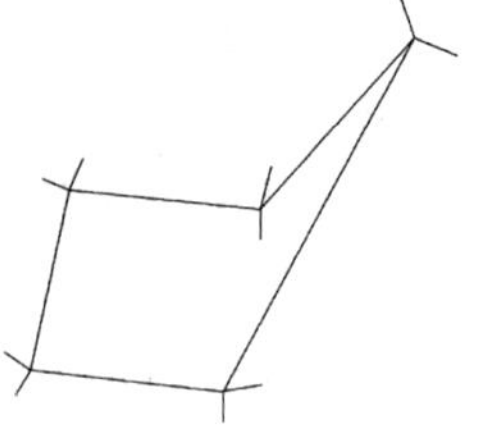

图 5-4　环戊烷的构象

环戊烷是以折叠环形式存在的，它的4个碳原子基本在一个平面上，另一个原子在这个平面之外。这种构象常叫做“信封式”构象，如图5-4所示。

这种构象中，分子的张力不太大，因此环戊烷的化学性质比较稳定。

5.4.4　环己烷的结构

环己烷不是平面结构。它的极限构象是**椅式构象**(chair conformation)和**船式构象**(boat conformation)。这两种构象的透视式和纽曼投影式如图5-5所示。

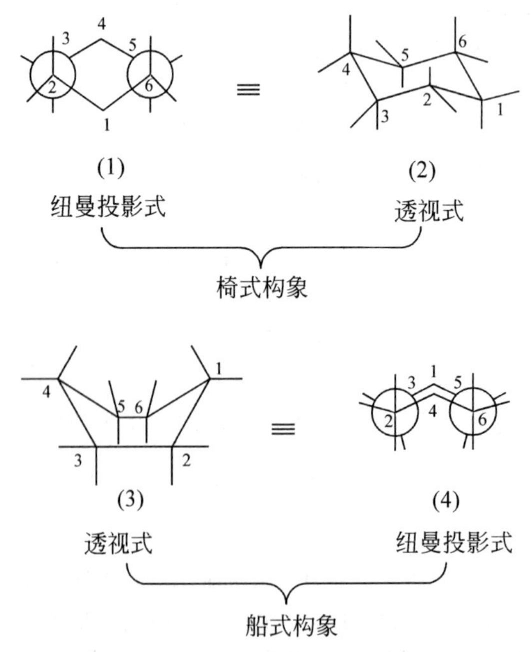

图 5-5　环己烷的椅式构象和船式构象

从图中(1)式可见，椅式构象中，所有键角都接近 109.5°，没有角张力。相邻碳上的 C—H 键是全交叉的，无扭转张力，所以环己烷的椅式构象是一个无张力环。从(3)式可见，所有键角接近 109.5°，没有角张力，但其纽曼投影式中是一个完全重叠式，有**扭转张力**，使分子能量升高。船式构象的能量比椅式构象能量要高，但它们还是可以相互转化的，在平衡混合物中，椅式构象占绝大多数(99.9%以上)。

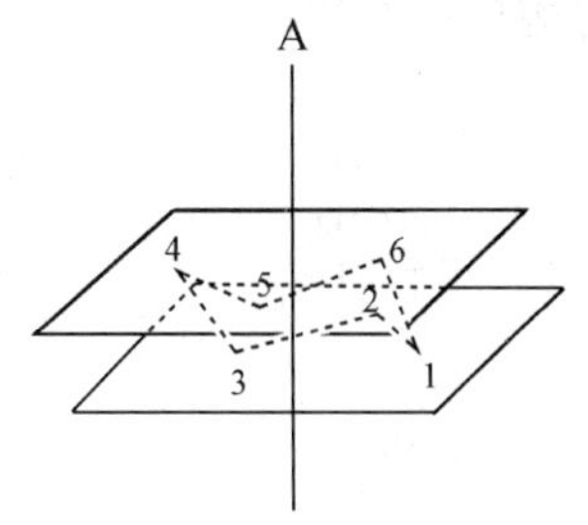

图 5-6 环己烷椅式构象中碳原子的空间分布

环己烷的 6 个碳原子分布在两个平面上，见图 5-6。C_1，C_3 和 C_5 在一个平面上，C_2，C_4 和 C_6 在另一个平面上，图中 A 线垂直于两个平面，是对称轴。

环己烷有 12 个 C—H 键。在椅式构象中，可分成两种：一种与对称轴平行，叫做直立键或 a 键；另一种与对称轴成 109.5°的倾角，叫做平伏键或 e 键，见图 5-7。

环己烷构象不是固定不变的，通过 C—C 键的旋转，可由一种构象翻转为另一种构象，如图 5-8 所示。

图 5-7 椅式构象中两种 C—H 键　　图 5-8 椅式构象的翻转

椅式构象翻转后，a 键转变为 e 键，原来的 e 键转变为 a 键，碳原子所在平面也改变了。在常温下，这种构象翻转非常迅速。是两种构象相互转化的平衡状态。由于环己烷上所连接的都是氢原子，所以这两种椅式构象是等同的。

环己烷衍生物绝大多数是以椅式构象存在的，且大多数可以进行翻转，但翻转后的两种构象不相同，能量上有差异，因此在互相翻转的平衡中，它们的含量不等。例如甲基环己烷椅式构象翻转的平衡中，见图 5-9，甲基连在 a 键上，具有较高能量，因甲基与 C_3，C_5 的 a 键氢相距较近，它们之间有排斥，故分子能量较高。因此在平衡体系中，e 键甲基环己烷占 95%，a 键甲基环己烷只占 5%。

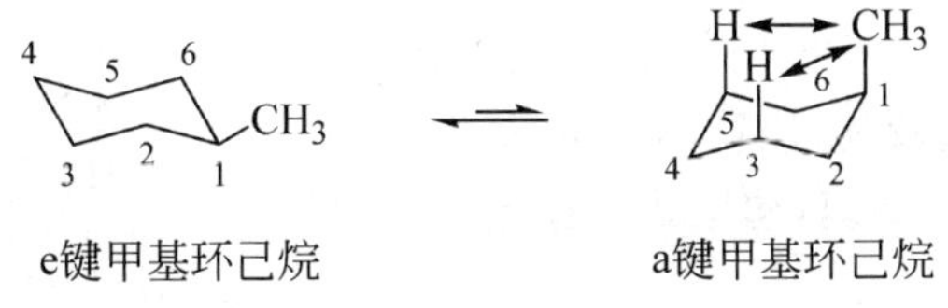

图 5-9 甲基环己烷椅式构象的翻转

环己烷一元取代物的优势构象都是取代基在 e 键上的椅式构象。取代基体积越大，平衡体系中，e 键取代物含量就越多。

环己烷的多元取代物中，往往是 e 键取代基最多，取代基体积最大的椅式构象最稳定。例如，1，2-二甲基环己烷有顺式和反式两种异构体。在顺式异构体分子中只能一个甲基在 e 键，另一个在 a 键上，故平衡中两个构象是等同的，如图 5-10 所示。

反-1,2-二甲基环己烷的椅式构象如图 5-11 所示。在反式异构体中,两个甲基在 e 键上的能量比两个甲基在 a 键上的能量要低,因此反-1,2-二甲基环己烷是以两个甲基在 e 键上的构象存在的。

a,e型　　e,a型

图 5-10　顺-1,2 二甲基环己烷

e,e型　　a,a型

图 5-11　反-1,2-二甲基环己烷

又如,顺-4-叔丁基环己醇的两种构象中,叔丁基在 e 键上的构象要比在 a 键上的构象稳定得多,如图 5-12 所示。

a,e型　　a,e型

图 5-12　顺-4-叔丁基环己醇的两种椅式构象

环己烷与取代环己烷(分子内取代基不存在氢键等)的构象稳定性有如下规律:

(1) 椅式构象比船式构象稳定;

(2) 一元取代环己烷最稳定构象是取代基连在 e 键上的构象;

(3) 多元取代环己烷的取代基连在 e 键上越多则构象越稳定;

(4) 当环己烷的环上有不同取代基时,体积较大的取代基连在 e 键上的构象较稳定。

5.4.5　十氢萘的结构

十氢萘是双环[4.4.0]癸烷的习惯名称。它有顺式和反式两种构型,如图 5-13 所示。顺、反式都不是平面结构。它们的两个六元环都是椅式构型,如图 5-14 所示。

顺式十氢萘的构象中,环下方的几个 a 键氢比较靠拢,有些拥挤,故分子能量较高,比较不稳定,见图 5-15。反式十氢萘分子构型比较平坦,构象式较稳定,分子能量低。

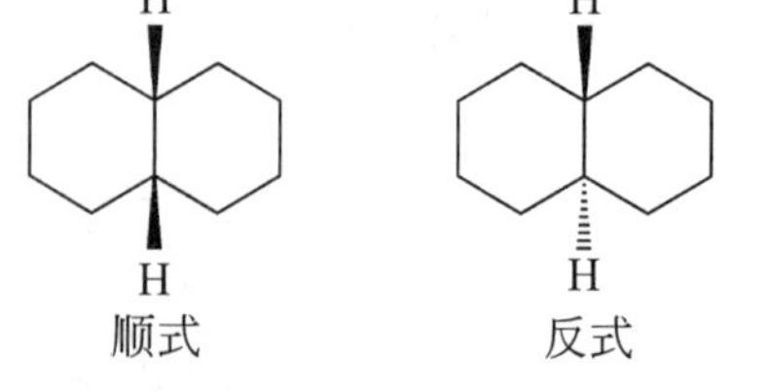

图 5-13　顺式和反式十氢萘的平面结构

顺式　　反式

图 5-14　顺式和反式十氢萘的构象

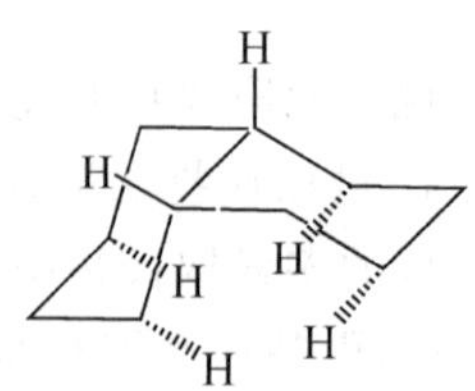

图 5-15　顺式十氢萘的构象

本章小结

脂环烃的化学性质可简单地概括为“小环似烯，大环似烷”。三、四元环化合物不稳定，尤其是三元环特别容易开环，起加成反应，五、六元环最稳定。

（1）加成反应

$$\triangle \begin{cases} \xrightarrow[80℃]{H_2} CH_3CH_2CH_3 \\ \xrightarrow[CCl_4]{Br_2} BrCH_2CH_2CH_2Br \\ \xrightarrow[H_2O]{HBr} CH_3CH_2CH_2Br \\ \xrightarrow[H^+]{KMnO_4} \text{NR(不起反应)} \end{cases}$$

（2）取代反应

$$\square + Cl_2 \xrightarrow{光} \square\text{-}Cl + HCl$$

$$⬠ + Cl_2 \xrightarrow{光} ⬠\text{-}Cl + HCl$$

$$⬡ + Br_2 \xrightarrow{光} ⬡\text{-}Br + HBr$$

$$\text{环己烯} \xrightarrow[\triangle]{NBS} \text{3-溴环己烯 (Br)}$$

（3）氧化反应

常温下，环烷烃不被氧化，在加热、催化剂或强氧化剂的作用下可氧化成二元酸：

$$⬡ \xrightarrow[\triangle]{HNO_3} \begin{matrix} CH_2CH_2COOH \\ | \\ CH_2CH_2COOH \end{matrix}$$

【阅读材料】

化学家简介

约翰·弗雷德里克·威廉·阿道夫·冯·拜尔（Johann Friedrich Wilhelm Adolf von Baeyer，1835 年 10 月 31 日—1917 年 8 月 20 日），德国化学家。由于他在有机染料和芳烃方面的工作，促进了有机化学和化学工业的进步，获得 1905 年诺贝尔化学奖。

拜尔出生于柏林，初在柏林大学（Berlin University）攻读数学和物理，后前往海德堡大学（Heidelberg University），在罗伯特·本生（Robert Bunsen）门下学习化学。毕业后，拜尔回到柏林，在奥古斯特·凯库勒(August Kekulé)的实验室进行研究,1858年获博士学位。当凯库勒在根特大学(University of Ghent)成为教授时,他跟随凯库勒到根特大学。1860年,拜尔在柏林贸易大学(Berlin Trade Academy)任讲师,1871年,前往斯特拉斯堡大学(University of Strasbourg)任教授。1875年,他接替尤斯图斯·冯·李比希(Justus von Liebig)在慕尼黑大学(University of Munich)任教授。

主要贡献:拜耳张力学说,Baeyer吡喃酮反应,Baeyer缩合反应,Baeyer吲哚酮合成,Baeyer-Drewsen靛蓝合成,Baeyer-Drewsen喹啉合成,Baeyer-Emmerling吲哚合成,Baeyer-Jackson吲哚合成,Baeyer-Pictet吡啶合成,Baeyer-Villiger三苯甲基化反应,Baeyer-Villiger氧化重排反应等。

习　题

5-1　用系统命名法命名下列化合物:

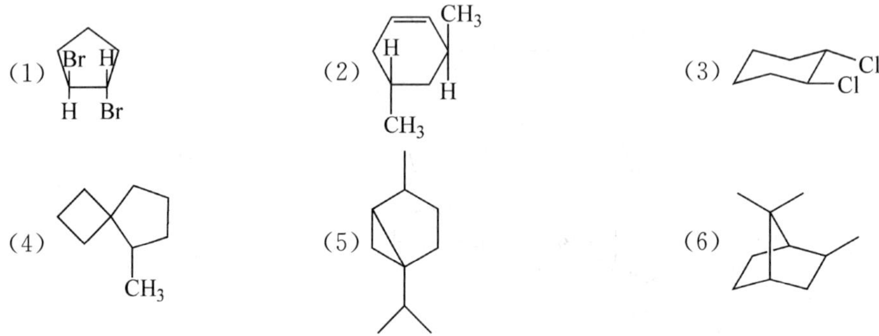

5-2　写出下列化合物的构象式:

(1) 顺-1-甲基-2-溴环戊烷　　(2) 顺-1,4-二甲基环己烷

(3) 反-1,2-二甲基环丙烷　　(4) 反-1-甲基-3-叔丁基环己烷(优势构象)

5-3　选择题

(1) 以下二甲基环己烷构象属于反式的是(　　)。

A. CH_3 CH_3　　B. CH_3 H_3C

C. CH_3 CH_3　　D. CH_3 CH_3

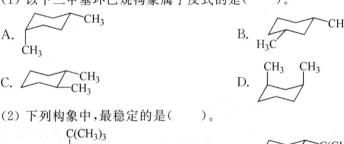

(2) 下列构象中,最稳定的是(　　)。

A.
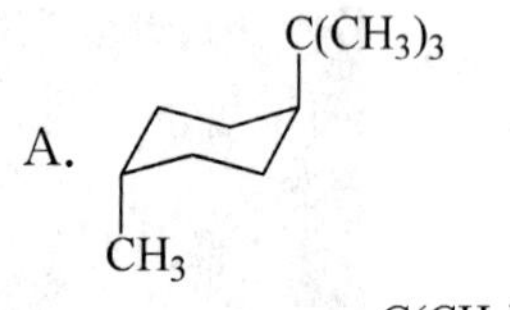

B. $C(CH_3)_3$ CH_3

C. H_3C $C(CH_3)_3$　　D. H_3C $C(CH_3)_3$

(3) 下列化合物有顺反异构体的是(　　)。

A. 十氢萘　　　　B. 1,1-二甲基环戊烷

C. 乙基环戊烷　　D. 1,2-二甲基环戊烯

(4) 下列化合物在常温下能使溴水褪色的是(　　)。

A. 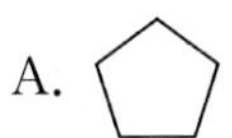　B. 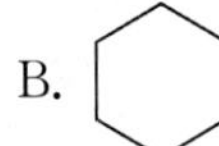　C. 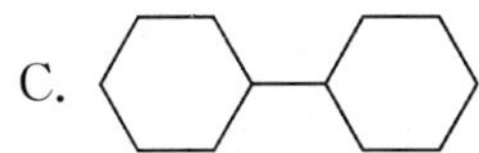　D.

(5) 下列化合物在常温下能使溴水褪色,但不能使 $KMnO_4$ 溶液褪色的是(　　)。

A. 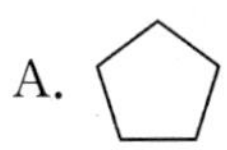　B. 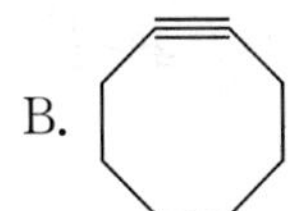　C. 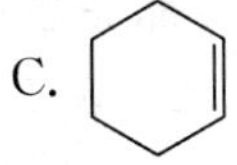　D.

5-4 完成反应式:

(1) 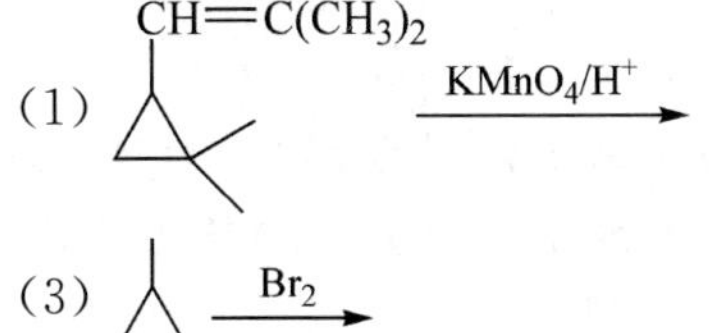

(2) $\xrightarrow[h\nu]{Cl_2}$

(3) $\xrightarrow{Br_2}$

5-5 某化合物(C_5H_6)能使溴的四氯化碳溶液褪色。该化合物与 1 mol 氯化氢加成产物经臭氧化水解得化合物 X,试写出该化合物的结构式。

$$X:\ \overset{O}{\overset{\|}{HC}}\underset{Cl}{\underset{|}{C}}HCH_2CH_2\overset{O}{\overset{\|}{C}}H$$

5-6 某烃分子式为 $C_{10}H_{16}$。

(1) 氢化时只吸收 1 mol 氢,问它包含多少个环?

(2) 臭氧化水解时,产生 X 环状对称二酮,试写出该烃的结构式。

$$X:\ O{=}C\begin{matrix}(CH_2)_4\\ \\(CH_2)_4\end{matrix}C{=}O$$

5-7 化合物 A 和 B 分子式都为 C_6H_{10},分别用高锰酸钾氧化 A 可得到 CH_3CH_2COOH,氧化 B 则得到 $HOOC(CH_2)_4COOH$,A 和 B 都能使溴水褪色,试写出 A 和 B 的结构式。

5-8 分子式为 C_4H_6 的 3 个异构体 A,B 和 C 能发生如下化学反应:①可与溴反应,对于等摩尔的样品而言,与化合物 B 和 C 反应的溴用量是 A 的两倍;②可与 HCl 反应,化合物 B 和 C 在 Hg^{2+} 盐催化下和 HCl 作用得到的都是同一种产物;③化合物 B 和 C 能迅速和含 $HgSO_4$ 的硫酸溶液作用,得到分子式为 C_4H_8O 的化合物;④化合物 B 能与 $Ag(NH_3)_2NO_3$ 溶液作用生成白色沉淀。试推测 A,B,C 的结构式。

6 芳香族烃类化合物

【学习提要】

- *了解苯系芳烃(单环芳烃和多环芳烃)和非苯芳烃的结构。
- 学习、掌握苯系芳烃的异构现象及命名。
- 熟悉掌握单环芳烃苯环上的亲电取代反应。
  (1) 卤代反应：通常以 X_2 为卤代剂，在路易斯酸如三卤化铁等存在下进行。
  (2) 硝化反应：采用混酸作硝化剂，亲电试剂是硝鎓正离子(NO_2^+)。
  (3) 磺化反应：用浓硫酸作磺化剂，在80%的硫酸中亲电试剂为 SO_3，为可逆反应。
  (4) 傅瑞尔-克拉夫茨(Friedel-Crafts)烷基化反应和酰基化反应：烷基化反应为可逆反应。
- 理解、掌握单环芳烃苯环上亲电取代反应的定位规律。
  (1) 学习、掌握定位效应，致活及致钝效应，邻、对位定位基，间位定位基含义。
  *(2) 了解定位规律的解释。
  *(3) 苯二元取代产物的定位效应。
  (4) 定位规律的应用。
- 学习、掌握多环芳烃——萘、蒽、菲的结构和性质。
  (1) 学习萘的结构与 α、β 位反应性能的差别。
  (2) 掌握萘的亲电取代反应、氧化还原反应。
  *(3) 学习掌握一元取代萘的同环取代和异环取代。
- 学习、了解单环芳烃和多环芳烃的来源和制法。
- 理解芳香性概念和掌握非苯芳烃的休克尔(E. Hückel)规则。
  (1) 理解芳香性概念。
  *(2) 学习、理解休克尔规则的含义及应用范围。
  *(3) 学会判断环多烯、常见芳香离子及轮烯的芳香性。

在有机化学发展初期，人们把从天然产物中提取得到的一些具有香气的化合物通称为芳香化合物。1825年法拉第(M. Faraday)从照明气的液体冷凝物中分离出苯，并测定知其由碳、氢两种元素组成。1833年密切里希(E. Mitscherlich)由苯甲酸合成了苯，并确定其分子式为 C_6H_6。1847年以后发现煤焦油中含有丰富的苯及相关化合物。随着煤焦油工业的发展，大量含有苯结构单元的化合物被合成出来，这些化合物与早期研究的**脂肪族化合物**(aliphatic compound)有显著的差异，因而把它们称作**芳香族化合物**(aromatic compound)。

由碳、氢两种元素组成的芳香族化合物叫**芳香烃**(aromatic hydrocarbon)，简称芳烃。它是一类具有特定环状结构(如苯环等)和特殊化学性质的化合物。在一般情况下，环上不易发生加成反应，不易氧化，而容易起取代反应。最简单又最重要的芳烃是苯。根据是否有苯环及所含苯环数目的多少，芳烃可分为单环芳烃、多环芳烃和非苯芳烃3种。

6.1 单环芳烃

6.1.1 苯的结构

苯(benzene)是芳烃中最典型代表物，而且苯系芳烃中都含有苯环。

1. 苯的凯库勒结构式

1865 年凯库勒(Kekülé)从苯的分子式 C_6H_6 出发，根据苯的一卤取代物只有一种，说明 6 个氢原子是等同的事实，提出了苯的环状结构式。为了保持碳的 4 价，他在环内加上 3 个双键，这就是苯的凯库勒式：

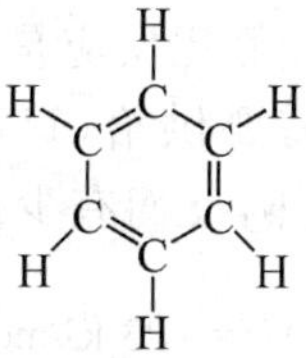

可简化为

凯库勒式是有机化学理论研究中的一项重大成就，它促进了 19 世纪后半期芳香族化合物化学的迅速发展。但是，凯库勒式仍存在着不足之处：

第一，在上式中既然含有 3 个双键，为什么苯不起类似烯烃、炔烃的加成反应？这个问题直到 20 世纪才得到合理的解释。

第二，根据凯库勒式，苯的邻位二元取代物应当有两种，即(1)和(2)，然而，实际上只有一种：

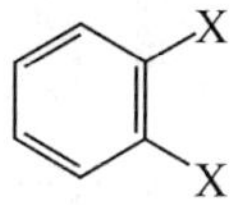

(1) 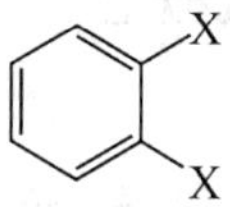 (2)

由于上述矛盾的存在，长期以来，人们在研究苯的结构方面做了大量工作，提出了各种各样的结构式，但都未能完满地表达出苯的结构。

Kekülé 曾用两个式子来表达苯的结构，并且设想这两个式子之间的振动代表着苯的真实结构(3)：

(3)

因此苯的邻位二元取代产物只有一种。但凯库勒式并不能说明为什么苯具有特殊的稳定性。

2. 苯的稳定性

苯的凯库勒式表明，苯环含有 3 个双键，但不同于一般烯烃的性质，它不易加成，不易氧化，容易发生取代反应和具有碳环异常稳定的特性，这一性质通常称为芳香性。

此外，苯的稳定性还可以从氢化热值上反映出来。环已烯、环已二烯和苯氢化后都生成环已烷。

已知环已烯催化加氢时，一个双键加上两个氢原子变成一个单键，放出 119.5 kJ/mol 的热量。

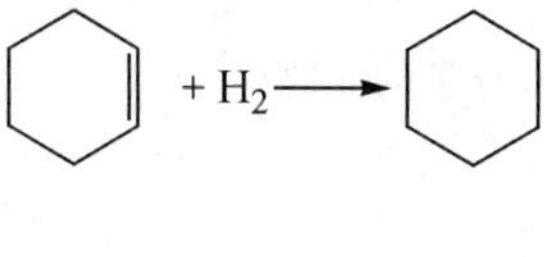

$+ H_2 \longrightarrow$ $\Delta H = -119.5$ kJ/mol

1,3-环己二烯催化加氢时,二个双键加氢生成环己烷,放出 231.8 kJ/mol 的热量。比理论值 2 倍环己烯氢化热 119.5 kJ/mol×2=239 kJ/mol 少 7.2 kJ/mol。

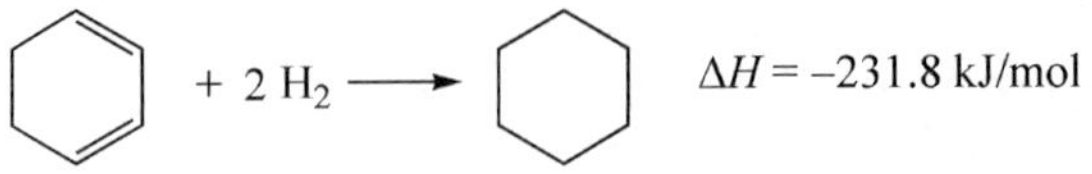

$$\text{1,3-环己二烯} + 2\,H_2 \longrightarrow \text{环己烷} \qquad \Delta H = -231.8\ \text{kJ/mol}$$

假定存在环己三烯,它氢化生成环己烷,理应放出热量为 119.5×3=358.5 kJ/mol。而苯加氢变成环己烷所放出的热量只有 208.5 kJ/mol,可见苯比环己三烯稳定得多。

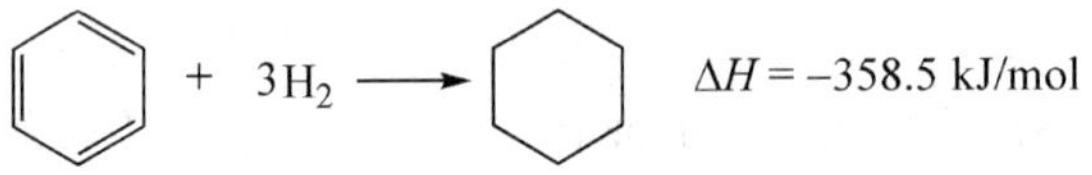

$$\text{环己三烯} + 3H_2 \longrightarrow \text{环己烷} \qquad \Delta H = -358.5\ \text{kJ/mol}$$

由上可知,按凯库勒式的计算值和实际值相差 150 kJ/mol((358.5－208.5)kJ/mol)。这说明苯比凯库勒所假定的环己三烯式要稳定多。氢化反应是放热反应,反之,脱氢反应是吸热反应,脱去两个氢原子形成一个双键时一般需要供给(117－126)kJ/mol 的热量。但 1,3-环己二烯脱去两个氢原子形成苯时,不但不吸热,反而有少量热放出:

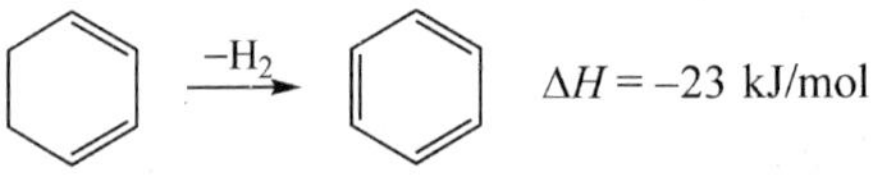

$$\text{1,3-环己二烯} \xrightarrow{-H_2} \text{苯} \qquad \Delta H = -23\ \text{kJ/mol}$$

因此,生成的苯比环己三烯更加稳定。

此外,按凯库勒式,苯分子中有交替的单、双键,键长应不相等,但实际上,苯分子中碳碳键的键长完全相等,都是 0.139 nm,即比一般的碳碳单键短,比一般碳碳双键长。由上讨论可知,凯库勒式并不能代表苯分子的真实结构。

6.1.2 苯分子结构的近代概念

1. 分子轨道理论

根据现代物理方法如 X 射线法、光谱法等证明了苯分子是一个平面正六边形结构,键角都是 120°,C—C 键的键长都是 0.139 nm,C—H 键的键长都是 0.109 nm。说明苯分子中的碳碳键比烷烃中的碳碳单键(0.150 nm)短,比烯烃中的碳碳双键(0.134 nm)长,是介于单键和双键之间的完全平均化的一种键。

按照分子杂化轨道理论,苯分子中 6 个碳原子都以 sp^2 杂化轨道相互沿对称轴的方向重叠形成 6 个 C—C σ 键,组成一个正六边形,每个碳原子各以一个 sp^2 杂化轨道分别与氢原子 1s 轨道沿对称轴的方向重叠形成 6 个 C—H σ 键。由于 sp^2 杂化,所以键角都是 120°,所有碳原子和氢原子都在同一平面上,如图 6-1 所示。

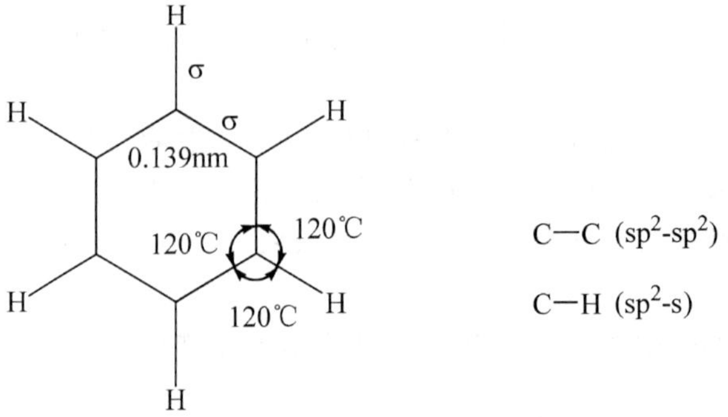

图 6-1 苯分子的 σ 键

每个碳原子还有一个垂直于 σ 键平面的 p 轨道，如图 6-2 所示。每个 p 轨道上有一个 p 电子，6 个 p 轨道组成了 6 个分子轨道。

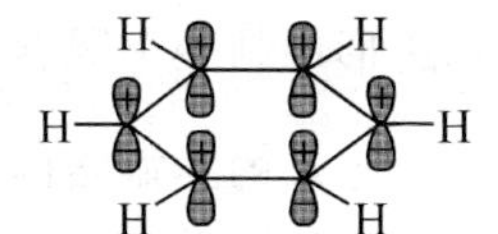

图 6-2 苯分子轨道(ψ_1)p 轨道重叠

为了简便起见，只画 p 轨道在纸面上的位相符号，省去纸面下的。在这 6 个分子轨道中，ψ_1 没有节面，能量最低；ψ_2 和 ψ_3 都有两个节面，能量稍高于 ψ_1；ψ_4 和 ψ_5 都有 4 个节面，能量高于 ψ_1，ψ_2 和 ψ_3；ψ_6 有 6 个节面，能量最高。

ψ_1，ψ_2 和 ψ_3 为**成键轨道**，ψ_4，ψ_5 和 ψ_6 为**反键轨道**。当苯分子处在基态时，6 个 p 电子都处于成键轨道内，即是说 ψ_1，ψ_2 和 ψ_3 充满了电子，而 ψ_4，ψ_5 和 ψ_6 则全空着。苯分子的 π 电子的分子轨道的能级如图 6-3 所示。

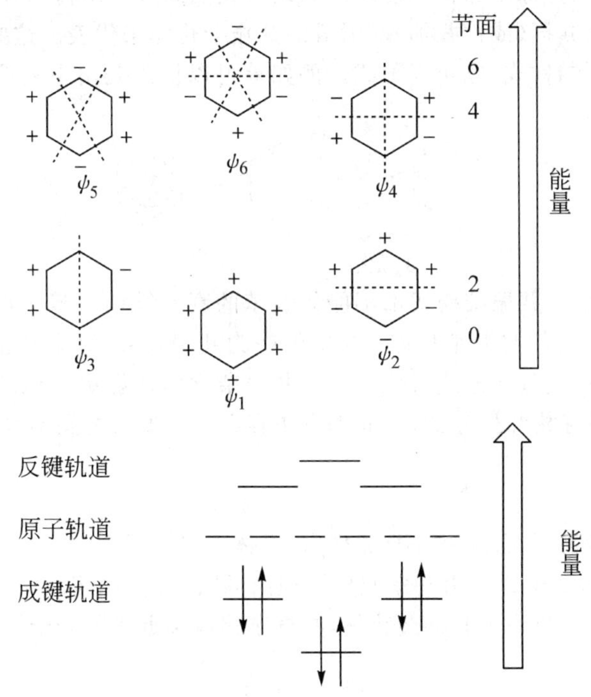

图 6-3 苯的 π 电子分子轨道的能级

因此，对苯分子的结构应该有如下的认识：

(1) 苯分子是正六边形，碳和氢原子都在同一平面上。π 电子云均匀地分布在苯环的上下，见图 6-4。C—C 键的键长平均化，为 0.139 nm。

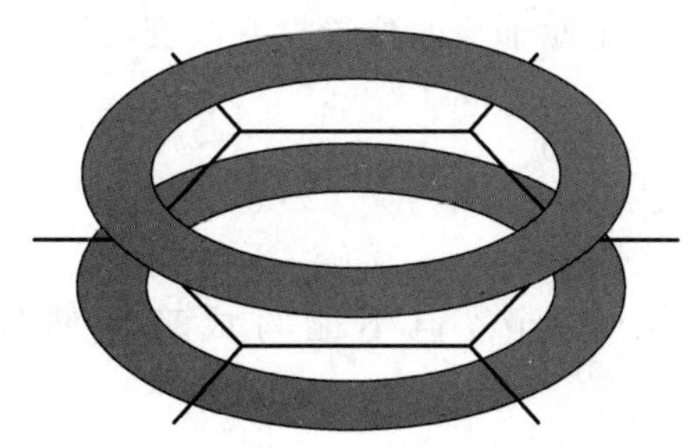

图 6-4 苯的 π 电子云分布示意图

(2) 在基态下，苯分子的 6 个 π 电子都在 3 个稳定的成键轨道内，每个轨道含有一对电子。最低的轨道 ψ_1，环绕全部 6 个碳，轨道 ψ_2 和 ψ_3 具有不同形状但有相等的能量，它们两个在一起，使 6 个碳具有同样的电子云密度。总的结果是造成一个高度对称的分子，其 π 电子有相当大的离域作用，从而使它们的能量比在 3 个孤立的 π 轨道中要低得多。因此，苯的结构很稳定。

从上面讨论中可看出，苯环中并没有一般的碳碳单键和碳碳双键，因此，也有人采用了正六边形中画一个圆圈()表示苯结构，圆圈代表大π键的特殊结构。

***2. 苯的共振结构式**

在有机化学中，一般使用的价键结构式未能圆满地把苯的结构特征，即它所具有的离域而又环合的大π键表示出来。为了解决这种难以表达真正结构的困难，有机化学文献资料中比较普遍地采用以几个共振结构式(又称极限式)来表示结构的方法，该法叫共振论。共振论是**化学家鲍林**(L. Pauling)在20世纪30年代提出的一种分子结构理论。他从经典的价键结构式出发，应用量子力学的变分法近似地计算和处理像苯那样难以用价键结构式代表结构的分子，从而认为像苯那样不能用经典结构式圆满表示结构的分子，它的真实结构可以由多种假设的结构共振(或称叠加)而形成的共振杂化体来代表。这些参与了结构组成的价键结构式叫做共振结构式，也叫极限式。例如苯可以认为是由下列两个共振结构式共振而形成的**共振杂化体**：

共振结构式

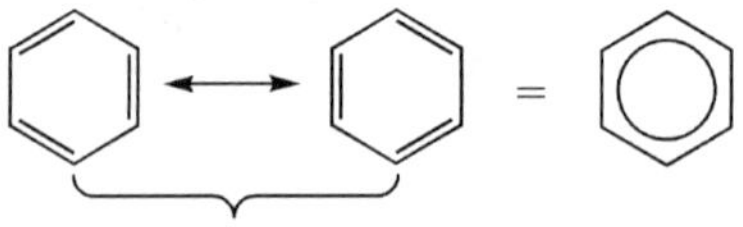

应该指出，上列任一共振结构式都不能代表苯的真实结构。苯的真实结构是由这两个共振结构式共振而形成的共振杂化体。式中的↔为共振符号，每个共振式都不能单独表示分子的真实情况，只有这些共振式杂化形成的共振杂化体才能更近似地表示化合物的真实结构。许多共振式是虚构和想象的，并非都真正存在。共振式之间不是互变异构体，也不存在某种平衡。

***3. 共振论**

共振式不能随意书写，必须遵守有关规定，具体要点如下：

(1) 当一个分子、离子或自由基按照价键理论可以写出两个以上的共振结构式(即极限式)时，这些经典结构构成一个共振杂化体，共振杂化体接近实际分子。例如：

(Ⅰ)　　(Ⅱ)

(Ⅰ)、(Ⅱ)称为共振式或极限式，每个极限式不足以表示分子的真实情况。

(2) 在书写极限式时，必须严格遵守经典原子结构理论，氢原子的外层电子不能超过两个，第二周期元素的最外层电子不能超过8个。原子核的相对位置不能改变，只允许电子排布上有所差别。例如，在碳酸根离子的3个极限式中，4个原子核的位置没有改变，只是电子的排布有所差别而已：

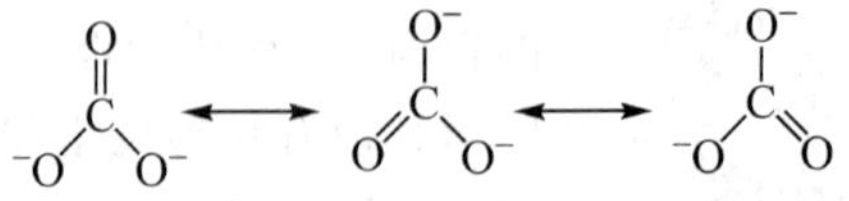

烯丙基正离子可以写成 $H_2C{=}CH{-}\overset{+}{C}H_2 \longleftrightarrow H_2\overset{+}{C}{-}CH{=}CH_2$，但不能写成环状结构 $H_2C{-}CH_2$ / $\overset{+}{C}H$，因为已经改变了碳的骨架。

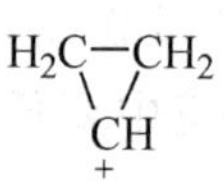

(3) 在所有极限式中，未共用电子数必须相等。例如：

$$\underset{\substack{\text{烯丙基自由基}\\\text{（一个未共用电子）}}}{H_2C{=}CH{-}\dot{C}H_2} \longleftrightarrow \underset{\substack{\text{烯丙基自由基}\\\text{（一个未共用电子）}}}{H_2\dot{C}{-}CH{=}CH_2} \overset{\times}{\longleftrightarrow} \underset{\text{不存在共振 （3个未共用电子）}}{H_2\dot{C}{-}\dot{C}H{-}\dot{C}H_2}$$

因为后者有 3 个未共用电子，与前两者不同，故前两者与后者不存在共振。

(4) 分子的稳定程度可用共振能表示。一般地讲，参加共振的经典结构式越多，分子越稳定，即是说共振使体系能量降低，当极限式越相像，能量就越接近，对共振杂化体贡献越大，共振杂化体也就越稳定。键角和键长变形较大的极限式，对共振杂化体的贡献较小。由于共振的结果，苯分子中碳碳键既非双键，也不是单键。苯的氢化热比环己三烯少了 152 kJ/mol，故苯分子较稳定。这个能量称为苯的共振能。

共振与共扼、离域等概念广泛用于解释有机分子、离子或自由基的稳定性，进而说明有机化合物的性质，因此获得广泛使用。

6.2 单环芳烃的异构现象和命名

单环芳烃可以看作是苯环上的氢原子被烃基取代的衍生物。分为一烃基苯、二烃基苯和三烃基苯等。

一烃基苯只有一种，没有异构体。

简单的烃基苯的命名是以苯环作母体，烃基作取代基，称为某烃基苯（“基”字常略去）。如烃基较复杂，即取代基较多，或有不饱和键时，也可把链烃当作母体，苯环当作取代基（即苯基）。例如：

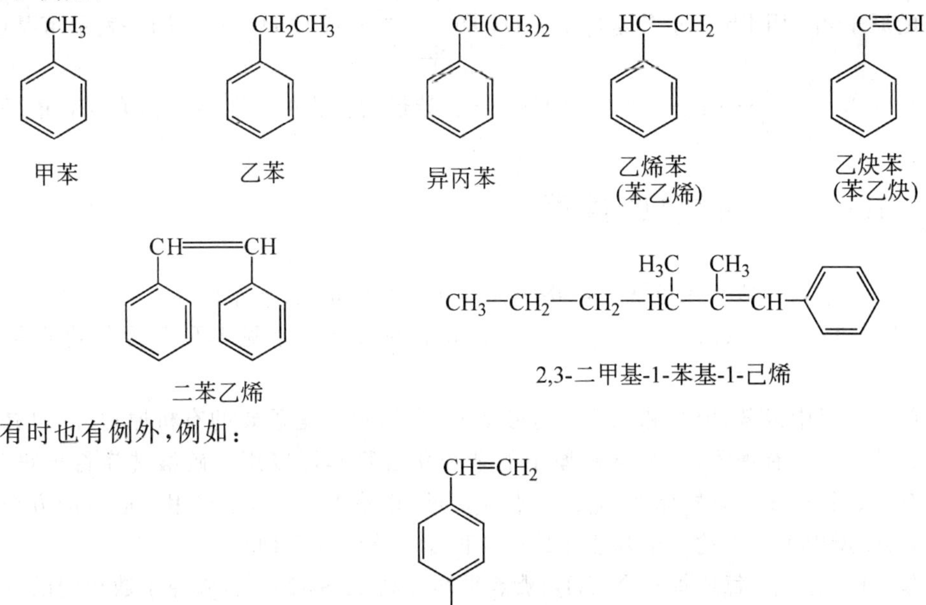

有时也有例外，例如：

对二乙烯苯

二烃基苯、三烃基苯可用阿拉伯数字表示取代基位置，若基团相同时，可相应用邻、间、对或连、偏、均表示。

二烃基苯有3种异构体。这是由于取代基在苯环上相对位置的不同而产生的。例如，二甲苯有3个异构体，它们的构造式和命名为：

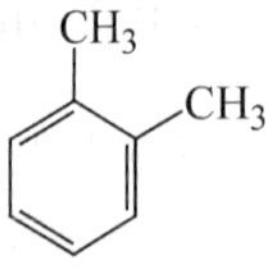

邻二甲苯
(1,2-二甲苯)

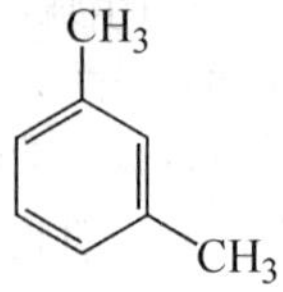

间二甲苯
(1,3-二甲苯)

对二甲苯
(1,4-二甲苯)

邻位是指两个取代基在苯环上处于相邻的位置，或用 *o*-(ortho)表示；间位是指间隔了一个碳原子，或用 *m*-(meta)表示；对位是指在对角的位置，或用 *p*-(para)表示。

3个烃基相同的三烃基苯也有3种异构体，常用“连”字表示3个烃基处于相邻的位置，或用1,2,3表示；“偏”字表示偏于一边，或用1,2,4表示；“均”字表示对称或用1,3,5表示。例如三甲基苯的3种异构体的构造式和命名为：

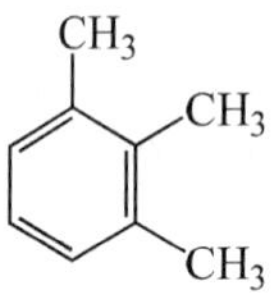

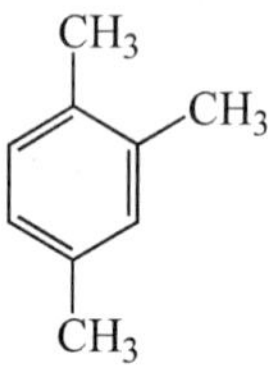

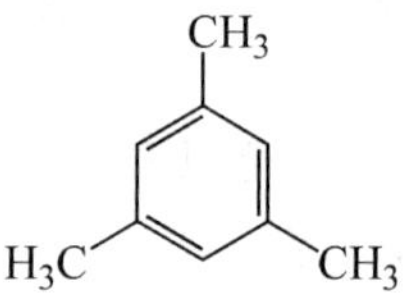

	连三甲苯	偏三甲苯	均三甲苯
沸点/℃	176.1	169.4	164.7

在芳烃的命名中，常出现用 Ar—或 Φ—表示芳基(aryl)，即芳烃分子失去一个氢原子所剩下的原子团；用 Ph-表示苯基(phenyl)，即 ⟨苯环⟩— 或 C_6H_5—；用 Bz-表示苄基(苯甲基，Benzyl)，即 ⟨苯环⟩—CH_2— 或 $C_6H_5CH_2$—。芳烃衍生物的命名将在相关章节介绍。

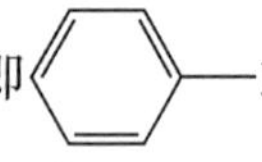

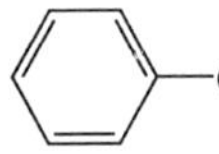

6.3　单环芳烃的物理性质

苯及其同系物一般是无色液体，不溶于水，可溶于乙醇、乙醚等有机溶剂中，密度都比水小，一般为0.86～0.9 g/cm^3，燃烧时发生带浓烟的火焰。常见单环芳烃的物理常数见表6-1。

在单环芳烃中以苯、甲苯和二甲苯为最常见，它们除了是重要的有机原料外，也是常用的溶剂。苯一般含有噻吩(一种含硫原子的杂环化合物)，可以用浓硫酸洗涤将噻吩除去。二甲苯有邻、间、对3种异构体，它们的沸点很接近，相差1～5℃，很难用普通蒸馏方法将它们逐一分开，所以工业上的二甲苯往往是这3种异构体的混合物。

在苯的同系列中，每增加一个CH_2，沸点平均升高25～30℃，含碳原子数相同的各种异构体，其沸点相差不大，而结构对称的异构体却具有较高的熔点。例如，邻、间、对二甲苯的沸点分别为144℃，139℃，138℃。用高效分馏塔只能把邻二甲苯分出，由于结构对称的对二甲苯的熔点要比间二甲苯高61℃，因此可以用冷冻的方法，使对二甲苯结晶出来，再用过滤的方法使它与间二甲苯分离。

表 6-1　常见单环芳烃的物理常数

名　　称	熔点/℃	沸点/℃	密度/(g/cm³)	折射率(n^{20})
苯	5.333	80.1	0.8765	1.5001
甲苯	−94.0991	110.625	0.8669	1.04961
乙苯	−94.0975	136.286	0.8670	1.4959^{10}
邻二甲苯	−25.185	144.411	0.8802	1.5055
间二甲苯	−47.872	139.103	0.8642	1.4972
对二甲苯	13.263	138.351	0.8611	1.4958
异丙苯	−96.035	152.392	0.8618	1.4915
正丙苯	−99.5	159.2	0.8620	1.4920
乙烯苯	−30.628	145.14	0.906	1.5468
乙炔苯	−44.8	142.1	0.9281	1.5485
均三甲苯	−44.72	164.716		
对甲基异丙基苯	−67.935	177.10		
1,4-二乙基苯	−42.850	183.752		
1,2,4,5-四甲苯	79.240	196.80		

苯及其同系物的蒸气有毒，苯的蒸气可以通过呼吸道对人体产生损害，高浓度的苯蒸气主要作用于中枢神经，引起急性中毒。低浓度的苯蒸气，若长期接触，能损害造血器官而引起贫血。

6.4　单环芳烃的化学性质

从苯环结构来看，苯环有高度的不饱和性，但苯环不易发生氧化、还原和加成反应。但在一定条件下，苯环上的氢原子也能被取代，发生取代反应。这是由于苯环上下面的电子云密度大，容易受到亲电试剂的进攻，发生保留芳环的亲电取代反应。

6.4.1　亲电取代反应

苯环上的氢原子被其他原子或基团取代的反应是芳香烃的特征反应。主要的取代反应有卤代、硝化、磺化、烃基化和酰基化等。

$$C_6H_6 \xrightarrow{X_2,\ FeX_3} C_6H_5\text{—}X$$

$$C_6H_6 \xrightarrow{HNO_3/H_2SO_4} C_6H_5\text{—}NO_2$$

$$C_6H_6 \xrightarrow{\text{发烟}H_2SO_4} C_6H_5\text{—}SO_3H$$

$$C_6H_6 \xrightarrow{RX/AlX_3} C_6H_5\text{—}R$$

$$C_6H_6 \xrightarrow[(RCO)_2O/AlX_3]{RCOCl/AlX_3\text{或}} C_6H_5\text{—}COR$$

1. 卤代反应

在有催化剂,如铁粉、三卤化铁等的存在下,不论是苯还是苯的同系物都能与卤素作用,在苯环上发生取代反应,例如:

$$C_6H_6 + Cl_2 \xrightarrow[\text{或}FeCl_3]{Fe} C_6H_5Cl + HCl$$

氯苯(chlorobenzene)

反应必须在催化剂存在下进行,常用的催化剂有 Fe,$FeCl_3$,$AlCl_3$,Al 以及 I_2 等,这些催化剂都是 Lewis 酸,它们能够接受电子形成络离子。卤代反应属亲电取代反应(electrophilic substitution reaction)。

三卤化铁的作用是促使卤素分子极化而离解出亲电中间体 X^+。

$$X_2 + FeX_3 \longrightarrow X^+ + FeX_4^- \quad (X = Cl, Br)$$

X^+ 进攻苯环,形成 σ-络合物,再失去质子生成卤苯:

$$C_6H_6 + X^+ \longrightarrow [C_6H_6X]^+ \xrightarrow{-H^+} C_6H_5X$$

σ络合物

苯环上的氟代在没有催化剂的条件下反应也很剧烈,难以控制。因此苯的氟化一般采用其他方法。

苯环上的氯代反应速度较快,溴代次之,碘代反应最慢,而且反应生成的 HI 是还原剂,可将碘苯还原成苯,所以必须要加入氧化剂以消除反应中生成的 HI,例如:

$$2HNO_3 + 4HI \longrightarrow 2I_2 + N_2O_3 + 3H_2O$$

或用 I—Br,I—Cl。因为 $I^{\delta+}$—$Cl^{\delta-}$ 和 $I^{\delta+}$—$Br^{\delta-}$ 极性较大,$I^{\delta+}$ 进攻苯环,一方面增强碘化反应速度,同时不致于生成 HI。

卤素的相对反应活性为:F≫Cl>Br≫I。

2. 硝化反应

苯与浓硝酸和浓硫酸的混合物于 55～60℃反应,苯环上的氢原子被硝基取代,生成硝基苯。向有机化合物分子中引入硝基的反应称为硝化反应(nitration):

$$C_6H_6 + HNO_3 \xrightarrow[50\sim60℃]{H_2SO_4} C_6H_5NO_2 + H_2O$$

硝基苯(98%)

硝化反应也是亲电取代反应,进攻试剂为 NO_2^+。当用混酸作硝化剂时,其解离方式如下:

$$HONO_2 + 2H_2SO_4 \longrightarrow NO_2^+ + H_3O^+ + 2HSO_4^-$$

生成的硝鎓离子 NO_2^+(nitronium)进攻苯环,形成 σ 络合物,后者失去质子生成硝基苯:

$$C_6H_6 + NO_2^+ \longrightarrow [C_6H_6NO_2]^+ \longrightarrow C_6H_5NO_2 + H^+$$

σ络合物

硝基化合物是合成染料、炸药以及一般芳香族化合物的重要原料，因而这个反应具有重要的实际意义。

3. 磺化反应

芳烃和浓硫酸在一定温度下反应，苯环上的氢原子被磺酸基取代，生成苯磺酸(benzene sulfuric acid)：

$$C_6H_6 + H_2SO_4 \underset{}{\overset{75℃}{\rightleftharpoons}} C_6H_5SO_3H + H_2O$$

苯磺酸

反应为可逆反应，也就是说苯磺酸易被水解，如果将苯磺酸与稀硫酸一起加热，或在磺化所得混合物中通入过热水蒸气，可以使苯磺酸失去磺酸基变成苯。因而一般用含有10% SO_3 的发烟硫酸作为磺化试剂。用发烟硫酸还有一个好处，就是反应可以在较低的温度下进行。例如苯的磺化，用发烟硫酸在25℃就能起反应。若用浓硫酸则要75℃才能起反应。

苯磺酸在更高的温度下继续磺化，生成间苯二磺酸和1,3,5-苯三磺酸：

$$C_6H_5SO_3H \xrightarrow[200\sim230℃]{发烟H_2SO_4} C_6H_4(SO_3H)_2 \xrightarrow[280\sim300℃]{发烟H_2SO_4} C_6H_3(SO_3H)_3$$

间苯二磺酸　　1,3,5-苯三磺酸

磺化反应也是亲电取代反应，进攻试剂为 SO_3。其反应历程如下：

$$2H_2SO_4 \rightleftharpoons H_3O^+ + HSO_4^- + SO_3$$

$$C_6H_6 + O{=}S^+(=O){-}O^- \rightleftharpoons \left[C_6H_6^+(H)(SO_3^-)\right] \underset{}{\overset{HSO_4^-}{\rightleftharpoons}} C_6H_5SO_3^- + H_2SO_4$$

$$C_6H_5SO_3^- + H_2SO_4 \rightleftharpoons C_6H_5SO_3H + HSO_4^-$$

苯环上的磺酸基容易脱去，可以利用磺酸基暂时占据环上的一个位置，使这个位置不能被其他基团取代，待反应完毕后，再经水解将磺酸基脱去。具体参见本章6.5.4节定位规律的应用中的例2。

苯磺酸易溶于水和乙醇，工业上用来制取苯酚等许多有机化合物。日常使用的合成洗涤剂(洗衣粉)就是烷基苯($R-C_6H_5$)与发烟硫酸在35～40℃下进行反应而得。生成物的钠盐叫烷基苯磺酸钠($R-C_6H_4-SO_3Na$)。

4. 傅瑞德尔-克拉夫茨(Friedel-Crafts)反应

芳烃在无水三氯化铝存在下的烷基化和酰基化反应，称为傅瑞德尔-克拉夫茨(Friedel-Crafts)反应，常简称为傅-克反应。傅-克反应的应用范围很广，是有机合成中最有用的反应之一。

(1) 傅瑞德尔-克拉夫茨烷基化(alkylation)反应

芳烃和卤代烷在无水三氯化铝的催化作用下，生成芳烃的烷基衍生物。例如：

$$C_6H_6 + CH_3CH_2Cl \xrightarrow{AlCl_3} C_6H_5CH_2CH_3 + HCl \quad (55\%)$$

在这个反应中,三氯化铝作为一个路易斯酸,和卤代烷起酸碱反应,生成有效的亲电试剂烷基碳正离子:

$$CH_3CH_2Cl + AlCl_3 \longrightarrow CH_3\overset{+}{C}H_2 + AlCl_4^-$$

$$C_6H_6 + \overset{+}{C}H_2CH_3\ AlCl_4^- \longrightarrow [C_6H_6(H)CH_2CH_3]^+ \xrightarrow{\overset{-}{Cl}-AlCl_3} C_6H_5CH_2CH_3 + HCl + AlCl_3$$

三氯化铝是烷基化反应催化性能最高、最常用的催化剂之一。此外,$FeCl_3$,$SnCl_4$,$ZnCl_2$,BF_3,HF,H_2SO_4 等均可作为催化剂。烷基化剂除卤代烷外,也可以是烯烃或醇。例如工业上用丙烯和苯反应生成异丙苯:

$$C_6H_6 + CH_3CH{=}CH_2 \xrightarrow{HF,0℃} C_6H_5CH(CH_3)_2 \quad (84\%)$$

$$C_6H_6 + (CH_3)_3COH \xrightarrow{H_2SO_4} C_6H_5C(CH_3)_3$$

用醇进行烷基化反应常用三氟化硼或三氯化铝作为催化剂。但不论用烯烃或醇作为烷基化剂时,质子化都是必要的。例如:

$$CH_3CH{=}CH_2 \underset{-H^+}{\overset{H^+}{\rightleftharpoons}} CH_3\overset{+}{C}HCH_3 \xrightarrow[BF_3]{ArH} Ar-CH(CH_3)_2$$

$$CH_3\overset{+}{C}HCH_3 \underset{H_2O}{\overset{-H_2O}{\rightleftharpoons}} CH_3CH(\overset{+}{O}H_2)-CH_3$$

$$CH_3-\underset{OH}{\overset{H}{C}}-CH_3 \underset{-H^+}{\overset{H^+}{\rightleftharpoons}} CH_3CH(OH_2^+)-CH_3$$

由于苯环引入了烷基后,生成的烷基苯比苯更容易进行亲电取代反应,因此烷基化反应中常有多烷基苯生成。此外,还由于反应的取代试剂是烷基碳正离子 R^+,而碳正离子容易发生重排,因此当所用的卤代烷是具有 3 个碳以上的直链烷基时,主要生成带支链的产物:

$$C_6H_6 + CH_3Cl \xrightarrow{AlCl_3} \begin{cases} \xrightarrow{0℃} 1,2,4\text{-}C_6H_3(CH_3)_3 \\ \xrightarrow{100℃} 1,3,5\text{-}C_6H_3(CH_3)_3 \end{cases}$$

$$C_6H_6 + CH_3CH_2CH_2Cl \xrightarrow{AlCl_3} C_6H_5CH(CH_3)_2$$

$$C_6H_6 + CH_3-\underset{CH_3}{\underset{|}{CH}}-CH_2Cl \xrightarrow{AlCl_3} C_6H_5C(CH_3)_3$$

(唯一产物)

烷基化反应的特点是易生成多烷基化产物，为可逆反应。烷基碳正离子易重排，3 个碳以上的得不到直链产物。若要生成直链烷基苯，可通过酰基化反应合成。

(2) 傅瑞德尔-克拉夫茨酰基化(acylation)反应

芳烃和酰卤或酸酐在无水三氯化铝的催化作用下，生成芳烃的酰基衍生物。例如：

$$C_6H_6 + \underset{\text{乙酰氯}}{CH_3\overset{O}{\overset{\|}{C}}-Cl} \xrightarrow{AlCl_3} \underset{\substack{\text{苯乙酮}\\(97\%)}}{C_6H_5\overset{O}{\overset{\|}{C}}-CH_3} + HCl$$

$$C_6H_5CH_3 + \underset{\text{乙酐}}{(CH_3CO)_2O} \xrightarrow{AlCl_3} \underset{\substack{\text{对甲基苯乙酮}\\(80\%)}}{H_3C-C_6H_4-\overset{O}{\overset{\|}{C}}-CH_3} + CH_3COOH$$

酰基化反应一般用酰氯，催化剂常用三氯化铝。其他酰基化催化剂虽也可用，但极少用。与烷基化反应稍有不同的是，三氯化铝的用量比酰氯用量摩尔数多 1 倍，如用酸酐时，用两倍摩尔数的催化剂。这是因为反应产物的羰基与 $AlCl_3$ 络合。要得到游离的产物还需加酸处理。

由于酰基化的产物单纯，有时用酰基化先合成酮，再还原来制备芳烃的烷基衍生物：

$$C_6H_6 \xrightarrow[AlX_3]{RCOX} C_6H_5COR \xrightarrow[HCl]{Zn/Hg} C_6H_5CH_2R$$

酰基化反应的特点是用 $AlCl_3$ 作催化剂用量大；产物简单，只引入一个基团；没有重排产物。含有 $-NH_2$，$-NHR$，$-NR_2$ 等带孤对电子基团的苯环不起傅瑞德尔-克拉夫茨酰基化反应，因这些基团能与催化剂 Lewis 酸形成络合物，使催化剂失去活性；含有强吸电子基 $-NO_2$，$-SO_3H$，$-\overset{O}{\overset{\|}{C}}R$，$-CN$ 等的苯环同样也不发生傅瑞尔-克拉夫茨酰基化反应。

综上所述，苯环的亲电取代反应的历程可用下式表示：

$$C_6H_6 + E^+ \underset{\text{慢}}{\overset{\text{亲电取代}}{\rightleftharpoons}} [C_6H_6E]^+ \underset{\text{快}}{\overset{\text{脱}H^+}{\rightleftharpoons}} C_6H_5E + H^+$$

6.4.2 加成反应

芳烃比较稳定,一般情况下不起加成反应。但在特殊条件下,芳烃可与氢、氯等起加成反应。

(1) 加氢反应

苯在催化剂存在时,于较高温度或加压下才能加氢生成环己烷:

$$\text{C}_6\text{H}_6 + 3H_2 \xrightarrow[\text{或Ni,加热,加压}]{\text{Pt, 175℃}} \text{C}_6\text{H}_{12}$$

$$\text{C}_6\text{H}_5CH_3 + 3H_2 \xrightarrow[\text{0.2~0.3MPa}]{Pt_2O_5\text{, 25~30℃, AcOH}} \text{C}_6\text{H}_{11}CH_3$$

苯还可以在液氨中进行伯齐(Birch)还原,生成 1,4-环己二烯。

(2) 加氯反应

苯在紫外线的照射下能与氯加成生成六氯环己烷,俗称六六六。

$$\text{C}_6\text{H}_6 + 3Cl_2 \xrightarrow{h\nu} C_6H_6Cl_6$$

目前已知的六氯环己烷的 8 种异构体中只有 γ-六六六的杀虫效能最好,它的含量在混合物中为 18%。但由于六六六化学性质稳定,残存毒性大,危害生态环境,现已禁止生产使用。

γ-六六六

6.4.3 氧化反应

(1) 侧链氧化

苯环一般很难被氧化,苯的同系物(烷基苯)在氧化剂作用下,氧化反应总是发生在侧链上,产生苯甲酸。常用的氧化剂为 $KMnO_4$ 的酸性溶液或者是 $K_2Cr_2O_7$ 的酸性溶液:

$$\text{C}_6\text{H}_5CH_3 \xrightarrow[H_2SO_4]{KMnO_4} \text{C}_6\text{H}_5COOH$$

苯甲酸

$$\text{CH}_3\text{C}_6\text{H}_4CH_3 \xrightarrow[H_2SO_4]{K_2Cr_2O_7} \text{HOOC}\text{C}_6\text{H}_4COOH$$

对苯二甲酸

不论侧链多长,只要 α-碳上有氢,它的产物总是苯甲酸。苯环上有两个不等长的侧链时,通常较长的侧链先被氧化:

$$m\text{-CH}_3\text{C}_6\text{H}_4CH_2CH_3 \xrightarrow{\text{稀}HNO_3} m\text{-CH}_3\text{C}_6\text{H}_4COOH$$

在常用的氧化剂($KMnO_4/H_2SO_4$,CrO_3/H^+ 和稀 HNO_3)中,稀硝酸有一定的选择性,它可以先氧化一个烷基,保留另一个烷基。

(2) 苯环氧化

在特殊的条件下苯环也能被氧化。例如,苯在五氧化二钒催化剂作用下能被空气氧化成顺丁烯二酸酐,这是工业上生成顺丁烯二酸酐的方法:

$$C_6H_6 + \frac{9}{2}O_2 \xrightarrow[400\sim500℃]{V_2O_5} \text{顺丁烯二酸酐}$$

顺丁烯二酸酐

如果苯环上的侧链是一个极为稳定的基团,则苯环可被氧化,侧链保持不变,生成取代乙酸。例如:

$$C_6H_5CF_3 \xrightarrow[H_2SO_4]{KMnO_4} CF_3COOH$$

此外,苯能在空气中燃烧,生成二氧化碳和水,这是烃类的一般通性。燃烧时火焰明亮并发生浓烟,和乙炔燃烧时相似,这也是由于含碳量较高的缘故。

6.4.4 芳烃的侧链反应

在高温或光照的情况下,烷基苯与卤素作用,并不发生环上取代,而是发生在侧链的 α-C 上。其反应历程与烷烃卤代类似,是自由基反应(free radical reaction)历程。

甲苯与氯气在光照下的反应发生在甲基上,生成氯化苄,同时生成少量苯基二氯甲烷和苯基三氯甲烷。

$$C_6H_5CH_3 + Cl_2 \xrightarrow{h\nu} C_6H_5CH_2Cl + C_6H_5CHCl_2 + C_6H_5CCl_3$$

氯化苄

$$C_6H_5CH(CH_3)_2 + Br_2 \xrightarrow{h\nu} C_6H_5C(Br)(CH_3)_2$$

α-溴代异丙苯(100%)

α-卤代烷基苯容易水解:

$$C_6H_5CH_2Cl \xrightarrow[\triangle]{H_2O} C_6H_5CH_2OH$$

$$C_6H_5CHCl_2 \xrightarrow[\triangle]{H_2O} C_6H_5CHO$$

此外,自由基溴代反应也可以用 *N*-溴代丁二酰亚胺(*N*-bromosuccinimide,简称 NBS)溴化:

$$C_6H_5CH_2CH_3 + \text{NBS} \xrightarrow[\triangle]{CCl_4} C_6H_5CH(Br)CH_3\ (80\%) + \text{丁二酰亚胺}$$

6.5 苯环上亲电取代反应的定位规则

6.5.1 定位效应和定位基

苯进行亲电取代反应时，环上 6 个氢被取代的机会是均等的。如果苯环上已有一个取代基，则第二个取代基的导入，生成主要产物或者是邻对位，或者是间位。也就是说，苯环上原有的取代基的性质对新取代基进入苯环的位置起着支配作用，这种支配作用称为该取代基的定位效应(orientation effect)。例如：

$$C_6H_6 + HNO_3 \xrightarrow[50\sim60℃]{H_2SO_4} C_6H_5NO_2\ (98\%)$$

$$C_6H_5CH_3 + HNO_3 \xrightarrow[30℃]{H_2SO_4} o\text{-}CH_3C_6H_4NO_2\ (58\%) + p\text{-}CH_3C_6H_4NO_2\ (38\%)\ (+\ m\text{-}CH_3C_6H_4NO_2\ (4\%))$$

$$C_6H_5NO_2 + HNO_3\ (\text{发烟硝酸}) \xrightarrow[95\sim100℃]{H_2SO_4} m\text{-}C_6H_4(NO_2)_2\ (93\%)\ (+\ o\text{-}C_6H_4(NO_2)_2\ (6\%\sim7\%) + p\text{-}C_6H_4(NO_2)_2\ (\text{微量}))$$

许多实验结果表明，苯环上原有的取代基(也称定位基)对亲电取代反应有两种效应：①定位效应，决定第二个取代基导入苯环的位置；②致活或致钝效应，决定亲电取代反应的难易，反应速度的快慢。如甲苯硝化的速度为苯的 25 倍，而硝基苯继续硝化的速度为苯的 6×10^{-8} 倍。即甲基使苯环活化，而硝基使苯环钝化。

各种一取代苯起硝化反应的相对速度(以苯为标准)和产物中异构体的比例均不相同，见表 6-2。

表 6-2 取代基对硝化反应的相对速度及产物异构体比例的影响

取代基	相对速度	硝化产物			$(o+p)/m$
		o-	m-	p-	
—OH	很快	55	痕量	45	100/0
—$NHCOCH_3$	快	19	1	80	99/1
—CH_3	25	58	4	38	96/4

续表

取代基	相对速度	硝化产物			$(o+p)/m$
		o-	m-	p-	
—$C(CH_3)_3$	16	12	8	80	92/8
—F	0.03	12	痕量	88	100/0
—Cl	0.03	30	1	69	99/1
—Br	0.03	37	1	62	99/1
—I	0.18	38	2	60	98/2
—H	1.0				
—NO_2	6×10^{-8}	6	93	1	7/93
—$COOC_2H_5$	0.0037	23	63	4	32/68
—$N(CH_3)_3$	1.2×10^{-8}	0	89	11	11/89
—COOH	慢	19	80	1	20/80
—SO_3H	慢	21	72	7	28/72
—CF_3	慢	0	100	0	0/100

因此，按所得取代产物的不同组成来划分，可以把苯环上的取代基分为邻对位定位基和间位定位基两类：

(1) 邻、对位定位基(第一类定位基)，使新导入的取代基主要进入它的邻位和对位，并且使苯环活化(activation)(卤素除外)，(o-+p-)产物>60%的定位基称为邻对位定位基。常见的邻、对位定位基及定位能力大致如下：

O^- >—NH_2 >—NR_2 >—OH >—OR >—NHCOR >—OCOR >—R >—C_6H_5 >—CH=CH_2 >—CH_3 >—Cl>—Br>—I 等

(2) 间位定位基(第二类定位基)，使新导入的取代基主要进入它的间位，并使苯环钝化(deactivation)，较难起亲电取代反应，m-产物>40%的称为间位定位基。常见的间位定位基及定位能力依次如下：

—N^+R_3 >—NO_2 >—CCl_3 >—CN>—SO_3H>—CHO>—COR>—COOH>—COOR>—$CONH_2$

还必须说明的是，定位效应只能说明主要产物，少量次要产物是不可避免的。此外，除了定位基起主要作用外，其他因素，像反应温度，试剂和催化剂的性能等也会影响异构体的产量(表 6-3 和表 6-4)。

表 6-3 温度对磺化产物的影响 %

		0℃磺化	100℃磺化
甲苯(C_6H_5—CH_3)	邻	43	13
	对	53	79
	间	4	8

表 6-4 催化剂对溴化产物的影响 %

		$AlCl_3$ 催化溴化	$FeBr_3$ 催化溴化
溴苯(C_6H_5—Br)	邻	8.3	13.1
	对	61.6	85.1
	间	30.1	1.8

以苯甲醚($C_6H_5—O—CH_3$)为例,反应试剂、温度的影响见表6-5。

表6-5 反应试剂、温度对硝化产物的影响

试剂	温度/℃	邻位/%	对位/%
$HNO_3+H_2SO_4$	45	31	67
HNO_3	45	41	58
HNO_3+CH_3COOH	65	44	55
$HNO_3+(CH_3CO)_2O$	10	71	28
$C_6H_5COONO_2+CH_3CN$	0	75	25

*6.5.2 定位规律的解释

苯环取代基的定位效应也叫做苯环的定位规律。要解释这一规律,首先必须了解为什么第一类定位基可以使苯环活化,而第二类定位基的影响使苯环钝化。在芳烃亲电取代反应过程中,需要一定的活化能才能生成σ络合物(即碳正离子中间体)。而碳正离子中间体的生成是决定整个反应速度的步骤。要了解取代基对苯环究竟是活化还是钝化,就要研究这个取代基对中间体碳正离子的形成有何影响。如果取代基的存在可以使中间体碳正离子更加稳定,那么σ络合物生成就比较容易,即所需活化能不大,说明整个反应速度比苯快,那么这个取代基的影响就是使苯环活化,反之,就是使苯环钝化。

下面根据不同情况讨论为什么取代基会影响σ络合物的稳定性。

(1) 邻、对位定位基的影响

这类取代基对苯环具有推电子效应,使苯环电子云密度增加。

现在以甲苯为例,定位基为甲基,当试剂进攻甲苯不同位置时,便会形成不同的碳正离子中间体。而从其共振结构式中可以看出,在亲电试剂(E^+),也即新取代基的邻位或对位都具有正电荷。

亲电试剂进攻邻位:

CH₃ H E + ⟷ CH₃ H E + ⟷ CH₃ H E +

(Ⅰ)

亲电试剂进攻对位:

CH₃ + H E ⟷ CH₃ + H E ⟷ CH₃ + H E

(Ⅱ)

亲电试剂进攻间位：

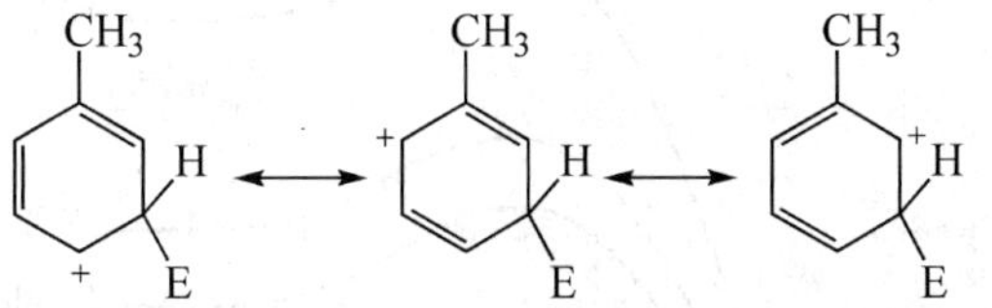

一般认为，甲基可以通过它的诱导效应（＋I 效应）和超共轭效应（＋C 效应）把电子云推向苯环，增加苯环的电子云密度，有利于中间体碳正离子正电性的减弱而使其稳定，有利亲电取代反应。因此，我们说甲基是活化基团，使苯环活化。但甲基对苯环上不同位置影响不同，受甲基影响最大的是和它直接相联的碳原子的位置，如上述共振结构中的（Ⅰ）式和（Ⅱ）式，都在和甲基相连的碳原子上带正电荷。它们的能量比较低，较稳定，在共振杂化体中贡献也最大，而亲电试剂进攻甲基间位并不生成这种中间体。换句话说，当亲电试剂进攻甲基的邻位和对位时所形成的中间体要比进攻间位所生成的中间体能量更低，更稳定，形成时所需要的活化能较小，这样邻位和对位发生取代的速度就快。所以第二个取代基主要进入甲基的邻位和对位。

同样道理，如果苯环上的第一类取代基是—NH_2、—OH 等，由于 O 和 N 的电负性比碳强，表现出吸电子效应（－I 效应）；但它们直接与苯环相连的原子都具有未共用电子对，可以通过共轭效应（conjugative effect）（＋C 效应）向苯环离域，所以就增加了苯环的电子云密度。由于＋C 效应强于－I 效应，当苯环的邻、对位受到进攻时，所形成的中间体，除了具有与进攻甲基邻、对位相似的共振结构外，还包括下列共振结构式：

亲电试剂进攻对位：

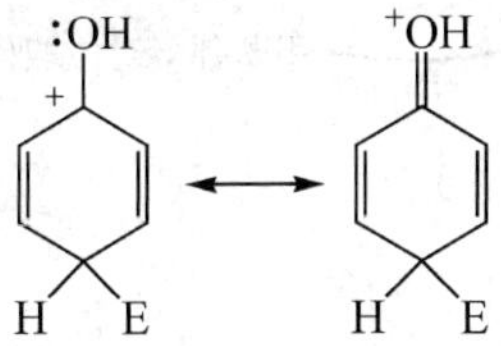

（Ⅲ） 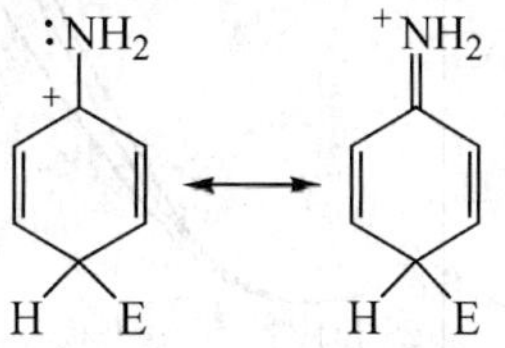 （Ⅳ）

亲电试剂进攻邻位：

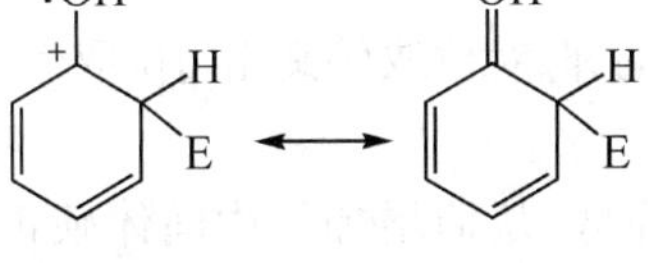

（Ⅴ） 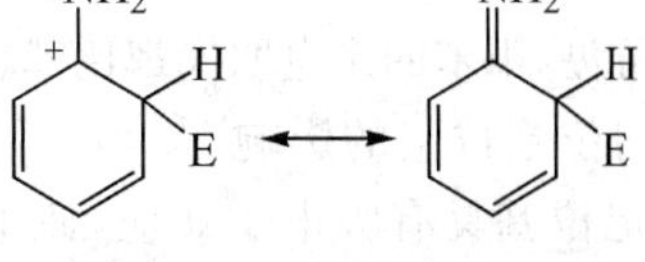 （Ⅵ）

从（Ⅲ），（Ⅳ），（Ⅴ），（Ⅵ）4 个共振结构式可以看出，参与共轭体系的原子都具有八隅体的结构。这样的结构是特别稳定。由此可见，第一类定位基能使苯环活化都是由于这类定位基的推电子性所引起的。

至于卤原子，它也是第一类定位基，但卤原子是钝化基团。这个问题可从卤原子的吸电子诱导效应（－I）和推电子共轭效应（＋C）加以解释，还可以通过卤苯和苯亲电取代中能量变化比较图给予说明。同种道理，第一类取代基对中间碳正离子的影响也可用甲苯和苯亲电取代能量变化比较图加以说明。

卤原子对苯环钝化和中间体碳正离子稳定性及其形成时活化能大小的影响，可以通过卤苯和苯在亲电取代过程中的能量变化比较图（图 6-5）中显示出来。

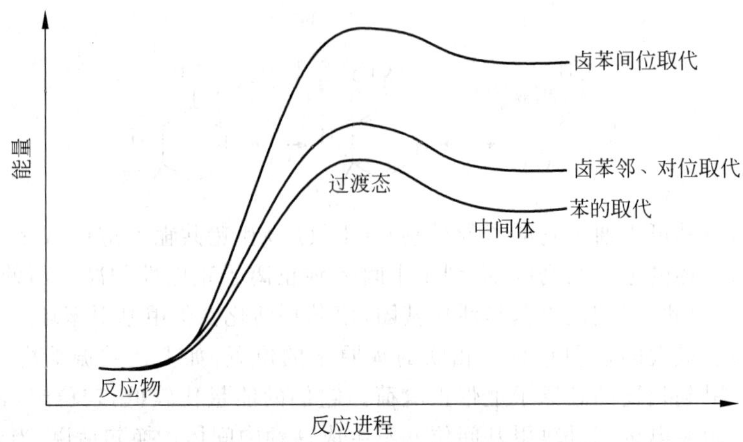

图 6-5　卤苯和苯亲电取代中的能量变化比较图

邻、对位定位基对中间体碳正离子稳定性及其形成时活化能大小的影响,可以用甲苯和苯在反应过程中的能量变化比较图(图 6-6)表示出来。

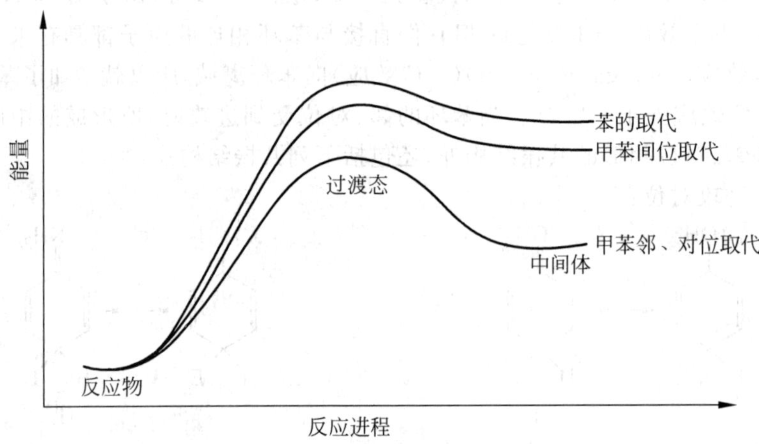

图 6-6　甲苯和苯亲电取代中的能量变化比较图

由图可见,甲苯的亲电取代都比苯容易进行,而甲苯的邻、对位取代又比间位取代容易进行。

(2) 间位定位基的影响

这类定位基具有吸电子效应,使苯环电子云密度降低,从而增加了中间体碳正离子生成时的正电荷。这种碳正离子的能量比较高,稳定性低,不容易生成,这就是钝化的实质。当然间位定位基对苯环不同位置的影响不同,但受影响最大的是直接与间位定位基相连的碳原子。现在以硝基苯为例加以说明。硝基苯在取代反应中生成的中间体碳正离子可用下列共振结构来表示。

亲电试剂进攻邻位:

(Ⅸ)

亲电试剂进攻对位：

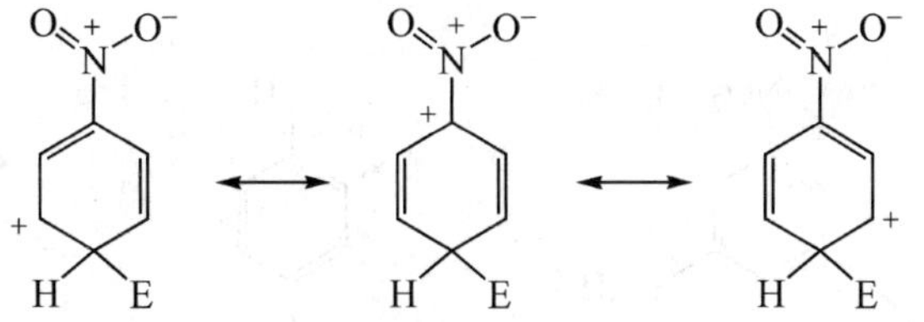

（Ⅹ）

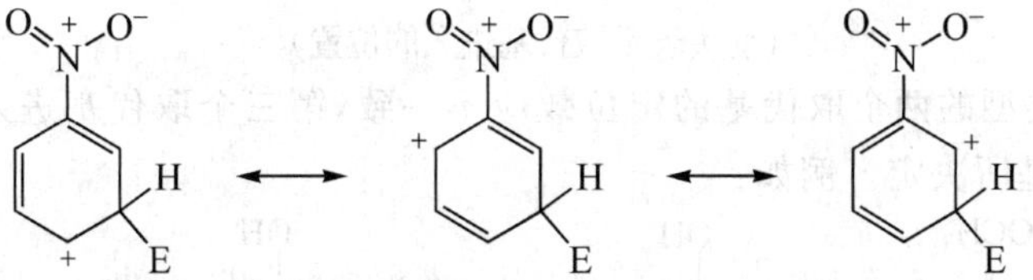

硝基是强的吸电子诱导效应（－I）和强吸电子共轭效应（－C）的定位基。亲电试剂进攻硝基的邻位和对位时所生成的碳正离子共振结构式（Ⅸ）和（Ⅹ）中，硝基氮原子和它直接相连的碳原子都带正电荷，能量特别高，因而是不稳定的共振结构。而在亲电试剂进攻硝基间位的共振结构中，却不存在这种结构。因此进攻硝基间位生成的碳正离子中间体要比进攻邻位和对位生成的中间体碳正离子的能量低和稳定，所以在硝基间位上的亲电取代反应要比邻位和对位上的亲电取代反应快得多，取代产物以间位为主。由此可见，第二类定位基使苯环钝化，都是由于这类定位基的吸电子性引起的，这种影响遍及苯环的所有位置，但邻位和对位上的影响更大。

间位定位基对苯环的钝化的影响，也就是对中间体碳正离子稳定性及其形成时活化能大小的影响，可以用硝基苯和苯的亲电取代过程中的能量变化比较图表示出来，如图 6-7 所示。

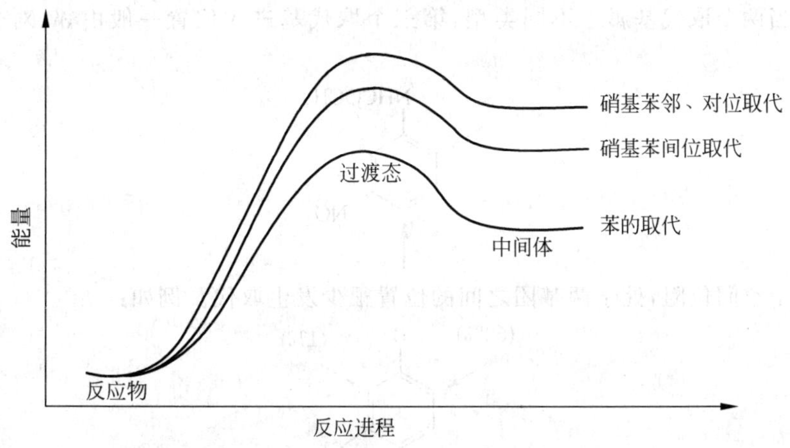

图 6-7　硝基苯和苯亲电取代中的能量变化比较图

6.5.3　苯的二元取代产物的定位规律

若苯环上已有两个取代基，第三个取代基进入的位置取决于原有两个取代基。一般有以下几种情况：

(1) 若两个取代基的定位效应一致,第三个取代基进入位置由上述取代基的定位规则决定。例如:

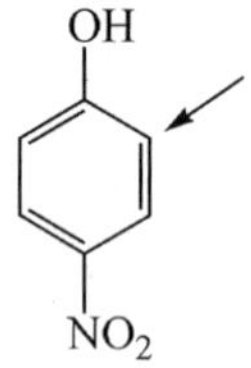

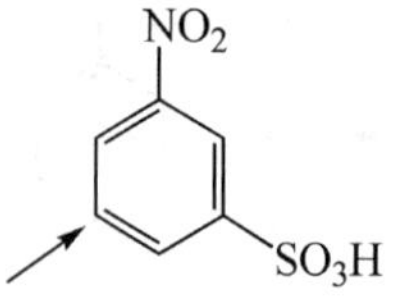

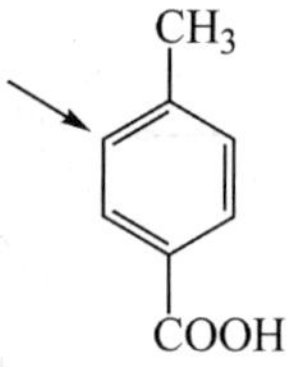

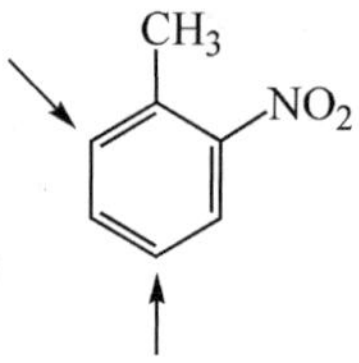

OH / NO_2 (Ⅰ)　　NO_2 / SO_3H (Ⅱ)　　CH_3 / COOH (Ⅲ)　　CH_3 / NO_2 (Ⅳ)

(箭头表示取代基进入的位置)

(2) 若同一类型的两个取代基的定位效应不一致,第三个取代基进入的位置主要由定位效应强的取代基所决定。例如:

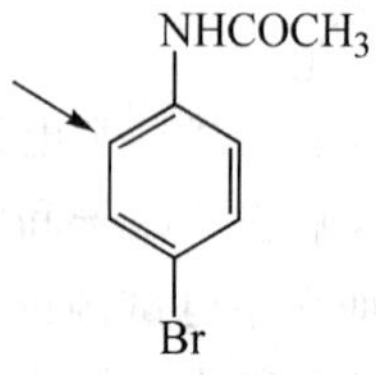

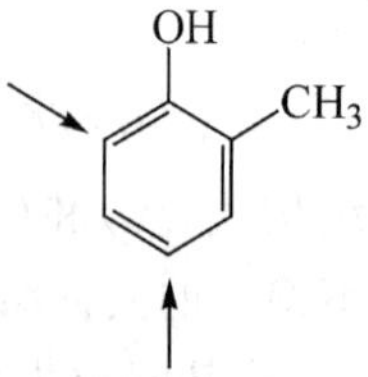

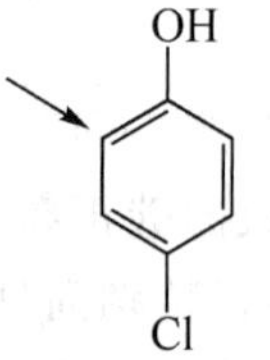

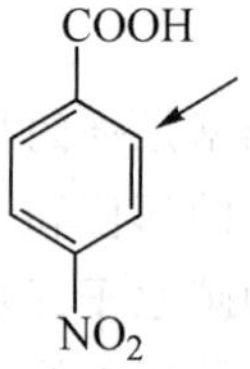

$NHCOCH_3$ / Br　　OH / CH_3　　OH / Cl　　COOH / NO_2

当两个取代基定位能力相差不大时,往往得到混合物。例如:

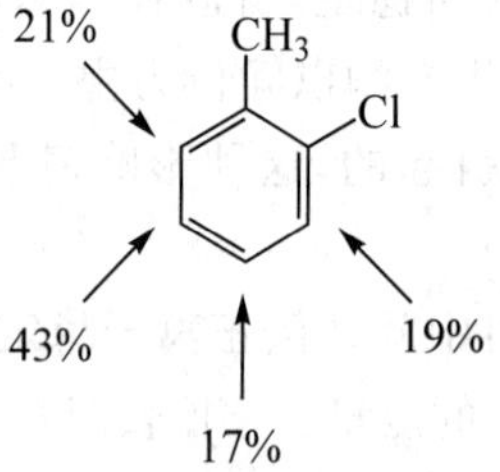

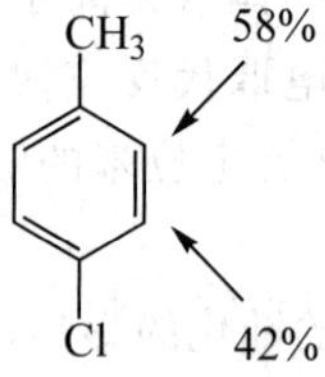

CH_3 / Cl: 21%, 43%, 17%, 19%　　CH_3 / Cl: 58%, 42%

(3) 若当两个取代基属于不同类型,第三个取代基进入位置一般由邻、对位定位基决定。例如:

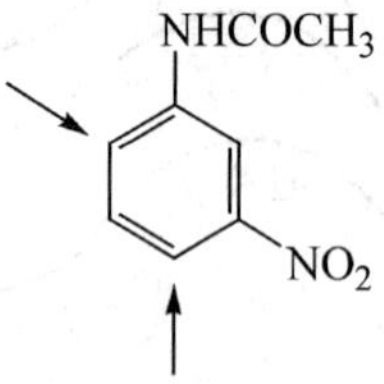

$NHCOCH_3$ / NO_2

(4) 由于空间位阻,处于两基团之间的位置很少发生取代。例如:

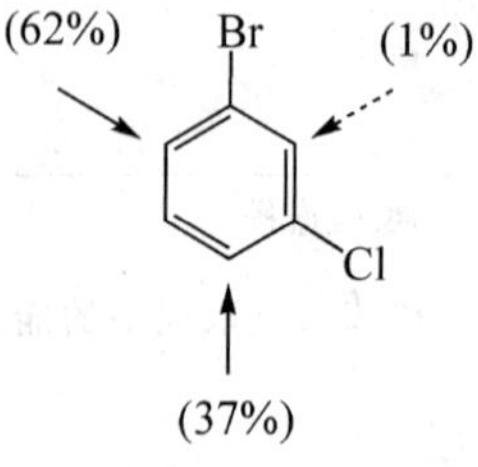

Br / Cl: (62%), (1%), (37%)

6.5.4 定位规律的应用

学习取代苯的定位规律,不仅可应用于解释某些实验现象,而更主要的是应用于预测反应的主要产物以及如何选择适当的合成途径等。

例 1 由甲苯合成间硝基苯甲酸。

由甲苯为原料合成间硝基苯甲酸应考虑先氧化,后硝化。合成路线如下:

$$C_6H_5CH_3 \xrightarrow[H_2SO_4]{K_2Cr_2O_7} C_6H_5COOH \xrightarrow[H_2SO_4]{HNO_3} m\text{-}O_2NC_6H_4COOH$$

若合成邻硝基苯甲酸或对硝基苯甲酸,则顺序相反:

$$C_6H_5CH_3 \xrightarrow[H_2SO_4]{HNO_3} o\text{-}O_2NC_6H_4CH_3 \xrightarrow[H^+]{KMnO_4} o\text{-}O_2NC_6H_4COOH$$

$$C_6H_5CH_3 \xrightarrow[H_2SO_4]{HNO_3} p\text{-}O_2NC_6H_4CH_3 \xrightarrow[H^+]{KMnO_4} p\text{-}O_2NC_6H_4COOH$$

例 2 由间苯二酚合成 2-硝基-1,3-苯二酚。

以间苯二酚为原料经磺化、硝化、水解而制成产品。合成路线如下:

$$\text{间苯二酚} + 2H_2SO_4 \xrightarrow{\text{磺化}} \text{4,6-二磺酸基-1,3-苯二酚}(HO_3S,\ OH,\ OH,\ SO_3H) \xrightarrow[0\sim20℃]{HNO_3+H_2SO_4} \text{2-硝基-4,6-二磺酸基-1,3-苯二酚}$$

$$\xrightarrow[100℃]{H_2O/H^+} \text{2-硝基-1,3-苯二酚}(OH,\ NO_2,\ OH)$$

例 3 由苯合成间硝基苯乙酮。

硝基是强吸电子基,不能进行傅氏反应。因此,从苯制备间硝基苯乙酮应先酰基化、后硝化:

$$C_6H_6 \xrightarrow[AlCl_3]{CH_3COCl} C_6H_5COCH_3 \xrightarrow[H_2SO_4]{HNO_3} m\text{-}O_2NC_6H_4COCH_3$$

6.6 多环芳烃简介

芳烃除了已介绍的苯系单环芳烃外,还包括苯系多环芳烃和非苯芳烃。

按照苯环相互连接的方式,苯系多环芳烃可分为如下 3 类:

多环芳烃 $\begin{cases} \text{联苯和联多苯类} \\ \text{多苯代脂肪烃} \\ \text{稠环芳烃} \end{cases}$

1. 联苯和联多苯类

这类多环芳烃分子中的苯环是直接以单键相互连接的，如联苯、对联三苯等。

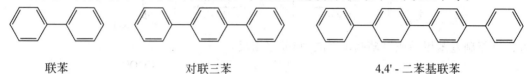

联苯　　对联三苯　　4,4'-二苯基联苯

2. 多苯代脂肪烃

这类芳烃可看作是脂肪烃中两个或两个以上的氢原子被苯基取代，如二苯甲烷、三苯甲烷等：

$(C_6H_5)_2CH_2$　　$(C_6H_5)_3CH$　　C_6H_5—CH=CH—C_6H_5

二苯甲烷　　三苯甲烷　　1,2-二苯乙烯

3. 稠环芳烃

这类多环芳烃分子中苯环是以共用两个相邻碳原子方式互相稠合，如萘、蒽、菲等，在多环芳烃中，稠环芳香烃比较重要。

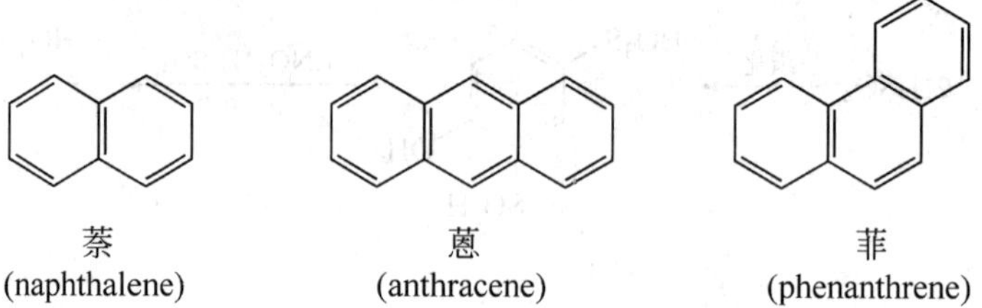

萘 (naphthalene)　　蒽 (anthracene)　　菲 (phenanthrene)

6.6.1 联苯及其衍生物

1. 联苯的结构、制备及性质

联苯(biphenyl)为联苯类中最简单的化合物，含有两个直接相连的苯基。其碳原子的编号方法如下：

$C_6H_5—C_6H_5$

m′ o′ o m; 3′ 2′ 2 3; p′4′ 1′ 1 4p; 5′ 6′ 6 5

联苯为无色晶体，熔点 69～70℃，沸点为 254.9℃，不溶于水而溶于有机溶剂，对热很稳定。当它与二苯醚以 26.5∶73.5 的比例混合时，受热到 400℃也不分解，因此在工业上广泛用作高温传热流体。

工业上由苯的热解生产联苯，实验室中则由 * 乌耳曼(Ullman)反应制备。

联苯的化学性质与苯相似，在两个苯环上均可发生磺化、硝化、卤代等取代反应。例如联苯发生硝化时，主要生成 4,4′-二硝基联苯：

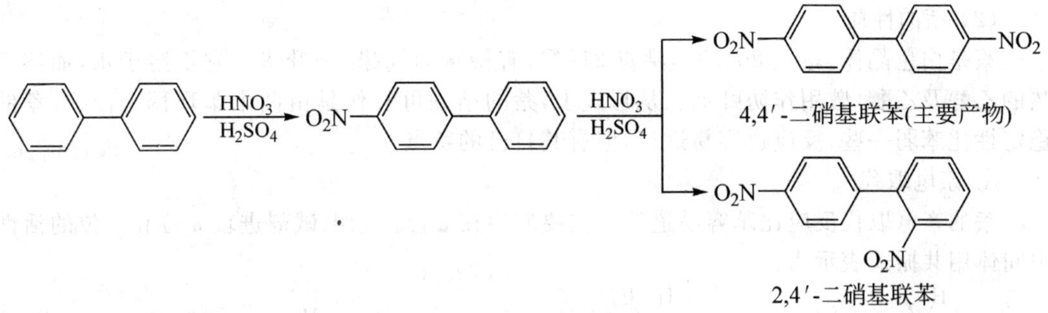

联苯最重要的衍生物是4,4′-二氨基联苯,也称联苯胺。

2. 联苯型手性化合物

在联苯分子中,两个苯环可以围绕环间的单键自由地旋转。但当这两个环的邻位有较大的取代基存在时,例如6,6′-二硝基-2,2′-联苯二甲酸分子中,由于这些取代基的空间阻碍,两个苯环的旋转受到限制,两个环平面不在同一平面,这样就可能形成如下的两个异构体:

这就是第7章立体化学介绍的不含手性碳而具有手性的一类手性化合物。

6.6.2 稠环芳烃

1. 萘及其衍生物

(1) 萘的结构

萘(naphthalene)是最简单的稠环芳烃,分子式为$C_{10}H_8$。它是煤焦油中含量最多的化合物,约超过6%,可从煤焦油提炼得到。萘的结构与苯相似,分子中碳原子和氢原子都在同一平面内,碳碳键的长度不全相等,各碳原子的位置也不完全等同,其中1,4,5,8位置等同,叫α位;2,3,6,7位置也等同,叫β位。结构如下:

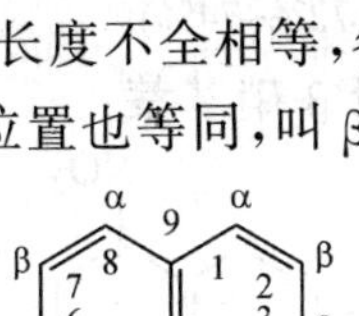

萘分子中碳原子的位次 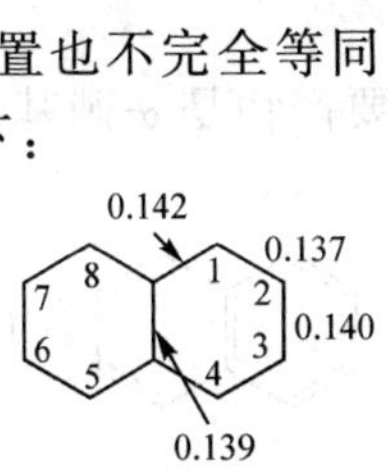　　　萘分子中的键长(nm)

萘的共振式为:

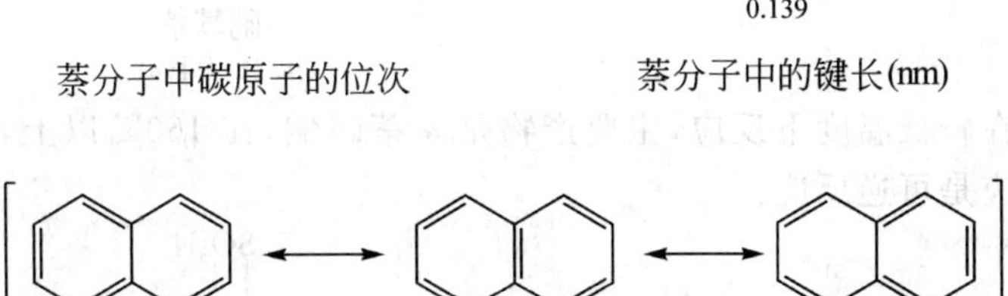

萘的结构通常用下面两种方法表示:

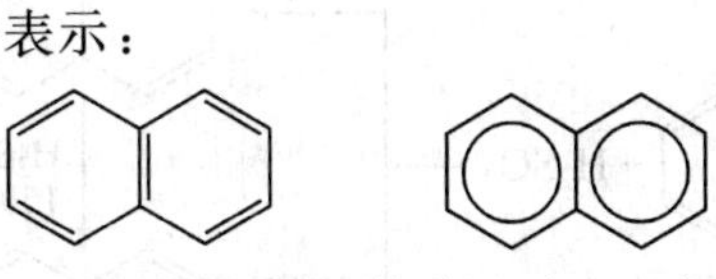

前一种方法是共振式的简写,后一种方法表示萘分子中10个碳原子上的p轨道互相重叠组成分子轨道。

(2) 萘的性质

萘是白色晶体,熔点 80.5℃,沸点 218℃,有特殊的气味,易升华。它不溶于水,而溶于热的乙醇及乙醚,曾用作防蛀剂。从形式上,萘的结构可看作是由两个苯环稠合而成,萘的稳定性比苯弱一些,反应也容易进行,但有其自己的特点。

① 亲电取代

萘的亲电取代反应比苯容易进行。主要发生在 α 位。亲电试剂进攻 α 位和 β 位的活性中间体用共振式表示为:

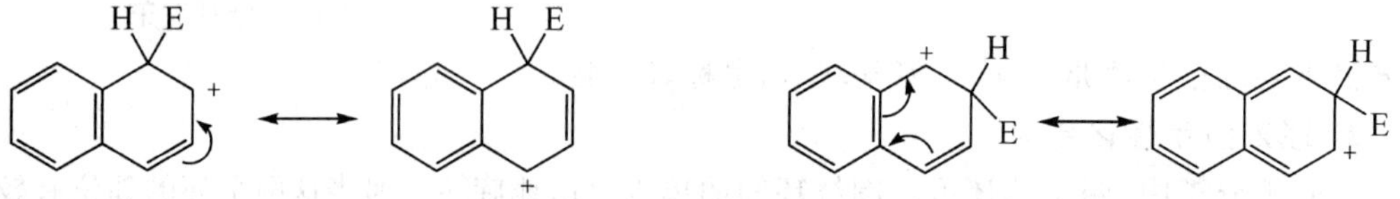

H E　H E　H E　H E

其中 α 位取代的 2 个共振式都有完整的苯环结构;而 β 位取代的 2 个共振式中只有一个有完整的苯环结构。所以前者能量低,更稳定,因此萘的 α 位活性大于 β 位。

萘的氯代反应可以用苯作溶剂,产物为 α-氯萘:

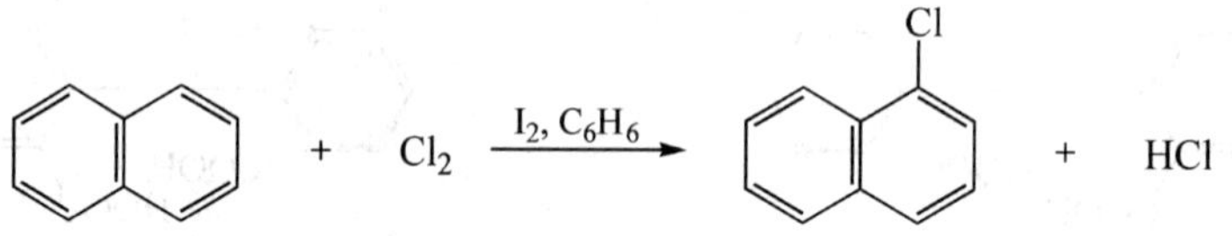

$$萘 + Cl_2 \xrightarrow{I_2,\ C_6H_6} α\text{-氯萘 (92\%)} + HCl$$

萘的溴化不加催化剂即可进行,产物是 α-溴萘:

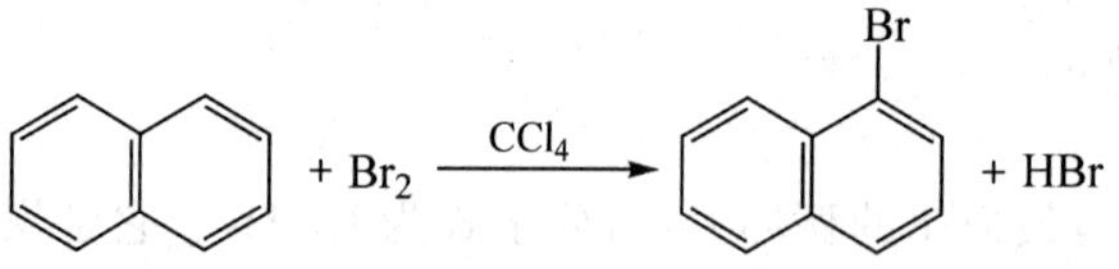

$$萘 + Br_2 \xrightarrow{CCl_4} α\text{-溴萘 (72\%\sim74\%)} + HBr$$

萘用混酸硝化,主要产物是 α-硝基萘,只生成少量 β-硝基萘:

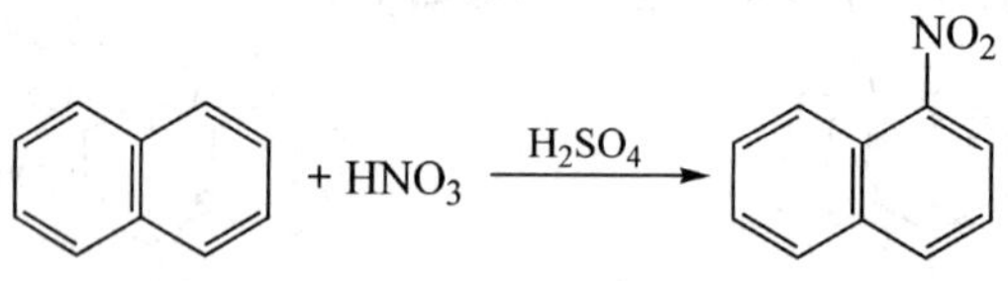

$$萘 + HNO_3 \xrightarrow{H_2SO_4} α\text{-硝基萘 (92\%\sim94\%)}$$

萘与浓硫酸在较低温度下反应,主要产物是 α-萘磺酸,在 160℃以上,主要生成 β-萘磺酸。萘的磺化反应是可逆反应:

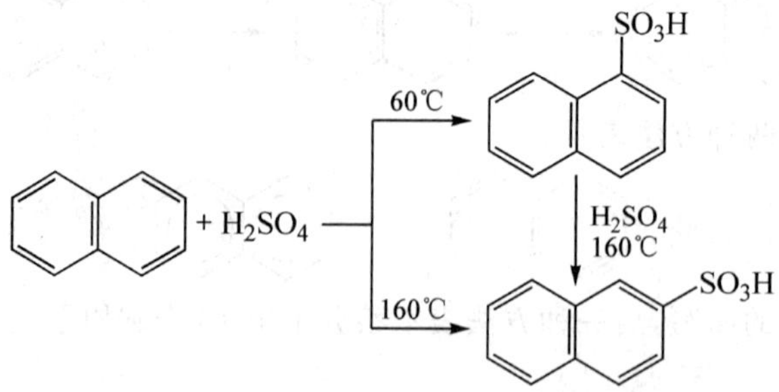

$$萘 + H_2SO_4 \xrightarrow{60℃} α\text{-萘磺酸}(SO_3H) \xrightarrow{H_2SO_4,\ 160℃} β\text{-萘磺酸}(SO_3H)$$

$$萘 + H_2SO_4 \xrightarrow{160℃} β\text{-萘磺酸}(SO_3H)$$

由于萘的 α 位活性高，生成 α-萘磺酸的速度比生成 β-萘磺酸速度快，但是由于 α-萘磺酸磺酸基与 8-位氢原子之间存在空间位阻，其稳定性小于 β-萘磺酸，所以低温生成 α-萘磺酸，温度升高，生成比较稳定的 β-萘磺酸：

H SO_3H 空间相互作用大　　H SO_3H H 空间相互作用小

在萘的傅氏酰基化反应中常生成 α-和 β-酰化产物的混合物：

萘 + CH_3COCl $\xrightarrow{AlCl_3}$ α-乙酰基萘（75%）+ β-乙酰基萘（25%）

萘　乙酰氯　α-乙酰基萘（75%）　β-乙酰基萘（25%）

如用硝基甲烷为溶剂，主要生成 β-酰化产物：

萘 + CH_3COCl $\xrightarrow[CH_3NO_2,\ 25℃]{AlCl_3}$ β-乙酰基萘（90%）

萘　乙酰氯　β-乙酰基萘（90%）

② 加氢还原

萘的芳香性比苯差，它比苯容易发生加成反应。萘用钠加乙醇在液氨中还原，生成 1,4-二氢萘，称为伯齐(Birch)还原反应：

萘 + 2Na + $2C_2H_5OH$ $\xrightarrow{液NH_3}$ 1,4-二氢萘 + 2 C_2H_5ONa

萘　1,4-二氢萘

萘在不同条件下加氢可以得到四氢萘或十氢萘。四氢萘和十氢萘为高沸点液体，可用作溶剂：

萘 + H_2 $\xrightarrow[\triangle]{Pd\text{-}C,\ 加压}$ 四氢萘

萘 + H_2 $\xrightarrow{Pt,\ 加压}$ 反十氢萘(ee式)（25%）+ 顺十氢萘(ea式)（75%）

③ 氧化

萘容易氧化成 1,4-萘醌：

$$\text{萘} \xrightarrow[10\sim15^\circ C]{CrO_3,\ HOAc} \text{1,4-萘醌}\ (18\%\sim22\%)$$

萘在更剧烈的条件下氧化,一个环开环生成邻苯二甲酸酐:

$$\text{萘} + O_2 \xrightarrow[\triangle]{V_2O_5} \text{邻苯二甲酸酐} + CO_2 + H_2O$$

*(3) 同环取代与异环取代

一元取代萘在进行取代反应时,第二个基团进入哪个环及哪个位置,也同样取决于原有基团的性质。如在环上有一邻、对位定位基,由于邻、对位定位基的致活作用,所以二元取代发生在同环,也称同环取代;如果原有基团在 1 位,则第二取代基优先进入 4 位;若原有基团在 2 位,则第二取代基优先进入 1 位,例如甲基萘的磺化与硝化反应:

$$\text{1-甲基萘} \xrightarrow[0^\circ C]{ClSO_3H\text{-}CCl_4} \text{4-甲基-1-萘磺酸}\ (80\%)$$

$$\text{2-甲基萘} \xrightarrow[80^\circ C]{HNO_3\text{-}HOAc} \text{1-硝基-2-甲萘}\ (70\%\sim80\%)$$

当一个环上有一个间位定位基时,由于间位定位基的致钝作用,二元取代反应主要发生在异环的 5 或 8 位,这种取代也叫异环取代:

$$\text{1-硝基萘} \xrightarrow[0^\circ C]{HNO_3\text{-}H_2SO_4} \text{1,5-二硝基萘} + \text{1,8-二硝基萘}$$

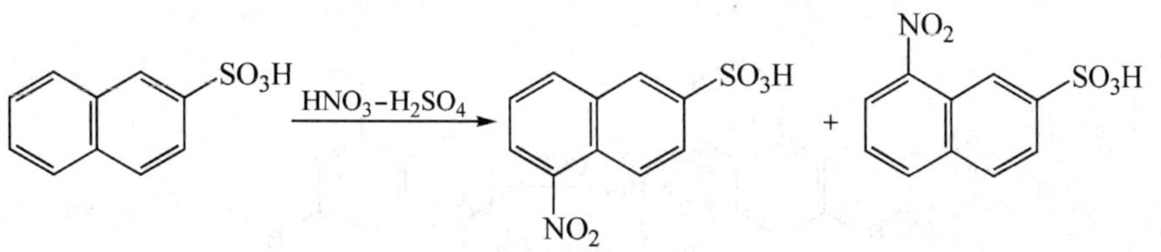

5-硝基-2-萘磺酸　　8-硝基-2-萘磺酸

萘的取代反应是极为复杂的，前面只作简单的讨论，实际上萘或其一元取代衍生物在不同反应或不同条件下，得到的产物往往是不同的，不可一概而论。

2. 蒽、菲及其衍生物

(1) 蒽、菲的结构

蒽(anthracene)和菲(phenanthrene)均存在于煤焦油中，分子式为 $C_{14}H_{10}$。它们均可以从分馏煤焦油中有关馏分提取。蒽环和菲环的编号方法如下：

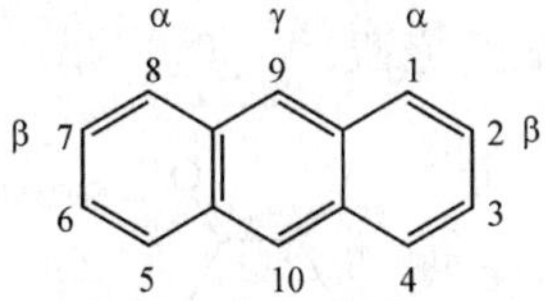

蒽的结构及编号

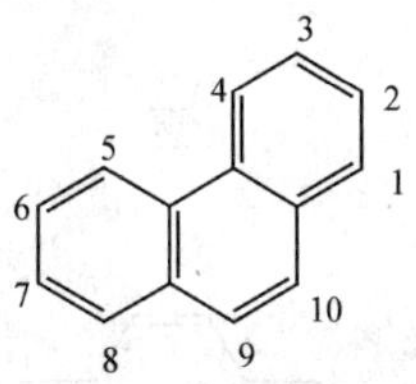

菲的结构及编号

(2) 蒽、菲的性质

蒽为无色晶体，熔点 216.2～216.4℃，沸点 340℃，在紫外线照射下发强烈蓝色荧光。菲为无色片状晶体，熔点 101℃，沸点 340℃，易溶于苯和乙醚，溶液发蓝色荧光。

① 加成反应

蒽容易在 9,10 位上起加成反应，菲也是这样，但没有蒽那样容易加成。蒽和菲催化加氢分别生成 9,10-二氢蒽和 9,10-二氢菲，蒽还可以用钠加乙醇还原成 9,10-二氢蒽：

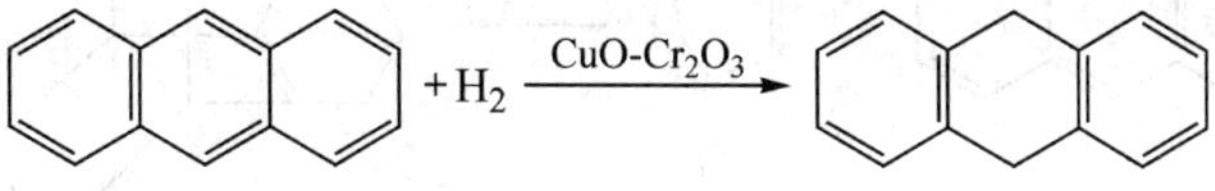

9,10-二氢蒽

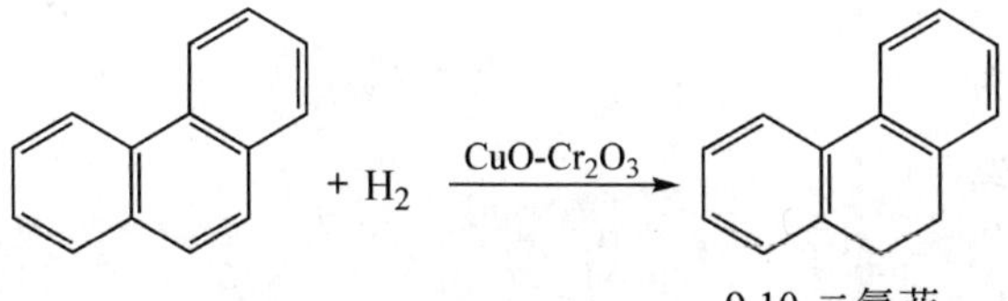

9,10-二氢菲

蒽与氯或溴在低温下生成加成产物，加热时放出卤化氢生成 9-氯蒽或 9-溴蒽，菲与卤素的反应相似：

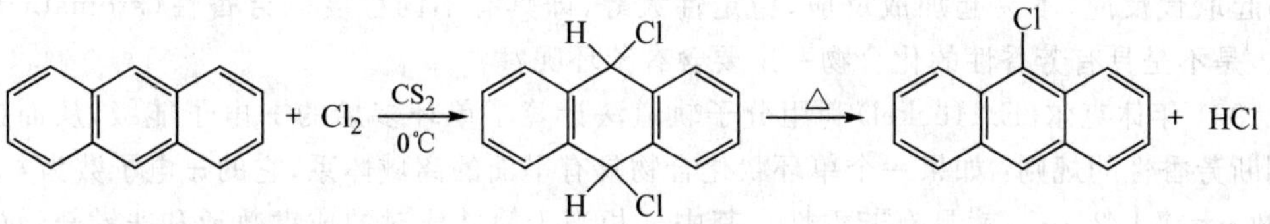

蒽　　9,10-二氢-9,10-二氯蒽　　9-氯蒽

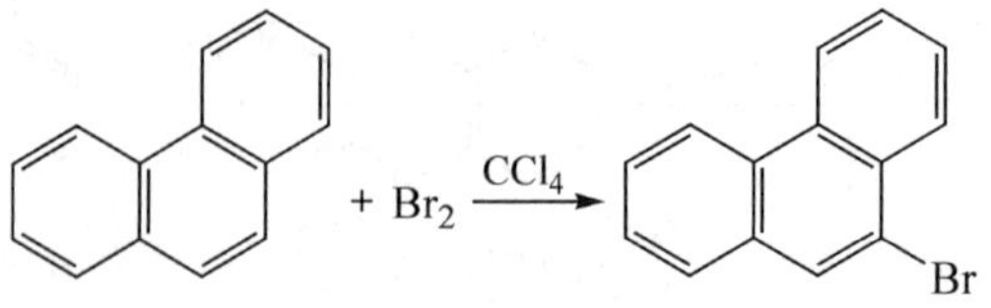

$+ Br_2 \xrightarrow{CCl_4}$

9-溴菲
(90%~94%)

② 氧化反应

蒽和菲都容易氧化成醌——蒽醌(anthraquinone)和菲醌(phenanthrene quinone):

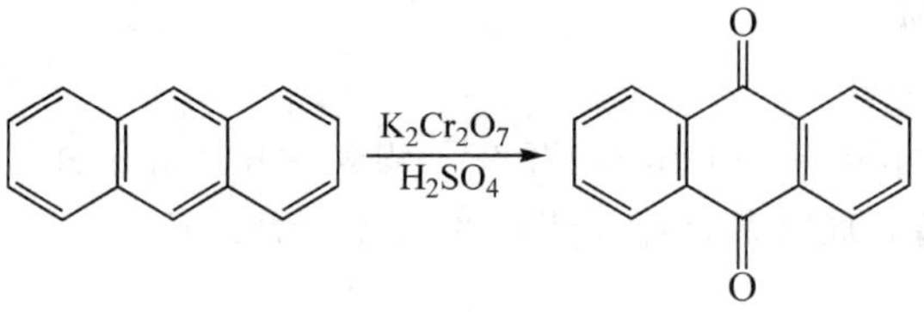

$\xrightarrow[H_2SO_4]{K_2Cr_2O_7}$

蒽 蒽醌

$\xrightarrow{CrO_3+CH_3COOH}$

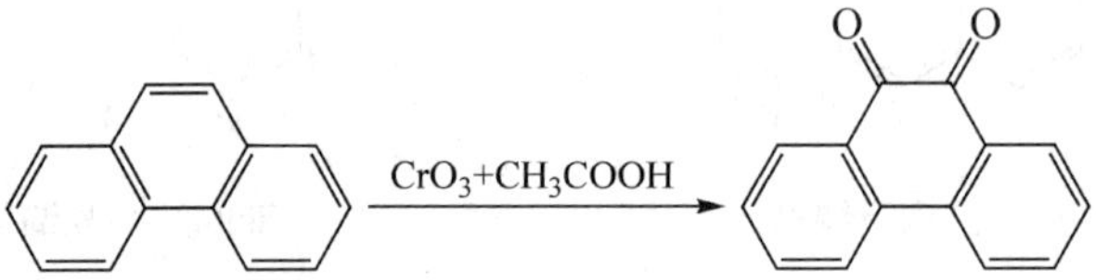

菲 9,10-菲醌

菲醌是一种农药,可防止小麦莠病、红薯黑斑病等。

③ 蒽能够在9,10位发生Diels-Alder反应,这是它与菲不同的地方。

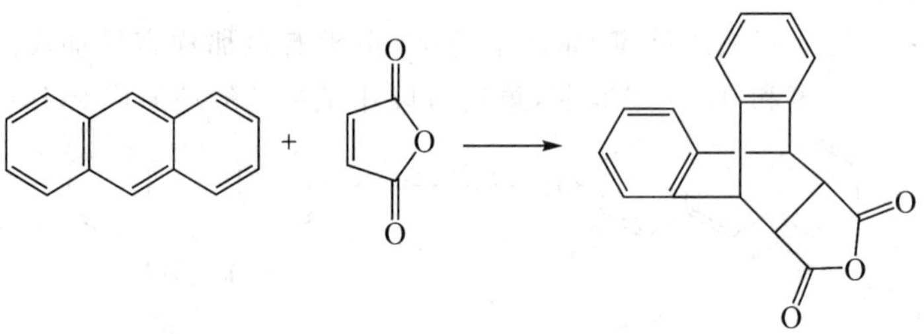

6.7 非苯芳烃

6.7.1 休克尔规则

我们在前面讨论的芳烃都含有苯环结构,它们都具有一定的共振能,在化学性质上表现为易起取代反应,不易起加成反应,稳定性大等,即具有不同程度的**芳香性**(aromaticity)。那么,是不是具有芳香性的化合物一定要含有苯环呢?

1931年休克尔(E. Hückel)利用分子轨道法计算了单环多烯的π电子能级,从而提出了判断芳香性的规则:如果一个单环状化合物具有平面的离域体系,它的π电子数为$4n+2$(整数$n=0,1,2,\cdots$),就具有芳香性。其中n相当于简并成对的成键轨道和非键轨道的对数(或组数)。这就是**休克尔规则**,也叫做**休克尔$4n+2$规则**。

这个规则简明扼要地归纳了大量的化学事实，而且具有科学的量子化学基础。凡符合休克尔规则，具有芳香性，但又不含苯环的烃类化合物就叫做非苯芳烃。

6.7.2 非苯芳烃

非苯芳烃(non benzenoid arene)包括环多烯和芳香离子。

1. 环多烯的分子轨道

环多烯的通式为 C_nH_n。可以认为苯(C_6H_6)就是环多烯的一种。当一个环多烯分子所有的碳原子(n 个)处在(或接近)一个平面上时，由于每个碳原子都具有一个与平面垂直的 p 原子轨道，它们就可以组成 n 个分子轨道。3～8 个碳原子的各环多烯烃的 π 分子轨道能级及基态 π 电子构型，见图 6-8。

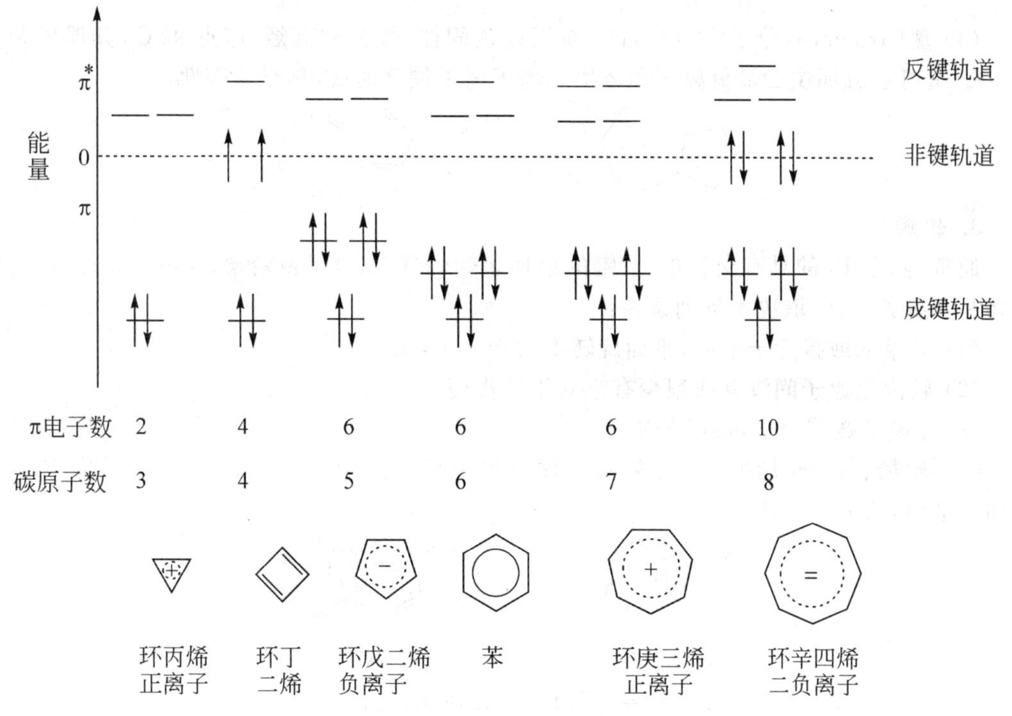

图 6-8 环多烯烃(C_nH_n)的 π 分子轨道能级和基态电子构型

这种能级关系也可简便地用顶角朝下的各种正多边形，即环多烯 π 分子轨道能级图来表示。

从以上所述可以看出，苯环含有 6 个 π 电子，基态下 4 个 π 电子占据了一组简并的成键轨道，另两个 π 电子占据能量最低的成键轨道，具有稳定的闭壳层电子构型，具有芳香性。

环丁二烯的 4 个 π 电子，两个占据一个成键轨道，两个各占据一个非键轨道，是一个极不稳定的双自由基，具有反芳香性。环辛四烯是个非平面分子，因而 $4n+2$ 规则不适应于环辛四烯分子，是个非芳香性的化合物：

环辛四烯

2. 芳香离子

(1) 环丙烯正离子具有芳香性：

(2) 环戊二烯负离子，具有 6 个 π 电子，符合 $4n+2$ 规则，具有芳香性：

$$\text{环戊二烯} + (CH_3)_3COK \longrightarrow \text{环戊二烯负离子}\ K^+ + (CH_3)_3COH$$

(3) 环庚三烯正离子也有 6 个 π 电子，符合 $4n+2$ 规则，具有芳香性：

$$\text{环庚三烯} + (CH_3)_3\overset{+}{C} \xrightarrow{SO_2} \text{环庚三烯正离子} + (CH_3)_3CH$$

(4) 薁(azulene)，分子式为 $C_{10}H_8$，是天蓝色固体，故又称**蓝烃**，熔点 99℃，其偶极距为 1.8D。薁可看成环戊二烯负离子和环庚三烯正离子稠合而成，具有芳香性：

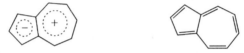

3. 轮烯

通常将 $n \geqslant 10$ 的具有交替单、双键的单环多烯烃(C_nH_n)叫做**轮烯**(annulene)。这类化合物是否有芳香性，取决于下列条件：

(1) 共平面或接近于平面，平面旋转不大于 0.1 nm；

(2) 轮内氢原子间没有或很少有空间排斥作用；

(3) π 电子数符合 Hückel 规则。

[10]轮烯、[14]轮烯虽 π 电子数符合休克尔规则，但轮内 H 有强烈排斥作用使环不能在同一平面，故无芳香性：

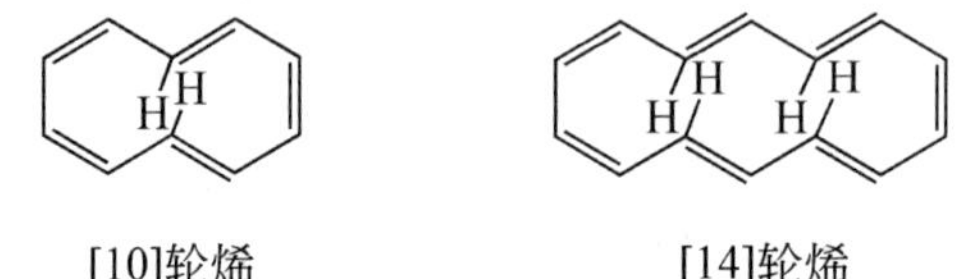

[10]轮烯　　　　[14]轮烯

[18]轮烯、[22]轮烯和[26]轮烯，都为芳香大环化合物：

[18] 轮烯

[18]轮烯有 18 个 π 电子，符合休克尔规律，经 X 射线衍射证明，环中 C—C 键长几乎相等，整个环基本上处于同一平面内(偏差小于 0.1 nm)，说明轮内排斥力微弱，在化学性质上受热至 230℃时仍稳定，是一个典型的芳香大环化合物。

[16]轮烯和[20]轮烯的 π 电子数虽然符合 $4n$，但都是柔顺的非平面分子，因而都是非

芳香性化合物。

6.7.3 致癌芳烃

在20世纪初,人们已注意到在长期从事煤焦油作业的人员中有皮肤癌症的病例。后来,经一系列的研究,发现用合成方法制得的1,2,5,6-二苯并蒽有显著的致癌性。煤焦油中存在的微量3,4-苯并芘(benzopyrene)有高度的致癌性:

1, 2, 5, 6-二苯并蒽　　芘　　3,4-苯并芘

近年来的研究认为,致癌芳烃多为蒽和菲的衍生物,如:

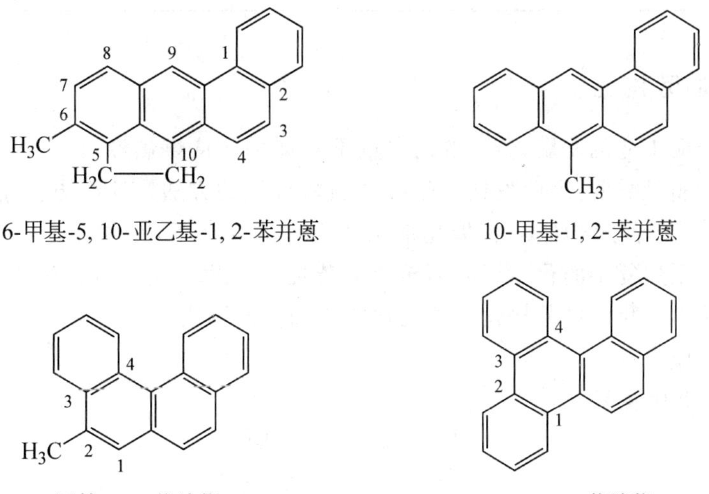

6-甲基-5, 10-亚乙基-1, 2-苯并蒽　　10-甲基-1, 2-苯并蒽

2-甲基-3, 4-苯并菲　　1, 2, 3, 4-二苯并菲

上述化合物均有显著的致癌作用。关于多环芳烃和致癌的关系,目前只有一些初步的经验规律,其致癌机理及它和致癌物结构的关系仍不清楚。

6.8 单环芳烃的来源及制法

芳烃的主要来源是煤和石油,可用图6-9表示。

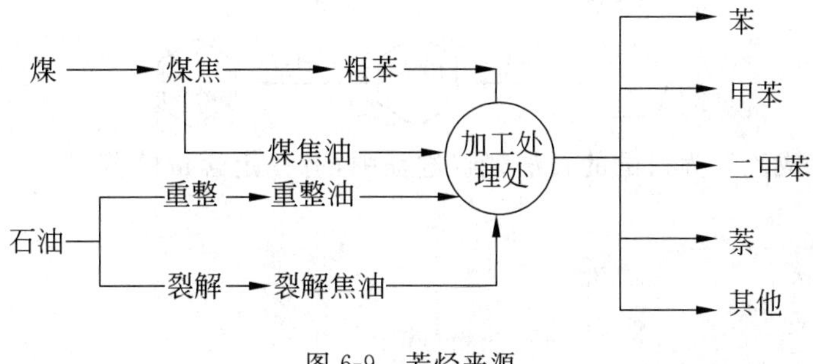

图 6-9　芳烃来源

6.8.1 煤的干馏

煤在炼焦炉里隔绝空气加热至 1000～1300℃即分解而得固态、液态和气态产物，固态产物是焦炭，液态产物有氨水和煤焦油，气态产物是焦炉气，也叫煤气。

煤焦油中含有大量芳香族化合物，分馏煤焦油可得到如表 6-6 所示的各种馏分。

表 6-6 煤焦油的分馏产物

馏分	沸点范围/℃	产率/%	主要成分
轻油	<180	0.5～1.0	苯、甲苯、二甲苯
酚油	180～210	2～4	苯酚、甲苯酚、二甲酚
萘油	210～230	9～12	萘
洗油	230～300	6～9	萘、苊、芴
蒽油	300～360	20～24	蒽、菲
沥青	>360	50～55	沥青、游离碳

6.8.2 石油的芳构化

随着有机合成工业的发展，芳烃的需要量不断增加。从煤焦油(以及煤气)中分离出来的芳烃远远不能满足需要，因此发展了从石油制取芳烃的方法。这个方法主要是将轻汽油馏分中含 6～8 个碳原子的烃类，在催化剂铂或钯等的存在下，在 450～500℃进行脱氢、环化和异构化等一系列复杂的化学反应而转变为芳烃。工业上这一过程称为铂重整，在铂重整中所发生的化学变化叫做芳构化。芳构化的成功使石油成为芳烃的主要来源之一。芳构化主要有如下反应：

(1) 环烷烃催化脱氢

$$\text{甲基环己烷 } (CH_3) \xrightarrow{-3H_2} \text{甲苯 } (CH_3)$$

(2) 烷烃脱氢环化和再脱氢

$$CH_3CH_2CH_2CH_2CH_2CH_2CH_3 \xrightarrow{-H_2} \text{环己烷} \xrightarrow{-3H_2} \text{苯}$$

(3) 环烷烃异构化和脱氢

$$\text{甲基环戊烷 } (CH_3) \xrightarrow{\text{异构化}} \text{环己烷} \xrightarrow{-3H_2} \text{苯}$$

此外，在以生成乙烯为目的的石油裂解过程中，有一定含量的芳烃生成，也成为芳烃主要来源之一。

本章小结

1. 单环芳烃(以苯为例)

取代

- $\xrightarrow[\text{Fe或FeBr}_3]{Br_2}$ 溴苯(Br) + HBr
- $\xrightarrow[50\sim60℃]{HNO_3/H_2SO_4}$ —NO_2 + H_2O
- $\xrightarrow[\triangle]{H_2SO_4}$ —SO_3H + H_2O
- $\xrightarrow[\text{无水}AlCl_3]{RX}$ —R + HX
- $\xrightarrow[\text{无水}AlCl_3]{RCOX}$ —COR + HX
- * $\xrightarrow[ZnCl_2]{HCHO+HCl}$ —CH_2Cl
- * $\xrightarrow[CuCl_2/AlCl_3]{CO+HCl}$ —CHO

加成

- $\xrightarrow[Pt/175℃]{H_2}$ 环己烷
- $\xrightarrow{Cl_2/\text{紫外线}}$ 六氯环己烷(即“666”)

*还原

- $\xrightarrow[\text{液}NH_3]{Na, EtOH}$ 1,4-环己二烯 (Birch反应)

氧化

- 苯—R (α-H) $\xrightarrow{KMnO_4/H^+}$ 苯—COOH
- 苯 $\xrightarrow{O_2/V_2O_5}$ 顺丁烯二酸酐 + CO_2 + H_2O

芳烃侧链取代反应

- 苯—CH_2CH_3 $\xrightarrow[\text{高温或光照}]{Br_2}$ 苯—$\underset{Br}{CHCH_3}$ (自由基取代反应)

2. 多环芳烃

(1) 萘的性质

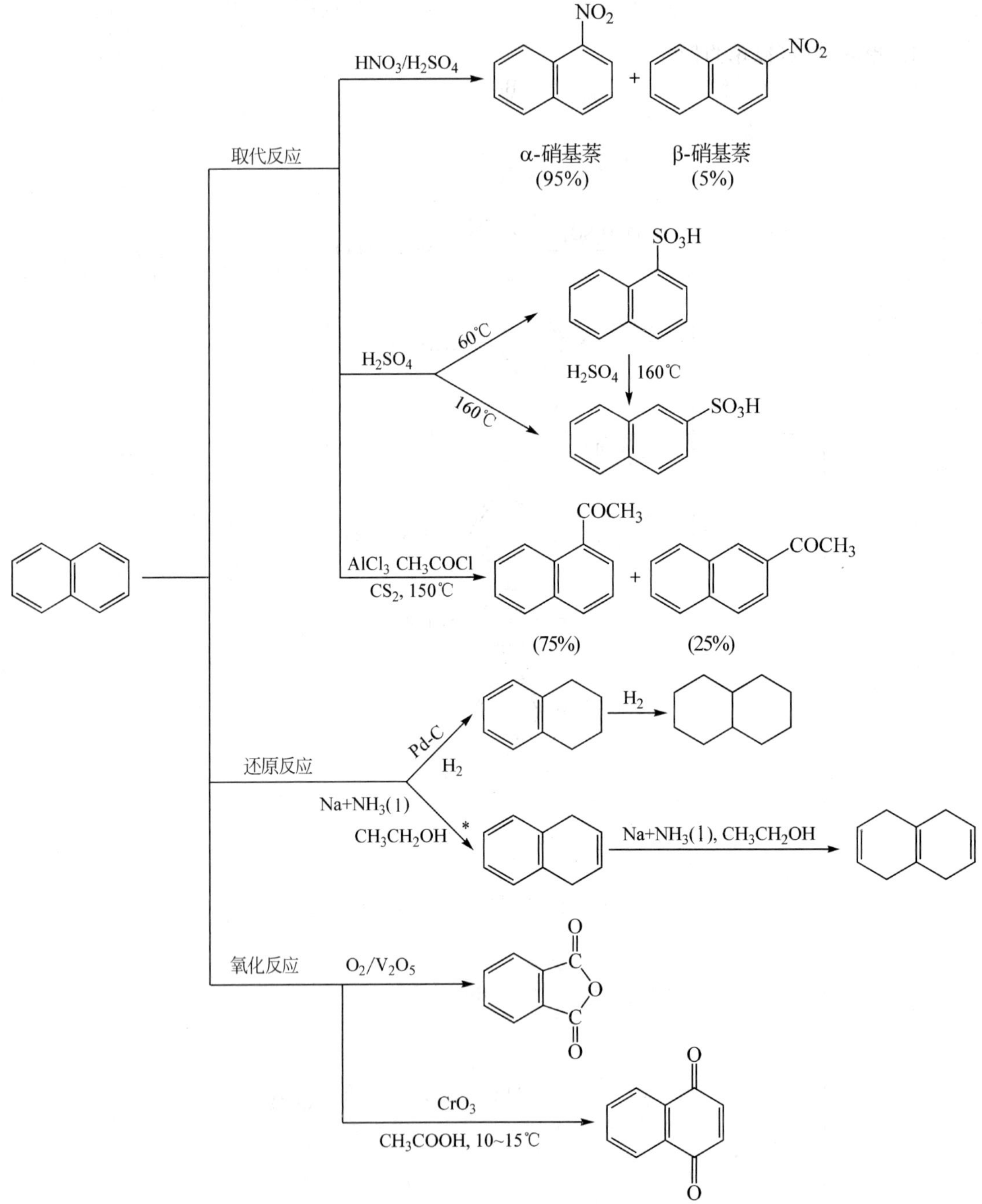

取代反应

HNO_3/H_2SO_4 → α-硝基萘 (95%) + β-硝基萘 (5%)

H_2SO_4 60℃ → α-萘磺酸（SO_3H）；160℃ → β-萘磺酸（SO_3H）；H_2SO_4 160℃

$AlCl_3$ CH_3COCl, CS_2, 150℃ → $COCH_3$ (75%) + $COCH_3$ (25%)

还原反应

Pd-C, H_2 → ；H_2 →

$Na+NH_3(l)$, CH_3CH_2OH * → ；$Na+NH_3(l)$, CH_3CH_2OH →

氧化反应

O_2/V_2O_5 →（邻苯二甲酸酐）

CrO_3, CH_3COOH, 10~15℃ →（1,4-萘醌）

（2）蒽的性质

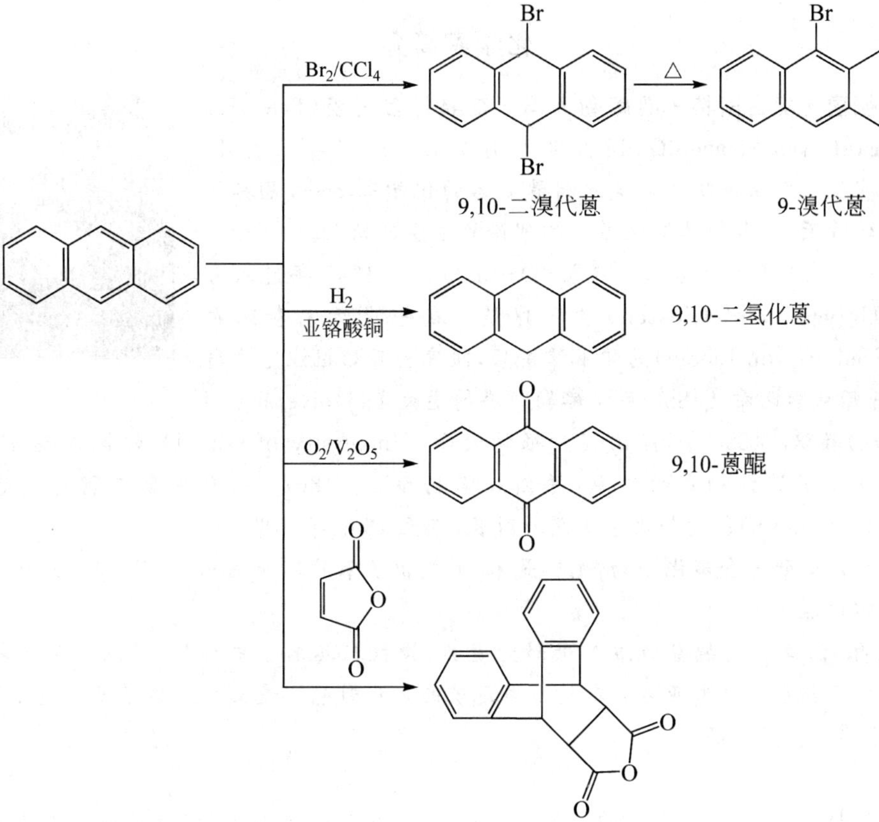

Br₂/CCl₄ → 9,10-二溴代蒽 →(△) 9-溴代蒽

Br_2/CCl_4

Br

Br

9,10-二溴代蒽

△

Br

9-溴代蒽

H_2

亚铬酸铜

9,10-二氢化蒽

O

O_2/V_2O_5

O

9,10-蒽醌

O

O

O

O

O

O

(3）菲的性质

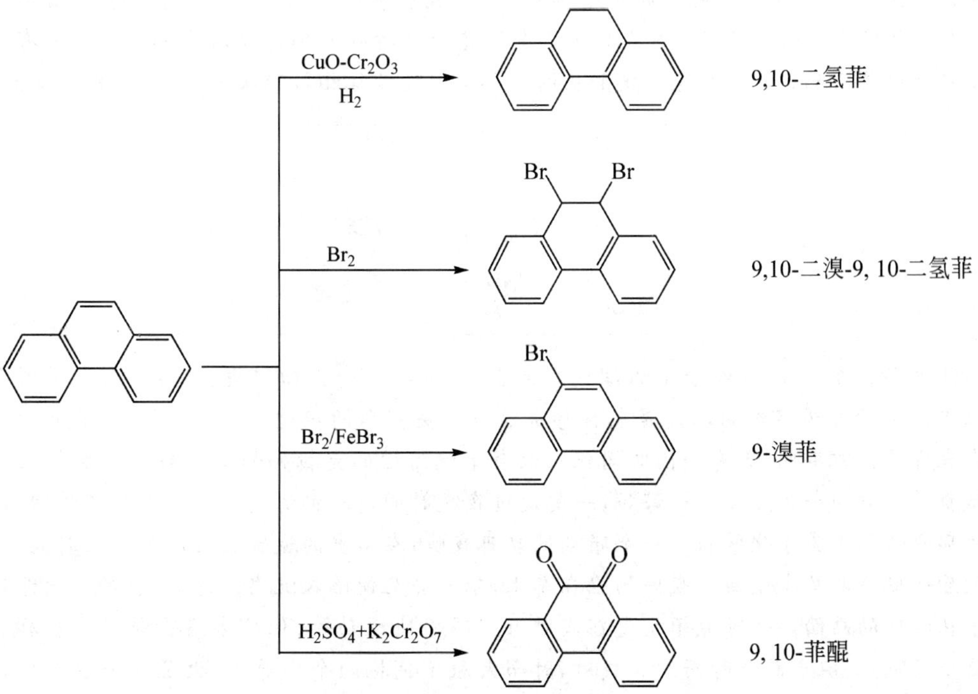

CuO-Cr_2O_3

H_2

9,10-二氢菲

Br Br

Br_2

9,10-二溴-9, 10-二氢菲

Br

$Br_2/FeBr_3$

9-溴菲

O O

H_2SO_4+$K_2Cr_2O_7$

9, 10-菲醌

【阅读材料】

化学家简介

弗雷德里·奥古斯特·凯库勒·冯·斯特拉多尼茨(Friedrich August Kekule von Stradonitz,1829年9月7日—1896年7月13日),德国有机化学家。凯库勒是欧洲最著名的化学家之一,尤其是在理论化学方面,他是凯库勒化学结构理论的主要创始人。

凯库勒1829年生于达姆施塔特(Darmstadt)。1847年进入吉森大学(University of Giessen)学习建筑。在一次听完李比希(Justus Freiherr von Liebig)的学术演讲后,凯库勒开始把注意力转向化学,并师从李比希。1856年凯库勒获海德堡大学(University of Heidelberg)教职。1858年,任比利时根特大学(University of Ghent)教授,在这里(1866年),他发表了苯的结构式的文章,并因此名扬于世。1867年,凯库勒应聘为波恩大学(University of Bonn)教授和化学研究所所长,直至1896年逝世。

凯库勒广泛研究含碳化合物,尤其是苯,并提出了苯的环状结构。1857年,凯库勒提出碳原子为四价原子。

1895年,凯库勒由德皇威廉二世封为贵族,授权在其名字之后加上“冯·斯特拉多尼茨”的名号,意指在波希米亚名为斯特拉多尼茨的古代封邑。最初的五届诺贝尔奖化学奖得主中,他的学生占了三届。

轶闻:

苯是法拉第于1825年发现的。凯库勒在1865年用一个有单、双键的六边形表示苯的结构式。至于凯库勒如何发现苯的结构式,据记载有各种说法。例如,有原子环圈舞形式的;有六个猴子彼此抓住爪子或尾巴的;有被其侍仆打碎的伯爵夫人戒指形状的;有像波斯地毯上的图案的;有蛇首尾相接形状的。单拿以蛇首尾相接形状来说,其记载也有出入。

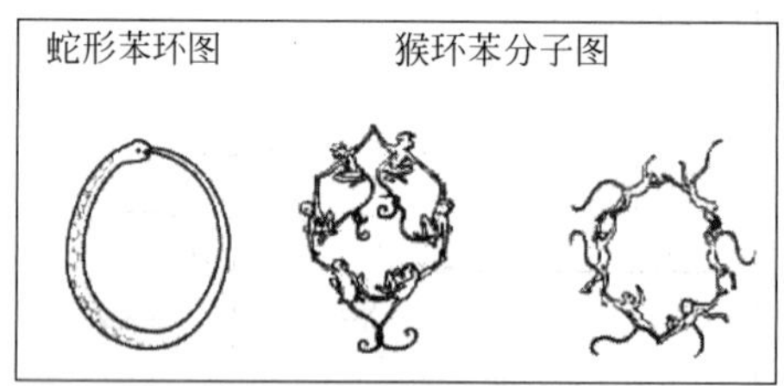

凯库勒曾在1890年纪念苯的结构式问世25周年大会上回忆说:“如果大家听到在我头脑中产生的极为轻率的联想是怎样形成这一有关概念的经过,一定会感到有趣的。”“当年在我侨居伦敦期间,曾有一段时间住在议会下院附近的克拉帕姆路。我常常去找住在这个城市另一端的一位朋友——谬拉,一起度过夜晚时间。我们海阔天空地谈论各种问题,其中大部分话题是关于化学的。一个晴朗的夏日夜晚,在喧嚣的城市已经沉睡了的时候,我才乘最后一班公共马车返回。我照例坐在车上,不一会儿便陷入沉思。这时,我的眼前浮现出原子在旋转的画面。平时原子总是在我脑海中不停地运动着,但从未看出是什么模样。而在这个夜晚,小原子总是时而结合成对,时而大原子拥抱两个小原子,大原子一会儿捉住三个或四个小原子,一会儿又似乎全部形成漩涡状而跳起华尔兹舞来。我还看见大原子排着

队,处于链的另一端的小原子被牵着走。当马车乘务员喊了一声'克拉帕姆路到了'的时候,才使我从幻想中惊醒。我回到寓所之后,为了把这个幻影记下来,至少耗费了这个晚上的剩余时间,我的结构理论就这样诞生了。"

"关于苯的结构式理论的起源也是同样的。当时我住在比利时的格恩,我的书房面向狭窄的胡同,一点儿阳光也透不进来,这对于白天在实验室工作的我来说,没有什么不方便之处。一天夜晚,我执笔写着《化学教程》,但是,思维总是不时地转向别的问题,写得很不顺利。于是,我把椅子转向壁炉打起盹来。这时候,在我的眼前又出现一群原子旋转起来,其中小原子群跟在后面。曾经体验过这种幻影的我,对此敏感起来,立即从中分辨出种种不同形状、不同大小的形象以及多次浓密集结的长列。而这一些像一群蛇一样,互相缠绕,边旋转边运动。除此以外,我还见了什么,仿佛其中一条蛇衔着自己的尾巴,似乎在嘲弄我,开始旋转起来。我像被电击一样猛醒起来。这一次,我又为整理这一假说忙了剩余的夜晚。"

在莫里森的《有机化学》中有一段稍有不同的叙述。根据以上的叙述,说明凯库勒平时总是把原子分子的形象萦绕在脑海中,从幻觉中得到了重要的启示,这是因为他在青年时代学过建筑学,善于捕捉住直观形象。他曾师从过名师李比希、杜马、威廉逊等,不属于任何学派,养成独立思考的习惯,他以丰富的化学事实为依据,以严肃的科学态度进行多方面的分析探讨才取得成功。

查尔斯·傅瑞德尔(Charles Friedel,1832 年 3 月 12 日—1899 年 4 月 20 日),法国化学家和矿物学家。出生于法国斯特拉斯堡(Strasbourg),是索邦大学(la Sorbonne,University of Paris 的前身)路易·巴斯德(Louis Pasteur)的学生。1876 年,他任索邦大学化学和矿物学教授。

1877 年,傅瑞德尔和詹姆斯·克拉夫茨(James Crafts)发展了 Friedel-Crafts 烷基化和酰基化反应。

詹姆斯·梅森·克拉夫茨(James Mason Crafts,1839 年 3 月 8 日—1917 年 6 月 20 日),美国化学家。最出名的工作是在 1876 年与查尔斯·弗里德尔(Charles Friedel)发展了芳烃的烷基化和酰基化反应。

克拉夫茨出生于马萨诸塞州的波士顿(Boston, Massachusetts),于 1858 年从哈佛大学毕业。1859 年,他在德国弗莱贝格矿业学院(Freiberg University of Mining and Technology)学习化学,并担任海德堡大学(Heidelberg University)罗伯特·本生(Robert Bunsen)的助理。1861 年在巴黎与武慈(Charles Adolphe Wurtz)一起工作。在巴黎,克拉夫茨第一次见到查尔斯·傅瑞德尔(Charles Friedel),并与他一起开展研究,取得了许多成功的结果。克拉夫茨于 1865 年返回美国。1868 年,他被任命为康奈尔大学(Cornell University)的第一个化学教授。1870 年至 1874 年,克拉夫茨是麻省理工学院(Massachusetts Institute of Technology)化学教授。1874 年,克拉夫茨留职离开麻省理工学院,到巴黎加入傅瑞德尔的工作。1891 年,他第二次返回美国,成为麻省理工学院有机化学教授。

克拉夫茨的研究主要集中在有机化学领域,但也有许多和他名字关联的物理和物理化学方面的研究成果。合成了许多新的硅化合物,还制备了新的砷化合物。但他最重要的成就是同傅瑞德尔一起发展了芳烃的烷基化和酰基化反应,这是有机化学中最富有成果的合成方法之一。

埃里希·阿曼德·亚瑟·约瑟夫·休克尔(Erich Armand Arthur Joseph Hückel,1896年8月9日—1980年2月16日),德国物理学家和物理化学家。

他的著名贡献为:德拜-休克尔电解质溶液理论(Debye-Hückel theory);Hückel分子轨道近似计算方法,称为休克尔分子轨道法(HMO法)。

休克尔出生在柏林的夏洛滕堡(Charlottenburg,Berlin)郊区。1914年至1921年在哥廷根大学(University of Göttingen)学习物理学和数学。在获得博士学位后,先在哥廷根大学做助理,很快又在苏黎世任彼得·德拜(Peter Debye)的助理。1923年他和德拜提出了电解质溶液理论(德拜-休克尔理论)。1928年至1929年与尼尔斯·玻尔(Niels Bohr)一起工作,之后任教于斯图加特大学(University of Stuttgart)。1930年开始对芳香性进行研究,基于苯和吡啶等化合物的化学行为与结构联系,提出著名的休克尔($4n+2$)π电子规则。1935年,他转往在马尔堡的菲利普斯大学(Phillips University)。1936年,休克尔发展了π共轭双自由基(非凯库勒分子)的理论。1937年,休克尔完善了关于不饱和有机分子中π电子的分子轨道理论。1961年,他退休的前一年,获聘为全职教授。

习　题

6-1　命名下列化合物:

(1) 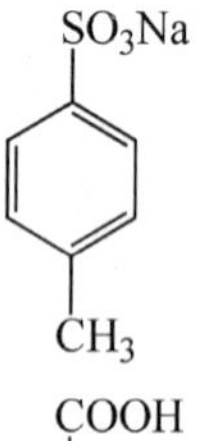 [structure: SO_3Na / CH_3 para-substituted benzene]　　(2) [structure]

(3) [structure: COOH, NO_2, Br substituted benzene]　　(4) 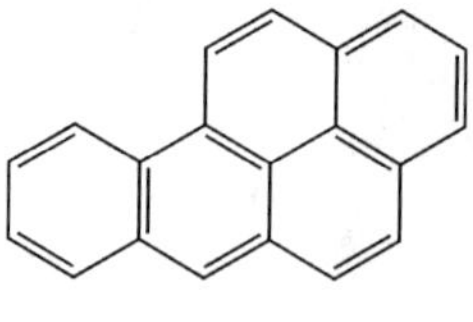 [structure]

(5) 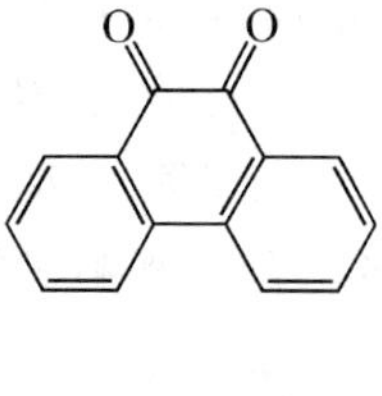 [structure: O, O]　　(6) 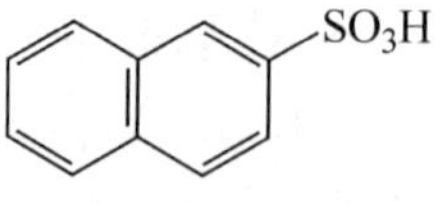 [structure: SO_3H naphthalene]

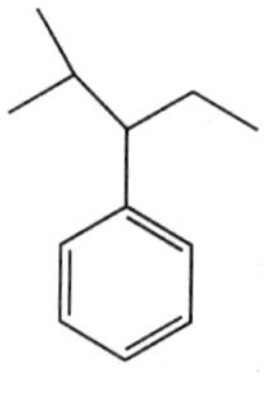

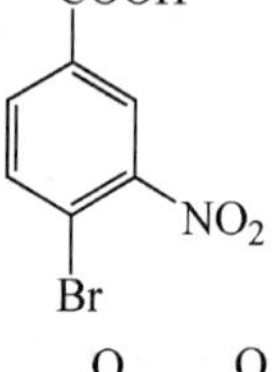

(7) H_3C—（联苯结构）—CH_3　　(8)（含 Cl 的结构）

(9)（含 NO_2、HOOC、COOH、O_2N 的联苯结构）

6-2　写出下列化合物的结构式：

(1) 萘(含编号)　　(2) 蒽(含编号)　　(3) 菲(含编号)

6-3　将下列各组化合物按环上硝化反应的活性大小由强至弱排列：

(1) 甲苯、苯、对二甲苯、间二甲苯；

(2) 苯、溴苯、硝基苯、甲苯；

(3) 对二甲苯、对甲苯甲酸、对氯硝基苯、2,4-二硝基氯苯。

6-4　选择题：

(1) 化合物（含 $CH(CH_3)_2$、CH_3、COOH、Cl 的结构）的系统命名名称是(　　)。

A. 2-羧基-3-氯-4-甲基异丙苯　　B. 2-甲基-4-异丙基-6-羧基氯苯

C. 3-甲基- 5-异丙基-2-氯苯甲酸　　D. 3-羧基-4-氯-5-甲基异丙苯

(2) 以下化合物进行一元硝化，硝基进入位置(用箭头表示)正确的是(　　)。

A.（含 CH_3、NO_2 的结构）　　B.（含 $N(CH_3)_2$、Cl 的结构）

C. 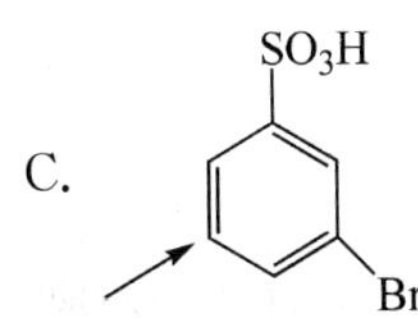

D.（含 CH_2、O_2N 的结构）

(3) 下列卤代烃与苯进行傅-克(Friedel-Crafts)烷基化反应，有重排产物生成的是(　　)。

A. 氯乙烷　　B. 2-甲基-2-溴丙烷

C. 2-甲基-1-氯丙烷　　D. 氯代环戊烷

(4) 下列化合物发生亲电取代反应活性最强的是(　　)。

A. 硝基苯　　B. 甲苯

C. 苯酚　　D. 氯苯

(5) 由对氯甲苯合成3-氨基-4-氯苯甲酸,下列合成路线最合理的是(　　)。

A. 先硝化,再还原,然后氧化　　B. 先氧化,再硝化,然后还原

C. 先硝化,再氧化,然后还原　　D. 先氧化,再还原,然后硝化

(6) 某烃类化合物(甲),分子式为$C_{10}H_{14}$,有5种可能的一溴取代物$C_{10}H_{13}Br$。(甲)经氧化得酸性化合物$C_8H_6O_4$(乙)。乙经一硝化只得到一种硝化产物$C_8H_5O_4NO_2$(丙)。甲的结构式应是(　　)。

A. 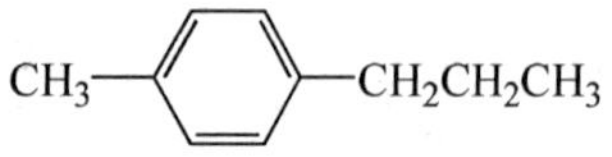 CH_3— —$CH_2CH_2CH_3$　　B.  CH_3CH_2— —CH_2CH_3

C. 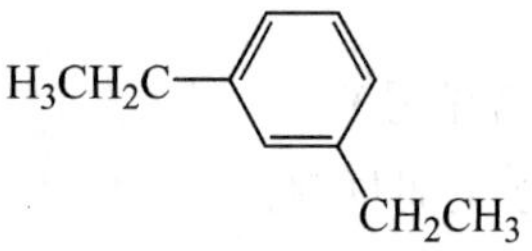 H_3CH_2C— CH_2CH_3　　D. 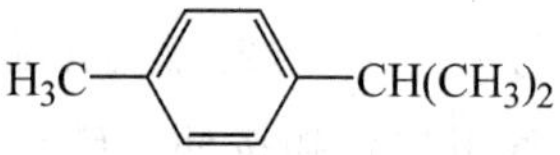 H_3C— —$CH(CH_3)_2$

(7) 下列碳正离子最稳定的是(　　)。

A. $(C_6H_5)_2\overset{+}{C}H$　　B. $(p\text{-}CH_3\text{-}C_6H_4)_3\overset{+}{C}$　　C. $(p\text{-}O_2N\text{-}C_6H_4)_3\overset{+}{C}$　　D. $C_6H_5\overset{+}{C}H_2$

(8) 下列化合物不能发生傅-克(Friedel-Crafts)反应的是(　　)。

A. 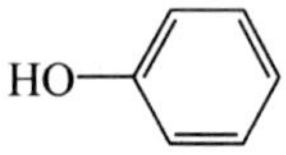 HO—　　B. 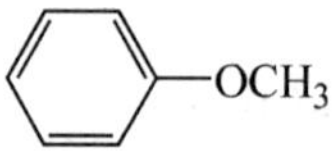 —OCH_3

C. 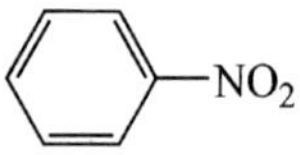 —NO_2　　D. 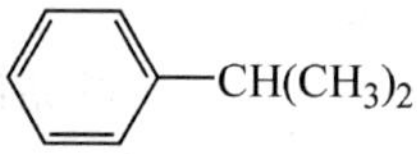 —$CH(CH_3)_2$

(9) 乙苯在光照下一元溴代的主要产物是(　　)。

A. 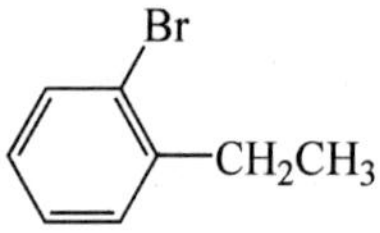 Br —CH_2CH_3　　B. 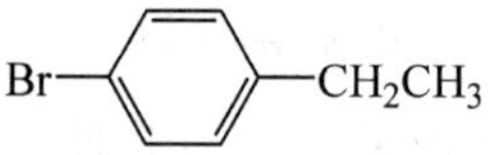 Br— —CH_2CH_3

C. 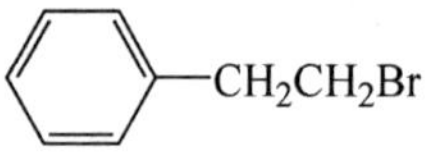 —CH_2CH_2Br　　D. 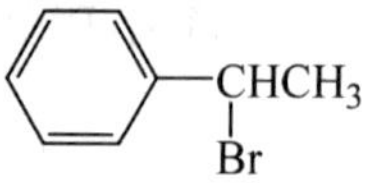 —$\underset{Br}{CH}CH_3$

(10) 下面化合物硝化时主要得到间位产物的是(　　)。

A. $Ph\overset{+}{N}(CH_3)_3$　　B. $PhCH_2\overset{+}{N}(CH_3)_3$

C. $PhN(CH_3)_2$　　D. $PhCH_2N(CH_3)_2$

(11) 下列反应属于(　　)反应。

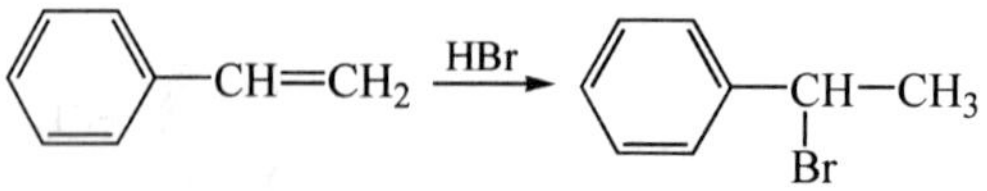

$$-CH{=}CH_2 \xrightarrow{HBr} -\underset{Br}{CH}-CH_3$$

A. 亲电取代　　B. 亲核加成　　C. 亲电加成　　D. 自由基加成

(12) 下列化合物属于多环芳烃的是(　　)。

A. 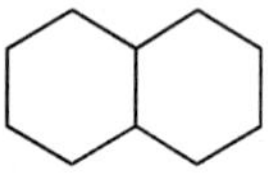　　B. 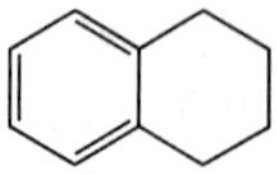　　C. 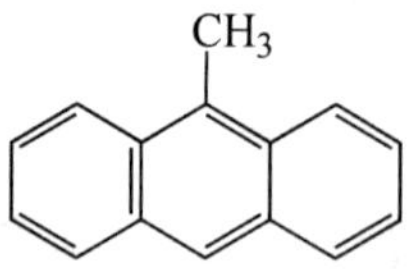 CH_3　　D.

(13) 下列属于非苯芳烃的是(　　)。

A. 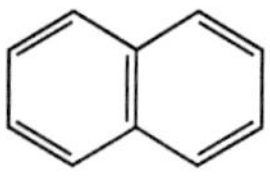　　B. 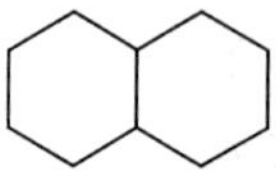　　C. 　　D.

(14) 下列化合物具有芳香性的是(　　)。

A. 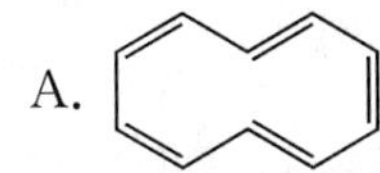　B.　C. 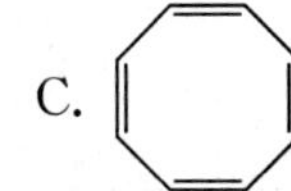　D.

(15) 下列化合物具有芳香性的是(　　)。

A. 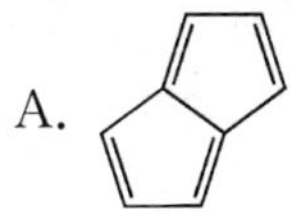　B.

C.　D.

*(16) $\xrightarrow[NH_3(液)]{Na/CH_3CH_2CH_2OH}$ $-OCH_3$是一种还原反应,被称为(　　)。

A. 武慈(Wurtz)反应　B. 伯奇(Birch)还原反应

C. 傅-克(Friedel-Crafts)反应　D. 格氏(Grignard)反应

6-5 判断下列化合物与混酸发生硝化反应时,硝基所进入的位置:

(1) OCH_3　(2) C_2H_5

(3) NO_2　(4)

(5) O_2N-

6-6 完成下列反应式:

(1) $CH_3(CH_2)_3-$　$-C(CH_3)_3$ $\xrightarrow{KMnO_4}$

(2) $\xrightarrow[400\sim500℃]{O_2/V_2O_5}$ $\longrightarrow$

(3) + $CH_3\underset{Cl}{CH}CH(CH_3)_2$ $\xrightarrow{无水AlCl_3}$

(4) $-CH_3$ + $CH_3CH_2CH_2\overset{O}{\overset{\|}{C}}Cl$ $\xrightarrow{无水AlCl_3}$

(5) $-CH(CH_3)_2$ $\xrightarrow{Cl_2/FeCl_3}$

(6) $-CH(CH_3)_2$ $\xrightarrow{Cl_2/\ h\nu}$

(7) 苯-CH=CH-CH$_3$ $\xrightarrow[\text{PhCO-OCPh (过氧化苯甲酰)}]{HBr}$

(8) 联苯-NO_2 $\xrightarrow{HNO_3/H_2SO_4}$

(9) 苯-CH_3 + $CH_2=C(CH_3)CH_2CH_3$ $\xrightarrow{BF_3}$

(10) 苯 $\xrightarrow{(\quad)}$ 环己烯

*(11) 薁 + $(CH_3CO)_2O$ $\xrightarrow{SnCl_4}$

(12) 苯-$CH=CH-CH=CH_2$ + $H_2(1mol)$ $\xrightarrow[0.5MPa]{Ni}$

(13) 对甲基异丙苯（CH_3，$CH(CH_3)_2$） $\xrightarrow{(\quad)}$ 对甲基苯甲酸（CH_3，COOH）

(14) 萘 $\xrightarrow[\triangle]{Br_2, Fe}$

(15) 联苯-NO_2 $\xrightarrow[\triangle]{Cl_2/Fe}$

(16) 萘 $\xrightarrow[165℃]{H_2SO_4}$

(17) 萘 + $5H_2$ $\xrightarrow[高温]{Pt}$

6-7　推断结构题：

(1) A,B,C 3种芳烃分子式皆为 C_9H_{12}。氧化时A生成一元酸,B生成二元酸,C生成三元酸。但硝化时,A与B分别得到两种一元硝化产物,而C只得到一种硝化产物,试推测A,B,C的结构式。

(2) 某烃A实验式为CH,相对分子质量为208,强氧化后得苯甲酸,经臭氧化和还原水解后仅得产物 $C_6H_5CH_2CHO$,试推测A的结构式。

(3) 某不饱和烃A,分子式为 C_9H_8,能与 $CuCl\text{-}NH_3 \cdot H_2O$ 反应产生红色化合物,催化加氢得化合物 B(C_9H_{12})。将B用酸性 $K_2Cr_2O_7$ 氧化得到酸性化合物 C($C_8H_6O_4$),将化合物C加热得化合物 D($C_8H_4O_3$)。若将化合物A和丁二烯作用则得到一个不饱和化合物E。将E催化脱氢得到2-甲基联苯。试推测A和E的结构式。

(4) 茚(C_9H_8)是存在于煤焦油化合物中的芳香烃,能迅速使 Br/CCl_4 和 $KMnO_4$ 溶液褪色；茚如果只吸收1 mol H_2,生成茚满(C_9H_{10})；茚如果剧烈氢化,则生成分子式为

C_9H_{16}的化合物；茚经剧烈氧化生成邻苯二甲酸。试推出茚的结构，并写出有关反应式。

(5) 某芳烃 A($C_{12}H_{10}$)经完全氢化后，生成化合物 B($C_{12}H_{20}$)；若 A 剧烈氧化，则得到1,8-萘二甲酸。写出 A，B 的结构式及有关反应式。

6-8 合成题：

(1) 以苯及 4 个碳以下的有机物为原料，合成下列化合物：

① 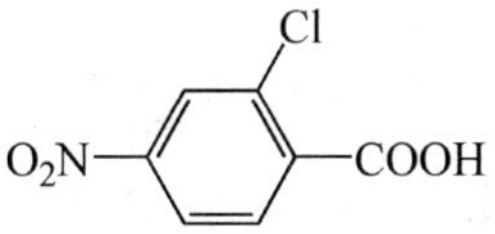 Cl; O_2N—; —COOH

② —CH_2—; —NO_2

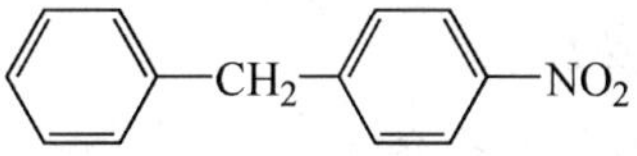

③ Br; —CH_3; NO_2

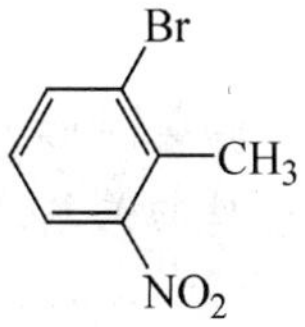

*④ H_3C; CH_3

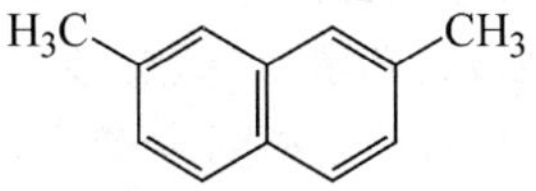

(2) 由联苯合成 O_2N; NO_2 。

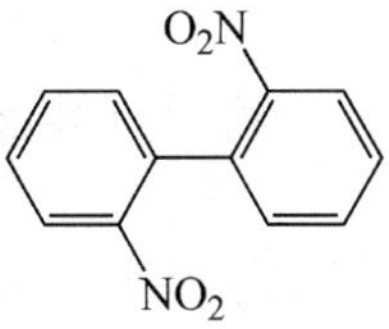

(3) 以萘为原料合成 Br; NO_2 。

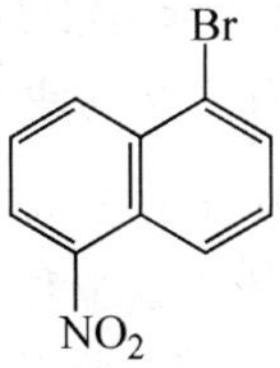

*6-9 写出下列反应可能的反应机理：

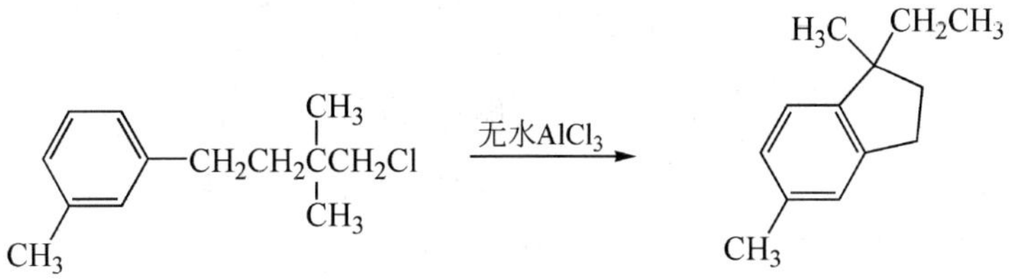

CH_3; —$CH_2CH_2C(CH_3)_2CH_2Cl$ $\xrightarrow{\text{无水}AlCl_3}$ H_3C, CH_2CH_3; CH_3

7 立体化学

【学习提要】

- 学习理解比旋光度$[\alpha]_D^{20}$、旋光度、左旋、右旋等的含义,掌握比旋光度、旋光度与溶液浓度的关系及其在生产实践中的应用。
- 理解平面偏振光、光学活性、对称面、对称中心、对称轴、交替对称轴等对称元素,着重理解对称面、对称中心对分子手性的影响,了解手性与分子对称性的关系。
- 掌握费歇尔(Fischer)投影式的规则及应用,以及 Fischer 投影式和 Newman 投影式、楔形式的转换。
- 熟练掌握含有一个和两个手性碳原子化合物的构型及其标记法——D/L 型和 *R*/*S* 型。
- 理解对映体、非对映异构体、内消旋体、外消旋体、差向异构体等概念。
- 了解不含手性碳而有手性的 3 种类型化合物以及非碳化合物的旋光异构体。
- * 了解外消旋体的拆分及不对称合成的原理,手性在生物中的重要性。

立体化学是有机化学的一个重要组成部分,它的内容主要是研究有机化合物的立体结构(三维空间结构)及其对化合物的物理和化学性质的影响。立体化学中的立体异构可分为构象异构和构型异构,后者又分为顺反异构和旋光异构(或对映异构)。

立体异构
- 构象异构
  - 乙烷、丁烷构象
  - 环己烷构象
- 构型异构
  - 顺反异构
  - 旋光异构(对映异构)

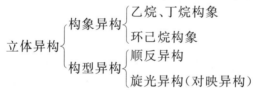

其中,构象异构和顺反异构已分别在烷烃、环烷烃和烯烃中讨论过,本章主要讨论立体化学中的旋光异构(optical isomerism),也称对映异构(enantiomerism)。至于化学反应中的立体化学,将在以后讨论有关的反应历程时再介绍。

7.1 手性和对映体

7.1.1 手性

饱和碳原子具有四面体结构,其立体结构可用分子模型清楚地表达出来。当四面体结构模型的中心碳原子连有 4 个不同的原子或原子团时,如乳酸分子中 C_2 连着 H,CH_3,OH 和 COOH,则可得到两种结构的模型(图 7-1),无论把它们怎样放置,都不能使它们完全重叠。因此,它们并不是相同的。

这两个模型的关系就像左手和右手的关系一样:它们互为实物与镜像的对映关系,彼此相似而不能叠合(见图 7-2),它们之间的区别就在于 5 个手指的排列顺序恰好相反,所以不能完全重叠。

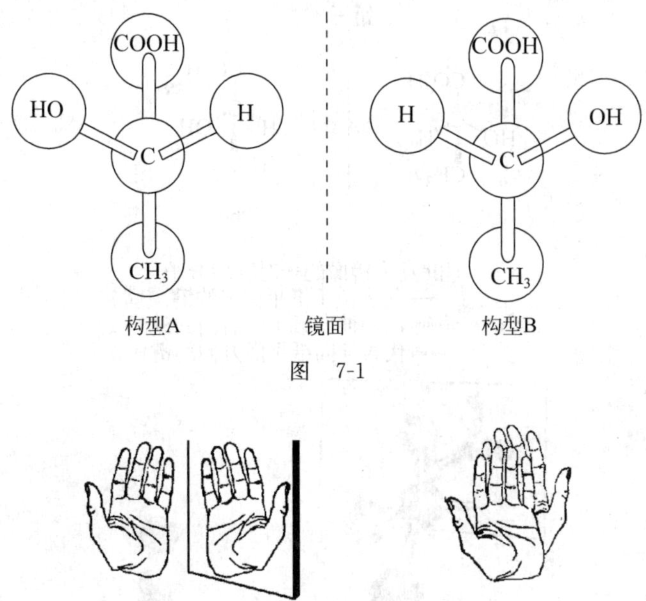

图 7-1

图 7-2 左手和右手对映而不能叠合

这种互为实物与镜像关系，彼此又不能叠合的特征称为手性(chirality)。鞋子、标准手套和螺丝钉等都是手性物质。不过，有些物质是能够和它的镜像叠合的，这类物质就不具有手性，叫做非手性物质，如汤匙、茶杯等。这种连有 4 个不同的原子或原子团的碳原子称为手性碳原子(asymmetric carbon atom)(或叫不对称碳原子)，通常用星号(*)标出，例如：

$$\begin{array}{ccc} \begin{array}{c} OH \\ | \\ CH_3-\overset{*}{C}-COOH \\ | \\ H \end{array} & \begin{array}{c} Cl \\ | \\ C_2H_5-\overset{*}{C}-CH_3 \\ | \\ H \end{array} & \begin{array}{c} H \\ | \\ C_2H_5-\overset{*}{C}-CH_2OH \\ | \\ CH_3 \end{array} \\ \text{乳酸} & \text{2-氯丁烷} & \text{2-甲基-1-丁醇} \end{array}$$

7.1.2 手性分子与对映体

两个互相不能叠合的分子模型具备互为实物与镜像的关系，因此它们都具有手性。它们代表不同的分子，如图 7-3 所示，它们分别代表两种立体结构不同的乳酸分子，这两种乳酸分子都具有手性。

简单地说，不能与其镜像分子重叠的分子称为手性分子(chiral molecule)，反之，为非手性分子。互为实物与镜像关系的两个手性分子互为对映异构体(简称对映体)。

对映体是互为镜像的立体异构体。它们具有相同的熔点、沸点、偶极矩、折光率、相对密度和在一般溶剂中的溶解度，也具相同的光谱性质；与非手性试剂作用时，其化学性质也一样。但对映体在立体结构上的差异，必然在性质上有所反映。对映体在物理性质上的不同，反映在具有不同的旋光性，即对偏振光的作用不同。

在有机化学中，凡是手性分子，都具有旋光性，而非手性分子都没有旋光性。对映体是一对互相对映的手性分子，它们都有旋光性，而且它们的旋光能力是相同的，所不同的是两者的旋光方向相反，即一个对映体是左旋的，另一个对映体是右旋的。也就是，一对对映体分子，如果其中之一在一定条件下右旋多少度，则另一个在同样条件下左旋相同的度数。

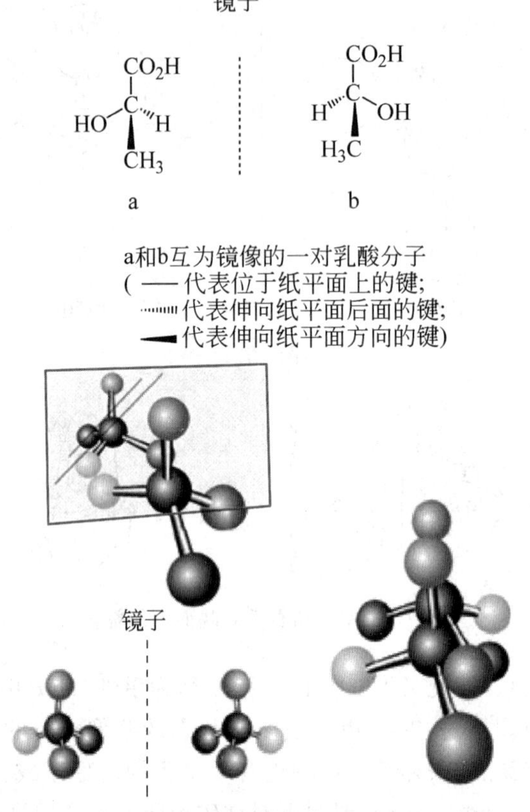

图 7-3　两种乳酸对映体

7.1.3　对称性和分子手性

不能与镜像重合是手性分子的特征。要判断一个化合物有没有手性，当然最好的方法是看分子的结构模型和它的镜像能否重合。此外，还有其他方法可以帮助识别手性分子。因为一个分子能不能和它的镜像重合，与分子的对称性有关。只要考察分子的对称性也能判断它有没有手性。需要考察的对称因素有4种：**对称面、对称中心、对称轴和交替对称轴**。

1. 对称面

假如有一个平面可以把分子分割成两半，而这两半互为镜像，那么这个平面就是分子的对称面(用 σ 表示)，如1-氯乙烷分子中，由两个H连线的中点、CH_3 和Cl组成一个平面，该平面把分子分为对称的两半。若分子中所有的原子都在同一平面上，例如，(E)-1,2-二氯乙烯，这个平面也是分子的对称面(见图 7-4)。

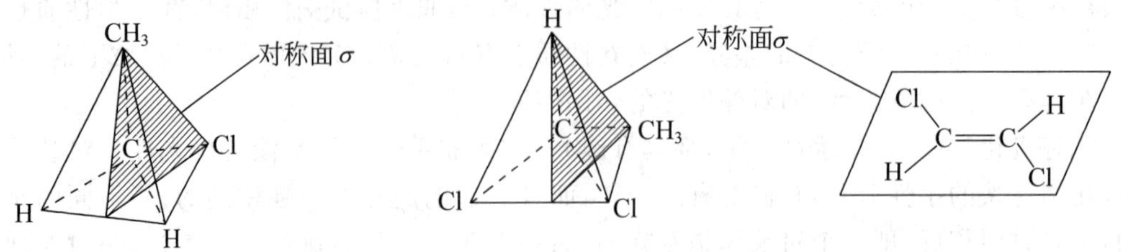

图 7-4　分子的对称面

具有对称面的分子，它自身能和它的镜像重合，是非手性分子，因而它没有旋光性。

2. 对称中心

假设分子中有一点 i，从分子中任何一个原子（原子团）出发，通过点 i 画一直线，如果在离 i 点等距离的直线两端有相同的原子（原子团），则点 i 称为分子的对称中心。例如，2，4-二甲基-1，3-二羧基环丁烷和（E）-2，3-二氯-2-丁烯分子都具有一个对称中心（见图 7-5）。

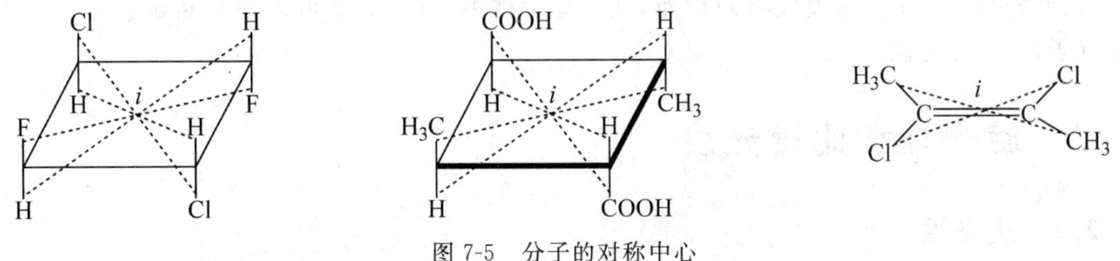

图 7-5　分子的对称中心

3. 对称轴

假设分子中有一条直线，当分子以此直线为轴旋转 360°/n 后（n 为正整数），得到的分子与原来的相同，这条直线就是该分子的 n 重对称轴（用 C_n 表示），例如，（E）-2-丁烯有 2 重对称轴，苯分子有 6 重对称轴（见图 7-6）。

$$\ce{CH3CH=CHCH3} \xrightarrow{\text{绕轴旋转180°}} \ce{CH3CH=CHCH3}$$

图 7-6　分子的二重对称轴

4. 交替对称轴

假设分子中有一条直线，当分子以这条直线为轴旋转 360°/n 后（n 为正整数），再用一个与该直线垂直的平面为镜面做出镜像，如果得到的镜像与原来的分子完全相同，这条直线就是该分子的 n 重交替对称轴。例如，图 7-7 所示结构的分子有 4 重交替对称轴。

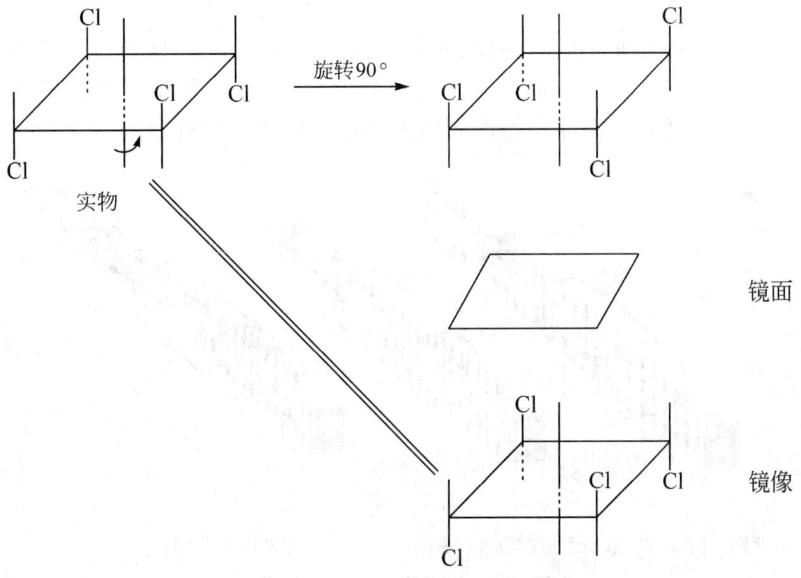

图 7-7　分子的 4 重交替对称轴

凡具有对称面、对称中心、交替对称轴中一种对称因素的分子，都能与其镜像分子叠合，都是非手性分子。反之，不具有上述对称因素的分子，是手性分子。对称轴对分子是否有手性没有决定作用。

在有机化合物中，绝大多数非手性分子都具有对称面或对称中心，或者同时还具有4重交替对称轴。没有对称面或对称中心，只有4重交替对称轴的非手性分子是极个别的。因此，只要能判断一个分子既没有对称面，又没有对称中心，一般就可以初步断定它是一个手性分子，具有旋光性。

7.2　旋光性和比旋光度

7.2.1　旋光性

光是电磁波。光波振动的方向是与光的前进方向垂直的。普通光的光波在各个不同的方向上振动。但如果让它通过一个尼科尔(Nicol)棱镜(用冰洲石制成的棱镜)，则透过棱镜的光就只在一个方向(偏振面)上振动。这种光就叫做**平面偏振光**(plane-polarized light)，见图7-8(a)。偏振光能完全通过晶轴与其偏振面平行的尼科尔棱镜，而不能通过晶轴与其偏振面垂直的尼科尔棱镜，见图7-8(b)。

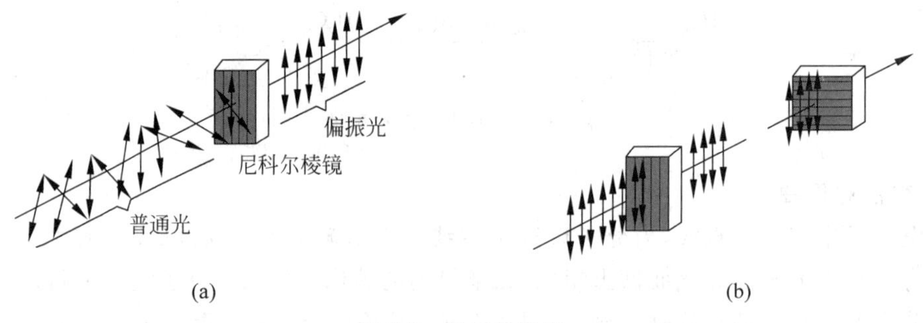

图7-8　平面偏振光

当平面偏振光通过某种介质时，有的介质对偏振光没有作用，即透过介质的偏振光的偏振面保持不变；有的介质却能使偏振光的偏振面发生旋转，这种能旋转偏振光的性质叫做旋光性(图7-8(c))。具有旋光性的物质叫做旋光性物质或光活性物质。

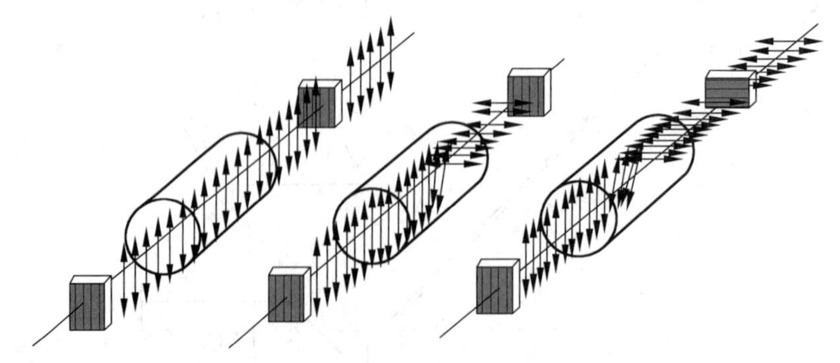

(a) 非旋光物质　(b) 旋光性物质(不透过)　(c) 旋光性物质(透过)

图7-9　旋光物质的旋光测定

能使偏振光的偏振面向右旋的物质，叫做**右旋物质**，反之，叫做**左旋物质**。通常用“d”（拉丁文 dextro 的缩写，“右”的意思）或“＋”表示右旋；用“l”（拉丁文 laevo 的缩写，“左”的意思）或“－”表示左旋。偏振光的偏振面被旋光物质所旋转的角度，叫做旋光度，用“α”表示。物质旋光性的大小通常可以用比旋光度表示。

7.2.2　比旋光度

旋光性物质的旋光度和旋光方向可用旋光仪测定。

旋光仪主要由一个光源、两个尼科尔棱镜和一个盛测试样品的样品管组成（见图 7-10）。普通光经第一个棱镜（起偏镜）变成偏振光，然后通过样品管，再由第二个棱镜（检偏镜）检验偏振光的振动方向是否发生了旋转，以及旋转的方向和旋转的角度。

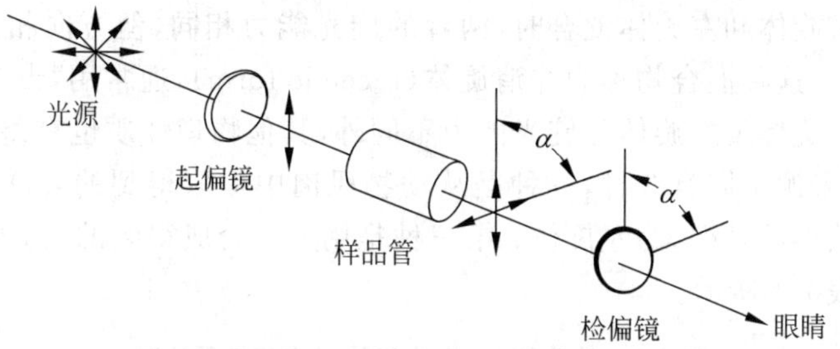

图 7-10　旋光仪原理示意图

由旋光仪测得的旋光度和旋光方向，不仅与物质的结构有关，而且与测定的条件有关。因为旋光现象是偏振光透过旋光性物质的分子时所造成的，透过的分子越多，偏振光旋转的角度越大。因此，由旋光仪测得的旋光度与被测样品的浓度（如果是溶液），以及盛放样品的管子（样品管）的长度密切相关。通常，规定样品管的长度为 1 dm，待测物质溶液的浓度为 1 g/mL，在此条件下测得的旋光度叫做该物质的比旋光度（specific rotation），用$[\alpha]$表示。比旋光度仅取决于物质的结构，因此，比旋光度是物质特有的物理常数，它与物质的熔点、沸点、密度、折光率等物理常数一样，在研究反应机理和有机合成化学中很有用。在实际工作中，常常可以用不同长度的样品管和不同的样品浓度测定某物质溶液的旋光度 α，并按下式换算得出该物质的比旋光度$[\alpha]$：

$$[\alpha] = \frac{\alpha}{lC}$$

式中，C 为溶液的质量浓度（g/mL）；l 为样品管的长度（dm）。

若被测物质是纯液体，则按下式进行换算：

$$[\alpha] = \frac{\alpha}{l\rho}$$

式中，ρ 为液体的密度（g/cm^3）。

因偏振光的波长和测定时的温度对比旋光度也有影响，故表示比旋光度时，还要把温度及光源的波长标出，将温度写在$[\alpha]$的右上角，波长写在左下角，即$[\alpha]_\lambda^t$。溶剂对比旋光度也有影响，故也要注明所用溶剂。例如某物质的比旋光度为：$[\alpha]_D^{20} = +98.3°$（c，1，CH_3OH），这说明该物质的比旋光度为右旋 98.3°，测定时的温度为 20℃，使用 D 钠光，溶剂为甲醇，溶液浓度为 1%。

比旋光度是旋光物质的一种重要物理量，是对映异构体可测量的一种物理性质。

7.3 含有一个手性碳原子的化合物的对映异构

分子的化学结构决定其是否有手性。在有机化合物中,手性分子大多数都含有手性碳原子,所以,一般来说,可以通过判断分子是否有手性碳原子来断定分子是否有手性。含有一个手性碳原子的分子一定是手性分子。一个手性碳原子可以有两种构型,所以,含有一个手性碳原子的化合物有两种构型不同的分子,它们组成一对**对映异构体**,一个使偏振光右旋,另一个使偏振光左旋。例如:

$$\text{右旋乳酸}\ [\alpha]_D^{20}=+3.8^\circ$$

$$\text{左旋乳酸}\ [\alpha]_D^{20}=-3.8^\circ$$

当将等量的右旋体和左旋体混合时,两者的旋光能力相同,但方向相反,旋光作用互相抵消,旋光性消失。这种混合物称为**外消旋体**(racemic form),通常用"±"或"*dl*"来表示,外消旋体和相应的右旋体及左旋体除旋光能力不同外,其他物理性质也有差异。

例如,乳酸随来源不同有3种,一种是从动物肌肉中提取得到的乳酸,为右旋体;另一种是用发酵方法获得的乳酸,为左旋体;第三种是用人工合成得到的,为外消旋体。它们的一些物理性质如表7-1所示。

表7-1 乳酸左、右旋体与外消旋体性质比较

名　称	熔点/℃	$[\alpha]_D^{20}/(^\circ)$	pK_a	溶解度
(+)-乳酸	26	+3.8	3.76	∞
(−)-乳酸	26	−3.8	3.76	∞
(±)-乳酸	18	0	3.76	∞

当两个对映体与手性试剂反应时,反应速度也有差异,在有些情况下差异还很大,甚至有的对映体中的一个异构体完全不起反应。生物体中非常重要的催化剂酶具有很高的手性识别能力,因此许多可以受酶影响的化合物,其对映体的生理作用表现出显著的差别。例如氯霉素是左旋的有抗菌作用,其右旋的对映体则没有疗效。药用的氯霉素就是左旋氯霉素(有效体)和它的对映体的等量混合物,它没有旋光性,是外消旋体,它的疗效只有左旋氯霉素的一半。

7.4 构型的表示法、确定和标记

7.4.1 构型的表示法

1. 模型表示法

模型表示法最直观,但使用起来不方便。图7-11是乳酸两个对映体的分子模型。

2. 透视式

用透视式表示分子的构型也很直观,图7-12所示为乳酸的两个对映体分子的透视式。

3. Fisher 投影式

用分子模型的图形或透视式可以清楚地表达手性碳原子的构型,但书写时比较费力。为方便书写,常用费歇尔(E. Fischer,德国化学家)投影式,以平面形式来表示分子的三维空间结构。图7-13为两种乳酸模型的图形和它们的**费歇尔投影式**。

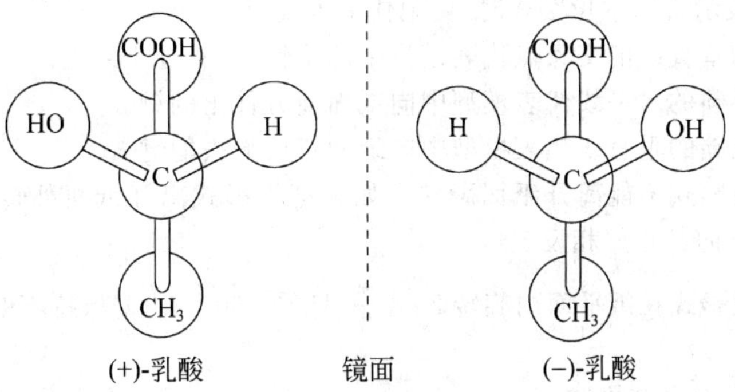

图 7-11 乳酸的分子模型

图 7-12 乳酸的分子透视式

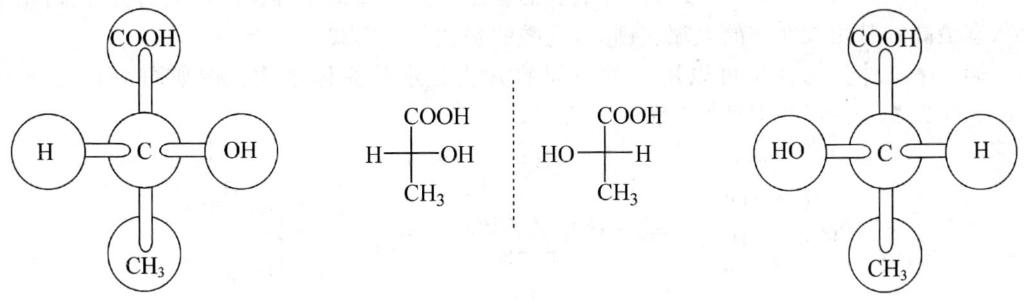

图 7-13 乳酸的分子模型和 Fischer 投影式

其实，Fischer 投影式，就是将一个立体模型放在屏幕前，用光照射模型在屏幕上得出的平面影像，如图 7-14 所示。

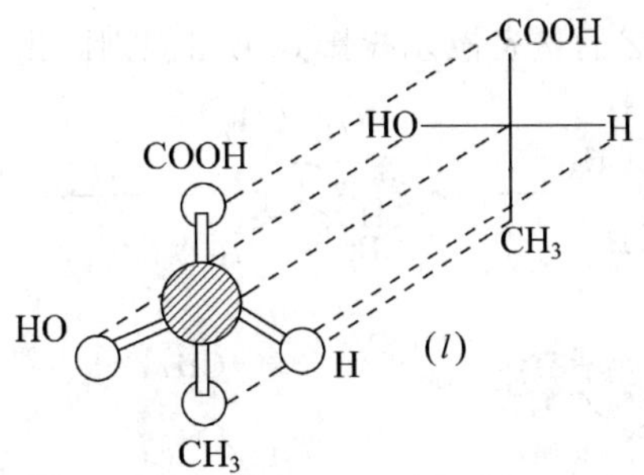

图 7-14 乳酸的分子 Fischer 投影式

用分子模型表示费歇尔投影式时,要记住下列要点:

(1) 水平线和垂直线的交叉点代表模型中的手性碳,它处于纸面。

(2) 连于手性碳的水平线代表模型中向纸面前方伸出的键。

(3) 连于手性碳的垂直线代表模型中向纸面背后伸去的键。

(4) 费歇尔投影式不能离开纸面翻转。如果把投影式离开纸面翻转,则翻转后投影式所有的键的伸展方向都正好相反。

(5) 费歇尔投影式在纸平面内旋转 $2n\times\frac{\pi}{2}$(180°,360°),构型保持不变;旋转 $(2n+1)\times\frac{\pi}{2}$(90°,270°),为其对映异构体。

(6) 固定费歇尔投影式上任一基团不动,其他三个基团按顺时针或逆时针依次改变位置,构型保持不变。

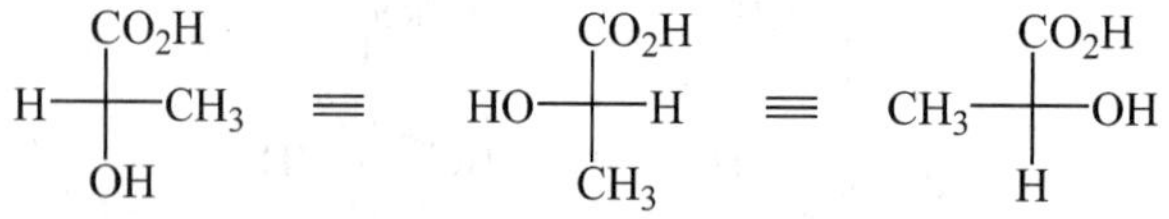

通过透视式更为直观地看出这一规律。

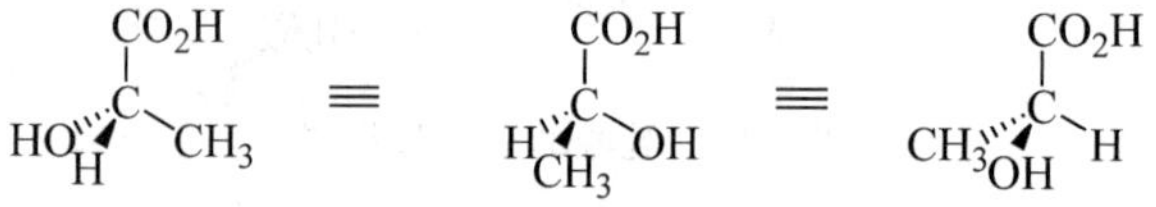

书写费歇尔投影式时,一般习惯将最长的碳链作为一直链垂直投影在纸面上,同时把氧化状态最高的基团放在链的上端。例如,乳酸的费歇尔投影式。

同一个立体异构体也可以用几种不同的方法表示其立体结构。例如图 7-15 所示的 (2*R*,3*S*)-2,3,4-三羟基丁醛的几种表示方式。

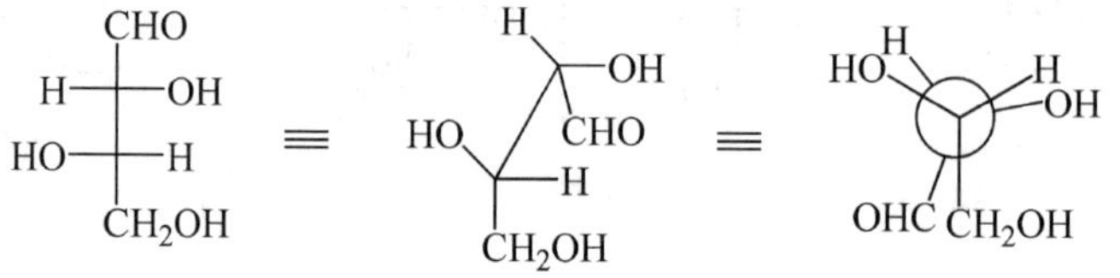

Fischer 投影式　　锯架式　　Newman投影式

图 7-15　(2*R*,3*S*)-2,3,4-三羟基丁醛的几种表示方法

将表示构象的纽曼式或锯架式转换成费歇尔投影式也非常简单。只需将它们首先沿中心碳-碳 σ 键旋转成重叠式,然后按费歇尔投影式书写规则画出即可。

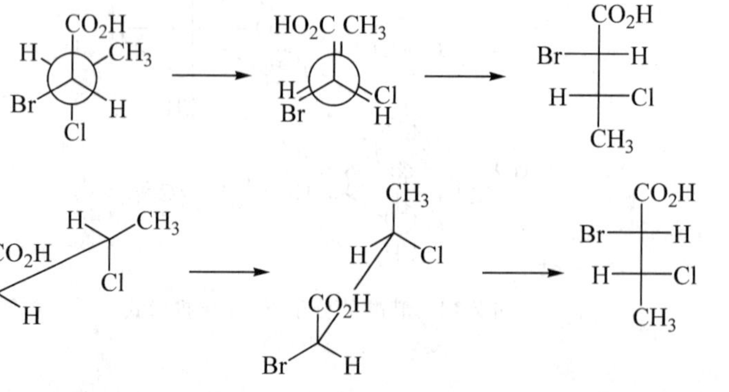

7.4.2 构型的确定

1951 年前，人们还无法确定化合物的真正立体构型，即绝对构型。当时，费歇尔选定(＋)-甘油醛为标准物，并人为规定甘油醛碳链处于垂直方向，醛基在碳链上端的投影式中，C_2 上的羟基处于右侧的为其构型，并命名为 D-构型。其对映体，即 C_2 上的羟基处于左侧的，(－)-甘油醛命名为 L 构型(图 7-16)。

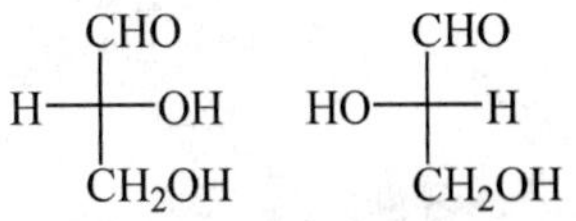

CHO
H—┼—OH
CH_2OH
D-甘油醛

CHO
HO—┼—H
CH_2OH
L-甘油醛

图 7-16 甘油醛的相对构型

通过合适的化学反应，将甘油醛转变为其他旋光性化合物，在反应过程中不断裂与手性碳相连的化学键，以保证手性碳原子的构型不发生变化。由 D-甘油醛转变得到的化合物定为 D-构型，以 L-甘油醛转变的化合物定为 L 构型。这种通过以甘油醛人为指定的构型为标准所定的构型，都是**相对构型**。

1951 年**拜捷沃特**(J. M. Bijvoet)用 X 射线衍射技术测定了(＋)-酒石酸铷钠的绝对构型，证实了它的由化学关联比较法所确定的相对构型恰好与其绝对构型一致，从而证明了原来人为指定的甘油醛的构型也是其**绝对构型**。

需要指出的是，化合物的构型与其旋光性没有直观的对应关系，即 D 构型不代表右旋或左旋，同样，L 构型也不代表左旋或右旋。例如，D-甘油醛是右旋的，但 D-甘油酸是左旋的：

CHO
H—┼—OH
CH_2OH
D-(+)-甘油醛

CO_2H
H—┼—OH
CH_2OH
D-(−)-甘油酸

但是，对于一对对映体，如果其中一个是 D-构型，另一个一定是 L-构型；其中一个是右旋，则另一个一定是左旋。

7.4.3 D-L 标记法

D-L 标记法是以甘油醛的构型为标准进行标记。凡碳链处于垂直方向，最高氧化态在碳链上端的投影式中，编号最大的手性碳上的羟基处于右侧的为 D-构型，处于左侧的为 L-构型。

CHO
H—┼—OH
CH_2OH
D-甘油醛

CHO
HO—┼—H
CH_2OH
L-甘油醛

D-L 标记法的使用有一定的局限性，它只表示出分子中一个手性碳原子(编号最大的手性碳)的构型，只适用于与甘油醛构型类似的化合物。一般用于糖类和氨基酸的构型标记。如：

CHO		CHO
H—+—OH		HO—+—H
HO—+—H		H—+—OH
H—+—OH		HO—+—H
H—+—OH		HO—+—H
CH_2OH		CH_2OH
D-葡萄糖		L-葡萄糖

此外,某些化合物用不同方法与甘油醛关联时,甚至会出现错乱。例如,将 D-甘油醛的醛基还原为甲基,再将链端羟基氧化为羧基。该过程均未涉及手性碳,产物应为 D 型,但实际上产物却是 D-乳酸的对映异构体 L-乳酸。

CHO		CH_3		CH_3		COOH
H—+—OH	⟶	H—+—OH	⟶	H—+—OH	≡	HO—+—H
CH_2OH		CH_2OH		COOH		CH_3
D-构型		D-构型		L-构型		L-构型

为了克服类似不足,现常用 R/S 标记法。

7.4.4 *R-S* 标记法

1970 年,根据 IUPAC 的建议,采用凯恩(R. S. Cahn)、英戈尔德(C. K. Ingold)和普雷洛格(V. Prelog)提出的 *R-S* 标记法。***R-S* 标记法**是根据手性碳原子所连的 4 个基团在空间的排列来标记的。规则如下:

(1) 把与手性碳原子所连的 4 个基团按次序规则排队。例如,4 个基团: a>b>c>d,a 排最先,b 其次,c 再次,d 最后。

(2) 将该手性碳上 4 个基团中最小的基团 d 置于离观察者最远的位置,然后按先后次序观察其他 3 个基团,即按 a→b→c 轮转着看。如果轮转方向是顺时针的,该手性碳的构型标记为"***R***"(拉丁文 rectus 的缩写,"右"的意思);如果方向是逆时针的,则构型标记为"***S***"(拉丁文 sinister 的缩写,"左"的意思):

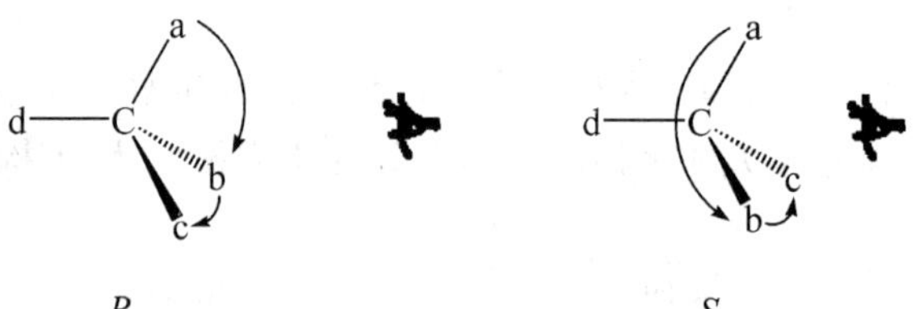

R　　　　*S*

R-S 标记法也可以直接应用于费歇尔投影式。假定 a>b>c>d。

(1) 如果最小基团 d 放在一个竖立键上,然后依次看 a→b→c,是顺时针的,则该投影式所代表的构型为 *R* 型;是逆时针的,即为 *S* 型。例如:

基图次序为: a>b>c>d

(2) 如果 d 放在一个横键上，因这个键是伸出前方的（不在远离观察者的位置），所以，依次看 a→b→c，是顺时针的，则该投影式所代表的构型为 *S* 型；是逆时针的，即为 *R* 型。例如：

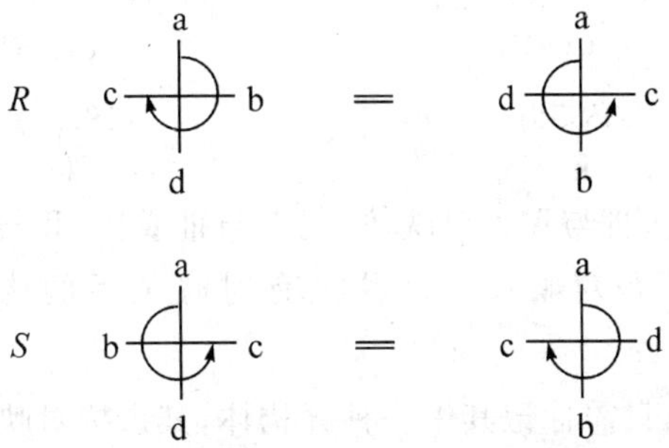

基图次序为: a>b>c>d

乳酸的两种构型的标记如下：

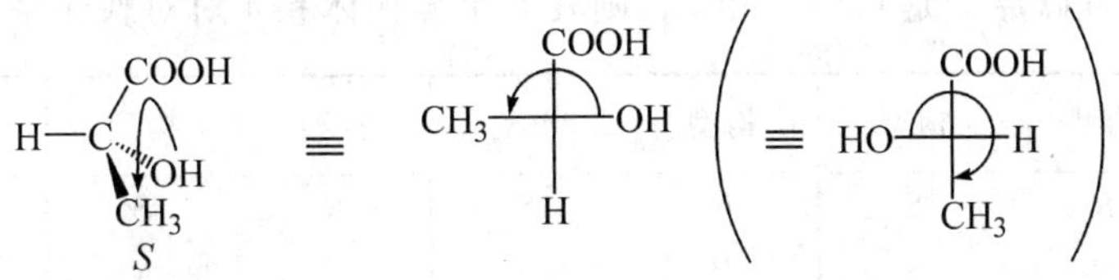

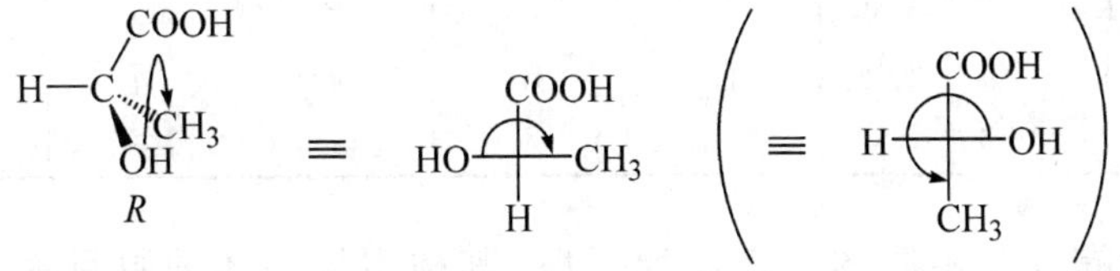

化合物 *R* 或 *S* 构型与它的旋光方向之间没有必然的联系，*R* 构型不一定是右旋体，*S* 构型不一定是左旋体。左旋还是右旋是实际测得的。上述(*R*)-乳酸为左旋，可表示为(*R*)-(−)-乳酸。

当化合物分子中含有多个手性碳原子时，命名时可用 *R*-*S* 标记法将每个碳原子的构型逐个标出，例如：

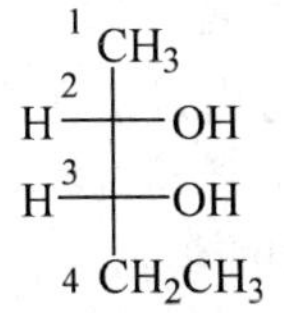

C_2 所连 4 个基团的次序是：$OH > CHOHCH_2CH_3 > CH_3 > H$，$C_3$ 所连 4 个基团的次序是：$OH > CHOHCH_3 > CH_2CH_3 > H$。该化合物命名为(2*S*,3*R*)-2,3-戊二醇。

7.5 含有多个手性碳原子化合物的立体异构

7.5.1 含有两个不同手性碳原子的化合物的对映异构

因为一个手性碳有两种构型（*R* 和 *S*），因此，一般来说，随着手性碳原子的增多，分子的构型异构体（旋光异构体）的数量也增多。例如，2-羟基-3-氯丁二酸有下列两对对映体：

```
      COOH            COOH                COOH            COOH
  HO──┼──H        H──┼──OH            HO──┼──H         H──┼──OH
  Cl──┼──H        H──┼──Cl             H──┼──Cl       Cl──┼──H
      COOH            COOH                COOH            COOH
   (2R, 3R)        (2S, 3S)            (2R, 3S)        (2S, 3R)
      Ⅰ               Ⅱ                   Ⅲ               Ⅳ
```

上述4个异构体中,Ⅰ与Ⅱ、Ⅲ与Ⅳ为对映体,但Ⅰ与Ⅲ或Ⅳ、Ⅱ与Ⅲ或Ⅳ,虽为异构体,但并不互为镜像,因此,它们不是对映体。这种没有对映关系的构型异构体称为**非对映体**(diastereoisomer)。

在标记这些异构体时,只需标记其中一种异构体,其余按对映关系即可标记。

含有两个不同手性碳原子的化合物,有4个构型异构体,它们组成两对对映体,4对非对映体;而当分子中含有3个不同的手性碳原子时,则有8个构型异构体,4对对映体。假设3个不同的手性碳原子是C_1、C_2和C_3,则其8个异构体和4对对映体是:

手性碳	构型	构型	构型	构型	构型	构型	构型	构型
C_1	*R*	*S*	*R*	*S*	*R*	*S*	*R*	*S*
C_2	*R*	*S*	*R*	*S*	*S*	*R*	*S*	*R*
C_3	*R*	*S*	*S*	*R*	*R*	*S*	*S*	*R*
	Ⅰ	Ⅱ	Ⅲ	Ⅳ	Ⅴ	Ⅵ	Ⅶ	Ⅷ
	(±)		(±)		(±)		(±)	

当分子中含有n个不同的手性碳原子时,其构型异构体的数目为2^n,有2^{n-1}对对映体。

7.5.2 含有两个相同手性碳原子的化合物的对映异构

2,3-二羟基丁二酸(酒石酸)分子中含有两个相同的手性碳原子,即这两个手性碳原子都连有同样的4个彼此不同的基团,也就是—H,—OH,—COOH,—CH(OH)COOH,按照每一手性碳原子有两种构型,则可以写出以下4个构型异构体:

```
      COOH             COOH             COOH             COOH
  HO──┼──H         H──┼──OH         H──┼──OH        HO──┼──H
   H──┼──OH       HO──┼──H          H──┼──OH        HO──┼──H
      COOH             COOH             COOH             COOH
   Ⅰ(2S, 3S)        Ⅱ(2R, 3R)        Ⅲ(2R, 3S)        Ⅳ(2S, 3R)
```

Ⅰ和Ⅱ是对映体。Ⅲ和Ⅳ也好像是对映体,但实际上Ⅲ和Ⅳ是同一种分子,因为只要把Ⅲ在纸面上旋转180°,它就能与Ⅳ互相叠合,即Ⅲ和Ⅳ是相同的。因为Ⅲ能与其镜像分子叠合,所以它不是手性分子(当然也就没有旋光性):

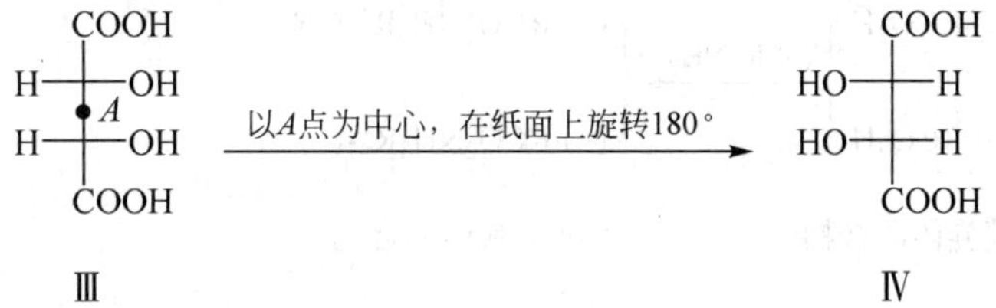

COOH / H—C—OH / H—C—OH / COOH（Ⅲ）　以A点为中心，在纸面上旋转180° →　COOH / HO—C—H / HO—C—H / COOH（Ⅳ）

在Ⅲ的全重叠式构象中可以找到一个对称面，在它的对位交叉式构象中可以找到一个对称中心：

COOH / H—C(R)—OH / H—C(S)—OH / COOH　对称面(σ)

HO、H、COOH、i、COOH、H、OH

这种含有手性碳的非手性分子，称为**内消旋体**(mesomer)。内消旋体是单一化合物，不能拆分。外消旋体是含有等量对映体的混合物，可以拆分为两种化合物。

所以，含有两个相同手性碳原子的化合物，只有 3 个构型异构体，它们包括一对对映体、一个内消旋体。

在立体化学中，含有多个手性碳原子的立体异构体，只有一个手性碳原子的构型不相同，其他的构型都相同的非对映体，又叫做**差向异构体**(epimeric form)。内消旋体酒石酸和有旋光性的酒石酸只有一个手性碳的构型不同，所以它们是差向异构体。又如在 7.5.1 小节所述含 3 个手性碳原子的 8 个异构体中，Ⅰ和Ⅲ、Ⅰ和Ⅴ、Ⅰ和Ⅷ、Ⅱ和Ⅳ、Ⅱ和Ⅵ、Ⅱ和Ⅶ也都是差向异构体(读者可自行判断)。这种异构体在糖化学中有用。

*7.6 拆分与合成

7.6.1 外消旋体的拆分

外消旋体是由一对对映体等量混合而成。但对映体除旋光方向相反外，其他物理性质都相同，因此，不能用一般的物理方法(蒸馏、重结晶等)把一对对映体分离，必须用特殊的方法才能把对映体分离。把外消旋体分开为左旋体和右旋体的过程叫做**拆分**(resolution)。目前大多数旋光性化合物是通过拆分外消旋体来得到的。

拆分方法层出不穷，但从原理上分，主要有：

(1) 利用旋光试剂与外消旋体进行化学反应的化学拆分法；

(2) 利用物理性质——溶解度、吸附力等差异建立的方法，例如诱导结晶法、层析法等；

(3) 利用酶的高度特异性催化反应的酶拆分法(微生物拆分法)等。

这里主要介绍化学拆分法。

由于非对映体的物理性质是不一样的，可用蒸馏、重结晶等物理过程将非对映体混合物分开。化学拆分法分离的原理就是把组成外消旋体的一对对映体和一个旋光物质反应，使生成非对映体，再利用非对映体物理性质的差异达到分离的目的。使用的纯的旋光体称作拆分剂。化学方法拆分用得最成功的是(±)-酸或(±)-碱的拆分，下面以羧酸为例加以说明：

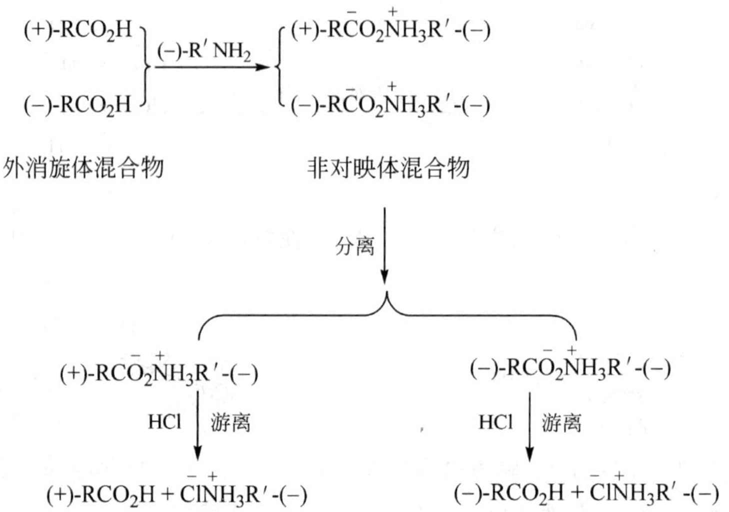

$$\left.\begin{array}{l}(+)\text{-}RCO_2H\\ (-)\text{-}RCO_2H\end{array}\right\}\xrightarrow{(-)\text{-}R'NH_2}\left\{\begin{array}{l}(+)\text{-}R\overset{-}{C}O_2\overset{+}{N}H_3R'\text{-}(-)\\ (-)\text{-}R\overset{-}{C}O_2\overset{+}{N}H_3R'\text{-}(-)\end{array}\right.$$

外消旋体混合物　　　　非对映体混合物

分离

$$(+)\text{-}RC\overset{-}{O}_2\overset{+}{N}H_3R'\text{-}(-)\xrightarrow[\text{游离}]{HCl}(+)\text{-}RCO_2H+\overset{-}{C}l\overset{+}{N}H_3R'\text{-}(-)$$

$$(-)\text{-}RC\overset{-}{O}_2\overset{+}{N}H_3R'\text{-}(-)\xrightarrow[\text{游离}]{HCl}(-)\text{-}RCO_2H+\overset{-}{C}l\overset{+}{N}H_3R'\text{-}(-)$$

将外消旋体羧酸与一个纯的右旋光的碱反应生成非对映体混合物，再用物理方法分开非对映体，分开后的非对映体再经盐酸酸化，羧酸盐被分解，再加以分离，即可分别得到原外消旋体羧酸中的右旋酸和左旋酸了。

常用的碱性拆分剂有奎宁、马钱子碱、麻黄碱等天然存在的旋光性物质，它们比较容易得到。同样道理，旋光性的酸可以用来拆分碱，例如酒石酸、苹果酸、樟脑磺酸等。

如果外消旋体既不是酸又不是碱，可以先将其转变成酸或碱，再拆分。例如拆分(±)-醇，可先与邻苯二甲酸酐反应得到的外消旋酯，再用碱拆分剂处理，形成非对映体，最后进行水解分离。

7.6.2　手性合成(不对称合成)

通过化学反应可以在非手性分子中形成手性碳原子。

一般情况下，在原来一个非手性分子中，引入一个不对称的中心，如一个手性碳原子，产物总是外消旋的，即等量右旋体和左旋体组成的**外消旋体**。例如，丙酮酸的甲酯或乙酯还原时，产物是外消旋乳酸酯。

但是把丙酮酸用光活性的天然薄荷醇酯化，然后进行还原，经水解，把光活性的薄荷醇除去，产物具有旋光性(与上面的不同)，因为其中含有过量的左旋乳酸：

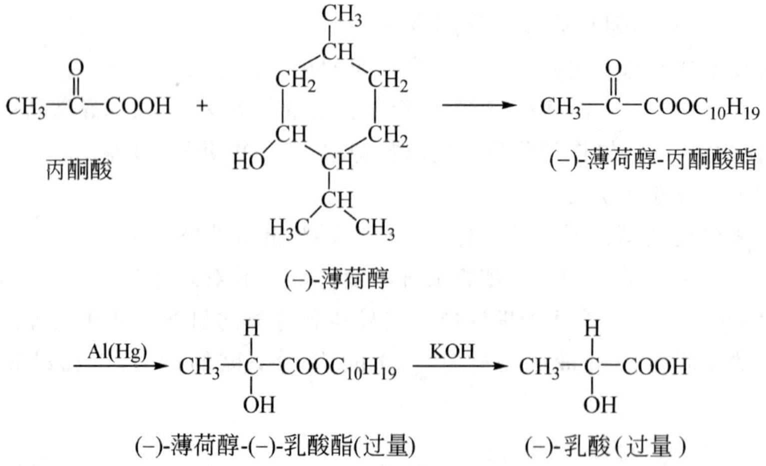

$$CH_3-\overset{O}{\overset{\|}{C}}-COOH + (-)\text{-薄荷醇} \longrightarrow CH_3-\overset{O}{\overset{\|}{C}}-COOC_{10}H_{19}$$

丙酮酸　　(-)-薄荷醇　　(-)-薄荷醇-丙酮酸酯

$$\xrightarrow{Al(Hg)} CH_3-\underset{OH}{\overset{H}{\overset{|}{\underset{|}{C}}}}-COOC_{10}H_{19} \xrightarrow{KOH} CH_3-\underset{OH}{\overset{H}{\overset{|}{\underset{|}{C}}}}-COOH$$

(-)-薄荷醇-(-)-乳酸酯(过量)　　(-)-乳酸(过量)

凡在反应中，产生的一个构型异构体超过(一般是大大地超过)其他可能的构型异构体，就叫做**立体选择反应**(stereoselection reaction)。利用立体选择性反应合成过量的两个对映体中之一的，叫做**不对称合成**(asymmetric synthesis)。

一个对映体(A)超过另一个对映体(B)的百分数称为对映体过量百分数，简称为**对映体过量**，用% ee 表示(enantiomeric excess)：

$$\%ee = |A\% - B\%|$$

总体来说，由非手性化合物在一般条件下进行反应，不经过拆分不可能得到具有旋光性的物质(得到的是外消旋体)。但是，若在反应时存在某种手性条件，则新的手性碳原子形成时，两种构型异构体的生成机会不一定相等，最后得到的可能是具有旋光性的物质。

同样是催化加氢，也可以采用手性催化剂来实现手性合成，例如化学家野依良治用金属钌(Ru)和手性配体的络合物催化加氢，可以得到纯度接近 100%的单一对映体，示意如下：

CH_3O—(萘环)—C(=CH_2)COOH $\xrightarrow[H_2]{[Ru(S)\text{-}BINAP(OAc)_2]}$ CH_3O—(萘环)—CH(CH_3)COOH (*S*)

萘普生(Naproxen)(产率92%~97%ee)

一个催化剂分子可以制造出数以百万计的预期的手性产物分子，因此手性催化的效率很高。手性催化反应已成为化学研究的热点和前沿，2001 年诺贝尔化学奖就是授予 3 位科学家诺尔斯(W. S. Knowles)、野依良治(R. Noyori)和夏普莱斯(K. B. Sharpless)，以奖励他们在不对称催化合成领域的出色贡献。

不对称合成反应广泛用于有机化合物构型的测定和阐明有机反应机理以及研究酶催化活性等领域，同时对社会经济也产生了巨大作用。

*7.7 环状化合物的立体异构

在环状化合物中，对映异构体和顺、反异构体是同时存在的，可根据顺、反异构体命名为顺式或反式，也可用 *R*-*S* 法命名。

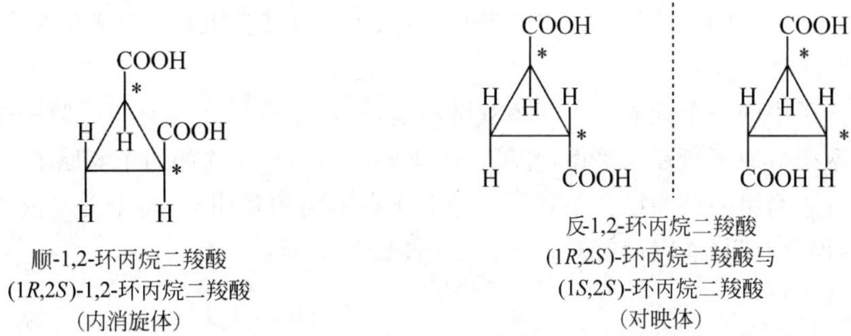

顺-1,2-环丙烷二羧酸
(1*R*,2*S*)-1,2-环丙烷二羧酸
(内消旋体)

反-1,2-环丙烷二羧酸
(1*R*,2*S*)-环丙烷二羧酸与
(1*S*,2*S*)-环丙烷二羧酸
(对映体)

对于 3～5 元环，由于它们是平面或接近于平面结构，所以奇数环系和偶数环系的对称性不同。随取代位置不同，其异构现象也不相同。当取代基不同时，1,3-二取代环戊烷无论顺式、反式都存在对映体；而 1,3-二取代环丁烷无论顺式或反式都没有对映体，但 1,2 -二取代环丁烷的顺式和反式都存在对映体：

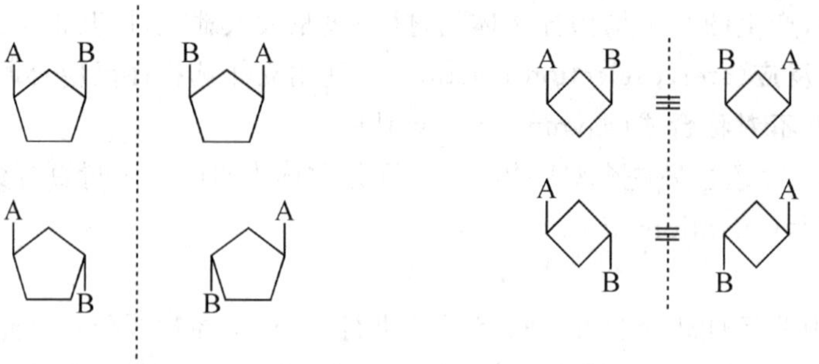

在相同二取代环己烷衍生物中,要判断其是否有对映异构体,一般可将六元碳环看成是一个平面的六边形,顺、反异构较容易观察出,而对映异构体是否存在,应看两个相同取代基的位置关系:

顺式(1,4取代) 　反式(1,4取代) 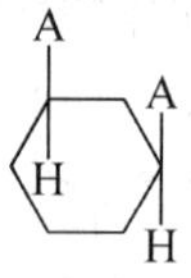　顺式(1,3取代)

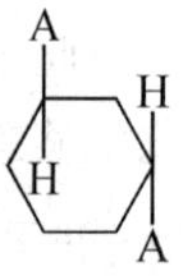

反式(1,3取代) 　顺式(1,2取代) 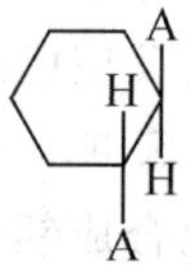　反式(1,2取代)

如上图所见,只有反式1,3-取代和反式1,2-取代既没有对称面,又没有对称中心,因而有对映异构体,其他的不存在对映异构现象。

*7.8 不含手性碳原子化合物的对映异构

在有机化合物中,大部分旋光物质都含有一个或多个手性碳原子,但在有些旋光物质的分子中,并不含有手性碳原子,如丙二烯型化合物、单键旋转受阻碍的联苯型化合物等。

(1) 丙二烯型化合物

丙二烯分子中的3个碳原子由两个双键相连,这两个双键相互垂直。第一个碳原子和与它相连的两个氢原子所在的平面,与第三个碳原子和与它相连的两个氢原子所在的平面,正好互相垂直。当第一个和第三个碳原子分别连有不同的基团时,整个分子就没有对称面和对称中心,而具有手性,因而有对映体存在,如图7-17所示。

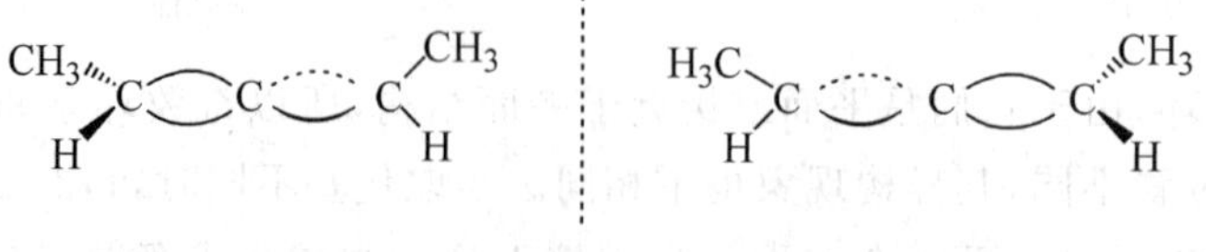

(对映体)

图7-17　2,3-戊二烯的对映异构体

(2) 联苯型化合物

在联苯分子中,两个苯环通过一个单键相连。当苯环邻位上连有体积较大的取代基,两苯环间的单键旋转就要受到阻碍,使两个苯环不能处在同一个平面上。此时,如果两个苯环上的取代基分布不对称,整个分子就有手性。在联苯分子中,两个苯环可以围绕中间单键旋转,如果在苯环中的邻位,即 2,2′和 6,6′位置上引入体积相当大的取代基,则两个苯环绕单键旋转就要受到阻碍,以至它们不能处在同一个平面上,必须互成一定的角度,如图 7-18 所示。

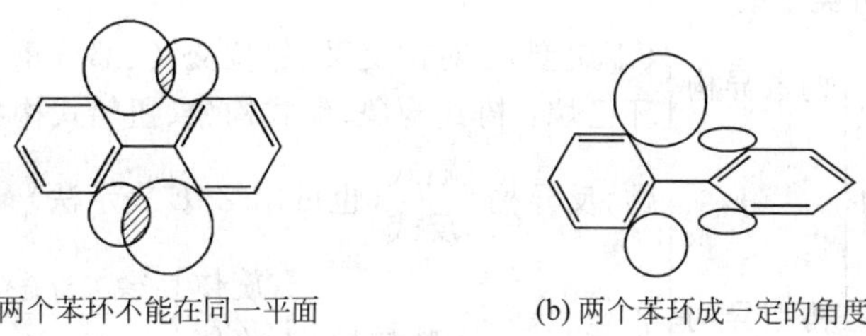

(a) 两个苯环不能在同一平面　　(b) 两个苯环成一定的角度

图 7-18　单键旋转被阻碍的联苯化合物

当苯环邻位上连接的两个体积较大的取代基不相同时,整个分子就没有对称面与对称中心,就可能有手性。例如,已经得到下列 6,6′-二硝基联苯 2,2′-二甲酸的两个对映体:

(对映体)

(3) 提篮型化合物

1940 年,Luttringhaus 等人发现了一类十分特殊的阻转异构体——提篮化合物,它是由对苯二酚和长链二醇生成的环醚,因为它的形状像个提篮,苯环为底,醚环像提篮的把手,所以叫做**提篮化合物**,也叫**把手化合物**。当苯环上有足够大的取代基(如下式中的 COOH),而醚环较小(n 值小),苯环绕着单键转动时,苯环上的羧基被醚环挡住转不过去。这时如果苯环上的取代基又不是对称分布的话,就有对映体存在:

7.9 含有其他手性原子化合物的对映异构

除碳原子以外,凡是连接 4 个不同的基团(配体、原子、原子团)的元素都能构成手性原子,也有可能形成手性分子,因而有对映体存在。这些常见的元素有 Si,N,S,P,As 等,例如:

$CH_3CH_2CH_2-Si(CH_2C_6H_5)(CH_3)(CH_2CH_3)$　　$[CH_3-N(C_2H_5)(CH_2CH_2CH_3)(C_6H_5)]^+ I^-$

本章小结

1. 立体异构分类

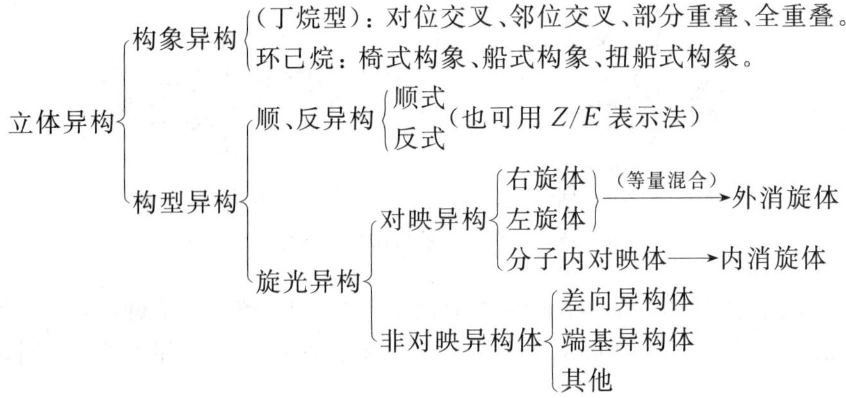

2. 手性化合物分类

- 手性化合物
  - 手性碳化合物
    - 链状化合物
      - 含一个手性碳(有手性)
      - 含两个或两个以上手性碳(手性或内消旋)
    - 环状化合物
  - 无手性碳化合物
    - 丙二烯型
    - 联苯型
    - 提篮型
  - 非碳(N,P,S,Si 等)手性化合物

3. 名词或概念

旋光性、手性碳、手性分子、旋光度、比旋光度、Fischer 投影式、*R-S* 和 D-L 表示法、对映体、非对映体、内消旋体、外消旋体、差向异构体、拆分、立体选择性反应、不对称合成。

【阅读材料】

化学家简介

路易·巴斯德(**Louis Pasteur**,1822 年 12 月 27 日—1895 年 9 月 28 日),法国化学家和微生物学家,医学微生物学最重要的创始人之一。

他研制了第一个狂犬病和炭疽疫苗。他的实验支持了疾病的微生物理论。他是最有名的是巴氏消毒法(用于牛奶和葡萄酒的杀菌等)的发明者。他和费迪南德·科恩(Ferdinand Cohn)以及罗伯特·科赫(Robert Koch)被认为是微生物学的三位主要创始人。

在化学领域，他发现了分子的不对称性，这导致范特霍夫(Jacobus Henricus van't Hoff)和勒贝尔(J. A. Le Bel)提出了碳的正四面体的概念。1840年，26岁的巴斯德首次把外消旋体拆分。在放大镜下小心地用镊子从外消旋酒石酸盐中分离出两种晶体，并观察两种晶体的旋光性。他用木材制作了晶体模型，证明了左旋光晶体和右旋光晶体互为镜像的关系。

赫尔曼·埃米尔·费歇尔(Hermann Emil Fischer，1852年10月9日—1919年7月15日)，德国化学家。1902年获得诺贝尔化学奖。主要贡献包括：费歇尔酯化，费歇尔投影式。

费歇尔出生于科隆(Cologne)附近的奥伊斯基兴(Euskirchen)。1871年，费歇尔进入波恩大学(University of Bonn)。1872年，他转入斯特拉斯堡大学(University of Strasbourg)，在阿道夫·冯·贝耶尔(Adolf von Baeyer)指导下学习化学。1874年获得了博士学位，并留校。1879年任慕尼黑大学(University of Munich)分析化学副教授。1881年任埃尔兰根大学(University of Erlangen)化学教授。1885年任维尔茨堡大学(University of Würzburg)化学教授。1892年，费歇尔接替霍夫曼(A. W. Hofmann)成为柏林大学(University of Berlin)化学系主任。1919年死于慢性苯中毒。

1883年，他接受巴登苯胺苏打厂(Badische Anilin-und Soda-Fabrik，巴斯夫股份公司的前身)的邀请，前往担任其实验室负责人。期间他开始了对糖类的研究，发现糖类与苯肼反应形成苯腙和脎，后者成为确定糖类的特征鉴别反应。1888年至1892年，他提出了有机化学中描述立体构型的重要方法——著名的费歇尔投影式。在1891年至1894年之间，他确定了所有已知的糖的立体化学，并准确地预言了可能的同分异构体。1890年，费歇尔从甘油出发，合成了葡萄糖、果糖和甘露糖，这是他最伟大的成就之一。1899年至1908年，费歇尔对蛋白质的组成和性质进行了开创性的研究。费歇尔首先提出氨基酸通过肽键(—CONH—)结合形成多肽，多肽正是蛋白质的水解产物。并合成了二肽、三肽和多肽(含18个氨基酸)。为后人对蛋白质结构的进一步研究奠定了方法基础。

费歇尔获得过很多荣誉。他是剑桥大学(University of Cambridge)、曼彻斯特大学(University of Manchester)和布鲁塞尔自由大学(VUB-Vrije Universiteit Brussel)的荣誉博士。他还荣获普鲁士秩序勋章(Prussian Order of Merit)和马克西米利安艺术和科学勋章(Maximilian Order for Arts and Sciences)。1902年，他因对糖和嘌呤的合成而被授予诺贝尔化学奖。

约翰内斯·马丁·拜捷沃特(Johannes Martin Bijvoet，1892年1月23日—1980年3月4日)，荷兰化学家和晶体学家，是乌得勒支大学(University of Utrecht)范特霍夫(van't Hoff)实验室科学家。他最著名的工作是建立了分子绝对构型的确定方法。

1951年，拜捷沃特和他的同事Peerdeman和van Bommel通过X射线管和锆靶，第一次测定了酒石酸钠铷的绝对构型。目前，X射线衍射仍然被认为是测定分子结构最有力的方法之一。

克里斯托夫·英戈尔德爵士(**Sir Christopher Kelk Ingold**,1893—1970),英国化学家,伦敦大学学院(University College London)教授。物理有机化学的开山鼻祖。

他和罗宾孙(Robert Robinson)一起开始了有机反应机理的研究。现在有机化学中的很多概念,比如亲核、亲电、S_N1、S_N2、E1、E2等都是他们首创的。这些概念的提出对揭示有机反应内在机理从而实现控制有机反应起到了巨大的促进作用。

罗伯特·西德尼·凯恩(**Robert Sidney Cahn**,1899年6月9日—1981年6月15日),英国著名的化学家。他以化学命名和立体化学研究而闻名,尤其是卡恩-英戈尔德-普雷洛格优先规则(Cahn-Ingold-Prelog priority rules)。该规则是他与英戈尔德(Christopher Kelk Ingold)和普雷洛格(Vladimir Prelog)在1956年提出的。

弗拉迪米尔·普雷洛格(**Vladimir Prelog**,1906年7月23日—1998年1月7日),旅居瑞士的南斯拉夫化学家。主要研究有机分子和反应的立体化学。他于1975年获得诺贝尔化学奖。

威廉·斯坦迪什·诺尔斯(**William Standish Knowles**,1917年6月1日—2012年6月13日),美国化学家。诺尔斯是2001年诺贝尔化学奖的获得者之一,他与野依良治(Ryoji Noyori)共享奖励。他们因不对称加氢方面的工作获一半奖金;另一半则授予卡尔·巴里·夏普莱斯(K. Barry Sharpless),奖励他在不对称氧化方面的工作。

1917年6月1日,诺尔斯出生在马萨诸塞州(Massachusetts)的汤顿(Taunton)。就读伯克希尔学校(Berkshire School,Sheffield,MA)期间,他表现出了对数学和科学的天赋。高中毕业后他通过了学校董事会的考试,进入哈佛大学(Harvard University)。他觉得自己上大学还太年轻,于是在安多弗(Andover)寄宿学校再读了一年。这一年年末,他获得了50美元的Boylston奖,这是他获得的首个化学奖。

在哈佛大学,他的专业是化学,同时重点学习了数学。一年之后,他这样说:“当时我的兴趣方向是物理化学,因为我钟爱数学,但是在Louis Fieser的课程上,我逐渐对有机化学产生了兴趣。”于是,有机化学成为他毕生的研究方向。1939年他取得学士学位,并进入哥伦比亚大学(Columbia University)念硕士。他在哥大师从Bob Elderfield,主要研究类固醇,1942年取得博士学位。1942年毕业后,他加入了孟山都公司(Monsanto),1986年退休。1960年,他最早开始了一项将来可以使他获得诺贝尔化学奖的工作——不对称合成。诺尔斯的贡献是在1968年发现可以使用过渡金属来对分子进行不对称氢化反应,以获得具有所需特定镜像形态的手性分子。他的研究成果很快便用于工业产品生产,如治疗帕金森氏症的药物L-DOPA就是根据诺尔斯的研究成果研制出来的。

Halpern评论诺尔斯的不对称催化剂是取消了“大自然垄断”的权力。而在如此伟大的成就面前,诺尔斯仍然谦虚地说:“大自然才是最伟大的化学家。”

野依良治(**Ryōji Noyori**,1938年9月3日出生),日本化学家。他在2001年获得诺贝尔化学奖。野依良治与威廉·S.诺尔斯因手性催化氢化反应研究获一半的奖金,另一半则授予卡尔·巴里·夏普莱斯(K. Barry Sharpless),奖励他在不对称氧化方面的工作。

野依良治生于日本兵库县。12岁时,野依在听过一场关于尼龙的报告后,对化学产生了浓厚的兴趣。他相信化学具有"从没有价值中创造巨大价值"的作用。他1963年毕业于京都大学,1968年被名古屋大学聘为副教授,1969年在哈佛大学教授艾里亚斯·詹姆斯·科里(Elias James Corey)的课题组从事博士后研究。野依于1972年返回名古屋大学,并被聘为全职教授至今。自2003年起,野依任日本理化学研究所所长。

野依良治在不对称催化加氢研究工作中做出了突出的贡献。他于1966年提出了用化学方法合成手性分子的基本原理。这种方法利用含有手性有机配体的有机金属催化剂和不对称催化氢化底物,从而获得高纯单一手性(左旋或右旋)产物。

卡尔·巴里·夏普莱斯(**Karl Barry Sharpless**,1941年4月28日出生),美国化学家,麻省理工学院教授。由于他在不对称氧化方面的工作,2001年与诺尔斯(William Standish Knowles)和野依良治(Ryōji Noyori)分享诺贝尔化学奖。

夏普莱斯出生在美国费城(Philadelphia)。1963年在达特茅斯学院(Dartmouth College)学习,1968年从斯坦福大学(Stanford University)获得博士学位,之后在斯坦福大学和哈佛大学(Harvard University)开展博士后研究工作。他持有慕尼黑技术大学(Technical University of Munich)的名誉学位。夏普莱斯是麻省理工学院和斯坦福大学教授。他目前在斯克里普斯研究所(Scripps Research Institute)拥有冠名化学教授职位(W. M. Keck professorship)。

夏普莱斯因不对称合成研究而广为人知,较有名的化学反应有Sharpless不对称环氧化反应和Sharpless双羟基化反应等。近年来由其引入的合成新概念——点击化学(click chemistry),已成为药物开发和分子生物学领域中最为有用和最吸引人的合成方法之一。

习　题

7-1　解释下列名词:

(1) 旋光性　(2) 光学活性物质　(3) 手性　(4) 手性中心

(5) 内消旋体　(6) 外消旋体　(7) 对映体　(8) 非对映体

(9) 立体异构体　(10) 手性合成

7-2　试写出六碳烯(C_6H_{12})的所有异构体(如果有旋光异构,则用费歇尔式表达其构型),并写出与每个式子完全对应的系统命名法名称。

7-3　确定下列费歇尔式中手性碳原子的 R,S 构型,并用系统命名法命名。

(1) Fischer projection: top CH_3; left H; right Br; bottom CH_2CH_3

(2) Fischer projection: top CH_3; left Br; right H; bottom CH_2CH_3

(3) Fischer projection: top COONa; left H_2N; right H; bottom CH_2CH_2COOH
味精

(4) Fischer projection: 1 CH_3; C2: H—Cl; C3: H—Cl; 4 CH_2CH_3 (5)

(5) Fischer projection: 1 CH_3; C2: Cl—H; C3: H—Cl; 4 CH_2CH_3 (5)

7-4 下列化合物是否有旋光性？如果存在手性中心请用 * 标记，并确定其 R,S 构型：

(1) CCl_2F_2(氟利昂-12，曾用作制冷剂)

(2) $CH_3CH{=}CH_2$

(3) $CH_2{=}C{=}CH_2$

(4) HO, H, CH_3 (phenyl-substituted carbon)

(5) H, COOH, CH_3 (4-isobutylphenyl-substituted carbon)

(6) H, CH_3, H, H_3C (1,3-dimethylcyclohexane)

(7) OH OH, H H (cyclopentane-1,2-diol)

(8) CH_3, N^+, Ph-CH_2, Ph, $CH_2CH{=}CH_2$

(9) Newman projection: Cl, H, CH_3, H_3C, H, H (2, 1)

(10) Newman projection: Cl, H, CH_3, H, CH_2CH_3, OCH_3 (2, 1)

(11) CH_3, H, H, H, H, CH_2CH_3

(12) HO, H, CH_3, H, OCH_3, CH_2CH_3

7-5 指出下列化合物之间属于：相同构型(A)、对映体(B)，还是非对映体(C)？

(1) Fischer projection: top CH_2CH_3; H—OH; bottom CH_3 与 top CH_2CH_3; HO—H; bottom CH_3 (　　)

(2) Fischer projection: top CH_2CH_3; H—OH; bottom CH_3 与 top CH_3; HO—H; bottom CH_2CH_3 (　　)

(3) Fischer projection: top CH_3; H—OH; bottom C_6H_5 与 CH_3, H, OH, C_6H_5 (　　)

(4) Fischer projection: top CH_2OH; H—Cl; H—Br; bottom CH_2CH_3 与 top CH_2OH; Cl—H; H—Br; bottom CH_2CH_3 (　　)

(5) Br H, H OH 与 H Br, OH H (　　)

(6) Fischer projection: top CH_3; 2: H—Cl; 3: H—OH; bottom C_3H_7 与 CH_3, H, OH, H, 2, Cl, 3, C_3H_7 (　　)

(7) Fischer projection: top CH_3; 2: H—Cl; 3: H—OH; bottom C_3H_7 与 Newman projection: OH, Cl, H, 2, 3, H, CH_3, C_3H_7 (　　)

(8) Fischer projection: top CH_2OH; H—Cl; H—OH; bottom C_2H_5 与 top H; Cl—CH_2OH; HO—C_2H_5; bottom H (　　)

(9) 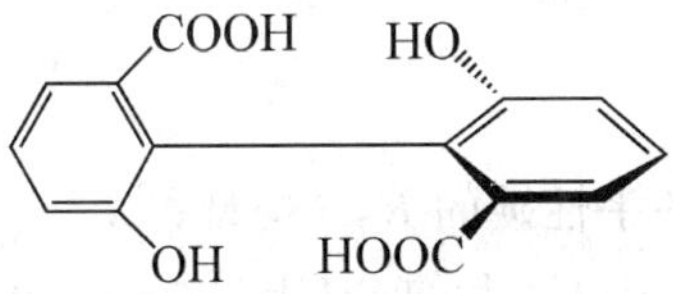 [structure: biphenyl with COOH, OH; HO, HOOC] 与 [structure: biphenyl with COOH, OH; HOOC, HO] (　　)

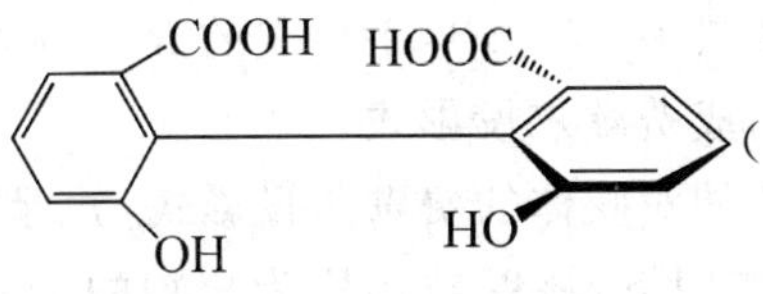

(10) 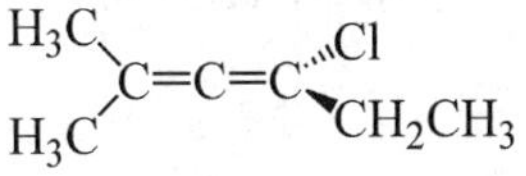 $(H_3C)_2C{=}C{=}C(Cl)(CH_2CH_3)$ 与 $(H_3C)_2C{=}C{=}C(CH_2CH_3)(Cl)$ (　　)

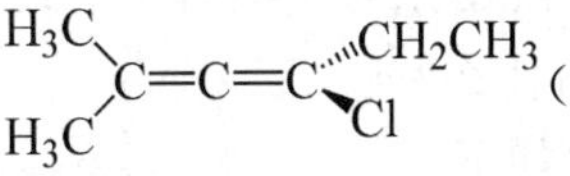

7-6　某旋光性物质 A(C_7H_{14}),在催化氢化下可吸收 1 mol 的 H_2,生成 B(C_7H_{16});A 在酸性高锰酸钾的作用下,可被氧化断裂,生成乙酸(CH_3COOH)和化合物 C。已知 C 是一种具有旋光活性的羧酸。试写出 A,B,C 的结构式。

7-7　中药洋金花具有止咳平喘、解痉止痛作用,历来被用作麻醉剂,其有效成分之一是(－)-莨菪碱。将 5 g(－)-莨菪碱溶于 10 mL 无水乙醇中,放置在一根长为 10 cm 的样品管中,测得其旋光度为－10.5°,求(－)-莨菪碱的比旋光度。

7-8　氯霉素是一种广谱抗生素,对多种细菌及立克次体和支原体有抑制作用,主要用于伤寒、斑疹伤寒、支原体肺炎、细菌性痢疾、百日咳和泌尿道感染。其费歇尔式如下:

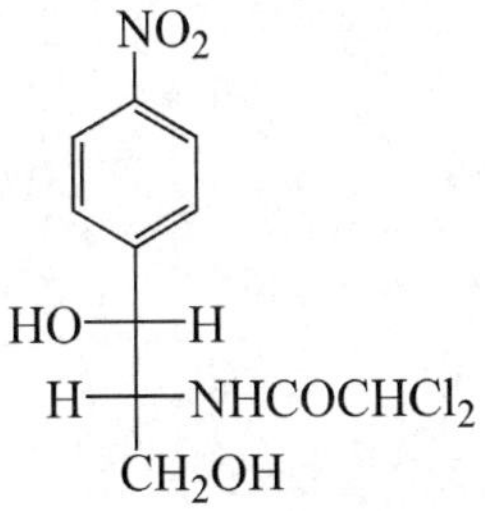

[Fischer projection: p-$NO_2C_6H_4$ at top; HO—C—H; H—C—$NHCOCHCl_2$; CH_2OH at bottom]

(1) 请用 *R*,*S* 标识分子中的手性碳。

(2) 将 15 g 氯霉素溶于 30 mL 无水乙醇中,将其溶液放置在一根长为 5 cm 的样品管中,测得其旋光度为＋4.6°。求氯霉素在无水乙醇中的比旋光度。

(3) 被淘汰的合霉素,其疗效只有氯霉素的 50%,是氯霉素的外消旋体。试写出合霉素中另一成分的费歇尔式,并标记手性碳的 *R*,*S* 构型。

7-9　胆固醇是胆结石的组成成分,请用 * 标明分子中的所有手性碳原子,并指出胆固醇在理论上存在多少个立体异构体。

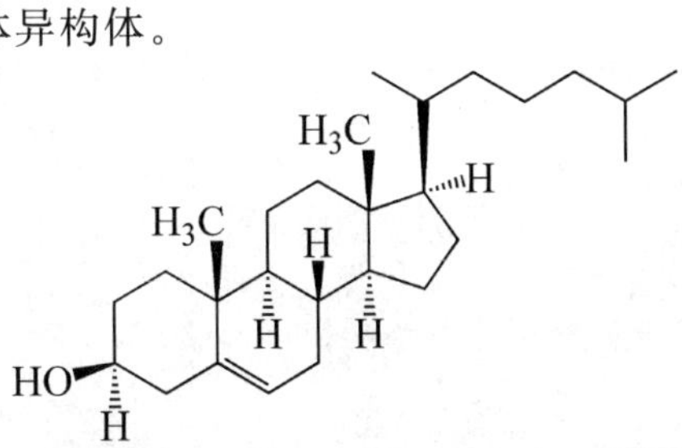

[structure: cholesterol, with H_3C, H, HO labels]

7-10　核糖是构成核糖核酸(RNA)不可缺少的物质,其构型如Ⅰ式:

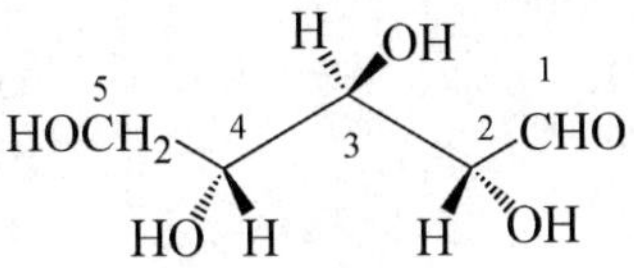

[structure: $HOCH_2$(5)—C4(HO, H)—C3(H, OH)—C2(H, OH)—CHO(1)]

Ⅰ式

(1) 试标出Ⅰ式中 2,3,4 号手性碳的 R,S 构型;

(2) 将Ⅰ式写成费歇尔投影式;

(3) 写出Ⅰ式的对映体的费歇尔投影式,并标明各手性碳的 R,S 构型;

(4) $NaBH_4$ 作用下,核糖被还原为核糖醇:Ⅰ式中,C_1 上的—CHO 变成—CH_2OH。请问核糖醇是否有旋光性?为什么?

7-11 青霉素的结构骨架如下:

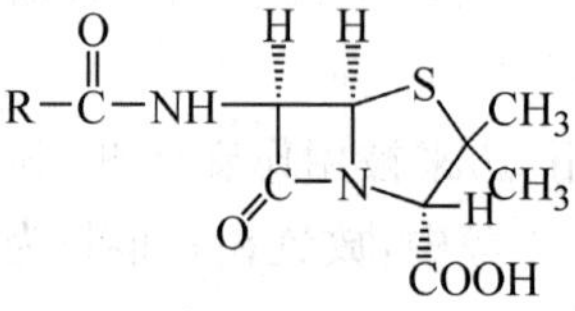

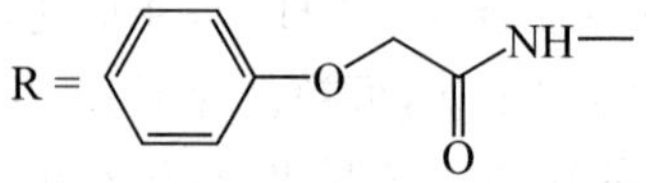

(青霉素V)

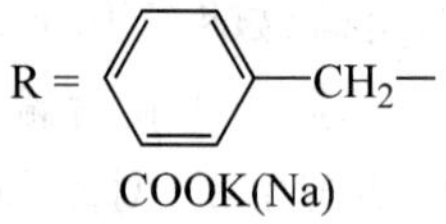

(青霉素G)

试用 * 标出手性碳,并确定其构型。

8 卤 代 烃

【学习提要】

- 学习掌握卤代烃的分类、同分异构和命名。
- *熟悉卤代烃的一般制法

  (1) 烷烃卤代：烯、炔与 HX,X_2 的加成,NBS 试剂溴代及芳烃氯甲基化；

  (2) 由醇制备：与 HX,PX_3,PX_5 及 $SOCl_2$ 作用；

  (3) 由卤代烃经醇置换。
- 掌握重要的亲核取代反应及其应用。

  (1) 水解；

  (2) 与氰化钠反应；

  (3) 与氨反应；

  (4) 与醇钠作用；

  (5) 与硝酸银作用。
- 掌握卤代烃的消除反应和查依采夫(Saytzeff)规则应用。
- 卤代烃与金属反应。重点掌握格氏试剂的制法和性质，*理解有机锂[RLi]试剂及铜锂试剂的制法及应用。
- 学习理解 S_N1,S_N2 反应的动力学、立体化学及影响因素(包括烷基的结构、试剂的亲核性、卤素的离去倾向及溶剂极性)，*理解 S_N1 和 S_N2 历程的竞争。
- 熟悉各类卤代烃卤原子的活泼性及其应用。
- 了解常见多卤代烃的性质和用途。

8.1 概论

烃类分子中的氢原子被卤素取代后生成的化合物，叫做**卤代烃**(halohydrocarbon)，一般表示为 RX。在卤代烃分子中，卤原子(X)是官能团。虽然卤素包括氟、氯、溴和碘 4 种元素，但一般所说的卤代烃只是指氯代烃、溴代烃和碘代烃，而不包括氟代烃，这是因为氟代烃的制法和性质都比较特殊。

卤代烃的分类：

(1) 按照分子中母体烃的类别，卤代烃主要分为卤代烷烃、卤代烯烃及卤代芳烃等。

卤代烷烃：CH_3Cl,CH_2Cl_2,$CHCl_3$

卤代烯烃：$CH_2{=}CHCl$, $ClHC{=}CHBr$, $Cl_2C{=}CHCl$

卤代炔烃：$HC{\equiv}CCl$, $ClC{\equiv}CCl$

卤代芳烃：

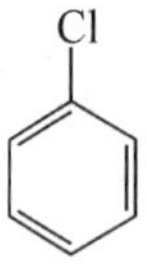

$$\text{C}_6\text{H}_5\text{Cl} \qquad \text{C}_6\text{H}_4\text{Cl}_2 \qquad \text{C}_6\text{H}_3\text{Cl}_3$$

一元卤代芳烃 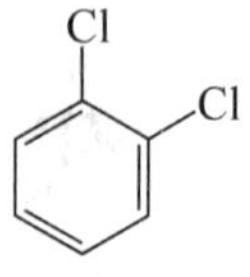　　二元卤代芳烃 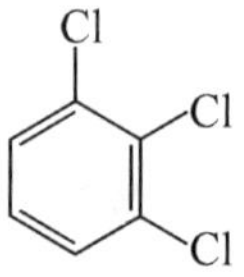　　三元卤代芳烃

(2) 根据分子中卤原子的数目，可把卤代烃分为一元卤烃、二元卤烃、三元卤烃等。

一元卤烃：CH_3Cl，$CH_2{=}CHCl$，$H_2C{=}CHBr$ 等，分子中只含有一个卤原子。

多元卤烃：分子中含有多于一个卤原子。如二元卤烃：CH_2Cl_2，三元卤烃：$CHCl_3$，$Cl_2C{=}CHCl$ 等。

(3) 按照与卤原子相连碳原子(α-碳原子)是一级、二级或三级碳原子分别称为伯卤烃、仲卤烃和叔卤烃，也可用1°，2°，3°卤代烃表示。

卤原子与伯碳相连：$R{-}CH_2{-}X$，伯卤代烃(1°卤代烃)。

卤原子与仲碳相连：$R{-}\underset{\underset{R}{|}}{CH}{-}X$，仲卤代烃(2°卤代烃)。

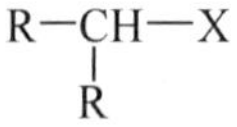

卤原子与叔碳相连：$R{-}\overset{\overset{R}{|}}{\underset{\underset{R}{|}}{C}}{-}X$，叔卤代烃(3°卤代烃)。

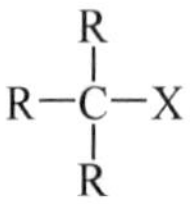

8.2 卤代烷的命名

卤代烷(alkyl halide)简称为卤烷。

对于简单的卤烷，可以把卤烷看作是烷基和卤素结合而成的化合物而命名，称为某烷基卤。例如：

$CH_3CH_2CH_2CH_2Cl$　正丁基氯　　$(CH_3)_2CHCH_2Cl$　异丁基氯

$(CH_3)_3CBr$　叔丁基溴　　$(CH_3)_3CCH_2I$　新戊基碘

但对于比较复杂的卤烷，一般采用系统命名法。它是选择含有卤原子的最长碳链为主链，把支链和卤素看作取代基，按照主链中所含碳原子数目称为“某烷”；主链上碳原子的编号从靠近支链的一端开始；主链上的支链和卤原子根据次序规则，“较优”基团在后的原则排列，由于卤素优于烷基，所以命名时把烷基、卤原子的位置和名称依次写在烷烃名称之前。例如：

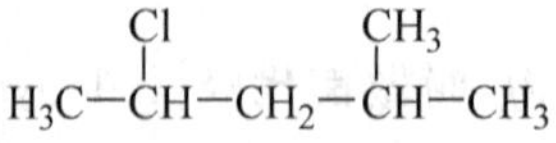

$$H_3C{-}\overset{\overset{Cl}{|}}{CH}{-}CH_2{-}\overset{\overset{CH_3}{|}}{CH}{-}CH_3 \qquad H_3C{-}CH_2{-}\overset{\overset{Br}{|}}{CH}{-}\overset{\overset{CH_3}{|}}{CH}{-}CH_2{-}CH_2{-}CH_3$$

2-甲基-4-氯戊烷 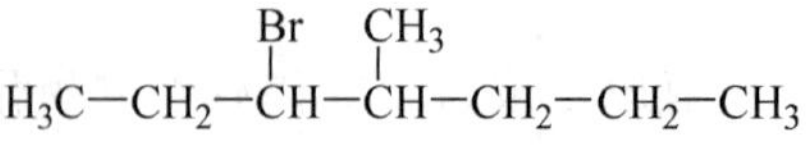　　4-甲基-3-溴庚烷

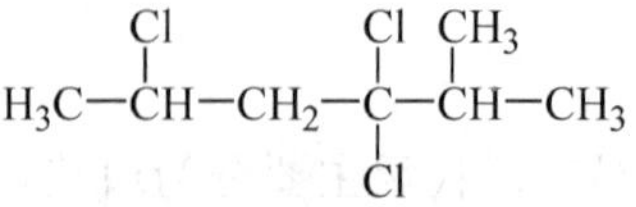

$$H_3C{-}\overset{\overset{Cl}{|}}{CH}{-}CH_2{-}\overset{\overset{Cl}{|}}{\underset{\underset{Cl}{|}}{C}}{-}\overset{\overset{CH_3}{|}}{CH}{-}CH_3$$

2-甲基-3,3,5-三氯己烷

在多卤烷的命名中，常用“对称”、“不对称”或“偏”等字样来命名多卤烷。例如二氯乙烷的两个异构体：

$$Cl-CH_2-CH_2-Cl$$
1,2-二氯乙烷
(又名：对称二氯乙烷)

$$H_3C-CHCl_2$$
1,1-二氯乙烷
(又名：不对称二氯乙烷或偏二氯乙烷)

*8.3 卤代烷的制备

卤代烃基本上都是由人工合成得到的。卤烷的制备方法有多种，其中主要有烷烃卤代、不饱和烃与卤化氢或卤素加成、从醇制备、卤素的置换等。

8.3.1 烷烃卤代

在光或高温作用下，烷烃氯代一般都生成混合物，只有在少数情况下可以用氯代的方法制得较纯的一氯代物。例如：

$$\text{环己烷} + Cl_2 \xrightarrow{\text{光}} \text{环己基}-Cl + HCl$$

$$C_6H_5-CH_3 + Cl_2 \xrightarrow[h\nu]{\triangle} C_6H_5-CH_2Cl + HCl$$

烷烃溴代的选择性比氯代高，以适当烷烃为原料可以得到一种主要的溴代物。例如：

$$(CH_3)_3CCH_2C(CH_3)_3 + Br_2 \xrightarrow[CCl_4]{\text{光}} (CH_3)_3C\underset{\underset{Br}{|}}{C}HC(CH_3)_3$$
(>96%)

因此，通过烷烃卤代制备卤代烃，溴代比氯代更适用。

碘烷一般不易由烷烃碘代反应得到，因为碘代时产生的碘化氢为较强的还原剂，能使反应逆向进行：

$$CH_4 + I_2 \rightleftharpoons CH_3I + HI$$

在反应的同时加入一些氧化剂使 HI 氧化，则碘代反应能顺利进行。常用氧化剂有碘酸、硝酸、氧化汞等。例如：

$$5HI + HIO_3 \longrightarrow 3I_2 + 3H_2O$$

8.3.2 不饱和烃与卤化氢或卤素加成

不饱和烃与卤化氢或卤素加成，生成卤代烷。

(1) 与卤化氢加成

将干燥的卤化氢气体直接通入烯烃，烯烃与卤化氢在双键处发生加成作用，生成相应的卤烷：

$$CH_3CH{=}CH_2 + HX \longrightarrow CH_3\underset{}{\overset{\overset{X}{|}}{C}}HCH_3$$
$$(HX = HCl, HBr, HI)$$

(2) 与卤素加成

烯烃容易与氯或溴发生加成反应，生成相应的二卤代烷：

$$CH_2{=}CH_2 + Br_2 \longrightarrow BrCH_2CH_2Br$$

碘一般不与烯烃发生反应,氟与烯烃的反应太剧烈,往往得到碳链断裂的各种产物,没有实用意义。

8.3.3　从醇制备卤烷

醇分子中的羟基可被卤原子取代而生成相应的卤烷,这是制取卤烷最普遍的方法,无论是实验室或工业上都可采用。最常用的又分为以下 3 种方法:

(1) 醇与氢卤酸作用

醇与氢卤酸作用生成卤烷和水:

$$ROH + HX \rightleftharpoons RX + H_2O$$

增加反应物的浓度并除去生成的水,可以提高卤烷的产率。例如,氯烷的制备一般是将浓盐酸和醇在无水氯化锌存在下制得;制备溴烷则需要将醇与氢溴酸及浓硫酸(或溴化钠与浓硫酸)共热;碘烷则可将醇与氢碘酸(57%)一起回流加热制得。

(2) 醇与卤化磷作用

醇与三卤化磷作用生成卤烷,是制备溴烷和碘烷的常用方法。

$$3ROH + PX_3 \rightleftharpoons 3RX + P(OH)_3$$

反应时将溴或碘和赤磷加到醇中共热,卤素与赤磷作用生成 PX_3,后者与醇作用,生成卤烷,例如:

$$2P + 3I_2 \longrightarrow 2PI_3$$

$$3C_2H_5OH + PI_3 \longrightarrow 3C_2H_5I + P(OH)_3$$

用此方法制备碘烷,产率一般可达 90%左右。

从伯醇制取氯烷时,一般用五氯化磷做试剂:

$$ROH + PCl_5 \longrightarrow RCl + POCl_3 + HCl$$

因为伯醇与三氯化磷作用,常有副反应而生成亚磷酸酯,故氯烷产率一般不超过 50%。

(3) 醇与亚硫酰氯作用

亚硫酰氯(又名**氯化亚砜**)可迅速与醇作用,醇的羟基被氯置换而生成氯烷。这个反应不仅反应速度快,而且产量高(一般可在 90%左右),副产物二氧化硫和氯化氢都是气体,容易与液体的氯烷分离:

$$ROH + SOCl_2 \xrightarrow[\triangle]{} RCl + SO_2\uparrow + HCl\uparrow$$

溴化亚砜因其不稳定而难以得到,故此法只是实验室和工业上制备氯烷的方法之一。

8.3.4　卤素的置换

将氯烷或溴烷的丙酮溶液与碘化钠(或碘化钾)共热,氯烷或溴烷分子中的氯或溴可被碘所置换,反应中产生的 NaCl(或 NaBr)在丙酮中溶解度很小而沉淀下来,使反应向右方进行,最后得碘烷:

$$RCl + NaI \xrightarrow{\text{丙酮}} RI + NaCl\downarrow$$

用此法制备碘烷,产率很高,但一般只适用于制备伯碘烷。

8.4 卤代烷的性质

8.4.1 卤烷的物理性质

在常温常压下，除氯甲烷、氯乙烷和溴甲烷为气体外，其他一元卤烷为液体，C_{15}以上的卤烷为固体。当卤原子相同时，一元卤烷的沸点随碳原子数增加而升高。同一烃基的卤烷，以碘烷的沸点最高，溴烷、氯烷依次降低。

一元卤烷的相对密度大于同碳数的相应烷烃。一氯代烷的相对密度小于1，其余一卤代烷及多卤代烷的相对密度大于1。当烃基相同时，卤烷的相对密度随卤元素原子量的增加而增加。如果卤素相同，则其相对密度随烃基的相对分子质量增加而减少。

卤烷不溶于水，溶于醇、醚、酮、烃等有机溶剂。卤烷在铜丝上燃烧能产生绿色火焰，这可用于鉴定卤素的存在。

在卤烷分子中，C—X键是极性共价键，该共价键的极性随卤素电负性的增大而增大，例如：

卤烷	CH_3CH_2Cl	CH_3CH_2Br	CH_3CH_2I
偶极矩 μ	2.05D	2.03D	1.91D

此外，C—X键在化学过程中具有较大的可**极化度**。可极化度是指共价键在外电场作用下，由于发生电子云分布的变动，从而使分子中电子云变形的难易程度。可极化度大的共价键，电子云易于变形，可极化度小的不易变形。键的可极化度只有在分子进行反应时才能表现出来。因此，它在化学反应中对分子的反应性能起着重要作用。与C—C键和C—H键的键能（分别是347.3 kJ/mol和414.2 kJ/mol）相比较，C—X键的键能较小（例如C—I，217.6 kJ/mol），因此卤烷的化学性质比较活泼，反应都发生在C—X键上。卤烷的反应主要有取代反应、消除反应以及与金属的反应。

8.4.2 卤烷的化学性质

1. 取代反应

因为卤烷分子中的$C^{\delta+}—X^{\delta-}$键是极性共价键，碳原子上带有部分正电荷，卤素带有部分负电荷，所以在取代反应中，α-碳原子容易被亲核试剂进攻，卤素被亲核试剂所取代。由**亲核试剂**进攻而引起的取代反应称为**亲核取代反应**（nucleophilic substitution reaction），以S_N表示（S表示取代，N表示亲核），反应通式为：

$$R-X + Nu^- \longrightarrow R-Nu + X^-$$

其中R—X为反应物，又称底物，Nu为亲核试剂，X称为**离去基团**(leaving group，常用L表示)。

卤代烷与不同的亲核试剂反应可用来制备不同种类的有机化合物。**亲核试剂**（necleophilic reagent）常用Nu^-或Nu：表示。主要可分为两大类：一类是带有孤对电子的中性分子（属路易斯碱），另一类是带有负电荷的负离子（属共轭碱）。例如：

$$Nu^- = H_2\ddot{\underset{..}{O}},\ R\ddot{\underset{..}{O}}H,\ H_3\ddot{N},\ R\ddot{N}H_2,\ R_3\ddot{N},\ R_3\ddot{P},\ R_2\ddot{\underset{..}{S}},\ R\ddot{\underset{..}{S}}H$$

$$Nu^- = HO^-,\ RO^-,\ RC{\equiv}C^-,\ NC^-,\ NO_3^-,\ RCO_2^-,\ X^-,\ HS^-,\ RS^-$$

在亲核取代反应中，亲核试剂提供一对电子，与底物的碳原子成键，试剂给电子能力强，成键快,即亲核性强。一般来说,试剂的碱性越强,亲核能力就越强;试剂的电负性高,碱性与亲核性均下降。

卤烷的取代反应主要有以下几类:

(1) 水解

卤烷与水的作用,可水解生成醇:

$$RX + H_2O \longrightarrow ROH + HX$$

因反应是可逆的,故一般情况下水解进行得很慢,强碱性条件可加速水解反应并使反应进行完全。反应时常将卤烷与 NaOH 或 KOH 的水溶液共热,强碱的作用是:①OH^- 是比水更强的亲核试剂,有利于反应加速;②反应中产生的 HX 可被碱中和,从而加速反应并提高醇的产率:

$$RX + NaOH \longrightarrow ROH + NaX$$

(2) 与氰化钠作用

卤烷与氰化钠(或氰化钾)在醇溶液中加热回流反应,卤原子被氰基(—CN)取代生成腈:

$$RX + Na^+CN^- \longrightarrow RCN + Na^+X^-$$

此反应在有机合成中常作为增长碳链的方法之一,因为反应的结果是分子中增加了一个碳原子(氰基),氰基可再转变为其他官能团,如羧基(—COOH)、酰胺基(—$CONH_2$)等。

(3) 与氨作用

氨具有比醇或水更强的亲核性,卤烷与过量的氨的作用可制得伯胺:

$$RX + \ddot{N}H_3 \longrightarrow RNH_2—HX \xrightarrow{NH_3} RNH_2 + NH_4X$$

(4) 与醇钠作用

卤烷与醇钠作用得到醚:

$$RX + R'O^-Na^+ \longrightarrow ROR' + NaX$$

这是**威廉森合成法**(Williamson synthesis),是制备混醚的方法。本反应中所用的卤烷一般为伯卤烷,如果用叔卤烷与醇钠作用,主要产物往往是烯烃。

(5) 与金属炔化合物作用

卤烷与碱金属炔化合物作用,卤素被炔基取代,生成碳链增长的炔烃。利用这个反应可从低级炔合成高级炔。

$$R—X + R'—C≡C^-Na^+ \longrightarrow R'—C≡CR + NaX$$

(6) 与硝酸银作用

卤烷与硝酸银的乙醇溶液作用可得到硝酸酯和卤化银沉淀:

$$RX + \overset{+}{Ag}NO_3^- \xrightarrow{C_2H_5OH} RONO_2 + AgX\downarrow$$

此反应可用于不同结构的卤烷的分析鉴定。不同结构的卤烷反应活性次序是:叔卤烷>仲卤烷>伯卤烷。相同结构中,不同卤素作为离去基团的反应性比较:RI>RBr>RCl>RF。

(7) 与碘化钠作用

氯代烷或溴代烷与碘化钠的丙酮溶液反应,生成碘代烷和氯化钠或溴化钠。由于氯化钠和溴化钠在丙酮中的溶解度低而析出结晶。

$$RX + NaI \xrightarrow{丙酮} RI + NaX\ (X=Cl, Br)$$

利用上述取代反应和其他反应,可从卤代烷制取许多类别的有机化合物,而卤代烷又可以从烃类加卤素或加卤化氢得到,所以说卤代烃在合成中起着重要的桥梁作用。

2. 消除反应

在一定条件下，卤烷可发生以消除反应为主的反应，产物为烯烃或二烯烃。卤烷的消除反应主要有脱卤化氢和脱卤素。

从分子失去一个简单分子生成不饱和键的反应称为**消除反应**(elimination)，用 E 表示。消除反应在有机合成上常作为在分子中引入碳碳双键和碳碳叁键结构的方法。

(1) 卤烷脱卤化氢反应

卤烷和氢氧化钠(或氢氧化钾)的乙醇溶液共热，卤烷脱去一分子卤化氢生成不饱和烃：

$$R-CH_2-CH_2X + NaOH \xrightarrow[\triangle]{C_2H_5OH} R-CH=CH_2 + NaX + H_2O$$

$$R-CH_2-CHX_2 + 2NaOH \xrightarrow[\triangle]{C_2H_5OH} R-C\equiv CH + 2NaX + 2H_2O$$

卤烷脱卤化氢的难易与烃基结构有关，其难易顺序是：叔卤烷＞仲卤烷＞伯卤烷。

卤烷脱氢时，当两个 β-碳上都有 β-氢时，产物遵从**查依采夫规则**(Saytzeff rule)，即氢原子从含氢较少的 β-碳原子上脱去：

$$CH_3-CH_2-\underset{}{\overset{Br}{\overset{|}{C}}}H-CH_3 \xrightarrow[C_2H_5OH]{KOH} \underset{(71\%)}{CH_3-CH=CH-CH_3} + \underset{(29\%)}{CH_3-CH_2-CH=CH_2}$$

两种产物的比例可以从**超共轭效应**来理解。在 2-丁烯中，有 6 个 C—H 键与双键发生超共轭效应；而在 1-丁烯中，仅有两个 C—H 键与双键发生超共轭效应。从超共轭效应的大小，可以估计产物的稳定性：2-丁烯比 1-丁烯稳定：

$$H-\underset{H}{\overset{H}{C}}-\overset{H}{C}=\overset{H}{C}-\underset{H}{\overset{H}{C}}-H \qquad CH_3-\underset{H}{\overset{H}{C}}-CH=CH_2$$

(2) 卤烷脱卤素反应

邻二卤化物除了能发生脱卤化氢反应生成炔烃或共轭二烯烃外，在锌粉或镍粉存在下，更能脱去卤素生成烯烃，例如：

$$H_3C-CHX-CHX-CH_3 \xrightarrow[KOH]{C_2H_5OH} H_2C=CH-CH=CH_2$$

$$H_3C-CHBr-CH_2Br \xrightarrow[n\text{-}C_4H_9OH]{KOH\ \ \triangle} H_3C-C\equiv CH$$

$$H_3C-CHBr-CHBr-C_2H_5 \xrightarrow[\triangle]{Zn,\ C_2H_5OH} H_3C-CH=CH-C_2H_5 + ZnBr_2$$

3. 与金属作用

卤烷能与锂、钠、镁等活泼金属直接反应，生成由金属原子与碳原子直接相连的化合物(含 C—金属键)，称为**有机金属化合物**(organometallics)。

(1) 与金属钠作用

卤烷与金属钠作用生成有机钠化合物：

$$RX + 2Na \longrightarrow RNa + NaX$$

烷基钠形成后容易进一步与卤烷反应生成碳原子数多一倍的烷烃，称为**武慈反应**(Wurtz reaction)：

$$RNa + RX \longrightarrow R-R + NaX$$

此反应也可用于制备取代芳烃,称为**武慈-菲蒂希反应**(Wurtz-Fittig reaction):

$$C_6H_5Br + CH_3(CH_2)_3Br + 2Na \xrightarrow[20℃]{\text{乙醚}} C_6H_5CH_2(CH_2)_2CH_3 + 2NaBr$$

(2) 与金属镁作用

一卤代烷与金属镁在绝对乙醚(无水无醇的乙醚)中作用生成溶于乙醚中的有机镁化合物,此化合物一般称为格林尼亚(Grignard)试剂,简称**格氏试剂**,无需分离即可直接用于多种合成反应:

$$RX + Mg \xrightarrow{\text{绝对乙醚}} R{-}Mg{-}X$$

格氏试剂非常活泼,能和 CO_2、醛、酮等多种化合物发生反应,生成羧酸、醇等一系列产物,在有机合成中应用很广。Grignard 也因发明了格氏试剂于1912年获得诺贝尔化学奖。

格氏试剂不稳定,如果遇到含活泼氢的化合物,分解为烷烃。如:

$$RMgX + \begin{cases} H{-}OH \longrightarrow RH + Mg(X)(OH) \\ R_1OH \longrightarrow RH + Mg(X)(OR_1) \\ HNH_2 \longrightarrow RH + Mg(X)(NH_2) \\ HX \longrightarrow RH + MgX_2 \\ HC{\equiv}CR_1 \longrightarrow RH + R_1C{\equiv}CMgX \end{cases}$$

格氏试剂与含活泼氢化合物的反应是定量进行的。在有机分析中,常用一定量的甲基碘化镁(CH_3MgI)和一定数量的含活泼氢化合物作用,从生成甲烷的体积可以计算出活泼氢的数量。

保存格氏试剂应使其与空气隔绝,因为格氏试剂在空气中能慢慢地吸收氧气,生成烷氧基卤化镁,后者遇水分解生成相应的醇:

$$RMgX + \frac{1}{2}O_2 \longrightarrow ROMgX \xrightarrow{H_2O} ROH$$

(3) 与金属锂作用

卤代烷在无水苯/醚等惰性溶剂中与金属锂反应,生成有机锂化合物 RLi,有机锂化合物可溶解在苯等有机溶剂中。有机锂化物的性质与格氏试剂相似,且更活泼。制备有机锂化物一般用氯代烷和溴代烷:

$$RX + Li \longrightarrow RLi + LiX$$

烷基锂与氯化亚铜反应生成二烷基铜锂:

$$2RLi + CuCl \longrightarrow R_2CuLi + LiX$$

二烷基铜锂是一种很好的烃基化试剂,称为有机铜锂试剂,它与卤代烃反应生成碳链增长的烷烃。称为**科瑞-赫思**(Corey-House)**合成法**。例如:

$$2CH_3(CH_2)_5CH_2Cl + [CH_3(CH_2)_2CH_2]_2CuLi \xrightarrow[N_2]{Et_2O} 2CH_3(CH_2)_9CH_3 + CuCl + LiCl$$

8.5 饱和碳原子上的亲核取代反应历程

亲核取代反应是卤烷的一类重要反应，通过这类反应，卤素官能团可转变为其他多种官能团，在有机合成中具有广泛应用。大量研究表明，卤烷的水解反应的动力学和产物立体化学不同。显然这与反应的历程有关。

卤烷水解可能按单分子亲核取代反应(S_N1)和双分子亲核取代反应(S_N2)两种不同的历程进行。

8.5.1 单分子亲核取代反应(S_N1)历程

以叔丁基溴在 NaOH 水溶液中反应，生成取代产物叔丁醇为例：

总反应　$(CH_3)_3CBr + HO^- \longrightarrow (CH_3)_3COH + Br^-$

实验证明，反应速度只与叔丁基溴的浓度有关，与亲核试剂的浓度无关：

$$v_{水解} = k[(CH_3)_3CBr]$$

这个反应可以认为分两步进行：

(1) 叔丁基溴分解为叔丁基碳正离子和溴负离子，在反应过程中存在一个 C—Br 键即将断开而能量较高的过渡态：

$$(CH_3)_3C—Br \longrightarrow [(CH_3)_3C\cdots Br] \longrightarrow (CH_3)_3C^+ + Br^-$$

（过渡态）　（平面结构）

(2) 平面结构的叔丁基碳正离子立即与试剂(如 OH^-)或水作用生成水解产物叔丁醇：

$$(CH_3)_3C^+ + OH^- \longrightarrow (CH_3)_3C—OH + HO—C(CH_3)_3$$

（从右面进攻）　（从左面进攻）

在 S_N1 反应的立体化学中，从第一步产生的叔碳正离子来看，碳原子由正四面体结构转变为三角形平面结构的碳正离子，带正电的碳正离子上有一个空的 p 轨道(该 p 轨道垂直于三角形平面结构)，第二步亲核试剂从平面两边进攻的机会均等。如果碳正离子所连的 3 个基团不同，将得到外消旋产物(构型保持和构型转化各为 50%)。

叔丁基溴水解的能量变化过程见图 8-1。

S_N1 反应的特点是反应分两步进行，反应速度只与反应物的浓度有关，而与亲核试剂的浓度无关；反应过程有活性中间体——碳正离子生成，某些碳正离子可发生重排，生成更稳定的另一种碳正离子。如果碳正离子所连的 3 个基团不同时，得到的产物外消旋化。

不同烷基的卤烷发生 S_N1 反应的相对速度比较：

叔卤代烷＞仲卤代烷＞伯卤代烷＞卤代甲烷

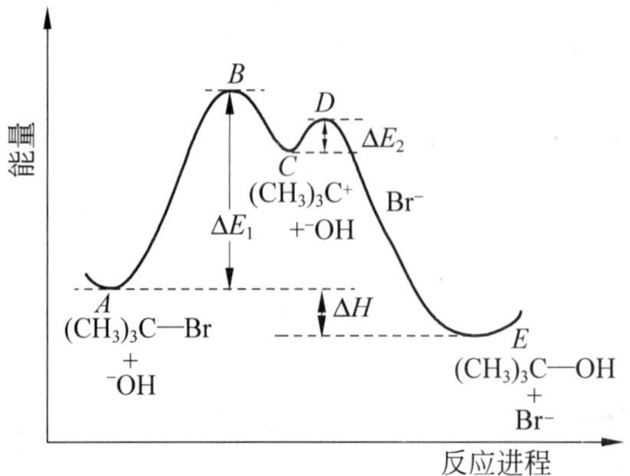

图 8-1　溴水解的能量变化过程

8.5.2　双分子亲核取代反应(S_N2)历程

以溴甲烷在 NaOH 水溶液中反应,生成取代产物甲醇为例:

总反应　　$CH_3Br + OH^- \longrightarrow CH_3OH + Br^-$

研究发现,反应速度不仅与溴甲烷的浓度有关,也与碱的浓度成正比:

$$v_{\text{水解}} = k[CH_3Br][OH^-]$$

反应过程中,亲核试剂总是从溴的背面进攻碳原子,碳溴键的断裂和碳氧键的形成同时进行,反应一步完成:

$$HO^- + H_3C—Br \longrightarrow \left[OH \cdots CH_3 \cdots Br \right] \longrightarrow HO—CH_3 + Br^-$$

过渡态　　瓦尔登转化

在 S_N2 反应的立体化学中,亲核试剂总是从离去基团的背面进攻中心碳原子,如下例反应。在过渡状态,进攻试剂、中心碳原子和离去基团处在一条直线上,而中心碳原子和其他 3 个基团处于垂直于这条直线的平面上。最后,氢氧根与碳生成 O—C 键,溴则成溴离子离去,中心碳原子上的 3 个基团也完全偏到羟基的另外一边。这个过程像雨伞被大风吹得向外翻转一样,所得产物的构型和反应物的构型相反,即在反应过程中发生了构型的转化,这称为瓦尔登(Walden)转化或瓦尔登反转。所以,产物发生瓦尔登反转是 S_N2 反应的一个重要标志。

$$HO^- + H(C_2H_5)(CH_3)C—Br \longrightarrow \left[\overset{\delta^-}{OH}—C(C_2H_5)(H)(CH_3)—\overset{\delta^-}{Br} \right] \longrightarrow HO—C(C_2H_5)(H)(CH_3) + Br^-$$

(过渡态)

溴甲烷水解反应的能量变化如图 8-2 所示。

S_N2 反应的特点是,在反应过程中,亲核试剂总是从离去基团的背面进攻碳原子,碳溴键的断裂和碳氧键的形成同时进行;反应一步完成;反应速度不仅与底物溴甲烷的浓度成正比,而且也与亲核试剂碱的浓度成正比;S_N2 反应得到的产物通常发生构型反转(瓦尔登转化)。

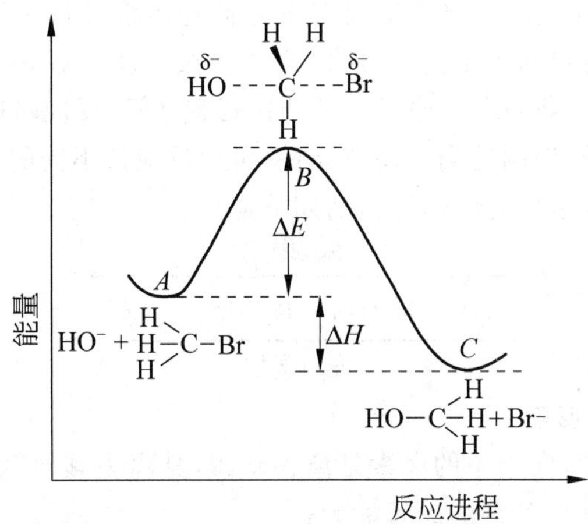

图 8-2 S_N2 反应能量变化过程

不同烷基的卤烷发生 S_N2 反应的相对速度比较：

卤代甲烷＞伯卤代烷＞仲卤代烷＞叔卤代烷

*8.5.3 影响亲核取代反应历程的因素

一个卤烷的亲核取代反应究竟是 S_N1 历程还是 S_N2 历程，取决于卤烷中烷基(R)的结构、亲核试剂和离去基团(X)的性质，以及溶剂的极性大小等影响因素。

1. 烷基结构的影响

(1) 烷基结构对 S_N1 的影响

S_N1 反应分两步进行，反应速率取决于中间体碳正离子的生成。碳正离子越稳定，反应速度就越快。碳正离子稳定性比较：

$$(CH_3)_3C^+ > (CH_3)_2CH^+ > CH_3CH_2^+ > CH_3^+$$

因此，不同烷基卤烷进行 S_N1 反应的相对速度次序与相应的碳正离子稳定性次序相一致：

叔卤代烷＞仲卤代烷＞伯卤代烷＞卤代甲烷

(2) 烷基结构对 S_N2 的影响

在 S_N2 历程中，亲核试剂从离去基团的背面进攻碳原子，烷基的结构如果对亲核试剂的接近起阻碍作用，反应速度就会减慢。从立体效应来看，随 α-碳原子上烃基的增加，S_N2 反应速度依次下降。不同烷基的卤烷发生 S_N2 反应的活性次序是：

甲基卤代烷＞伯卤代烷＞仲卤代烷＞叔卤代烷

伯卤烷一般易发生 S_N2 反应，但控制适当的反应条件，亦会发生 S_N1 反应。在有机分析鉴定中，用硝酸银的乙醇溶液与伯卤烷作用就容易进行 S_N1 反应：

$$RX + Ag^+ \rightleftharpoons \underset{\text{络合物}}{\overset{\delta^+}{R}\cdots X\cdots \overset{\delta^-}{Ag}} \rightleftharpoons R^+ + AgX\downarrow$$

一般情况下，叔卤烷易于发生 S_N1 反应，但如果叔氯烷与碘化钠的丙酮溶液反应，因为碘离子很容易与和氯相连的 α-碳原子形成过渡态，使叔氯烷发生 S_N2 反应。

总的来说,卤烷分子中的烷基结构对反应按照何种历程进行有很大的影响。叔卤烷易于失去卤离子而形成较稳定的碳正离子,所以它主要按 S_N1 历程进行亲核取代反应;而伯卤烷则相反,主要按 S_N2 历程进行;仲卤烷则处在两者之间,反应可同时按 S_N1 和 S_N2 两种历程进行。但要指出的是,控制适当的反应条件,可使反应按不同的反应历程进行。

上面两种历程中烷基结构的影响可归纳如下:

$$\xleftarrow{S_N2\text{增加}}$$

$$CH_3X \quad RCH_2X \quad R_2CHX \quad R_3CX$$

$$\xrightarrow[S_N1\text{增加}]{}$$

2. 卤素对 S_N 反应的影响

在 S_N1 和 S_N2 反应中,卤烷中的卤素是离去基团,其离去倾向越大,取代反应就越容易进行,反应速度也越快。C—X 键的离解能为:

	C—F	C—Cl	C—Br	C—I
键能/kJ/mol	485.3	338.9	284.5	213.6

C—X 键的相对极化度为

$$C—I > C—Br > C—Cl > C—F$$

C—X 键的键能越小,相对极化度越大,越容易发生异裂,所以卤烷反应速度的次序是:

$$RI > RBr > RCl > RF$$

卤离子或其他离去基团离去能力大小次序与其共轭酸的强弱次序相同。即强酸的负离子是好的离去基团,容易离去;弱酸的负离子是差的离去基团,较难离去。这个活性次序对 S_N1 反应的影响程度大于 S_N2 反应。

3. 亲核试剂的性质对 S_N 反应的影响

在 S_N1 反应中,决定反应速度的是离解,因此 S_N1 反应与亲核试剂无关。但在 S_N2 反应中,由于亲核试剂参与了过渡态的形成,亲核试剂的浓度越大,亲核试剂的亲核能力越强,反应按 S_N2 历程的趋势就越大。

试剂给电子能力强,成键快,即亲核性强。亲核试剂的亲核性与其碱性、可极化度都有关系。一般来说,碱性强的亲核试剂其亲核能力也强,$C_2H_5O^- > OH^- > PhO^- > CH_3COO^- > H_2O$。试剂的电负性大,碱性与亲核性都下降。

在质子溶剂中,一般常见的亲核试剂的亲核能力大概次序是:

$$RS^- \approx ArS^- \approx CN^- > I^- > NH_3(RNH_2) > RO^- \approx HO^- > Br^- > Ph—O^- > Cl^- > F^-$$

原子半径大的原子,其外层电子离原子核较远,容易受到外界电场的影响而变形(即可极化度大),使其变得更容易进攻带正电荷的碳原子。例如 I^- 的体积比 Cl^- 大,所以 I^- 亲核能力较强。

但必须注意,亲核性与碱性是两个不同的概念。亲核性是指带正电荷原子的亲和力;碱性是指对质子或路易斯酸的亲和力。它们的强弱次序有时并不完全一致。如碱性 $F^- > Cl^- > Br^- > I^-$;亲核性 $I^- > Br^- > Cl^- > F^-$。

4. 溶剂的性质对 S_N 反应的影响

溶剂极性的大小对反应历程的影响也很大。一般来说,介电常数大的极性溶剂有利于卤烷的离解,使反应有利于按 S_N1 历程进行。

要确定一个反应的历程,需要综合考虑上述各种影响因素。

*8.6 消除反应历程

消除反应常常伴随亲核取代反应同时进行，所以它们是互相竞争的一对反应：

$$R—CH_2—CH_2—X + HO^- \begin{cases} \xrightarrow{\text{取代}} R—CH_2—CH_2—OH + X^- \\ \xrightarrow{\text{消除}} R—CH{=}CH_2 + H_2O + X^- \end{cases}$$

反应中究竟哪一种反应占优势，这取决于反应物结构、试剂、温度和溶剂等多种影响因素。某些化合物发生消除反应时，可能有不同的消除反应产物，反应物的结构常常决定消除反应的方向。消除反应也存在单分子消除反应(E1)和双分子消除反应(E2)两种历程。

8.6.1 单分子消除反应

和 S_N1 反应历程相似，单分子消除反应历程也是分两步进行，第一步是卤烷分子在溶剂中先离解碳正离子，第二步是在β-碳上脱去一个质子，同时在α-碳与β-碳原子之间形成一个双键，其过程是：

$$H—CR_2—CR_2—X \xrightarrow{\text{慢}} H—CR_2—\overset{+}{C}R_2 + X^-$$

$$H—CR_2—\overset{+}{C}R_2 \xrightarrow{\text{快}} R_2C{=}CR_2 + H_2O$$
$$HO^-$$

E1 和 S_N1 相比较，第一步碳正离子的形成是相同的，所不同的是第二步，E1 是试剂进攻β-碳上的氢原子，使氢原子以质子形式脱掉而形成双键；而 S_N1 则是试剂直接与碳正离子相结合而形成取代产物。

对某些反应物而言，E1 或 S_N1 反应中生成的碳正离子可以发生**重排反应**(rearrangement reaction)而转变成另一种更稳定的碳正离子，然后，再进行第二步反应。例如：

$$H_3C—\underset{CH_3}{\overset{CH_3}{C}}—CH_2Br \xrightarrow[-Br^-]{C_2H_5OH} H_3C—\underset{CH_3}{\overset{CH_3}{C}}—CH_2^+ \xrightarrow[\text{甲基迁移}]{\text{重排}} H_3C—\underset{CH_3}{\overset{+}{C}}—CH_2—CH_3$$

$$\xrightarrow{-H^+} H_3C—\underset{CH_3}{C}{=}CH—CH_3$$

所以，通常把重排反应作为 E1 或 S_N1 历程的标志之一。

8.6.2 双分子消除反应

双分子消除反应(E2)与 S_N2 相似，反应是一步完成的。不同的是碱性试剂进攻卤烷分子中的β-氢原子，而 S_N2 则是亲核试剂进攻α-碳原子。E2 反应如下：

$$Z^- + H—\underset{R}{CH}—CH_2—X \longrightarrow \left[\overset{\delta^-}{Z}\cdots H\cdots \underset{R}{CH}{\cdots}CH_2\cdots \overset{\delta^-}{X} \right] \longrightarrow ZH + RCH{=}CH_2 + X^-$$

(Z^-=OH^-, $C_2H_5O^-$等；X=Cl, Br, I 等)

E2 和 S_N2 反应往往也同时伴随发生，是一对竞争性反应。它们在反应中形成的过渡态很相似，其区别在于试剂进攻部位不一样，具体如下所示：

E2: H—C—C—L（:B 进攻 H）⟶ C=C + HB + :L

S_N2: H—C—C—L（:B 进攻 α-C）⟶ H—C—C—B + :L

(:B代表碱性试剂，:L代表离去基团)

8.6.3 影响消除和取代反应的因素

消除反应常常与亲核取代反应同时发生并相互竞争，两种反应的产物的比例受反应物结构、试剂、温度和溶剂等多种因素的影响。

一般来说，取代基较大的卤代物、强碱性试剂、弱极性溶剂和较高温度有利于消除反应进行，反之，则有利于取代反应进行。

1. 反应物结构的影响

在双分子反应中，卤烷 α-碳或 β-碳上侧链的增加，由于空间阻碍，不利于试剂从卤素的背面进攻 α-碳，S_N2 反应较慢，而试剂进攻 β-氢不存在位阻问题，因而 E2 反应逐渐增多：

B:⟶ C(H)(H)(CH₃)—X　空间位阻小，S_N2反应相对有利

B:⟶ H—CH₂—C(H)(CH₃)—X　试剂进攻β-H没有位阻，E2反应相对有利

存在强碱时，卤代物的结构对 E2 和 S_N2 反应有如下的影响：

消除增加 ⟶

CH_3X　RCH_2X　R_2CHX　R_3CX

⟵ 取代增加

在单分子反应中，S_N1 和 E1 反应混合物之比，主要取决于烷基的结构。因为反应过程中，首先是与卤原子相连的碳原子由四面体的结构(sp^3 杂化键角约 109.5°)变成正碳离子的平面结构(sp^2 杂化，键角约 120°)。因此，取代基的空间体积越大，越有助于进行消除反应。例如下列氯代烷在乙醇溶液中进行溶剂解所得取代产物与消除产物的比例如下：

	$H_5C_2-C(CH_3)_2-Cl$	$(CH_3)_2CCl-CH_2-C(CH_3)_3$	$(H_3C)_3C-CH_2-CCl(CH_3)-CH_2-C(CH_3)_3$
消除产物	34%	65%	100%
取代产物	66%	35%	0

2. 试剂性质的影响

对双分子反应(S_N2,E2),亲核性强的试剂有利于取代反应,亲核性弱的试剂有利于消除反应;碱性强的试剂有利于消除反应,碱性弱的试剂有利于取代反应。以下负离子都是亲核试剂,其碱性大小次序为:

$$NH_2^- > RO^- > OH^- > CH_3COO^- > I^-$$

例如:

$$H_3C-\underset{}{\overset{Cl}{\overset{|}{C}}}H-CH_3 \xrightarrow[H_2O]{NaOH} H_3C-\overset{OH}{\overset{|}{C}}H-CH_3 + H_3C-CH=CH_2$$

得到取代和消除两种产物。而如下反应:

$$H_3C-\overset{Cl}{\overset{|}{C}}H-CH_3 \xrightarrow[ROH]{RONa} H_3C-CH=CH_2$$

由于试剂为碱性更强的烷氧负离子,故主要产物为烯烃。

对单分子反应(E1 和 S_N1),其速度与试剂浓度无关,而双分子反应(E2 和 S_N2)的速度则会因试剂浓度的降低而减少。因此,降低试剂的浓度,有利于单分子反应的进行;增加试剂的浓度,则有利于双分子的进行。

对于双分子反应(E2 和 S_N2),试剂的体积大,则试剂不易和位于中间的碳原子接近,而容易和 β-氢原子接近,有利于 E2 反应。

3. 溶剂极性和反应温度的影响

一般来说,极性大的溶剂对单分子反应(S_N1 和 E1)有利,对双分子反应(S_N2 和 E2)都不利,其中对 E2 更不利,因极性大的溶剂有利于电荷的集中而不利于 E2 的过渡态电荷的分散。反之,弱极性溶剂有利于双分子反应(S_N2 和 E2)而不利于单分子反应(S_N1 和 E1),其中对 E2 更为有利。

由于消除反应的过渡态需要拉长 C—H 键,所以消除反应的活化能要比取代反应的大,因此升高反应温度往往可提高消除产物的比例。

8.6.4 消除反应的方向

当分子中含有两个 β-碳原子的卤烷进行消除反应时,如果每个 β-碳原子上都连有氢原子,则消除反应往往可以在两个方向进行,生成两种不同的消除产物。如果只生成某一种产物,这个反应就叫做定向反应;如果生成几种可能的产物,但其中一种占显著优势,这个反应就叫做择向反应;如果产物接近平均分布,这个反应就叫做非定向反应。

消除反应的择向规律与其历程有关。例如,2-甲基-2-溴丁烷的 E1 反应:

第一步
$$CH_3CH_2\overset{Br}{\overset{|}{C}}(CH_3)_2 \xrightarrow[\text{慢}]{C_2H_5OK,\ 25℃} CH_3CH_2\overset{+}{C}(CH_3)_2 + Br^-$$

第二步
$$CH_3CH_2\overset{+}{C}(CH_3)_2 \xrightarrow[\text{快}]{C_2H_5OK} \underset{\text{优势产物}}{CH_3CH=C(CH_3)_2} + CH_3CH_2\overset{CH_3}{\overset{|}{C}}=CH_2$$

上述第一步生成碳正离子的步骤是决定反应速度的步骤,第二步生成烯烃的步骤是决定产物组成的步骤。实验证明,双键上烷基多的烯烃稳定性大,能量低,相应地其过渡态所需的活化能较小,因此反应速度较快,其产物所占比例也较多,其择向符合查依采夫规则。

再如 2-溴丁烷与乙醇钾的 E2 反应:

$$H_3C-\overset{H}{\overset{|}{C}}H-\overset{Br}{\overset{|}{C}}H-\overset{H}{\overset{|}{C}}H_2 \xrightarrow{C_2H_5OK} \underset{4}{H_3CHC{=}CHCH_3} + \underset{:\quad 1}{H_3CCH_2CH{=}CH_2}$$

其择向也符合查依采夫规则。在 E2 反应中,过渡态已有部分双键的性质;烯烃的稳定性反映在过渡态的能量上,生成烯烃的稳定性大,则其过渡态的能量也低,反应所需的活化能小,反应速度快,在产物中所占的比例也多。

8.6.5 消除反应的立体化学

E1 消除反应中生成平面型碳正离子,不涉及立体化学问题。

E2 消除反应中,碱向 β-H 进攻,在形成过渡态时,C—H 和 C—L 键已开始变弱,碳由 sp^3 杂化向 sp^2 杂化转化。只有 H—C—C—L 处于同一平面,才可以使过渡态中部分双键中的 p 轨道达到最大重叠,能量上稳定。

H—C—C—L 处于同一平面有两种可能。一种是能量低的交叉式;另一种是重叠式构象。

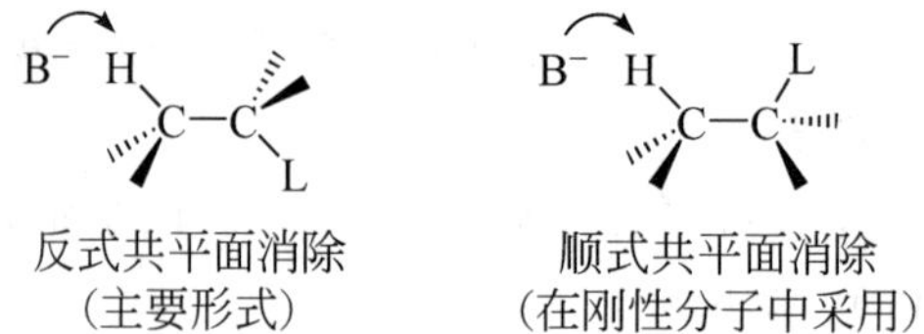

反式共平面消除
(主要形式)

顺式共平面消除
(在刚性分子中采用)

绝大多数 E2 反应通过稳定交叉式构象进行反式消除,即离去基团 L 与 β-H 处于反式共平面。

(环己烷衍生物(H、H;CH_3、Cl) $\xrightarrow[\triangle]{NaOH/EtOH}$ 1-甲基环己烯(CH_3))

8.7 卤代烯烃的分类和命名

通常根据分子中卤原子和双键所处相对位置的不同,把常见的一元卤代烯烃分为 3 类:

(1) 乙烯型卤代烃

卤原子直接与双键碳原子相连的卤代烯烃,通式为 RCH═CH—X,如 CH_2═CHCl,这类化合物的卤原子很不活泼,在一般条件下难进行亲核取代反应。

(2) 烯丙型卤代烃

卤原子与双键相隔一个饱和碳原子的卤代烯烃,通式为 $RCH{=}CHCH_2X$,如 $CH_2{=}CHCH_2Cl$,这类化合物的卤原子很活泼,很容易进行亲核取代反应。

(3) 孤立型卤代烯烃

卤原子与双键相隔两个或两个以上饱和碳原子的卤代烯烃,通式 $RCH{=}CH(CH_2)_nX$,n 大于或等于 2,如 $CH_2{=}CHCH_2CH_2Cl$。这类化合物的卤原子活性基本上和卤烷中的卤原子相同,即双键对卤原子活性基本上没有影响。

卤代烯烃通常用系统命名法命名,即以烯烃为主链,卤素为取代基,称作卤代某烯,例如:

$H_2C{=}CH-CH_2Br$
3-溴丙烯(烯丙基溴)

$H_3C-CH{=}\overset{C_2H_5}{\overset{|}{C}}-CH_2CH_2Cl$
3-乙基-5-氯-2-戊烯

8.8 双键位置对卤原子活泼性的影响

卤代烯烃分子具有卤素和双键，是双官能团化合物，它们同时具有烯烃和卤代烃的性质。双键位置对卤原子活泼性影响较大。

8.8.1 乙烯型和卤苯型卤代烃

由于卤原子直接连在双键碳或芳环上，卤原子的未共用电子对与双键或芳环形成 p-π 体系，加强了 C—X 键，使其键长缩短，发生了键长平均化及电子云密度平均化，所以分子的偶极矩变小。

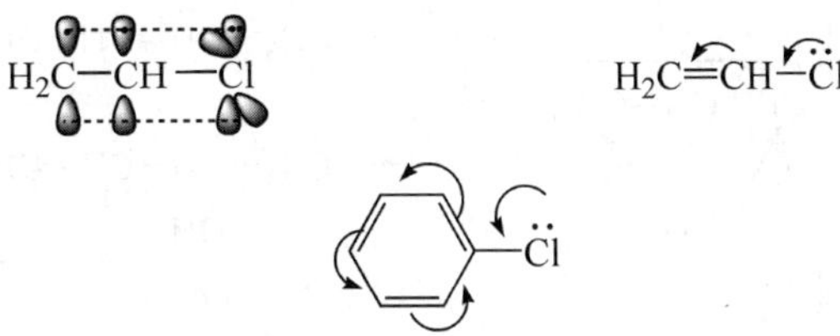

这类卤代烃的卤原子很不活泼，所以它们与 NaOH，RONa，NaCN，NH_3 等难于发生亲核取代及消去反应，甚至与 $AgNO_3$/ROH 也不反应。

8.8.2 烯丙基型和苄基型卤代烃

烯丙基型或苄基型卤代烃中的卤原子非常活泼，亲核取代和消去反应较容易进行。烯丙基型、苄基型卤代烃及叔卤代烷，在室温下就能和硝酸银的醇溶液作用，很快生成卤化银沉淀。

烯丙基型或苄基型卤代烃，无论是按 S_N1 或 S_N2 历程进行反应，中间体或过渡态都因存在 p-π 共轭效应稳定，使反应容易进行。

烯丙基型卤代烃单分子历程中间体：

烯丙基型卤代烃双分子历程中间体：

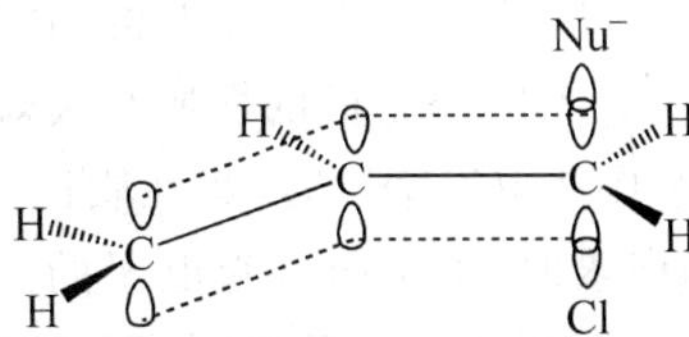

苄基型卤代烃单分子历程中间体：

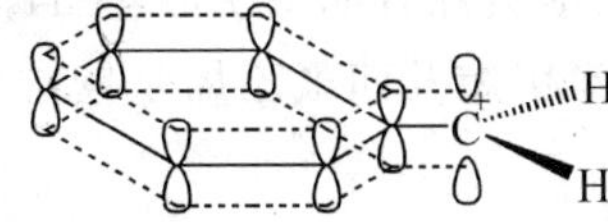

苄基型卤代烃双分子历程中间体：

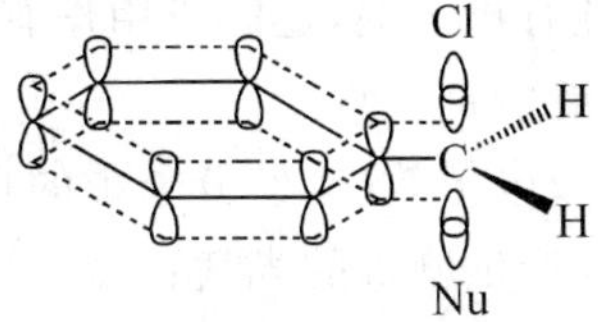

烯丙基碳正离子空p轨道及其交盖,亦可用共振结构式表示:

$$H_2C{=}CH{-}CH_2^+ \longleftrightarrow H_2\overset{+}{C}{-}CH{=}CH_2$$

$$\overbrace{H_2C{\cdots}CH{\cdots}CH_2}^{+}$$

从电子云分布来看,两端碳上都有部分正电荷,当它遇到亲核试剂进攻时,有两种可能的进攻位置,反应结果可能得到两种产物。例如,2-丁烯基氯水解后得到两种产物,它是下式所示 S_N1 反应过程的结果:

$$CH_3{-}CH{=}CH{-}CH_2Cl \longrightarrow H_3C{-}\overbrace{CH{\cdots}CH{\cdots}CH_2}^{+} + Cl^-$$

$$H_3C{-}\overbrace{CH{\cdots}CH{\cdots}CH_2}^{+} \xrightarrow[\text{b}]{\text{a}} \begin{cases} \text{a}: CH_3{-}CH{=}CH{-}CH_2OH \\ \text{b}: CH_3{-}\underset{OH}{CH}{-}CH{=}CH_2 \end{cases} \quad (HO^- \text{ 进攻 a、b 位})$$

这种现象称为烯丙位重排。

在单独加热取代的烯丙基卤时,也有这种烯丙位重排现象。例如:

$$CH_3{-}CH{=}CH{-}CH_2Br \underset{}{\overset{-Br^-}{\rightleftharpoons}} CH_3{-}\overset{\delta^+}{CH}{\cdots}CH{\cdots}\overset{\delta^+}{CH_2} \overset{Br^-}{\rightleftharpoons} CH_3{-}\underset{Br}{CH}{-}CH{=}CH_2$$

烯丙基型或苄基型卤代烃发生消去反应,一般生成稳定的共轭烯烃,得到**反查依采夫**(Zaitsev)**规则**的产物:

$$Cl{-}\underset{CH_3}{HC}{-}CH{=}CH_2 \xrightarrow[\triangle]{KOH/EtOH} CH_2{=}CH{-}CH{=}CH_2$$

$$Cl{-}\underset{CH_2C_6H_5}{HC}{-}CH_2{-}CH_3 \xrightarrow[\triangle]{KOH/EtOH} C_6H_5{-}HC{=}HC{-}CH_2{-}CH_3$$

*8.9 多卤代烃

多卤代烃通常分为两类:一类是两个或两个以上的卤原子分别连在不同的碳原子上,例如,$ClCH_2CH_2Cl$,$BrCH_2CH_2CH_2Cl$ 等,它们的性质与卤烷相似;另一类是多个卤原子连在同一个碳原子上,例如 $CHCl_3$,CCl_4,CCl_2F_2 等,其性质比较特殊。

一般,同一个碳原子上堆集卤素时,由于卤素吸电子的相互影响,使C—X键极性减少,活性明显降低。这种多卤代烷一般很稳定,而且碳原子上连接的卤原子越多,其化学性质越稳定。例如水解反应时,氯原子的活泼性有如下次序:$CH_3Cl > CH_2Cl_2 > CHCl_3 > CCl_4$。

三氯甲烷、四氯化碳、二氟二氯甲烷及四氟乙烯是较常用的一些多卤代烃。

1. 三氯甲烷

三氯甲烷俗称氯仿,是无色而有甜味的液体,不能燃烧,也不溶于水,可溶解油脂、蜡、有机玻璃和橡胶等,是常用的不燃性有机溶剂,还广泛用作有机合成原料。三氯甲烷具有麻醉作用,但因有毒性,现在已不用做麻醉剂。

氯仿中由于3个氯原子的强吸电子效应,使分子中的C—H键变得活泼,容易在光的作用下被空气中的氧所氧化,并分解产生剧毒的光气:

$$2CHCl_3 + O_2 \xrightarrow{\text{日光}} 2\left[H-O-\underset{Cl}{\overset{Cl}{C}}-Cl\right] \longrightarrow 2\ \underset{\text{光气}}{Cl_2C{=}O} + 2HCl$$

因此氯仿要保存在棕色瓶中加以封闭，以防止与空气接触。加入 1%乙醇可以破坏可能产生的光气：

$$Cl_2C{=}O + 2C_2H_5OH \longrightarrow (H_5C_2O)_2C{=}O + 2HCl$$

2. 四氯化碳

四氯化碳为无色液体，沸点 26.8℃，有特殊气味。四氯化碳对许多有机物有良好的溶解性，主要用作合成原料和溶剂，因其不易燃烧，又常用作干洗剂，但它能损伤肝脏。

四氯化碳不能燃烧，受热易挥发，其蒸气比空气重，不导电。因此其蒸气可把燃烧物体覆盖，使之与空气隔绝而达到灭火的效果，适用于扑灭油类和电源附近的火灾，是一种常用的灭火剂。

3. 二氟二氯甲烷

二氟二氯甲烷是无色、无臭、无毒、无腐蚀性，化学性质稳定的气体。沸点 −29.8℃，易压缩成不燃烧性液体，商品名称氟利昂-12 或 F12。因被压缩成液体的二氟二氯甲烷解压后又立刻气化，同时吸收大量的热，因此被广泛用作制冷剂、喷雾剂和灭火剂等。

4. 四氟乙烯

四氟乙烯在常温下是无色气体，沸点 −76.3℃，不溶于水，可溶于有机溶剂。

四氟乙烯是单体，在过硫酸盐引发下，可聚合成聚四氟乙烯：

$$nF_2C{=}CF_2 \xrightarrow{(NH_4)_2S_2O_8} \left[CF_2-CF_2\right]_n$$

聚四氟乙烯是非常稳定的塑料，可在 −100℃～+250℃范围内使用，与浓硫酸、强碱、元素氟和王水等都不起反应，化学稳定性超过一切塑料，所以被誉为“塑料王”。此外，它无毒性，机械强度高而且有自润滑作用，是非常有用的工程和医用塑料。

本章小结

1. 卤代烷性质

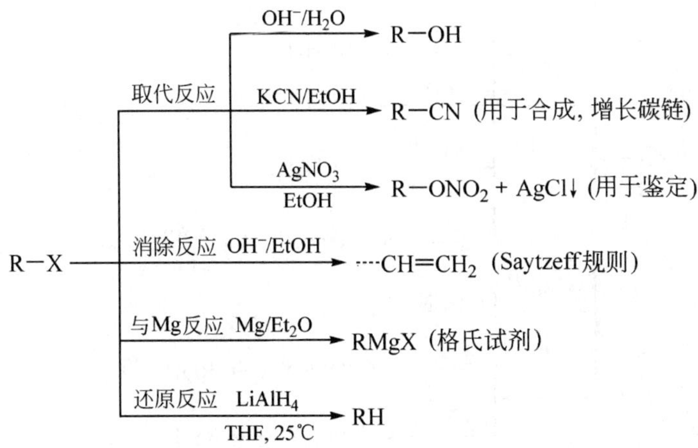

消除反应:

$$\underset{\substack{|\\H}}{R-CH}-\underset{\substack{|\\X}}{CH_2} + NaOH \xrightarrow[\triangle]{\text{醇}} R-CH{=}CH_2 + NaX + H_2O$$

$$\underset{\substack{|\\Br}}{CH_3CH}CH_2CH_3 \xrightarrow[EtOH]{KOH} \underset{(81\%)}{CH_3CH{=}CHCH_3} + \underset{(19\%)}{CH_3CH_2\overset{\substack{H\\|}}{C}{=}CH_2}$$

$$CH_3\underset{\substack{|\\Br}}{\overset{\substack{CH_3\\|}}{C}}CH_2CH_3 \xrightarrow[EtOH]{KOH} \underset{(71\%)}{(CH_3)_2C{=}CHCH_3} + \underset{(29\%)}{CH_3CH_2\overset{\substack{CH_3\\|}}{C}{=}CH_2}$$

(Saytzeff 规则)

2. 格氏试剂合成法

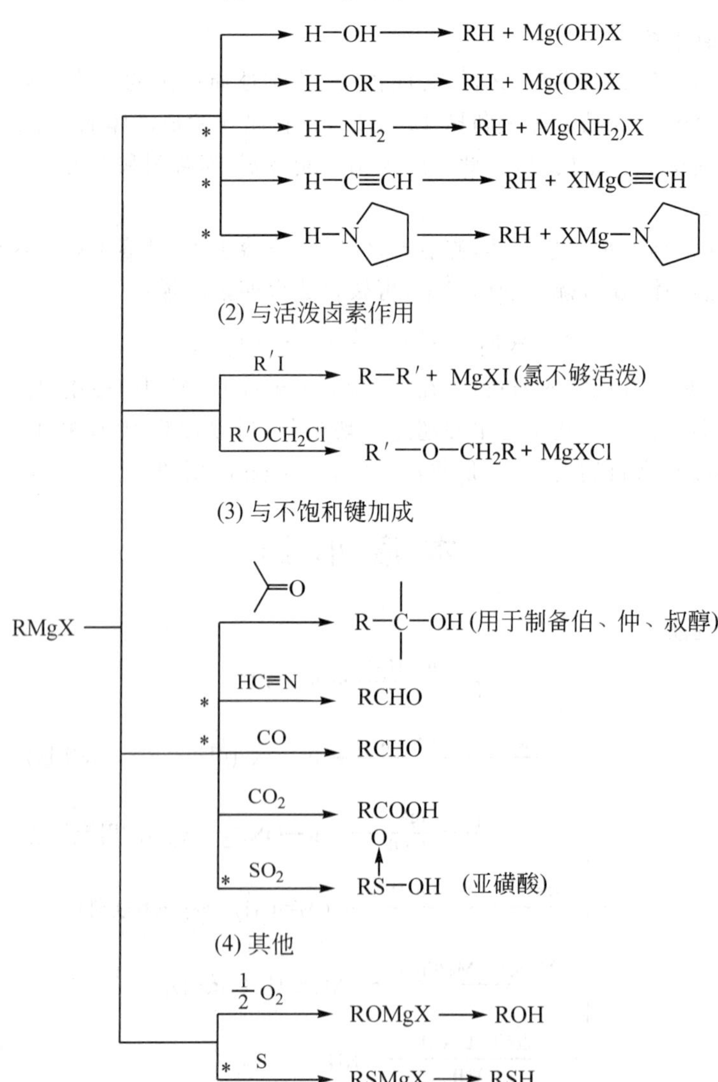

*3. S_N1 和 S_N2 的比较

	S_N2	S_N1
反应历程	一步反应： $Nu^- + R-X \longrightarrow [Nu\cdots R\cdots X]^-$ $\longrightarrow R-Nu + X^-$	两步反应： $R-X \rightleftharpoons R^+ + X^-$ (慢) $R^+ + Nu^- \longrightarrow R-Nu$ (快)
反应动力学	双分子反应： $v=k[RX][Nu^-]$	单分子反应： $v=k[RX]$
立体化学	构型转化	外消旋化
亲核试剂	需要强亲核试剂	弱亲核试剂即能满足反应
底物 RX	$CH_3>1°>2°>3°$	烯丙基>3°>2°>1°>CH_3
离去基团	$I^->Br^->Cl^-$	$I^->Br^->Cl^-$
溶剂	多种溶剂	离子化极性溶剂
重排	不可能	常见
竞争反应	E2	E1

*4. E1 和 E2 的比较

	E2	E1
反应历程	一步反应： $B^- + H-\underset{R}{\underset{\mid}{C}}H-CH_2-X \longrightarrow$ $[B\cdots H\cdots \underset{R}{\underset{\mid}{C}}H{=\!=}CH_2\cdots X]^- \longrightarrow$ $RCH{=}CH_2$	两步反应： $H-\underset{R}{\underset{\mid}{C}}H-CH_2-X \xrightarrow{慢} H-\underset{R}{\underset{\mid}{C}}H-\overset{+}{C}H_2$ $H-\underset{R}{\underset{\mid}{C}}H-\overset{+}{C}H_2 \longrightarrow RCH{=}CH_2$ B^-
反应动力学	双分子反应： $v=k[RX][B^-]$	单分子反应： $v=k[RX]$
立体化学	反式共平面消除	不存在
碱	需要强碱	弱碱即可
底物 RX	$3°>2°>1°$	$3°>2°$
离去基团	$I^->Br^->Cl^-$	$I^->Br^->Cl^-$
溶剂	多种溶剂	离子化极性溶剂
重排	不可能	常见
竞争反应	S_N2	S_N1

【阅读材料】

化学家简介

亚历山大·威廉·威廉森(Alexander William Williamson,1824年5月1日—1904年5月6日),英国苏格兰血统化学家,英国皇家学会院士(Fellow of the Royal Society,FRS)。他最有名的工作就是Williamson醚合成法。他也是日本近代化先驱"长州五杰"的重要导师。

1824年5月1日,威廉森出生于英国伦敦。1840年进入海德堡大学(University of Heidelberg)学习医学,但他希望成为一名化学家。1844年4月,在格美林的帮助下,他到吉森大学(University of Giessen)尤斯图斯·冯·李比希(Justus von Liebig)的化学实验室工作2年。1849年10月,他成为伦敦大学学院(University College, London)的应用化学教授。1850—1852年他发表了自己对醚类合成反应的研究结果。1855—1887年,他担任该学院化学系主任。

因威廉森在化学方面的杰出贡献,1862年,他被授予皇家奖章(Royal Medal),这是英国皇家学会的最高荣誉。1855年,他被选为英国皇家学会院士。1873年至1889年,威廉森担任英国皇家学会的涉外秘书。1863—1865年和1869—1871年,威廉森两度担任英国伦敦化学会会长。

威廉森是日本近代化先驱群体"长州五杰"的导师。1863年,五位日本学生(伊藤博文、山尾庸三、井上勝、井上馨、远藤谨助)经中国上海偷渡来到英国伦敦,在伦敦大学学院学习近代科学技术。威廉森是他们的导师。这5位日本学生之后返回日本,为日本近代化做出了巨大贡献,被称为"长州五杰"。他们回到日本后都在政府中担任重要职务,其中伊藤博文成为日本首位内阁总理大臣,山尾庸三被称为日本的"工业之父",井上勝被称为日本的"铁路之父",井上馨历任外务大臣、农商务大臣、内务大臣和大藏大臣,远藤谨助曾担任日本造币局局长多年。伊藤博文在伦敦大学学院留学期间曾经住宿在威廉森家中。由于在英国学习、生活经历的影响,伊藤博文认为日本必须走上西化的道路。

亚历山大·米哈伊洛维奇·查依采夫(Alexander Mikhaylovich Zaitsev,1841—1910),俄国化学家,生于喀山(Kazan)。他致力于有机化合物的研究,并提出了预测有机消除反应产物的查依采夫规则(Zaitsev's rule)。

查依采夫在喀山大学(Kazan'University)学习经济学时,由于俄罗斯实行官方主义(Cameralism),法律和经济专业的大学生必须学习两年的化学,于是他开始跟随化学家亚历山大·米哈伊洛维奇·布特列洛夫(Alexader Mikhaylovich Butlerov)学习化学。布特列洛夫发现他是一名很有天赋的实验化学家,认为查依采夫是俄罗斯有机化学的宝贵财富。1862年,在马尔堡(Marburg),查依采夫师从化学家赫尔曼·科尔伯(Hermann Kolbe);在巴黎,他师从武慈(Charles Adolphe Wurtz)。1862年到1864年,在马尔堡,查依采夫发现了亚砜和三烃基锍盐。为了获得教师职位，查依采夫需要一个俄罗斯大学的硕士学位或一个国外大学的博士学位，于是他将他研究亚砜所取得的成果写成论文，邮寄至莱比锡大学(University of Leipzig)，并于1866年获得了博士学位。获得博士学位后，布特列洛夫聘用他为农学助教。1869年特聘为化学教授。在喀山大学，他用二甲基锌与光气合成叔丁醇，该结果由布特列洛夫于1863年发表。查依采夫与他的学生瓦格纳(Egor Egorevich Vagner，1849—1903)和雷福马斯基(Sergei Nikolaevich Reformatskii，1860—1934)改用碘代烷，将这一反应推广至合成其他醇。在1901年格氏反应发现之前，该法是制备醇的最常用方法。1875年，他提出了"查依采夫规则"。由于这一发现，查依采夫获得了许多荣誉。他当选为俄国科学院院士(Corresponding Member of the Russian Academy of Science)、基辅大学(Kiev University)荣誉教授，并担任了两届俄国物理化学学会(the Russian Physical-Chemical Society)主席。

保罗·瓦尔登(**Paul Walden**，1863年7月26日—1957年1月22日)，以研究立体化学和化学史而闻名。尤其是他发现了立体化学反应中的瓦尔登反转(Walden inversion)，以及合成了第一个室温离子液体(ionic liquid)乙基硝酸盐(ethylammonium nitrate)。

瓦尔登生于1863年7月26日，是帝俄时代的拉脱维亚人。1882年，他进入里加技术大学(Riga Technical University)，对化学抱有极大的兴趣。1886年，他发表了第一篇关于用不同试剂与硝酸和亚硝酸反应建立极限灵敏度的颜色法检测硝酸的研究论文。1887年，他成为俄罗斯物理-化学会成员。1889年毕业获得化学工程学位，然后作为比索夫(C. Bischof)教授的助教继续留在化学系工作。在比索夫指导下，瓦尔登编译了《立体化学手册》，并于1894年出版。1890年至1891年，访问莱比锡大学(University of Leipzig)，并在1891年9月进行了硕士论文答辩。1892年夏，任物理化学助理教授。1893年，进行了博士论文答辩。1894年任里加技术大学物理化学教授。1895年，发现了著名的瓦尔登转化现象。1914年，瓦尔登合成了第一个室温离子液体(ionic liquid)乙基硝酸盐(ethylammonium nitrate)，该化合物熔点为12℃。

威廉·鲁道夫·菲蒂希(**Wilhelm Rudolph Fittig**，1835年12月6日—1910年11月19日)，德国化学家。

菲蒂希在哥廷根大学(University of Göttingen)海因里希·林普利特(Heinrich Limpricht)的指导下研究丙酮性质，获得博士学位。1866年成为哥廷根大学的副教授。1870年获任图宾根大学(University of Tübingen)化学教授。1876年转入斯特拉斯堡大学(University of Strassburg)，并在那里着手建立新的化学实验室。1895—1896年任大学校长。

菲蒂希与阿道夫·武慈(Charles Adolphe Wurtz)共同发展了烃类的武慈-菲蒂希反应。他还研究出果糖、葡萄糖、特己酮和联苯的分子式。

艾里亚斯·詹姆斯·科里(**Elias James Corey**,1928年7月—),美国著名有机化学家,有机合成化学领域的一代宗师。由于"发展了有机合成的理论和方法"获1990年诺贝尔化学奖。

科里出生于美国马萨诸塞州(Massachusetts)的梅休因(Methuen)。1951年从麻省理工学院(Massachusetts Institute of Technology)获博士学位,那年他才22岁。之后任教于伊利诺伊大学厄巴纳-香槟分校(University of Illinois at Urbana-Champaign),1956年,任全职教授,年仅27岁。1959年,他任哈佛大学(Harvard University)教授,目前仍然是哈佛名誉教授。

科里是有机合成化学的宗师级人物。在有机合成发展史上被公认为伍德沃德(Robert Burns Woodward)概念上的学术接班人。他的最大贡献在于将"伍德沃德创立的合成艺术变为合成科学",首先提出了系统化的逆合成概念,使得合成设计变成一门可以学习的科学,而不是带有个人色彩的绝学。

1988年,他被授予美国国家科学奖章(National Medal of Science)。2004年,他被授予美国化学学会(American Chemical Society)最高荣誉——普里斯特利奖(Priestley Medal)。

习　　题

8-1　写出下列化合物的结构式或采用系统命名法命名:

(1) 氯仿　(2) 四氟乙烯　(3) 氯化苄　(4) 叔丁基碘　(5) 丙烯基溴

(6) $CH_3CH_2CH_2CH_2MgBr$　(7) $CH_2{=}CHCH(Cl)CH_3$　(8) $F_3C{-}CHClBr$ (F—C(F)(F)—C(Cl)(Br)—H)(麻醉药)

(9) 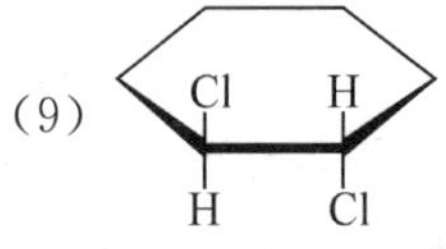

(10) Fischer 投影式:上 CH_2Cl,左 H,右 Cl,下 CH_2CH_3

8-2　异戊烷在光照的条件下,设与氯气只发生一氯代反应,则所得的一氯代物共有几种同分异构体(不含立体异构)?试写出它们的结构式,命名并指出它们分别属于几级卤代烃。

8-3　写出一氯代丁烷的所有同分异构体(含立体异构体)的结构(或构型)式,并命名。

8-4　写出与下列名称相应的结构式或构型式(构型用费歇尔式表达):

(1) 2-溴戊烷　(2) (*R*)-2-溴戊烷　(3) (*S*)-2-溴戊烷

(4) 3-溴-1-戊烯　(5) (*R*)-3-溴戊烯　(6) (*S*)-3-溴戊烯

(7) 2,3-二氯丁烷　(8) (2*R*,3*R*)-2,3-二氯丁烷　(9) (*meso*)-2,3-二氯丁烷

8-5　用化学方法鉴别下列各组化合物:

(1) 1-氯丙烷、2-氯丙烷、1-氯丙烯;

(2) $C_6H_5{-}CH_2Br$,$CH_3CHBrCH_3$,$(CH_3)_3C{-}Br$;

(3) 2-碘丙烯、2-溴丙烯、3-碘丙烯。

8-6　比较题：

(1) 比较下列卤烃的密度：CH_3Cl,$CHCl_3$,CCl_4(不查表)；

(2) 比较下列卤烃与$AgNO_3$/醇反应的活性：1-溴丁烷、2-溴丁烷、2-甲基-2-溴丁烷；

(3) 比较下列卤烃消除反应的活性：$(CH_3)_3C—I$，$(CH_3)_2CH—I$，$CH_3CH_2CH_2—I$；

(4) 比较下列卤烃 S_N2 反应的活性：1-溴丁烷、2-溴丁烷、2-甲基-2-溴丁烷；

(5) 比较下列卤烃 S_N1 反应的活性：$C_6H_5CH_2—I$，$C_6H_5CH_2—Br$，$C_6H_5CH_2CH_2—Br$，$C_6H_5—Br$；

(6) 比较下列卤烃 S_N2 反应的活性：

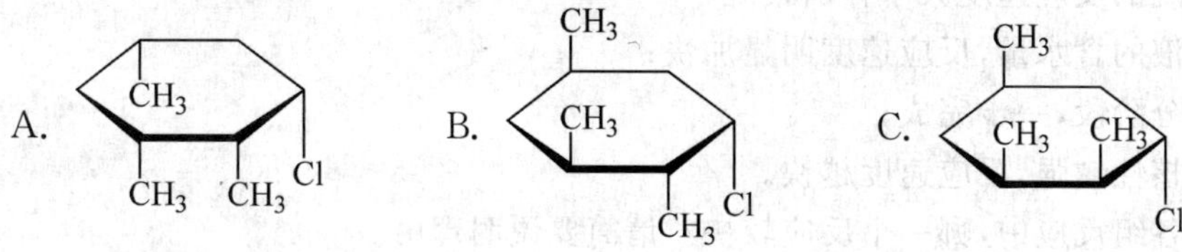

8-7　完成下列反应式。

(1) $CH_3CH_2CH_2CH_2Br \xrightarrow[H_2O]{NaOH}$

(2) $CH_3CH_2CH_2CH_2Br \xrightarrow[\triangle]{NaOH/醇}$

(3) $CH_3CH(CH_3)CH(Cl)CH_3 \xrightarrow[\triangle]{KOH/醇}$

(4) $CH_3CH_2CH(Br)CH_3 + CH_3C(CH_3)_2—ONa \longrightarrow$

(5) 环己基—Br $\xrightarrow{NaCN}$ A $\xrightarrow{H_3O^+}$ B

(6) 环己基—Br $\xrightarrow[醇,\ \triangle]{NaOH}$

*(7) (椅式环己烷：H, H, CH_3, Cl) $\xrightarrow[\triangle]{NaOH/醇}$

*(8) (椅式环己烷：H, Cl, CH_3, H) $\xrightarrow[\triangle]{NaOH/醇}$

*(9) (椅式环己烷：CH_3, H (C2), Br (C1), Br, H (C6), H) $\xrightarrow[\triangle]{NaOH/醇}$

(10) $C_6H_5—CH_2Br + Mg \xrightarrow[(无水)]{乙醚}$ A $\xrightarrow{H_3O^+}$ B

(11) $C_6H_5—CH_2Br + KI \xrightarrow{丙酮}$

*(12) (Fischer投影式：CH_3；H—C—Br；D—C—H；CH_2CH_3) $\xrightarrow[\triangle]{KOH/醇}$

(13) $CH_3CH_2CH(Br)CH_2CH═CHCH_3 \xrightarrow{NaOH/乙醇}$

8-8　指出下列 S_N 反应是 S_N1 机理还是 S_N2 机理：

(1) n-C_6H_{13}—CH(CH_3)(H)—I $\xrightarrow{Na^+CN^-}$ NC—CH(CH_3)(H)—n-C_6H_{13}

(S)-2-碘辛烷　　　　(R)-2-甲基辛腈

(2) (S)-H_5C_2–C(CH_3)(H)Br $\xrightarrow{CH_3OH}$ (R)-CH_3O–C(CH_3)(H)C_2H_5, (50%) + (S)-C_2H_5–C(CH_3)(H)OCH_3, (50%)

8-9 卤代烷与 NaOH 在水-乙醇溶液中进行反应,从下列现象判断哪些属于 S_N1 机理?哪些属于 S_N2 机理?

(1) 产物的构型完全转化;

(2) 有重排产物生成;

(3) 碱浓度增加,反应速度加快;

(4) 叔卤代烷的反应速度大于仲卤代烷;

(5) 增加溶液的含水量,反应速度明显加快;

(6) 反应不分阶段,一步完成;

(7) 试剂亲核性越强,反应速度越快。

8-10 下列各组反应中,哪一个反应较快?请简要说明理由。

(1) $CH_3CH_2CH_2CH_2Br + HS^- \longrightarrow CH_3CH_2CH_2CH_2SH + Br^-$

$CH_3CH_2CH(CH_3)CH_2Br + HS^- \longrightarrow CH_3CH_2CH(CH_3)CH_2SH + Br^-$

(2) $CH_3CH_2CH_2I + CN^- \longrightarrow CH_3CH_2CH_2CN + I^-$

$CH_3CH_2CH_2Br + CN^- \longrightarrow CH_3CH_2CH_2CN + Br^-$

(3) 环己基–Br + OH^- $\xrightarrow{H_2O}$ 环己基–OH + Br^-

环己基–Br + I^- $\xrightarrow{H_2O}$ 环己基–I + Br^-

8-11 请解释下列反应的立体化学结果:

C_6H_5–C(CH_3)(H)Br $\xrightarrow{CH_3OH}$ C_6H_5–C(CH_3)(H)OCH_3 (36%) + C_6H_5–C(CH_3)(CH_3O)H (64%) + HBr

C_6H_5–C(CH_3)(H)Br $\xrightarrow{H_2O}$ C_6H_5–C(CH_3)(H)OH + C_6H_5–C(CH_3)(HO)H + HBr

(±)

8-12 制备乙基叔丁基醚时,可用下列两种方法。请问哪个更合理?为什么?

(1) 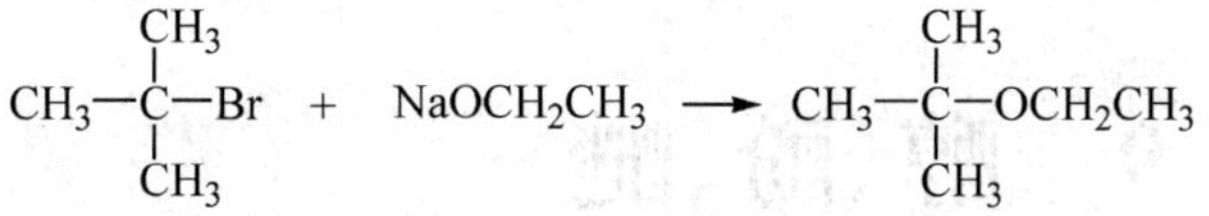 $CH_3-\underset{CH_3}{\overset{CH_3}{C}}-Br + NaOCH_2CH_3 \longrightarrow CH_3-\underset{CH_3}{\overset{CH_3}{C}}-OCH_2CH_3$

(2) 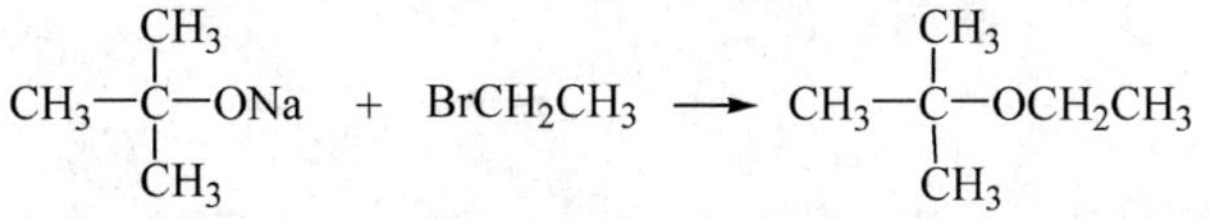 $CH_3-\underset{CH_3}{\overset{CH_3}{C}}-ONa + BrCH_2CH_3 \longrightarrow CH_3-\underset{CH_3}{\overset{CH_3}{C}}-OCH_2CH_3$

8-13 某卤代烃 A 的分子式为 $C_6H_{13}Cl$。A 与 KOH 的醇溶液作用得产物 B,B 经氧化得两分子丙酮。写出 A,B 的结构式。

8-14 化合物 A(C_4H_8),与溴水进行加成反应,再经 KOH/醇溶液加热,生成化合物 B(C_4H_6);B 能和 $Ag(NH_3)^+$ 溶液反应,得到白色沉淀。试写出 A,B 的结构式。

8-15 分子式为 C_3H_7Cl 的化合物 A,与 NaOH/醇溶液共热后,得到化合物 B(C_3H_6)。B 与 HCl 加成,生成化合物 A 的同分异构体 C。试写出化合物 A,B,C 的结构式及相关的反应式。

8-16 由 1-溴丙烷制备下列化合物:

(1) 3-溴丙烯　(2) 丙炔　(3) 二丙醚

(4) 1,1,2,2-四溴丙烷　(5) 丙基异丙基醚　(6) 异丁腈

8-17 由指定原料合成下列化合物:

(1) 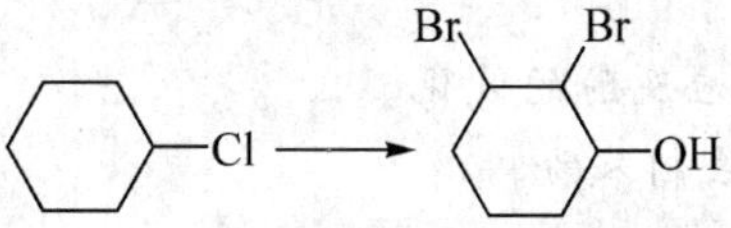 氯代环己烷 ⟶ 2,3-二溴环己醇(环己烷环上 OH 与两个相邻 Br)

(2) $CH_3\underset{Br}{CH}CH_3 \longrightarrow CH_3CH_2CH_2Br$

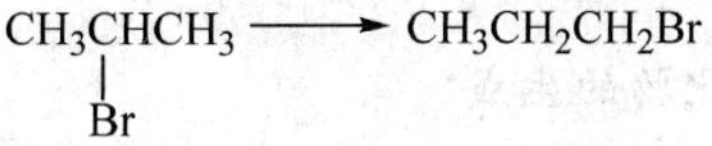

(3) 以不超出 3 个碳原子的化合物为原料合成 (顺式)$CH_3CH=CHC_3H_7\text{-}n$(两个 H 处于同侧)

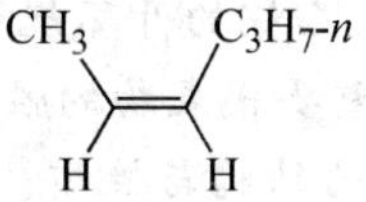

9　醇、酚、醚

【学习提要】

- 学习并掌握醇、酚、醚的结构、分类、命名。
- 了解醇的一般制备方法，重点熟悉：①硼氢化氧化制伯醇的方法；②通过格氏试剂与羰基化合物作用，制伯、仲、叔醇的方法。
- 熟悉掌握醇的重要性质。

  (1) 醇的弱酸性：与金属 Na 作用，与无机盐的络合性能。

  (2) 羟基的卤代：与 HX，$SOCl_2$ 等的作用，卢卡斯(Lucas)试剂及应用。

  (3) 醇的脱水：分子间脱水成醚；分子内脱水成烯，脱水历程、规则及 C^+ 重排，* 频哪醇(pinacol)重排。

  (4) 醇的氧化与脱氢生成羰基化合物，成酸。重点注意与沙瑞特试剂、高碘酸(HIO_4)氧化。
- 学习并掌握酚的酸性反应，苯环上的取代反应及酚的氧化。
- * 熟悉酚的一般制备方法，重点掌握异丙苯法制苯酚。
- 熟悉威廉森(Williamson)合成法。
- 学习并掌握醚的鎓盐生成、醚键断裂及过氧化物的生成。
- * 掌握不对称环氧乙烷的开环规则，冠醚的结构、性质及应用。
- 了解醇、酚、醚的重要代表物的性质、用途。
- * 了解硫醇、硫醚的结构与性质。

醇(alcohol)、酚(phenol)和醚(ether)都是烃类的含氧衍生物，也可看成是水分子中的氢被烃基取代所得的化合物。醇、酚的官能团是羟基—OH，醚的官能团是醚键 C—O—C，3 类化合物可分别表示如下：

R—OH	Ar—OH	R—O—R′
醇	酚	醚

尽管醇和酚具有相同的官能团羟基(—OH)，但由于羟基所连的烃基不同，使得性质有明显差异。

由于有机含硫化合物与有机含氧化合物具有相似的性质，故把硫醇和硫醚放在本章一并讨论，不同专业也可取舍。

9.1　醇的结构、分类、异构和命名

9.1.1　醇的结构

醇可以看作是烃分子中的氢原子被羟基取代后的生成物。羟基是醇的官能团。

饱和一元醇的通式是 $C_nH_{2n+1}OH$，简写为 ROH。

醇分子—OH 键的形成，与水分子中的 O—H 键相似，O—H 键也是氧原子以一个 sp^3 杂化轨道与氢原子的 1s 轨道相互交盖而成；而 C—O 键是碳原子的一个 sp^3 杂化轨道与氧原子的一个 sp^3 杂化轨道相互交盖而成，见图 9-1。

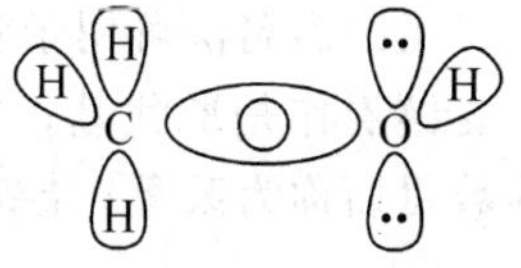

图 9-1 甲醇的成键轨道

此外，氧原子的两对未共用电子分别占据其他两个 sp^3 杂化轨道。

9.1.2 醇的分类

醇可按羟基所连接的碳原子的不同(伯、仲、叔碳)、烃基的不同以及羟基数目多少分类如下：

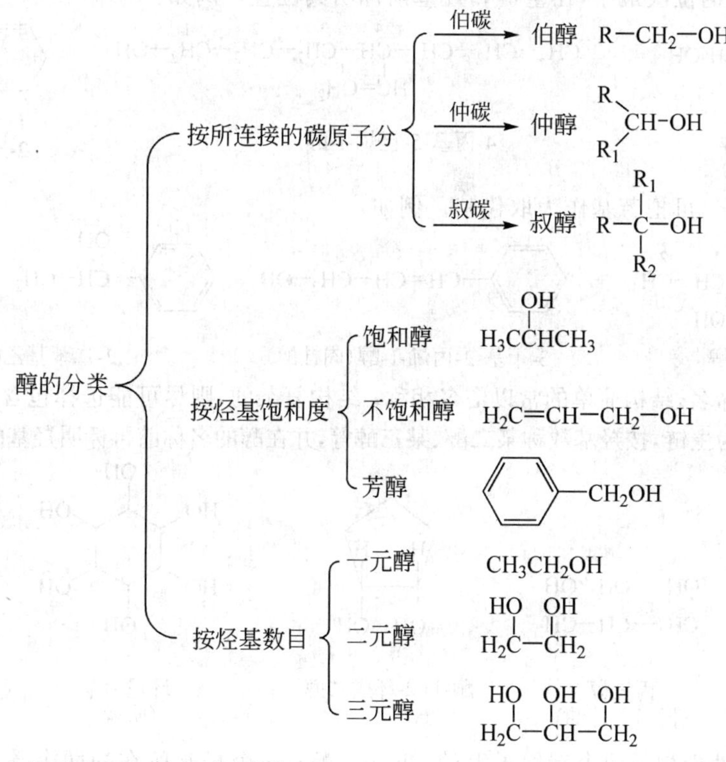

含两个以上羟基的醇，称为**多元醇**。

9.1.3 醇的异构和命名

醇的构造异构包括碳链异构和位置异构。例如：

碳链异构： $CH_3CH_2CH_2CH_2OH$ $H_3C\underset{}{C}HCH_2OH$（2 位连 CH_3）

位置异构： $CH_3CH_2CH_2CH_2OH$ $H_3CCH_2CHCH_3$（2 位连 OH）

根据分子结构的特点，饱和一元醇、不饱和醇、芳醇和多元醇的命名各不相同。一些天然醇及常见的醇有其惯用俗名(如木醇、酒精、甘油等)。

饱和一元醇的命名通常采用普通命名法或系统命名法。

普通命名法常用于低级的一元醇的命名，其方法是按烃基的普通名称在后面加一“醇”字来命名。

系统命名法可用于各种结构的醇的命名，其方法是：选择含有羟基的最长碳链为主链，把支链看作是取代基；主链中碳原子的编号从靠近羟基的一端开始，按照主链所含碳原子的数目而称为某醇；支链的位次、名称及羟基的位次写在名称的前面。例如：

$CH_3CH_2CH_2OH$ 1-丙醇(正丙醇)

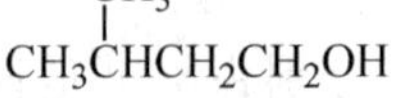

$CH_3CH(CH_3)CH_2CH_2OH$ 3-甲基-1-丁醇(异戊醇)

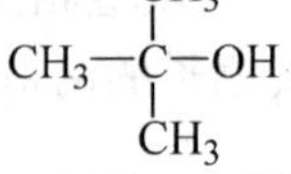

$CH_3-C(CH_3)_2-OH$ 2-甲基-2-丙醇(叔丁醇)

不饱和醇的系统命名，选择连有羟基同时含有重键(双键、叁键)的碳链作为主链，编号时，尽量使羟基的位次最小，在重键和羟基前标明其位置。例如：

$CH\equiv C-CH_2OH$ 2-丙炔醇(炔丙醇)

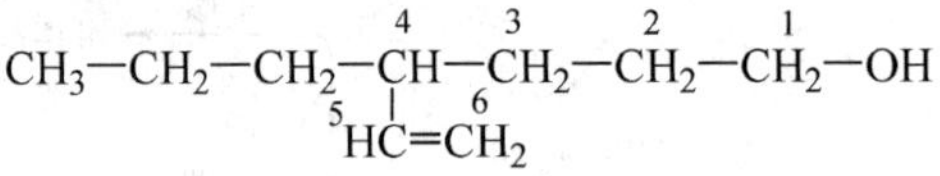

$CH_3-CH_2-CH_2-\overset{4}{C}H(\overset{5}{C}H=\overset{6}{C}H_2)-\overset{3}{C}H_2-\overset{2}{C}H_2-\overset{1}{C}H_2-OH$ 4-丙基-5-己烯-1-醇

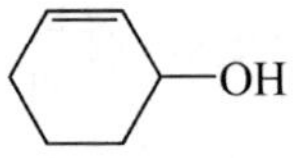

2-环己烯醇

芳醇的命名，可把芳基作为取代基。例如：

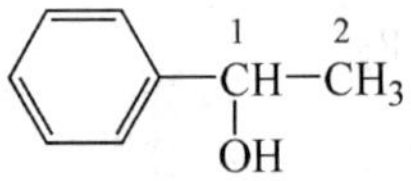

$C_6H_5-\overset{1}{C}H(OH)-\overset{2}{C}H_3$ 1-苯乙醇

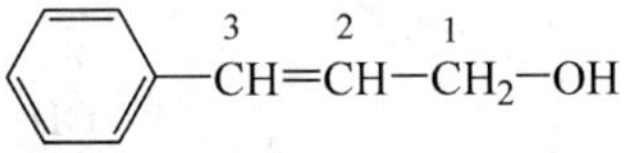

$C_6H_5-\overset{3}{C}H=\overset{2}{C}H-\overset{1}{C}H_2-OH$ 3-苯基-2-丙烯-1-醇(肉桂醇)

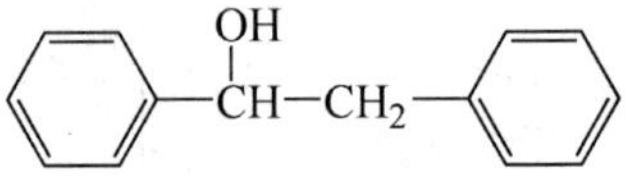

$C_6H_5-CH(OH)-CH_2-C_6H_5$ 1,2-二苯基乙醇

多元醇的命名，结构简单的常以俗名相称；结构复杂的，则尽可能选择包含多个羟基在内的最长的碳链为主链，按羟基数称某二醇、某三醇等，并在醇的名称前再标明羟基的位置。例如：

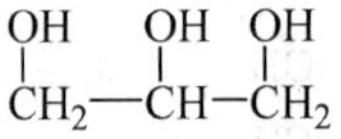

$CH_2(OH)-CH(OH)-CH_2(OH)$ 丙三醇(俗名：甘油)

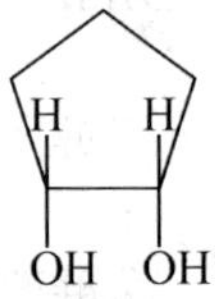

顺-1,2-环戊二醇

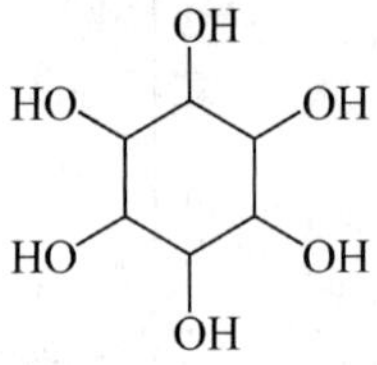

环己六醇(肌醇)

两个羟基处于相邻两个碳原子上的，叫 α-二醇；两个羟基所在的两个碳原子中间相隔一个碳原子的，叫 β-二醇；相隔两个碳原子的叫 γ-二醇，其余类推。

在多元醇中，多个羟基不连在同一个碳原子上。两个或 3 个羟基在同一个碳原子上的化合物不稳定，容易失水成醛酮或羧酸。

*9.2 醇的制备

醇的制备有多种方法，可归纳如下：

醇的制备分类：
- 烯烃水合
- 硼氢化-氧化
- 羰基化合物还原
- 从格氏试剂制备
- 卤代烃水解

9.2.1 烯烃水合

石油化工产物烯烃可与水结合，生产简单的醇，如乙醇、异丙醇、叔丁醇等，方法有直接水合和间接水合法。

1. 直接水合

烯烃与水蒸气在加热、加压和催化剂作用下直接生成醇，参见 3.5.2(3)。例如：

$$CH_3CH{=}CH_2 + H_2O \xrightarrow[195℃,\ 2MPa]{H_3PO_4\text{-硅藻土}} CH_3{-}\underset{}{\overset{OH}{\overset{|}{C}H}}{-}CH_3$$

2. 间接水合

烯烃先生成硫酸氢酯，后者水解得到醇，参见 3.5.2(2)。例如：

$$CH_3{-}\overset{CH_3}{\overset{|}{C}}{=}CH_2 \xrightarrow{98\%H_2SO_4} CH_3{-}\underset{OSO_3H}{\underset{|}{\overset{CH_3}{\overset{|}{C}}}}{-}CH_3 \xrightarrow{H_2O} CH_3{-}\underset{OH}{\underset{|}{\overset{CH_3}{\overset{|}{C}}}}{-}CH_3$$

工业上，也可以将烯烃通入硫酸(60%～65% H_2SO_4 水溶液)，即在酸催化下水合成醇。例如：

$$(H_3C)_2C{=}CH_2 + H_2O \xrightleftharpoons{H^+,25℃} (H_3C)_3C{-}OH$$

反应历程是**亲电加成历程**，反应产物符合**马氏规则**。

有些不对称烯烃经酸催化水合反应，往往由于中间体碳正离子发生重排而生成叔醇。例如：

$$(H_3C)_3C{-}CH{=}CH_2 \xrightleftharpoons{H^+} CH_3{-}\underset{CH_3}{\underset{|}{\overset{CH_3}{\overset{|}{C}}}}{-}\overset{+}{C}H{-}CH_3 \xrightleftharpoons{\text{重排}} (CH_3)_2\overset{+}{C}{-}\overset{CH_3}{\overset{|}{C}H}{-}CH_3$$

$$\xrightarrow[\text{② }-H^+]{\text{① }H_2O} (CH_3)(H_3C)C(OH){-}CH(CH_3)_2$$

9.2.2 硼氢化-氧化反应

烯烃与乙硼烷(B_2H_6)通过硼氢化反应生成三烷基硼烷，后者无需分离，在碱性溶液中用过氧化氢直接氧化就得到醇，产物**反马氏规则**。例如：

$$CH_3CH{=}CH_2 + B_2H_6 \longrightarrow (CH_3CH_2CH_2)_3B \xrightarrow[HO^-]{H_2O_2} CH_3CH_2CH_2OH$$

硼氢化-氧化反应也叫**布朗**(Brown)**硼氢化反应**，参见 3.5.4 节。其特点：简单方便，产率高；具有反马氏规则加成取向，立体化学为顺式加成，且无重排产物生成。

此反应是制备伯醇的一个很好的方法。

9.2.3 羰基化合物还原

醛、酮、羧酸及羧酸酯分子中都含有羰基，它们能催化加氢(催化剂为 Ni，Pt 或 Pd)，或用还原剂($LiAlH_4$ 或 $NaBH_4$)还原生成醇。除酮还原生成仲醇外，其余的还原产物都是伯醇。例如：

$$CH_3CHO \xrightarrow[\text{或还原剂}]{[H]/\text{催化剂}} CH_3CH_2OH$$

$$CH_3CH_2COCH_3 \xrightarrow[\text{或还原剂}]{[H]/\text{催化剂}} CH_3CH_2\underset{}{\overset{OH}{\overset{|}{C}}}HCH_3$$

在这类化合物中，羧酸酯通常用金属钠和醇还原成两分子醇。羧酸最难还原，与一般化学还原剂不起反应，但可用氢化锂铝还原成醇。例如：

$$CH_3CH_2COOC_2H_5 \xrightarrow[C_2H_5OH]{Na} CH_3CH_2CH_2OH + C_2H_5OH$$

$$CH_3COOH + LiAlH_4 \xrightarrow[\text{②水解}]{\text{①无水乙醚}} CH_3CH_2OH$$

用硼氢化钠或异丙醇铝作还原剂，可选择还原不饱和醛、酮中的羰基而不影响碳碳双键，产物为不饱和醇。例如：

$$\underset{\text{巴豆醛}}{H_3CCH{=}CHCHO} \xrightarrow[(CH_3)_2CHOH]{Al[OCH(CH_3)_2]_3} H_3C{-}CH{=}CH{-}CH_2{-}OH \quad \text{巴豆醇}$$

$$\underset{\text{巴豆醛}}{H_3CCH{=}CHCHO} \xrightarrow[Ni]{H_2} CH_3CH_2CH_2CH_2OH \quad \text{丁醇}$$

$$\underset{\text{肉桂醛}}{Ph{-}CH{=}CH{-}CHO} + NaBH_4 \xrightarrow{H^+} \underset{\text{肉桂醇}}{Ph{-}CH{=}CH{-}CH_2OH}$$

9.2.4 从格氏试剂制备

格氏试剂与醛或酮作用，发生加成反应，烃基加到羰基的碳原子上，而—MgX 部分加到氧原子上，加成产物经水解生成醇。反应必须在无水醚(常用乙醚或四氢呋喃)中进行。利用这个反应，从甲醛可以得到伯醇，从其他醛可以得到仲醇，而从酮则得到叔醇。例如：

CH_3CH_2MgBr +

$$HCHO \xrightarrow{\text{无水乙醚}} CH_3{-}CH_2{-}\underset{H}{\underset{|}{\overset{H}{\overset{|}{C}}}}{-}OMgX \xrightarrow{H_3O^+} CH_3CH_2CH_2OH$$

$$CH_3CHO \xrightarrow[\text{②}H_3O^+]{\text{①无水乙醚}} CH_3{-}CH_2{-}\overset{OH}{\overset{|}{C}}H{-}CH_3$$

$$CH_3COCH_3 \xrightarrow[\text{②}H_3O^+]{\text{①无水乙醚}} CH_3{-}CH_2{-}\underset{CH_3}{\underset{|}{\overset{CH_3}{\overset{|}{C}}}}{-}OH$$

$$R\overset{O}{\overset{\|}{C}}OC_2H_5 \xrightarrow[\text{②}H_3O^+]{\text{①无水乙醚}} R{-}\underset{CH_2CH_3}{\underset{|}{\overset{OH}{\overset{|}{C}}}}{-}CH_2CH_3$$

$$R\text{-环氧乙烷} \xrightarrow[\text{②}H_3O^+]{\text{①无水乙醚}} CH_3CH_2\underset{R}{\underset{|}{C}}HCH_2OH \quad (\text{R可以为H})$$

用这个方法可以从简单的醇合成复杂的醇(先把简单的醇氧化为醛或酮)。

9.2.5 卤代烃水解

由卤代烃水解可制得醇,但大多数情况下实用性不大,因为许多卤化物就是由醇制得,而且,水解过程中还有副反应(消除反应)产生烯烃。但在相应的卤代烃容易得到时,可用此法制备醇。例如烯丙醇和苄醇的制备:

$$H_2C{=}CH{-}CH_2{-}Cl + H_2O \xrightarrow{Na_2CO_3} H_2C{=}CH{-}CH_2{-}OH + HCl$$

$$Ph{-}CH_2{-}Cl \xrightarrow[\text{或}Na_2CO_3]{NaOH\text{水溶液}} Ph{-}CH_2{-}OH$$

烯丙基氯、苄氯很容易从丙烯、甲苯高温氯化得到。

9.3 醇的性质

9.3.1 醇的物理性质

1. 相态和沸点

低级醇是具有酒味的无色透明液体,C_{12}以上的直链醇为固体。因为氢键的存在,低级直链饱和一元醇的沸点比相对分子质量相近的烷烃高得多。直链饱和一元醇的沸点随相对分子质量增加而有规律地增高,每增加一个 CH_2 沸点升高 18~20℃。在异构体中,支链越多,醇的沸点越低。

2. 熔点和相对密度

除甲醇、乙醇和丙醇外,其余的醇的熔点和相对密度均随相对分子质量的增加而升高。

3. 溶解性

甲醇、乙醇和丙醇都能与水互溶。自正丁醇开始,随烃基增大,在水中溶解度降低,而在有机溶剂中的溶解度增高。多元醇分子中含有两个以上的羟基,可以形成更多的氢键。因此,分子中所含羟基越多,其熔点、沸点越高,在水中溶解度也越大。

9.3.2 醇的化学性质

醇的化学性质主要由所含的羟基所决定。根据醇的结构和断键类型的不同,可发生不同反应,表示如下:

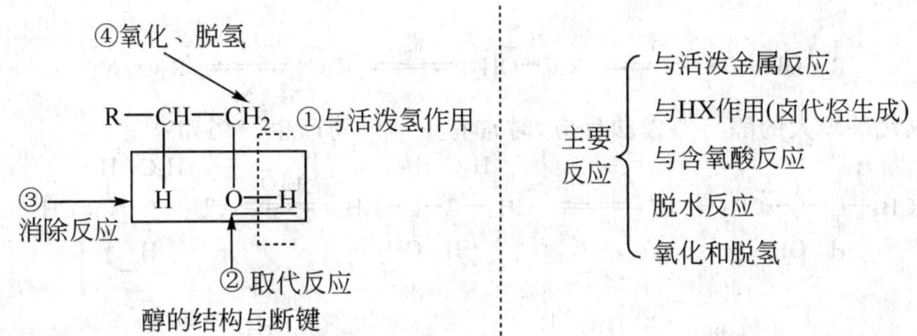

醇的结构与断键

1. 与活泼金属反应

醇和水都含有羟基,因此,它们有相似的化学性质。例如,醇与金属钠作用生成醇钠和氢气，但反应速度比水慢(可利用此性质处理金属钠)：

$$ROH + Na \longrightarrow RONa + \frac{1}{2}H_2$$

这个反应随醇的相对分子质量的增大反应速度减慢。不同类型醇的反应活性比较：甲醇>伯醇>仲醇>叔醇。醇的酸性比水弱，所以醇钠的碱性比氢氧化钠强，醇钠遇水就分解成原来的醇和氢氧化钠。例如：

$$RONa + H{-}OH \rightleftharpoons NaOH + R{-}O{-}H$$

醇钠是白色固体，是具有烷氧基的强亲核试剂。

醇与其他活泼金属(K，Mg，Al 等)反应，也生成醇金属并放出氢气。例如：

$$3\,CH_3{-}\underset{}{\overset{OH}{\overset{|}{C}}}H{-}CH_3 + Al \longrightarrow [(CH_3)_2CHO]_3Al + \frac{3}{2}H_2$$

异丙醇铝和**叔丁醇铝**$[(CH_3)_3CO]_3Al$ 是很好的催化剂和还原剂，常用于有机合成。

2. 卤代烃的生成

醇与氢卤酸作用，羟基被卤素取代而生成卤代烃和水。例如：

$$CH_3CH_2CH_2CH_2OH + \begin{cases} HI \xrightarrow{\triangle} CH_3CH_2CH_2CH_2I + H_2O \\ HBr \xrightarrow{H_2SO_4} CH_3CH_2CH_2CH_2Br + H_2O \\ HCl \xrightarrow[\triangle]{ZnCl_2} CH_3CH_2CH_2CH_2Cl + H_2O \end{cases}$$

酸的性质和醇的结构对反应速度有较大的影响。氢卤酸的反应活性次序是：HI>HBr>HCl。各种醇在浓盐酸和氯化锌催化下的反应活性次序是：苄醇和烯丙醇>叔醇>仲醇>伯醇>甲醇。通常把浓盐酸和无水氯化锌配成的溶液叫**卢卡斯(Lucas)试剂**，用于鉴别伯、仲、叔醇。一般叔醇与卢卡斯试剂在室温立即反应，生成沉淀或变混浊；仲醇需数分钟后才出现混浊；而伯醇必须加热才起反应。这个反应只适应于鉴别 6 个碳以下的醇。

用浓硫酸做催化剂，一般只是适用于伯醇的卤代，因为仲醇可发生消除反应生成烯烃。

在酸催化条件下醇羟基被卤素取代的反应中，大多数伯醇按 S_N2 历程进行，而叔醇按 S_N1 历程进行。

S_N2 历程

$$RCH_2OH + HX \overset{快}{\rightleftharpoons} X^- + \underset{R}{\underset{|}{C}}H{-}\overset{+}{O}H_2 \overset{慢}{\rightleftharpoons} RCH_2X + H_2O$$

S_N1 历程

$$R_3COH + HX \overset{快}{\rightleftharpoons} R_3C{-}\overset{+}{O}H_2 \overset{慢}{\rightleftharpoons} R_3\overset{+}{C} \underset{X^-}{\overset{快}{\rightleftharpoons}} R_3C{-}X$$

一些取代基较大的醇与氢卤酸反应，时常有重排产物产生。例如：

$$CH_3{-}\underset{H}{\overset{H_3C}{C}}{-}\underset{OH}{\overset{H}{C}}{-}CH_3 + H^+ \rightleftharpoons CH_3{-}\underset{H}{\overset{H_3C}{C}}{-}\underset{\overset{+}{O}H_2}{\overset{H}{C}}{-}CH_3 \overset{-H_2O}{\rightleftharpoons} CH_3{-}\underset{H}{\overset{H_3C}{C}}{-}\overset{H}{\underset{+}{C}}{-}CH_3$$

$$\overset{重排}{\rightleftharpoons} CH_3{-}\overset{H_3C}{\underset{+}{C}}{-}\underset{H}{\overset{H}{C}}{-}CH_3 \overset{Cl^-}{\rightleftharpoons} CH_3{-}\underset{Cl}{\overset{CH_3}{C}}{-}CH_2CH_3$$

又如：

$$CH_3-\underset{CH_3}{\overset{CH_3}{C}}-CH_2OH \xrightleftharpoons{HBr} CH_3-\underset{Br}{\overset{CH_3}{C}}-CH_2CH_3 + CH_3-\underset{CH_3}{\overset{CH_3}{C}}-CH_2Br$$

主要产物

为避免重排反应，可使醇与三碘（或溴）化磷、五氯化磷或亚硫酰氯反应生成相应的卤烷：

$$3ROH + PBr_3 \longrightarrow 3RBr + P(OH)_3$$

$$ROH + SOCl_2 \longrightarrow RCl + SO_2 + HCl$$

$$ROH + PCl_5 \longrightarrow RCl + ROCl_3 + HCl$$

醇与亚硫酰氯作用生成氯烷产量高，而且副产物 SO_2 和 HCl 均为气体，易于分离。

3. 与含氧酸的反应

(1) 与无机含氧酸反应

醇与无机含氧酸作用时，醇起亲核试剂作用，其烃氧基（RO—）取代酸中的羟基（—OH），生成产物酯。例如：

$$CH_3O-H + HO-SO_2OH \rightleftharpoons CH_3OSO_2OH + H_2O$$

硫酸氢甲酯

$$CH_3OSO_2OH + HOSO_2OCH_3 \xrightleftharpoons{加热，减压蒸馏} CH_3OSO_2OCH_3 + H_2SO_4$$

硫酸二甲酯

硫酸氢甲酯是酸性酯，硫酸二甲酯是中性酯。硫酸二甲酯和硫酸二乙酯都是常用的烷基化试剂，因有剧毒，使用时应注意安全。

甘油（丙三醇）与硝酸作用可得到**甘油三硝酸酯**（一种炸药），而磷酸与丁醇作用可得到**磷酸三丁酯**（用作萃取剂和增塑剂）：

$$\begin{matrix} CH_2OH \\ | \\ CHOH \\ | \\ CH_2OH \end{matrix} + 3HONO_2 \rightleftharpoons \begin{matrix} CH_2ONO_2 \\ | \\ CHONO_2 \\ | \\ CH_2ONO_2 \end{matrix} + 3H_2O$$

甘油三硝酸酯

$$3C_4H_9OH + (HO)_3P{=}O \rightleftharpoons (C_4H_9O)_3P{=}O + 3H_2O$$

磷酸三丁酯

(2) 与羧酸反应

$$H_3C\overset{O}{\overset{\|}{C}}-OH + H-OCH_2CH_3 \rightleftharpoons CH_3COOCH_2CH_3$$

乙酸　　　乙醇　　　乙酸乙酯

醇与羧酸作用生成酯，酯相当于醇和羧酸两分子间失去一分子水，并相互结合成一个分子。酯化反应历程是酸或路易斯酸催化下的取代反应。

在醇与羧酸作用生成酯的反应过程中，是醇分子作为亲核试剂进攻羧酸的带正电荷部分，而醇分子的氢氧键断裂，例如：

$$H_3C-\overset{O}{\overset{\|}{C}}-OH + H^+ \rightleftharpoons H_3C-\overset{^+OH}{\overset{\|}{C}}-OH \rightleftharpoons H_3C-\overset{OH}{\overset{|}{C^+}}-OH \xrightleftharpoons{CH_3\ddot{O}H} H_3C-\underset{\underset{H}{^+OCH_3}}{\overset{OH}{C}}-OH$$

$$\rightleftharpoons H_3C-\underset{OCH_3}{\overset{^+OH_2}{C}}-\ddot{O}-H \xrightleftharpoons{-H_2O} H_3C-\overset{^+O-H}{\overset{\|}{C}}-OCH_3 \xrightleftharpoons{-H^+} H_3C-\overset{O}{\overset{\|}{C}}-OCH_3$$

4. 脱水反应

依反应条件不同，醇可以发生分子内脱水生成烯烃，也可以发生分子间脱水而生成醚。例如：

$$\underset{CH_2-CH_2}{\overset{H\quad\ OH}{}} \xrightarrow[170℃]{浓H_2SO_4} H_2C=CH_2 + H_2O$$

$$CH_3CH_2O-H + HO-CH_2CH_3 \xrightarrow[140℃]{浓H_2SO_4} CH_3CH_2-O-CH_2CH_3 + H_2O$$

低温有利于取代反应生成醚，高温有利于消除反应生成烯烃。由于分子结构的关系，一般来说，叔醇脱水不发生取代反应，而发生消除反应生成烯烃。

在酸催化下，醇分子脱水历程是酸催化烯烃水合成醇的逆过程，大多数为E1历程。

$$-\underset{H}{\overset{|}{C}}-\underset{OH}{\overset{|}{C}}- \xrightleftharpoons{H^+} -\underset{H}{\overset{|}{C}}-\underset{\overset{+}{O}H_2}{\overset{|}{C}}- \xrightleftharpoons{E1} -\underset{H}{\overset{|}{C}}-\overset{|}{C^+}- \xrightleftharpoons{-H^+} \;\rangle C=C\langle$$

反应中间体为碳正离子。碳正离子有可能进一步重排为更稳定的碳正离子，再按查依采夫规则消去一个β-H。

$$(CH_3)_3C\underset{OH}{CH}CH_3 \xrightleftharpoons{H^+} (CH_3)_3C\underset{\overset{+}{O}H_2}{CH}CH_3 \xrightleftharpoons{-H_2O} CH_3-\underset{CH_3}{\overset{CH_3}{C}}-\overset{+}{C}H-CH_3$$

$$\xrightarrow{重排} CH_3-\underset{CH_3}{\overset{+}{C}}-\underset{CH_3}{\overset{H}{C}}-CH_3 \xrightarrow{-\beta-H} (CH_3)_2C=C(CH_3)_2$$

在酸催化下，醇的相对活性与生成碳正离子难易程度一致。醇脱水相对活性次序为3°ROH>2°ROH>1°ROH。

醇脱水的消除反应取向符合**查依采夫规则**，即生成的烯烃总是连有较多烃基的取代乙烯。例如：

$$CH_3CH_2\overset{OH}{\overset{|}{C}}HCH_3 \xrightarrow[100℃]{66\%H_2SO_4} \underset{(80\%)}{CH_3-CH=CH-CH_3}$$

醇脱水反应，常用的脱水剂除浓硫酸外，还有氧化铝，后者作脱水剂时反应温度要求较高(360℃)，但其优点是脱水剂经再生后可重复使用，且反应过程中很少有**重排现象**发生。例如：

$$CH_3CH_2CH_2CH_2OH \begin{cases} \xrightarrow[140℃]{75\%H_2SO_4} CH_3-CH=CH-CH_3 \\ \xrightarrow[350\sim400℃]{Al_2O_3} H_3C-CH_2-CH=CH_2 \end{cases}$$

5. 氧化和脱氢

在醇分子中,羟基所在的碳原子上的氢由于受羟基的影响,较活泼容易被氧化,生成羰基化合物。或者在脱氢催化剂(常用铜)的作用下,失去氢生成羰基。例如:

$$\underset{\text{伯醇}}{RCH_2OH} \xrightarrow{[O]} \underset{\text{醛}}{RCHO} \xrightarrow{[O]} \underset{\text{羧酸}}{RCOOH}$$

$$\underset{\text{仲醇}}{R-\overset{OH}{\overset{|}{C}H}-R_1} \xrightarrow{[O]} \underset{\text{酮}}{R-\overset{O}{\overset{\|}{C}}-R_1}$$

$$RCH_2OH \underset{325℃}{\overset{Cu}{\rightleftharpoons}} RCHO + H_2 \qquad R-\overset{OH}{\overset{|}{C}H}-R_1 \underset{325℃}{\overset{Cu}{\rightleftharpoons}} R-\overset{O}{\overset{\|}{C}}-R_1 + H_2$$

常用氧化剂有 $K_2Cr_2O_7$ 酸性水溶液、$KMnO_4$ 溶液等,适用于将仲醇氧化成酮,伯醇很容易被氧化成酸而得不到醛。对于低相对分子质量的醇可以利用其醛的沸点比醇低这一特点,使反应中生成的醛不断蒸馏出来,以免被继续氧化。此外,如要使反应停留在醛阶段,可用氧化性较温和的**沙瑞特**(Sarrett)**试剂**,参见 10.2.2。

叔醇因为与羟基相连的碳原子上没有氢原子,所以不易被氧化。如在剧烈条件下(例如在硝酸作用下),则碳链断裂,生成含碳原子数较少的产物。

脂环醇氧化也生成酮,进一步以强氧化剂氧化,则碳碳键断裂生成含相同碳原子数的二元酸。例如:

$$\underset{\text{环己醇}}{C_6H_{11}OH} \xrightarrow[50\sim60℃]{50\%HNO_3, V_2O_5} \left[\underset{\text{环己酮}}{C_6H_{10}O}\right] \xrightarrow{[O]} \underset{\text{己二酸}}{\begin{matrix} CH_2-CH_2COOH \\ | \\ CH_2-CH_2COOH \end{matrix}}$$

9.4 重要的醇

重要的醇有甲醇、乙醇、乙二醇、丙三醇、苯甲醇等。

1. 甲醇

甲醇最初是由木材干馏得到的,故称为木醇或木精。在工业上用合成气(CO 和 H_2)或天然气为原料在高温和催化剂存在下直接合成:

$$CO + 2H_2 \xrightarrow[300\sim410℃,20\sim30MPa]{CuO\text{-}ZnO\text{-}Cr_2O_3} CH_3OH$$

$$CH_4 + \frac{1}{2}O_2 \xrightarrow[\text{铜管}]{200℃,10MPa} CH_3OH$$

甲醇为无色液体,沸点 64.7℃,能与水和大多数有机溶剂混溶。甲醇有酒的气味,但毒性很强,若长期接触甲醇蒸气,可使视力下降;若误服或吸入少量(10 mL)可致失明,多量(30 mL)可致死。这是由于甲醇进入体内,很快被肝脏的脱氢酶氧化成甲醛。甲醛不能被同化利用,能凝固蛋白质,损伤视网膜。其进一步的氧化产物甲酸又不能很快被机体代谢而滞留于血液中,使 pH 值下降,导致酸中毒而致死。甲醇主要用来制备甲醛以及在有机合成工业中用作甲基化试剂和溶剂,在有机合成中有很广泛的用途。甲醇和汽油混合成**“甲醇汽油”**,可节约能源。

甲醇与水不形成恒沸混合物,通过分馏除水,纯度可达 99%,要除去剩余 1%的水,可加适量镁。甲醇和镁反应,生成甲醇镁,它和水反应生成不溶性氧化镁和甲醇,经蒸馏即得到绝对甲醇。反应如下:

$$2CH_3OH + Mg \xrightarrow{-H_2} (CH_3O)_2Mg \xrightarrow{H_2O} 2CH_3OH + MgO$$

2. 乙醇

乙醇俗称酒精。我国古代用粮食发酵酿酒,发酵是制备乙醇的重要方法,但由于消耗大量粮食,所以现在一般都以石油裂解得到的乙烯为原料,用水合法制乙醇,参见 3.5.2 之(2)与(3)。

工业乙醇(95.6%)的沸点为 78.15℃,是乙醇和水的恒沸混合物。恒沸物不能用蒸馏方法分离其中的各组分,所以工业乙醇中总含有 4.4%的水。那么如何制备无水乙醇呢?

在实验室,先将工业乙醇与生石灰共热,除去其中一部分(99.5%)水,然后再用镁除去微量水分,可得到 99.95%的**无水乙醇**。

在工业上,先加入一定量的苯于工业乙醇中,再进行蒸馏。首先蒸出来的苯、乙醇和水的三元恒沸物,其沸点为 64.25℃(含苯 74.1%、乙醇 18.5%、水 7.4%);然后再蒸馏苯和乙醇的二元恒沸物,其沸点为 68.25℃(含苯 64.8%、乙醇 32.4%);最后蒸出来的则是无水乙醇。该法操作麻烦、酒精损耗大,副产物石灰渣难以处理。现在工厂采用聚苯乙烯磺酸钾型阳离子交换树脂除水,效果很好。

乙醇是重要的化工原料,由它可以合成百种以上的有机化合物。乙醇是一种常用的溶剂,由于乙醇能使细菌的蛋白质变性,临床上使用**70%~75%的乙醇水溶液作外用消毒剂**。

3. 乙二醇

乙二醇为具有甜味的黏稠液体,俗称**甘醇**。可与水混溶,不溶于乙醚。60%乙二醇水溶液的凝固点为−49℃,是较好的**防冻剂**。**乙二醇**可作为高沸点溶剂(沸点 197℃),也是**合成涤纶**的主要原料。

乙二醇一般都由乙烯制备,有两种主要的方法:乙烯次氯酸化法和乙烯氧化法:

$$CH_2{=}CH_2 \xrightarrow[70\sim80^\circ C]{Cl_2+H_2O} \underset{Cl}{CH_2}-\underset{OH}{CH_2} \xrightarrow[105\sim110^\circ C,\ 1MPa]{H_2O,\ NaHCO_3} \underset{OH}{CH_2}-\underset{OH}{CH_2}$$

$$\underset{Cl}{CH_2}-\underset{OH}{CH_2} \xrightarrow{Ca(OH)_2} \text{环氧乙烷}$$

$$CH_2{=}CH_2 \xrightarrow[250^\circ C,\ 1MPa]{O_2,\ Ag} \underbrace{CH_2-CH_2}_{O} \xrightarrow[190^\circ C,\ 2.2MPa]{H_2O,\ H^+} \underset{OH}{CH_2}-\underset{OH}{CH_2}$$

4. 丙三醇

丙三醇(甘油)是具有甜味的黏稠液体,沸点 290℃,与水混溶,在空气中吸水性很强,不溶于乙醚、氯仿等有机溶剂。工业上主要用于制甘油三硝酸酯(炸药),在医药、烟草、化妆品工业中,甘油是很好的润湿剂。

甘油是制肥皂的副产物。现在工业上是以丙烯为原料，采用氯丙烯法和丙烯氧化法直接合成。氯丙烯法制甘油的反应如下：

$$CH_3CH{=}CH_2 \xrightarrow[550℃]{Cl_2} ClCH_2CH{=}CH_2 \xrightarrow{Cl_2+H_2O} ClCH_2\underset{\displaystyle OH}{\underset{|}{C}H}CH_2Cl$$

$$\xrightarrow[60℃]{Ca(OH)_2} \underbrace{CH_2-CH}_{O}CH_2Cl \xrightarrow[150℃]{10\%NaOH} \underset{\displaystyle OH}{\underset{|}{CH_2}}-\underset{\displaystyle OH}{\underset{|}{CH}}-\underset{\displaystyle OH}{\underset{|}{CH_2}}$$

5. 苯甲醇

苯甲醇俗称苄醇(benzyl alcohol)，它是最重要、最简单的芳醇，存在于茉莉等香精油中。工业上可从苄氯在碳酸钾或碳酸钠存在下水解而得，例如：

$$C_6H_5CH_2Cl + H_2O \xrightarrow[105℃]{12\%Na_2CO_3} C_6H_5CH_2OH + HCl$$

苯甲醇为无色液体，具芳香味，微溶于水，溶于乙醇、甲醇等有机溶剂。苯甲醇分子中的羟基连接在苯环侧链上，具有脂肪族醇羟基的一般性质，但因受苯环的影响而性质活泼，易发生取代反应。

6. 邻二醇

邻二醇类化合物是多元醇中结构特殊的化合物，常见有乙二醇、频哪醇等，它们除具有一元醇的一般化学性质外，还有其特殊性，如与氢氧化铜反应，与高碘酸反应，邻二醇(频哪醇)重排等。

(1) 与氢氧化铜反应

邻二醇类化合物可与稀硫酸铜的碱性溶液作用，形成深颜色的铜盐，例如，乙二醇相应的铜盐为绛蓝色：

$$\begin{matrix}CH_2OH\\ |\\ CH_2OH\end{matrix} + Cu^{2+} \xrightarrow{OH^-} \begin{matrix}CH_2O\\ |\\ CH_2O\end{matrix}\!\!>Cu + 2H_2O$$

(2) 与高碘酸反应

邻二醇类化合物可被高碘酸(HIO_4)在温和条件下氧化，使连有羟基的两个相邻碳之间的键发生断裂，形成两个羰基化合物(醛或酮)。例如：

$$CH_3-\overset{\displaystyle OH}{\overset{|}{C}H}-\overset{\displaystyle OH}{\overset{|}{C}}(CH_3)_2 \xrightarrow{HIO_4} CH_3CHO + CH_3COCH_3$$

当有3个或更多的羟基邻位相连时，则处于中间的"CH—OH"基团被氧化成甲酸。例如：

$$\overset{\displaystyle OH}{\overset{|}{C}H_2}-\overset{\displaystyle OH}{\overset{|}{C}H}-\overset{\displaystyle OH}{\overset{|}{C}H_2} + 2HIO_4 \longrightarrow 2HCHO + HCOOH + 2HIO_3 + H_2O$$

高碘酸反应对分析醇的结构很有用。当定性鉴定时，可加入 $AgNO_3$ 作指示剂，若产生白色 $AgIO_3$ 沉淀，则表明发生了 HIO_4 氧化。由于反应是定量进行的，根据产物的结构、数量以及消耗 HIO_4 的量，可提供邻二醇类结构的有用信息，以便对化合物结构进行分析。

(3) 频哪醇重排

四烃基乙二醇叫做频哪醇(Pinacol)。

在无机酸作用下,连有羟基的碳原子上的烃基带着一对电子转移到失去羟基的正碳离子上生成不对称酮的反应,称**频哪醇重排**(Pinacol rearrangement):

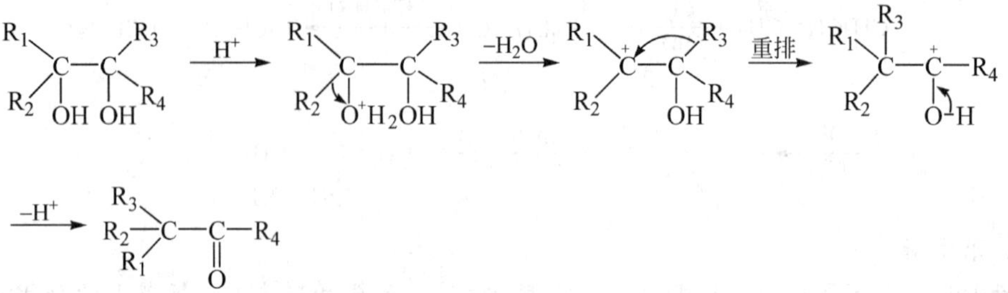

$$R_1R_2C(OH)-C(OH)R_3R_4 \xrightarrow{H^+} R_1R_2C(O^+H_2)-C(OH)R_3R_4 \xrightarrow{-H_2O} R_1R_2\overset{+}{C}-C(OH)R_3R_4 \xrightarrow{重排} R_1R_2R_3C-\overset{+}{C}(OH)R_4$$

$$\xrightarrow{-H^+} R_1R_2R_3C-C(=O)-R_4$$

例如:

$$\underset{OH\ \ OH}{Me_2C-CMe_2} \xrightarrow[-H_2O]{稀H_2SO_4} Me_3C-\underset{O}{\underset{\|}{C}}-Me$$

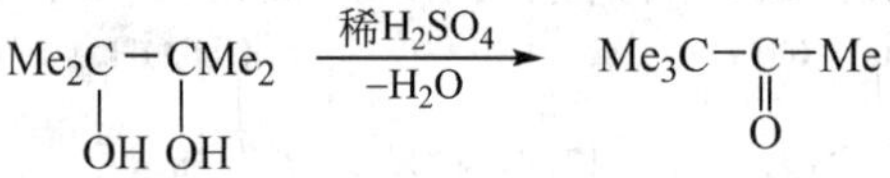

正碳离子的形成和基团的迁移系经由一个正碳离子**桥式过渡状态**,迁移基团和离去基团处于**反式位置**。

迁移基团可以是烷基,也可以是芳基。对于 $R_1R_2C(OH)—C(OH)R_3R_4$ 取代基不同的频哪醇,其重排方向取决于下列两个因素:①失去—OH 的难易,级数较高的碳上羟基易脱去,生成稳定的碳正离子;②迁移基团的性质和迁移倾向,倾向于转移给电子性大的基团(亲核性大),芳基>烷基>氢。

9.5 酚的构造、分类和命名

9.5.1 酚的构造

羟基直接连在芳环上的化合物称为酚。羟基也是酚的官能团,称为酚羟基。含有一个酚羟基的酚为**一元酚**,含有两个或以上酚羟基的酚为**多元酚**。苯酚是最简单、最重要的酚,一般简称酚。

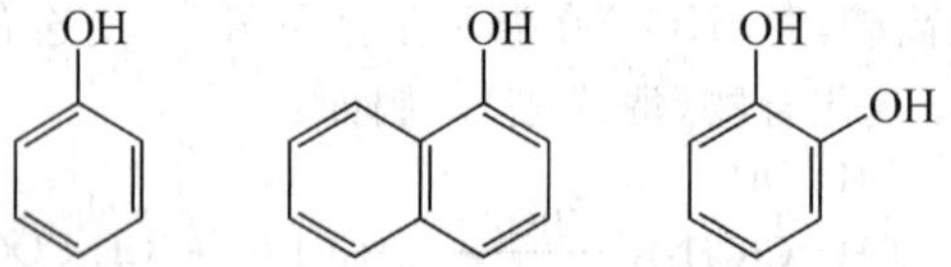

苯酚　　α-萘酚　　邻苯二酚

9.5.2 酚的命名

酚类命名,一般把苯酚作为母体,苯环上连接的其他基团作取代基。例如:

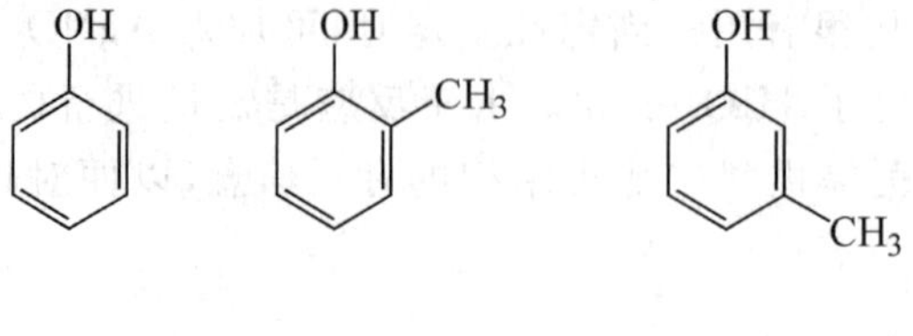

苯酚　　邻甲苯酚　　间甲苯酚　　对甲苯酚

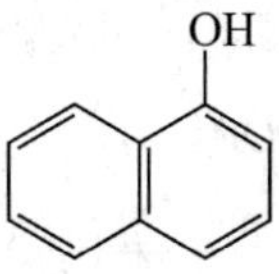

α-萘酚 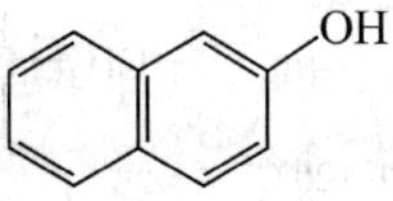　　β-萘酚

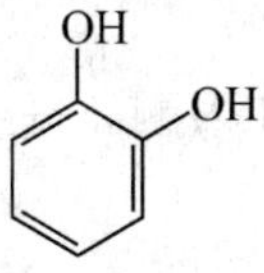

邻苯二酚 　　对苯二酚 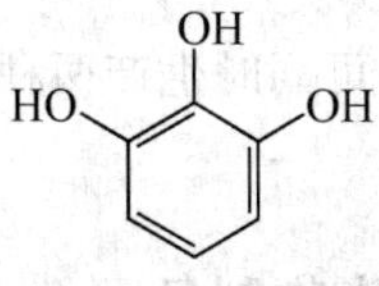　　1,2,3-苯三酚

但当取代基的序列优于酚羟基时，则按取代基序列次序的先后来选择母体。例如：

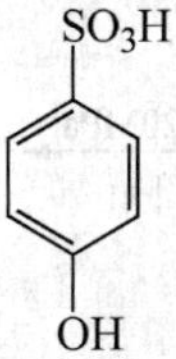

对-羟基苯磺酸

(不是对-磺酸基苯酚)

一般常用的取代基的先后排列次序：

$$-NO_2 > -X > -R > -NH_2 > -OH > \rangle C{=}O > -SO_3H > -COOH$$

习惯上把酚羟基前面的当作取代基，后面的作为母体。

9.6 酚的制备

传统的方法是把从煤焦油分馏所得的酚油(沸程180～210℃)、萘油(沸程210～230℃)馏分(含苯酚和甲苯酚28%～40%)，先经碱、酸处理，再减压分馏以制备苯酚和甲酚。

但随着化学工业的发展，上述方法远远不能满足所需，现都用合成方法大量生产，下面介绍主要的制备方法。

9.6.1 从异丙苯制备

在过氧化物催化或紫外线作用下，异丙苯叔碳原子上的氢原子被空气氧化为过氧化异丙苯，再用稀硫酸使之分解生成苯酚和丙酮。

$$C_6H_6 + CH_3CH{=}CH_2 \xrightarrow{H_2SO_4} C_6H_5-CH(CH_3)_2$$

$$C_6H_5CH(CH_3)_2 \xrightarrow[\text{过氧化物}]{O_2(\text{空气}),110\sim120^\circ C} C_6H_5C(CH_3)_2-O-OH \xrightarrow[75\sim85^\circ C]{\text{稀}H_2SO_4} C_6H_5OH + CH_3COCH_3$$

氧化反应一般在碱性条件下(pH 8.5～10.5)和1%乳化剂(硬脂酸钠)存在下进行。反应历程是自由基反应。

本方法的优点是可同时生产两种常用工业原料：苯酚和丙酮。每生产 1 t 苯酚可同时获得 0.6 t 丙酮。

9.6.2 从芳卤衍生物制备

芳香卤在催化剂、高温、高压条件下，与 NaOH 作用生成苯酚。例如：

$$C_6H_5Cl + 2NaOH \xrightarrow[Cu(\text{催化剂})]{350\sim370^\circ C,\ 20MPa} C_6H_5ONa + NaCl + H_2O$$

$$C_6H_5ONa \xrightarrow{HCl} C_6H_5OH + NaCl$$

本反应是亲核取代反应。

连在芳环上的卤素很不活泼，需高温高压条件下才能进行水解。但当卤原子的邻位或对位有强吸电子基团时，水解反应较易进行。例如：

$$o\text{-}ClC_6H_4NO_2 \xrightarrow[130^\circ C]{Na_2CO_3} o\text{-}NaOC_6H_4NO_2 \xrightarrow{H^+} o\text{-}HOC_6H_4NO_2$$

$$2,4\text{-}(NO_2)_2C_6H_3Cl \xrightarrow[100^\circ C\text{回流}]{Na_2CO_3} 2,4\text{-}(NO_2)_2C_6H_3ONa \xrightarrow{H^+} 2,4\text{-}(NO_2)_2C_6H_3OH$$

邻位或对位上的吸电子基团有利于增加此亲核取代反应所形成的中间体络合物的稳定性。

9.6.3 从芳磺酸制备

将芳磺酸钠盐与氢氧化钠共熔(称为碱熔)可以得到相应的酚钠，再经酸化，即得到相应的酚。例如：

$$C_6H_5SO_3Na + NaOH \xrightarrow[\text{共熔}]{300\sim400℃} C_6H_5ONa + Na_2SO_3 + H_2O$$

$$C_6H_5ONa \xrightarrow{H^+} C_6H_5OH$$

$$\text{α-萘磺酸钠} \xrightarrow[300\sim320℃]{NaOH} \text{α-萘酚钠} \xrightarrow{H^+} \text{α-萘酚}$$

α-萘磺酸钠　　　　α-萘酚

9.6.4 由芳胺经重氮化制备

参见 14.2.1 节。

9.7 酚的性质

9.7.1 酚的物理性质

酚大多为结晶固体，少数烷基酚(如间甲苯酚)为高沸点液体。酚微溶于水，能溶于酒精、乙醚等有机溶剂。

与相对分子质量相近的烃相比，酚的沸点和熔点较高，这是由于酚分子之间存在氢键缔合。例如：

$$C_6H_5\text{—O—H}\cdots\text{O(H)—}C_6H_5,\quad C_6H_5\text{—O}\cdots\text{H—O—}C_6H_5$$

低相对分子质量的酚微溶于水，而且，随着分子中酚羟基的增加(如二元酚、三元酚等)，其水溶性增大。这是由于酚与水分子之间亦可发生氢键缔合。例如：

$$C_6H_5\text{—O}\cdots\text{H—O—H}\cdots\text{O—}C_6H_5\cdots\text{H—O—H}$$

酚的化学性质表现为如下 4 类反应：

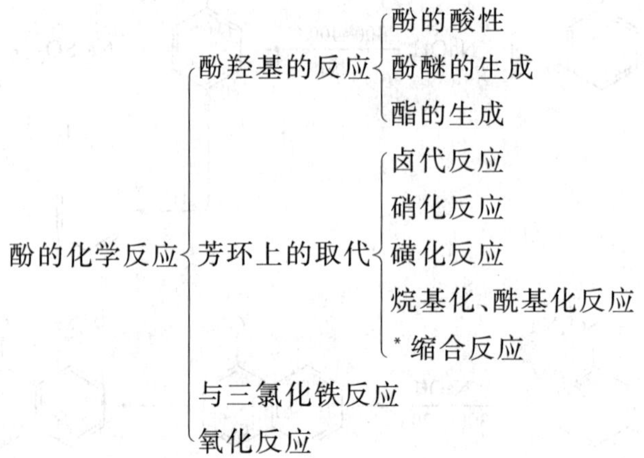

9.7.2 酚羟基的反应

在这类反应中，氧氢键(O—H)发生断裂，有下列 3 种反应。

1. 酚的酸性

$$C_6H_5OH + 2NaOH \rightleftharpoons C_6H_5O^-Na^+ + H_2O$$

$$C_6H_5O^-Na^+ \xrightarrow{CO_2/H_2O} C_6H_5OH + NaHCO_3$$

以上反应说明酚的酸性比水强，但比碳酸弱。

苯酚呈酸性是由于苯氧负离子上的负电荷可以通过共轭作用而分散到苯环共轭体系中，使苯氧负离子比苯酚更稳定，因此，苯酚容易离解出质子而呈酸性：

$$C_6H_5OH \rightleftharpoons H^+ + [C_6H_5\ddot{O}:]^-$$

*当苯环上有供电子取代基时，可使取代苯氧负离子不稳定，苯酚的酸性减弱，如：

$$CH_3 \rightarrow C_6H_4 - O^-$$

*而当苯环上有吸电子取代基，可使取代苯氧负离子更稳定，苯酚的酸性增强，如：

(存在−I, −C效应)　　(存在−I, −C效应)　　(只存在−I效应)

* 含不同取代基的酚的酸性如下：

	对甲基苯酚	苯酚	对硝基苯酚	邻硝基苯酚	间硝基苯酚
pK_a：	10.21	9.98	7.15	7.23	8.4

	2,4-二硝基苯酚	2,4,6-三硝基苯酚
pK_a：	4.00	0.71

* 苯酚的邻对位上吸电子基团越多，酸性越强。

2. 酚醚的生成

酚与醇相似，可生成醚，但因酚羟基的碳氧键比较牢固（p-π 共轭的结果），一般不能通过酚分子间脱水来制备，而是由酚金属与烷基化试剂（卤烷或硫酸酯）在弱碱性溶液中作用而制得。例如：

$$C_6H_5ONa + (CH_3)_2SO_4 \longrightarrow C_6H_5OCH_3 + CH_3OSO_3Na$$

二芳基醚需在铜催化下加热制得：

$$C_6H_5ONa + Br-C_6H_5 \xrightarrow[210℃]{Cu} C_6H_5-O-C_6H_5 + NaBr$$

酚醚在氢碘酸作用下，分解为酚和烃基碘：

$$C_6H_5OCH_3 + HI \longrightarrow C_6H_5OH + CH_3I$$

3. 酯的生成

与醇不一样，酚与羧酸直接酯化比较难，一般须与酸酐或酰氯作用才能生成酯。例如：

$$C_6H_5OH + \underset{\text{乙酰氯}}{CH_3COCl} \longrightarrow \underset{\text{乙酸苯酯}}{C_6H_5O-\overset{O}{\overset{\|}{C}}-CH_3} + HCl$$

9.7.3 芳环上的亲电取代反应

羟基是强的邻对位定位基，可使苯环活化。下面介绍这类反应。

1. 卤化反应

酚很容易发生卤化反应。苯酚与溴水作用，生成 2,4,6-三溴苯酚的白色沉淀。三溴苯酚在水中的溶解度极小，含有 10 μg/g 苯酚的水溶液也能生成**三溴苯酚沉淀**，故这个反应常用于苯酚的定性检验和定量测定：

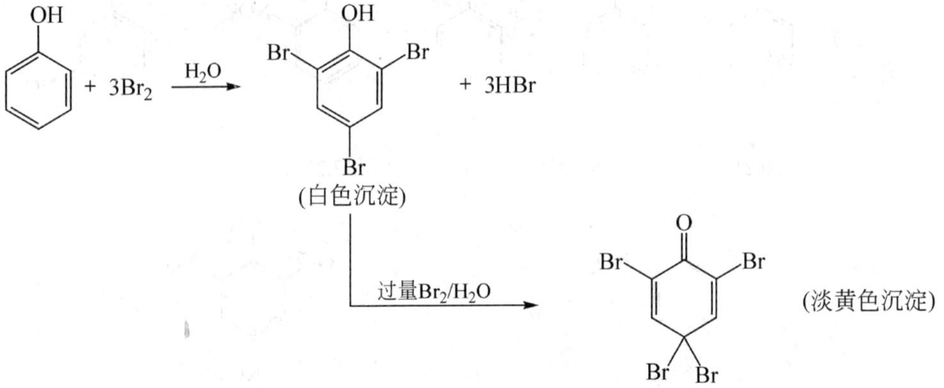
OH
+ 3Br2
H2O
Br
Br
Br
+ 3HBr
(白色沉淀)
过量Br2/H2O
O
Br
Br
Br Br
(淡黄色沉淀)

如溴水过量，则生成淡黄色的四溴衍生物沉淀。

如要生成一元取代对溴苯酚，可在低温下，于非极性溶剂(如 CS_2，CCl_4)中，控制溴不过量而进行反应：

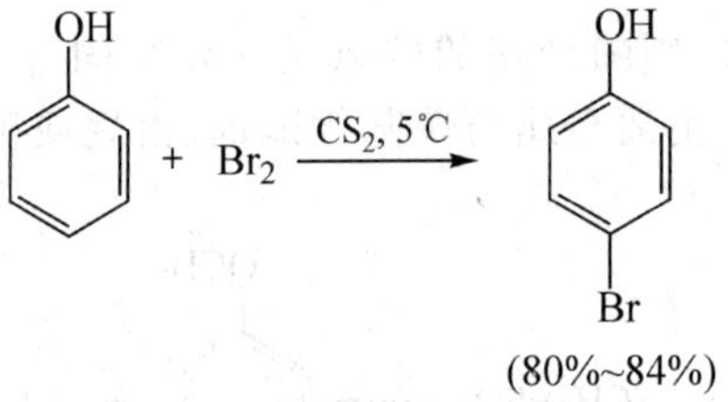
OH
+ Br2
CS2, 5℃
OH
Br
(80%~84%)

2. 硝化反应

酚很容易硝化，与稀硝酸在室温下作用，即可生成邻硝基苯酚和对硝基苯酚混合物：

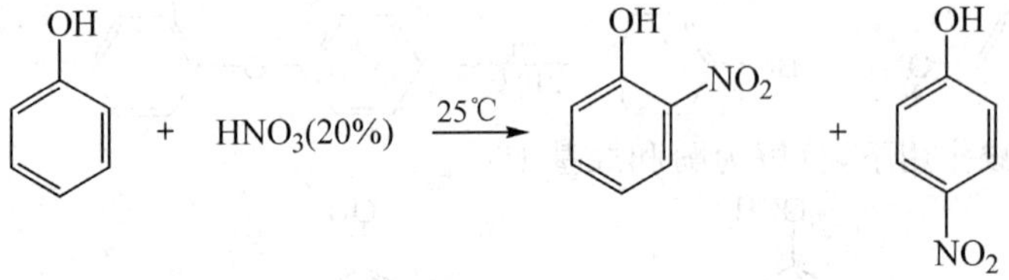
OH
+ HNO3(20%)
25℃
OH
NO2
+
OH
NO2

混合物可用**水蒸气蒸馏方法**分开。

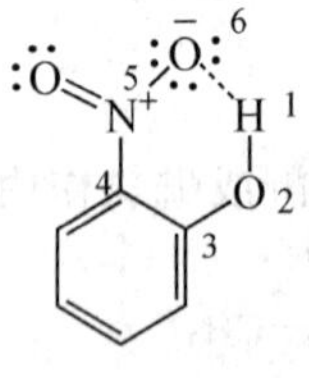

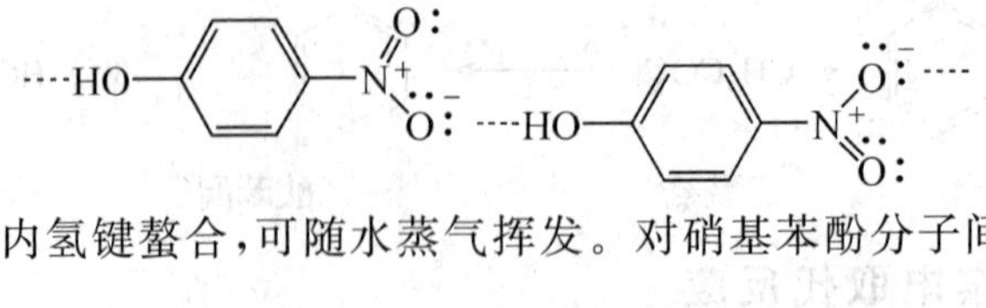

邻硝基苯酚分子内氢键螯合，可随水蒸气挥发。对硝基苯酚分子间氢键缔合，不能随水蒸气蒸馏出来。

3. 磺化反应

苯酚与浓硫酸作用，发生磺化反应而生成羟基苯磺酸。随磺化条件不同得到不同产物，例如：

$$\text{苯酚} \xrightarrow{98\%H_2SO_4} \begin{cases} \xrightarrow{20℃} \text{邻羟基苯磺酸} \\ \xrightarrow{100℃} \text{对羟基苯磺酸} \end{cases} \xrightarrow[\triangle]{\text{浓}H_2SO_4} \text{4-羟基-1,3-苯二磺酸}$$

苯酚分子中引入两个磺酸基后，苯环被钝化而不易被氧化，再与浓硝酸作用，两个磺酸基可同时被置换生成 2,4,6-三硝基苯酚（苦味酸）：

$$\text{4-羟基-1,3-苯二磺酸} \xrightarrow{\text{浓}HNO_3} \text{2,4,6-三硝基苯酚}$$

4. 烷基化反应和酰基化反应

由于酚羟基的影响，酚比芳烃容易进行傅-克反应。在傅瑞德尔-克拉夫茨反应中，如用 $AlCl_3$ 作催化剂，因为酚羟基与三氯化铝可形成络合物（$ArOAlCl_2$），以致失去催化能力。故一般酚的烷基化反应是用醇或烯烃作烷基化试剂以浓硫酸作催化剂进行的。例如：

$$\text{对甲苯酚} + 2(H_3C)_2C{=}CH_2 \xrightarrow{\text{浓}H_2SO_4} \text{2,6-二叔丁基-4-甲基苯酚（}(CH_3)_3C,\ C(CH_3)_3,\ CH_3\text{）}$$

酚的酰基化也比较容易进行。例如：

$$\text{苯酚} + CH_3COOH \xrightarrow{BF_3} \text{对羟基苯乙酮（}COCH_3\text{）(95\%)} + \text{邻羟基苯乙酮（}COCH_3\text{）(微量)}$$

$$\text{苯酚} + AlCl_3 \longrightarrow C_6H_5OAlCl_2 + HCl$$

$$C_6H_5OAlCl_2 + CH_3(CH_2)_{10}COCl \xrightarrow[Ph\text{-}NO_2]{AlCl_3} \text{邻位 }CO(CH_2)_{10}CH_3\text{ 取代的 }OAlCl_2\text{ 苯} + \text{对位 }CO(CH_2)_{10}CH_3\text{ 取代的 }OAlCl_2\text{ 苯}$$

但苯酚在浓硫酸或无水氯化锌的作用下与邻苯二甲酸酐不发生上述的傅-克酰基化反应，而是**酸酐与两分子的酚进行缩合**，生成**酚酞**：

$$2\,C_6H_5OH + \text{邻苯二甲酸酐} \xrightarrow[\triangle]{浓H_2SO_4} \text{酚酞}$$

5. 与羰基化合物的缩合反应

酚的邻对位上的氢特别活泼，可与羰基化合物(醛或酮)发生缩合反应。例如，苯酚和甲醛在酸或碱的作用下，按酚和醛的用量比例不同，可得到不同结构的高分子化合物。

(1) 酸催化反应

$$H_2C{=}O + H^+ \rightleftharpoons H_2\overset{+}{C}OH$$

$$C_6H_5OH + H_2\overset{+}{C}{-}OH \longrightarrow [\text{中间体}] \longrightarrow o\text{-}HOC_6H_4CH_2OH + H^+$$

(2) 碱催化反应

$$C_6H_5OH + NaOH \rightleftharpoons [C_6H_5O^-]Na^+ + H_2O$$

$$C_6H_5O^- + H_2C{=}O \longrightarrow [\text{中间体}] \longrightarrow o\text{-}{}^-OC_6H_4CH_2OH$$

(3) 醛过量反应

当醛过量时，缩合产物是含羟甲基较多的2,4-二羟甲基和2,6-二羟甲基苯酚：

$$C_6H_5OH + 2HCHO \longrightarrow \text{2,4-}(HOCH_2)_2C_6H_3OH + \text{2,6-}(HOCH_2)_2C_6H_3OH$$

(4) 酚过量反应

当酚过量时，缩合产物是不含羟甲基的4,4′-二羟基二苯甲烷和2,2′-二羟基二苯甲烷：

$$2\,C_6H_5OH + HCHO \longrightarrow HO{-}C_6H_4{-}CH_2{-}C_6H_4{-}OH + (o\text{-}HOC_6H_4)_2CH_2 + H_2O$$

上述反应(3)和反应(4)所得的产物都是合成酚醛树脂的中间产物。这些中间产物相互缩合并与甲醛、苯酚继续作用,就可得到线型或体型的缩聚物——**酚醛树脂**。酚醛树脂的用途广泛,可用来做涂料、黏合剂及塑料等。酚醛树脂又称**电木**,广泛用于电绝缘器材及日用品的制造。

同样道理,苯酚在酸催化剂下可与丙酮反应生成重要的工业原料**双酚 A** (bisphenol A)。

$$C_6H_5OH + CH_3COCH_3 \xrightarrow{H^+} HO-C_6H_4-C(CH_3)_2-C_6H_4-OH$$

双酚A

双酚 A 可与光气聚合生成高强度、透明的高分子聚合物,用于制备**防弹玻璃**,它还可作为环氧树脂黏合剂。

9.7.4 与三氯化铁的显色反应

酚类与三氯化铁生成有颜色的络合物:

$$6ArOH + FeCl_3 \rightleftharpoons [Fe(OAr)_6]^{3-} + 6H^+ + 3Cl^-$$

不同的酚其相应的络合物呈现不同颜色,例如:

苯酚	邻苯二酚	对苯二酚	对甲苯酚	1,2,4-苯三酚	1,2,3-苯三酚
蓝紫色	深绿色	暗绿色结晶	蓝色	蓝绿色	淡绿色

这种特殊的显色反应可用来检验酚羟基的存在。除酚类外,凡具有烯醇结构的化合物与 $FeCl_3$ 都有**显色反应**。

9.7.5 氧化反应

酚类化合物很容易被氧化,产物较复杂。例如,在空气中,无色的苯酚被氧化而颜色逐渐变深。

用重铬酸钾和硫酸作氧化剂,可将苯酚氧化成对苯醌:

$$C_6H_5OH \xrightarrow[H_2SO_4]{K_2Cr_2O_7} O=C_6H_4=O$$

对苯醌

多元酚更易被氧化,例如:

$$\text{邻苯二酚} \xrightarrow[\text{无水乙醚}]{Ag_2O} \text{邻苯醌}$$

$$HO-C_6H_4-OH \xrightarrow[H_2SO_4]{K_2Cr_2O_7} O=C_6H_4=O$$

9.8 重要的酚

重要的酚有苯酚、甲苯酚、对苯二酚、萘酚等。

1. 苯酚

苯酚简称酚,俗名**石炭酸**。纯净的苯酚是无色菱形晶体,具有特殊气味,在空气中放置易因氧化而变成红色。苯酚微溶于冷水,在65℃以上可与水混溶,易溶于乙醇、乙醚和苯等有机溶剂。苯酚有毒性,可用作防腐剂,在医学上可用作消毒剂。苯酚是有机合成的重要原料,多用于制造塑料、医药、农药、染料等。

苯酚来源于煤焦油,还可由氯苯水解或异丙苯氧化等方法制备。例如:

$$C_6H_5Cl + H_2O \xrightarrow[\text{铜催化剂}]{420\sim520℃} C_6H_5OH + HCl$$

2. 甲苯酚

甲苯酚简称甲酚,有邻、间和对3种异构体,都存在于煤焦油中,由于它们的沸点相近,不易分离。工业上应用的往往是3种异构体的混合物。

邻、对甲苯酚均为无色晶体,**间甲苯酚**是无色或淡黄色液体,有苯酚气味。在工业上,甲苯酚是制备染料、炸药、农药、电木的原料。甲苯酚的杀菌力比苯酚大,可用作木材、铁路枕木的防腐剂。

目前医学上使用的消毒剂**煤酚皂溶液**是含3种甲苯酚47%~53%的肥皂水溶液,叫做**来苏儿**(Lysol)。甲苯酚的毒性与苯酚相同。

甲苯酚可由甲苯磺酸钠碱熔制备,或由氯甲苯与氢氧化钠加压加热(300~320℃)制备。例如:

$$p\text{-}CH_3C_6H_4SO_3^-Na^+ \xrightarrow[230\sim330℃]{NaOH\text{-}KOH} \xrightarrow{H^+} p\text{-}CH_3C_6H_4OH$$

$$m\text{-}CH_3C_6H_4SO_3^-Na^+ \xrightarrow[330℃]{NaOH} \xrightarrow{H^+} m\text{-}CH_3C_6H_4OH$$

图9-2是制备间甲酚的装置图。

图9-2 间甲酚装置

3. 对苯二酚

对苯二酚又称氢醌，是无色固体，熔点 170℃，溶于水、乙醇、乙醚。对苯二酚极易被氧化为醌：

$$\text{HO-C}_6\text{H}_4\text{-OH} + 2AgBr + 2OH^- \longrightarrow \text{O=C}_6\text{H}_4\text{=O} + 2Ag + 2Br^- + 2H_2O$$

对苯二酚是强还原剂，可用作**显影剂**，亦可作**阻聚剂**。

对苯二酚可由苯胺氧化成对苯醌后，再经缓和还原剂还原而得：

$$\text{C}_6\text{H}_5\text{NH}_2 \xrightarrow[10℃]{Na_2Cr_2O_7,\ H_2SO_4} \text{O=C}_6\text{H}_4\text{=O} \xrightarrow{SO_2,\ H_2O} \text{HO-C}_6\text{H}_4\text{-OH}$$

4. 萘酚

萘酚有 α 及 β 两种异构体。

α-萘酚(1-萘酚)　　β-萘酚(2-萘酚)

两种异构体都是能升华的结晶，α-萘酚是针状结晶，β-萘酚是片状结晶，能溶于醇、醚等有机溶剂。

萘酚的化学性质与苯酚相似，呈弱酸性，易发生硝化、磺化等反应，萘酚的羟基比苯酚的羟基活泼，易生成醚和酯。

萘酚与三氯化铁发生颜色反应，α-萘酚与三氯化铁水溶液生成紫色沉淀，β-萘酚与三氯化铁的反应产物显绿色。它们都是合成染料的重要中间体。β-萘酚还可用作**杀菌剂**、**抗氧化剂**。

萘酚可由萘磺酸钠经碱熔制得：

$$\text{1-C}_{10}\text{H}_7\text{SO}_3\text{Na} \xrightarrow[(2)HCl]{(1)\ NaOH,300\sim320℃} \text{1-C}_{10}\text{H}_7\text{OH}$$

$$\text{2-C}_{10}\text{H}_7\text{SO}_3\text{Na} \xrightarrow[(2)HCl]{(1)\ NaOH,300℃} \text{2-C}_{10}\text{H}_7\text{OH}$$

9.9 醚的结构、分类和命名

醚(ether)可以看作是醇(酚)羟基的氢原子被烃基取代后的产物，也可看成 HOH 的两个 H 被烃基取代而成的化合物。其通式为 R—O—R，分子中的 C—O—C 键称为醚键，是醚的官能团。

9.9.1　醚的结构

醚是非线型分子，在二甲醚中，∠COC＝111.7°，大于甲醇中的∠COH：

∠HOH=105℃　　∠COH=108.9℃　　∠COC=111.7℃

醚的C—O键的键长0.141 nm，与甲醇中的C—O键相近。可认为醚分子中氧原子为sp^3杂化，两个孤电子对也在sp^3轨道上。甲醚的结构如下：

H_3C　111.7°　O　H_3C

甲醚

9.9.2　醚的分类

根据醚键C—O—C两端烃基的不同，醚可分为：

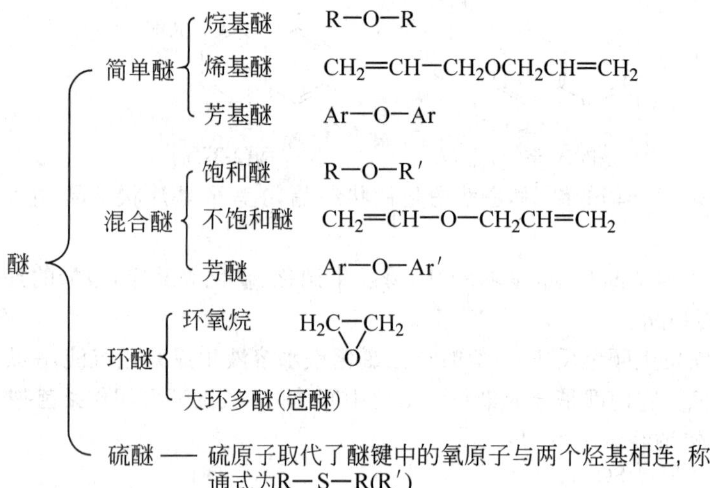

分子中含有多个—OCH_2CH_2—结构单元的大环醚称为冠醚，是一类大环多醚(macrocyclic polyether)，因分子构象类似王冠而称为冠醚(crown ether)，例如18-冠-6，见图9-3。

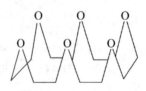

图9-3　18-冠-6

9.9.3　醚的命名

醚的命名有普通命名法和系统命名法。

醚的普通命名法，又称为习惯命名法，是在烃基名称之后加上醚字，习惯上，单醚的“二”字可以省略。混醚中两个不同基团排列顺序通常是先小后大。芳香醚命名，习惯芳烃基在前。例如：

CH_3-O-CH_3　(二)甲醚

$CH_3CH_2-O-CH_2CH_3$　(二)乙醚

$CH_2=CH-CH_2O-CH_2-CH=CH_2$　烯丙醚

$CH_3-O-CH_2CH_3$　甲乙醚

$CH_3-CH_2-O-C_6H_5$　苯乙醚

$C_6H_5-O-C_6H_5$　(二苯基醚)苯醚

对于结构比较复杂的醚，可用系统命名法命名：取碳链最长的烃基为母体，以较小基团烷氧基作为取代基进行命名，称为“某烷氧基某烷”。例如：

$CH_3-CH_2-CH_2-CH(OCH_3)-CH_2-CH_3$　3-甲氧基己烷

$HOCH_2CH_2OCH_2CH_3$　2-乙氧基乙醇

环氧乙烷　1,4-二氧杂环己烷　对甲氧基丙烯基苯（$CH_3O-C_6H_4-CH=CHCH_3$）

而对冠醚，则命名为 x-冠-y，x 代表环总原子数，y 代表环中氧原子数，例如：

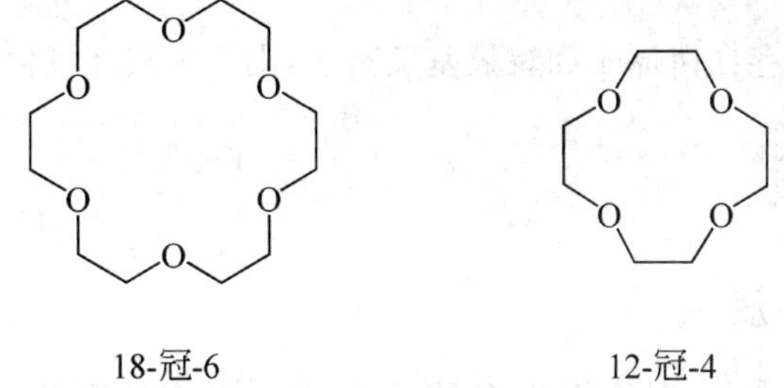

18-冠-6　12-冠-4

9.10 醚的制备

醚的制备有多种方法，主要有：①醇脱水；②卤烷与醇金属作用。

9.10.1 醇脱水

在酸性催化剂作用下，控制温度，一级醇或二级醇发生两分子间脱水反应而生成醚。常用催化剂有硫酸、芳香族磺酸、氧化锌、氧化铝和氧化硼等。例如：

$$2CH_3CH_2OH \xrightarrow{H_2SO_4,\ 140℃} CH_3-CH_2-O-CH_2-CH_3 + H_2O$$

$$2CH_3CH_2OH \xrightarrow{AlO_3,\ 300℃} CH_3-CH_2-O-CH_2-CH_3 + H_2O$$

反应历程是亲核取代反应。

三级醇在酸作用下不能发生分子间脱水生成醚,原因是三级醇的空间位阻较大,不利于与碳正离子反应生成醚,而碳正离子易于失去质子生成烯烃及其聚合物。

9.10.2 卤烷与醇金属作用

卤烷与醇钠作用制备醚,称**威廉森**(Williamson)**合成法**。醇钠的烷氧基离子是极强的亲核试剂,当醇钠与卤烷作用时,烷氧基可取代卤原子而生成醚。例如:

$$(CH_3)_3C-\overset{-}{O}\overset{+}{Na} + CH_3-Br \xrightarrow{S_N2} (CH_3)_3C-O-CH_3 + NaBr$$

该反应是一个**双分子亲核取代反应**(S_N2)。本合成法常用于制备混合醚,但要避免用叔卤烷为原料,因为叔卤烷在反应过程中易发生消除反应生成烯烃。例如:

$$(CH_3)_3C-Br + CH_3-\overset{-}{O}\overset{+}{Na} \xrightarrow{E_2} (CH_3)_2C=CH_2 + CH_3OH + NaBr$$

因三级溴丁烷空间位阻大,不利于进行亲核取代,而有利于进行双分子消除反应,因而得到烯烃。

制备具有苯基的混醚应采用酚钠,例如:

$$C_6H_5-ONa + CH_3-Br \longrightarrow C_6H_5-O-CH_3 + NaBr$$

不选 C_6H_5-X 为原料制备的主要原因在于 C_6H_5-X 的反应活性较差,卤素不是好的离去基团。

在分子中如果同时存在卤原子和烷氧基负离子,则可生成环氧化合物。

9.11 醚的性质

9.11.1 醚的物理性质

除甲醚和乙醚是气体外,其余醚大多是无色液体,并有特殊的气味,相对密度小于 1。醚分子间不能形成氢键,其沸点与相对分子质量相近的烷烃接近,低于其同分异构的醇。例如正庚烷沸点 98℃,甲基戊基醚沸点 100℃,而正己醇沸点 157℃。

一般高级醚难溶于水,而低级醚在水中溶解度与相对分子质量接近的醇接近。例如乙醚和正丁醇在水中的溶解度均为 8 g/100 mL。这是由于醚键中的氧原子可与水中氢原子形成氢键:

$$R_2O\cdots H-O-H$$

对大多数醚而言,一般只微溶于水,而易溶于有机溶剂。醚本身是很好的有机溶剂。

9.11.2 醚的化学性质

醚的氧原子与两个烃基相连,分子的极性很小(例如,乙醚的偶极矩为 1.18D),因此,醚很稳定，其稳定性仅次于烷烃，对强酸、强碱、稀酸、氧化剂及还原剂都十分稳定。但能发生下列反应：

醚的反应 { 鉾盐的形成；醚键的断裂；过氧化物的生成 }

1. 醚的质子化：鉾盐的形成

醚键的氧原子具有孤对电子，是路易斯碱，在常温下能与强酸中的氢离子结合形成类似盐类结构的化合物鉾盐(oxonium salt)。因此，醚能溶于强酸(如 H_2SO_4，HCl 等)中。例如：

$$CH_3CH_2-O-CH_2CH_3 + H_2SO_4 \longrightarrow [CH_3CH_2C-\underset{\displaystyle H}{\underset{|}{O}}-CH_2CH_3]^+ HSO_4^-$$

鉾盐(溶于浓硫酸)

这一特性可作为醚与烷烃或卤代烷相互区别的一种简便方法(后两者不溶于浓硫酸)。

醚的鉾盐不稳定，遇水分解，恢复成原来的醚：

$$[R-\underset{\displaystyle H}{O}-R]^+Cl^- + H_2O \longrightarrow R-O-R + H_3O^+ + Cl^-$$

利用这个性质，可将醚从烷烃或卤代烷等混合物中分离出来。

2. 与氢卤酸反应：醚键的断裂

醚与氢卤酸(常用氢碘酸)一起加热，醚键断裂，生成醇和卤代烃。如在高温及过量的氢卤酸存在下，所生成的醇可进一步反应生成卤代烃。例如：

$$R-O-R_1 + HX \longrightarrow RX + R_1OH$$

$$R_1OH \xrightarrow{HX} R_1X + H_2O$$

醚键的断裂过程：首先是醚的质子化，形成质子化醚；然后亲核试剂卤离子向质子化醚进行亲核取代反应，生成卤代烃和醇。反应主要按 **S_N2 机制**进行，亲核试剂优先进攻空间位阻小的中心碳原子，因此，反应结果一般是较小的烃基生成卤代烃，较大的烃基生成醇。例如：

$$CH_3-\ddot{\underset{..}{O}}-CH_2-\underset{\displaystyle CH_3}{\underset{|}{CH}}-CH_3 \xrightarrow[100℃]{HI} CH_3-\overset{\displaystyle H}{\overset{|}{\underset{..}{O^+}}}-CH_2-\underset{\displaystyle CH_3}{\underset{|}{CH}}-CH_3 \xrightarrow{I^-}$$

(质子化醚)

$$\left[I^-\cdots\overset{\displaystyle H}{\overset{|}{CH_2}}\cdots\overset{\displaystyle H}{\overset{|}{O^+}}\cdots CH_2-\underset{\displaystyle CH_3}{\underset{|}{CH}}-CH_3\right] \longrightarrow CH_3I + HO-CH_2-\underset{\displaystyle CH_3}{\underset{|}{CH}}-CH_3$$

S_N2过渡态

这是**蔡塞尔法**(Zeisel)测定甲氧基的基本反应。

烷基苯基醚与氢卤酸反应，由于苯与醚键氧存在 p-π 共轭作用，而使苯基碳氧键较牢固，所以醚键总是优先在烷基与氧之间断裂，生成卤代烷和酚。例如：

$$C_6H_5-O-C_2H_5 \xrightarrow[120\sim130℃]{57\%HI} C_6H_5-OH + C_2H_5I$$

醚与稀硫酸在加压下加热可生成相应的醇：

$$R_2O + H_2O \xrightarrow{H_2SO_4} 2ROH$$

醚除与强酸生成盐外，还可与三氟化硼、三氯化铝、溴化汞、溴化镁或格利雅试剂等化合物生成络合物。

3. 过氧化物的生成

醚对氧化剂较稳定，但与空气长期接触，能被空气氧化生成**过氧化物**。一般认为氧化发生在 α-碳氢键上，先生成下列结构的氢过氧化物，然后，再转变为结构更为复杂的过氧化物。例如：

$$CH_3CH_2OCH_2CH_3 + O_2 \longrightarrow \underset{\displaystyle\mid\atop\displaystyle O-OH}{CH_3CH}-O-C_2H_5$$

过氧化物和氢过氧化物受热极易爆炸，而且都不易挥发。因此，蒸馏乙醚时，不要完全蒸干，以免过氧化物过热而爆炸。在蒸馏乙醚之前，必须**检验有无过氧化物存在**，以防意外。检验过氧化物的一种简便方法是将少量醚与碘化钾水溶液一起振动，如有过氧化物存在，I^- 氧化成 I_2，可使淀粉溶液显紫色，则蒸馏前必须先除去过氧化物。醚与硫酸亚铁水溶液一起振动，可以除去其中的过氧化物。

*9.12 重要醚类化合物

常见的醚有乙醚、环氧乙烷、1,4-二氧六环、冠醚等。

9.12.1 乙醚

乙醚(ethyl ether)是无色透明液体，具有刺激性气味，沸点是 34.6℃，极易挥发和燃烧。乙醚蒸气密度比空气重 2.5 倍，易沉积于地面，当空气中含有 1.85%～36.5%(体积分数)的乙醚时，即引起燃烧和爆炸。故使用乙醚时应保持高度警惕，远离明火，将实验中逸出的乙醚引入水沟排出户外。

乙醚的极性小，较稳定，是良好的有机溶剂。乙醚能溶于乙醇、苯、氯仿等有机溶剂中，微溶于水(8 g/100 mL)，比水轻。与水能组成恒沸物，恒沸点为 34.15℃，恒沸物中含水 1.26%。在有机合成中所需用的**无水乙醚**，是将经氯化钙干燥并蒸馏过的乙醚用金属钠进一步处理而得。

9.12.2 环氧乙烷

环氧乙烷(ethylene oxide)为无色有毒气体，沸点 11℃，可与水混溶，可溶于乙醇、乙醚等有机溶剂，爆炸极限是 3.6%～78%(体积分数)。

环氧乙烷可通过**烯烃氧化法**或**威廉森合成法**制备。

$$\underset{\displaystyle\diagdown\ O\ \diagup}{H_2C\text{——}CH_2}$$

由于三元环是张力环，故环氧化合物化学性质很活泼，能与酸、碱及其他强的亲核试剂直接作用开环。

图 9-4 是环氧乙烷生产装置。

图 9-4 环氧乙烷装置

1. 酸催化反应

反应首先是环氧化合物与质子作用生成质子化的环氧乙烷，然后，亲核试剂(水、醇、卤离子等)进行亲核取代反应，断开 C—O 键，形成开环化合物。例如：

$$CH_3-\underset{\diagdown O \diagup}{HC-CH_2} \xrightleftharpoons{H^+} CH_3-\underset{\diagdown \overset{H}{\overset{|}{O^+}} \diagup}{CH-CH_2} \xrightleftharpoons{Cl^-} \underset{(90\%)}{CH_3-\overset{Cl}{\overset{|}{C}}HCH_2OH} + \underset{(10\%)}{CH_3-\overset{OH}{\overset{|}{C}}HCH_2Cl}$$

若环氧化合物是非对称的，亲核试剂主要进攻取代基较多的环氧碳。

2. 碱催化反应

在碱催化下，环氧化合物也容易发生开环反应，反应完全按照 S_N2 机制进行，在亲核试剂(等)作用下，生成相应的开环产物。例如：

$$CH_3-\underset{\diagdown O \diagup}{HC-CH_2} + O^--CH_3 \longrightarrow CH_3-\overset{O^-}{\overset{|}{C}}HCH_2O-CH_3$$

$$\xrightarrow{CH_3OH} CH_3-\overset{OH}{\overset{|}{C}}HCH_2OCH_3 + CH_3-O^-$$

若环氧化合物是非对称的，亲核试剂主要进攻取代基较少的环氧碳。

9.12.3 1,4-二氧六环

1,4-二氧六环又称二噁烷或 1,4-二氧杂环己烷，可由**乙二醇脱水或环氧乙烷二聚**制备：

$$2HOCH_2-CH_2OH \xrightarrow{\text{发烟}H_2SO_4} O\langle{}^{H_2C-CH_2}_{H_2C-CH_2}\rangle O + 2H_2O$$

$$2\ \overset{CH_2}{\underset{CH_2}{|}}\rangle O \xrightarrow{\text{稀}H_2SO_4\text{或}H_3PO_4} O\langle{}^{H_2C-CH_2}_{H_2C-CH_2}\rangle O$$

1,4-二氧六环是无色液体，能与水和多种有机溶剂混溶，性质较稳定，是优良的有机溶剂。

9.12.4 冠醚

冠醚(crown ether)是 20 世纪 60 年代发现的一类环聚乙二醇化合物，即分子结构含有 —O—CH_2CH_2— 重复单元的大环多醚。冠醚分子结构的特点是冠环中间有一空穴，分子结构不同,空穴的半径大小也不同,可与金属钾、钠等离子络合。

冠醚的主要用途之一是用作**相转移催化剂**(phase-transfer catalyst),即将离子型化合物转移到有机相中,加快反应速率。其原理是当冠醚与金属离子配位时,使金属离子外围具有类似烃的结构,从而将金属离子转移到有机相中。冠醚与被转移离子之间的关系称为**主-客体关系**,冠醚是主体,离子是客体。只有当冠醚的空穴半径与正离子的半径相等或相近时,冠醚与该离子才能形成主-客体关系,即能形成**配合物**。例如,**18-冠-6** 的空穴半径是 0.26~0.32 nm,与钾离子的半径 0.266 nm 相近,两者可形成配合物;**15-冠-5** 的空穴半径为 0.17~0.22 nm,与钠离子的半径 0.18 nm 相近,两者可形成配合物。但 18-冠-6 与钠离子或 15-冠-5 与钾离子都不能形成配合物。18-冠-6 与钾离子形成配合物的示意图如下:

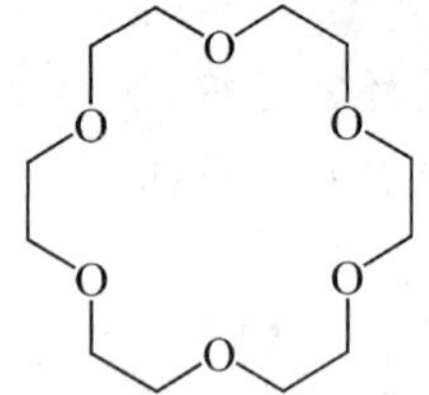

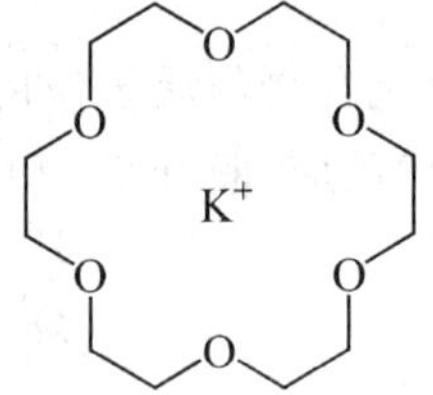

*9.13 硫醇和硫醚

9.13.1 硫醇的命名及制备

醇分子中的氧原子被硫所代替而形成的化合物,叫做**硫醇**(R—SH),—SH 称为**巯基**。

硫醇的命名与醇相似,只需把"醇"改为"硫醇"。例如:

CH_3SH	C_2H_5SH	$CH_3CH(SH)CH_3$
甲硫醇	乙硫醇	异丙硫醇

卤烷与硫氢化钾作用,或醇的蒸气与硫化氢混合后在 400℃下通过氧化钍都可制得硫醇:

$$RX + KSH \xrightarrow{\triangle} RSH + KX$$

$$R\text{-}\boxed{OH + H}\text{-}SH \xrightarrow[400^\circ C]{ThO_2} RSH + H_2O$$

硫醇存在于原油和石油品中。

9.13.2 硫醇的性质

因为硫醇分子间不能形成氢键,因此硫醇的沸点比相应的醇要低。

在化学性质上,硫醇与醇也有所区别。

1. 弱酸性

硫醇酸性比醇大,例如 C_2H_5SH $pK_a=10.5$,而 C_2H_5OH $pK_a=17$。

硫醇与重金属汞、铜、银、铅等形成不溶于水的硫醇盐。例如:

$$2RSH + (CH_3COO)_2Pb \longrightarrow \underset{(黄色)}{(RS)_2Pb\downarrow} + 2CH_3COOH$$

这类反应不仅可用于鉴定硫醇,而且可用作 Pb,Hg,Sb 等**重金属中毒的解毒剂**。例如:

$$\underset{\text{2,3-二巯基-1-丙醇}}{\underset{OH}{CH_2}-\underset{SH}{CH}-\underset{SH}{CH_2}} \xrightarrow{Hg^{2+}} \begin{matrix} CH_2OH \\ | \\ CH-S \\ | \quad\quad \diagdown Hg \\ CH_2-S \diagup \end{matrix}$$

2. 氧化反应

硫醇易被缓和氧化剂(如 H_2O_2,NaIO,I_2 或 O_2)氧化为**二硫化物**。例如:

$$2RSH + H_2O_2 \longrightarrow RS-SR + 2H_2O$$

这个反应可以定量进行,因此可用于测定巯基化合物的含量。强氧化剂(如 HNO_3,$KMnO_4$)可将硫醇氧化成**磺酸**。例如:

$$R-SH \xrightarrow{\text{浓}HNO_3} \underset{\text{烷基亚磺酸}}{R-S(=O)-OH} \xrightarrow{\text{浓}HNO_3} \underset{\text{烷基磺酸}}{R-S(=O)_2-OH}$$

3. 分解反应

硫醇可发生氢解和热解反应,这些反应可应用于工业脱硫。例如:

$$R-SH \begin{cases} \xrightarrow[\text{CoMnO}_4,\ 300\sim400℃]{\text{氢解},\ H_2} RH + H_2S \\ \xrightarrow[150\sim250℃]{\text{热解}} \text{烯烃} + H_2S \end{cases}$$

此外,与醇相似,硫醇也可以和羧酸发生**酯化反应**。

9.13.3 硫醚

醚分子中的氧原子为硫原子所代替的化合物,叫做**硫醚**,其通式为R—S—R,命名方法与醚相似,只需在"醚"字前加"硫"字即可。例如:

$$\underset{\text{(二)乙硫醚}}{CH_3CH_2-S-CH_2CH_3} \qquad \underset{\text{甲乙硫醚}}{CH_3-S-CH_2CH_3}$$

硫醚的制法与醚相似。单醚可由硫化钾与卤代烷或烷基硫酸酯制备。例如:

$$2CH_3I + K_2S \xrightarrow{\triangle} CH_3-S-CH_3 + 2KI$$

也可用硫醇钠与卤代烷作用制备,例如:

$$CH_3CH_2SNa + CH_3-Cl \longrightarrow CH_3CH_2-S-CH_3$$

硫醚的化学性质相当稳定,但硫原子易形成高价化合物。

1. 氧化反应

硫醚在常温时用浓硝酸、三氧化铬或过氧化氢氧化可生成**亚砜**(sulphoxide)。例如:

$$CH_3-S-CH_3 \xrightarrow{H_2O_2\text{或浓}HNO_3} \underset{\text{二甲亚砜}}{CH_3-S(=O)-CH_3}$$

但在强氧化条件下,如用发烟硝酸、高锰酸钾、过氧羧酸氧化剂等则生成**砜**(sulphone)。例如:

$$CH_3-S-CH_3 \xrightarrow{\text{发烟}HNO_3\text{或}RCO_3H} \underset{\text{二甲砜}}{CH_3-S(=O)_2-CH_3}$$

二甲亚砜(dimethyl sulfoxide)简称 **DMSO**,是无色具有强极性的液体,沸点 188℃,吸湿性很强,**毒性极低**,**热稳定性好**,能与水、乙醇、丙酮、乙醚、苯、氯仿等任意混溶。它既能溶解水溶性物质,又能溶解脂溶性物质。它是石油和高分子工业上常用的优良溶剂。也是医学和药学等领域科学研究中常用的试剂,可用于中药提取及外用药剂及药膏中,俗称**"万能溶媒"**。

DMSO 本身**具有消炎**,**止痛**,**促进血液循环**,伤口愈合,以及利尿和镇静作用,对皮肤有较强的穿透力,可作载体成为某些药物的透皮促进剂等。

2. 分解反应

硫醚和硫醇相似,可发生氢解和热解反应,工业上用此反应脱硫。

本章小结

1. 醇的性质

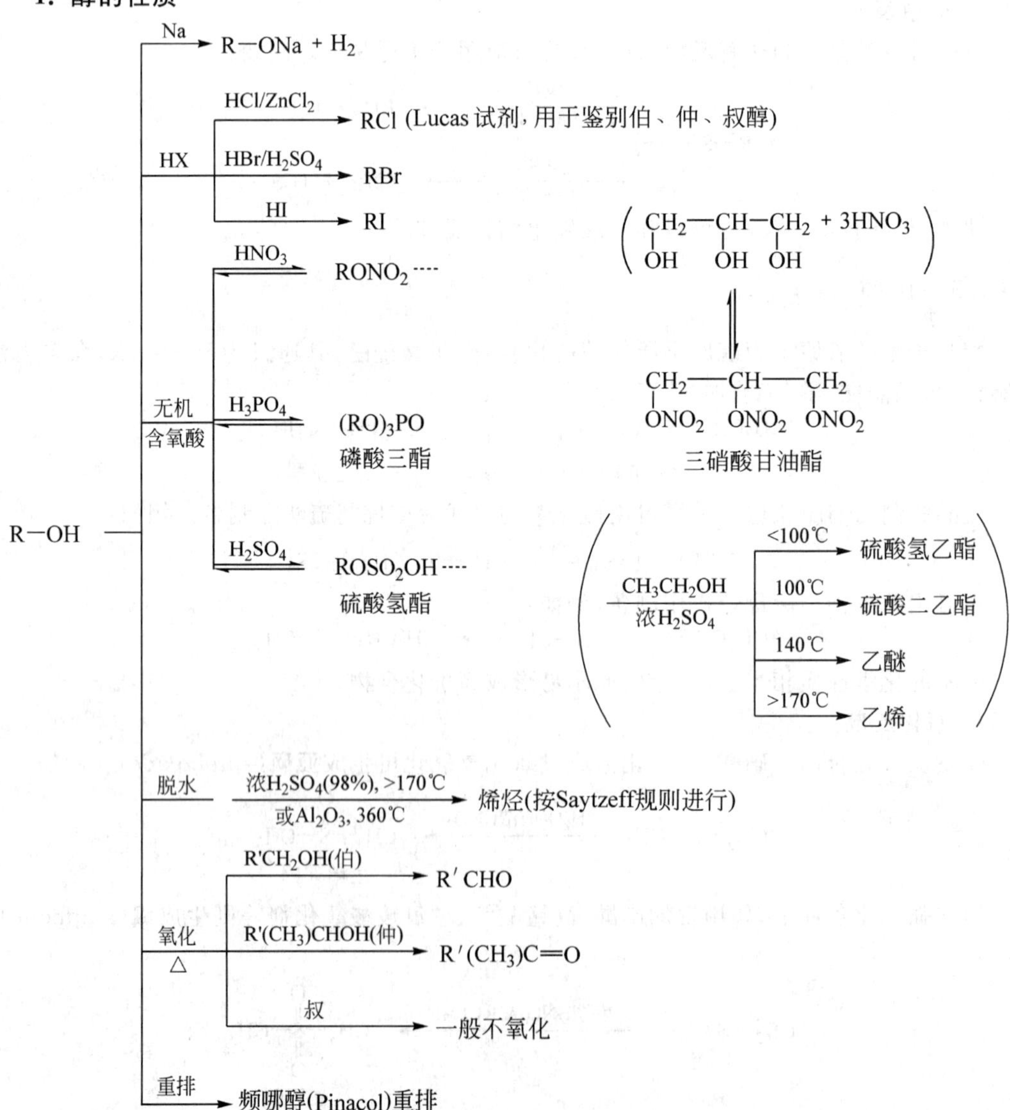

2. 酚的性质

C_6H_5-O-H

- $\xrightarrow{NaOH}$ C_6H_5-O-Na
- $\xrightarrow{FeCl_3}$ $[Fe(OC_6H_5)_6]^{3-}$ (显色)
- $\xrightarrow{Br_2/H_2O}$ 2,4,6-三溴苯酚（OH；Br，Br，Br）
- $\xrightarrow{稀冷HNO_3}$ 2,4,6-三硝基苯酚（OH；O_2N，NO_2，NO_2）
- $\xrightarrow{[O]}$ 对苯醌（O，O）

【阅读材料一】

化学家简介

霍华德·J. 卢卡斯(**Howard J. Lucas**, 1885—1963)，美国加利福尼亚理工学院(California Institute of Technology, Caltech)教授，他始创了卢卡斯试剂($ZnCl_2$＋浓 HCl)用于鉴别伯、仲、叔醇。近年来这一方法已经被各种光谱和色谱分析方法取代。1939 年，Lucas 与 Saul Winstein 在研究 3-溴-2-丁醇用浓氢溴酸处理得到 2,3-二溴丁烷的反应时，提出邻位基团效应，提出了立体化学中一个全新的概念。

【阅读材料二】

诺贝尔与诺贝尔奖

阿尔弗雷德·伯恩哈德·诺贝尔(**Alfred Bernhard Nobel**, 1833—1896)是瑞典的著名化学家、产业家。诺贝尔奖金创立人。

诺贝尔 1833 年 10 月 21 日生于瑞典首都斯德哥尔摩。他的父亲是位发明家，但因经营不佳，屡受挫折，后到俄国谋生。他自幼体弱多病，1841 年入学读书，只读了一年小学便因病退学。1842 年一家人随母亲离开斯德哥尔摩到俄国圣彼得堡与父亲团聚。他的学业主要是在家庭教师的指导下完成的，受父亲的影响，他对化学研究和实验很感兴趣。由于他学习勤奋,善于观察,17岁时就成为有能力的化学家,能流利地讲英、法、德、俄、瑞典等国语言。为了增长学识和拓宽视野,1850年左右,他父亲让他先后去欧、美诸国学习考察。返回圣彼得堡后,在他父亲的工厂里工作,熟悉工厂的生产和管理。为日后的发明创造打下基础。

重返瑞典后,他对炸药研究发生了兴趣,他和父亲一起冒着生命危险,经过反复研究和实验,发明了液体硝化甘油(炸油)。为了进一步研究,他带着样品到欧洲各地寻找合作伙伴,可是大家都认为太危险,没有人愿意出资合作。后来他到了法国,法国皇帝拿破仑三世同意出资办了一个实验所,让他们父子做实验。

硝化甘油是由意大利索伯莱格于1847年发明的,极不安全,非常容易发生爆炸,因此诺贝尔父子决心进行实验加以改进,不料,在一次实验中发生了大爆炸,工厂全部被炸毁,诺贝尔的弟弟和4个工人殉难,他的父亲也受了重伤,不久因忧郁过度而去世。在沉重打击下,诺贝尔并没有灰心丧气,反而更加百折不挠。为了避免殃及邻居,便在朋友的资助下,在马拉仑湖的一艘大船上继续进行研究试验,寻求制服"炸油"的易爆性。经过反复钻研,在一个偶然的机会,发现当硝化甘油与硅藻土吸收剂混合时,即使是受热或撞击也不易爆炸,可以安全使用,这就是黄色安全炸药(硅藻甘油炸药),那时诺贝尔年仅34岁。1867年他的发明在英国获得了专利,随后,1868年又在美国获得了专利。但诺贝尔并没有停步,进而实验研制威力更大的同一类型的炸药爆炸胶,于1876年取得专利。大约10年后,诺贝尔又发明了无烟炸药。

诺贝尔在研制炸药的同时又研究了雷管,并于1862年发明了雷酸汞雷管,取得了雷管的专利权。雷酸汞是非常容易引爆的物质,这一发明和炸药的发明具有同等意义,成功地解决了炸药的引爆问题。

诺贝尔不仅是一名发明家,而且还是一位善于积累财富的产业家,他所经营的炸药工业,遍布欧美各国,并用发明专利款投资到油田的开发上,使他很快成了百万富翁。他虽然十分富有,但自己生活非常俭朴,终生未娶。他是一位富有科学献身精神的人,大部分时间是在实验室中度过的。一生发明极多,他的发明不仅限于炸药,共获得专利355项。取得这些成绩,除了勤奋外,不畏艰险,勇于探索,也是他成功的关键。

1896年12月10日这位伟大的发明家因心脏病发作在意大利的桑里莫逝世。他的骨灰安葬在斯德哥尔摩市郊。根据诺贝尔在逝世前一年(1895年11月27日)签署的遗嘱,将他的遗产3300多万瑞士克朗(约920万美元)全部作为科学奖励基金,用基金每年的利息以奖金的形式分别授予那些在物理、化学、生理或医学、文学及和平事业等5个领域对科学和人类做出重大贡献的人们。1968年以后,又增设了经济科学奖。该奖被称为诺贝尔奖,由瑞典皇家科学院专为此设立的诺贝尔奖金委员会管理奖金,聘请国际上有重大成就的科学家担任委员,在全世界范围内评选受奖者,每科奖的受奖人1～3人不等。自1901年起,每年12月10日颁发奖金。

诺贝尔奖自颁发以来一直成为科学界的最高奖赏。它像一颗光彩夺目的明珠,吸引着那些勇于攀登科学高峰的人们克服一个又一个艰难险阻。20世纪以来,已获得诺贝尔奖金的科学家达300多名,他们所创造的科学成就带给人类物质和精神文明的财富是无法估量的。

瑞典的诺贝尔研究所是为了纪念他而命名的,该单位于1958年离析出102号元素,命名为锘。

习 题

9-1 命名下列化合物(如有异体异构,请标明):

(1) 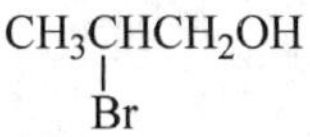 $CH_3CH(Br)CH_2OH$　(2) $(CH_3)_3COH$　(3) $(CH_3)_2CHCH_2OH$

(4) 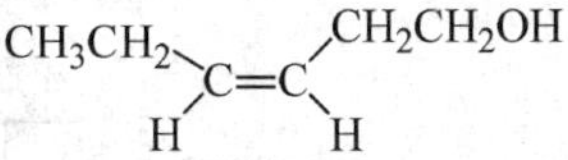 $CH_3CH_2(H)C=C(H)CH_2CH_2OH$（顺式）　(5) $CH_3OCH_2CH_2OCH_3$　(6) 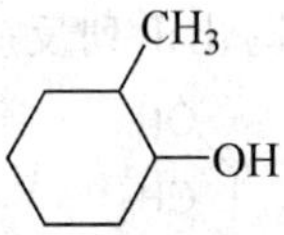 2-甲基环己醇结构（环己烷上 CH_3、OH 相邻）

(7) 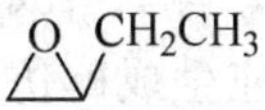 乙基环氧乙烷（环氧乙烷环上连 CH_2CH_3）　(8) 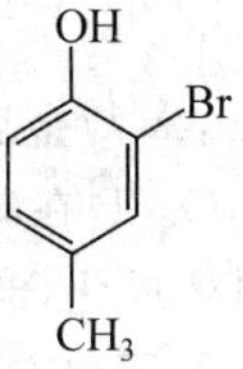 苯酚环上 OH、邻位 Br、对位 CH_3　(9) 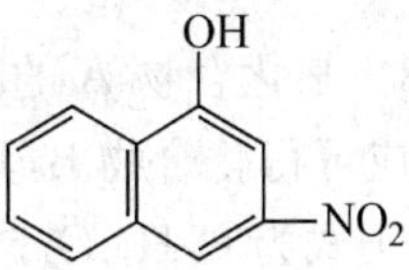 萘环 1-位 OH、3-位 NO_2

(10) $CH_3—O—CH(CH_3)_2$

9-2 写出下列化合物的结构式:

(1) 苯甲醇(苄醇)　(2) (*R*)-2-丁醇　(3) α-萘酚

*(4) 18-冠-6　*(5) (1*S*,3*R*)-3-甲基环戊醇

9-3 将下列化合物排列成序:

(1) 沸点高低:乙二醇、乙醇、乙烷;

(2) 酸性强弱:乙醇、水、2-丙醇;

(3) 与浓硫酸共热失水成烯烃的反应活性:1-丁醇、2-丁醇、叔丁醇;

(4) 与卢卡斯试剂作用的速度:1-丁醇、2-丁醇、叔丁醇;

*(5) 与卢卡斯试剂作用的速度:苄醇、对甲基苄醇、对硝基苄醇。

9-4 完成下列反应式(写出主要产物或注明反应条件):

(1) 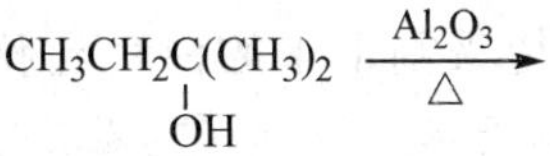 $CH_3CH_2C(OH)(CH_3)_2 \xrightarrow[\triangle]{Al_2O_3}$　(2) $PhCH_2CH(OH)CH_3 \xrightarrow[\triangle]{H^+}$

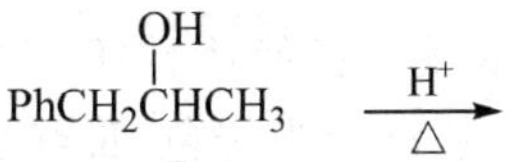

(3) $CH_3CH_2I + CH_3ONa \longrightarrow$　(4) $Ph—O—CH_3 + HI \xrightarrow{\triangle}$

(5) 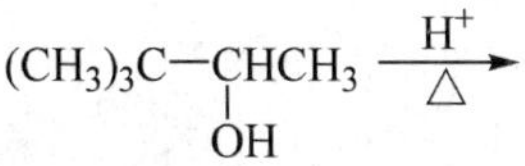 $(CH_3)_3C—CH(OH)CH_3 \xrightarrow[\triangle]{H^+}$　(6) 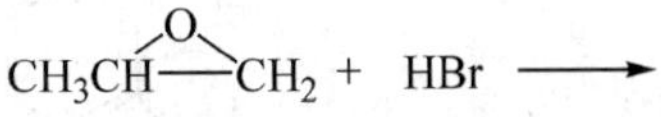 $CH_3CH—CH_2$（环氧） $+ HBr \longrightarrow$

(7) 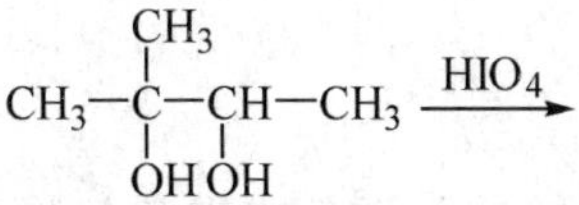 $CH_3—C(CH_3)(OH)—CH(OH)—CH_3 \xrightarrow{HIO_4}$　(8) 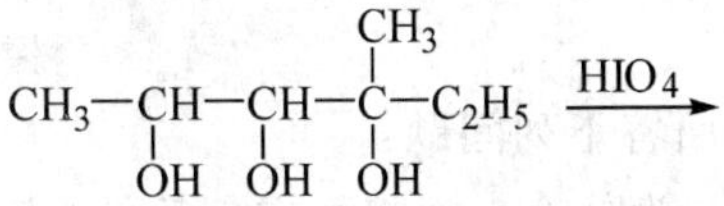 $CH_3—CH(OH)—CH(OH)—C(CH_3)(OH)—C_2H_5 \xrightarrow{HIO_4}$

9-5 用简单的化学方法区别下列各组化合物:

(1) 乙醚、乙醇　(2) 正丁醇、仲丁醇(2-丁醇)、叔丁醇

(3) 苯甲醇、苯酚、苯甲醚　(4) 环己烷、环己醇、一氯环己烷

9-6 以指定化合物合成所需产物(必要时可加其他试剂):

(1) 由正丙醇合成 2-丙醇　(2) 由溴苯合成苯乙醇

(3) $CH_2═CH_2 \longrightarrow (HOCH_2CH_2)_3N$　(4) $CH_2═CH_2 \longrightarrow (CH_3CH_2CH_2CH_2)_2O$

(5) 苯 $\longrightarrow$ 邻硝基苯酚(OH, NO_2)

(6) $CH_3CH{=}CH_2 \longrightarrow CH_3-C(OH)(CH_3)-CH_2CH_2CH_3$

(7) 用Williamson法合成 $CH_3CH_2-O-C(CH_3)_3$

9-7 试写出下列反应式的反应机理:

(1) 2,2-二甲基环己醇(OH, CH_3, CH_3) $\xrightarrow{H^+}$ 1,2-二甲基环己烯(CH_3, CH_3)

(2) 1-乙烯基环丙醇(OH, $CH{=}CH_2$) $\xrightarrow{HBr}$ 2-甲基环丁酮(O, CH_3)

9-8 某化合物 A 的分子式为 $C_6H_{14}O$,A 与金属钠反应放出氢气;与 $KMnO_4$ 的酸性溶液反应可得化合物 B,其分子式为 $C_6H_{12}O$。B 在碱性条件下与 I_2 反应生成碘仿和化合物 C,其分子式为 $C_5H_{10}O_2$。A 与浓硫酸共热生成化合物 D。将 D 与 $KMnO_4$ 的酸性溶液反应只得丙酮。试推出 A,B,C 和 D 的结构式,并写出有关反应式。

9-9 某化合物 A($C_6H_{14}O$),与浓硫酸共热失水生成化合物 B;B 用冷的高锰酸钾小心氧化得到 C($C_6H_{14}O_2$);C 与高碘酸作用得到乙醛 CH_3CHO 和异丁醛$(CH_3)_2CHCHO$。试写出 A(两种可能)、B、C 的结构式,及各步反应式。

9-10 化合物 A,B 分子式均为 $C_4H_{10}O$,A 在室温下不与卢卡斯试剂反应,但可与过量的 HI 作用生成 CH_3CH_2I;B 可与卢卡斯试剂反应,并立即出现混浊,与过量的 HI 作用生成$(CH_3)_3CI$。试写出 A,B 结构式,及各步反应式。

9-11 某化合物 A($C_4H_{10}O$),能与金属 Na 反应放出氢气,与浓 H_2SO_4 共热失水生成化合物 B(C_4H_8);B 与 HBr 作用生成 C(C_4H_9Br);C 与 NaOH/醇溶液共热得到D(C_4H_8)。已知 D 与 B 是同分异构体,D 经酸性 $KMnO_4$ 氧化只得一种的产物。试写出 A,B,C,D 的结构式。

9-12 二巯基丙醇(BAL)又称"英国抗路易斯气剂",为黏稠液体。可用作砷、铅、汞中毒的解毒剂。试用反应式解释二巯基丙醇对汞中毒的解毒原理。

9-13 生漆是我国已使用数千年的漆类,生漆系从漆树采割下来的白色乳胶状黏液。生漆接触空气后,逐渐变为褐色,最终成黑色,是一种优良的天然涂料。其主要成分为漆酚:

(苯环上 OH、OH、R 依次相邻) R=C_{15}或C_{17}

漆酚

试回答下列问题:

(1) 为什么生漆接触空气后,逐渐变为褐色甚至黑色?这些褐色或黑色的物质大致属于哪类有机物?

(2) 在上述漆酚的结构式中,当侧链 R 为 $CH_3(CH_2)_{13}CH_2—$ 时,请给出这种漆酚的系统命名法的名称。

(3) 请预测生漆是否可溶于有机溶剂中。

10 醛、酮、醌

【学习提要】

- 学习一元醛酮、不饱和醛酮及取代醛酮的结构和命名。
- *学习醛、酮的制备方法。
- 熟悉并掌握羰基的亲核加成反应。
  (1) 与 HCN 加成，生成氰醇，可用于合成增加一个碳原子的酸或胺。
  *(2) 与 $NaHSO_3$ 的加成，可用于醛酮的分离提纯。
  (3) 与醇的加成，生成缩醛(酮)，用于保护羰基。
  (4) 与 RMgX 的加成，用于合成伯、仲、叔醇。
  (5) 氨及其衍生物的加成，用于鉴别醛、酮。
  *(6) 魏悌锡(Wittig)反应。
  *(7) 羰基加成反应的立体化学。
- 掌握 α-H 的活泼性。
  (1) 羟醛(或酮)缩合，用于增长碳链的反应。
  (2) 卤仿反应，可用于鉴别甲基酮。
- 掌握醛酮的氧化与还原。
  (1) 掌握与吐伦试剂、斐林溶液的反应，克莱门森还原，黄鸣龙还原及*丙酮双分子还原。
  (2) 康尼查罗反应。
- *了解不饱和醛、酮的 1,2-和 1,4-加成。

碳原子和氧原子以双键相连组成的原子团 $>C=O$ 称为羰基(carbonyl)。醛、酮和醌都是含有羰基的化合物。在**醛**(aldehyde)分子中，羰基位于碳链的一端，至少与一个氢原子相连，组成醛基(—CHO)。在**酮**(ketone)分子中，羰基位于碳链的中间，与两个烃基相连，又称酮基。**醌**(quinone)则是一类特殊环状 α,β-不饱和酮：

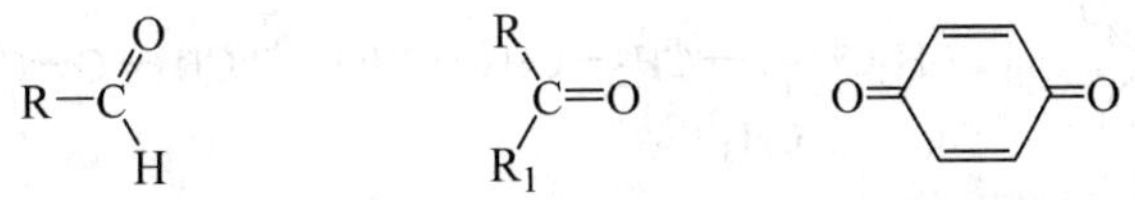

R—C(=O)—H　　　R(R$_1$)C=O　　　O=C$_6$H$_4$=O

醛　　　　　　酮　　　　　　苯醌

醛、酮可以根据与羰基相连的烃基不同而分为脂肪族醛、酮，脂环族醛、酮和芳香族醛、酮；又可根据烃基是否饱和而分为饱和醛、酮和不饱和醛、酮；还可根据分子中所含羰基的数目分为一元醛、酮和二元醛、酮等：

醛、铜
- 按烃基不同分类
  - 脂肪醛、酮
  - 脂环醛、酮
  - 芳香醛、酮
- 按羰基数目分类
  - 一元醛、酮
  - 二元醛、酮
- 按不饱和键分类
  - 饱和醛、酮
  - 不饱和醛、酮

10.1 醛、酮的结构和命名

羰基是醛、酮的官能团。在羰基中,碳原子以两个 sp^2 杂化轨道分别与碳或氢原子组成两个 σ 键,以第三个 sp^2 杂化轨道与氧原子组成一个 σ 键,3 个 σ 键在同一个平面上。羰基碳原子剩下一个 p 轨道与氧原子的 p 轨道组成一个 π 键,与上述平面互相垂直,如图 10-1 所示。

3 个 σ 键处在同一平面,但由于所连的原子或基团不同,在电荷、空间排布、张力等多种因素作用下,3 个键角并不相同。如在甲醛、丙酮分子中,实际测得分子相关的键角、键长分别如图 10-2 和图 10-3 所示。

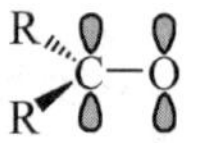

图 10-1 羰基的结构

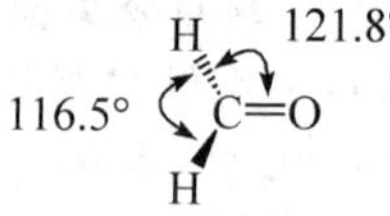

121.8° 116.5°

C=O 0.120nm

C—H 0.110nm

图 10-2 甲醛的结构

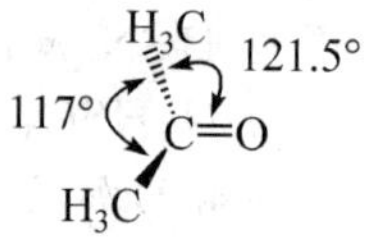

121.5° 117°

C=O 0.121nm

C—C 0.152nm

C—H 0.110nm

图 10-3 丙酮的结构

羰基的氧原子的电负性较大,其容纳电荷的能力很强,故碳氧双键是极化的,尤其是 π 键。因此羰基是极性基团,它的氧原子带有部分负电荷,而碳原子则带有部分正电荷,见图 10-4,C═O 键也是活泼的键。

δ^+ δ^-

图 10-4 羰基的 π 电子云分布示意图

醛、酮的命名与醇相似。脂肪族醛、酮命名选择含羰基的最长碳链为主链,并尽可能使羰基碳原子的序号最小。当酮羰基位次只有一种时不必标明,醛基总在链端也不必标明。

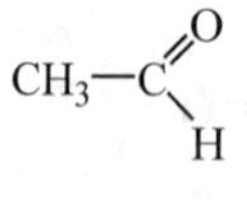

CH_3CHO 乙醛

$H_3C-CH(CH_3)-CH_2-CH_2-CHO$ 4-甲基戊醛

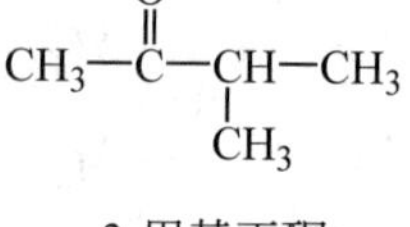

$CH_3-CO-CH(CH_3)-CH_3$ 3-甲基丁酮

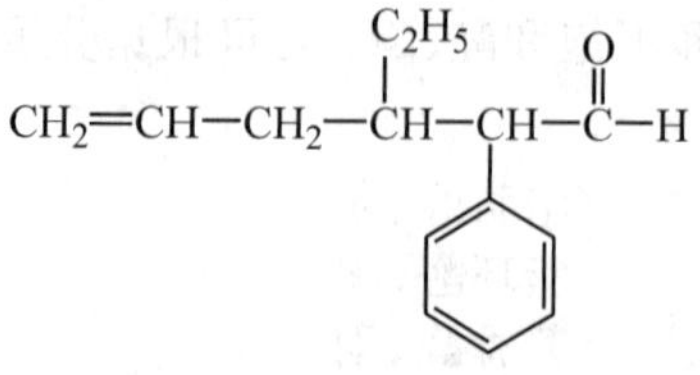

$CH_2=CH-CH_2-CH(C_2H_5)-CH(C_6H_5)-CHO$ 3-乙基-2-苯基-5-己烯醛

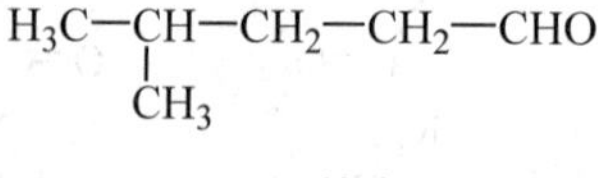

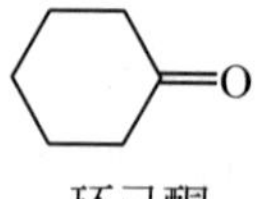

环己酮

主链中碳原子的位次除了用阿拉伯数字表示外,有时也用希腊字母 α 表示靠近羰基的碳原子,其次是 β,γ,…。例如:

$CH_3CH(Br)-C(=O)-CH(Br)CH_3$

2,4-二溴-3-戊酮
(α, α′-二溴-3-戊酮)

$CH_3C(=O)-CH_2-C(=O)CH_3$

2,4-戊二酮
(β-戊二酮)

芳香醛和脂环醛，看作是甲醛的取代物：

C_6H_5-CHO 苯甲醛

$o-HOC_6H_4-CHO$ 2-羟基苯甲醛（水杨醛）

$C_6H_{11}-CHO$ 环己甲醛

芳香酮命名为芳某酮：

$C_6H_5-C(=O)-CH_3$ 苯乙酮

$C_6H_5-C(=O)-C_2H_5$ 苯丙酮

$C_{10}H_7-C(=O)-CH_3$ β-萘乙酮(β-乙酰萘)

酮也可按与羰基连接的两个烃基来命名。如：

$CH_3-CH_2-C(=O)-CH_3$ 甲基乙基酮

$CH_3-C(=O)-CH=CH_2$ 甲基乙烯基酮

$C_6H_5-C(=O)-C_6H_5$ 二苯酮

需要把醛基或酮基看作取代基时，把醛基叫做甲酰基，而把酮基叫做羰基或酰基。如：

$o-OHC-C_6H_4-SO_3H$ 2-甲酰基苯磺酸

$CH_3-C(=O)-CH_2-CH_2-CHO$ 4-羰基戊醛

$CH_3-C(=O)-C_6H_4-COOH$ 对乙酰基苯甲酸

*10.2 醛、酮的制备

醛、酮的制备方法很多，有的已在前面章节介绍过，有的将在以后各章讨论。这里只将主要的制备类型作简单的归纳：

醛、酮制备：
- (1) 烃类氧化和炔烃水合
- (2) 醇的氧化和脱氢
- (3) 同碳二卤代物水解
- (4) 傅氏酰基化
- *(5) 加特曼-亚当斯芳醛合成
- *(6) 羰基合成
- *(7) 从羰酸及羧酸衍生物制备

10.2.1 烃类氧化及炔烃水合

芳环上的甲基可以被氧化成醛基,生成芳醛。例如:

$$C_6H_5CH_3 \xrightarrow[(CH_3CO)_2O]{CrO_3} C_6H_5CH(OCOCH_3)_2 \xrightarrow{H_2O} C_6H_5CHO$$

- 乙烯氧化生成乙醛:

$$H_2C{=}CH_2 + O_2 \xrightarrow{CuCl_2/PdCl_2} CH_3CHO$$

- 炔烃水合,参见4.4.2之2.(3)。醛、酮也可以炔烃为原料,经**库切洛夫**(Kucherov)**反应**制得。

10.2.2 醇的氧化和脱氢

伯醇和仲醇通过氧化或脱氢反应,可以分别生成醛和酮。叔醇分子中没有α-H,在相同条件下不被氧化。在实验室中重铬酸钠(或重铬酸钾)加硫酸是常用的氧化剂,由仲醇氧化制备酮,产率相当高。例如:

$$\underset{\text{2-辛醇}}{CH_3(CH_2)_5CH(OH)CH_3} \xrightarrow[100^\circ C,\ H_2O]{K_2Cr_2O_7+H_2SO_4} \underset{\text{2-辛酮(96\%)}}{CH_3(CH_2)_5C(=O)CH_3}$$

但是在这种条件下,由伯醇氧化制备醛的产率很低,因为生成的醛还会继续被氧化成羧酸。故此法只能用以制取低级的挥发性较大的醛。在制备时可设法使生成的醛及时蒸出(避免继续与氧化剂接触)以提高醛的产率。例如:

$$CH_3CH_2OH \xrightarrow[{[O]}]{K_2Cr_2O_7+H_2SO_4} \underset{\text{乙醛(沸点21℃)}}{CH_3CHO}$$

- 由醇氧化成醛或酮,还可采用**沙瑞特试剂**以及**欧芬脑尔氧化法**和脱氢法等。

制备醛时采用三氧化铬和吡啶的络合物为氧化剂,醛的产率很高。

$$\underset{\text{正辛醇}}{CH_3(CH_2)_5CH_2CH_2OH} \xrightarrow[CH_2Cl_2,25^\circ C,1h]{CrO_3(C_5H_5N)_2} \underset{\text{正辛醛(95\%)}}{CH_3(CH_2)_6CHO}$$

这一反应是制备脂肪醛的主要方法,通常把三氧化铬和吡啶络合物称为**沙瑞特**(Sarrett)**试剂**。

此外,因不饱和醇中有C═C双键,它在一般的氧化剂作用下也要起氧化反应。所以,若要从不饱和醇氧化成不饱和醛或酮,需采用特殊的氧化剂。丙酮-异丙醇铝(或叔丁醇铝)或三氧化铬-吡啶络合物都是可以达到这个目的的氧化剂。例如:

$$(CH_3)_2C{=}CH(CH_2)_2CH_2OH + H_3C{-}\underset{O}{\overset{\|}{C}}{-}CH_3 \xrightleftharpoons{\text{异丙醇铝}} \underset{\text{5-甲基-4-己烯醛}}{(CH_3)_2C{=}CH(CH_2)_2CHO} + H_3C{-}\underset{OH}{CH}{-}CH_3$$

该反应是可逆的,使用过量的丙酮,可以使反应向右进行。在这种氧化条件下,醇羟基被氧化,而分子中的不饱和键保留不变。这种选择氧化醇羟基的方法叫做**欧芬脑尔**(R. V. Oppenaure)**氧化法**。一般用于氧化仲醇成酮,氧化伯醇效果不太好。

工业上常使用脱氢法制备醛、酮。例如：

$$CH_3-CH_2-OH \xrightarrow[260\sim290℃]{Cu} CH_3-\overset{O}{\overset{\|}{C}}-H + H_2$$

$$CH_3-\underset{CH_3}{\underset{|}{CH}}-OH \xrightarrow[380℃]{ZnO} CH_3-\overset{O}{\overset{\|}{C}}-CH_3 + H_2$$

10.2.3 同碳二卤代物水解

同碳二卤代物水解，用于制备芳醛或芳酮效果较好：

$$C_6H_5-CH_3 \xrightarrow{Cl_2,光} C_6H_5-CHCl_2 \xrightarrow{H_2O/H^+} C_6H_5-CHO + 2HCl$$

苯二氯甲烷　　　　苯甲醛(75%)

$$C_6H_5-CCl_2-C_6H_5 \xrightarrow[HO^-]{H_2O} \xrightarrow{H^+} C_6H_5-\overset{O}{\overset{\|}{C}}-C_6H_5$$

10.2.4 傅氏酰基化反应

傅氏(Friedel-Crafts)**酰基化反应**，用于制备芳酮，参见 6.4.1 之(4)：

$$C_6H_6 + CH_3CH_2CH_2COCl \xrightarrow{AlCl_3} C_6H_5-COCH_2CH_2CH_3 + HCl$$

*10.2.5 加特曼-亚当斯芳醛合成法

加特曼-科克(Gattermann-Koch)反应是用 CO 和 HCl 与芳烃反应合成芳醛的一种方法：

$$C_6H_6 + CO + HCl \xrightarrow[Ph\text{-}NO_2]{Cu_2Cl_2\text{-}AlCl_3} C_6H_5-CHO$$

由于这一反应产率不高，且 Cu_2Cl_2 在化合物中不溶解，经加特曼、亚当斯两次改进后，用 $Zn(CN)_2$-HCl 代替了原来的 CO+HCl，使反应操作安全、方便，产率也很高(一般在 70%～90%)，反应也可扩大到酚、醚类化合物的甲酰化，故称为**加特曼-亚当斯**(Gattermann-Adams)反应：

$$C_6H_6 + Zn(CN)_2 + HCl \longrightarrow C_6H_5-CH{=}\overset{+}{N}H_2 \cdot Cl^- \xrightarrow{H_2O} C_6H_5-CHO$$

$$\text{1,3-}C_6H_4(OH)_2 \xrightarrow{Zn(CN)_2+HCl} \text{2,4-}(HO)_2C_6H_3-CHO$$

*10.2.6 羰基合成

工业上生产醛一般采用羰基合成法。

烯烃与一氧化碳和氢气在某些金属的羰基化合物,如八羰基二钴$[Co(CO)_4]_2$的催化作用下,于 110～200℃,10～20 MPa 下,可以发生反应,生成多碳原子的醛。这个反应叫做**羰基合成**。例如:

$$H_2C{=}CH_2 + CO + H_2 \xrightarrow{[Co(CO)_4]_2} CH_3CH_2CHO$$

$$H_3CHC{=}CH_2 + CO + H_2 \xrightarrow{[Co(CO)_4]_2} CH_3CH_2CH_2CHO + CH_3{-}\underset{\displaystyle CH_3}{\underset{|}{C}H}{-}CHO$$

这是一种重要的工业合成法。从石油裂化得到烯烃,进行羰基合成,可大规模生产各种醛。羰基合成的原料大多用双键在链端的**α-烯烃**,其产物以直链醛为主(直链与支链产物之比约为 4∶1)。

*10.2.7 从羧酸及羧酸衍生物制备

从羧酸及其衍生物制备醛、酮常用的方法有二元酸脱羧制脂环酮(参见 11.4.5 节)、**罗森孟德**(Rosenmund)**反应**制备醛(参见 11.8.2 节之(2))、**傅氏酰基化反应**合成芳香酮(参见 6.4.1 节之(4))。

10.3 醛、酮的物理性质

甲醛在室温下为气体,其他醛、酮为液体或固体。

如前所述,羰基具有显著的极性,醛、酮分子是极性分子,分子之间的作用力比烃类和醚类大,但不能像醇那样生成氢键,没有缔合现象。因此,醛、酮的沸点比相对分子质量相当的烃类和醚类高,而比相对分子质量相当的醇低。

醛、酮中羰基氧原子带部分负电荷,能与水分子中的氢生成氢键,但不能像醇那样与水形成多分子氢键缔合物。因此,醛、酮在水中的溶解度比相对分子质量相当的烃类和醚类大,而比相对分子质量相当的醇类小。和醇相似,醛、酮在水中溶解度随相对分子质量的增大而减小。

一元醛、酮的物理常数见表 10-1。

表 10-1 一些醛、酮的物理常数

化合物	熔点/℃	沸点/℃	相对密度(d_4^{20})	折光率(n_D^{20})	在水中的溶解度/(g/100g)
甲醛	−92	−21	0.815		易溶
乙醛	−121	20.8	0.7834(18℃)	1.3316	∞
丙醛	−81	48.8	0.8058	1.3636	20
丁醛	−99	75.7	0.8170	1.3843	4
戊醛	−91.5	103	0.8095	1.3944	
苯甲醛	−26	178.1	1.0415	1.5463	0.3
苯乙醛	<−10	195	1.0272	1.5255	

续表

化合物	熔点/℃	沸点/℃	相对密度(d_4^{20})	折光率(n_D^{20})	在水中的溶解度/(g/100g)
丙酮	−94.8	56.2	0.7899	1.3588	∞
丁酮	−86.4	79.6	0.8054	1.3788	37
2-戊酮	−77.8	102.4	0.8089	1.3895	
3-戊酮	−39.8	101.7	0.8138	1.3924	4.7
环己酮	−16.4	155.6	0.9478	1.4507	微溶
苯乙酮	20.5	202.0	1.0281	1.5372	不溶
二苯酮	48.1	305.9	1.146		不溶

10.4　醛、酮的化学性质

羰基是极性基团，碳原子上带有部分正电荷。同时，由于羰基吸引电子，使 α-C—H 键极性增加，因此，醛和酮能发生多种具有重要意义的反应。但是，醛分子中，羰基碳上至少有一个氢原子，而酮分子中羰基碳上没有氢原子，结构上的这种差异，使它们在化学性质也有差异。一般，醛比酮更活泼，某些反应往往为醛所特有。

10.4.1　加成反应

醛和酮羰基的特征反应是亲核加成反应(nucleophilic addition reaction)，其反应过程如下：

$$\gt\overset{\delta^+}{C}=\overset{\delta^-}{O} \underset{}{\overset{Nu^-(慢)}{\rightleftharpoons}} \gt C(O^-)(Nu) \overset{A^+(快)}{\rightleftharpoons} \gt C(O{-}A)(Nu)$$

羰基在亲核加成反应中的活性，主要取决于和它相连的烃基的性质——电子效应和空间效应。烃基的供电子性质，使羰基活性降低。烃基的体积大，则阻碍亲核试剂与羰基碳接近，因此，在亲核加成反应中，醛的活性比酮高；在酮中，又以甲基酮的活性较高：H—CHO＞R—CHO＞R—CO—CH_3＞R—CO—R′。

在脂环酮中，$\gt$C=O碳与两边碳原子间的两个 σ 键，由于成环而使其自由运动受到限制，从而降低了空间阻碍作用。这种限制，环越小就越显著，因此，八碳环以下的环酮的活性比直链酮高。

芳香醛和芳香酮的活性，则要考虑共轭效应的作用。由于$\gt$C=O与芳环相连，组成共轭体系。$\gt$C=O碳上所缺少的电子可以从芳环上通过共轭效应得到补偿，C_6H_5—C=O，因此降低了活性。从体系能量上看，共轭体系位能较低，加成反应打开了一个 π 键，破坏了共轭体系，位能有所提高，就是说加成反应需要较高的活化能。因此，芳香醛及芳香酮的活性比脂肪醛、酮为低。

醛、酮与一些亲核试剂的加成反应不需要任何催化剂，而与另一些试剂的加成反应则要在酸性或碱性催化剂存在下进行(或被加速)。酸性催化剂的作用是加强羰基的极化，利于亲核试剂对羰基碳的进攻：

$$>C=\ddot{O}: + A^+ \rightleftharpoons >C=\overset{+}{O}-A \rightleftharpoons >\overset{+}{C}-\ddot{O}-A$$

碱性催化剂的作用则是促进强亲核性负离子的生成：

$$A-Nu + B^- \rightleftharpoons A-B + Nu^-$$

醛、酮容易在 HCN，$NaHSO_3$，ROH，RMgX 等亲核试剂的进攻下发生加成反应。由亲核试剂进攻而发生的加成反应称为亲核加成反应。

羰基加成：
- 与氢氰酸加成
- * 与亚硫酸氢钠加成
- 与水、醇的加成
- 与氨及其衍生物加成
- 与格氏试剂加成
- * 魏悌锡反应

1. 与氢氰酸加成

醛、脂肪族甲基酮和八碳环以下的环酮，可以和氢氰酸发生加成反应，生成氰醇(cyanohydrin)。该反应可用于合成 β-羟基胺和 α，β-不饱和酸。

$$>C=O + HCN \rightleftharpoons >C(OH)CN$$

这是一种简单加成反应。碱性催化剂可大大加速这个反应。过程如下：

$$HCN + HO^- \xrightleftharpoons{\text{快}} CN^- + H_2O$$

$$>C=O + CN^- \xrightleftharpoons{\text{慢}} >C(O^-)CN \xrightleftharpoons{H_2O} >C(OH)CN + HO^-$$

反应的各个阶段都是可逆的。因此，反应到达平衡时，必须将碱除去，在酸存在下才能将氰醇蒸馏出来。在碱存在下蒸馏时，氰醇将不断分解成易挥发的氢氰酸。

氰醇是有机合成中的重要中间产物。将氰基还原，可制得 β-羟基胺：

$$\text{环己酮} + HCN \xrightarrow{HO^-} \text{1-羟基环己基}-CN \xrightarrow{LiAlH_4} \text{1-羟基环己基}-CH_2NH_2$$

氰醇也可在不同条件下水解，制备 α-羟基酸或 α，β-不饱和酸。若在硫酸存在下将氰基醇解，则得到 α，β-不饱和羧酸酯。在工业上**有机玻璃单体(甲基丙烯酸甲酯)**，就是利用这个反应来合成的：

$$(H_3C)_2C=O \xrightarrow{①HCN} \xrightarrow{②H_2SO_4} \xrightarrow[H_2SO_4]{③CH_3OH} CH_2=C(CH_3)-COOCH_3$$

甲基丙烯酸甲酯

但由于 HCN 有毒，为了减少毒性，有利于环境安全，壳牌(Shell)公司发展了丙炔-钯催化甲氧羰基化一步合成法制取甲基丙烯酸甲酯：

$$CH_3C\equiv CH + CO + CH_3OH \xrightarrow[6\times10^6Pa,\ 60℃]{\text{Pd催化剂}} CH_2=C(CH_3)-COOCH_3$$

*** 2. 与亚硫酸氢钠加成**

亚硫酸氢钠的硫原子 3d 轨道上还有一对未共用电子对，同时，又有氧负离子的供电子诱导效应，因而具有较强的亲核性。能和氢氰酸加成的醛、酮，也能和亚硫酸氢钠(或钾)加成生成稳定的加成产物。反应不需要任何催化剂：

$$\underset{(-CH_3)}{\overset{R}{\underset{H}{>}}}C{=}O + :\overset{\ddot{O}^-:Na^+}{\underset{O}{S}}{-}OH \rightleftharpoons \underset{(-CH_3)}{R(H)}C(ONa)-S(=O)_2OH \rightleftharpoons \underset{(-CH_3)}{R(H)}C(OH)-S(=O)_2ONa$$

加成产物易溶于水，但不溶于饱和亚硫酸氢钠溶液，可容易地分离出来。因此，醛、脂肪甲基酮、八碳以下环酮与饱和亚硫酸氢钠加成，可用于鉴别、分离或提纯，也可间接合成氰醇：

$$\underset{(-CH_3)}{R(H)}C(OH)SO_3Na + NaCN \longrightarrow \underset{(-CH_3)}{R(H)}C(OH)CN + Na_2SO_3$$

利用这个反应来合成氰醇，可避免使用极易挥发的氢氰酸。

3. 与水加成

醛、酮与水加成，生成水合物——积二醇（或称偕二醇）。积二醇缺乏热力学稳定性，因此，平衡偏向反应物一边：

$$>C{=}O + H_2O \rightleftharpoons >C(OH)_2$$

个别亲电性较强的醛的加水反应，平衡偏向产物一边，如甲醛在水溶液中几乎全部以水合物形式存在：

$$HCHO + H_2O \rightleftharpoons H{-}CH(OH)_2$$

少量酸或碱可使反应迅速达到平衡，但不能从平衡混合物中分离出积二醇。

只有羰基旁边有强吸电子基团的醛、酮，能生成稳定的水合物。如三氯乙醛和茚三酮：

$$\underset{\text{三氯乙醛}}{CCl_3{-}CHO} + H_2O \longrightarrow \underset{\text{水合三氯乙醛}}{CCl_3{-}CH(OH)_2}$$

$$\underset{\text{茚三酮}}{C_6H_4(CO)_2C{=}O} + H_2O \longrightarrow \underset{\text{水合茚三酮(ninbydrin)}}{C_6H_4(CO)_2C(OH)_2}$$

4. 与醇加成

醛与醇加成，生成**半缩醛**(hemiacetal)和**缩醛**(acetal)：

$$\overset{R}{\underset{H}{>}}C{=}O + R'OH \underset{}{\overset{HCl}{\rightleftharpoons}} R(H)C(OH)OR' \quad (\text{半缩醛})$$

和积二醇相似，半缩醛不稳定，平衡偏向于反应物一边，且不能将半缩醛分离出来。在酸性催化剂（如干燥 HCl、浓 H_2SO_4、BF_3 等）存在下，醛容易和两分子醇作用，生成缩醛：

$$\mathrm{R(H)C{=}O + 2R'OH \xrightleftharpoons{HCl} R(H)C(OR')_2}\quad\text{(缩醛)}$$

生成缩醛的反应不限于一元醇，二元醇和多元醇也能生成环状缩醛：

$$\mathrm{RCHO + HOCH_2CH_2OH \xrightarrow{H^+} RCH\langle O\text{—}CH_2\text{—}CH_2\text{—}O\rangle}$$

$$\mathrm{2RCHO + C(CH_2OH)_4 \xrightarrow{H^+} RCH\langle(OCH_2)_2\rangle C\langle(CH_2O)_2\rangle CHR}$$

缩醛具有醚的结构，是积二醚，与醚相似。积二醚对碱及氧化剂都相当稳定。在酸的存在下，缩醛可以水解生成原来的醛和醇：

$$\mathrm{RCH(OR')_2 + H_2O \xrightleftharpoons{H^+} RCHO + 2R'OH}$$

在有机合成中常利用缩醛的生成和水解来保护醛基。如由丙烯醛氧化制甘油醛就利用缩醛的生成来保护醛基。

5. 与金属有机化合物加成

醛、酮与**格氏试剂**(Grignard)加成，是实验室制备醇的重要方法。由于C—Mg键是强极性共价键，碳原子有富裕电子，亲核性较强。因此，格氏试剂与醛、酮的加成反应几乎是不可逆的，只要羰基两边烃基的体积不太大，一般都能正常反应得到加成产物。格氏试剂与羰基反应是亲核加成反应：

$$\mathrm{\overset{\delta^+}{>C}{=}\overset{\delta^-}{O} + \overset{\delta^-}{R}\text{—}\overset{\delta^+}{Mg}X \xrightarrow{\text{干醚}} R\text{—}\underset{|}{\overset{|}{C}}\text{—}OMgX}$$

加成产物用稀酸处理，即水解成醇：

$$\mathrm{CH_3(CH_2)_3MgBr + (CH_3)_2C{=}O \xrightarrow[(2)H_3O^+]{(1)Et_2O} CH_3(CH_2)_3\text{—}C(CH_3)_2\text{—}OH}$$

(92%)

如果羰基两边的烃基与格氏试剂中的烃基体积较大，格氏试剂中的烃基就不容易接近羰基碳原子，加成反应就会受到阻碍。例如在下述反应中：

$$\mathrm{(H_3C)_2CH\text{—}\overset{O}{\overset{\|}{C}}\text{—}CH(CH_3)_2 \xrightarrow[(2)H_2O]{(1)RMgX} (H_3C)_2CH\text{—}\underset{OH}{\overset{R}{C}}\text{—}CH(CH_3)_2}$$

当R为C_2H_5—，$CH_3CH_2CH_2$—和$(CH_3)_2CH$—时，产物的收率分别为81%，3%和0。因此，制备烃基体积较大的叔醇时，就不能使用格氏试剂。但若使用亲核性更强的**有机锂化合物**，仍能得到满意的结果：

$$\mathrm{(CH_3)_3C\text{—}\overset{O}{\overset{\|}{C}}\text{—}C(CH_3)_3 \xrightarrow[(2)H_2O]{(1)(H_3C)_3C\text{-}Li/Et_2O,\ -60^\circ C} (CH_3)_3C\text{—}\underset{C(CH_3)_3}{\overset{OH}{C}}\text{—}C(CH_3)_3}$$

(81%)

* 醛、酮与金属炔化物加成后水解，得到炔醇：

$$HC\equiv CNa + \text{环己酮} \xrightarrow[(2)H_3O^+]{(1)\text{液}NH_3} \text{1-乙炔基环己醇 (OH, C}\equiv\text{CH)}$$

(65%~75%)

$$H_3C(CH_2)_3C\equiv CMgBr + HCHO \xrightarrow[(2)\ H_3O^+]{(1)\ Et_2O} H_3C(CH_2)_3C\equiv CCH_2OH$$

6. 与含氮亲核试剂加成

醛、酮与氨或氨衍生物发生加成反应，生成羟基胺：

$$>C=O + :NH_2-B \rightleftharpoons >C(OH)-NH-B$$

羟基胺很不稳定，立即失水生成亚胺或亚胺衍生物：

$$>C(OH)-NH-B \longrightarrow >C=N-B + H_2O$$

这是一类**加成-消去反应**。很多情况下可用弱酸作催化剂，增强羰基的极化（动态诱导效应），有利于氨衍生物对羰基碳的进攻：

$$>C=O + H-A \rightleftharpoons >C=O\cdots H-A$$

醛、酮与羟胺、肼、氨基脲作用生成**肟**(oxime)、**腙**(hydrazone)及**缩氨脲**(也称半卡巴腙，semicarbazone)等：

$$CH_3CHO + \underset{\text{羟胺}}{H_2N-OH} \longrightarrow \underset{\text{乙醛肟}}{CH_3CH=N-OH}$$

$$\text{环己酮} + H_2N-OH \longrightarrow \underset{\text{环己酮肟}}{\text{环己基}=N-OH}$$

$$(C_6H_5)(H_3C)C=O + \underset{\text{肼}}{H_2N-NH_2} \longrightarrow \underset{\text{苯乙酮腙}}{(C_6H_5)(H_3C)C=N-NH_2}$$

$$(H_3C)_2C=O + \underset{\text{2,4-二硝基苯肼(2,4-DNPH)}}{H_2N-NH-C_6H_3(NO_2)_2} \longrightarrow \underset{\text{丙酮(2,4-二硝基苯)腙}}{(H_3C)_2C=N-NH-C_6H_3(NO_2)_2}$$

$$C_6H_5CHO + \underset{\text{氨基脲}}{H_2N-NH-\overset{O}{\overset{\|}{C}}-NH_2} \longrightarrow \underset{\text{苯甲醛缩氨脲}}{C_6H_5-\underset{H}{C}=N-HN-\overset{O}{\overset{\|}{C}}-NH_2} + H_2O$$

醛、酮与氨衍生物反应，生成的缩合产物有一定的熔点和晶形，容易鉴别。其中与2,4-二硝基苯肼作用生成的缩合产物多为橙黄色或橙红色沉淀，故常用作鉴别醛、酮的通用试剂。

***7. 魏悌锡反应**

20 世纪 50 年代初,魏悌锡(G. Wittig)发现亚甲基三苯基膦($Ph_3\overset{+}{P}\overset{-}{C}H_3 \longleftrightarrow Ph_3P{=}CH_2$)与醛、酮作用,使碳氧双键的酮变成了碳碳双键的烯,这一反应叫**魏悌锡反应**,也称为**羰基成烯作用**;将亚甲基三苯基膦及其类似物称为**魏悌锡试剂**,也叫**叶立德**(Ylide)。

$$Ph_3\overset{+}{P}\overset{-}{C}H_3 + \underset{\text{二苯酮}}{Ph_2C{=}O} \xrightarrow{\triangle} \underset{\text{1,1-二苯乙烯}}{Ph_2C{=}CH_2} + \underset{\text{三苯基氧化膦}}{Ph_3P{=}O}$$

***8. 羰基加成反应的立体化学**

羰基是平面构型,发生加成反应时,亲核试剂可以从羰基平面的上方或下方进攻。除甲醛和对称酮外,其他醛、酮的亲核加成均会产生新的手性碳原子:

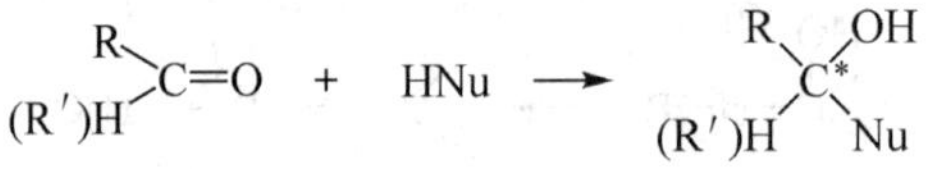

$$\text{R(R')HC}{=}\text{O} + \text{HNu} \longrightarrow \text{R(R')H}\overset{*}{\text{C}}\text{(OH)Nu}$$

一般来说,如果 R,R′ 中不含手性碳,羰基平面即为分子的对称面,亲核试剂从羰基平面两边进攻的机会均等,加成产物为外消旋体:

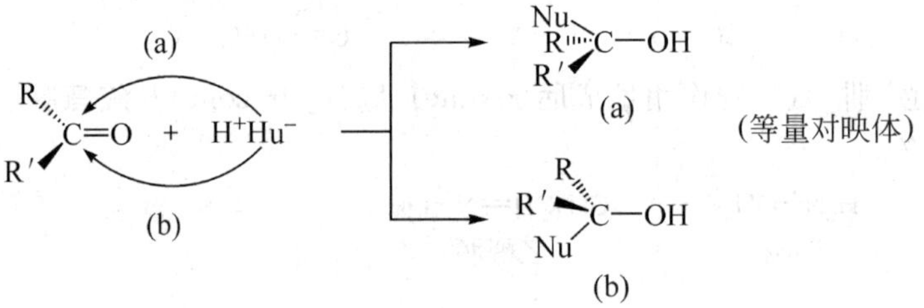

(a) RR′C=O + H⁺Hu⁻ → (a) Nu、R、R′—C—OH;(b) R、R′、Nu—C—OH (b)

(等量对映体)

如果醛、酮羰基邻近碳为手性碳原子,此时羰基平面不再是分子的对称面,亲核试剂从两侧进攻的机会不等,这就产生了反应中的立体选择性。克拉姆(D. J. Cram)等 1952 年对这方面工作进行了研究,并总结出了一个经验规律——**克拉姆规则**。该规则指出,亲核试剂总是优先从醛、酮加成构象中空间位阻小的一侧进攻。克拉姆认为,醛、酮手性碳上最大(体积)基团和羰基氧处于反式共平面关系时为加成构象。因此,这类反应的立体化学可用如下通式表示:

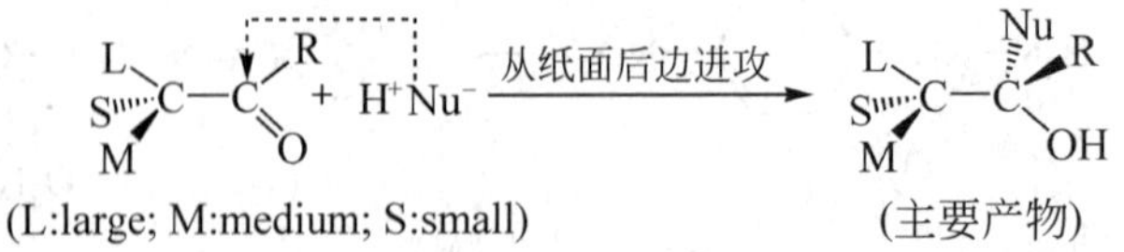

L、S、M—C—C(R)=O + H⁺Nu⁻ —从纸面后边进攻→ L、S、M—C—C(Nu)(R)OH

(L:large; M:medium; S:small)　　(主要产物)

也可以用纽曼式表示:

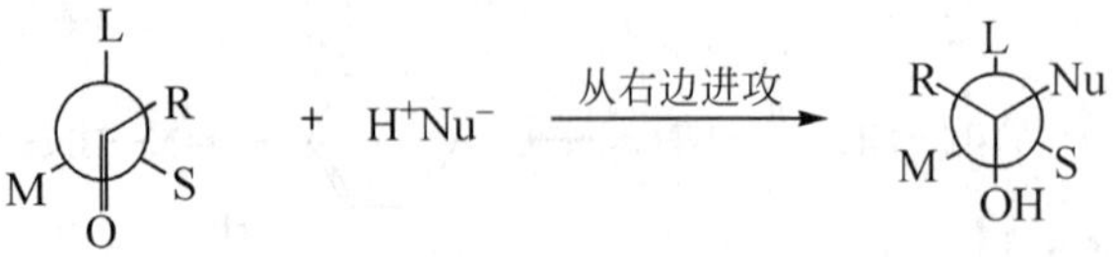

纽曼式(L、R、M、S、O) + H⁺Nu⁻ —从右边进攻→ 纽曼式(L、R、Nu、M、S、OH)

醛、酮与 HCN、格氏试剂的加成,被 $LiAlH_4$ 和 $NaBH_4$ 还原等反应的立体定向都可应用克拉姆规则。实验表明,该规则在大多数情况下都是正确的,例如,D-甘油醛与氢氰酸的加成,经水解后最终的产物是含量不相等的两种糖酸:

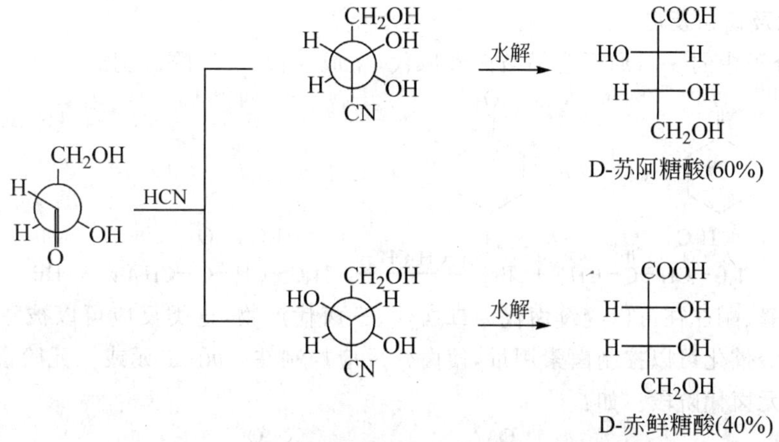

根据克拉姆规则，手性醛、酮的某些亲核加成或还原反应具有立体选择性。在两种可能的立体异构产物中，主要得到其中一种，这种合成叫做**不对称合成**。它的一般定义为：利用分子中已存在不对称因素的诱导作用，通过某种立体选择性反应，而主要生成一种特定构型化合物的合成。醛、酮分子中的手性碳即为不对称因素，这是进行不对称合成的条件，而克拉姆规则为设计不对称合成提供了有益的经验。

对于类似的手性脂环酮，主要加成产物也可用克拉姆规则来判断，例如：

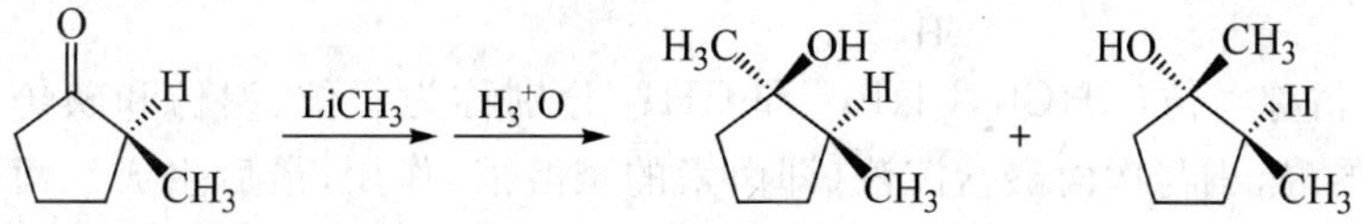

(90%) (10%)

10.4.2 α-氢原子的活泼性

由于羰基的吸电子诱导效应，α-碳原子上的电子云密度有所降低，α-C—H 键变得比较脆弱。这就造成了醛、酮的第二个反应中心。

1. 酮型-烯醇型互变异构

羰基吸电子诱导效应的一个直接结果是 α-C—H 键可能电离，而形成的负碳离子与羰基组成 p-π 共轭体系，有一定的稳定性，如下式所示：

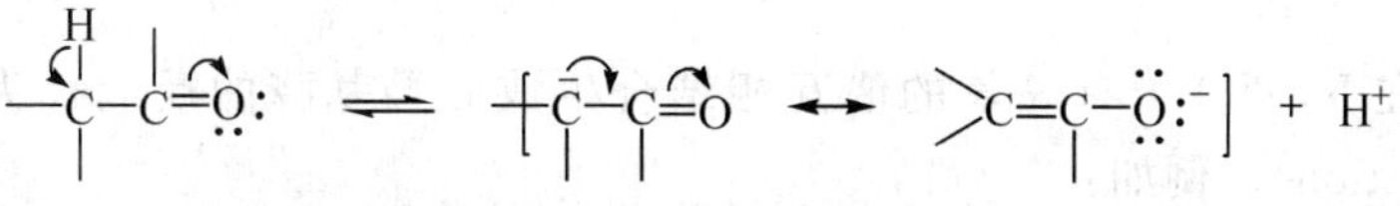

因此，醛、酮具有酸性。虽然与醇、酚比较，醛、酮的酸性弱得多，但与炔烃比较则强得多。

在上述的电离可逆平衡中，离解出来的 H^+ 可以重新与 α-C 结合得到醛或酮，也可以与羰基氧结合，得**烯醇**：

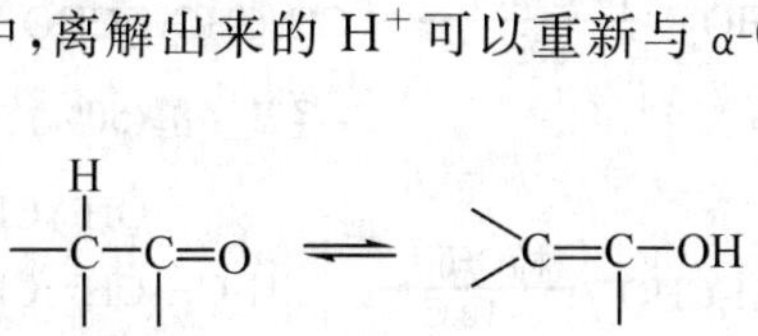

酮式 (keto form)　　烯醇式 (enol form)

化合物不同结构之间的这种相互转化，叫做**互变异构**(**tautomerism**)。

2. 卤代及卤仿反应

醛、酮分子中的α-氢原子容易被卤素取代,生成α-卤代醛、酮。例如:

$$\text{环己酮} + Cl_2 \longrightarrow \text{2-氯环己酮} + HCl$$

$$(CH_3)_2CH-\overset{O}{\overset{\|}{C}}-CH_3 + Br_2 \xrightarrow{CH_3OH} (CH_3)_2CH-\overset{O}{\overset{\|}{C}}-CH_2Br + HBr$$

一卤代醛、酮往往可以继续卤代为二卤代、三卤代产物,这类反应可以被酸所催化或被碱所催化。酸催化可以控制卤素用量,使卤代反应控制在一元、二元或三元阶段;碱催化不能控制在一元卤代阶段。如:

$$H_3C-\overset{O}{\overset{\|}{C}}-CH_3 \xrightarrow[OH^-]{X_2} H_2\underset{X}{\underset{|}{C}}-\overset{O}{\overset{\|}{C}}-CH_3 \xrightarrow[OH^-]{X_2} HCX_2-\overset{O}{\overset{\|}{C}}-CH_3 \xrightarrow[OH^-]{X_2} CX_3-\overset{O}{\overset{\|}{C}}-CH_3$$

这种三卤代物在碱的存在下,会进一步发生三卤甲基和羰基碳之间键的断裂,生成三卤甲烷和羧酸盐:

$$CX_3\overset{O}{\overset{\|}{C}}CH_3 + HO^- \rightleftharpoons CX_3-\overset{O^-}{\overset{|}{\underset{OH}{\underset{|}{C}}}}-CH_3 \rightleftharpoons CX_3^- + CH_3COOH \rightleftharpoons CHX_3 + CH_3COO^-$$

三卤甲烷俗称卤仿,$CHCl_3$,$CHBr_3$ 和 CHI_3 分别称为氯仿、溴仿和碘仿。我们把含有 CH_3—CO— 的醛、酮与次卤酸盐溶液(即卤素的碱溶液)作用,最后生成三卤甲烷的反应叫做**卤仿反应**:

$$RCOCH_3 + 3NaXO \longrightarrow CHX_3\downarrow + RCOONa + 2NaOH$$

碘仿是不溶于水的亮黄色固体,具有特殊的气味,可以用于鉴别乙醛、甲基酮和含有 $CH_3-\underset{OH}{\underset{|}{CH}}-$ 的醇。氯仿或溴仿反应也是制备羧酸的一种方法,主要用于制备用其他方法难于制得的羧酸,且生成比原料少一个碳的羧酸。如:

$$(CH_3)_2CH-C_6H_5 \xrightarrow[AlCl_3]{CH_3COCl} (CH_3)_2CH-C_6H_4-COCH_3 \xrightarrow{NaXO} (CH_3)_2CH-C_6H_4-COOH$$

3. 羟醛缩合反应

在稀碱存在下,两分子有α-氢的醛互相结合生成β-羟基醛的反应称为**羟醛缩合反应**(aldol condensation)。例如:

$$2CH_3CHO \xrightarrow[5℃]{10\%NaOH} CH_3\overset{OH}{\overset{|}{C}}HCH_2CHO$$

3-羟基丁醛(50%)

$$2CH_3CH_2CHO \xrightarrow[0\sim10℃]{稀OH^-} CH_3CH_2\overset{OH}{\overset{|}{C}}H-\overset{CH_3}{\overset{|}{C}}H-CHO$$

2-甲基-3-羟基戊醛
(55%~60%)

分子内的羟醛缩合反应,若生成五元或六元环状化合物时,较易进行,有时不必加催化剂,在水溶液中加热即可发生。如:

$$\begin{array}{l} H_2C{-}CHO \\ | \\ H_2C{-}CH_2{-}CH(CHO){-}C_3H_7 \end{array} \xrightarrow[\triangle]{H_2O} \text{(环戊烯甲醛，}C_3H_7\text{取代)}$$

与羟醛缩合相似，有 α-H 的酮也可发生* **羟酮缩合反应**，分子内、分子间的羟酮缩合反应和**克莱森-施密特反应**等。

丙酮在碱性催化剂存在下，虽也可以起缩合反应生成双丙酮醇，但反应平衡偏向左边。在 20℃下，只有 5%左右的双丙酮醇生成：

$$\underset{\text{丙酮(沸点56℃)}}{(CH_3)_2C{=}O} + CH_3\overset{O}{\overset{\|}{C}}CH_3 \xrightleftharpoons{Ba(OH)_2} \underset{\text{双丙酮醇(沸点164℃)}}{(CH_3)_2\overset{OH}{\overset{|}{C}}CH_2\overset{O}{\overset{\|}{C}}CH_3}$$

如果将反应放在脂肪抽提器中进行，可使大部分丙酮转变为双丙酮醇，产率达 70%。

若在酸性催化剂存在下，生成的双丙酮醇迅速脱水，故反应可进行到底，产率达 79%：

$$2(CH_3)_2C{=}O \xrightarrow[\text{或}I_2]{H^+} \underset{\text{4-甲基-3-戊烯-2-酮}}{(CH_3)_2C{=}CHCOCH_3}$$

在有机合成中，羟醛(及羟酮)缩合反应和**克莱森-施密特反应**是组成新的 C—C 键，增长碳链的极为重要的方法。工业上生产正丁醇，就是从乙醛的羟醛缩合反应开始的：

$$2CH_3CHO \xrightarrow[\triangle]{\text{稀}OH^-} CH_3CH{=}CHCHO \xrightarrow{H_2/Ni} CH_3CH_2CH_2CH_2OH$$

在 Vit A. 的合成中，中间体假紫罗兰酮是利用牻牛儿醛与丙酮间的克莱森-施密特反应来合成的：

$$\underset{\substack{\text{牻牛儿醛}\\ \text{(geranial)}}}{(CH_3)_2C{=}CHCH_2CH_2C(CH_3){=}CHCHO} + CH_3COCH_3 \xrightarrow[EtOH,\,-5℃]{EtONa} \underset{\substack{\text{假紫罗酮}\\ \text{(pseudoionone)(49\%)}}}{(CH_3)_2C{=}CHCH_2CH_2C(CH_3){=}CHCH{=}CHCOCH_3}$$

10.4.3 氧化和还原

醛、酮的氧化、还原反应概括如下：

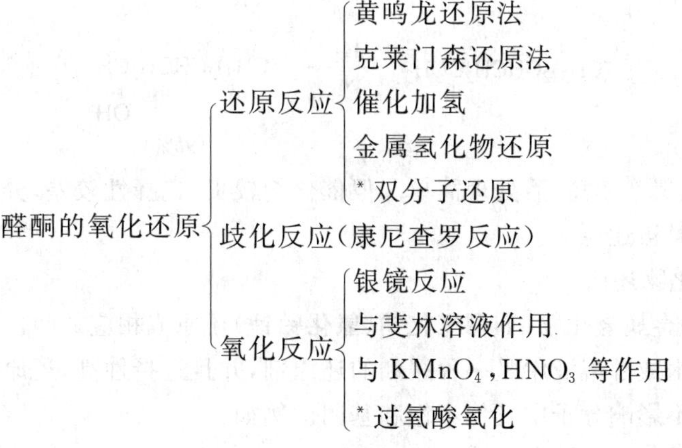

1. 还原反应

(1) 乌尔夫(Wolff)-凯惜纳(Kishner)-黄鸣龙还原法

该还原法最早(1911 年)是由苏联化学家 N. Kishner 提出,次年德国化学家 L. Wolff 进行类似的研究,直接将羰基化合物与无水水合肼、醇钠在封管中加热转化成亚甲基。这种方法为以后各国的有机化学家所采纳,并以 Wolff-Kishner 或 Kishner-Wolff 来命名。

由于上述反应条件苛刻,时间长,产率较低,1946 年我国著名有机化学家黄鸣龙教授成功地改进了这一反应。

将醛/酮、氢氧化钠、肼的水溶液和二甘醇(或三甘醇)一起加热,先生成腙,去氮,最后羰基变成亚甲基。例如:

$$C_6H_5COCH_2CH_3 \xrightarrow[(HOCH_2CH_2)_2O,\ \triangle]{H_2N-NH_2,\ NaOH} C_6H_5CH_2CH_2CH_3 \quad (82\%)$$

改进后的反应,降低了反应条件,缩短时间,提高产率,在国际上得到广泛应用。这个反应叫**乌尔夫-凯惜纳-黄鸣龙反应**,简称为**黄鸣龙还原法**。

这个方法可用来还原对酸敏感的醛、酮。有研究表明,如改用 DMSO(二甲亚砜)作溶剂,反应温度可降低到 100℃。

(2) 克莱门森还原法

醛、酮与锌汞齐在浓盐酸中加热,羰基被还原为亚甲基,称为**克莱门森**(Clemmensen)**还原法**。例如:

$$C_6H_5\overset{O}{\overset{\|}{C}}CH_2CH_2CH_3 \xrightarrow[\triangle]{Zn\text{-}Hg,HCl} C_6H_5CH_2CH_2CH_2CH_3 \quad (88\%)$$

此法对芳香酮较好,对酸敏感的醛、酮不能使用。若要还原对酸敏感的醛、酮可用黄鸣龙还原法,两种方法互为补充。

(3) 催化加氢

醛、酮在金属催化剂 Ni,Pt,Pd 等存在下与氢气作用,可将醛还原成伯醇,酮还原成仲醇。例如:

$$CH_3(CH_2)_4CHO \xrightarrow[Ni]{H_2} CH_3(CH_2)_4CH_2OH \quad (100\%)$$

$$(CH_3)_2CHCH_2\underset{\underset{O}{\|}}{C}CH_3 \xrightarrow[Ni]{H_2} (CH_3)_2CHCH_2\underset{\underset{OH}{|}}{CH}CH_3 \quad (95\%)$$

醛、酮催化加氢产率高,后处理简单。但催化剂较贵,选择性较差,分子中如有其他不饱和基团也可能同时被还原。

(4) 金属氢化物还原

醛、酮也可用金属氢化物(如**硼氢化钠**、**氢化铝锂**)还原成相应的醇。

硼氢化钠在水或醇溶液中是一种缓和的还原剂,并且选择性高,还原效果好。它只还原醛、酮的羰基,而不影响分子中其他不饱和基团。例如:

$$C_6H_5\text{—CH=CH—CHO} \xrightarrow[\text{或}LiAlH_4]{NaBH_4} \xrightarrow{H^+} C_6H_5\text{—CH=CH—}CH_2OH$$

肉桂醛　　　　　　　　　　　　　　肉桂醇

氢化铝锂与硼氢化钠性质相似，也具有较高选择性，但有更强的还原性。氢化铝锂不仅能还原醛、酮的羰基，还能还原羧酸、酯、酰胺、氰基、硝基等。遇水反应剧烈，故反应常在醚类溶液中进行。

*(5) 双分子还原

酮与镁、镁汞齐或铝汞齐在非质子溶液中发生双分子还原偶联，生成邻二叔醇的反应称为酮的**双分子还原**：

$$2CH_3\underset{\underset{O}{\|}}{C}CH_3 \xrightarrow{Mg,\ C_6H_6} \begin{matrix}(CH_3)_2C\text{—}O^-\\ |\\ (CH_3)_2C\text{—}O^-\end{matrix}\ Mg^{2+} \xrightarrow{H_2O} \begin{matrix}(CH_3)_2C\text{—}C(CH_3)_2\\ |\quad\ \ |\\ HO\quad OH\end{matrix}$$

2,3-二甲基-2,3-丁二醇
(43%~50%)

2. 歧化反应(康尼查罗反应)

没有 α-H 的醛在浓碱作用下，发生自身氧化还原反应，一分子醛被氧化为羧酸，另一分子醛则还原为伯醇，这一反应称为**康尼查罗**(Cannizzaro)**反应**，也称**歧化反应**。例如：

$$2C_6H_5CHO \xrightarrow{50\%KOH} \underset{(74\%\sim82\%)}{C_6H_5COOK} + \underset{(74\%\sim79\%)}{C_6H_5\text{—}CH_2OH}$$

两种不同的醛可以起交叉**康尼查罗**反应。但产物较复杂，没有实用价值。如果两种醛之一为甲醛，则因甲醛还原性强，反应结果总是甲醛被氧化成甲酸，另一种醛被还原成醇。这种交叉歧化在有机合成上相当有用。由甲醛和乙醛制备**季戊四醇**就是一个典型的例子：

$$3HCHO + CH_3CHO \xrightarrow[\triangle]{Ca(OH)_2} HOH_2C\text{—}\underset{CH_2OH}{\overset{CH_2OH}{C}}\text{—}CHO$$

$$HCHO + HOH_2C\text{—}\underset{CH_2OH}{\overset{CH_2OH}{C}}\text{—}CHO \xrightarrow{Ca(OH)_2} HOH_2C\text{—}\underset{CH_2OH}{\overset{CH_2OH}{C}}\text{—}CH_2OH + HCOO^-$$

季戊四醇

季戊四醇是重要的化工原料，多用于高分子工业，也用于药物合成。

3. 氧化反应

醛极易被氧化生成同碳原子数的羧酸，弱氧化剂即可将醛氧化；酮不易氧化，用强氧化剂在剧烈条件下氧化，则碳链断裂，生成几种羧酸的混合物。醛与**吐伦试剂**(Tollens reagent)(硝酸银氨溶液)共热，即被氧化为羧酸，Ag^+ 被还原为银附着在器壁上形成银镜，称为**银镜反应**：

$$R\text{—}CHO + \underset{(\text{无色})}{2Ag^+(NH_3)_2OH^-} \longrightarrow R\text{—}COONH_4 + \underset{(\text{银镜})}{2Ag\downarrow} + 3NH_3 + H_2O$$

脂肪醛与**斐林**(Fehling)**溶液**(硫酸铜与碱性酒石酸钾钠组成的深蓝色络离子溶液)共热，醛被氧化为羧酸，Cu^{2+} 则被还原为红色氧化亚铜沉淀析出：

$$2R\text{—}CHO + \underset{(\text{深蓝色})}{Cu^{2+}} + NaOH + 4OH^- \longrightarrow R\text{—}COONa + \underset{(\text{红色})}{Cu_2O\downarrow} + 3H_2O$$

醛与弱氧化剂**吐伦试剂**、**斐林溶液**作用,均有明显颜色变化和沉淀生成,酮则不被氧化,因此常用这些试剂区别醛和酮。

许多醛如乙醛、苯甲醛等,在空气中即可被氧化,保存过久的乙醛,会被空气部分地氧化为乙酸。这类反应称为**自动氧化作用**。

在实验室,常用的强氧化剂为铬酸、高锰酸、硝酸等。用这些氧化剂氧化醛,生成相同碳原子数的羧酸。酮在强氧化剂长时间作用下,可在羰基两边碳链断裂,生成4种不同碳原子数的羧酸,没有制备价值。而环酮氧化生成二元酸,若是结构对称的环酮,产物单一,可用于制备。例如:

$$\text{环己酮} \xrightarrow[50\sim60℃]{HNO_3} HOOC(CH_2)_4COOH$$

己二酸(70%)

*醛、酮用过氧酸氧化时,经过加成-消去历程同时发生重排,最后,醛被氧化为羧酸,酮则被氧化转变成羧酸酯。这个反应称为**拜耶尔-魏立格**(Baeyer-Villiger)**反应**。

$$C_6H_5-\overset{O}{\overset{\|}{C}}-H \xrightarrow{CF_3CO_3H} C_6H_5-\overset{O}{\overset{\|}{C}}-OH$$

$$C_6H_5\overset{O}{\overset{\|}{C}}C_6H_5 \xrightarrow{C_6H_5CO_3H} C_6H_5\overset{O}{\overset{\|}{C}}OC_6H_5$$

$$\text{环己酮} \xrightarrow[\triangle]{CH_3CO_3H} \text{己内酯}$$

在不对称酮氧化时,在重排步骤中,两个基团均可迁移,但还是有一定的选择性,按迁移能力,其顺序为:

$$R_3C- > R_2CH,\ C_6H_{11}- > C_6H_5CH_2- > C_6H_5- > RCH_2- > CH_3-$$

醛氧化,迁移的是氢,得到羧酸。

基团在迁移过程中,构型保持不变。

$$(C_6H_5)(H)(CH_3)C-\overset{O}{\overset{\|}{C}}-CH_3 \xrightarrow{C_6H_5CO_3H} (C_6H_5)(H)(CH_3)C-O-\overset{O}{\overset{\|}{C}}-CH_3$$

迁移基团断裂的位置,可以看作氧原子插入的位置。

*10.5　α,β-不饱和醛、酮

α,β-不饱和醛、酮的通式为 $-\overset{|}{C}=\overset{|}{C}-\overset{|}{C}=O$,具有3个共振式:

$$-C=C-C=O \longleftrightarrow -C=C-\overset{+}{C}-\overset{-}{O} \longleftrightarrow -\overset{+}{C}-C=C-\overset{-}{O}$$

10.5.1 物理性质

α,β-不饱和醛、酮由于羰基与双键共轭的结果,电子离域程度增加,电负性大的氧原子电子云密度更大,分子极性增大。因此α,β-不饱和醛、酮的沸点和水溶解度都比相应的醛、酮高,见表10-2。

表10-2 某些α,β-不饱和醛、酮和相应的饱和醛、酮物理常数比较表

化合物	熔点/℃	沸点/℃	相对密度(d_4^{20})	折光率(n_D^{20})	在水中的溶解度/(g/100g)
CH_3CH_2CHO	−81	48.8	0.8058	1.3636	16
$CH_2{=}CH{-}CHO$	−87.7	52.5	0.84	1.3998	40
$CH_3CH_2CH_2CHO$	−99	75.7	0.8170	1.3843	7
$CH_3CH{=}CHCHO$(*Z*)	69	102.2	0.853(d_{20}^{20})	1.4362	18
(*E*)	74	104	0.858(d_4^{18})		
$C_6H_5CH_2CH_2CHO$		248			不溶
$C_6H_5CH{=}CHCHO$		253			微溶

10.5.2 化学反应——共轭加成

α,β-不饱和醛、酮中,由于两种双键组成共轭体系,氧的强电负性使得双键的电子云密度降低,亲电加成已不是它的特征反应,相反,**亲核加成反应**变得更容易发生,而且存在着两种加成方向的竞争:

$$\underset{4}{\overset{|}{-C}}{=}\underset{3}{\overset{|}{C}}{-}\underset{2}{\overset{+}{C}}{-}\underset{1}{\overset{-}{O}} + \overset{+}{A}\overset{-}{Nu} \xrightleftharpoons{\text{1,2-加成}} -\underset{|}{C}{=}\underset{|}{C}{-}\underset{|}{\overset{Nu}{\overset{|}{C}}}{-}OA$$

$$\Big\Updownarrow \text{1,4-加成}$$

$$-\underset{|}{\overset{Nu}{\overset{|}{C}}}{-}\underset{|}{C}{=}\underset{|}{C}{-}OA$$

一般情况下,1,2-加成速度快,1,4-加成(即共轭加成)则最终产物较稳定。α,β-不饱和醛、酮亲核加成反应的方向,主要取决于以下两个因素:

(1) 亲核试剂的亲核性

若亲核试剂的亲核性很强,如RLi,$LiAlH_4$等,逆反应不显著,以1,2-加成为主。反之,若亲核试剂的亲核性较弱,逆反应显著,则以1,4-加成为主。例如:

$$C_6H_5CH{=}CH{-}\overset{O}{\overset{\|}{C}}{-}C_6H_5 \xrightarrow[(2)H_2O]{(1)C_6H_5Li} C_6H_5CH{=}CH{-}\overset{OH}{\overset{|}{C}}(C_6H_5)_2 \quad (69\%)$$

$$CH_3CH{=}CH{-}CHO + LiAlH_4 \longrightarrow CH_3CH{=}CHCH_2OH \quad (90\%)$$

$$C_6H_5CH{=}CH{-}\overset{O}{\overset{\|}{C}}{-}C_6H_5 + NaCN \xrightarrow{EtOH,\ AcOH} \left[C_6H_5\underset{CN}{\underset{|}{C}}H{-}CH{=}\overset{OH}{\overset{|}{C}}{-}C_6H_5 \right] \longrightarrow C_6H_5\underset{CN}{\underset{|}{C}}H{-}CH_2{-}\overset{O}{\overset{\|}{C}}{-}C_6H_5 \quad (95\%)$$

(2) 空间因素

若α,β-不饱和醛、酮的羰基所连的基团体积大,或者亲核试剂体积大,都有利于1,4-加成。例如:

$$C_6H_5CH{=}CH{-}\underset{R}{\underset{|}{C}}{=}O \xrightarrow[(2)H_2O]{(1)C_2H_5MgX} C_6H_5\underset{C_2H_5}{\underset{|}{C}}HCH_2{-}\underset{R}{\underset{|}{C}}{=}O + C_6H_5CH{=}CH{-}\underset{R}{\underset{|}{\overset{C_2H_5}{\overset{|}{C}}}}{-}OH$$

R	—H	—CH_3	—C_2H_5	—$CH(CH_3)_2$	—$C(CH_3)_3$	—C_6H_5
1,4-加成产物的产率/%	0	60	71	100	100	99

$$CH_3CH{=}CH\overset{O}{\overset{\|}{C}}CH_3 \xrightarrow[(2)H_2O]{(1)CH_3MgX} CH_3CH{=}CH\underset{CH_3}{\underset{|}{\overset{OH}{\overset{|}{C}}}}CH_3 + CH_3{-}\underset{CH_3}{\underset{|}{C}}H{-}CH_2\overset{O}{\overset{\|}{C}}CH_3$$

$$(72\%) \qquad\qquad (20\%)$$

此外,高温有利于**1,4-加成**(平衡控制),低温有利于**1,2-加成**(速度控制)。例如:

$$CH_2{=}CH\overset{O}{\overset{\|}{C}}{-}CH_3 + HCN \xrightarrow{室温} H_2\underset{CN}{\underset{|}{C}}{-}CH_2{-}\overset{O}{\overset{\|}{C}}{-}CH_3$$

$$CH_2{=}CH\overset{O}{\overset{\|}{C}}{-}CH_3 + HCN \xrightarrow{低温} CH_2{=}CH{-}\underset{CN}{\underset{|}{\overset{OH}{\overset{|}{C}}}}{-}CH_3$$

*10.5.3　插烯规律

从前面讨论我们已经知道,当一个乙烯基与羰基组成共轭时,不仅羰基的碳原子带部分正电荷,β-碳上(即共轭体系另一末端)也带有部分正电荷,亲核反应也可发生在β-碳上。如果羰基与多个连续不断的乙烯基相连组成更大的共轭体系,共轭体系的末端碳也将和羰基碳一样可发生亲核反应。与此相似,与共轭体系末端碳连接的基团(如甲基)也将和与羰基直接相连时具有相同的性质。也就是说,在通式A—$(CH{=}CH)_n$—B中,A与B的关系,不因n的改变而变化,这种现象称为**插烯作用**(vinylogy),或称**插烯规律**。

例如巴豆醛与乙醛一样，可以与苯甲醛发生羟醛缩合反应：

$$C_6H_5CHO + CH_3CH{=}CH{-}\overset{H}{\overset{|}{C}}{=}O \xrightarrow[\triangle]{NaOH} C_6H_5CH{=}CH{-}CH{=}CH{-}\overset{H}{\overset{|}{C}}{=}O$$

插烯规律在有机化学中普遍存在，并有着重要的用途。

*10.5.4 迈克尔反应

烯醇负离子与 α,β-不饱和羰基化合物的 1,4-加成称为**迈克尔**(Michael)**反应**。例如：

$$\text{2-甲基-1,3-环己二酮} + CH_2{=}CH\overset{O}{\overset{\|}{C}}CH_3 \xrightarrow{KOH} \text{2-甲基-2-(3'-氧代丁基)-1,3-环己二酮}$$

2-甲基-1,3-环己二酮　3-丁烯-2-酮　2-甲基-2-(3'-氧代丁基)-1,3-环己二酮

10.6 重要的醛和酮

1. 甲醛

甲醛在常温下是气体，容易液化，但液体甲醛即使在低温下也容易聚合，因此通常是以水溶液、醇溶液和聚合物的形式存在。

甲醛是生产量最大的一个醛。它是由甲醇和空气的混合物在 700℃下通过附着在浮石上的银催化剂来制备的。用此法生成甲醛，甲醇的转化率约为 85%，而甲醛的产率约为 75%。产品是甲醛的水溶液，约含甲醛 40%，含甲醇 2%～12%，称为**福尔马林**(Formalin)。福尔马林中的甲醛能与蛋白质中的氨基结合，使蛋白质变性，具有广谱杀菌作用，对细菌繁殖体、结核杆菌、真菌和乙肝病毒等都有较强的杀灭作用。临床上用于外科器械、手套、污染物等的消毒。也用于保存解剖标本的防腐剂。

甲醛在工业上大量用于合成酚醛树脂(俗称电木)、脲醛树脂、聚甲醛塑料等，如用于合成异戊橡胶，医学、制革等工业也要用甲醛。甲醛能使蛋白质变性凝固，有杀菌防腐作用。因此，在农业上可用甲醛溶液浸种，杀灭种子上的病原菌。

甲醛对眼、鼻、喉黏膜有强烈的刺激作用，长期接触低剂量甲醛，严重影响身体健康。甲醛是室内环境的污染源之一，目前生产装饰板(胶合板、中密度纤维板和刨花板等人造板材)使用的以脲醛树脂为主的胶粘剂中未参与反应的残留甲醛，是室内空气中甲醛的主要来源。有关研究表明，通常情况下室内装饰须经几个月后，空气中甲醛含量才可降至国家标准规定的 0.08 mg/m^3 以下。因此选用低甲醛含量的装饰材料和保持室内空气流通是消除室内甲醛的有效办法。

2. 乙醛

乙醛可用多种方法生产，如乙炔水合、乙醇在银催化剂下脱氢及氧化等。随着石油工业的发展，逐渐以乙烯为原料用空气催化氧化法生成：

$$H_2C{=}CH_2 + \frac{1}{2}O_2 \xrightarrow{PdCl_2\text{-}CuCl_2} CH_3CHO$$

乙醛是低沸点液体(沸点 21℃)，很容易氧化。一般都以三聚乙醛的形式保存。三聚乙

醛是有香味的液体,沸点 124℃,难溶于水。加稀硫酸蒸馏,即解聚蒸出乙醛。

乙醛是有机合成的重要中间原料,主要用于生产乙酸、乙酸乙酯、乙酸酐、丁醇、1,3-丁二烯、季戊四醇、三氯乙醛等。

3. 丙酮

丙酮在工业上可以用石油裂解气——丙烯为原料,通过 3 种途径生产:

(1) 丙烯水合成异丙醇再催化脱氢。

(2) 丙烯在氯化钯-氯化亚铜催化下空气氧化。

(3) 丙烯和苯经傅氏反应生成异丙苯后,空气氧化再酸水解,同时得苯酚和丙酮两个产品。此法比较经济合理,但对设备和技术要求较高。

图 10-5 为苯酚和丙酮的生产装置。

图 10-5 苯酚和丙酮的生产装置

丙酮是多种有机化学工业的基本原料,如有机玻璃、环氧树脂、油漆涂料等都由它为起始原料来合成。丙酮又是重要的极性有机溶剂。

4. 乙酰丙酮

乙酰丙酮即 2,4-戊二酮,它由丙酮与乙酸乙酯在醇钠催化下缩合而得(反应机理见第 12 章):

$$H_3C-\overset{O}{\overset{\|}{C}}-OC_2H_5 + CH_3\overset{O}{\overset{\|}{C}}CH_3 \xrightarrow{EtONa} H_3C-\overset{O}{\overset{\|}{C}}-CH_2-\overset{O}{\overset{\|}{C}}-CH_3 + C_2H_5OH$$

(38%~45%)

乙酰丙酮是无色液体,沸点 137℃,相对密度 d_{20}^{20} 为 0.9753,微溶于水,与水共沸时分解为乙酸和丙酮。

乙酰丙酮分子中的亚甲基,受两个羰基的活化而容易电离,并形成**烯醇型**。其烯醇型的 H 与羰基以氢键结合,使整个分子形成一个六元螯合环,更趋稳定,因此,乙酰丙酮在常温下含 76%~80%的烯醇型。

$$H_3C-\overset{O}{\overset{\|}{C}}-CH_2-\overset{O}{\overset{\|}{C}}-CH_3 \rightleftharpoons \text{(烯醇型螯合环: } H_3C-C(=O\cdots H-O)-CH=C-CH_3)$$

烯醇型分子中,形成 p-π-π 共轭体系,电子衍射分析证明,这个分子具有对称结构,即螯合环内没有典型单双键之分。

10.7 醌

醌(quinone)是一类特殊的环状 α,β-不饱和酮。常见的醌有：

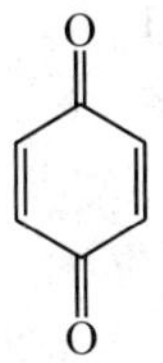

对苯醌 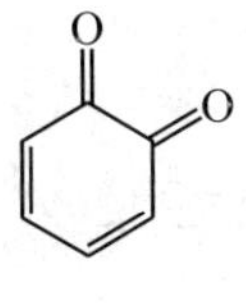　　邻苯醌 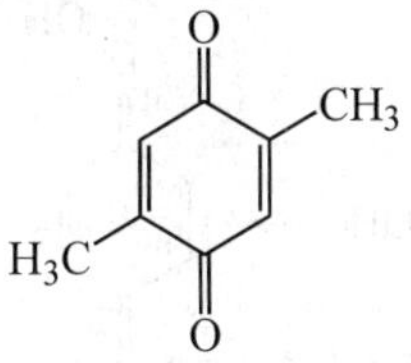　　2,5-二甲基-1,4-苯醌 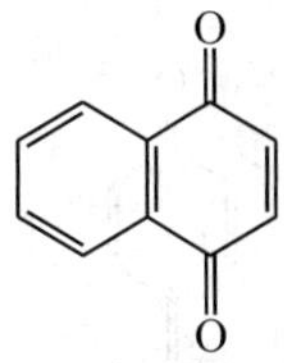　　1,4-萘醌

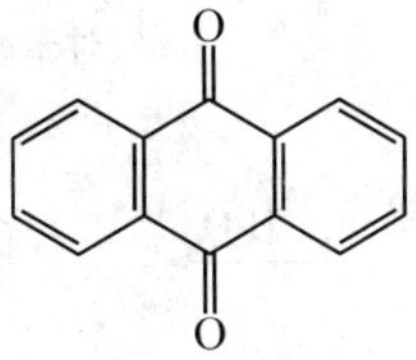

9,10-蒽醌 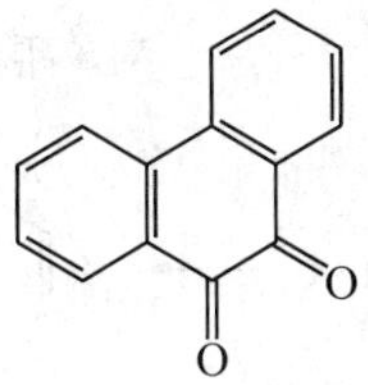　　9,10-菲醌

醌可由芳香族化合物制得，但醌环没有芳香性。醌类化合物多为有色的结晶固体。人类早期用于织物染色的天然色素，许多属于醌类化合物。如：

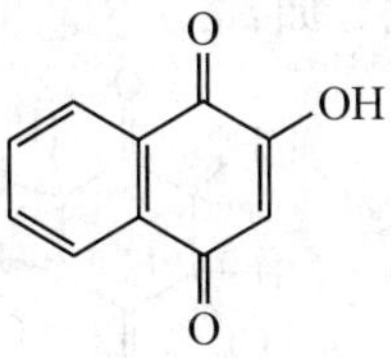

2-羟基-1, 4-萘醌
(橘黄色)

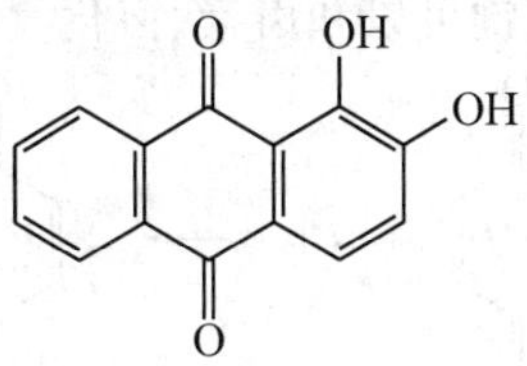

茜素
(红色)

10.7.1 苯醌

邻苯醌为红色结晶固体，不很稳定，无一定的熔点，在 60℃以上即分解。

对苯醌简称苯醌，是金黄色结晶固体，熔点 116℃，易升华，有刺激臭味，能随水蒸气挥发，溶于乙醇、乙醚，易溶于热水。

邻苯醌和对苯醌可由相应的二元酚氧化制得：

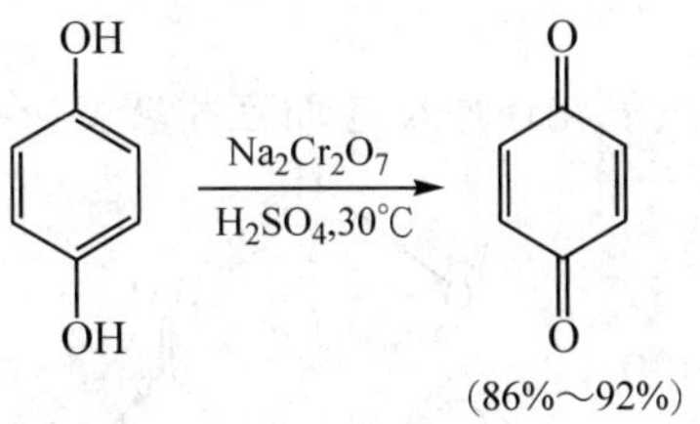

$$\xrightarrow[H_2SO_4, 30^\circ C]{Na_2Cr_2O_7}$$

(86%～92%)

苯胺氧化也可制得对苯醌：

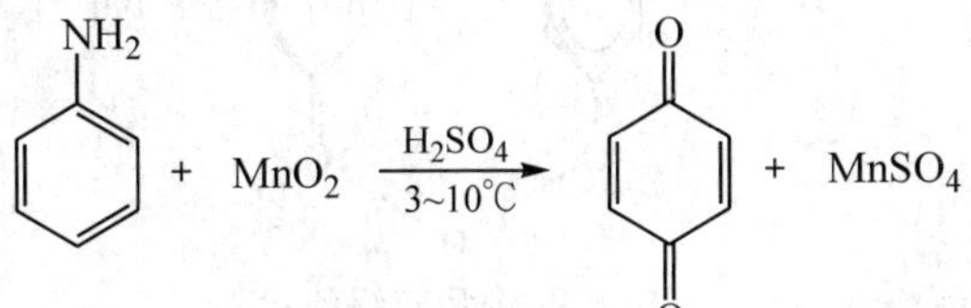

$$+ MnO_2 \xrightarrow[3\sim10^\circ C]{H_2SO_4} + MnSO_4$$

苯醌分子中具有两个羰基,两个碳碳双键。它既可发生羰基反应,也可发生C═C双键反应。由于具有共轭双键,因此也可发生1,4-加成。

1. 羰基加成

醌中的羰基,能与羰基试剂、格氏试剂等加成,如:

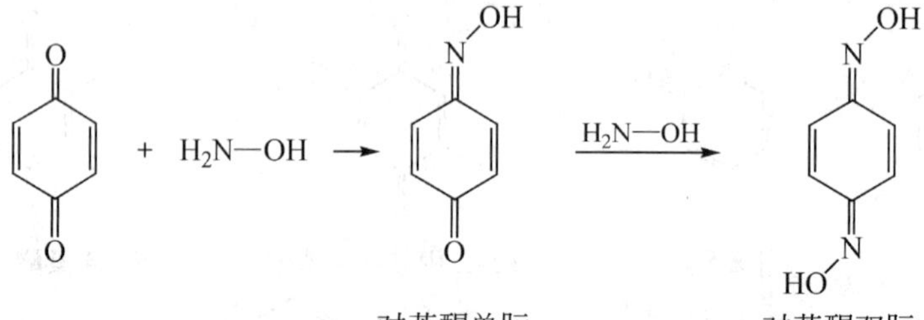

对苯醌单肟　　对苯醌双肟

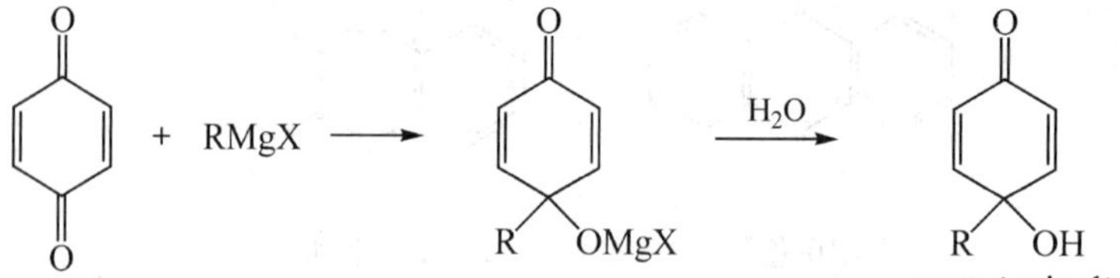

醌醇(quinol)

2. 烯键的加成

醌中的碳碳双键可以和卤素、卤化氢等发生亲电加成。如:

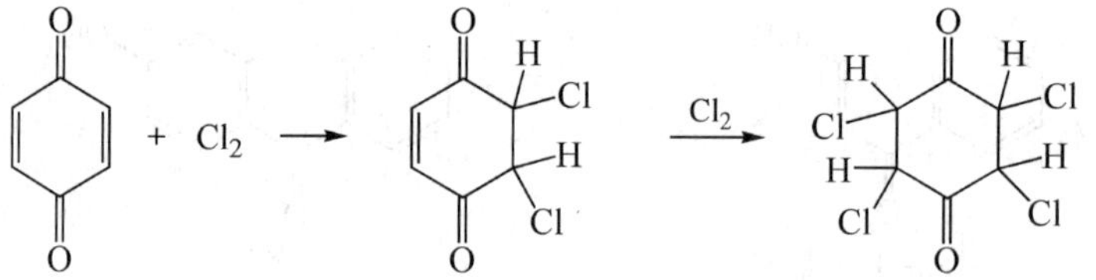

3. 1,4-加成

苯醌可与氢卤酸、氢氰酸等许多试剂发生1,4-加成,生成1,4-苯二酚的衍生物。如:

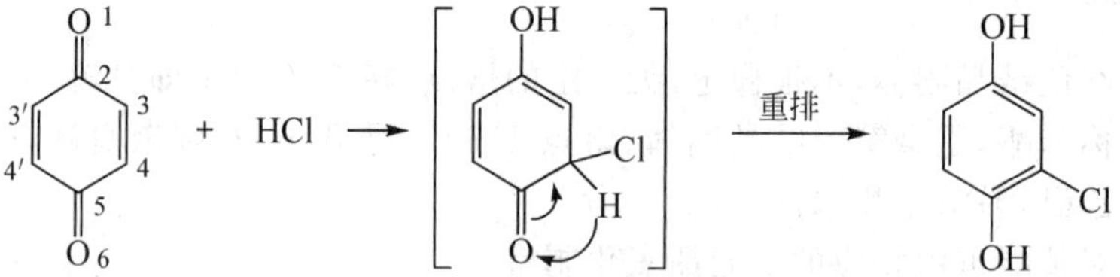

4. 还原反应

对苯醌与对苯二酚可以通过氧化还原反应而互相转变。如:

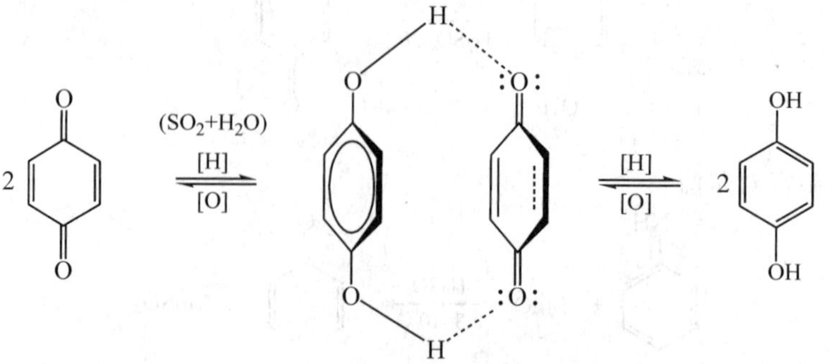

(黄色)
熔点116℃

醌氢醌(暗绿色)
熔点171℃

(无色)

醌氢醌是对苯醌和对苯二酚的分子络合物。由于对苯醌易被还原为对苯二酚，而对苯二酚又易被氧化为对苯醌，所以利用二者之间的氧化还原性质可以制成醌氢醌电极，用来测定氢离子浓度。

10.7.2　萘醌

1,4-萘醌的衍生物存在于自然界中。例如：

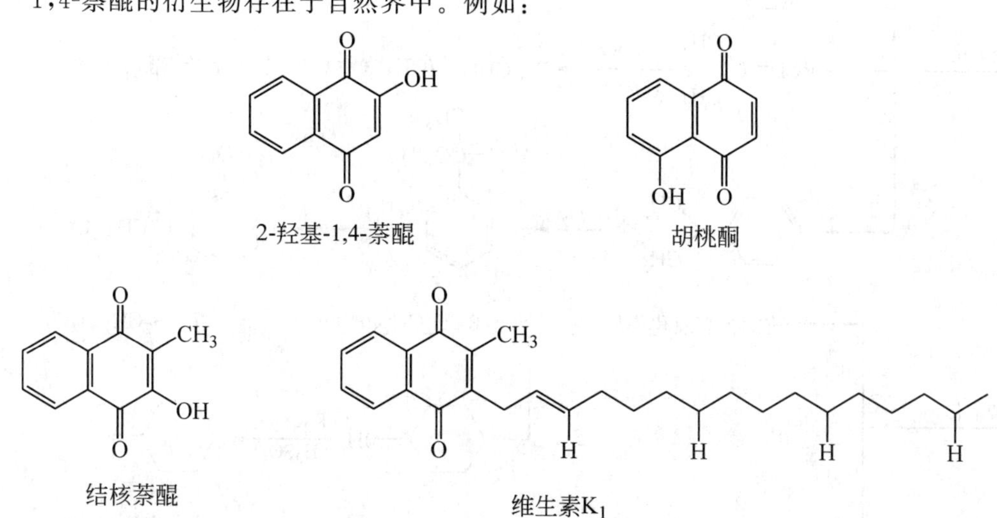

2-羟基-1,4-萘醌　胡桃酮

结核萘醌　维生素K_1

10.7.3　蒽醌

目前已知存在的蒽醌有1,2-蒽醌、1,4-蒽醌和9,10-蒽醌3种。其中9,10-蒽醌最重要，通常简称蒽醌。蒽醌为淡黄色针状晶体，熔点286℃。蒽醌容易还原成9,10-二羟基蒽，后者在空气中氧化又生成蒽醌：

$\xrightleftharpoons[O_2]{Na_2S_2O_4}$

蒽醌　9,10-二羟基蒽

一些染料染色就是应用这种氧化还原反应，即先将不溶的染料还原成能溶于碱的无色化合物，染在纺织品上，然后再氧化成染料。例如：

$\xrightleftharpoons[[O]]{[H]}$

阴丹士林黄GK

本章小结

1. 醛、酮的制备

烃氧化

$$C_6H_5-CH_3 \xrightarrow[65\%H_2SO_4]{MnO_2} C_6H_5-CHO\ (40\%)$$

$$RCH{=}C(CH_3)_2 \xrightarrow[(2)Zn/H_2O]{(1)O_3} R-CHO + (CH_3)_2C{=}O$$ (主要用于结构测定)

* $$C_6H_5-CH(CH_3)_2 \xrightarrow{O_2} C_6H_5-C(CH_3)_2-OOH \xrightarrow{H^+} \longrightarrow C_6H_5-OH + (CH_3)_2C{=}O^*$$

醇氧化

伯(仲)醇氧化得醛(酮)

$$RCH_2CH_2CH_2OH \xrightarrow[\text{试剂}]{\text{沙瑞特}} RCH_2CH_2CHO^*$$

$$\text{环己醇}(C_6H_{11}-OH) \xrightarrow[H_2SO_4]{K_2Cr_2O_7} \text{环己酮}(C_6H_{10}{=}O)$$

* $$R-CH_2CH{=}CH-CH(OH)R' \xrightarrow[\text{丙酮}]{(t\text{-BuO})_3Al} RCH_2CH{=}CHC(=O)R'^*$$ (不适合一级醇)

*羰基合成

$$RCH{=}CH_2 \xrightarrow[125^\circ C]{CO+H_2} \underset{(\text{主})}{R-CH_2CH_2CHO} + OHC-CH(R)-CH_3^*$$ (催化剂是 $Co_2(CO)_8$)

二卤代烃水解

$$C_6H_5-CHCl_2 \xrightarrow{H_2O} C_6H_5-CHO$$

炔烃水合

$$-C{\equiv}CH \xrightarrow{\text{水合}} \left[-C(OH){=}CH_2\right] \longrightarrow -C(=O)-CH_3$$

傅氏酰基化

$$C_6H_6 + RC(=O)-Cl \xrightarrow{AlCl_3} C_6H_5-C(=O)-R$$

*加特曼-科克反应

$$C_6H_5-CH_3 + CO + HCl \xrightarrow[20^\circ C]{AlCl_3,\ CuCl_2} H_3C-C_6H_4-CHO^*$$ (50%~55%)

*醇氧化

$$O_2N-C_6H_4-CH_2OH + CH_3\overset{+}{S}(O^-)CH_3 + C_6H_{11}-N{=}C{=}N-C_6H_{11} \xrightarrow{H_3PO_4}$$

(也适用于二级醇)

$$O_2N-C_6H_4-CHO^* + C_6H_{11}-NHC(=O)NH-C_6H_{11} + CH_3SCH_3$$

*酰卤还原（罗森孟德还原）

2-萘甲酰氯 $\xrightarrow{H_2/Pd\text{-}BaSO_4}$ 2-萘甲醛 + HCl

*光化学反应（新方法）

环己烷 + NO + Cl_2 → 1-氯-1-亚硝基环己烷 $\xrightarrow[-HCl]{H_2}$ 环己酮肟（=NOH）→ 环己酮（=O）

2. 醛、酮的化学性质

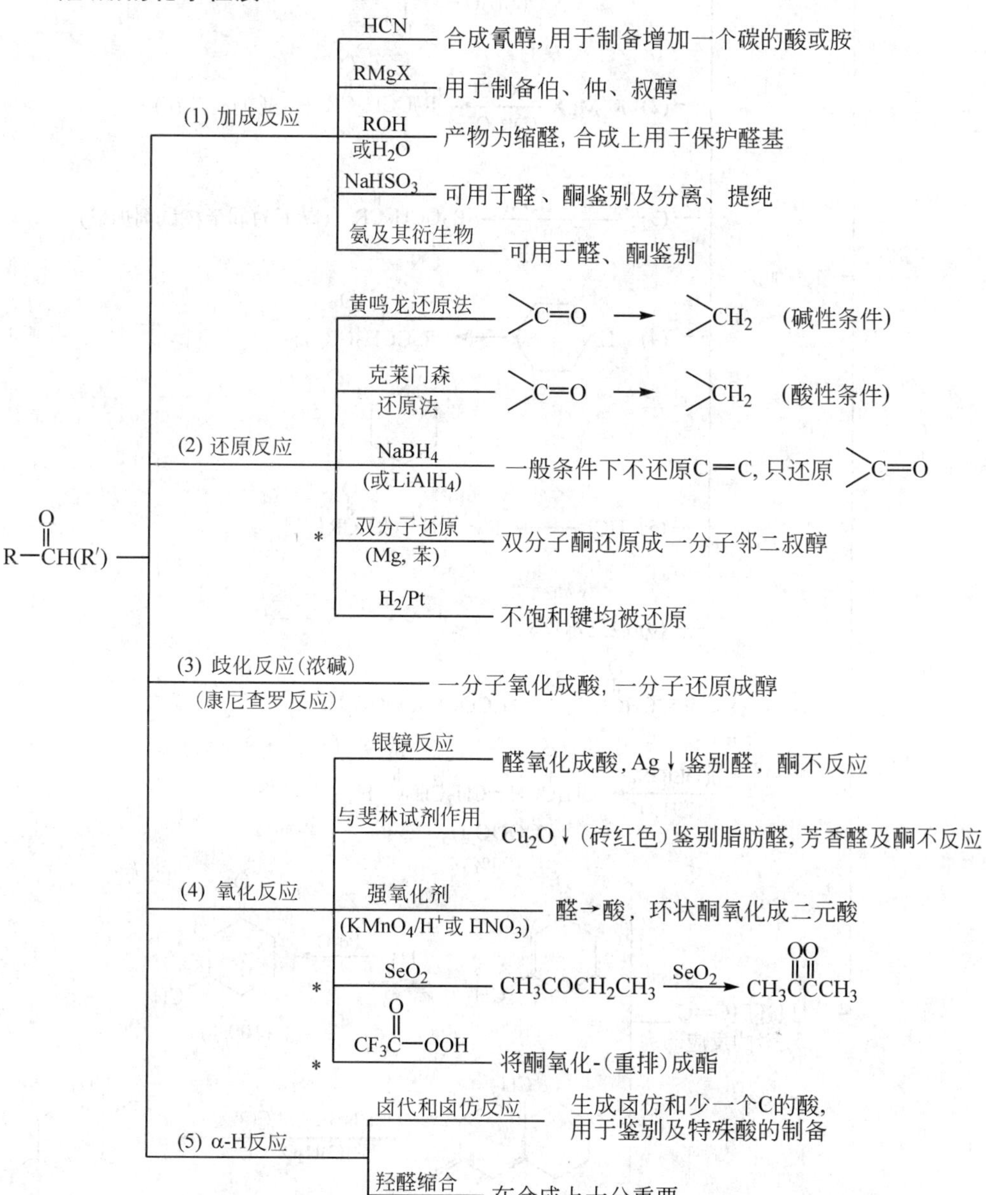

3. α,β-不饱和醛、酮反应中的1,2-加成与1,4-加成

$R_2C{=}CH{-}\overset{O}{\overset{\|}{C}}{-}R'$

- 1,2-加成
  - $C_6H_5Li \xrightarrow[(2)H_2O]{(1)Et_2O} R_2C{=}CHC(OH)(R)C_6H_5$
  - $LiAlH_4 \longrightarrow R_2C{=}CHCH(OH)R'$
  - $R''MgX \longrightarrow R_2C{=}CH{-}C(OH)R'R''$(高纯格氏试剂无1,4-加成)
- 1,4-加成
  - (1) $LiCuR''_2 \xrightarrow[(2)H_2O]{(1)Et_2O} R_2C(R'')CH_2\overset{O}{\overset{\|}{C}}R'$(二烃基铜锂为1,4-加成,试剂特点)
  - (2) $R''MgX \xrightarrow[(2)H_3O^+]{(1)CuCl} R_2C(R'')CH_2\overset{O}{\overset{\|}{C}}R'$(有亚铜盐存在)
  - (3) $\xrightarrow[EtOH]{KCN,\ HOAc} R_2C(CN)CH_2\overset{O}{\overset{\|}{C}}R'$ (以下为弱亲核试剂加成)
  - (4) 哌啶(HN) $\longrightarrow R_2C(NC_5H_{10})CH_2\overset{O}{\overset{\|}{C}}R'$(N-哌啶基)
  - (5) $HCl \longrightarrow R_2{-}CH(Cl){-}CH_2\overset{O}{\overset{\|}{C}}R'$
  - * (6) 迈克尔反应

$$CH_2{=}CH\overset{O}{\overset{\|}{C}}CH_3 + CH_3COCH_2COOC_2H_5 \xrightarrow[(2)H_3O^+]{(1)EtONa} CH_3\overset{O}{\overset{\|}{C}}CH(COOC_2H_5){-}CH_2CH_2\overset{O}{\overset{\|}{C}}CH_3 \quad (94\%)$$

- 只还原C=C双键的反应
  - 3-甲基-2-环己烯-1-酮 + $H_2 \xrightarrow{Pd\text{-}C}$ 3-甲基环己酮 (100%)
  - 10-甲基-Δ¹⁽⁹⁾-八氢萘-2-酮 $\xrightarrow[(2)H_2O]{(1)Li,\ NH_3,\ -33℃(液氨)}$ 10-甲基十氢萘-2-酮

4. 重要人名反应和试剂

*(1) 沙瑞特(Sarrett)试剂

*(2) 费兹纳(Pfitzner)-莫发特(Moffatt)试剂

(3) 吐伦(Tollens)试剂

(4) 斐林(Fehlings)溶液

(5) 迈克尔(Michael)反应

*(6) 加特曼-科克(Gattermann-Kock)反应

*(7) 罗森孟德(Rosenmund)还原

(8) 黄鸣龙还原

(9) 克莱门森(Clemmensen)还原

(10) 康尼查罗(Cannizzaro)反应

*(11) 魏悌锡(Wittig)反应

【阅读材料一】

化学家简介

黄鸣龙(Huang-Minglon,1898 年 8 月 6 日—1979 年 7 月 1 日),中国科学院院士。

黄鸣龙出生于江苏省扬州市。1915—1918 年就读于浙江省医药专科学校。1919—1924 年就读于瑞士 Zurich 大学、德国柏林大学,获博士学位。1945—1949 年,任美国哈佛大学化学系访问教授。1956—1979 年,任中国科学院上海有机化学研究所教授。历任中科院数学物理化学部委员(院士),国际《四面体》杂志名誉编辑,全国药理学会副理事长,中国化学会理事。

黄鸣龙的一生是为科学事业艰苦奋斗的一生。他发表的论文近 80 篇,综述和专论近 40 篇。主要的科研成就概述如下:醋酸可的松的七步合成法(1966 年获国家发明奖);甾体激素的合成与甾体反应的研究(1982 年获国家自然科学二等奖);黄鸣龙改良的凯惜纳-乌尔夫(Kishner Wolff)还原法,亦称黄鸣龙(Huang Minglon)还原法,黄鸣龙改良的沃尔夫-凯惜纳还原法(Huang Modification 或 Huang-Minglon Modification)在有机合成中获得广泛应用,并编入各国有机化学教科书中,是第一个用中国人名字命名的有机反应,简称为黄鸣龙还原法;山道年立体化学的研究等。

格奥尔格·魏悌锡(Georg Wittig,1897 年 6 月 16 日—1987 年 8 月 26 日),德国化学家,由于将磷化合物用于有机合成之中,而与赫伯特·布朗(Herbert C. Brown)分享 1979 年诺贝尔化学奖。

魏悌锡出生于德国柏林。1916 年,在图宾根大学(University of Tübingen)学习化学。1922 年获得马尔堡大学(University of Marburg)有机化学博士学位。1923 年,魏悌锡接受卡尔·弗里斯(Karl Fries)的邀请,任德国布伦瑞克理工大学(Braunschweig

University of Technology)教授。1927年，魏悌锡任教弗赖堡大学(University of Freiburg)。1944年任图宾根大学(University of Tübingen)有机化学系系主任，他的大多数研究工作，包括他发现的魏悌锡反应都是在图宾根大学完成的。1956年，年近60岁的魏悌锡被任命为海德堡大学(University of Heidelberg)有机化学系系主任，在当时这是一个例外。他在海德堡大学工作至1967年退休。

莱纳·路德维希·克莱森(Rainer Ludwig Claisen, 1851年1月14日—1930年1月5日)，德国著名化学家，他最有名的发现是羰基缩合反应和σ重排反应。

克莱森出生于德国科隆(Cologne)，1869年在波恩大学(University of Bonn)学习化学。1870年至1871年，作为一名护士服兵役，并在哥廷根大学(Göttingen University)继续他的学业。1872年，他回到波恩大学开始了自己的学术生涯。1890年任亚琛工业大学(Aachen University)有机化学教授。1897年任基尔大学(University of Kiel)教授。1904年任柏林大学(University of Berlin)名誉教授。

主要贡献：1881年，发现了羟醛缩合(aldol condensation)的变体，即克莱森-施密特缩合(Claisen-Schmidt condensation)；1887年，发现酯缩合反应，即克莱森酯缩合(Claisen condensation)；1890年，通过Claisen缩合反应合成了肉桂酸；1912年，发现加热条件下烯丙基苯基醚的重排反应；1879年，合成了靛红，该路线为克莱森靛红合成法(Claisen isatin synthesis)；他是克莱森蒸馏烧瓶的设计者。

斯坦尼斯劳·康尼查罗(Stanislao Cannizzaro, 1826年7月13日—1910年5月10日)，意大利革命者，有机化学家，社会活动家。他曾参与西西里岛反对波旁王朝的起义。他发现了康尼查罗反应。他通过实验结果证实了阿莫迪欧·阿伏伽德罗的分子假说，对原子和分子、原子量与分子量进行了定义和区别，这些工作通过卡尔斯鲁厄会议为科学界所知，对化学理论的发展做出了杰出贡献。

由于他的杰出贡献，月球上有一座环形山被命名为康尼查罗环形山。

唐纳德·詹姆斯·克拉姆(Donald James Cram, 1919年4月22日—2001年6月17日)，美国有机化学家。与让-马里·莱恩(Jean-Marie Lehn)和查尔斯·佩德森(Charles J. Pedersen)共同获得1987年的诺贝尔化学奖。

克拉姆1919年生于美国佛蒙特州彻斯特(Chester, Vermont)。于1941年本科毕业于罗林斯学院(Rollins College)，获学士学位，并于1942年在内布拉斯加大学林肯分校(University of Nebraska-Lincoln)取得硕士学位，1947年在哈佛大学(Harvard University)取得有机化学博士学位。克拉姆的主要贡献为：Cram规则、立体化学、主客体化学等。

米哈伊尔·格里戈里耶维奇·库切罗夫（Mikhail Grigorievich Kucherov，1850 年 5 月 22 日—1911 年 6 月 13 日），俄罗斯有机化学家。

1871 年，库切罗夫毕业于圣彼得堡农业研究所（St. Petersburg Institute of Farming）。毕业后在那里工作到 1910 年。他的主要研究方向为不饱和烃。在 1881 年，他发现在汞盐存在下，乙炔系列物能发生水合反应，这使他在 1885 年获得俄国物理化学学会（Russian Physicochemical Society）奖。1915 年，学会设立库切罗夫奖（the Kucherov Prize），用于奖励刚进入化学领域的研究者。

路德维希·加特曼（Ludwig Gattermann，1860 年 4 月 20 日—1920 年 6 月 20 日），德国著名有机和无机化学家。

加特曼 1860 年 4 月 20 日出生于戈斯拉尔（Goslar）。1881 年，他在莱比锡大学（University of Leipzig）跟随罗伯特·本生（Robert Bunsen）学习。一年后，又到柏林大学（University of Berlin）向利伯曼（Liebermann）学习了一个学期。由于靠近戈斯拉尔，加特曼选择哥廷根大学（University of Göttingen）继续学习。

他在汉斯·胡伯纳（Hans Hübner）的指导下开展博士论文研究，虽然胡伯纳于 1884 年去世，他仍然于 1885 年获博士学位。随后维克多·迈耶（Victor Meyer）来到哥廷根大学接替胡伯纳的位置，其他著名科学家（如 Rudolf Leuckart、Emil Knoevenagel、Traugott Sandmeyer 和 Karl von Auwers 等）也陆续加入哥廷根大学，加特曼成为他们的助手。1889 年，迈耶去海德堡大学（University of Heidelberg）接替罗伯特·本生的位置，他随同前往。在海德堡他发现了以其名字命名的加特曼反应。

维克多·维利格（Victor Villiger，1868 年 9 月 1 日—1934 年 6 月 10 日），瑞士出生的德国化学家，是 Baeyer-Villiger 氧化反应发现者之一。

他在日内瓦大学（University of Geneva）学习。毕业后，在慕尼黑大学（University of Munich）师从阿道夫·冯·贝耶尔（Adolf von Baeyer）。1905 年，在路德维希港（Ludwigshafen am Rhein）的巴斯夫（BASF SE）工作。

亚瑟·迈克尔（Arthur Michael，1853 年 8 月 7 日—1942 年 2 月 8 日），美国有机化学家，其最著名的工作就是迈克尔加成反应（Michael addition 或 Michael reaction）。

亚瑟·迈克尔于 1853 年出生于纽约州布法罗市（Buffalo, New York）的一个富裕家庭。由于一场疾病打破了迈克尔攻读哈佛大学（Harvard University）的计划，他不得不在 1871 年与他的父母一起前往欧洲，并决定到德国留学。他在柏林大学（University of Berlin）的霍夫曼（August Wilhelm von Hofmann）化学实验室学习，之后又到海德堡大学（Heidelberg University）跟随罗伯特·本生（Robert Bunsen）学习，两年后回到柏林大学霍夫曼实验室。迈克尔于 1880 年回到美国，1882 年成为塔夫茨大学（Tufts College）化学系教授。他在那里执教到 1889 年，然后与妻子离开美国，在英国怀特岛（Isle of Wight）自建实验室工作。1989 年回到美国,继续在塔夫茨大学执教,1907 年以名誉教授从塔夫茨大学退休。

鲁珀特·维克多·欧芬脑尔(Rupert Viktor Oppenauer,1910—1969),奥地利化学家。

1934 年,欧芬脑尔在苏黎世联邦理工学院(ETH Zürich)获得博士学位。他的主要贡献是发展了异丙醇铝催化氧化二级醇的方法。该法以他的名字命名为欧芬脑尔氧化法(Oppenauer oxidation)。

埃里克·克瑞斯汀·克莱门森(Erik Christian Clemmensen,1876 年—1941 年 5 月 21 日),丹麦裔美国化学家(Danish-American chemist)。

克莱门森出生在丹麦的欧登塞(Odense, Denmark)。他曾就读于哥本哈根工业大学(Polytechnical University in Copenhagen)。于 1900 年移居美国,并在制药行业工作。由于发现了克莱门森还原反应,他于 1913 年获得哥本哈根大学的博士学位。

朱利叶斯·阿诺德·科赫(Julius Arnold Koch,1864 年 8 月 15 日—1956 年 2 月 2 日),美国化学家,出生于德国。

科赫于 1884 年毕业于匹兹堡大学(University of Pittsburgh)。科赫是匹兹堡大学药学院首任院长,他一直担任该职务直到 1932 年退休。1897 年,他与路德维希(Ludwig Gattermann)一起发现了 Gattermann-Koch 反应。

卡尔·威廉·罗森蒙德(Karl Wilhelm Rosenmund,1884 年 12 月 15 日—1965 年 2 月 8 日),德国化学家。

罗森蒙德在柏林大学(University of Berlin)与狄尔斯(Otto Paul Hermann Diels,环加成反应发现者)一起工作,并于 1906 年获得博士学位。他发现了钯-碳催化剂,可以将酰氯还原为醛。该反应以他的名字命名为罗森蒙德还原反应(Rosenmund reduction)。

【阅读材料二】

黄鸣龙还原法

黄鸣龙还原反应也称乌尔夫-凯惜纳-黄鸣龙反应(Wolff-Kishner-Huang Minglon Reaction)。

该反应是黄鸣龙 1946 年在美国哈佛大学作为访问教授时所作的工作,是改良的乌尔夫-凯惜纳还原法,称为乌尔夫-凯惜纳-黄鸣龙还原法。此法已被世界各国广泛应用,并普遍称为黄鸣龙还原法。

乌尔夫-凯惜纳-黄鸣龙还原法是指脂肪族或芳香族醛、酮以及环酮、酮酸等羰基化合物和肼或氨基脲缩合生成的腙或缩氨基脲,在强碱存在下分解生成相应的烃。反应最终结果是羰基还原为亚甲基:

$$\mathrm{R(R'(H))C{=}O} \xrightarrow[H_2O]{H_2N-NH_2} \mathrm{R(R'(H))C{=}N{-}NH_2}$$

$$\mathrm{R(R'(H))C{=}O} \xrightarrow[H_2O]{H_2N-NHCONH_2} \mathrm{R(R'(H))C{=}N{-}NHCONH_2} \xrightarrow[-CO_2,\ -NH_3]{H_2O} \mathrm{R(R'(H))C{=}N{-}NH_2}$$

$$\mathrm{R(R'(H))C{=}N{-}NH_2} \xrightarrow{\text{强碱，加热，}\triangle} \mathrm{R(R'(H))CH_2} + N_2$$

这一反应，最早是由苏联化学家 N. Kishner(1867—1935，苏联科学院士)于 1911 年提出。他将羰基化合物的腙与固体氢氧化钾干燥地加热，或者将腙与氢氧化钾加少许铂一同干馏，但化合物容易破坏，得率甚低。德国化学家 L. Wolff(1857—1919)于 1912 年，将羰基化合物的缩氨基脲与乙醇钠一起放在封管内加热(温度在 180℃左右)，或者直接把羰基化合物与水合肼及乙醇钠同在封管中加热将羰基转化为亚甲基。Wolff 的方法为以后各国的有机化学家所采纳，并以 Wolff-Kishner 或 Kishner-Wolff 来命名。

实例 1

$$\text{双环[5.2.0]壬-4-酮} \xrightarrow[200^\circ\text{C，封管加压}]{H_2N-NH_2,\ C_2H_5ONa} \text{双环[5.2.0]壬烷}$$

由于这一反应条件苛刻，时间长，产率较低，而在有机化合物的合成和在结构的测定中，常常用到这种还原法，所以对于该还原法实有改良的必要。自 1935 年以来，各国已有不少化学家从事此种改良工作的研究。其目的均在希望应用高沸点溶剂来达到腙分解所需要的温度，因而可以避免应用封管。所有的改良法中以我国有机化学家黄鸣龙所做的改良最为成功，已在国际上广为应用。后来各国的化学杂志上多称之为黄鸣龙还原法。

实例 2

$$\mathrm{C_6H_5{-}CH_2O{-}C_6H_4{-}CCH_2CH_2COOH\ (C{=}O)} \xrightarrow[\text{三缩乙二醇}]{H_2N-NH_2,\ NaOH}$$

(2)

β-(*p*-苯甲氧基苯甲酰基)丙酸

$$\mathrm{C_6H_5{-}CH_2O{-}C_6H_4{-}CH_2CH_2CH_2COOH}$$

(1) (54%)

γ-(*p*-苯甲氧基苯基)丁酸

γ-(*p*-苯甲氧基苯基)丁酸(1) 是合成抗疟疾萘醌的原料，此物可从 β-(*p*-苯甲氧基苯甲酰基)丙酸(2)，经克莱门森还原而得，不过产率仅 54%，黄鸣龙试图用 Soffer 改良的 Wolff-Kishner 反应步骤来提高产率。Soffer 改良的方法是用过量的三缩乙二醇为溶剂，10 mol 金属钠和无水合肼回流 100 h。当时黄鸣龙教授外出去纽约，实验请人代管，未料回来时见到连接烧瓶和冷凝管的软木塞已开始皱缩，瓶内溶剂已大部分蒸发，内含物的颜色已经变得很深,但他并不灰心,继续进行处理。结果产率却出乎意料地好,竟达90%。在他的实验记录上写着"yield excellent,experiment bad"。用磨口玻璃仪器重复试验产率仅48%。用100%水合肼、更多的金属钠和三缩乙二醇长时间回流,但烧瓶不开口,产率也为48%。当时他判断或许由于水合肼的逸去而使反应温度升高并使腙得到充分的分解因而提高了产率。

据此,他设想可以用NaOH或KOH代替金属钠,可以用85%水合肼代替无水水合肼,试验结果获得了成功。用此既简单又经济的方法,在500g批量时还原酮(实例1),得率可达95%。

黄鸣龙还原法为什么能在国际上得到广泛应用?它有何优势、特点?我们将不同方法和结果作如下比较,便可理解。

(1) 乌尔夫-凯惜纳法与黄鸣龙改良法的比较:

乌尔夫-凯惜纳法	改良法
100%水合肼(贵,难得)	85%或50%的水合肼(廉价,易得)
加压,封管内	常压
Na(贵而危险)	NaOH或KOH
加热,200℃	高沸点溶剂二甘醇(或三甘醇)
反应时间长	总时间4~6 h
产率较低,常有嗪、醇类副产物生成	产率一般可达70%~90%,个别达95%

(2) 以实例2为例,对不同改良方法比较:

	Clemmensen法	Soffer改良法	黄鸣龙改良法
反应产率	50%	48%	95%
反应时间	—	100 h	4~6 h

习　题

10-1 用系统命名法命名下列化合物(如有构型问题请标明):

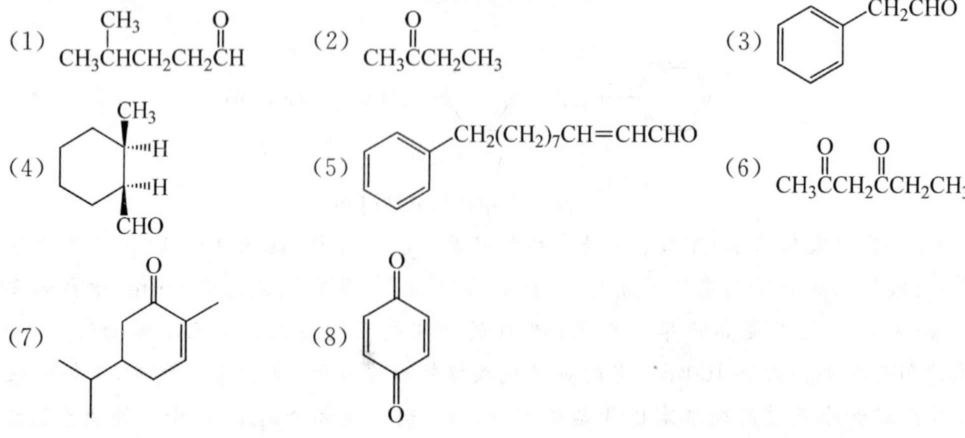

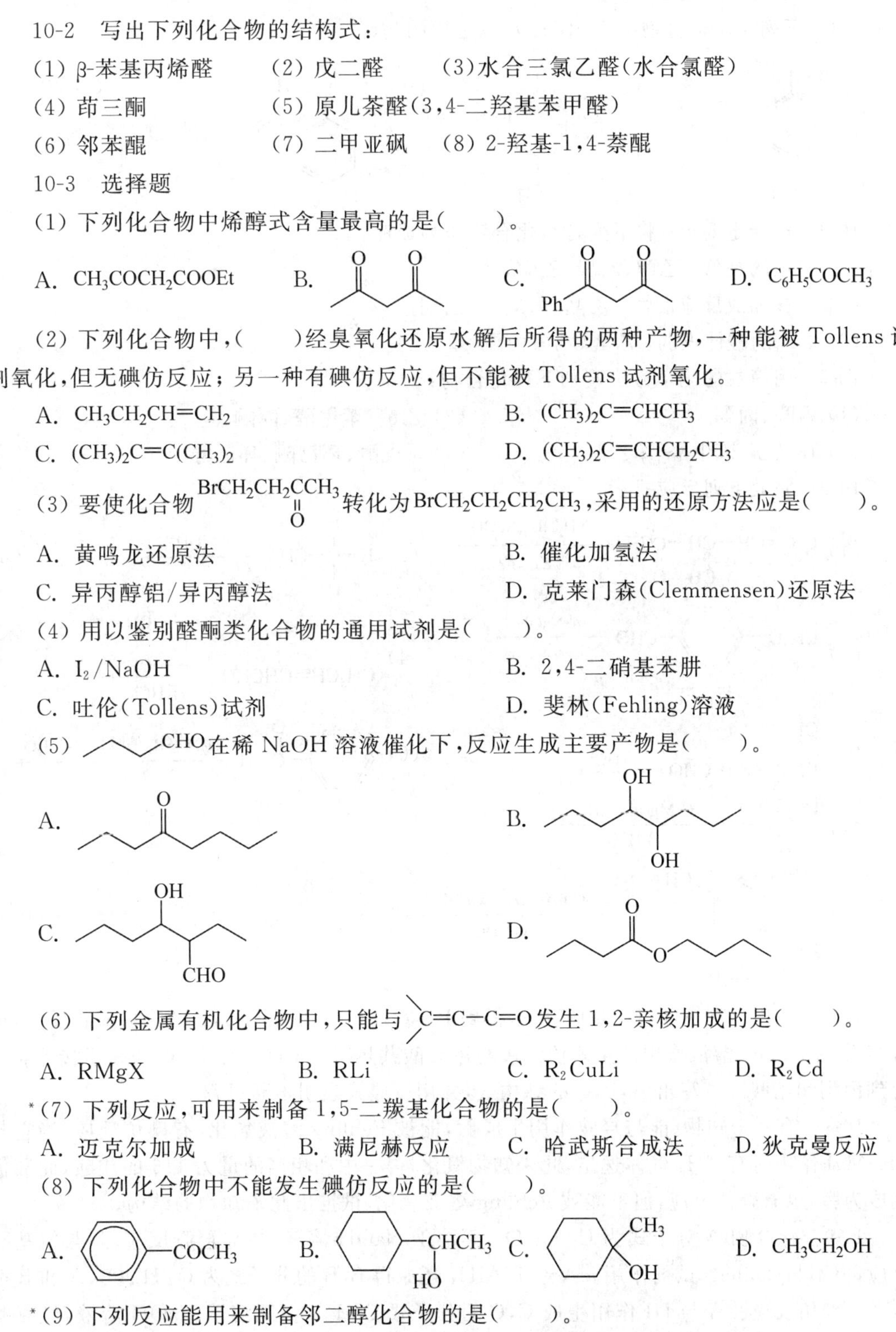

10-2 写出下列化合物的结构式：

(1) β-苯基丙烯醛 (2) 戊二醛 (3)水合三氯乙醛(水合氯醛)

(4) 茚三酮 (5) 原儿茶醛(3,4-二羟基苯甲醛)

(6) 邻苯醌 (7) 二甲亚砜 (8) 2-羟基-1,4-萘醌

10-3 选择题

(1) 下列化合物中烯醇式含量最高的是(   )。

A. CH_3COCH_2COOEt B. (O O) C. (O O, Ph) D. $C_6H_5COCH_3$

(2) 下列化合物中，(   )经臭氧化还原水解后所得的两种产物，一种能被 Tollens 试剂氧化，但无碘仿反应；另一种有碘仿反应，但不能被 Tollens 试剂氧化。

A. $CH_3CH_2CH{=}CH_2$ B. $(CH_3)_2C{=}CHCH_3$

C. $(CH_3)_2C{=}C(CH_3)_2$ D. $(CH_3)_2C{=}CHCH_2CH_3$

(3) 要使化合物 $BrCH_2CH_2\underset{\|}{\overset{}{C}}CH_3$（O）转化为 $BrCH_2CH_2CH_2CH_3$，采用的还原方法应是(   )。

A. 黄鸣龙还原法 B. 催化加氢法

C. 异丙醇铝/异丙醇法 D. 克莱门森(Clemmensen)还原法

(4) 用以鉴别醛酮类化合物的通用试剂是(   )。

A. I_2/NaOH B. 2,4-二硝基苯肼

C. 吐伦(Tollens)试剂 D. 斐林(Fehling)溶液

(5) CHO 在稀 NaOH 溶液催化下，反应生成主要产物是(   )。

A. (O) B. (OH, OH)

C. (OH, CHO) D. (O, O)

(6) 下列金属有机化合物中，只能与 $\rangle C{=}C{-}C{=}O$ 发生 1,2-亲核加成的是(   )。

A. RMgX B. RLi C. R_2CuLi D. R_2Cd

*(7) 下列反应，可用来制备 1,5-二羰基化合物的是(   )。

A. 迈克尔加成 B. 满尼赫反应 C. 哈武斯合成法 D. 狄克曼反应

(8) 下列化合物中不能发生碘仿反应的是(   )。

A. $-COCH_3$ B. $-CHCH_3$ (HO) C. (CH_3, OH) D. CH_3CH_2OH

*(9) 下列反应能用来制备邻二醇化合物的是(   )。

A. 酮的单分子还原 B. 酮的双分子还原

C. 烯烃被热的浓的 $KMnO_4$ 溶液氧化 D. 烯烃的硼氢化-氧化

(10) 下列 4 个化合物中,$NaBH_4$ 难以还原的是(　　)。

A. 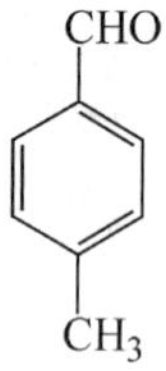 对甲基苯甲醛(CH_3-C_6H_4-CHO)　B. 对甲基苯甲酰氯(CH_3-C_6H_4-COCl)　C. $C_6H_5COCH_3$　D.  $C_6H_5COOCH_3$

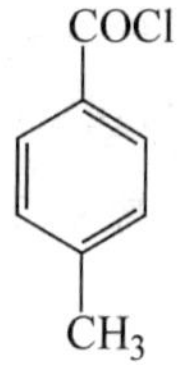

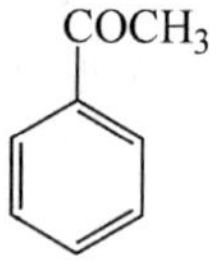

10-4 按指定要求,将下列各组化合物排列成序:

(1) 沸点的高低:乙醇、乙醛、乙烷;

(2) 亲核加成反应活性:乙醛、丙酮、苯乙酮;

(3) α-H 的酸性强弱:乙醛、乙酰丙酮、苯乙酮。

10-5 用简单的化学方法鉴别下列化合物:

(1) 丙醛、丙酮　　(2) 乙醛、苯甲醛、丙酮

(3) 环己酮、苯甲醛、苯乙酮　　(4) 3-戊酮、环己酮、环己醇

10-6 完成下列反应式:

(1) $CH_2{=}CH{-}CH(CH_3){-}C(=O)CH_3 \xrightarrow[\text{二缩乙二醇}\ \triangle]{NH_2NH_2,NaOH}$

(2) $H{-}CH_2{-}C(=O)H \xrightarrow{Cl_2,OH^-}$

(3) 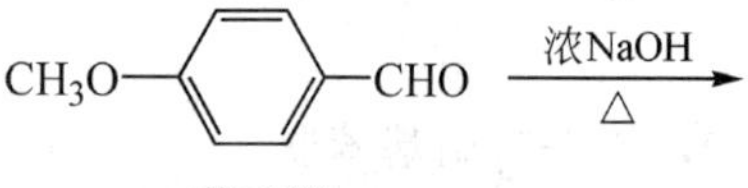 $CH_3O{-}C_6H_4{-}CHO \xrightarrow[\triangle]{\text{浓}NaOH}$
茴香醛

(4) 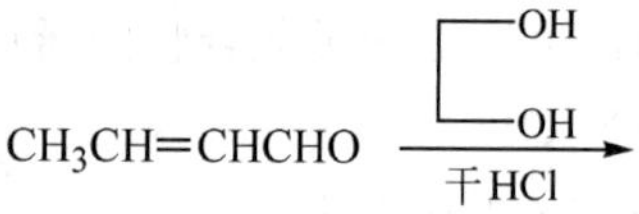 $CH_3CH{=}CHCHO \xrightarrow[\text{干}HCl]{HOCH_2CH_2OH}$

(5) $HOCH_2CH_2CH_2CHO \xrightarrow{\text{干}HCl}$

(6) 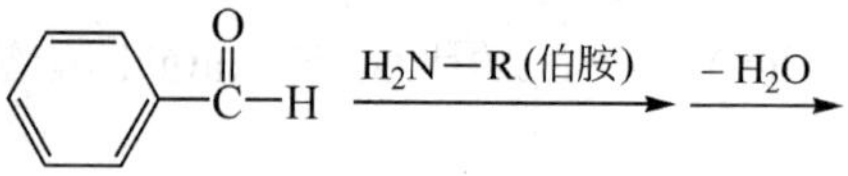 $C_6H_5{-}C(=O){-}H \xrightarrow{H_2N{-}R(\text{伯胺})} \xrightarrow{-H_2O}$

*(7) $(CH_3)_2C{=}O \xrightarrow[(2)\ H_3^+O]{(1)\ MgHg,\ C_6H_6}$

(8) 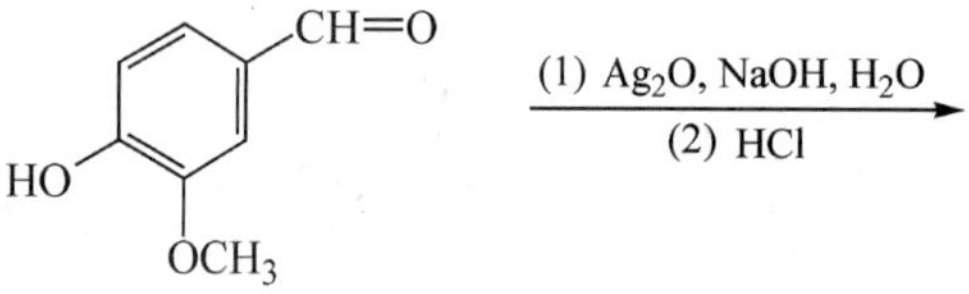 4-羟基-3-甲氧基苯甲醛(HO-, OCH_3, CH=O) $\xrightarrow[(2)\ HCl]{(1)\ Ag_2O,\ NaOH,\ H_2O}$

10-7 某化合物 $A(C_5H_{12}O)$ 氧化后得到 $B(C_5H_{10}O)$。B 能与 2,4-二硝基苯肼反应,也可与 I_2 的 NaOH 溶液作用产生碘仿。A 与浓硫酸共热得到 $C(C_5H_{10})$。C 经高锰酸钾氧化得到丙酮和乙酸。试写出 A,B,C 的结构式,并用反应式表明推断过程。

*10-8 有一未知物,能与羟胺作用生成肟,能被 Fehling 溶液氧化,有碘仿反应,当它与 CH_3MgI 作用时有 CH_4 气体逸出,此未知物氧化,得一中和相当的量为 116 的羧酸,此酸仍能成为肟,也有碘仿反应,但不能被 Fehling 溶液氧化,试推出此未知物的结构。

10-9 化合物 A 分子式为 $C_{10}H_{12}O_2$,不溶于 NaOH 溶液,能与羟胺反应,且与氨基脲反应,但不与 Tollens 试剂作用。A 经 $LiAlH_4$ 还原得 B,B 的分子式为 $C_{10}H_{14}O_2$,A 和 B 都能发生碘仿反应。A 与 HI 作用生成 C,C 的分子式 $C_9H_{10}O_2$,能溶于 NaOH 溶液,经克莱门森(Clemmensen)还原生成 D $C_9H_{12}O$。A 被 $KMnO_4$ 氧化成对甲氧苯甲酸。试推出 A,B,C,D 的结构式。

10-10 有一化合物,分子式为 $C_6H_{12}O$,与 2,4-二硝基苯肼有反应,但与 Tollens 试剂

无反应，与 H_2/Pt 作用得一醇，此醇脱水得一种烯，此烯烃经臭氧化还原水解得到两个产物，其中一个能被 Tollens 试剂氧化，但无碘仿反应，另一个则不能被 Tollens 试剂氧化，但有碘仿反应。求原来化合物的结构。

10-11　有一化合物 A 分子式为 $C_8H_{14}O$，A 可使溴水迅速褪色，可以与苯肼反应，A 氧化生成一分子丙酮及另一化合物 B。B 具有酸性，与 NaOCl 反应生成一分子氯仿和一分子丁二酸。试写出 A，B 的可能结构。

10-12　合成题：

（1）以甲苯为原料合成 $C_6H_5-CH_2-C(CH_3)(OH)-C_6H_4-CH_3$（对位）；

（2）以环戊烷及不超过两个碳原子的化合物为原料合成 环戊基—CHO；

（3）以甲苯为原料合成 对硝基苯基—CH=CHCHO；

（4）由≤2C 的原料合成季戊四醇；

*（5）由丙酮（或不超出 3 个碳原子的化合物）为原料，合成 $(CH_3)_3C-COOH$；

*（6）以环己醇为原料合成 3-(CH_2COOH)环己酮，其他原料任取。

*10-13　推测下列反应的可能机理：

*（1）（双环稠合环己烯 → 环庚烯并环戊烯）

*（2）（含 HO 的三环酮 $\xrightarrow{OH^-,\ H_2O}$ 环戊并环庚二酮）

*（3）（4-甲基-4-乙酰基环己酮 $\xrightarrow{K_2CO_3}$ 含 HO、CH_3 的双环酮）

*（4）（2-甲基环戊酮，H、CH_3 标注）$\xrightarrow[(2)\ H_3^+O]{(1)\ CH_3Li}$

11 羧酸及其衍生物

【学习提要】

- 学习羧酸及其衍生物的分类、命名和结构。
- *掌握制备羧酸的方法——氧化法、水解法及由金属有机物制备等。
- 了解包括羧酸水溶性、沸点、熔点等物理性质以及存在方式。
- 学习、掌握羧酸的化学性质。

  (1) 羧酸的酸性和成盐，诱导效应等影响酸性大小的因素，以及酸性大小的比较。

  (2) 羧酸衍生物酯、酰卤、酸酐、酰胺的生成，*酯化反应的规律。

  (3) 羧酸还原成醇的反应。

  (4) 羧酸的脱羧反应，二元羧酸加热脱羧的规律。

  (5) α-卤代反应。
- 学习、掌握羧酸衍生物的性质。

  (1) 羧酸衍生物水解、醇解、氨解反应，*理解在酰基碳上的亲核取代(加成消除)反应规律和活性顺序。

  *(2) 羧酸衍生物和格氏试剂的反应。

  (3) 还原反应——$LiAlH_4$ 还原、*罗森孟德还原、催化氢解、*鲍维特-布兰克还原等。

  (4) 酯缩合反应、*酰胺霍夫曼重排反应及酰胺的酸碱性。
- 了解重要的羧酸及其衍生物。
- 学习、了解油脂、蜡和磷脂的性质及用途。
- 学习碳酸衍生物的特殊性质及应用。

前面已介绍了含有羟基的醇、酚和含有羰基的醛、酮，本章将介绍既含有羟基又含有羰基的，即含有—COOH功能基的一类化合物，称为**羧酸**(carboxylic acid)。羧基中的羟基被取代生成的化合物，称为**羧酸衍生物**。羧酸 α-碳上的氢被取代所得的化合物，习惯上称为**取代羧酸**：

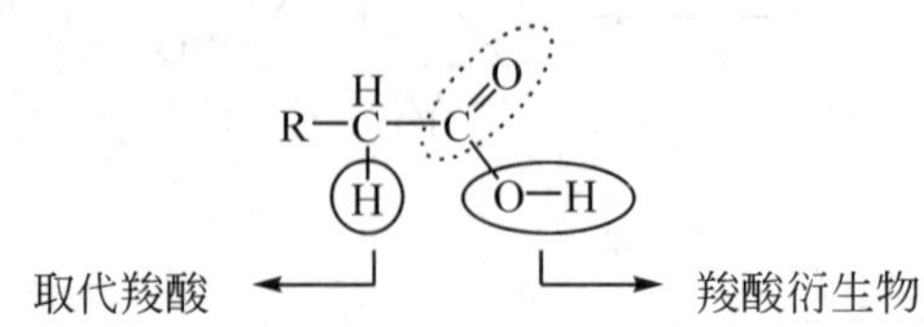

羧酸

11.1 羧酸的结构、分类和命名

11.1.1 羧酸的结构

羧酸分子中，羧基碳原子以 3 个 sp^2 杂化轨道分别与一个烃基碳原子（或一个氢原子）、羰基氧原子和羟基氧原子形成共平面的 3 个 σ 键，剩下的一个未经杂化的 p 轨道与羰基氧的 p 轨道重叠形成 π 键，形成羧酸分子的结构，如图 11-1(a)所示。

X 射线衍射实验证明，在甲酸中，C═O 键长为 0.123 nm，C—O 为 0.132 nm。由此证明羧酸中的两个碳氧键是不一样的。

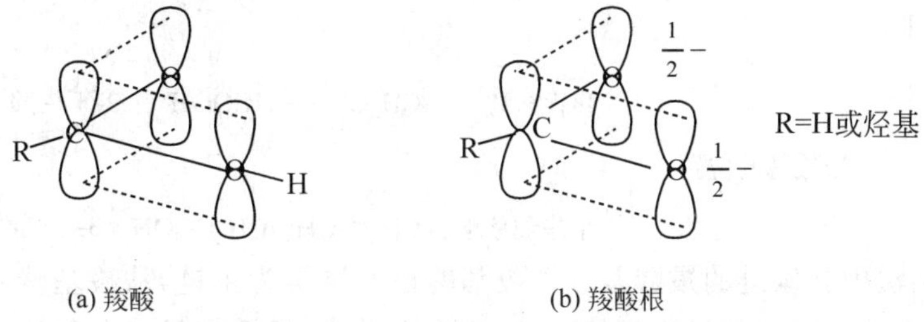

(a) 羧酸　　(b) 羧酸根

图 11-1　羧酸的分子轨道模型

羧酸在水溶液中电离成羧酸根负离子：

$$\underset{\text{羧酸}}{RC(=O)-OH} + H_2O \rightleftharpoons \underset{\text{羧酸根}}{RCO_2^-} + H_3O^+$$

羧酸根中两个 C—O 键是等同的，其键长在 0.127 nm 左右（用羧酸盐测定）。因此，在羧酸根中羧基碳原子 p 电子和两个氧原子上的 p 电子是共轭的，可用共振式表示：

$$\left[R-C(=O)-O^- \longleftrightarrow R-C(-O^-)=O\right] \quad \text{或} \quad R-C{\overset{\cdot\cdot}{\scriptstyle\leftarrow}}(O^{\frac{1}{2}-})(O^{\frac{1}{2}-})$$

羧酸根中的负电荷平均分配在两个氧原子上。羧酸根的分子轨道模型见图 11-1(b)。羧酸分子中羟基氧原子上的孤电子对也与羰基上的电子共轭，其结构可用共振式表示：

$$\left[R-C(=\ddot{O}:)-\ddot{O}H \longleftrightarrow R-C(-\ddot{O}:^-)=\ddot{O}^+-H\right]$$

几个经典结构式中正、负电荷分离的能量较高，在共振杂化体中的贡献较小。羧酸分子碳氧双键的键长与醛、酮分子中的碳氧双键相近。

11.1.2 羧酸的分类和命名

根据羧酸分子中所含**羧基的数目**可分为一元羧酸（monocarboxylic acid）、二元羧酸（dicarboxylic acid）等；根据**烃基的结构**不同，又可分为饱和羧酸、不饱和羧酸或芳香酸；根据不饱和羧酸中不饱和键与**羧基的位置**不同，又可分为共轭羧酸和非共轭羧酸等。分类如下：

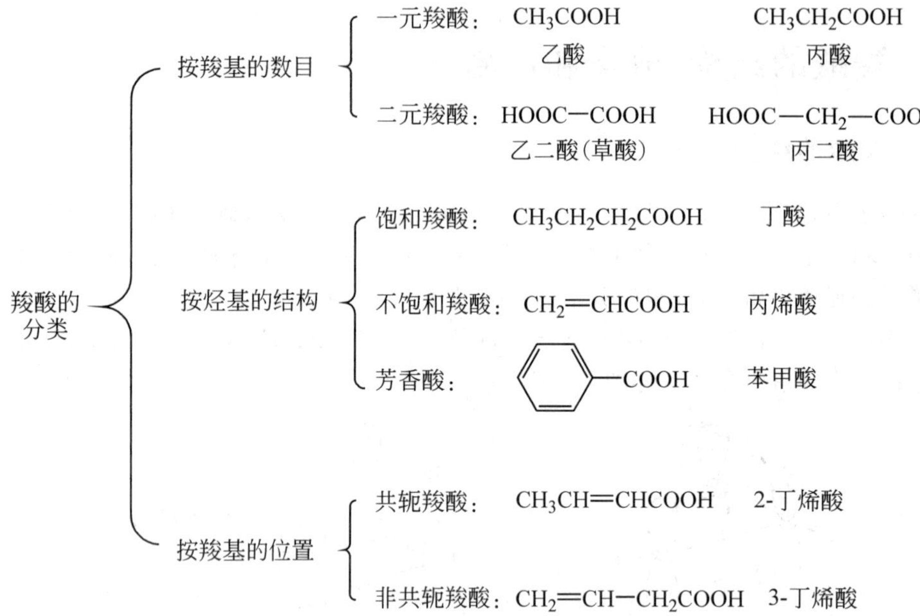

在系统命名法中含碳链的羧酸是以含羧基的最长碳链为主链,从羧基碳原子开始进行编号,根据主链上碳原子的数目称为某酸,以此作为母体,然后在母体名称的前面加上取代基的名称和位置。例如:

HCOOH(C=O)　　CH_3COOH(C=O)　　$(CH_3)_3$CCOOH(C=O)

甲酸(蚁酸)　　乙酸(醋酸)　　2,2-二甲基丙酸

含碳环的羧酸则是将环作为取代基命名。例如:

环戊基甲酸　　苯甲酸(安息香酸)　　苯乙酸

许多羧酸存在于天然产物中,因此,还有历史上流传下来的反映其来源的习惯名称。例如:甲酸、乙酸和苯甲酸又分别称为蚁酸、醋酸和安息香酸。

在习惯名称中,支链羧酸的碳链是从与羧基相邻的碳原子开始,依次用希腊字母 α,β,γ 等编号。例如:

$CH_3\overset{\beta}{C}H(CH_3)$—$CH_2$COOH

β-甲基丁酸

二元酸则依据连接两个羧基碳链的长度称为某二酸,取代基应让其编号尽可能小,例如:

HOOC—COOH　　HOOC—CH_2—COOH　　HOOC—CH(CH_3)—CH_2—CH_2—COOH

乙二酸(草酸)　　丙二酸　　2-甲基戊二酸

*11.2 羧酸的制备

羧酸的制备方法,可归纳如下:

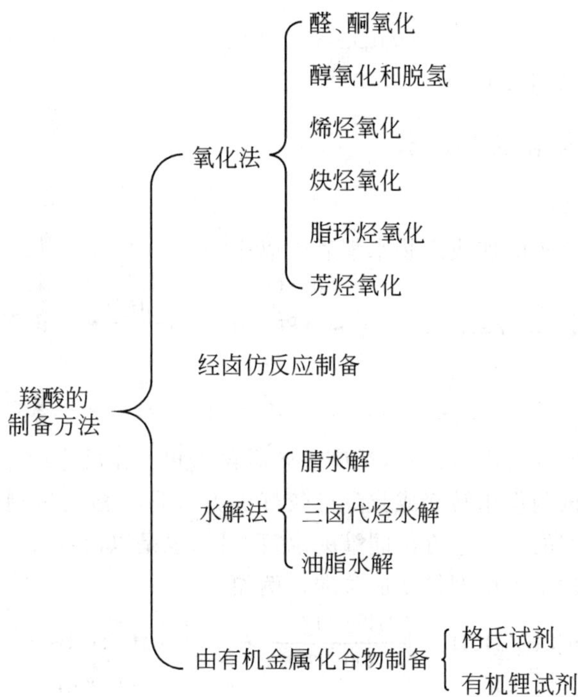

11.2.1 氧化法

(1) 醛、酮氧化(参见 10.4.3 节)。

(2) 醇氧化(参见 9.3.2 节之(5))。

(3) 烯烃氧化(参见 3.5.5 节)。

(4) 炔烃氧化(参见 4.4.3 节)。

(5) 脂肪环氧化(参见 5.2.1 节之(3))。

(6) 芳烃氧化(参见 6.4.3 节)。

11.2.2 卤仿反应制备

有些羧酸难以用普通的方法制备,可从卤仿反应制备相关羧酸的钠盐,再水解得羧酸,参见 10.4.2 之(2)。

11.2.3 水解制备

(1) 腈在酸性或碱性溶液中水解成羧酸:

$$C_6H_5CH_2CN \xrightarrow[\triangle]{H_2O,\ H_2SO_4} C_6H_5CH_2COOH$$

苯乙腈 苯乙酸(78%)

(2) 3 个氯原子位于同一碳原子上的多氯代烃水解,也生成羧酸,例如:

$$\text{3,5-二氯甲苯 (}CH_3\text{, 3,5-}Cl_2\text{)} \xrightarrow[180\sim190^\circ C]{Cl_2,\ h\nu} \text{α,α,α,3,5-五氯甲苯 (}CCl_3\text{)} \xrightarrow[(2)\ H_2O]{(1)\ H_2SO_4(SO_3)} \text{3,5-二氯苯甲酸(90\%) (}COOH\text{)}$$

3,5-二氯甲苯　　α,α,α,3,5-五氯甲苯　　3,5-二氯苯甲酸(90%)

(3) 油脂水解(参见 11.9.1)。

11.2.4 由有机金属化合物制备

1. 从格氏试剂制备

格氏试剂与二氧化碳的加成产物水解后生成羧酸:

$$RMgX + O{=}C{=}O \longrightarrow R\overset{O}{\overset{\|}{C}}OMgX \xrightarrow{H_2O} RCO_2H$$

$$ArMgX + O{=}C{=}O \longrightarrow Ar\overset{O}{\overset{\|}{C}}OMgX \xrightarrow{H_2O} ArCO_2H$$

可以将二氧化碳通入格氏试剂中,反应完毕后再水解。在反应中应保持低温,以免生成的羧酸盐继续与格氏试剂作用转变成叔醇。较好的方法是将格氏试剂倒在干冰上,因为格氏试剂是从卤代烃得到的。这个方法同**腈的水解**一样,也是以卤代烃为原料使碳链加长,仲和叔卤代烃都可以通过格氏试剂转变成羧酸。例如:

$$CH_3CH_2\underset{\underset{Cl}{|}}{C}HCH_3 \xrightarrow[(2)\ CO_2,(3)\ H_2O]{(1)\ Mg,\ Et_2O} CH_3CH_2\underset{\underset{COOH}{|}}{C}HCH_3$$

2-氯丁烷　　2-甲基丁酸(76%～78%)

2. 从有机锂试剂制备

有机锂试剂与等摩尔的二氧化碳反应生成羧酸锂盐,再水解生成羧酸。

$$RBr \xrightarrow{Li} RLi \xrightarrow{CO_2} RCOOLi \xrightarrow[H^+]{H_2O} RCOOH$$

3. 由丙二酸酯合成

参见 12.6 节。

11.3 羧酸的物理性质

低级脂肪酸是液体,可溶于水,具有刺鼻的气味;中级脂肪酸也是液体,部分地溶于水,具有难闻的气味;高级脂肪酸是蜡状固体,无味,不溶于水。芳香酸是结晶固体,在水中溶解度不大。

羧酸的沸点比相对分子质量相当的烷烃、卤代烃的要高,甚至比相近相对分子质量的醇的还高,这是因为羧酸中羰基氧的电负性较强,使电子偏移氧,可以接近质子,形成**二缔合体**:

$$R-C\begin{matrix}{\nearrow}O \rightarrow H-O{\searrow}\\ {\searrow}O-H \leftarrow O{\nearrow}\end{matrix}C-R$$

二缔合体有较高的稳定性。在固态及液态时,羧酸以二缔合的形式存在,甚至在气态,相对分子质量较小的羧酸，如甲酸、乙酸亦以二缔合体存在，这些均已通过冰点降低法测定了相对分子质量以及从 X 光衍射得到证明。

所有二元酸都是结晶化合物，低级的溶于水，随相对分子质量增加，在水中的溶解度减少。在脂肪二元酸系列中有这样一个规律，单数碳原子的二元酸比少一个碳的双数碳原子的二元酸溶解度大，熔点低。一些常见羧酸的物理常数，见表 11-1。

表 11-1 羧酸的物理常数

名　　称	熔点/℃	沸点/℃	溶解度/(g/100 g 水)	pK_a (25℃)
甲酸(蚁酸) (methanoic(formic)acid)	8.4	100.7	混溶	3.76
乙酸(醋酸) (ethanoic(acetic)acid)	16.6	117.9	混溶	4.75
丙酸 (propanoic(propionic)acid)	−20.8	141	混溶	4.87
丁酸 (butanoic(butyric)acid)	−4.3	163.5	混溶	4.61
2-甲基丙酸(异丁酸) (2-methylpropanoic(isobutyric)acid)	−46.1	153.2	22.8	4.84
戊酸 (pentanoic(valeric)acid)	−33.8	186	5	4.82
2,2-二甲基丙酸 (2,2-dimethylpropanoic(pivalic)acid)	35.3	163.7	3.0	5.02
己酸 (hexanoic(caproic)acid)	−2	205	0.96	4.83
十二酸(月桂酸) (dodecanoic(lauric)acid)	43.2	—	不溶	—
十四酸 (tetradecanoic(myristic)acid)	54.4	—	不溶	—
十六酸(棕榈酸,软脂酸) (hexadecanoic(palmitic)acid)	63	—	不溶	—
十八酸(硬脂酸) (octadecanoic(stearic)acid)	72	—	不溶	—
苯甲酸(安息香酸) (benzoic acid)	122.4	249	不溶	4.19
苯乙酸 (phenyl acetic acid)	77	265.5	0.34	4.28

11.4 羧酸的化学性质

羧酸的反应主要在羧基上进行。羧基形式上是由羰基和羟基组成，但由于两者的相互影响，羧基已不具有醛、酮羰基的一般特性。根据羧酸分子结构中键的断裂方式不同而发生不同的化学反应，可表示如下：

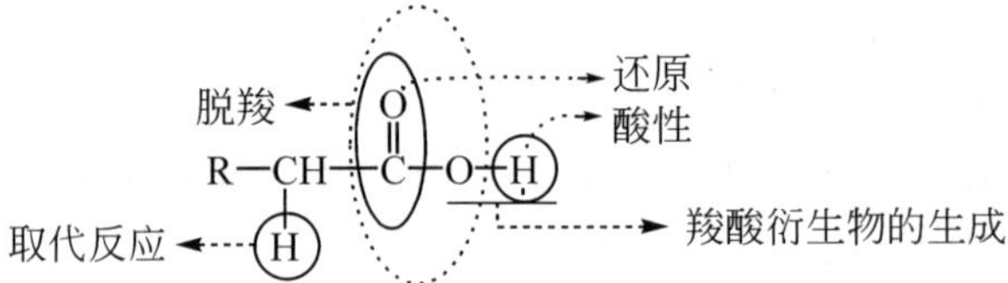

11.4.1 酸性和成盐

羧酸的水溶液中存在着下列电离平衡：

$$RCO_2H + H_2O \rightleftharpoons RCO_2^- + H_3O^+$$

平衡常数用 K_a 表示：

$$K_a = \frac{[RCO_2^-][H_3O^+]}{[RCO_2H]}$$

K_a 或 pK_a 的数值反映羧酸酸性的强弱，K_a 越大或 pK_a 越小，酸性越强。一些一元羧酸的 pK_a 值，见表 11-1。

饱和一元羧酸与盐酸、硫酸等强酸相比为弱酸。在 0.1 mol/L 的乙酸水溶液中，只有约 1.3%的乙酸分子电离。但羧酸的酸性却比相应的醇强得多。

羧酸最显著的反应是有酸性，能与氢氧化钠、碳酸钠、碳酸氢钠等碱性化合物反应生成盐：

$$RCOOH + Na_2CO_3 \rightleftharpoons RCOONa + CO_2\uparrow + H_2O$$

$$\underset{\text{较强酸}}{RCOOH} + \underset{\text{强碱}}{OH^-} \longrightarrow \underset{\text{弱碱}}{RCO_2^-} + \underset{\text{弱酸}}{H_2O}$$

相对分子质量不太大的羧酸的钠盐和钾盐能溶于水。例如癸酸在 20℃下每 100 mL 水中的溶解度为 0.015 g，在氢氧化钠溶液中完全转变为癸酸钠而溶于水，用盐酸等强酸中和后，癸酸又沉淀出来。

在仅含 C，H，O 3 种元素的化合物中，羧酸的酸性最强。饱和一元羧酸的酸性比苯酚强，苯酚不溶于碳酸氢钠水溶液，而羧酸能溶解于其中。

长链羧酸的盐具有去污作用。含 12 个碳原子的饱和一元羧酸的钠盐或钾盐，如硬脂酸钠(肥皂)，其分子的一端为亲水的极性基团($—CO_2^- Na^+$)，另一端为疏水的长链烷基，它们在极稀的水溶液中(10^{-4} mol/L 以下)，集中在水层表面。因此，尽管羧酸盐的浓度很低，却能使水的表面张力显著降低。羧酸盐的浓度增加，其分子在水面排列成单分子层，极性基团的一端在水中，长链则伸向空气中。当羧酸盐的浓度进一步增加，由于水面已经饱和，故堆集成胶束。这种体系是不稳定的，在搅拌时产生大量泡沫，这样能使表面积增加。

附着在衣物上的不溶于水的油迹，能够分散成小滴“溶解”在硬脂酸盐形成的胶束内部，成为加溶油滴，这样就可以用水冲洗下来。

硬脂酸的钙盐不溶于水，因此，肥皂在硬水中失去去污作用而变为浮渣。十二烷基硫酸钠等合成洗涤剂则没有这种缺点，其去污作用的原理与肥皂相同。

$$H_3C\text{〰〰〰}OSO_2O^-Na^+$$

1-十二烷基硫酸钠

羧酸盐中的羧酸根负离子有亲核性，能与伯卤代烷等起 S_N2 反应而生成羧酸酯。例如：

$$\underset{\text{1-溴丁烷}}{CH_3CH_2CH_2CH_2Br} + \underset{\text{乙酸钠}}{CH_3CO_2^-Na^+} \xrightarrow[95^\circ C]{DMF} \underset{\text{乙酸丁酯(95\%～98\%)}}{CH_3CH_2CH_2CH_2O\overset{O}{\overset{\|}{C}}CH_3}$$

11.4.2 卤代酸的酸性、诱导效应

卤代酸分子中卤原子的**诱导效应**使酸性增强：

$$\overset{Cl}{\uparrow}CH_2CH_2CO_2^- \qquad \overset{Cl}{\uparrow}CH_2CO_2^-$$

一卤代乙酸酸性强度的次序为：

	FCH_2CO_2H >	$ClCH_2CO_2H$ >	$BrCH_2CO_2H$ >	ICH_2CO_2H >	CH_3CO_2H
pK_a:	2.66	2.86	2.90	3.18	4.75

与卤原子电负性大小次序一致。卤代乙酸的酸性随卤原子数目的增加而增强：

	FCH_2CO_2H <	F_2CHCO_2H <	F_3CCO_2H
pK_a:	2.66	1.24	0.23

	$ClCH_2CO_2H$ <	Cl_2CHCO_2H <	Cl_3CCO_2H
pK_a:	2.86	1.29	0.65

卤素原子与羧基之间的碳链加长，诱导效应迅速减弱，相应的卤代酸的酸性也随之减弱：

	$CH_3\underset{Cl}{C}HCO_2H$ >	$\underset{Cl}{C}H_2CH_2CO_2H$ >	$\underset{H}{C}H_2CH_2CO_2H$
pK_a:	2.80	4.08	4.87

	$CH_3CH_2\underset{Cl}{C}HCO_2H$ >	$CH_3\underset{Cl}{C}HCH_2CO_2H$ >	$\underset{Cl}{C}H_2CH_2CH_2CO_2H$ >	$\underset{H}{C}H_2CH_2CH_2CO_2H$
pK_a:	2.84	4.06	4.52	4.81

乙酸比丙酸强可能是与溶剂效应有关，如果在气相中比较，则丙酸略强于乙酸。

苯甲酸的酸性稍强于乙酸，这是由于：①在苯甲酸分子中，羧基与 sp^2 杂化的碳原子相连，而在乙酸中则与 sp^3 杂化的碳原子相连，**s 成分**大的碳原子吸引电子的能力较强；②电离出的苯甲酸根阴离子负电荷可通过 p-π 共轭分散到苯环，提高了稳定性。

11.4.3 羧酸衍生物的生成

1. 生成酯

羧酸与醇在酸性催化剂存在下生成**酯**(ester)：

$$R\overset{O}{\overset{\|}{C}}-OH + H-OR' \overset{H^+}{\rightleftharpoons} R\overset{O}{\overset{\|}{C}}-OR' + H_2O$$

一般用硫酸、卤化氢或对甲苯磺酸作催化剂。如不加催化剂，反应速度很慢，但升高温度能加速反应的进行。甲酸等较强的羧酸在酯化时不需加无机酸作催化剂。

酯化反应的速度取决于醇和羧酸的结构。对于同一羧酸,伯醇的酯化速度大于仲醇,仲醇则远大于叔醇。同一类型的醇,相对分子质量加大,酯化速度减慢。羧酸的 α 位如有支链,其酯化速度减慢。芳香酸的酯化速度小于直链羧酸。

酯化是可逆反应,在达到平衡时,只有部分羧酸转变成酯,其转变百分数与平衡常数 K_a 有关。例如,等物质的量的乙酸和乙醇起酯化反应,达成平衡时只有 65%的乙酸变成乙酸乙酯:

$$\underset{\text{乙酸}}{CH_3\overset{O}{\overset{\|}{C}}OH} + \underset{\text{乙醇}}{C_2H_5OH} \rightleftharpoons \underset{\text{乙酸乙酯}}{CH_3\overset{O}{\overset{\|}{C}}OC_2H_5} + \underset{\text{水}}{H_2O}$$

$$K_a = \frac{[CH_3CO_2C_2H_5]\ [H_2O]}{[CH_3CO_2H]\ [C_2H_5OH]} = 3.38$$

如乙醇的物质的量为乙酸的 10 倍,达成平衡后,有 97%的乙酸转变为乙酸乙酯。因此,在酯化操作中,常使较便宜的原料(醇或酸)过量,或除去生成的水。

2. 生成酰胺和腈

羧酸和氨在较低温度下生成铵盐:

$$\underset{\text{丁酸}}{CH_3CH_2CH_2\overset{O}{\overset{\|}{C}}OH} + NH_3 \xrightarrow{25^\circ C} \underset{\text{丁酸铵}}{CH_3CH_2CH_2\overset{O}{\overset{\|}{C}}O^- \overset{+}{N}H_4}$$

铵盐在较高温度下脱水生成酰胺(amide):

$$\underset{\text{丁酸铵}}{CH_3CH_2CH_2\overset{O}{\overset{\|}{C}}O^- \overset{+}{N}H_4} \xrightarrow{185^\circ C} \underset{\text{丁酰胺}}{CH_3CH_2CH_2\overset{O}{\overset{\|}{C}}NH_2} + H_2O$$

如在 185℃下将氨气通入丁酸,丁酰胺的产率可达 85%。

将等物质的量的羧酸与尿素一起加热,也得到酰胺:

$$\underset{\text{羧酸}}{R\overset{O}{\overset{\|}{C}}OH} + \underset{\text{尿素}}{H_2N\overset{O}{\overset{\|}{C}}NH_2} \xrightarrow{\triangle} \underset{\text{酰胺}}{R\overset{O}{\overset{\|}{C}}-NH_2} + NH_3 + CO_2$$

将酰胺与脱水剂一起加热,可得到腈(nitrile)。常用的脱水剂为磷酸的酐 P_4O_{10}(即五氧化磷):

$$\underset{\text{异丁酰胺}}{(CH_3)_2CH\overset{O}{\overset{\|}{C}}NH_2} \xrightarrow{P_4O_{10},\ 200^\circ C} \underset{\substack{\text{异丁腈} \\ (69\%\sim 86\%)}}{(CH_3)_2CHC\equiv N}$$

3. 生成酰氯

将羧酸与三氯化磷、五氯化磷或亚硫酰氯一起加热,则生成酰氯(acyl chloride):

$$\underset{\text{羧酸}}{3R\overset{O}{\overset{\|}{C}}OH} + \underset{\text{三氯化磷}}{PCl_3} \longrightarrow \underset{\text{酰氯}}{R\overset{O}{\overset{\|}{C}}Cl} + \underset{\text{亚磷酸}}{P(OH)_3}$$

$$\underset{\text{羧酸}}{RCOOH} + \underset{\text{五氯化磷}}{PCl_5} \longrightarrow \underset{\text{酰氯}}{RCOCl} + \underset{\text{磷酰氯}}{POCl_3} + HCl$$

$$\underset{\text{羧酸}}{RCOOH} + \underset{\text{亚硫酰氯}}{SOCl_2} \longrightarrow \underset{\text{酰氯}}{RCOCl} + SO_2 + HCl$$

$$\underset{\text{对硝基苯甲酸}}{O_2N\text{—}C_6H_4\text{—}COOH} + PCl_5 \xrightarrow{\triangle} \underset{\text{对硝基苯甲酰氯}\ (90\%\sim96\%)}{O_2N\text{—}C_6H_4\text{—}COCl} + POCl_3 + HCl$$

$$\underset{\text{丁酸}}{CH_3CH_2CH_2COOH} + SOCl_2 \xrightarrow{\triangle} \underset{\text{丁酰氯}(85\%)}{CH_3CH_2CH_2COCl} + SO_2 + HCl$$

羧酸与三溴化磷反应则生成酰溴：

$$3\underset{\text{丁酸}}{CH_3CH_2CH_2COOH} + PBr_3 \xrightarrow{\triangle} 3\underset{\text{丁酰溴}}{CH_3CH_2CH_2COBr} + P(OH)_3$$

4. 生成酸酐

羧酸与强脱水剂一起加热生成**酸酐**(anhydride)。例如：

$$2\underset{\text{三氟乙酸}}{CF_3COOH} \xrightarrow{P_4O_{10}} \underset{\text{三氟乙酸酐}(74\%)}{CF_3\overset{O}{\overset{\|}{C}}\text{—}O\text{—}\overset{O}{\overset{\|}{C}}\text{—}CF_3}$$

但这个反应在制备上的用途不大。

11.4.4 还原为醇的反应

羧酸中的羰基在羟基的影响下，其活性降低，在一般情况下不起醛、酮中羰基所特有的加成反应，醛、酮中的羰基容易被还原，而羧酸只能用还原能力特别强的试剂还原。

羧酸与氢化铝锂在乙醚中迅速反应，生成伯醇，产率较高：

$$\underset{\text{硬脂酸}}{C_{17}H_{35}COOH} \xrightarrow[\text{(2) } H_2O]{\text{(1) } LiAlH_4, Et_2O} \underset{\text{1-十八烷醇}(91\%)}{C_{17}H_{35}CH_2OH}$$

$$\underset{\text{对三氟甲基苯甲酸}}{F_3C\text{—}C_6H_4\text{—}COOH} \xrightarrow[\text{(2) } H_2O]{\text{(1) } LiAlH_4,\ Et_2O} \underset{\text{对三氟甲基苯甲醇}(95\%)}{F_3C\text{—}C_6H_4\text{—}CH_2OH}$$

硼氢化钠不能使羧基还原成伯醇，但甲硼烷在四氢呋喃溶液中和室温下能使羧酸还原为伯醇，而分子中同时存在的酯基则不还原。

11.4.5 脱羧反应

羧酸失去羧基的反应称为**脱羧**(decarboxylation)。饱和一元羧酸在加热时放出二氧化碳,生成复杂的烃类混合物,因此没有制备价值。

羧酸盐在脱羧反应中生成的产物与金属的性质及脱羧的条件有关。

羧酸的碱金属盐电解时,在阳极上生成烃。例如,将羧酸溶解在含有甲醇钠的甲醇中,然后用两个铂电极进行电解,乙酸在这种条件下生成乙烷,产率很高:

$$2\ CH_3\overset{\overset{O}{\|}}{C}-OH \xrightarrow{\text{电解}} CH_3CH_3$$

乙酸　　　　乙烷(93%)

其他一元饱和羧酸电解生成的烃,产率和纯度都较低。例如:

$$CH_3(CH_2)_{12}\overset{\overset{O}{\|}}{C}OH \xrightarrow{\text{电解}} CH_3(CH_2)_{24}CH_3$$

十四酸　　　　二十六烷(60%)

* 这个反应称为**科尔伯**(H. Kolbe)**反应**。

将羧酸的银盐悬浮在四氯化碳中,再滴加 1 mol 溴,则脱羧而生成溴化烃:

$$RCOOAg + Br_2 \longrightarrow RBr + CO_2 + AgBr$$

* 这种卤化脱羧称为**亨斯狄克**(Hunsdiecker)反应。

二元羧酸加热时进行热分解反应,无水草酸在加热时先脱羧生成甲酸,后者继续分解,生成一氧化碳和水:

$$HO_2CCO_2H \xrightarrow{166\sim180℃} HCO_2H + CO_2$$

草酸　　　　甲酸

丙二酸、一烃基取代丙二酸和二烃基取代丙二酸加热到熔点以上时**脱羧**生成乙酸或取代乙酸:

$$HO_2CCH_2CO_2H \xrightarrow{140\sim160℃} CH_3CO_2H + CO_2$$

丙二酸　　　　乙酸

反应可能是通过**环状过渡态**进行的。

丁二酸和戊二酸在单独加热或与乙酐一起加热时,脱水生成含五元环和六元环的环酐:

$$\begin{matrix} CH_2\overset{\overset{O}{\|}}{C}OH \\ | \\ CH_2\underset{\underset{O}{\|}}{C}OH \end{matrix} \xrightarrow{240\sim310℃} \begin{matrix} H_2C-\overset{\overset{O}{\|}}{C} \\ | \qquad\quad \rangle O \\ H_2C-\underset{\underset{O}{\|}}{C} \end{matrix} + H_2O$$

丁二酸　　　　丁二酸酐

$$H_2C\begin{matrix} \diagup CH_2\overset{\overset{O}{\|}}{C}OH \\ \diagdown CH_2\underset{\underset{O}{\|}}{C}OH \end{matrix} \xrightarrow{280\sim320℃} CH_2\begin{matrix} \diagup CH_2-\overset{\overset{O}{\|}}{C} \\ \qquad\qquad \rangle O \\ \diagdown CH_2-\underset{\underset{O}{\|}}{C} \end{matrix} + H_2O$$

戊二酸　　　　戊二酸酐

$$\text{己二酸 (HOOC(CH}_2)_4\text{COOH)} \xrightarrow[\triangle]{BaO} \text{环戊酮} + CO_2 + H_2O$$

$$\text{庚二酸 (HOOC(CH}_2)_5\text{COOH)} \xrightarrow[\triangle]{BaO} \text{环己酮} + CO_2 + H_2O$$

丁二酸、戊二酸和邻苯二甲酸的铵盐在加热时，生成二酰亚胺：

$$C_6H_4(COO^-NH_4^+)_2 \xrightarrow{300^\circ C} C_6H_4(CO)_2NH + NH_3 + H_2O$$

邻苯二甲酸铵盐 邻苯二甲酰亚胺

11.4.6 α-氢的反应

醛、酮分子中的α-氢容易被溴取代，反应是通过烯醇式进行的。而羧酸的烯醇式含量极少，难以进行在醛、酮中类似的反应过程，但在羧酸中加以少量三氯化磷，然后用溴处理，则可以得到α-溴代酸。例如：

$$CH_3(CH_2)_3CH_2COOH + Br_2 \xrightarrow{PCl_3, \triangle} CH_3(CH_2)_3CH(Br)COOH + HBr$$

己酸 α-溴己酸 (83%～89%)

$$C_6H_5CH_2COOH + Br_2 \xrightarrow[80^\circ C]{PCl_3, C_6H_6} C_6H_5CH(Br)COOH$$

苯乙酸 α-溴代苯乙酸 (60%～62%)

* 这种方法称为**海耳**(C. Hell)-**沃耳霍德**(J. Vohard)-**泽林斯基**(N. Zelinsky)**反应**。

11.5 重要羧酸

1. 甲酸

甲酸(formic acid)是由烃类的液相氧化生产乙酸的副产品。一氧化碳和氨在甲醇溶液中有甲醇钠存在下加热，生成甲酰胺：

$$CO + NH_3 \xrightarrow[80\sim100^\circ C, 10\sim30MPa]{CH_3OH, CH_3ONa} HCONH_2$$

甲酰胺

甲酰胺用硫酸水解生成甲酸：

$$\underset{\text{甲酰胺}}{2HCONH_2} + 2H_2O + H_2SO_4 \longrightarrow \underset{\text{甲酸}}{2HCOOH} + (NH_4)_2SO_4$$

生产甲酸的另一种方法是使一氧化碳与粉末状的氢氧化钠一起加热，以制备甲酸钠：

$$\underset{\text{一氧化碳}}{CO} + NaOH \xrightarrow[0.6\sim0.8\text{MPa}]{120\sim130^{\circ}\text{C}} \underset{\text{甲酸钠}}{HCOONa}$$

将干燥的甲酸钠加入含有硫酸的甲酸中，再减压蒸馏，可以得到100%的甲酸。

无水甲酸为无色有刺激性的液体，刺激性很强，酸性也比其他一元羧酸强。

甲酸分子中的羧基直接与氢相连而不是与烃基相连，故可看作是羟基甲醛。它实际上也能发生一些类似醛基的缩合反应，因此在有机合成中是非常有用的物质。在纺织工业中用作印染时的酸性还原剂。由于甲酸是价格较便宜，腐蚀性较小的挥发性酸，在工业上某些用途中用来代替无机酸。在饲料和谷物的储存中可用甲酸来抑制霉菌的生长。

甲酸可还原吐伦试剂，使高锰酸钾溶液褪色等，这些反应可用于甲酸的检验。

2. 乙酸

乙酸(acetic acid)是食醋的主要成分，故也叫醋酸。纯乙酸是无色有刺激性气味液体，沸点117.9℃，熔点16.6℃。由于纯乙酸在16℃以下能结成似冰状的固体，所以常把无水乙酸叫做冰醋酸。

乙酸是最早由自然界得到的有机物之一，因为许多微生物可以将不同的有机物转化为乙酸(发酵)。因此乙酸在自然界分布极广，例如酸牛奶、酸葡萄酒中都有乙酸，就是由于微生物发酵所致。

工业上用以下几种方法生产乙酸。

(1) 丁烷或轻油的液相氧化，催化剂为Co，Cr，V或Mn的乙酸盐：

$$\text{丁烷} \xrightarrow[92\sim100^{\circ}\text{C},\ 1\sim5.5\text{MPa}]{O_2/\text{催化剂}} \text{乙酸} + \text{副产品}$$

(2) 甲醇的羰基化(carbonylation)，反应在铑催化剂存在下进行：

$$\underset{\text{甲醇}}{CH_3OH} + CO \xrightarrow[150\sim200^{\circ}\text{C},\ 3.3\sim6.6\text{MPa}]{\text{催化剂}} \underset{\text{乙酸}}{CH_3COOH}$$

乙酸为重要的工业原料，广泛用于有机合成中，主要用途用来合成乙酸乙烯酯、纤维素乙酸酯。

3. 丙烯酸

丙烯酸(acrylic acid)为无色液体，熔点13.5℃，沸点141℃，工业上由丙烯的催化氧化生产：

$$\underset{\text{丙烯}}{H_2C{=}CHCH_3} + O_2 \xrightarrow{\text{催化剂}} \underset{\text{丙烯醛}}{H_2C{=}CHCHO} + H_2O$$

$$\underset{\text{丙烯醛}}{H_2C{=}CHCHO} + \frac{1}{2}O_2 \xrightarrow{\text{催化剂}} \underset{\text{丙烯酸}}{H_2C{=}CH\overset{\overset{\displaystyle O}{\|}}{C}OH}$$

或由丙烯腈的水解生产：

$$\underset{\text{丙烯腈}}{H_2C{=}CHCN} + 2H_2O \xrightarrow{85\%\ H_2SO_4} \underset{\text{丙烯酸}}{H_2C{=}CH\overset{O}{\overset{\|}{C}}OH} + NH_3$$

丙烯酸及其衍生物都容易聚合，是高分子工业中的重要原料。

4. 乙二酸

工业上由淀粉或乙二醇的氧化生产乙二酸(oxalic acid)：

$$\underset{\text{淀粉}}{(C_6H_{10}O_5)_n} \xrightarrow{HNO_3,\ V_2O_5} \underset{\text{乙二酸(草酸)}}{HOOC{-}COOH}$$

从水溶液中结晶出来的草酸含有两分子结晶水，二水合草酸的熔点是 101.5℃。草酸与浓硫酸一起加热生成二氧化碳、一氧化碳和水：

$$HOOCCOOH \xrightarrow{H_2SO_4,\ 90^\circ C} CO_2 + CO + H_2O$$

草酸在酸性溶液中用高锰酸钾氧化，生成二氧化碳和水；用不同的还原剂还原，生成乙醇酸或乙醛酸：

$$\underset{\text{草酸}}{\begin{array}{l}COOH\\|\\COOH\end{array}} \xrightarrow{H_2SO_4,\ Zn} \underset{\text{乙醇酸}}{\begin{array}{l}CH_2OH\\|\\COOH\end{array}}$$

$$\underset{\text{草酸}}{\begin{array}{l}COOH\\|\\COOH\end{array}} \xrightarrow{H_2SO_4,\ Mg} \underset{\text{乙醛酸}}{\begin{array}{l}CHO\\|\\COOH\end{array}}$$

5. 己二酸

工业上由环己烷大量生产己二酸(adipic acid)，环己烷经催化氧化后，生成环己醇和环己酮的混合物，后者再氧化成己二酸：

$$\underset{\text{环己酮}}{\text{环己酮}} \xrightarrow{HNO_3,\ V_2O_5} \underset{\text{己二酸}}{\begin{array}{l}CH_2CH_2COOH\\|\\CH_2CH_2COOH\end{array}}$$

己二酸是合成尼龙 66 的原料，它的酯可用作增塑剂。

6. 苯二甲酸

苯二甲酸(phthalic acid)有邻和对苯二甲酸。邻苯二甲酸由邻苯二甲酸酐水解得到，邻苯二甲酸酐由邻二甲苯或萘的氧化生产：

$$\text{邻二甲苯} \xrightarrow[O_2]{V_2O_5} \text{邻苯二甲酸酐} \xrightarrow{H_2O} \text{邻苯二甲酸}$$

$$\text{萘} \xrightarrow[O_2]{V_2O_5} \text{邻苯二甲酸酐} + 2CO_2$$

邻苯二甲酸在熔化时即脱水生成邻苯二甲酸酐。邻苯二甲酸的酯(二丁酯、二-2-乙基己醇酯、二辛酯等)用作增塑剂。邻苯二甲酸酐还用于不饱和聚酯和醇酸树脂的合成。

对苯二甲酸由对二甲苯的氧化生产,它和其甲酯差不多完全用于涤纶的合成。

11.6 羧酸衍生物的结构与命名

羧酸分子中羧基上的羟基被其他原子或原子团取代后生成的化合物,并能水解成羧酸的,称为羧酸衍生物。本章讨论的羧酸衍生物有酰氯、酸酐、酯、酰胺和腈(由于腈与衍生物的性质类似,故一起讨论)。

$RCOCl$	$RCO-O-COR'$	$RCOOR'$	$RCONR'R''$	$RC\equiv N$
酰氯	酸酐	酯	酰胺	腈

R′, R″为H或烃基

11.6.1 羧酸衍生物的结构

酰氯、酸酐、酯和酰胺分子中都含有羰基,可用通式表示为

$$R-\overset{\overset{\displaystyle :\ddot{O}:}{\|}}{C}-\ddot{L}$$

酰基　离去基团　　L为X, OCOR, OR, NH_2等

L 中与羰基碳原子直接相连的原子(N,O,X)上都有孤对电子,它与羰基上的 π 电子共轭,因此羧酸衍生物的结构宜用共振式表示。电荷分离的经典结构式在共振杂化体中的贡献大小,与 L 的性质有关。其共振式表示如下:

$$\left(R-C(=\ddot{O}:)-\ddot{L} \longleftrightarrow R-\overset{+}{C}(-\ddot{O}:^{-})-\ddot{L} \longleftrightarrow R-C(-\ddot{O}:^{-})=L^{+} \right)$$

11.6.2 羧酸衍生物的命名

酰氯和酰胺是根据分子中所含的酰基命名的。酰卤包括酰氟、酰氯、酰溴和酰碘,但常用的是酰氯。

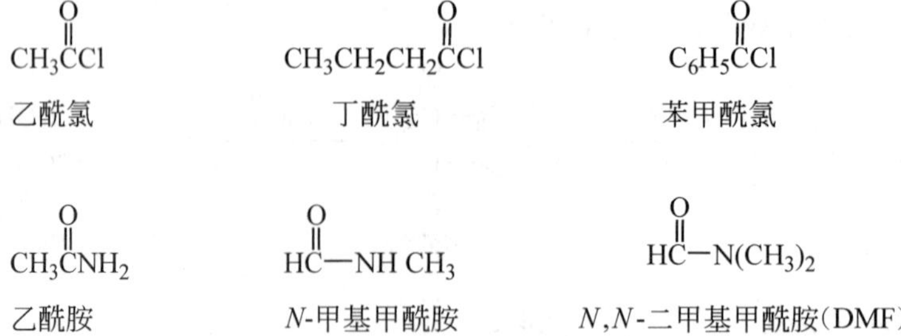

酸酐和腈是根据它们水解所得酸命名的。酸酐的命名是在相应羧酸的名称之后加上“酐”字,而腈的名称只需把相应羧酸的“酸”改为“腈”。例如:

$CH_3C(=O)-O-C(=O)CH_2CH_3$

乙丙酸酐

$HC=CH$ 环状酸酐（$HC-C(=O)-O-C(=O)-CH$）

顺丁烯二酸酐
（顺酐）

邻苯二甲酸酐
（苯酐）

$CH_3C\equiv N$ 乙腈

$C_6H_5C\equiv N$ 苯甲腈

$N\equiv CCH_2CH_2CH_2CH_2C\equiv N$ 己二腈

酯是根据水解所得的酸和醇命名。例如：

$HC(=O)OC_2H_5$ 甲酸乙酯

$CH_3C(=O)O\ CH_3$ 乙酸甲酯

$C_6H_5C(=O)OCH(CH_3)_2$ 苯甲酸异丙酯

11.7 羧酸衍生物的物理性质

酰卤中常用的是酰氯，酰氯是无色液体或低熔点固体。低级的酰氯和酸酐具有令人不愉快的刺激性气味，尤其是酰氯，刺激性强。最简单的酰氯为乙酰氯，沸点 52℃。甲酰氯在 −60℃以上是不稳定的，立即分解为一氧化碳和氯化氢，其沸点为 −26℃。酰氯的沸点比相应的羧酸低，低级酰氯遇水猛烈水解，水解产物能溶于水，表面上像酰氯溶解。酰氯的密度大于 1 g/cm^3。

酸酐不溶于水，但极易水解。低级酸酐为无色液体，高级酸酐为固体。乙酸酐的沸点为 140℃，比乙酸高；苯甲酸酐和邻苯二甲酸酐为固体，熔点分别为 42℃和 131℃；丁二酸酐也是固体，熔点是 119℃。

酯的沸点比相应的酸和醇都低，而与含同数碳原子的醛、酮差不多。酯在水中的溶解度较小，但能溶于一般的有机溶剂。挥发性的酯具有芬芳的气味，许多花果的香气就是由酯引起的。

一些酯的熔点和沸点，见表 11-2。

表 11-2 酯的物理常数 ℃

化 合 物	熔点	沸点
甲酸甲酯(methyl formate)	−99	31.5
乙酸甲酯(methyl acetate)	−98.7	59.1
乙酸乙酯(ethyl acetate)	−83.6	77.1
乙酸丙酯(propyl acetate)	−95	101.6
丙酸乙酯(ethyl propionate)	−73.9	99.1
苯甲酸乙酯(ethyl benzoate)	−34.7	212.4
乙二酸二乙酯(diethyl oxalate)	−41.5	186.2
丙二酸二乙酯(diethyl malonate)	−51.5	199.3
丁二酸二甲酯(dimethyl succinate)	18.2	196
邻苯二甲酸二乙酯(diethyl phthalate)		289.6
对苯二甲酸二乙酯(diethyl terephthlate)	44	302

因氢键缔合,酰胺的沸点高于相应的酸。除甲酰胺外,其他 $\mathrm{R\overset{O}{\overset{\|}{C}}NH_2}$ 型的酰胺在室温下都是固体,氮原子上的氢被烃基取代,使缔合程度减少,沸点降低。例如,*N*,*N*-二甲基甲酰胺的沸点 153℃,*N*-甲基甲酰胺的沸点 180~185℃,都比甲酰胺的沸点(210.5℃)低。

酰胺还能与溶剂分子缔合,低级的酰胺能溶于水,甲酰胺、*N*-甲基甲酰胺和 *N*,*N*-二甲基甲酰胺都能与水混溶。随着相对分子质量的增加,酰胺在水中的溶解度迅速降低,*N*,*N*-二甲基乙酰胺不溶于冷水,而苯甲酰胺只溶于热水。二元酸生成的酰亚胺都是结晶固体。

腈一般为液体,具有较高的偶极距和沸点。羧酸衍生物都能溶于有机溶剂。一些低级酯类(如乙酸乙酯)本身就是优良的有机溶剂。*N*,*N*-二甲基甲酰胺(DMF)、乙腈都是良好的溶剂。

11.8 羧酸衍生物的化学性质

羧酸衍生物均含有酰基($\mathrm{R\overset{O}{\overset{\|}{C}}}$—),性质较相似,因而着重讨论其共性,兼顾个性。概括如下:

- 化学性质
  - 酰基碳上的亲核取代反应
    - * 取代反应机理
    - 水解、醇解、氨解
    - 衍生物相互转变
  - * 衍生物的还原
    - 氢化锂铝还原
    - * 罗森孟德还原
    - * 鲍维特-布兰克还原
  - * 与金属有机化合物反应
  - 酯缩合反应
  - 酰胺的反应
    - 酰胺酸碱性
    - * 霍夫曼重排反应

11.8.1 酰基碳上的亲核取代反应

羧酸衍生物的亲核取代反应,与羧酸一样分两步进行,首先是亲核试剂在羰基碳上发生亲核加成,形成四面体中间物,然后再消除一个负离子,由此生成另一种羧酸衍生物或羧酸,所以酰基碳上的**亲核取代反应**,也叫做羰基的**亲核加成-消除反应**,总的结果是取代。

1. 亲核取代反应的机理

羧酸衍生物的亲核取代反应有很多共同之处,其反应机理大多数也相同,只是在反应活性上有差别。

亲核取代反应可以在碱催化下进行:

$$\mathrm{R{-}\overset{O}{\overset{\|}{C}}{-}L} \quad + \quad :\mathrm{B^-} \longrightarrow \mathrm{R{-}\underset{L}{\underset{|}{\overset{O^-}{\overset{|}{C}}}}{-}B} \longrightarrow \mathrm{R{-}\overset{O}{\overset{\|}{C}}{-}B} \quad + \quad :\mathrm{L^-}$$

这是一个碱催化的机制,亲核试剂为碱,加到羰基碳上,形成的四面体中间物是一个负离子,因此羰基碳所连接的基团具有吸电子性质时,能使形成的四面中间物负离子稳定而有

利于加成。同时如果羰基碳所连接的基团空间体积大，则因拥挤而不利于加成；空间体积越小，越有利于加成。而在消除时，决定于离去基团本身的结构，越亲核的基团越不易离去。在羧酸衍生物中，Cl^- 是最弱的碱，$\mathrm{R\overset{O}{\overset{\|}{C}}O^-}$ 次之，RO^- 碱性较强，NH_2^- 最强，因此离去基团容易的次序是：

$$\mathrm{Cl^-} > \mathrm{R\overset{O}{\overset{\|}{C}}O^-} > \mathrm{RO^-} > \mathrm{NH_2^-}$$

亲核取代反应，也可在酸催化下进行：

$$\mathrm{R-\overset{O}{\overset{\|}{C}}-L} + \mathrm{H^+} \rightleftharpoons \mathrm{R-\overset{\overset{+}{O}H}{\overset{\|}{C}}-L} \xrightarrow{:B^-} \mathrm{R-\underset{L}{\underset{|}{\overset{OH}{\overset{|}{C}}}}-B} \longrightarrow \mathrm{R-\overset{O}{\overset{\|}{C}}-B} + \mathrm{H:L}$$

酸的作用是使羰基的氧质子化，使氧上带正电荷，因而吸引羰基碳上的电子，使碳更加带正电性，即使碱性较弱的亲核试剂，亦能发生加成反应，得到四面体中间物，然后再发生消除反应。

绝大多数羧酸衍生物，是按上述机制进行亲核取代反应的。综合亲核加成及消除两步，不管是酸催化还是碱催化的机制，羧酸衍生物的反应活性顺序是：

$$\mathrm{R\overset{O}{\overset{\|}{C}}Cl} \approx \mathrm{R\overset{O}{\overset{\|}{C}}Br} > \mathrm{R\overset{O}{\overset{\|}{C}}O\overset{O}{\overset{\|}{C}}R'} > \mathrm{R\overset{O}{\overset{\|}{C}}OR'} > \mathrm{R\overset{O}{\overset{\|}{C}}NH_2}$$

水解相对速度： 10^{11} 10^{7} 1.0 $<10^{-2}$

2. 羧酸衍生物的水解、醇解、氨解

(1) 水解

酰氯、酸酐、酯、酰胺和腈均可发生水解(hydrolysis)，生成相应的羧酸。反应归纳如下：

$$\left.\begin{array}{l}\mathrm{R\overset{O}{\overset{\|}{C}}Cl} \\ \mathrm{(R\overset{O}{\overset{\|}{C}})_2O} \\ \mathrm{R\overset{O}{\overset{\|}{C}}OR'} \\ \mathrm{R\overset{O}{\overset{\|}{C}}NH_2} \\ \mathrm{RC{\equiv}N}\end{array}\right] \xrightarrow{H_2O} \mathrm{R\overset{O}{\overset{\|}{C}}OH} + \begin{array}{l}\mathrm{HCl} \\ \mathrm{R\overset{O}{\overset{\|}{C}}-OH} \\ \mathrm{R'OH}\ \text{(可逆反应)} \\ \mathrm{NH_3} \\ \mathrm{NH_3}\end{array}$$

在这些反应中，只有酯和腈的水解用于羧酸的制备。羧酸衍生物发生水解反应的速度随酰基所连原子或基团不同而不同。酰氯水解速度很快，乙酰氯遇水激烈水解。酸酐的水解速度比酰氯慢，但只需加热，不必加酸或加碱便可较快水解。酯的水解则需在酸或碱的催化下加热才能反应。酰胺的水解更难，需在强酸或强碱条件下，加热回流才能被水解。酯的水解较特殊，是可逆反应。酯的水解是酯化的逆反应，在中性或酸性溶液中，酯、水、羧酸和醇形成动态平衡：

$$\underset{\text{酯}}{\mathrm{R\overset{O}{\overset{\|}{C}}OR'}} + \mathrm{H_2O} \underset{}{\overset{H^+}{\rightleftharpoons}} \underset{\text{羧酸}}{\mathrm{R\overset{O}{\overset{\|}{C}}OH}} + \underset{\text{醇}}{\mathrm{R'OH}}$$

在酯化反应中,除去反应中生成的水,使平衡向生成酯的方向移动,而酯在酸性溶液中的水解,则是在大量水存在下反应,使平衡向生成羧酸和醇的方向移动。例如:

$$\underset{\alpha\text{-氯苯乙酸乙酯}}{C_6H_5\underset{\displaystyle Cl}{\underset{|}{C}}H\overset{\displaystyle O}{\overset{\|}{C}}OCH_2CH_3} + H_2O \xrightarrow[\triangle]{HCl} \underset{\substack{\alpha\text{-氯苯乙酸}\\(80\%\sim82\%)}}{C_6H_5\underset{\displaystyle Cl}{\underset{|}{C}}H\overset{\displaystyle O}{\overset{\|}{C}}OH} + \underset{\text{乙醇}}{CH_3CH_2OH}$$

在碱性溶液中水解时,碱与生成的羧酸作用使其转变为盐而从平衡中除去,使水解进行到底。由于酯的碱性水解是不可逆反应,速度又比较快,是一般采用的方法。许多世纪以来,一直用油脂的碱性水解生产肥皂,因此,酯的碱性水解常被称为**皂化**(saponification)。

酯水解是研究得较多的一类反应,根据底物结构和反应条件的不同,现在已有8种不同的机理,最常见的几种机理是:酯碱性水解双分子酰氧断裂机理 $B_{AC}2$、碱性烷氧断裂 $B_{AL}2$、酸性双分子酰氧断裂机理 $A_{AC}2$、酸性单分子酰氧断裂机理 $A_{AC}1$。

(2) 醇解

羧酸衍生物的醇解(alcoholysis)与**水解**相似,但产物为酯:

$$\left.\begin{array}{l} R\overset{O}{\overset{\|}{C}}Cl \\ (R\overset{O}{\overset{\|}{C}})_2O \\ R\overset{O}{\overset{\|}{C}}OR'' \\ R\overset{O}{\overset{\|}{C}}NH_2 \end{array}\right] \xrightarrow{R'OH} R\overset{O}{\overset{\|}{C}}OR' + \begin{array}{l} HCl \\ R\overset{O}{\overset{\|}{C}}OH \\ R''OH\ (\text{可逆反应}) \\ NH_3\ (\text{可逆反应}) \end{array}$$

酰氯和酸酐可以直接和醇作用生成相应的酯和酸。酯和酰胺的醇解均为可逆反应。酯与醇反应,生成新的酯和醇,称为**酯交换**或**酯基转移**(transesterification)。

酯交换反应可用于难以合成或不能用直接酯化合成的酯,如酚酯和烯醇酯的制备。例如:

$$\underset{\text{乙酸异丙烯酯}}{H_3C\overset{O}{\overset{\|}{C}}-O\underset{CH_3}{\underset{|}{C}}=CH_2} + \underset{\text{环己酮}}{\text{(cyclohexanone)}} \underset{\triangle,12h}{\overset{p\text{-}CH_3C_6H_4SO_3H}{\rightleftharpoons}} \underset{\substack{\text{乙酸-1-环己烯酯}\\(99\%)}}{\text{(1-cyclohexenyl-}O-\overset{O}{\overset{\|}{C}}CH_3)} + \underset{\text{丙酮}}{CH_3COCH_3}$$

酯交换反应也用于工业生产上,由简单的酯生产结构较复杂的酯。例如:

$$\underset{\text{对苯二甲酸二甲酯}}{CH_3OOC-C_6H_4-COOCH_3} + \underset{\text{乙二醇}}{HOCH_2CH_2OH} \overset{Na^+\bar{O}R}{\rightleftharpoons} \underset{\substack{\text{对苯二甲酸二(乙二醇)酯}\\(\text{涤纶的原料})}}{HOCH_2CH_2OOC-C_6H_4-COOCH_2CH_2OH} + CH_3OH$$

$$H_2N-C_6H_4-COOC_2H_5 + HOCH_2CH_2N(C_2H_5)_2 \longrightarrow H_2N-C_6H_4-COOCH_2CH_2N(C_2H_5)_2 + C_2H_5OH$$

普鲁卡因(局部麻醉药)

(3) 羧酸衍生物的氨解

氨、伯胺和仲胺的酰化是制备酰胺、N-烃基酰胺和 N,N-二烃基酰胺最常用的方法。酰氯、酐和酯都用作酰化剂：

$$\left.\begin{array}{l} RCOCl \\ (RCO)_2O \\ RCOOR' \end{array}\right\} \xrightarrow{NH_3} RC(=O)-NH_2 + \left\{\begin{array}{l} NH_4Cl \\ RCOONH_4 \\ R'OH \end{array}\right.$$

$$RCONH_2 \xrightarrow[\text{过量}]{R'NH_2} RCONHR' + NH_3\uparrow$$

酰氯与氨或胺迅速反应,有时是猛烈反应,生成酰胺和氯化氢,后者与用作原料的胺或氨结合生成盐。为了提高产率,要加入过量的氨,在制备取代酰胺时,常加入吡啶或无机碱以除去生成的氯化氢。例如：

$$C_6H_5COCl + HN(CH_2)_5 \xrightarrow{NaOH,\ H_2O} C_6H_5CON(CH_2)_5 + HCl$$

苯甲酰氯　六氢吡啶　N-苯甲酰基六氢吡啶 (87%～91%)

酐的反应活性低于酰氯。因此,当酰氯与氨或胺的反应过于猛烈时常用酐作酰化剂。若用环酐作酰化剂,则先开环生成酰胺羧酸,再转变成环状的酰亚胺：

$$C_6H_4(CO)_2O \xrightarrow{CH_3NH_2} C_6H_4(CONHCH_3)(COOH) \xrightarrow{\triangle} C_6H_4(CO)_2NCH_3$$

邻苯二甲酸酐　N-甲基邻羧基苯甲酰胺　N-甲基邻苯二甲酰亚胺

酯与氨或胺的反应较酸酐温和,与亲核性较弱的胺的反应,常在碱性催化剂的存在下进行。

酰胺与胺作用是可逆反应,需胺过量才得到 N-烷基酰胺。酰胺的酰化能力很低,一般不用作酰化剂。**N-酰基咪唑**是优良的酰化剂：

$$RC(=O)-N(C_3H_3N)$$

N-酰基咪唑

它的水解、醇解、酸解和氨解的反应都能在温和的条件下进行。*N*-酰基咪唑由酰氯或酐与咪唑制备,常为固体。

3. 羧酸及其衍生物相互转变

羧酸及其衍生物在一定条件下,可以相互转变。简化如下:

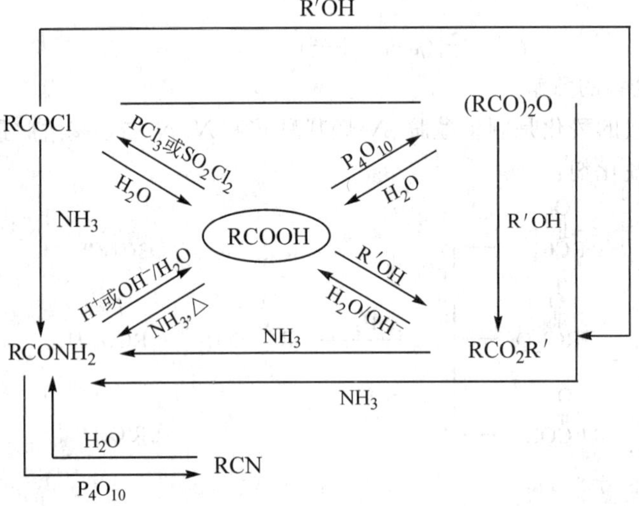

11.8.2　羧酸衍生物还原

羧酸衍生物一般比羧酸易被还原,还原后得到的产物通常为醇、醛、胺等。

1. $LiAlH_4$ 还原

实验室常用 $LiAlH_4$ 作还原剂,将羧酸衍生物作如下还原

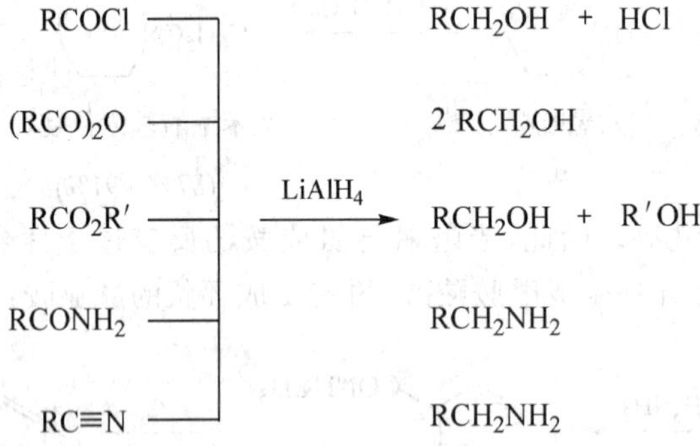

如采用氢化(三叔丁氧基铝)锂在低温下还原,则得到醛:

$$C_6H_5\overset{O}{\overset{\|}{C}}Cl + LiHAl(OC_4H_9\text{-}t)_3 \xrightarrow[1h,\ -78℃]{二甘醇二甲醚} C_6H_5CHO$$

苯甲酰氯　　　　　　　　　　苯甲醛(81%)

由于还原剂的体积较大,在低温下与醛反应的速度很慢,可以使还原停留在生成醛的一步。

$NaBH_4$ 只能把酰氯还原成醇,其他羧酸衍生物不可能被还原。对二元酸的环酐可以还原成内酯:

$$\text{邻苯二甲酸酐} + NaBH_4 \xrightarrow[\text{1h}]{\text{DMF, 0～25℃}} \text{二氢苯并[C]呋喃酮 (97\%)}$$

邻苯二甲酸酐　　二氢苯并[C]呋喃酮

(97%)

***2. 罗森孟德还原**

酰卤、酸酐、酯均可通过催化加氢还原成醇，酰胺、腈通过催化加氢还原成胺。如果把酰氯在 Pd-$BaSO_4$ 催化下氢化还原，可制得醛。这是由羧酸通过酰氯转变为醛的一个很好的方法。这一反应也称为**罗森孟德**(Rosenmund)**还原反应**：

$$C_2H_5O\overset{O}{\overset{\|}{C}}CH_2CH_2CH_2\overset{O}{\overset{\|}{C}}Cl + H_2 \xrightarrow[\text{喹啉/S}]{Pd-BaSO_4} C_2H_5O\overset{O}{\overset{\|}{C}}CH_2CH_2CH_2\overset{O}{\overset{\|}{C}}H$$

***3. 鲍维特-布兰克还原法**

鲍维特-布兰克(Bouveault-Blanc)**还原**是指用金属钠和醇把酯还原成伯醇的反应。如：

$$CH_3(CH_2)_{10}COOCH_3 \xrightarrow{Na/EtOH} CH_3(CH_2)_{10}CH_2OH + CH_3OH$$

(65%～75%)

*11.8.3 羧酸衍生物与金属有机化合物反应

格氏试剂等有机金属化合物与羧酸衍生物中的羰基起加成反应，生成新的碳碳键。酰氯与等摩尔的格氏试剂在低温下，特别是在无水三氯化铁存在下反应，产物是酮：

$$\text{1-甲基环戊烷甲酰氯 (}H_3C, COCl\text{)} + CH_3MgI \xrightarrow[-15℃]{FeCl_3} \text{1-甲基-1-乙酰基环戊烷 (}H_3C, COCH_3\text{)}$$

1-甲基环戊烷甲酰氯　　碘化甲基镁　　1-甲基-1-乙酰基环戊烷

(74%)

$$CH_3\overset{O}{\overset{\|}{C}}Cl + CH_3CH_2CH_2CH_2MgCl \xrightarrow[-70℃]{Et_2O, FeCl_3} CH_3\overset{O}{\overset{\|}{C}}CH_2CH_2CH_2CH_3$$

乙酰氯　　氯化丁基镁　　2-己酮 (72%)

如用过量的格氏试剂，则生成的酮继续反应，得到的产物为叔醇。

酯与格氏试剂反应，生成叔醇。在反应中酯先加 1 mol 格氏试剂，转变为酮，酮继续与格氏试剂反应，生成叔醇。由于分子中的羰基比酯分子中的羰基活性更大，反应难以停留在生成酮的一步。如用甲酸酯与格氏试剂反应，产物为仲醇。

酰胺分子中若含有活性氢，能使格氏试剂分解，*N*,*N*-二烃基酰胺与格氏试剂反应生成酮：

$$R\overset{O}{\overset{\|}{C}}NR'_2 + R''MgX \longrightarrow R-\underset{R''}{\underset{|}{\overset{OMgX}{\overset{|}{C}}}}-NR'_2 \xrightarrow{H_3O^+} R\overset{O}{\overset{\|}{C}}R''_2$$

此反应在合成上的价值不大。

除格氏试剂外，酰氯还可以与二烃基铜锂反应，可用于酮的合成，而酯、酰胺和腈则不起反应。例如：

$$\underset{\text{己酰氯}}{CH_3(CH_2)_4\overset{O}{\overset{\|}{C}}Cl} + \underset{\text{二甲基铜锂}}{LiCu(CH_3)_2} \xrightarrow{-78℃,5min} \underset{\text{2-庚酮(81\%)}}{CH_3(CH_2)_4\overset{O}{\overset{\|}{C}}CH_3} + \underset{\text{甲基铜}}{CuCH_3} + LiCl$$

$$\underset{\text{5-丁氧羰基戊酰氯}}{n\text{-}C_4H_9O\overset{O}{\overset{\|}{C}}(CH_2)_4\overset{O}{\overset{\|}{C}}Cl} + \underset{\text{二甲基铜锂}}{LiCu(CH_3)_2} \longrightarrow \underset{\text{6-庚酮酸丁酯(95\%)}}{n\text{-}C_4H_9O\overset{O}{\overset{\|}{C}}(CH_2)_4\overset{O}{\overset{\|}{C}}CH_3} + \underset{\text{甲基铜}}{CuCH_3} + LiCl$$

11.8.4 酯缩合反应

具有 α-活泼氢的酯在强碱的作用下，自身缩合生成 β-酮酸酯的反应，称为**克莱森**(Claisen)**酯缩合反应**，参见 12.4 节。如：

$$\underset{\text{乙酸乙酯}}{2\,CH_3\overset{O}{\overset{\|}{C}}OC_2H_5} \xrightarrow{C_2H_5ONa} [CH_3\overset{O}{\overset{\|}{C}}CHCOOC_2H_5]^- Na^+ \xrightarrow{H_3O^+} \underset{\text{乙酰乙酸乙酯}}{CH_3\overset{O}{\overset{\|}{C}}CH_2COOC_2H_5}$$

11.8.5 酰胺的特征化学性质

1. 酰胺的酸碱性

根据布朗斯特(Bronsted)酸碱理论，羧酸$\left(R-C\begin{matrix}\nearrow O\\ \searrow OH\end{matrix}\right)$能放出质子($H^+$)，是酸。氨($\ddot{N}H_3$)能接受质子，是碱。酰胺中氮的孤对电子受到酰基吸电子基影响，电子云密度降低，使酰胺不显碱性，一般认为是中性化合物。丁二酰亚胺、邻苯二甲酰亚胺的氮原子连着两个酰基，氮的电子云密度降得更低，使亚胺显弱酸性。尿素(脲)显弱碱性，胍为有机强碱，参见 11.10.2 节和 11.10.4 节。

$\ddot{N}H_3$ 无机碱(氨)；$H_2\ddot{N}-\overset{O}{\overset{\|}{C}}-\ddot{N}H_2$ 弱碱性(脲)；$R-\overset{O}{\overset{\|}{C}}-\ddot{N}H_2$ 中性(酰胺)；邻苯二甲酰亚胺(环状 C(=O)–N̈H–C(=O) 与苯环并联) 弱酸性(邻苯二甲酰亚胺)；丙二酰脲(H_2C 与 C(=O)–NH–C(=O)–NH–C(=O) 成环) 较强酸性(丙二酰脲)

*2. 霍夫曼重排反应

一级酰胺与次卤酸钠作用，经重排生成减少一个碳原子的伯胺的反应，称为**霍夫曼重排反应**(Hofmann rearrangement)，也称**霍夫曼降解反应**：

$$RCONH_2 + Br_2 + 4NaOH \longrightarrow RNH_2 + 2\,NaBr + Na_2CO_3 + 2\,H_2O$$

11.9 油脂、蜡和磷脂

11.9.1 油脂

油脂、碳水化合物和蛋白质，都是人体营养中不可缺少的成分。油脂包括脂肪(fat)和油(oil)，习惯上把室温下为固体或半固体的叫做脂，为液体的叫做油。

油脂是甘油和脂肪酸所生成的酯。甘油为三元醇,可以同 3 分子脂肪酸生成甘油三羧酸酯。甘油与同一种脂肪酸所生成的甘油三羧酸酯称为**甘油同酸酯**,与两种或 3 种羧酸所生成的甘油三羧酸酯称为**甘油混酸酯**。天然油脂主要为甘油混酸酯:

$$\begin{array}{l} CH_2OCO(CH_2)_{14}CH_3 \\ | \\ CHOCO(CH_2)_{14}CH_3 \\ | \\ CH_2OCO(CH_2)_{14}CH_3 \end{array} \qquad \begin{array}{l} \alpha\ CH_2OCO(CH_2)_{14}CH_3 \\ \quad | \\ \beta\ CHOCO(CH_2)_{16}CH_3 \\ \quad | \\ \alpha'CH_2OCO(CH_2)_7CH{=}CH(CH_2)_7CH_3 \end{array}$$

甘油同酸酯　　　　甘油混酸酯

甘油三软脂酸脂　　　　甘油-α-软脂酸-β-硬脂酸-α'-油酸酯

脂类中的脂肪酸大多数以结合成酯键或酰胺键的形式存在,且多为含 12～20 个碳原子的高级脂肪酸。脂肪酸又分为饱和脂肪酸和不饱和脂肪酸两类。分子中只含有一个双键的脂肪酸称为单烯脂肪酸,含有多个双键的脂肪酸称为多烯脂肪酸。油脂中常见的脂肪酸,见表 11-3。

表 11-3 油脂中常见的脂肪酸

习惯名称	系统名称	结构式
月桂酸 (lauric acid)	十二碳酸	$CH_3(CH_2)_{10}COOH$
软脂酸 (palmic acid)	十六碳酸	$CH_3(CH_2)_{14}COOH$
硬脂酸 (stearic acid)	十八碳酸	$CH_3(CH_2)_{16}COOH$
油酸 (oleic acid)	顺-9-十八碳烯酸	$CH_3(CH_2)_7\ CH{=}CH(CH_2)_7COOH$
亚油酸 (linoleic acid)	顺,顺-9,12-十八碳二烯酸	$CH_3(CH_2)_4(CH{=}CHCH_2)_2(CH_2)_6COOH$
α-亚麻酸 (α-linolenic acid)	顺,顺,顺-9,12,15-十八碳三烯酸	$CH_3CH_2(CH{=}CHCH_2)_3(CH_2)_6COOH$
γ-亚麻酸 (γ-linolenic acid)	顺,顺,顺-6,9,12-十八碳三烯酸	$CH_3(CH_2)_4(CH{=}CHCH_2)_3(CH_2)_3COOH$
花生四烯酸 (arachidonic acid)	顺,顺,顺,顺-5,8,11,14-二十碳四烯酸	$CH_3(CH_2)_4(CH{=}CHCH_2)_4(CH_2)_2COOH$

脂类中的高级脂肪酸多数是直链的,且多是含偶数碳原子。绝大多数天然存在的不饱和脂肪酸中的双键是顺式构型。人体中饱和脂肪酸最普遍的是软脂酸和硬脂酸,不饱和脂肪酸是油酸,植物中不饱和脂肪酸含量高于饱和脂肪酸。

亚油酸、α-亚麻酸在人体内不能自身合成,只能从食物中获得。花生四烯酸人体虽能合成,但量太少,还需要从食物中获得,故三者称为**必需脂肪酸**。

天然油脂中,不饱和脂肪酸(或碳原子数较少的脂肪酸)含量较高的,在室温下为液体。饱和脂肪酸含量较高的(60%～70%)常为半固体状态。油脂的相对密度都小于 1,不溶于水,易溶于乙醚、氯仿、丙酮、苯及热乙醇中。由于天然油脂都是混合物,所以没有恒定的熔点和沸点。

油脂的主要化学性质如下：

1. 皂化

将油脂用氢氧化钠(或氢氧化钾)水解，就得到脂肪酸的钠盐(或钾盐)和甘油。高级脂肪酸的钠盐就是**肥皂**。“**皂化**”就是由此而得名。

$$\begin{array}{l} CH_2OCOR \\ | \\ CHOCOR \\ | \\ CH_2OCOR \end{array} + 3NaOH \xrightarrow{\triangle} \begin{array}{l} CH_2OH \\ | \\ CHOH \\ | \\ CH_2OH \end{array} + 3RCOONa$$

随着石油化学工业的发展，人们也可从高级烷烃(如石蜡)催化氧化得到高级脂肪酸来制取肥皂。

使 1 g 油脂完全皂化所需要的氢氧化钾的质量(单位：mg)，叫做**皂化值**。根据皂化值的大小，可以判断油脂中所含脂肪酸的平均相对分子质量。皂化值越大，脂肪酸的平均相对分子质量越小。

2. 加成

含不饱和脂肪酸的油脂，分子里的碳碳双键可以和氢、碘等进行加成。加氢的结果使液态的油转化为半固态的脂肪，所以这种氢化也叫做“**油脂的硬化**”。油脂化工厂的“硬化车间”就是油脂加氢的车间。油脂硬化后，可制成人造奶油、黄油等。

加碘，可用于判断油脂所含脂肪酸的不饱和程度。一般将 100 g 油脂所能吸收的碘的质量(单位：g)叫做“**碘值**”。碘值大，表示油脂中不饱和脂肪酸的含量高，或不饱和程度高。

3. 酯交换反应

油脂在催化剂存在下，与新的醇作用，生成新的酯及甘油。工业上用来制备高纯度的高级脂肪酸的甲酯或乙酯，也可进一步还原获取高级脂肪醇。

4. 油脂的酸败

油脂在空气中放置过久，便会产生难闻的气味，这种变化叫做**酸败**。酸败是由空气中氧、水分或霉菌的作用引起的，令人不愉快的气味是由反应新生成的羧酸、醛、酮所致。

11.9.2 蜡

蜡(wax)是指长链脂肪酸和长链醇所生成的酯。植物的叶和果实表面都有一层蜡。其作用是减少体内水分的蒸发和防止外部水分的聚集，昆虫的外壳、兽类的毛和鸟的羽毛上也有蜡。

组成蜡的羧酸和醇多数含有 16 个以上偶数碳原子的直链，醇一般为伯醇。此外，还含有一些高级脂肪酸、醇和烃类。

巴西棕榈叶表面的巴西棕榈蜡是 C(24)～C(28)酸和 C(32)～C(34)醇生成的酯的混合物；由蜂房制取的蜂蜡是 C(26)～C(28)酸和 C(30)～C(32)醇的酯；虫蜡是 C(26)～C(28)酸和 C(26)～C(30)醇的酯，是我国四川特产，主要成分是二十六碳酸和二十六碳醇所形成的酯；鲸蜡的主要成分为软脂酸十六醇酯和软脂酸顺-9-十八碳烯-1-醇酯。

$$CH_3(CH_2)_{24}\overset{O}{\overset{\|}{C}}-OCH_2(CH_2)_{24}CH_3$$

虫蜡(白蜡)

$$CH_3(CH_2)_{14}\overset{O}{\overset{\|}{C}}-OCH_2(CH_2)_{14}CH_3$$

鲸蜡

蜡可用于制润滑油、防水剂、鞋油、地板蜡和药用基质。蜂蜡、羊毛蜡等还广泛适用于配制化妆品。

11.9.3 磷脂

磷脂(phosphatide)是一类含磷的类脂化合物,广泛存在于动物的肝、脑、蛋黄、植物的种子及微生物中。

甘油和磷酸生成的酯称为甘油磷酸(GPA),后者与两分子脂肪酸生成磷脂酸(phosphatidic acid):

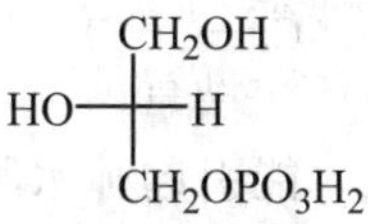

$$\begin{array}{c} CH_2OH \\ HO-\!\!\!+\!\!\!-H \\ CH_2OPO_3H_2 \end{array} \qquad \begin{array}{c} CH_2OCOR \\ R'COO-\!\!\!+\!\!\!-H \\ CH_2OPO_3H_2 \end{array}$$

3-甘油磷酸(GPA) 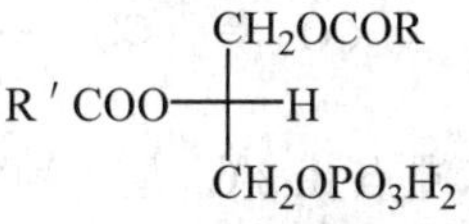　　　　磷脂酸

若磷脂酸分子中的磷酸基分别与胆碱、乙醇胺(胆胺)等分子中的羟基以磷酸酯键相结合,则得到各种甘油磷脂,其中最常见的是卵磷脂和脑磷脂:

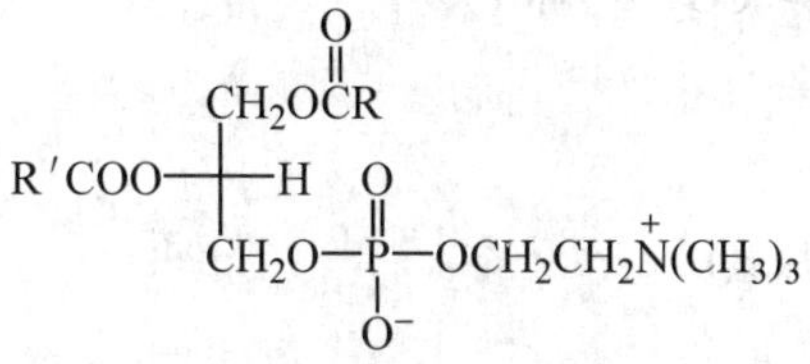

$$\begin{array}{l} \quad CH_2OCR\ (\text{C}=O) \\ R'COO-\!\!\!+\!\!\!-H \\ \quad CH_2O-\overset{O}{\underset{O^-}{P}}-OCH_2CH_2\overset{+}{N}(CH_3)_3 \end{array} \qquad \begin{array}{l} \quad CH_2OCR\ (\text{C}=O) \\ R'COO-\!\!\!+\!\!\!-H \\ \quad CH_2O-\overset{O}{\underset{O^-}{P}}-OCH_2CH_2\overset{+}{N}H_3 \end{array}$$

卵磷脂(PC) 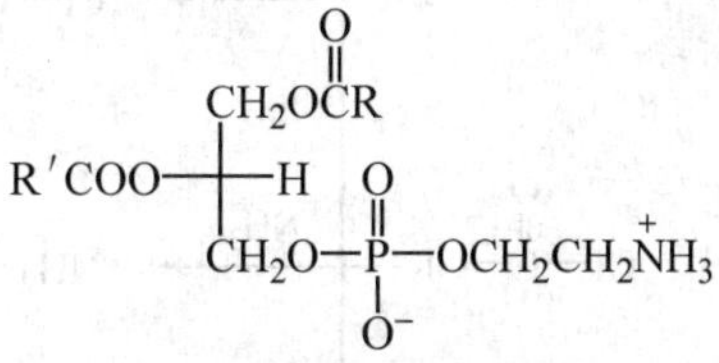　　　　脑磷脂(PE)

卵磷脂(lecithin)和脑磷脂均以偶极离子形式存在。卵磷脂的R为饱和脂肪酸的烃基链,R′为不饱和脂肪酸的烃基链。卵磷脂完全水解可得甘油、脂肪酸、磷酸和胆碱4种产物。卵磷脂中的饱和脂肪酸通常是硬脂酸和软脂酸,不饱和脂肪酸为油酸、亚油酸、亚麻酸和花生四烯酸等。

脑磷脂(cephalin)存在于脑、神经组织和大豆中,通常与卵磷脂共存。脑磷脂完全水解可得甘油、脂肪酸、磷酸和乙醇胺。脑磷脂在空气中易被氧化成棕黑色。能溶于乙醚,不溶于丙酮,难溶于冷乙醇。卵磷脂易溶于乙醇,利用这一溶解性质的不同,可将卵磷脂与脑磷脂分离。

11.10 碳酸衍生物

碳酸可看作是羟基甲酸或两个羟基共用一个羰基的二元羧酸。碳酸不稳定,不能以游离形式存在。

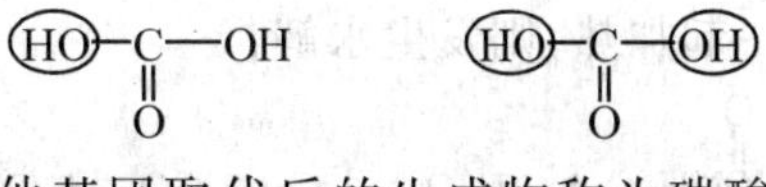

$$\boxed{HO}-\overset{}{\underset{\|\atop O}{C}}-OH \qquad \boxed{HO}-\underset{\|\atop O}{C}-\boxed{OH}$$

碳酸分子中的羟基被其他基团取代后的生成物称为碳酸衍生物。碳酸的一元衍生物也不稳定,而二元衍生物是稳定的。主要有光气$\left(Cl-\overset{O}{\overset{\|}{C}}-Cl\right)$、尿素$\left(H_2N-\overset{O}{\overset{\|}{C}}-NH_2\right)$、硫脲$\left(H_2N-\overset{S}{\overset{\|}{C}}-NH_2\right)$、胍$\left(H_2N-\overset{NH}{\overset{\|}{C}}-NH_2\right)$以及丙二酰脲$\left[\begin{array}{c} \quad O \\ \quad \| \\ \quad C-NH \\ H_2C \qquad\quad C=O \\ \quad C-HN \\ \quad \| \\ \quad O \end{array}\right]$,它们是有机合成和药物合成的重要原料及试剂。

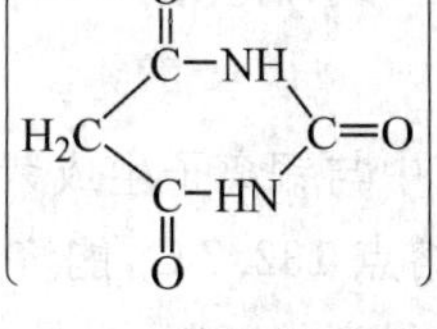

11.10.1 碳酰氯

碳酰氯俗称光气(phosgene)。1812年英国化学家H. Davy首先由一氧化碳和氯气在光照射下得到了碳酸的二酰氯,并命名为光气。工业上是用活性炭作催化剂,在200℃时使等体积的一氧化碳和氯作用而得。

$$CO + Cl_2 \xrightarrow[200^\circ C]{\text{活性炭}} \underset{\text{光气}}{Cl-\overset{O}{\overset{\|}{C}}-Cl}$$

光气为无色气体,沸点8.2℃,是一种窒息性毒气。能引起肺水肿而导致死亡。第一次世界大战时曾被用作军用毒气。光气是一种很活泼的化合物,它与羧酸的酰氯相似,可以发生水解、醇解和胺解反应,如:

$$Cl-\overset{O}{\overset{\|}{C}}-Cl \xrightarrow{H_2O} Cl-\overset{O}{\overset{\|}{C}}-OH \longrightarrow CO_2 + HCl$$

$$Cl-\overset{O}{\overset{\|}{C}}-Cl \xrightarrow{NH_3} NH_2-\overset{O}{\overset{\|}{C}}-NH_2 \ (\text{尿素})$$

$$Cl-\overset{O}{\overset{\|}{C}}-Cl \xrightarrow{ROH} \underset{(\text{氯甲酸酯})}{Cl-\overset{O}{\overset{\|}{C}}-OR}$$

$$Cl-\overset{O}{\overset{\|}{C}}-OR \xrightarrow{ROH} RO-\overset{O}{\overset{\|}{C}}-OR \ (\text{碳酸酯})$$

$$Cl-\overset{O}{\overset{\|}{C}}-OR \xrightarrow{NH_3} H_2N-\overset{O}{\overset{\|}{C}}-OR \ (\text{氨基甲酸酯})$$

因此,长期以来,光气是有机合成、药物合成的重要原料和试剂。但由于它是剧毒化学品,环保问题突出,现已有其代用品——氯甲酸三氯甲酯或碳酸(双)三氯甲酯。

11.10.2 碳酰胺

碳酰胺包括尿素及取代脲,**尿素**也叫**脲**(urea)。**尿素**存在于人和哺乳动物的尿中。工业上由二氧化碳和氨合成:

$$CO_2 + NH_3 \longrightarrow H_2NCOO^-NH_4^+ \xrightarrow[\triangle]{-H_2O} H_2N\overset{O}{\overset{\|}{C}}NH_2$$

尿素与酸或碱的水溶液一起加热,则发生水解:

$$H_2N\overset{O}{\overset{\|}{C}}NH_2 + H_2O \longrightarrow CO_2 + 2NH_3$$

尿素缓慢加热到150~160℃时,脱去一部分氨,转变为缩二脲:

$$2\,H_2N\overset{O}{\overset{\|}{C}}NH_2 \xrightarrow{\triangle} \underset{\text{缩二脲}}{H_2N\overset{O}{\overset{\|}{C}}NH\overset{O}{\overset{\|}{C}}NH_2} + NH_3$$

缩二脲在碱性溶液中与铜离子生成紫红色的络合物,这一反应称为**缩二脲反应**。

尿素为无色晶体,熔点132.7℃,能溶于水和乙醇,不溶于乙醚,能与直链烷烃生成包合物。尿素不但是含氮量很高的氮肥,也是用来制造塑料、药物的重要化工原料。

*11.10.3 硫脲

尿素分子中的氧原子被硫原子取代后的化合物，称为**硫脲**(sulfourea)$\left(H_2N\overset{\overset{S}{\|}}{C}NH_2\right)$，在工业上由氰氨化钙与硫化氢在150～180℃反应得到：

$$CaNC{\equiv}N + H_2S \longrightarrow H_2N\overset{\overset{S}{\|}}{C}NH_2$$

硫脲为结晶固体，熔点181.5℃，在酸或碱催化下水解：

$$H_2N\overset{\overset{S}{\|}}{C}NH_2 + 2H_2O \xrightarrow{\triangle} CO_2 + 2NH_3 + H_2S$$

硫脲与异硫脲形成动态平衡：

$$\underset{\text{硫脲}}{H_2N\overset{\overset{S}{\|}}{C}NH_2} \rightleftharpoons \underset{\text{异硫脲}}{H_2N\overset{\overset{SH}{|}}{C}{=}NH}$$

与卤代烷反应，生成S-烷基化产物：

$$H_2N\overset{\overset{SH}{|}}{C}{=}HN + RX \longrightarrow H_2N\overset{\overset{SR}{|}}{C}{=}N^+H_2 + X^-$$

S-烷基异硫脲的盐为结晶固体，可以用于卤代烷的鉴定及硫醇的合成。

11.10.4 胍

尿素分子中的氧原子被亚氨基取代后的化合物，称为**胍**(guanidine)$\left(H_2N\overset{\overset{NH}{\|}}{C}NH_2\right)$，胍可由氨基氰与氨起加成反应生成：

$$\underset{\text{氨基腈}}{H_2NC{\equiv}N} + NH_3 \longrightarrow \underset{\text{胍}}{H_2N\overset{\overset{NH}{\|}}{C}NH_2}$$

胍为容易潮解的无色晶体，熔点为50℃，是一种很强的有机碱($pK_a=13.8$)，与氢氧化钾的碱性相当，能与酸生成稳定的盐：

$$\left[H_2N\overset{\overset{\overset{+}{N}H_2}{\|}}{C}NH_2 \longleftrightarrow H_2N^+{=}\overset{\overset{NH_2}{|}}{C}NH_2 \longleftrightarrow H_2N\overset{\overset{NH_2}{|}}{C}{=}N^+H_2\right] NO_3^-$$

测定胍盐结构，证明分子中的C—N键的键长是一样的，因此胍正离子的结构应用共振式表示，其中3个经典结构式的贡献相同。

*11.10.5 丙二酰脲(巴比妥酸)

尿素与丙二酰氯，或在乙醇钠存在下与丙二酸二乙酯反应制得的产物，称为**丙二酰脲**(malonyl urea)：

$$H_2C(COOC_2H_5)_2 + (H_2N)_2C{=}O \xrightarrow{C_2H_5ONa} H_2C\begin{matrix}\diagup C(=O){-}NH \diagdown \\ \diagdown C(=O){-}NH \diagup\end{matrix}C{=}O$$

丙二酰脲为无色晶体,熔点为245℃,微溶于水。从结构上看,丙二酰脲存在酮型烯醇型互变异构现象:

$$\mathrm{H_2C\langle (C(=O)\!-\!NH)_2\rangle C\!=\!O} \rightleftharpoons \mathrm{HC\langle C(OH)\!=\!N,\ C(OH)\!=\!N\rangle C\!-\!OH}$$

丙二酰脲烯醇型酸性($pK_a = 3.85$)比乙酸($pK_a = 4.76$)还强,故常称为**巴比妥酸**(barbituric acid)。巴比妥酸本身无生物活性,其分子中亚甲基上的两个氢原子被一些烃基取代后具有镇静、催眠和麻醉作用。但值得注意的是,**巴比妥类药物有成瘾性,用量过大危及生命**。这些药物总称为**巴比妥**(barbitone)**类药物**。

本章小结

1. 羧酸的性质

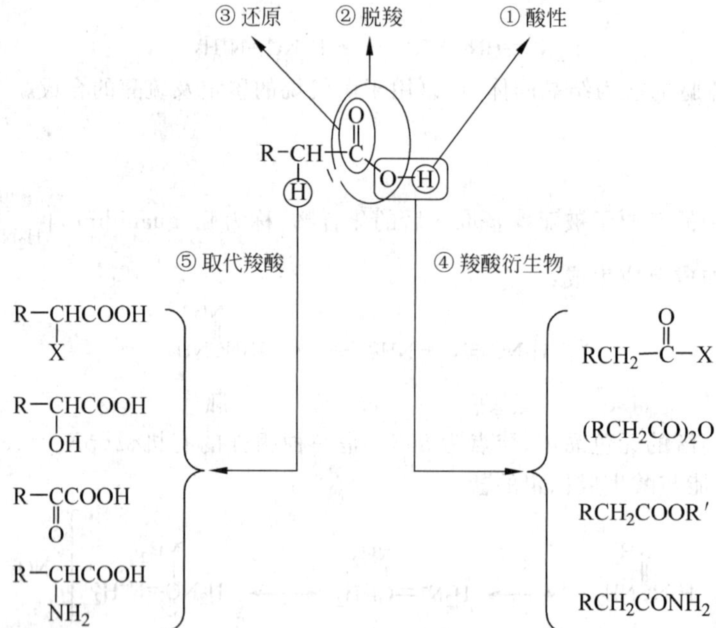

2. α,β不饱和酸

$$\mathrm{CH_2{=}CH{-}\overset{O}{\overset{\|}{C}}{-}OH} + \mathrm{HX} \longrightarrow \mathrm{XCH_2CH_2\overset{O}{\overset{\|}{C}}{-}OH}$$

$$\mathrm{CH_2{=}CH{-}\overset{O}{\overset{\|}{C}}{-}OH} + \mathrm{H_2O} \xrightarrow{\mathrm{H^+}} \mathrm{HOCH_2CH_2\overset{O}{\overset{\|}{C}}{-}OH}$$

$$\mathrm{CH_2{=}CH{-}\overset{O}{\overset{\|}{C}}{-}OH} + \mathrm{HCN} \xrightarrow{\mathrm{OH^-}} \mathrm{NCCH_2CH_2\overset{O}{\overset{\|}{C}}{-}OH}$$

$$\mathrm{CH_2{=}CH{-}\overset{O}{\overset{\|}{C}}{-}OH} + \mathrm{NH_3} \xrightarrow{\mathrm{OH^-}} \mathrm{H_2NCH_2CH_2\overset{O}{\overset{\|}{C}}{-}OH}$$

$$CH_2{=}CH{-}\overset{O}{\overset{\|}{C}}{-}OH + H_2NCH_2CH_2\overset{O}{\overset{\|}{C}}{-}OH \longrightarrow HN(CH_2CH_2COOH)_2$$

$$CH_2{=}CH{-}\overset{O}{\overset{\|}{C}}{-}OH + HN(CH_2CH_2COOH)_2 \longrightarrow N(CH_2CH_2COOH)_3$$

$$\text{1,3-丁二烯} + CH_2{=}CHCOOC_2H_5 \xrightarrow{\triangle} \text{4-环己烯甲酸乙酯}(COOC_2H_5)$$

酸及其衍生物

有机玻璃单体——甲基丙烯酸甲酯:

$$(CH_3)_2C{=}O \xrightarrow{HCN} (CH_3)_2\underset{OH}{C}{-}CN \xrightarrow{H_2SO_4} (CH_3)_2\underset{OSO_3H}{C}{-}CN \xrightarrow{CH_3OH} CH_2{=}\overset{CH_3}{C}{-}COOCH_3$$

3. 二元羧酸脱羧反应

$$HOOCCOOH \xrightarrow{160\sim180℃} HCOOH + CO_2$$
$$HCOOH \longrightarrow CO + H_2O$$

$$HOOCCH_2COOH \xrightarrow{140\sim160℃} CH_3COOH + CO_2$$

$$\begin{matrix}H_2C{-}COOH\\|\\H_2C{-}COOH\end{matrix} \xrightarrow{300℃} \text{丁二酸酐} + H_2O$$

$$H_2C\begin{matrix}\diagup CH_2{-}COOH\\ \diagdown CH_2{-}COOH\end{matrix} \xrightarrow{300℃} \text{戊二酸酐} + H_2O$$

$$\begin{matrix}H_2C{-}CH_2{-}COOH\\|\\H_2C{-}CH_2{-}COOH\end{matrix} \xrightarrow{300℃} \begin{matrix}H_2C{-}CH_2\\|\qquad\;\;\diagdown\\ \qquad\quad C{=}O\\|\qquad\;\;\diagup\\CH_2{-}CH_2\end{matrix} + CO_2 + H_2O$$

$$H_2C\begin{matrix}\diagup CH_2{-}CH_2{-}COOH\\ \diagdown CH_2{-}CH_2{-}COOH\end{matrix} \xrightarrow{300℃} H_2C\begin{matrix}\diagup CH_2{-}CH_2\diagdown\\ \diagdown CH_2{-}CH_2\diagup\end{matrix}C{=}O + CO_2 + H_2O$$

即 $HOOC(CH_2)_nCOOH$,当 $n=0,1$ 时,$-CO_2$;$n=2,3$ 时,$-H_2O$;$n=4,5$ 时,$-CO_2$,$-H_2O$。

【阅读材料】

化学家简介

奥古斯特·威廉·冯·霍夫曼(August Wilhelm von Hofmann, 1818年4月8日—1892年5月5日),德国化学家。

霍夫曼出生于黑森州大公国的吉森(Gießen, Grand Duchy of Hesse)。他先是在哥廷根大学(University of Göttingen)学习法律和哲学,然后转学化学,在吉森大学(University of Giessen)尤斯图斯·冯·李比希(Justus von Liebig)门下学习。1845年,伦敦设立了一所皇家化学学院(the Royal College of Chemistry)风格的应用化学学校,由于受到当时亲王(女王丈夫)的影响,霍夫曼接受任命,成为第一届校长。1865年,他接替柏林大学的埃哈德·米特雪梨(Eilhard Mitscherlich)教授成为实验室主任。

霍夫曼的工作涉及有机化学各方面。其主要贡献包括:霍夫曼重排(Hofmann rearrangement)和霍夫曼消去(Hofmann elimination)反应。

在大约1860年或更早的1855年,在他的同事威廉·奥德林(William Odling)建议碳是四价的情况下,霍夫曼成为第一个在公开讲座中引入分子模型的科学家。现在一些科学家仍然在使用霍夫曼的配色方案:碳为黑色,氢为白色,氮为蓝色,氧、氯为绿色、红色,硫磺为黄色。霍夫曼模型现在看来非常奇怪,是因为他把分子当作二维结构。直到1874年,范特霍夫(van't Hoff)和拉·贝尔(Le Bel)分别独立提出分子三维结构后,分子模型才是现在的样子。下图为甲烷的霍夫曼分子模型:

1851年他被选为英国皇家学会(the Royal Society)院士。1875年,他被授予学会的皇家勋章(Royal Medal)。1854年,获科普利奖章(Copley Medal)。

尼古拉·迪米瑞耶维奇·泽林斯基(Nikolay Dimitrievich Zelinsky, 1861年2月6日—1953年7月31日),俄罗斯和苏联化学家,1929年苏联科学院院士。

泽林斯基在乌克兰敖德萨大学(University of Odessa)、德国莱比锡大学(University of Leipzig)和哥廷根大学(University of Göttingen)学习。在哥廷根大学师从维克多·迈耶(Victor Meyer)。1888年和1891年,他从新罗西斯克大学(University of Novorossisk)获得硕士和博士学位。1893年,任莫斯科大学

(University of Moscow)教授。他的主要研究领域是碳环化学。泽林斯基是有机催化(organic catalysis)理论创立者之一。1915年,他第一个发明了活性炭气体防毒面具(activated charcoal gas mask)。

2001年,俄罗斯中央银行德涅斯特河岸铸币厂铸造了一枚银币以纪念这位德涅斯特河岸本地科学家。该纪念币是"The Outstanding People of Pridnestrovie"系列纪念币的一部分。另外,月球上有以他命名的环形山。

雅各布·沃耳霍德(Jacob Volhard,1834年6月4日—1910年1月14日),德国化学家。他和他的学生雨果·埃德曼(Hugo Erdmann)一同发现了Volhard-Erdmann环化反应,他也曾改良过海耳-沃耳霍德-泽林斯基(Hell-Volhard-Zelinsky halogenation)反应。

卡尔·马格努斯·冯·海耳(Carl Magnus von Hell,1849年9月8日—1926年12月11日),德国化学家。与雅各布(Jacob Volhard)和俄罗斯化学家泽林斯基(Zelinsky)发现海耳-沃耳霍德-泽林斯基反应(Hell-Volhard-Zelinsky halogenation)卤化反应。

他师从斯图加特技术大学(Technical University of Stuttgart)的赫尔曼·冯·费林(Hermann von Fehling)和慕尼黑大学(University of Munich)的埃米尔·艾伦梅耶(Emil Erlenmeyer)学习化学。1883年任斯图加特技术大学教授。1914年退休。他的研究领域是二元羧酸和脂肪族碳氢化合物,他合成了$C_{60}H_{122}$,证明超过60个碳原子的碳链是可能的。

亨氏·汉斯狄克(Heinz Hunsdiecker,1904年1月22日—1981年11月22日),德国化学家。其科学贡献包括:与妻子克莱尔·汉斯狄克(Cläre Hunsdiecker,1903—1995)改进了俄国化学家亚历山大·鲍罗丁(Alexander Borodin)反应,该反应被称为汉斯狄克-鲍罗丁反应(Hunsdiecker- Borodin reaction),也称为Hunsdiecker反应。

习 题

11-1 用系统命名法命名下列化合物:

(1) 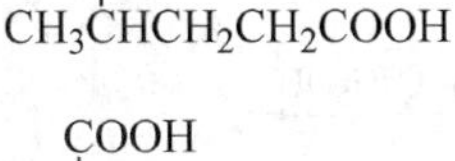 $CH_3CH(CH_3)CH_2CH_2COOH$

(2) 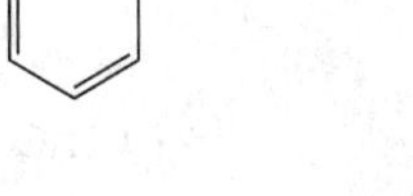 $C_6H_5CH_2COOH$(苯环上连 CH_2COOH)

(3) 苯环上邻位连 COOH 和 CH_3

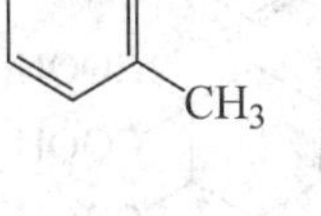

(4) 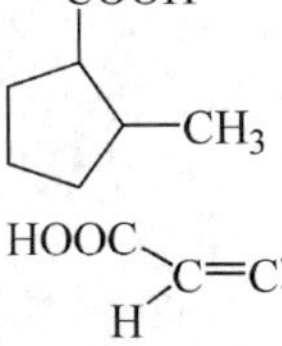 环戊烷上相邻碳分别连 COOH 和 CH_3

(5) $CH_3(CH_2)_7CH{=}CH(CH_2)_7COOH$ (油酸)

(6) HOOC(H)C=C(H)COOH(两个 COOH 在同侧)

(7) 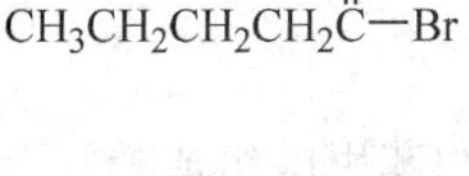 $CH_3CH_2CH_2CH_2C(=O)—Br$

(8) 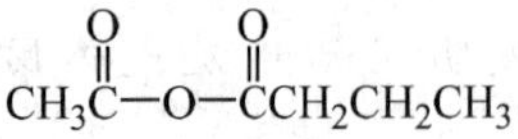 $CH_3\overset{O}{\overset{\|}{C}}-O-\overset{O}{\overset{\|}{C}}CH_2CH_2CH_3$　　(9) 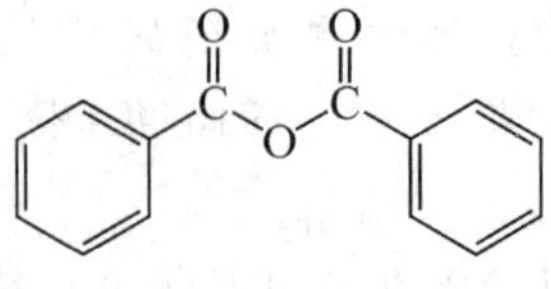 $C_6H_5-\overset{O}{\overset{\|}{C}}-O-\overset{O}{\overset{\|}{C}}-C_6H_5$

(10) 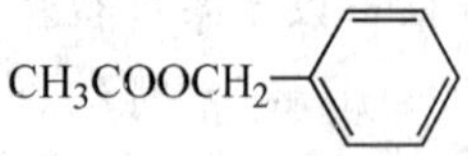 $CH_3COOCH_2-C_6H_5$

11-2　写出下列化合物的结构式:

(1) 甲酸(蚁酸)　　(2) β-苯基丙烯酸(肉桂酸)

(3) 乙二酸(草酸)　　(4) 硬脂酸

(5) 顺,顺-9,12-十八碳二烯酸(亚油酸)　　(6) 乙酸酐(醋酸酐)

(7) *N*,*N*-二甲基甲酰胺(DMF)　　(8) 顺丁烯二酸酐

(9) β-丁酮酸乙酯　　(10) 乙酰胺

(11) 尿素　　(12) 胍

11-3　按指定要求,将下列各组化合物排列成序:

(1) 沸点高低:乙酸、乙醚、乙醇;

(2) 酸性强弱:乙酸、一氯乙酸、三氟乙酸;

(3) 酸性强弱:苯甲酸、对甲基苯甲酸、对硝基苯甲酸;

(4) 酸性强弱:丙酸、苯酚、碳酸;

(5) 水解反应活性:乙酸酐、乙酸甲酯、乙酰胺;

(6) 碱性强弱:苯甲酰胺、氨、胍;

(7) 熔点高低:丙酰胺、*N*,*N*-二甲基甲酰胺。

11-4　用简单的化学方法鉴别下列化合物:

(1) 乙酸酐、乙醚　　(2) 苯甲酸、对甲苯酚和苄醇

(3) 丙酸、丙醛、丙醇　　(4) 甲酸、乙酸、β-丁酮酸乙酯和丁酸乙酯

(5) 丁酸、丁烯二酸和丁二酸

11-5　完成下列反应式:

(1) $CH_3COOH \xrightarrow[\text{熔融}]{NaOH-CaO}$

(2) 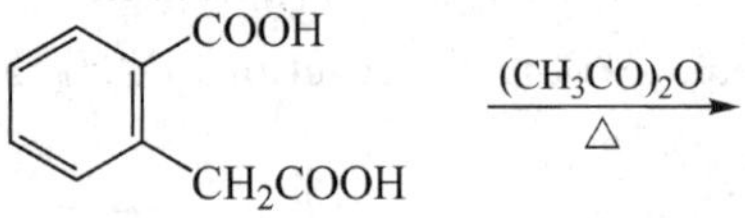 邻-(羧甲基)苯甲酸(苯环上邻位分别连 COOH 和 CH_2COOH) $\xrightarrow[\triangle]{(CH_3CO)_2O}$

(3) 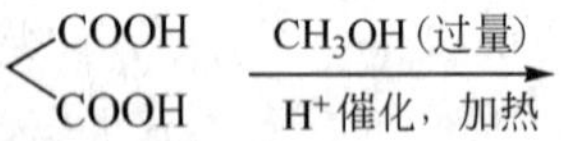 $CH_2(COOH)_2 \xrightarrow[H^+\text{催化, 加热}]{CH_3OH\text{(过量)}}$

(4) $CH_3CH_2CH_2COCl \xrightarrow[\text{喹啉, 硫}]{H_2,\ Pd\text{-}BaSO_4}$

(5) 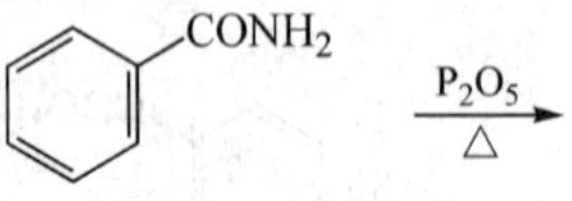 $C_6H_5CONH_2 \xrightarrow[\triangle]{P_2O_5}$

(6) 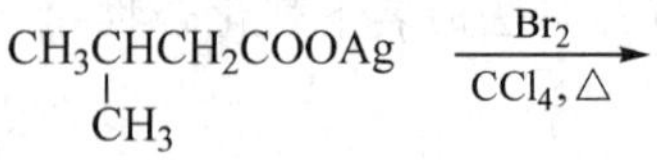 $CH_3\underset{CH_3}{\underset{|}{C}}HCH_2COOAg \xrightarrow[CCl_4,\triangle]{Br_2}$

(7) 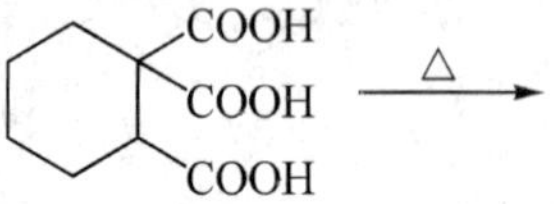 环己烷-1,1,2-三甲酸(环上一个碳连两个 COOH,相邻碳连一个 COOH) $\xrightarrow{\triangle}$

(8) $CH_3COOC_2H_5 \xrightarrow{Na\ +\ C_2H_5OH}$

(9) 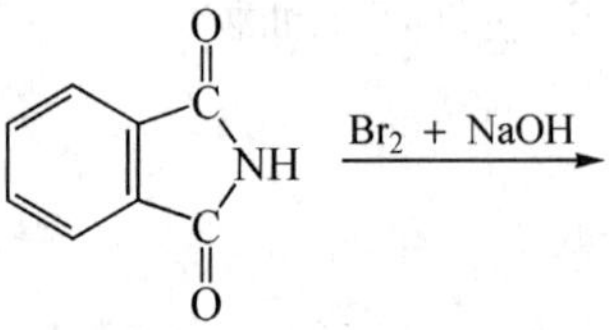 邻苯二甲酰亚胺(苯环并五元环,两个 C=O 之间为 NH) $\xrightarrow{Br_2\ +\ NaOH}$

11-6　怎样将环己醇、苯酚和苯甲酸组成的混合物分离得到各种纯的组分?

11-7 化合物 A 的分子式为 $C_6H_8O_4$，能使溴水褪色；经臭氧化并还原水解，得到唯一产物丙酮酸；加热则生成不饱和酸酐。试写出化合物 A 的结构式及所涉及的反应式。

11-8 某光学活性化合物 A($C_5H_{10}O_3$)，可与碳酸氢钠溶液反应放出 CO_2。A 加热脱水得到 B。B 存在两种构型，但无光学活性。B 经酸性 $KMnO_4$ 氧化后，得到乙酸和 C。C 也能与碳酸氢钠溶液作用放出 CO_2，同时，C 还能发生碘仿反应。试写出化合物 A,B,C 的结构式。

11-9 化合物 A 的分子式为 $C_9H_{16}O_4$，水解后得到二元酸 $C_6H_{10}O_4$；该二元酸与氢氧化钡共热得环戊酮。试写出化合物 A 的结构式及所涉及的反应式。

11-10 酯 A($C_6H_{12}O_2$)用乙醇钠的乙醇溶液处理，得到另一酯 B($C_{10}H_{18}O_3$)。B 能使溴水褪色，将 B 用乙醇钠的乙醇溶液处理后，再与碘甲烷反应，又得到酯 C($C_{11}H_{20}O_3$)。酯 C 室温下不与溴水反应，将 C 用稀碱水解后再酸化加热，得到酮 D；D 不发生碘仿反应，用 H_2/Ni 催化氢化，则生成 3-甲基-4-庚醇。试写出 A,B,C,D 的结构式。

11-11 已知化合物 A($C_4H_{11}NO_2$)可溶于水，不溶于乙醚；A 加热失水得 B，B 和氢氧化钠水溶液煮沸，放出刺激性气味气体，残余物再酸化后得到酸性物质 C，C 与 $LiAlH_4$ 还原后，再与浓硫酸反应，得到烯烃 D(分子量 56)；D 经臭氧氧化并还原水解，得到酮 E 和醛 F。试写出 A,B,C,D,E,F 的结构。

11-12 某化合物 A 的分子式为 $C_5H_6O_3$，它能与乙醇作用得到两个互为异构体的化合物 B 和 C，而 B 和 C 分别与亚硫酰氯作用后再加入乙醇中都得到同一化合物 D。试推测化合物 A,B,C,D 的结构式，并写出有关的化学反应式。

*11-13 化合物 A 的分子式为 C_8H_8O，有银镜反应，无碘仿反应。A 与 α-氯代丙酸乙酯在 EtONa 作用下反应所得产物在浓盐酸中加热，得化合物 B($C_{10}H_{12}O$)。B 有碘仿反应，无银镜反应。B 用 $KMnO_4/H^+$ 氧化得化合物 C($C_8H_6O_4$)。C 受热生成 D($C_8H_4O_3$)，试推出 A,B,C,D 的结构式。

11-14 合成题

(1) 由两个碳原子的化合物合成：

$$CH_3CH_2CH_2\overset{O}{\overset{\|}{C}}-OCH_2CH_2CH_2CH_3$$

(2) 以甲苯及不超过两个碳原子的化合物为原料合成：

$$C_6H_5-\overset{O}{\overset{\|}{C}}-CH_2COOC_2H_5$$

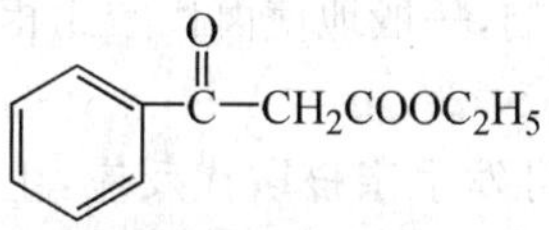

(3) 以不超过 4 个碳原子的化合物为原料合成：

$$CH_3CH_2\underset{CH_3}{\underset{|}{C}H}CONHCH_2CH_3$$

*11-15 写出下列反应的机理：

(1) 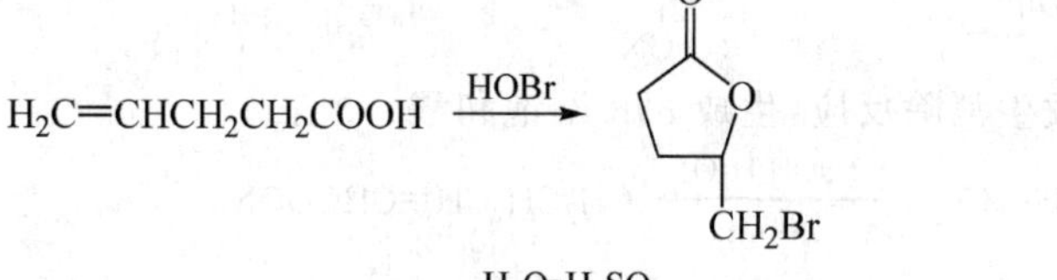 $H_2C{=}CHCH_2CH_2COOH \xrightarrow{HOBr}$ 5-(溴甲基)-γ-丁内酯（五元环内酯，环上连 CH_2Br）

(2) $(CH_3)_3C-OH + CH_3CN \xrightarrow[\triangle]{H_2O-H_2SO_4} (CH_3)_3CNHCOCH_3$

12 取代羧酸

【学习提要】

- 学习了解取代羧酸的结构、分类和命名。
- 掌握卤代酸、羟基酸、羰基酸的性质和反应。
- 学习 β-酮酸酯的性质，*理解克莱森酯缩合反应的机理。
- 掌握 β-二羰基化合物的酸性和烯醇负离子的稳定性规律，学习其碳负离子的反应（包括烃化和酰化反应）。
- 学习掌握乙酰乙酸乙酯和丙二酸二乙酯在有机合成上的应用。
- *掌握迈克尔加成反应及其在合成含氧化合物上的应用。

羧酸分子中烃基上的氢被其他原子或基团取代所生成的化合物，叫做取代羧酸。取代羧酸包括如下内容：

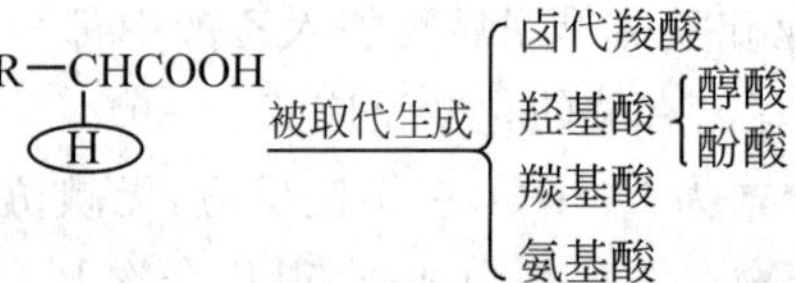

其中氨基酸将在第 17 章介绍，本章重点介绍 α-羟基酸、酮酸、β-酮酸酯及相关的化合物。

12.1 卤代酸

羧酸烃基上的氢被卤素（通常 X＝Br，Cl）取代得到卤代酸。由于卤素原子与羧基的相互影响，使得卤代酸能发生一系列反应。

1. 卤代酸的酸性

由于卤素原子吸电子作用的影响，一般地使卤代酸比相应羧酸的酸性强，参见 11.4.2 节。

2. 卤代酸在稀碱溶液中的反应

α-卤代酸中的卤原子较活泼，可发生亲核取代反应，生成其他取代羧酸：

$$CH_3\underset{\displaystyle Cl}{\underset{|}{C}}HCOOH \begin{cases} \xrightarrow{NaOH/H_2O} \xrightarrow{H^+} CH_3\underset{\displaystyle OH}{\underset{|}{C}}HCOOH \xrightarrow{[O]} CH_3\underset{\displaystyle O}{\underset{\|}{C}}COOH \\ \xrightarrow{NH_3} CH_3\underset{\displaystyle NH_2}{\underset{|}{C}}HCOOH \\ \xrightarrow[\text{中和}]{\text{碱}} \xrightarrow{NaCN} CH_3\underset{\displaystyle CN}{\underset{|}{C}}HCOONa \xrightarrow{H^+} CH_3\underset{\displaystyle CN}{\underset{|}{C}}HCOOH \end{cases}$$

β-卤代酸在碱的存在下，发生消除反应，生成 α，β-不饱和酸：

$$CH_3CH_2\underset{\displaystyle Br}{\underset{|}{C}}HCH_2COOH \xrightarrow{NaOH/H_2O} CH_3CH_2CH{=}CHCOONa \xrightarrow{H^+} CH_3CH_2CH{=}CHCOOH$$

*3. 达参缩水甘油酸酯缩合

在碱催化下从 α-卤代酸酯和羰基化合物缩合生成 α、β-环氧酯（缩水甘油酯）的反应，称**达参(Darzens)缩水甘油酸酯缩合**：

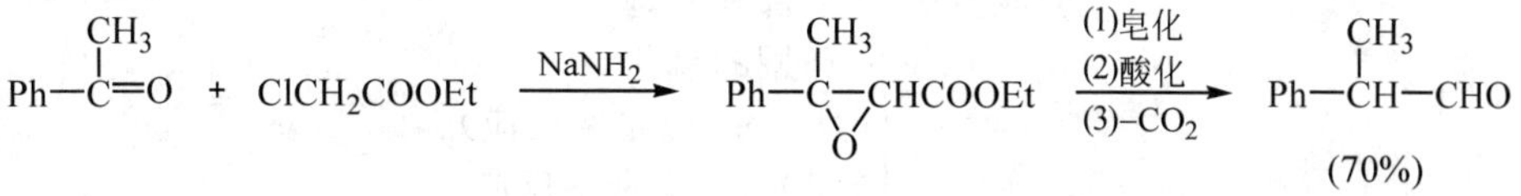

$$\mathrm{Ph{-}\underset{}{\overset{CH_3}{\overset{|}{C}}}{=}O} + \mathrm{ClCH_2COOEt} \xrightarrow{\mathrm{NaNH_2}} \mathrm{Ph{-}\overset{CH_3}{\overset{|}{C}}{-}CHCOOEt}\ (\text{环氧, O}) \xrightarrow[\text{(3)}-\mathrm{CO_2}]{\text{(1)皂化}\ \text{(2)酸化}} \mathrm{Ph{-}\overset{CH_3}{\overset{|}{C}H}{-}CHO}\ (70\%)$$

12.2 羟基酸

12.2.1 羟基酸的分类和命名

羧酸分子中饱和碳原子上有羟基的称为醇酸，羟基在芳环上的羟基酸称为酚酸。

羟基酸的命名按照系统命名法，将羟基作为取代基称为某酸。**羟基所在碳原子的位次可用 1,2,3,…或用 α,β,γ,…,ω 表示。许多天然存在的醇酸、酚酸习惯上常用俗名。**例如：

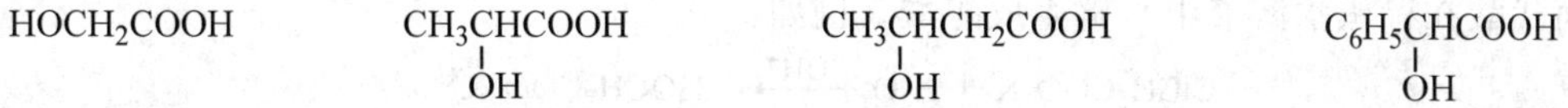

$HOCH_2COOH$ 2-羟基乙酸（α-羟基乙酸）

$CH_3CH(OH)COOH$ 2-羟基丙酸（乳酸）

$CH_3CH(OH)CH_2COOH$ 3-羟基丁酸（β-羟基丁酸）

$C_6H_5CH(OH)COOH$ α-羟基苯乙酸（扁桃酸）

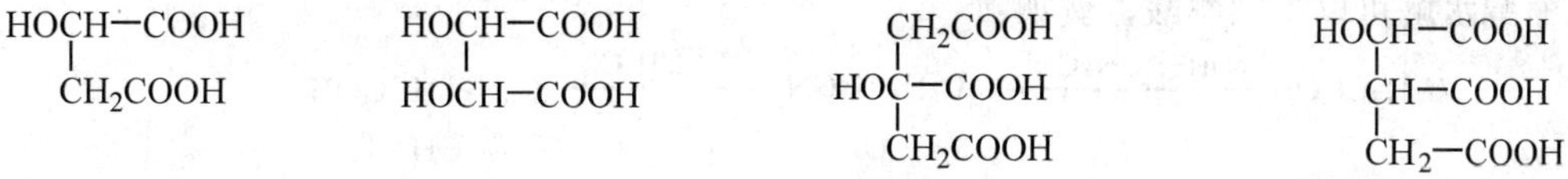

$HOCH(COOH)CH_2COOH$ 羟基丁二酸（苹果酸）

$HOCH(COOH){-}CH(OH)COOH$ 2,3-二羟基丁二酸（酒石酸）

$HOC(COOH)(CH_2COOH)_2$ 3-羧基-3-羟基戊二酸（柠檬酸或枸橼酸）

$HOCH(COOH){-}CH(COOH){-}CH_2COOH$ 3-羧基-2-羟基戊二酸（异柠檬酸或异枸橼酸）

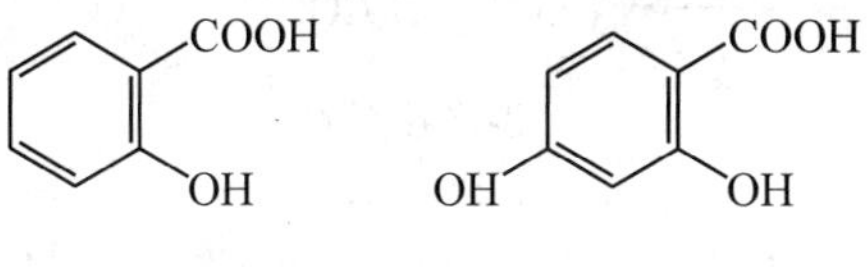

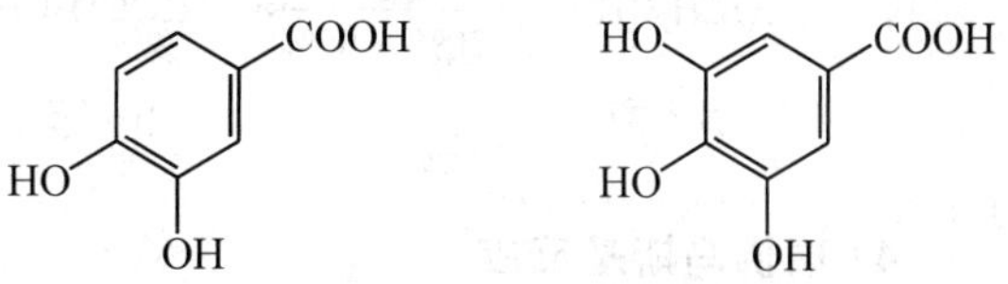

2-羟基苯甲酸（水杨酸）

2, 4-二羟基苯甲酸

3, 4-二羟基苯甲酸（原儿茶酸）

3,4,5-三羟基苯甲酸（没食子酸或五倍子酸）

*12.2.2 羟基酸的制备

许多羟基酸存在于自然界，如乳酸、苹果酸、柠檬酸等均可以从相应的天然产物中得到。这里重点介绍羟基酸的合成方法。一般的合成方法较多适用于 α-和 ω-羟基酸的制备。γ-和 δ-醇酸容易脱水生成内酯，在制备中往往不易分离提纯，**β-醇酸**容易脱水生成 α,β-不饱和酸，也给分离带来困难。合成方法如下：

合成方法
- 控制氧化或还原
- 卤代酸的水解
- 氰醇反应
- * 瑞佛马斯基反应
- * 环酮的氧化（拜耳尔-魏立格反应）
- * 科尔伯-施密特反应

1. 控制氧化或还原

醇酸可通过控制二元醇的氧化或二元羧酸的还原得到。例如：

$$\underset{\text{乙二醇}}{HOCH_2CH_2OH} \xrightarrow{HNO_3,\ H_2O} \underset{\text{羟乙酸}}{HOCH_2\overset{O}{\overset{\|}{C}}OH}$$

$$HOOC(CH_2)_nCOOR \xrightarrow[\text{催化剂}]{[H]} HOCH_2(CH_2)_nCOOR$$

2. 卤代酸水解

卤代酸在稀碱水溶液中水解生成醇酸。例如：

$$ClCH_2COO^-K^+ + H_2O \xrightarrow{OH^-} \underset{(80\%)}{HOCH_2COO^-K^+}$$

3. 氰醇水解

氰醇水解可以得到醇酸。例如：

$$\underset{\text{苯甲醛}}{C_6H_5CHO} \xrightarrow{NaHSO_3,\ NaCN} \underset{\alpha\text{-羟基苯乙腈}}{C_6H_5\underset{OH}{\underset{|}{C}}HCN} \xrightarrow{HCl,\ H_2O} \underset{\substack{\alpha\text{-羟基苯乙酸} \\ (50\%\sim52\%)}}{C_6H_5\underset{OH}{\underset{|}{C}}HCOOH}$$

$$\underset{\text{氯乙醇}}{HOCH_2CH_2Cl} \xrightarrow[70\%\sim80\%]{NaCN} \underset{\beta\text{-羟基丙腈}}{HOCH_2CH_2CN} \xrightarrow{HCl,\ H_2O} \underset{\substack{\beta\text{-羟基丙酸} \\ (28\%\sim31\%)}}{HOCH_2CH_2COOH}$$

***4. 瑞佛马斯基反应**

使 α-卤代酸酯与醛或酮的混合物在惰性溶液中与锌粉反应，产物**水解**后得到 β-醇酸酯的反应称为瑞佛马斯基(Reformatsky)反应。例如：

$$\underset{\text{溴乙酸乙酯}}{BrCH_2\overset{O}{\overset{\|}{C}}OEt} + \underset{\text{苯乙酮}}{C_6H_5\overset{O}{\overset{\|}{C}}CH_3} \xrightarrow[(2)H_2O]{(1)Zn} \underset{\substack{\text{3-羟基-3-苯基丁酸乙酯} \\ (92\%)}}{C_6H_5\overset{CH_3}{\overset{|}{\underset{OH}{\underset{|}{C}}}}-CH_2\overset{O}{\overset{\|}{C}}OEt}$$

通常用 α-溴代酸酯作原料，乙醚、苯、甲苯等作溶剂，生成的 β-醇酸酯容易脱水而转变为 α，β-不饱和酸酯。

在反应中锌粉先与 α-溴代酸酯生成烯醇盐，由于其活性较低，只能与醛、酮分子中活性较大的羰基加成，而不会与用作原料的酯加成：

$$BrCH_2\overset{O}{\overset{\|}{C}}OEt + Zn \longrightarrow H_2C{=}C\begin{matrix}OZnBr\\OEt\end{matrix}$$

溴乙酸乙酯　　烯醇盐

$$H_5C_6CHO + BrZnOC(OEt){=}CH_2 \longrightarrow \text{(六元环过渡态)} \xrightarrow{H_2O} C_6H_5\underset{OH}{CH}CH_2\overset{O}{\overset{\|}{C}}OEt$$

苯甲醛　烯醇盐　3-羟基-3-苯基丙酸乙酯 (61%～64%)

如用金属镁代替锌，生成的烯醇盐容易与酯基起缩合反应。

比较新的方法是用**二异丙氨基锂**(LDA)**与酯反应**，使其转变为烯醇盐。

*5. 环酮的氧化

环酮的**拜耳尔-魏立格**(Baeyer-Villiger)**氧化**，生成内酯，后者水解得到醇酸，例如：

$$\text{2-甲基环己酮} \xrightarrow{CF_3\overset{O}{\overset{\|}{C}}OOH} \text{(7-甲基己内酯)} \xrightarrow[(2)H_3O^+]{(1)NaOH,\ C_2H_5OH} CH_3\underset{OH}{CH}(CH_2)_4\overset{O}{\overset{\|}{C}}OH$$

2-甲基环己酮　6-羟基庚酸

*6. 科尔伯-施密特反应

科尔伯-施密特(Kolbe-Schmidt)**反应**用于工业上生产水杨酸，它是由苯酚钠在加压下与二氧化碳反应，得到水杨酸钠，后者酸化后生成水杨酸：

$$C_6H_5O^-Na^+ \xrightarrow{CO_2} o\text{-}HOC_6H_4COO^-Na^+ \xrightarrow{H_3O^+} o\text{-}HOC_6H_4COOH$$

苯酚钠　水杨酸钠　水杨酸

间苯二酚在水溶液中即可吸收二氧化碳生成 2,4-二羟基苯甲酸：

$$\text{间苯二酚} \xrightarrow[(2)H_3O^+]{(1)\ KHCO_3,\ H_2O,\ CO_2} \text{2,4-二羟基苯甲酸}$$

间苯二酚　2,4-二羟基苯甲酸 (57%～60%)

对羟基苯甲酸在工业上由苯酚钾在 190～200℃和加压下与二氧化碳反应得到，熔点 213℃。

$$C_6H_5OK \xrightarrow[(2)\ H_3O^+]{(1)\ CO_2,\ \triangle} p\text{-}HOC_6H_4COOH$$

苯酚钾　对羟基苯甲酸

12.2.3 羟基酸的性质和反应

羟基酸包括醇酸和酚酸两类，在常温下醇酸多为固体或黏稠液体，在水中的溶解度较相同碳原子数的醇和羧酸大，多数醇酸具有旋光性。酚酸都是固体，多以盐、酯等形式存在于植物中。

在化学性质上，羟基酸具有醇、酚和羧酸的通性。如醇羟基可以被氧化、酯化和酰化；酚羟基有酸性，能与 $FeCl_3$ 呈颜色反应；羧基有酸性，能成盐、成酯、脱羧等。由于分子中羟基和羧基的相互影响，又使羟基酸具有其特殊性。主要介绍以下性质：

羟基酸的性质：
- 羟基酸的酸性
- 醇酸的氧化反应
- 醇酸脱水
- α-和 β-醇酸的降解
- 酚酸的脱羧反应

1. 羟基酸的酸性

羟基连接在脂肪烃基上表现出诱导效应，多数情况下会使羧酸酸性增强，因此一般醇酸酸性强于相应的羧酸。羟基离羧基越近，酸性增加较大，反之酸性增加较小，甚至无影响。例如：

	CH_3COOH	$HOCH_2COOH$	$HOCH_2CH_2COOH$
pK_a:	4.75	3.83	4.51

酚酸的酸性受诱导效应、共轭效应和邻位效应的影响，其酸性随羟基与羧基的相对位置不同而表现出明显的差异，例如：

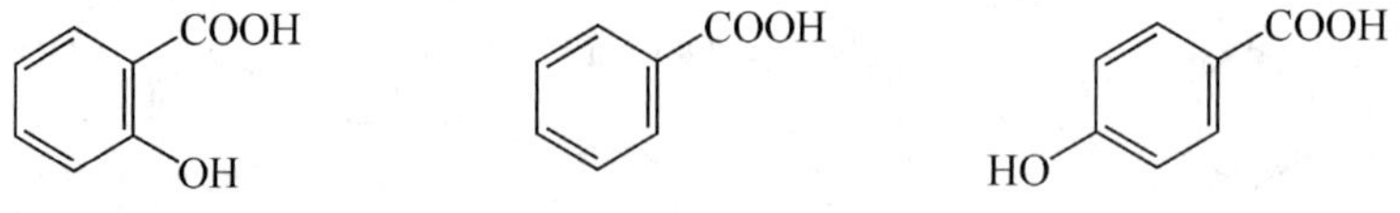

	邻羟基苯甲酸	苯甲酸	对羟基苯甲酸
pK_a:	2.96	4.19	4.57

水杨酸的酸性明显增强，可能是由于它的共轭碱能生成分子内氢键，其稳定性增加：

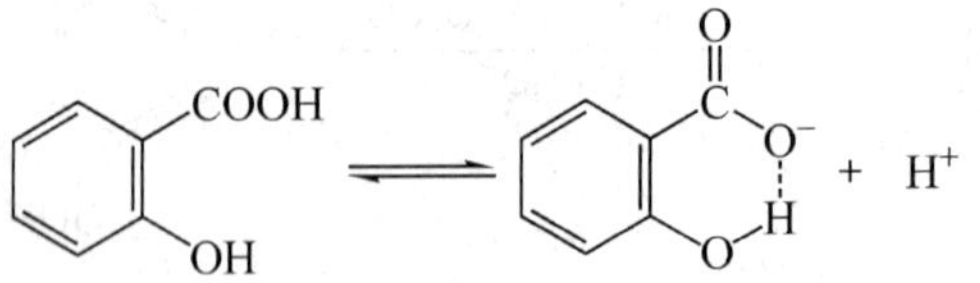

$$\text{邻-}HOC_6H_4COOH \rightleftharpoons \text{邻-}HO\cdots C_6H_4COO^- + H^+$$

2. 醇酸的氧化反应

醇酸分子中的羟基受到羧基的影响，使得分子中羟基比醇更易氧化。稀硝酸一般不能氧化醇，但却能氧化醇酸生成醛酸、酮酸或二元酸。吐伦(Tollen)试剂不能氧化醇，却能将α-羟基酸氧化成α-酮酸。例如：

$$HOCH_2COOH \xrightarrow{\text{稀}HNO_3} HCCOOH(\text{C=O}) \xrightarrow{\text{稀}HNO_3} HOOCCOOH$$

$$CH_3CH(OH)CH_2COOH \xrightarrow{\text{稀}HNO_3} CH_3\overset{O}{\overset{\|}{C}}CH_2COOH$$

$$CH_3CH(OH)COOH \xrightarrow[\triangle]{\text{吐伦试剂}} CH_3COCOOH + Ag\downarrow$$

3. **醇酸脱水**

两分子 α-醇酸之间容易脱水而生成酯，以乳酸为例，它在长期储存时，生成乳酰乳酸、**交酯**和更高级的聚合物：

$$2CH_3CH(OH)COOH \xrightarrow{-H_2O} CH_3CH(OCOCH(OH)CH_3)COOH \xrightarrow{-H_2O} \text{交酯}$$

乳酸　　乳酰乳酸　　交酯

乳酰乳酸 ⟶

$$HOCH(CH_3)CO\left[OCH(CH_3)CO\right]_nOCH(CH_3)COOH$$

聚乳酸

β-醇酸在加热时容易脱水生成不饱和酸：

$$RCH(OH)CH_2COOH \xrightarrow{\triangle} RCH{=}CHCOOH + H_2O$$

γ-醇酸极易脱水而转变为环状的**内酯**：

$$HOCH_2CH_2CH_2COOH \longrightarrow \gamma\text{-丁内酯} + H_2O$$

γ-羟基丁酸　　γ-丁内酯

因此，γ-醇酸只有在变成盐后才是稳定的。有些 γ-醇酸不能得到，因为游离酸立即脱水变成内酯。γ-内酯为稳定的中性化合物，但与热碱相遇会变成 γ-醇酸盐：

$$\gamma\text{-丁内酯} + NaOH \longrightarrow HOCH_2CH_2CH_2COO^-Na^+$$

γ-丁内酯　　γ-羟基丁酸钠

γ-羟基丁酸钠有麻醉作用，它具有使手术后患者苏醒快的优点。

δ-醇酸较难生成内酯，生成的 δ-内酯也容易开环。羟基离羧基更远的醇酸一般脱水生成不饱和酸或链状的聚酯：

$$RCH(OH)CH_2(CH_2)_nCOOH \xrightarrow{\triangle} RCH{=}CH(CH_2)_nCOOH$$

$$+ H\left[OCH(R)CH_2(CH_2)_nCOOCH(R)CH(CH_2)_nCO\right]_mOH$$

4. **α-和 β-醇酸的降解**

α-醇酸与浓硫酸一起加热时，分解为醛、酮、一氧化碳和水；如与稀硫酸一起加热，则分解为醛、酮和甲酸：

$$RR'\underset{\displaystyle OH}{\underset{|}{\overset{\overset{\displaystyle O}{\|}}{C}}}OOH \xrightarrow{\text{浓}H_2SO_4} R-\overset{\overset{\displaystyle O}{\|}}{C}-R' + CO + H_2O$$

$$RR'\underset{\displaystyle OH}{\underset{|}{\overset{\overset{\displaystyle O}{\|}}{C}}}OOH \xrightarrow{H_2SO_4,H_2O} R-\overset{\overset{\displaystyle O}{\|}}{C}-R' + HCOOH$$

5. 酚酸的脱羧反应

羟基在羧基邻、对位的酚酸加热至熔点以上时,容易脱羧:

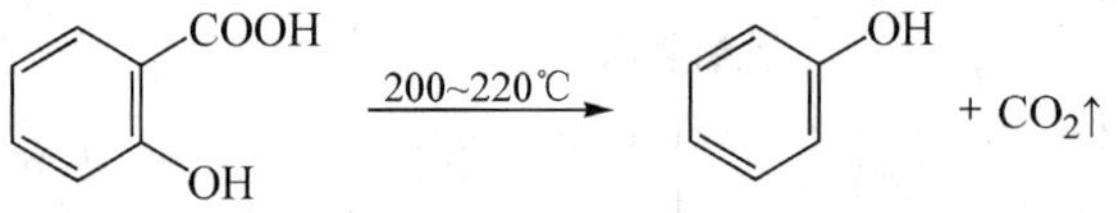

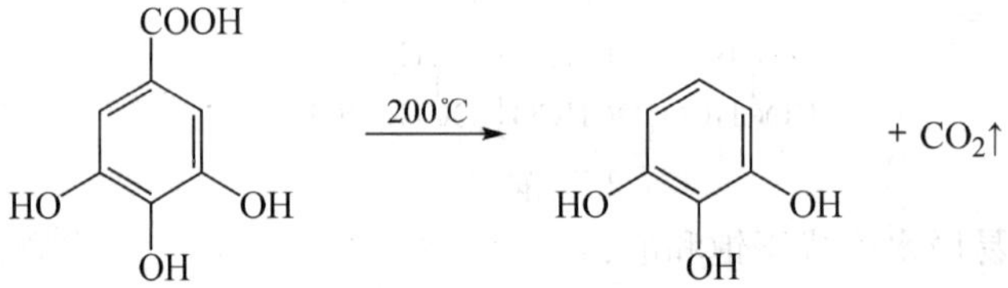

$$\text{邻羟基苯甲酸(COOH, OH)} \xrightarrow{200\sim220℃} \text{苯酚(OH)} + CO_2\uparrow$$

$$\text{3,4,5-三羟基苯甲酸(COOH; HO, OH, OH)} \xrightarrow{200℃} \text{1,2,3-苯三酚(HO, OH, OH)} + CO_2\uparrow$$

12.2.4 重要的羟基酸

1. 羟基乙酸

存在于甜菜和未成熟的水果中,在用亚硫盐制纸浆所得的废液中也含有羟基乙酸。工业生产中由甲醛、一氧化碳和水制得:

$$HCHO + CO + H_2O \xrightarrow[31\sim91MPa,\ 160\sim200℃]{H_2SO_4} HOCH_2\overset{\overset{\displaystyle O}{\|}}{C}OH$$

羟基乙酸为无色晶体,熔点79℃,易溶于水、乙醇、甲醇、丙醇和乙酸乙酯,微溶于乙醚,难溶于烃类溶剂。在水溶液中慢慢与其二聚物、三聚物等形成平衡,如将水溶液回流,2 h内即达成平衡:

$$nHOH_2\overset{\overset{\displaystyle O}{\|}}{C}COH \longrightarrow H(OCH_2\overset{\overset{\displaystyle O}{\|}}{C})_n OH + (n-1)H_2O$$

在蒸馏时也生成聚合物。

羟基乙酸在食品工业中用于设备的清洗。

2. 乳酸

乳酸(lactic acid)分子中含有一个不对称碳原子,有两个对映异构体:

COOH HO◄C►H CH₃ *S*-(+)	COOH H◄C►OH CH₃ *R*-(−)

许多水果中含有乳酸,在人体中*S*-(+)-乳酸作为葡萄糖的氧化产物而存于血液和肌肉中。酸牛奶中含有*R*,*S*-(+/−)-乳酸,在工业上由乳糖、麦芽糖或葡萄糖的发酵生产乳酸,选用不同菌类,可以得到*S*-(+)-乳酸或*R*,*S*-(+/−)-乳酸。

R-(－)-和 S-(＋)-乳酸为固体，熔点 28℃，S-(＋)-乳酸的 20% 水溶液的比旋光度为 $[\alpha]_D^{25}=+2.53°$，它的盐和酯大部分是左旋的，但它们的构型却与酸相同，说明构型与旋光方向之间没有直接联系。

乳酸的吸湿性很强，水及能与水混溶的溶剂都能与乳酸混溶，市售乳酸一般为水溶液。

乳酸及其衍生物用于医药和食品工业中。

3. 苹果酸

苹果酸(malic acid)含有一个不对称碳原子，其构型为：

$$\begin{array}{c}COOH\\HO-C-H\\CH_2COOH\\S\text{-}(-)\end{array}\qquad\begin{array}{c}COOH\\H-C-OH\\CH_2COOH\\R\text{-}(+)\end{array}$$

(S)-苹果酸存在于苹果中，熔点 100.5℃，RS-(＋/－)-苹果酸由马来酸酐或富马酸加水得到，熔点 128.5℃，用于医药、食品和化学工业中。

4. 酒石酸

酒石酸(tartaric acid)分子中有两个相同的不对称碳原子，几种异构体的构型为：

$$\begin{array}{c}COOH\\H-C-OH\\HO-C-H\\COOH\\(2R,3R)\text{-}(+)\text{-酒石酸}\end{array}\qquad\begin{array}{c}COOH\\HO-C-H\\H-C-OH\\COOH\\(2S,3S)\text{-}(-)\text{-酒石酸}\end{array}\qquad\begin{array}{c}COOH\\H-C-OH\\H-C-OH\\COOH\\(2R,3S)\text{-}(+/-)\text{-酒石酸}\end{array}$$

(2R,3R)-(＋)-酒石酸氢钾存在于葡萄中，酿造葡萄酒时，在酒桶中沉淀出来，称为**酒石**。(2R,3R)-(＋)-和(2S,3S)-(－)-酒石酸的熔点为 180℃，在加热时容易外消旋化，外消旋体的熔点为 206℃。内消旋酒石酸的熔点为 140℃，它不存在于天然产物中。酒石酸是酿酒工业的副产品，用于食品工业中，特别是加在饮料中。

5. 柠檬酸

柠檬酸(citric acid)存在于柠檬和其他水果中，也存于人乳和血中。无水柠檬酸的熔点为 153℃，加热到 175℃时脱水生成丙烯三甲酸(乌头酸)：

$$\begin{array}{c}CH_2COOH\\|\\HO-C-COOH\\|\\CH_2COOH\\\text{柠檬酸}\end{array}\xrightarrow{\triangle}\begin{array}{c}CHCOOH\\\|\\C-COOH\\|\\CH_2COOH\\\text{乌头酸}\end{array}$$

工业上由糖类发酵生产柠檬酸，用于食品工业中。

6. 扁桃酸

扁桃酸(mandelic acid)含有一个不对称碳原子。(R)-(-)-扁桃酸由扁桃苷水解得到。熔点 133℃：

$$\begin{array}{c}CN\\|\\C_6H_5CHOC_{12}H_{22}O_{10}\\\text{扁桃苷}\end{array}\xrightarrow{H_2O}\begin{array}{c}COOH\\H-C-OH\\C_6H_5\\R\text{-}(-)\text{-扁桃酸}\end{array}$$

7. 水杨酸

水杨酸(salicylic acid)为无色晶体,熔点159℃,微溶于水,与铁离子显红色,其酸性较强($pK_a=2.96$),水杨酸溴化时,羧基被溴原子取代:

$$\text{水杨酸} \xrightarrow{Br_2} \text{2,4,6-三溴苯酚} + CO_2$$

水杨酸用于染料及药物合成中,其钠盐有抑菌和杀菌作用。

乙酰水杨酸即**阿司匹林**,由水杨酸和乙酸酐在吡啶存在下加热得到,可用作止痛剂和解热剂。

$$\text{水杨酸} + (CH_3CO)_2O\ (\text{乙酸酐}) \xrightarrow[\triangle]{C_5H_5N} \text{乙酰水杨酸 (熔点137℃)}$$

水杨酸甲酯的沸点为234℃,用作香料。水杨酸苯酚又名萨罗,熔点43℃,是温和的抗菌剂。

8. 对羟基苯甲酸

对羟基苯甲酸在硝化时生成2,4,6-三硝基苯酚:

$$\text{对羟基苯甲酸} + HNO_3 \xrightarrow{H_2SO_4} \text{2,4,6-三硝基苯酚} + CO_2$$

9. 棓酸

棓酸(gallic acid)即3,4,5-三羟基苯甲酸,熔点202℃。加热时容易脱羧:

$$\text{棓酸} \xrightarrow{\triangle} \text{1,2,3-苯三酚} + CO_2$$

12.3 羰基酸

碳链上有羰基的羧酸叫羰基酸,包括醛酸和酮酸。

按羰基的位置可分为α-羰基酸、β-羰基酸和γ-羰基酸。

12.3.1 α-羰基酸

最简单的α-羰基酸是乙醛酸和丙酮酸。乙醛酸存于未成熟的水果中，果实成熟，糖分增加，乙醛酸消失。丙酮酸是动物体内代谢的中间产物，酒石酸经脱水，再**脱羧**也可得丙酮酸，所以丙酮酸又叫**焦性酒石酸**：

$$\underset{\text{酒石酸}}{\mathrm{HOOC{-}\overset{OH}{\overset{|}{C}H}{-}\overset{OH}{\overset{|}{C}H}{-}COOH}} \xrightarrow{-H_2O} \mathrm{HOOC{-}\overset{HO}{\overset{|}{C}}{=}\overset{H}{\overset{|}{C}}{-}COOH} \rightleftharpoons$$

$$\underset{\text{草酰乙酸}}{\mathrm{HOOC{-}\underset{\underset{O}{\|}}{C}{-}CH_2COOH}} \xrightarrow{-CO_2} \underset{\text{丙酮酸}}{\mathrm{HOOC{-}\overset{O}{\overset{\|}{C}}{-}CH_3}}$$

丙酮酸为无色液体，沸点为165℃，能与水混溶。

α-酮酸分子中的酮基与羧基直接相连，由于氧原子有较强的电负性，使得酮基与羧基碳原子间的电子云密度较低，因而碳碳键容易断裂。**α-酮酸**被弱氧化剂(吐伦试剂)氧化，发生银镜反应：

$$\mathrm{R{-}\overset{O}{\overset{\|}{C}}{-}COOH + 2Ag(NH_3)_2^+ + OH^- \longrightarrow R{-}COO^- + 2Ag\downarrow + 2NH_3\uparrow}$$

丙酮酸用硝酸氧化得草酸：

$$\mathrm{CH_3\overset{O}{\overset{\|}{C}}COOH \xrightarrow{HNO_3} \underset{\text{草酸}}{HOOCCOOH} + CO_2}$$

与稀硫酸加热，发生**脱羧**反应：

$$\mathrm{R{-}\overset{O}{\overset{\|}{C}}{-}COOH \xrightarrow[\triangle]{\text{稀}H_2SO_4} RCHO + CO_2\uparrow}$$

与浓硫酸一起加热，则脱去一氧化碳：

$$\underset{\text{丙酮酸}}{\mathrm{CH_3\overset{O}{\overset{\|}{C}}COOH}} \xrightarrow[\text{或}\triangle]{\text{浓}H_2SO_4} \underset{\text{乙酸}}{\mathrm{CH_3\overset{O}{\overset{\|}{C}}OH}} + \mathrm{CO\uparrow}$$

12.3.2 β-酮酸

β-酮酸只在低温下稳定，在室温以上易**脱羧**生成酮，这是**β-酮酸**的共性：

$$\underset{\beta\text{-丁酮酸}}{\mathrm{CH_3{-}\overset{O}{\overset{\|}{C}}{-}CH_2{-}COOH}} \xrightarrow{\triangle} \underset{\text{丙酮}}{\mathrm{CH_3\overset{O}{\overset{\|}{C}}{-}CH_3}} + \mathrm{CO_2\uparrow}$$

$$\mathrm{R{-}\overset{O}{\overset{\|}{C}}{-}CH_2{-}COOH \xrightarrow{\triangle} R{-}\overset{O}{\overset{\|}{C}}{-}CH_3 + CO_2\uparrow}$$

β-酮酸受热时比α-酮酸更易脱羧，一方面是由于酮基上的氧原子的吸电子诱导效应，另一方面是由于酮基上氧原子与羧基上的氢形成分子内氢键，故受热时易于脱羧：

$$R-CO-CH_2-COOH \longrightarrow [\text{分子内氢键六元环过渡态}] \xrightarrow{-CO_2} [R-C(OH)=CH_2] \longrightarrow R-CO-CH_3$$

β-羟基丁酸、β-丁酮酸和丙酮，三者在医学上称为酮体。它们常为糖、油脂和蛋白质代谢的中间产物。正常人的血液中酮体的含量低于10 mg/L，糖尿病人因糖代谢不正常，靠消耗脂肪提供能量，其血液中酮体的含量在3～4 g/L以上。由于β-羟基丁酸和β-丁酮酸均具有较强的酸性，所以酮体含量过高的晚期糖尿病患者易发生酮症酸中毒。

12.3.3 γ-酮酸

4-戊酮酸是最简单的γ-酮酸，为无色晶体，熔点为34℃，加热时脱水生成α-和β-当归内酯：

$$CH_3-CO-CH_2-CH_2-COOH \rightleftharpoons \text{(环状半缩酮式)} \xrightarrow{\triangle} \text{α-当归内酯} + \text{β-当归内酯}$$

α-当归内酯　　β-当归内酯

酮酸分子中羰基的诱导效应使酸性增强，羰基的影响随其与羧基之间距离的增加而减小：

	$CH_3COCOOH$	CH_3COCH_2COOH	$CH_3CO(CH_2)_2COOH$	$CH_3CO(CH_2)_3COOH$
pK_a：	2.49	3.51	4.63	4.66

12.4 β-酮酸酯

β-酮酸酯分子中，由于受到羰基和酯基的影响，使得亚甲基相当活泼，因而具有特殊的性质。β-酮酸酯的典型代表物是β-丁酮酸乙酯，也称乙酰乙酸乙酯。

12.4.1 β-酮酸酯的制备

乙酸乙酯在乙醇钠存在下，起分子间的缩合反应，酸化后得到乙酰乙酸乙酯：

$$2CH_3COOEt \xrightarrow[(2)\ CH_3COOH,\ H_2O]{(1)\ EtONa,\ EtOH} CH_3COCH_2COOEt + EtOH$$

乙酸乙酯　　乙酰乙酸乙酯（沸点181℃）(75%)

其他有两个α-氢的羧酸酯也可以在乙醇钠存在下缩合，酸化后得到β-酮酸酯：

$$2CH_3CH_2\overset{O}{\overset{\|}{C}}OEt \xrightarrow[(2)CH_3COOH,\ H_2O]{(1)EtONa,\ EtOH} CH_3CH_2\overset{O}{\overset{\|}{C}}-\underset{CH_3}{\underset{|}{CH}}-\overset{O}{\overset{\|}{C}}OEt + EtOH$$

丙酸乙酯　　　　2-甲基-3-戊酮酸乙酯 (81%)

这是制备 β-酮酸酯的重要方法,称为**克莱森酯缩合**(Claisen condensation) **反应**。

*12.4.2 反应机理

乙酸乙酯分子中的**α-氢有微弱酸性**,其 pK_a 为 15,在醇钠作用下,能生成烯醇盐,烯醇盐进攻另一分子乙酸乙酯中的羰基,生成乙酰乙酸乙酯。

$$CH_3\overset{O}{\overset{\|}{C}}OEt + EtO^- \rightleftharpoons \left[:\overset{-}{C}H_2\overset{O}{\overset{\|}{C}}OEt \longleftrightarrow H_2C=\overset{O^-}{\overset{|}{C}}-OEt \right] + EtOH$$

乙酸乙酯　　烯醇盐　　乙醇

pK_a: 15　　15.9

$$CH_3\overset{O}{\overset{\|}{C}} (OEt) + :\overset{-}{C}H_2\overset{O}{\overset{\|}{C}}OEt \rightleftharpoons CH_3\overset{:\ddot{O}:^-}{\overset{|}{C}}(OEt)-CH_2\overset{O}{\overset{\|}{C}}OEt$$

$$CH_3\overset{:\ddot{O}:^-}{\overset{|}{C}}(OEt)-CH_2\overset{O}{\overset{\|}{C}}OEt \rightleftharpoons CH_3\overset{O}{\overset{\|}{C}}CH_2\overset{O}{\overset{\|}{C}}OEt + EtO^-$$

乙酰乙酸乙酯

乙酸乙酯的酸性强度与乙醇接近。因此,用乙醇钠作碱性试剂时,只有很小一部分乙酸乙酯变成烯醇盐,即在第一步反应中,平衡偏向左边,由烯醇盐的缩合反应生成的乙酰乙酸乙酯的量也很少。

乙酰乙酸乙酯分子中,活性亚甲基上的氢具有较强的酸性(pK_a=11),乙醇钠能使它差不多完全变成烯醇盐,即下面的平衡中,平衡偏向右边:

$$CH_3\overset{O}{\overset{\|}{C}}CH_2\overset{O}{\overset{\|}{C}}OEt + EtO^- \rightleftharpoons CH_3\overset{O^-}{\overset{|}{C}}=CH\overset{O}{\overset{\|}{C}}OEt + EtOH$$

乙酰乙酸乙酯　　烯醇盐　　乙醇

pK_a: 10.65　　15.9

因此,虽然在上面的平衡反应中只生成少量的乙酰乙酸乙酯,但生成后,差不多完全变成烯醇盐,这样就使平衡向右移动,使缩合反应能够继续进行,直到乙酸乙酯差不多全部缩合为止。这就是说,乙酰乙酸乙酯较强的酸性推动了缩合反应的进行。

生成的乙酰乙酸乙酯烯醇盐用乙酸酸化,即释放出乙酰乙酸乙酯:

$$CH_3\overset{O^-}{\overset{|}{C}}=CH\overset{O}{\overset{\|}{C}}OEt + CH_3COOH \longrightarrow CH_3\overset{O}{\overset{\|}{C}}CH_2\overset{O}{\overset{\|}{C}}OEt + CH_3COO^-$$

烯醇盐　　乙酰乙酸乙酯

只有一个 α-氢的酯,在乙醇钠存在下,虽然也可以生成烯醇盐,烯醇盐也能与另一分子酯缩合,但得到的 β-酮酸酯没有 α-氢,不能变成盐,缺乏使平衡向右移动的推动力,缩合也不能继续进行。

*12.4.3 交叉酯缩合

两种酯的混合物起克莱森酯缩合反应,可以得到 4 种 β-酮酸酯的混合物,因此,没有合成价值。如果两种酯中有一种没有 α-氢只能提供羰基与另一种有 α-H 的酯缩合,则缩合产物较为单一,这种酯缩合反应,称为**交叉酯缩合**(crossed ester condensation):

$$\underset{\text{甲酸乙酯}}{\overset{O}{\overset{\|}{HC}}OEt} + \underset{\text{乙酸乙酯}}{CH_3\overset{O}{\overset{\|}{C}}OEt} \xrightarrow[(2)H_3O^+]{(1)EtONa,EtOH} \underset{\text{丙醛酸乙酯(79\%)}}{H\overset{O}{\overset{\|}{C}}CH_2\overset{O}{\overset{\|}{C}}OEt}$$

*12.4.4 狄克曼缩合

具有 α-活泼氢的二元酸酯,在强碱(如 EtONa)存在下,进行分子内酯缩合反应,形成环状 β-酮酸酯。这一缩合反应称为**狄克曼**(Dieckmann)**酯缩合**:

$$H_2C\begin{cases}CH_2\overset{O}{\overset{\|}{C}}OEt\\ CH_2-CH_2\overset{O}{\overset{\|}{C}}OEt\end{cases} \underset{}{\overset{EtONa}{\rightleftharpoons}} H_2C\begin{cases}CH_2\overset{O}{\overset{\|}{C}}OEt\\ CH_2-\overset{-}{C}HCOOEt\end{cases} \rightleftharpoons \text{(环戊烷:1-位 }O^-\text{、OEt,2-位 COOEt)}$$

$$\xrightarrow{-EtO^-} \xrightarrow{-H^+} \text{(2-氧代环戊烷甲酸乙酯,环上 C=O 邻位 COOEt)}$$

*12.4.5 合成对称酮

含 α-H 的羧酸酯,经 Claisen 缩合,水解,脱羧,可以制备对称酮:

$$CH_3CH_2\overset{O}{\overset{\|}{C}}OEt + CH_3CH_2\overset{O}{\overset{\|}{C}}OEt \underset{EtOH}{\overset{EtONa}{\rightleftharpoons}} CH_3CH_2\overset{O}{\overset{\|}{C}}\underset{CH_3}{\underset{|}{CH}}\overset{O}{\overset{\|}{C}}OEt$$

$$\xrightarrow[(2)\ H^+/\triangle]{(1)\ OH^-} CH_3\ CH_2\ \overset{O}{\overset{\|}{C}}\ CH_2\ CH_3$$

即 $$RCH_2\ \overset{O}{\overset{\|}{C}}OEt \xrightarrow{\text{多步}} RCH_2\ \overset{O}{\overset{\|}{C}}\ CH_2\ R$$

12.5 乙酰乙酸乙酯及其在合成中的应用

乙酰乙酸乙酯可由乙酸乙酯经克莱森酯缩合反应制备。工业上利用二聚乙烯酮的醇解方法生产:

$$\begin{matrix}CH_2{=}C{-}O\\ \quad\ |\quad\ |\\ \quad CH_2{-}C{=}O\end{matrix} + C_2H_5OH \longrightarrow \left[CH_2{=}\overset{OH}{\overset{|}{C}}{-}CH_2\overset{O}{\overset{\|}{C}}OC_2H_5\right] \longrightarrow CH_3{-}\overset{O}{\overset{\|}{C}}{-}CH_2\overset{O}{\overset{\|}{C}}OC_2H_5$$

12.5.1 酮式-烯醇式互变异构

19世纪中叶，人们根据乙酰乙酸乙酯既能与亚硫酸氢钠、HCN的加成，显示羰基的性质，又能与金属钠作用放出氢气，使溴四氯化碳溶液退色，使 $FeCl_3$ 溶液显色，说明烯醇的存在。提出乙酰乙酸乙酯具有酮式和烯醇式两种结构，而且在常温下是两种互变的平衡混合物，存在下列动态平衡：

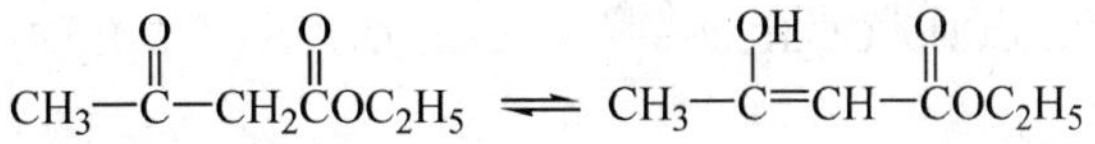

$$CH_3-\overset{O}{\overset{\|}{C}}-CH_2\overset{O}{\overset{\|}{C}}OC_2H_5 \rightleftharpoons CH_3-\overset{OH}{\overset{|}{C}}=CH-\overset{O}{\overset{\|}{C}}OC_2H_5$$

这种酮式和烯醇式的互变叫互变异构(tautomerism)。

一般单羰基化合物(如丙酮)虽也有烯醇式存在，但含量很低。乙酰乙酸乙酯烯醇式含量可达7.5%，主要是由于烯醇式使分子形成较大的共轭体系，且可形成较稳定的分子内氢键：

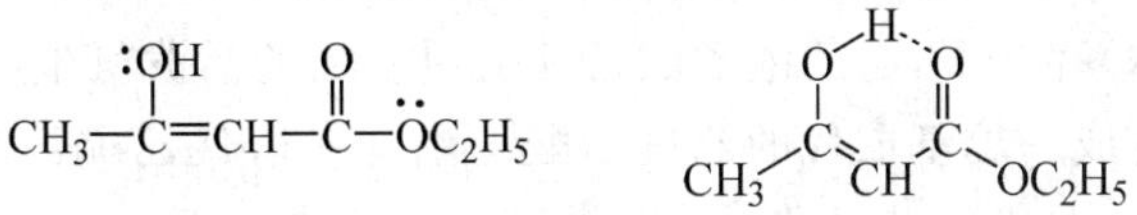

$$CH_3-\overset{:OH}{\overset{|}{C}}=CH-\overset{O}{\overset{\|}{C}}-\ddot{O}C_2H_5 \qquad \text{(六元环氢键结构：} O-H\cdots O\text{，}CH_3-C(=CH-)-C(-OC_2H_5)\text{)}$$

酮、β-二羰基化合物在溶液中烯醇式的含量，随分子的结构、溶剂、浓度、温度的不同而异。某些有机物酮式-烯醇式互变体系中，烯醇式的平衡含量见表12-1。

表12-1 某些有机化合物中烯醇式的含量

酮　式	烯醇式	烯醇式含量/%
$CH_3-\overset{O}{\overset{\|}{C}}-CH_3$	$CH_2=\overset{OH}{\overset{|}{C}}-CH_3$	0.000 15
$C_2H_5O\overset{O}{\overset{\|}{C}}CH_2\overset{O}{\overset{\|}{C}}OC_2H_5$	$C_2H_5O\overset{O}{\overset{\|}{C}}CH=\overset{OH}{\overset{|}{C}}O-C_2H_5$	0.1
$CH_3\overset{O}{\overset{\|}{C}}CH_2\overset{O}{\overset{\|}{C}}OC_2H_5$	$CH_3\overset{OH}{\overset{|}{C}}=CH\overset{O}{\overset{\|}{C}}OC_2H_5$	7.5
$CH_3\overset{O}{\overset{\|}{C}}CH_2\overset{O}{\overset{\|}{C}}CH_3$	$CH_3\overset{OH}{\overset{|}{C}}=CH\overset{O}{\overset{\|}{C}}CH_3$	76.0
$C_6H_5\overset{O}{\overset{\|}{C}}CH_2\overset{O}{\overset{\|}{C}}OCH_3$	$C_6H_5\overset{OH}{\overset{|}{C}}=CH\overset{O}{\overset{\|}{C}}OCH_3$	90.0

12.5.2 乙酰乙酸乙酯的分解反应

1. 成酮分解

乙酰乙酸乙酯在稀碱(或稀酸)作用下，酯基发生水解生成β-酮酸盐(酸)，酸化后加热则脱羧成酮，称为**成酮分解**或**酮式分解**：

$$CH_3\overset{O}{\overset{\|}{C}}CH_2\overset{O}{\overset{\|}{C}}OC_2H_5 \xrightarrow{稀碱} CH_3\overset{O}{\overset{\|}{C}}CH_2\overset{O}{\overset{\|}{C}}ONa \xrightarrow{H_2O/H^+} CH_3\overset{O}{\overset{\|}{C}}CH_2\overset{O}{\overset{\|}{C}}OH \xrightarrow{-CO_2} CH_3-\overset{O}{\overset{\|}{C}}-CH_3$$

2. 成酸分解

在浓碱作用下,乙酰乙酸乙酯在α-与β-碳原子之间发生键的断裂,生成两分子酸,所以叫做**成酸分解**或**酸式分解**。

$$CH_3\overset{O}{\overset{\|}{C}}CH_2\overset{O}{\overset{\|}{C}}OC_2H_5 \xrightarrow[\triangle]{浓碱} 2CH_3COOH + C_2H_5OH$$

12.5.3　乙酰乙酸乙酯合成法及其应用

乙酰乙酸乙酯属于β-羰基酸酯。β-羰基酸酯具有成酮水解、成酸水解,以及在α-亚甲基上进行一元、二元烃基化和酰基化等特殊性质,由此可合成甲基酮、二酮、羰基酸、羧酸及二元羧酸等多种化合物,在有机合成上,统称为乙酰乙酸乙酯合成法。

在强碱(如乙醇钠)存在下,与乙酰乙酸乙酯亚甲基上的活泼氢生成其钠盐,后者可与卤代烷发生取代反应,生成一烷基取代的乙酰乙酸乙酯。一取代乙酰乙酸乙酯经成酮分解和成酸分解将分别得到一取代甲基酮和一取代羧酸。其反应如下:

$$CH_3\overset{O}{\overset{\|}{C}}CH_2\overset{O}{\overset{\|}{C}}-OC_2H_5 \xrightarrow{C_2H_5Na} \left[CH_3\overset{O}{\overset{\|}{C}}\overset{-}{C}H\overset{O}{\overset{\|}{C}}-OC_2H_5\right]^- Na^+ \xrightarrow{RX} CH_3\overset{O}{\overset{\|}{C}}\underset{R}{\underset{|}{C}H}\overset{O}{\overset{\|}{C}}-OC_2H_5$$

$$CH_3\overset{O}{\overset{\|}{C}}\underset{R}{\underset{|}{C}H}\overset{O}{\overset{\|}{C}}OC_2H_5 \begin{cases} \xrightarrow{成酮分解} CH_3\overset{O}{\overset{\|}{C}}CH_2R \\ \xrightarrow{成酸分解} \underset{R}{\underset{|}{C}H_2}\overset{O}{\overset{\|}{C}}OH + CH_3COOH \end{cases}$$

由于乙酰乙酸乙酯亚甲基上还有一个活泼氢,因此进行一元取代后,只要重复操作,便可得到二元取代产物。不过在进行上述反应中,所用的卤代烷宜用伯卤代烷和仲卤代烷,叔卤代烷在上述条件下易起消除反应。二元取代的两个烃基不能同时加入,一般是先取代大的,后取代小的。成酸分解制备取代酸时,副产物较多,因此,乙酰乙酸乙酯烃基化主要用在 $RCH_2\overset{O}{\overset{\|}{C}}CH_3$, $\overset{R}{\underset{R'}{>}}CH\overset{O}{\overset{\|}{C}}CH_3$ 酮类化合物的制备。如:

$$H_3C\overset{O}{\overset{\|}{C}}CH_2\overset{O}{\overset{\|}{C}}OEt \xrightarrow[(2)n\text{-}C_4H_9Br]{(1)EtONa,\ EtOH} H_3C\overset{O}{\overset{\|}{C}}\underset{COOEt}{\underset{|}{C}H}CH_2CH_2CH_2CH_3 \xrightarrow[(2)H_2SO_4,\ 25^\circ C]{(1)NaOH,\ H_2O} H_3C\overset{O}{\overset{\|}{C}}CH_2CH_2CH_2CH_2CH_3$$

乙酰乙酸乙酯　　2-丁基-3-丁酮酸乙脂(69%~72%)　　2-庚酮(总产率61%)

此外,乙酰乙酸乙酯的钠盐也可以与酰卤、卤代酮或卤代羧酸酯作用,在α-碳上分别导入 $R\overset{O}{\overset{\|}{C}}-$, $R\overset{O}{\overset{\|}{C}}CH_2-$, $-CH_2COOR$, $-\underset{R}{\underset{|}{C}H}COOR$ 等多种基团。如与α-卤代羧酸酯作用,再经过

成酮分解便得到 γ-酮酸：

$$\left[CH_3\overset{O}{\overset{\|}{C}}CH\overset{O}{\overset{\|}{C}}OC_2H_5\right]^- Na^+ \xrightarrow{BrCH_2\overset{O}{\overset{\|}{C}}OC_2H_5} \underset{(1)}{CH_3\overset{O}{\overset{\|}{C}}\underset{CH_2\underset{\overset{\|}{O}}{C}OC_2H_5}{\underset{|}{C}H}\overset{O}{\overset{\|}{C}}OC_2H_5} \xrightarrow{稀碱} \underset{\gamma\text{-戊酮酸}}{CH_3\overset{O}{\overset{\|}{C}}CH_2CH_2\overset{O}{\overset{\|}{C}}OH}$$

上式(1)中，如经成酸分解，则得丁二酸。

如果乙酰乙酸乙酯的钠盐与 α-卤代酮作用，再经成酮分解，便得 γ-二酮：

$$\left[CH_3\overset{O}{\overset{\|}{C}}CH\overset{O}{\overset{\|}{C}}OC_2H_5\right]^- Na^+ \xrightarrow{BrCH_2\overset{O}{\overset{\|}{C}}CH_3} CH_3\overset{O}{\overset{\|}{C}}\underset{CH_2\underset{\overset{\|}{O}}{C}CH_3}{\underset{|}{C}H}\overset{O}{\overset{\|}{C}}OC_2H_5 \xrightarrow{稀碱} \underset{\gamma\text{-己二酮}}{CH_3\overset{O}{\overset{\|}{C}}CH_2CH_2\overset{O}{\overset{\|}{C}}CH_3}$$

12.6 丙二酸酯在有机合成上的应用

丙二酸酯的亚甲基受到两个酯基的影响，使得 α-H 较活泼，在 EtONa 的存在下也可以烃基化，产物经**水解**和**脱羧**后生成羧酸。用这种方法可以合成 $RCH_2\overset{O}{\overset{\|}{C}}OH$ 和 $\binom{R}{R'}CH\overset{O}{\overset{\|}{C}}OH$ 型的羧酸。例如：

$$\underset{\text{丙二酸二乙酯}}{CH_2(CO_2Et)_2} \xrightarrow[(2)CH_3CH_2\underset{CH_3}{\underset{|}{C}}HBr]{(1)EtONa,\ EtOH} \underset{\text{仲丁基丙二酸二乙酯}}{CH_3CH_2\underset{CH_3}{\underset{|}{C}H}CH(CO_2Et)_2} \xrightarrow{H_3O^+,\ \triangle} \underset{\text{3-甲基戊酸}(62\%\sim65\%)}{CH_3CH_2\underset{CH_3}{\underset{|}{C}H}CH_2CO_2H}$$

$$\underset{\text{丙二酸二乙酯}}{CH_2(CO_2Et)_2} \xrightarrow[(2)n\text{-}C_5H_{11}Br]{(1)EtONa,\ EtOH} \underset{\substack{\text{戊基丙二酸二乙酯}\\(80\%)}}{n\text{-}C_5H_{11}CH(CO_2Et)_2} \xrightarrow[(2)CH_3I]{(1)EtONa,\ EtOH}$$

$$\underset{\substack{\alpha\text{-甲基-}\alpha\text{-戊基丙二酸二乙酯}\\(80\%)}}{n\text{-}C_5H_{11}\underset{CH_3}{\underset{|}{C}}(CO_2Et)_2} \xrightarrow[(2)HCl,\ \triangle]{(1)NaOH,\ H_2O} \underset{\substack{\text{2-甲基庚酸}\\(99\%)}}{n\text{-}C_5H_{11}\underset{CH_3}{\underset{|}{C}H}CO_2H}$$

用 2 mol 碱和 2 mol 卤代烃可以一次导入两个相同的烃基。例如：

$$\underset{\text{丙二酸二乙酯}}{CH_2(CO_2Et)_2} \xrightarrow[(2)2EtBr]{(1)2EtONa,\ EtOH} \underset{\substack{\alpha,\alpha\text{-二乙基丙二酸二乙酯}\\(86\%)}}{Et_2C(CO_2Et)_2}$$

如用适当的二卤代烷作烃基化剂，可以合成脂环族羧酸：

$$CH_2(CO_2Et)_2 \xrightarrow[(2)BrCH_2CH_2CH_2Br]{(1)EtONa,\ EtOH} \square\!\!<^{CO_2Et}_{CO_2Et} \xrightarrow[(2)H_3O^+,\ \triangle]{(1)KOH,\ H_2O} \square\!-COOH$$

丙二酸二乙酯　　　　环丁基甲酸 (42%~44%)

*12.7 迈克尔反应

迈克尔(Michael)**反应**是有机合成的重要反应，是指含有活泼亚甲基的化合物(或含碳负离子)与α,β-不饱和羰基化合物、α,β-不饱和羧酸酯或α,β-不饱和腈等在碱性催化剂作用下起共轭加成反应。可用通式表示如下：

$$Z-C=C< + R^- \longrightarrow Z^- -\overset{|}{\underset{|}{C}}-\overset{|}{\underset{|}{C}}-R$$

Z 代表能和碳碳双键共轭的基团。

乙酰乙酸乙酯、丙二酸酯在碱性催化剂存在下都能与活性双键起迈克尔反应：

$$CH_3\overset{O}{\overset{\|}{C}}CH=CH_2 + CH_2(CO_2Et)_2 \xrightarrow{KOH,\ EtOH} CH_3\overset{O}{\overset{\|}{C}}CH_2CH_2CH(CO_2Et)_2$$

甲基乙烯基酮　　丙二酸二乙酯　　2-乙氧羰基-5-己酮酸乙酯 (85%)

$$\xrightarrow[(2)H_3O^+,\ \triangle]{(1)KOH,\ EtOH-H_2O} CH_3\overset{O}{\overset{\|}{C}}CH_2CH_2CH_2COOH$$

5-己酮酸 (42%)

$$\text{2-环庚烯酮} + CH_3\overset{O}{\overset{\|}{C}}CH_2\overset{O}{\overset{\|}{C}}OEt \xrightarrow[(2)KOH,\ EtOH-H_2O;\ (3)H_3O^+,\ \triangle]{(1)EtONa,\ EtOH} \text{3-}(CH_2\overset{O}{\overset{\|}{C}}CH_3)\text{环庚酮}$$

2-环庚烯酮　　乙酰乙酸乙酯　　3-(2-氧丙基)环庚酮 (52%)

β-二酮和简单的酮也能与活性双键加成，例如：

$$\text{2-甲基环己酮 (}CH_3, H\text{)} + H_2C=CHCOC_6H_5 \xrightarrow[Et_2O]{EtOK,\ EtOH} \text{2-}CH_3\text{-2-}(CH_2CH_2COC_6H_5)\text{环己酮}$$

2-甲基环己酮　　苯基乙烯基酮　　2-甲基-2(2-苯甲酰乙基)-环己酮 (64%)

对于含有活泼氢的简单酮，反应时常发生在含活泼氢较少的碳原子上(即烃基化是在取代较多的碳原子上进行)，这是迈克尔反应的一般规律。

丙烯腈容易与含活性氢的氨、伯胺、酰胺、酰亚胺、醇、酚以及含活性α-氢的醛、酮、丙二酸酯等起加成反应，生成的产物中含有—CH_2CH_2CN基团，称为**氰乙基化反应**(cyanoethylation)。例如：

$$CH_3\overset{O}{\overset{\|}{C}}CH_2\overset{O}{\overset{\|}{C}}CH_3 + H_2C{=}CHCN \xrightarrow[25^\circ C]{Et_3N,\ (CH_3)_3COH} (CH_3\overset{O}{\overset{\|}{C}})_2CHCH_2CH_2CN$$

2,4-戊二酮　　丙烯腈　　3-氰乙基-2,4-戊二酮 (77%)

本章小结

1. 克莱森酯缩合反应

$$2CH_3COOEt \xrightarrow[\text{或}Na]{C_2H_5ONa} CH_3\overset{O}{\overset{\|}{C}}-CH_2\overset{O}{\overset{\|}{C}}OEt$$

$$C_2H_5O^- + H-\underset{1}{CH_2COOEt} \rightleftharpoons \underset{3}{\bar{C}H_2COOEt} + C_2H_5OH$$

$$\underset{3}{\bar{C}H_2COOEt} \xrightleftharpoons{CH_3COOEt} CH_3\underset{OEt}{\overset{O^-}{C}}-\underset{4}{CH_2COOEt}$$

$$C_2H_5O^- + \underset{2}{CH_3COCH_2COOEt} \rightleftharpoons CH_3\underset{OEt}{\overset{O^-}{C}}-\underset{4}{CH_2COOEt}$$

$$\underset{2}{CH_3COCH_2COOEt} \xrightleftharpoons{-H^+} \underset{5}{[CH_3COCHCOOEt]^-} + C_2H_5OH$$

	$CH_3COOC_2H_5$	C_2H_5OH	$CH_3COCH_2COOC_2H_5$
pK_a：	>20	≈16	≈11

交叉酯缩合：

$$C_6H_5CH_2COOCH_3 + HCOOCH_3 \xrightarrow[70\%]{C_2H_5ONa} C_6H_5-HC\begin{smallmatrix}CHO\\COOCH_3\end{smallmatrix} + CH_3OH$$

$$C_6H_5CH_2COOCH_3 + CO(OC_2H_5)_2 \xrightarrow[86\%]{C_2H_5ONa} C_6H_5-HC\begin{smallmatrix}COOCH_3\\COOC_2H_5\end{smallmatrix} + C_2H_5OH$$

$$\text{环己酮} + \begin{smallmatrix}COOEt\\|\\COOEt\end{smallmatrix} \xrightarrow{C_2H_5ONa} \text{2-}(COCOOC_2H_5)\text{环己酮} + C_2H_5OH$$

*合成对称酮：

$$RCH_2\overset{O}{\overset{\|}{C}}OEt \xrightarrow{EtONa} RCH_2\overset{O}{\overset{\|}{C}}\underset{R}{\underset{|}{C}}H\overset{O}{\overset{\|}{C}}OEt \xrightarrow[(2)\ H^+/\triangle]{(1)\ OH^-} RCH_2\overset{O}{\overset{\|}{C}}CH_2R$$

2. 酮酸的性质

（1）氧化还原反应

$$CH_3\underset{O}{\underset{\|}{C}}COOH \underset{[O]}{\overset{[H]}{\rightleftharpoons}} CH_3\underset{OH}{\underset{|}{C}}HCOOH$$

$$CH_3\underset{O}{\underset{\|}{C}}COOH \xrightarrow{Ag(NH_3)_2^+} CH_3\overset{O}{\overset{\|}{C}}-OH + CO_2\uparrow + Ag\downarrow$$

(2) 脱羧

$$R-\overset{O}{\overset{\|}{C}}COOH \xrightarrow[\text{或}\triangle]{\text{稀}H_2SO_4} R-\overset{O}{\overset{\|}{C}}H + CO_2\uparrow$$

$$R-\overset{O}{\overset{\|}{C}}COOH \xrightarrow[\text{或}\triangle]{\text{浓}H_2SO_4} R-\overset{O}{\overset{\|}{C}}OH + CO\uparrow$$

(3) β-酮酸更易脱羧

$$CH_3\overset{O}{\overset{\|}{C}}CH_2COOH \xrightarrow{\triangle} CH_3\overset{O}{\overset{\|}{C}}CH_3 + CO_2\uparrow$$

$$CH_3\overset{O}{\overset{\|}{C}}CH_2COOH \xrightarrow[\triangle]{\text{浓碱}} CH_3COONa + CH_3COONa + H_2O$$

(注意 $CH_3\overset{O}{\overset{\|}{C}}CH_2COOC_2H_5$ 的成酮分解与成酸分解)

3. “三乙”及丙二酸酯合成法

(1) 乙酰乙酸乙酯合成

制法：克莱森酯缩合

合成应用：

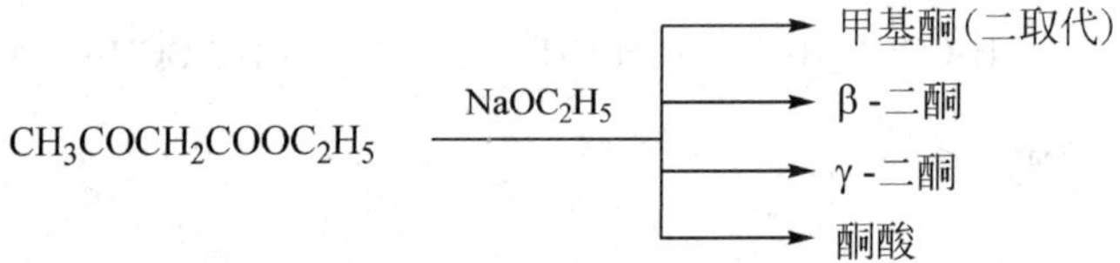

(2) 丙二酸酯合成法

制法：

$$ClCH_2COOC_2H_5 \xrightarrow{NaCN} \xrightarrow[H_2SO_4]{EtOH} \text{丙二酸酯}$$

应用：

$$H_2C(CO_2Et)_2 \xrightarrow{EtONa} \begin{cases} \text{一元酸}(RCH_2CO_2H) \\ \text{二元酸}(HO_2C(CH_2)_2CO_2H) \\ \text{环烷酸} \end{cases}$$

【阅读材料一】

化学家简介

谢尔盖·尼古拉耶维奇·雷佛马斯基(Sergey Nikolaevich Reformatsky, 1860年4月1日—1934年7月28日),俄国化学家。

雷佛马斯基出生于伊万诺沃(Ivanovo)附近的博锐索格勒博斯科(Borisoglebskoe)。1882年,他就读于喀山大学(University of Kazan),师从亚历山大·米哈伊洛维奇·查依采夫(Alexander Mikhailovich Zaitsev)。之后到海德堡大学(University of Heidelberg)维克多·迈耶(Victor Meyer)和莱比锡大学(University of Leipzig)

威廉·奥斯特瓦尔德(Wilhelm Ostwald)处进一步深造,1887 年发现了雷佛马斯基反应(Reformatsky reaction),1891 年获得博士学位。次年,他被聘任为基辅大学(University of Kiev)教授,在那里度过了余生。

沃尔特·狄克曼(Walter Dieckmann,1869 年 10 月 8 日—1925 年 1 月 12 日),德国化学家。

狄克曼就读于慕尼黑大学(University of Munich),任阿道夫·冯·贝耶尔(Adolf von Baeyer)的助理。他发现了狄克曼缩合反应(Dieckmann condensation)。

【阅读材料二】

β-二羰基化合物用于合成的实例

苹果酯-B(Fructone-B,2,4-二甲基-2-乙酸乙酯基-1,3-二氧环戊烷),是一种具有新鲜苹果和草莓香气的**香料**,广泛用于花香型和果香型香精的调配。工业上常以对甲苯磺酸、硫酸、三氯化铝等作催化剂,用乙酰乙酸乙酯合成,产率可达 50%~70%。

$$CH_3COCH_2COOCH_2CH_3 + HOCH_2CH_2OH \longrightarrow \text{(2-甲基-2-}CH_2COOCH_2CH_3\text{-1,3-二氧环戊烷: }H_2C-O,\ H_2C-O\text{)} + H_2O$$

3-羟基-5-苯基异噁唑是一种重要的中间体,1961 年首先由意大利 Bravo P. 合成,1965 年发现它与二乙氧基硫代磷酰氯反应所制得的产品具有很好的生物活性,1970 年由日本三共株式会社开发为广谱性的**高效接触性杀虫、杀螨剂**。商品名为**异噁唑膦**(isoxathion)。它可以用苯甲酰氯与乙酰乙酸乙酯反应,制得苯甲酰乙酸乙酯,然后经羰基保护、羟胺缩合等反应制得,产率大于 60%:

$$Ph-\overset{O}{\overset{\|}{C}}-CH_2-\overset{O}{\overset{\|}{C}}-OEt \xrightarrow{HOCH_2-CH_2OH} Ph-\underset{(OCH_2CH_2O)}{C}-CH_2-\overset{O}{\overset{\|}{C}}-OEt + Ph-\underset{(OCH_2CH_2O)}{C}-CH_2-\overset{O}{\overset{\|}{C}}-OCH_2CH_2OH$$

$$\xrightarrow[NaOH/CH_3OH]{NH_2OH} \left[Ph-\underset{(OCH_2CH_2O)}{C}-CH_2-\overset{O}{\overset{\|}{C}}-NHONa \right] \xrightarrow[\triangle]{H_2SO_4} \text{3-羟基-5-苯基异噁唑 (Ph, OH, O, N)}$$

N-乙基-3-氰基-4-甲基-6-羟基吡啶-2-酮及其衍生物是重要的**染料中间体**,例如**合成 CI 分散黄 119、CI 分散黄 126** 等,它可以氰乙酸乙酯、乙酰乙酸乙酯和乙胺为原料经缩合闭环制备 *N*-乙基-3-氨甲酰基-4-甲基-6-羟基吡啶-2-酮,高温酸性水解制成 *N*-乙基-4-甲基-6-羟基吡啶-2-酮:

$$NC-CH_2-\overset{O}{\overset{\|}{C}}-OC_2H_5 + C_2H_5NH_2 \longrightarrow NC-CH_2-\overset{O}{\overset{\|}{C}}-NHC_2H_5 + C_2H_5OH$$

$$CH_3-\overset{O}{\overset{\|}{C}}-CH_2-\overset{O}{\overset{\|}{C}}-OC_2H_5 + NC-CH_2-\overset{O}{\overset{\|}{C}}-NHC_2H_5 \longrightarrow \text{(4-}CH_3\text{-3-CN-6-HO-1-}C_2H_5\text{-吡啶-2-酮)} + C_2H_5OH$$

香叶基丙酮属六氢西红柿红素降角产物中的无环类异戊二烯衍生物之一，是具有清香型香气特征的**烟草致香物质**，普遍存在于烤烟、白烟和香料烟中。1978 年 Marjorie 在烟气冷凝物中分离出香叶基丙酮，1989 年郑州烟草研究院在对云南烤烟中香味物质的分析研究中证实香叶基丙酮是云南烤烟的主要致香成分之一，它可以芳樟醇和乙酰乙酸乙酯为原料合成，产率可达 90%以上：

HBr；$CH_3COCH_2CO_2Na$；CH_3COCH_2COOEt

萘呋胺酯(nafronyl)化学名 3-(1-萘基)-2-四氢糠基丙酸-2-二乙氨基乙酯，是一种**血管扩张剂**，制剂为萘呋胺酯草酸盐的消旋体，它不仅是脑血管改善药，更重要的是脑代谢增强剂，其血管扩张作用比烟酸强，增加脑血流量的作用较罂粟碱缓慢而持久。虽能增加心排血量和降低外周阻力，但对动脉压、脉搏、呼吸等均无影响。该产品已在法国、德国、意大利、瑞士、日本、阿根廷投放于市场。我国也于 1995 年开始进口该药。它可以糠醛和丙二酸二乙酯为原料，经 Knoevenagel 缩合，RaneyNi 催化加氢，酯交换，烷基化和水解脱羧合成了萘呋胺酯。

CHO + $CH_2(COOEt)_2$ →($HNEt_2$) CH=C(COOEt)₂ →(H_2, Raney Ni) CH_2—CH(COOEt)₂

(3) (4) (5) (6)

→(Na, $HOCH_2CH_2NEt_2$) CH_2—CH($COOCH_2CH_2NEt_2$)₂ →($NaOC_2H_5$, 1-萘甲基氯 CH_2Cl) CH_2—C($COOCH_2CH_2NEt_2$)₂—CH_2

(7) (8)

→(H_2O, △) CH_2—CH($COOCH_2CH_2NEt_2$)—CH_2 →(COOH/COOH) CH_2—CH($COOCH_2CH_2NEt_2$)—CH_2 · COOH/COOH

(1) (2)

麝香是动物雄性麝(又名香獐)的香腺分泌物,是祖国医药学中的一种**名贵药材**,它不但具有辟邪气、去浊、解毒,而且具有止痛、活血、祛风等作用。目前正被广泛应用于治疗心绞痛、乙型脑炎、肿瘤等,1990 年版的中华人民共和国药典收载了 28 个含有麝香的配方,它可用丙二酸二乙酯经烷基化、水解、酯化、分子内酯缩合等反应合成:

$$Br(CH_2)_{11}Br \xrightarrow{\text{丙二酸二乙酯}} (H_5C_2OOC)_2CH(CH_2)_{11}CH(COOC_2H_5)_2 \xrightarrow[\text{脱羧}]{\text{水解}}$$

$$HOOC(CH_2)_{13}COOH \xrightarrow{\text{酯化}} H_5C_2OOC(CH_2)_{13}COOC_2H_5 \xrightarrow{\text{缩合}}$$

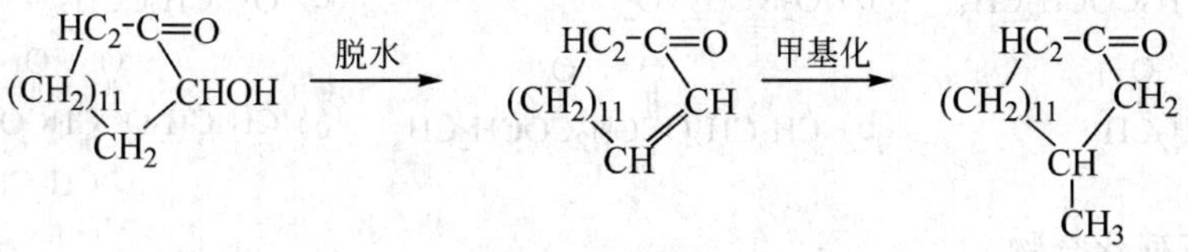

$$\text{环}[HC_2-C{=}O,\ CHOH,\ CH_2,\ (CH_2)_{11}] \xrightarrow{\text{脱水}} \text{环}[HC_2-C{=}O,\ CH{=}CH,\ (CH_2)_{11}] \xrightarrow{\text{甲基化}} \text{环}[HC_2-C{=}O,\ CH_2,\ CH(CH_3),\ (CH_2)_{11}]$$

习　题

12-1　命名下列化合物:

(1) 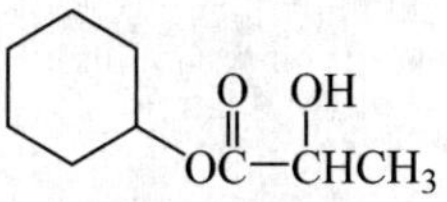 环己基—$OC(=O)-CH(OH)CH_3$

(2) 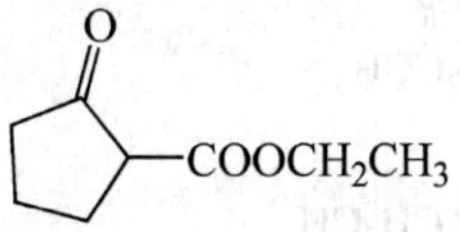 2-氧代环戊基—$COOCH_2CH_3$

(3) $CH_3\overset{O}{\overset{\|}{C}}CH_2\overset{CH_3}{\overset{|}{C}H}COOH$

(4) $(CH_3)_2CH\overset{O}{\overset{\|}{C}}CH_2COOCH_3$

12-2　写出下列化合物的结构式:

(1) γ-丁内酯　(2) 苯甲酰乙酸乙酯

(3) 2-(氯甲酰甲基)丁二酸二乙酯　(4) 氰基乙酸乙酯

12-3　完成下列反应:

(1) 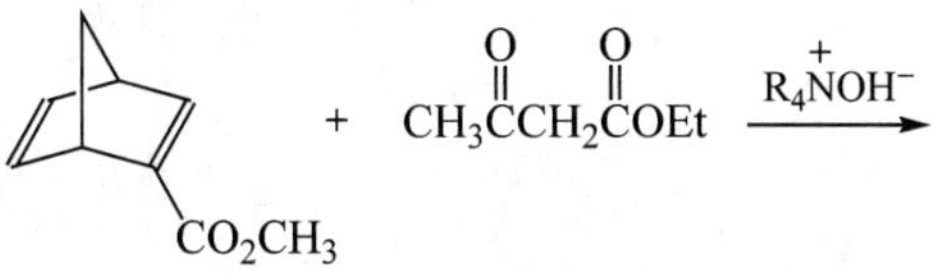 降冰片二烯-2-甲酸甲酯（CO_2CH_3） + $CH_3\overset{O}{\overset{\|}{C}}CH_2\overset{O}{\overset{\|}{C}}OEt \xrightarrow{R_4\overset{+}{N}OH^-}$

*(2) 2-甲基-1,3-环己二酮 + $H_3C-\overset{O}{\overset{\|}{C}}-CH{=}CH_2 \xrightarrow{OH^-} \xrightarrow[\triangle]{OH^-}$

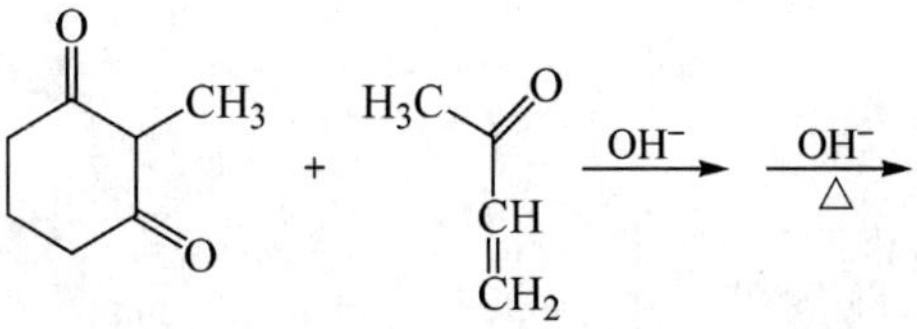

(3) $(CH_3)_2C{=}CHCOCH_3 + CH_2(COOEt)_2 \xrightarrow[EtOH]{EtONa} \xrightarrow{EtONa} \xrightarrow{KOH/H_2O} \xrightarrow[\triangle]{H_3^+O}$

(4) $PhCH{=}CH\overset{O}{\overset{\|}{C}}Ph + CH_2(COOEt)_2 \xrightarrow{EtONa}$

(5) $CH_3NO_2 + CH_2{=}CHCN \xrightarrow{NaOEt}$

*(6) $C_6H_5\underset{CN}{\underset{|}{C}H}COOEt + H_2C{=}CH-\overset{O}{\overset{\|}{C}}CH_3 \xrightarrow{RONa}$

12-4　比较下列化合物的酸性：

(1) (a) $CH_3COCH_2COCH_3$　(b) $CH_3COCH_2COCF_3$

(2) (a) 2-乙酰基环己酮（环己酮的2-位连有 $COCH_3$）　(b) 2-氧代环己烷甲酸乙酯（环己酮的2-位连有 $COOCH_2CH_3$）

(3) (a) $CH_3COCH_2COOC_2H_5$　(b) $CH_3COCH(CH_2CH_3)COOC_2H_5$

*(4) (a) $O_2NCH_2COOCH_2CH_3$　(b) $O_2NCH_2NO_2$　(c) $O_2NCH_2COCH_3$

(5) (a) $HCOCH_2CHO$　(b) $CH_3CH_2OCOCH_2COOCH_2CH_3$　(c) $CH_3CH_2OCOCH(CH_2CH_3)COOCH_2CH_3$

12-5　鉴别下列化合物。

(1) 乙酰乙酸乙酯、丙二酸二乙酯、丙酮、3-戊酮；

(2) 乳酸、3-羟基丙酸、异丙醇；

12-6　合成下列化合物：

(1) $CH_3COCH_2CH_2COCH_3$

(2) $CH_3COCH_2CH_2CH_2CH_3$

(3) $CH_3COCH_2CH(CH_3)COOH$

(4) 环戊基—$COCH_3$

(5) 3-甲基环己-2-烯酮（环上3-位连 CH_3）

(6) $CH_3CH_2CH_2COCH_2CH_2CH_3$

(7) 环丙基—CO_2H

(8) 3,5-二苯基-4-羧基环己酮（环上连 Ph、Ph、CO_2H）

(9) 5,5-二甲基环己-1,3-二酮（环上连 CH_3、CH_3）

(10) [structure: 2-(3-hydroxy-3,3-diphenylpropyl)cyclopentanol; labels OH, OH, Ph, Ph]

(11) [structure: 2-methylcyclohexane-1,3-dione; labels O, O]

*12-7 写出下列反应的历程：

(1) [reactant structure; labels O, O, O] $\xrightarrow[(2)H^+]{(1)NaOEt}$ [product structure; labels OH, $CH_2CH_2CH_2OH$, OH]

(2) [reactant structure; labels CHPh, O, O] $\xrightarrow{NaOCH_3}$ [product structure; labels O, Ph, H, O]

13　硝基化合物和胺

【学习提要】

- 学习硝基化合物的结构和命名，硝基的吸电子性能。
- *了解硝基化合物的制备方法。
- 了解硝基化合物的物理性质。
- 学习、掌握硝基化合物的化学性质。
  (1) 还原反应，各种还原条件及还原产物。
  *(2) 硝基化合物苯环上的取代反应及其反应机理。
  (3) α-H 的反应。
- 学习胺的分类、结构和命名。
- *胺的制备。
  (1) 氨烷基化制备多取代胺。
  (2) 硝基化合物等的还原。
  (3) 霍夫曼酰胺降级。
  (4) 盖布瑞尔合成法。
- 了解胺的物理性质。
- 学习掌握胺的化学性质。
  (1) 胺的碱性以及比较其碱性大小。
  (2) 胺的磺酰化、与亚硝酸的反应，以及用这些反应进行伯、仲、叔胺的鉴别。
  *(3) 胺的氧化、Cope 消去的机理和产物的立体化学。
  (4) 芳环上亲电取代反应、胺的给电子性以及氨基的保护。
  *(5) 彻底甲基化反应、季铵盐的性质、季铵碱的性质和立体化学。
- *学习腈、异腈和异氰酸酯的性质和反应。

13.1　硝基化合物的结构和命名

硝基化合物(nitro-compound)可分为脂肪族硝基化合物和芳香族硝基化合物两大类。脂肪族硝基化合物是指硝基与脂肪族烃基直接相连的化合物。例如：

CH_3NO_2　硝基甲烷　　$CH_3CH_2CH_2NO_2$　硝基丙烷

芳香族硝基化合物是指硝基直接与芳香环相连的化合物，例如：

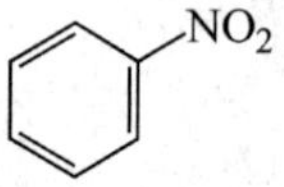

硝基苯 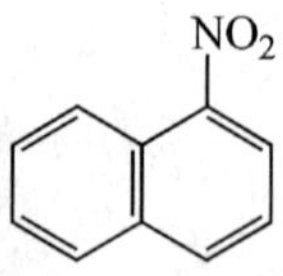　　α-硝基萘

$C_6H_5CH_2NO_2$ 不是芳香族硝基化合物，而是脂肪族硝基化合物。

硝基甲烷分子的键长、键角为：

$$H_3C-\overset{+}{N}(=O)-O^- \qquad C-N\ 0.147\text{nm} \qquad N-O\ 0.122\text{nm} \qquad \angle ONO=127°$$

两个N—O键的键长相等，说明它们没有区别，因此，硝基的结构可用共振式表示为：

$$\left[H_3C-\overset{+}{N}(=O)-O^- \longleftrightarrow H_3C-\overset{+}{N}(-O^-)=O \right]$$

硝基甲烷的偶极矩为3.5D，因此，硝基是强的吸电子取代基。

硝基能与苯环等芳香环共轭，并影响其光谱位置。经研究证明，硝基苯分子中所有的原子在同一平面内。而在2-硝基-1,3,5-三甲苯分子中，硝基所在平面与苯环平面之间的角度为66°左右，由于硝基偏离苯环平面，与苯环不能有效共轭，其紫外吸收强度也相应降低。

将硝基作为取代基并按系统命名法对硝基化合物进行命名较简单。

*13.2 硝基化合物的制法

脂肪族硝基化合物的制备可用伯卤代烷和仲卤代烷在DMF或DMSO溶液中与亚硝酸钠起S_N2反应，生成硝基化合物，反应的副产物为亚硝酸酯，其沸点较低，并能水解，容易从硝基化合物中除去：

$$RX + NaNO_2 \xrightarrow{DMF} R-NO_2 + R-ONO$$

芳香族硝基化合物的制备则采用硝硫混酸硝化的方法合成。苯和混合酸的反应温度在50℃左右，这是一个放热反应(125.6 kJ/mol)，必须注意控制温度，在温度较高时，容易生成间二硝基苯：

$$C_6H_6 + HNO_3 \xrightarrow{H_2SO_4} C_6H_5NO_2$$

用这种方法直接向苯环引入3个硝基非常困难。不过含有活化基的苯衍生物，例如甲苯，用直接硝化法可使苯环上进入3个硝基，生成2,4,6-三硝基甲苯，即**TNT**(trinitrotoluene)**炸药**。在酸浓度大、温度高的强烈条件下进行硝化反应，容易发生爆炸。此外，硝酸是强氧化剂，反应条件强烈时，常会发生氧化还原反应，生成各种副产物。

13.3 硝基化合物的性质

13.3.1 物理性质

脂肪族硝基化合物为无色有香气的液体，在水里的溶解度很小，能溶于多数有机溶剂中。硝基甲苯(沸点102℃)的介电常数(37)较大，是常用的溶剂。

芳香族硝基化合物为无色或淡黄色高沸点液体或低熔点固体，常常可以随水蒸气蒸馏出来。芳香族硝基化合物不溶于水,常有剧毒。多硝基化合物为固体,有爆炸性,三硝基甲苯(TNT)是著名的炸药,在实验室里应在水中保存。

许多芳香族二硝基化合物和多硝基化合物,特别是 1,3,5-三硝基苯及其衍生物能与富电子的芳烃、芳胺和酚生成稳定的络合物晶体,它们有很深的颜色,在紫外及可见区内有吸收。由 2,4,6-三硝基苯酚(苦味酸)生成的络合物常用于芳烃的分离、纯化和鉴定。这些络合物用水处理又释出芳烃。对碘苯胺和 1,3,5-三硝基苯生成的络合物中,两个芳环之间的距离大于 0.300 nm,可能主要是由范德华力结合在一起的分子络合物。

13.3.2 与碱反应

硝基是吸电子基,其 α-位上的氢有明显的酸性,其共轭碱的结构可用共振式表示:

$$H_3C-\overset{+}{N}(=O)-O^- \rightleftharpoons H^+ + \left[:CH_2^- - \overset{+}{N}(=O)-O^- \longleftrightarrow :CH_2^- - \overset{+}{N}(-O^-)=O \longleftrightarrow CH_2=\overset{+}{N}(-O^-)-O^- \right]$$

硝基甲烷、硝基乙烷和 2-硝基丙烷的 pK_a 分别为 10.2,8.5 和 7.8。

在硝基甲烷的共轭碱中,碳原子带部分负电荷而有亲核性,能与醛、酮中的羰基加成,生成 β-羟基硝基化合物:

$$\underset{\text{庚醛}}{CH_3(CH_2)_5CHO} + \underset{\text{硝基甲烷}}{CH_3NO_2} \xrightarrow{NaOH,\ EtOH} \underset{\text{1-硝基-2-辛醇}}{CH_3(CH_2)_5CH(OH)-CH_2NO_2}$$

这与羟醛缩合有相似之处,称为**亨利**(Henry)**反应**。

硝基甲烷如与芳醛缩合,生成的 β-羟基化合物容易脱水,产物为 α,β-不饱和硝基化合物:

$$\underset{\text{苯甲醛}}{PhCHO} + \underset{\text{硝基甲烷}}{CH_3NO_2} \xrightarrow{NaOH,\ EtOH} \underset{\text{1-硝基-2-苯乙烯}}{PhCH=CHNO_2}$$

脂肪族硝基化合物在酸性溶液中还原,生成相应的胺:

$$HOCH_2C(CH_3)_2-NO_2 \xrightarrow[(2)\ NaOH]{(1)\ Fe,\ H_2SO_4,\ H_2O} HOCH_2C(CH_3)_2-NH_2$$

13.3.3 还原

电化还原研究说明,硝基化合物可以依次还原为亚硝基化合物、*N*-烃基取代羟胺和胺。在碱性溶液中 *N*-烃基取代羟胺和芳胺能分别与亚硝基化合物缩合,生成氧化偶氮化合物和偶氮化合物,偶氮化合物又可以还原为 1,2-二烃基肼:

$$\underset{\text{硝基化合物}}{RNO_2} \xrightarrow{[H]} \underset{\text{亚硝基化合物}}{RNO} \xrightarrow{[H]} \underset{N\text{-烃基羟胺}}{RNHOH} \xrightarrow{[H]} \underset{\text{胺}}{RNH_2}$$

$$RNHOH \xrightarrow{RNO} \underset{\text{氧化偶氮化合物}}{RN=\overset{+}{N}(O^-)-R} \xrightarrow{[H]} \underset{\text{偶氮化合物}}{RN=NR} \xrightarrow{[H]} \underset{\text{1,2-二烃基肼}}{RNHNHR}$$

$$RNH_2 \xrightarrow{RNO} RN=NR$$

硝基化合物在强酸存在下，用铁、锡等金属还原，产物为伯胺，金属的作用是提供电子：

$$C_6H_5N^+(=O)O^- + H^+ + 2e^- \longrightarrow C_6H_5\ddot{N}(OH)\ddot{O}:^-$$

$$C_6H_5\ddot{N}(OH)\ddot{O}:^- + H^+ \longrightarrow C_6H_5\ddot{N}(\overset{+}{O}H_2)\ddot{O}:^-$$

$$C_6H_5\ddot{N}(\overset{+}{O}H_2)\ddot{O}:^- \longrightarrow C_6H_5\ddot{N}=\ddot{O}:$$

$$C_6H_5\ddot{N}=\ddot{O}: + H^+ + 2e^- \longrightarrow C_6H_5\ddot{N}^-—OH$$

$$C_6H_5\ddot{N}^-—OH + H^+ \longrightarrow C_6H_5\ddot{N}HOH$$

$$C_6H_5\ddot{N}HOH + H^+ \rightleftharpoons C_6H_5\ddot{N}H—\overset{+}{O}H_2$$

$$C_6H_5\ddot{N}H\overset{+}{O}H_2 + 2e^- \longrightarrow C_6H_5\ddot{N}H^- + H_2O$$

$$C_6H_5\ddot{N}H^- + H^+ \longrightarrow C_6H_5NH_2$$

在中性或弱酸性溶液中 *N*-苯基羟胺的还原速度很慢，因此，产物为 *N*-苯基羟胺：

$$C_6H_5NO_2 + Zn + H_2O \xrightarrow[65^\circ C]{NH_4Cl} C_6H_5NH—OH$$

硝基苯 → *N*-苯基羟胺（62%~68%）

在碱性溶液中，亚硝基苯和 *N*-苯基羟胺继续还原的速度都减慢，因此，产物为氧化偶氮苯或其还原产物。

$$C_6H_5NO_2 + As_2O_3 + NaOH + H_2O \xrightarrow{\triangle} C_6H_5—N=\overset{+}{N}(O^-)—C_6H_5$$

硝基苯 → 氧化偶氮苯（85%）

$$C_6H_5NO_2 + Fe + NaOH + H_2O \xrightarrow{\triangle} C_6H_5—N=N—C_6H_5$$

硝基苯 → 偶氮苯

$$C_6H_5NO_2 + Zn + NaOH + EtOH \longrightarrow C_6H_5\text{—NHNH—}C_6H_5$$

硝基苯　　　　1,2-二苯基肼

所有这些双分子还原产物,如用还原能力更强的钠加乙醇还原或在酸性溶液中还原,都得到苯胺。

*13.3.4 苯环上的取代反应

苯环上吸引电子的取代基使环上的电子云密度降低,硝基是强的吸电子取代基,它使苯环上的亲电取代反应难以进行,但硝基邻位或对位上的氯原子容易被亲核试剂取代。

氯苯与浓的氢氧化钠溶液在常压下回流几天也不起反应,要在压力下加热到300℃以上才能转变成酚钠。邻硝基氯苯和对硝基氯苯与氢氧化钠溶液一起加热则可以水解成硝基苯酚:

$$\text{邻硝基氯苯} \xrightarrow[\text{(2) } H_3O^+]{\text{(1) NaOH, 130℃}} \text{邻硝基苯酚}$$

邻硝基氯苯　　　　邻硝基苯酚

$$\text{对硝基氯苯} \xrightarrow[\text{(2) } H_3O^+]{\text{(1) NaOH,135℃}} \text{对硝基苯酚}$$

对硝基氯苯　　　　对硝基苯酚(97.5%)

邻对位上硝基的数目增加,使水解反应更容易进行。2,4-二硝基氯苯与碳酸钠的水溶液在水浴上加热即可水解:

$$\text{2,4-二硝基氯苯} \xrightarrow[\text{(2) } H_3O^+]{\text{(1) } Na_2CO_3,\ H_2O,\ 100℃} \text{2,4-二硝基苯酚}$$

2,4-二硝基氯苯　　　　2,4-二硝基苯酚(90%)

2,4,6-三硝基氯苯的水解像酰氯一样容易。

硝基氯苯与其他亲核试剂也容易起反应。氟代烷不容易起 S_N2 反应,但对硝基氟苯中的氟却容易被亲核试剂所取代:

$$\text{对硝基氟苯} + CH_3OK \xrightarrow[20℃]{CH_3OH} \text{对硝基苯甲醚}$$

对硝基氟苯　　　　对硝基苯甲醚(93%)

离去基团也不限于卤原子：

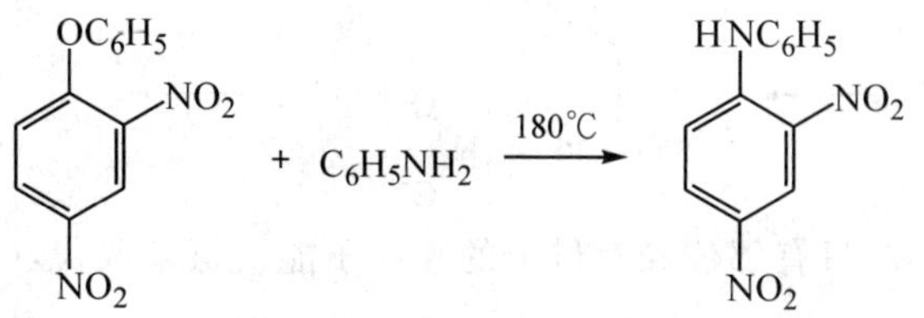

$$2,4\text{-二硝基二苯醚} + C_6H_5NH_2 \xrightarrow{180°C} 2,4\text{-二硝基二苯胺}(80\%)$$

2,4-二硝基二苯醚　　苯胺　　2,4-二硝基二苯胺(80%)

*13.3.5 硝基对邻、对位上取代基的影响

硝基化合物的亲核取代反应主要发生在硝基的邻对位，这与硝基的吸电子作用和与苯环的共轭作用有关，通过机理研究发现，这类反应的速度与底物的浓度成正比，可能是双分子反应，与 S_N2 相似，是苯环上的 S_N2 反应。反应机理与饱和碳原子上的 S_N2 反应不同之处在于它是分步进行的。底物先与亲核试剂生成加成产物，然后离去基团再带着一对电子离去，即为加成-消去机理：

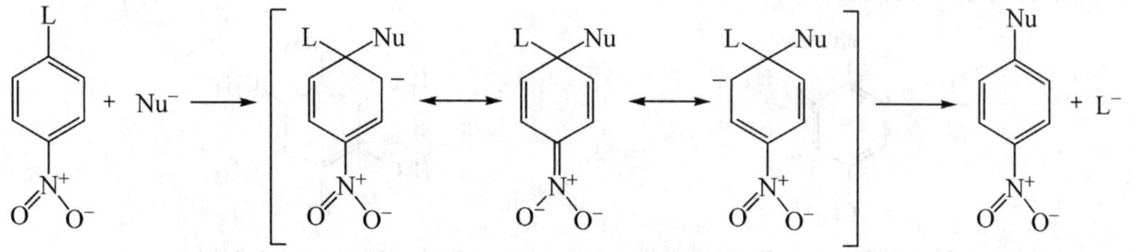

$$\text{L-C}_6\text{H}_4\text{-NO}_2 + Nu^- \longrightarrow [\text{中间体共振式}] \longrightarrow \text{Nu-C}_6\text{H}_4\text{-NO}_2 + L^-$$

1902 年迈森哈梅尔(J. Meisenheimer)已分离出这种中间产物：

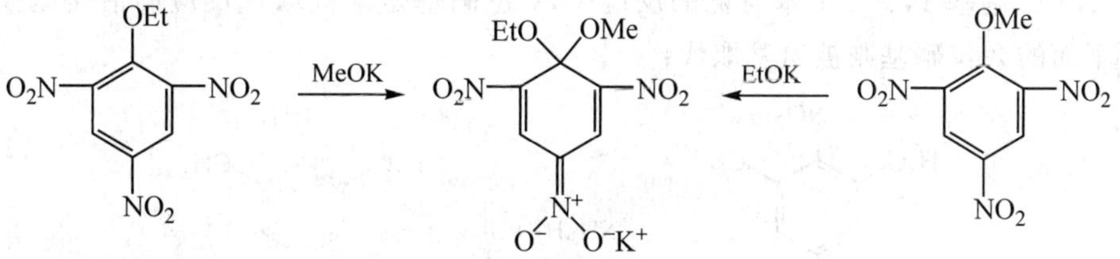

2,4,6-三硝基苯乙醚 $\xrightarrow{MeOK}$ 深紫色的盐 $\xleftarrow{EtOK}$ 2,4,6-三硝基苯甲醚

2,4,6-三硝基苯乙醚　　深紫色的盐　　2,4,6-三硝基苯甲醚

这种化合物称为**迈森哈梅尔络合物**，有的络合物的结构已为晶体结构分析和^1**H-NMR** 所证实。例如，在下面的络合物的质子核磁共振谱图中只有两个单峰，一个是甲基质子的信号，另一个是苯环质子的信号，说明两个甲基是等同的。

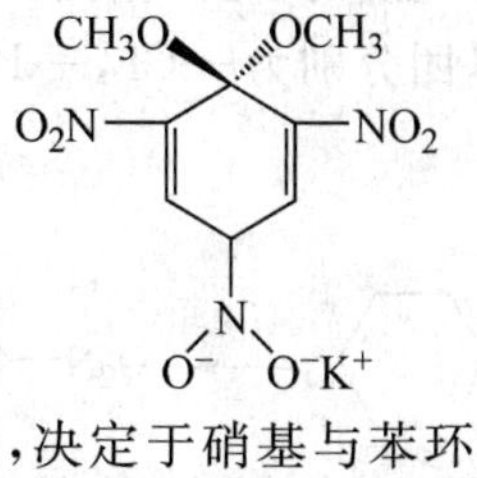

Meisenheimer 络合物的稳定性，决定于硝基与苯环之间的共轭作用，亲核试剂进攻苯环，使苯环带负电荷，硝基能够通过共轭作用，使负电荷分散。如硝基在离去基团的间位，则没有活化作用。

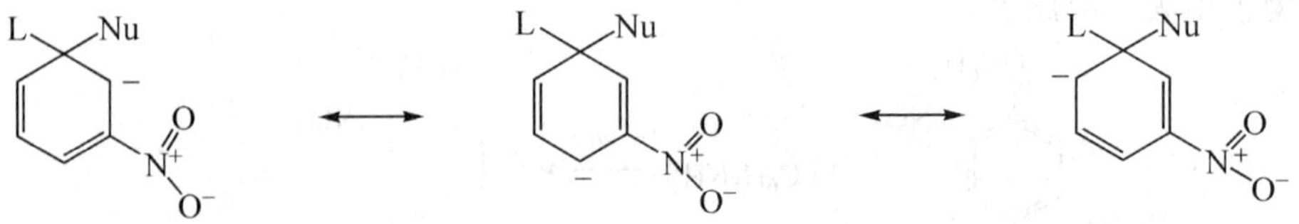

五氟硝基苯与氨反应,只有邻位和对位上的氟原子能被氨基取代:

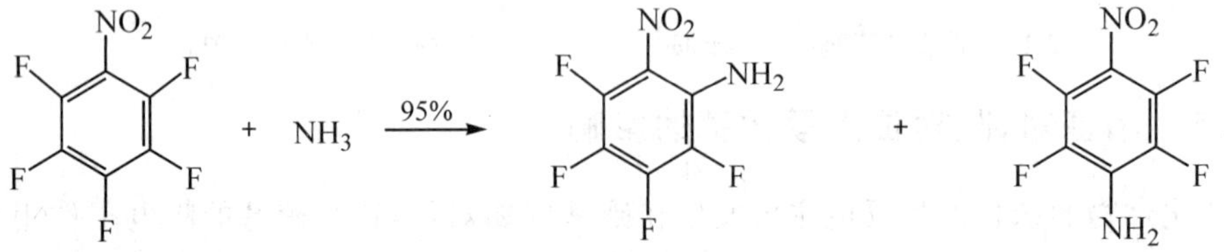

五氟硝基苯 四氟邻硝基苯胺 四氟对硝基苯胺

在 5-氯-2-硝基-1,3-二甲苯和 3-氯-6-硝基-1,2,4,5-四甲苯分子中,硝基与两个邻位甲基不能容纳在同一平面内,由于硝基偏离苯环平面,不能与苯环有效地共轭,这两个化合物的反应活性与氯苯相似:

5-氯-2-硝基-1,3-二甲苯 3-氯-6-硝基-1,2,4,5-四甲苯

在 2,5-二硝基-1,3-二甲苯与氨的反应中,5-位硝基是亲核取代反应的活化基团,而偏离苯环平面的 2-位硝基则被氨基取代:

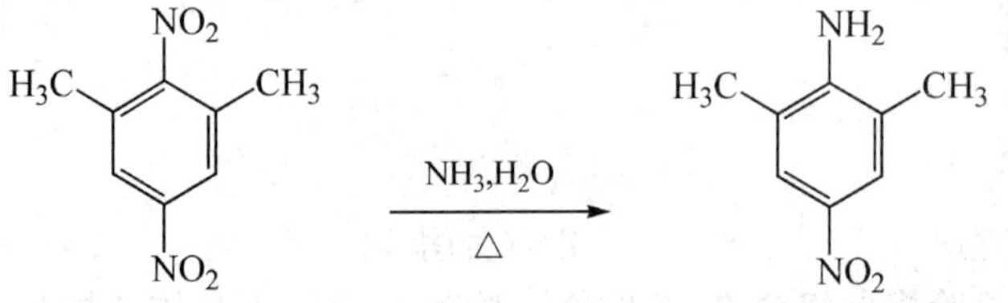

2,5-二硝基-1,3-二甲苯 4-硝基-2,6-二甲苯胺

图 13-1 是芳环上亲核取代反应的能线图。

在多数情况下,加成是决定反应速度的步骤,因此,离去基团的性质对反应速度的影响较小,例如,在下面的反应中,离去基团分别为—Cl,—Br,—I,—SOC_6H_5 和 —$SO_2C_6H_5$ 时,反应速度的差别不大:

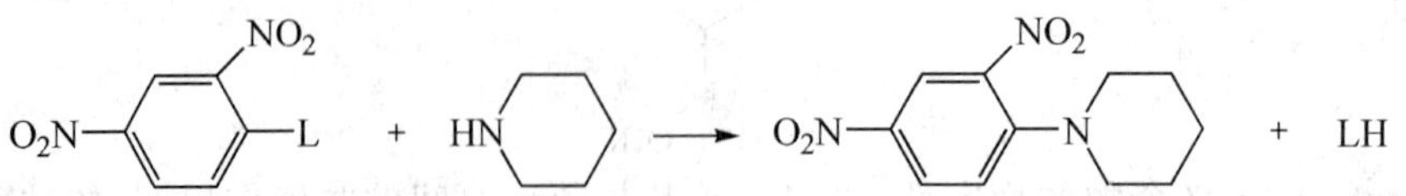

如果消去是决定反应速度的步骤,则离去倾向大的 L,反应速度特别快。下面列出反应的相对速度比较:

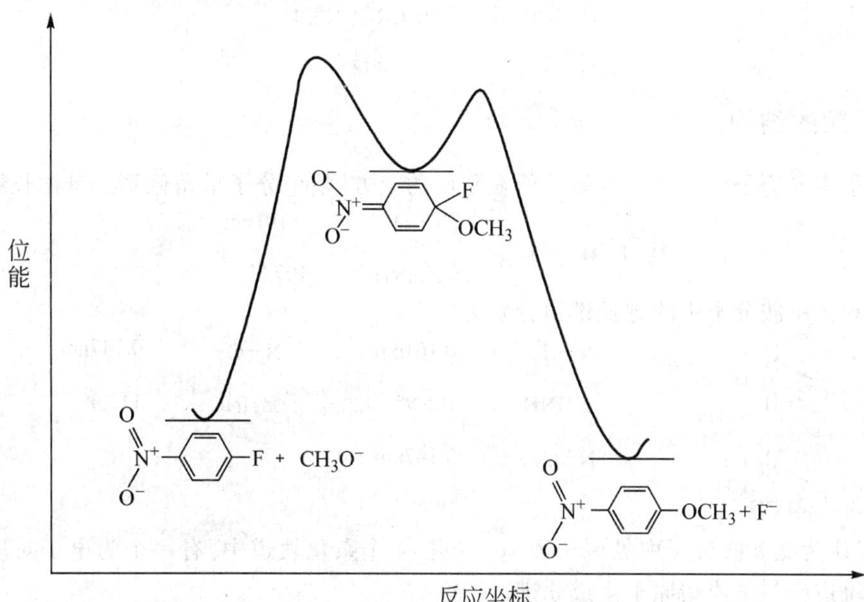

图 13-1　芳环上双分子亲核取代反应的能线图

$$p\text{-}L\text{-}C_6H_4\text{-}NO_2 + CH_3O^- \xrightarrow{50\%} p\text{-}CH_3O\text{-}C_6H_4\text{-}NO_2 + L^-$$

L:	F	≫	Cl	>	Br	>	I
相对速度:	3.2		1		0.74		0.38

当 L＝Cl，Br，I 时，速度变化不大，氟化物起反应的速度较快，是由于它的诱导效应特别强，能使中间产物的稳定性增加。

这种亲核取代反应，有的是按照单电子转移机理进行的。

13.4　胺的结构和命名

13.4.1　胺的分类

氨的烃基取代物称为胺(amine)，烃基为烷基的叫做**脂肪胺**，为芳基的叫做**芳香胺**。氨分子中一个、两个或三个氢原子被烃基取代生成的化合物分别称为伯胺(primary amine)、仲胺(secondary amine)和叔胺(tertiary amine)：

NH_3	RNH_2	RR_1NH	RR_1R_2N
氨	伯胺	仲胺	叔胺

伯胺和仲胺中分别含有氨基($—NH_2$)和亚氨基(＝NH)。

铵盐分子中 4 个氢原子都被烃基取代，则生成**季铵盐**(quaternary ammonium salt)：

$NH_4^+Cl^-$　　$RR_1R_2R_3N^+Cl^-$

铵盐　　季铵盐

13.4.2 胺的结构

胺分子中氮原子位于3个氢原子所在平面的上方,整个分子呈角锥形。其键长键角为:

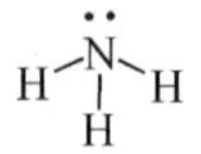

NH_3	N—H	0.101nm
	∠HNH	107.3°

甲胺和三甲胺分子中的键长键角分别为:

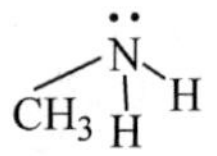

CH_3NH_2	N—H	0.101nm,	N—C	0.147nm
	∠HNH	105.9°,	∠HNC	112.9°
$(CH_3)_3N$	N—C	0.147nm		
	∠CNC	108°		

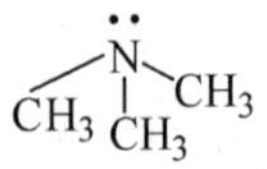

因此,可以认为氨和胺分子中氮原子为sp^3杂化,4个杂化轨道中,有一个为电子对所占据,其他3个轨道则与氢或碳原子生成σ键。

苯胺分子中键长、键角的数值为:

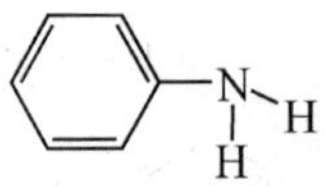

$C_6H_5NH_2$	N—H	0.100nm
	N—C	0.140nm
	∠HNH	113°

苯环平面与3个原子所在平面之间的夹角为142.5°,而甲胺分子中C—N键及NH_2所在平面之间的夹角为125°。说明在苯胺分子中,氮原子更接近于平面构型,氮原子的杂化状态在sp^3及sp^2之间,比甲胺更接近于sp^2。由于孤电子对所在的轨道具有更多的p轨道成分,可以与苯环中π电子的轨道重叠,使C—N键具有部分双键的性质,因此,C—N键的键长比甲胺中的C—N键短。苯胺的结构用共振式表示更为恰当:

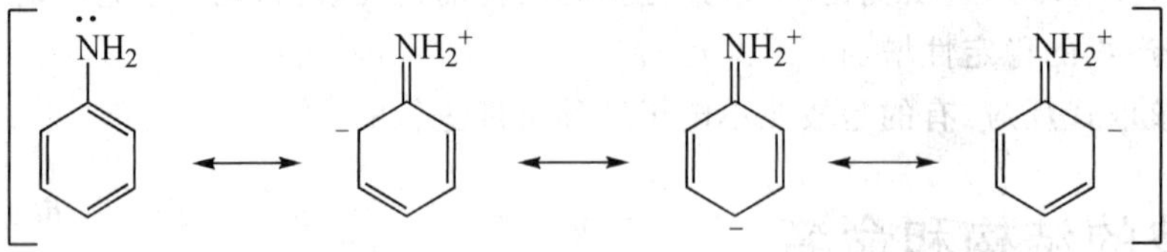

[苯胺共振式: $\ddot{N}H_2$—苯环 ⟷ NH_2^+=环(邻位负电荷) ⟷ NH_2^+=环(对位负电荷) ⟷ NH_2^+=环(邻位负电荷)]

对氨基苯乙酮分子中C—N键更短(137.6pm),说明在共振式中电荷分离的经典结构式贡献更大:

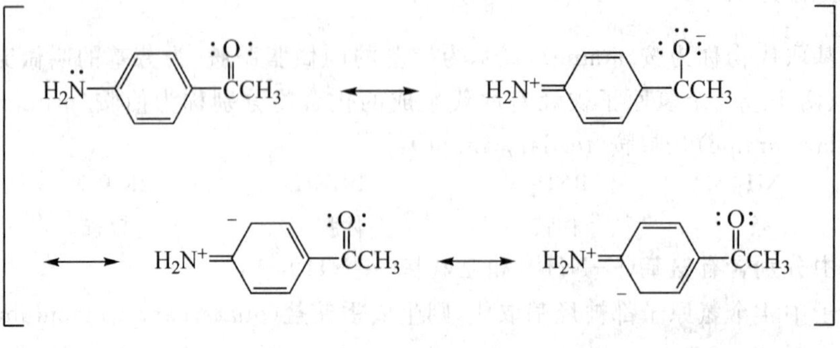

[对氨基苯乙酮共振式: $H_2\ddot{N}$—C_6H_4—C(=O:)CH_3 ⟷ H_2N^+=C_6H_4=C($\ddot{O}$:$^-$)CH_3 ⟷ H_2N^+=环(负电荷)—C(=O:)CH_3 ⟷ H_2N^+=环(负电荷)—C(=O:)CH_3]

13.4.3 胺的命名

一元胺的命名是以胺字表示官能团，再加上与氮原子相连的烃基的名称和数目。例如：

CH_3NH_2 甲胺

$CH_3CH_2NH_2$ 乙胺

环己胺（$C_6H_{11}NH_2$）

苯胺（$C_6H_5NH_2$）

$(CH_3CH_2)_2NH$ 二乙胺

$CH_3CH_2NHCH_3$ 甲乙胺

$C_6H_5NHCH_3$ *N*-甲基苯胺

$(CH_3CH_2CH_2CH_2)_3N$ 三丁胺

$(CH_3)_2CHCH_2N(CH_3)CH_2CH_3$ *N*-甲基-*N*-乙基异丁胺

$C_6H_5N(CH_3)_2$ *N*,*N*-二甲基苯胺

在取代基的前面加 *N*-，是为了明确取代基所在的位置。

结构比较复杂的胺，可以作为烃类的氨基衍生物命名：

$(CH_3)_2CHCH_2CH(NH_2)CH_3$ 2-甲基-4-氨基戊烷

$CH_3CH_2CH(CH_3)N(CH_2CH_3)_2$ 2-(二乙氨基)丁烷

季铵盐的命名与铵盐相似：

$(CH_3)_4N^+Cl^-$ 氯化四甲铵

$C_6H_5CH_2\overset{+}{N}(C_2H_5)_3Cl^-$ 氯化三乙基苄基铵

*13.5 胺的制法

13.5.1 硝基化合物还原

芳香族硝基化合物容易由硝化反应得到，因此，制备芳香族伯胺的常用方法是硝基化合物的还原。

硝基化合物可以在酸性或碱性溶液中用化学还原剂还原，或用催化氢化的方法转变为伯胺。反应条件的选择决定于分子中其他原子团的性质。

硝基化合物常用锡、铁和锌等金属和盐酸还原，乙醇可用作溶剂：

$$C_6H_5NO_2 \xrightarrow[(2)\ HO^-]{(1)\ Fe,\ HCl,\ H_2O} C_6H_5NH_2$$

硝基苯 → 苯胺(97%)

NO_2–C_6H_4–Cl $\xrightarrow[(2)\ NaOH]{(1)\ Fe,\ HCl}$ NH_2–C_6H_4–Cl

对氯硝基苯　　对氯苯胺(97%)

CH_3, NO_2, NO_2 $\xrightarrow[(2)\ NaOH]{(1)\ Fe,\ HCl,\ EtOH}$ CH_3, NH_2, NH_2

2,4-二硝基甲苯　　4-甲基-1,3-苯二胺(74%)

如硝基化合物中含有醛基或酮基,则要用较温和的还原剂还原:

NO_2, CHO $\xrightarrow{FeSO_4,\ NH_3,\ H_2O}$ NH_2, CHO

NO_2, $COCH_3$ $\xrightarrow[(2)\ NaOH]{(1)\ Sn,\ HCl}$ NH_2, $COCH_3$

用硫氢化钠可以使二硝基化合物分子中的一个硝基被还原:

NO_2, NO_2 $\xrightarrow{NaHS,\ EtOH,\ \triangle}$ NH_2, NO_2

催化氢化是使硝基化合物转变为伯胺的一种既干净又方便的方法,镍、铂和钯都可用作催化剂。如溶剂中加入少量氯仿,则产物为伯胺的盐酸盐:

NO_2, $CO_2C_2H_5$ $\xrightarrow[25^\circ C]{H_2,\ PtO_2,\ EtOH}$ NH_2, $CO_2C_2H_5$

NO_2, CH_3 $\xrightarrow{H_2,\ Pd/C,\ CHCl_3}$ $NH_2 \cdot HCl$, CH_3

在镍、钯等催化剂存在下,硝基化合物可以用水合肼还原成伯胺,产率高,后处理方便。水合肼的作用是提供还原所需的氢。

13.5.2 氨的烷基化

氨是亲核试剂，可以同卤代烃、磺酸酯等起 S_N2 反应生成伯胺的盐：

$$NH_3 + RX \longrightarrow RNH_3^+X^-$$

生成的伯胺盐迅速与氨发生质子转移而释放出伯胺：

$$NH_3 + RNH_3^+X^- \longrightarrow RNH_2 + NH_4^+X^-$$

伯胺继续烃化，生成仲胺盐、叔胺盐和季铵盐，反应结束后加碱，得到的是各种胺的混合物，在一般情况下很难使反应停留在某一特定阶段。用过量的氨或伯胺作原料可以使主要产物为伯胺或仲胺，但产物仍为混合物，分离提纯有一定的困难。例如：

$$\underset{\substack{\text{1-溴辛烷}\\ 1\ \text{mol}}}{CH_3(CH_2)_6CH_2Br} + \underset{2\ \text{mol}}{NH_3} \longrightarrow \underset{\substack{\text{辛胺}\\ (45\%)}}{CH_3(CH_2)_6CH_2NH_2} + \underset{\substack{\text{二辛胺}\\ (43\%)}}{(CH_3(CH_2)_6CH_2)_2NH}$$

因此，这种方法的用途有限。如用作原料的卤代烷不是很贵，它与胺反应生成的伯胺又容易分离提纯，可以用来制备这种伯胺。

芳伯胺的亲核性弱，与卤代烃的反应在较高的温度下才能进行，生成的仲胺要在更剧烈的条件下才能继续烃化，因此，容易停留在生成仲胺的阶段：

$$C_6H_5NH_2 + C_6H_5CH_2Cl \xrightarrow[90\sim95℃,\ 4h]{NaHCO_3,\ H_2O} C_6H_5NHCH_2C_6H_5$$

13.5.3 腈和酰胺还原

酰胺和氢化铝锂在无水乙醚等溶剂中一起回流，分子中的羰基还原成亚甲基，从酰胺、*N*-烃基酰胺和 *N*,*N*-二烃基酰胺分别得到伯胺、仲胺和叔胺：

$$C_6H_5\underset{\substack{|\\ CH_3}}{C}HCH_2\overset{\substack{O\\ \|}}{C}NH_2 \xrightarrow[(2)\ H_2O]{(1)\ LiAlH_4,\ Et_2O} C_6H_5\underset{\substack{|\\ CH_3}}{C}HCH_2CH_2NH_2$$

$$CH_3CH_2CH_2CH_2\overset{\substack{O\\ \|}}{C}NHCH_2CH_2CH_2CH_3 \xrightarrow[(2)\ H_2O]{(1)\ LiAlH_4,\ Et_2O} CH_3CH_2CH_2CH_2CH_2NHCH_2CH_2CH_2CH_3$$

$$\text{环己基}-\overset{\substack{O\\ \|}}{C}N(CH_3)_2 \xrightarrow[(2)\ H_2O]{(1)\ LiAlH_4,\ Et_2O} \text{环己基}-CH_2N(CH_3)_2$$

肟容易还原成伯胺，这是由醛、酮制备伯胺的方便方法：

$$RR'C{=}O \xrightarrow{NH_2OH} RR'C{=}NOH \xrightarrow{[H]} RR'CHNH_2$$

例如：

$$CH_3(CH_2)_5\underset{\substack{\|\\ NOH}}{C}CH_3 \xrightarrow{Na,\ EtOH} CH_3(CH_2)_5\underset{\substack{|\\ NH_2}}{C}HCH_3$$

$$\text{2,2-二苯基环己酮肟 }(C_6H_5)_2C_6H_8{=}NOH \xrightarrow{LiAlH_4,\ Et_2O} \text{2,2-二苯基环己胺}$$

$$CH_3CH_2CH_2C(=NOH)CH_3 \xrightarrow{H_2,\ Ni,\ EtOH} CH_3CH_2CH_2CH(NH_2)CH_3$$

腈可以用氢化铝锂还原成伯胺：

$$CF_3-C_6H_4-CH_2C\equiv N \xrightarrow[(2)\ H_2O]{(1)\ LiAlH_4,\ Et_2O} CF_3-C_6H_4-CH_2CH_2NH_2$$

腈也可以用催化加氢的方法转变为伯胺，反应的中间体是亚胺：

$$RC\equiv N \underset{-H_2}{\overset{+H_2}{\rightleftharpoons}} RCH=NH \underset{-H_2}{\overset{+H_2}{\rightleftharpoons}} RCH_2NH_2$$

13.5.4 醛、酮的还原胺化

醛、酮与氨反应生成亚胺，亚胺经催化加氢后转变为伯胺：

$$R-C(=O)-R' + NH_3 \rightleftharpoons R-C(OH)(NH_2)-R'$$

$$R-C(OH)(NH_2)-R' \rightleftharpoons R-C(=NH)-R' + H_2O$$

$$R-C(=NH)-R' + H_2 \rightleftharpoons R-CH(NH_2)R'$$

因此，醛、酮在氨存在下进行催化加氢，产物为伯胺。反应包括胺化和还原两个过程，因此称为还原胺化。生成的伯胺还可以与反应物醛、酮起加成反应，从而产生仲胺。氨的用量多，有利于伯胺的生成：

$$\text{环己酮} \xrightarrow[EtOH]{NH_3,\ H_2,\ Ni} \text{环己胺}(C_6H_{11}NH_2)$$

$$C_6H_5CHO + NH_3 \xrightarrow[9.0MPa]{H_2,\ Ni,\ 40\sim70^\circ C} C_6H_5CH_2NH_2 + (C_6H_5CH_2)_2NH$$

苯甲醛	氨	苄胺	二苄基胺
1 mol	1 mol	(89.4%)	
1 mol	0.5 mol		(80.8%)

醛、酮与伯胺一起进行催化加氢则得到仲胺，中间产物为**席夫碱**(Schiff's base)：

$$(CH_3)_2CHCHO + CH_3CH_2CH_2CH_2NH_2 \longrightarrow \underset{\text{席夫碱}}{(CH_3)_2CHCH=NCH_2CH_2CH_2CH_3}$$

$$(CH_3)_2CHCH=NCH_2CH_2CH_2CH_3 \xrightarrow{H_2,\ Pt,\ EtOH} (CH_3)_2CHCH_2NHCH_2CH_2CH_2CH_3$$

醛、酮与仲胺一起催化加氢则生成叔胺：

$$CH_3CH_2CH_2CHO + \text{哌啶} \xrightarrow{H_2,\ Ni,\ EtOH} CH_3CH_2CH_2CH_2N(\text{哌啶基})$$

中间产物为醇胺或其脱水产物：

$$CH_3CH_2CH_2\underset{}{\overset{OH}{|}}{C}HN\text{(哌啶基)}$$

13.5.5　霍夫曼酰胺降级反应

酰胺与氯或溴在碱溶液中反应，生成少一个碳原子（羰基碳原子）的伯胺，称为**霍夫曼（Hofmann）重排**：

$$R\overset{O}{\overset{\|}{C}}NH_2 + 4OH^- + Br_2 \longrightarrow RNH_2 + 2Br^- + CO_3^{2-} + 2H_2O$$

在反应中酰胺分子中的羰基碳原子成为碳酸盐脱去，因此，这是使碳链缩短的一种方法，可以用于伯胺的制备。例如：

$$(CH_3)_3CCH_2\overset{O}{\overset{\|}{C}}NH_2 \xrightarrow{Br_2,\ NaOH,\ H_2O} (CH_3)_3CCH_2NH_2$$

$$m\text{-}BrC_6H_4\overset{O}{\overset{\|}{C}}NH_2 \xrightarrow{Br_2,\ KOH,\ H_2O} m\text{-}BrC_6H_4NH_2$$

也可以氯代替溴。例如：

$$CH_3(CH_2)_8\overset{O}{\overset{\|}{C}}NH_2 \xrightarrow{Cl_2,\ HO^-,\ H_2O} CH_3(CH_2)_8NH_2$$

霍夫曼重排可能的机理是：

$$R\overset{O}{\overset{\|}{C}}HNH_2 + HO^- \rightleftharpoons R\overset{O}{\overset{\|}{C}}NH^- + H_2O$$

$$R\overset{O}{\overset{\|}{C}}NH^- + Br_2 \rightleftharpoons R\overset{O}{\overset{\|}{C}}NHBr + Br^-$$

酰胺分子中氮原子上的氢的酸性与水相似，在碱性溶液中一部分酰胺转变为负离子，其结构可用共振式表示：

$$\left[R-\overset{O}{\overset{\|}{C}}-N^--H \longleftrightarrow R-\overset{O^-}{\overset{|}{C}}=N-H \right]$$

酰胺负离子与溴或氯反应立即生成 *N*-溴代或氯代酰胺，并进行以下反应：

$$R\overset{O}{\overset{\|}{C}}NHBr + HO^- \xrightleftharpoons{\text{快}} R-\overset{O}{\overset{\|}{C}}-N^-Br + H_2O$$

$$R-\overset{O}{\overset{\|}{C}}-N^- \frown Br \rightleftharpoons R-\overset{O}{\overset{\|}{C}}-\ddot{N}: + Br^-$$

N-溴代酰胺的酸性比酰胺强，立即与碱作用，生成相应的负离子，后者失去溴离子，转变为氮烯（nitrene），氮烯中氮原子外层只有 6 个电子，是不稳定的，它立即发生重排，与羰基相连的烃基带着一对价电子转移到氮原子上，生成异氰酸酯。重排过程烃基构型保持不变。

异氰酸酯迅速加水，生成不稳定的取代氨基甲酸，后者脱羧即得到胺：

$$R-N=C=O + H_2O \longrightarrow RNHCOH$$
(其中 C 上有 =O)

$$RNHCOH \longrightarrow RNH_2 + CO_2$$

*迁移基团构型保持不变,如:

$$C_6H_5CH_2C(H)(CH_3)-C(=O)-NH_2 \xrightarrow{Br_2,\ NaOH,\ H_2O} C_6H_5CH_2C(H)(CH_3)-NH_2$$

酰胺在含有甲醇钠的甲醇溶液中与溴反应,生成的取代氨基甲酸酯可以分离出来:

$$CH_3(CH_2)_{14}\overset{O}{\overset{\|}{C}}NH_2 \xrightarrow[CH_3OH]{Br_2,\ CH_3ONa} CH_3(CH_2)_{14}NH\overset{O}{\overset{\|}{C}}OCH_3$$

氨基甲酸酯是由中间产物异腈酸酯与醇加成得到的:

$$R-N=C=O + CH_3OH \longrightarrow RNH\overset{O}{\overset{\|}{C}}OCH_3$$

用这种方法制备长链伯胺,产率较高。

13.5.6 盖布瑞尔合成法

邻苯二甲酰亚胺钾与卤代烷起 S_N2 反应,生成 *N*-烃基邻苯二甲酰亚胺,后者在酸或碱存在下水解,即得到伯胺,此法称为**盖布瑞尔合成法**(Gabriel synthesis):

$$C_6H_4(CO)_2N^-K^+ + R-X \longrightarrow C_6H_4(CO)_2N-R + KX$$

$$C_6H_4(CO)_2NR + 2\ NaOH \xrightarrow{H_2O} C_6H_4(CO_2Na)_2 + RNH_2$$

这样得到的伯胺,不含仲胺、叔胺等杂质。

烃化反应在 DMF 溶液中更容易进行,*N*-烃基邻苯二甲酰亚胺的水解有困难时,可以用水合肼进行肼解:

$$C_6H_4(CO)_2NR \xrightarrow{NH_2NH_2} \left[C_6H_4(CONHNH_2)(CONHR) \right] \longrightarrow C_6H_4(CO)_2(NH-NH) + RNH_2$$

例如:

$$C_6H_4(CO)_2NH \xrightarrow[(2)\ C_6H_5CH_2Cl,\ DMF]{(1)\ K_2CO_3} C_6H_4(CO)_2NCH_2C_6H_5 \xrightarrow[EtOH]{NH_2NH_2} C_6H_5CH_2NH_2$$

在盖布瑞尔合成法中是用两个酰基作保护基，占据氮原子上两个价的位置，只留下一个可供烃基取代的氢，烃化后再除去保护基。应用同样的原理合成仲胺，用对甲苯磺酰基把伯胺中氮原子上的一个价占据，只留下一个可供取代的氢，烃化和水解后可以得到仲胺：

$$H_3C-C_6H_4-SO_2NHR \xrightarrow[(2)\ R'X]{(1)\ NaOH} H_3C-C_6H_4-SO_2NR(R') \xrightarrow{NaOH,\ H_2O} RR'NH$$

由**里特反应**(Ritter Reaction)也可以合成伯胺。里特反应可以看作是把氮原子上 3 个价都占据了，只留下亲核的孤电子对，烃化后水解，也得到伯胺：

$$RC\equiv N: \xrightarrow[(2)\ H_2O]{(1)\ (CH_3)_3COH,\ H^+} R\overset{O}{\overset{\|}{C}}NHC(CH_3)_3 \xrightarrow{NaOH,\ H_2O} (CH_3)_3CNH_2$$

13.6 胺的性质

13.6.1 胺的物理性质

常见一元胺的物理性质见表 13-1。

表 13-1 常见一元胺的物理常数

化 合 物	熔点/℃	沸点/℃	pK_a(共轭酸)(H_2O,25℃)
甲胺(methylamine)	−93	−7	10.66
乙胺(ethylamine)	−81	17	10.8
丙胺(propylamine)	−83	49	—
丁胺(butylamine)	−50	77.8	10.58
二甲胺(dimethylamine)	−96	7	10.73
二乙胺(diethylamine)	−42	56	10.09
三甲胺(trimethylamine)	−117	3.5	9.8
三乙胺(triethylamine)	−115	90	10.85
三丁胺(tributylamine)	—	213	—
苄胺(benzylamine)	—	185	9.34
苯胺(aniline)	−6	184	4.58
N-甲基苯胺(*N*-methylaniline)	−57	196	4.85
N,*N*-二甲基苯胺(*N*,*N*-dimethylaniline)	2	194	5.06
二苯胺(diphenylamine)	54	302	0.8
三苯胺(triphenylamine)	127	365	—

脂肪胺中甲胺、乙胺、二甲胺和三甲胺在室温下为气体，其他的低级胺为液体。

N—H 键是极化的，但极化程度比 O—H 小，氢键 N—H ---N 也比 O—H ---O 弱，因此，伯胺的沸点高于分子量相近的烷烃而低于醇。位阻能阻碍氢键的生成，伯胺分子间生成的氢键比仲胺强，叔胺分子间不能生成氢键，所以，碳原子数相同的胺中，伯胺的沸点最高，仲胺次之，叔胺最低。

胺分子中氮原子上的孤电子对能接受水或醇分子中羟基上的氢，生成分子间的氢键，因此，含 6～7 个碳原子的低级胺能溶于水，胺在水里的溶解度略大于相应的醇，高级胺与烷烃相似,不溶于水。

芳香族胺为高沸点液体或低熔点固体,有特殊的气息,在水中的溶解度比相应的酚略低。

邻硝基苯胺的熔点和沸点(71.5℃,284℃)都比它的间位异构体(114℃,306℃)和对位异构体(148℃,332℃)低,这是因为邻位异构体能生成分子内的氢键,而间位和对位异构体则生成分子间的氢键。分子间的氢键在晶体熔化时部分断裂,而在气相中差不多完全断裂,所以间位和对位异构体在相变过程中需要的能量高于邻位异构体。

芳香胺的毒性很大,液体芳胺还能透过皮肤被吸收,虽然它们的蒸气压不大,长期呼吸后也会中毒。空气中含 1 ppm(10^{-6})的苯胺,连续呼吸 12 h 后就会产生中毒的征象。苯胺、α-和 β-萘胺都有致癌作用。

13.6.2 胺的碱性

胺分子中氮原子上的孤电子对使它能接受质子而显碱性,进攻缺电子中心而显亲核性,芳胺中氮原子上的孤对电子与苯环中的 π 电子共轭,使芳环高度活化,环上的亲电取代反应更容易进行。本节先讨论胺的碱性。

胺同氨相似,其碱性比水强,胺的水溶液呈碱性反应。与酸反应生成烃基取代的铵盐,铵盐用碱处理又释出胺:

$$RNH_2 + H_2O \rightleftharpoons RNH_3^+ + HO^-$$

$$RNH_2 + HCl \rightleftharpoons RNH_3^+Cl^-$$

$$RNH_3^+Cl^- + NaOH \rightleftharpoons RNH_2 + NaCl + H_2O$$

通常根据胺的共轭酸——烃基取代铵离子的电离常数来比较胺的碱性强弱:

$$RNH_3^+ + H_2O \overset{K_a}{\rightleftharpoons} RNH_2 + H_3O^+$$

$$K_a = \frac{[RNH_2][H_3O^+]}{[RNH_3^+]}$$

在稀溶液中水的浓度接近于恒定,故未包括在公式中。

胺的碱性越强,越容易接受质子,它的共轭酸越不容易失去质子,即共轭酸的酸性越弱而 pK_a 值越大。因此,胺的碱性越强,其共轭酸的 pK_a 值越大。一些胺的共轭酸的 pK_a 值见表 13-1。

氨的共轭酸——铵离子的 pK_a 值为 9.25,因此,脂肪胺的碱性比氨强,而芳香族胺的碱性则比氨弱。

1. 脂肪胺

乙胺的碱性比氨强,这是因为 C—N 键是极化的,乙胺有偶极矩,方向是由乙基指向氮原子。在乙胺的共轭酸——乙基铵离子中,氮原子上的正电荷在偶极的影响下,一部分分散到乙基中,使乙基铵离子比铵离子更稳定:

$$NH_3 \qquad \overset{\longmapsto}{CH_3CH_2NH_2} \qquad H-\overset{+}{N}H_3 \qquad \overset{\longleftarrow\!\!\!+\!\!\!-}{H-\overset{+}{N}H_2CH_2CH_3}$$

因此,乙基铵离子酸性比铵离子弱,而乙胺的碱性比氨强。二乙基铵离子和三乙基铵离子

中,氮原子上的正电荷可以分散到两个和3个乙基上,比乙基铵离子更稳定。在气相中测定的碱性强弱次序为:

$$NH_3 < C_2H_5NH_2 < (C_2H_5)_2NH < (C_2H_5)_3N$$

即氮原子上乙基的数目越多,碱性越强。

在水溶液中测定的碱性强弱次序为:

$$\begin{array}{lcccc} & NH_3 < & C_2H_5NH_2 < & (C_2H_5)_3N < & (C_2H_5)_2NH \\ pK_a: & 9.25 & 10.80 & 10.85 & 11.09 \end{array}$$

与在气相中测定的次序不同,说明溶剂对碱性强弱有一定影响。

一种简化的解释为:烃基取代的铵离子在水溶液中能与水生成氢键:

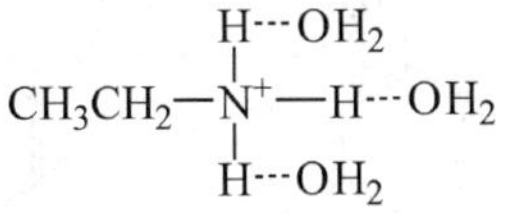

$$CH_3CH_2-\overset{\overset{H\cdots OH_2}{|}}{\underset{\underset{H\cdots OH_2}{|}}{N^+}}-H\cdots OH_2$$

氢键的生成使铵离子更加稳定,即使胺的碱性增强。一烃基取代的铵离子中有3个能参与氢键生成的氢,二烃基取代的铵离子和三烃基取代的铵离子中各有两个和一个能参与氢键形成的氢,因此,生成氢键使胺的碱性增强的次序是:伯胺>仲胺>叔胺,正好与结构因素使碱性增强的次序:伯胺<仲胺<叔胺相反,这两种因素协同作用,对于不同的烃基可以得到不同的次序。

在氯仿、乙腈、氯苯等非质子传递溶剂中测定胺的碱性强弱,可以避免生成氢键的干扰。例如,在氯仿中测定的丁胺、二丁胺和三丁胺的碱性强弱次序为:

$$CH_3CH_2CH_2CH_2NH_2 < (CH_3CH_2CH_2CH_2)_2NH < (CH_3CH_2CH_2CH_2)_3N$$

在胺分子中导入吸电子基团,后者的诱导效应使碱性减弱。例如,三(三氟甲基)胺同三氟化氮一样,几乎没有碱性:

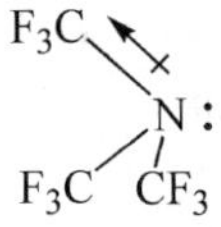

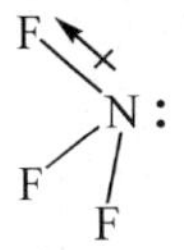

$$(F_3C)_3N: \qquad F_3N:$$

2. 芳香族胺

苯胺分子中氮原子上的孤对电子与苯环中的π电子共轭,使部分电子云分布到苯环碳原子上,孤对电子接受质子的能力显著降低,因此,苯胺的碱性比氨弱得多,二苯胺的碱性更弱,三苯胺在一般条件下不显碱性,与硫酸不能生成盐,但能与过氯酸生成盐。

苯环上吸电子的取代基使芳胺的碱性减弱。例如:

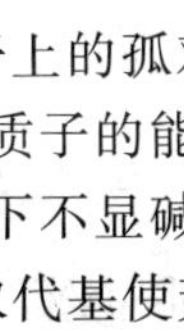

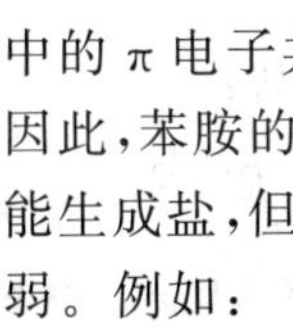

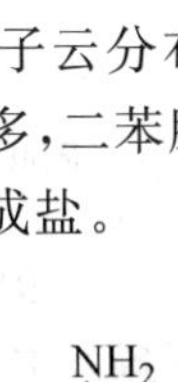

	苯胺 ($C_6H_5NH_2$)	间三氟甲基苯胺 ($m\text{-}CF_3C_6H_4NH_2$)	对三氟甲基苯胺 ($p\text{-}CF_3C_6H_4NH_2$)
pK_a:	4.58	3.20	2.75

对硝基苯胺分子中,硝基、苯环和氨基形成共轭体系:

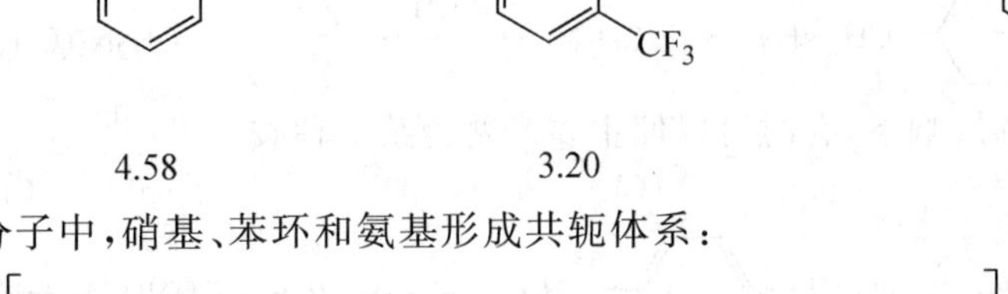

$$\left[O_2N^+\text{—}C_6H_4\text{—}NH_2 \longleftrightarrow (O^-)_2N^+\text{=}C_6H_4\text{=}NH_2^+ \right]$$

电荷分离的经典结构式在共轭杂化体中的贡献较大,使对硝基苯胺的稳定性提高。在对硝基苯胺的共轭酸中,这种共轭不复存在:

$$O_2N^{+}-C_6H_4-\ddot{N}H_2 + H^+ \rightleftharpoons O_2N^{+}-C_6H_4-NH_3^+$$

它是很不稳定的,因此,平衡偏向左边,即硝基使胺的碱性降低。

在邻硝基苯胺分子中,硝基除了通过苯环与氨基共轭外,由于与氨基靠近,硝基强烈的诱导效应使碱性进一步降低。而在间硝基苯胺分子中,硝基只通过诱导效应使胺的碱性降低:

	苯胺 ($C_6H_5NH_2$)	间硝基苯胺	对硝基苯胺	邻硝基苯胺
pK_a:	4.58	2.47	1.00	−0.26

13.6.3 胺的烷基化

胺是亲核试剂,容易与伯卤代烷起 S_N2 反应,由伯胺生成仲胺的盐:

$$RNH_2 + R'CH_2X \longrightarrow RNH_2^+(CH_2R')X^-$$

仲胺的盐与未反应的伯胺之间迅速发生质子转移反应,释放出的仲胺可以继续烃化,生成叔胺的盐:

$$RNH_2^+(CH_2R')X^- + RNH_2 \rightleftharpoons RNH(CH_2R') + RNH_3^+X^-$$

$$RNH(CH_2R') + R'CH_2X \longrightarrow RNH^+(CH_2R')_2 \cdot X^-$$

以上反应重复进行,直到生成季铵盐:

$$RNH^+(CH_2R')_2X^- + RNH_2 \rightleftharpoons RN(CH_2R')_2 + RNH_3^+X^-$$

$$RN(CH_2R')_2 + R'CH_2X \rightleftharpoons RN^+(CH_2R')_3X^-$$

在一般条件下,难以使反应停留在只生成仲胺或叔胺的一步。如用过量的伯卤代烷,可以得到季铵盐。例如:

$$C_6H_{11}-CH_2NH_2 + 3CH_3I \xrightarrow[\triangle]{CH_3OH} C_6H_{11}-CH_2N^+(CH_3)_3I^-$$

在位阻因素的影响下,有时可以使主要产物为某一种胺:

$$(CH_3)_2CHNH_2 + 2,4\text{-}Cl_2C_6H_3-CH_2Cl \longrightarrow (CH_3)_2CHNHCH_2-C_6H_3Cl_2\text{-}2,4$$

胺与叔卤代烷主要生成消去产物。仲卤代烷、α-卤代酸、环氧化物也可以用来使胺烃化。

胺作为亲核试剂,还可以与含活性烯键的化合物起共轭加成反应。

13.6.4 胺的酰基化

伯胺、仲胺容易与酰氯或酐反应，生成 *N*-烃基酰胺或 *N*，*N*-二烃基酰胺，它们是固体，有固定熔点，可用于胺的鉴定。例如：

$$C_6H_5NH_2 + (CH_3CO)_2O \longrightarrow C_6H_5NHCOCH_3 + CH_3COOH$$

$$CH_3CH_2CH_2NH_2 + C_6H_5\overset{O}{\overset{\|}{C}}Cl \longrightarrow CH_3CH_2CH_2NHCOC_6H_5$$

叔胺的氮原子上没有氢，不能生成一般的酰胺。

在有机合成中常将氨基酰化后再进行其他的反应，最后用酰胺水解法除去酰基，这样可以保护氨基，避免发生副反应。例如，在苯胺的硝化反应中，将氨基用酰基保护，既可避免苯胺被硝酸氧化，又可适当降低苯环的反应活性，以制备一硝化产物：

$$C_6H_5NH_2 \xrightarrow{(CH_3CO)_2O} C_6H_5NHCOCH_3 \xrightarrow{HNO_3,\ H_2SO_4} p\text{-}O_2NC_6H_4NHCOCH_3 \xrightarrow[(2)\ HO^-]{(1)\ H_3O^+} p\text{-}O_2NC_6H_4NH_2$$

13.6.5 胺的磺酰化

磺酰氯与胺的反应同酰氯相似：

$$H_3C-C_6H_4-SO_2Cl + RNH_2 \longrightarrow H_3C-C_6H_4-SO_2NHR$$

$$H_3C-C_6H_4-SO_2Cl + R_2NH \longrightarrow H_3C-C_6H_4-SO_2NR_2$$

由低级伯胺生成的 *N*-烃基对甲苯磺酰胺能溶于氢氧化钠水溶液中：

$$H_3C-C_6H_4-SO_2NHR + NaOH \longrightarrow H_3C-C_6H_4-SO_2\bar{N}RNa^+ + H_2O$$

叔胺与对甲苯磺酰氯只生成盐，与氢氧化钠又释放出叔胺：

$$H_3C-C_6H_4-SO_2Cl + R_3N \longrightarrow H_3C-C_6H_4-SO_2\overset{+}{N}R_3Cl^-$$

$$H_3C-C_6H_4-SO_2\overset{+}{N}R_3Cl^- + 2NaOH \longrightarrow H_3C-C_6H_4-SO_3^-Na^+ + R_3N + NaCl$$

胺的磺酰化反应称为**兴斯堡**(Hinsberg)**反应**，反应须在碱溶液中进行，可用于鉴别和分离伯、仲、叔胺。

13.6.6 胺与亚硝酸的反应

在酸性溶液中，由亚硝酸钠生成的亚硝酸是常用的亚硝化试剂：

$$:\ddot{O}=\ddot{N}-\ddot{\underset{..}{O}}:^-\ Na^+ + H^+ \rightleftharpoons :\ddot{O}=\ddot{N}-\ddot{\underset{..}{O}}-H + Na^+$$

1. 脂肪胺

脂肪族仲胺与亚硝酸反应，生成 *N*-亚硝基胺，例如：

$$(CH_3)_2NH \xrightarrow[H_2O]{NaNO_2,\ HCl} (CH_3)_2N-NO$$

N-亚硝基二甲胺和其他一些 *N*-亚硝基胺有强烈的致癌作用。

脂肪族伯胺与亚硝酸生成的 *N*-亚硝基胺进一步转变为烷基重氮盐。

烷基重氮盐中的 $-\overset{+}{N}\equiv N$: 是离去倾向非常大的原子团，因此，在低温下也会放出氮气，生成碳正离子。实际得到的是碳正离子的反应产物。例如：

$$CH_3CH_2C(CH_3)_2(NH_2) \xrightarrow[H_2O]{NaNO_2,\ HCl} CH_3CH_2C(CH_3)_2(N^+\equiv N)Cl^-$$

$$CH_3CH_2C(CH_3)_2(N^+\equiv N) \longrightarrow CH_3CH_2\overset{+}{C}(CH_3)_2 + N_2\uparrow$$

$$CH_3CH_2\overset{+}{C}(CH_3)_2 \xrightarrow{H_2O} \underset{(2\%)}{CH_3CH{=}C(CH_3)_2} + \underset{(3\%)}{CH_3CH_2C(CH_3){=}CH_2} + \underset{(80\%)}{CH_3CH_2C(OH)(CH_3)_2}$$

2. 芳香族胺

N,*N*-二烷基苯胺与亚硝酸反应，由于苯环碳原子的活性很高，亲电性较弱的亚硝鎓离子进攻对位碳原子，生成对位亚硝基取代产物：

$$C_6H_5N(CH_2CH_3)_2 \xrightarrow[(2)\ HO^-]{(1)\ NaNO_2,\ HCl,\ H_2O,\ 8^\circ C} p\text{-}ON{-}C_6H_4{-}N(CH_2CH_3)_2$$

N-烷基苯胺与亚硝酸生成 *N*-亚硝基胺：

$$C_6H_5NHCH_3 \xrightarrow{NaNO_2,\ HCl,\ H_2O,\ 10^\circ C} C_6H_5N(CH_3){-}N{=}O$$

芳香族伯胺与亚硝酸反应，生产芳基重氮盐：

$$C_6H_5{-}NH_2 \xrightarrow[0\sim5^\circ C]{NaNO_2,\ HCl,\ H_2O} C_6H_5{-}N^+\equiv N : Cl^-$$

芳基重氮盐比烷基重氮盐更稳定，在水溶液中，0～5℃下可以保存一段时间，可以用于多种芳香族化合物的合成。

芳香族胺的碱性很弱，在强酸性溶液中仍能与亚硝酸反应。

*13.6.7　胺的氧化

胺容易氧化，用不同的氧化剂可以得到多种氧化产物。

1. 叔胺的氧化

叔胺用过氧化氢或过酸氧化，生成氧化叔胺。

$$C_6H_{11}{-}CH_2N(CH_3)_2 \xrightarrow{H_2O_2,\ CH_3OH\text{-}H_2O} C_6H_{11}{-}CH_2\overset{+}{N}(CH_3)_2(O^-)$$

$$C_6H_{11}{-}N(CH_3)_2 \xrightarrow{H_2O_2} C_6H_{11}{-}\overset{+}{N}(CH_3)_2(O^-)$$

*2. 科普消去

有 β-氢的叔胺-N-氧化物在加热时，分解成烯烃和 N,N-二烷基羟胺：

$$\text{环己基}-CH_2-\overset{+}{N}(O^-)(CH_3)_2 \xrightarrow{160^\circ C} \text{亚甲基环己烷}(=CH_2) + (CH_3)_2NOH$$

$$\text{环辛基}-N(O^-)(CH_3)_2 \xrightarrow{120^\circ C} \text{环辛烯} + (CH_3)_2NOH$$

如有两种不同的β-氢，则生成烯烃的混合物。这种类型的消去反应称为**科普**(Cope)**消去**。

在 N,N-二甲基环辛胺-N-氧化物中，如将氮原子反位的一个氢换成氘，则热解后，氘全部留在烯烃中：

$$\text{(反位 D)} \xrightarrow{\triangle} \text{1-氘代环辛烯} + \text{3-氘代环辛烯}$$

如将氮原子顺位的一个氢换成氘，则热解后只有一部分氘留在烯烃中：

$$\text{(顺位 D)} \xrightarrow{\triangle} \text{环辛烯} + \text{3-氘代环辛烯}$$

说明这是一种顺式消去反应。其他的实验也说明这是一种选择性很高的顺式消去反应：

$$H_5C_6(H_3C)CH-CH(CH_3)\overset{+}{N}(O^-)(CH_3)_2 \xrightarrow{115^\circ C} \underset{(96\%)}{H_3C(H_5C_6)C=C(CH_3)H} + \underset{(0.1\%)}{H_3C(H_5C_6)C=C(H)CH_3}$$

$$H_3C(H_5C_6)CH-CH(CH_3)\overset{+}{N}(O^-)(CH_3)_2 \xrightarrow{115^\circ C} \underset{(96\%)}{H_5C_6(H_3C)C=C(CH_3)H} + \underset{(2\%)}{H_3C(H_5C_6)C=C(CH_3)H}$$

反应的过渡状态可能是一个五元环，双键的生成和单键的断裂可能是协同进行的。

Cope 消去可用于某些烯烃的合成。

3. 芳胺的氧化

芳香族伯胺的氧化经过下列阶段：

$$\underset{\text{伯胺}}{ArNH_2} \xrightarrow{[O]} \underset{N\text{-芳基羟胺}}{ArNHOH} \xrightarrow{[O]} \underset{\text{亚硝基化合物}}{ArNO} \xrightarrow{[O]} \underset{\text{硝基化合物}}{ArNO_2}$$

例如：

$$\text{2-甲基-4-硝基苯胺}(CH_3, NH_2, O_2N) \xrightarrow{H_2SO_4} \text{2-甲基-4-硝基亚硝基苯}(CH_3, NO, O_2N)$$

$$p\text{-}CH_3C_6H_4NH_2 \xrightarrow{H_2O_2,\ CH_3COOH} p\text{-}CH_3C_6H_4NO_2$$

苯胺用二氧化锰和硫酸氧化,主要产物为对苯醌:

$$C_6H_5NH_2 \xrightarrow{MnO_2,\ H_2SO_4} O{=}C_6H_4{=}O$$

芳胺的盐较难氧化,有时,将芳胺以盐的形式储存。

13.6.8 芳环上的取代反应

1. 卤化

芳香族伯胺分子中的氨基使芳环高度活化,在氯化和溴化反应中,迅速生成多氯和多溴化物,难以使反应停留在一氯化或一溴化的阶段。例如:

$$C_6H_5NH_2 \xrightarrow{Br_2,\ H_2O} 2,4,6\text{-}Br_3C_6H_2NH_2$$

$$p\text{-}H_2NC_6H_4COOH \xrightarrow{Br_2,\ CH_3COOH} 4\text{-}H_2N\text{-}3,5\text{-}Br_2C_6H_2COOH$$

氨基用酰基保护后,反应可以停留在生成一溴或一氯化物的阶段。例如:

$$p\text{-}CH_3C_6H_4NH_2 \xrightarrow[\triangle]{(CH_3CO)_2O} p\text{-}CH_3C_6H_4NHCOCH_3 \xrightarrow[55^\circ C]{Br_2,\ CH_3COOH} 2\text{-}Br\text{-}4\text{-}CH_3C_6H_3NHCOCH_3 \xrightarrow[(2)\ NaOH]{(1)\ H_2O,\ HCl,\ \triangle} 2\text{-}Br\text{-}4\text{-}CH_3C_6H_3NH_2$$

酰基的作用是使氮原子上的电子密度降低,导致苯环碳原子的电子密度降低,从而减弱它对苯环的活化作用:

$$\left[C_6H_5\ddot{N}HC(=O)CH_3 \longleftrightarrow C_6H_5NH^+{=}C(\ddot{O}{:}^-)\text{—}CH_3 \right]$$

另外一种方法是将苯环上的一个位置保护起来:

$$p\text{-}H_2NC_6H_4SO_2NH_2 \xrightarrow{H_2O_2,\ HCl} 4\text{-}H_2N\text{-}3,5\text{-}Cl_2C_6H_2SO_2NH_2 \xrightarrow[\triangle]{H_2SO_4,\ H_2O} 2,6\text{-}Cl_2C_6H_3NH_2$$

芳胺与活性小的碘反应，能够得到一碘化物。

$$C_6H_5NH_2 + I_2 + NaHCO_3 \longrightarrow p\text{-}I\text{-}C_6H_4NH_2 + NaI + CO_2 + H_2O$$

N,*N*-二甲基苯胺在乙酸中溴化生成对溴化物，在硫酸中，有硫酸银存在下溴化，则得到间溴化物：

$$C_6H_5N(CH_3)_2 \xrightarrow{Br_2,CH_3COOH} p\text{-}Br\text{-}C_6H_4N(CH_3)_2$$

$$C_6H_5N(CH_3)_2 \xrightarrow[Br_2,Ag_2SO_4]{H_2SO_4} m\text{-}Br\text{-}C_6H_4N(CH_3)_2$$

在乙酸中，底物为游离胺，而在硫酸中，则为铵盐，—$N^+H(CH_3)_2$是间位定位基。

2. 硝化

芳香族伯胺容易氧化，不能直接用硝酸硝化。氨基用酰基保护后，硝化可以顺利进行。

$$p\text{-}(CH_3)_2CH\text{-}C_6H_4NH_2 \xrightarrow{(CH_3CO)_2O} p\text{-}(CH_3)_2CH\text{-}C_6H_4NHCOCH_3 \xrightarrow{HNO_3,\ 20^\circ C} \text{2-}NO_2\text{-}4\text{-}(CH_3)_2CH\text{-}C_6H_3NHCOCH_3 \xrightarrow[\triangle]{KOH,\ EtOH} \text{2-}NO_2\text{-}4\text{-}(CH_3)_2CH\text{-}C_6H_3NH_2$$

叔胺可以用混酸硝化：

$$p\text{-}CH_3\text{-}C_6H_4N(CH_3)_2 \xrightarrow{低酸度} \text{2-}NO_2\text{-}4\text{-}CH_3\text{-}C_6H_3N(CH_3)_2$$

$$p\text{-}CH_3\text{-}C_6H_4N(CH_3)_2 \xrightarrow{高酸度} \text{3-}NO_2\text{-}4\text{-}CH_3\text{-}C_6H_3N(CH_3)_2$$

3. 磺化

芳香族伯胺在高温下磺化，磺化基导入氨基的对位。中间产物为*N*-磺基化合物，它在加热时重排为氨基磺酸：

$$\text{2-}CH_3C_6H_4NH_2 \xrightarrow{H_2SO_4} \text{2-}CH_3C_6H_4\overset{+}{N}H_3\cdot\overset{-}{O}SO_3H \xrightarrow{\triangle} \text{4-}NH_2\text{-3-}CH_3C_6H_3SO_3H$$

如果氨基的对位被占据,则生成邻位化合物:

$$\text{4-}BrC_6H_4NH_2 \xrightarrow[\triangle]{H_2SO_4} \text{2-}NH_2\text{-5-}BrC_6H_3SO_3H$$

4. 傅瑞德尔-克拉夫茨反应

芳香族伯胺中的氨基用酰基保护后,可以顺利地进行酰化或烃化反应:

$$\text{2-}H_5C_2C_6H_4NHCOCH_3 \xrightarrow[CS_2]{AlCl_3,\ CH_3COCl} \text{4-}CH_3CO\text{-2-}H_5C_2C_6H_3NHCOCH_3$$

叔胺可以用 DMF 进行甲酰化:

$$C_6H_5N(CH_3)_2 \xrightarrow{DMF,\ POCl_3} \text{4-}OHCC_6H_4N(CH_3)_2$$

*13.7 季铵盐和季铵碱

季铵盐是叔胺和卤代烷作用后生成的产物:

$$R_3N + RX \longrightarrow R_4N^+X^-$$

$$(CH_3)_3N + ClCH_2CH_2Cl \longrightarrow [(CH_3)_3NCH_2CH_2Cl]^+Cl^-$$

$$C_{16}H_{33}NH_2 \xrightarrow{2\,CH_3Cl} C_{16}H_{33}N(CH_3)_2 \xrightarrow{CH_3Cl} [C_{16}H_{33}N(CH_3)_3]^+Cl^-$$

它具有盐类的特性,是结晶形的固体,能溶于水。带有一个长链烷基的季铵盐,例如十六烷基三甲基氯化铵,更有表面活性作用,是适用于酸性和中性介质中的阳离子型表面活性剂,广泛用于矿物浮洗、乳化、医药(杀菌)等方面。氯化氯胆碱是农业上防止小麦倒伏的调节生长剂,俗称"**矮壮素**"。

长链的季铵盐还常用作**相转移催化剂**(PTC)。例如,若要使 RX 和 NaCN 反应,常用便宜的癸烷和水作溶剂,由于两者的溶解性能不同,反应物之间难以接触,因而反应速率极慢。加入少量的季铵盐(QX)作为 PTC,就可把水相中的 CN^- 以离子对形式 QCN 带入有机相中与 RX 反应,因而使反应速率大大提高。

季铵盐和其他的铵盐不同，因为它的氮原子上没有氢，在加热时不能离解成胺和酸，强碱对它也没有作用。当它的水溶液用氧化银处理时生成**季铵碱**：

$$Ag_2O + H_2O \rightleftharpoons 2AgOH$$

$$[R_4N]^+X^- + AgOH \longrightarrow [R_4N]^+OH^- + AgX\downarrow$$

季铵碱和氢氧化钠（或钾）相似，易溶于水，能吸收空气中的 CO_2，具有强碱性，是有机强碱。它和酸发生中和作用重新回到季铵盐：

$$[R_4N]OH + HX \longrightarrow [R_4N]X + H_2O$$

加热（高于 125℃）时季铵碱要分解，分解产物和烃基有关。例如，氢氧化四甲铵受热时分解成甲醇和三甲胺：

$$[(CH_3)_4N^+]OH^- \xrightarrow{\triangle} (CH_3)_3N + CH_3OH$$

其他的季铵碱则分解成烯烃、叔胺和水。

$$[CH_3CH_2-N^+(CH_3)_3]OH^- \xrightarrow{\triangle} (CH_3)_3N + CH_2=CH_2 + H_2O$$

$$C_6H_{11}\overset{+}{N}(CH_3)_3\overset{-}{O}H \xrightarrow{\triangle} \text{环己烯} + (CH_3)_3N + H_2O$$

产生的烯烃是由烃基脱 β-氢而成，而且反应总是主要生成双键上带有较少烷基的烯烃。

$$CH_3CH_2CH_2CH(CH_3)\overset{+}{N}(CH_3)_3\overset{-}{O}H \xrightarrow{\triangle} \underset{(96\%)}{CH_3CH_2CH_2CH=CH_2} + \underset{(4\%)}{CH_3CH_2CH=CHCH_2CH_3}$$

$$\text{2-甲基环己基}-\overset{+}{N}(CH_3)_3\overset{-}{O}H \xrightarrow{\triangle} \underset{(99\%)}{\text{3-甲基环己烯}} + \underset{(1\%)}{\text{1-甲基环己烯}}$$

这是由于氮原子上带有正电荷，在季铵碱按 E2 历程进行热分解时，它的强吸电子效应，通过诱导方式，影响到 β-碳原子。从而使 β-氢原子的电子云密度有所降低（酸性增加），容易受到碱性试剂的进攻，亦即过渡态有类似于负碳离子的性质。

如果在 β-碳原子上连有烷基，一方面因为烷基的立体障碍，使试剂向 β-氢原子的进攻受到影响；另一方面，由于烷基具有供电子性能，使 β-碳原子的电子云因烷基的存在而得到部分补充，这样 β-氢原子就不容易为碱性试剂进攻，所以当下面的季铵碱在按 E2 历程进行热分解时，将优先生成乙烯：

$$[H_3C-CH(H)CH_2-N^+(CH_3)_2-CH_2CH_2(H)]OH^- \xrightarrow{\triangle} CH_3CH_2CH_2N(CH_3)_2 + CH_2=CH_2 + H_2O$$

另外,也可以从构象分析得到解释。因为反应是E2消除,被消除的H要和N呈反式。碳原子1,2和3,4的Newman式如Ⅰ和Ⅱ所示:

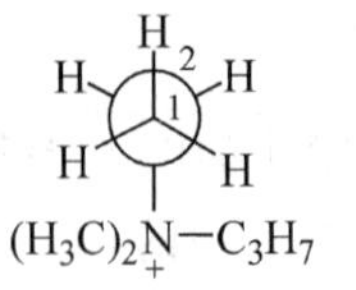

(Ⅰ) 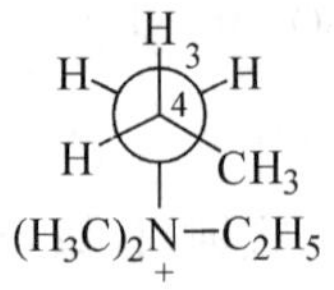 (Ⅱ)

显然,构象Ⅰ较Ⅱ稳定,存在较多,因而被消除的机会也多。

季铵碱这个消除取向正好与卤代烷的消除取向(**Saytzeff 规则**)相反,俗称 **Hofmann 规则**。季铵碱的这个热裂反应亦就称为 **Hofmann 消除反应**。这个法则也适用于带正性电荷物质的E2消除反应,例如:

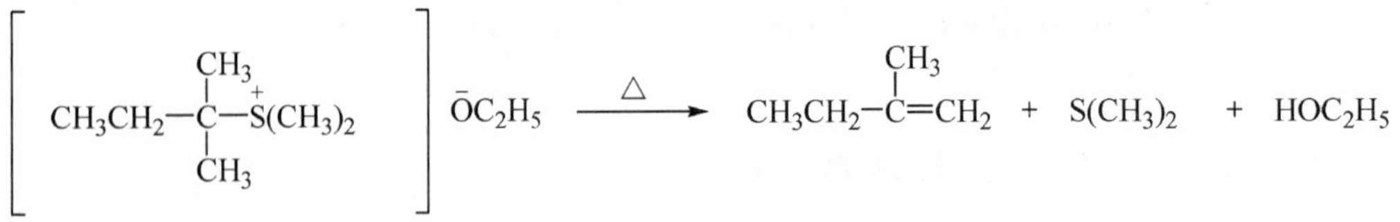

$$\left[CH_3CH_2-\overset{CH_3}{\underset{CH_3}{C}}-\overset{+}{S}(CH_3)_2\right]\bar{O}C_2H_5 \xrightarrow{\triangle} CH_3CH_2-\overset{CH_3}{C}=CH_2 + S(CH_3)_2 + HOC_2H_5$$

正由于季铵碱的消除方向是有规则的,因而这个Hofmann消除反应可用来测定胺的结构。例如在鉴别下面两个异构体时我们就用了季铵碱的热裂反应,一个生成1,4-戊二烯,一个生成2-甲基-1,3-丁二烯:

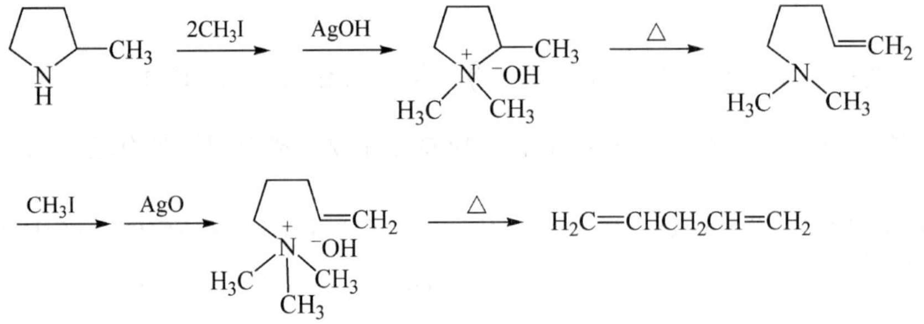

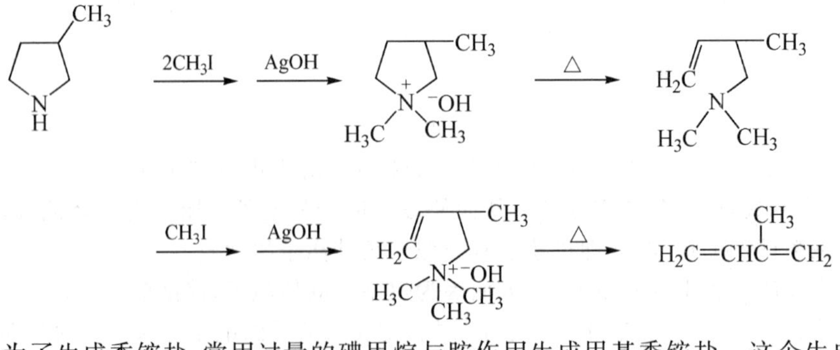

$$\text{2-甲基吡咯烷} \xrightarrow{2CH_3I} \xrightarrow{AgOH} \text{N,N-二甲基-2-甲基吡咯烷鎓}\ ^-OH \xrightarrow{\triangle} CH_2=CHCH_2CH_2CH_2N(CH_3)_2$$

$$\xrightarrow{CH_3I} \xrightarrow{AgO} CH_2=CHCH_2CH_2CH_2\overset{+}{N}(CH_3)_3\ ^-OH \xrightarrow{\triangle} H_2C=CHCH_2CH=CH_2$$

$$\text{3-甲基吡咯烷} \xrightarrow{2CH_3I} \xrightarrow{AgOH} \text{N,N-二甲基-3-甲基吡咯烷鎓}\ ^-OH \xrightarrow{\triangle} H_2C=CHCH(CH_3)CH_2N(CH_3)_2$$

$$\xrightarrow{CH_3I} \xrightarrow{AgOH} H_2C=CHCH(CH_3)CH_2\overset{+}{N}(CH_3)_3\ ^-OH \xrightarrow{\triangle} H_2C=CH\overset{CH_3}{C}=CH_2$$

这里为了生成季铵盐,常用过量的碘甲烷与胺作用生成甲基季铵盐。这个生成甲基季铵盐的过程俗称**彻底甲基化反应**(exhaustive methylation)。可是有时讲彻底甲基化反应亦包括随后形成季铵碱和Hofmann消除过程。

最后我们还要指出,季铵碱是在动物生理上非常重要的物质。例如胆碱和乙酰胆碱,它们是糖类和蛋白质代谢以及传递神经冲动所需要的物质。尤其是乙酰胆碱,它的生理作用要比它的母体胆碱大 10 万倍。

*13.8 腈、异腈和异氰酸酯

13.8.1 腈

1. 腈的制备

腈可以由卤代烷与氢氰酸的碱金属盐发生亲核取代反应制取：

$$R-X + NaCN \longrightarrow R-CN + NaX$$

酰胺失水也可以得到腈，通常的失水剂是五氧化二磷、三氯氧化磷、氯化亚砜等，其中尤以五氧化二磷为最好，将酰胺与五氧化二磷均匀混合后小心加热，反应后将腈从混合物中蒸出，产率很高：

$$(CH_3)_2CHCONH_2 \xrightarrow[200\sim220℃]{P_2O_5} (CH_3)_2CHCN$$

$$\text{邻氯苯甲酰胺 (2-}ClC_6H_4CONH_2\text{)} \xrightarrow[\triangle]{P_2O_5} \text{邻氯苯甲腈 (2-}ClC_6H_4CN\text{)}$$

另外，利用芳基重氮盐发生**桑德迈耳**(Sandmeyer)**反应**可以制备芳腈：

$$\text{3-}CH_3C_6H_4N_2^+Cl^- \xrightarrow{CuCN} \text{3-}CH_3C_6H_4CN$$

2. 腈的性质

腈一般为液体。腈分子中的腈基是高度极化的，因此，腈具有较高的偶极矩(μ)和沸点：

$CH_3-C\equiv N$	$H_5C_6-C\equiv N$
μ=4.03D(气态)	μ=4.39D(气态)
沸点: 81.6℃	沸点: 190.7℃

乙腈能与水混溶，是良好的溶剂。

(1) 腈的水解

腈水解时先生成酰胺，后者继续水解生成羧酸。腈的水解在碱性溶液中或酸催化下进行。例如：

$$C_6H_5CH_2CN + H_2O \xrightarrow{HCl,\ 50℃} C_6H_5CH_2CNH_2\ (\overset{O}{\|}\text{于 C 上})$$

$$C_6H_5CH_2CN + 2\,H_2O \xrightarrow[3h]{H_2SO_4,\ 100℃} C_6H_5CH_2COOH$$

$$CH_3(CH_2)_9CN + 2\,H_2O \xrightarrow[(2)\ H^+]{(1)\ KOH,\ EtOH,\ 回流77h} CH_3(CH_2)_9COOH + NH_4^+$$

将腈与固体氢氧化钾在叔丁醇溶液中回流也可使其转变为酰胺：

$$CH_3(CH_2)_3CN + KOH \xrightarrow[\triangle]{t\text{-}BuOH} CH_3(CH_2)_3CONH_2$$

(2) 腈的醇解

腈在氯化氢存在下与乙醇作用，生成亚氨基酯的盐：

$$CH_3-C\equiv N + HCl + EtOH \longrightarrow CH_3-\underset{\displaystyle OC_2H_5}{\underset{|}{C}}=NH_2^+Cl^-$$

后者与过量的无水乙醇继续反应，生成原碳酸酯：

$$CH_3-\underset{\displaystyle OC_2H_5}{\underset{|}{C}}=NH_2^+Cl^- + 2\ C_2H_5OH \longrightarrow CH_3C(OC_2H_5)_3 + NH_4^+Cl^-$$

如果所用的乙醇中有水，则得到酯：

$$CH_3-\underset{\displaystyle OC_2H_5}{\underset{|}{C}}=NH_2^+Cl^- + H_2O \longrightarrow H_3C-\underset{\displaystyle OC_2H_5}{\underset{|}{C}}=O + NH_4^+Cl^-$$

(3) 腈的氨解

腈与氨和氯化铵一起在高压釜中加热，生成咪盐：

$$CH_3-C\equiv N + NH_3 + NH_4^+Cl^- \xrightarrow{125\sim150^\circ C} \left[CH_3-\underset{\displaystyle NH_2}{\underset{|}{C}}=NH_2^+ \longleftrightarrow CH_3-\underset{\displaystyle NH_2^+}{\underset{\|}{C}}-NH_2 \right] Cl^-$$

(4) 与格利雅试剂反应

腈与格利雅试剂反应，产物水解后生成酮：

$$RC\equiv N + R'MgX \longrightarrow R\underset{\displaystyle R'}{\underset{|}{C}}=NMgX$$

$$R\underset{\displaystyle R'}{\underset{|}{C}}=NMgX + H_2O \longrightarrow R-\overset{\displaystyle O}{\overset{\|}{C}}-R' + NH_3 + HOMgX$$

例如：

$$C_6H_5C\equiv N + C_6H_5MgX \longrightarrow C_6H_5\overset{\displaystyle O}{\overset{\|}{C}}C_6H_5$$

(5) 腈的还原

腈用氢化铝锂还原，生成伯胺：

$$n\text{-}C_7H_{15}C\equiv N + LiAlH_4 \xrightarrow{EtO_2} n\text{-}C_7H_{15}CH_2NH_2$$

3. 丙烯腈

在工业上由丙烯的氨氧化可生产丙烯腈，同时也得到乙腈：

$$H_2C=CHCH_3 + NH_3 + \frac{3}{2}O_2 \xrightarrow{\text{催化剂}} H_2C=CHCN + 3H_2O$$

乙烯、丙烯或丁烯与氢氰酸在高温下(250～1000℃)反应(不需要催化剂)也得到丙烯腈。

丙烯腈主要用作合成纤维的原料，它水解可以得到丙烯酸：

$$H_2C=CHCN + 2H_2O \xrightarrow{85\%H_2SO_4} H_2C=CH\overset{\displaystyle O}{\overset{\|}{C}}OH + NH_3$$

己二腈主要用作生产己二胺，后者是生产尼龙的主要原料，由丙烯腈的二聚可生产己二腈：

$$H_2C{=}CHCN + 2H^+ + 2e^-(\text{电解}) \longrightarrow NC(CH_2)_4CN$$

13.8.2　异腈

1. 异腈的制备

异腈的结构可以用共振式表示：

$$\left[R-\ddot{N}{=}\underset{\cdot\cdot}{C}: \longleftrightarrow R-N^+{\equiv}\bar{C}: \right]$$

它们是比较稳定的含两价碳的化合物。

氰离子是两可离子：

$$\left[:C^-{\equiv}N: \longleftrightarrow :C{=}\underset{\cdot\cdot}{\bar{N}}: \right]$$

它的烷基化反应可以在碳原子上进行，也可以在氮原子上进行。因此，由卤代烷和氰化钾制备腈，常常同时得到少量异腈。如果用氰化银或氰化亚铜与碘化烷反应，则烷基化主要在氮原子上进行，产物为异腈与银盐的络合物，后者加氰化钾后释出异腈：

$$RI + AgC{\equiv}N \longrightarrow RNC\text{-}AgI$$

$$RNC\text{-}AgI + KCN \longrightarrow RNC + KAg(CN)_2 + KI$$

用这种方法制备异腈，产率在55%以下。如用银氰化四甲胺代替氰化银与碘化烷反应，异腈的产率可接近100%。

制备异腈的另一种方法是使*N*-烃基甲酰胺脱水：

$$RNH\overset{\overset{\displaystyle O}{\|}}{C}H + ArSO_2Cl \longrightarrow RNC + ArSO_3H + HCl$$

2. 异腈的性质

异腈的熔点比相应的腈低，分子量小的异腈有恶臭和毒性。

异腈对碱稳定，而用稀酸就可以使其水解成*N*-烃基甲酰胺：

$$R-\ddot{N}{=}C: + H^+ \rightleftharpoons R-\ddot{N}{=}CH^+$$

$$R-\ddot{N}{=}CH^+ + H_2O \rightleftharpoons R-\ddot{N}{=}\underset{\underset{\displaystyle H_2O^+}{|}}{C}H$$

$$R-\ddot{N}{=}\underset{\underset{\displaystyle OH_2^+}{|}}{C}H \rightleftharpoons R-\ddot{N}{=}\underset{\underset{\displaystyle HO}{|}}{C}H + H^+$$

$$R-\ddot{N}{=}CH-OH \rightleftharpoons R-\ddot{N}H-CH{=}O$$

异腈催化加氢后转变为仲胺：

$$R-NC + 2H_2 \xrightarrow{\text{催化剂}} R-NHCH_3$$

异腈与卤素起加成反应，生成二卤化物：

$$R-NC + Cl_2 \longrightarrow RN{=}CCl_2$$

异腈与氧化汞和硫反应,分别生成异氰酸酯和异硫氰酸酯:

$$R-NC + HgO \longrightarrow RN=C=O + Hg$$

$$R-NC + S \longrightarrow RN=C=S$$

13.8.3 异氰酸酯

异氰酸可以看作是氨基甲酸的内酐:

$$H-N(H)-C(=O)-OH \qquad HN=C=O$$

氨基甲酸　　　　异氰酸

异氰酸与氰酸形成动态平衡:

$$\underset{\text{异氰酸}}{HN=C=O} \rightleftharpoons \underset{\text{氰酸}}{N\equiv C-OH}$$

异氰酸根也就是氰酸根:

$$\left[\overset{-}{:}N::C::O: \longleftrightarrow :N\vdots\vdots C\cdot\cdot \overset{-}{O}: \right]$$

这是一种两可离子,它只有一种盐。例如,氰化钾与氧化铝一起熔化,得到的化合物一般写作 KOC≡N 。

氰酸银用卤代烃或磺酸酯烃化,得到的是异氰酸酯:

$$AgOC\equiv N + RX \longrightarrow RN=C=O + AgX$$

异氰酸酯也可以由伯胺与光气作用得到:

$$RNH_2 + ClC(=O)Cl \longrightarrow RNHC(=O)Cl + RN\overset{+}{H_3}Cl^-$$

$$RNHC(=O)Cl \longrightarrow RN=C=O + HCl$$

异氰酸酯为液体,在高温下容易变成三聚体。

$$3RN=C=O \xrightarrow{\triangle} \text{(1,3,5-三-R-1,3,5-三嗪-2,4,6-三酮)}$$

异氰酸酯　　　　三聚异氰酸酯

二异氰酸酯在工业上用作合成聚氨基甲酸酯的原料:

$$nO=C=N-R-N=C=O + HO-R'-OH \longrightarrow \left[\underset{\|}{\overset{}{C}}(=O)=N-R-NHC(=O)-OR'O \right]_n$$

本章小结

1. 硝基苯的还原

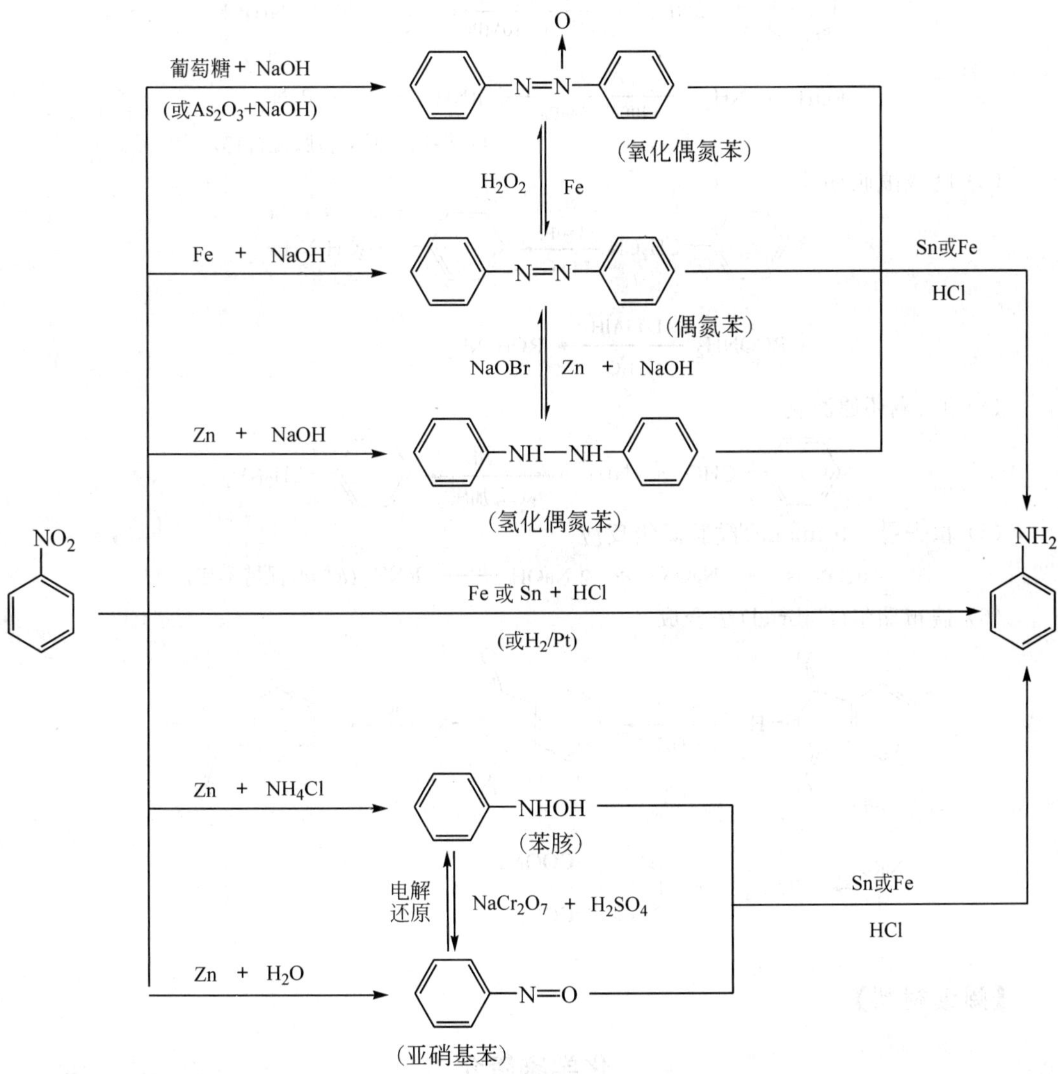

2. 胺的制备

(1) 硝基化合物还原

$$C_6H_5NO_2 + H_2 \xrightarrow{\text{Ni 或 Pt}} C_6H_5NH_2 + H_2O$$

$$C_{10}H_7NO_2 \xrightarrow{\text{Fe + HCl}} C_{10}H_7NH_2 + H_2O$$

(2) 胺烷基化

$$RX + NH_3 \longrightarrow R\overset{+}{N}H_3\overset{-}{X}$$

$$C_6H_5Cl + 2NH_3 \xrightarrow[200℃,\ 6\sim10MPa]{Cu_2O} C_6H_5NH_2 + NH_4Cl$$

$$ROH + NH_3 \xrightarrow[>400℃,\ 5MPa]{Al_2O_3} RNH_2 \longrightarrow R_3N$$

(可得伯、仲、叔胺混合物)

(3) 腈或酰胺还原

$$C_6H_5CH_2CN \xrightarrow[140℃]{H_2/Pt} C_6H_5CH_2CH_2NH_2$$

$$RCONH_2 \xrightarrow[(2)\ H_3\overset{+}{O}]{(1)\ LiAlH_4} RCH_2NH_2$$

(4) 醛、酮还原胺化

$$C_6H_5CHO + NH_3 \xrightarrow[60℃,\ 加压]{H_2/Ni} C_6H_5CH_2NH_2$$

(5) 霍夫曼(Hofmann)酰胺降级反应

$$RCONH_2 + NaOX + 2\ NaOH \longrightarrow RNH_2\ (R构型保持不变)$$

(6) 盖布瑞尔(Gabriel)法合成

$$邻苯二甲酰亚胺(N-H) \xrightarrow[EtOH]{KOH} 邻苯二甲酰亚胺钾(N-K) \xrightarrow{RX} N-烷基邻苯二甲酰亚胺(N-R)$$

$$\xrightarrow[H_2O]{NaOH} RNH_2 + C_6H_4(COONa)_2$$

【阅读材料】

化学家简介

雅各布·迈森哈梅尔(Jackson-Meisenheimer, 1876年6月14日—1934年12月2日),德国化学家。他在有机化学领域做出了大量贡献,其中最有名的就是他提出的迈森哈梅尔络合物(Meisenheimer complex)。他还提出了贝克曼重排机制,以及吡啶-*N*-氧化物的合成。

阿瑟·C.科普(Arthur C. Cope,1909年6月27日—1966年6月1日),美国化学家。科普是非常成功、有影响力的有机化学家,美国国家科学院院士。他发展了许多重要的化学反应,包括以他的名字命名的科普消除(Cope elimination)和科普重排(Cope rearrangement)。

科普于1909年6月27日出生在印第安纳州的Dunreith。1929年,他从巴特勒大学(Butler University)获得学士学位。1932年从威斯康星-麦迪逊大学(University of Wisconsin-Madison)获得博士学位。1933年,以国家研究委员会研究员(National Research Council Fellow)的身份在哈佛大学(Harvard University)继续他的研究。1934年,他进入布林莫尔学院(Bryn Mawr College)任教。在那里,他第一次合成了一系列巴比妥类药物。在布林莫尔学院,科普还发现了烯丙基热重排反应,即以他名字命名的科普重排(Cope rearrangement)反应。1941年,科普进入哥伦比亚大学(Columbia University),在那里,他开展与战争有关的研究,包括化学武器、抗疟疾药物,以及治疗芥子气中毒的药物。1945年,他进入美国麻省理工学院(Massachusetts Institute of Technology)担任化学系主任。1947年,他当选为美国国家科学院院士(National Academy of Sciences)。

为纪念阿瑟·C.科普,美国化学会(American Chemical Society)每年都会对最优秀的有机化学家颁发阿瑟·C.科普奖(Arthur C. Cope Award)。

特拉格特·桑德迈尔(Traugott Sandmeyer,1854年9月15日—1922年4月9日),瑞士化学家。1884年,发现桑德迈尔反应(Sandmeyer reaction)。虽然没有化学学士学位,但他仍然成为了有机化学教授。

1882年,桑德迈尔被维克多·迈耶(Viktor Meyer)受聘为苏黎世工业大学(ETH Zürich)的化学讲师。桑德迈尔和迈耶合作合成迈耶早先发现的噻吩。之后随同迈耶转到哥廷根大学(University of Göttingen),但一年后又返回苏黎世与阿瑟·鲁道夫·汉斯(Arthur Rudolf Hantzsch)一起工作。1888年,桑德迈尔与约翰·鲁道夫·嘉基-梅里安(Johann Rudolf Geigy-Merian)开始在化工领域工作,约翰·鲁道夫·嘉基-梅里安拥有自己的化工厂(J. R. Geigy & Cie,以后的汽巴(Ciba Geigy),现在的诺华(Novartis))。桑德迈尔参与开发了几种染料,发明了一种新的合成靛蓝。他还开展过靛红的合成工作。为了纪念他,这些合成方法以他名字命名为Sandmeyer isonitrosoacetanilide isatin synthesis(1903)和Sandmeyer diphenylurea isatin synthesis(1919)。

西格蒙德·盖布瑞尔(Siegmund Gabriel,1851年11月7日—1924年3月22日),德国化学家。

盖布瑞尔出生在柏林。曾在柏林大学(University of Berlin)学习了几个学期。盖布瑞尔在海德堡大学(University of Heidelberg)罗伯特·威廉·本生(Robert Wilhelm Bunsen)指导下学习,并于1874年获得博士学位。他在柏林大学(University of Berlin)担任教授到1921年。1887年,他发现了盖布瑞尔合成法(Gabriel Synthesis)。

奥斯卡·海因里希·丹尼尔·兴斯堡(**Oscar Heinrich Daniel Hinsberg**,1857年10月21日—1939年2月13日),德国化学家。他以合成吲哚酮、砜和噻吩而闻名。在1890年,他发现"兴斯堡反应",用于鉴定一级、二级和三级胺。

1882年,他在图宾根大学(University of Tübingen)获得博士学位,后在弗赖堡大学(University of Freiburg)和日内瓦大学(University of Geneva)担任教授。

雨果·席夫(**Hugo** (**Ugo**) **Schiff**,1834年4月26日—1915年9月8日),德国化学家。他发现了席夫碱(Schiff bases)和其他亚胺,并研究醛、氨基酸和双缩脲试剂等。

席夫出生在美因河(Main)畔的法兰克福(Frankfurt),是哥廷根大学(University of Göttingen)弗里德里希·维勒(Friedrich Wöhler)的学生。1857年,在维勒的指导下,他完成了他的博士论文。同一年,由于政治动荡,席夫离开德国到瑞士伯尔尼大学(University of Bern)。他是社会主义的支持者,据说与卡尔·马克思和弗里德里希·恩格斯有联系。1894年,他还是意大利社会主义党(Italian Socialist Party)喉舌 *L'Avanti* 报纸的创始人之一。

1863年,席夫来到意大利,先后在比萨(Pisa)和佛罗伦萨(Florence)谋到职位。1870年,他与康尼查罗(Stanislao Cannizzaro)合伙创办 *Gazzetta Chimica Italiana* 化学期刊。1877年,他成为都灵大学(University of Turin,UNITO)普通化学教授。1879年返回佛罗伦萨,后来成为佛罗伦萨大学(University of Florence)普通化学教授,在那里他成立了佛罗伦萨大学化学研究所(Chemical Institute of the University of Florence)。席夫在佛罗伦萨去世。

习 题

13-1 命名下列化合物:

(1) $CH_3CH_2NHCH_3$

(2) $H_2NCH_2CH_2OH$

(3) $C_6H_5N(CH_3)_2$

(4) $C_6H_5\overset{+}{N}(CH_3)_3Cl^-$

(5) 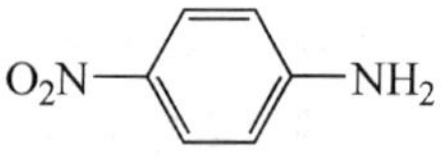 $O_2N-C_6H_4-NH_2$(对位)

(6) 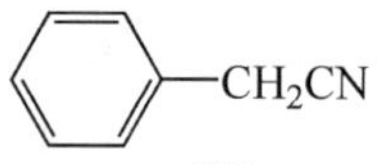 $C_6H_5-CH_2CN$

(7) $[(CH_3)_2N(C_2H_5)_2]^+OH^-$

(8) 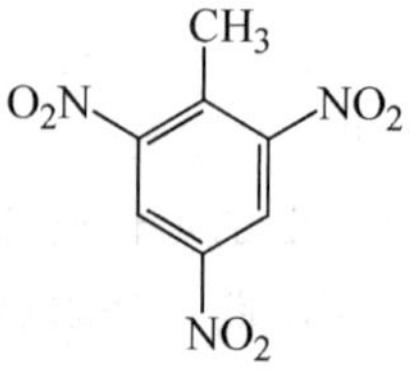 苯环:1-CH_3,2,6-二NO_2,4-NO_2

13-2 写出下列化合物的结构式:

(1) 丙烯腈

(2) 异氰酸甲酯

(3) 氢氧化四甲基铵

(4) 2,4,6-三硝基苯酚(苦味酸)

(5) 邻苯二甲酰亚胺

(6) 三乙胺

13-3 完成下列反应:

(1) 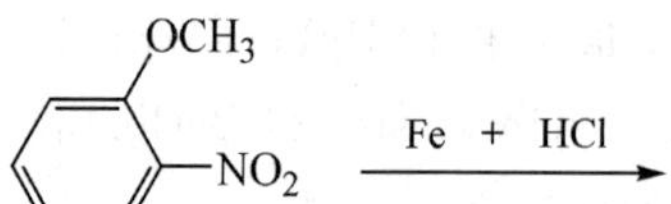 邻硝基苯甲醚($C_6H_4(OCH_3)NO_2$,OCH_3与NO_2邻位) $\xrightarrow{Fe\ +\ HCl}$

(2) 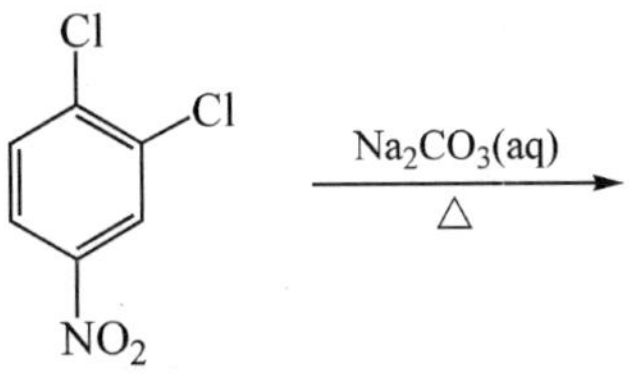 3,4-二氯硝基苯（1,2-二氯-4-硝基苯）$\xrightarrow[\triangle]{Na_2CO_3(aq)}$

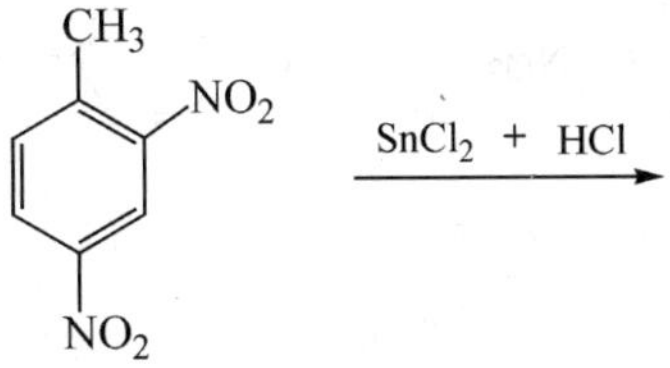

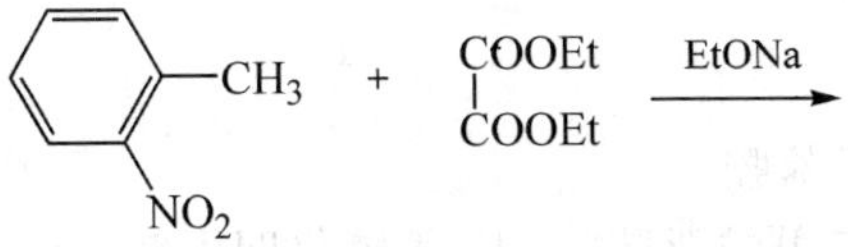

*(3) 2,4-二硝基甲苯 $\xrightarrow{SnCl_2\ +\ HCl}$

*(4) 邻硝基甲苯 + $\begin{matrix}COOEt\\ |\\ COOEt\end{matrix}$ $\xrightarrow{EtONa}$

(5) 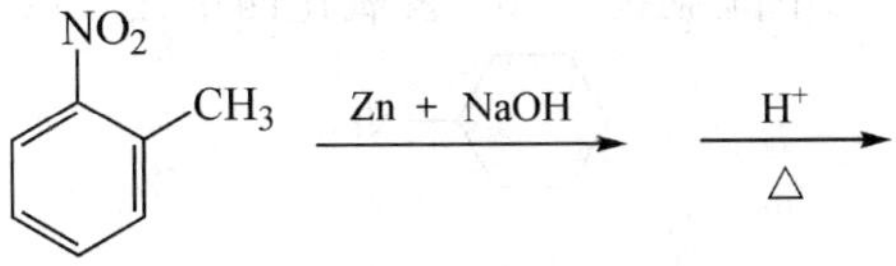 邻硝基甲苯 $\xrightarrow{Zn\ +\ NaOH}$ $\xrightarrow[\triangle]{H^+}$

(6) 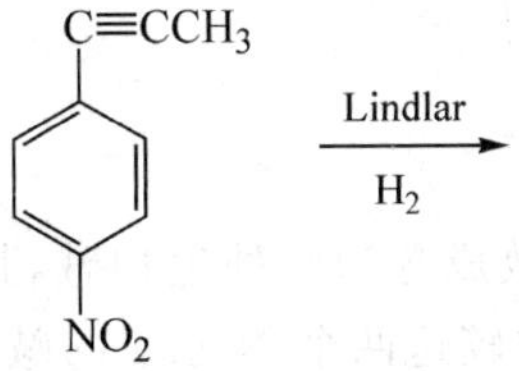 p-O_2N–C_6H_4–$C{\equiv}CCH_3$ $\xrightarrow[H_2]{Lindlar}$

*(7) $CH_3CH{=}N{-}OH \xrightarrow[\triangle]{(CH_3CO)_2O}$

*(8) 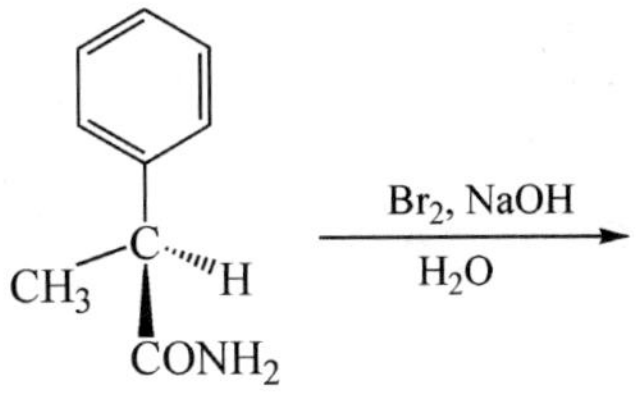 C_6H_5–C(CH₃)(H)–$CONH_2$（手性碳）$\xrightarrow[H_2O]{Br_2,\ NaOH}$

*(9) $CH_3NH_2 \quad + \quad CH_3NCO \longrightarrow$

(10) 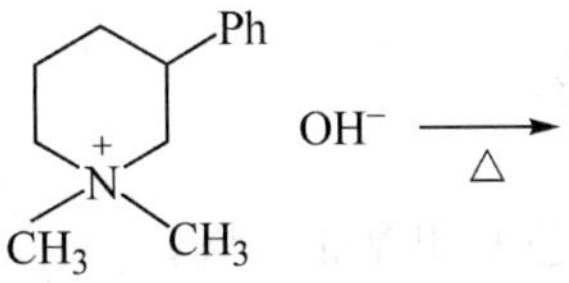 1,1-二甲基-3-苯基哌啶鎓（N^+，两个 CH_3，3-Ph） $OH^- \xrightarrow{\triangle}$

(11) $(CH_3)_2NH \quad + \quad HNO_2 \longrightarrow$

(12) 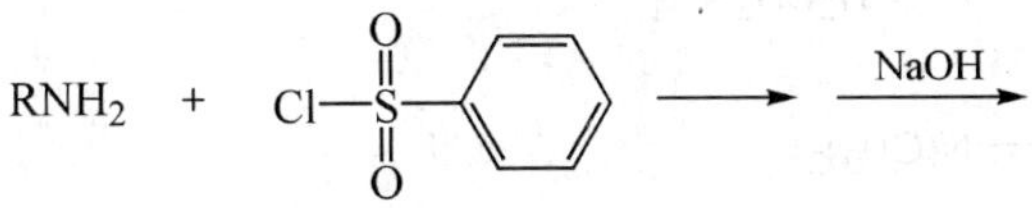 $RNH_2 \quad + \quad Cl{-}SO_2{-}C_6H_5 \longrightarrow \xrightarrow{NaOH}$

(13) 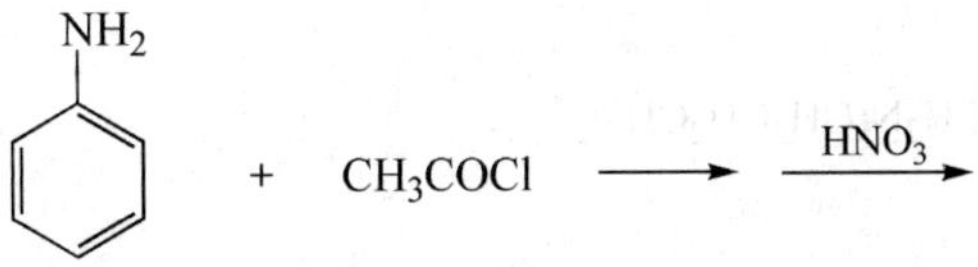 $C_6H_5NH_2 \quad + \quad CH_3COCl \longrightarrow \xrightarrow{HNO_3}$

(14) 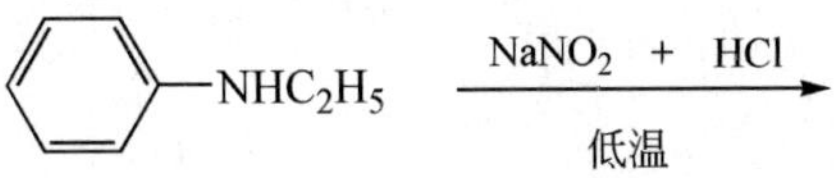 $C_6H_5{-}NHC_2H_5 \xrightarrow[\text{低温}]{NaNO_2\ +\ HCl}$

(15) 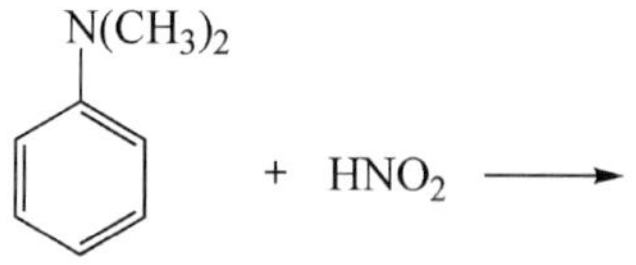 $C_6H_5N(CH_3)_2$ + HNO_2 ⟶

13-4 比较下列化合物的碱性大小：

(1) (a)  $CH_3-C_6H_4-NH_2$ (b) $O_2N-C_6H_4-NH_2$ (c) $C_6H_5-NH_2$

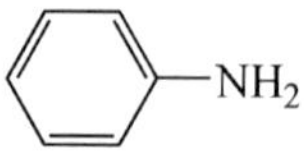

(2) (a) 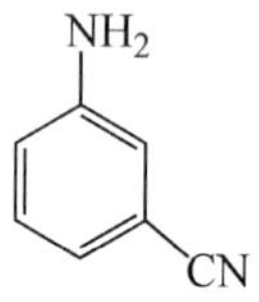 间氨基苯甲腈（NH_2、CN 处于间位） (b)  对氨基苯甲腈（NH_2、CN 处于对位）

(3) (a) 氨 (b) 乙胺 (c) 苯胺 (d) 三苯胺

(4) (a) 苯胺 (b) 乙酰苯胺 (c) 邻苯二甲酰亚胺 (d) 氢氧化四甲铵 (e) 乙胺

(5) (a) 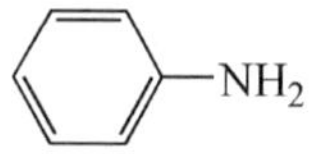 $C_6H_5-NH_2$ (b) NH_3 (c) 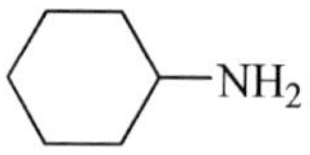 $C_6H_{11}-NH_2$（环己胺）

(d) 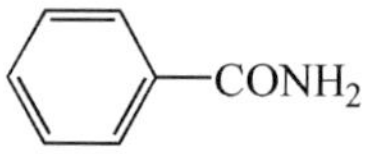 $C_6H_5-CONH_2$ (e) 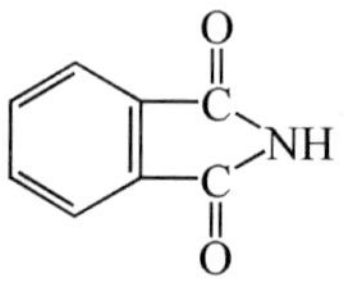 邻苯二甲酰亚胺

(6) 番木鳖为一种剧毒中药,用于治疗偏瘫。其主要有效成分为两种生物碱,其一为马钱子碱。在马钱子碱分子内含有两个 N 原子(N^a 和 N^b)。比较这两个 N 原子的碱性。

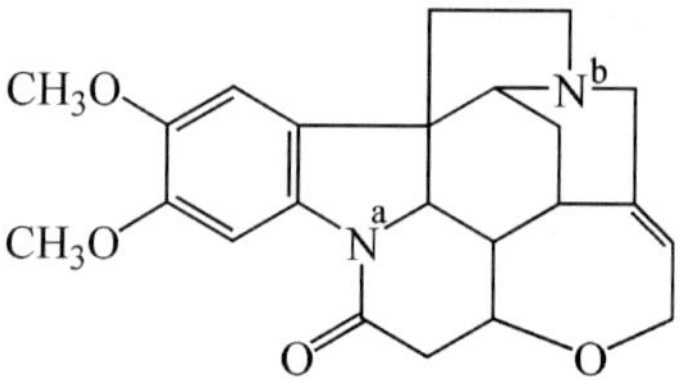

马钱子碱

13-5 用简单的化学方法区别下列各组化合物：

(1) 对甲苯胺、*N*-甲基苯胺和 *N*,*N*-二甲基苯胺；

(2) 环己酮、苯酚、乙酰苯胺、苯胺、2,4,6-三硝基苯酚。

*13-6 由指定起始原料合成：

(1) 由正溴丁烷制备①正戊胺,②正丙胺,③2-丁胺,④*N*-甲基正丁胺；

(2) 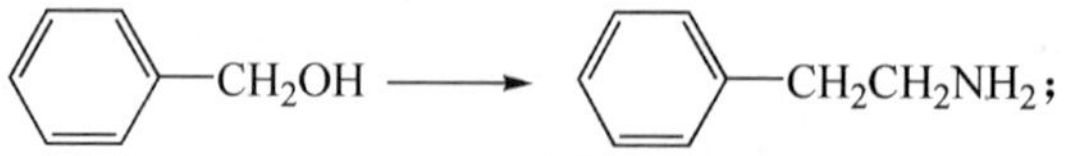 $C_6H_5-CH_2OH$ ⟶ $C_6H_5-CH_2CH_2NH_2$；

*(3) 环己酮 ⟶ $C_6H_{11}-N(CH_3)_2$；

(4) $CH_3CH_2\overset{O}{\overset{\|}{C}}OH$ ⟶ $CH_3\overset{O}{\overset{\|}{C}}CH_2CH_2N(CH_2CH_2CH_3)_2$；

*(5) 甲苯 ⟶ 间硝基苯胺（NO_2、NH_2 处于间位）。

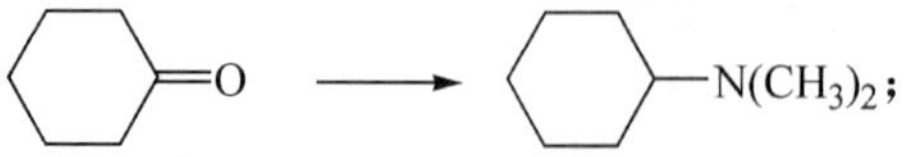

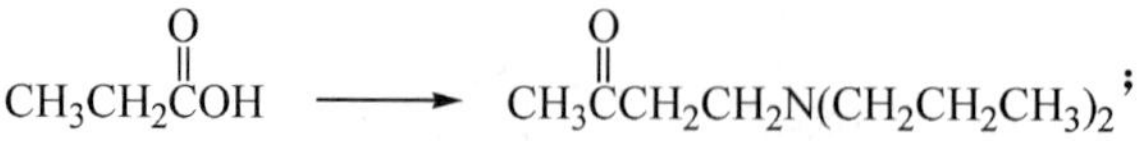

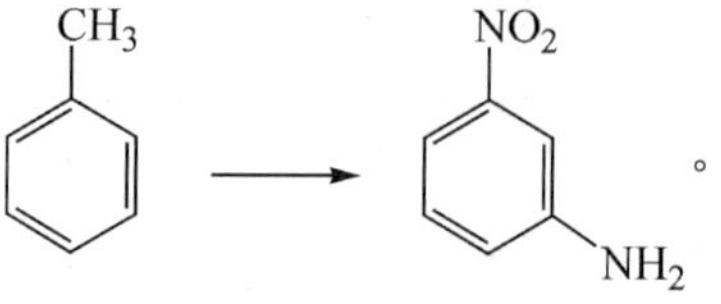

13-7 化合物 A 的分子式为 $C_5H_{11}O_2N$，具有旋光性，用稀碱处理发生水解可生成 B 和 C。B 也具有旋光性，它既能与酸成盐，也能与碱成盐，并与 HNO_2 反应放出 N_2。C 没有旋光性，但能与金属钠反应放出氢气，并能发生碘仿反应。试写出 A，B，C 的结构式，并写出有关的反应式。

13-8 某化合物 A 的分子式为($C_5H_{10}N_2$)，能溶于水，其水溶液呈碱性，可用盐酸滴定。A 经催化加氢得到 B($C_5H_{14}N_2$)。A 与苯磺酰氯不发生反应，但 A 和较浓的 HCl 溶液一起煮沸时生成 C($C_5H_{14}O_2NCl$)，C 易溶于水。试推测 A，B，C 的可能结构式。

13-9 化合物 A 的分子式为 $C_6H_{13}N$，与过量的碘甲烷作用后，其产物再与湿的氧化银共热转化成 B($C_8H_{17}N$)；B 再经上述方法处理，得到 C(C_6H_{10})和 D(C_3H_9N)；将 C 经臭氧化、还原水解，可生成 E($C_4H_6O_2$)和甲醛；E 能与 I_2-NaOH 溶液反应，且可以发生银镜反应。试写出 A，B，C，E 的结构式。

*13-10 毒芹碱是存在于毒芹中的一种很毒的生物碱，如何通过下列反应推测中间体 A，B，C 及毒芹碱的结构？

$$\text{毒芹碱}(C_8H_{17}N) \xrightarrow[AgOH,\ \triangle]{2CH_3I} A \xrightarrow[AgOH]{CH_3I} B \xrightarrow{\triangle} C$$

$$\xrightarrow[Zn,H_2O]{O_3} HCHO + OCHCH_2CHO + CH_3CH_2CH_2CHO$$

*13-11 通过下列反应推测 A，B，C 可能的结构。

$$A(C_6H_{13}N) \xrightarrow[AgOH,\ \triangle]{\text{过量}CH_3I} B(C_8H_{17}N) \xrightarrow[AgOH]{CH_3I(\text{适量})} C(C_9H_{21}NO)$$

$$\xrightarrow{\triangle} CH_2{=}CH{-}CH_2{-}CH_2{-}CH{=}CH_2$$

*13-12 推测下列反应的历程：

(1) $$R-\overset{O}{\overset{\|}{C}}-Cl + NaN_3 \longrightarrow R-\overset{O}{\overset{\|}{C}}-N_3 \xrightarrow{\triangle} \xrightarrow{H_2O} RNH_2$$

(2) $$Ph-\underset{OH}{\overset{Ph}{C}}-\underset{NH_2}{\overset{Ph}{C}}-Ph \xrightarrow[HCl]{NaNO_2} (C_6H_5)_3C\overset{O}{\overset{\|}{C}}C_6H_5$$

14 重氮化合物和偶氮化合物

【学习提要】

- 学习重氮化反应及重氮盐的稳定性。
- 理解、掌握重氮盐的反应。

  (1) 取代反应。—N_2^+ 被—OH，—X，—CN，—H 等的取代及在有机合成中的应用。熟悉桑德迈耳(Sandmeyer)反应。

  (2) 保留氮的反应。

  (3) 还原反应、偶联反应。
- 学习偶氮化合物和偶氮染料。

  偶氮化合物的制备、酸碱指示剂、偶氮染料，熟悉联苯胺重排。

* • 学习重氮甲烷和碳烯(卡宾)

  (1) 了解重氮甲烷的结构、制备方法、反应、环酮的扩环、Wolff 重排。

  (2) 碳烯的产生方法、反应。

* • 了解叠氮化合物。

重氮化合物和**偶氮化合物**都含有—N_2—官能团。—N_2—官能团的一边与碳原子相连，另一边与非碳原子相连的化合物，称为重氮化合物；—N_2—两边都与碳原子相连的化合物称为偶氮化合物：

CH_2N_2

重氮甲烷

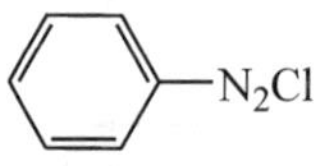

$C_6H_5-N_2Cl$

氯化重氮苯

$(CH_3)_2C(CN)-N=N-C(CN)(CH_3)_2$

偶氮二异丁腈

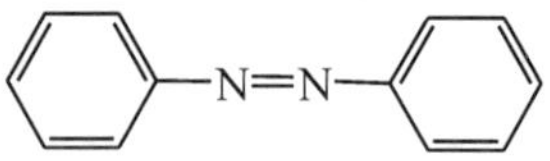

$C_6H_5-N=N-C_6H_5$

偶氮苯

14.1 重氮化反应

芳香族伯胺在强酸存在下与亚硝酸在低温反应，生成重氮盐，称为**重氮化**(diazotization)**反应**：

$$ArNH_2 + NaNO_2 + 2HX \xrightarrow[0\sim5℃]{} ArN_2^+X^- + 2H_2O + NaX$$

例如：

$$\underset{\text{苯胺}}{C_6H_5NH_2} + NaNO_2 + 2HCl \xrightarrow[0\sim5℃]{} \underset{\text{氯化重氮苯}}{C_6H_5N_2^+Cl^-} + 2H_2O + NaCl$$

重氮化是制备芳基重氮盐最重要的方法。一般是将芳胺溶解或悬浮在过量的稀盐酸（HCl 的摩尔数为芳胺的 2.5 倍左右）中，在 0～10℃下加入与芳胺摩尔数相等的亚硝酸钠的水溶液，在一般情况下，反应迅速进行，重氮盐的产率差不多是定量的。碱性很弱的胺，可以溶解在浓硫酸中，在冷却下滴入亚硝酸钠溶液，例如：

$$\text{2-氨基-3,4,5,6-四氯苯甲酸（}NH_2\text{，COOH，4个Cl）}\xrightarrow{NaNO_2,\ H_2SO_4}\text{（}\overset{+}{N}_2HSO_4^-\text{，COOH，4个Cl）}$$

个别芳胺生成的重氮盐比较稳定，可以在较高的温度，如 40～45℃下重氮化。由重氮化反应得到的重氮盐水溶液，一般直接用于合成，不需要进行分离纯化。如需要分离得到重氮盐，则在冰乙酸溶液中用亚硝酸戊酯重氮化，由于有爆炸的危险，必须仔细操作。

纯粹的重氮盐为无色晶体，能溶于水，不溶于有机溶剂，在稀溶液中完全电离。重氮盐晶体在空气中颜色变深，受热或震动能发生爆炸。重氮盐水溶液没有爆炸的危险，因此，一般在水溶液中制备和使用。

重氮盐水溶液在温度升高时放出氮气，光也能促进重氮盐的分解，在 0℃时一般的重氮盐水溶液也只能保存几小时，因此，在制备后应尽快使用。

重氮盐能与氯化锌、氟化硼等生成稳定的络盐，它们可以在固态下保存或使用。

14.2　重氮盐的性质及其应用

14.2.1　放出氮的反应

即使是冷的重氮盐水溶液也会慢慢分解，加热时分解速度更快，产物为氮气和芳基碳正离子：

$$C_6H_5-N^+\equiv N: \xrightarrow{\text{慢}} C_6H_5^+ + N_2$$

芳基碳正离子是活性很高的中间体，它立即与水作用转变成酚：

$$C_6H_5^+ + H_2O \longrightarrow C_6H_5OH + H^+$$

它也能够与溶液中别的亲核试剂结合：

$$C_6H_5^+ + Cl^- \longrightarrow C_6H_5Cl$$

芳基重氮盐的热分解反应可用来从芳胺合成酚。为了减少其他亲核试剂的干扰，重氮化反应在硫酸中进行，因为 HSO_4^- 离子的亲核性比水分子或氯原子弱，不会与水竞争芳基碳正离子。重氮化完毕后加热即得到酚：

$$(CH_3)_2CH-C_6H_4-NH_2 \xrightarrow[(2)\ \triangle]{(1)\ H_2SO_4,\ NaNO_2,\ H_2O} (CH_3)_2CH-C_6H_4-OH$$

对异丙基苯胺 对异丙基苯酚 (73%)

$$m\text{-}Br-C_6H_4-NH_2 \xrightarrow[(2)\ \triangle]{(1)\ H_2SO_4,\ NaNO_2,\ H_2O} m\text{-}Br-C_6H_4-OH$$

间溴苯胺 间溴苯酚 (66%)

$$m\text{-}O_2N-C_6H_4-NH_2 \xrightarrow[(2)\ 110^{\circ}C]{(1)\ H_2SO_4,\ NaNO_2,\ H_2O} m\text{-}O_2N-C_6H_4-OH$$

间硝基苯胺 间硝基苯酚 (81%～86%)

重氮盐分解的速度只与重氮正离子的浓度成正比,不受溶液中其他亲核试剂的影响。例如:在芳基相同的重氮盐溶液中,当负离子为 Cl^-,Br^-,NO_3^-,或 HSO_4^- 时,其分解速度相同。因此,重氮盐水溶液的热分解是一种 S_N1 反应,它与一般的饱和碳原子上的 S_N1 反应不同的地方在于溶剂对反应速度的影响很小,即溶剂不参加反应的过渡状态,反应的推动力来源于分解放出的分子氮具有高度稳定性。

一些取代苯基重氮盐的热分解的相对速度为:

$$YC_6H_4N_2^+Cl^- \xrightarrow[H_2O,29^{\circ}C]{\triangle} YC_6H_4^+ + N_2 + Cl^-$$

Y:	p-NO_2	<	m-Cl	<	H	<	m-CH_3	<	m-OH
相对速度:	1/240		1/24		1		4.5		12

即吸电子的取代基使分解速度减慢,与 S_N1 机理相符合。

分解产物的组成决定于溶液中存在的亲核试剂的种类及其亲核性的相对强弱,几种亲核试剂竞争芳基碳正离子:

$$C_6H_5^+ \xrightarrow[快]{H_2O} C_6H_5OH$$

$$C_6H_5^+ \xrightarrow[快]{Cl^-} C_6H_5Cl$$

同饱和碳原子上的 S_N1 反应一样,这是决定产物组成的步骤。

碘离子的亲核能力比氯离子和水强得多。因此,芳胺在盐酸中重氮化后,在溶液中加入碘化钾,产物为芳香族碘化合物。例如:

$$C_6H_5NH_2 \xrightarrow[(2)\ KI,\ 25^{\circ}C]{(1)\ HCl,\ NaNO_2,\ H_2O,\ 0\sim5^{\circ}C} C_6H_5I$$

苯胺 碘苯 (74%～76%)

$$o\text{-}Br-C_6H_4-NH_2 \xrightarrow[(2)\ KI,25^{\circ}C]{(1)\ HCl,\ NaNO_2,\ H_2O,\ 0\sim5^{\circ}C} o\text{-}Br-C_6H_4-I$$

邻溴苯胺 邻溴碘苯 (72%～83%)

芳基重氮氟硼酸盐在加热时分解而生成芳基氟，称为**席曼**(Schiemann)**反应**。重氮化反应如在氟硼酸中进行，反应完毕后重氮氟硼酸盐直接沉淀出来，过滤、干燥后，缓和加热，或在惰性溶剂中加热，即得到芳基氟：

间甲基苯胺 $\xrightarrow[0℃]{HBF_4, NaNO_2}$ 间甲苯基重氮氟硼酸盐 $\xrightarrow{\triangle}$ 间氟甲苯(89%)

也可以在盐酸中重氮化，反应完毕后加入氟硼酸使重氮氟硼酸盐沉淀出来：

苯胺 $\xrightarrow{HCl, NaNO_2, H_2O}$ 氯化重氮苯 $\xrightarrow{HBF_4}$ 苯基重氮氟硼酸盐 $\xrightarrow{\triangle}$ 氟苯(51%～57%)

亚铜盐对芳基重氮盐的分解有催化作用，重氮盐溶液在氯化亚铜、溴化亚铜和氰化亚铜存在下分解，分别生成芳基氯、芳基溴和芳腈化合物，称为**桑德迈耳**(Sandmeyer)**反应**：

对甲苯胺 $\xrightarrow[0℃]{HCl, NaNO_2, H_2O}$ 氯化重氮对甲基苯 $\xrightarrow{CuCl, HCl}$ 对氯甲苯(70%～79%)

邻氯苯胺 $\xrightarrow[10℃]{HBr, NaNO_2, H_2O}$ 溴化重氮邻氯苯 $\xrightarrow{CuBr, HBr}$ 邻氯溴苯(70%～79%)

邻甲苯胺 $\xrightarrow[0℃]{HCl, NaNO_2, H_2O}$ 氯化重氮邻甲苯 $\xrightarrow[\triangle]{CuCN}$ 邻甲苯甲腈(64%～70%)

利用桑德迈耳反应制备芳基腈是制备取代苯甲酸的重要途径。

桑德迈耳反应的机理较复杂，一种观点认为是自由基反应，亚铜盐的作用是传递电子：

$$CuCl + Cl^- \longrightarrow CuCl_2^-$$

$$ArN_2^+ + CuCl_2^- \longrightarrow Ar\cdot + N_2 + CuCl_2$$

$$Ar\cdot + CuCl_2 \longrightarrow ArCl + CuCl$$

但反应也可能通过有机铜化合物进行。

芳基重氮盐与次磷酸(H_3PO_2,熔点26.5℃)反应,重氮基被氢取代。例如:

2,4,6-三溴苯胺 $\xrightarrow{HCl,\ NaNO_2}$ 氯化重氮-2,4,6-三溴苯 $\xrightarrow{50\%H_3PO_2}$ 1,3,5-三溴苯 (70%)

这是一种**还原脱氨反应**(reductive deamination)。除了用次磷酸外,还可以用乙醇或硼氢化钠作还原剂。

利用氨基的定位效应和活化作用把取代基导入指定位置后,再脱去氨基,可以制备用一般方法难以得到的化合物。

将重氮氟硼酸盐悬浮在亚硝酸盐的水溶液中,然后再用铜粉处理,则重氮基被硝基取代:

对硝基苯胺 $\xrightarrow[0℃]{HBF_4,\ NaNO_2}$ 对硝基苯重氮氟硼酸盐 $\xrightarrow[Cu]{NaNO_2,\ H_2O}$ 对二硝基苯 (67%~82%)

对硝基苯胺可以从对硝基氯苯合成,因此,利用这个反应可以合成一些结构特殊的化合物。

14.2.2 保留氮的反应

芳基重氮盐的以上反应,都是重氮基被其他原子或原子团取代的反应。重氮盐的另一类反应是保留氮的反应。

芳基重氮盐用锌和盐酸、氯化亚锡和盐酸等还原,保留氮原子而生成芳基肼:

氯化重氮邻硝基苯 $\xrightarrow{HCl,\ SnCl_2}$ 邻硝基苯肼 (70%)

芳基重氮正离子的结构与酰基正离子或亚硝鎓离子相似：

$$ArN^+\equiv N: \qquad R-C\equiv O^+: \qquad :O^+\equiv N:$$

它们都能与芳香族化合物起亲电取代反应。芳基重氮正离子是亲电性很弱的试剂，它只能进攻高度活化的芳环，主要是酚类和芳胺分子中的芳环，产物为偶氮化合物。这种反应称为偶联(coupling)：

$$C_6H_5-N^+\equiv N: + C_6H_5-\ddot{O}:^- \xrightarrow[0^\circ C]{NaOH} C_6H_5-N=N-C_6H_4-OH$$

氯化重氮苯　　苯酚　　对羟基偶氮苯

14.3 偶氮化合物和偶氮染料

14.3.1 结构

在**偶氮化合物**(azo compound)中，两个氮原子以双键相连，每个氮原子又各与一个烃基相连：

$$R-\ddot{N}=\ddot{N}-R$$

例如：

$CH_3N=NCH_3$　偶氮甲烷

$(CH_3)_2C(CN)-N=N-C(CN)(CH_3)_2$　偶氮二异丁腈(AIBN)

$EtO_2CN=NCO_2Et$　偶氮二甲酸二乙酯

$C_6H_5-N=N-C_6H_5$　偶氮苯

$C_6H_5-N=N-C_6H_4-N(CH_3)_2$　对二甲氨基偶氮苯

$(H_3C)_2N-C_6H_4-N=N-C_6H_4-SO_3H$

4[4-(二甲氨基)苯基]偶氮苯磺酸

本节主要讨论芳香族偶氮化合物，即偶氮基的两个氮原子都与芳基相连的化合物。

14.3.2 芳香族偶氮化合物的制备

芳香族偶氮化合物在工业上由偶联反应制备。

芳基重氮盐与 *N*,*N*-二烷基芳胺的偶联在弱酸性溶液(pH＝4～7)中进行：

$$C_6H_5-N_2^+ + C_6H_5-N(CH_3)_2 \longrightarrow C_6H_5-N=N-C_6H_4-N(CH_3)_2$$

氯化重氮苯　　*N*,*N*-二甲苯胺　　对二甲氨基偶氮苯偶氮基进入二甲氨基的对位。

如果二甲氨基的两个邻位都为甲基占据,位阻迫使两个甲基偏离苯环平面,位于平面的上下,氮原子上的孤电子对不能与苯环有效地共轭,苯环碳原子上的电子密度降低,不能再接受芳基重氮盐的亲电进攻:

2,6-二甲基-N,N-二甲基苯胺 + $C_6H_5N_2^+$ ⟶ 不反应

这样的化合物也不能与亚硝酸起亚硝化反应。

芳基重氮盐与芳香族伯胺或仲胺先在氮原子上偶联,生成重氮氨基化合物,后者在酸性条件下重排成氨基偶氮化合物:

$C_6H_5N_2^+ \xrightarrow{C_6H_5NH_2} C_6H_5-N{=}N-NH-C_6H_5$

$\xrightarrow{C_6H_5NH_2\cdot HCl} C_6H_5-N{=}N-C_6H_4-NH_2$

对氨基偶氮苯

偶氮基进入氨基的对位;如对位被占据,则进入邻位。

芳香重氮盐与酚类的偶联在弱碱性溶液(pH=7～9)中进行,偶氮基进入羟基的对位,但也有少量邻位异构体生成:

$C_6H_5N_2^+Cl^- + C_6H_5OH \longrightarrow C_6H_5-N{=}N-C_6H_4-OH$

氯化重氮苯　　苯酚　　对羟基偶氮苯

如果对位被占据,则在邻位进行:

$C_6H_5-N{=}N-C_6H_4-OH \xrightarrow{C_6H_5N_2^+}$ 2-苯偶氮基-4-苯偶氮基苯酚

$\xrightarrow{C_6H_5N_2^+}$ 2,4,6-三(苯偶氮基)苯酚

如果邻、对位都被占据,则不发生偶联。如果对位被占据,邻位上有羧基等取代基,则后者可以被偶氮基取代。

分子中同时含有氨基和酚羟基的化合物,在不同pH值下与不同的重氮盐偶联,可以得到多种多样的双偶氮化合物。例如:

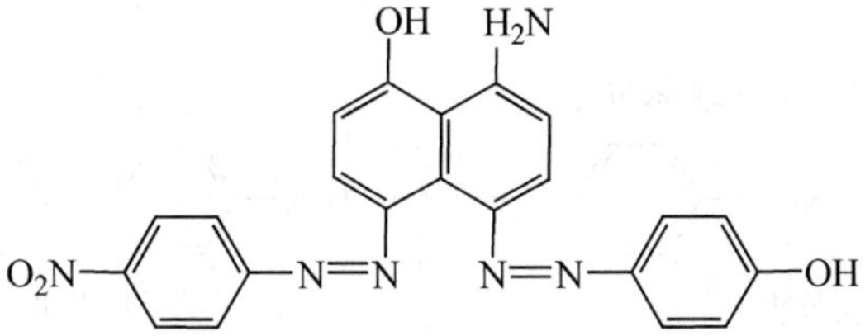

14.3.3 芳香族偶氮化合物的性质和反应

芳香族偶氮化合物具有高度的热稳定性，有颜色，可用作指示剂或染料。

芳香族偶氮化合物有顺反异构体。由合成得到的偶氮苯为(*E*)-型，在光照下异构化成(*Z*)-型。(*Z*)-型在加热时又变成更稳定的(*E*)-型。由于顺反异构体之间的能垒很低(34～100 kJ/mol)，在室温下即可互相转变：

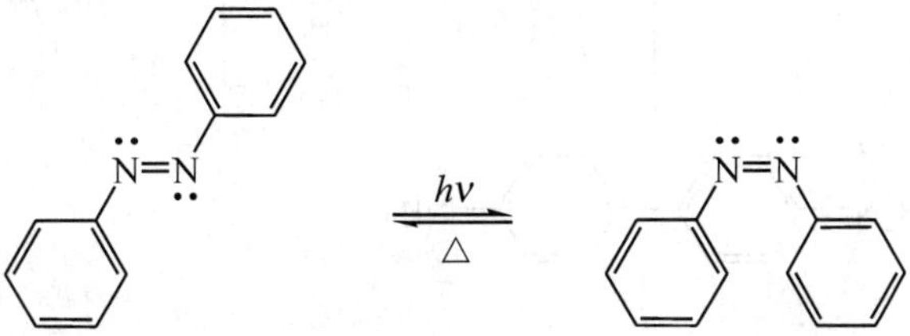

$$\text{(E)-偶氮苯} \underset{\triangle}{\overset{h\nu}{\rightleftharpoons}} \text{(Z)-偶氮苯}$$

(*E*)-偶氮苯 熔点68℃　　(*Z*)-偶氮苯 熔点71～74℃

羟基偶氮化合物与醌腙之间存在着动态平衡：

$$C_6H_5-N=N-C_6H_4-OH \rightleftharpoons C_6H_5-NHN=C_6H_4=O$$

对羟基偶氮苯　　对苯醌苯腙

偶氮化合物分子中氮原子上有孤电子对，但它们的碱性很弱，在强酸下才能接受质子：

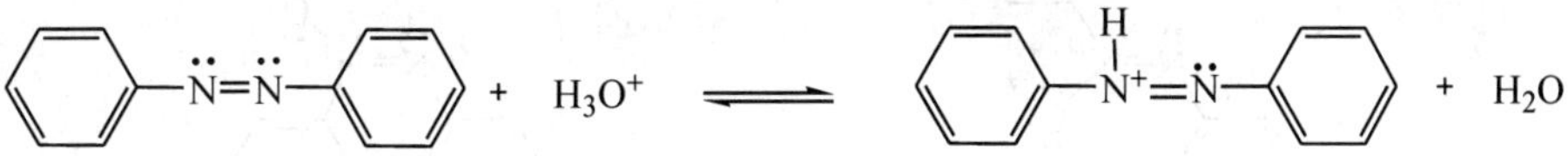

$$C_6H_5-\ddot{N}=\ddot{N}-C_6H_5 + H_3O^+ \rightleftharpoons C_6H_5-\overset{H}{N^+}=\ddot{N}-C_6H_5 + H_2O$$

甲基橙的 pK_a 为 3.5(偶氮基)，pH 值在 3.5 以下时，偶氮基接受一个质子而呈红色：

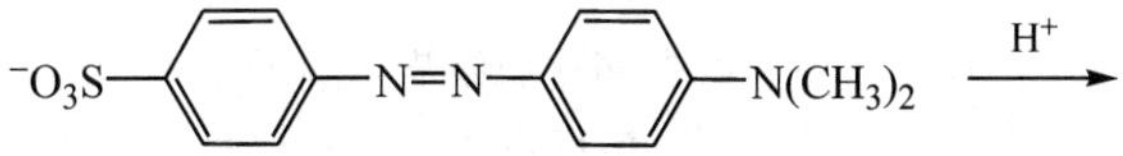

$$^-O_3S-C_6H_4-N=N-C_6H_4-N(CH_3)_2 \xrightarrow{H^+}$$

(黄色)

$$\left[\,^-O_3S-C_6H_4-\overset{H}{\overset{|}{N^+}}=\ddot{N}-C_6H_4-N(CH_3)_2 \longleftrightarrow \,^-O_3S-C_6H_4-\overset{H}{\overset{|}{N}}-N=C_6H_4=\overset{+}{N}(CH_3)_2\,\right]$$

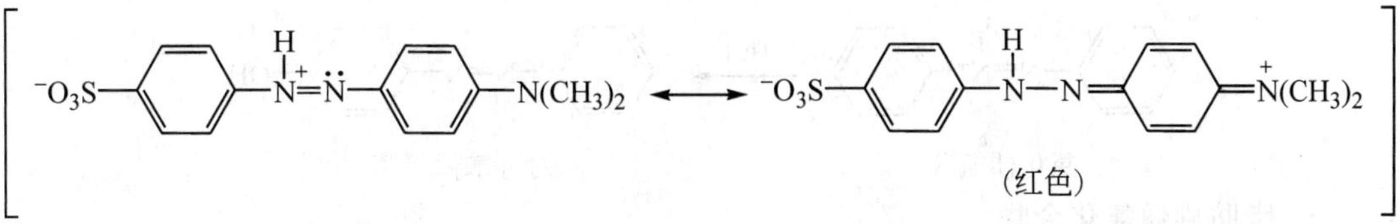

(红色)

偶氮苯用锌和氢氧化钠或用硼氢化钠还原，转变为二苯肼：

$$H_5C_6-N=N-C_6H_5 \xrightarrow{NaBH_4} H_5C_6NHNHC_6H_5$$

偶氮苯　　二苯肼 熔点131℃

*1. 联苯胺重排

二苯肼在酸性溶液中生成联苯胺:

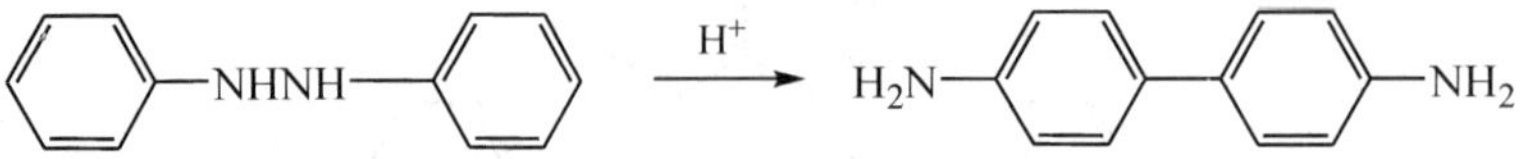

$$C_6H_5NHNHC_6H_5 \xrightarrow{H^+} H_2N-C_6H_4-C_6H_4-NH_2$$

联苯肼　　　　联苯胺

此反应称为**联苯胺重排**(benzidine rearrangement)。

联苯胺重排可能是由于二苯胺接受两个质子后发生键转移而引起的:

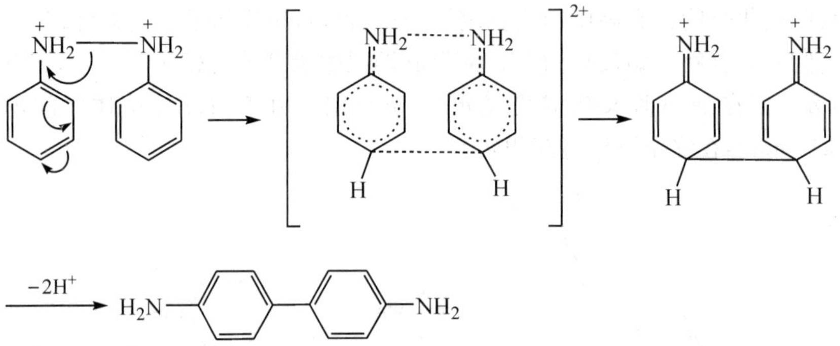

$$\overset{+}{N}H_2-\overset{+}{N}H_2 \longrightarrow [\ \ ]^{2+} \longrightarrow \overset{+}{N}H_2 \quad \overset{+}{N}H_2$$

H　H　　H　H

$$\xrightarrow{-2H^+} H_2N-C_6H_4-C_6H_4-NH_2$$

2. 氧化偶氮苯

偶氮苯用过乙酸氧化,生成氧化偶氮苯:

$$H_5C_6N{=}NC_6H_5 \xrightarrow{CH_3COOOH} H_5C_6N{=}\overset{O^-}{\overset{|}{N^+}}C_6H_5$$

偶氮苯　　　　氧化偶氮苯

有顺反异构体:

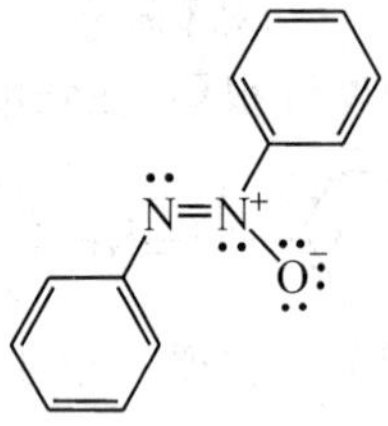

(Z)-氧化偶氮苯
熔点36℃

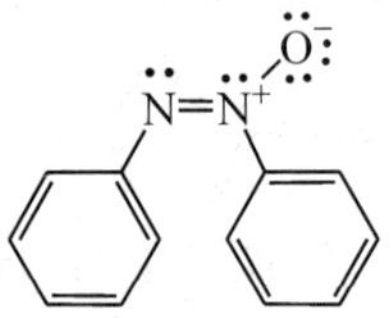

(E)-氧化偶氮苯
熔点 86℃

氧化偶氮苯在浓酸中重排成对羟基偶氮苯:

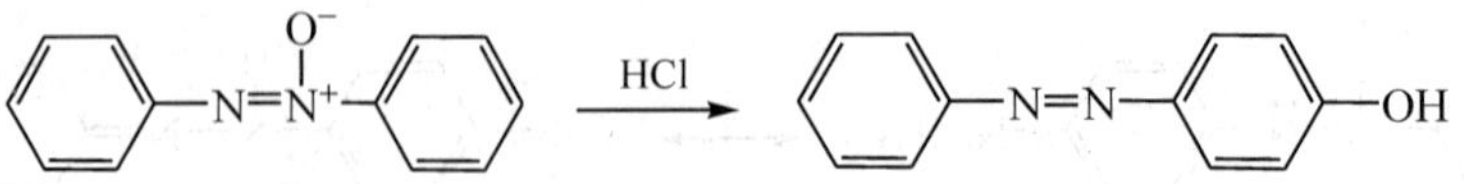

$$C_6H_5-N{=}\overset{O^-}{\overset{|}{N^+}}-C_6H_5 \xrightarrow{HCl} C_6H_5-N{=}N-C_6H_4-OH$$

氧化偶氮苯　　　　对羟基偶氮苯

3. 脂肪族偶氮化合物

脂肪族偶氮化合物在加热时分解,生成氮气和自由基,有的可以作为自由基反应的引发剂。例如:

$$(H_3C)_2C(CN)-N{=}N-C(CN)(CH_3)_2 \xrightarrow{\triangle} 2(H_3C)_2\dot{C}(CN) + N_2$$

*14.4　重氮甲烷和碳烯

14.4.1　重氮甲烷

1. 重氮甲烷的制法

重氮甲烷可以由 $R-\underset{}{N}(NO)-CH_3$ 型的化合物与碱反应得到，R 可以是烃基、酰基、磺酰基等。例如：

$$CH_3N(NO)OC-C_6H_4-CON(NO)CH_3 \xrightarrow{NaOH} \underset{(76\%\sim85\%)}{CH_2N_2} + {}^-O_2C-C_6H_4-CO_2^-$$

$$H_3C-C_6H_4-SO_2N(NO)CH_3 \xrightarrow{KOH} \underset{(64\%\sim69\%)}{CH_2N_2} + H_3C-C_6H_4-SO_2^-$$

$$NH_2\overset{O}{\overset{\|}{C}}N(NO)CH_3 \xrightarrow{KOH} \underset{(65\%\sim70\%)}{CH_2N_2} + NH_3 + CO_3^{2-}$$

$$(CH_3)_2C(N(NO)CH_3)CH_2COCH_3 \xrightarrow{C_6H_5ONa} \underset{(77\%\sim84\%)}{CH_2N_2} + (CH_3)_2C{=}CHCOCH_3$$

得到的是重氮甲烷的乙醚溶液，可以直接用于各种反应。

酮腙用氧化汞去氢，生成相应的重氮化合物：

$$\underset{\text{二苯甲酮腙}}{(C_6H_5)_2C{=}NNH_2} \xrightarrow{HgO} \underset{\substack{\text{重氮二苯甲烷}\\(89\%\sim96\%)}}{(C_6H_5)_2C{=}N_2}$$

氨基乙酸酯与亚硝酸反应，生成重氮乙酸酯：

$$\underset{\text{氨基乙酸酯}}{H_2NCH_2CO_2Et} \xrightarrow[0℃]{NaNO_2,\ HCl} \underset{\substack{\text{重氮乙酸酯}\\(85\%)}}{N_2{=}CHCO_2Et}$$

2. 重氮化合物的性质和反应

重氮甲烷为黄色有毒气体，沸点－24℃，在纯粹状态下容易爆炸，通常在乙醚稀溶液中使用。α-重氮酮分子中酮基与重氮基共轭，因此，它们比重氮甲烷更稳定，苯甲酰基苯基重氮甲烷，$C_6H_5CO\overset{C_6H_5}{\overset{|}{C}}{=}N_2$，为橘红色晶体，熔点 79℃。重氮乙酸乙酯为黄色液体。

重氮甲烷与羧酸作用,放出氮气而生成羧酸甲酯,反应操作简便,产率高(约100%),副产品为气体,是将贵重羧酸转变为甲酯的好方法。例如:

$$\mathrm{R\overset{O}{\overset{\|}{C}}OH + CH_2N_2 \longrightarrow R\overset{O}{\overset{\|}{C}}OCH_3 + N_2}$$

重氮甲烷分子中的碳原子有亲核性,可以从羧酸接受质子,转变成甲基重氮离子,重氮基是很好的离去基团,在亲核试剂——羧酸根的进攻下,容易脱去氮分子而生成羧酸甲酯:

$$\text{(bicyclic acid, } CH_3, CO_2H) + CH_2N_2 \xrightarrow[25℃]{(C_2H_5)_2O} \text{(bicyclic ester, } CH_3, CO_2CH_3) + N_2$$

(100%)

其他的酸,如氢卤酸、磺酸、酚和烯醇都可以用重氮甲烷分别转变为卤代甲烷、磺酸甲酯、酚的甲基醚和烯醇甲醚:

$$HX + CH_2N_2 \longrightarrow CH_3X + N_2$$

$$RSO_3H + CH_2N_2 \longrightarrow RSO_3CH_3 + N_2$$

$$ArOH + CH_2N_2 \longrightarrow ArOCH_3 + N_2$$

$$\mathrm{CH_3\overset{O}{\overset{\|}{C}}CH{=}\overset{H-O}{\overset{|}{C}}CH_3 + CH_2N_2 \longrightarrow CH_3\overset{O}{\overset{\|}{C}}CH{=}\overset{OCH_3}{\overset{|}{C}}CH_3 + N_2}$$

醇的酸性太弱,不能直接与重氮甲烷反应,但在路易斯酸催化下,可以用重氮甲烷转变为相应的甲基醚:

$$\mathrm{ROH \xrightarrow{Al(OR')_3} \overset{ROH^+}{\overset{|}{Al(OR')_3^-}} \xrightarrow[-N_2]{CH_2N_2} \overset{R\overset{+}{O}CH_3}{\overset{|}{Al(OR')_3^-}} \longrightarrow ROCH_3 + Al(OR')_3}$$

因此,重氮甲烷是用途广泛的甲基化剂。

重氮甲烷与醛、酮中的羰基进行亲核加成,然后,与羰基相连的一个烃基由羰基迁移到相邻的亚甲基上,同时脱去氮分子,得到多一个碳原子的化合物:

$$\mathrm{R\overset{O}{\overset{\|}{C}}R + :\overset{-}{C}H_2{-}N^+{\equiv}N: \longrightarrow R{-}\underset{O^-}{\overset{R}{C}}{-}CH_2{-}N^+{\equiv}N: \longrightarrow R\overset{O}{\overset{\|}{C}}CH_2R}$$

烃基的移动,可以理解为在带负电荷的氧的“推”和带正电荷的氮的“拉”协同作用下发生的。

酮分子中与羰基相连的两个烃基如不相同,与重氮甲烷反应,生成两种异构体。此外,带负电荷的氧原子还可以直接进攻亚甲基,生成环氧化合物,在有的例子中这是反应的主要产物:

$$\mathrm{R{-}\underset{R}{\overset{O^-}{C}}{-}CH_2{-}N^+{\equiv}N: \longrightarrow R{-}\underset{R}{C}\overset{O}{\frown}CH_2 + N_2}$$

有时利用酮与重氮甲烷的反应可以制备用别的方法难以得到的化合物。例如,由环己酮制备环庚酮:

$$\text{环己酮} \xrightarrow{CH_2N_2} \text{(2-氧负离子-环己基)}-CH_2-N^+\equiv N \longrightarrow \text{环庚酮} + N_2$$

环己酮　　　环庚酮（33%～36%）

由乙烯酮制备环丙酮：

$$H_2C=C=O \xrightarrow{CH_2N_2} H_2C=C(O^-)-CH_2-N^+\equiv N: \longrightarrow \text{环丙酮} + N_2$$

重氮甲烷与酰氯反应，生成 α-重氮酮，同时放出氯化氢：

$$RCCl(=O) \xrightarrow{CH_2N_2} RC(O^-)(Cl)-CH_2-N^+\equiv N: \xrightarrow{-Cl^-} RC(=O)-CH(H)-N^+\equiv N: \xrightarrow{-H^+} RC(=O)-CH=N^+=\ddot{N}^-:$$

氯化氢使重氮酮分解生成 α-氯代酮：

$$RC(=O)CH=N=\ddot{N}: \xrightarrow{H^+} RC(=O)CH_2-\overset{+}{N}\equiv N:$$

$$Cl^- + RCO-CH_2-N^+\equiv N: \longrightarrow RCOCH_2Cl + N_2$$

因此，在操作时要把酰氯滴加到过量的重氮甲烷中，使生成的氯化氢立即与重氮甲烷反应，否则得不到 α-重氮酮。

α-重氮酮在氧化银存在下加热，重排生成烯酮，称为**武尔夫**（Wolff）重排：

$$\left[:\ddot{O}=C(R)-CH=\overset{+}{N}=\ddot{N}^-: \longleftrightarrow :\ddot{O}^--C(R)=CH-N^+\equiv N: \right]$$

α-重氮盐

$$:\ddot{O}^--C(R)=CH-N^+\equiv N: \xrightarrow{Ag_2O} RCH=C=O$$

烯酮

如果反应在水溶液中进行，产物为羧酸；如果在醇溶液中进行，则产物为酯。

因此，以酰氯为原料，经两步反应，可以得到高一级的羧酸，总产率为 50%～80%：

$$RCCl(=O) \xrightarrow{CH_2N_2} RC(=O)CH=N_2 \xrightarrow[H_2O]{Ag_2O} RCH_2COH(=O)$$

酰氯　　　α-重氮盐　　　高一级的羧酸

这种增长碳链的方法，称为**阿恩特-艾斯特**（Arndt-Eistert）合成法。

14.4.2　碳烯

碳烯（carbene）是中性的活性中间体，其中碳原子与两个原子或基团以 σ 键相连，另外还有一对非键电子，可以用通式 $R_2C:$ 表示。由于碳原子周围只有 6 个外层电子，碳烯有强的亲电性。例如，重氮甲烷或其他重氮化合物在光照或加热时产生的碳烯立即与反应体系

中的烯烃加成,生成环丙烷及衍生物:

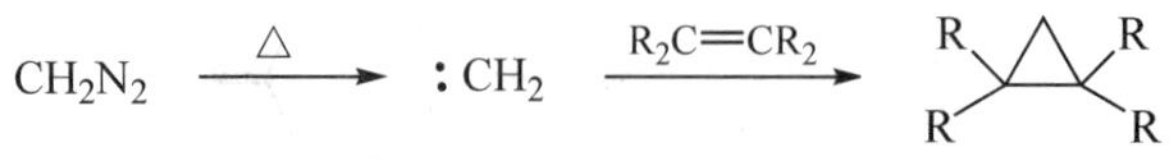

$$CH_2N_2 \xrightarrow{\triangle} :CH_2 \xrightarrow{R_2C=CR_2} \text{(R}_2\text{C-CR}_2\text{ 环丙烷)}$$

$$N_2=CHCO_2Et + C_6H_5CH=CH_2 \xrightarrow{130℃} C_6H_5\text{-环丙基-}COOEt$$

重氮乙酸酯　　苯乙烯　　2-苯基环丙基甲酸乙酯(51%)

1. Simmons-Smith 反应

二碘甲烷在锌-铜合金(在锌粉和 3%盐酸的混合物中,加入 2%硫酸铜溶液,在锌粉表面沉淀少量的铜,从而使锌粉活化)存在下,能与烯烃中的双键加成,生成环丙烷类混合物。例如:

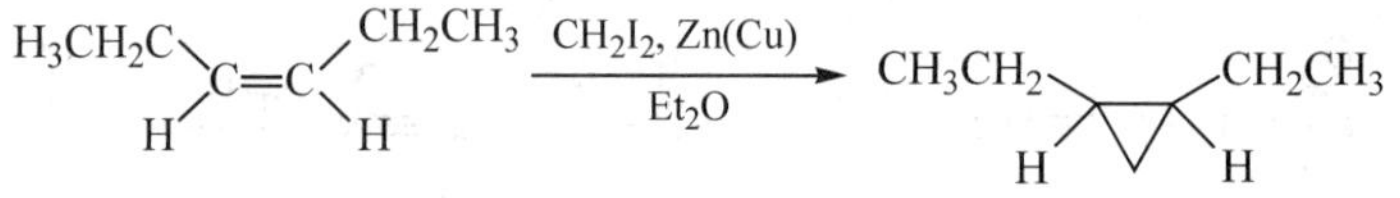

$$H_3CH_2C(H)C=C(H)CH_2CH_3 \xrightarrow[Et_2O]{CH_2I_2,\ Zn(Cu)} \text{顺-}CH_3CH_2(H)C\text{-}CH_2\text{-}C(H)CH_2CH_3$$

(*Z*)-3-己烯　　顺-1,2-二乙基环丙烷(34%)

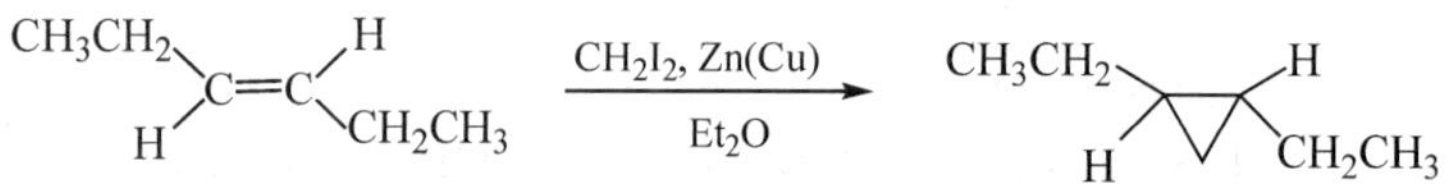

$$CH_3CH_2(H)C=C(H)CH_2CH_3 \xrightarrow[Et_2O]{CH_2I_2,\ Zn(Cu)} \text{反-}CH_3CH_2(H)C\text{-}CH_2\text{-}C(H)CH_2CH_3$$

(*E*)-3-己烯　　反-1,2-二乙基环丙烷(15%)

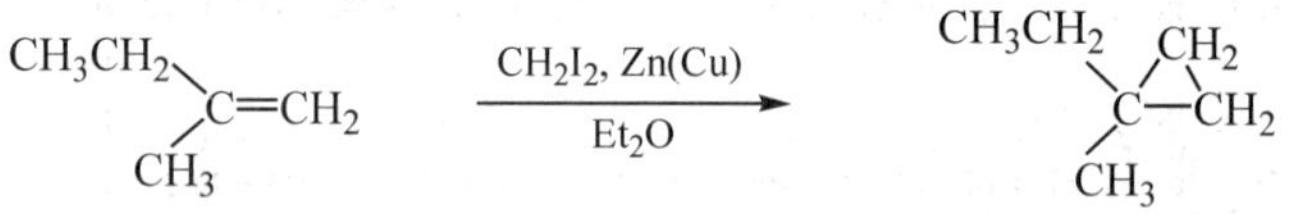

$$CH_3CH_2(CH_3)C=CH_2 \xrightarrow[Et_2O]{CH_2I_2,\ Zn(Cu)} CH_3CH_2(CH_3)C(CH_2CH_2)$$

2-甲基-1-丁烯　　1-乙基-1-甲基-环丙烷(79%)

这个反应称为 **Simmons-Smith 反应**,CH_2I_2 和 Zn(Cu)称为 Simmons-Smith 试剂。Simmons-Smith 试剂同烯烃一样,能将一个亚甲基转移到烯键上,但在反应中并未产生游离的碳烯,这种试剂称为**类碳烯**(carbenoids)。

Simmons-Smith 反应是有立体特异性的顺式加成反应,烯烃的构型保持不变:

$$CH_2I_2 + Zn \xrightarrow{Et_2O} ICH_2ZnI$$

二碘甲烷　　碘化碘甲基锌

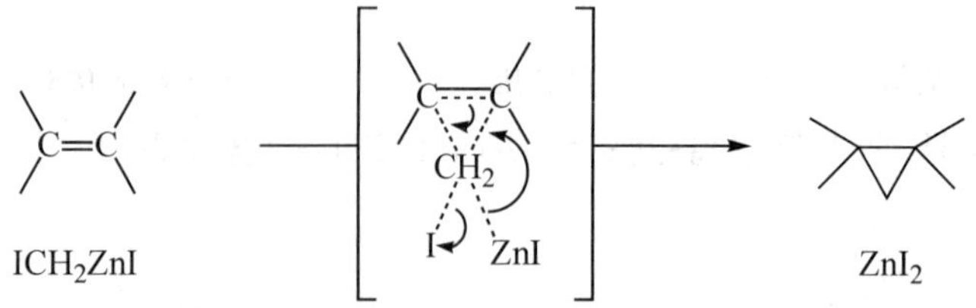

$$\text{C=C} + ICH_2ZnI \longrightarrow \left[\text{过渡态: C}\cdots\text{C, }CH_2,\ I,\ ZnI\right] \longrightarrow \text{环丙烷} + ZnI_2$$

在 Simmons-Smith 反应中,二碘甲烷先与锌粉生成有机锌化合物,然后再将亚甲基转移到烯键上,两个新的 σ 键的生成和 π 键的断裂可能是协同进行的。

Simmons-Smith 反应虽产率较低,但能使烯键一步变成三元环,仍不失为一种有用的合成方法。

2. 二卤碳烯

一氯甲烷、二氯甲烷、三氯甲烷和四氯甲烷与弱碱(如六氢吡啶)起反应的相对速度为：

$$CH_3Cl \gg CH_2Cl_2 > CHCl_3 \gg CCl_4$$

相对速度： 87 4 1.0 0.01

即一氯甲烷最快，分子中增加一个氯原子，反应速度大幅度下降。而与强碱(或在含水的二噁烷溶液中与氢氧化钠反应)的反应速度次序却完全不同，以三氯甲烷为最快：

$$CH_3Cl > CH_2Cl_2 \ll CHCl_3$$

相对速度： 0.0013 0.0002 1.0

$$HO^- + H{-}CCl_3 \rightleftharpoons H_2O + :\bar{C}Cl_3$$

$$:\bar{C}Cl_3 \xrightleftharpoons{\text{慢}} :CCl_2 + Cl^-$$

$$CCl_2 + H_2O \longrightarrow \text{产物}$$

根据这些实验事实推测，两种反应的机理可能不同，前一种反应的速度大小次序与 S_N2 相符。在 S_N2 反应中，氯原子带着一对电子离去，转变为负离子，氯原子是吸电子的取代基，底物中氯原子的数目增加，使离去基团不容易脱离，因此，反应速度随氯原子数目的增加而减慢。后一种反应的特点是：三氯甲烷起反应的速度最快。三氯甲烷分子中有 3 个吸电子的氯原子，只有一个氢原子，氯原子的诱导效应使氢的酸性增强($pK_a=25$)，容易接受氢氧离子的进攻，反应机理可能是反应中先生成三氯甲基碳负离子，它脱去一个氯原子，转变为二氯碳烯，二氯碳烯与水反应，生成最后产物。这也是一种消去氯化氢的反应，但氯和氢都出自同一个碳原子，即为 α-消去。

$$DO^- + H{-}CCl_3 \rightleftharpoons DOH + :\bar{C}Cl_3$$

$$D{-}O{-}D + :\bar{C}Cl_3 \rightleftharpoons DCCl_3 + DO^-$$

$$:CCl_2 + Br^- \longrightarrow :\bar{C}BrCl_2$$

$$:\bar{C}BrCl_2 + H_2O \longrightarrow HCBrCl_2 + HO^-$$

三氯甲烷在碱存在下能与 D_2O 起同位素交换反应。三氯甲烷在强碱溶液中水解，如溶液中有 Br^- 或 I^- 离子，从回收的原料中可以分离出溴二氯甲烷或碘二氯甲烷。这些实验事实都可以用以上机理说明。

三卤甲烷的 α-消去，是二卤碳烯产生的重要方法，如在非水溶液反应，生成的二卤碳烯就可以被烯烃截留。例如：

$$\underset{(E)\text{-2-戊烯}}{H_3C(H)C{=}C(H)CH_2CH_3} + CHCl_3 \xrightarrow[80℃]{(CH_3)_3COK,\ (CH_3)_3COH} \text{(1,1-二氯-2-甲基-3-乙基环丙烷：}H_3C, H, H, CH_2CH_3, Cl, Cl)$$

环己烯 + $CHBr_3$ (三溴甲烷) $\xrightarrow{(CH_3)_3COK,\ (CH_3)_3COH}$ 7,7-二溴二环[4.1.0]庚烷 (75%)

*14.5 叠氮化合物和氮烯

14.5.1 叠氮化合物

叠氮化合物(azide)的通式为 RN_3,其结构可以用共轭式表示:

$$\left[R-\ddot{\bar{N}}-\overset{+}{N}\equiv N: \longleftrightarrow R-\underset{..}{N}-\overset{+}{N}\equiv \underset{..}{\bar{N}}: \right]$$

纯粹的叠氮化合物,特别是烷基叠氮化合物容易爆炸,但却是有用的合成中间体。

叠氮酸 HN_3,是弱酸($pK_a=11$),叠氮负离子的结构为:

$$\left[:\overset{2-}{\ddot{N}}-\overset{+}{N}\equiv N: \longleftrightarrow :\bar{N}=\overset{+}{N}=\bar{N}: \longleftrightarrow :N\equiv\overset{+}{N}-\overset{2-}{\ddot{N}}: \right]$$

其两端的氮原子有很强的亲核性,容易与卤代烷、芳基重氮盐或酰基离子反应,生成烷基、芳基或酰基叠氮化合物:

$$CH_3CH_2CH_2CH_2Br + Na^+N_3^- \xrightarrow{CH_3OH,\ H_2O} CH_3CH_2CH_2CH_2N_3 + NaBr$$

1-溴丁烷 → 1-叠氮基丁烷 (90%)

α-萘胺 $\xrightarrow[(2)\ NaN_3]{(1)\ HCl,\ NaNO_2}$ α-叠氮基萘

$$C_6H_5CH_2\overset{O}{\overset{\|}{C}}Cl + Na^+N_3^- \longrightarrow C_6H_5CH_2\overset{O}{\overset{\|}{C}}N_3 + NaCl$$

苯乙酰氯 → 苯乙酰叠氮

叠氮化合物用氢化铝锂或催化加氢还原生成胺:

$$C_6H_5CH_2CH_2N_3 \xrightarrow[(2)\ H_2O]{(1)\ LiAlH_4,\ Et_2O} C_6H_5CH_2CH_2NH_2$$

2-苯乙基叠氮 → 2-苯基乙胺 (89%)

1,2环氧环己烷 $\xrightarrow[\text{二噁烷-}H_2O]{NaN_3}$ 反-2-叠氮基环己醇 (61%) $\xrightarrow{H_2,Pt}$ 反-2-氨基环己醇 (81%)

由于叠氮离子亲核性强而碱性弱，利用叠氮酸钠与仲卤代烷的反应，可以将后者顺利地转变为胺：

$$\underset{\text{2-溴丁烷}}{CH_3CH_2\underset{Br}{\underset{|}{C}}HCH_3} \xrightarrow[EtOH,H_2O]{NaN_3} \underset{\text{2-叠氮基丁烷}}{CH_3CH_2\underset{N_3}{\underset{|}{C}}HCH_3} \xrightarrow[(2)\ H_2O]{(1)\ LiAlH_4,\ Et_2O} \underset{\text{2-丁胺}}{CH_3CH_2\underset{NH_2}{\underset{|}{C}}HCH_3}$$

14.5.2　氮烯

叠氮化合物加热脱去氮原子，可以形成氮烯，而酰基氮烯能重排成异氰酸酯：

$$\underset{\text{酰基叠氮}}{R-\overset{O}{\overset{\|}{C}}-\ddot{N}-\overset{+}{N}\equiv N:} \xrightarrow{\triangle} \underset{\text{酰基氮烯}}{R-\overset{O}{\overset{\|}{C}}-\ddot{N}:} \longrightarrow \underset{\text{异氰酸酯}}{R-N=C=O}$$

$$\underset{\text{十二烷酰基叠氮}}{n\text{-}C_{11}H_{23}-\overset{O}{\overset{\|}{C}}N_3} \xrightarrow{C_6H_6,\ \triangle} \underset{\substack{\text{异氰酸十一烷酯}\\(81\%\sim86\%)}}{n\text{-}C_{11}H_{23}N=C=O} + N_2$$

称为**库尔提斯重排**(Curtius rearrangement)。

库尔提斯重排在非极性溶液中进行得到异氰酸酯；在醇溶液中进行，则得到氨基甲酸酯。它们水解后都生成伯胺，因此，同霍夫曼重排一样，是将羧酸转变为少一个碳原子的胺的一种方法。

羧酸与叠氮酸在浓硫酸中反应，直接得到异氰酸酯，不需要加热：

$$R\overset{O}{\overset{\|}{C}}OH \underset{}{\overset{H_2SO_4}{\rightleftharpoons}} R\overset{OH^+}{\overset{\|}{C}}OH \xrightarrow{HN_3} R\overset{HO}{\underset{HO}{C}}-\underset{..}{N}=N\overset{+}{=}\underset{..}{N}H$$

$$\xrightarrow{-H_2O} R\overset{O}{\overset{\|}{C}}-\ddot{N}H-\overset{+}{N}\equiv N: \xrightarrow{-N_2} R\overset{O}{\overset{\|}{C}}-\ddot{N} \longrightarrow R-N=C=O$$

这种反应称为**施密特**(Schmidt)**重排**，可用来从羧酸合成伯胺：

$$\underset{\text{环丁基甲酸}}{\square\!-COOH} \xrightarrow[(2)\ KOH]{(1)\ NaN_3,\ H_2SO_4} \underset{\substack{\text{环丁胺}\\(60\%\sim80\%)}}{\square\!-NH_2}$$

本 章 小 结

1. 重氮盐的生成

$$C_6H_6 \xrightarrow[H_2SO_4]{HNO_3} C_6H_5-NO_2 \xrightarrow[HCl]{Fe} C_6H_5-NH_2 \xrightarrow[<5^\circ C]{NaNO_2\ +\ HCl} C_6H_5-\overset{+}{N_2}Cl^-$$

2. 化学性质

(1) 取代反应

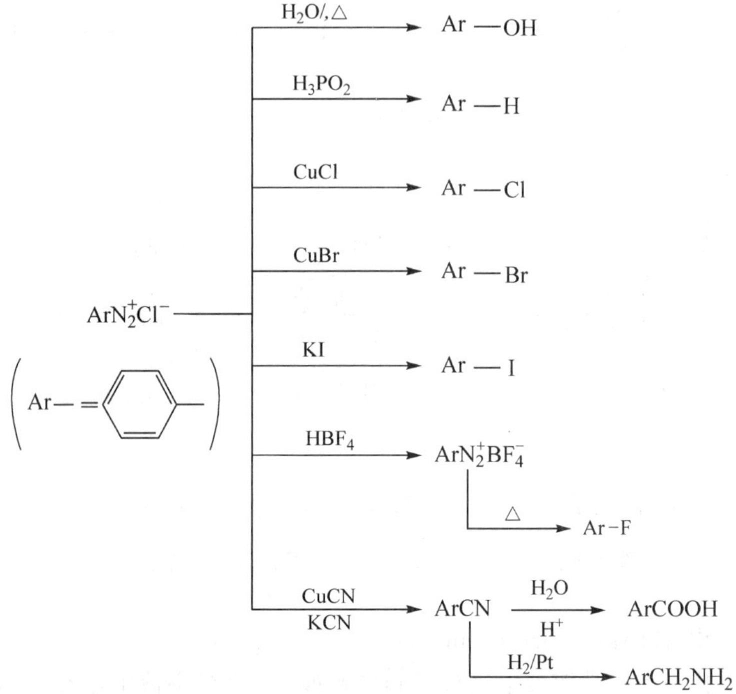

(2) 还原反应

$$ArN_2^+Cl^- + 4[H] \xrightarrow{SnCl_2 + HCl} ArNHNH_2 \cdot HCl \xrightarrow{NaOH} ArNHNH_2$$

$$ArN_2^+Cl^- \xrightarrow{ZnCl_2 + HCl} Ar{-}NH_2 + NH_3$$

(3)偶联反应

$$C_6H_5{-}\overset{+}{N_2}\overset{-}{Cl} + C_6H_5{-}G \longrightarrow [C_6H_5{-}N{=}N{-}C_6H_5(H)^+{-}G]Cl^- \xrightarrow{-HCl} C_6H_5{-}N{=}N{-}C_6H_4{-}G$$

$G = -OH, -NR_2, -NHR$ 或 $-NH_2$

【阅读材料一】

化学家简介

小霍华德·恩赛因·西蒙斯(Howard Ensign Simmons, Jr.,1929年6月17日—1997年4月26日),美国化学家,发现Simmons-Smith反应。

1976年,西蒙斯博士担任美国化学会(American Chemical Society)有机分部主席。

朱利叶斯·威廉·西奥多·库尔提斯(Julius Wilhelm Theodor Curtius,1857 年 5 月 27 日—1928 年 2 月 8 日),德国化学家。1890 年至 1894 年,他发表了库尔提斯重排反应,他还发现了重氮酸、肼和叠氮酸。

西奥多·库尔提斯出生于德国鲁尔区(Ruhr area)的杜伊斯堡(Duisburg)。他向海德堡大学(Heidelberg University)的罗伯特·本生(Robert Bunsen)和莱比锡大学(Leipzig University)的赫尔曼·科尔贝(Hermann Kolbe)学习化学。1882 年,在莱比锡大学获博士学位。1884 年至 1886 年,库尔提斯在慕尼黑大学(University of Munich)为阿道夫·冯·贝耶尔(Adolf von Baeyer)工作。库尔提斯担任埃尔兰根大学(University of Erlangen)分析化学系系主任至 1889 年。然后,他任基尔大学(University of Kiel)化学系系主任。1897 年,接替著名化学家弗里德里希·凯库勒(Friedrich Kekulé)在波恩大学(Bonn University)的职位。1898 年,库尔提斯接替维克多·迈耶(Victor Meyer)在海德堡大学的位置,直至 1926 年退休。

弗里茨·阿恩特(Fritz Arndt,1885 年 7 月 6 日—1969 年 12 月 8 日),德国化学家,与贝恩德·艾斯特(Bernd Eistert)一起发现了阿恩特-艾斯特合成(Arndt-Eistert synthesis)。他对土耳其化学的发展有着巨大的影响。

弗里茨·阿恩特出生在德国汉堡,一开始在日内瓦大学(University of Geneva)学习化学,然后到伯尔尼大学(University of Bern),最后在弗赖堡大学(University of Freiburg)路德维希·加特曼(Ludwig Gattermann)指导下,于 1908 年获得博士学位。1915—1918 年,他在伊斯坦布尔(Istanbul)期间,与土耳其化学家建立了密切的联系。他回到布雷斯劳大学(University of Breslau),由于纳粹新政府的上台,于 1933 年被迫离开。1933 年他来到英国,在牛津大学(Oxford University)短暂停留后,又回到了伊斯坦布尔。1955 年,他回到了德国,在汉堡大学(University of Hamburg)任教授。弗里茨·阿恩特 1969 年 12 月 8 日逝世于汉堡。

贝恩德·艾斯特(Bernd Eistert,1902 年 11 月 9 日—1978 年 5 月 22 日),德国化学家。与弗里茨·阿恩特一起发现了阿恩特-艾斯特合成。

艾斯特出生在普鲁士西里西亚的 Ohlau。在弗里茨·阿恩特(Fritz Arndt)指导下,于 1927 年从布雷斯劳大学(University of Breslau)获得博士学位。1929 年到 1943 年,他在巴斯夫(BASF SE)公司工作。1943 年至 1957 年,他在达姆施塔特技术大学(Technical University of Darmstadt)工作,然后转入萨尔布吕肯大学(University of Saarbrücken),1971 年退休。

【阅读材料二】

苏 丹 红

苏丹红为亲脂性偶氮化合物,主要包括Ⅰ、Ⅱ、Ⅲ和Ⅳ 4 种类型。

苏丹红Ⅰ(Sudan Ⅰ),1-苯基偶氮-2-萘酚;

苏丹红Ⅱ(Sudan Ⅱ),1-[(2,4-二甲基苯)偶氮]-2-萘酚;

苏丹红Ⅲ(Sudan Ⅲ),1-{[4-(苯基偶氮)苯基] 偶氮}-2-萘酚;

苏丹红Ⅳ(Sudan Ⅳ),1-{{2-甲基-4-[(2-甲基苯)偶氮]苯基}偶氮}-2-萘酚。

苏丹红Ⅰ结构式如下:

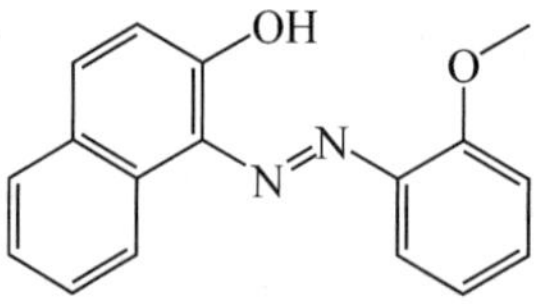

由于苏丹红是一种人工合成的工业染料,1995 年欧盟(EU)等已禁止其作为色素在食品中进行添加,对此我国也明文禁止。但由于其染色鲜艳,印度等一些国家在加工辣椒粉的过程中还允许添加苏丹红Ⅰ。

欧洲调味品协会专家委员会的资料信息显示,欧洲每天红辣椒粉的人均消费量为 50～500mg,而红辣椒粉中苏丹红Ⅰ的检出量为 2.8～3500mg/kg,从而推算欧洲人每天苏丹红Ⅰ的人均可能摄入量为 0.14～1750μg。而在法国向欧洲调味品协会专家委员会提交的一份报告中指出,人均每天辣椒(包括红辣椒和辣椒粉)的消费量和最大消费量分别为 77mg 和 264mg,按辣椒粉中苏丹红Ⅰ的检出量 2.8～3500mg/kg 进行推算,则欧洲人每天人均苏丹红Ⅰ的摄入量为 0.2～270μg,最大摄入量为 0.7～924μg。

苏丹红是一种人工色素,在食品中非天然存在,如果食品中的苏丹红含量较高,达上千毫克,则苏丹红诱发动物肿瘤的机会就会上百倍增加,特别是由于苏丹红有些代谢产物是人类可能致癌物,目前对这些物质尚无耐受摄入量的研究,因此在食品中应禁用。

习　　题

14-1　完成下列反应:

(1) 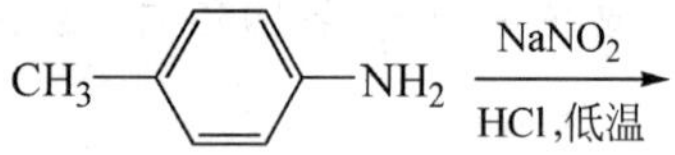 $CH_3-C_6H_4-NH_2 \xrightarrow[\text{HCl,低温}]{NaNO_2}$

(2) $C_6H_5-NH_2 \xrightarrow[\text{(2) KI, △}]{\text{(1) HCl, NaNO}_2}$

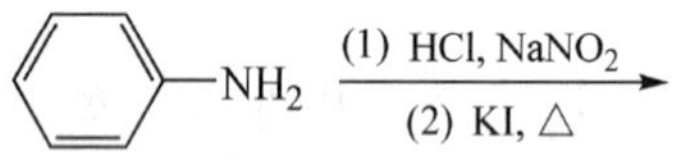

(3) 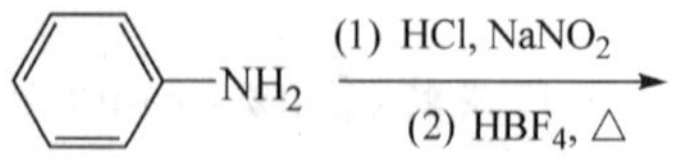 $C_6H_5-NH_2 \xrightarrow[\text{(2) HBF}_4\text{, △}]{\text{(1) HCl, NaNO}_2}$

(4) $H_3C-C_6H_4-NH_2 \xrightarrow[HCl]{HNO_2} \xrightarrow[KCN]{CuCN}$

(5) 间甲基苯胺(NH_2, H_3C) $\xrightarrow[0\sim5℃]{NaNO_2/HCl} \xrightarrow{H_3PO_2}$

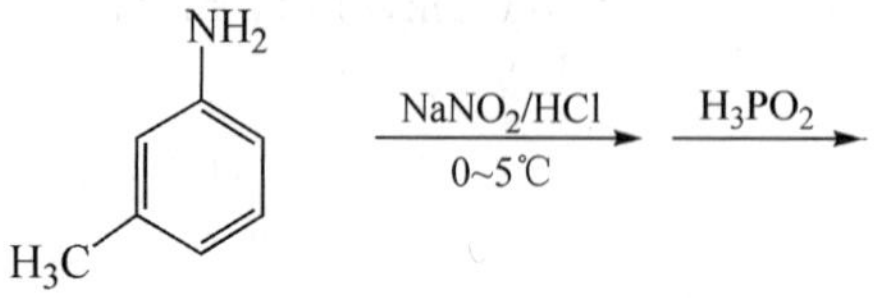

14-2　完成下列反应:

(1) 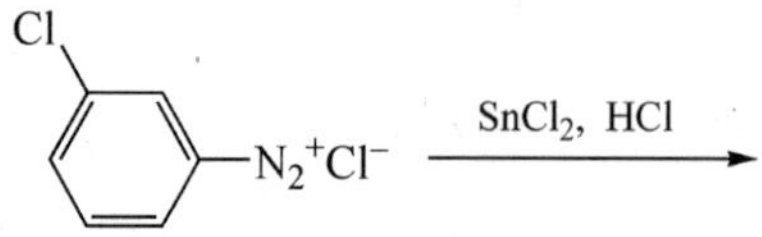 间氯苯重氮盐(Cl, $-N_2^+Cl^-$) $\xrightarrow{SnCl_2,\ HCl}$

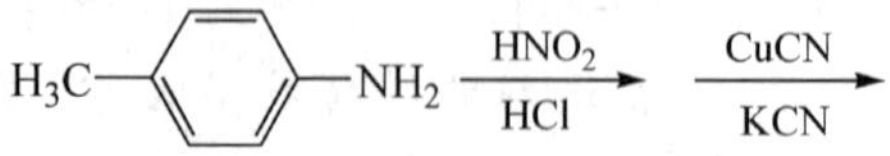

(2) $N_2^+Cl^-$ + OH $\longrightarrow$

(3) $-N{=}N-$ $\xrightarrow{NaBH_4}$ $\xrightarrow{H^+}$

*(4) $CH_3CH_2CH_2CH_2Br$ + NaN_3 $\xrightarrow[H_2O]{CH_3OH}$ $\xrightarrow[(2)\ H_2O]{(1)\ LiAlH_4}$

*(5) + $(CH_2)_2N_2$ $\longrightarrow$

(6) $-N_2^+HSO_4^-$ + $-NHCH_3$ $\xrightarrow{弱酸}$

14-3 按指定原料合成：

(1) CH_3 $\longrightarrow$ CH_3, Br, Br

(2) $\longrightarrow$ CN, Br, Br

(3) CH_3, NH_2 $\longrightarrow$ CH_3, Br

(4) $\longrightarrow$ Br, Br, Br

(5) $\longrightarrow$ Br, Br, Br

(6) 甲苯和萘$\longrightarrow$ $N{=}N-$ $-CH_3$, OH

(7) 如何以 $-NH_2$ 和 $-N(CH_3)_2$ 合成指示剂甲基橙：

$^-O_3S-$ $-N{=}N-$ $-N(CH_3)_3$

以苯及（4-氨基-5-羟基-2,7-萘二磺酸钠：NH_2、OH、NaO_3S、SO_3Na）为原料合成酸性黑：

$$O_2N-C_6H_4-N{=}N-C_{10}H_2(NH_2)(OH)(SO_3Na)_2-N{=}N-C_6H_5$$

14-4　化合物 A 的分子式为 C_7H_9N，有碱性，A 的盐酸盐与亚硝酸作用生成 B($C_7H_7N_2Cl$)。B 加热后能放出氮气生成对甲苯酚；在碱性溶液中，B 与苯酚作用生成具有颜色的化合物 C($C_{13}H_{12}ON_2$)。写出 A，B，C 的结构式。

14-5　某芳香族化合物分子式为 $H_3C_6(NO_2)(Br)-Cl$，试根据下列反应确定其结构：

$$H_3C_6(NO_2)(Br)-Cl \xrightarrow[HCl]{Fe} \xrightarrow[0\sim5℃]{NaNO_2/H_2SO_4} \xrightarrow[\triangle]{C_2H_5OH} Br-C_6H_4-Cl$$

$$H_3C_6(NO_2)(Br)-Cl \xrightarrow[\triangle]{NaOH/H_2O} H_3C_6(NO_2)(OH)-Cl$$

14-6　化合物 A 分子式为 $C_6H_4N_2O_2ClBr$。将新鲜漂白粉溶液加入 A 中呈紫色。A 依次经重氮化、桑德迈耳反应后得 B，测得 B 含溴比 A 多 1 倍。将 B 依次还原、重氮化、去氨基作用后得 C，知 C 中氯的位置既是溴的邻位，也是溴的对位。若将 B 与 CH_3OH/KOH 共煮，可将其中全部溴除去。推出 A，B，C 的可能结构。

15 杂环化合物

【学习提要】

- 学习杂环化合物的分类、命名。
- 了解杂环化合物中结构与芳香性的关系。
- 掌握常见五元杂环和六元杂环的结构、制法及性质。
- 了解一些重要杂环衍生物的结构特点、用途。
- 了解生物碱的特点、用途。

15.1 概论

环状化合物按结构可分为两类：完全由碳原子构成环的称为碳环化合物，若还杂有其他原子的称为杂环化合物(heterocyclic compound)，如：

$H_2C{-}CH_2$ (O 桥连)	$H_2C{-}C(=O)$ / $H_2C{-}C(=O)$ (O 桥连)	$CH_2CH_2{-}CH_2$ / $CH_2CH_2{-}NH$ >C=O
环氧乙烷	丁二酸酐	己内酰胺

这类杂环化合物和相应的脂肪族化合物的关系比较密切，既容易由链状化合物关环得到，也容易开环变成链状化合物，而且性质也与脂肪族化合物极为相似。一般把它们放在脂肪族化合物中讨论。本章所讨论的是环系比较稳定的杂环化合物，它们在很多方面和苯相似，也就是说它们都具有不同程度的芳香性，常称为芳杂环。例如：

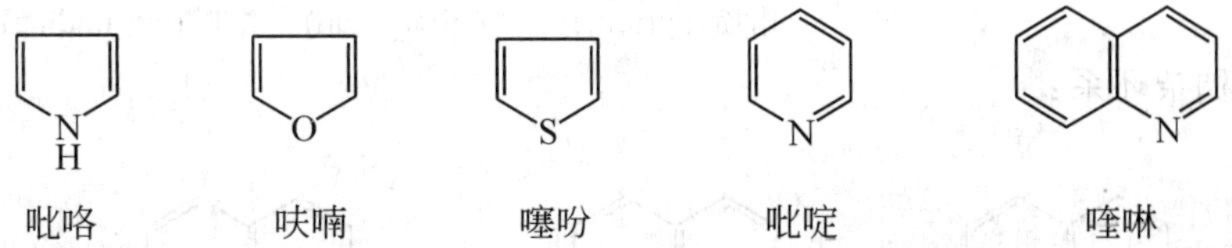

吡咯　　呋喃　　噻吩　　吡啶　　喹啉

杂环化合物广泛存在于自然界中，如植物中的叶绿素和动物中的血红素都含有杂环结构，石油、煤焦油中有含硫、氮及氧的杂环化合物。许多药物如止痛的吗啡、抗菌消炎的黄连素、抗结核的异烟肼、抗癌的喜树碱，还有不少维生素、抗生素、染料，以及近年来出现的耐高温聚合物，如聚苯并噁唑等，都是杂环化合物。杂环化合物的结构相当复杂，而且不少具有重要的生理作用。遗传可归因于 5 种杂环化合物，即嘌呤碱和嘧啶碱在核酸长链上的排列方式。因此，杂环化合物无论在理论研究或实际应用方面都很重要。

15.2 分类和命名

15.2.1 命名

杂环化合物的种类很多，有单环，有与芳香环或其他杂环并联而成的稠环。一般常见的杂环化合物是五元环、六元环。因为它们较易生成，而且稳定。

杂环化合物的命名有两种方法：一种是以相应的碳环（即母核）命名，也就是把杂环看作是相应的碳环化合物中碳原子被杂原子（heteroatom）置换而成的化合物。例如吡啶可以看作是苯环上的一个碳原子被氮原子置换，所以叫做氮杂苯。用此法命名，某些化合物的名称较长，使用不方便。另一种是按英文名称音译，并以"口"字旁表示环状化合物。例如，furan 呋喃，pyrrole 吡咯等。这种名称不能反映结构特点，但命名比较简单。目前一般都习惯于音译的名称。

以下为单杂环系，五元环。

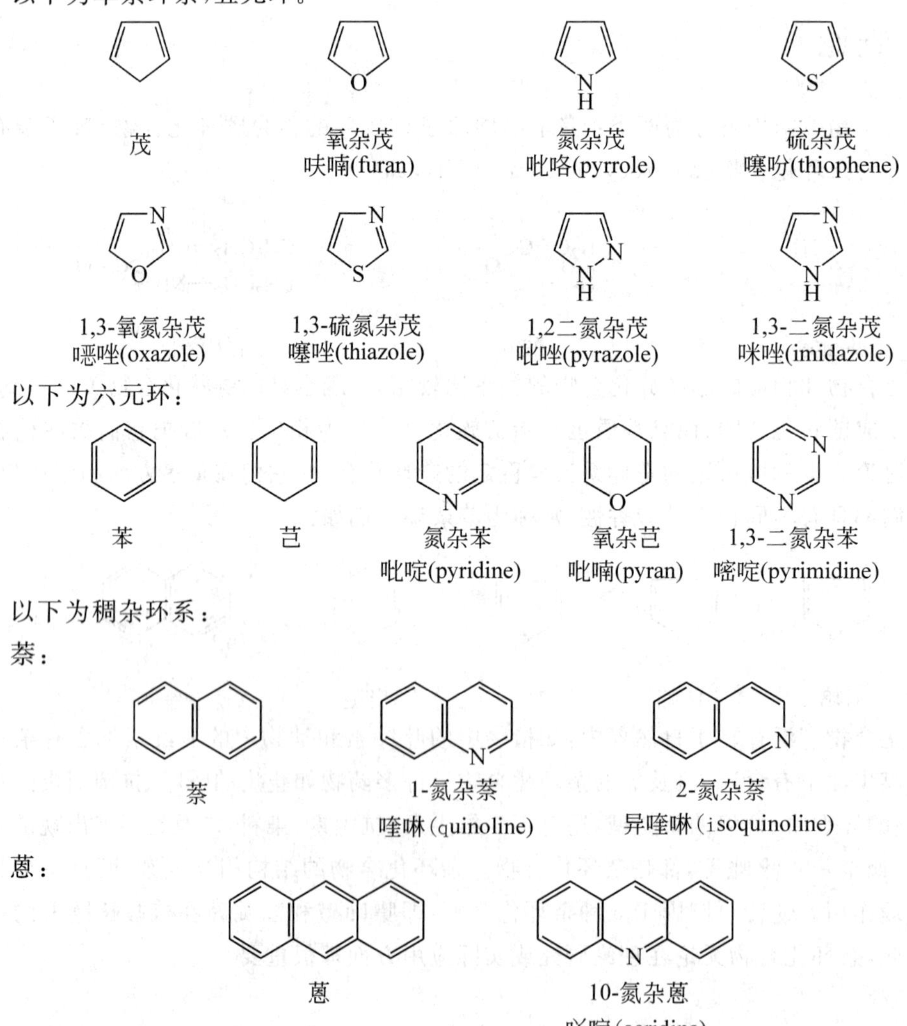

茚：

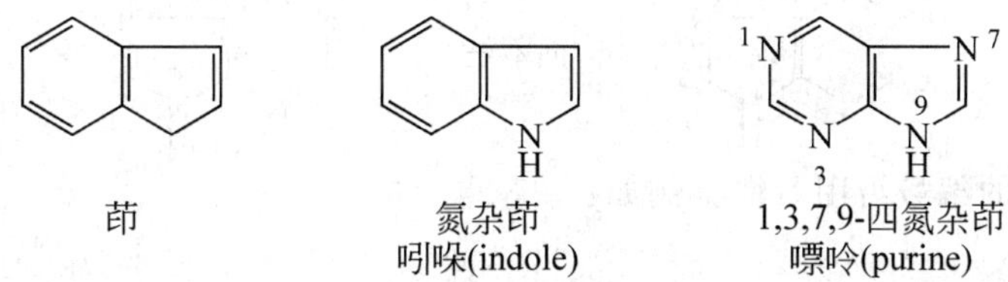

茚　　氮杂茚 吲哚(indole)　　1,3,7,9-四氮杂茚 嘌呤(purine)

15.2.2 编号

为了正确表明取代基的位置，需将杂环母核编号，编号规则主要有下面几点：

(1) 含一个杂原子的单环化合物，如吡咯，吡啶等，从杂原子开始顺着环编号。有时也把靠近杂原子的位置叫做 α 位，其次是 β 位，再其次是 γ 位。在五元杂环中只有 α 位和 β 位，六元杂环则有 α，β 和 γ 位。例如：

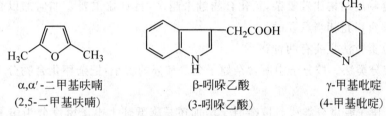

α,α′-二甲基呋喃 (2,5-二甲基呋喃)　　β-吲哚乙酸 (3-吲哚乙酸)　　γ-甲基吡啶 (4-甲基吡啶)

(2) 含两个及以上相同杂环原子的单杂环衍生物，编号从连有取代基(或氢原子)的那个杂原子开始顺序定位，使另一杂原子所在位次保持最小；环上有不同杂原子时，按 O，S，N，顺序依次编号。例如，而不是，又如，而不是。

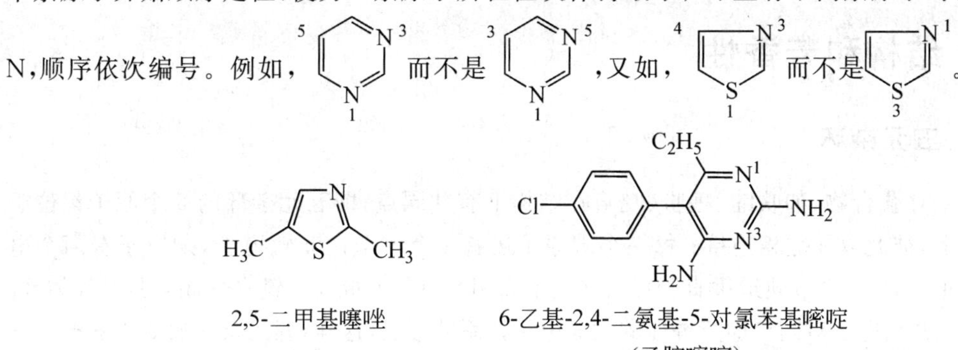

2,5-二甲基噻唑　　6-乙基-2,4-二氨基-5-对氯苯基嘧啶 (乙胺嘧啶)

(3) 遇有互变异构体时，应同时标出可能发生的另一种异构体的位置，如 —N═和—NH— 同时存在，通常将—NH—编得较小。如：

4(5)-甲基咪唑

(4) 稠杂环的编号和命名比较复杂，一般常见的稠杂环有特定的编号：

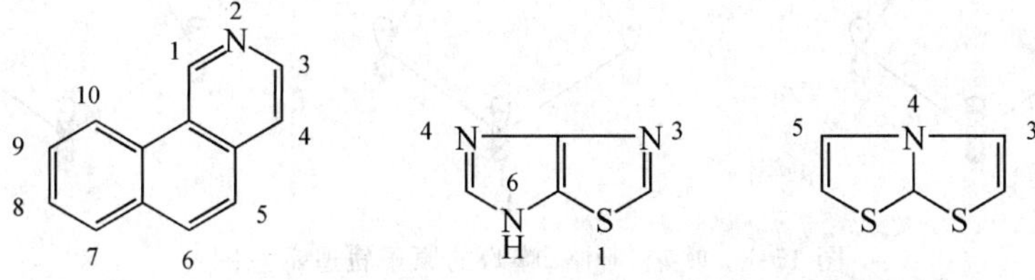

而不是

也有一些稠杂环的编号沿用习惯。例如：

吖啶(acridine)　　吩嗪(phenazine)　　异喹啉

15.2.3　分类

杂环化合物的结构比较复杂，新化合物越来越多，且日益重要。如何加以合理地分类，对学习和积累资料是相当重要的。

常见的分类方法主要有两种：

(1) 骨架分类法。按分子中所含杂原子数目和环的大小，把杂环化合物分为五元杂环、六元杂环等。

(2) 碳环电子密度分类法。按杂原子增加还是降低环上电子密度分为多π芳杂环、缺π芳杂环等。

15.3　结构和芳香性

15.3.1　五元杂环

五元杂环化合物，如呋喃、噻吩、吡咯在结构上有共同点，即五元杂环的5个原子都位于同一平面上，彼此以σ键相连接；每一个碳原子还有一个电子在p轨道上，杂原子有两个电子在p轨道上，这5个p轨道垂直于环所在的平面相互交盖形成大π键——闭合的共轭体系。杂原子的未共用电子对则参加芳香性的六π电子体系的形成，这样，五元杂环的6个π电子就分布在包括环上5个原子在内的分子轨道中。因此五元杂环化合物，如呋喃、噻吩及吡咯在环上都有6个π电子，符合休克尔 $4n+2$ 规则的要求，所以都具有芳香性。如图15-1所示。

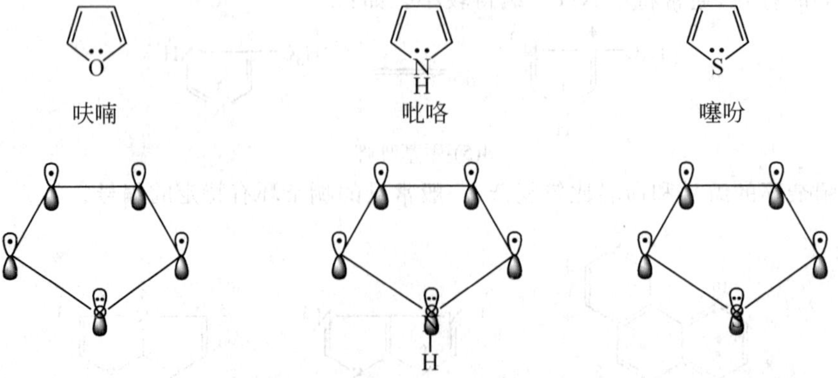

图15-1　呋喃、吡咯、噻吩的原子轨道示意图

呋喃、噻吩、吡咯分子中，由于杂原子不同，因此它们的芳香性在程度上也不完全一致，键长的平均化程度也不一样：

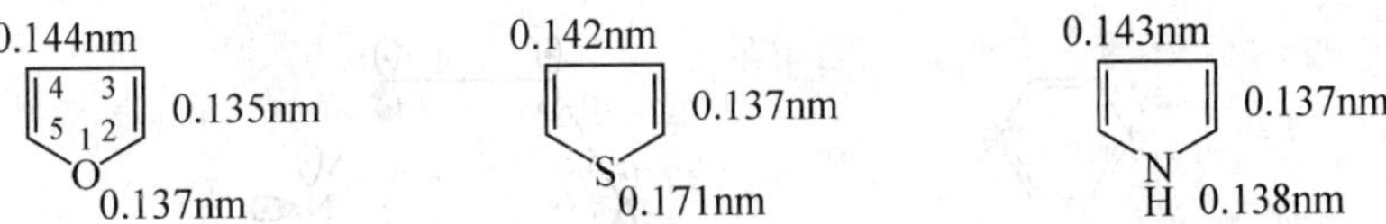

从上述键长的数据可以看出，碳原子和杂原子（O，S，N）之间的键，都比饱和化合物中的相应键长（C—O 0.143nm，C—N 0.147nm，C—S 0.182nm）为短，而 C_2—C_3 或 C_4—C_5 的键长较乙烯的C═C键（0.133nm）为长，C_3—C_4 的键长则较乙烷的C—C键（0.154nm）为短。说明这些杂环化合物的键长在一定程度上发生了平均化。另一方面，从键长数据也说明它们在一定程度上仍具有不饱和化合物的性质。

呋喃、吡咯、噻吩具有很高的离域能，分别为67，88和117 kJ/mol。在核磁共振谱中，环上的氢的核磁共振信号都出现在低场，通常位于芳香族化合物的区域内：

	δ	
呋喃	α-H 7.42	β-H 6.37
噻吩	α-H 7.30	β-H 7.10
吡咯	α-H 6.08	β-H 6.22

这些也是它们具有芳香性的一种标志。

由于呋喃、噻吩、吡咯环中的杂原子上的未共用电子对参与了环的共轭体系，使环上的电子云密度增大，故它们都比苯容易发生亲电取代反应，取代通常发生在α位上。

一般认为亲电试剂进攻α位时所形成的中间体正离子，比进攻β位时形成的中间体正离子更为稳定。这可以从这些中间体正离子的共振式中看出来。当亲电试剂 E^+ 进攻α位时，在反应中形成的中间体正离子可能有3个共振式参与共振；而进攻β位时，形成的中间体正离子只可能有两个共振式参与共振，因此呋喃、噻吩、吡咯的亲电取代通常都发生在α位上：

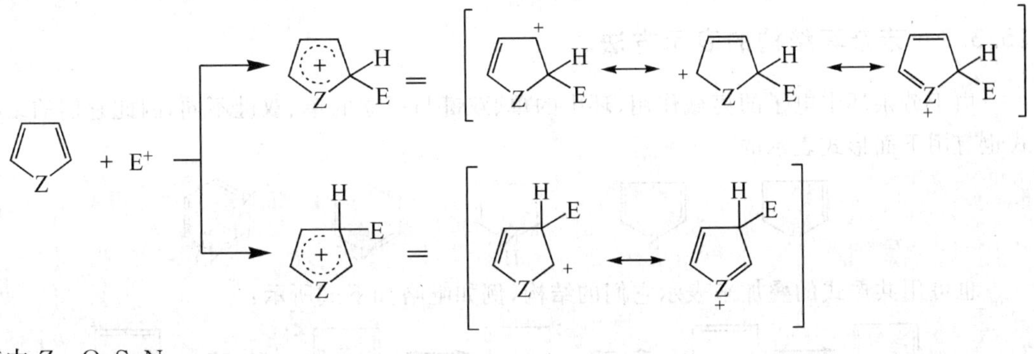

其中 Z=O，S，N。

15.3.2　六元杂环

六元杂环化合物的结构可以用吡啶为例来说明（图15-2）。吡啶环与苯环很相似，氮原子与碳原子处在同一平面上，原子间是以 sp^2 杂化轨道相互交盖形成6个σ键，键角为120°。环上每一原子还有一个电子在p轨道上，p轨道与环平面垂直，相互交盖形成包括6个原子在内的分子轨道。π 电子分布在环的上方和下方。每个碳原子的第三个 sp^2 杂化轨道与氢原子的 s 轨道交盖形成 σ 键。氮原子的第三个 sp^2 杂化轨道上有一对未共用电子对。

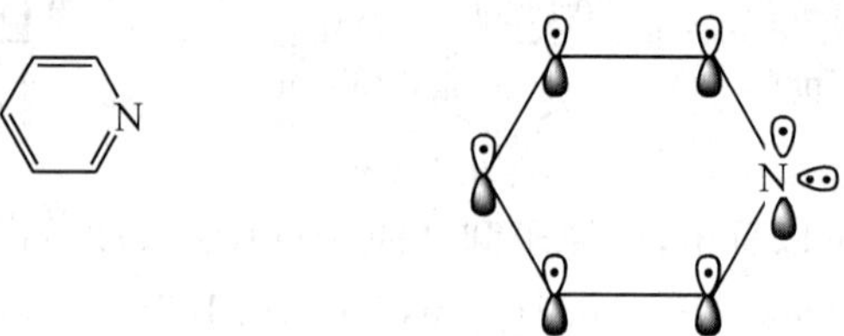

图 15-2 吡啶分子轨道示意图

吡啶的结构与苯相似，符合休克尔规则($n=1$)，故也有芳香性。但由于氮原子的电负性较强，吡啶环上的电子云密度不像苯那样分布均匀。它的键长数据为：

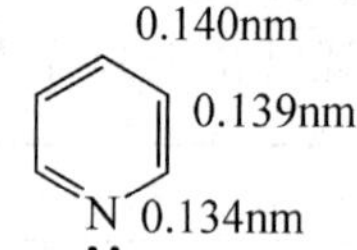

吡啶的碳碳键长与苯的(0.140nm)近似，但 C—N 键长(0.134nm)比一般 C—N 单键(0.147nm)短，而比 C═N 键(0.128nm)长。说明吡啶环上电子云密度并非完全平均化。在吡啶的核磁共振谱中，环上氢的 δ 值移向低场，且由于氮原子的诱导效应，α-H 的 δ 值最大(α-H，$\delta=8.50$；β-H，$\delta=6.98$；γ-H，$\delta=7.36$)。这也是它具有芳香性的标志。

由于氮原子的电负性，所以氮原子附近电子云密度较高，环上碳原子的电子云密度有所降低，因此吡啶在发生亲电取代反应时比苯较为困难，且取代反应主要发生在 β 位上。相对说来，吡啶较易发生亲核取代反应，取代基往往进入 α 位。

由于吡啶环上氮原子的一对未共用电子对并不参与形成大 π 键，这一对电子可以与酸结合生成稳定的盐，所以吡啶的碱性较吡咯和苯胺都强。

其他如嘧啶、吡嗪、哒嗪的电子结构都与吡啶类似，同样具有闭合的 6 个电子组成的大 π 键体系。

15.3.3 芳杂环结构的表示方法

由于芳杂环中电子的离域作用，环中的单、双键与孤立的单、双键不同，因此它们的结构式也有用下面形式表示的：

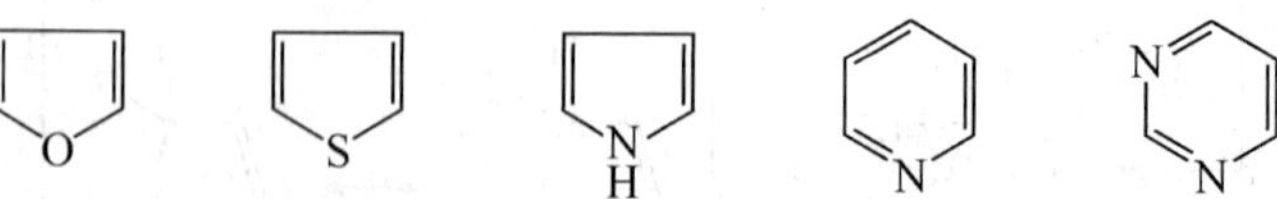

也可用共振式的叠加来表示它们的结构，例如吡咯如下式所示：

15.3.4 芳杂环上电荷分布

可以对芳香族化合物的电荷分布进行定量的描述。以苯环碳原子的电荷密度为标准(作为零)，正值表示电荷密度(有效电荷)比苯小，负值表示电荷密度比苯大。以下列出一些化合物的有效电荷分布：

（苯：各碳 0；吡啶：+0.18，+0.05，+0.15；吡咯：−0.06，−0.10，N +0.32；呋喃：−0.02，−0.03；噻吩：−0.04，−0.06）

上述化合物上，环中碳原子电荷密度比苯大的，称为多 π 芳杂环，通常都是五元芳杂环；环上碳原子电荷密度比苯小的，称为缺 π 芳杂环，通常都是六元含氮芳杂环。

近年来也有人据此把杂环化合物分为多 π 芳杂环和缺 π 芳杂环两大类，这种根据杂环上碳原子的电荷密度不同而分类的方法，不仅对结构的本质作了基本描述，而且对性质也作了简明概括。尽量把性质与结构有机地联系起来，可与杂环骨架分类法互为补充。

15.4　五元杂环化合物

15.4.1　呋喃

1. 呋喃的物理性质、用途

呋喃存在于松木焦油中，为无色液体，沸点 32℃，相对密度 $d_4^{20}=0.9336$，具有类似氯仿的气味，难溶于水，易溶于有机溶剂。它的蒸气遇有被盐酸浸湿过的松木片时，即呈现绿色，叫做松木反应，可用来鉴定呋喃的存在。

呋喃的衍生物在自然界也广泛存在。阿拉伯糖、木糖等五碳糖都是四氢呋喃的衍生物。合成药物中呋喃类化合物也不少，例如抗菌药物呋喃唑酮（痢特灵）、呋喃坦丁（呋喃坦丁又名呋喃妥因）等，维生素类药物中称为新 B_1（长效 B_1）的呋喃硫胺（实际是四氢呋喃衍生物）等。

*2. 呋喃的制法

工业上将 α-呋喃甲醛（俗称糠醛）和水蒸气在气相下通过加热至 400～415℃的催化剂（$ZnO\text{-}Cr_2O_3\text{-}MnO_2$），糠醛即脱去羰基而成呋喃：

$$\text{呋喃-2-CHO} + H_2O \xrightarrow[400\sim415℃]{\text{催化剂}} \text{呋喃} + CO_2 + H_2$$

实验室中则采用糠酸在铜催化剂和喹啉介质中加热脱羧而得：

$$\text{呋喃-2-COOH} \xrightarrow[\triangle]{\text{Cu, 喹啉}} \text{呋喃} + CO_2$$

3. 呋喃的化学性质

呋喃具有芳香性，较苯活泼，容易发生取代反应。另外，它在一定程度上还具有不饱和化合物的性质，可以发生加成反应。

(1) 取代反应

呋喃与溴作用，生成 2,5-二溴呋喃。呋喃受无机酸的作用，容易发生环的破裂和树脂化，因此不能使用一般的硝化、磺化试剂，必须采用比较缓和的试剂。例如：

$$\text{呋喃} + 2Br_2 \longrightarrow \text{2,5-二溴呋喃} + 2HBr$$

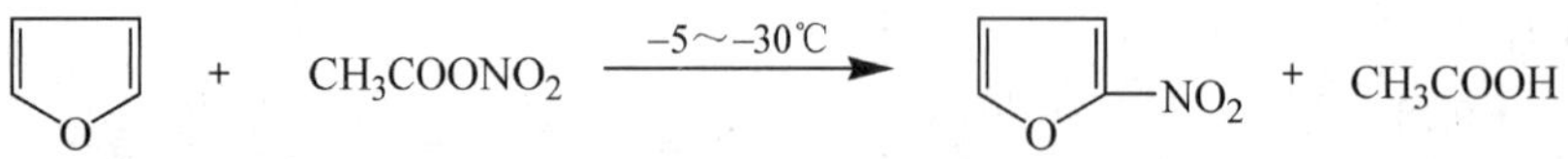

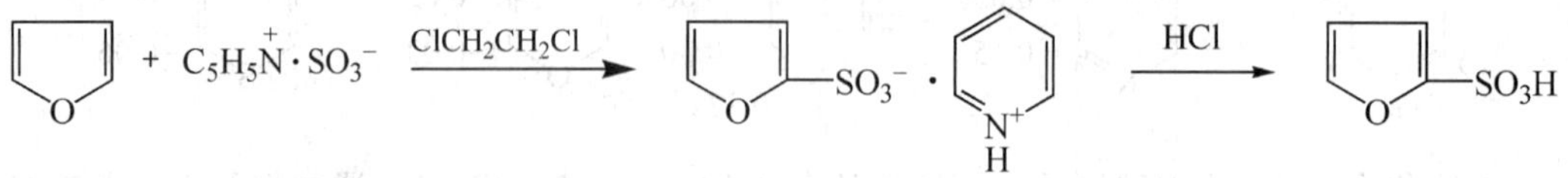

$$\text{呋喃} + CH_3COONO_2 \xrightarrow{-5\sim-30℃} \text{2-硝基呋喃}(-NO_2) + CH_3COOH$$

$$\text{呋喃} + C_5H_5\overset{+}{N}\cdot SO_3^- \xrightarrow{ClCH_2CH_2Cl} \text{呋喃-2-}SO_3^- \cdot C_5H_5NH^+ \xrightarrow{HCl} \text{呋喃-2-}SO_3H$$

呋喃也可起傅瑞德尔-克拉夫茨酰基化(Friedel-Crafts)反应,反应时一般用比较缓和的路易斯酸催化剂。例如:

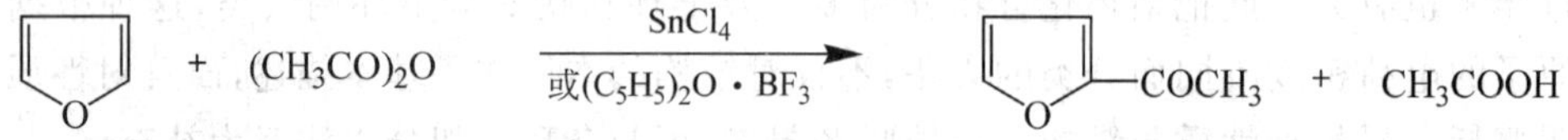

$$\text{呋喃} + (CH_3CO)_2O \xrightarrow[\text{或}(C_2H_5)_2O\cdot BF_3]{SnCl_4} \text{呋喃-2-}COCH_3 + CH_3COOH$$

(2) 加成反应

呋喃也具有共轭双键的性质,它和顺丁烯二酸酐发生 1,4-加成作用,即双烯合成反应,产率很高:

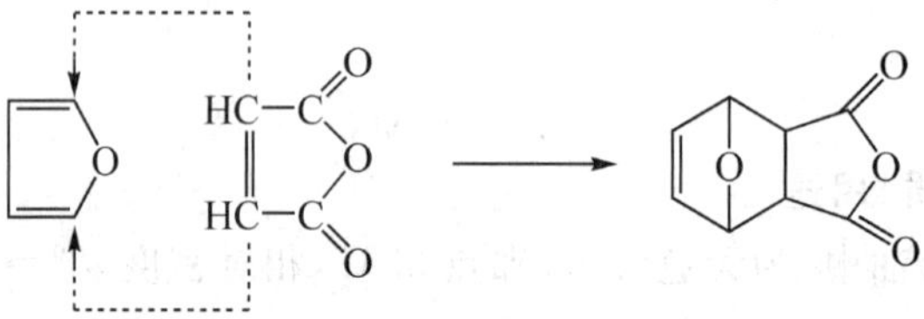

$$\text{呋喃} + \text{顺丁烯二酸酐}(HC-C(=O)-O-C(=O)-CH) \longrightarrow \text{加成产物}$$

在催化剂作用下,呋喃加氢生成四氢呋喃:

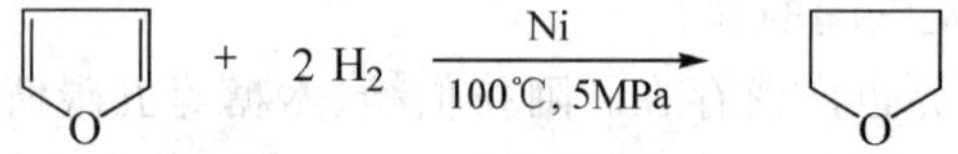

$$\text{呋喃} + 2\,H_2 \xrightarrow[100℃,5MPa]{Ni} \text{四氢呋喃}$$

四氢呋喃为无色液体,沸点 65℃,是一种优良的溶剂和重要的合成原料,常用以制取己二酸、己二胺、丁二烯等产品。

*15.4.2 糠醛

1. 糠醛的物理性质、用途

糠醛(furfural)学名 α-呋喃甲醛,是呋喃衍生物中最重要的一个,它最初是从米糠与稀酸共热制得,所以叫做糠醛。

纯糠醛为无色液体,沸点 162℃,熔点 −36.5℃,相对密度 1.160,可溶于水,并能与醇、醚混溶。在酸性或铁离子催化下易被空气氧化颜色逐渐变深,由黄色→棕色→黑褐色。为防止氧化,可加入少量氢醌作为抗氧剂,再用碳酸钠中和游离酸。糠醛可发生银镜反应。糠醛在醋酸存在下与苯胺作用显红色,也可用来检验糠醛。

糠醛为常用的优良溶剂,也是有机合成的重要原料,与苯酚缩合可生成类似电木的酚糠醛树脂。由糠醛转变而得的一些化合物也都是有用的化工产品。例如,糠醇(呋喃甲醇)为无色液体,沸点 170~171℃,也是优良的溶剂,是制造糠醇树脂(用作防腐蚀涂料及制玻璃钢)的原料;糠酸(呋喃甲酸)为白色结晶,熔点 133℃,可作防腐剂及制造增塑剂等的原料;四氢糠醇是无色液体,沸点 177℃,也是一种优良的溶剂和合成原料。

2. 糠醛的制法

工业上除米糠外,其他农副产品,如麦秆、玉米芯、棉子壳、甘蔗渣、花生壳、高粱秆、大麦壳等都可用来制取糠醛。这些物质中都含有碳水化合物多缩戊糖,在稀酸(硫酸或盐酸)作用下多缩戊糖水解成戊糖，戊糖再进一步去水环化得糠醛：

$$(C_5H_8O_4)_n + nH_2O \xrightarrow{H_2SO_4} nC_5H_{10}O_5$$

多缩戊糖　　　　　　戊糖

戊糖 $\xrightarrow{-3H_2O}$ 糠醛

3. 糠醛的化学性质

糠醛具有一般醛基的性质。例如：

糠醛 $\xrightarrow{O_2/NaOH}$ 糠酸90%（Cu_2O-HgO，55℃）

糠醛 $\xrightarrow[100\sim200℃]{H_2/Cu, 铬铁矿}$ 糠醇

糠醛 $\xrightarrow[V_2O_5\text{-}TiO_2\text{-}SiO_2]{2O_2, 320\sim350℃}$ 顺丁烯二酸酐

糠醛 $\xrightarrow[170\sim180℃, 7\sim10MPa]{+3H_2 骨架镍}$ 四氢糠醇

糠醛是不含 α-氢原子的醛，其化学性质与苯甲醛或甲醛相似。例如：

2 糠醛（—CHO） + NaOH (浓) ⟶ 糠酸钠（—COONa） + 糠醇（—CH_2OH）

糠酸钠 $\xrightarrow{H^+}$ 糠酸（—COOH）

糠醛（—CHO） + $(CH_3CO)_2O$ $\xrightarrow{CH_3COONa}$ 呋喃基—CH=CH—COOH + CH_3COOH

α-呋喃丙烯酸

15.4.3 噻吩

1. 噻吩的物理性质、用途

噻吩存在于煤焦油的粗苯中，约为粗苯含量的 0.5%，石油和页岩油中也含有噻吩及其同系物。由于噻吩及其同系物的沸点与苯及其同系物的沸点非常接近，难以用一般的分馏法将它们分开。将从煤焦油中取得的粗苯在室温下反复用浓硫酸提取，噻吩即被磺化而溶于浓硫酸中。将噻吩磺酸去磺化即可得到噻吩。

噻吩的衍生物中有许多是重要的药物，例如维生素 H（又称生物素）及半合成头孢菌素——先锋霉素等：

维生素H

先锋霉素

*2. 噻吩的制法

工业上噻吩可以由丁烷、丁烯或丁二烯和硫迅速通过600～650℃的反应器(接触时间仅为1 s),然后迅速冷却而制得:

$$CH_3CH_2CH_2CH_3 + 4S \xrightarrow{600\sim650℃} \text{噻吩} + 3H_2S$$

另外,用乙炔通过加热至300℃的黄铁矿(分解出S),或与硫化氢在Al_2O_3存在下加热至400℃均可制取噻吩:

$$2\,CH\equiv CH + S \longrightarrow \text{噻吩}$$

$$2\,CH\equiv CH + H_2S \xrightarrow[400℃]{Al_2O_3} \text{噻吩} + H_2$$

实验室也经常采用丁二酸钠盐或1,4-二羰基化合物与三硫化二磷作用制得:

$$NaOOC{-}CH_2{-}CH_2{-}COONa \xrightarrow[180℃]{P_2S_3} \text{噻吩} \xleftarrow[\triangle]{P_2S_3} OHC{-}CH_2{-}CH_2{-}CHO$$

3. 噻吩的化学性质

噻吩是无色液体,沸点84℃,不易发生水解、聚合反应。它是含一个杂原子的五元杂环化合物中最稳定的一个。噻吩在浓硫酸存在下,与靛红一同加热显示蓝色,反应灵敏,可用作检验噻吩。噻吩不具备二烯的性质,不能氧化成亚砜和砜,但比苯更易发生亲电取代反应。和呋喃类似,噻吩的亲电取代反应也发生在α位,例如:

$$\text{噻吩} \xrightarrow[CH_3COOH]{Br_2} \text{2-溴噻吩}$$

$$\text{噻吩} \xrightarrow{HNO_3,\ (CH_3CO)_2O} \text{2-硝基噻吩}\ (-NO_2)$$

$$\text{噻吩} \xrightarrow{H_2SO_4} \text{噻吩-2-磺酸}\ (-SO_3H)$$

$$\text{噻吩} \xrightarrow[Cl-\overset{O}{\overset{\|}{C}}-CH_3]{SnCl_4} \text{2-乙酰基噻吩}\ (-COCH_3)$$

噻吩与苯相似,还可发生加氯、加氢等反应。噻吩经氢化为四氢噻吩后,即显示出一般硫醚的性质,易于氧化成砜——环丁砜和亚砜。

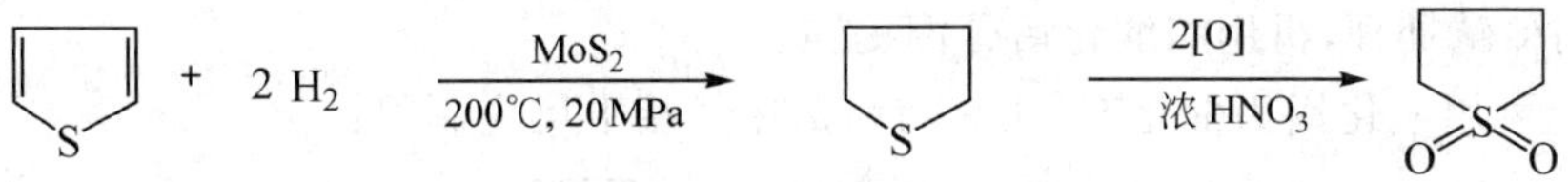

$$\text{噻吩} + 2\,H_2 \xrightarrow[200^{\circ}C,\ 20MPa]{MoS_2} \text{四氢噻吩} \xrightarrow[\text{浓}\ HNO_3]{2[O]} \text{环丁砜}$$

这充分说明噻吩环系被还原后,共轭体系被破坏,失去了芳香性。环丁砜是重要的溶剂。

15.4.4 吡咯

1. 吡咯的物理性质、用途

吡咯为无色油状液体,沸点131℃,有微弱的类似苯胺的气味,难溶于水,易溶于醇或醚中,在空气中颜色逐渐变深。吡咯的蒸气或其醇溶液,能使浸过浓盐酸的松木片变成红色,这个反应可用来检验吡咯及低级同系物的存在。

吡咯的衍生物在自然界分布很广,植物中的叶绿素和动物中的血红素都是吡咯的衍生物。此外,还有胆红素、维生素 B_{12} 等天然物质的分子中都含有吡咯或四氢吡咯环,它们在动、植物的生理上起着重要作用。

叶绿素和血红素的基本结构是由4个吡咯环的 α 碳原子通过4个次甲基(—CH═)相连而成的共轭体系,称为卟吩(旧称ဗ核),其取代物则称为卟啉。卟吩本身在自然界并不存在,但卟啉环系却广泛存在,一般是和金属形成络合物。在叶绿素中络合的金属原子是镁,在血红素中是铁,在维生素 B_{12} 中则为钴:

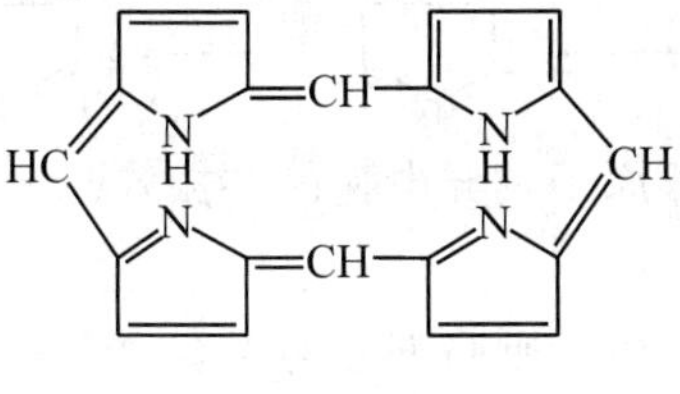

卟吩

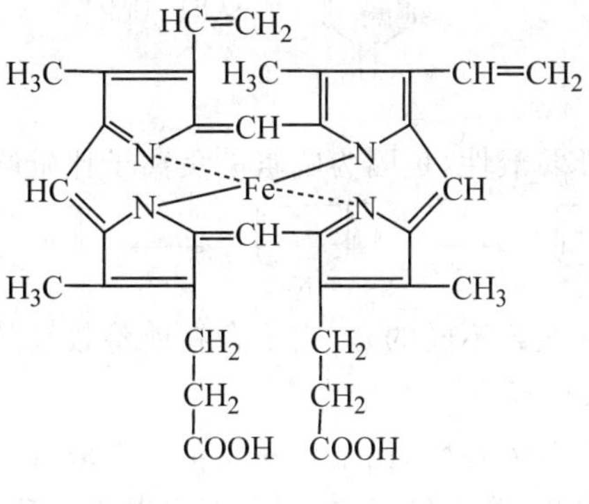

血红素

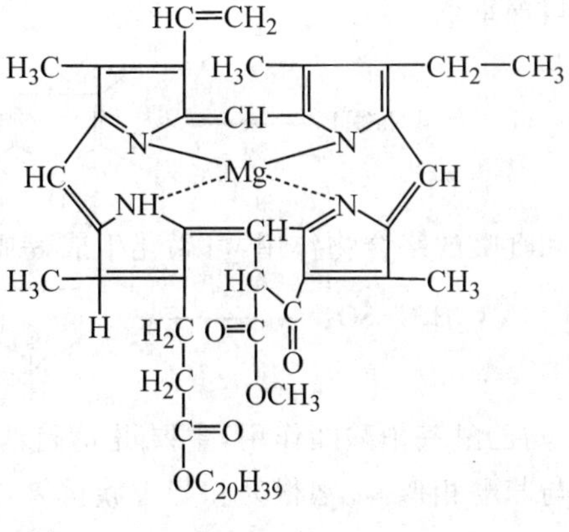

叶绿素A

*2. 吡咯的制法

吡咯及其同系物主要存在于骨焦油中,煤焦油中存在的量很少。吡咯可由骨焦油分馏取得;或用稀碱处理,再用酸酸化后分馏提纯。

工业上可用氧化铝为催化剂,从呋喃和氨在气相中反应制得:

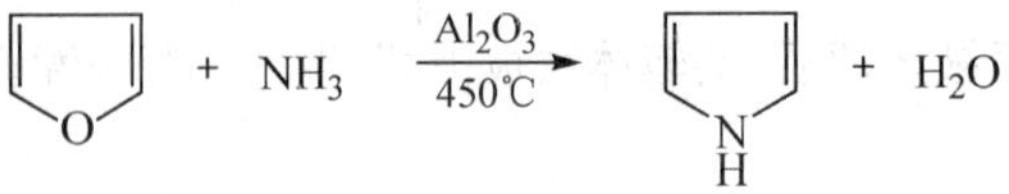

$$\text{呋喃} + NH_3 \xrightarrow[450℃]{Al_2O_3} \text{吡咯(NH)} + H_2O$$

也可用乙炔与氨通过红热的管子合成:

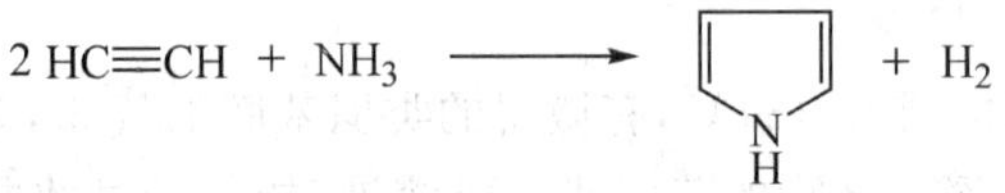

$$2\,HC\equiv CH + NH_3 \longrightarrow \text{吡咯(NH)} + H_2$$

3. 吡咯的化学性质

吡咯虽可看作是环状的亚胺(分子中存在—NH—原子团),但由于N上的未用电子对参与了杂环上的共轭体系,不易与质子结合,故而碱性极弱(比一般的仲胺弱得多)。它遇浓酸不能形成稳定的盐,而是聚合成红色树脂状物质。

吡咯的重要化学性质如下。

(1) 弱酸性

由于N上未共用电子对参加了杂环的共轭体系,吡咯具弱酸性(pH=5),与N相连的H可被碱金属取代形成盐。例如:

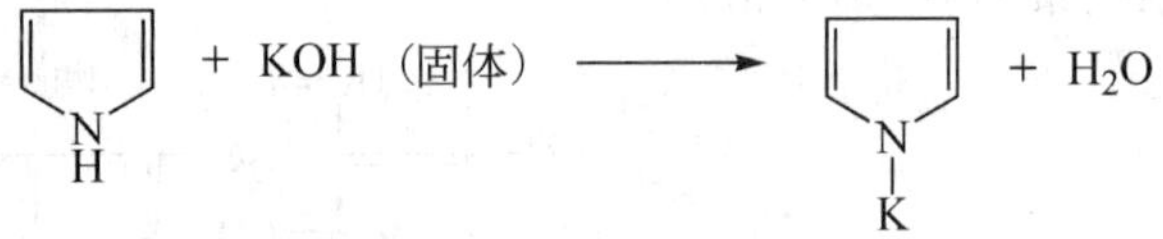

$$\text{吡咯(NH)} + KOH\ (\text{固体}) \longrightarrow \text{吡咯(N—K)} + H_2O$$

吡咯具弱酸性,是因为吡咯的负离子比吡咯更为稳定,这可用下列共振式表示:

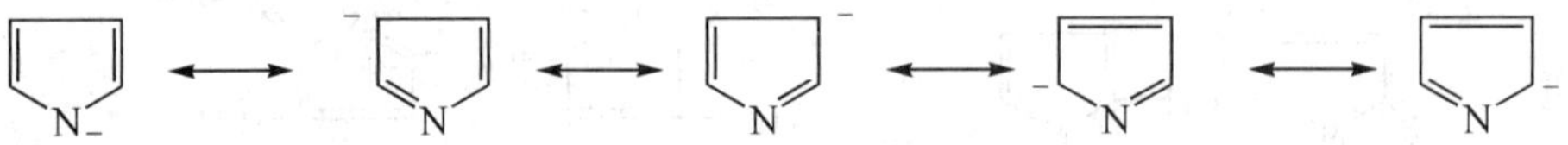

$$\text{(N}^-\text{)} \longleftrightarrow \text{(C}_2^-\text{)} \longleftrightarrow \text{(C}_5^-\text{)} \longleftrightarrow \text{(C}_3^-\text{)} \longleftrightarrow \text{(C}_4^-\text{)}$$

和吡咯的共振式不同的是,它不存在能量较高的相邻原子具异电荷的共振式。

(2) 取代反应

吡咯具有芳香性,比苯容易发生亲电取代反应。由于吡咯遇酸易聚合,故一般不用酸性试剂进行卤化、磺化等反应。例如,在碱性介质中吡咯与碘作用可生成四碘吡咯。四碘吡咯常用来代替碘仿作伤口消毒剂:

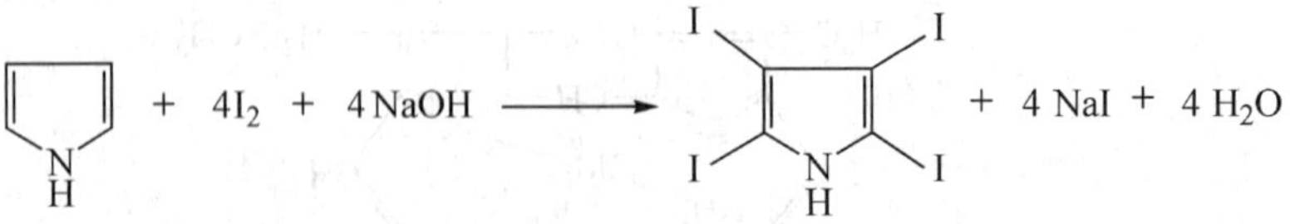

$$\text{吡咯(NH)} + 4I_2 + 4\,NaOH \longrightarrow \text{2,3,4,5-四碘吡咯(NH)} + 4\,NaI + 4\,H_2O$$

吡咯与三氧化硫和吡啶的络合物作用,可磺化生成α-吡咯磺酸。

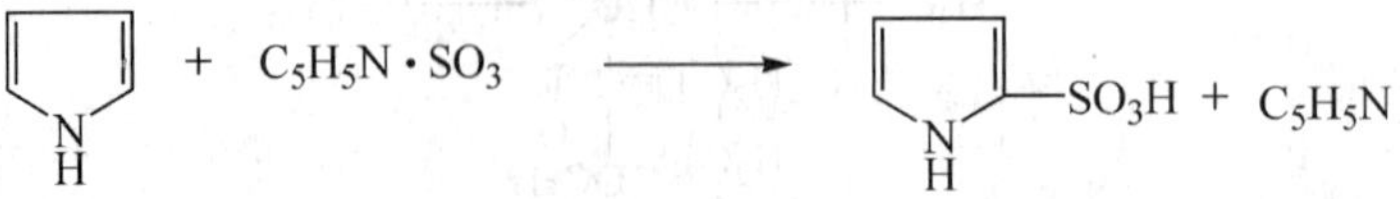

$$\text{吡咯(NH)} + C_5H_5N\cdot SO_3 \longrightarrow \text{吡咯-2-}SO_3H + C_5H_5N$$

吡咯在-10℃时,与乙酰基硝酸酯作用,主要得α-硝基吡咯。在四氯化锡存在下,吡咯亦能发生酰化反应。与苯酚相似,吡咯很易和芳香族重氮盐发生偶合作用,生成有色的偶氮化合物

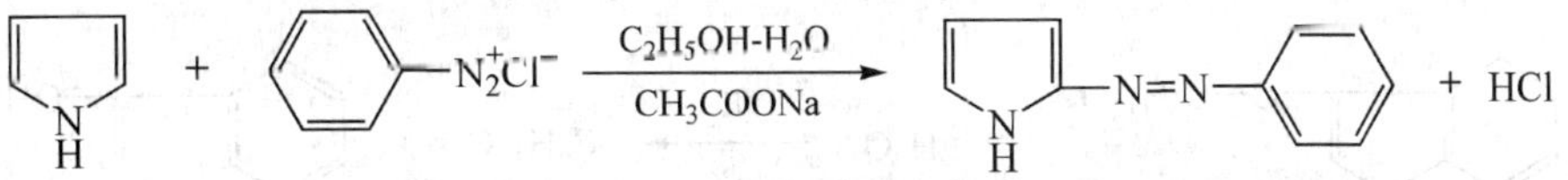

（3）加成反应

吡咯与还原剂作用或催化加氢时，可生成二氢吡咯或四氢吡咯：

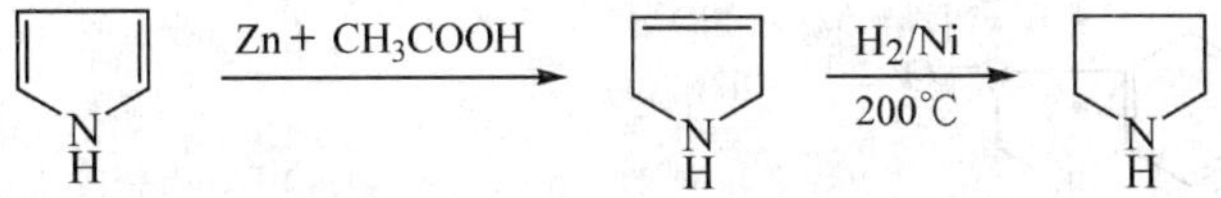

二氢吡咯和四氢吡咯都不是共轭体系，因此它们具有脂肪族仲胺的性质，它们都是较强的碱。

*15.4.5　吲哚

1. 吲哚的物理性质、用途

吲哚是由苯环和吡咯稠合而成的稠杂环化合物，因此也可叫做苯并吡咯。苯并吡咯类化合物有吲哚和异吲哚两类：

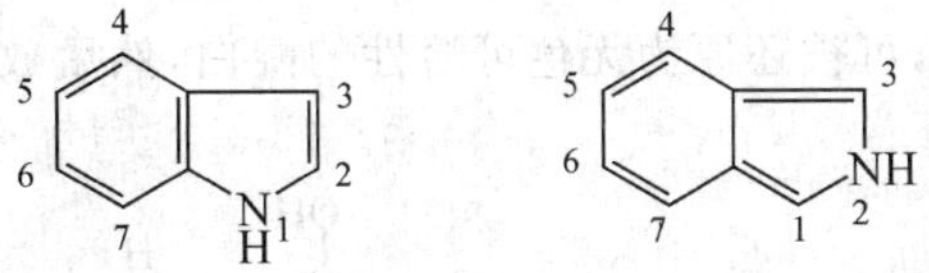

吲哚　　异吲哚

吲哚及其衍生物在自然界分布很广，常存在于动、植物中，在素馨花香精油及蛋白质的腐败产物中都含有。在动物粪便中，也含有吲哚及其同系物 β-甲基吲哚。天然植物激素 β-吲哚乙酸和一些生物碱，如利血平、麦角碱等都是吲哚的衍生物，它们在动、植物体内起着重要的生理作用。

吲哚为片状结晶，熔点 52℃，具有粪臭味，但纯吲哚的极稀溶液则有香味，可用于制造茉莉型香精。吲哚与吡咯相似，几乎无碱性，也能与钾作用生成吲哚钾。吲哚的亲电取代反应发生在 β 位上，加成和取代都在吡咯环上进行。吲哚也能使浸有盐酸的松木片显红色。

2. 吲哚的制法

在实验室内，由邻甲苯胺制备吲哚最为简便：

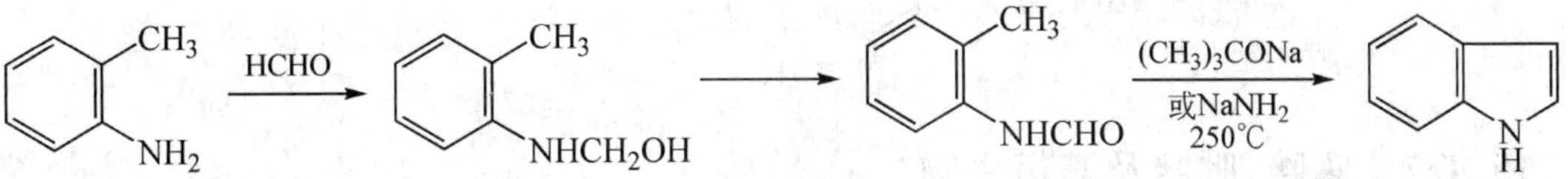

*15.4.6　靛蓝

靛蓝是一种色泽鲜艳而又耐久的蓝色染料，它是最早发现的天然染料之一，也是我国古代最重要的蓝色染料。靛蓝为深蓝色固体，熔点 390～392℃，不溶于水、醇及醚，可溶于氯仿及硝基苯中。靛蓝是从木蓝属和菘蓝植物中取得的靛素经水解生成 β-羟基吲哚后，再被空气氧化而得到的：

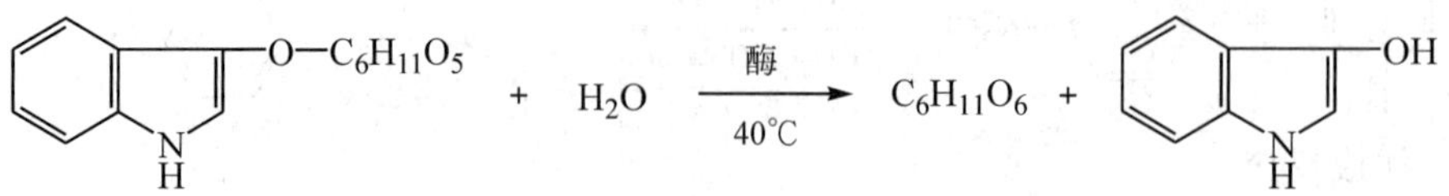

葡萄糖 β-羟基吲哚

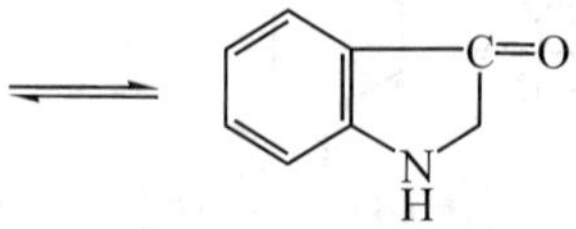

酮式

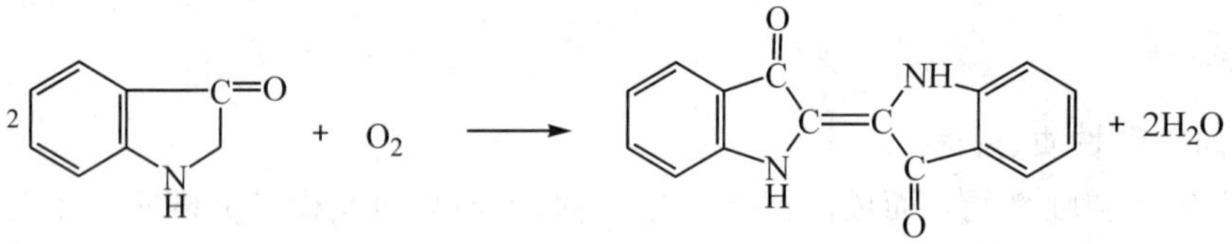

靛蓝

靛蓝是一种还原染料,可被还原为无色可溶性的靛白,然后放置空气中,又被氧化为原来不溶性的靛蓝:

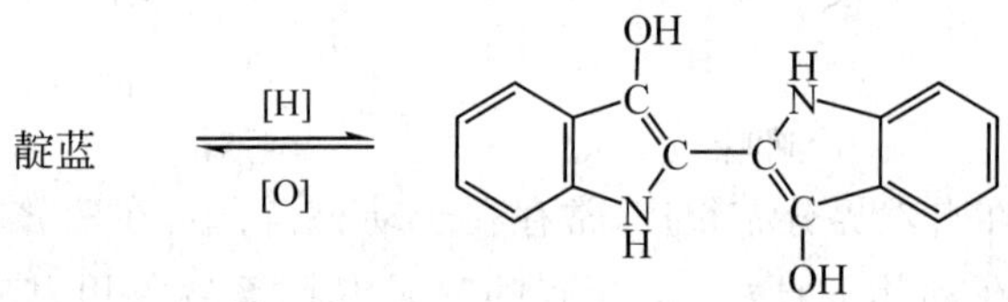

靛蓝 $\underset{[O]}{\overset{[H]}{\rightleftharpoons}}$

靛白

近代工业中,靛蓝由合成方法制得。一般先合成β-羟基吲哚,然后经氧化而变为靛蓝。例如用苯胺和氯乙酸为原料,经缩合、环化,然后氧化即得靛蓝:

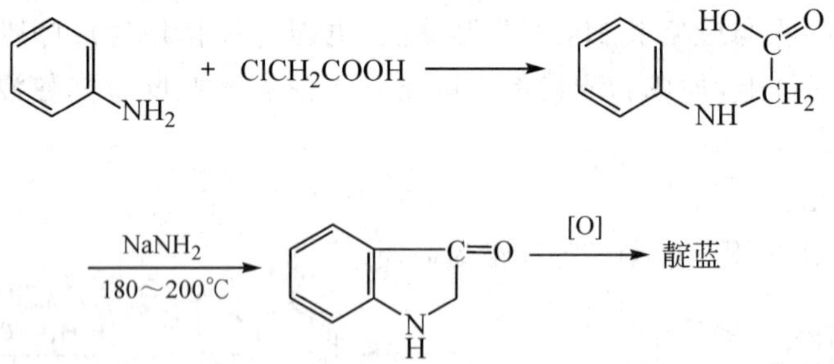

$+ ClCH_2COOH \longrightarrow$

$\xrightarrow[180\sim200^\circ C]{NaNH_2}$ $\xrightarrow{[O]}$ 靛蓝

*15.4.7 噻唑、吡唑及其衍生物

噻唑、吡唑都是具有两个杂原子的五元杂环。噻唑可看作噻吩的3位上CH被N取代,而吡唑可看作吡咯的2位上CH被N取代。由于噻唑、吡唑有噻吩、吡咯的基本结构,都形成闭合的共轭体系,因此都具有不同程度的芳香性。此外,由于还插入一个—N═基,此氮原子上的未共用电子对在sp^2杂化轨道上,并不与环平面垂直,因此它不参与芳香大π共轭体系,可与质子结合而显示不同程度的碱性。

噻唑为无色液体，沸点 117℃，相对密度 1.2，碱性很弱（$pK_a=2.5$），但能与酸生成稳定的盐，和卤烷作用形成噻唑鎓盐。例如：

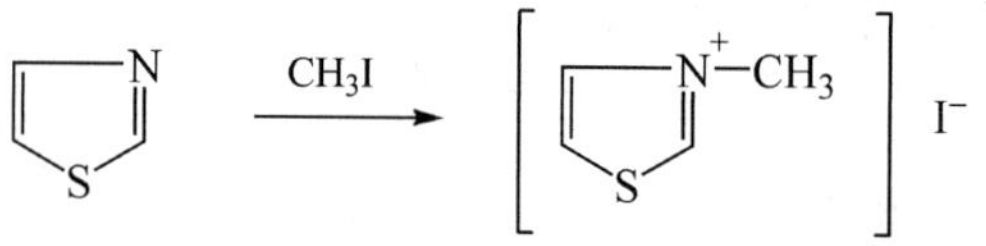

$$\text{噻唑} \xrightarrow{CH_3I} \left[\text{N-甲基噻唑鎓}\ (\overset{+}{N}-CH_3)\right] I^-$$

与噻吩比较，噻唑环上少一个碳原子，增加一个氮原子，这个氮原子的 p 轨道上有一个电子参加芳香大 π 共轭体系。由于氮的电负性较碳强，所以相对而言，噻唑环上的电子云密度比噻吩低，不易发生亲电取代反应。如在一般情况下，不起卤化反应，不与硝酸作用，磺化反应必须在硫酸汞存在下才能发生：

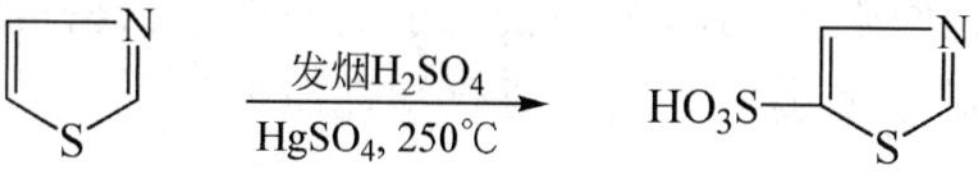

$$\text{噻唑} \xrightarrow[HgSO_4,\ 250℃]{\text{发烟}H_2SO_4} HO_3S-\text{噻唑}$$

噻唑及其衍生物都存在于自然界中，也可用合成方法制备，如青霉素、维生素 B_1、磺胺噻唑、某些染料、橡胶促进剂都含有噻唑或氢化噻唑的结构。

吡唑为无色固体，熔点 70℃，沸点 188℃，能溶于水、醇、醚中，吡唑常呈两分子缔合状态。吡唑具有弱碱性（$pK_b=2.5$）。吡唑环的芳香性比较明显，能发生硝化、磺化、卤化等取代反应，得到 4 位取代产物。例如：

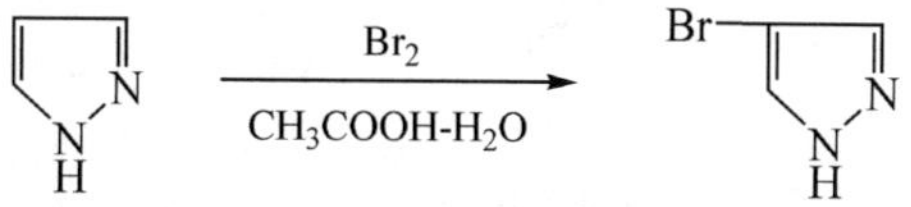

$$\text{吡唑} \xrightarrow[CH_3COOH-H_2O]{Br_2} Br-\text{吡唑 (4-溴吡唑)}$$

吡唑衍生物中最重要的是吡唑啉酮衍生物，亦常简称吡唑酮衍生物。例如，检定钙的试剂、增白剂 AD、彩色胶片中使用的成品红成色剂，以及常用退热药安替比啉、安乃近等，都具有吡唑酮的基本结构。

15.5 六元杂环化合物

15.5.1 吡啶

1. 吡啶的来源、物理性质、用途

吡啶存在于煤油及页岩油中。和它一起存在的还有甲基吡啶。工业上吡啶多从煤焦油中提取，将煤焦油分馏出的轻油部分用硫酸处理，吡啶生成硫酸盐而溶解，再用碱中和，吡啶即游离出来，然后蒸馏精制。

吡啶是无色具有特殊臭味的液体，沸点 115℃，熔点 −42℃，相对密度 0.982，可与水、醇、乙醚等混溶，还能溶解大部分有机化合物和许多无机盐类，因此吡啶是一个很好的溶剂。吡啶能与无水氯化钙络合，所以一般用固体氢氧化钾或氢氧化钠干燥吡啶。

吡啶的衍生物在自然界及药物中分布甚广，例如维生素 B_6 以及吡啶环系生物碱中的烟碱（尼古丁）、毒芹碱和颠茄碱（阿托品）等：

维生素B_6　　烟碱　　毒芹碱　　颠茄碱

维生素 B_6 是维持蛋白质正常代谢的必要维生素。烟碱是有效的农业杀虫剂,也能被氧化剂氧化成烟酸。毒芹碱极毒,小量使用毒芹碱盐酸盐有抗痉挛作用。颠茄碱硫酸盐有镇痛及解痉挛等作用,常用作麻醉前给药、扩大瞳孔药及抢救有机磷中毒用药。

2. 吡啶的化学性质

由于氮原子的电负性比碳原子强,杂环碳原子上的电子云密度有所降低,所以吡啶的亲电取代不如苯活泼,而与硝基苯类似。其主要化学性质如下。

(1) 碱性

吡啶环上的氮原子有一对未共用电子对处于 sp^2 杂化轨道上,它并不参与环上的共轭体系,因此能与质子结合,具有弱碱性。它的碱性($pK_{aH}=5.2$)比苯胺强($pK_{aH}=4.7$),但比脂肪胺及氨弱得多,吡啶可与无机酸生成盐。例如:

$$C_5H_5N + HCl \longrightarrow C_5H_5N^+H\ Cl^- \quad (\text{或写作}\ C_5H_5N \cdot HCl)$$

吡啶盐酸盐

因此吡啶可用来吸收反应中所生成的酸,工业上常用吡啶作为缚酸剂。

吡啶容易和三氧化硫结合成为无水 *N*-磺酸吡啶,后者可作为缓和的磺化剂:

$$C_5H_5N + SO_3 \longrightarrow C_5H_5N^+-SO_3^-$$

吡啶与叔胺相似,也可与卤烷结合生成相当于季铵盐的产物,这种盐受热发生分子重排而生成吡啶的同系物:

$$C_5H_5N + CH_3I \longrightarrow C_5H_5N^+CH_3\ I^- \xrightarrow[\text{封管}]{300^\circ C} \text{2-}CH_3C_5H_4N \cdot HI + \text{4-}CH_3C_5H_4N \cdot HI$$

吡啶与酰氯作用也能生成盐,产物是良好的酰化剂:

$$C_5H_5N + C_6H_5COCl \xrightarrow[-20^\circ C]{\text{石油醚}} C_5H_5N^+COC_6H_5\ Cl^-$$

(2) 取代反应

吡啶的亲电取代反应类似于硝基苯,发生在 β 位上。它较苯难于磺化、硝化和卤化。吡啶不能起**傅瑞德尔-克拉夫茨**(Friedel-Crafts)反应。例如：

吡啶 —(Br_2, 300℃; 浮石，气相)→ 3-溴吡啶 (39%)

吡啶 —(H_2SO_4, 350℃ 或 浓H_2SO_4, $HgSO_4$, 22℃)→ 3-吡啶磺酸 (SO_3H) (70%)

吡啶 —(混酸; 300℃, 24h)→ 3-硝基吡啶 (NO_2) (6%)

与硝基苯相似，吡啶可与强的亲核试剂起亲核取代反应，主要生成 α 取代产物。例如：

吡啶 + $NaNH_2$ ⟶ 2-氨基吡啶 (NH_2)

此反应称为**齐齐巴宾**(Chichibabin)反应。

与 2-硝基氯苯相似，2-氯吡啶与碱或氨等亲核试剂作用，可生成相应的羟基吡啶或氨基吡啶：

2-氯吡啶 + KOH ⟶ 2-羟基吡啶 (OH) + KCl

2-氯吡啶 + NH_3 —($ZnCl_2$, 220℃)→ 2-氨基吡啶 (NH_2)

(3) 氧化与还原

吡啶比苯稳定，它不易被氧化剂氧化。吡啶的同系物氧化时，总是侧链先氧化而芳杂环不破坏，结果生成相应的吡啶甲酸。例如：

3-甲基吡啶 (CH_3) —($KMnO_4$, OH^-; △)→ COOH

3-吡啶甲酸(烟酸)

4-甲基吡啶 (CH_3) —([O], V_2O_5; 空气氧化)→ COOH

4-吡啶甲酸(异烟酸)

烟酸是B族维生素之一，用于治疗癞皮病、血管硬化等症。异烟酸是制造抗结核病药物异烟肼(商品名叫雷米封)的中间体。

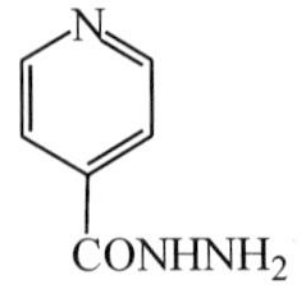

雷米封

吡啶用过氧羧酸氧化，或与30%的 H_2O_2 和 CH_3COOH 作用，生成吡啶 *N*-氧化物，称为氧化吡啶：

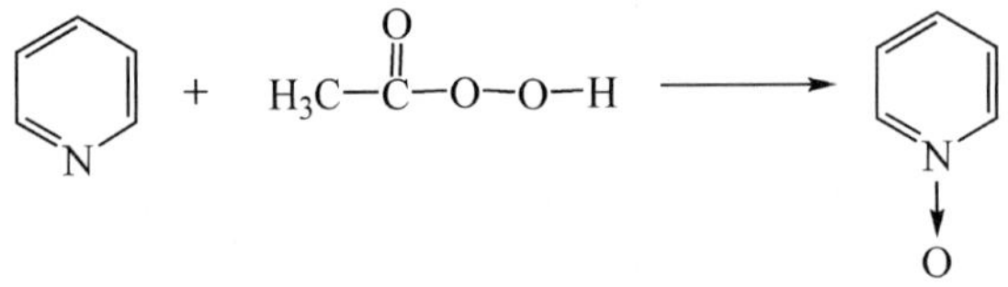

吡啶经催化氢化或用乙醇和钠还原，可得六氢吡啶：

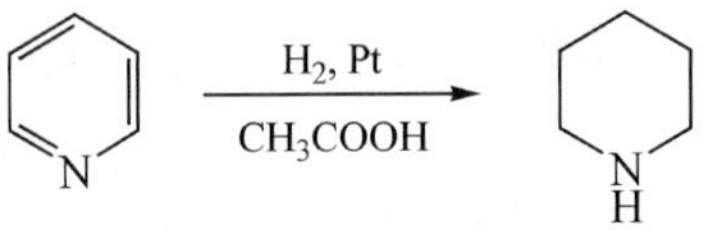

六氢吡啶又称哌啶，为无色具有特殊臭味的液体，沸点106℃，熔点－7℃，易溶于水。它的碱性比吡啶大，化学性质和脂肪族仲胺相似，常用作溶剂及有机合成原料。

*15.5.2 喹啉和异喹啉

1. 喹啉

喹啉和异喹啉都是苯环与吡啶环稠合而成的化合物，它们是同分异构体，都存在于煤焦油和骨焦油中，要用稀硫酸提取，也可用合成方法制得。

喹啉及其衍生物的常用制法是**斯克劳浦**(Skraup)合成法，即用苯胺、甘油、浓硫酸和硝基苯(或 As_2O_5 等缓和氧化剂)共热制得喹啉。反应过程可能是甘油首先在浓硫酸作用下脱水成丙烯醛，然后和苯胺发生加成反应，生成β-苯氨基丙醛，再经环化、脱水成二氢喹啉，最后被硝基苯氧化去氢变成喹啉：

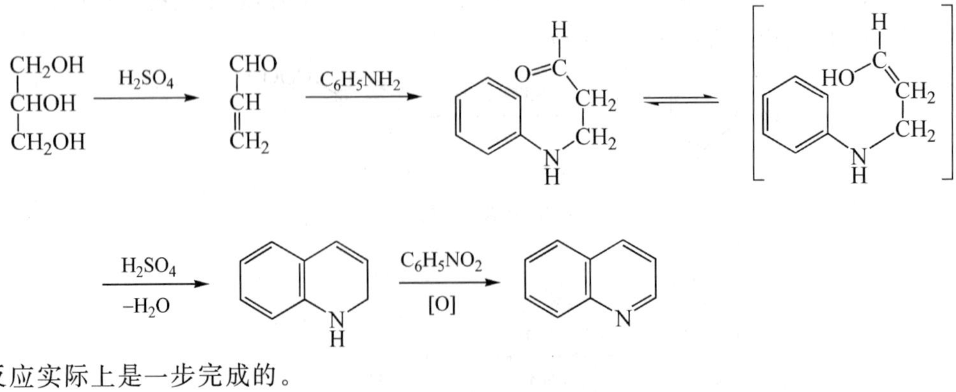

此反应实际上是一步完成的。

用其他芳胺或不饱和醛代替苯胺和丙烯醛，可以制备各种喹啉的衍生物。例如，用邻氨基苯酚代替苯胺，就可以制得8-羟基喹啉。苯胺环上间位有供电子基时，主要得到7-取代喹啉；有吸电子基时，则主要得到 5-取代喹啉。

喹啉是无色油状液体，有特殊臭味，沸点 238℃，相对密度 1.095，难溶于水，易溶于有机溶剂。它是一种有用的高沸点溶剂。喹啉与吡啶有相似之处，是一个弱碱（$pK_{aH}=4.9$），与酸可以成盐。喹啉与重铬酸形成难溶的复盐$(C_8H_7N)_2 \cdot H_2Cr_2O_7$，可用此法精制喹啉。喹啉也能与卤烷形成季铵盐。

喹啉是苯并吡啶，由于吡啶环上氮原子的电负性使吡啶环上电子云密度相对苯环小，通常亲电取代基进入苯环，亲核取代基进入吡啶环。喹啉可有 7 种一元取代物，其化学反应举例如下：

浓H_2SO_4, 浓HNO_3, 0℃ → 5-NO_2 + 8-NO_2

浓H_2SO_4, 220℃ → 8-SO_3H + 5-SO_3H（少量）

$NaNH_2$, 二甲苯, 100℃ → 2-NH_2

$KMnO_4$, H_2O, 100℃ → 2,3-吡啶二甲酸（COOH, COOH）

Pt, H_2O, 0.2MPa 或Sn+HCl → 1,2,3,4-四氢喹啉

H_2, Pt, CH_3COOH, 40℃ → 十氢喹啉

不少天然的和合成的产物中都含有喹啉环，例如抗疟药奎宁（又名金鸡纳碱）、氯喹、抗癌药喜树碱、抗风湿病药阿托方（又名辛可芬）等。

2. 异喹啉

异喹啉是具有香味的低熔点（24℃）结晶，沸点 243℃，微溶于水，易溶于有机溶剂，能随水蒸气挥发。从煤焦油得到的粗喹啉中异喹啉约占 1%，两者可利用碱性的不同分开。异喹啉的碱性（$pK_{aH}=5.4$）比喹啉（$pK_{aH}=4.9$）强，这是因为异喹啉相当于苄胺的衍生物，而喹啉可认为是苯胺的衍生物：

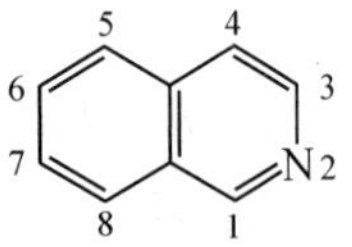

异喹啉 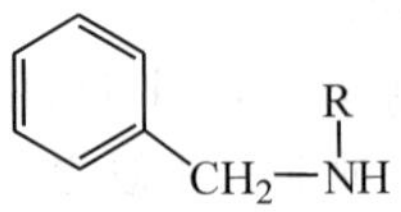　　苄胺衍生物 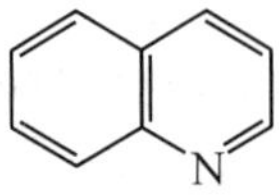　　喹啉 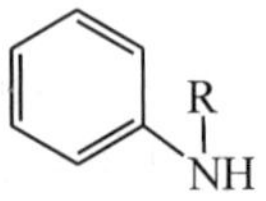　　苯胺衍生物

工业上常利用喹啉的酸性硫酸盐溶于乙醇，而异喹啉的酸性硫酸盐则不溶的性质进行分离。

异喹啉可发生亲电取代反应，一般以5位取代产物为主，而发生亲核取代则主要在1位上，大致与喹啉相似。比较重要的异喹啉衍生物有罂粟碱、小檗碱(又名黄连素)。

*15.6 嘧啶、嘌呤及其衍生物

嘧啶又称间二嗪，是含有两个氮原子的六元杂环化合物，为无色结晶，熔点22℃，易溶于水，呈碱性($pK_{aH}=5.2$)。嘧啶不存在于自然界中，其衍生物广泛分布于生物体内，在生理和药物上都具有重要的作用。含有嘧啶环的碱性化合物，也常称为嘧啶碱，例如，嘧啶的羟基衍生物——尿嘧啶和胸腺嘧啶，以及尿嘧啶的胺衍生物——胞嘧啶，它们是核酸的重要组成部分。维生素 B_1 和磺胺嘧啶中也含有嘧啶环。

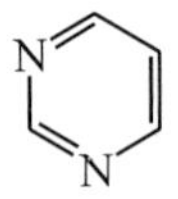

嘧啶 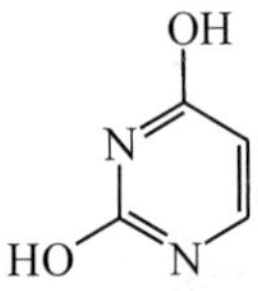　　尿嘧啶 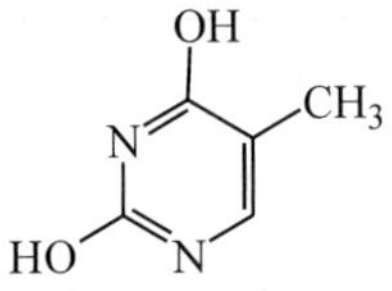　　胸腺嘧啶 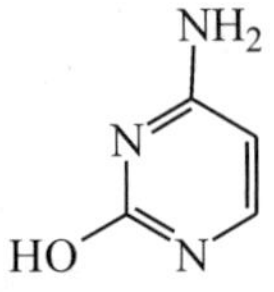　　胞嘧啶

嘌呤是由一个嘧啶环和一个咪唑环稠合而成的，嘌呤为无色晶体，熔点216～217℃，易溶于水，其水溶液呈中性，但却能与酸或碱生成盐。嘌呤的结构式及原子编号如下：

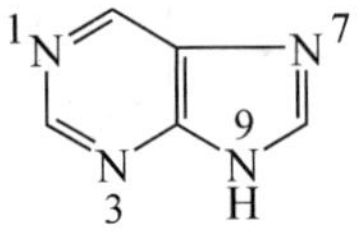

嘌呤不存在于自然界中，但其衍生物(也常称为嘌呤碱)在自然界分布很广，如腺嘌呤和鸟嘌呤是核酸的组成部分：

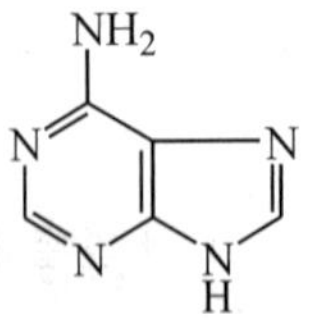

腺嘌呤 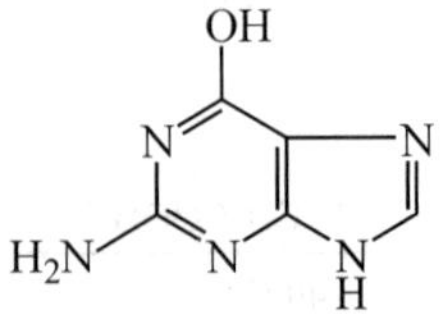　　鸟嘌呤

尿酸和咖啡碱也是常见的嘌呤衍生物。尿酸是人体和高等动物核酸的代谢产物，存在于尿中。咖啡碱含于茶叶和咖啡内，对人体有兴奋、利尿等功能，是常用退热药APC中成分之一。

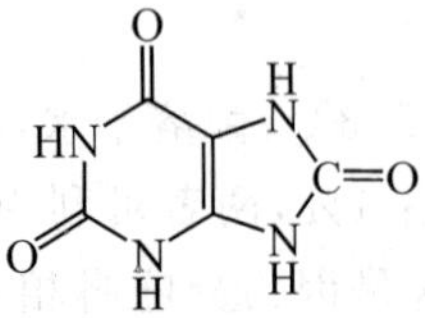

尿酸 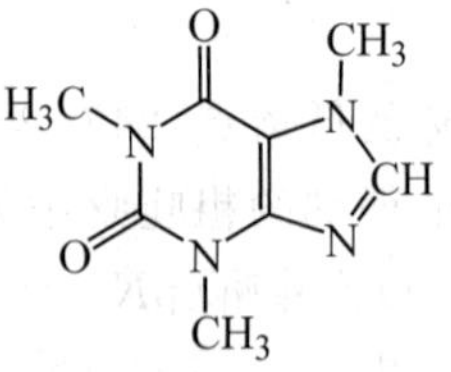　　咖啡碱

本章小结

1. 五元杂环性质

（1）噻吩是五元杂环中最稳定的化合物

S

Br_2 / CH_3COOH → S Br

HNO_3 / $(CH_3CO)_2O$ → S NO_2

浓H_2SO_4 / 室温 → S SO_3H　（用于分离出苯中少量噻吩）

CH_3COCl / $SnCl_4$ → S $COCH_3$

H_2/MoS_2 / 200℃, 20MPa → S

（2）呋喃的化学性质

O

$2Br_2$ → Br O Br　+ 2 HBr

CH_3COONO_2 / －5～－30℃ → O NO_2　+　CH_3COOH

$C_5H_5\overset{+}{N}\cdot SO_3^-$ / $ClCH_2CH_2Cl$ → HCl → O SO_3H

$(CH_3CO)_2O$ / $SnCl_4$ → O $COCH_3$　+　CH_3COOH

H_2/Ni / 100℃,5MPa → O

O O O / △ → O O O O　（呋喃具有一定的双烯性质，能起Diels-Alder反应）

(3) 吡咯的化学性质

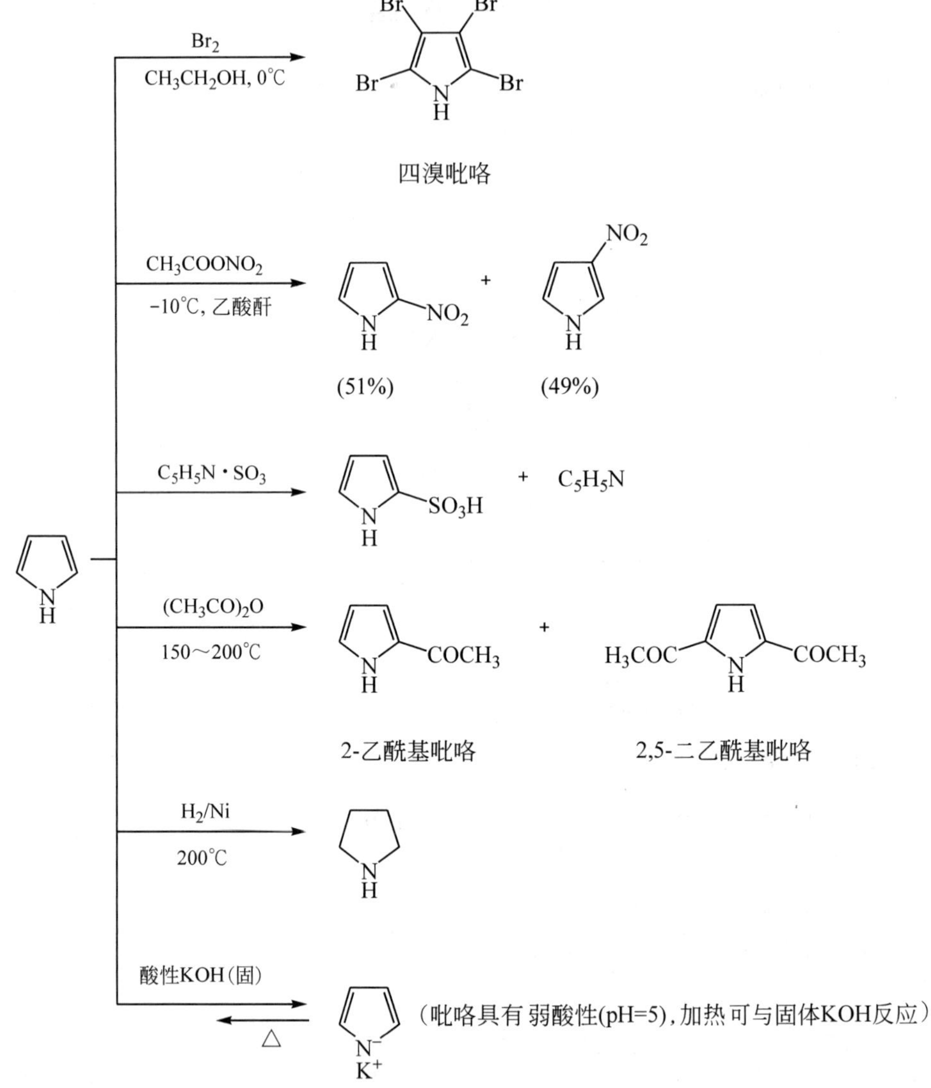

2. 吡啶的化学性质

(1) 亲电取代

吡啶 $\xrightarrow[320℃, 长时间]{浓H_2SO_4}$ 3-吡啶磺酸(SO_3H) (产率不高)

吡啶 $\xrightarrow[300℃以上]{浓HNO_3/浓H_2SO_4}$ 3-硝基吡啶(NO_2)

吡啶 $\xrightarrow[300℃, 浮石]{Br_2}$ 3-溴吡啶(Br)

(2) 亲核取代

N + $NaNH_2$ ⟶ N NH_2

(3) 氧化反应

CH_3 N $\xrightarrow{KMnO_4 / H_2SO_4}$ CO_2H N

N $\xrightarrow[\triangle]{HNO_3}$ CO_2H N CO_2H

N N CH_3 $\xrightarrow{HNO_3}$ CO_2H N

(4) 还原反应

N + $3\ H_2$ $\xrightarrow[180℃]{Ni}$ N H

(5) 碱性反应

N + HCl ⟶ $\overset{+}{N}$ Cl^- H

【阅读材料一】

化学家简介

阿列克谢·耶夫根里维奇·齐齐巴宾(Aleksėy Yevgényevich Chichibábin, 1871年3月29日—1945年8月15日),苏联/俄罗斯有机化学家。

齐齐巴宾出生在 Kusemino。1888年至1892年就读于莫斯科大学(University of Moscow),于圣彼得堡大学(University of Saint Petersburg)获得博士学位。1909年至1929年,他任莫斯科帝国技术学院(Imperial College of Technology)教授。1931年至1945年,他在法兰西学院(College de France)工作。

齐齐巴宾发现了许多重要的有机化学反应。其中包括齐齐巴宾吡啶合成法(Chichibabin pyridine synthesis),新颖的三联吡啶合成法(novel terpyridine synthesis),Bodroux-Chichibabin 乙醛合成法和齐齐巴宾反应(Chichibabin reaction)。

兹登科·汉斯·斯克劳浦(Zdenko Hans Skraup,1850 年 3 月 3 日—1910 年 9 月 10 日),捷克裔奥地利化学家(Czech Austrian Chemist),发现了 Skraup 反应。该反应是第一个合成喹啉的反应。

斯克劳浦出生在布拉格(Prague)。1866 年至 1871 年就读于布拉格技术大学(Technical University of Prague)。1875 年 3 月 17 日,从吉森大学(University of Gießen)获得博士学位。1881 年,任维也纳贸易学院(Vienna Trade Academi)教授。

1886 年,在格拉茨大学(University of Graz)任教。1906 年,在维也纳大学(University of Vienna)任教。

【阅读材料二】

毒品——生物碱类物质

1838 年 12 月,林则徐受命为钦差大臣,赴广州虎门禁烟。经过 23 天,在虎门海滩当众销毁的鸦片达 119.5 万 kg。这一壮举大长了中华民族的志气,大灭了外国侵略者的威风,中国人民永远记住他的英名。自那以后,吸毒、贩毒受到一定程度的抑制。新中国成立后,吸毒被禁止。20 世纪 70～80 年代,随着国门的打开,毒品这一沉渣再度泛起。毒品问题已成为世界性的社会问题。

1. 什么是毒品

毒品一般指非医疗、科研、教学需要而滥用的药品,是指被国家依法管理的,使人有依赖性的麻醉药品和精神药品。1990 年 12 月 28 日全国人大第十七次会议通过的《全国人大常委会关于禁毒的决定》中规定:"毒品是指鸦片、海洛因、吗啡、大麻、可卡因以及国务院规定管制的其他能使人形成瘾的麻醉药品和精神药品"。

2. 毒品分类

毒品的分类,可按来源分为天然提取(如吗啡)及合成类(如美沙酮)。但一般按功能又可分为麻醉镇定类、中枢神经系统兴奋类、镇宁催眠和抗焦虑类、致幻等 4 类。

(1) 麻醉镇定类

有鸦片、海洛因、大麻、杜冷丁、吗啡、美沙酮等。

鸦片:我国俗称大烟,来源于草本植物罂粟。鸦片取自未成熟果皮,用刀割后流出的浆液。鸦片的主要成分是罂粟碱类物质,其中含量最多是吗啡。吗啡很早就用于药物,有止痛、止泻、止咳作用。但长期服用会成瘾,使人体质衰弱、精神颓废、寿命缩短,过量服用会使人急性中毒致死。

海洛因:俗称白面、白粉,是白色晶体,有苦味,是三大毒品之一。它实际上是吗啡的二乙酰衍生物,化学名是二乙酰吗啡。海洛因中通常含有乙酰吗啡盐 70%以上。这类毒品在黑市上有多种编号,其中纯度为 90%的海洛因(白粉),是毒性之王,其毒性相当于吗啡的 2～3倍,没有任何医疗作用,吸食后极易上瘾。

大麻:也是三大毒品之一。埃及人称为"哈希什",意思是"百草之王"。最起作用的成分是四氢大麻酚。一般吸入大麻 7 mg 即可引起快感,有生理依赖性,长期服用会引起失眠、食欲减退、性情急躁、易怒、呕吐、颤抖、产生幻觉,使人的理解力、判断力、记忆力衰退、免疫力下降,使身体虚弱消瘦容易得各种疾病。

吗啡 R=H

海洛因 R=Ac

四氢大麻酚

(2) 中枢神经系统兴奋类

有苯异丙胺、冰毒、可卡因等。

苯异丙胺:苯异丙胺是1887年作为拟交感神经药开发并投入生产的。1912年作为平喘药大量生产。自20世纪30年代以来,苯异丙胺主要作为医疗用药在临床上广泛应用。但遗憾的是苯异丙胺在发挥其治疗作用的同时,也使人产生欣快感,结果导致对该药的滥用,可以说是全球性药物滥用问题之一。苯异丙胺中毒可造成惊厥、昏迷,甚至死亡。

"冰毒":其成分是N_1甲基苯异丙胺,俗称伪麻黄素,又称去氧麻黄素。它的精品是无色透明晶体,形状像冰糖又似冰,故名"冰毒",是国际、国内严禁的毒品,它对人体的损害更甚于海洛因,吸食或注射0.2 g即可致死。后来的"摇头丸"、"蓝精灵"或"忘我"等,是N_1甲基苯异丙胺及其衍生物,对青少年造成极大的危害。

可卡因:又称"古柯碱",其化学名称为苯甲芽子碱,是最强的天然中枢兴奋剂,也是一种较强的局部麻醉药。可卡因(cocaine)对中枢神经系统产生兴奋作用,兴奋初期,用药者可感到飘然欲仙,表现出洋洋自得。兴奋过后也会出现抑制,表现无力,甚至昏迷。长期使用会引起偏执狂型的精神病。孕妇服用,导致胎儿流产、早产或死产。

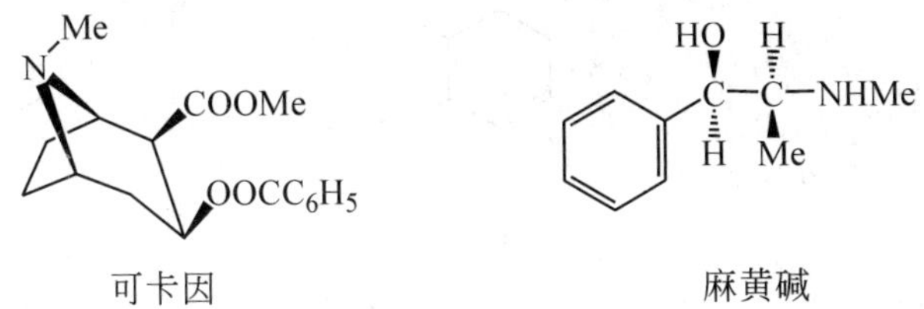

可卡因　　麻黄碱

(3) 镇宁催眠、抗焦虑类

有利眠宁、巴比妥、眠尔通、安定等。

(4) 制幻剂

又称迷魂剂。多来自天然物质,有些国家曾把它们用于医疗、宗教、巫术、魔术,甚至有人将其用于犯罪活动中。

用药后使人感到自己的形象发生了变化,好像自己的躯体和意识已相互脱离,眼睛睁着,但无意识。

3. 当前吸毒状况

吸毒、贩毒已成为世界性"瘟疫",在全球广泛流行,形成灾难。据1994年统计,全球有2亿人吸食毒品,有500万人以上注射毒品,毒品消费最多的美国,有1200万人吸毒,每年的毒品开支超过1000亿美元。我国在册吸毒人员52万,实际人数远远不止此数。

据2003年底有关消息透露：“广东省是全国吸毒人员最多的省份，35%的吸毒人员曾经参与违法犯罪活动，六七成的艾滋病患者有吸毒史。”“吸毒大多数是25岁上下的年轻人。”

4. 毒品的危害

吸毒不仅仅是使人成瘾，摧毁意志，泯灭良知，倾家荡产，损害身心健康，甚至是威胁生命的严重问题。它像最凶险的毒瘤，四处转移，滚动得越来越大，把整个社会秩序搞乱。吸毒者为获取毒资而抢劫杀人，使毒品问题往往与暴力、诈骗、偷盗、卖淫、凶杀等黑社会犯罪联系在一起，是许多严重刑事犯罪和治安问题的重要诱因，甚至导致一系列经济犯罪，严重扰乱国家经济秩序。

吸毒是艾滋病、性病传播的温床。在吸毒者(尤其是静脉吸毒)中艾滋病的传染率比性病传播率高20倍，几乎有100%的感染机会。

毒品是万恶之源，毒品之毒甚于洪水猛兽，必须坚决予以打击。

习　　题

15-1　命名下列化合物：

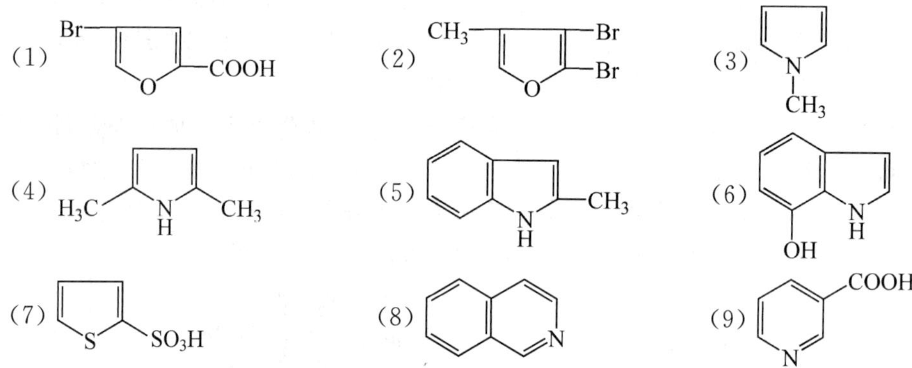

15-2　写出下列化合物构造式：

(1) 5-羟基嘧啶　(2) 糠醛　(3) γ-吡啶甲酰肼(雷米封)

(4) 8-羟基喹啉　(5) 2,5-二氢吡咯　(6) 四氢呋喃

(7) 2,6,8-三羟基嘌呤(尿酸)　(8) α-氨基吡啶

15-3　简答：

(1) 为什么呋喃能与顺丁烯二酸酐进行双烯合成反应，而噻吩及吡咯则不能？

(2) 为什么呋喃、噻吩及吡咯比苯容易进行亲电取代反应？

15-4　用适当化学方法将下列混合物中的少量杂质除去。

(1) 苯中混有少量噻吩；(2) 甲苯中混有少量吡啶；(3) 吡啶中含有少量六氢吡啶。

15-5　用简单的化学方法鉴别下列各组化合物：

(1) 呋喃与四氢呋喃；(2) 吡咯与四氢吡咯。

15-6　完成下列反应方程式：

(1) O + CH_3—⟨⟩—$N_2^+Cl^-$ $\longrightarrow$

(2) O $+$ $\begin{matrix}COOCH_3\\ |\\ C\\ |||\\ C\\ |\\ COOCH_3\end{matrix}$ $\xrightarrow{\triangle}$

(3) N $\xrightarrow{H_2,\ Pt}$ $\xrightarrow{\text{过量}CH_3I}$

(4) N $\xrightarrow[\triangle]{NaNH_2}$

(5) N $\xrightarrow{KMnO_4}$

(6) N $\xrightarrow{KMnO_4}$ $\xrightarrow{P_2O_5}$

15-7　由指定原料合成：

(1) 由糠醛⟶1,4-丁二醇　　(2) 甲苯、甘油⟶6-甲基喹啉

15-8　杂环化合物 $C_5H_4O_2$ 经氧化后生成羧酸 $C_5H_4O_3$。把此羧酸的钠盐与碱石灰作用，转变为 C_4H_4O。后者与金属钠不起作用，也不具有醛和酮的性质，原来的 $C_5H_4O_2$ 结构是什么？

15-9　吡啶甲酸的 3 个异构体的熔点分别为 A，137℃；B，234～237℃；C，317℃。喹啉氧化得到二元酸 D($C_7H_5O_4N$)，D 加热生成 B。异喹啉氧化得到二元酸 E($C_7H_5O_4N$)，E 加热生成 B 和 C。推测 A，B，C 的结构式并写出相应的反应式。

15-10　有一 B 族维生素，其分子式为 $C_6H_6ON_2$，能被酸水解转化成菸酸(3-吡啶甲酸)。水解中和处理时有 NH_3 放出。菸酸与碱石灰(NaOH/CaO)共热得吡啶，推测该维生素的结构式，并用反应方程式说明推导过程。

15-11　将下列各组化合物按指定要求排序：

(1) 环上碳电子云密度大小：

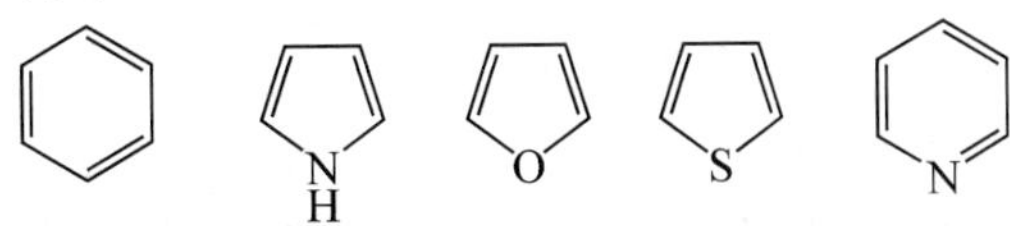

(2) 碱性强弱：吡啶　苯胺　喹啉　烟碱　嘌呤　吡咯

16 碳水化合物

【学习提要】

碳水化合物一章属有机化学课程中的专章内容，但可以说，它是有机化学中立体化学的综合体现，也是多功能团化合物的一类代表，掌握这一章的基本内容对于学好有机化学会有较大的促进。

- 学习（复习）、掌握手性化合物、对映体、非对映体、内消旋体、外消旋体、差向异构体、端基异构体、变旋现象、还原糖、非还原糖、α-苷键、β-苷键等基本概念。
- 学习（复习）、掌握单糖的 D/L、*R*/*S*、α/β 构型表示法，熟悉几个天然存在的重要单糖的结构、名称。
- 掌握以葡萄糖为代表的单糖的主要性质，并了解官能团之间的相互影响。

  (1) 醛基的反应

  与吐伦试剂、本尼迪特试剂，Br_2/H_2O 和 HNO_3 等的氧化反应；还原反应；与苯肼作用生成脎；以及*单糖的递升和递降。

  (2) 羟基的反应

  单糖中 3 种羟基的成酯、成醚、成苷反应。

  (3) 功能团之间相互影响产生的反应

  分子内的半缩醛、成脎、差向异构化、与 HIO_4 反应，以及*颜色反应。

- 学习、掌握重要单糖的链状式（费歇尔投影式）、环状式（哈武斯式）和构象式，并理解链状变环状的过程。
- 了解重要单糖衍生物、低聚糖、多糖的结构和性质。

16.1 概论

碳水化合物（carbohydrate）又称糖（saccharide），它们是自然界分布最广、数量最大的天然有机化合物，几乎存在于所有的生物体中。葡萄糖、果糖、蔗糖、淀粉、纤维素等都属于碳水化合物。它们对维持动植物的生命起着至关重要的作用，有的碳水化合物是构成生物体的结构物质，有的是维持生命活动所需能量的主要来源，有些碳水化合物具有特殊的生理活性，如肝素有抗凝血作用，决定血型物质中的糖具有免疫性，某些多糖具有抑制癌细胞的作用等。碳水化合物可以说是基础有机化学中含有多个功能团化合物的代表，也是立体化学的综合体现。因此对碳水化合物的学习和研究具有极其重要的理论和实际意义。

因最初发现的糖都是由碳、氢、氧 3 种元素组成，而且它们的分子式均可用 $C_n(H_2O)_m$ 表示，因此便将这类物质叫做碳水化合物。尽管这一名称不十分确切，但沿用已久，故仍使用。

碳水化合物是光合作用的产物，而光合作用是自然界最重要最基本的化学反应。光合作用是一个极其复杂的过程，其总反应为 CO_2 和 H_2O 在叶绿素的作用下，吸收太阳能转化成高能碳水化合物，并放出氧气：

$$x\,CO_2 + y\,H_2O \xrightarrow[\text{叶绿素}]{\text{光}} C_x(H_2O)_y + xO_2$$

在光合作用中，CO_2 被还原为糖，而水被氧化成氧气：

$$6CO_2 + 24H^+ + 24e^- \longrightarrow C_6H_{12}O_6 + 6H_2O$$

$$12H_2O \longrightarrow 6O_2 + 24H^+ + 24e^-$$

叶绿素是含镁的配合物，具有复杂的结构，它能吸收太阳光。当叶绿素吸收光子后，能量就被叶绿体的植物细胞中的亚细胞组分所摄取，通过一系列步骤以化学势能的形式将能量储存起来，然后转移给通用的“生化能量贮藏室”——三磷酸腺苷(ATP)。上述的光合作用常称光反应(在光照射下才发生的反应)，能在黑暗中进行的反应称为暗反应。在绿色植物细胞中发生的光反应和暗反应组成了光合作用的全过程。植物能通过光合作用制造糖类，动物不能发生光合作用，但可通过摄取植物而得到糖类。

碳水化合物在植物或动物体内的代谢作用中被氧化，生成二氧化碳和水(光合作用的逆反应)，同时释放出能量：

$$C_x(H_2O)_y + x\,O_2 \longrightarrow xCO_2 + yH_2O + \text{能量}$$

光合作用是生物界的自然现象，由来已久，但认识光合作用的机理却是近代的科技成果。1988 年德国科学家 Deisenhofer J，Huber R 和 Micher H 因阐明光合作用机理而获诺贝尔化学奖。

根据结构和性质的不同，通常把碳水化合物分为**单糖**(monosaccharide)、**低聚糖**(oligosaccharide)和**多糖**(polysaccharide)3 类。

(1) 单糖

单糖是不能水解成更简单的多羟基醛(或酮)。葡萄糖、果糖、核糖等都是单糖，它们是结晶固体，能溶于水，大多数具有甜味。

(2) 低聚糖

低聚糖是水解后能生成 2～10 个单糖分子的碳水化合物。蔗糖、麦芽糖、纤维二糖、棉子糖等都属低聚糖。

(3) 多糖

多糖是水解后生成 10 个以上单糖分子的碳水化合物。天然多糖一般由 100～300 个单糖单元组成。淀粉、纤维素、肝糖等都属多糖，多糖没有甜味。

16.2 单糖的结构

16.2.1 单糖的开链结构

单糖可根据分子中所含碳原子的数目分别称为丙糖、丁糖、戊糖、己糖。又可根据所含的羰基是醛基还是酮基，称为醛糖(aldose)或酮糖(ketose)。这两种分类方法常合并使用。

例如：

丁醛糖	戊醛糖	己醛糖	己酮糖
1 CHO	1 CHO	1 CHO	1 CH_2OH
2 CHOH	2 CHOH	2 CHOH	2 CO
3 CHOH	3 CHOH	3 CHOH	3 CHOH
4 CH_2OH	4 CHOH	4 CHOH	4 CHOH
	5 CH_2OH	5 CHOH	5 CHOH
		6 CH_2OH	6 CH_2OH

常见的单糖是己糖，其中最重要的己醛糖是葡萄糖，最重要的己酮糖是果糖。单糖结构式通常用**费歇尔投影式**(Fischer projection)表示，这就是我们所说的开链结构。

D-(+)-葡萄糖	D-(−)果糖	D-(−)-核糖
CHO	CH_2OH	CHO
H—OH	C=O	H—OH
HO—H	HO—H	H—OH
H—OH	H—OH	H—OH
H—OH	H—OH	CH_2OH
CH_2OH	CH_2OH	

由于葡萄糖既重要又有代表性，因此在以下讨论单糖的结构和性质时，多以葡萄糖为例。

16.2.2　单糖的构型

1. 单糖的相对构型

在单糖中最简单的单糖是含 3 个碳的甘油醛，它有两种构型：D 型和 L 型。

D型	L型
CHO	CHO
H—OH	HO—H
CH_2OH	CH_2OH

对于具有多个不对称碳原子的单糖则将编号最大的一个不对称碳原子的羟基在右边的定为 **D 型**，在左边的定为 **L 型**。

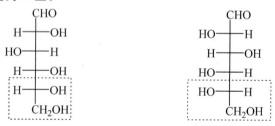

D-(+)-葡萄糖　　L-(−)-葡萄糖

由于这种构型是人为规定的，并不是实际测出的，所以叫做**相对构型**。

2. 构型标记和表示方法

在碳水化合物领域中仍沿用着 D,L 名称对单糖构型进行标记。此外也采用 R,S 标记法。例如：

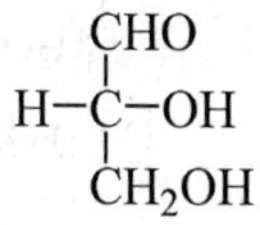

D-(+)-甘油醛　R-(+)-甘油醛

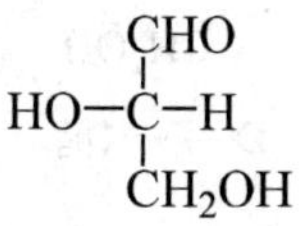

L-(−)-甘油醛　S-(−)-甘油醛

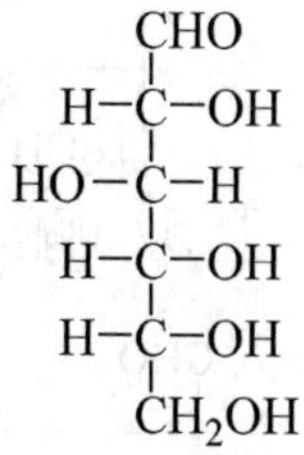

D-(+)-葡萄糖　2R,3S,4R,5R-2,3,4,5,6-五羟基己醛

构型也可以用另一种表示方法，用楔形线表示从纸平面出来向着我们的键，虚线表示向纸平面后离开我们的键。D-(＋)-葡萄糖可表示如下：

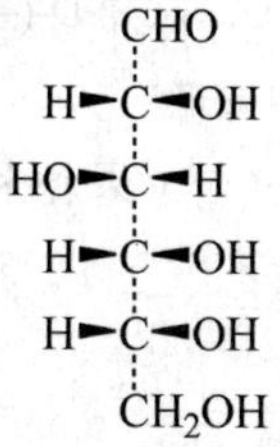

为了书写简便，手性碳原子可省去不写。手性碳原子上的氢也可以省去，甚至羟基、醛基、羟甲基都可以省去，用相应的符号代表。这样 D-(＋)-葡萄糖就可写成如下形式：

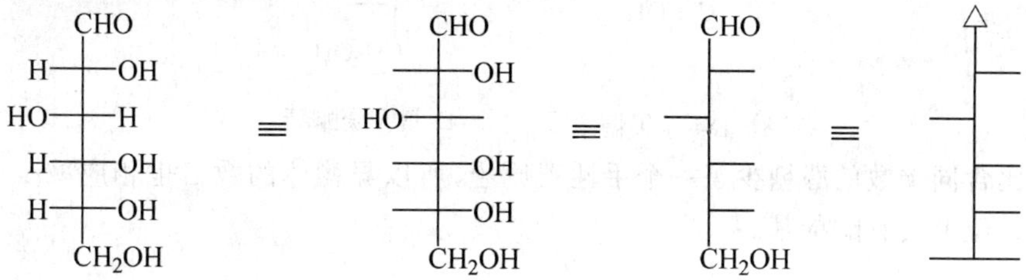

3. 单糖的命名

自然界存在的糖几乎都是 D 型的，且糖类物质多用俗名。3～6 个碳原子所有 D 型醛糖的异构体和名称如下：

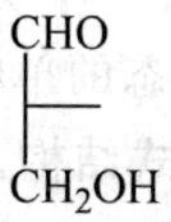

D-(+)-甘油醛

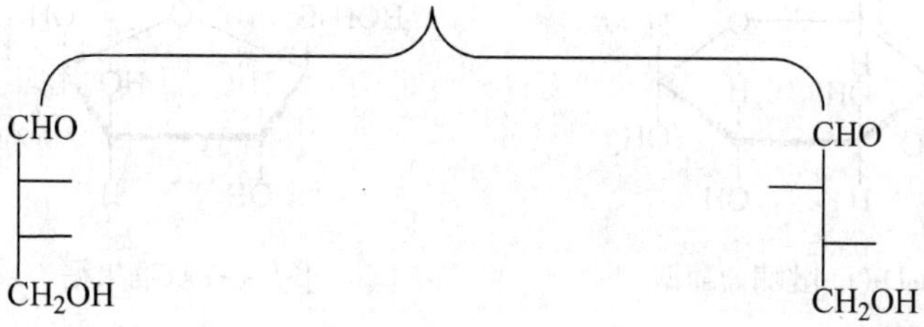

D-(−)-赤藓糖　D-(−)-苏阿糖

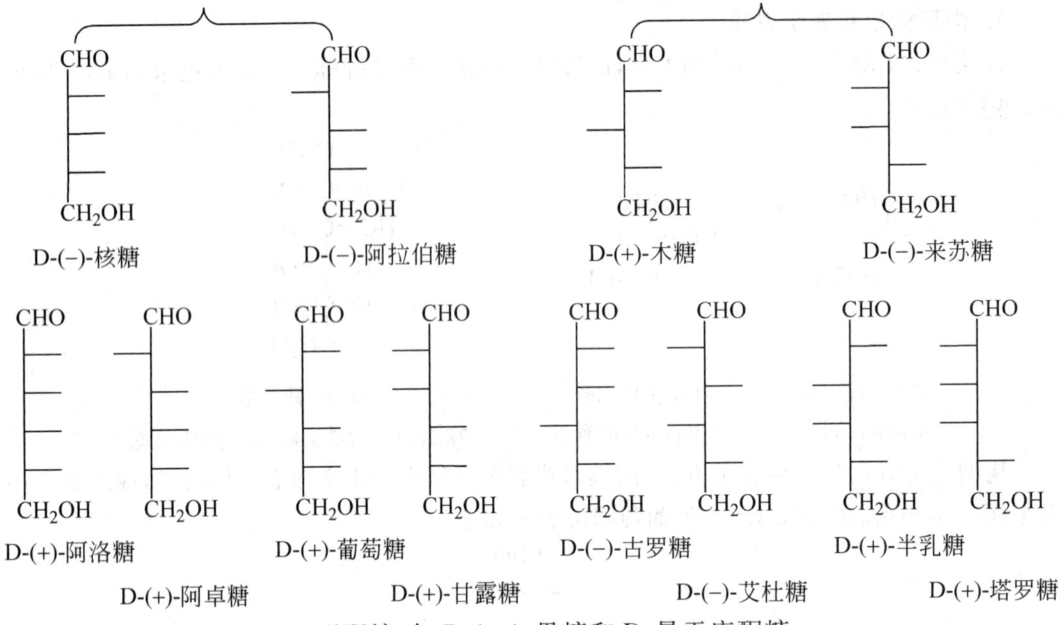

自然界也发现一些 D 型酮糖,如 D-(−)-果糖和 D-景天庚酮糖:

CH$_2$OH　C=O　CH$_2$OH　　　CH$_2$OH　C=O　CH$_2$OH

D-(−)-果糖　　D-景天庚酮糖

酮糖比含同碳数的醛糖少了一个手性碳原子,所以异构体的数目也相应减少一半。酮糖一般在 2 位上具有酮羰基。

16.2.3 单糖的环状结构

1. 单糖的哈武斯式

从糖的链状结构中可看到有多个羟基和一个羰基,但在红外光谱中却找不到羰基的特征峰值。经过物理和化学方法证明,结晶状态的单糖并不是以链状形式,而是以半缩醛环状结构存在的,此结构也称**哈武斯**(Haworth)**式结构**。

CH$_2$OH　H　O　H　H　OH　H　HO　OH　H　OH　　　HOH$_2$C　O　OH　H　HO　H　CH$_2$OH　OH　H

α-D-(+)-吡喃葡萄糖　　β-D-(−)-呋喃果糖

2. 单糖的开链式和环状式的互变

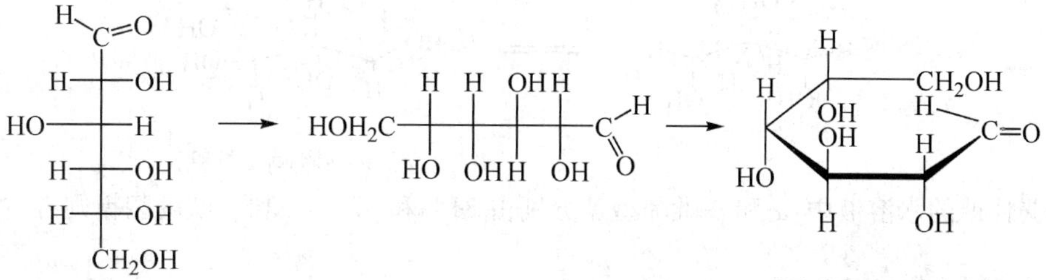

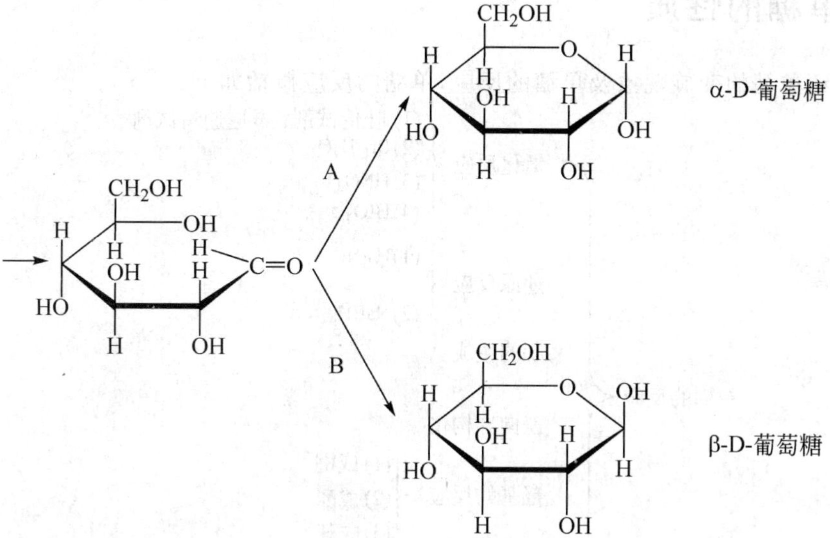

葡萄糖由竖直变为横卧，头尾相互靠近，C_4 与 C_5 间单键旋转，使 C_5 上的羟基进一步靠近羰基碳，C_4 上羟基中的氢转移到羰基氧上，形成苷羟基。同时，C_5 上的羟基氧与羰基碳之间成键，形成稳定的六元环，具有两种构型，其中之一为**α-D-吡喃葡萄糖**，这种构型中苷羟基位于环平面下方；当这一苷羟基位于环平面上方时，就形成**β-D-吡喃葡萄糖**。

16.2.4 单糖的构象

六元δ-氧环式的骨架与吡喃环相似，所以δ-氧环式结构的糖类称为吡喃糖。与此相似，五元环结构的糖类称为呋喃糖。

糖的哈武斯式结构并不能真实地反映半缩醛式的三维空间结构。吡喃环的形状类似于环己烷，其**优势构象**也是椅式构象。在 D-葡萄糖水溶液中，β-D-吡喃葡萄糖含量比 α-D-吡喃葡萄糖多(二者之比为 64∶36)，因为前者所有大的基团都在 e 键上，稳定。

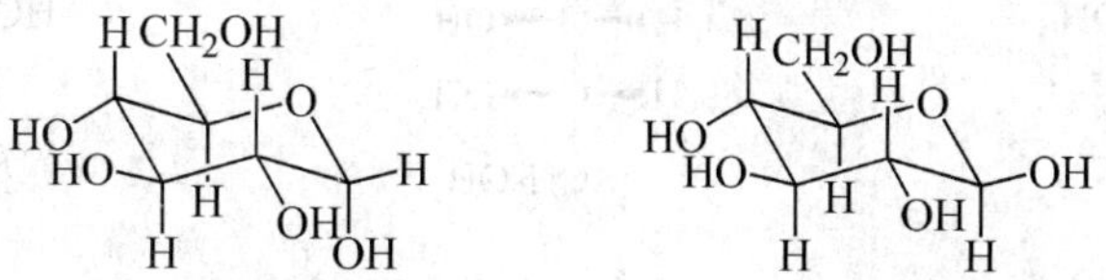

α-D-吡喃葡萄糖　　β-D-吡喃葡萄糖

多数 D-己醛糖的稳定构象式中，—CH_2OH 都在平伏键的位置，而 α-D-艾杜糖构象式中，—CH_2OH 则在直立键的位置上：

α-D-吡喃艾杜糖

D-艾杜糖的水溶液中,α-和β-吡喃型糖分别占31%和37%,α-和β-呋喃型糖则各占16%。

16.3 单糖的性质

主要介绍单糖的变旋现象及单糖的反应,单糖的反应概括如下:

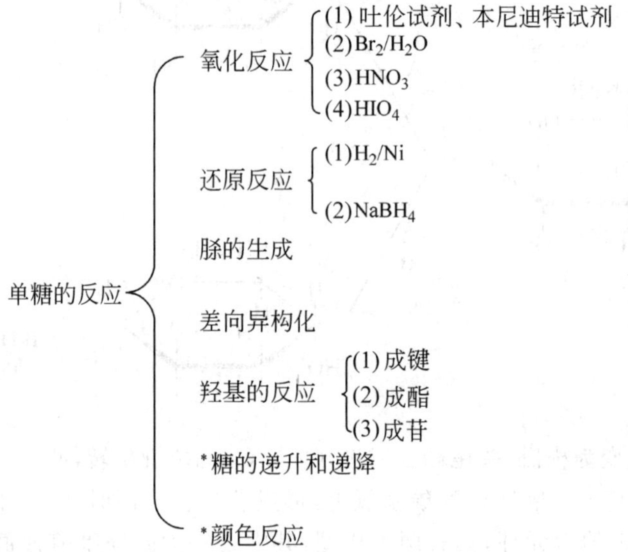

16.3.1 单糖的变旋现象

单糖都是无色结晶,当单糖溶于水后,即产生链状式和环状式异构体的互变,所以新配成的单糖溶液在放置过程中其旋光度会逐渐改变,但经过一段时间后,几种异构体达到平衡,旋光度保持稳定。这种现象叫做**变旋现象**(mutarotation)。以葡萄糖为例:

α-D-吡喃葡萄糖 ⇌ CHO / H—C—OH / HO—C—H / H—C—OH / H—C—OH / CH_2OH ⇌ β-D-吡喃葡萄糖

16.3.2 氧化反应

单糖用不同试剂氧化生成氧化程度不同的产物。

1. 与吐伦(Tollens)试剂、斐林(Fehling)溶液和本尼迪特(Benedict)试剂作用

凡能被上述弱氧化剂氧化的糖,称为**还原糖**,否则称为**非还原糖**。

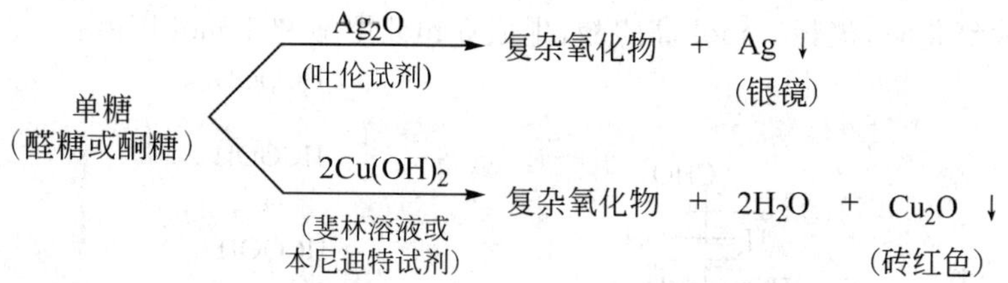

单糖（醛糖或酮糖）$\xrightarrow[\text{(吐伦试剂)}]{Ag_2O}$ 复杂氧化物 + Ag↓（银镜）

单糖（醛糖或酮糖）$\xrightarrow[\text{(斐林溶液或本尼迪特试剂)}]{2Cu(OH)_2}$ 复杂氧化物 + $2H_2O$ + Cu_2O↓（砖红色）

2. 与溴水作用

在 pH=5.0 时，溴水使己醛糖直接氧化成糖酸内酯，为比较稳定的五元环内酯。其反应机理尚不清楚，但 β-D-葡萄糖氧化的速度为 α-D-葡萄糖的 250 倍，说明反应是由试剂进攻 1-位上的羟基开始进行的，在平伏键位置的羟基比在直立键位置的更容易起反应：

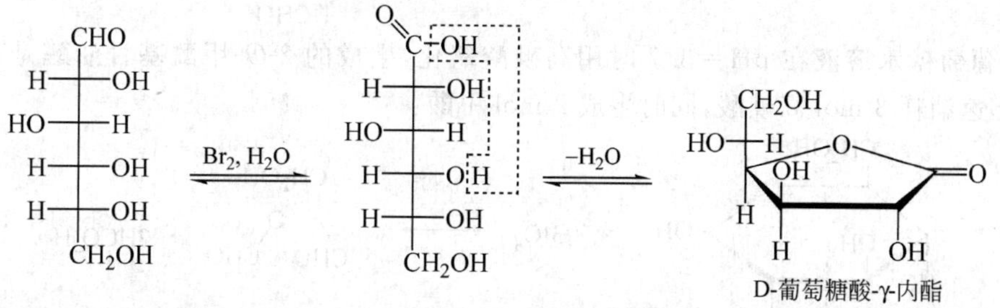

$\xrightarrow{Br_2, H_2O}$ $\xrightarrow{-H_2O}$

D-葡萄糖酸-γ-内酯

葡萄糖酸与氢氧化钙作用生成葡萄糖酸钙，药名为"糖钙片"，主要用于儿童补钙。

3. 与硝酸作用

稀硝酸的氧化作用比溴水强，能使醛糖氧化成糖二酸。D-葡萄糖二酸是旋光性的。醛糖氧化生成的糖二酸是否有旋光性可用于糖的构型测定。糖二酸也容易生成内酯：

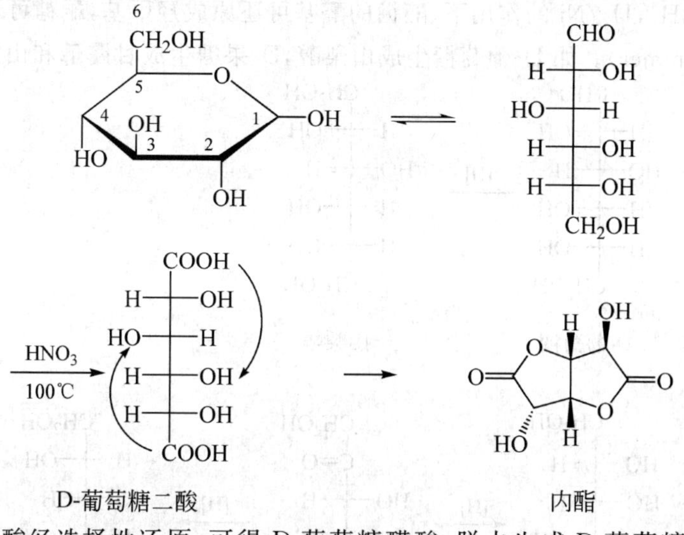

$\xrightarrow[100℃]{HNO_3}$

D-葡萄糖二酸　　　　内酯

D-葡萄糖二酸经选择性还原，可得 D-葡萄糖醛酸，脱水生成 D-葡萄糖醛酸内酯，药名"肝泰乐"，有解毒作用，用于治疗肝炎等。

D-果糖用硝酸氧化，碳链在 C_1 与 C_2 之间断裂，生成 D-阿拉伯糖二酸。

4. 高碘酸氧化

糖类用**高碘酸氧化**时，碳链发生断裂。相邻两个碳原子都带有羟基，或一个带有羟基，另一个带有醛基；用高碘酸氧化时，该碳碳键都发生断裂，反应常是定量的。1 mol 碳碳键消耗 1 mol 高碘酸，因此高碘酸氧化可用于糖类结构的测定。

D-葡萄糖氧化时,消耗5 mol高碘酸,生成5 mol甲酸和1 mol甲醛:

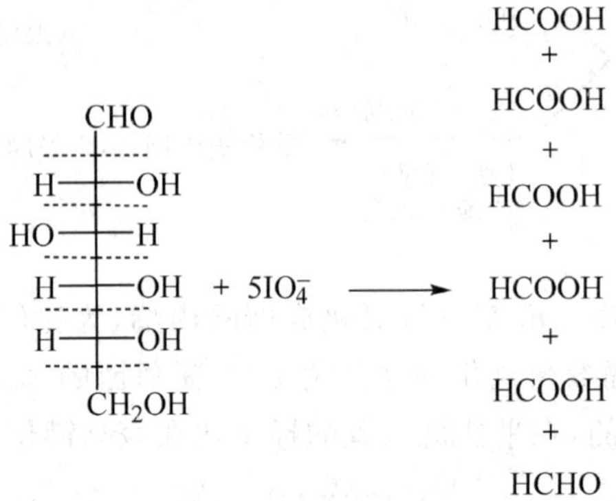

$$\text{D-葡萄糖(CHO, H–C–OH, HO–C–H, H–C–OH, H–C–OH, CH}_2\text{OH)} + 5IO_4^- \longrightarrow HCOOH + HCOOH + HCOOH + HCOOH + HCOOH + HCHO$$

D-葡萄糖水溶液在pH=3.7时用高碘酸氧化,生成的2-*O*-**甲酰基甘油醛**是稳定的。因此,迅速消耗3 mol高碘酸,同时生成2 mol甲酸:

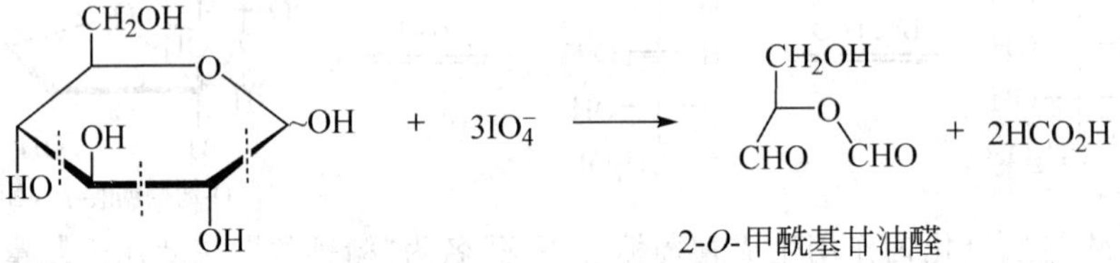

$$\text{D-葡萄糖(吡喃型)} + 3IO_4^- \longrightarrow \text{2-}O\text{-甲酰基甘油醛} + 2HCO_2H$$

2-*O*-甲酰基甘油醛

糖苷也可用**高碘酸氧化**,生成相应的化合物。

16.3.3 还原反应

单糖在$NaBH_4$,H_2/Ni的作用下,醛糖的醛基可还原成羟甲基,酮糖可还原成相应的两种**差向异构体**(epimer)。如D-葡萄糖生成山梨醇,D-果糖生成**甘露醇**和**山梨醇**:

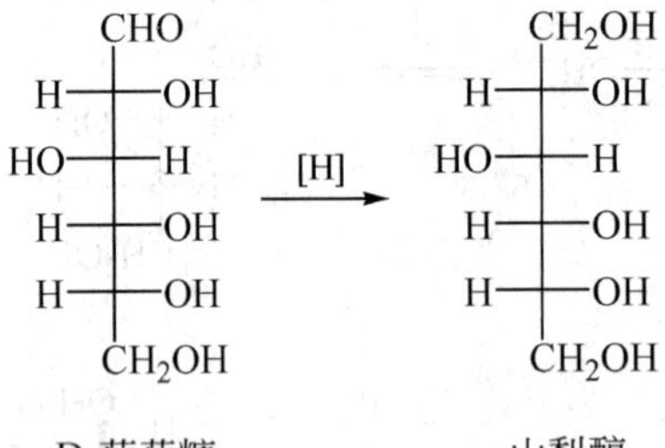

$$\text{D-葡萄糖} \xrightarrow{[H]} \text{山梨醇}$$

D-葡萄糖　山梨醇

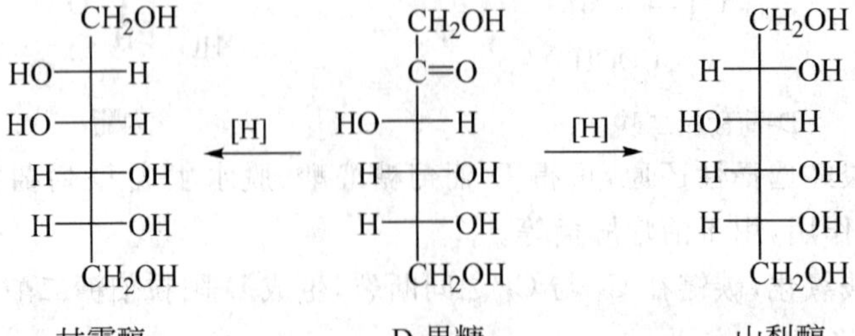

$$\text{甘露醇} \xleftarrow{[H]} \text{D-果糖} \xrightarrow{[H]} \text{山梨醇}$$

甘露醇　D-果糖　山梨醇

山梨醇、甘露醇等多元醇存在于植物中。山梨醇无毒,有轻微的甜味和吸潮性,用于化妆品和药物中。

16.3.4　糖脎的生成

单糖与苯肼作用，首先是羰基与苯肼生成苯腙，当有过量苯肼存在时，α-羟基继续与苯肼作用，生成糖脎(osazone)：

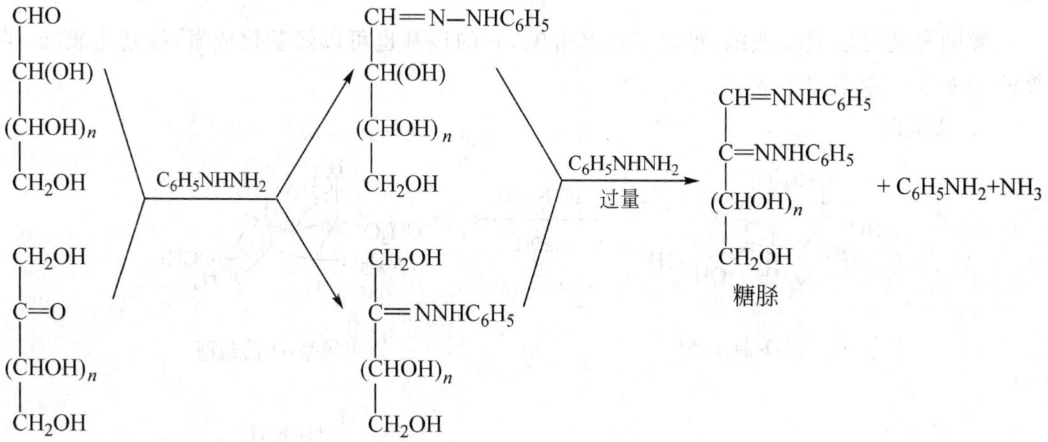

$$\begin{array}{c}CHO\\|\\CH(OH)\\|\\(CHOH)_n\\|\\CH_2OH\end{array}\ /\ \begin{array}{c}CH_2OH\\|\\C{=}O\\|\\(CHOH)_n\\|\\CH_2OH\end{array}\xrightarrow{C_6H_5NHNH_2}\begin{array}{c}CH{=}N{-}NHC_6H_5\\|\\CH(OH)\\|\\(CHOH)_n\\|\\CH_2OH\end{array}\ /\ \begin{array}{c}CH_2OH\\|\\C{=}NNHC_6H_5\\|\\(CHOH)_n\\|\\CH_2OH\end{array}\xrightarrow[\text{过量}]{C_6H_5NHNH_2}\underset{\text{糖脎}}{\begin{array}{c}CH{=}NNHC_6H_5\\|\\C{=}NNHC_6H_5\\|\\(CHOH)_n\\|\\CH_2OH\end{array}}+C_6H_5NH_2+NH_3$$

从以上反应中可以看出，无论醛糖或酮糖，成脎反应都发生在 C_1 和 C_2 上，而其余的不对称碳原子的构型则保持不变。

D-(＋)-葡萄糖与 D-(＋)-甘露糖只是 C_2 构型不同，互为 C_2 **差向异构体**，与过量苯肼作用生成相同的糖脎：

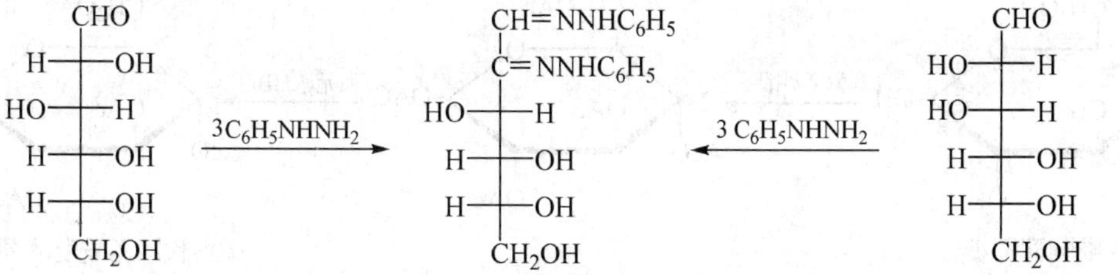

$$\underset{\text{D-(+)-葡萄糖}}{\begin{array}{c}CHO\\H-\!\!\!-OH\\HO-\!\!\!-H\\H-\!\!\!-OH\\H-\!\!\!-OH\\CH_2OH\end{array}}\xrightarrow{3C_6H_5NHNH_2}\underset{\text{D-(+)-葡萄糖脎}}{\begin{array}{c}CH{=}NNHC_6H_5\\C{=}NNHC_6H_5\\HO-\!\!\!-H\\H-\!\!\!-OH\\H-\!\!\!-OH\\CH_2OH\end{array}}\xleftarrow{3\,C_6H_5NHNH_2}\underset{\text{D-(+)-甘露糖}}{\begin{array}{c}CHO\\HO-\!\!\!-H\\HO-\!\!\!-H\\H-\!\!\!-OH\\H-\!\!\!-OH\\CH_2OH\end{array}}$$

D-(－)-果糖是一种己酮糖，它与苯肼作用也生成 D-(＋)-葡萄糖脎。

糖脎都是不溶于水的黄色晶体，不同的糖脎晶型不同，在反应中生成的速度也不相同，并各有一定的熔点，因此，成脎反应可用来定性鉴定糖。

16.3.5　差向异构化

在弱碱性条件下与羰基相邻的不对称碳原子的构型发生变化，同时发生醛糖与酮糖间的相互转化，这种变化叫**差向异构化**(epimerization)。正是由于这种变化，才不能用吐伦试剂或本尼迪特试剂来鉴别醛糖或酮糖。反应可能是通过烯二醇进行的：

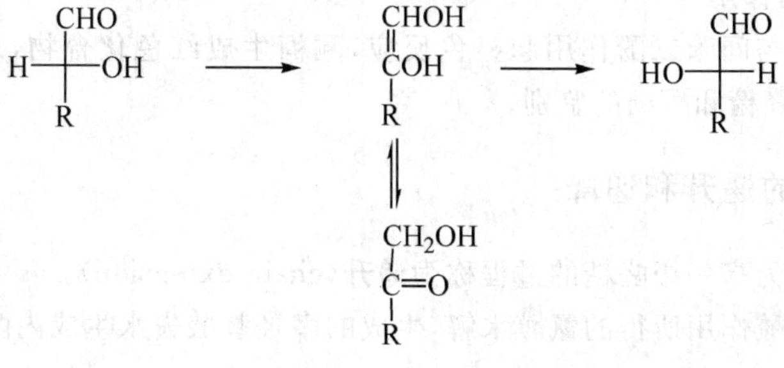

$$\begin{array}{c}CHO\\H-\!\!\!-OH\\R\end{array}\longrightarrow\begin{array}{c}CHOH\\\|\\COH\\|\\R\end{array}\longrightarrow\begin{array}{c}CHO\\HO-\!\!\!-H\\R\end{array}$$

$$\begin{array}{c}CHOH\\\|\\COH\\|\\R\end{array}\rightleftharpoons\begin{array}{c}CH_2OH\\|\\C{=}O\\|\\R\end{array}$$

例如,D-葡萄糖在浓度为 8×10^{-3} mol/L 的氢氧化钠溶液中,35℃下放置4昼夜后生成D-果糖(28%)、D-甘露糖(3%)和D-葡萄糖的混合物。

16.3.6　羟基上的反应

醇的羟基可以成醚或酯,糖是多羟基醛酮,它的羟基也可以烃基化成醚,酰基化成酯,半缩醛羟基在一定条件下成苷。

1. 生成醚

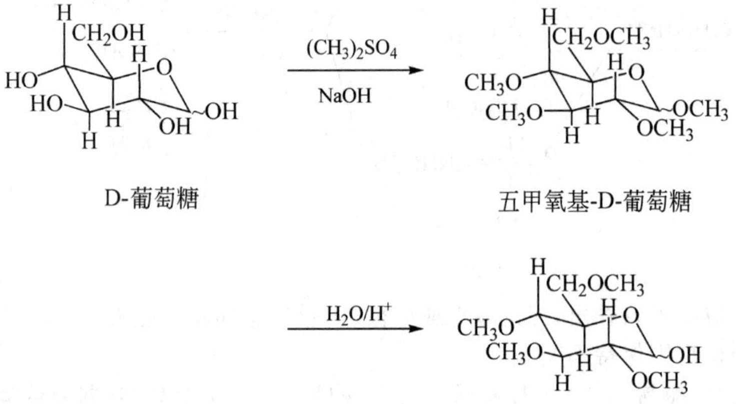

D-葡萄糖 $\xrightarrow[NaOH]{(CH_3)_2SO_4}$ 五甲氧基-D-葡萄糖 $\xrightarrow{H_2O/H^+}$

2. 生成酯

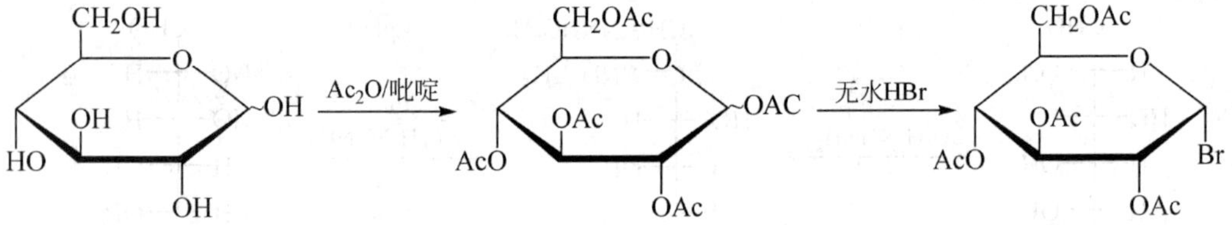

D-吡喃葡萄糖 $\xrightarrow{Ac_2O/吡啶}$ $\xrightarrow{无水HBr}$ α-溴代四乙酰吡喃葡萄糖

3. 生成苷

详见16.4.4节。

*16.3.7　单糖的显色反应

1. α-萘酚实验

在糖的水溶液中加入α-萘酚的乙醇溶液,然后沿试管壁小心地滴加浓硫酸(不要摇动),则在两层液面之间形成一个紫色环。这是鉴别所有糖类物质的常用方法,也叫莫利施(Molisch)反应。

2. 与间苯二酚作用

单糖在强酸下与间苯二酚作用起显色反应,酮糖生成红色化合物,反应速度比醛糖快15～20倍,可用于醛糖和酮糖的鉴别。

*16.3.8　醛糖的递升和递降

将一个醛糖变为高一级醛糖的过程称为**递升**(chain extension)。

将醛糖与氢氰酸作用所得的氰醇水解,生成的多羟基酸失水生成内酯,内酯用钠汞齐和水还原后，即得到高一级的醛糖。由于在反应过程中增加了一个不对称碳原子，所以得到两种异构体，其差别在于 C_2 的构型不同。例如 D-(－)-阿拉伯糖递升，得到 D-(＋)-葡萄糖和 D-(＋)-甘露糖。

CHO; HO—H; H—OH; H—OH; CH_2OH

D-(−)-阿拉伯糖

HCN →

CN; H—OH; HO—H; H—OH; H—OH; CH_2OH 　 (1) $Ba(OH)_2$ (2) H_3O^+ → 　 COOH; H—OH; HO—H; H—OH; H—OH; CH_2OH 　 $-H_2O$ → $Na-Hg, H_2O$, pH=3.5 → 　 CHO; H—OH; HO—H; H—OH; H—OH; CH_2OH

D-(+)-葡萄糖

CN; HO—H; HO—H; H—OH; H—OH; CH_2OH 　 → 　 COOH; HO—H; HO—H; H—OH; H—OH; CH_2OH 　 → 　 CHO; HO—H; HO—H; H—OH; H—OH; CH_2OH

D-(+)-甘露糖

将一个醛糖变为低一级醛糖的过程称为**递降**(chain degradation)。将 D-(＋)-葡萄糖用溴水氧化，变成葡萄糖酸钙以后，再用过氧化氢及铁盐处理，可以去掉一个碳原子，变成低一级的戊醛糖 D-(－)-阿拉伯糖。

CHO; H—OH; HO—H; H—OH; H—OH; CH_2OH 　 1) Br_2/H_2O 2) $Ca(OH)_2$ → 　 $[COO^-; H—OH; HO—H; H—OH; H—OH; CH_2OH]_2\ Ca^{2+}$ 　 H_2O_2, $Fe_2(SO_4)_3$ → 　 COOH; C=O; HO—H; H—OH; H—OH; CH_2OH 　 $-CO_2$ → 　 CHO; HO—H; H—OH; H—OH; CH_2OH

D-(+)-葡萄糖 　　　　 D-(−)-阿拉伯糖

16.4 单糖的衍生物

重要的单糖衍生物有脱氧糖、氨基糖、糖酸内酯、糖苷等。

16.4.1 脱氧糖

几种天然的戊醛糖或己醛糖中，有一个或数个羟基由氢原子代替，称为脱氧糖。如参与组成脱氧核糖核酸的 2-脱氧核糖，L-(＋)-鼠李糖等：

D-(−)-核糖　　D-(−)-脱氧核糖　　L-(+)-鼠李糖

2-脱氧-α-D-呋喃核糖　　L-(+)-鼠李糖
(6-脱氧-L-甘露糖)

16.4.2 氨基糖

氨基糖是指单糖中的一个羟基(不是苷羟基)被一个氨基取代。如 D-2-氨基葡萄糖和 D-2-氨基半乳糖,就广泛存在于某些多糖,如甲壳质和糖蛋白中:

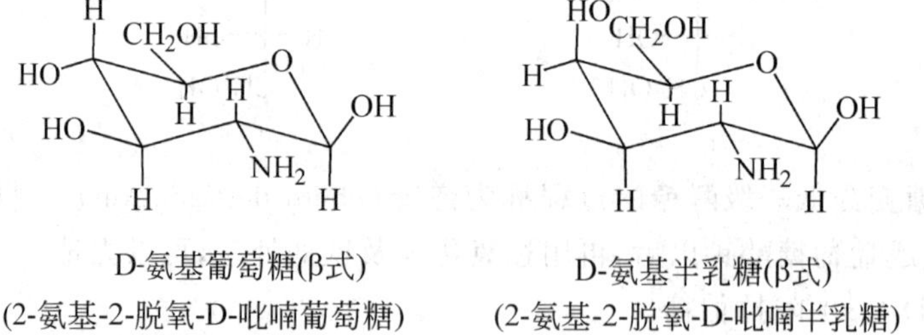

D-氨基葡萄糖(β式)　　D-氨基半乳糖(β式)
(2-氨基-2-脱氧-D-吡喃葡萄糖)　　(2-氨基-2-脱氧-D-吡喃半乳糖)

由于氨基糖是多糖蛋白、脂蛋白的组成成分,特别是动物来源的多糖,如免疫球蛋白、血清、激素多糖蛋白、血型物质等组成的多糖部分都有各种氨基糖,因而对它的研究就显得越来越重要。

16.4.3 L-抗坏血酸(维生素 C)

维生素 C(vitamin C)是人体和动物机体正常代谢不可缺少的物质。它存在于新鲜水果和蔬菜中。人体中缺少维生素 C 时能引起坏血病,因此**维生素 C** 又称**抗坏血酸**(ascorbic acid)。维生素 C 不是单糖,而是一个内酯,是一个 L 型不饱和糖酸的内酯。其分子中的双烯醇结构是它呈酸性和还原性的原因。其结构式如下:

L-抗坏血酸

由于维生素 C 与葡萄糖在结构上有密切关系，所以，可用 D-葡萄糖还原成 D-山梨醇，再经生物氧化成 L-山梨糖，由此即可制备维生素 C。因此，在工业上大量地以 D-(+)-葡萄糖作原料合成维生素 C：

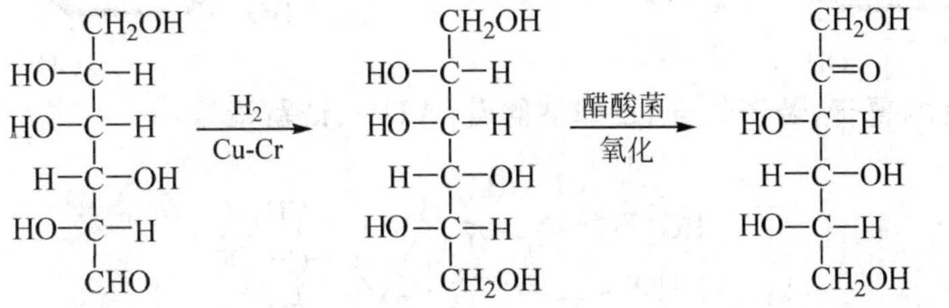

D-葡萄糖 $\xrightarrow[Cu\text{-}Cr]{H_2}$ L-山梨醇 $\xrightarrow[氧化]{醋酸菌}$ L-山梨糖

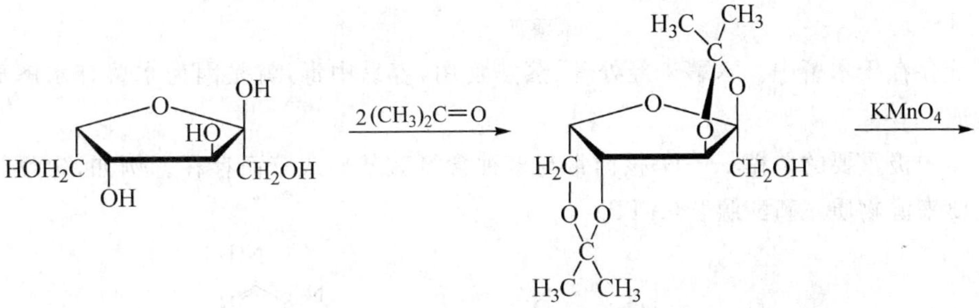

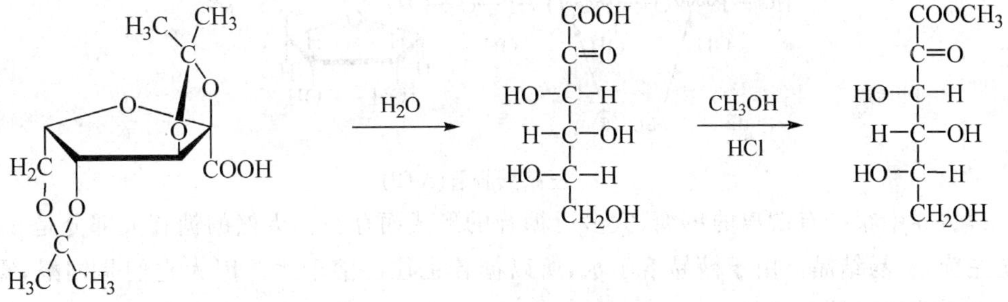

$\xrightarrow{2(CH_3)_2C=O}$ $\xrightarrow{KMnO_4}$ $\xrightarrow{H_2O}$ L-古罗-2-酮糖酸 $\xrightarrow[HCl]{CH_3OH}$

$\xrightarrow{CH_3ONa}$ $\xrightarrow{HCl}$ L-抗坏血酸(维生素C)

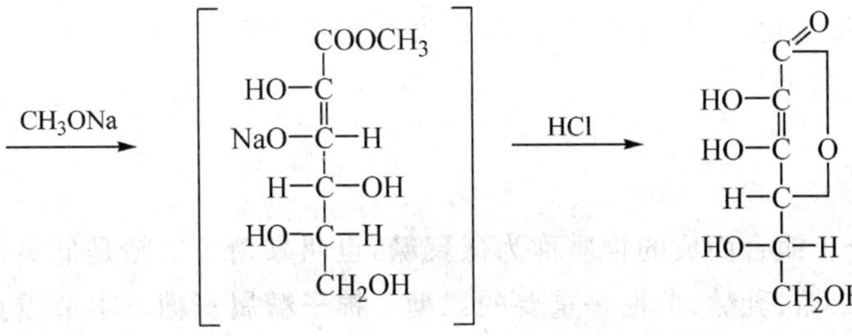

16.4.4 糖苷

单糖或低聚糖的半缩醛羟基与另一分子(称配基)中的羟基、氨基、巯基等失水生成的一种缩醛称为**糖苷**(glycoside)。例如，D-葡萄糖在干燥 HCl 条件下，与甲醇反应生成 D-甲基葡萄糖苷：

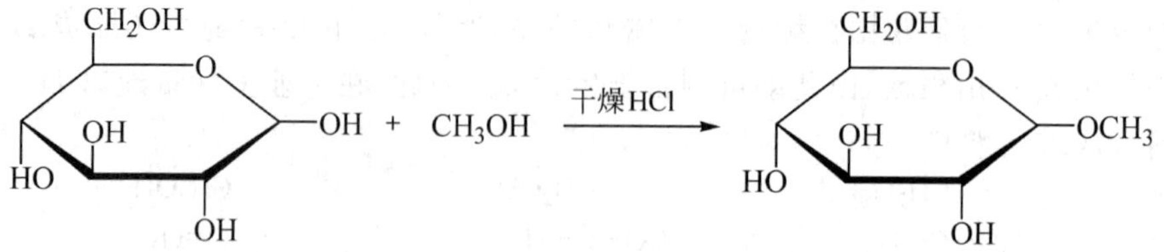

此外,还有**木薯苷**、**苦杏仁苷**、**三磷酸腺苷(ATP)**、**链霉素**等:

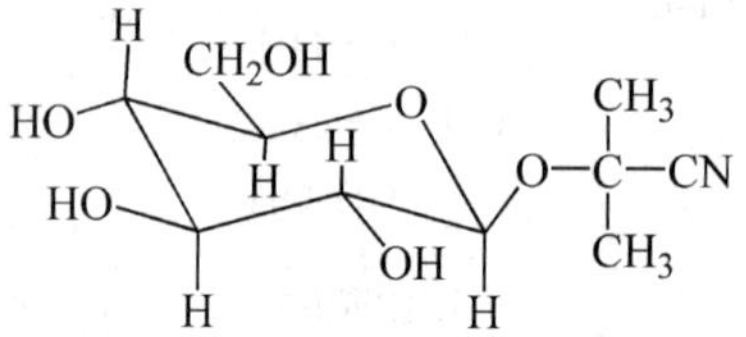

木薯苷

木薯苷存在于木薯中。木薯未经处理、蒸熟食用,容易中毒,就是因为木薯苷水解放出氢氰酸造成。

自然界中极重要的单糖——D-核糖常与多种含氮碱基形成苷而存在。例如,生物体内能量的主要来源物质三磷酸腺苷(ATP):

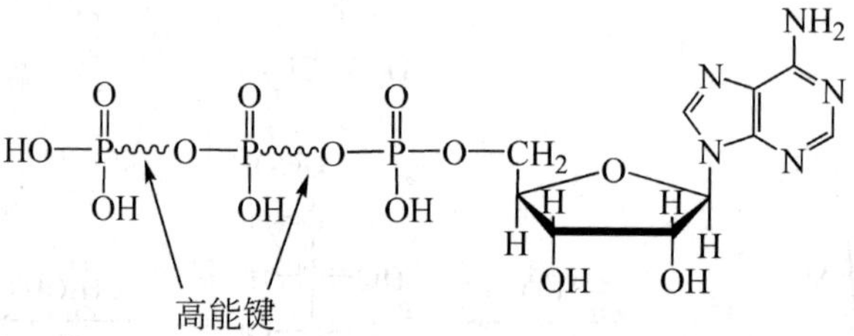

三磷酸腺苷(ATP)

自然界中很少有游离的单糖,大多以糖苷的形式而存在。天然的糖苷大部分是β-型,一般显左旋,不易结晶。由于糖易溶于水,所以糖苷也往往溶于水。因为它们是缩醛,需经水解后才能分解成糖和配基。

在糖苷中,糖部分中的半缩醛羟基已被结合,没有开链结构,在水溶液中不含有醛基,故其性质比较稳定,不易被氧化,不与苯肼等作用,也没有变旋现象。

16.5 低聚糖

由2～10个单糖分子缩合而成的物质称为**低聚糖**,也叫寡糖。二糖是低聚糖中最重要的一类。麦芽糖、纤维二糖、乳糖、蔗糖是重要的二糖。**棉子糖**属三糖。本节重点介绍双糖(二糖)。

16.5.1 双糖的概况

单糖分子的半缩醛羟基可与另一分子单糖中的羟基脱水而形成糖苷,这种糖苷因是两个单糖分子形成的,所以称为双糖(disaccharide)。

通常双糖有两种可能连接方式：

(1) 通过两个单糖分子的半缩醛羟基脱去一分子水而相互连接成双糖。这种双糖称为**非还原性双糖**，如蔗糖、海藻糖等。

(2) 通过第一个单糖分子的半缩醛羟基与第二个单糖分子中的醇羟基(如 C_4 羟基)脱去一分子水而相互连接的双糖，这样连接的苷键叫 1,4-苷键，这种双糖称为**还原性双糖**，如麦芽糖、纤维二糖等。

16.5.2 重要的双糖

重要的双糖有麦芽糖、纤维二糖、乳糖、蔗糖和海藻糖等。

1. 麦芽糖

麦芽糖(maltose)是淀粉的结构单元，为无色片状结晶，通常含有一分子水，$[\alpha]_D^{10}=+137°$。麦芽糖水解后生成两分子 D-葡萄糖，因此可推知它是由两分子 D-葡萄糖组成的：

$$\underset{\text{麦芽糖}}{C_{12}H_{22}O_{11}} + H_2O \xrightarrow{\text{酸或麦芽糖酶}} \underset{\text{葡萄糖}}{2C_6H_{12}O_6}$$

麦芽糖能生成糖脎，能与**吐伦试剂**或**斐林试剂**作用，属还原性双糖。

麦芽糖由两个葡萄糖分子通过 α-1,4-苷键连接而成，结构见图 16-1。

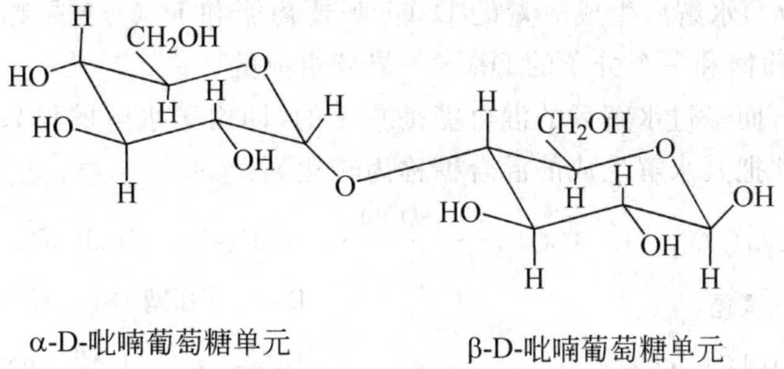

α-D-吡喃葡萄糖单元　　β-D-吡喃葡萄糖单元

图 16-1　麦芽糖的结构

2. 纤维二糖

纤维二糖(cellobiose)是纤维素的结构单元。纤维素部分水解也可得到纤维二糖。纤维二糖是由两分子葡萄糖通过 β-苷键缩合而成，结构见图 16-2。

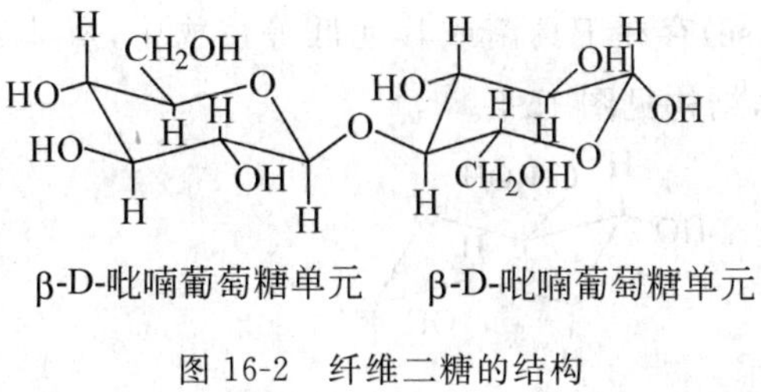

β-D-吡喃葡萄糖单元　　β-D-吡喃葡萄糖单元

图 16-2　纤维二糖的结构

纤维二糖与麦芽糖一样，也是还原性双糖。但与麦芽糖不同的是它的异头碳构型，即纤维二糖只能被苦杏仁酶水解，它的苷键是 β 型的。纤维二糖同麦芽糖一样也有 α 和 β 两种异构体，也有变旋现象。

3. 乳糖

乳糖(lactose)是由半乳糖和葡萄糖以 β-1,4-糖苷键形成的双糖,成苷的部分是半乳糖,属还原性二糖,有变旋现象。结构见图 16-3。

4. 蔗糖

蔗糖(sucrose)是自然界分布最广而且也最重要的二糖。蔗糖是甘蔗和甜菜的主要成分,所以甘蔗和甜菜是制取蔗糖的原料。

蔗糖为无色晶体,易溶于水,甜味仅次于果糖,超过葡萄糖、麦芽糖和乳糖。蔗糖加热到200℃左右变成褐色。它是由 α-D-葡萄糖的 C_1 和 β-D-果糖的 C_2 通过氧原子连接而成的二糖,分子不再含有半缩醛羟基,是非还原性双糖。结构见图 16-4。

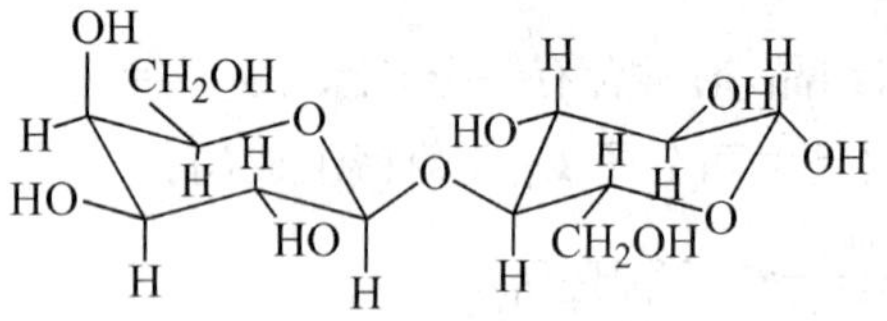

β-D-吡喃半乳糖单元 β-D-吡喃葡萄糖单元

图 16-3 乳糖的结构

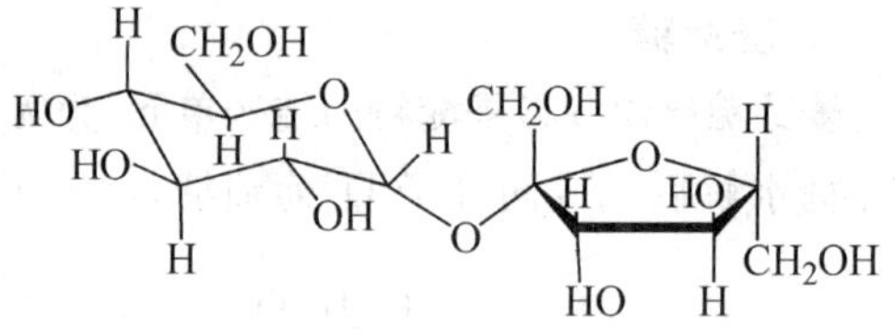

α-D-吡喃葡萄糖单元 β-D-呋喃果糖单元

图 16-4 蔗糖的结构

蔗糖($C_{12}H_{22}O_{11}$)水解后生成等量的 D-(+)-葡萄糖和 D-(-)-果糖,所以蔗糖是由一个分子 D-(+)-葡萄糖和一个分子的 D-(-)-果糖组成的。

蔗糖是右旋的,而经过水解后的混合糖是左旋的,即由于水解的结果,使旋光的方向发生了转变。因此,常把其水解生成的混合糖称为转化糖:

$$\underset{\substack{\text{蔗糖} \\ [\alpha]_D^{20}=+66.5^\circ}}{C_{12}H_{22}O_{11}} + H_2O \xrightarrow{\text{酸或蔗糖酶}} \underset{\substack{\text{D-(+)-葡萄糖} \\ [\alpha]_D^{20}=+52^\circ}}{C_6H_{12}O_6} + \underset{\substack{\text{D-(-)-果糖} \\ [\alpha]_D^{20}=-92^\circ}}{C_6H_{12}O_6}$$

$$[\alpha]_D^{20}=-20^\circ$$

转化糖中由于存在果糖,所以它比葡萄糖或者蔗糖要甜。蜂蜜所以很甜,因为大部分都是转化糖。

***5. 海藻糖**

(+)-**海藻糖**(trehalose)存在于真菌或其他低等植物中,属非还原性二糖,由两分子葡萄糖分子经 C_1 结合而成,结构见图 16-5。

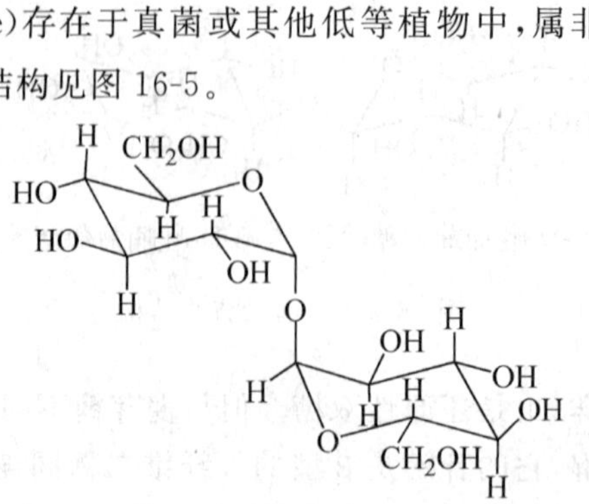

图 16-5 α,α-海藻糖的结构

*16.5.3　三糖——棉子糖

棉子糖(raffinose)是重要的三糖，存在于甜菜和棉子中。在甜菜内棉子糖含量为 0.01%～0.02%，由甜菜制造蔗糖时，得到的结晶称为糖浆，是提取棉子糖最好的原料。棉子糖水解生成半乳糖、葡萄糖和果糖。它们之间以半缩醛(酮)羟基相互结合，属非还原糖。

棉子糖的结构见图 16-6。

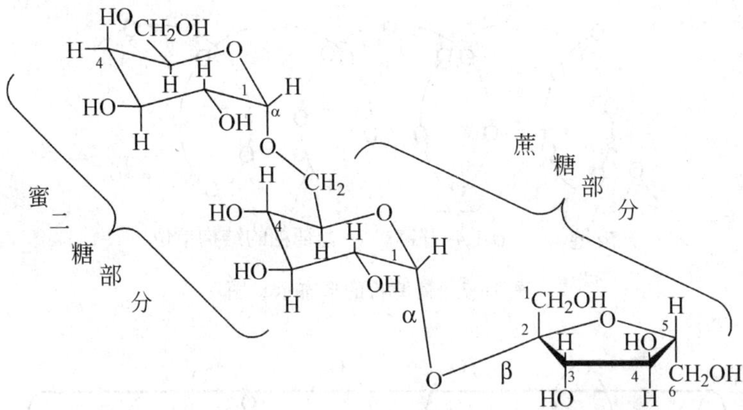

[6-*O*-(α-D-吡喃半乳糖基)-α-D-吡喃葡萄糖基]-β-D-呋喃果糖苷

图 16-6　棉子糖的结构

16.6　多糖

16.6.1　多糖的结构、分类

多糖(polysaccharide)是单糖分子以苷键连接聚合而成的高分子化合物，又称多聚糖。自然界存在的多糖大多数含 80～100 个单糖结构单位，但纤维素中平均含有 3000 个单糖结构单位。多糖中常见的苷键是 α-1,4 和 α-1,6 以及 β-1,4 苷键等。结构单位可以连成直链，也可形成支链，直链一般以 α-1,4 和 β-1,4 苷键连成，支链中链与链的连接点通常是 α-1,6 苷键。

多糖
- **均多糖**：水解后只生成一种单糖，如淀粉、纤维素、糖元等
- **杂多糖**：水解后生成两种以上的单糖或单糖衍生物，如阿拉伯胶是由戊糖和半乳糖等组成

多糖大部分为无定型粉末，无一定熔点，不易溶解于水，难溶于醇、醚、氯仿、苯等有机溶剂。多糖一般没有还原性和变旋现象，也没有甜味。

16.6.2　重要的多糖

常见的多糖有淀粉、纤维素、糖元、香菇多糖、甲壳质、肝素等。

1. 淀粉

淀粉(starch)是植物体中储藏的养分，也是人类膳食中碳水化合物的主要来源，多存在于植物的块根和种子中。大米中淀粉的含量约 75%，小麦中淀粉的含量为 60%～65%，马铃薯中淀粉的含量约 20%，红薯、芋头中淀粉的含量也甚丰富。

淀粉是白色、无臭、无味的粉状物质。淀粉均含有糖淀粉(即直链淀粉)和胶淀粉(即支链淀粉)两部分。它们完全水解都生成D-葡萄糖,部分水解生成麦芽糖。麦芽糖是α-D-葡萄糖的苷,所以淀粉的构成单元是α-D-葡萄糖。

直链淀粉的构象并不是伸开的一条链,而是卷曲盘旋成螺旋状,每一圈螺旋约含6个葡萄糖单体,如图16-7、图16-9所示,且螺旋圆柱正好容纳碘原子并吸附成包合物,如图16-8所示,显紫蓝色,支链淀粉则呈红色。

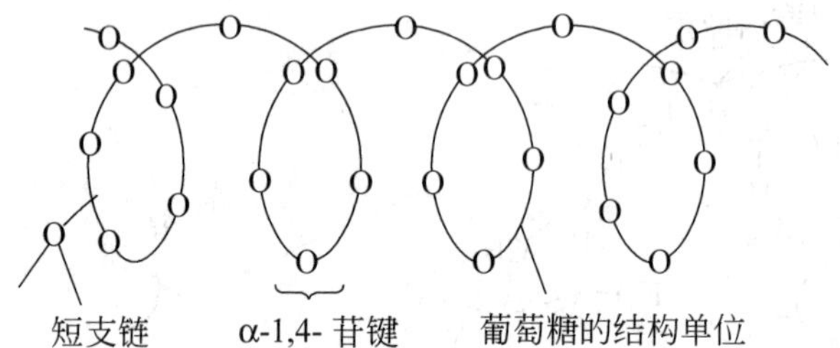

图16-7 糖淀粉的形态示意图

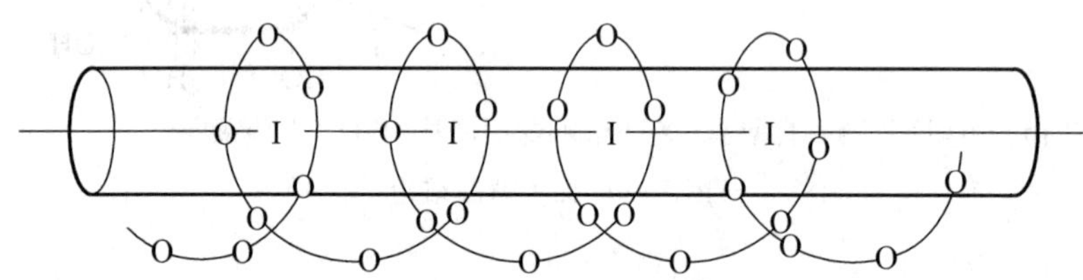

图16-8 碘淀粉的形态示意图

图16-9 直链淀粉片段

胶淀粉(**支链淀粉**)相对分子质量比直链淀粉高,一般为100万~600万。葡萄糖单体除用α-1,4-苷键连接外,每隔20~25个葡萄糖单元,就有一个以α-1,6-苷键相连的支链。如图16-10和图16-11所示。

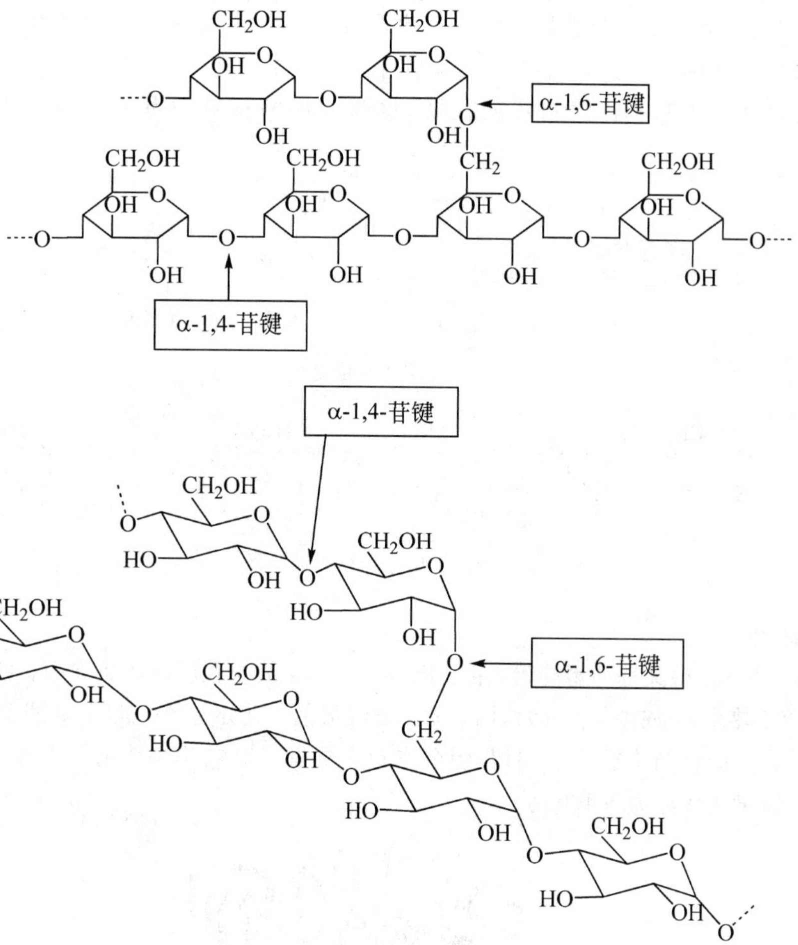

图 16-10 支链淀粉片段

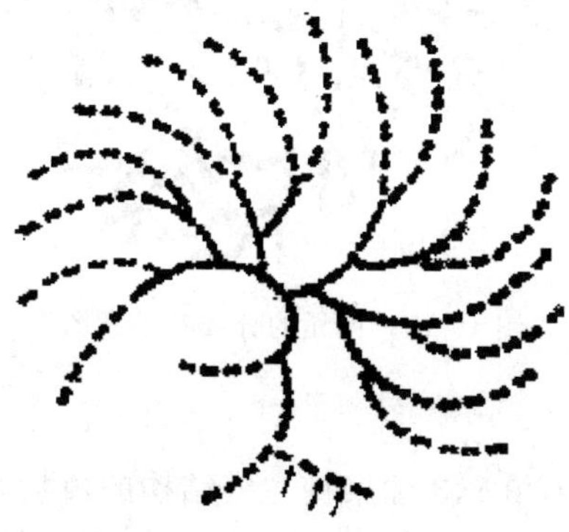

图 16-11 胶淀粉的分支状示意图

2. 纤维素

纤维素(cellulose)是自然界分布最广，含量最丰富的有机物。它是植物骨架和细胞的主要成分，木材含纤维素 50%～70%，棉花含 92%～95%，脱脂棉花和滤纸几乎全部是纤维素,亚麻和大麻的主要成分也是纤维素。此外,在动物中也发现有动物纤维素。

纤维素的结构单位是D-葡萄糖,其相对分子质量不容易准确测定,估计可达200万。结构单位之间以β-1,4-苷键结合成长链,这与淀粉的长链中以α-1,4-苷键结合不同,见图16-12。

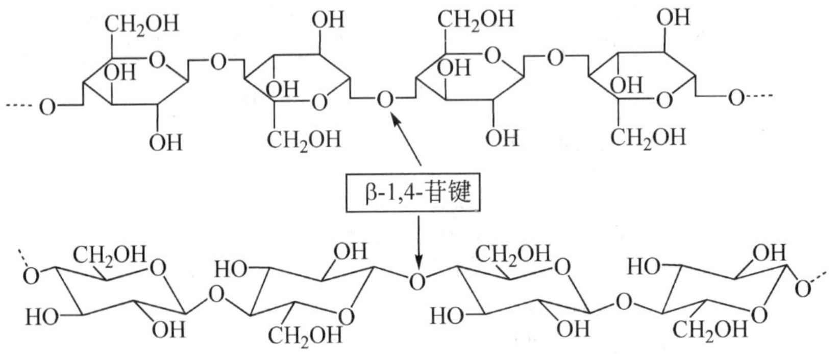

图16-12 纤维素链片段

3. 糖元

糖元(glycogen)又称动物淀粉,存在于动物体内,主要是在肝脏和肌肉中。糖元是无定形粉末,较易溶于热水,不成糊状,与碘作用呈紫红到红褐色。其分支状示意图,如图16-13所示。

它的分子结构与支链淀粉相似,但分支更多更短。其结构中含有α-1,4-和α-1,6-苷键,相对分子质量为100万~400万。

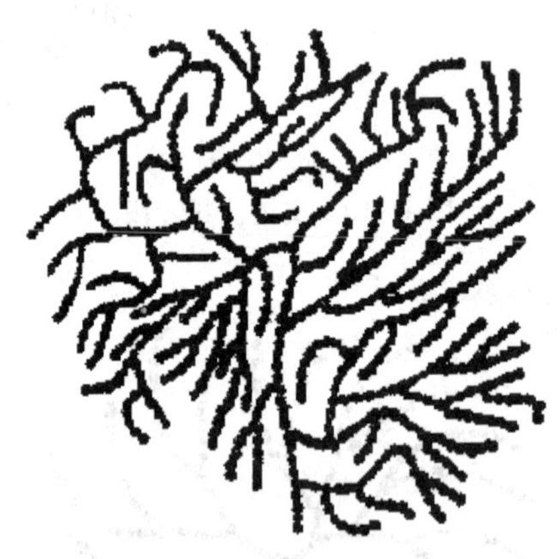

图16-13 糖元的分枝状示意图

4. 香菇多糖

香菇多糖(lentinan)是具有β-1,3葡聚糖主链结构的植物均多糖。它是20世纪70~80年代利用热水从香菇子实体中浸提出来的。研究表明香菇多糖具有明显的抗肿瘤活性。相对分子质量为1万~100万。

香菇多糖是极性大分子化合物。有报道其基本结构为每5个β-1,3结合的葡萄糖上有两个β-1,6结合的侧链的葡聚糖,见图16-14。

香菇多糖几乎无任何毒副作用,是目前已知最强的免疫增强剂之一,具有抗肿瘤活性,也可以用于各种肝炎,特别是慢性、迁延性肝炎的治疗。

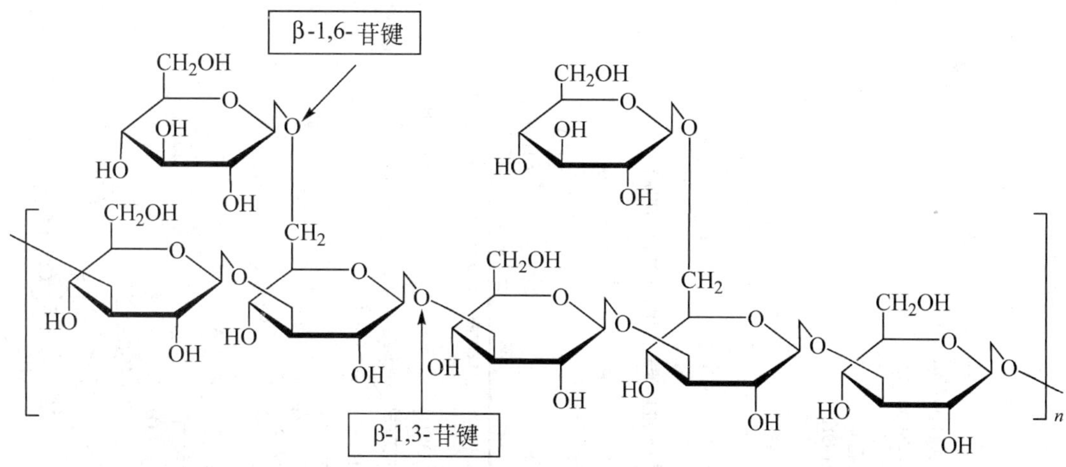

图 16-14 香菇多糖的一级结构片段

5. 甲壳质

甲壳质(chitin)存在于甲壳动物的甲壳中、昆虫(金龟子)的骨架物质和真菌纤维(石菌)中。甲壳质分子是由 N-乙酰基-D-氨基葡萄糖单位经 β-1,4-苷键长链结合而成,见图 16-15。其结构与纤维素类似,主要区别在于 C_2 原子上的羟基由乙酰氨基取代。

图 16-15 甲壳质链片段

甲壳质与稀酸共热,分解成 D-氨基葡萄糖和乙酸。

6. 肝素

肝素(heparin)是一种高度硫酸酯化的杂多糖,相对分子质量为 10 000~15 000。肝素最早是从动物的心脏和肝组织中提取出来的,因肝内含量较高而得名。它主要是由两种二糖单元 A 和 B 组成。A 为 L-艾杜糖醛酸通过 α-1,4 苷键与葡萄糖胺相连,而 B 为 D-葡萄糖醛酸通过 β-1,4 苷键与葡萄糖胺相连。葡萄糖胺的 2,6 位及艾杜糖醛酸的 2 位均成硫酸酯(或硫酰胺)如图 16-16 所示。

A　　B

图 16-16 肝素的片段

肝素有强的抗凝血作用,临床用肝素钠盐预防或治疗血栓的形成,也有消除血液脂质的作用。

本章小结

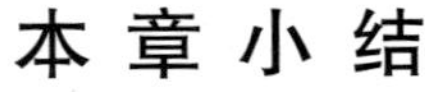

相互影响

(β-) ⇌ 开链式 ⇌ (α-)

似—CHO

(1) 氧化

① T.F.B → 复杂氧化物 + Ag↓(或Cu_2O↓)

② Br_2/H_2O → COOH … CH_2OH

③ HNO_3 → COOH … COOH

(2) 还原$NaBH_4$ 或H_2/Ni → CH_2OH … CH_2OH

(3) 与苯肼作用 → CH=NNHPh … CH_2OH (与过量苯肼作用,见左下(3)成脎)

*(4) 递升 HCN → CN, CH(OH) … CH_2OH —水解→ —脱水 成内酯→ —Na-Hg pH3～5→ CHO, CH(OH) … CH_2OH

似—OH

(1) 成醚 $(CH_3)_2SO_4/NaOH$ → CH_2OCH_3, OCH_3, CH_3O, OCH_3, OCH_3

(2) 成酯 Ac_2O/吡啶 → CH_2OAc, OAc, AcO, OAc, OAc

(3) 成苷 → CH_2OH, OH, OH, OH, O, CH_2OH, HO, HO, CH_2OH

(1) 半缩醛 分子内 → (见上式)

(2) 差向异构化 ⇌ CHO … CH_2OH + CH_2OH, C=O … CH_2OH

(3) 成脎 → CH=NNHPh, C=NNHPh … CH_2OH

*(4) HIO_4 → 5 HCOOH + CH_2O

*(5) 颜色反应 → ① α-萘酚实验 (Molisch 反应) ② 与间苯二酚作用 (Seliwanoff反应)

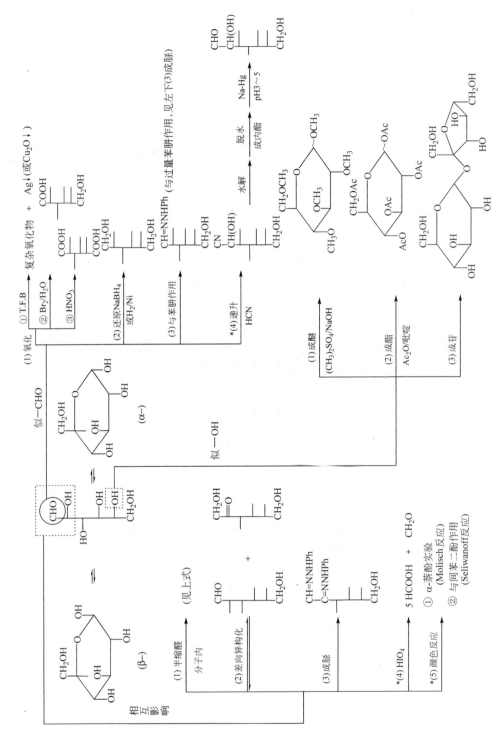

【阅读材料一】

化学家简介

沃尔特·诺曼·哈武斯爵士(**Sir (Walter) Norman Haworth**，1883 年 3 月 19 日—1950 年 3 月 19 日)，英国化学家，皇家学院(Royal Society)院士。最著名的工作是抗坏血酸(维生素 C)的合成。由于在碳水化合物和维生素 C 方面的工作，他获得了 1937 年诺贝尔化学奖。

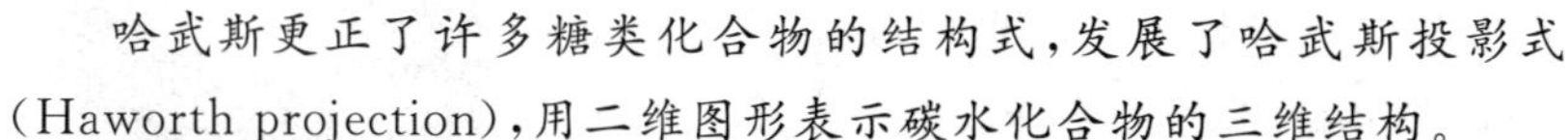

哈武斯更正了许多糖类化合物的结构式，发展了哈武斯投影式(Haworth projection)，用二维图形表示碳水化合物的三维结构。

伯恩哈德·克瑞斯汀·戈特弗里德·吐伦(**Bernhard Christian Gottfried Tollens**，1841 年 7 月 30 日—1918 年 1 月 31 日)，德国化学家。

1862 年，吐伦在哥廷根大学(University of Göttingen)维勒(Wöhler)实验室学习化学，然后师从弗里德里希·康拉德·贝尔斯坦(Friedrich Konrad Beilstein)和鲁道夫·魏悌锡(Rudolph Fittig)。1864 年，吐伦提交了他的博士论文，无须答辩即获得博士学位。后来，他到巴黎与查尔斯·阿道夫·武慈(Charles Adolphe Wurtz)工作 11 个月。受他前导师维勒的召唤，他回到哥廷根大学工作，直至逝世。在哥廷根工作的最后一段时间，他开始碳水化合物的研究，确定了几种糖的结构式，发明了吐伦试剂(Tollens reagent)。

赫尔曼·冯·斐林(**Hermann von Fehling**，1812 年 6 月 9 日—1885 年 7 月 1 日)，德国化学家，著名的斐林试剂(Fehling's solution)发明者。

他出生在吕贝克(Lübeck)。1835 年，进入海德堡大学(Heidelberg University)。毕业后，他到吉森大学(University of Gießen)做尤斯图斯·冯·李比希(Justus von Liebig)的助手，他与李比希阐明了乙醛的三聚体和四聚体。1839 年，在李比希的推荐下，他被任命为斯图加特理工学院(Stuttgart Institute of Technology)化学系主任，他担任该职超过 45 年。1885 年逝世于斯图加特。

斯坦利·罗斯特·本尼迪特(**Stanley Rossiter Benedict**，1884 年 3 月 17 日—1936 年 12 月 21 日)，美国化学家，发现著名的本尼迪特试剂(Benedict's reagent)，用于糖类的鉴定。

本尼迪特生于辛辛那提(Cincinnati)，先就读于辛辛那提大学(University of Cincinnati)。一年后，就读于耶鲁大学(Yale University)生理化学系。

汉斯·莫利施(Hans Molisch,1856年12月6日—1937年12月8日),捷克裔奥地利植物学家(Czech-Austrian botanist)。

他先后在布拉格德国大学(German University of Prague,1894—?)、维也纳大学(Vienna University,1909—1928年)、日本东北帝国大学(现日本东北大学)(Tohoku Imperial University,now Tohoku University,Japan,1922—1925年)、印度的一所大学担任教授。1931—1937年,任奥地利科学院(the Austrian Academy of Sciences)副院长。

约翰·戴森霍弗(Johann Deisenhofer,1943年9月30日—),德国生物化学家。1988年与哈特穆特·米歇尔(Hartmut Michel)和罗伯特·胡贝尔(Robert Huber)共同分享诺贝尔化学奖。

戴森霍弗在马克斯·普朗克生物化学研究所(Max Planck Institute of Biochemistry)从事研究工作。他于1974年从慕尼黑技术大学(Technical University of Munich)获得博士学位。1988年,他加入霍华德·休斯医学研究所(Howard Hughes Medical Institute),并担任得克萨斯大学西南医学中心(University of Texas Southwestern Medical Center at Dallas)科研人员。

他与哈特穆特·米歇尔(Hartmut Michel)和罗伯特·胡贝尔(Robert Huber)一起确定了从光合细菌中发现的蛋白复合物的三维结构。该物质在光合作用中起着至关重要的作用,被称为光合反应中心。1982—1985年,三位科学家利用X射线准确地测定了超过1万个原子组成的蛋白复合物,并研究了光合作用的机制,揭示了植物和细菌的光合作用过程之间的相似性。

哈特穆特·米歇尔(Hartmut Michel,1948年7月—),德国化学家,与约翰·戴森霍弗(Johann Deisenhofer)和罗伯特·胡贝尔(Robert Huber)共享1988年诺贝尔奖。获奖时年仅40岁,是最年轻的诺贝尔奖获得者。

1948年7月18日,他出生于路德维希(Ludwigsburg)。服义务兵役后,他在图宾根大学(University of Tübingen)学习生物化学。1977年获维尔茨堡大学(Julius-Maximilians-Universität Würzburg)博士学位。1979年在迪特尔奥斯蒂希特实验室(Dieter Oesterhelt's laboratory)工作,研究嗜盐菌的ATP酶活性。1986年,他获得德意志研究联合会(the Deutsche Forschungsgemeinschaft)颁发的戈特弗里德·威廉·莱布尼茨奖(the Gottfried Wilhelm Leibniz Prize),该奖是德国科学研究的最高荣誉奖。1982—1985年,与约翰·戴森霍弗(Johann Deisenhofer)和罗伯特·胡贝尔(Robert Huber)一起确定了从光合细菌中发现的蛋白复合物的三维结构,研究了光合作用的机制,揭示了植物和细菌的光合作用过程之间的相似性,并建立了膜蛋白结晶的方法。

罗伯特·胡贝尔(**Robert Huber**,1937 年 2 月 20 日—),德国生物化学家。与约翰·戴森霍弗(Johann Deisenhofer)和哈特穆特·米歇尔(Hartmut Michel)共获 1988 年诺贝尔化学奖。

他在慕尼黑工业大学(Technische Universität München)学习化学,于 1960 年获学位,并留下来工作,开展用晶体学确定有机分子结构的工作。

1971 年,他担任马克斯·普朗克生物化学研究所(Max Planck Institute for Biochemistry)主任,他的团队开发了测定蛋白质晶体结构的方法。他与约翰·戴森霍弗(Johann Deisenhofer)和哈特穆特·米歇尔(Hartmut Michel)获得一种在光合作用中起重要作用的膜内蛋白质的晶体,并用 X 衍射方法测定了它的结构。

【阅读材料二】

糖蛋白与血型物质

很多生物细胞表面含有多糖,一般情况下这些多糖是以半缩醛羟基与细胞表面的蛋白质的羟基或氨基键合,这种物质称作糖蛋白(glycoprotein)。这些糖蛋白被称为抗原(antigen),不同血型的血红细胞具有不同的抗原。同时血清中还携带抗体(antibody),抗体也是糖蛋白。

人们常说的血型是指 ABO 血型系统。根据人类红细胞表面血型抗原的糖蛋白分子的不同,人的血型分为 A,B,O 和 AB 4 种。有 A 抗原的为 A 型,有 B 抗原的为 B 型,两种抗原均有的为 AB 型,两种抗原均无的为 O 型。每个人只有一种血型。而这些血型的不同,正是由于糖蛋白分子中的糖所造成的。其糖链的基本结构为 2-乙酰氨基-β-D-葡萄糖(N-A-Glc)、2-乙酰氨基-α-D-半乳糖(N-Ac-Gal)、α-D-半乳糖(Gal)和 α-L-岩藻糖(Fuc),它们的连接方法如下所示:

$$(\text{红细胞})-\text{N}-\text{Ac}-\text{Glc}\xrightarrow{\beta\text{-}1,4}\underset{\underset{\text{Ⓧ}}{|}}{\text{Gal}}\xrightarrow[\alpha\text{-}1,3]{\alpha\text{-}1,2}\text{Fuc}$$

4 种血型的差异仅在ⓧ位组成成分不同。

A 型:ⓧ位是 2-乙酰氨基-α-D-半乳糖(N-Ac-Gal);

B 型:ⓧ位是 α-D-半乳糖(Gal);

AB 型:ⓧ兼有 A 型和 B 型的糖;

O 型:ⓧ位是空的。

4 种血型相关单糖的化学结构如下:

CH₂OH / HO / HO / O / OH / NH / $O=C-CH_3$

2-乙酰氨基-β-D-葡萄糖

OH / CH_2OH / O / HO / OH / OH

α-D-半乳糖

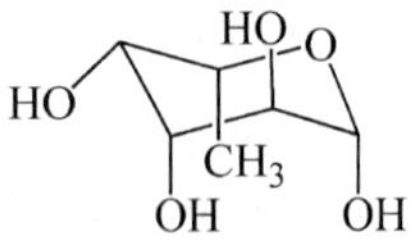
HO
O
HO
CH3
OH
OH

α-L-岩藻糖

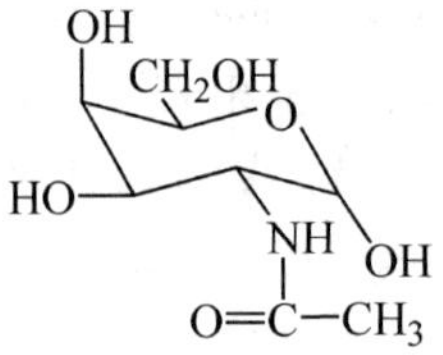
OH
CH2OH
O
HO
NH
OH
O=C−CH3

2-乙酰氨基-α-D-半乳糖

人的血型是非常稳定的，而且严格按照一定的规律遗传。如果父母双方一个是 A 血型，另一个是 O 血型，则子女只能是 A 型或 O 型，不可能有 B 型或 AB 型。但是，如果父母一个是 A 血型，另一个是 B 血型，则他们的子女 4 种血型都可能出现。因此，血型鉴定可作为亲子关系的参考依据。

人体在遭受到某些伤害，需要输血时，一定要先进行血型检验，这是因为不同血型进行输血会发生输血反应。免疫学的一条规律是抗原与其相对应的抗体可以发生特异性结合，形成抗原-抗体复合物(如 A 抗原与抗 A 抗体、B 抗原与抗 B 抗体)，此种复合物在血浆中受补体(血型中另一种球蛋白)的作用下，抗原所在的红细胞可以发生溶解而出现溶血现象。因此，异体输血(即血型不相同间输血)，如将 A 型者的血液输给 B 型者的体内，则此 B 型受血者体内便存在两对抗原-抗体复合物，第一对为受血者本身的 B 型红细胞与供血者 A 型血浆中的抗 B 抗体，另一对为供血者的 A 型红细胞与受血者血浆中的抗 A 抗体。这两对复合物在补体蛋白的作用下，供者与受者的红细胞可发生溶解，出现以溶血反应为主的输血反应，临床可见到畏寒发热、黄疸、肝脾肿大、血红蛋白尿、贫血等症状。因此，任何人输血前必须验血型，血型相同或相互配合者才能输血。

习　　题

16-1　写出下列糖的构型：

(1) L-果糖(开链费歇尔式)

(2) D-葡萄糖(开链费歇尔式)

(3) α-D-(+)-吡喃葡萄糖(Haworth 式)

(4) β-D-(+)-甲基葡萄糖苷(Haworth 式)

(5) β-D-(−)-呋喃果糖(Haworth 式)

(6) α-D-呋喃核糖(Haworth 式)

16-2　完成下列反应方程式：

(1)

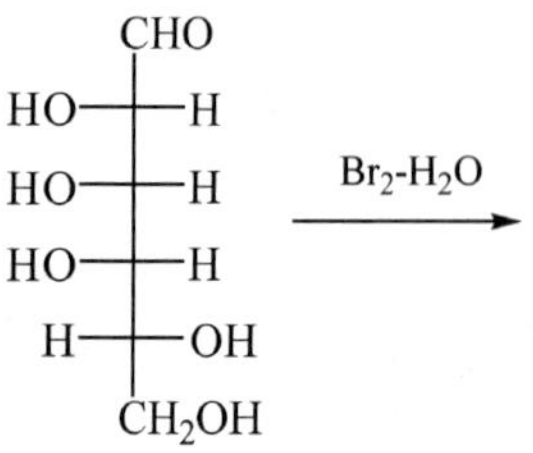
CHO
HO—H
HO—H
HO—H
H—OH
CH2OH
Br2-H2O

(2)

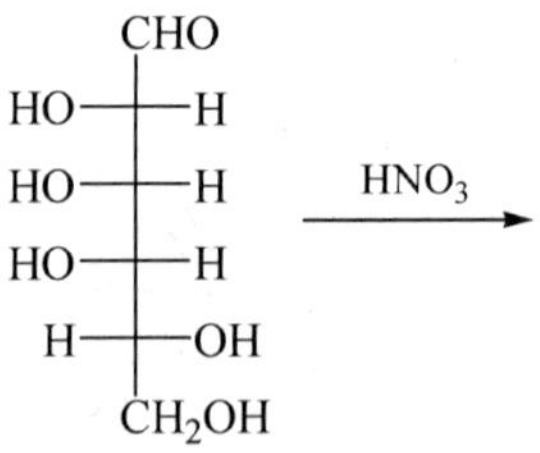
CHO
HO—H
HO—H
HO—H
H—OH
CH2OH
HNO3

(3) 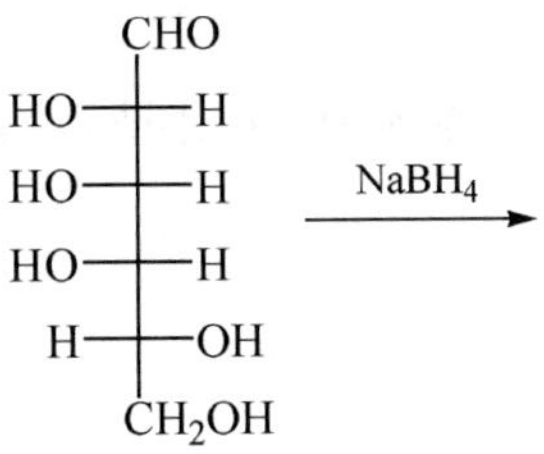

(4) 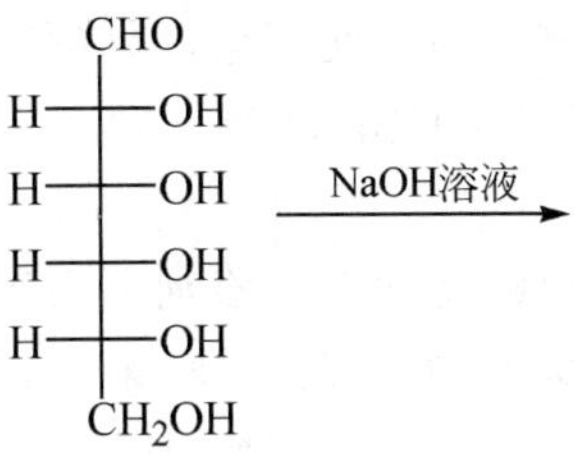

(5) 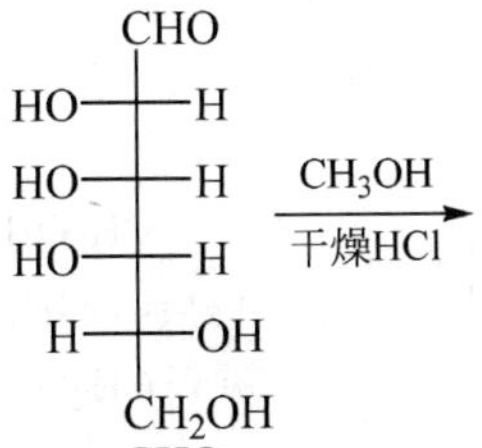

(6) 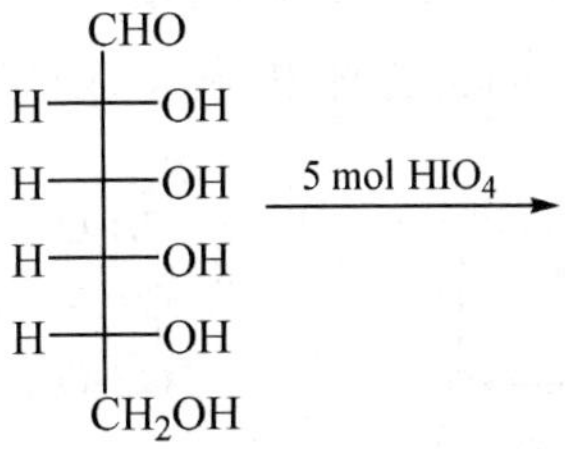

(7) 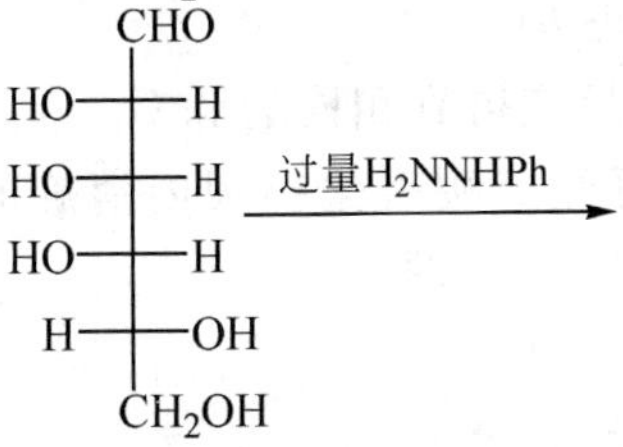

(8) 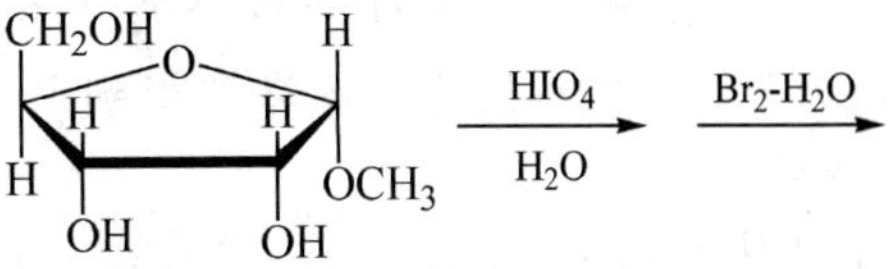

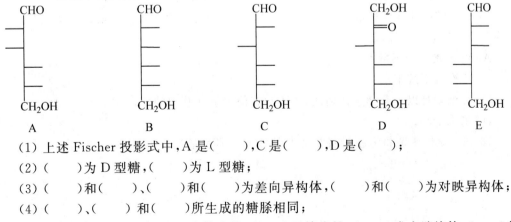

16-3　写出 D-(+)-半乳糖与下列试剂作用的主要产物：

(1) 苯肼，(2) Br_2/H_2O，(3) HIO_4，(4) 醋酐，(5) $NaBH_4$；

(6) ①CH_3OH/HCl，②$(CH_3)_2SO_4/NaOH$，③ 稀盐酸；

(7) ①$NaCN/H^+$，②H^+/H_2O；

(8) ①CH_3OH/HCl，②HIO_4。

16-4　写出下列糖的结构式：

(1) 一个糖和苯肼作用给出 D-葡萄糖脎，但不被溴水氧化；

(2) 一个戊醛糖，已知不是 D-阿拉伯糖，用 $NaBH_4$ 还原给出 D-阿拉伯糖醇；

(3) 一个己醛糖，已知不是 D-葡萄糖，用 HNO_3 氧化给出 D-葡萄糖二酸；

(4) 一个戊醛糖和苯肼作用给出 D-木糖脎，被 HNO_3 氧化给出有光学活性的二羧酸。

16-5　根据下面所给的结构，回答提出的问题：

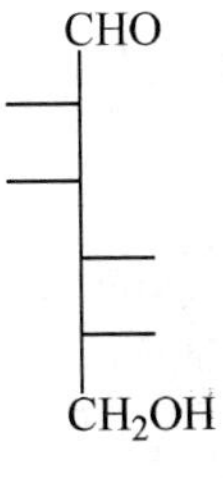
A

B

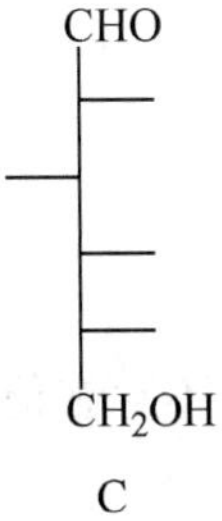
C

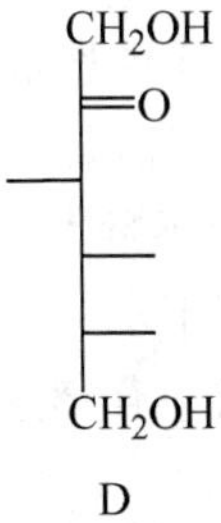
D

E

(1) 上述 Fischer 投影式中，A 是(　　)，C 是(　　)，D 是(　　)；

(2) (　　)为 D 型糖，(　　)为 L 型糖；

(3) (　　)和(　　)、(　　)和(　　)为差向异构体，(　　)和(　　)为对映异构体；

(4) (　　)、(　　) 和(　　)所生成的糖脎相同；

(5) 用 HNO_3 氧化后，(　　)有旋光性，(　　)无旋光性，(　　)为内消旋体，(　　)等量混合为外消旋体。

16-6　下列哪些糖是还原糖，哪些是非还原糖？

D-甘露糖，淀粉，蔗糖，纤维二糖，甲基-β-D-葡萄糖苷，D-葡萄糖，麦芽糖，乳糖，果糖，纤维素。

16-7　用简单的化学方法鉴别下列各组化合物：

(1) 2-*O*-甲基-D-吡喃葡萄糖、果糖、蔗糖、淀粉；

(2) 甘氨酸、纤维素、麦芽糖、甲基-α-D-吡喃葡萄糖苷。

16-8　指出下列化合物中，哪个能还原斐林溶液，哪个不能，为什么？

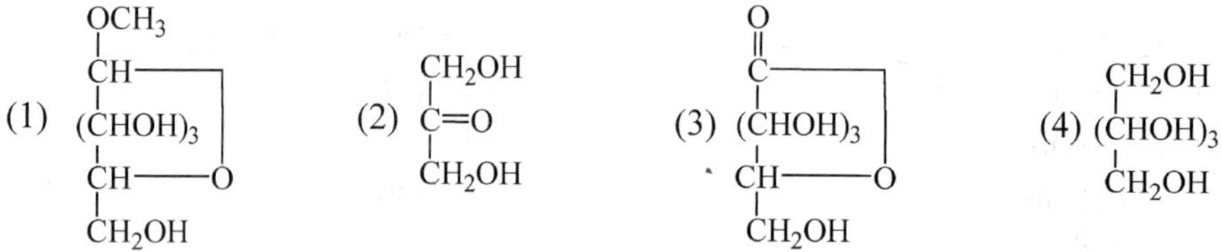

16-9　有两个不同的 D-戊醛糖 A 和 B，它们与苯肼反应得到相同的脎 C。A 还原得到没有光学活性的糖醇 D。B 降解得到 D-丁醛糖 E，E 再经硝酸氧化得到内消旋的酒石酸

COOH
H—|—OH
H—|—OH
COOH

。试写出 A，B，C，D，E 的费歇尔投影式。

16-10　某二糖分子式为 $C_{12}H_{22}O_{11}$，可还原 Fehling 试剂，用 β-葡萄糖苷酶水解为两分子吡喃葡萄糖，若将此二糖甲基化后再水解，则得到等量的 2,3,4,6-四-*O*-甲基-D-吡喃葡萄糖和 1,2,3,4-四-*O*-甲基-D-吡喃葡萄糖，试写出该二糖的结构式。

16-11　柳树枝中存在有一种糖苷叫做糖水杨苷。当用杏仁酶水解时得 D-葡萄糖和水杨醇(邻羟基苯甲醇)。水杨苷用硫酸二甲酯和氢氧化钠处理得到五甲基水杨苷，经酸催化水解得 2,3,4,6-四甲基-D-葡萄糖和邻甲氧基甲酚。写出该水杨苷的结构式。

16-12　试解释下列现象：

(1) 刚配置的葡萄糖在酸性水溶液有变旋光现象；

(2) 糖苷既不与斐林试剂作用，也不与吐伦试剂作用，并且无变旋光现象。

16-13　为什么绿色的生苹果对碘有反应，而熟苹果汁能发生银镜反应？

16-14　淀粉和纤维素水解后的最终产物都是葡萄糖，为什么人不能以草为生(草的主要成分为纤维素)？理由是：

A. 纤维素的分子量大；

B. 纤维素不溶于水；

C. 纤维素是以 β-苷键连接而成，人不存在能水解 β-苷键的酶；

D. 尚未清楚。

16-15　试以木薯粉为原料制取维生素 C(L-抗坏血酸)。

17 氨基酸、蛋白质、核酸

【学习提要】

- 掌握氨基酸命名、构型、分类和性质。
- 了解常见氨基酸的性质。
- 了解蛋白质的概念及一、二、三级结构的概念。
- 了解核酸组分的结构及DNA的成分和遗传的关系。

17.1 氨基酸的结构、分类和命名

分子中含有氨基的羧酸，叫做氨基酸(amino acid)。在自然界中已发现的天然氨基酸有300余种，其中存在人体内用于合成蛋白质的仅20种(表17-1)。这20种氨基酸中，只有8种在人体内不能合成，必须靠食物来供给，因此称为人体必需氨基酸(essential amino acid)。表17-1中附有#号的即是必需氨基酸。

由20种氨基酸可以形成无数的蛋白质。从结构上讲，氨基酸都在羧基的α位上连有一个氨基。其通式可以表示如下：

$$\begin{array}{c} COOH \\ H_2N-\!\!\!+\!\!\!-H \\ R \end{array} \qquad \begin{array}{c} CHO \\ HO-\!\!\!+\!\!\!-H \\ CH_2OH \end{array}$$

L-氨基酸　　L-甘油醛

20种氨基酸中的烷基R，除R═H以外，其他均是不同的有机基团，因此氨基酸的α碳原子(除R═H外)都是手性碳原子。氨基酸构型表示与糖一样，习惯用D或L表示，天然氨基酸多数都是L构型，氨基在费歇尔投影式的左边，与L-甘油醛中的羟基位置向位类似。为了方便，氨基酸的名称一般都用俗名，每个氨基酸都有一个缩写符号，作为这个氨基酸的代号。表17-1列出了主要用于蛋白质合成的20种氨基酸的结构、名称以及缩写符号等。

表17-1　20种氨基酸的结构式和名称

名　称	中文简称	英文缩写	单字符号	结　构　式
甘氨酸 (glycine)	甘	Gly	G	CH_2-COOH 中 CH_2 连 NH_2：$\underset{NH_2}{\underset{\vert}{CH_2}}-COOH$
丙氨酸 (alanine)	丙	Ala	A	$CH_3\underset{NH_2}{\underset{\vert}{CH}}COOH$
#缬氨酸 (valine)	缬	Val	V	$CH_3\underset{H_3C}{\underset{\vert}{CH}}\underset{NH_2}{\underset{\vert}{CH}}COOH$
#亮氨酸 (leucine)	亮	Leu	L	$CH_3\underset{CH_3}{\underset{\vert}{CH}}CH_2\underset{NH_2}{\underset{\vert}{CH}}COOH$

续表

名　称	中文简称	英文缩写	单字符号	结　构　式
# 异亮氨酸 (isoleucine)	异亮	Lle	I	$CH_3CH_2CH(CH_3)CH(NH_2)COOH$
丝氨酸 (serine)	丝	Ser	S	$HOCH_2CH(NH_2)COOH$
# 苏氨酸 (threonine)	苏	Thr	T	$CH_3CH(OH)CH(NH_2)COOH$
半胱氨酸 (cysteine)	半胱	Cys	C	$HSCH_2CH(NH_2)COOH$
# 蛋氨酸 (methionine)	蛋	Met	M	$CH_3-S-CH_2-CH_2-CH(NH_2)-COOH$
天冬氨酸 (aspartic acid)	天	Asp	D	$H_2N-CH(CH_2COOH)COOH$
谷氨酸 (glutamic acid)	谷	Glu	E	$H_2N-CH(CH_2-CH_2COOH)COOH$
天冬酰胺 (asparagine)	天酰或天	Asn、Asp	N	$H_2N-C(=O)-CH_2-CH(NH_2)-COOH$
谷氨酰胺 (glutamine)	谷酰或谷	Gln	Q	$H_2N-C(=O)-CH_2-CH_2-CH(NH_2)-COOH$
精氨酸 (arginine)	精	Arg	R	$H_2N-C(=NH)-NH-CH_2CH_2CH_2CH(NH_2)COOH$
# 赖氨酸 (lysine)	赖	Lys	K	$H_2NCH_2-CH_2CH_2CH_2CH(NH_2)COOH$
# 苯丙氨酸 (phenylalamine)	苯	Phe	F	$C_6H_5-CH_2CH(NH_2)COOH$
酪氨酸 (tyrosine)	酪	Tyr	Y	$HO-C_6H_4-CH_2CH(NH_2)COOH$
脯氨酸 (proline)	脯	Pro	P	吡咯烷环：H_2C-CH_2，H_2C，$CH-COOH$，$N-H$
组氨酸 (histidine)	组	His	H	咪唑环(N, NH)$-CH_2CH(NH_2)COOH$
# 色氨酸 (tryptophan)	色	Try	W	吲哚环(N-H)$-CH_2CH(NH_2)COOH$

脂肪族氨基酸根据分子中氨基与羧基的相对位置，分为 α-氨基酸、β-氨基酸、γ-氨基酸等，例如：

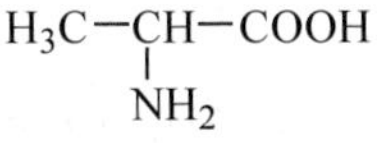

$$\underset{\displaystyle\text{α-氨基丙酸}}{H_3C-\underset{\displaystyle NH_2}{\underset{|}{C}H}-COOH}\qquad \underset{\displaystyle\text{β-氨基丙酸}}{\underset{\displaystyle NH_2}{\underset{|}{H_2C}}-CH_2-COOH}\qquad \underset{\displaystyle\text{γ-氨基丁酸}}{\underset{\displaystyle NH_2}{\underset{|}{H_2C}}-CH_2-CH_2-COOH}$$

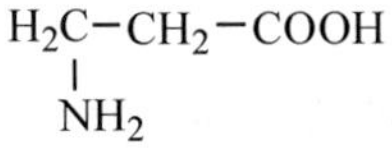

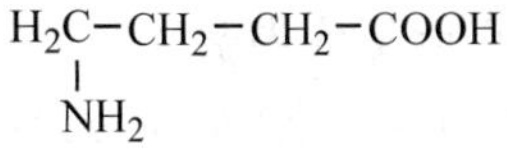

还有芳香氨基酸，例如：

(邻氨基苯甲酸结构式：苯环上连有 COOH 和邻位 NH_2)

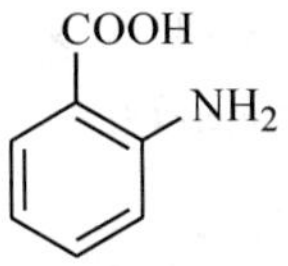

邻氨基苯甲酸

天然氨基酸常根据分子中所含氨基与羧基的数目分为**中性氨基酸**、**酸性氨基酸**和**碱性氨基酸** 3 类。

中性氨基酸是指分子中氨基和羧基的数目相等，但氨基的碱性与羧基的酸性并不是恰好抵消的，所以它们并不是真正中性的物质。氨基酸分子中氨基或胍基、咪唑基等碱性基团的数目多于羧基的叫碱性氨基酸，酸性氨基酸分子中羧基数目多于氨基或胍基、咪唑基等碱性基团数目。

氨基酸的构型是与乳酸相联系的(也就是由甘油醛导出的)，即将氨基酸看作是乳酸中的羟基被氨基取代的产物。L-乳酸的构型为：

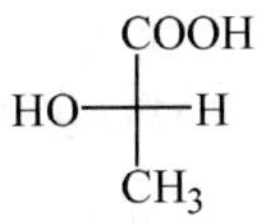

$$\begin{array}{c} COOH \\ HO-\!\!\!\!\!+\!\!\!\!\!-H \\ CH_3 \end{array}$$

L-乳酸

因此所有的 L-氨基酸都可以用如下通式表示：

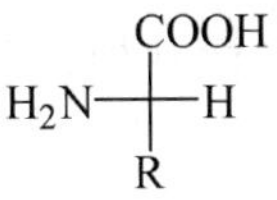

$$\begin{array}{c} COOH \\ H_2N-\!\!\!\!\!+\!\!\!\!\!-H \\ R \end{array}$$

用 D,L 标记法表示氨基酸的构型，是以距羧基最近的手性碳原子为标准，而糖的构型是以距羧基最远的手性碳原子为标准。

17.2　氨基酸的性质

17.2.1　物理性质

氨基酸是无色结晶，易溶于水而难溶于非极性有机溶剂，加热至熔点(一般在 200℃以上)则分解。这些性质与一般的有机物是有较大区别的。

17.2.2　两性与等电点

氨基酸具有氨基和羧基的典型反应，例如氨基可以烃基化、酰基化，可与亚硝酸作用；羧基可以成酯或酰氯或酰胺等。此外，由于分子中同时具有氨基与羧基，还有氨基酸所特有的性质。

氨基酸分子中既含有氨基,又含有羧基,所以氨基酸与强酸强碱都能成盐,氨基酸是两性物质,本身能形成**内盐**。

氨基酸的高熔点(实际为分解点)、难溶于非极性有机溶剂等性质说明氨基酸在结晶状态是以两性离子存在的。

在水溶液中,氨基酸所达的状态,除与本身结构有关外,还与溶液的pH值有关,氨基酸的偶极离子既可以与一个H^+结合成为正离子,又可以失去一个H^+成为负离子。这3种离子在水溶液中通过得到H^+或失去H^+互相转换,同时存在,在pH值达到**等电点**时溶液处于平衡。

$$\underset{{}^+NH_3}{RCHCOOH} \xrightleftharpoons{K_1} H^+ + \underset{{}^+NH_3}{RCHCOO^-} \qquad K_1=\frac{[H^+]\left[\underset{{}^+NH_3}{RCHCOO^-}\right]}{\left[\underset{{}^+NH_3}{RCHCOOH}\right]}$$

$$\underset{{}^+NH_3}{RCHCOO^-} \xrightleftharpoons{K_2} H^+ + \underset{NH_2}{RCHCOO^-} \qquad K_2=\frac{[H^+]\left[\underset{NH_2}{RCHCOO^-}\right]}{\left[\underset{{}^+NH_3}{RCHCOO^-}\right]}$$

等电点(isoelectric point)不是中性点,不同氨基酸由于结构不同,等电点也不同。酸性氨基酸水溶液的pH值必然小于7,所以必须加入较多的酸才能使正负离子量相等。反之,碱性氨基酸水溶液中正离子较多,必须加入碱,才能使负离子量增加,所以碱性氨基酸的等电点必然大于7。

在1 mol氨基酸的盐酸盐$\left(\underset{{}^+NH_3}{RCHCOOH}\right.$ 或其他盐$\left.\right)$的溶液中,加0.5 mol碱,有一半盐酸盐中和,这时溶液中的浓度$\left[\underset{{}^+NH_3}{RCHCOOH}\right]=\left[\underset{{}^+NH_3}{RCHCOO^-}\right]$,溶液的pH相当于$pK_1$,这是—COOH的酸性离解常数,这时溶液的$pK_1$值比醋酸的大(醋酸$pK_a=4.76$),这是由于—$\overset{+}{N}H_3$吸电子诱导效应所致。如在氨基酸溶液中继续加碱达到1 mol时,盐酸盐被中和,氨基酸以两性离子形式存在,这时溶液中的pH值相当于氨基酸在纯水中的pH值,为该氨基酸的等电点:

$$\underset{NH_2}{RCHCOO^-} \underset{OH^-}{\overset{H^+}{\rightleftharpoons}} \underset{{}^+NH_3}{RCHCOO^-} \underset{OH^-}{\overset{H^+}{\rightleftharpoons}} \underset{{}^+NH_3}{RCHCOOH}$$

等电点是每一种氨基酸的特定常数。各种氨基酸在其等电点时,溶解度最小,因而用调节等电点的方法,可以分离氨基酸的混合物。

在酸性溶液中,氨基酸主要以正离子形式存在;在碱性溶液中,主要以负离子形式存在。

当氨基酸的溶液电解时,由于溶液酸碱度的不同,氨基酸可能向阳极移动,也可能向阴极移动,或者不移动。

在氨基酸溶液中存在如下平衡,在一定的 pH 值溶液中,正离子和负离子数量相等且浓度都很低,而偶极离子浓度最高,此时电解质以偶极离子形式存在,氨基酸不移动。这时溶液的 pH 值便是该氨基酸的等电点。

17.2.3　氨基的反应

1. 与亚硝酸作用

氨基酸中的氨基可以与亚硝酸作用放出氮气:

$$\underset{\displaystyle NH_2}{\mathrm{R-\underset{|}{C}HCOOH}} + HNO_2 \longrightarrow \underset{\displaystyle OH}{\mathrm{R-\underset{|}{C}HCOOH}} + N_2\uparrow + H_2O$$

反应是定量完成的,测定放出氮气的量,便可计算分子中氨基的含量。这个反应叫做**范斯莱克**(Van Slyke)氨基测定法。

2. 与甲醛作用

甲醛能与氨基酸中的氨基作用,使氨基酸的碱性消失,这样就可以用碱来滴定羧基的含量:

$$\underset{\displaystyle NH_2}{\mathrm{R-\underset{|}{C}HCOOH}} + HCHO \longrightarrow \underset{\displaystyle N{=}CH_2}{\mathrm{R-\underset{|}{C}HCOOH}} + H_2O$$

17.2.4　羧基的反应

1. 与金属离子作用

氨基酸中的羧基可以与金属成盐,同时氨基的氮原子上又有未共用电子对,可以与某些金属离子形成配位键。因此氨基酸能与某些金属离子形成稳定的络合物。如与 Cu^{2+} 能形成蓝色络合物结晶,可用以分离或鉴定氨基酸:

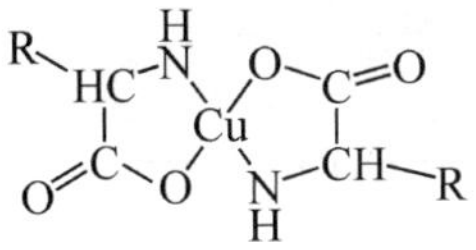

R—HC—NH—Cu—O—C=O; O=C—O—Cu—NH—CH—R (bis(氨基酸)铜络合物)

2. 脱羧反应

α-氨基酸与氢氧化钡一起加热或在高沸点溶剂中回流,可发生脱羧反应,失去 CO_2 而得到胺:

$$R-\underset{H}{\overset{NH_3^+}{C}}-COO^- \xrightarrow[\triangle]{Ba(OH)_2} RCH_2NH_2 + CO_2\uparrow$$

赖氨酸脱羧可得尸胺[$H_2N—(CH_2)_5—NH_2$]。肌球蛋白中的组氨酸在脱羧酶存在下,可转变成组胺,过量组胺能在体内引起变态反应。

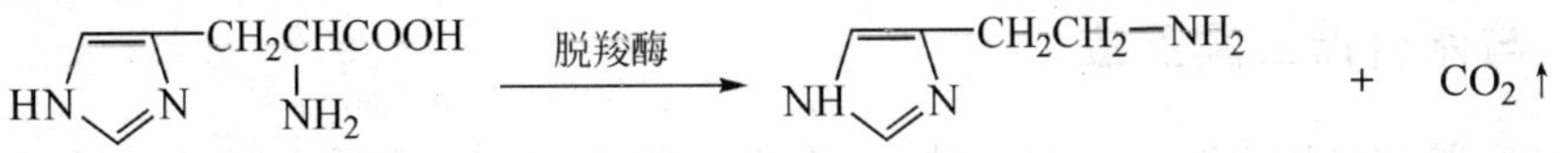

$$\text{(咪唑-4-基)}CH_2\underset{NH_2}{CH}COOH \xrightarrow{\text{脱羧酶}} \text{(咪唑-4-基)}CH_2CH_2-NH_2 + CO_2\uparrow$$

组氨酸　　　　组胺

17.2.5　受热后的反应

与羟基酸的受热反应类似,不同的氨基酸在加热情况下,产物随氨基与羧基的距离而异。

1. α-氨基酸受热反应

α-氨基酸受热时,两分子 α-氨基酸的羧基与氨基两两失水形成哌嗪二酮的衍生物。

$$2\,H_3C-CH(NH_2)-COOH \xrightarrow{\triangle} \text{(cyclo)}[-CH(CH_3)-C(=O)-NH-CH(CH_3)-C(=O)-NH-]$$

3,6-二甲基-2,5-哌嗪二酮

2. β-氨基酸受热反应

β-氨基酸受热时则失氨而形成 α,β-不饱和酸。

$$R-CH(NH_2)-CH_2-COOH \xrightarrow{\triangle} R-CH=CH-COOH + NH_3$$

3. γ,δ-氨基酸受热反应

γ-或 δ-氨基酸受热分子内氨基与羧基失水形成内酰胺:

$$R-CH(NH_2)-CH_2-CH_2COOH \xrightarrow{\triangle} \text{(cyclo)}[R-CH-CH_2-CH_2-C(=O)-NH-] + H_2O$$

γ-氨基酸　　γ-内酰胺

$$R-CH(NH_2)-CH_2-CH_2-CH_2-COOH \xrightarrow{\triangle} \text{(cyclo)}[R-CH-CH_2-CH_2-CH_2-C(=O)-NH-] + H_2O$$

δ-氨基酸　　δ-内酰胺

4. ω-氨基酸受热失水

当氨基与羧基距离更远时,受热后,多个分子间的氨基与羧基失水生成聚酰胺:

$$nH_2N\!-\!(CH_2)_m\!-\!COOH \xrightarrow{\triangle} H_2N\!-\!(CH_2)_m\!-\!\overset{O}{\overset{\|}{C}}\!\left[NH-(CH_2)_m-\overset{O}{\overset{\|}{C}}\right]_{n-2}\!NH-(CH_2)_m-COOH$$

聚酰胺

17.2.6　与水合茚三酮反应

α-氨基酸与茚三酮水溶液一起加热,能生成蓝紫色的有色物质。这是 α-氨基酸特有的反应,常被用于 α-氨基酸的定性或定量测量:

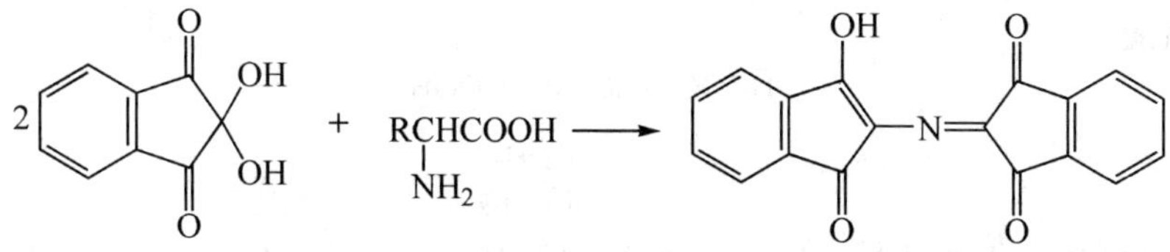

$$2\,\text{(茚三酮)} + \text{RCH(NH}_2\text{)COOH} \longrightarrow \text{(蓝紫色产物)}$$

蓝紫色

脯氨酸、羟基脯氨酸与茚三酮不生成蓝紫色物质而是生成黄色产物。

17.3 常见氨基酸

1. 甘氨酸

甘氨酸是无色结晶,有甜味。它是最简单的没有手性碳原子的氨基酸,存在于多种蛋白质中,也以酰胺的形式存在于胆酸、马尿酸和谷胱甘肽中。

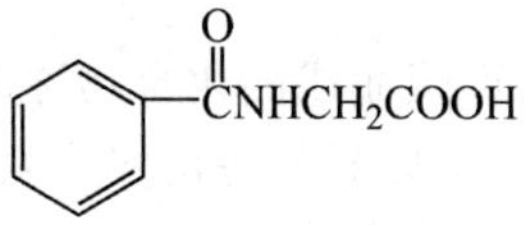

$$C_6H_5-\overset{O}{\overset{\|}{C}}NHCH_2COOH$$

马尿酸

在植物中分布很广的甜菜碱,可以看作是甘氨酸的三甲基内盐,在甜菜中含量较多。

$$(CH_3)_3N^+CH_2COO^-$$

甜菜碱

甘氨酸的许多衍生物是近年来新发展的农药及医药。

2. 半胱氨酸和胱氨酸

它们多存在于蛋白性的动物保护组织(如毛发、角、指甲等)中,并可通过氧化还原而相互转化:

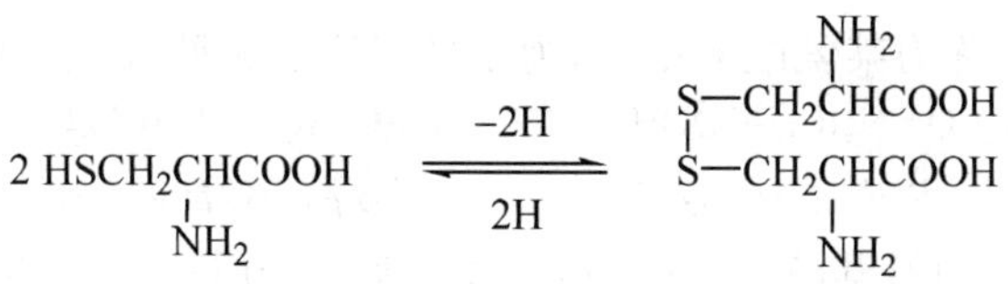

$$2\,HSCH_2\underset{NH_2}{\underset{|}{C}}HCOOH \underset{2H}{\overset{-2H}{\rightleftharpoons}} \begin{matrix} S-CH_2\overset{NH_2}{\overset{|}{C}}HCOOH \\ | \\ S-CH_2\underset{NH_2}{\underset{|}{C}}HCOOH \end{matrix}$$

半胱氨酸 胱氨酸

它们都可由头发水解制得。在医药上半胱氨酸可用于肝炎、锑剂中毒或放射性药物中毒的治疗。胱氨酸有促进机体细胞氧化还原机能、增加白血球和阻止病原菌发育等作用,并可用于治疗脱发症。

3. 色氨酸

色氨酸是动物生长所不可缺少的氨基酸,它存在于大多数蛋白质中。色氨酸在动物大肠中能因细菌的分解作用而产生粪臭素。色氨酸也是植物幼芽中所含生长素β-吲哚乙酸的来源。色氨酸在医药上有防治癞皮病的作用。

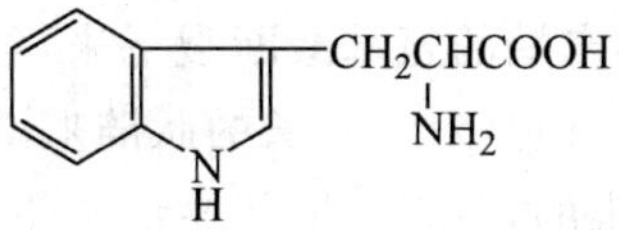

$$\text{(吲哚-3-基)}-CH_2\underset{NH_2}{\underset{|}{C}}HCOOH$$

色氨酸

4. 谷氨酸

$$\underset{\displaystyle NH_2}{HOOCCH_2CH_2\overset{}{C}HCOOH}$$

谷氨酸

谷氨酸是难溶于水的结晶。L-(—)-谷氨酸的单钠盐就是味精,工业上可由糖类物质发酵或由植物蛋白水解制取。D-谷氨酸是无味的。

$$\underset{\displaystyle NH_2}{HOOCCH_2CH_2CHCOONa}$$

谷氨酸单钠

17.4 多肽的结构和命名

1. 结构

氨基酸之间彼此通过肽键相互连接而成的化合物称为**肽**(peptide)。

含有多个氨基酸单元的聚合物,可以看作是由多个氨基酸分子,通过氨基和羧基之间脱水缩合而形成的,这种键称为**肽键**。由两个氨基酸单元构成的是二肽,由3个氨基酸单元构成的是三肽,以此类推。它们统称多肽,或简称肽。例如:

$$H_2N-\overset{R}{\overset{|}{C}}H-CO\boxed{OH+H}-NH-\overset{R}{\overset{|}{C}}H-COOH \longrightarrow H_2N-\overset{R}{\overset{|}{C}}H-\underset{\text{肽键}}{\boxed{CO-NH}}-\overset{R}{\overset{|}{C}}H-COOH$$

二肽

2. 命名

命名时由N端起,称为某氨酰某氨酸,为了书写简便起见,也常用简写来表示,例如:

$NH_2CH_2CO-NHCH_2COOH$ 甘氨酰甘氨酸或甘·甘(gly.gly)

$NH_2CH_2CO-NHCH(CH_3)COOH$ 甘氨酰丙氨酸或甘·丙(gly.ala)

天然多肽都是由不同氨基酸组成的,相对分子质量一般在10 000以下。蛋白质也是由许多氨基酸单元通过肽键组成的,但是蛋白质的相对分子质量更高,所含氨基酸单元多在100以上,结构也更复杂。

*17.5 多肽结构的测定

测定多肽的组成,一般是将多肽在酸性溶液中水解,再用色层分离方法把各种氨基酸分开,然后进行分析,从而确定组成多肽的氨基酸的种类和数量。多肽中氨基酸的排列次序是通过末端分析的方法来确定的。

用适当的化学方法使多肽链末端的氨基酸断裂下来,经过分析可以知道多肽链的两端是哪个氨基酸,这叫末端分析法。但是对于很长的肽链来说,要完全靠末端分析的方法确定所有氨基酸的连接次序,是有困难的,所以一般还要结合部分水解的方法。即先将多肽部分水解成较短的肽链,然后对这些较小的多肽进行末端分析,最后推断出原多肽分子中各种氨基酸的排列次序。可以举一个简单的例子来说明：设某三肽完全水解后，可得到谷氨酸、半胱氨酸和甘氨酸，这 3 种氨基酸可以有 6 种排列次序：

谷·半胱·甘　　半胱·甘·谷　　甘·谷·半胱

谷·甘·半胱　　半胱·谷·甘　　甘·半胱·谷

要推知该三肽是哪一种组合方式，可以把它部分水解。水解产物有两种多肽。把它们分离后分别进行末端分析；知道它们是谷·半胱和半胱·甘。由此可知，半胱氨酸是在三肽链的中间，谷氨酸在 N 端，甘氨酸在 C 端，即该三肽的结构是：谷·半胱·甘，多肽结构测定通常采用**N 端氨基酸分析法**和**C 端氨基酸分析法**。

$$\begin{array}{l} \text{HOOC—CH}_2\text{CH}_2 \qquad\quad \text{CH}_2\text{SH} \\ \qquad\qquad\quad | \qquad\qquad\qquad\quad | \\ \qquad\quad \text{H}_2\text{NCHCO—NHCHCO—NHCH}_2\text{COOH} \end{array}$$

*17.6　多肽的合成

许多蛋白质和多肽具有十分重要的生理作用，是生命不可缺少的物质。为研究天然多肽和蛋白质的结构，必须对有关多肽进行结构测定。而推测出来的结构是否完全正确，需要通过多肽的合成加以证实。这是多肽合成意义重要的一方面。另一方面，由于多肽与蛋白质有着密切的关系，进行多肽的合成又是探索蛋白质结构及其合成的必不可少的步骤。

要合成一种与天然多肽相同的化合物，必须把各种有旋光性的氨基酸按一定的顺序连接成一定长度的肽链。在需要使一种氨基酸的羧基和另一种氨基酸的氨基相结合时，要防止同一种氨基酸分子之间相互结合。因此，在合成时，必须把某些**氨基或羧基保护**起来，以便反应能按所要求的方式进行。要分别用保护基团保护氨基和羧基，这些所选用的保护基团必须具有一个重要的性质，那就是在一个特定的条件下，很容易除去，同时不会影响分子的其他部分，特别是已接好的肽键。此外，有许多氨基酸带有侧链，也需要保护，下面分别介绍氨基、羧基及侧链的保护。

1. 氨基的保护

氨基保护的两个最重要的化合物是：

(1) 氯代甲酸苯甲酯

它是用光气和苯甲醇制备的：

$$C_6H_5CH_2OH \ + \ COCl_2 \longrightarrow C_6H_5CH_2OCOCl$$

它可以看成是碳酸的单酰氯和单苯甲酯，这个酰氯有一个特点，就是用催化氢化法可以将它分解成甲苯、二氧化碳和盐酸：

$$C_6H_5CH_2OCOCl \xrightarrow[\text{Pd-C}]{H_2} C_6H_5CH_3 \ + \ CO_2 \ + \ HCl$$

它和一个氨基酸反应，就生成苯甲氧羰基化的氨基酸，产物可以再变成酰氯，和另外的一个氨基酸反应，这样就把两个氨基酸通过酰胺结合起来了：

$$^{+}NH_3CH_2CO_2^- \ + \ C_6H_5CH_2OCOCl \xrightarrow{OH^-} C_6H_5CH_2OCONHCH_2COONa$$

$$\xrightarrow{H^+} C_6H_5CH_2OCONHCH_2COOH \xrightarrow{SOCl_2} C_6H_5CH_2OCONHCH_2COCl$$

$$\xrightarrow[(2)H^+]{(1)^+NH_3CH_2CO_2^-,\ OH^-} C_6H_5CH_2OCO \vdots NHCH_2CO \vdots NHCH_2COOH$$

现在的产物如用酸或碱去水解，其结果是将两个酰胺键都水解掉(上式虚线表示酰胺键分裂处)，得回原来两分子的氨基酸和一分子苯甲醇和二氧化碳。但如果用催化氢化法进行分解，就只将苯甲氧羰基除去，而保留着两个氨基酸结合起来的产物。

在后面将看到氯代甲酸苯甲酯与氨基所形成的酰胺，在合成多肽时所起到的作用，由于它的名字及结构都比较长，按照惯例 $C_6H_5CH_2O\overset{O}{\overset{\|}{C}}—$ 用Z表示，因此未氢解前的化合物可以写成 $Z—NHCH_2CONHCH_2COOH$。

(2) 氯代甲酸三级丁酯

氯代甲酸三级丁酯 $(CH_3)_3CO\overset{O}{\overset{\|}{C}}Cl$ 具有上述氯代甲酸苯甲酯类似的性质。氯代甲酸三级丁酯和氨基酸反应，形成酰胺键，在酸性条件下不稳定，分解为氨基甲酸和三级丁基正离子，前者失去二氧化碳，再变为氨基酸：

$$(CH_3)_3CO\overset{O}{\overset{\|}{C}}Cl + {}^+NH_3CH_2CO_2^- \longrightarrow (CH_3)_3COCONHCH_2COOH$$

$$\xrightarrow[\text{乙醚}]{H^+} (CH_3)_3\overset{+}{C} + \left[\ HOCO—NHCH_2COOH\ \right] \downarrow {}^+NH_3CH_2CO_2^- + CO_2$$

三级丁基对催化氢化及稀碱都不起作用，因此在同一化合物中，如果有两个和多个的氨基，分别含有Z-或Boc-的肽键，那么用上述两种不同的分解法处理，就可以保留某一个酰胺键。

2. 羧基的保护

羧基一般可以在氯化氢作用下与甲醇或乙醇反应成为甲酯或乙酯的盐酸盐，用碳酸氢钠中和得氨基酸甲酯或乙酯。羧基也可以在对甲苯磺酸作用下与苯甲醇反应，得到苯甲酯。这些酯比酰胺更容易水解，因此可以通过稀碱在室温水解，变成羧酸盐；苯甲酯更为有用，还可以用氢解的方法除去苯甲基，得回羧酸：

$$RCONH\underset{R'}{\underset{|}{C}}HCOOCH_2C_6H_5 \xrightarrow{H_2,\ Pd\text{-}C} RCONH\underset{R'}{\underset{|}{C}}HCOOH + C_6H_5CH_3$$

3. 侧链的保护

有许多氨基酸的侧链上带有某些官能团，在合成含有这些氨基酸(如精氨酸、半胱氨酸等)的多肽时，这些侧链的基团需要保护起来，否则很容易发生氧化还原反应，一般是用苯甲基将它保护起来。

$$C_6H_5CH_2Cl + Z—NH\overset{HSCH_2}{\overset{|}{C}}HCOOR \longrightarrow \underset{Z—NHCHCOOR}{\underset{|}{C_6H_5CH_2SCH_2}}$$

这个保护基团在钠、液氨的作用下，又分解为原来的半胱氨酸，在空气中氧化，即变为一个二硫键，把两个半胱氨酸连接起来。肽键中位置不同的半胱氨酸是通过二硫键连接起来的，形成一个环。胰岛素分子中有一个小环和一个大环，在合成时，就是用苯甲基保护，等两条肽键全部合成后，用钠氨处理，然后在空气中氧化，把这两条链通过二硫键连接起来。在进行实验以前，应当考虑到这一反应的复杂性，当把 A，B 链混在一起时，有多种形成二硫键的途径。因此产物是一个非常复杂的混合物，能否生成或分离出希望得到的化合物是一个极富挑战的问题。事实上，这步反应得到的产量是非常少的。但到目前为止，还没有发现更好的保护基团，因此这一反应在多肽合成上是非常重要的。除此而外，在合成多肽时，还应当考虑高级结构的问题，如何把一个肽链按照一定的方式折叠起来。但是合成多肽的结果，说明一级结构的氨基酸可以在一定的条件下形成它特有的三级结构。

17.7　蛋白质的结构、分类

蛋白质是由氨基酸以酰胺键形成的高分子化合物，相对分子质量在 10 000 以上，常常根据蛋白质在水中的溶解情况，分为纤维蛋白（不溶于水）和球蛋白（溶于水）两类。每一种蛋白质都有特定的构象，同时存在多级结构：一级结构、二级结构、三级结构等。

1. 一级结构

蛋白质一级结构是蛋白质分子中氨基酸的连接顺序，为蛋白质最基本的结构，它决定蛋白质的空间结构，而且与蛋白质的功能也有密切关系。如我国首次成功合成的蛋白质——牛胰岛素的一级结构：

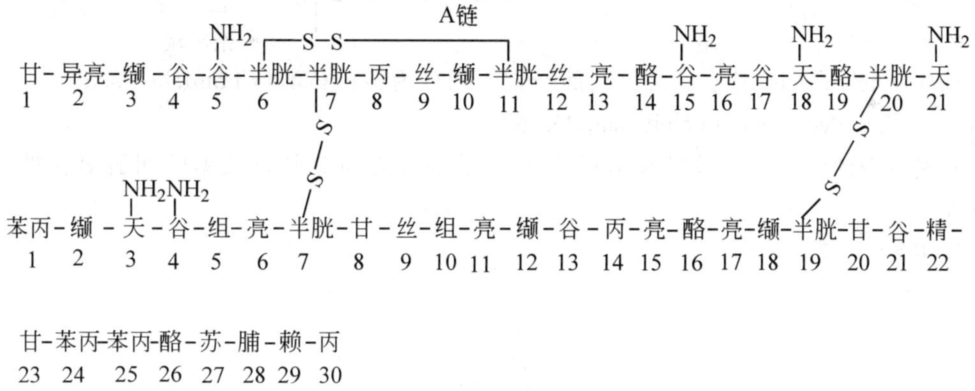

A链

甘-异亮-缬-谷-谷-半胱-半胱-丙-丝-缬-半胱-丝-亮-酪-谷-亮-谷-天-酪-半胱-天
1 2 3 4 5 6 7 8 9 10 11 12 13 14 15 16 17 18 19 20 21

（A 链 5、15、18、21 位带 NH_2；A6 与 A11 之间以 —S—S— 相连；A7 与 B7、A20 与 B19 之间以 S—S 相连）

苯丙-缬-天-谷-组-亮-半胱-甘-丝-组-亮-缬-谷-丙-亮-酪-亮-缬-半胱-甘-谷-精-
1 2 3 4 5 6 7 8 9 10 11 12 13 14 15 16 17 18 19 20 21 22

（B 链 3、4 位带 NH_2）

甘-苯丙-苯丙-酪-苏-脯-赖-丙
23 24 25 26 27 28 29 30

B链

2. 二级结构

二级结构主要是指蛋白质中主链上的原子在空间的排布情况，而不涉及侧链部分的构象。

由于肽链不是直线型的，价键之间有一定角度，而且分子中又含有许多酰胺键，因此一条肽链可以通过一个酰胺键中羰基的氧与另一酰胺键中氨基的氢形成氢键而绕成螺旋形，叫做 **α-螺旋**，这是蛋白质的一种二级结构。

蛋白质的另一种二级结构是由链间的氢键将肽链拉在一起形成“片”状，叫做 **β-折叠片**。

3. 三级结构

具有二级结构的多肽链，可按一定的方式折叠、盘曲，形成更复杂的有一定规律的空间结构，即蛋白质的三级结构。

17.8 蛋白质的性质

1. 缩二脲反应

蛋白质分子中都有—CO—NH—CHR—CO—NH—基团,所以都有缩二脲反应,即在蛋白质水溶液中加碱和硫酸铜溶液后呈紫红色。

2. 黄色反应

分子中含有苯环的蛋白质遇浓硝酸即显黄色,黄色溶液再用碱处理就会变成橙色。

3. 水合茚三酮反应

蛋白质溶液与水合茚三酮溶液作用,产生颜色反应。

17.9 核酸

17.9.1 核酸的组成

1. 核糖核酸和脱氧核糖核酸

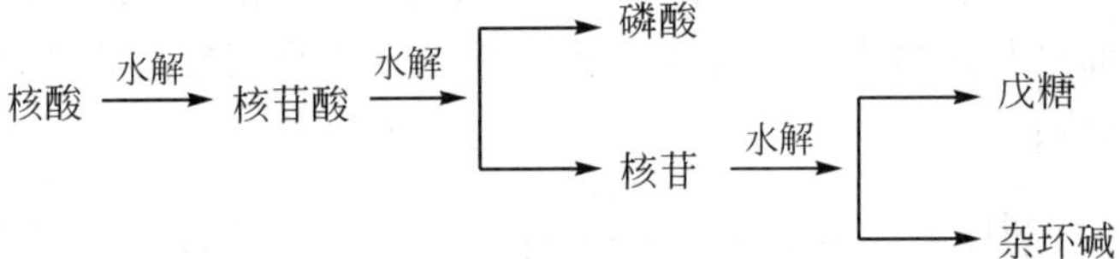

核酸(nucleic acid)按水解后得到的产物不同分为核糖核酸(ribonucleic acid,RNA)和脱氧核糖核酸(deoxy ribonucleic acid,DNA)。

水解后得到核糖的叫核糖核酸(RNA)。水解后得到 2-脱氧核糖的叫脱氧核糖核酸(DNA)。

2. RNA 组成

(1) 核糖

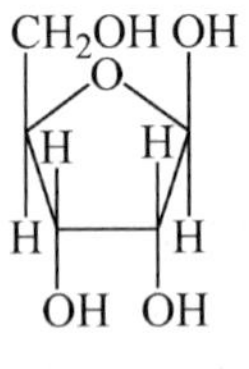

(2) 核苷

RNA 由以下 4 种核苷组成:

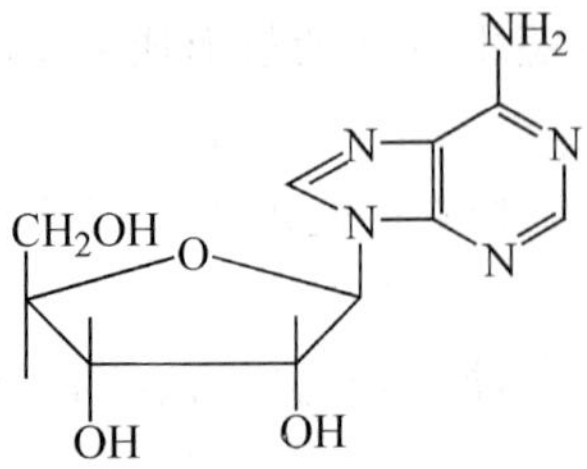

腺嘌呤核苷 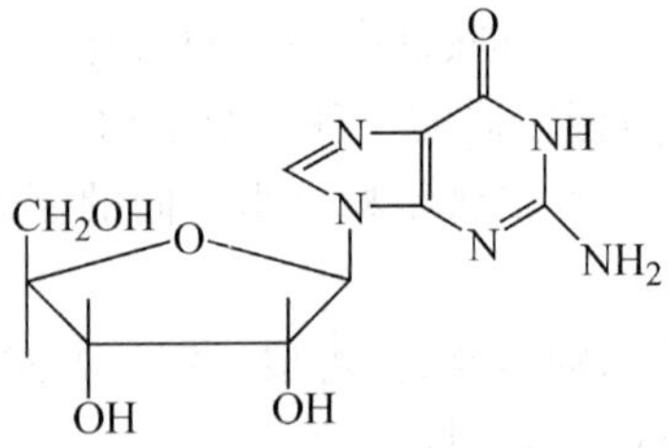　　乌嘌呤核苷

胞嘧啶核苷　　　　尿嘧啶核苷

3. DNA 组成

DNA 由脱氧核糖和核苷组成。

(1) 脱氧核糖：

2-脱氧核糖

(2) 4 种脱氧核苷：

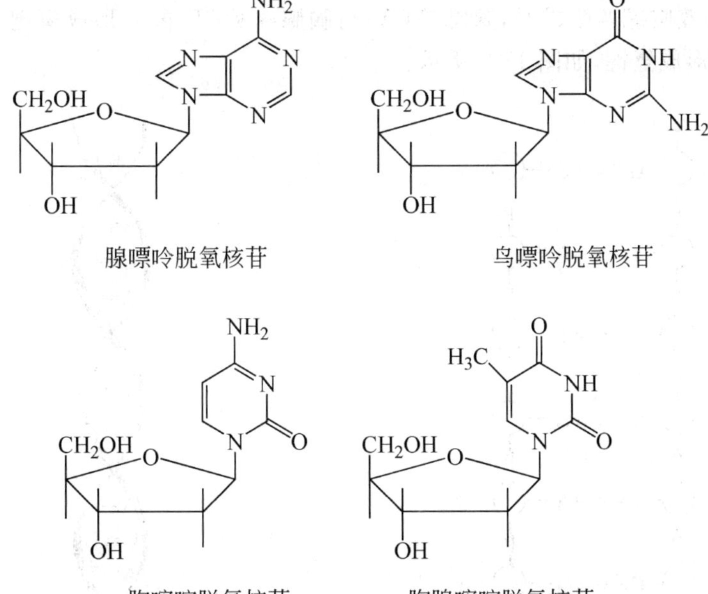

腺嘌呤脱氧核苷　　　　鸟嘌呤脱氧核苷

胞嘧啶脱氧核苷　　　　胸腺嘧啶脱氧核苷

* 17.9.2 核酸的结构

1. 一级结构

核酸的一级结构是指组成核酸的诸核苷酸之间的连接键的性质以及核苷酸之间的排列顺序，如 RNA 结构可用下式来示意：

2. DNA双螺旋的二级结构

两条反平行的DNA链沿着一个轴向右盘旋成双螺旋体,如图17-1所示。

在双螺旋体中,一条脱氧核糖核酸链上的碱基与另一条链上的碱基之间,通过氢键相互连接。嘌呤碱和嘧啶碱两两成对,腺嘌呤(A)与胸腺嘧啶(T)配对形成氢键,鸟嘌呤(G)与胞嘧啶(C)配对形成氢键,如图17-2所示。

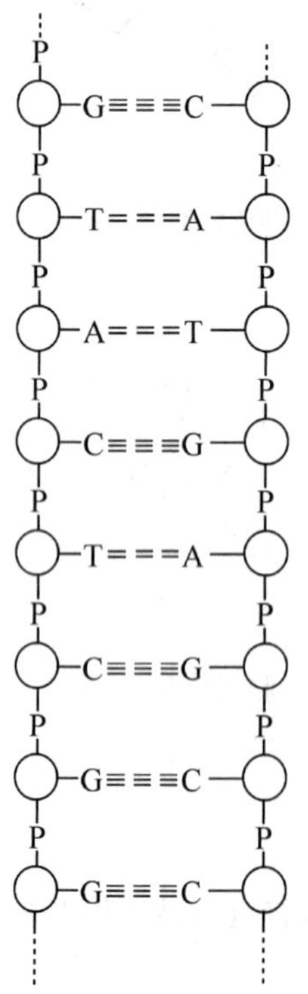

图17-1　DNA双螺旋结果

图17-2　碱基通过氢键结合

*17.9.3　核酸的功能

DNA 在有机体内控制着遗传，这是多次被试验证明的事实。例如某种肺炎球菌可以产生一种固有的荚膜。如将这种肺炎球菌的细胞膜破坏（研碎），用它的提取液和另一种属的肺炎球菌混合，其结果是后一种细菌也产生了第一种细菌所固有的荚膜。将研碎的细胞分离，并将各种成分分别和细菌试验，其结果是只有 DNA 可以使第二种细菌产生和第一种细菌相同的荚膜。

DNA 在细胞内可以复制和原来相同的 DNA。例如将一个 DNA 和脱氧核苷（腺、胸腺、鸟、胞苷）的混合物用 DNA 聚酶（可以把核苷酸连接起来的酶）处理，结果就产生了和原来完全相同的新的 DNA，关于 DNA 在细胞内的合成，一般认为是双股的 DNA 分开成两个单股，每一个单股作为一个模板，按它的互补顺序将核苷酸聚合，再形成两个新股，这样就得到两个双股的 DNA 分子，在每一个双股中，一股是新合成的，一股是原来的，碱的顺序和原来的完全相同。图 17-3 说明这个过程。黑色的双股代表原来的 DNA，下部分为两个单股，白色代表新合成的两个单股。注意，这两股的碱是互补的。

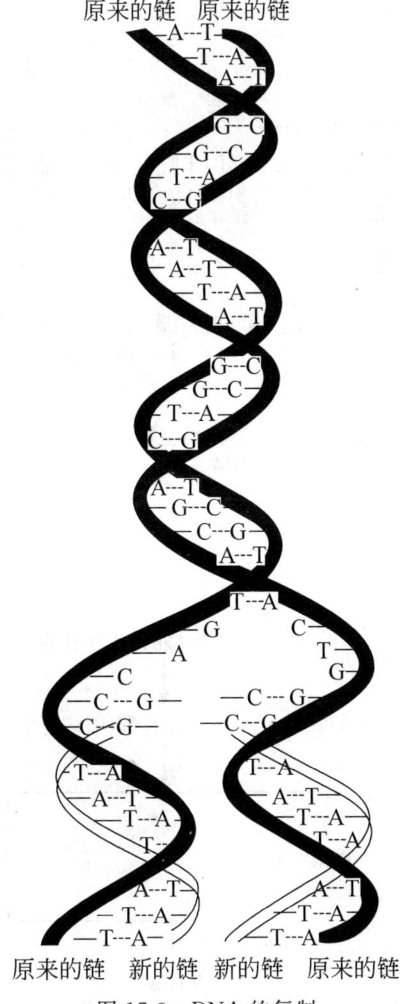

图 17-3　DNA 的复制

本章小结

1. α-氨基酸

氨基酸可分为 α-,β-,γ-,或 δ-氨基酸,但组成蛋白质的几乎都是 α-氨基酸,即 $\underset{\displaystyle NH_2}{R-\underset{|}{C}HCOOH}$。

氨基酸的 3 个特点:

(1) 天然氨基酸基本上都是 L 型;

(2) 几乎都是 α 型;

(3) 除甘氨酸外,均有手性。

2. 多肽

$H_2NCH_2CO-NHCHCOOH$ (CH 上连 CH_3)　　甘氨酰丙氨酸

$H_2N-CHCH_2CH_2CONHCHCONHCH_2COOH$ (第一个 CH 上连 COOH,第二个 CH 上连 CH_2SH)　　(谷胱甘肽)

γ-谷氨酰半胱氨酰甘氨酸

3. 蛋白质

牛胰岛素的一级结构:

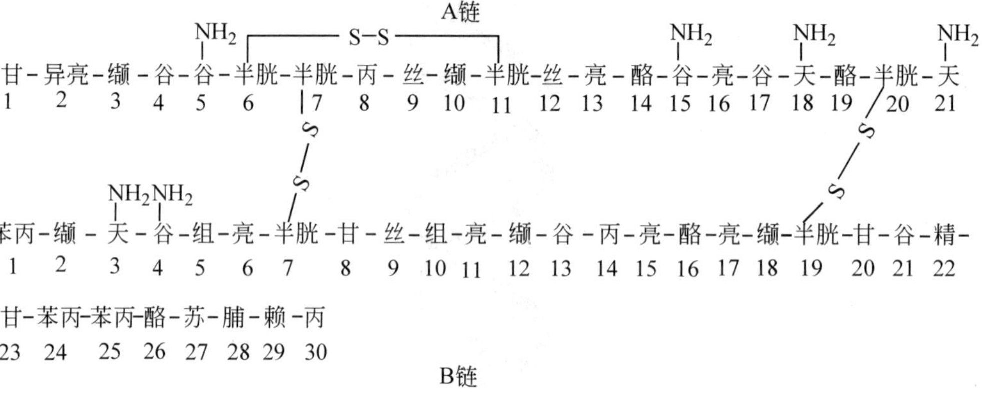

4. 核酸

核酸

核糖核酸(RNA)

脱氧核糖核酸(DNA)

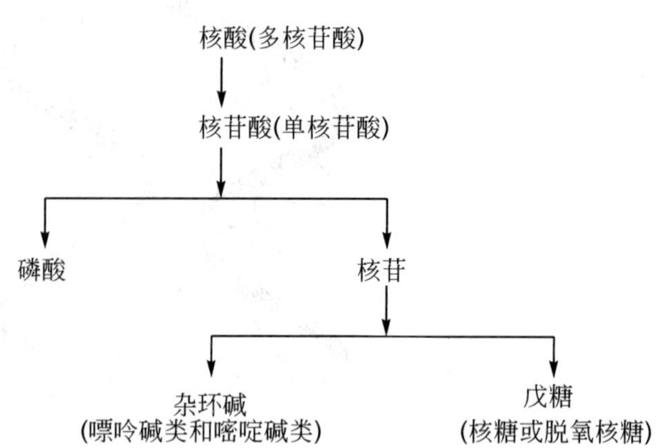

【阅读材料一】

牛胰岛素的全合成

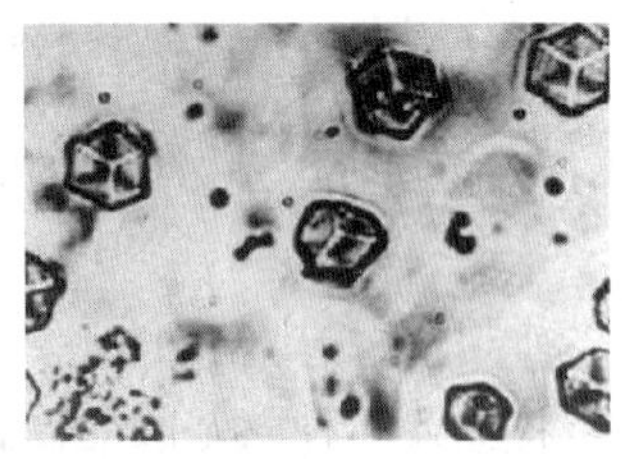

胰岛素是一种蛋白质分子，不同生物来源的胰岛素只有些微差别，牛胰岛素的化学结构最早被确定。1955 年英国科学家桑格测定、阐明牛胰岛素分子是一条由 21 个氨基酸组成的 A 链和另一条由 30 个氨基酸组成的 B 链，通过两对二硫键连接而成的一个双链分子，而且 A 链本身还有一对二硫键(见 17.7 蛋白质的结构、分类之 1. 一级结构)，桑格因此获诺贝尔奖。第二年即 1956 年，英国另一位著名科学家在国际权威的《自然》杂志评论文章中预言：“人工合成胰岛素还有待于遥远的将来”。1958 年，中科院上海生化所的科技人员大胆地提出研究“人工合成胰岛素”这一意义重大、难度很高、国际上还没有人研究的基础科研课题。

从 1960 年起，中国科学院有机化学研究所汪猷等合成了五肽、九肽、十二肽、十六肽。1965 年，汪猷等又与北京大学化学系邢其毅等合成了有 21 个氨基酸的 A 肽链，并将合成的 A 肽链与天然牛胰岛素中的 B 肽链连接成了结晶的牛胰岛素。几乎与此同时，中国科学院生物化学研究所钮经义等合成了有 30 个氨基酸的 B 肽链，然后将合成的 B 肽链与天然牛胰岛素中的 A 肽链连接成了结晶牛胰岛素。1965 年 9 月，钮经义小组、汪猷小组、邢其毅小组共同合作，将用人工方法合成的 A 肽链和合成的 B 肽链连接成了结晶的牛胰岛素，其生理活性与天然的牛胰岛素相同，经过分子结构测定，它们的结构也一样。

结晶牛胰岛素是世界上第一个化学合成的有生物活力的结晶蛋白质，人工合成胰岛素是科学上的一次重大飞跃；是生命科学发展史上一个新的重要里程碑，同时，也是我国自然科学基础研究的重大成就。

【阅读材料二】

人工合成酵母丙氨酸转移核糖核酸

酵母丙氨酸转移核糖核酸(yeast alanine transfer RNA)具有完全的生物活性，既能接受丙氨酸，又能将所携带的丙氨酸参与到蛋白质的合成体系中，因此在蛋白质生物合成中有着重要作用。而用合成方法改变 tRNA 的结构以观察对其功能的影响，又是研究 tRNA 结构与功能的最直接手段，在科学上特别是在生命起源研究上具有重大意义。我国科学工作者自 1965 年开始开展人工合成 tRNA 的研究工作，由中科院上海生物化学所、细胞生物学所、有机化学所、生物物理所和北京大学、上海试剂二厂等单位联合攻关。研究人员通过 13 年努力，历经无数次实验，利用化学和酶促相结合的方法，于 1981 年在世界上首次人工合成了 76 核苷酸的整分子酵母丙氨酸 tRNA。在世界上首次成功地人工合成化学结构与天然分子完全相同，并具有生物活性的核酸大分子——tRNA，标志着中国在该领域进入世界先进行列。这项成果获得 1984 年中科院重大科技成果奖一等奖，1987 年国家自然科学奖一等奖和陈嘉庚生命科学奖。

习　　题

17-1　乙知苯丙氨酸、赖氨酸、天冬氨酸的结构式及等电点 pI 值如下：

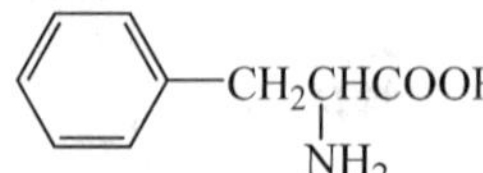

苯丙氨酸(pI 5.48)

$CH_2CH_2CH_2CH_2CHCOOH$（第一个 CH_2 与 $CHCOOH$ 上各连 NH_2）

赖氨酸(pI 9.74)

$HOOCCH_2CHCOOH$（CH 上连 NH_2）

天冬氨酸(pI 2.77)

将上述 3 种氨基酸的混合物，置于 pH 5.48 的缓冲溶液中，缓冲溶液一端接正电极，一端接负电极。3 种氨基酸分别向哪个方向运动？

17-2　选择题

(1) 下列化合物不能和茚三酮反应形成蓝紫色的是(　　)。

A. $H_2NCH_2CHCOOH$（CH 上连 NH_2）　B. $CH_2CHCOOH$（CH 上连 NH_2）　C. 蛋白质　D. $H_2N(CH_2)_5COOH$

(2) 某氨基酸溶于 pH=7 的纯水中，所得溶液 pH=6。若要使此氨基酸溶液达到等电点，可(　　)。

A. 加 HCl 溶液　　B. 加 NaCl 溶液

C. 加 NaOH 溶液　　D. 加水稀释

(3) 食用味精，即 L-谷氨酸单钠盐的结构式如下：

（Fischer 投影式：上 COONa，左 NH_2，右 H，下 CH_2CH_2COOH）

则(　　)的说法是错误的。

A. 谷氨酸属于酸性氨基酸　　B. 味精可溶于水

C. 谷氨酸不是 α-氨基酸　　D. 谷氨酸的等电点小于 7

(4) 下列 α-氨基酸中，(　　)是无旋光性的。

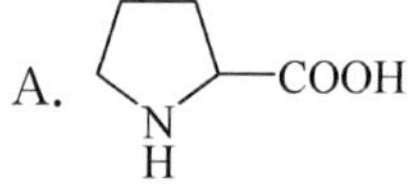

B. NH_2-CH_2COOH

C. $H_2NCH_2CH_2CH_2CH_2CHCOOH$（$CH$ 上连 NH_2）

D. $HOOCCH_2CHCOOH$（CH 上连 NH_2）

(5) 已知天门冬氨酸的结构如下式：

$HOOCCH_2CHCOOH$（CH 上连 NH_2）

关于天门冬氨酸的说法(　　)是正确的。

A. 天门冬氨酸不可以使茚三酮显色

B. 将天门冬氨酸溶液于水中，配成溶液，欲使其达到等电点需要加碱

C. 天门冬氨酸可以与亚硝酸反应放出氮气

D. 天门冬氨酸的单钠盐是味精

(6) 下列氨基酸中(　　)受热得到 δ-内酰胺。

A. $H_2NCH_2CH_2CH_2CH_2COOH$　　B. $H_2NCH_2CH_2CH_2COOH$

C. $H_2NCH_2CH_2COOH$　　D. H_2NCH_2COOH

(7) 甘氨酸与苏氨酸($CH_3\underset{HO}{\underset{|}{C}}H\underset{NH_2}{\underset{|}{C}}HCOOH$)形成的二肽苏氨酰甘氨酸,其结构式为(　　)。

A. $CH_3\underset{HO}{\underset{|}{C}}H\underset{NH_2}{\underset{|}{C}}HCONHCH_2COOH$　　B. $CH_3\underset{HO}{\underset{|}{C}}H\underset{NH_2}{\underset{|}{C}}HCONH\underset{CH_3}{\underset{|}{C}}HCOOH$

C. $NH_2CH_2CONH\underset{HO-CHCH_3}{\underset{|}{C}}HCOOH$　　D. $NH_2\underset{H_3C}{\underset{|}{C}}HCONH\underset{HO-CHCH_3}{\underset{|}{C}}HCOOH$

(8) 蛋白质最基本的结构是(　　)。

A. 一级结构　　B. 二级结构　　C. 三级结构　　D. 四级结构

17-3　下列氨基酸的等电点大于还是小于 pH7？把它们分别溶在水中,使之达到等电点应当加酸还是加碱？

(1) 甘氨酸；(2) 赖氨酸；(3) 谷氨酸。

17-4　写出下列 pH 介质中各氨基酸的主要存在形式：

(1) 缬氨酸在 pH 为 8 时；(2) 赖氨酸在 pH 为 10 时；

(3) 丝氨酸 pH 为 1 时；(4) 谷氨酸在 pH 为 3 时。

17-5　已知苏氨酸 Thr、甲硫氨酸(蛋氨酸)Met、脯氨酸 Pro 的结构式如下：

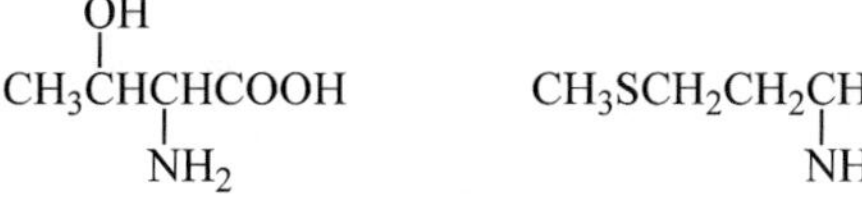

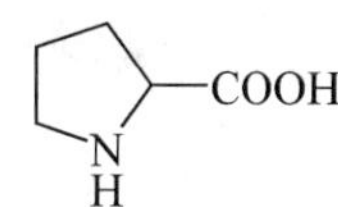

苏氨酸　　甲硫氨酸　　脯氨酸

由苏氨酸、甲硫氨酸、脯氨酸最多可组成几种多肽？分别写出它们的结构式及缩写符号、命名,并指出 N 端和 C 端。

17-6　写出苯丙氨酸发生下列反应的方程式：

(1) 加热脱水反应；(2) 与亚硝酸作用；(3) 与甲醛作用。

17-7　用化学方法鉴别下列各组化合物：

(1) 水杨酸,丙氨酸,β-氨基丙酸；(2) 葡萄糖,赖氨酸,淀粉。

17-8　化合物 A 分子式为 $C_8H_{15}O_4N_3$,1 mol A 与甲醛作用后的产物消耗 1 mol 的 NaOH,A 与 HNO_2 反应放出 1 mol N_2,并生成 B($C_8H_{14}O_5N_2$),B 经水解后得到羟基乙酸和丙氨酸,写出 A 和 B 的结构式和各步反应式。

*17-9　有一个五肽,用 2,4-二硝基氟苯处理后,经彻底水解,得到(2,4-二硝基苯基)苯丙氨酸、酪氨酸、亮氨酸、甘氨酸及丝氨酸。控制水解这个五肽,则可分出 4 个二肽 A,B,C,D。把这 4 个二肽再分别水解,A 得酪氨酸及苯丙氨酸；B 得亮氨酸及甘氨酸；C 得酪氨酸及甘氨酸；D 得亮氨酸及丝氨酸。写出这个五肽的结构。

17-10　天冬甜素是一种甜味剂,其甜度相当于食用蔗糖的 1500 倍。但没有营养,也不提供热量。天冬甜素实际上就是天冬氨酰-苯丙氨酸二肽的甲基酯,可简单表示为天冬-苯-OCH_3。

(1) 写出天冬甜素的结构式。

(2) 已知天冬甜素的等电点为5.9,写出天冬甜素在纯水中的主要存在形式。

17-11 短杆菌肽S是一种具有抗菌性质的十肽。结构分析表示,短杆菌肽S分子中没有C端。将短杆菌肽S部分水解,可产生下列二肽和三肽:亮Leu-苯丙Phe、苯丙Phe-脯Pro、苯丙Phe-脯Pro-缬Val、鸟Orn-亮Leu、缬Val-鸟Orn、脯Pro-缬Val-鸟Orn、缬Val-鸟Orn-亮Leu。

试写出短杆菌肽S的连接顺序。

18　萜类和甾族化合物

【学习提要】

- 掌握萜类化合物的概念及异戊二烯规则，了解萜类化合物结构规律及分类。
- 掌握甾体化合物概念及结构特点，懂得甾酸的基本骨架及其编号次序，了解几种常见甾体化合物的结构。

18.1　萜类化合物的概念及结构特点

若干个异戊二烯单位主要以头尾相连接而成的化合物叫萜类化合物，其结构特点是分子中的碳原子数都是5的整数倍；可以拆成若干个异戊二烯单位，且头尾相接。

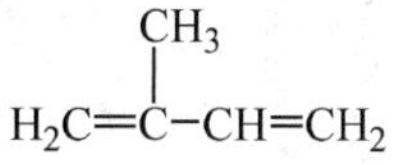

CH3
H2C=C−CH=CH2

异戊二烯

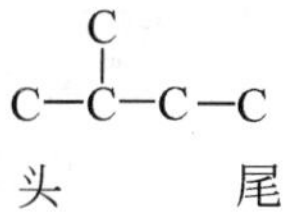

C
C−C−C−C
头
尾

异戊二烯单位

例如：

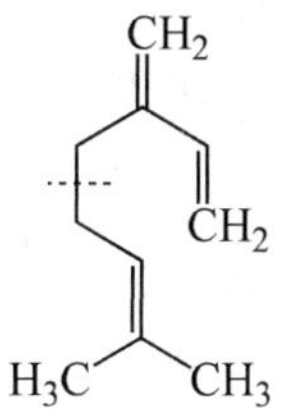

CH2
CH2
H3C
CH3

月桂烯[C(10)]
(存在于月桂树果实中)

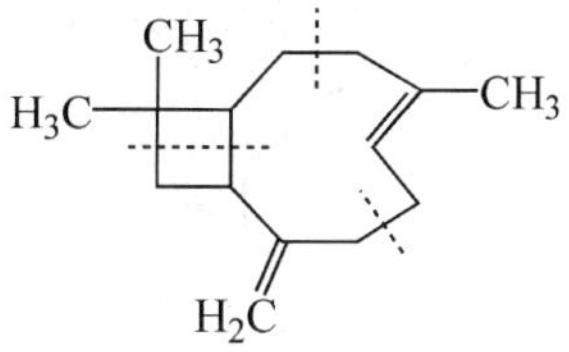

CH3
H3C
CH3
H2C

石竹烯[C(15)]
(存在于香油中)

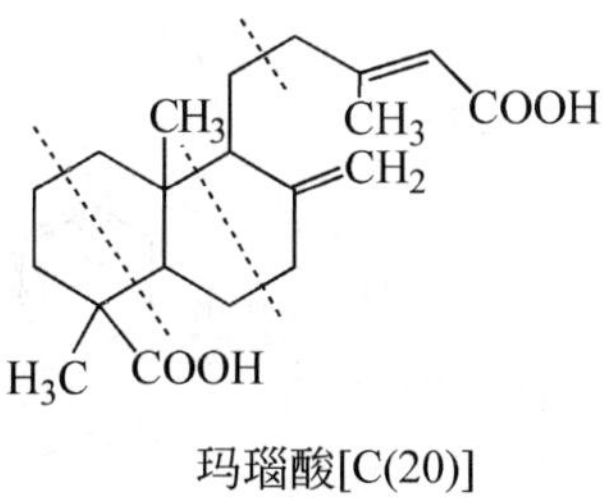

CH3
CH3
COOH
CH2
H3C
COOH

玛瑙酸[C(20)]

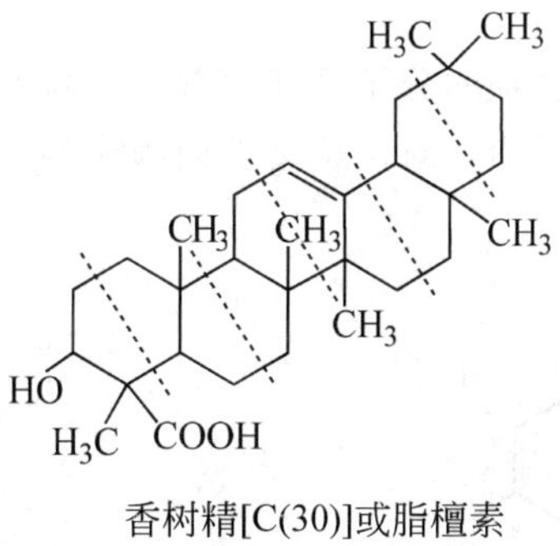

H3C
CH3
CH3
CH3
CH3
CH3
CH3
HO
H3C
COOH

香树精[C(30)]或脂檀素

18.2　萜类化合物的分类

萜类化合物常根据组成分子的异戊二烯单位的数目分为：

单萜：2 个异戊二烯单位 C(10)；

倍半萜：3 个异戊二烯单位 C(15)；

二萜(双萜)：4 个异戊二烯单位 C(20)；

三萜：6 个异戊二烯单位 C(30)；

四萜：8 个异戊二烯单位 C(40)。

萜类化合物所包括的是异戊二烯的低聚体。

18.2.1　单萜

1. 开链萜

开链萜是由两个异戊二烯单位结合成的开链化合物，它们具有如下的碳架：

其中许多是珍贵的香料，如橙花醇、香叶醇、柠檬醛等，它们都是含氧的化合物：

橙花醇
(沸点226～227℃)

香叶醇
(牻牛儿醇)
(沸点230℃)

α-柠檬醛
(牻牛儿醛或香叶醛)
(沸点228℃)

β-柠檬醛
(橙花醛)
(沸点103℃/1596Pa)

2. 单环萜

这一类化合物的分子里都含有一个六元碳环，其中比较重要的化合物是具有对孟烷碳架的薄荷醇及苧烯。对孟烷按下列顺序编号：

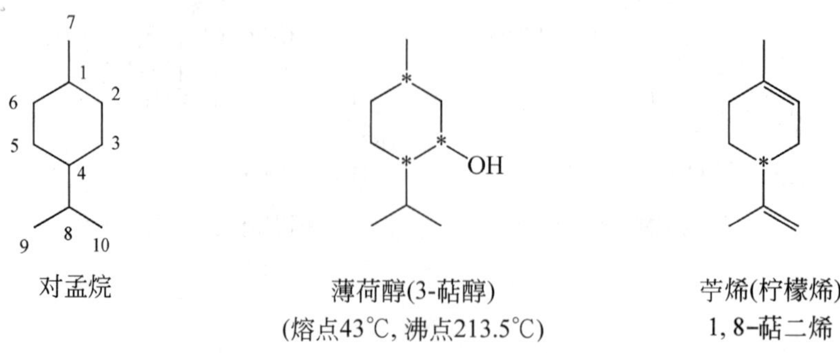

对孟烷

薄荷醇(3-萜醇)
(熔点43℃, 沸点213.5℃)

苧烯(柠檬烯)
1, 8-萜二烯

3. 二环萜

二环萜的骨架是由一个六元环分别和三元环、四元环或五元环共用两个或两个以上碳原子构成的，这类化合物属于桥环化合物，它们都有两个桥头碳原子。这一类化合物，由于桥的限制，使得某些分子中的一个六元环只能以船式存在。

桥环化合物的系统命名方法是：

(1) 将环编号，编号时是由一个桥头碳原子开始，先绕最长的桥至另一桥头，再绕次长的桥回至起始桥头，再编最短的桥。如有取代基，应使取代基号数尽可能小。

(2) 按组成两个环的碳数叫二环某烷(或烯)，在"环"与"某烷"间加一方括号。

(3) 括号内数字由大至小，依次注明每个桥上的碳原子数，数字之间以圆点分开。

例如下列桥环化合物：

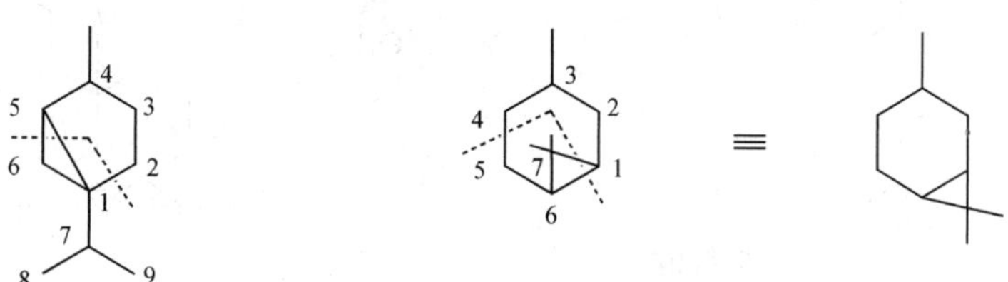

守烷
4-甲基-1-异丙基二环[3.1.0]己烷

蒈烷
3,7,7-三甲基二环[4.1.0]庚烷

蒎烷
2,6,6-三甲基二环[3.1.1]庚烷

菠烷(旧称莰烷)
1,7,7-三甲基二环[2.2.1]庚烷

18.2.2 倍半萜

倍半萜是 3 个异戊二烯单位的聚合体，例如法尼醇及山道年都属倍半萜：

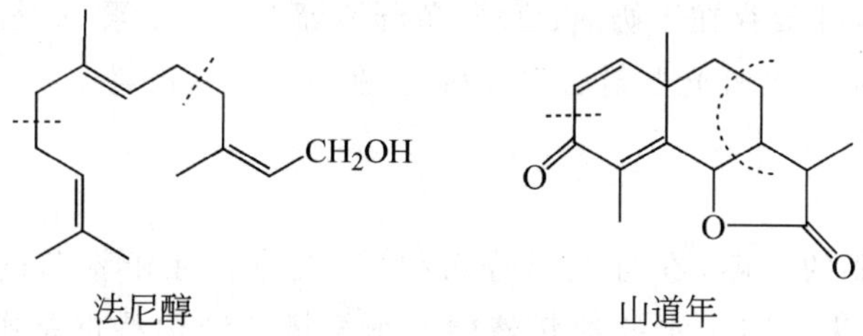

法尼醇 山道年

法尼醇也叫金合欢醇,为无色黏稠液体,沸点125℃/66.5Pa,有铃兰香气,存在于玫瑰油、茉莉花油、金合欢油以及橙花油等中,但含量都很低,是一种珍贵的香料,用于配制高档香精。

山道年是由山道年花蕾中提取出的无色结晶,熔点170℃,不溶于水,易溶于有机溶剂,分子中有一个内酯环,可被碱水解为山道年酸盐而溶于碱液中。曾是医药上常用的驱蛔虫药,其作用是使蛔虫麻痹而被排出体外。山道年对人也有相当的毒性。

18.2.3 二萜

二萜是4个异戊二烯单位的聚合体,广泛分布于动植物中。例如:

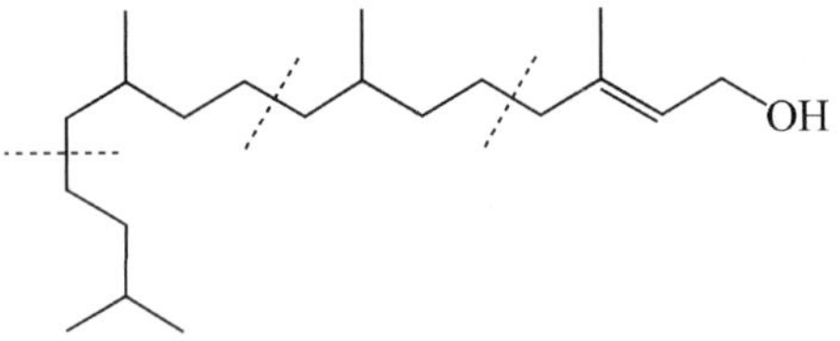

OH

叶绿醇

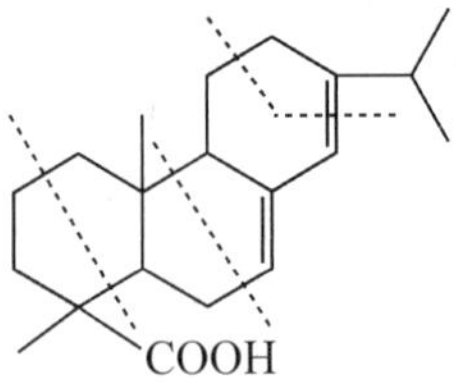

COOH

松香酸
(熔点174℃)

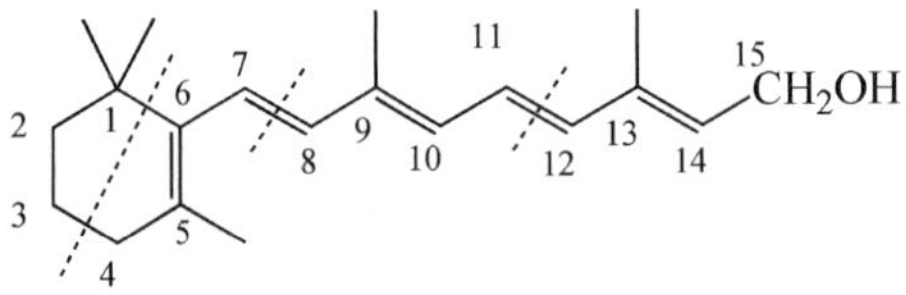

1 2 3 4 5 6 7 8 9 10 11 12 13 14 15 CH_2OH

维生素A(A_1)(熔点64℃)

叶绿醇是叶绿素的一个组成部分。用碱水解叶绿素可得叶绿醇。叶绿醇是合成维生素K_1及维生素E的原料。

松香酸是松香的主要组分,为黄色结晶,不溶于水而易溶于乙醇、乙醚、丙酮等有机溶剂。松香酸的钠盐或钾盐有乳化剂的作用,常把它加在肥皂中增加肥皂的泡沫。松香酸还用于造纸上胶、制清漆、制药等。

维生素A有A_1及A_2两种,它们是生理作用相同,结构相似的物质,叫做同系物。A_2的生理活性只有A_1的40%。通常将A_1就叫做维生素A。

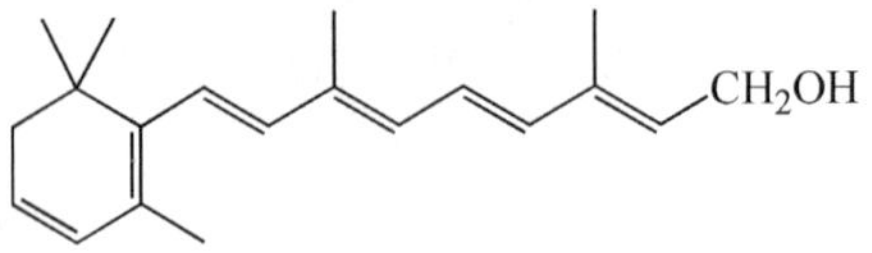

CH_2OH

维生素A_2

维生素A_1及A_2主要存在于奶油、蛋黄、鱼肝油等中。维生素A是淡黄色结晶,不溶于水而易溶于有机溶剂,受紫外光照射后失去活性,在空气中易被氧化。

18.2.4 三萜

角鲨烯是很重要的三萜,在自然界分布很广,大量存在于鲨鱼的肝中,也存在于酵母、麦芽、橄榄油中,为不溶于水的油状液体。角鲨烯的结构特点是中心对称的,在分子中心处的两个异戊二烯单位是以尾—尾相连的，它相当于由两分子法尼醇去掉两个羟基连接而成：

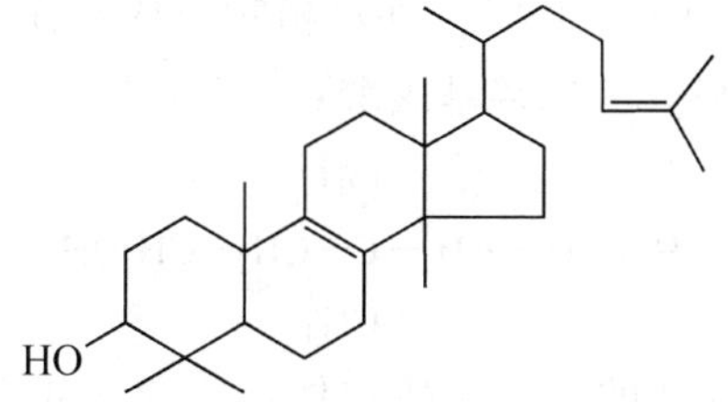

角鲨烯

角鲨烯是羊毛甾醇生物合成的前身，而羊毛甾醇是其他甾体化合物的前身：

羊毛甾醇

18.2.5 四萜

四萜在自然界分布很广，这一类化合物的分子中都含有一个较长的碳碳双键的共轭体系，所以它们都是有颜色的，多带有由黄至红的颜色，因此也常把它们叫做多烯色素。

这类化合物中最早发现的是由胡萝卜中取得的胡萝卜素。以后又发现了许多结构与胡萝卜素类似的色素，所以这一类物质又叫胡萝卜色素类化合物。它们大多难溶于水，而易溶于有机溶剂；遇浓硫酸或三氯化锑的氯仿溶液都显深蓝色，这两个颜色反应常用来定性鉴定这类化合物。

α-胡萝卜素(熔点188℃)

β-胡萝卜素(熔点184℃)

γ-胡萝卜素(熔点178℃)

胡萝卜色素类化合物的结构特点是,在分子中间部分的两个异戊二烯单位以尾—尾相连的。这类化合物中存在多个碳碳双键,理论上可能的顺反异构体是很多的,但自然界存在的这一类化合物绝大多数是全反式的构型,因为全反式的构型最稳定。

*18.3 萜类化合物的生物合成

异戊二烯规则仅仅从结构进行“解剖”,从形式上说明萜类和异戊二烯的关系。但萜并不是在生物内由异戊二烯合成的。事实上,在动植物中从没有发现过游离的异戊二烯,现已证明萜类的真正前体是 3-甲基-3,5-二羟基戊酸:

$$HO_2CH—CH_2—\underset{CH_3}{\overset{OH}{C}}—CH_2—CH_2OH$$

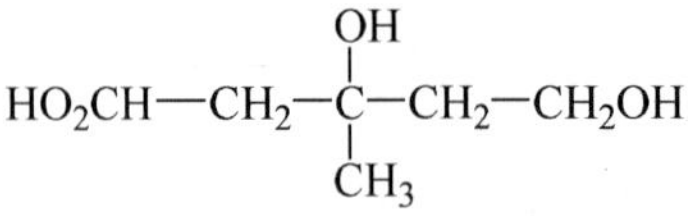

而它的前体是一种活化的醋酸。由醋酸在体内变为 3-甲基-3,5-二羟基戊酸要经过一个很复杂的过程,需要乙酰辅酶 A 的作用。乙酰辅酶 A 和二氧化碳结合成为丙二酰辅酶 A。后者再和一分子的乙酰辅酶 A 形成乙酰乙酸辅酶 A:

$$\underset{\text{乙酰辅酶A}}{CH_3COSCoA} + CO_2 \longrightarrow \underset{\text{丙二酰辅酶A}}{HO_2CCH_2COSCoA}$$

$$CH_3COSCoA + HO_2CCH_2COSCoA \xrightarrow[-\ CoASH]{-\ CO_2} \underset{\text{乙酰乙酸辅酶A}}{CH_3COCH_2COSCoA}$$

这个中间体再和一分子的乙酰辅酶 A 进行羟醛加成反应,就得一个六碳中间体,然后还原水解,产生萜的生物合成前体 3-甲基-3,5-二羟基戊酸:

$$\underset{\text{乙酰乙酸辅酶A}}{CH_3COCH_2COSCoA} \xrightarrow{CH_3COSCoA} (H_3C)(OH)C(CH_2COSCoA)(CH_2COSCoA) \xrightarrow[\text{水解}]{\text{还原}} HOOC—CH_2—\overset{H_3C\ \ OH}{C}—CH_2OH$$

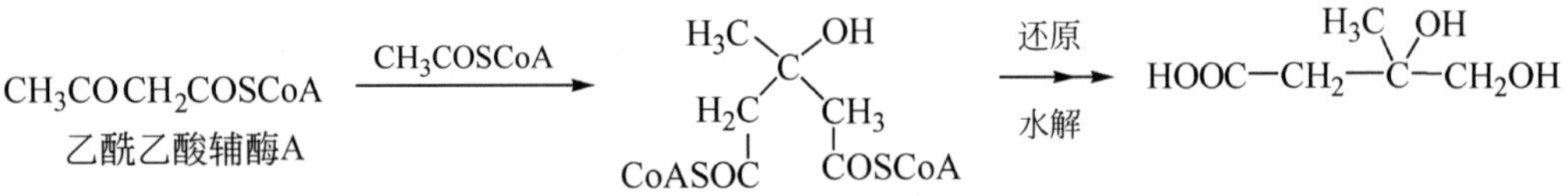

用同位素^{14}C的标记法,毫无疑问地证实了 3-甲基-3,5-二羟基戊酸是生物合成的一个有效前体。假设分别用羧基碳原子标记的醋酸衍生物为原料,用生物合成法制备 3-甲基-3,5-二羟基戊酸,则在产物中标记碳原子的位置是不同的:

羧基碳原子标记的醋酸所产生的3-甲基-3, 5-二羟基戊酸	甲基碳原子标记的醋酸所产生的3-甲基-3, 5-二羟基戊酸
$CH_3—\overset{*}{C}O_2H$	$\overset{*}{C}H_3CO_2H$
$(H_3C)(OH)\overset{*}{C}(CH_2\overset{*}{C}O_2H)(CH_2\overset{*}{C}H_2OH)$	$(H_3\overset{*}{C})(OH)C(\overset{*}{C}H_2CO_2H)(\overset{*}{C}H_2CH_2OH)$

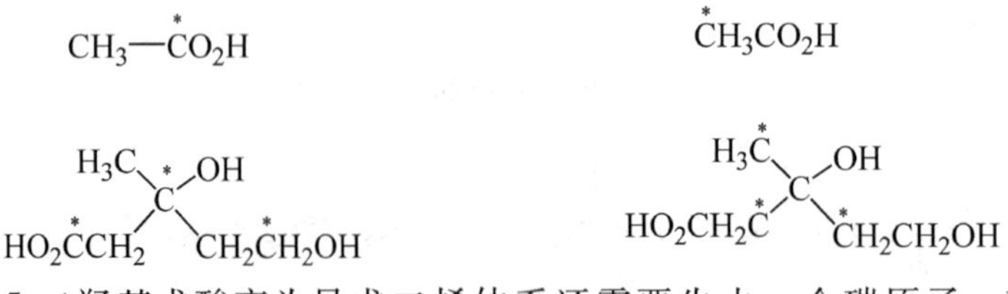

由 3-甲基-3,5-二羟基戊酸变为异戊二烯体系还需要失去一个碳原子。现在证明是经过 ATP 的作用,两个羟基分步骤地进行磷酸化,然后失去磷酸,同时失羧,得到焦磷酸异戊烯酯:

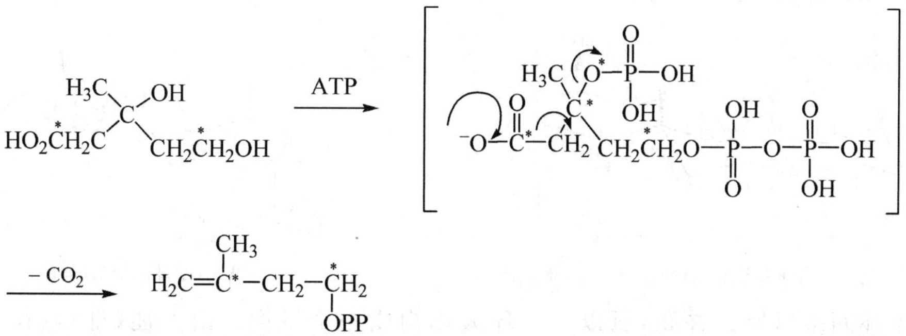

(—OPP表示焦磷酸酯, pyrophosphate)

产物中的标记碳原子,证明在 1,3 两位上。所以它的前体一定是羧基碳原子标记的醋酸。由这个五碳原子的化合物再结合就变为各种萜类化合物。上面化合物中的双键异构化后变为下列的分子(Ⅰ),可能经过一个由酶的作用产生碳正离子的步骤,然后再和一分子焦磷酸异戊烯酯聚合:

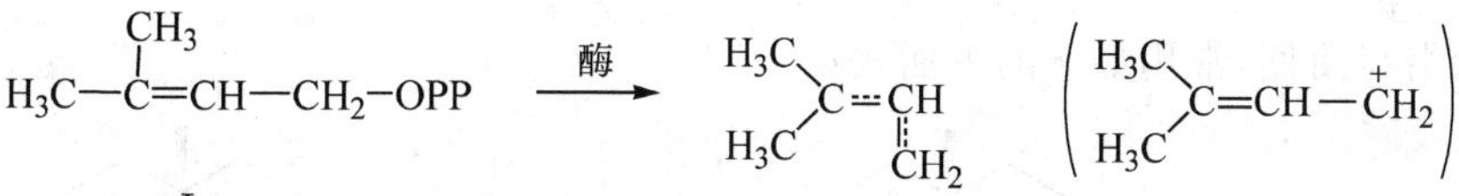

(Ⅰ)

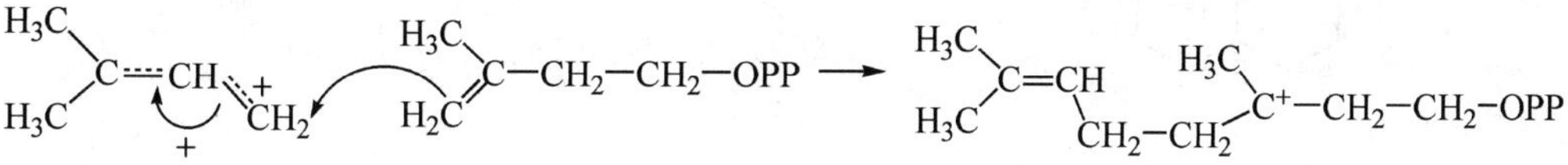

头 尾 头 尾

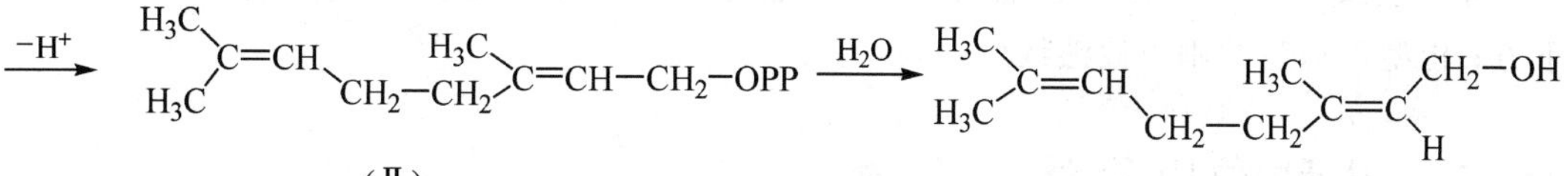

(Ⅱ)

香叶醇(单萜)

18.4 甾族化合物的概念及结构

甾族化合物是环戊烷并全氢菲的衍生物,它包含有 4 环(A、B、C、D)及 3 个侧链 R_1,R_2,R_3,形象地称为“甾”:

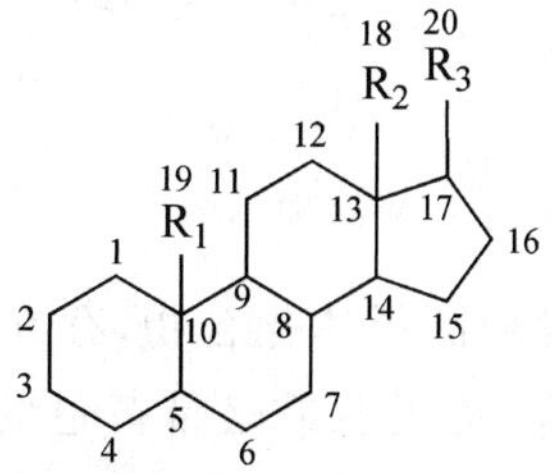

甾体化合物是由 4 个环并联的,所以每两个环间都可以有如十氢化萘的顺、反两种构型,但实际自然界的甾体化合物中的 B,C 及 C,D 环之间,绝大多数是以反式并联的,只有

A,B两环间存在顺、反两种构型：

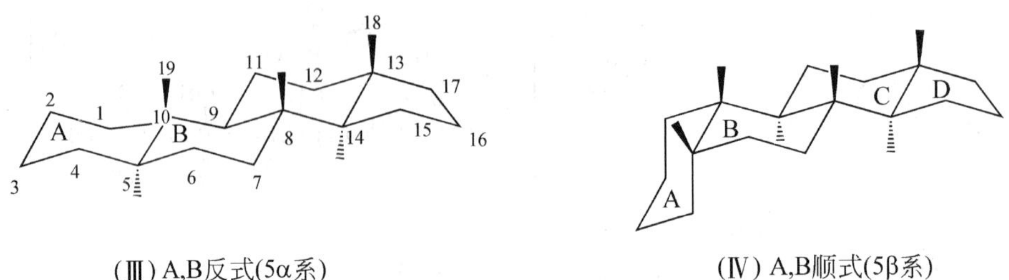

(Ⅲ) A,B反式(5α系)　　(Ⅳ) A,B顺式(5β系)

由于环间多以反式并联，所以4个环大体构成一个平面。由上述(Ⅲ),(Ⅳ)两个构象式可以看出，角甲基都位于环面的上方，这两个角甲基便被用作环上其他取代基的构型的参考标准。如果其他取代基与甲基在环面的同侧，以β表示，反之，则以α表示。例如，将此规定用于上述(Ⅲ),(Ⅳ)二式中C_5上氢的构型，则(Ⅲ)中C_5的氢应以α表示，(Ⅳ)中C_5的氢则以β表示。因此A,B两环以反式并联的，叫做α系，以顺式并联的叫做β系。

为书写简便，常用如下的平面式：

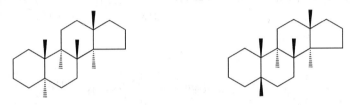

A,B反式(5α系)　　A,B顺式(5β系)

用粗线或实线表示H或其他取代基在环面上方；用虚线表示H或其他取代基在环面下方；构型不清楚的则以波浪线(～)表示。

18.5 几种常见甾体化合物

1. 胆固醇

胆固醇(cholesterol)是最早发现的甾体化合物，存在于动物的血液、脂肪、脑髓以及神经组织等中。胆固醇是不饱和仲醇，为无色或略带黄色的结晶，熔点148.5℃，在高度真空下可升华，微溶于水，易溶于热乙醇、乙醚、氯仿等有机溶剂。胆结石几乎完全是由胆固醇组成的，胆固醇的名称也是由此而来的。

胆固醇属于动物固醇，在某些情况下人体中胆固醇含量过高是有害的，例如，它可以引起胆结石或是沉积于血管壁上使动脉硬化。

2. 7-脱氢胆固醇、麦角固醇和维生素 D

7-脱氢胆固醇也是一种动物固醇，存在于人体皮肤中，经紫外光照射，B 环开环而转化为维生素 D_3：

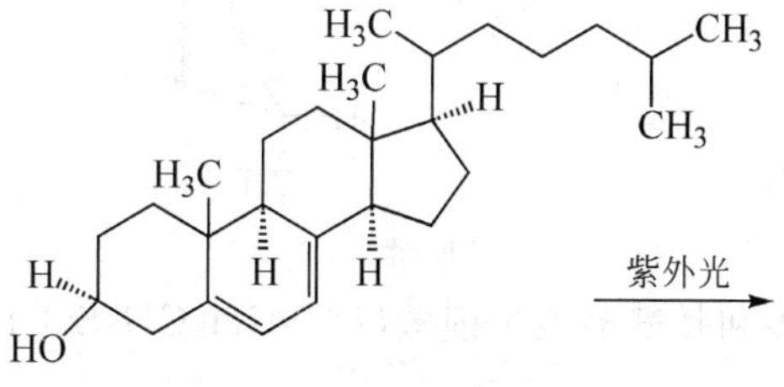

紫外光

7-脱氢胆固醇

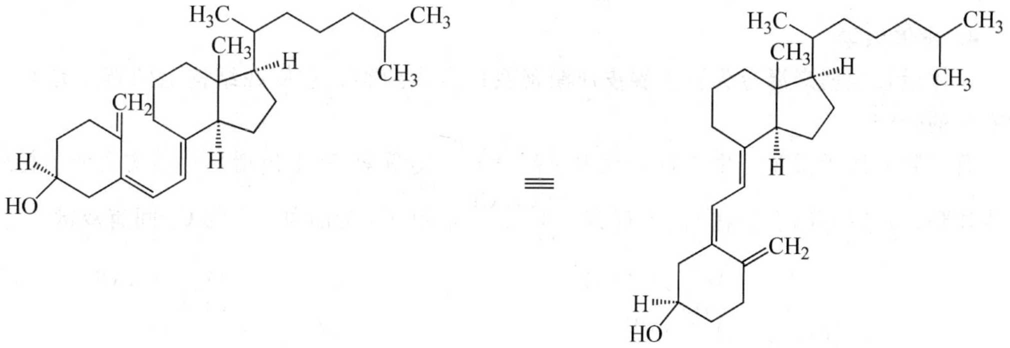

维生素D_3(熔点82～83℃)

因此多晒日光是获得维生素 D_3 的最简易方法。

麦角固醇含于酵母及某些植物中，属于植物固醇，与 7-脱氢胆固醇相比，在 C_{17} 的侧链上多一个甲基和一个双键。麦角固醇经紫外光照射时，B 环开环形成维生素 D_2：

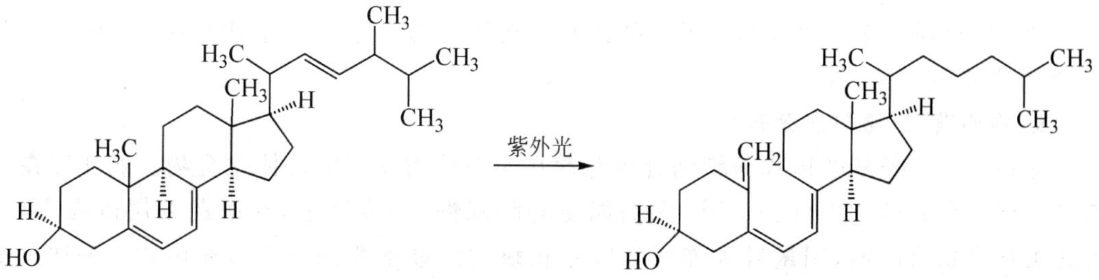

紫外光

麦角固醇

维生素D_2(熔点115～117℃)

维生素 D 实际上不属于甾体化合物，只是它可以由某些甾体化合物生成。

3. 胆酸

在大部分脊椎动物的胆汁中含有几种结构与胆固醇类似的酸，其中最重要的是胆酸：

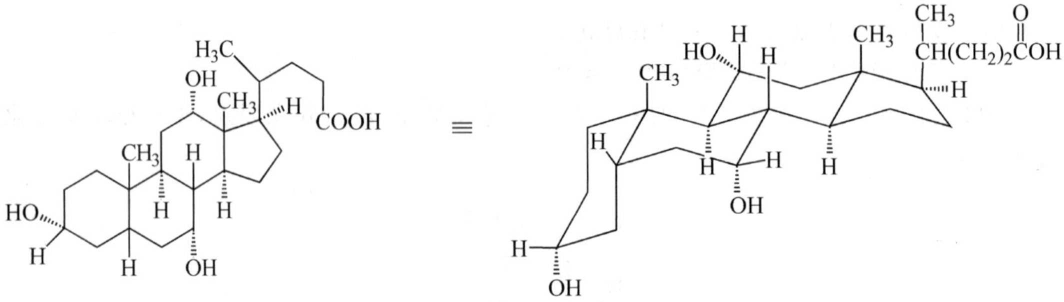

胆酸

胆酸在胆汁中大多和甘氨酸或牛磺酸($H_2NCH_2CH_2SO_3H$)的钠盐结合成酰胺存在,可以下式表示:

$$\underbrace{R-\overset{O}{\overset{\|}{C}}}_{\text{胆酸}}-NH-CH_2-COO^- Na^+$$

4. 甾体激素

甾体激素根据来源分为肾上腺皮质激素及性激素两类。它们在结构上的特点是 C_{17} 上没有长的碳链。

肾上腺皮质激素是产生于肾上腺皮质部分的一类激素,其中包括几种结构类似的物质,如皮质醇、可的松等,它们在 C_{17} 上都有 $-\underset{\overset{\|}{O}}{C}CH_2OH$ 基团,C_3 为酮基,C_4 与 C_5 间有双键。

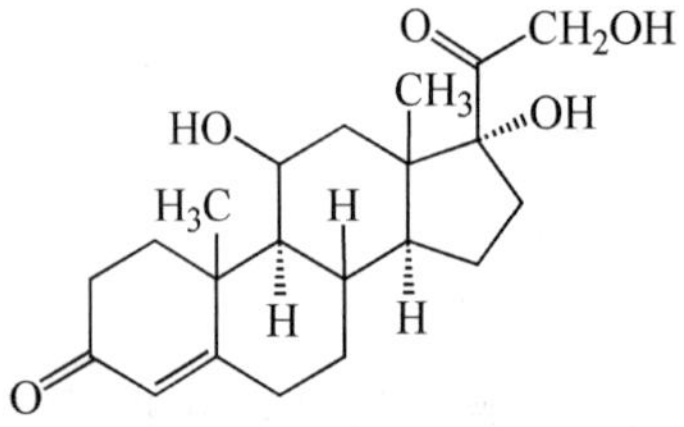

皮质醇
(氢化可的松)

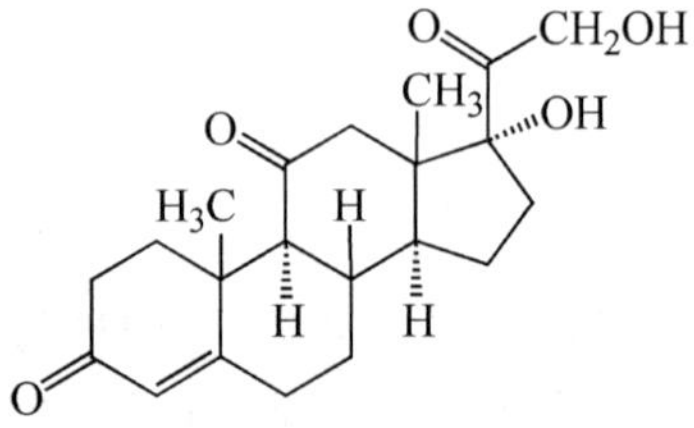

可的松

肾上腺皮质激素有调节糖或无机盐代谢等功能。其中可的松可用作治疗类风湿关节炎、气喘及皮肤病的药物。

5. 强心苷、蟾毒与皂角苷

这是一类以配基的形式与糖结合成苷存在于动植物体中的甾体化合物。例如存在于玄参科或百合科植物中的强心苷,它们能使心跳减慢,强度增加,在医药上用做强心剂。但这类化合物有剧毒,用量较大能使心脏停止跳动。最重要的强心苷是由紫花毛地黄中得到的毛地黄毒苷。将毛地黄毒苷水解,得到糖与几种甾体化合物,毛地黄毒配基就是其中之一。

蟾蜍的腮腺分泌出一种物质,叫做蟾毒,它与强心苷有相似的生理作用。蟾毒是比较复杂的分子,其中的甾体部分叫蟾毒配基。

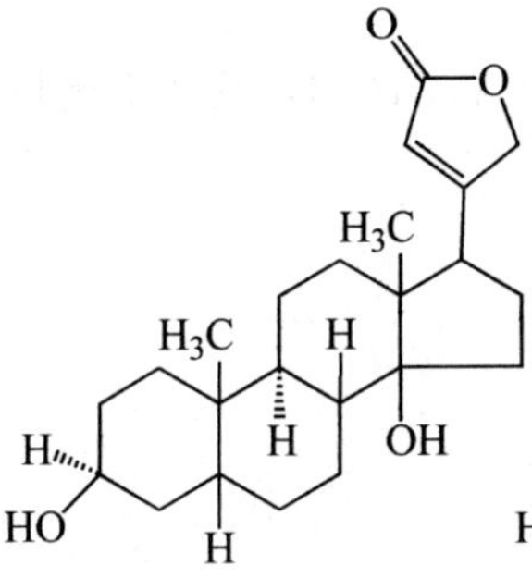

H_3C H_3C H H H OH H HO H O O

毛地黄毒配基

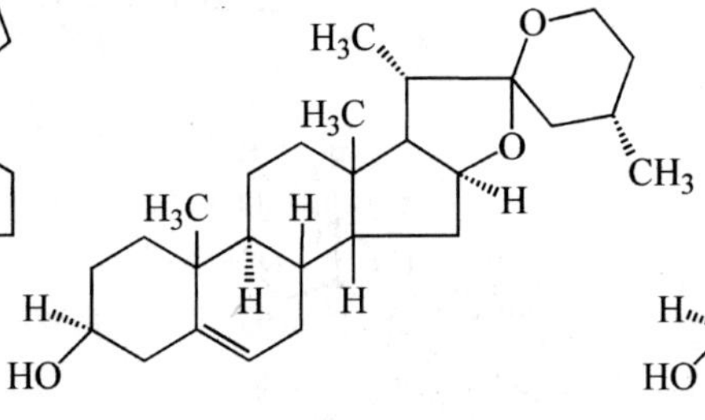

H_3C H_3C H_3C H H H H HO O H O CH_3

薯蓣皂苷配基

H_3C H_3C H H OCOCH$_3$ H H OH H HO H O O

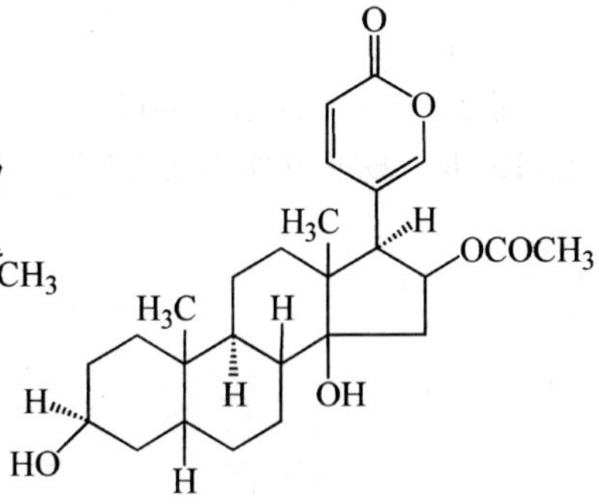

蟾毒配基

本章小结

1. 萜

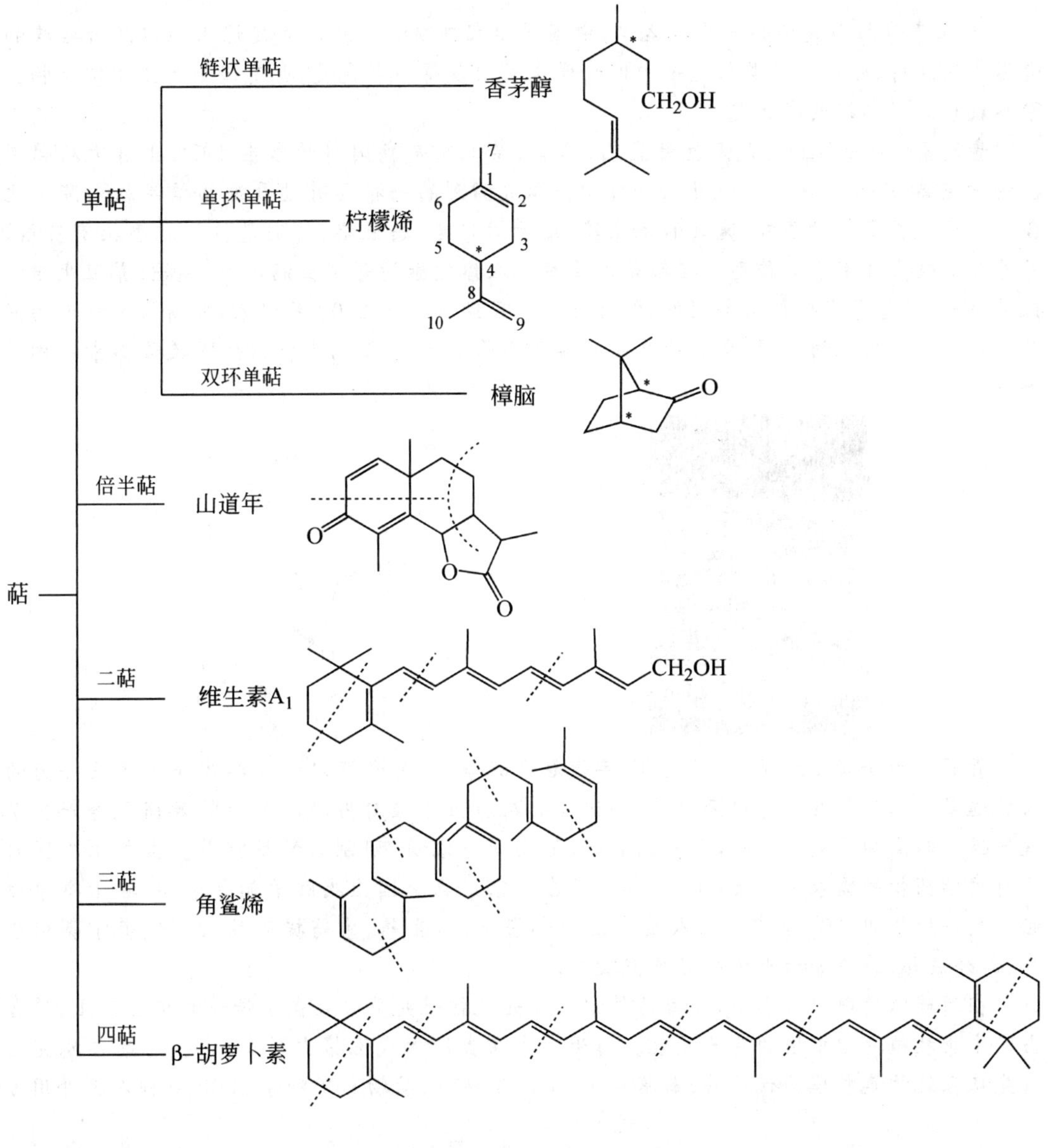

萜 — 单萜 — 链状单萜 — 香茅醇 CH_2OH

单环单萜 — 柠檬烯 7 1 2 3 4 5 6 8 9 10

双环单萜 — 樟脑 O

倍半萜 — 山道年 O O O

二萜 — 维生素A_1 CH_2OH

三萜 — 角鲨烯

四萜 — β-胡萝卜素

2. 甾

甾族化合物可称为环戊烷并全氢菲的衍生物。它包含有 4 环(A,B,C,D)及 3 个侧链 R_1,R_2,R_3,被形象地称为“甾”。

常见的甾族化合物有胆甾醇、胆酸、甾族激素、强心甾、甾体生物碱等。

【阅读材料】

青蒿素的发现

2011 年度拉斯克奖公布获奖名单,中国科学家屠呦呦因发现并提炼出用以治疗疟疾的青蒿素而获得“临床医学奖”,这是中国科学家首次获得拉斯克奖,也是迄今为止中国生物医学界获得的世界级最高大奖。

青蒿素(artemisinin)是无色结晶体,味苦、辛。它是我国科学家在 1972 年首次从菊科植物黄花蒿(*Artemisia annua Linn*)叶中提取分离到的一种具有过氧桥的倍半萜内酯类化合物。青蒿素是一种高效、速效的抗疟药,用于间日疟、恶性疟,特别是抢救脑型疟有良效,另外对血吸虫亦有杀灭作用。疟疾是严重危害人体健康的寄生虫病之一。据世界卫生组织报道,全世界每年有 2 亿余个病例,约百万人死于此病。自 2000 年以来,随着诊断技术的提升和疟疾防控措施的加强,全球疟疾死亡率已下降 25%。黄花蒿植物全图及青蒿素结构式如下:

青蒿素的研究发端于 20 世纪 60 年代越南战争,当时交战双方因疟疾而失去战斗力的人数远多于真正倒在枪林弹雨中的,而这里的疟原虫已经对当时的王牌特效药氯喹产生了抗药性。越南饱受战争之苦,民贫国弱,只好向中苏求援,研制新的抗疟药。再加上中国自己对抗疟药物的需求也很大,于是 1967 年在北京成立全国疟疾防治领导小组,数十个单位组成攻关协作组,500 多名科研人员在统一部署下,从生药、中药提取物、方剂、奎宁类衍生物、新合成药、针灸等六大方向寻求突破口。

在所选取的研究方向中,项目协作组一开始就把研究重心放在了传统的中医药上,符合当时中央扶植提倡中医的政治气氛。因为疟疾在我国古代医籍中早有记载,为此各研究组首先从系统收集整理历代医籍、本草入手,汇总了植物、动物和矿物等 2000 余种内服外用方药,并从中整理出一册《抗疟单验方集》,但没有得到令人满意的发现。

1969年,北京卫生部的中医研究院加入此项目,屠呦呦任科研组长。屠呦呦在翻查古代医籍的过程中,从东晋葛洪《肘后备急方》中"青蒿一握,水一升渍,绞取汁服,可治久疟"几句话中得到了启发,认为提取中的高温可能破坏了青蒿的有效成分。于是改进提取方法,用沸点较低的乙醚进行实验。终于在1971年10月4日,第191次实验中,观察到青蒿提取物对疟原虫的抑制率达到了100%,于是青蒿素终于被发现。

屠呦呦科研组在获得青蒿抗疟有效单体后,即着手其化学结构鉴定研究。

从1974年开始,周维善等人运用化学反应和IR,MS,NMR等现代测试手段,确定了青蒿素独特的结构,该结构的确定为深入研究青蒿素的抗疟活性提供了依据。1979年年初周维善等人进一步开展青蒿素的全合成研究,以从本草中提取的青蒿酸经双氢青蒿酸为起始物选择低温下烯醇醚的单线态氧反应成功地引入叔碳过氧基团,于1983年几乎与瑞士科学家同时到达合成的终点。随后再接再厉以香草醛起步,并于1984年成功合成了双氢青蒿酸,实现了青蒿素的全合成。

青蒿素由于存在近期复燃性高、在油中和水中的溶解度低以及难以制成合适的剂型等不足,需对其结构进行改造,以期在保持青蒿素优良药理作用的基础上开发新药,进一步改善和提高药效。而合成青蒿素衍生物蒿甲醚、蒿乙醚、青蒿琥酯、双氢青蒿素等克服了青蒿素复燃率高的弊病。

(1) 蒿甲醚。其抗疟作用为青蒿素的10~20倍,目前已开发成功的蒿甲醚注射液为主要含蒿甲醚的无色或淡黄色澄明油状溶液。

(2) 青蒿琥酯。是目前唯一的能制成水溶性制剂的青蒿素有效衍生物,给药非常方便。作为抗疟药,不但效价高,而且不易产生耐受性。

(3) 双氢青蒿素。比青蒿素有更强的抗疟作用,它由青蒿素经硼氢化钾还原而获得。

习 题

18-1 用IUPAC命名法命名下列化合物,如属萜类化合物请标明。

(1) 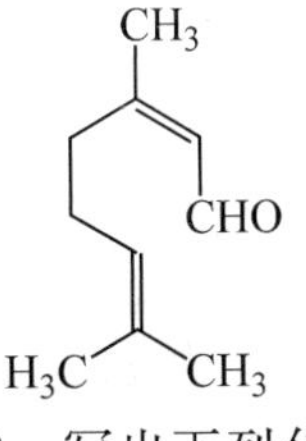 CH_3 CHO H_3C CH_3　　(2) 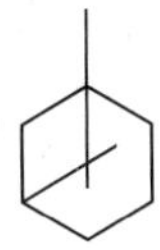　　(3) 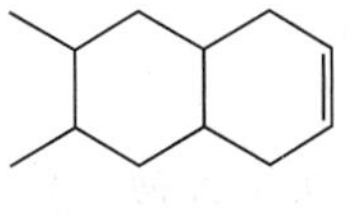　　(4)

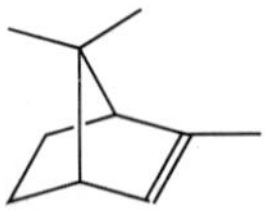

18-2 写出下列化合物的结构式。

(1) 薄荷醇 (2) α-蒎烯 (3) 樟脑 (4) β-胡萝卜素

18-3 齐墩果酸是一种抗肝炎药,存在于齐墩果树中,结构如下:

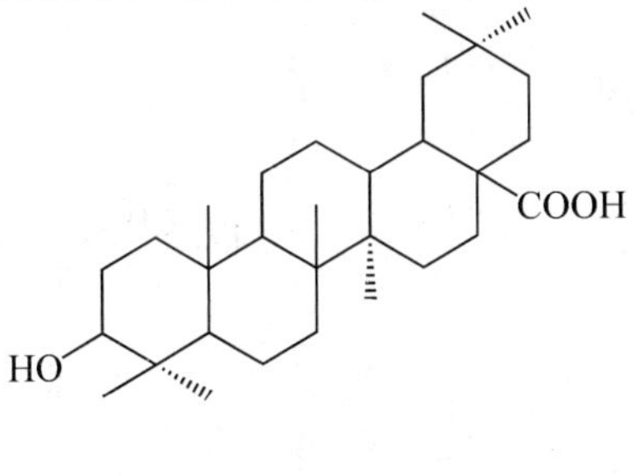

HO COOH

试划分齐墩果酸的异戊二烯单位，并指出属于哪一种萜。

18-4 画出甾体化合物的基本骨架，并标出所有碳原子的编号顺序。

18-5 用化学方法鉴别下列各组化合物。

(1) α-蒎烯，樟脑，薄荷醇；(2) 胆固醇，胆酸；雌二醇，睾丸酮。

18-6 选择题

(1) 维生素是生物体的生长和代谢所必需的微量有机物，已发现有 20 多种。其中，维生素 A (CH_2OH) 属于( )。

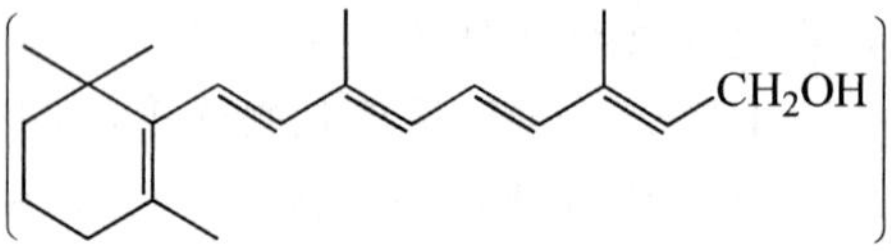

A. 甾体 B. 萜类 C. 蒽醌类 D. 生物碱

*(2) 对甾体化合物的母核的构型(如下式)，正确描述的是( )。

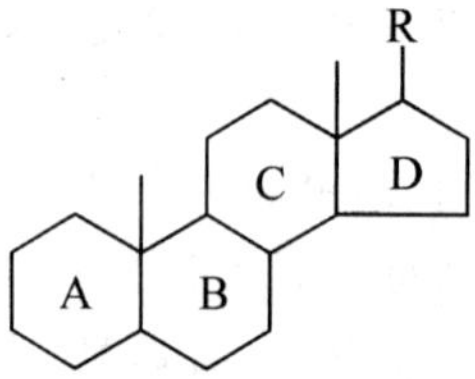

R A B C D

A. A/B 顺式，当 B/C,C/D 为反式时为正系(或称 5α-系)

B. A/B,B/C,C/D 都为顺式时为正系(或称 5α-系)

C. A/B 为反式，B/C 和 C/D 为顺式时为正系(或称 5α-系)

D. A/B 为反式，B/C 和 C/D 为反式时为正系(或称 5α-系)

(3) 下列化合物是单萜的是( )，为双萜的是( )。

A. 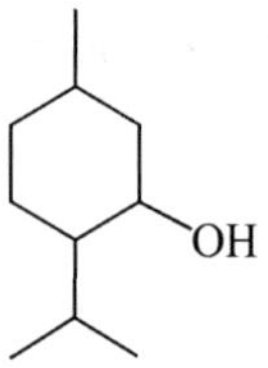 OH B. 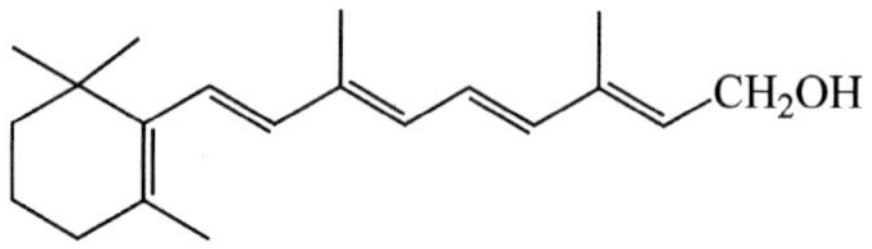 CH_2OH

C. 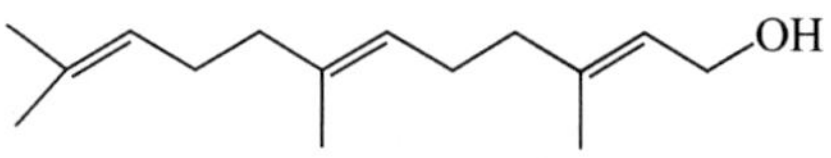 OH D.

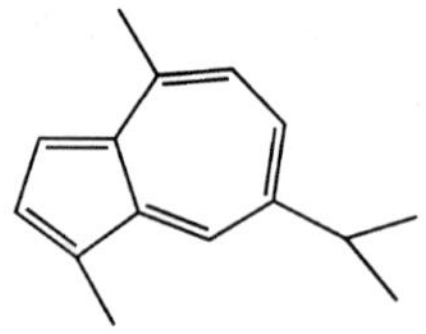

(4) 下列化合物是甾族化合物的是( )。

A. 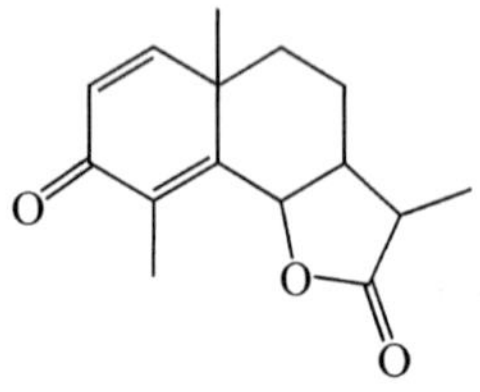 O O O B. 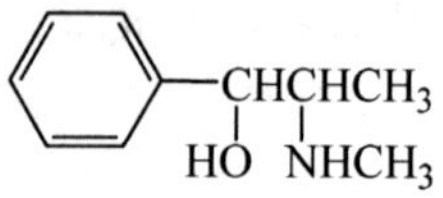 $\underset{\text{HO}}{\text{CH}}\underset{\text{NHCH}_3}{\text{CH}}CH_3$

C. 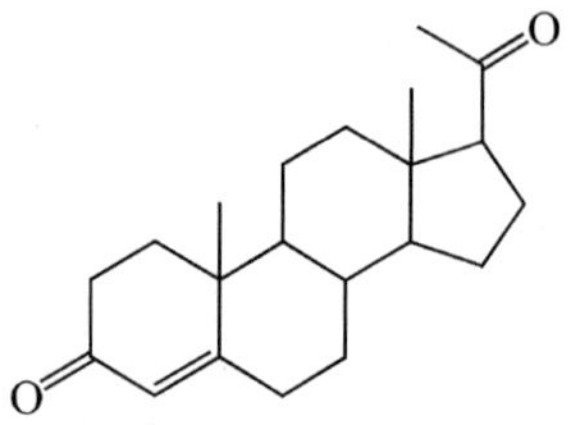 O O D. 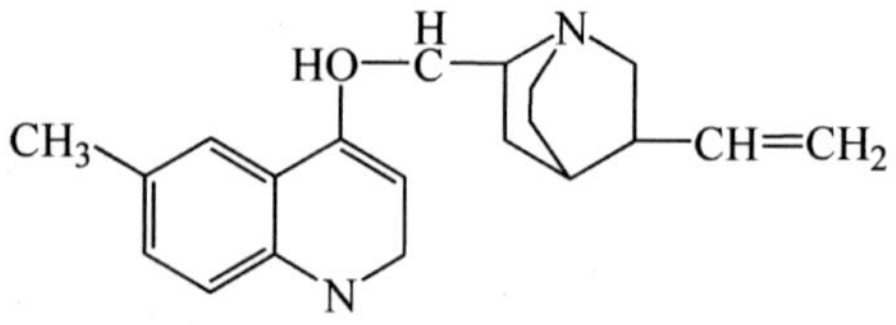 HO—$\overset{\text{H}}{\text{C}}$— N CH_3 N —$CH=CH_2$

(5) 自然界的甾体化合物中,B/C 及 C/D 环之间大多数是以(　　)并联的。

A. 反式　　B. 顺式　　C. 顺反同样

(6) 山道年是山道年花提取出的无色晶体,曾用于驱蛔虫,其结构为 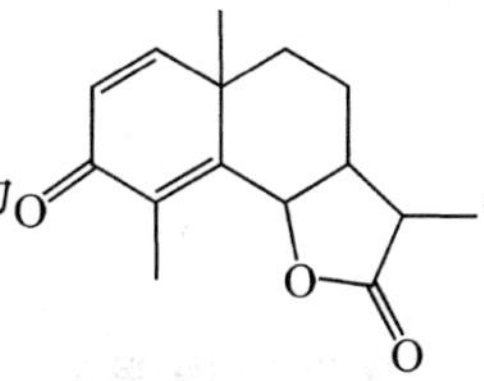 。

山道年属于萜类化合物中的(　　)。

A. 单萜　　B. 倍半萜　　C. 二萜　　D. 三萜

(7) 在甾体化合物 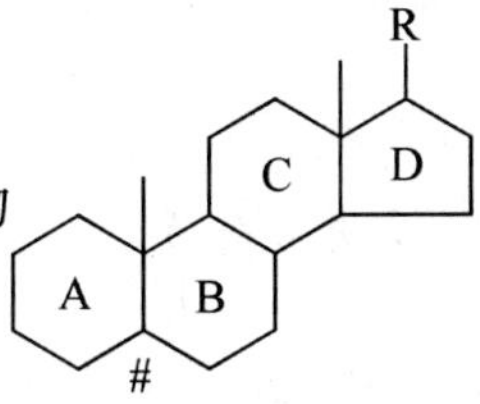 的母核中,标有"#"的 C 原子,其编号为(　　)。

A. 4　　B. 5　　C. 6　　D. 7

18-7 写出下列反应的产物:

(1) 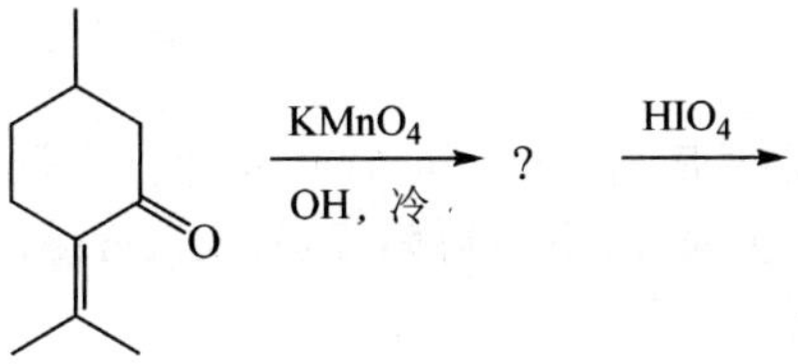 $\xrightarrow[\text{OH, 冷}]{KMnO_4}$? $\xrightarrow{HIO_4}$

(2) 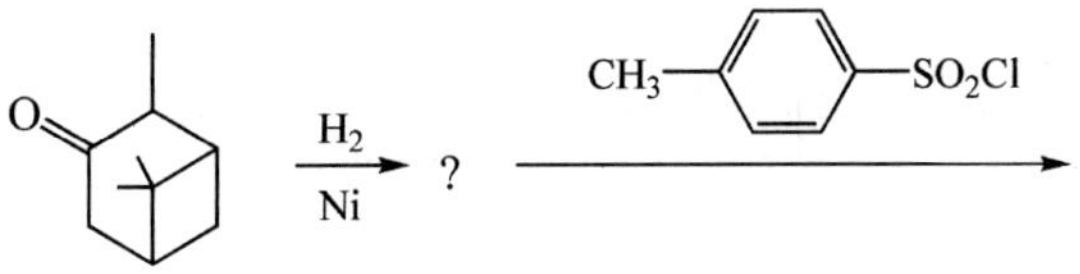 $\xrightarrow[Ni]{H_2}$? $\xrightarrow{CH_3-C_6H_4-SO_2Cl}$

(3) $\xrightarrow[OH^-]{CH_3COCH_3}$。

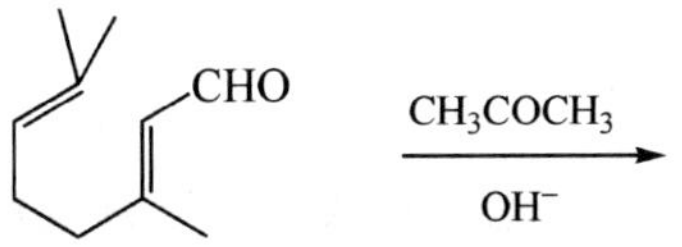

18-8 从月桂油中可分出一个萜烯($C_{10}H_{16}$),它吸收 3 mol 氢生成 $C_{10}H_{22}$,经臭氧氧化后,在 Zn 存在下水解产生 CH_3COCH_3,2HCHO,$HCOCH_2CH_2COCHO$。

(1) 与这些事实相符合的有哪些结构?

(2) 根据异戊二烯规律,这个萜烯最可能的结构是什么?

18-9 写出 $\xrightarrow{H^+}$ 的形成过程。

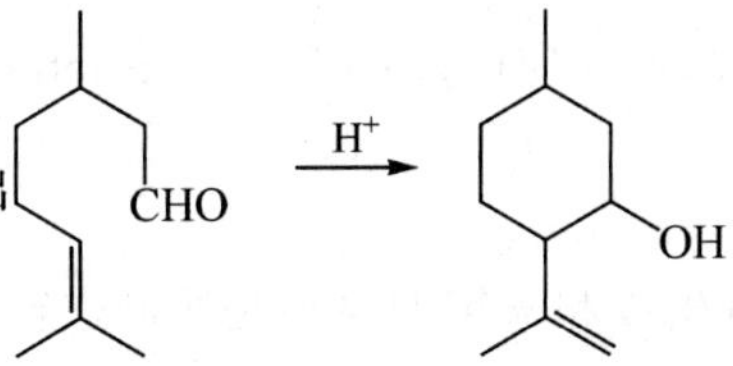

19　周环反应

【学习提要】

- 学习周环反应的特点。
- 学习、理解周环反应与分子轨道关系，熟悉分子轨道对称守恒原理、π 分子轨道的对称性、前线轨道、热反应与光反应。
- 掌握 3 类反应：

  (1) 电环化反应——$4m$ π 电子体系、$4m+2$ π 电子体系。

  (2) 环加成——[4＋2]加成、[2＋2]加成。

  (3) σ 迁移反应——σ[1,3]迁移、σ[1,5]迁移、Cope 重排、克莱森(Claisen)重排。

19.1　周环反应的分类

通过环状过渡态进行的协同反应叫做**周环反应**(pericyclic reaction)。在反应过程中，原有化学键断裂和新的化学键的形成是同步完成的，故也叫**协同反应**(concerted reaction)。按反应特点，周环反应主要分为以下 3 类。

1. 电环化反应

光或热

CH_2　CH_2　光或热

反应中都发生环合而得到环状化合物，故把通过 π 电子形成新的 σ 键成环或其逆反应叫做**电环化反应**(electrocylic reaction)。

2. 环加成反应

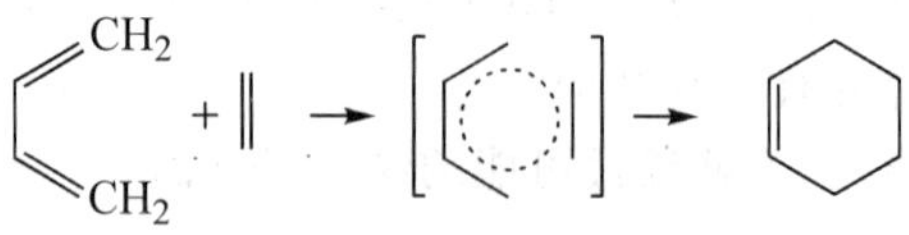

CH_2　CH_2

双烯合成(Diels-Alder 反应)为典型的环加成反应(cycloaddition reaction)，它是不同分子之间进行的成环反应。

3. σ 迁移反应

在反应过程中，旧的 σ 键断裂与新的 σ 键生成和 π 键的移动是协同进行的，一个 σ 键迁移到了新的位置，因此叫 **σ 迁移**(sigmatropic reaction)。

A-C1—C2=C3 → [C…C…C, A] → C1=C2—C3-A

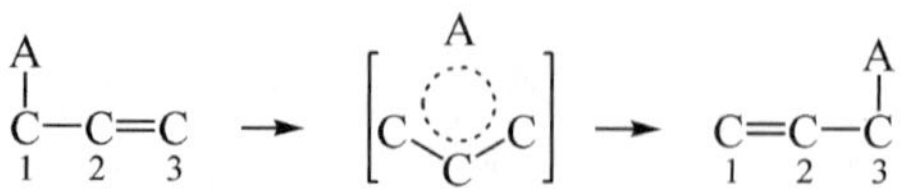

19.2 周环反应的特点和分子轨道对称守恒原理

周环反应是**协同反应**。它既不是离子型反应，也不是自由基型反应，不受酸、碱以及自由基引发剂的影响，但却具有受光或热制约的特点。反应具有极高的立体取向性，即在一定条件下一种构型的反应物只得到某一特定构型的化合物。例如顺-3,4-二甲基环丁烯在加热时生成(*Z*,*E*)-2,4-己二烯：

$$\text{顺-3,4-二甲基环丁烯} \underset{}{\overset{175℃}{\rightleftharpoons}} (Z,E)\text{-2,4-己二烯}$$

该反应产物是高度立体取向产物，(*Z*,*E*)产物纯度达 99.995%。

顺-3,4-二苯基环丁烯加热也生成(*Z*,*E*)-1,4-二苯基-1,3-丁二烯，其立体选择性高达 99%：

$$\text{顺-3,4-二苯基环丁烯} \xrightarrow{\triangle} (Z,E)\text{-1,4-二苯基-1,3-丁二烯}$$

周环化反应的特点：

(1) 反应过程中没有自由基或离子这一类活性中间体产生。

(2) 反应速率极少受溶剂极性和酸，碱催化剂的影响，也不受自由基引发剂和抑制剂的影响。

(3) 反应条件一般只需要加热和光照，而且在加热条件下得到产物和在光照条件下得到的产物具有不同的立体选择性，是高度空间定向反应。

在热反应中为什么不生成更稳定的(*E*,*E*)-异构体？为什么尽管 3,4-位上的取代基体积和电性各不相同，但反应的立体化学却完全相同？这些问题可以用分子轨道对称守恒原理来说明。

分子轨道对称守恒原理认为反应的成键过程，是分子轨道的重新组合过程，反应中分子轨道的对称性必须是守恒的。也就是说，反应物分子轨道对称性和产物分子轨道对称性必须一致。

目前，对分子轨道对称守恒原理有 3 种理论解释，其中日本京都大学教授福井谦一(K. FuKui)提出的**前线分子轨道**(frontier molecular orbital，FMO)理论较为通俗易懂。下面以(*Z*,*E*)-2,4-己二烯为例，用前线轨道理论阐述反应过程中分子轨道的对称守恒原理。

2,4-己二烯分子的 π 轨道与 1,3-丁二烯相似，见图 19-1。图中用不同花纹表示两瓣位相的不同。

在基态时，两个 π 电子占据 π_1 轨道，另两个电子占据 π_2 轨道。π_2 在此是能量最高的电子已占有的分子轨道，叫**最高占有分子轨道**(highest occupied molecular orbital，HOMO)。π 电子在这个轨道中最活泼，往往是参与反应的电子。这个轨道如何变化或全新组合决定

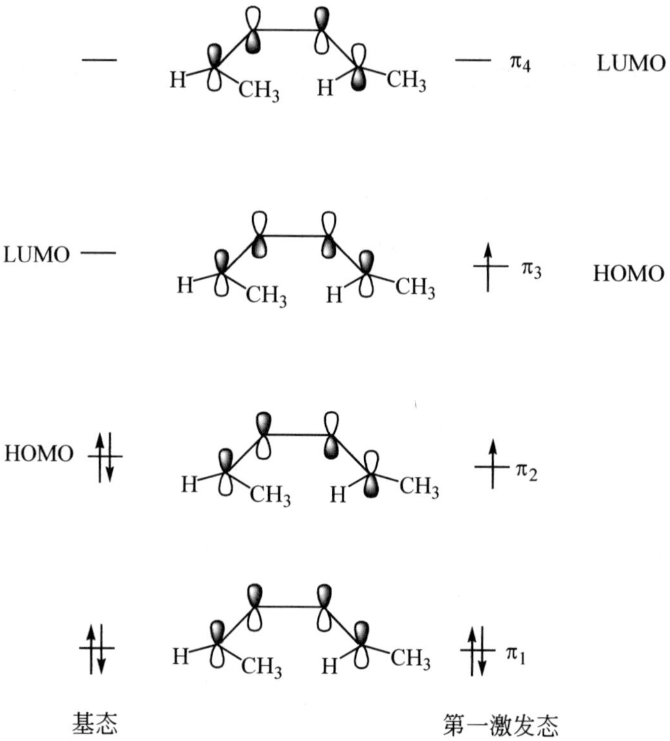

图 19-1 (*Z*,*E*)-2,4-己二烯的 π 轨道

着反应能否进行。所以 HOMO 又叫前线分子轨道(frontier molecular orbital)。另一个对反应也有同样重要作用的分子轨道是属于能量最低的电子未占有分子轨道,叫做最低空分子轨道(lowest unoccupied molecular orbital,LUMO),π_3 就是 2,4-己二烯的 LUMO。由于在光的作用下,往往有 π 电子被激发从 HOMO 进入 LUMO,所以 LUMO 也是个前线轨道。在周环反应中,前线轨道的性质决定着反应进行的途径。

根据分子轨道对称守恒原理,2,4-己二烯变成 3,4-二甲基环丁烯(或其逆反应)过程中,2,4-己二烯分子中 C_2 和 C_5 上的 p 轨道变成 3,4-二甲基环丁烯分子中的 sp^3 轨道,其对称性保持不变,即反应物和产物分子轨道对称性必须一致。在热的作用下,考虑的是基态,HOMO 为 π_2,顺旋时,C_2 上的 p 轨道或 sp^3 轨道的一瓣始终接近 C_5 上 p 轨道或 sp^3 轨道位相相同的一瓣,它们可以全叠成键。p 轨道逐渐变为 sp^3 轨道,全叠程度逐渐增加,最后生成 σ 键。反应物和产物分子轨道中都存在 C_2 对称轴。因此,**顺旋**(conrotatory)是轨道**对称性允许**(symmetry-allowed)的途径,相反,**对旋**(disrotatory)是轨道**对称性禁阻**(symmetry forbidden)的途径。

在光的作用下,考虑的是激发态,HOMO 是 π_3,情况正好与热作用相反,对旋是轨道对称性允许的,反应物和产物分子轨道中都存在对称面 σ。

19.3 电环化反应

在线型共轭体系两端,由两个 π 电子生成一个新的 σ 键或其逆反应都称为**电环化反应**。电环化反应的立体化学与共轭体系的 π 电子数目有关。

19.3.1 含 4 个 π 电子的体系

电环化反应是可逆的。根据微观可逆原则，正反应和逆反应所经过的途径是相同的。

热反应只与分子的基态有关，在基态下含 4 个 π 电子占据 π_1，π_2 两个能级最低的轨道。在反应中起关键作用的是最高占有轨道(HOMO) π_2，正如原子在反应中起关键作用的是能级最高的价电子一样。

2,4-己二烯要变成 3,4-二甲基环丁烯，必须在 C_2 与 C_5 之间生成一个 σ 键，这就要求分子两端分别围绕 C_2—C_3 和 C_4—C_5 键旋转，同时 C_2、C_5 上的 p 轨道逐渐变为 sp^3 轨道，互相成键。

C_2—C_3 和 C_4—C_5 的旋转方式有两种：顺旋就是向同一方向旋转；另一种是对旋，就是分别向不同方向旋转，如图 19-2 所示。

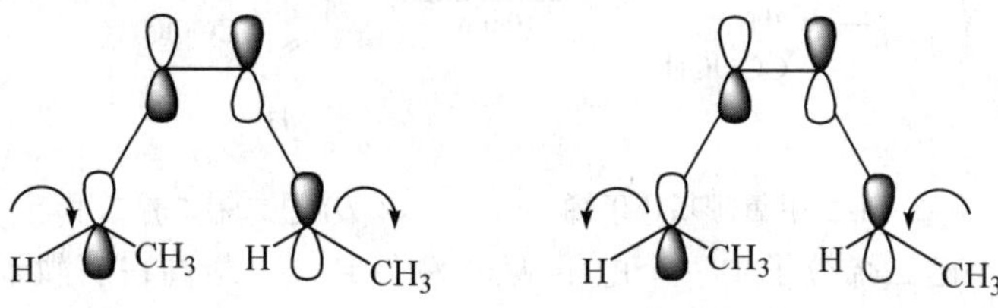

(1) 顺旋

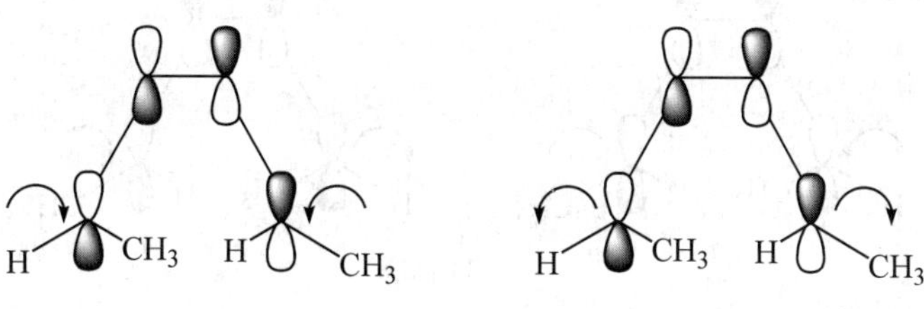

(2) 对旋

图 19-2 2,4-己二烯加热下顺旋和对旋

己二烯基态和激发态的电子分布图，参见图 19-1。

根据对称性守恒原则，从动画可以看出。在顺旋时，C_2 上的 p 轨道或 sp^3 轨道的一瓣始终接近于 C_5 上的 p 轨道或 sp^3 轨道位相相同的一瓣，它们可以重叠成键，p 轨道可以逐渐转化为 sp^3 轨道，重叠程度逐渐增加，最后生成 σ 键，π 键开始断裂，σ 键也开始生成，这使反应的活化能降低，使原料顺利变成产物。因此，顺旋是轨道对称性允许的途径。

在对旋时，C_2 上的 p 轨道或 sp^3 轨道的一瓣始终接近于 C_5 上的 p 轨道或 sp^3 轨道位相相反的一瓣，不能重叠成键，因此，对旋是轨道对称性禁阻的途径。

(Z,E)-2,4-己二烯顺旋成环应得到顺-3,4-二甲基环丁烯，按微观可逆性原则，顺-3,4-二甲基环丁烯顺旋开环应得到**(Z,E)-2,4-己二烯**：

由于电环化反应的立体化学主要取决于轨道对称性,取代基的电性是次要的,因此,顺-3,4-二苯基环丁烯和顺-3,4-二甲氧羰基环丁烯在加热时也是顺旋开环:

顺-3.4二苯基环丁烯　　(Z, E)-1,4-二苯基-1,3-丁二烯

顺-3，4-二甲氧羰基环丁烯　　(Z, E)-己二烯二酸二甲酯

在光照下,2,4-己二烯分子中一个电子从 π_2 激发到 π_3^*,最高占有轨道为 π_3^*,两种可能的旋转方向如图 19-3 所示。

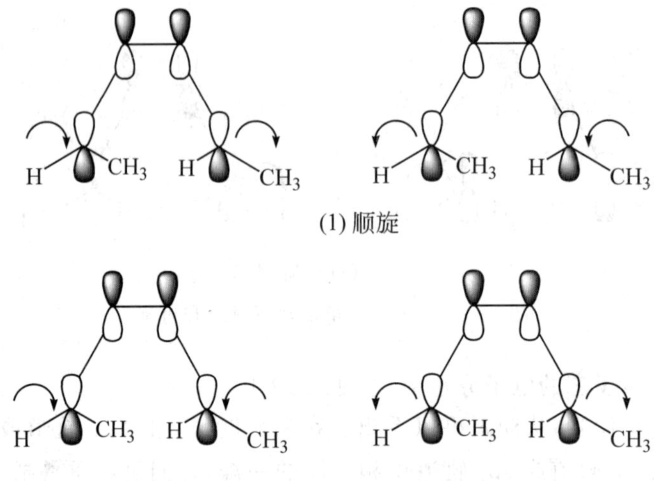

图 19-3　2,4-己二烯光照下顺旋和对旋

从图 19-3 可以看出,在对旋时 C_2 和 C_5 可以成键,是轨道对称性允许的,在顺旋时,C_2 和 C_5 不能成键,是轨道对称性禁阻的,因此,(Z,E)-2,4-己二烯在光照下应对旋生成反-3,4-二甲基环丁烯,与实验事实一致:

以上关于 2,4-己二烯的电环化反应的实验结果可总结如下：

反-3,4-二甲基环丁烯加热时，有两种顺旋方式，顺时针旋转生成(E,E)-2,4-己二烯（产率在 98％以上），逆时针旋转生成(Z,Z)-2,4-己二烯，不稳定，难生成：

反-3,4-二甲基环丁烯　　(E,E)-2,4-己二烯

值得注意的是，对称性禁阻的意义是反应沿协同反应途径进行时所需的活化能很大，但不排除反应照其他途径（如自由基机理）进行的可能性。

19.3.2　含 6 个 π 电子的体系

2,4,6-辛三烯的分子轨道如图 19-4 所示。

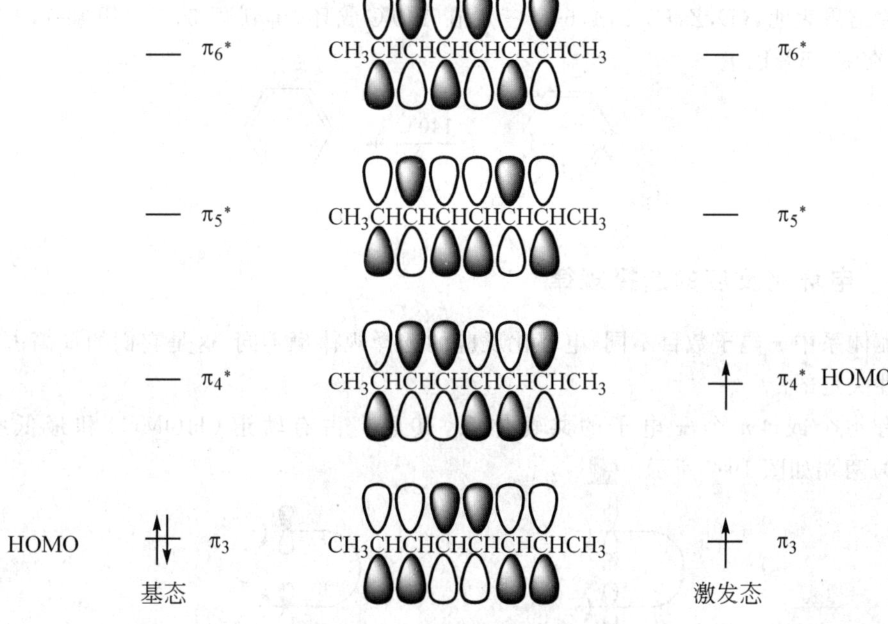

图 19-4　2,4,6-辛三烯的 π 轨道

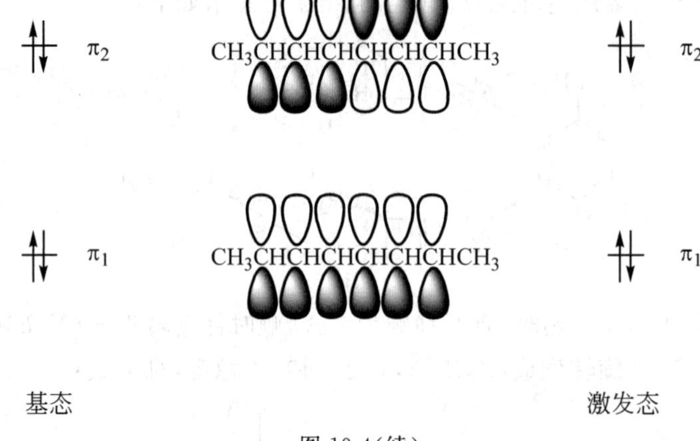

图 19-4(续)

在热反应中,最高占有轨道为 π_3,对旋时在 C_2 和 C_7 之间可以成键,是轨道对称性允许的途径,从(E,Z,Z)-2,4,6-辛三烯生成反-5,6-二甲基-1,3-环己二烯,如图 19-5 所示。

在光反应中,最高占有轨道为 π_4^*,顺旋时,C_2 和 C_7 之间可以成键,是轨道对称性允许的途径,如图 19-6 所示。

图 19-5　2,4,6-辛三烯在加热下对旋　　　图 19-6　2,4,6-辛三烯在光照下顺旋

实验结果表明,(E,Z,E)-2,4,6-辛三烯在 140℃成环,得到顺-5,6-二甲基-1,3-环己二烯,纯度在 99.5%以上:

H_3C　HH　CH_3　$\xrightarrow{140℃}$　H　H　H_3C　CH_3

19.3.3　电环化反应的选择规律

共轭体系中 π 电子数目不同,电环化反应的选择规律也不同,这是它们的最高占有轨道的对称性决定的。

含有 4 个或 4m 个 π 电子的共轭体系,其最高占有轨道(HOMO)和最低空轨道(LUMO)两端如图 19-7 所示。

图 19-7　4m π 电子体系的电环化反应

含 6 个或 $4m+2$ 个 π 电子的共轭体系，其最高占有轨道和最低空轨道两端位相如图 19-8 所示。

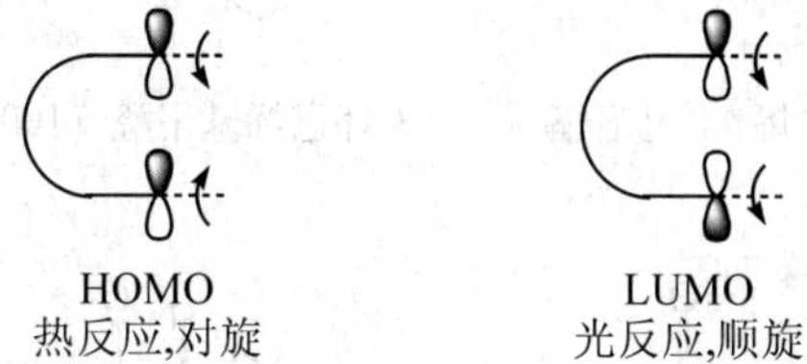

图 19-8　$4m+2$ π 电子体系的电环化反应

因此，电环化反应的选择规律可以归纳如表 19-1 所示。

表 19-1　电环化反应的选择规律

反　应	π 电子数	热反应	光反应
CH_2 CH_2 ⇌	4	顺旋	对旋
CH_2 CH_2 ⇌	6	对旋	顺旋
CH_2 CH_2 ⇌	8	顺旋	对旋

19.4　环加成反应

环加成(cycloaddition)是在两个 π 电子共轭体系中的两端同时生成两个 σ 键而闭合成环的反应。可根据两个 π 电子体系中参与反应的 π 电子数目分类。例如，由两个乙烯分子生成环丁烷为[2+2]环加成反应：

‖ + ‖ ⟶ □

由一分子丁二烯和一分子乙烯生成环己烯为[4+2]环加成反应：

CH_2 / CH_2 + ‖ ⟶

19.4.1　[4+2]环加成反应

狄尔斯-阿尔德(Diels-Alder)反应是典型的[4+2]环加成反应。丁二烯与乙烯的环加成能够进行，但产率很低。亲双烯体中双键碳原子上的吸电子取代基使加成反应容易进行。例如：

1,3-丁二烯 + 丙烯醛 $\xrightarrow{100℃}$ 3-环己烯基甲醛(100%)

马来酐 $\xrightarrow{15℃, C_6H_6}$ 4-环己烯-1,2二甲酸酐(100%)

狄尔斯-阿尔德反应具有立体专一性。

狄尔斯-阿尔德反应是指共轭二烯与亲二烯体一起加热生成环状化合物的反应,属[4+2]环加成反应,生成立体专一性的顺式加成反应产物。**二烯**和**亲二烯**体中取代基的立体关系均保持不变,但双烯体是以顺双烯构象参与反应的。

在环加成反应中,由两个分子中的 4 个 π 电子生成的两个 σ 键,成键要求两个轨道重叠,一个只能容纳两个电子,因此,只能由一个分子的已占轨道与另一个分子的未占轨道重叠。

图 19-9 [4+2]环加成(热反应)

最简单的[4+2]环加成是 1,3-丁二烯与乙烯的加成反应,如图 19-9 所示。

从图 19-9 可以看出,二烯体与亲二烯体面对面接近,是轨道对称性允许的,因此[4+2]环加成对于热反应是对称性允许的途径。

19.4.2 [2+2]环加成反应

假定两个乙烯分子面对面接近,在热反应中最高已占轨道为 π 轨道,另一个乙烯分子的最低未占轨道为 π^* 轨道,它们位相不同,是对称性禁阻的,如图 19-10 所示。

在光反应中,一个处于激发态的乙烯分子的最高占有轨道为 π^* 轨道,另一个处于基态的乙烯分子的最低未占轨道也是 π^* 轨道,它们的位相同,可以重叠成键,因此是轨道对称性允许的,如图 19-11 所示。

LUMO

HOMO

图 19-10 [2+2]热反应(禁阻)

LUMO

HOMO

图 19-11 [2+2]光反应(允许)

因此,[2+2]环加成在面对面情况下,**热反应**是禁阻的,**光反应**是允许的。

19.5 σ 迁移反应

一个以 σ 键与共轭体系的一端(一般是在烯丙基位)相连的原子或原子团，在反应后迁移到体系的另一端，这个反应叫做 **σ 键的迁移反应**(sigmatropic reaction)，也叫做 **σ 重排反应**，例如：

(1) $\underset{1}{H_2C}(\overset{1'}{A})—\underset{2}{CH}=\underset{3}{CH_2} \longrightarrow [\text{过渡态}] \longrightarrow \underset{1}{H_2C}=\underset{2}{CH}—\underset{3}{CH_2}(\overset{1'}{A})$

(2) 1,5-己二烯（碳原子标号 $1', 2', 3'$ 和 $1, 2, 3$）$\longrightarrow [\text{过渡态}] \longrightarrow$ 重排产物（$H_2C^{1'}=C^{2'}$…$C^{3'}$—C^{3}…$C^{2}=C^{1}H_2$）

为了说明反应中 σ 键迁移位置，通常把共轭体系的碳原子和迁移的原子或基团都加以标号，如(1)式叫[1,3]迁移，(2)式叫[3,3]迁移。

19.5.1 [1,3]迁移和[1,5]迁移

σ 键的迁移是通过环状过渡态的周环反应，也符合分子轨道对称守恒原则。可以用 σ[1,3]氢迁移和 σ [1,5]氢迁移的对比来说明。

如果发生 σ [1,3]氢迁移，氢作为氢原子离异，余下部分可以按烯丙基自由基的分子轨道来处理。π_2 为基态时的 HOMO，两端 p 轨道的位相不同，因此在同面的情况下，氢原子的 s 轨道不能同不同位相的两个 p 轨道交盖成键，如图 19-12 所示。

图19-12 氢原子参加的[1,3]迁移

图 19-13 氢原子参加的[1,5]迁移

因此在热的作用下，这个反应是对称性禁阻的。实际上没有发现任何 σ[1,3]氢迁移反应的存在。而 σ [1,5]氢迁移可以用氢原子的 s 轨道和戊二烯自由基的分子轨道相互作用加以处理。π_3 是基态的 HOMO，这个轨道的两端 p 轨道位相相同，可和氢原子的 s 轨道交盖成键，如图 19-13 所示。所以，σ [1,5]氢迁移反应在热作用下是对称性允许的，反应容易进行。

化合物(1)在加热时发生[1,5]迁移，有两种可能的异构物：

(1) $\xrightarrow{[1,5]H}$ (2)

（结构式：H_3C、H、D、CH_3、C_2H_5）

‖

(1) $\xrightarrow{[1,5]H}$ (3)

（结构式：CH_3、D、CH_3、H_5C_2、H）

前线轨道理论是这样来处理[1,j] σ 迁移反应的。

(1) 假定发生迁移的 σ 键发生均裂，产生一个氢原子(或碳自由基)和一个奇数碳共轭体系自由基，把[1,j] σ 迁移看作是一个氢原子(或一个碳原子自由基)和一个奇数共轭体系自由基移动来完成的。

(2) 它认为在[1,j] σ 迁移反应中，起决定作用的分子轨道是奇数碳共轭体系中含有单电子的前线轨道，反应的立体选择性完全取决于该分子轨道的对称性。

(3) 为了满足对称性合适的要求，新的 σ 键形成时必须发生同相的重叠。

19.5.2　[3,3]迁移

最简单的[3,3]迁移为：

$$\begin{matrix} \overset{1}{H_2C}-\overset{2}{CH}=\overset{3}{CH_2} \\ | \\ \underset{1'}{H_2C}-\underset{2'}{CH}=\underset{3'}{CH_2} \end{matrix} \longrightarrow \begin{matrix} \overset{1}{H_2C}=\overset{2}{CH}-\overset{3}{CH_2} \\ | \\ \underset{1'}{H_2C}=\underset{2'}{CH}-\underset{3'}{CH_2} \end{matrix}$$

可以看作 1,5-二烯 1,1′-位发生均裂，形成两个烯丙基自由基。两个烯丙基自由基 π_2 非键轨道相互作用可生成重排产物。

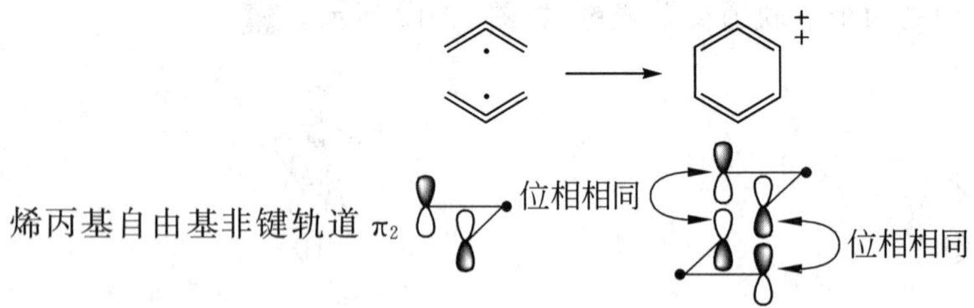

[3,3]迁移是例证最多的 σ 迁移反应。通常把 1,5-二烯通过[3,3]-σ-迁移方式发生的重排称为 **Cope 重排**。

乙烯醇的烯丙醚也可以起类似的迁移反应，这种有 C—O 键参与的[3,3]迁移反应叫做**克莱森**(Claisen)**重排**。例如：

$$\begin{matrix} H_2C-CH=CH_2 \\ | \\ O-CH=CH_2 \end{matrix} \xrightarrow{\triangle} \begin{matrix} H_2C=CH-CH_2 \\ | \\ O=CH-CH_2 \end{matrix}$$

3-(乙烯氧基)-丙烯　　　　4-戊烯醛

克莱森重排最早研究的对象是烯丙基苯基醚。在酚醚中，烯丙基迁移到邻位碳原子上，若两个邻位被占据，则烯丙基迁移到对位上：

$$\text{C}_6\text{H}_5\text{OCH}_2\text{—CH=CH}_2 \xrightarrow{\triangle} o\text{-HOC}_6\text{H}_4\text{CH}_2\text{—CH=CH}_2$$

$$2,6\text{-(H}_3\text{C)}_2\text{C}_6\text{H}_3\text{OCH}_2\text{—CH=CH}_2 \xrightarrow{\triangle} 4\text{-(H}_2\text{C—CH=CH}_2\text{)-}2,6\text{-(H}_3\text{C)}_2\text{C}_6\text{H}_2\text{OH}$$

若烯丙基 γ-碳原子上一个氢被烷基取代，则重排后烯丙基以 γ-碳原子与苯环的邻位相连：

$$\text{C}_6\text{H}_5\text{O}\overset{\alpha}{\text{CH}_2}\text{—}\overset{\beta}{\text{CH}}\text{=}\overset{\gamma}{\text{CH}}\text{—CH}_3 \xrightarrow{\triangle} o\text{-HOC}_6\text{H}_4\overset{\alpha}{\text{CH}}(\text{CH}_3)\text{—}\overset{\beta}{\text{CH}}\text{=}\overset{\gamma}{\text{CH}_2}$$

若迁移至对位，则以 α-碳相连：

$$2,6\text{-(H}_3\text{C)}_2\text{C}_6\text{H}_3\text{O}\overset{\alpha}{\text{CH}_2}\text{—}\overset{\beta}{\text{CH}}\text{=}\overset{\gamma}{\text{CH}}\text{—CH}_3 \xrightarrow{\triangle} 4\text{-(}\underset{\alpha}{\text{H}_2\text{C}}\text{—}\underset{\beta}{\text{CH}}\text{=}\underset{\gamma}{\text{CH}}\text{—CH}_3\text{)-}2,6\text{-(H}_3\text{C)}_2\text{C}_6\text{H}_2\text{OH}$$

本章小结

1. 电环化

π 电子数	加热	$h\nu$
$4m+2$	对旋	顺旋
$4m$	顺旋	对旋

2. 环加成

4+2	对称性允许	对称性禁阻
2+2	对称性禁阻	对称性允许

3. σ 迁移

H	同面	异面
[1,3]	禁阻	允许
[1,5]	允许(加热可进行)	禁阻
[1,7]	禁阻	允许
C		
[1,3]	允许，构型翻转	允许，构型保持
[1,5]	允许，加热易进行，构型保持	允许，构型翻转

【阅读材料】

化学家简介

罗尔德·霍夫曼(**Roald Hoffmann**,1937年7月18日—),美国化学家,1981年因为利用分子轨道对称守恒原理来解释化学反应而获得诺贝尔化学奖。现任教于康奈尔大学(Cornell University)。

霍夫曼出生于波兰泽洛齐夫(Zolochiv)(现属于乌克兰)的一个犹太家庭。1949年移居美国。霍夫曼1955年毕业于史岱文森高中(Stuyvesant High School),曾获西屋科学奖(Westinghouse Science Scholarship)。1958年,霍夫曼在哥伦比亚大学(Columbia College)获得学士学位。1960年在哈佛大学(Harvard University)获得文学硕士(Master of Arts)学位。在哈佛大学研究期间,霍夫曼在小威廉·纳恩·利普斯科姆(William N. Lipscomb, Jr.)(后于1976年获得诺贝尔化学奖)的指导下获得博士学位。在利普斯科姆(Lipscomb)指导下,霍夫曼和劳伦斯·劳尔(Lawrence Lohr)研究得出了"推广的休克尔方法"。这一方法后来经霍夫曼进一步推广。1965年起,霍夫曼在康奈尔大学任教,后成为荣誉退休教授。

福井谦一(**Kenichi Fukui**,1918年10月4日—1998年1月9日),日本化学家。由于在1951年提出直观化的前线轨道理论(frontier orbitals theory),与罗尔德·霍夫曼(Roald Hoffmann)共享1981年诺贝尔化学奖,他是第一位获得诺贝尔化学奖的日籍科学家。

1918年10月4日,福井出生于日本奈良县。1938年,考入京都帝国大学(Kyoto Imperial University)工业化学系。1941年大学毕业后,在陆军燃料实验室(the Army Fuel Laboratory)从事合成燃料的研究,研究成果于1944年获奖。1943年,任京都帝国大学燃料化学系讲师。1945年,任助理教授。1951年,任教授。1951年,福井谦一发表了前线轨道理论的第一篇论文《芳香碳氢化合物中反应性的分子轨道研究》(A Molecular Orbital Theory of Reactivity in Aromatic Hydrocarbons. *Journal of Chemical Physics*, 1952, 20(4): 722-725),奠定了前线轨道理论的基础。日本学术界对福井谦一的理论也并不重视,直到20世纪60年代,欧美学术界开始大量引用福井的论文之后,日本人才开始重新审视福井谦一理论的价值。由于福井在前线轨道理论方面开创性的工作,京都大学逐渐形成了一个以他为核心的理论化学研究团队,福井学派也成为量子化学领域一个重要的学派。

1981年,福井谦一与美国科学家霍夫曼分享了诺贝尔化学奖。同年,他又获得了美国科学院外籍院士、欧洲艺术科学文学院院士、日本政府文化勋章等一系列荣誉。

习 题

19-1 给下列反应填入适当的反应条件。

(1) 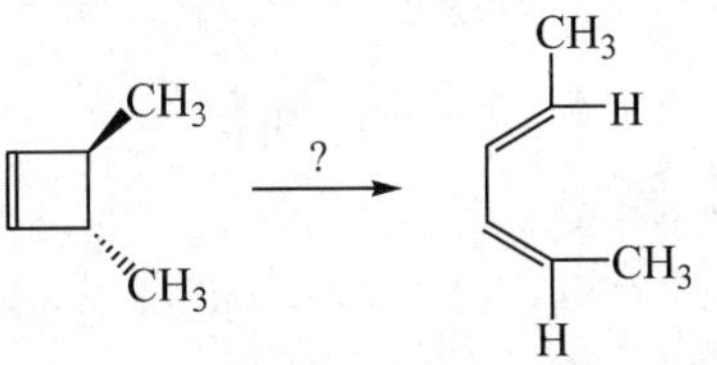 $\xrightarrow{?}$ (2) 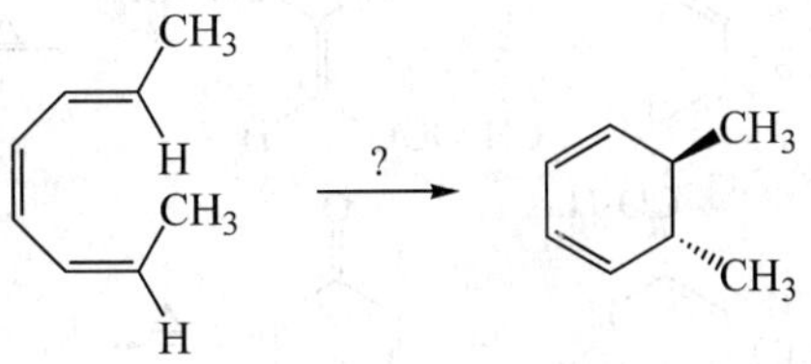 $\xrightarrow{?}$

(3) 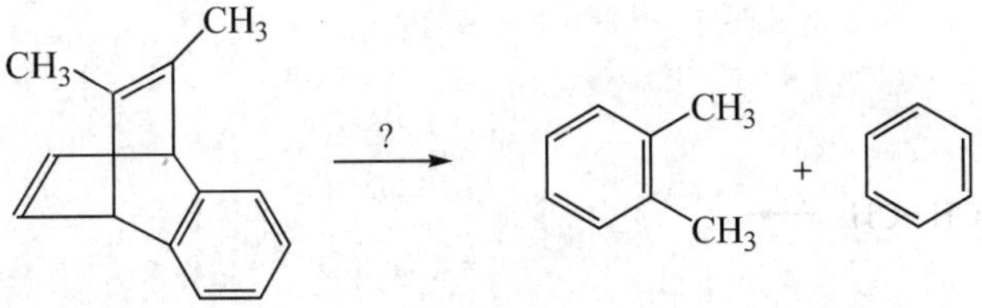 $\xrightarrow{?}$ +

(4) 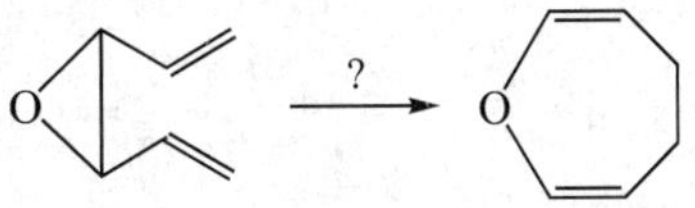 $\xrightarrow{?}$

19-2 写出下列反应的反应物。

(1) ( ) + ( ) $\xrightarrow{\triangle}$

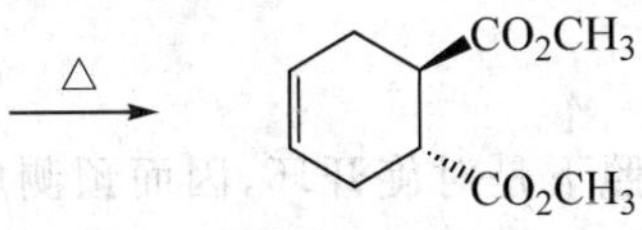

(2) ( ) + ( ) $\xrightarrow{\triangle}$

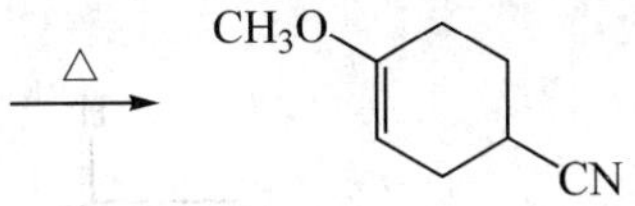

(3) ( ) + ( ) $\xrightarrow{\triangle}$

(4) ( ) + ( ) $\xrightarrow{\triangle}$

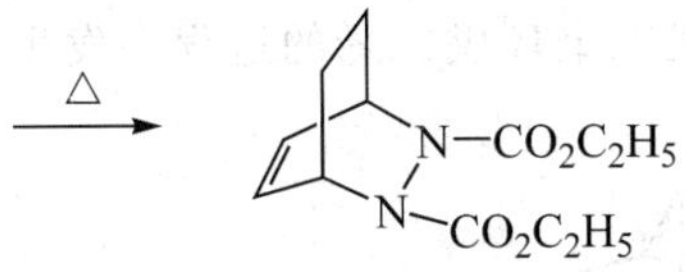

19-3 完成下列反应：

(1) 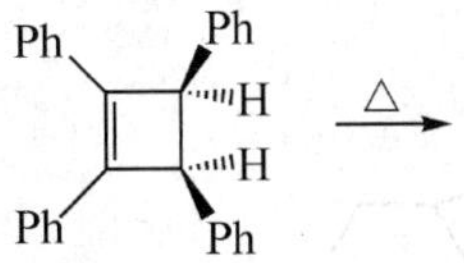 $\xrightarrow{\triangle}$

(2) 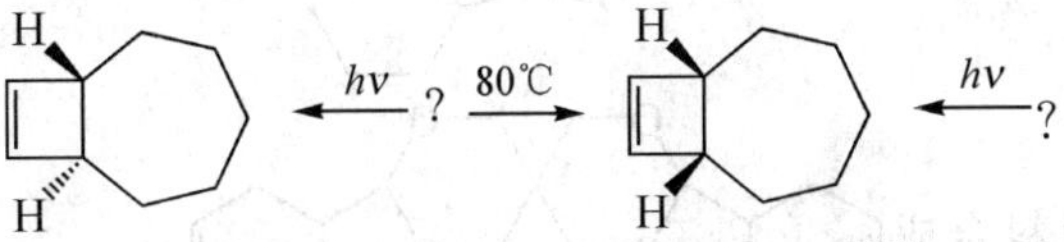 $\xleftarrow{h\nu}$? $\xrightarrow{80℃}$ $\xleftarrow{h\nu}$?

(3) 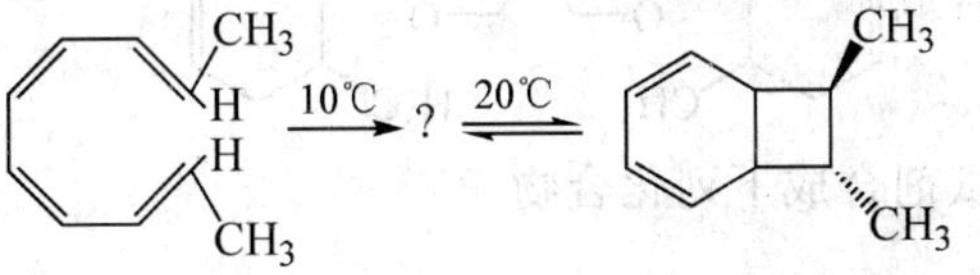 $\xrightarrow{10℃}$? $\underset{}{\overset{20℃}{\rightleftharpoons}}$

(4) 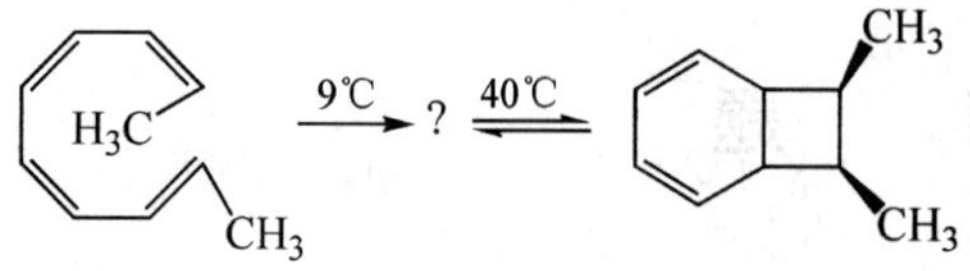 [环辛四烯衍生物(含 H_3C、CH_3)] $\xrightarrow{9℃}$? $\underset{}{\overset{40℃}{\rightleftharpoons}}$ [双环化合物(两个 CH_3)]

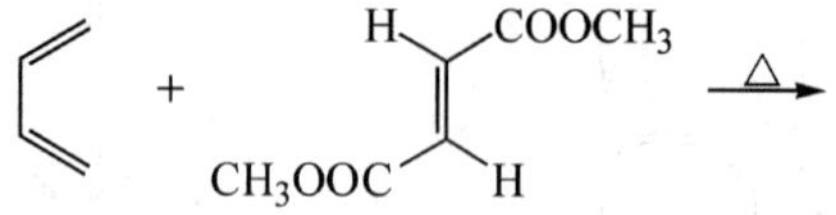

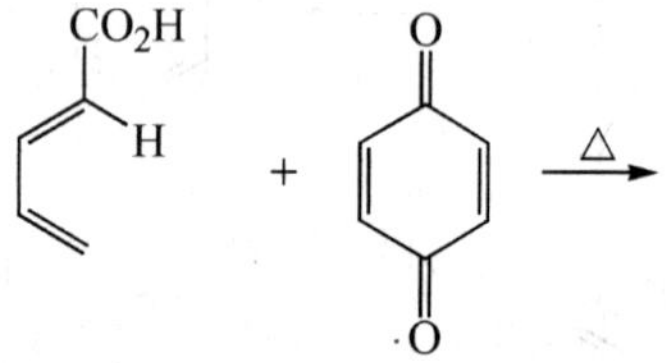

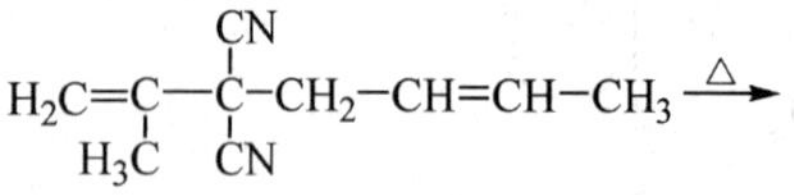

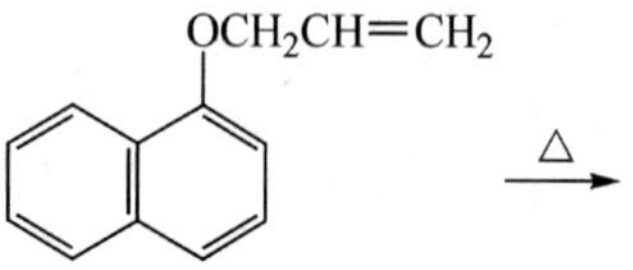

*(5) [丁二烯] + [H、$COOCH_3$ / CH_3OOC、H 取代乙烯] $\xrightarrow{\triangle}$

(6) [含 CO_2H、H 的二烯] + [对苯醌(O、O)] $\xrightarrow{\triangle}$

(7) $H_2C=C(H_3C)-C(CN)_2-CH_2-CH=CH-CH_3 \xrightarrow{\triangle}$

(8) [1-萘基 $OCH_2CH=CH_2$] $\xrightarrow{\triangle}$

(9) $H_3C-C(=CH_2)-O-CH_2-CH=CH_2 \xrightarrow{\triangle}$

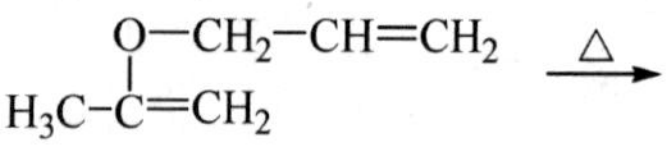

19-4 顺-3,4-二甲基环丁烯在光照下是对旋开环,因而预测应得到顺,顺-2,4-己二烯,是否正确?为什么?

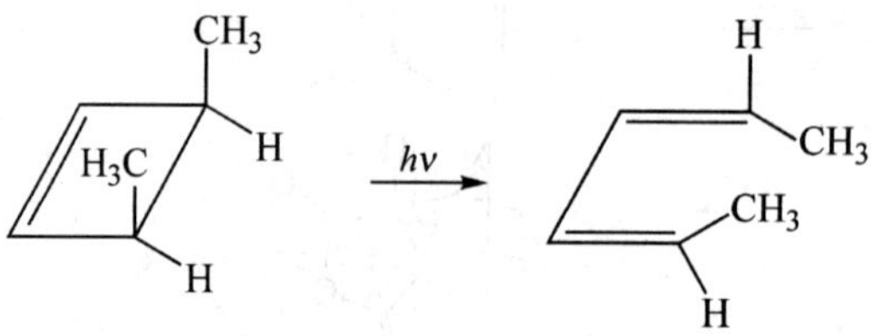

[顺-3,4-二甲基环丁烯(CH_3、H、H_3C、H)] $\xrightarrow{h\nu}$ [顺,顺-2,4-己二烯(H、CH_3、CH_3、H)]

19-5 环戊二烯经放置后可自发地形成二聚环戊二烯,通过加热分馏又可从二聚环戊二烯再生成环戊二烯。试问:在形成二聚环戊二烯的过程中发生了什么反应?在环戊二烯的再生中又发生了什么反应?

[结构式]

二聚环戊二烯

19-6 从乙炔出发,使用必要的无机、有机试剂合成[结构式]。

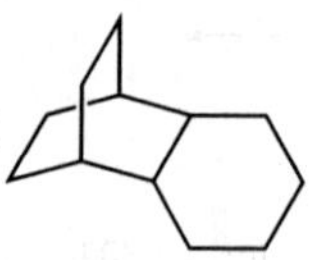

19-7 用不超过4个碳的有机原料合成[结构式(O、O、O、O、CH_3、H_3C)]。

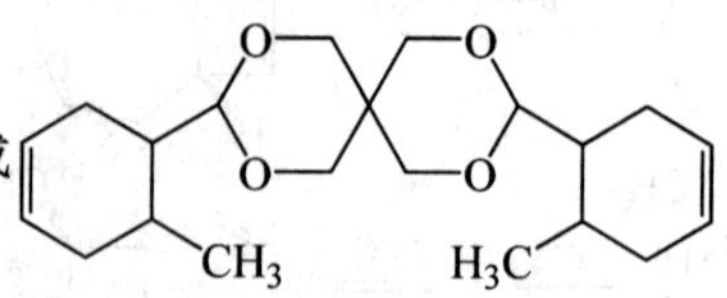

19-8 选择合适的有机原料及无机试剂合成下列化合物。

(1) (2)

19-9 完成反应式并写出生成主要产物的反应机理。

$\xrightarrow[\text{[3,3]}\sigma\text{ 迁移}]{\triangle}$

20　有机化学的波谱分析

【学习提要】

- 波谱分析是利用光与物质相互作用获得的相关数据来探索物质内部结构，确定物质分子结构。通过本章学习，了解核磁共振氢谱、红外光谱、紫外光谱的基本原理，了解质谱产生的原理。
- 通过紫外光谱(UV)分析有机化合物分子中的共轭结构及其取代基的情况。
- 通过红外光谱(IR)了解有机化合物的官能团及其周围的情况。
- 通过核磁共振氢谱(^{1}HNMR)了解有机化合物分子中质子的数目、类型和它们之间的连接。
- 通过质谱(MS)确定有机化合物的分子量和分子式，并作结构分析。
- 通过"四大谱"综合分析，推导简单有机化合物的结构。

20.1　概论

20.1.1　波谱分析研究内容

在有机化学领域，无论是研究天然产物还是合成的有机物，都会遇到结构鉴定的问题，如果无须用复杂的经典化学分析方法就能得到结构信息，可大大满足有机化学日益发展的需要，为此对有机分析提出了更新要求。20 世纪 50 年代各种波谱分析技术迅速发展，缩短了有机化合物的鉴定时间。最常用的波谱分析技术包括紫外光谱(ultraviolet spectroscopy，UV)、红外光谱(infrared spectroscopy，IR)、核磁共振光谱(magnetic resonance spectroscopy，NMR)和质谱(mass spectroscopy，MS)，通常称为四大谱。它们具有微量、快速、准确和不破坏样品(除质谱外)等优点，现已成为研究和确证有机化合物结构的强有力工具。波谱学方法也为生物化学、植物化学、药物学、病理学等领域的研究提供了新的手段。

20.1.2　波(光)谱概述

光与物质的作用相当普遍，如植物的光合作用，人的视觉对颜色的感受，都是光与物质作用的结果。实际上，任何物质都会吸收某些波长的光。**波谱分析**(spectroscopic analysis)**就是利用光与物质相互作用获得有关数据来探索物质内部的结构，从而获得物质分子的真实结构。**

光是一种电磁波，电磁波具有波粒二象性，即波动性和微粒性。电磁波常用波长(λ)或频率(ν)来表示。它们之间的关系是

$$\nu = c/\lambda$$

其中，c 是光速，为 3×10^{10} cm/s；频率(ν)的单位是赫兹(Hz)，即每秒周(cps)；波长(λ)的单

位是厘米(cm)，还有微米(μm)、纳米(nm)等，它们之间的换算关系为 1 nm=10^{-9} m，1 μm = 10^{-6} m，1 cm=10^{-2} m。

电磁波的能量与它的频率成正比，与波长成反比：

$$E = h\nu = hc / \lambda$$

式中，E 是电磁波能量(J)；h 是普朗克常数(6.625×10^{-34} J·s)；ν 是频率(Hz)；c 是光速(3×10^{8} m/s)；λ 是波长(m)。

根据光的波长或频率的不同，可将其划分为若干个区域，见表 20-1。物质在光的作用下，吸收一定频率的光后，发生能级跃迁，产生一定的吸收光谱。物质吸收何种波长的光是由其分子结构决定的。

表 20-1 电磁波谱表

辐射类型	γ 射线	X 射线	紫外光-可见光	红外光	微波	无线电波
应用波谱学	穆斯堡尔(核跃迁)	X射线衍射(内层电子跃迁)	紫外-可见光谱(外层电子跃迁)	红外光谱(原子振动跃迁)	电子自旋共振谱	核磁共振谱(自旋取向跃迁)

波长/nm	10^{-4} 10^{-3} 10^{-2} 10^{-1} 1 10^{1} 10^{2} 10^{3} 10^{4} 10^{5} 10^{6} 10^{7} 10^{8} 10^{9} 10^{10} 10^{11}
波数/cm^{-1}	10^{11} 10^{10} 10^{9} 10^{8} 10^{7} 10^{6} 10^{5} 10^{4} 10^{3} 10^{2} 10^{1} 1 10^{-1} 10^{-2} 10^{-3} 10^{-4}
频率/Hz	10^{21} 10^{20} 10^{19} 10^{18} 10^{17} 10^{16} 10^{15} 10^{14} 10^{13} 10^{12} 10^{11} 10^{10} 10^{9} 10^{8} 10^{7}
能量/(J/mol)	10^{12} 10^{11} 10^{10} 10^{9} 10^{8} 10^{7} 10^{6} 10^{5} 10^{4} 10^{3} 10^{2} 10^{1} 1 10^{-1} 10^{-2} 10^{-3}

由表 20-1 可见：

(1) 物质分子吸收紫外(或可见)光的能量，引起分子中外层电子的跃迁。根据紫外吸收光谱，可了解形成化学键的电子的情况。具体地说，可了解化合物分子中的共轭体系及其取代基的情况。

(2) 物质分子吸收红外光的能量，引起分子中的原子和基团振动能级的跃迁。根据红外光谱，可了解分子中的官能团及其周围的情况。

(3) 核磁共振谱是由磁性核吸收无线电波的能量产生能级跃迁引起的。根据核磁共振谱，可了解分子中磁性核(如^{1}H 核、^{13}C 核)的数目、性质及连接情况。

另外，质谱实际上不是吸收光谱。它是使待测物质受到高能电子流的轰击，产生各种正电离子的碎片，这些碎片是按不同质荷比进行分离、排列而获得的。

20.1.3 光谱图

光谱图(spectrum)是描述化合物对各种频率(或波长或相应单位)电磁波的吸收或透射情况的图形。因为吸收与透射是两种截然相反的作用，所以用吸光度 A(absorbance)表示的图形和用透光率 T(transmittance)表示的图形正好相反，前者表示出峰，后者表示出谷，见图 20-1。

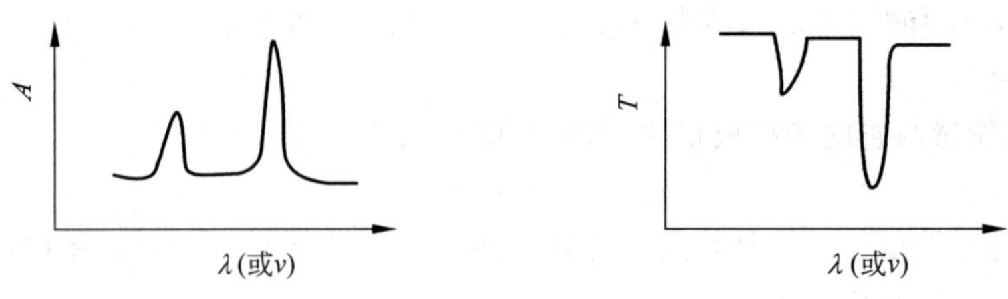

图 20-1 A-λ 和 T-λ 的光谱图

习惯上紫外光谱使用吸光度(A)对波长(λ)作图。红外光谱是用百分透光率(T %)对波数(σ)或波长(λ)作图。核磁共振谱是用吸收强度对频率(或磁场强度)作图。吸光度 A 和透光率 T 的关系,可用比尔-朗伯(Beer-Lambert)定律描述:

$$A = \lg(I_0/I) = \lg(1/T) = \varepsilon cl$$

式中,A 为吸光度;T 为透光率;I_0 为入射光强度;I 为透射光强度;ε 为摩尔吸收光系数,表示样品溶液浓度为 1 mol/L,在厚度为 1 cm 的吸收池中,在一定波长下测得的吸光度;c 为样品浓度,mol/L;l 为光程,通常是样品(池)厚度,为 1 cm。

图 20-2、图 20-3、图 20-4 分别为异丙叉丙酮的 UV 谱、IR 谱和 ^{1}H NMR 谱。

(1) 异丙叉丙酮的 UV 谱(图 20-2)。

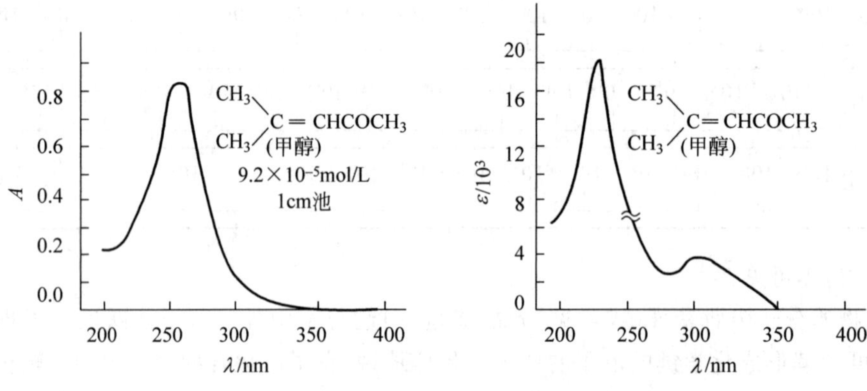

图 20-2 异丙叉丙酮的 UV 谱

文献中常用 λ_{max} 和 ε_{max} 记录紫外光谱的数据。与 A 比较,ε 的好处是可以不考虑样品测定时的浓度和吸收池的厚度等影响因素,使不同的样品之间有可比性,适用于定性分析,根据 λ_{max} 和 ε_{max} 可判断化合物中有无共轭体系和生(发)色基团,而 A 则适用于定量分析。

例 1 某化合物在用 1 cm 吸收池和 9.2×10^{-5} mol/L 的溶液测定紫外吸收,在 λ_{max} 处测得 A=1.30,文献记载的峰高是 lgε=4.149。试问它们是否一致?

解:它们是一致的。因为

$$\varepsilon = A/cl = 1.30/1\times9.2\times10^{-5} = 1.41\times10^4$$

$$\lg1.41\times10^4 = 4.149$$

(2) 异丙叉丙酮的 IR 谱(图 20-3)。

通过谱图可确定化合物官能团的特征吸收峰。谱图上的数据可记录为:

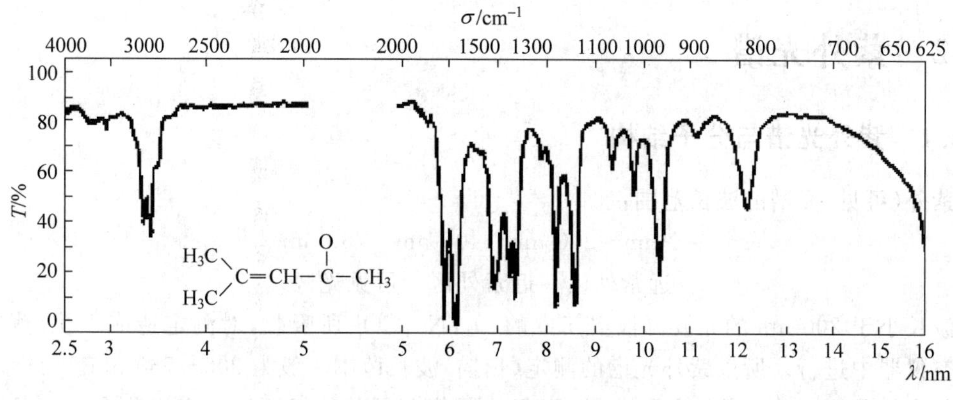

图 20-3　异丙叉丙酮的 IR 谱

IR(cm^{-1})：2950(m)，2900(m)，1680(s)，1625(s)，1450(s)，1382(s)，1360(s)，1260(w)，1219(s)，1162(s)，1165(m)，1017(m)，963(s)，900(w)，821(m)

其中，数字为吸收峰的位置，单位为波数(σ，cm^{-1})，括号内的英文字母表示吸收峰的强弱：s(strong)为强峰，$T<30\%$；m(medium)为中强峰，$30\%<T<70\%$；w(weak)为弱峰，$T>70\%$。有时还有另外的符号，如 b(broad)为宽峰，sca(scatter)为散峰，sharp 为尖峰等。

(3) 异丙叉丙酮的^{1}H NMR 谱(图 20-4)。

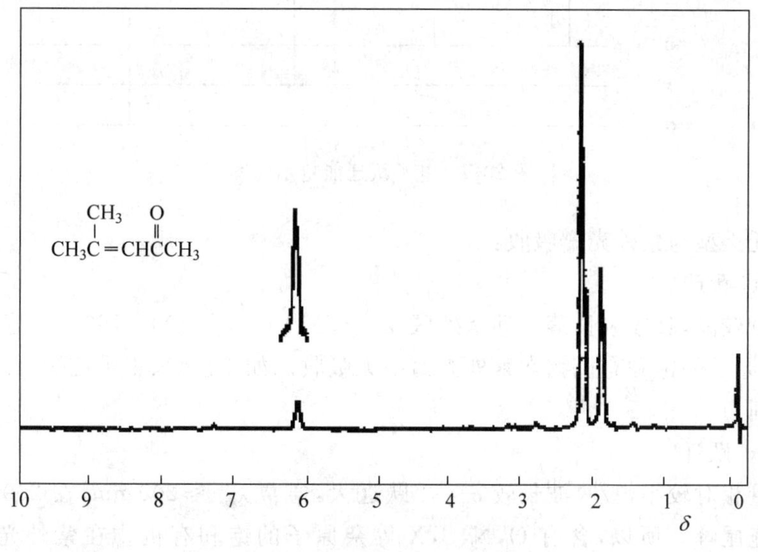

图 20-4　异丙叉丙酮的^{1}H NMR 谱

根据谱图初步推断化合物的结构。谱图中的数据可记录为

^{1}H NMR(δ，$CDCl_3$)：1.90(3H，s)，2.15(6H，s)，6.10(1H，s)

其中，数字为吸收峰位置，用 δ 表示，溶剂为氘代氯仿。括号内表示吸收峰所对应 H 原子数目和吸收峰的裂分情况。一般用 s(singlet)表示单峰，d(doublet)表示双重峰，t(triplet)表示三重峰，q(quarter)表示四重峰。

20.2 紫外光谱

20.2.1 紫外光谱与分子结构

紫外(可见)光谱的波长范围：

4 nm～200 nm～400 nm～760 nm

远紫外区　近紫外区　可见光区

波长小于200 nm的光波可被空气中的 O_2，N_2，CO_2 所吸收，对测定造成干扰，测定要在真空仪器中进行。所以紫外光谱的测定(扫描)波长范围一般为200～760 nm。

化合物分子吸收紫外(可见)光后，引起外层价电子的能级跃迁。有机化合物的价电子一般只有3类：形成单键的σ电子，形成双(叁)键的π电子，未成键的n电子。因此，由紫外辐射引起的电子跃迁有4种类型，它们跃迁时所需能量大小顺序为(图20-5) $\sigma\rightarrow\sigma^* > n\rightarrow\sigma^* > \pi\rightarrow\pi^* > n\rightarrow\pi^*$

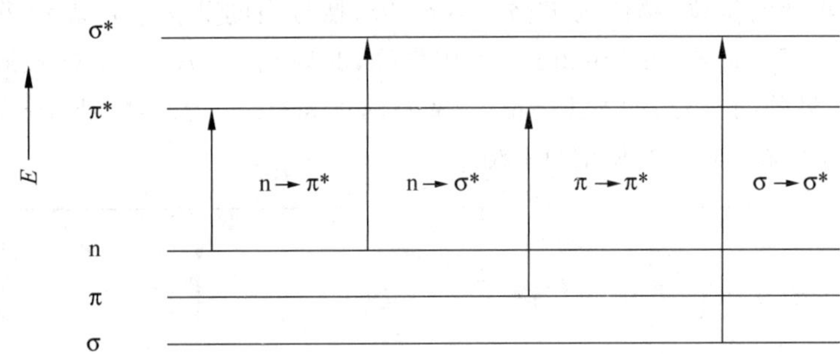

图20-5　电子跃迁能量示意图

电子跃迁类型与紫外光谱吸收：

(1) $\sigma\rightarrow\sigma^*$ 跃迁

所需能量较高，吸收波长落在远紫外区，$\lambda_{max}<150$ nm，在200～760 nm范围内无吸收。因此，不含杂原子的饱和有机物在紫外光谱中无吸收。如正己烷、正庚烷等可用作紫外光谱测定时的溶剂。

(2) $n\rightarrow\sigma^*$ 跃迁

所需能量相对较小，吸收波长较 $\sigma\rightarrow\sigma^*$ 跃迁大，通常 $\lambda_{max}\approx200$ nm，在200～760 nm范围内最多有拖尾峰。所以，含有O,N,S,X等杂原子的饱和有机物在紫外光谱中通常无吸收。

(3) $n\rightarrow\pi^*$ 跃迁

所需能量最小，在近紫外光谱中有吸收，通常 $\lambda_{max}>250$ nm，但吸收峰强度不大，属于弱吸收。如醛、酮、羧酸等化合物，分子结构中既有未共用电子，又存在π电子，可在270～300 nm处产生弱吸收。例如丙酮，$\lambda_{max}=279$ nm，$\varepsilon=15$；丙醛，$\lambda_{max}=292$ nm，$\varepsilon=21$；乙酸，$\lambda_{max}=208$ nm，$\varepsilon=32$；乙酰胺，$\lambda_{max}=220$ nm，$\varepsilon=63$；偶氮甲烷，$\lambda_{max}=338$ nm，$\varepsilon=4$。

(4) $\pi\rightarrow\pi^*$ 跃迁

不同分子结构的π电子，由于π键周围的π电子结构不同，π电子跃迁所需能量不同：

① 孤立(非共轭)的双(叁)键：$\pi \to \pi^*$ 跃迁所需能量较小，$\lambda_{max}<200$ nm。如乙烯的 $\lambda_{max}=171$ nm，乙炔的 $\lambda_{max}=173$ nm。

② 共轭双(叁)键：共轭体系的 π 电子，由于其离域活动范围增大，活泼性增大，容易产生 $\pi \to \pi^*$ 跃迁，且随着共轭体系的增长，$\pi \to \pi^*$ 跃迁所需能量就越低，如表 20-2 所示。

表 20-2 化合物双链数目与紫外光谱吸收

化 合 物	双键数	λ_{max}/nm	ε_{max}	颜色
乙烯	1	171	10 000	无
丁二烯	2	217	21 000	无
己三烯	3	258	35 000	无
二甲基辛四烯	4	296	52 000	淡黄
癸五烯	5	335	118 000	淡黄
二氢 σ-胡萝卜素	8	415	210 000	橙黄
番茄红素	11	470	185 000	红色

从表 20-2 可见，共轭体系的 $\pi \to \pi^*$ 跃迁所产生的吸收峰 $\lambda_{max}>200$ nm，且 $\varepsilon \geqslant 10^4$，为强吸收。

20.2.2 发色团、助色团等术语

(1) 发色团(chromophore)——在紫外可见光区有吸收的基团，即能产生共轭的 $\pi \to \pi^*$ 跃迁或 $n \to \pi^*$ 跃迁的基团为发色团。具体地说，发色团为含有共轭双(叁)键的基团，如共轭多烯烃、烯酮 $\left(-\overset{O}{\overset{\|}{C}}-C=C\Big<\right)$ 和(苯环)等；含有杂原子的不饱和基团，如 $-\overset{O}{\overset{\|}{C}}-$，$-NO_2$，$-N=N-$，$-C\equiv N$ 等以及芳香族化合物。

(2) 红移(red shift)——使发色团的吸收峰向长波方向移动的现象。

(3) 助色团(auxochrome)——能使吸收峰产生红移的基团。$-OH$，$-OR$，$-NHR$，$-SH$，$-SR$，$-X$，$-R$ 等基团单独在分子中存在时，不吸收波长大于 200 nm 的光波，但与发色团(这里指有 $\pi \to \pi^*$ 跃迁的发色团)相连时，可使发色团产生的吸收峰红移。

这是因为助色团中含有孤对电子，当它与发色团的 π 键相连时，可产生 p-π 共轭，如 $\Big>C=C-\ddot{O}R$，结果使 π 电子活动范围增大，易被激发而产生能级跃迁，所以 $\pi \to \pi^*$ 跃迁的吸收带向长波方向移动。

(4) 增色(hyperchrome)——使发色团的吸收峰强度增加的现象。

例 2 发色团与有机物“颜色”之间的关系。

答：在紫外光谱中，发色团的概念是指在 200～760 nm 的扫描范围内有吸收的基团。而有颜色的有机物是指在 400～760 nm 的可见光范围内有吸收的有机物。

20.2.3 紫外光谱的吸收带

紫外吸收光谱比较简单，一般只有 4 类吸收带：

(1) K 带(也叫共轭带)，由共轭的 $\pi \to \pi^*$ 跃迁产生的吸收带。

特征：$\lambda_{max}>200$ nm，$\varepsilon \geqslant 10^4$，属强吸收，且随着分子结构中共轭体系增大，吸收峰红移、

增色。

UV 谱中有 K 带强吸收,说明该分子结构中存在共轭体系,反之亦然。

(2) R 带(也叫基团带),由 $n\rightarrow\pi^*$ 跃迁产生的吸收带。

特征:$\lambda>250$ nm,$\varepsilon\leqslant100$,属弱吸收。

UV 谱中有 R 带弱吸收,说明该化合物结构中存在含有杂原子的不饱和基团,如 $>C=O$,$-NO_2$,$-C\equiv N$,$-N=N-$ 等。

(3) B 带——芳香族化合物的特征吸收。

特征:$\lambda_{max}\approx250$ nm,ε 为 200~5000,属中弱吸收且有时能见到吸收峰的精细结构(俗称"五指峰")。

(4) E 带——芳香族化合物的特征吸收。

E_1 带:$\lambda_{max}\approx180$ nm,$\varepsilon>10^4$;E_2 带:$\lambda_{max}\geqslant$ 200 nm,$\varepsilon\sim7000$。E_1,E_2 带都为强吸收。当共轭体系增大时,E_1 带红移至大于 200 nm 处,见表 20-3。

表 20-3 共轭体系对 E_1 带红移的影响

	E_1		E_2		B	
	λ/nm	ε	λ/nm	ε	λ/nm	ε
	180	47 000	203	7400	254	200
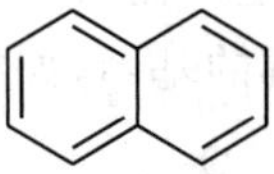	220	110 000	275	5600	314	316
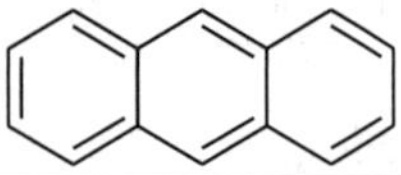	252	200 000	375	7900	—	—

例 3 图 20-6 是丙酮和巴豆醛的 UV 图,试问:

(1) 虚线代表哪个化合物?

(2) 为什么实线有两个最高点?

答:巴豆醛属于 α,β-不饱和羰基化合物,有烯醛式的共轭 π 键结构,所以 UV 谱图中有 K 带强吸收和 R 带弱吸收(实线)。丙酮结构中只有羰基为 π 键,所以只有基团带 R 带,为弱吸收(虚线)。

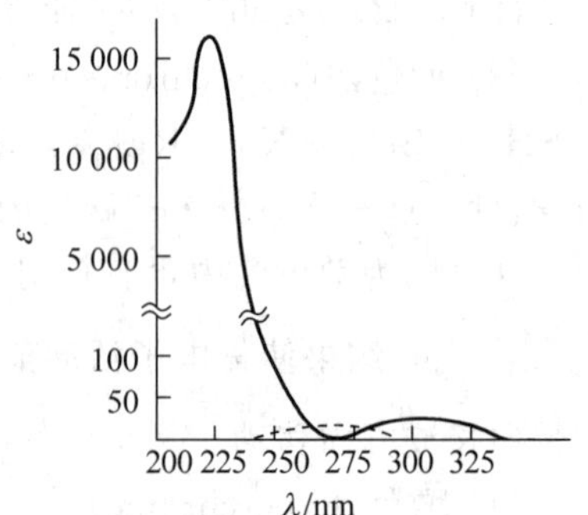

图 20-6 丙酮和巴豆醛的紫外光谱

例 4 试比较下列化合物的 λ_{max} 大小。

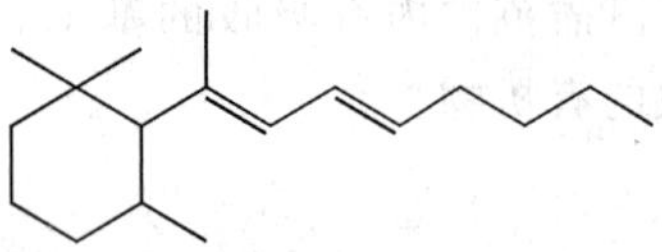

a 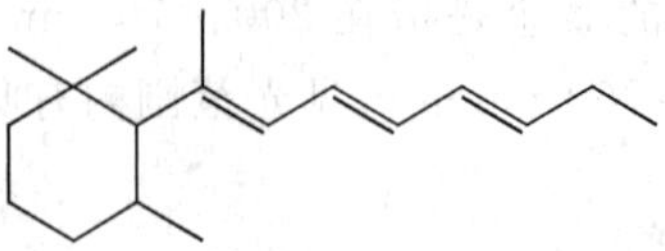 b 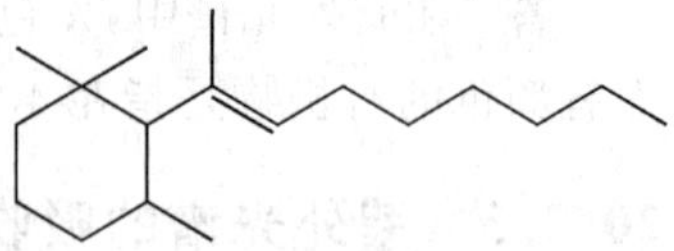 c

答:λ_{max} 大小顺序为:b>a>c。

20.2.4　谱图解释

紫外光谱的图形较简单，一般只有1～3个峰，因此它能给出的分子结构信息不多。通常它不能告诉未知物是什么化合物，也不能告诉有哪些官能团。它只能告诉化合物中有没有共轭 π 键结构。

(1) 200～400 nm处有强吸收，则有共轭体系存在，且在220 nm附近有弱吸收，一般有2个发色团共轭，250 nm附近有强吸收，一般有3个发色团共轭，300 nm附近有强吸收，一般有4个发色团共轭，330 nm附近有弱吸收，一般有5个发色团共轭。

(2) 250～300 nm处有中强吸收，可能有芳环存在。

(3) 290 nm附近有弱吸收，可能有羰基等含杂原子的不饱和基团。

例5　图20-7中两条谱线分别属于色氨酸与酪氨酸，试归属之。

答：色氨酸与酪氨酸都属于苯环氨基酸，但酪氨酸结构中的苯环没有与其他 π 键共轭，色氨酸结构为苯并吡咯，所以色氨酸的共轭带 E 带红移(虚线)。

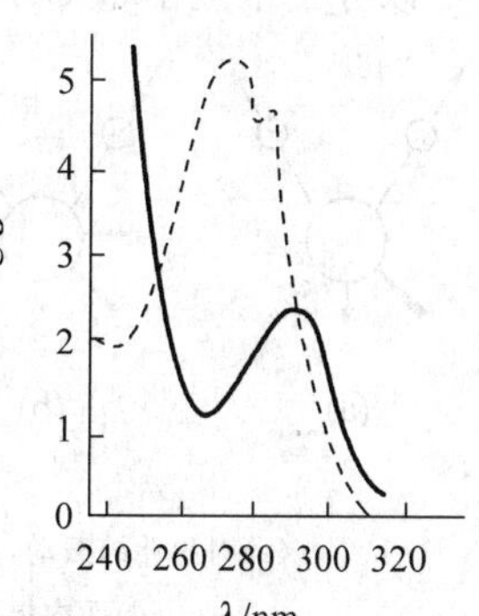

图20-7　色氨酸与酪氨酸的紫外光谱

例6　根据化合物的紫外光谱可以推测它所含的发色团。例如，化合物(1)的紫外光谱与化合物(2)相同，由此可以推测它们含有取代类型相同的发色团(3)。

(1)　　(2)　　(3)

20.3　红外光谱

20.3.1　基本原理

红外光谱的波长范围是2.5～25 μm，IR谱的横坐标常用波数(波长的倒数)来表达，即IR谱的扫描范围为4000～400 cm^{-1}。

红外光谱是由分子中成键原子的振动所引起的吸收光谱，但并不是所有的原子振动都能产生红外吸收峰。结构对称分子的偶极矩为零，这类分子对红外光不吸收，如 N_2，O_2，H_2，$CH_2{=}CH_2$，$CH{\equiv}CH$ 等，只有在振动过程中发生偶极矩变化时，分子才能产生红外吸收，且偶极矩变化越大，吸收峰越强，如羰基、羟基、胺基、氰基等基团。

尽管如此，红外光谱的谱图比紫外光谱复杂得多，因而它所提供的分子结构信息比紫外光谱多。红外光谱最突出的特点是具有高度的特征性，除光学异构体外，每种化合物都有自己的 IR 谱图。

原子有两种振动类型：

(1) 伸缩振动(用 ν 表示) { 对称性伸缩振动(ν_s)；不对称性伸缩振动(ν_{as}) }

(2) 弯曲振动(用 δ 表示) { 面内弯曲 { 剪式；摇式 }；面外弯曲 { 摆动；扭动 } }

以分子中亚甲基 CH_2 为例说明各种振动类型，如图 20-8 所示。

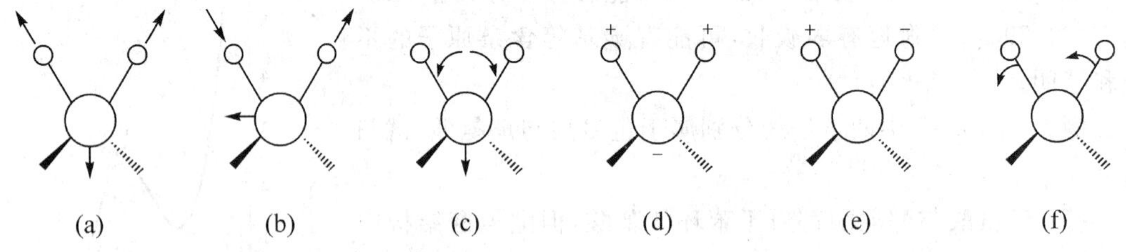

图 20-8　CH_2 基团的各种振动

(a)对称伸缩振动，频率 ν_s；(b)不对称伸缩振动，频率 ν_{as}；(c)面内弯曲或剪式振动，频率 δ；(d)面内摇摆振动，频率 ρ；(e)面外摇摆振动，频率 τ；(f)扭曲振动，频率 ω。

注：+与−表示垂直于纸面的运动。

双原子分子的振动是最简单的，其振动可近似看作简谐振动，它们的机械模型是一条常数为 k 的弹簧连接起来的质量为 m_1，m_2 的两个小球，如图 20-9 所示。

根据 Hooker 定律，其振动频率可表示为

$$\nu = \frac{1}{2\pi}\sqrt{\frac{K}{\mu}}$$

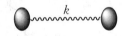

图 20-9　双原子分子的伸缩振动

其中，K 为化学键的力常数；μ 为折合质量，$\mu = m_1 m_2/(m_1 + m_2)$。即振动频率与键的力成正比，与折合质量成反比。

当然，真实分子的原子振动不是严格的简谐振动，光谱中观察到的情况更复杂，但可以将官能团(如 >C=O、>C=C<、—C≡C—、—O—H、—C—H 等)的化学键的振动，近似看作简谐振动来讨论，见表 20-4。

表 20-4　部分化学键振动对吸收频率的影响

	>C—C<		>C=C<		—C≡C—
K	$K_{C—C}$	<	$K_{C=C}$	<	$K_{C≡C}$
μ	$\frac{12\times12}{12+12}$		$\frac{12\times12}{12+12}$		$\frac{12\times12}{12+12}$
ν/cm^{-1}	约 1400		约 1650		约 2150

	>C—H	>C—C<	>C—O	>C—Cl
K	相近(同为单键)			
μ	(12×1)/(12+1)	(12×12)/(12+12)	(12×16)/(12+16)	(12×35)/(12+35)
ν/cm^{-1}	约 2900	约 1400	约 1100	约 800

20.3.2 红外光谱与有机分子结构的关系

红外光谱主要是给出化合物分子结构中的官能团信息。在 IR 谱中(4000～400 cm^{-1}),各种特定的官能团在一定频率范围内有其特征吸收峰,这种特征吸收峰在 IR 谱上的位置基本不变,或只在一个很窄的范围内变化。

1. 官能团区和指纹区

(1) 官能团区(4000～1500 cm^{-1})

特点:特征性强。大部分官能团的特征吸收落在此区,因为在该区官能团特征吸收受分子中周围情况的影响较小,即同一类基团,它们的吸收频率相似,在一个很窄的范围内变化。因此一般折合质量小(如氢键)及键力常数大(如 —C≡C—,—C≡N,—C═C—,—C═O,苯环,>C═O)等基团的特征吸收落在此区。

(2) 指纹区(1500～400 cm^{-1})

特点:特异性强。因为振动频率较小,该区的吸收峰受分子中周围情况的影响较大,只要分子结构中发生微小变化,就会引起吸收谱带不同。因此折合质量大(如 C—C,C—X,C—O 等单键)和键力常数小(如单键及弯曲振动)的基团落在此区。

2. 主要基团的特征吸收频率

见表 20-5。

表 20-5 主要基团的红外吸收光谱

基 团	频 率/cm^{-1}	强 度
A. 烷基		
C—H(伸缩)	2853～2962	(m—s)
—$CH(CH_3)_2$(弯曲)	1380～1385 及 1365～1370	(m—s)
—$C(CH_3)_3$(弯曲)	1385～1395	(m)
	及 1365 附近	(s)
B. 烯烃基		
C—H(伸缩)	3010～3095	(m)
C═C(伸缩)	1620～1680	(m)
烯烃取代类型(弯曲)	1000～660	(s)
R—CH═CH_2	985～1000 及 905～920	(s)
R_2C═CH_2	880～900	(s)
Z—R—CH═CHR	675～730	(s)
E—R—CH═CHR	960～975	(s)
C. 炔烃基		
≡C—H(伸缩)	约 3300	(m)
C≡C(伸缩)	2100～2260	(w,sharp)
D. 芳烃基		
Ar—H(伸缩)	约 3030	(w)
C═C(伸缩)	1650～1450	(m—s)
芳环取代类型(弯曲)	1000～600	(s)
一取代	690～710 及 730～770	(s)

续表

基　团	频　率/cm^{-1}	强　度
邻二取代	735～770	(s)
间二取代	680～725 及 750～810	(s)
对二取代	790～840	(s)
E. 醇、酚和羧酸		
OH(醇酚)(伸缩)	3200～3600	(s,b)
OH(羧酸)(伸缩)	2500～3600	(s,b,sca)
F. 醛、酮、酯和羧酸		
C═O(伸缩)	1690～1750	(s)
G. 胺		
N—H(伸缩)	3300～3500	(m)
H. 腈		
C≡N(伸缩)	2200～2600	(m)

说明：s—强，m—中，w—弱；b—宽峰，sca—散峰。

20.3.3　谱图解析

各官能团的特征吸收是解析谱图的基础，在熟记表 20-5 数据后可练习解谱。红外光谱并非固定不变的，在此根据不同的实例介绍解析方法。

1. IR 谱利于反证，不利于确证

例 7　图 20-10 中高于 3000 cm^{-1} 无吸收峰，说明分子结构中无不饱和烃(或)及氢键。在 1900～1600 cm^{-1} 无强吸收峰，则无羰基。3000～2800 cm^{-1} 的吸收峰为饱和烷烃的伸缩振动，1460 cm^{-1} 和 1380 cm^{-1} 的吸收峰为饱和烷烃的弯曲振动，说明该化合物属饱和烷烃类物质。

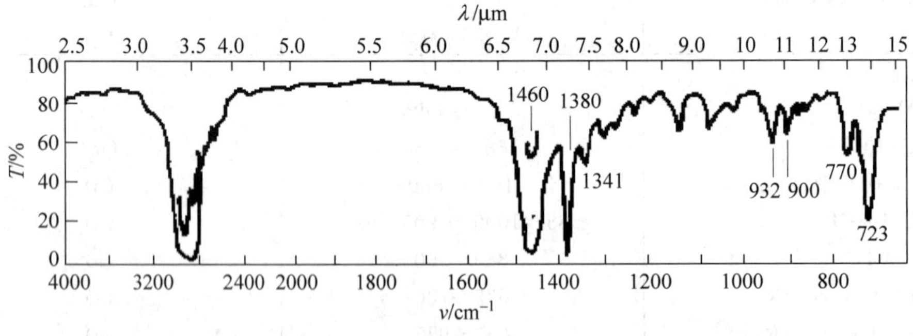

图 20-10　正庚烷的红外光谱

例 8　图 20-11 中高于 3000 cm^{-1} 有吸收峰，说明分子结构中有不饱和烃，3090 cm^{-1}，1653 cm^{-1} 和 890 cm^{-1} 有中到强吸收峰，说明该化合物属烯烃。

在谱图解析中，常采用否定的方法。以吸收峰不存在，否定相应官能团的存在，再用肯定的方法导出化合物的官能团。

2. 先在官能团区找基团的特征吸收，再找相关峰

例 9　对比醛、酯、羧酸的 IR 谱图(图 20-12、图 20-13、图 20-14)。

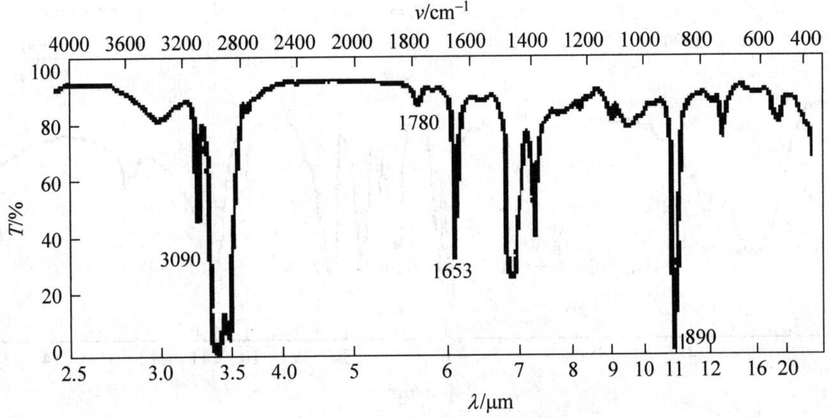

图 20-11 2-甲基-1-庚烯的红外光谱

从图中可知，在 1900～1600 cm^{-1} 都有强吸收，说明这些化合物结构中都有羰基。然后再找相关峰：在图 20-12 的 2720 cm^{-1} 附近（C—H 伸缩振动）有吸收，说明是醛基；在图 20-13 的 1300～1000 cm^{-1}（s）有双峰，且其中一个峰较宽，则为酯；在图 20-14 的 3500～2500 cm^{-1}（s，b，sca），且 955～915 cm^{-1} 有中强吸收峰（b），则为羧酸。

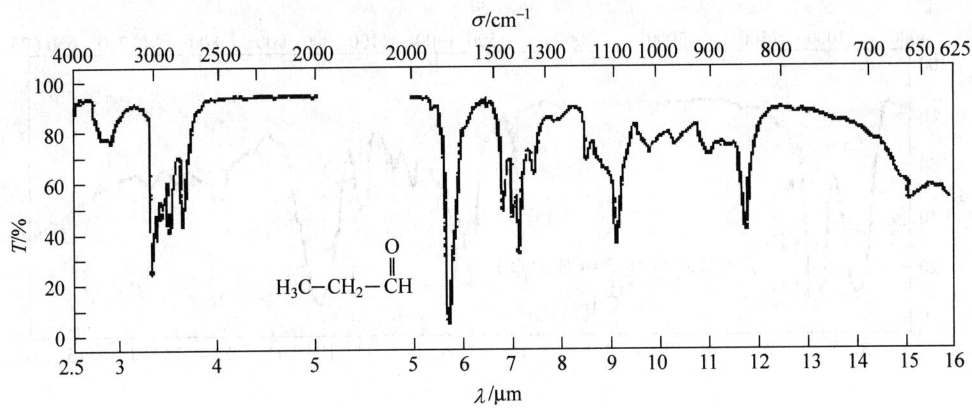

图 20-12 丙醛的红外光谱

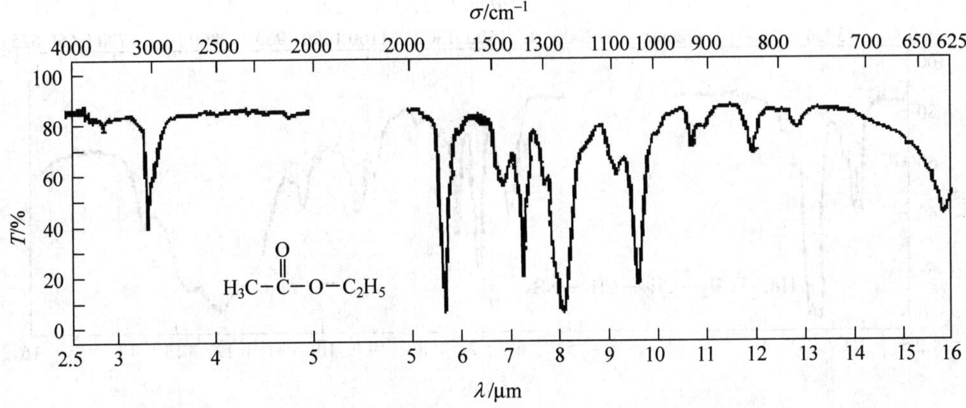

图 20-13 乙酸乙酯的红外光谱

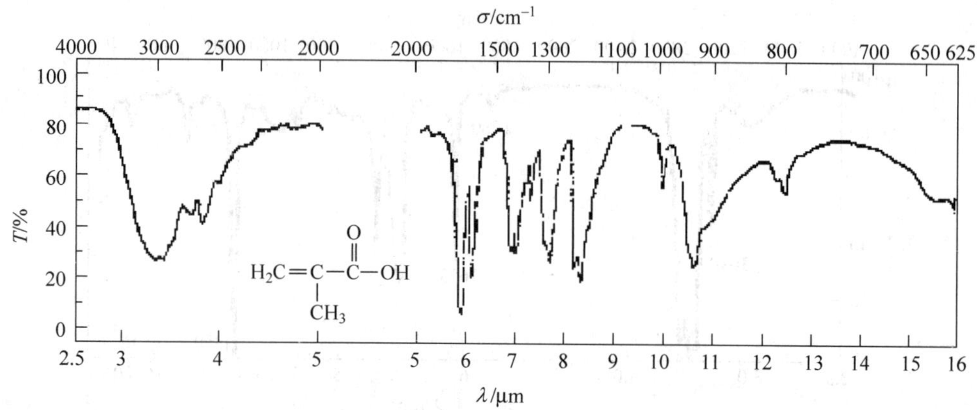

图 20-14　甲基丙烯酸的红外光谱

3. 除了吸收峰位置外，吸收峰的强度、形状等也很重要

例 10　对比醇、胺、炔的 IR 谱图(图 20-15、图 20-16、图 20-17)。

—OH，—NH，—C≡C—H 的吸收峰都在 3000 cm^{-1} 以上，但它们的吸收峰的形状、强度各有特点：$\nu_{O—H}$(s,b)；$\nu_{N—H}$(m—w)，且伯胺为双峰；$\nu_{\equiv C—H}$(m—s,sharp)。

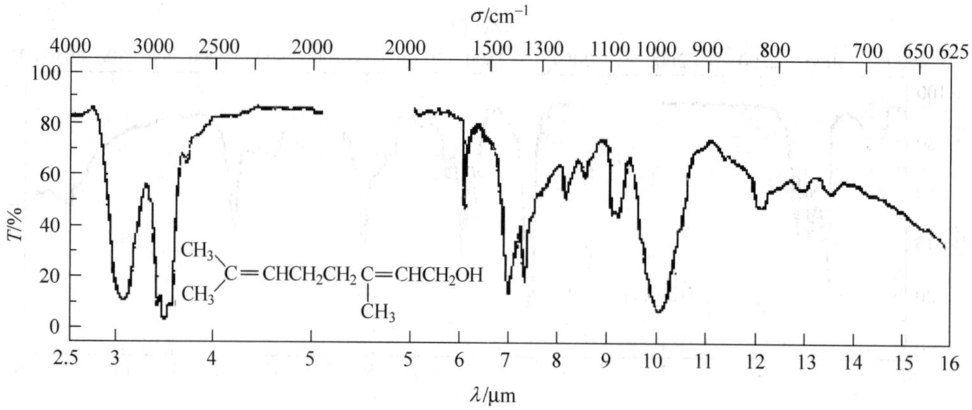

图 20-15　3,7-二甲基-2,6-辛二烯-1-醇的红外光谱

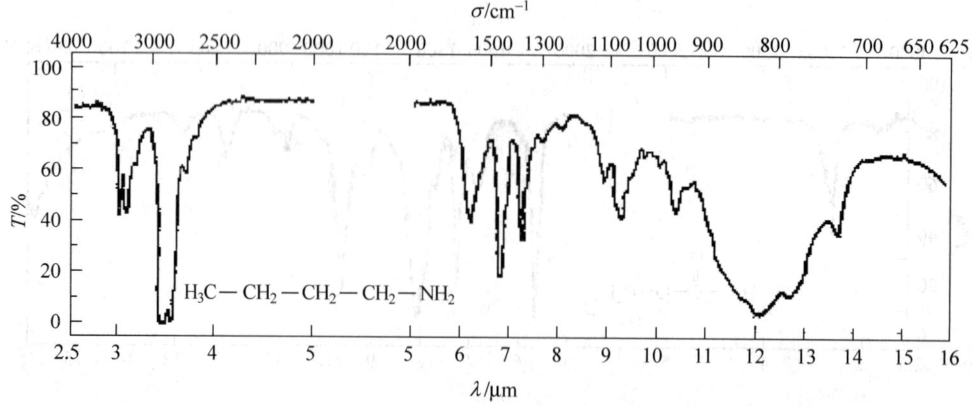

图 20-16　丁胺的红外光谱

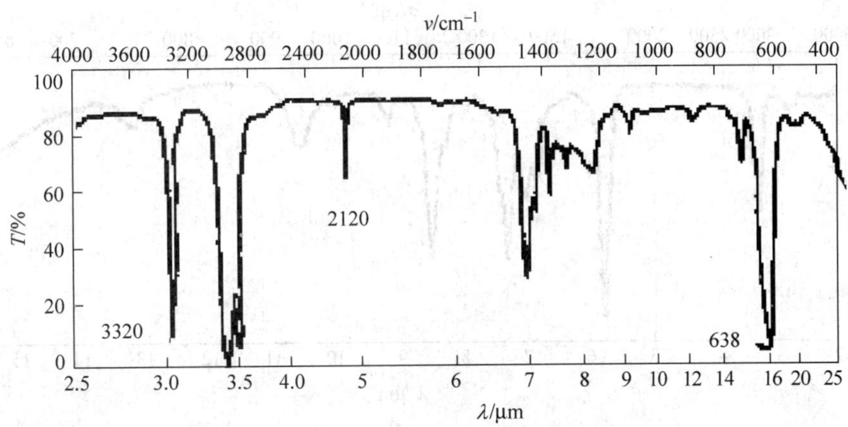

图 20-17　1-辛炔的红外光谱

4. 通过吸收峰位置的变动了解基团周围的环境

在分子结构中，原子的振动不是孤立的，要受到分子结构中周围原子、基团的影响，所以原子振动所产生的 IR 吸收峰的位置会随周围环境而变动。只不过在官能团区，伸缩振动的频率较大，受周围环境的影响较小，其吸收峰位置变化窄，所以特征性强；在指纹区，单键振动及弯曲振动的频率较小，受周围环境的影响较大，所以指纹区的特异性强。

5. 影响基团吸收频率（吸收峰位置）的主要因素

(1) 诱导效应

吸电子的诱导效应使吸收峰向高波数移动，推电子的诱导效应使吸收峰向低波数移动。例如：

	R—C(=O)←R′	R—C(=O)—H	R—C(=O)→ÖR	R—C(=O)→Ö←C(=O)—R′
$\nu_{C=O}/cm^{-1}$	1715 附近	1725 附近	1735 附近	1802 附近

(2) 共轭效应

共轭效应使吸收峰向低波数移动。

例 11　试指出图 20-18 中(a)～(f)IR 图分别属于下列哪个化合物。

(1) $CH_3(CH_2)_6CH_3$；(2) $HCONHCH_3$；(3) $CH_3CH{=}CHCH_2OH$；

(4) $C_6H_{14}C{\equiv}CH$；(5) $C_3H_7OC_3H_7$；(6) $CH_3CH_2COCH_3$。

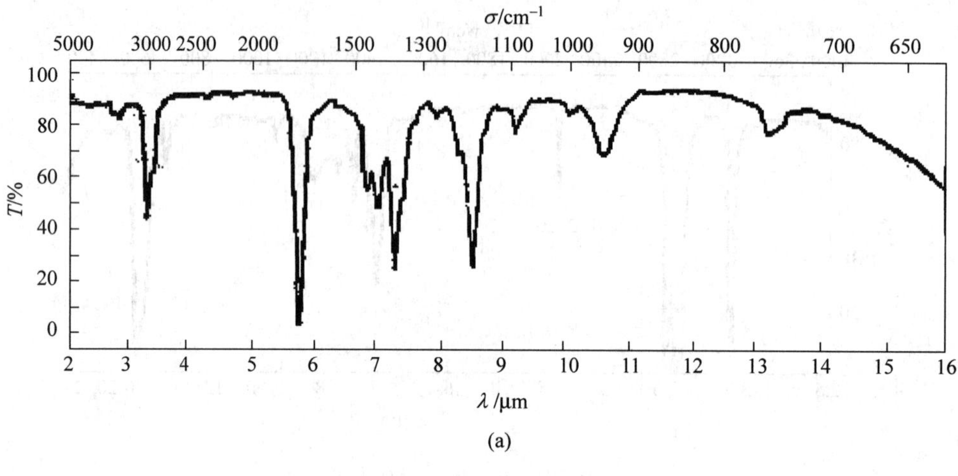

(a)

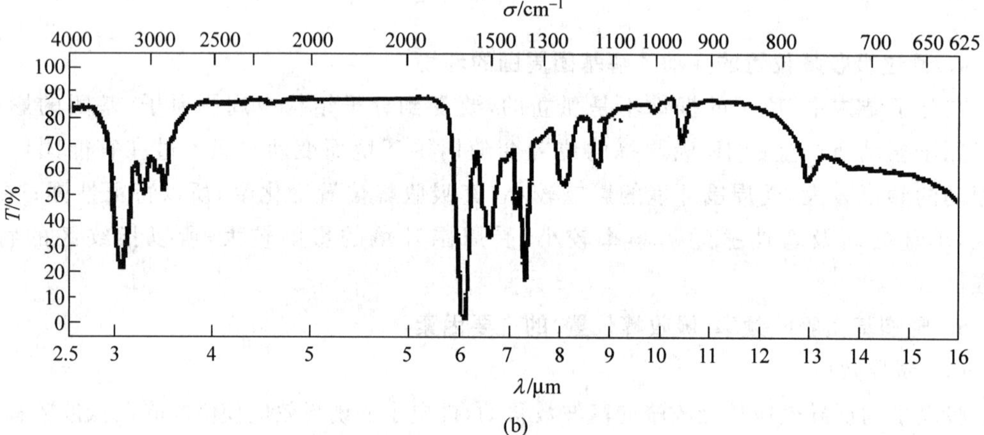

(b)

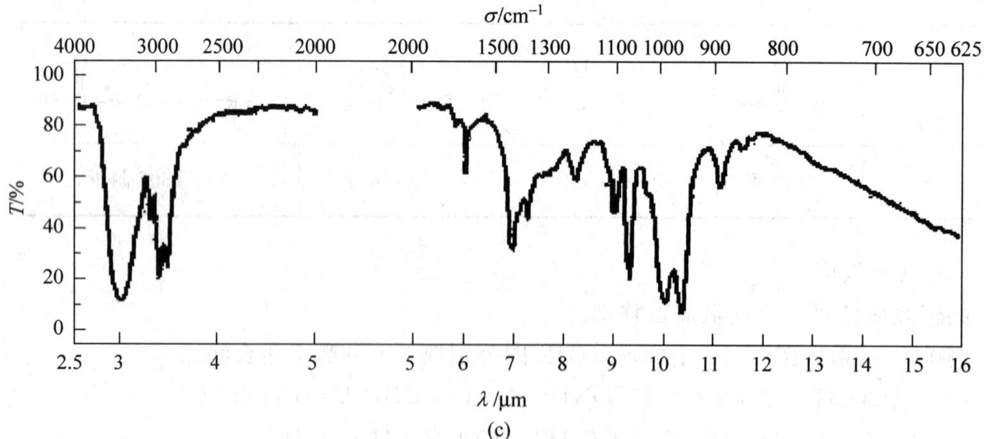

(c)

图 20-18　例 11 IR 谱图

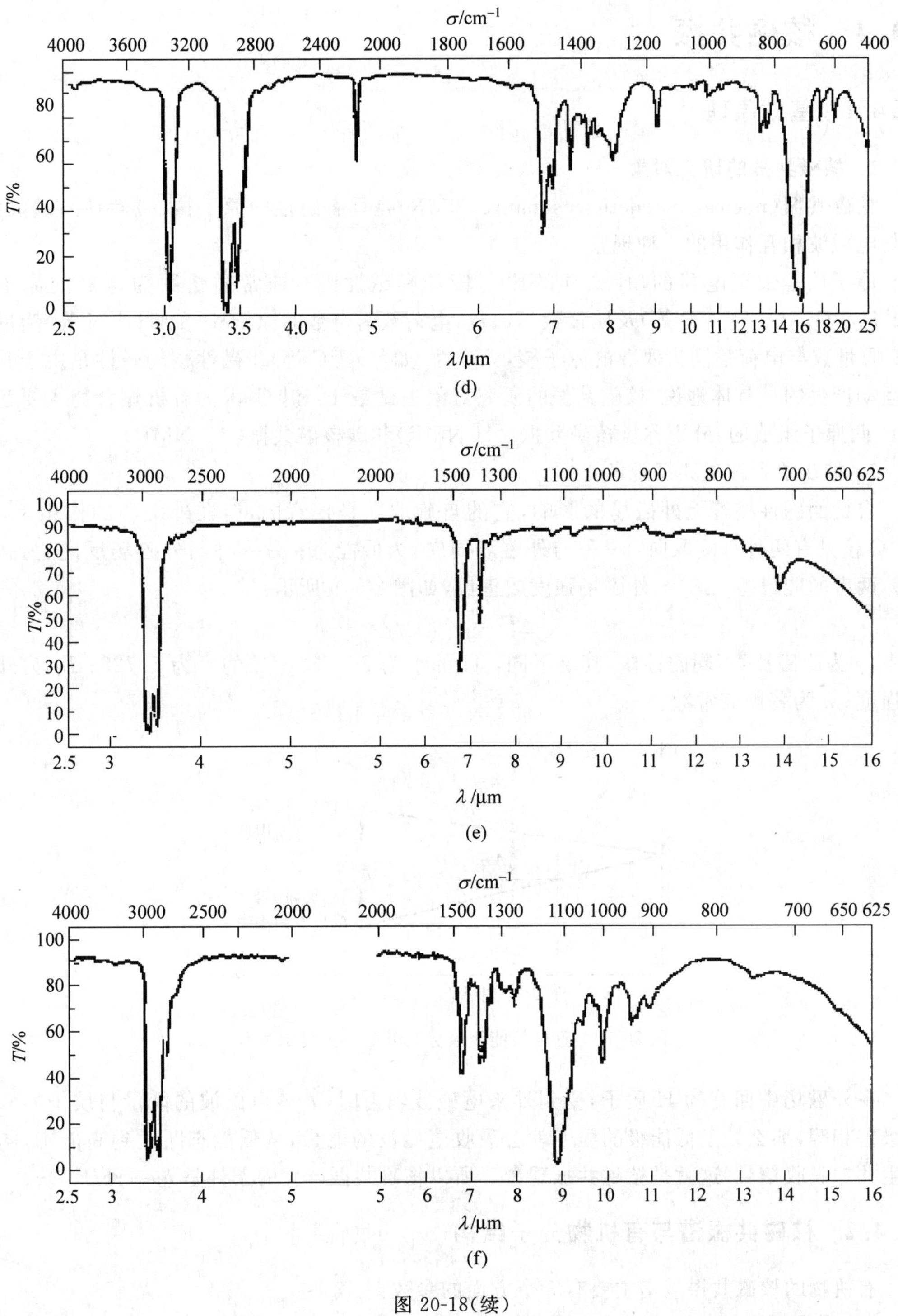

图 20-18(续)

答：图(a)为 6,图(b)为 2,图(c)为 3,图(d)为 4,图(e)为 1,图(f)为 5。

20.4 核磁共振

20.4.1 基本原理

1. 核磁共振的研究对象

核磁共振(nuclear magnetic resonance,NMR)是具有磁性的原子核(磁性核)在静磁场中与电磁波相互作用的一种现象。

原子核是带正电荷的,什么样的原子核具有磁性呢?通常质量数为奇数的原子核(如^{1}H,^{13}C,^{17}O,^{19}F,^{31}P等)及质量数为偶数、电荷数为奇数的原子核(如^{2}H,^{14}N等)为磁性核;质量数与电荷数同为偶数的原子核,无磁性(如^{16}O,^{12}C等)。磁性核的磁性是由于其自旋运动产生的。具体地说,核磁共振的研究对象主要是^{1}H和^{13}C,因为有机化合物主要是由C,H两原子组成的,分别称氢核磁共振(^{1}H NMR)和碳核磁共振(^{13}C NMR)。

2. 核自旋和核磁共振现象

自旋的磁性核若无外磁场的影响,它的自旋取向是任意的,但在外磁场的作用下,^{1}H和^{13}C核只有两种自旋取向:一种与外磁场同向,为低能态;另一种与外磁场反向,为高能态。两者的能量差(ΔE)与外磁场强度成正比,如图20-19所示:

$$\Delta E = \gamma h B_0 / 2\pi$$

其中,γ为旋磁比,不同磁性核,其γ不同,^{1}H的γ为26.753,^{13}C的γ为6.728;B_0为外磁场强度;h为普朗克常数。

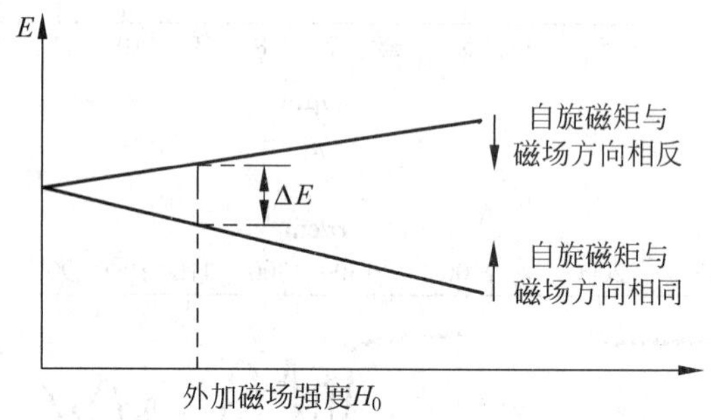

图20-19 磁性核能级裂分与外磁场强度的关系

在外磁场中回旋的H质子,受到外来电磁波辐射时,若该电磁波的能量与质子的两个能级差相等,那么处于低能级的质子就会吸收电磁波的能量,从低能态跃迁到高能态,同时产生共振吸收信号,这就是**核磁共振现象**。所以核磁共振产生的条件是$h\nu=\gamma h B_0/2\pi$。

20.4.2 核磁共振谱与有机物分子结构

有机物的核磁共振波谱主要有3个方面的参数:

(1) 信号峰的位置——化学位移(chemical shift)δ;

(2) 吸收峰的面积——积分高度;

(3) 吸收峰的裂分——偶合常数(couple constant)。

从NMR谱中可以得到比UV谱、IR谱更多的有机化合物结构的信息。根据NMR谱,可推测有机化合物的结构，是四大谱中最主要的工具之一。

1. 化学位移

根据核磁共振的条件，可推出 $\nu=\gamma h B_0/2\pi$，H 质子（或其他任何一个磁性核）的 γ 为一个常数，那么当 H 质子放在一个固定磁场强度的外磁场中，是否只出一个吸收峰？

实际上不是，如乙醇的 ^{1}HNMR 谱就有 3 个吸收峰。为什么？这是因为核外电子云对 H 原子核的屏蔽效应造成的。

屏蔽效应(shielding)——原子核周围围绕着核外电子，核外电子带负电，在外磁场作用下会产生与外磁场方向相反的感应磁场，使原子核实际感受到的外磁场强度稍有降低。也就是说，核外电子云对原子核起了屏蔽效应。

核周围的电子云密度是受所连基团影响的，故不同化学环境的核，它所受的屏蔽作用是不相同的，它们的核磁共振信号亦就出现在不同的地方。这样就可以根据吸收峰的多少知道化合物中有多少种不同化学环境的质子，再根据吸收峰的位置推测出它们分别是哪一类质子。

如乙醇 CH_3CH_2OH 分子中有 3 种不同的 H 质子，所以核磁共振波谱中就有 3 组信号峰，见图 20-20。

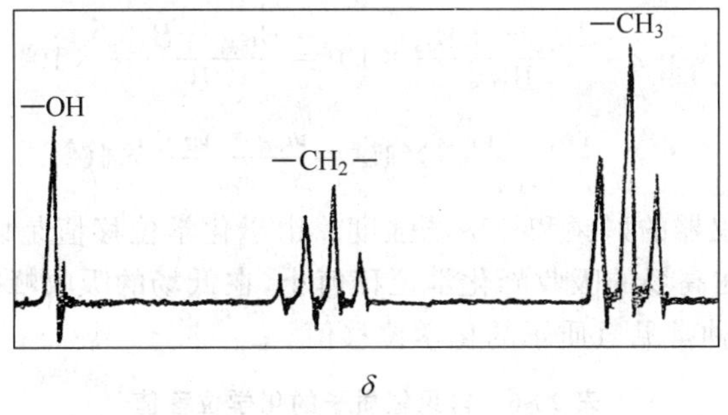

图 20-20　乙醇的 ^{1}H NMR 图

又如碘乙烷 CH_3CH_2I 分子中有两种不同的 H 质子，所以核磁共振波谱中有两组信号峰，见图 20-21。

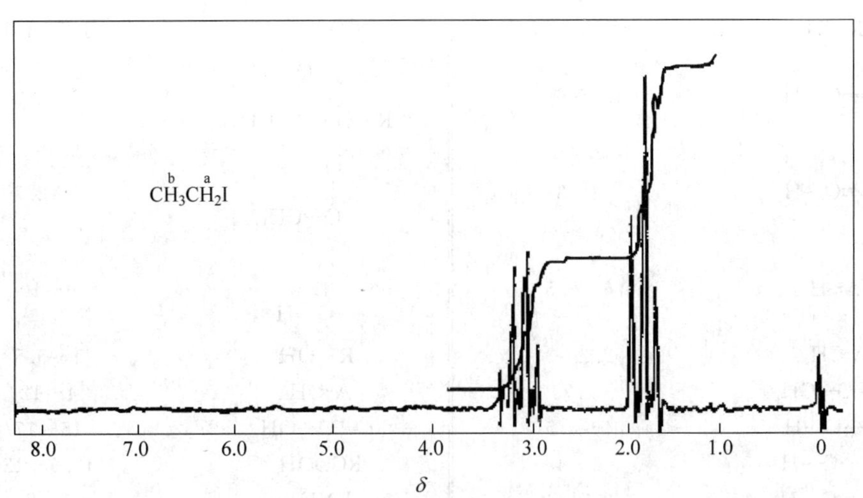

图 20-21　碘乙烷的 ^{1}H NMR 谱

具体地说,屏蔽效应与原子核外的电子云密度有关,核外电子云密度大,氢核受屏蔽效应影响大,吸收峰会位移至较高磁场强度(高场)处。反之,核外电子云密度较小,氢核受屏蔽效应影响小,吸收峰向高场位移较小,在较低场出峰。这种吸收峰位置的移动叫化学位移。

如碘乙烷$H_3\overset{b}{C}—\overset{a}{C}H_2—I$分子中有两种不同化学环境的氢核,由于 H_a 受到吸电子基团(—I)的诱导效应影响,核周围的电子云密度低,化学位移大,吸收峰出现在低场。H_b 受到诱导效应的影响较小,核周围的电子云密度较高,化学位移小,吸收峰出现在高场,见谱图 20-21。

如乙醇$H_3\overset{c}{C}—\overset{b}{C}H_2—\overset{a}{O}H$分子中有 3 种不同化学环境的氢核,$H_a$ 因与 O 原子相连,核外电子云密度最小,化学位移最大,吸收峰在最低场出现;H_b 因 —OH 的诱导效应的影响,核外电子云密度较小,化学位移较大,吸收峰在较低场;H_c 受 —OH 的诱导效应小,核外电子云密度较大,化学位移小,吸收峰出现在最高场,见谱图 20-20。

化学位移的绝对值是很小的(屏蔽磁场强度),且会随着外磁场强度的变化而改变,难以精确测量。所以实际应用时,采用一个标准物作对比,用相对值来表达。常用的标准物是四甲基硅烷$(CH_3)_4Si$(TMS),所以在 NMR 谱中,吸收峰的化学位移实际上是与 TMS 的相对值,用 δ 表示。

$$\delta=\frac{B_{样品}-B_{TMS}}{B_{TMS}}\times10^6=\frac{B_{样品}-B_{TMS}}{B_0}\times10^6$$

$$\delta=\frac{\nu_{样品}-\nu_{TMS}}{\nu_{TMS}}\times10^6=\frac{\nu_{样品}-\nu_{TMS}}{\nu_0}\times10^6$$

其中,ν_0 和 B_0 分别为仪器的射频和外磁场强度。由于化学位移值是以 TMS 为标准物计算出来的相对值,所以,在高场的吸收峰化学位移值小,在低场的吸收峰化学位移值反而大。

表 20-6 列出了各种常见氢质子的化学位移值。

表 20-6 常见氢质子的化学位移值

质子类型	化学位移 δ	质子类型	化学位移 δ
TMS	0	I—C—H	2～4
R—CH_3	0.9	HO—C—H	3.4～4
R_2CH_2	1.3		
R_3CH	1.5	RCOO—CH	3.7～4.1
C═C—H	4.6～6.5	R—O—C(═O)—CH	2～2.2
C≡C—H	2～3	—C(═O)—CH	2～2.7
Ar-H	6～8.5	—C(═O)—H	9～10
$ArCH_3$	2.2～3	R—OH	1～5.5
C═C—CH_3	1.7	ArOH	4～12
F—C—H	4～4.5	C═C—OH	15～17
Cl—C—H	3～4	RCOOH	10.5～12
Br—C—H	2.5～4	RNH_2	1～5

选用 TMS 作为表达化学位移值的标准样的原因：

(1) 首先因为 Si 的电负性(1.9)比 C 的电负性(2.5)小，TMS 中的质子处于高电子云密度区，产生较大的屏蔽效应。它产生的^{1}HNMR 信号所需的磁场强度比一般有机物中质子 NMR 信号所需的磁场强度都大，与样品信号之间不会互相干扰。

(2) TMS 分子中有 12 个相同化学环境(化学位移)的氢，核磁共振信号为单一尖峰。

(3) TMS 化学性质不活泼，与样品不发生化学反应和分子间缔合。

(4) TMS 易溶于有机溶剂，且沸点低(27℃)，样品回收容易。

2. 偶合常数

分子中仅有一个质子的化合物如 $CHCl_3$，或仅含同种质子的化合物如 $(CH_3)_4Si$ 和 CH_3COCH_3 等，它们的核磁共振氢谱上只出现单峰。

分子中相邻碳原子上具有不同类型的氢质子时，质子间就发生磁性相互作用，使吸收峰出现裂分，这种现象称为**自旋偶合**(spin coupling)，由于自旋偶合使吸收峰产生分裂的现象叫**自旋裂分**(spin splitting)。自旋偶合和自旋裂分的程度用**偶合常数**(***J***)来表达，具体地说，偶合常数为一组裂分峰之间的距离，单位为赫兹(Hz)。

原子核之间的自旋偶合的相互干扰作用，是通过成键电子来传递的，所以偶合常数的大小与外磁场无关。

偶合常数的大小与成键的数目有关，键数越少，J 值越大；键数越多，J 值越小。按照相互偶合质子之间相隔键数的多少，可将偶合作用分为同碳偶合(同碳上质子之间的偶合)、邻碳偶合与远程偶合。邻碳偶合是最常见的一种偶合，在饱和烃化合物中，自旋偶合作用一般只能传递 3 个单键。

另外，偶合作用与分子的立体结构有关，如在空间位置上接近的两个 H 质子，有时相隔 4 个键以上还可以发生偶合。另外，双键和三键比单键更易传递偶合。

与化学位移一样，偶合常数对于确定化合物结构有重要作用，偶合常数常随原子核所处的环境不同而不同，自旋偶合和自旋裂分，可以提供质子周围相邻质子的信息，使不同化学位移值的氢质子信息联系起来。

自旋裂分的一般规律：

(1) 吸收峰裂分的数目由相邻磁核数目 n 决定，即 $n+1$ 规律。当有不同的邻近核时，就出现$(n+1)(n'+1)\cdots$个裂分的峰数，如单峰(singlet，s)、二重峰(doublet，d)、三重峰(triplet，t)、四重峰(quarter，q)、多重峰(multiplet，m)。

(2) 裂分峰的积分强度比一般等于$(a+b)^n$ 二项式展开后各系数比。如二重峰的强度比为 1∶1，三重峰的强度比为 1∶2∶1，四重峰的强度比为 1∶3∶3∶1。

(3) 裂分峰以该质子的化学位移为中心，左右大体对称，互相偶合的两个质子，其偶合常数 J 相等，即裂分峰之间的距离相等。

所有核磁共振谱中，互相偶合的两组峰都是从最外面的一个峰开始逐渐向上倾斜的，如下图所示：

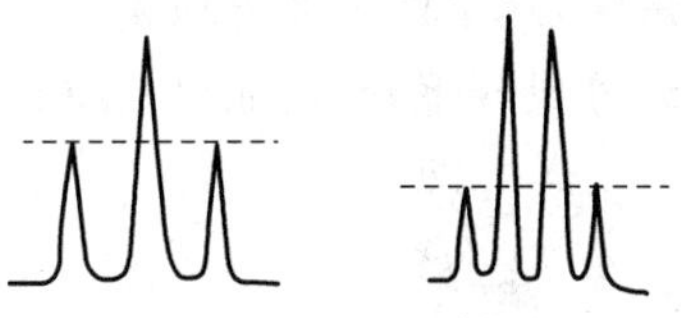

两组未偶合的峰

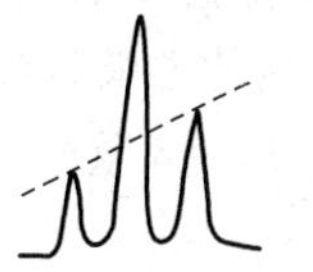

两组偶合的峰

这个规律对于判别两组峰在起偶合作用时有一定的帮助。

例 12　分析图 20-22 所示谱图。

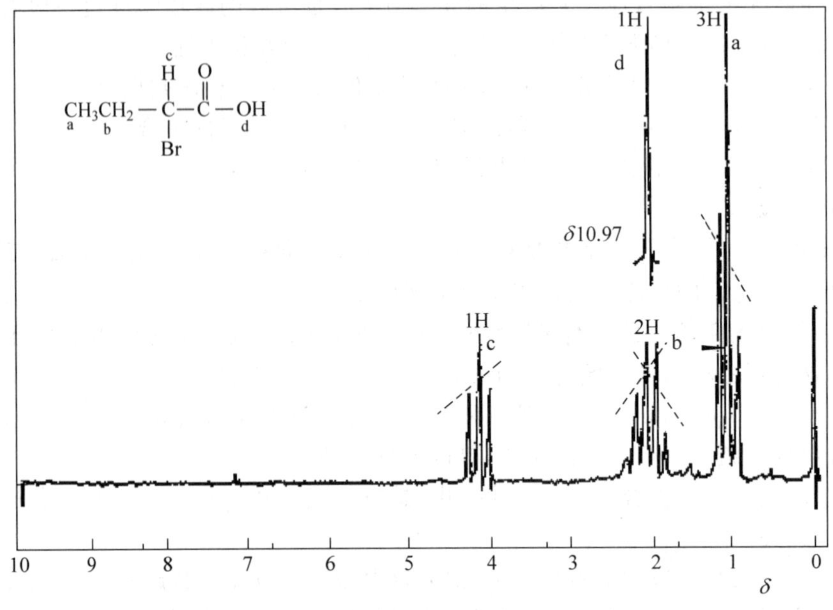

图 20-22　α-溴代丁酸的[1]H NMR 谱

解：根据自旋裂分规律可知，α-溴代丁酸的[1]H NMR 谱中 CH_3— 的吸收峰会裂分成 2+1=3 重峰，强度比为 1∶2∶1；—CH_2— 的吸收峰会裂分成(3+1)(1+1)=8(多)重峰；—BrCH— 的吸收峰会裂分成 2+1=3 重峰，强度比为 1∶2∶1；—COOH 的吸收峰为单峰。

例 13　下面指出的 H 的[1]HNMR 信号裂分成几个主峰？

a　$-\underset{|}{CH}-\underset{H}{\underset{|}{C}}-\overset{|}{\underset{|}{C}}-$

b　$-\underset{|}{CH}-\overset{|}{\underset{|}{C}}-\overset{|}{\underset{H}{\underset{|}{C}}}-$

c　$-CH_2-\overset{|}{\underset{H}{\underset{|}{C}}}-\overset{|}{\underset{|}{C}}-$

d　$-CH_2-\overset{|}{\underset{H}{\underset{|}{C}}}-CH_2-$

解：a：都裂分为二重峰；b：都不裂分，为单峰；c：分别裂分为二重峰和三重峰；d：分别裂分为二重峰、多重峰和二重峰。

根据自旋裂分规律，可解释 CH_3CH_2OH 的[1]H NMR 谱图中的裂分峰，CH_3— 与 —CH_2— 互相偶合，分别裂分成 3 主峰和 4 主峰。但氧原子上的氢 H 与亚甲基 —CH_2— 靠得很近，它们之间为什么不发生偶合作用而使羟基质子的吸收峰裂分呢？如图 20-23 所示。

这是因为在一般乙醇中，总会有微量的酸(或碱)，它促使羟基质子很快地在许多个乙醇分子中交换，以致羟基质子不能感受邻近质子的自旋影响，故不产生裂分现象。

如果测定的样品为非常纯的乙醇，羟基质子会被裂分成 3 重峰，而亚甲基质子会被裂成 $(n+1)(n'+1)=(3+1)(1+1)=8$ 重峰。

3. 峰面积(积分曲线)

NMR 谱中，吸收峰的峰面积与该峰所对应的氢质子的数目成正比。吸收峰的峰面积

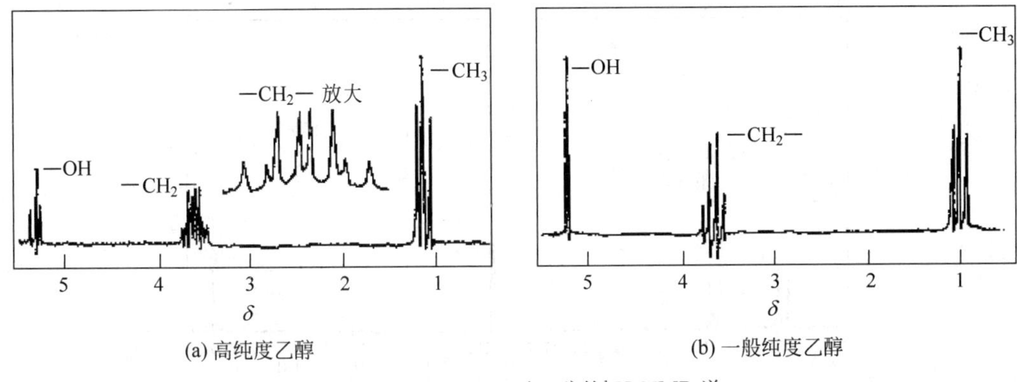

图 20-23 100 MHz 下乙醇的 ^1H NMR 谱

一般采用阶梯式的积分曲线表示。

化学位移、偶合常数、峰面积 3 个参数是 NMR 谱为化合物结构鉴定提供的重要依据。

20.4.3 谱图解释

(1) 根据分子式求不饱和度：

$$n=\text{碳数目}+1-(\text{H 数}+\text{X 数}-\text{N 数})/2$$

(2) 根据积分曲线的相对高度，求出每组吸收峰对应的质子数。

(3) 根据吸收峰所对应的化学位移值(裂分峰的中心位置)，推测它所代表的基团。

(4) 根据自旋裂分规律，将各基团的片段连接起来。

例 14 分析图 20-24 所示谱图。

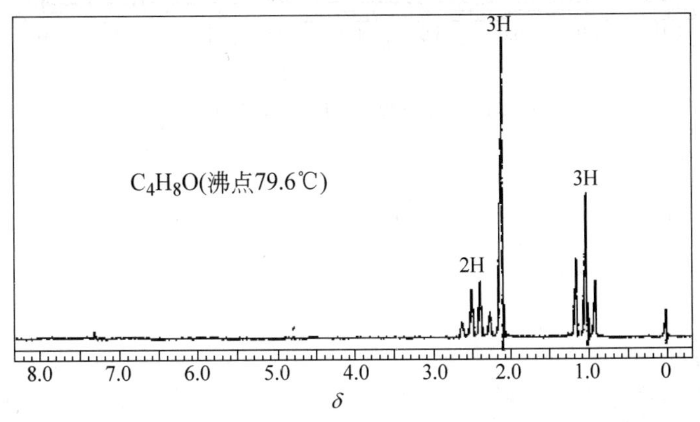

图 20-24 化合物 C_4H_8O 的 ^1H NMR 谱

解：$n=1$

δ_H：1.1(3H,t)、2.15(3H,s)、2.5(2H,q)

结构为：$CH_3CH_2COCH_3$

例 15 分析图 20-25 所示谱图。

解：$n=4$

δ_H：3.75(3H,s)、6.5～7.7(4H,m)

结构为 I—C_6H_4—OCH_3。

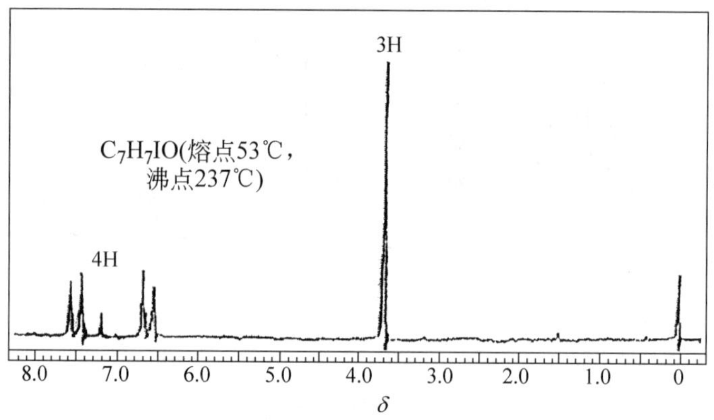

图 20-25 化合物 C_7H_7IO 的 ^1H NMR 谱

例 16 分析图 20-26 所示谱图。

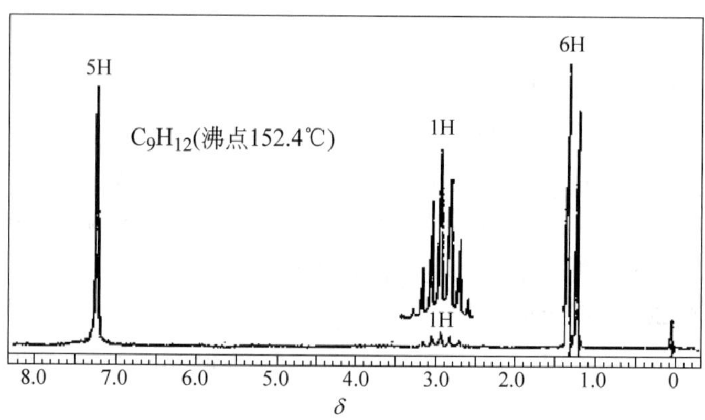

图 20-26 化合物 C_9H_{12} 的 ^1H NMR 谱

解:$n=4$

δ_H:1.3(6H,d)、2.9(1H,m)、7.2(5H,m)

结构为 $C_6H_5—CH(CH_3)_2$ 。

20.5 质谱

质谱与紫外光谱、红外光谱、核磁共振谱不同,它不属于吸收光谱。通过质谱分析可以得到有机化合物的**精确相对分子质量**、**分子式**及其他有关**结构信息**。

色质联用(包括 GC-MS 和 HPLC-MS)因同时具有分离及结构分析的双重作用而被广泛应用,因而质谱也越来越受到重视。另外,近年来发展起来的质谱新技术 MS-MS 联用,也能起到分离和结构分析的双重作用,且比色-质联用有更大的优越性。

20.5.1 基本原理

在质谱测定时,有机化合物首先在高真空中受热气化,并受到 50~100 eV 的电子流轰击,除了产生分子离子以外,还形成许多阳离子碎片。这些阳离子碎片若存活时间大于

10^{-8} s，将会被电场加速。之后，连续改变加速电压（称为电压扫描）或连续改变磁场强度（称为磁场扫描）就能使各阳离子依次按质荷比（m/e）值大小顺序到达收集器，并发出信号，这些信号经放大器放大后输给记录仪，记录仪就会绘出质谱图。

20.5.2 质谱的表示方法

1. 质谱图

绝大多数质谱图用线条图来表示。图 20-27 为苯甲酸丁酯的质谱图。横坐标表示质荷比（m/e），实际上指离子质量。纵坐标表示离子的相对丰度，也叫相对强度。相对丰度是以最强的峰（叫基峰）作为标准，它的强度定为 100，其他离子峰的强度以基峰的百分比表示。图中 m/e 为 105 的峰为基峰。质谱图比较直观，但相对丰度比不够精确。

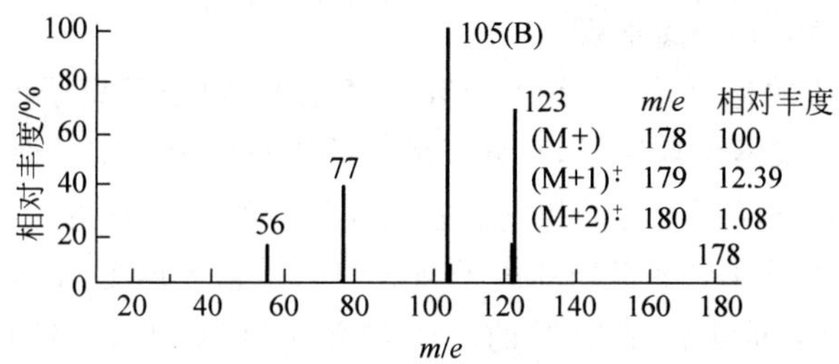

图 20-27 苯甲酸丁酯的质谱图

2. 质谱表

表 20-7 苯甲酸丁酯的分子离子、碎片离子的 m/e 和相对丰度

m/e	相对丰度	m/e	相对丰度	m/e	相对丰度	m/e	相对丰度	m/e	相对丰度
27	3.6	43	5.9	65	0.4	105	100(B)	135	13
28	2.5	50	3.0	76	2.0	106	7.8	149	0.3
29	5.1	51	1.1	77	37	107	0.5	163	0.3
39	2.4	52	0.8	78	3.0	121	0.3	178	2.0
40	0.3	55	2.7	79	5.1	122	17	179	0.3
41	6.0	56	19	80	0.3	124	5.3		
42	0.3	57	1.5	104	0.7	125	0.5		

3. 质谱图中主要离子和离子峰

（1）分子离子和分子离子峰

分子在电离时失去一个电子（需 9～15 eV 的能量），形成分子离子，一般用 $M^{\dagger}$ 表示。在质谱图中表现为分子离子峰。在有机化合物中，一般最易电离的是孤对电子（n 电子），其次是 π 电子，再次是 σ 电子。

（2）同位素离子和同位素离子峰

主要指重同位素离子及重同位素离子峰，比分子离子的质量高 1，2，3，4，…质量单位，用（M+1），（M+2），…表示。同位素离子峰主要用于测定相对分子质量。

（3）碎片离子和碎片离子峰

分子离子在质谱仪中进一步裂解所产生的所有离子统称为碎片离子，由它们形成的峰称为碎片离子峰。

(4) 重排离子和重排离子峰

分子离子经重排反应而产生的离子叫重排离子,由此而产生的峰称为重排离子峰。

20.5.3 质谱的解析和应用

质谱最大的用途之一,也是其他光谱所不能比拟的优点是质谱可以测定未知物的相对分子质量,并可以确定化合物分子式。

1. 相对分子质量的确定

测定相对分子质量的根本问题是如何判断未知物的分子离子($M^{\dot{+}}$)峰,一旦分子离子峰在谱图中的位置被确定下来,它的 m/e 值即给出了化合物的相对分子质量。

(1) 利用氮规则确证分子离子峰。

由C,H,O,N组成的化合物中,若含奇数个氮原子,则分子离子的相对质量一定是奇数;若含偶数个氮原子或不含氮原子,则分子离子的相对质量一定是偶数。

(2) 准确的分子离子峰可通过寻找它和它的碎片峰的 m/e 值的关系来证明。

初步确定的分子离子峰与邻近碎片离子峰之间的质量差若是合理的,那么初步确定的分子离子峰可能成立,否则就是错误的。质量差为15(CH_3),18(H_2O),29(C_2H_5),31(OCH_3),43(CH_3CO)等均是合理的质量差,而质量差为4~14,21~23,37,38,50~53是不合理的。

2. 分子式的确定

(1) 利用高分辨质谱仪的数据库检索,确定未知物的分子式。

质谱仪中的数据库已存有各种元素组成的精确相对质量,用初步确定的分子离子相对质量,在谱库中通过计算机对分子式进行检索,找到相对质量数最为接近的分子式。

(2) 利用分子离子峰的同位素峰簇的相对丰度和氮规则确定分子式。

1963年,J. H. Beynon 和 A. E. 威廉斯计算了相对分子质量在500以下只含C,H,O,N的化合物的 M^+,$(M+1)^+$,$(M+2)^+$ 的相对丰度,并列成表(Beynon 表)。若每一个峰的丰度都和表中 $(M+1)^+$,$(M+2)^+$ 各丰度计算值相近,并符合氮规则,该式子即为未知物的分子式。

例 17 已知化合物的下列质谱数据,确定其分子式。

m/e	相对丰度	m/e	相对丰度	m/e	相对丰度
150(M)	100	151($M+1$)	9.9	152($M+2$)	0.9

解:查 Beynon 表,相对分子质量为150的式子共29个,相对丰度比较接近的有6个:

分子式	$M+1$	$M+2$	分子式	$M+1$	$M+2$
$C_7H_{10}N_4$	9.25	0.38	$C_8H_{12}N_3$	9.98	0.45
$C_8H_8NO_2$	9.23	0.73	$C_9H_{10}O_2$	9.96	0.84
$C_8H_{10}N_2O$	9.61	0.61	$C_9H_{13}NO$	10.34	0.68

根据氮规则,相对分子质量为150,应含偶数个氮或不含氮,这样又排除了3个分子式,

在剩余的 3 个分子式中相对丰度最接近的分子式为 $C_9H_{10}O_2$。

3. 推导化合物的分子结构式

解析碎片离子的质荷比(m/e)，了解化合物的开裂类型，将各个碎片连接起来推断化合物的结构式，或结合其他的光谱(紫外光谱、红外光谱、核磁共振谱)数据推导结构式。

例 18 分析如图 20-28 所示谱图。

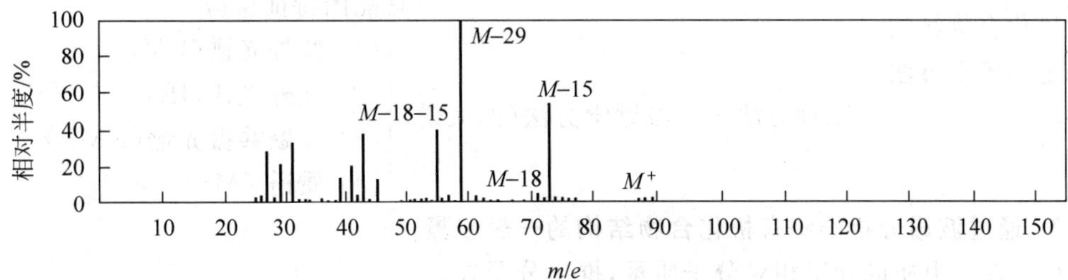

图 20-28 2-甲基-2-丁醇的质谱图

解：由于它是一个叔醇，所以这里没有分子离子峰。它的 4 个主要碎片 m/e：73，70，59，55 是通过下面一些反应形成的：

$$CH_3CH_2C(OH)(CH_3)CH_3 \xrightarrow{-e^-} [CH_3CH_2C(OH)(CH_3)CH_3]^{+}$$

$$\longrightarrow CH_3\cdot + CH_3CH_2-C(=\overset{+}{O}H)-CH_3$$

m/e 73(M–15)

$$\longrightarrow CH_3CH_2\cdot + (CH_3)_2C=\overset{+}{O}H$$

m/e 59(M–29)

$$\longrightarrow [CH_3CH=C(CH_3)_2]^{+} \text{ 或 } [CH_3CH_2C(CH_3)=CH_2]^{+}$$

m/e 70(M–18)

$$\downarrow$$

$$CH_3 + \cdot CH_2-C(CH_3)=CH_2$$

m/e 55(M–18–15)

本章小结

1. 有机化合物结构测定和鉴别方法

有机化合物结构测定和鉴别方法
- 化学方法——系统(化学)鉴定法
  - 元素分析
  - 官能团特征反应
- 物理方法——波谱学方法(四大谱)
  - (1) 紫外光谱(UV)
  - (2) 红外光谱(IR)
  - (3) 核磁共振光谱(NMR)
  - (4) 质谱 (MS)

2. 通过波谱分析推测有机化合物结构的一般步骤

(1) 首先由质谱确定相对分子质量,推出分子式。

(2) 由分子式计算不饱和度。

(3) 从紫外光谱的 λ_{max} 和 ε_{max} 判断吸收带的类型,推测是否存在共轭体系或芳香系列的结构骨架。

(4) 红外光谱提供分子中可能含有的官能团的信息。

(5) 核磁共振谱提供分子中各种类型氢的数目、类型和相邻氢之间的关系,以推测化合物的结构。

(6) 用质谱裂解规律验证推出的结构式是否合理。

【阅读材料】

诺贝尔奖与核磁共振的不解之缘

2003年10月6日,瑞典卡洛林卡斯学院的诺贝尔委员会宣布,美国化学家罗特柏(Paul C. Lauterbur),以及英国物理学家曼斯菲尔德(Sir Peter Mansfield),因致力研究核磁共振扫描(MRI)为医疗检验带来革命,荣获当年的诺贝尔医学奖。

学院在颂辞中推崇他们在20世纪70年代的发现,对核磁共振的运用贡献巨大,促成了现代核磁共振扫描仪的问世。扫描仪可清楚呈现体内器官立体影像,已用于例行性检查,是医学检验与研究的一大突破。为此,罗特柏和曼斯菲尔德两人可共享1000万瑞典克朗(130万美元)奖金。MRI现已用来检验几乎所有的器官,对于脑部、脊柱扫描和癌症的诊治及追踪特别有价值。

罗特柏是乌班纳伊利诺大学教授,也是伊大医学院生物医学核磁共振实验室主任。他在1971年开始研究MRI的医学用途。在此之前,磁场主要用于研究化学物质结构,他也从事类似研究。他的研究为现今MRI技术奠定了基础。

罗特柏发现,把梯度(gradient)应用到磁场中可造成磁场变化,即引用磁场梯度就能造出三维空间影像。只要分析这种射出的无线电波特性,就可以判定它们的起源。如此一来,就可能为一些使用其他方法无法见到的结构建造呈现三维空间影像。这可以说是MRI技术研发的关键。1973年罗特柏的这个发现,经过7年后,纽约的一位医生研发出了第一台临床使用的磁振造影MRI仪器。把物体放置在一个稳定的磁场中,再加上一个不均匀的磁场(即有梯度的磁场),用适当的电磁波照射物体,这样根据物体释放出的电磁波就可以绘制出内部图像了。

另一位诺贝尔医学奖得主曼斯菲尔德，发明了瞬间影像技术，使 MRI 可以测量血流、血氧浓度等生理方面的检查，其临床应用更广泛。

曼斯菲尔德是英国诺丁汉大学荣誉教授。他利用磁场中的梯度，更精确地显现核磁共振的区别。他研究如何快速有效地侦测这些信号，如何使用数学方式分析信号，转换成影像，让影像更清晰，从而发展出一种有用的造影科技。这是 MRI 得以实际运用的关键步骤。他同时也研究，如何从快速的梯度变化(即所谓的回波面扫描，echo-planar scanning)呈现极快速的扫描影像。这个技术 10 年后运用于临床上。

罗特柏成功将 MRI 信号转化为立体影像，令医学发展有了划时代的突破。令人意外的是，这项伟大的医学成就，一开始并不被重视，甚至罗特柏当初有意通过学校申请专利，也被拒绝。医师打趣地说，如果当初罗特柏成功申请专利，或许他已经是亿万富翁了，但也因为这个意外，后继者得以在罗特柏的基础上继续研究，促成 MRI 更加成熟。

这则小插曲也凸显了医学发展和专利申请间的拉锯关系。医学得以快速进展，埋首实验室的专家、研究人员功不可没。不过，如果这些研究人员都将重要的发现拿去申请专利，进而获利，而非公开让大家使用，医学发展是否能如此迅速？恐怕大有疑问。

磁共振成像自 20 世纪 80 年代初临床应用以来，发展迅速，渐趋成熟，它是非射线成像，无创，无害。在心血管和脑脊髓成像时无需注入对比剂，安全、无痛苦，同时可作功能分析。但它的缺点是昂贵、费时，尚难满足广泛应用。另外，它不适于某些急危病人。由于有磁场的影响，对装有心脏起搏器的病人不能应用，否则令使起搏器失灵，造成生命危险。

习　题

20-1　下列结构信息由何种光谱提供：

(1) 相对分子质量；(2) 共轭体系；(3) 官能团；(4) 质子的化学环境。

20-2　指出下列化合物的紫外最大吸收(λ_{max})的大小顺序：

A. C_6H_6（苯）　　B. $C_6H_5-\overset{O}{\overset{\|}{C}}-H$

C. $C_6H_5-CH=CH-\overset{O}{\overset{\|}{C}}-OH$　　D. $C_6H_5-CH=CH-CH=CH-\overset{O}{\overset{\|}{C}}-H$

20-3　指出下列化合物中氢质子化学位移(δ)的大致范围、裂分峰数目和各质子群的相对峰面积比：

(1) $CH_3CH_2OCH_3$　　(2) $H_3C-\underset{Br}{\underset{|}{CH}}-CH_3$

(3) $C_6H_5-\overset{O}{\overset{\|}{C}}-O-\underset{CH_3}{\underset{|}{CH}}CH_2CH_3$　　(4) $CH_3CH_2CH_2OH$

20-4　某化合物的分子式为 C_8H_8，红外光谱在 3100 cm^{-1} 以上无吸收；1690 cm^{-1} 强吸收；1600，1580，1460 cm^{-1} 有较强吸收；2960，1380 cm^{-1} 有中强吸收；770，710 cm^{-1} 有强吸收。熔点 202℃。试确定其结构。

20-5 下图是 $C_{10}H_{14}$ 的核磁共振谱，根据信号数目、化学位移、积分高度和分裂情况，判断该化合物是下面4个结构式中的哪一个：

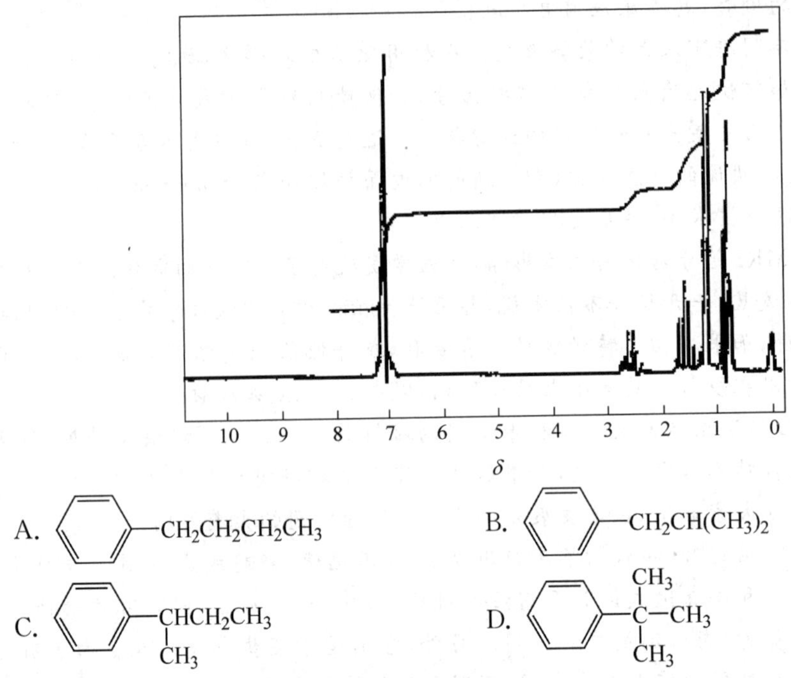

20-6 某碳氢化合物A，相对分子质量为118。用 $KMnO_4$ 氧化得苯甲酸。A的[1]HNMR峰分别为δ：2.1，5.4，5.5，7.3；其相应峰面积比为3∶1∶1∶5。试推导A的可能结构式。

20-7 分子式为 C_9H_{10} 的有机物，具有下示的[1]HNMR谱图。试推测该化合物的可能结构式。

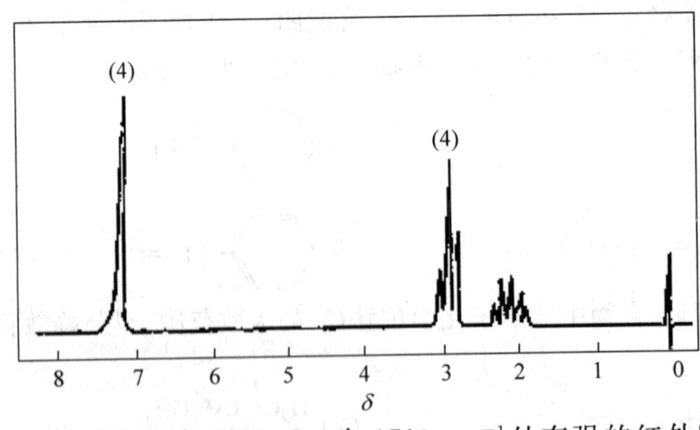

20-8 化合物A具有分子式 $C_6H_{12}O_3$，在1710 cm^{-1} 处有强的红外吸收峰。A用碘的氢氧化钠溶液处理，得到黄色沉淀，与Tollen试剂作用不发生银镜反应，然而A先用 H_2SO_4 处理，然后再与Tollen试剂作用有银镜产生。A的[1]HNMR峰的δ如下，试推测A的可能结构。

(1) 2.1(3H)单峰；(2) 3.2(6H)单峰；(3) 2.6(2H)双峰；(4) 4.6(1H)三峰。

索　引

（本索引按中文名词汉语拼音第一个字母顺序排列，索引右边的数字表示章、节）

E

F

I

J

T

W

X

参考文献

1. 胡宏纹.有机化学[M].2版.北京：高等教育出版社,1990.
2. 徐寿昌.有机化学[M].2版.北京：高等教育出版社,1993.
3. 王积涛,等.有机化学[M].2版.天津：南开大学出版社,2003.
4. 汪小兰.有机化学[M].3版.北京：高等教育出版社,1997.
5. 吕以仙.有机化学[M].5版.北京：人民卫生出版社,2001.
6. 郭书好.有机化学网络课程[CD].北京：高等教育出版社,高等教育电子音像出版社,2003.
7. John McMurry. Fundamentals of Organic Chemistry [M]. 4th ed. California USA：Brooks/Cole Publishing Company,2002.
8. Robert Thomton Morrison,Robert Neilson Boyd. Organic Chemistry[M]. 6th ed. Englewood Cliffs,New Jersey USA：Prentice Hall,1992.
9. L G Wade Jr. Organic Chemistry[M]. 5th ed. New Jersey USA：Prentice Hall,2003.
10. Janice G Smith. Organic Chemistry[M]. Boston：McGraw-Hill,2006.
11. Francis A Carey. Organic Chemistry[M]. Boston：McGraw-Hill,2000.
12. Andrew Streitwieser Jr,Clayton H Heathcock. Introduction to Organic Chemistry[M]. New York：Macmillan,1982.
13. 彼得K,福尔哈特C,尼尔E,肖尔.有机化学：结构与功能[M]. 戴立信,席振峰,王梅祥,等,译. 北京：化学工业出版社,2006.
14. 唐有祺,王夔. 化学与社会[M].北京：高等教育出版社,1997.
15. 邢其毅,裴伟伟,徐瑞秋. 基础有机化学(上册)[M].3版. 北京：高等教育出版社,2005.
16. 袁履冰. 有机化学[M]. 北京：高等教育出版社,1999.
17. 尹冬冬. 有机化学[M]. 北京：高等教育出版社,2003.
18. Jie Jack Li. 有机人名反应及机理[M]. 荣国斌,译. 上海：华东理工大学出版社,2003.
19. 四川大学.近代化学基础(下册)[M].2版.北京：高等教育出版社,2006.
20. Wikipedia(http://www.wikipedia.org/).
21. 百度百科(http://baike.baidu.com/).